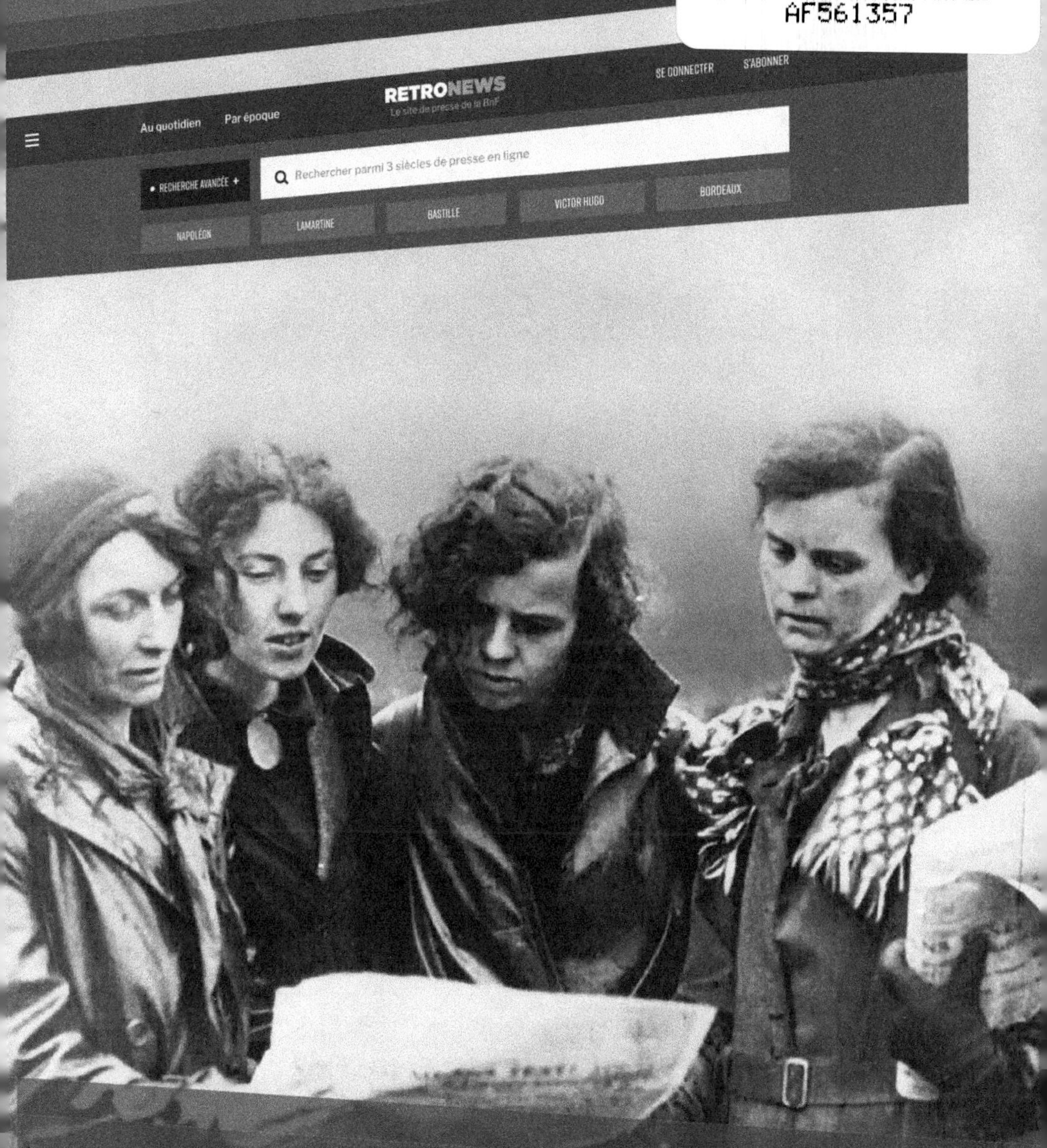

LE

MONITEUR SCIENTIFIQUE

QUATRIÈME SÉRIE. — TOME VIIe. — Ire PARTIE.

QUARANTE ET UNIÈME VOLUME DE LA COLLECTION.

TRENTE-SEPTIÈME ANNÉE

PARIS. — IMPRIMERIE L. BAUDOIN, 2, RUE CHRISTINE.

LE

MONITEUR SCIENTIFIQUE

Du Docteur QUESNEVILLE

JOURNAL

DES SCIENCES PURES ET APPLIQUÉES

Comptes rendus des Académies et Sociétés savantes et Revue des Progrès accomplis dans les Sciences physiques, chimiques et naturelles

DIRECTEUR :

G. QUESNEVILLE

DOCTEUR ÈS SCIENCES, DOCTEUR EN MÉDECINE

Professeur agrégé à l'École de pharmacie.

PRINCIPAUX COLLABORATEURS :

ARNAUDON (Turin).
ARTH (Nancy).
BACH (Paris).
BAYE [Ch.] (Paris).
BUNGENER (Bar-le-Duc)
BUISINE (Lille).
CAZENEUVE (Lyon).
COPPET [de] (Havre).
DAUM (Nancy).
DUVILIER (Marseille).
EFFRONT (Bruxelles).
EHRMANN (Paris).
GALL (Vilhers).
GERBER (Clermont-Ferrand).
GIRARD [Ch.] (Paris).
GRANDMOUGIN (Mulhouse)
GUNTZ (Nancy).
HELD (Nancy).
KIENLEN (Avignon).
KLOBB (Nancy).
MULLER [P.-Th.] (Nancy).
NAUDIN (Paris).
NŒLTING (Mulhouse).
PABST (Paris).
PETIT (Nancy).
PRUD'HOMME (Paris).
Dr QUINQUAUD (Paris).
RAULIN (Lyon).
RENARD (Rouen).
REVERDIN (Genève).
THABUIS (Paris).
TOURNAYRE (Dombasle).
TRAUTMANN (Mulhouse).
TRILLAT (Paris).
VIGNON [Léo] (Lyon).
WILD (Mulhouse).

TOME QUARANTE ET UNIÈME DE LA COLLECTION

FORMANT

L'ANNÉE 1893

QUATRIÈME SÉRIE. — TOME VIIe. — Ire PARTIE

PARIS
CHEZ M. LE Dr G. QUESNEVILLE
12, RUE DE BUCI, 12

LE MONITEUR SCIENTIFIQUE-QUESNEVILLE

JOURNAL DES SCIENCES PURES ET APPLIQUÉES

TRAVAUX PUBLIÉS A L'ÉTRANGER

COMPTES RENDUS DES ACADÉMIES ET SOCIÉTÉS SAVANTES

TRENTE-SEPTIÈME ANNÉE

QUATRIÈME SÉRIE. — TOME VIIe. — Ire PARTIE

Livraison 613 | JANVIER | Année 1893

LE 25e ANNIVERSAIRE DE LA FONDATION DE LA SOCIÉTÉ CHIMIQUE DE BERLIN ET LES HOMMAGES RENDUS A HOFMANN.

Hofmann fut le véritable créateur de la Société chimique allemande. Il a exercé sur son développement une influence remarquable qu'attestera dans l'histoire de la chimie, à la fin du XIXe siècle, la publication des célèbres *Berichte* où les chimistes de tous les pays voient leurs travaux publiés ou analysés.

Aussi, le 25e anniversaire de la fondation de cette Société ne pouvait être qu'un hommage international rendu au savant dont l'influence s'est exercée partout. Quant à l'esprit qui animait cet homme remarquable dont nous publierons prochainement la biographie, nous ne pouvons mieux faire pour le caractériser que de rappeler les paroles qu'il prononçait en 1863 comme président de la Société chimique de Londres. « La Société chimique a proclamé le caractère international de la science. Elle regarde les savants engagés dans les recherches scientifiques comme des membres d'une grande République fédérale, unis par l'amour de la science et n'ayant d'autre but que de la soutenir et de l'honorer. »

En dehors de ses travaux, Hofmann l'honorait à sa manière en publiant des articles biographiques toujours bienveillants sur les chimistes, quelle que fût leur nationalité. C'est ainsi que nous écrivions l'année dernière :

« Les chimistes français ne sauraient en outre oublier l'élogieuse et savante biographie de Dumas, écrite par Hofmann en 1880.

« Ils ont encore présent à la mémoire un long article, plein de cœur, qu'il consacrait à Würtz, dans les *Berichte*, article ne remplissant pas moins de 261 pages, et qu'il a fait réimprimer dans son livre : *Souvenirs de mes amis défunts*. Chevreul, Cahours n'ont pas été non plus oubliés par lui. Et c'est toujours avec la plus grande urbanité qu'il retraçait les travaux de nos savants. »

La célébration du 25e anniversaire de la Société chimique de Berlin n'était qu'un prétexte pour rendre un hommage plus éclatant à l'illustre savant. La Société chimique de Londres a envoyé ses plus chaudes félicitations ; celle de St-Pétersbourg, par l'organe de son président, M. D. Mendeleieff, a joint ses regrets à ceux des admirateurs du savant chimiste.

Seules la Section de chimie de notre Académie des sciences et la Société chimique de Paris s'abstenaient de tout hommage à un Maître, membre correspondant de l'Institut. — Ce n'est pas la mémoire d'Hofmann qui en sera diminuée. —

M. Friedel, en son nom personnel, a adressé la lettre suivante qui répond aux véritables sentiments des chimistes français :

Paris, 9 novembre 1892.

« Monsieur le Président,

« Vous avez bien voulu m'inviter à assister à la séance solennelle, dans laquelle la « Société chimique allemande rendra hommage à la mémoire de l'illustre savant qu'elle « a perdu il y a peu de mois et qui a tant fait pour elle.

« Il m'est malheureusement impossible de répondre à cette invitation, qui me fait « tant honneur, par ma présence personnelle ; mais je tiens, Monsieur le Président, à « ce que mon hommage se joigne à celui de la Société et à ce que ces quelques lignes « témoignent de mon admiration pour les services rendus à la science par M. Hofmann, « pour sa merveilleuse activité, pour l'influence puissante qu'il a su exercer, pour les « découvertes si brillantes et si nombreuses qu'on lui doit. Puis-je ajouter que je garde « un souvenir précieux de mes relations personnelles avec lui, ayant pu sentir dans sa « bienveillance à mon égard un reflet précieux de son amitié pour mon maître et ami « Würtz.

« Je vous prie, Monsieur le Président, d'être l'interprète de mes sentiments auprès de « la Société chimique allemande, et d'agréer l'expression de ma considération bien « respectueuse.

C. Friedel. »

Cet anniversaire a été célébré le 12 novembre dernier, à Berlin.

Le professeur Ferd. Tiemann a prononcé l'éloge d'Hofmann.

M. John Wislicenus a retracé l'histoire de la chimie pendant ces 25 dernières années.

Voici ce discours, véritable exposé métaphysique de philosophie chimique.

Dr G. Q.

Les conquêtes de la chimie durant le dernier quart de siècle.

Par M. J. Wislicenus.

Messieurs,

Ce n'est pas sans de grandes hésitations que j'ai accepté l'honneur, qu'a bien voulu me confier le Comité de direction de notre Société chimique, de retracer devant vous l'historique des conquêtes de la chimie durant ce dernier quart de siècle.

Loin de se dissiper, mes appréhensions n'ont fait que redoubler à mesure que j'avançais dans la tâche que j'avais assumée. Le temps que nous pouvons consacrer à cette étude est des plus limités, si l'on considère combien est vaste le sujet à traiter. Les faits scientifiques acquis par les travaux d'une véritable armée de chercheurs durant les vingt-cinq dernières années sont si nombreux et leurs applications aux arts et à l'industrie si multiples et si variés qu'à peine pourrons-nous rappeler, succinctement, les plus importants, ceux qui ont exercé sur les progrès de notre science l'influence la plus manifeste. Ce n'est donc qu'un simple *essai* sur le sujet proposé que je vous soumets aujourd'hui, soit dit, non pour me justifier, Messieurs, mais pour m'excuser.

Cependant le développement de la chimie, depuis l'année de la fondation de notre Société, a suivi une progression plus tranquille, plus régulière, plus assurée qu'à aucune époque durant le même espace de temps. Non que sa marche en avant ait subi un temps d'arrêt, — bien au contraire ! — mais, durant cette période, l'écho seul résonnait encore des luttes acharnées soutenues par nos prédécesseurs pour la prééminence de telles ou telles vues théoriques qui se disputaient le premier rang avec des droits à peu près égaux, motivant ainsi le reproche d'incertitude que, jusqu'au milieu de ce siècle, on pouvait à juste titre adresser aux doctrines chimiques ; le temps n'était plus où de nouvelles observations, sans lien avec les faits connus et en contradiction apparente ou réelle avec les idées reçues divisaient les savants, faisaient naître des divergences profondes dans la manière de voir et le langage chimique et engendraient des querelles souvent d'une vivacité extrême entre les diverses écoles.

A la vérité, notre époque a connu encore quelques dépositaires, et non des moindres, des anciennes théories, et qui croyaient devoir, de toute leur énergie, combattre les idées victorieuses, comme une mode néfaste. Leur caractère et une certaine paresse intellectuelle les aveuglaient au point de méconnaître la véritable portée des nouvelles doctrines dont ils refusaient de s'assimiler l'esprit et d'adopter le langage pour n'avoir pas à les mettre d'accord avec leur manière habituelle de penser et de s'exprimer. Lorsque ceux-ci disparurent, personne ne s'est plus trouvé qui pût et voulût poursuivre la lutte.

Qu'on ouvre au hasard l'un des bons traités de chimie de cette époque — et précisément les années 1867 et 1868 en virent paraître un assez grand nombre — les idées fondamentales que nous avons de nos jours, tout au moins dans le domaine de la chimie organique, y sont clairement exposées; les formules de constitution, l'emblème le plus significatif des théories actuelles, s'y présentent en général avec la même configuration qu'aujourd'hui; le système de notation typique ne s'y rencontre qu'exceptionnellement et plutôt comme moyen de faciliter aux maîtres surtout, jusqu'alors instruits dans la théorie des types désormais abandonnés, la compréhension des nouvelles formules. Celui qui, à ce moment, débute dans l'étude de la chimie, n'est plus exposé, comme ses devanciers, à modifier à un jour donné toutes ses idées, ni obligé de renoncer à un langage familier pour apprendre un nouveau mode d'expression en harmonie avec les idées nouvelles. Si, plus tard, il n'a plus suivi de près les progrès incessants de la chimie, il n'éprouve néanmoins aucune difficulté à lire les traités les plus récents, à la condition, bien entendu, qu'il soit arrivé une fois à la claire compréhension des doctrines chimiques.

La chimie venait de parcourir une étape des plus considérables et d'atteindre un but, dès longtemps indiqué, mais souvent considéré comme une utopie : elle avait déterminé les véritables poids atomiques relatifs des éléments. C'est au brillant développement des méthodes de recherche en chimie organique, qui avaient donné les moyens de connaître les poids moléculaires de nombreux composés avec un degré de certitude inaccessible par d'autres voies, qu'elle était redevable de cette conquête. La comparaison de ces poids moléculaires avait montré que la règle d'Avogadro sur la proportionnalité des poids moléculaires et des densités gazeuses, longtemps tenue en suspicion à cause de ses apparentes exceptions, s'applique en fait à tous les corps gazeux ou volatils sans décomposition; bien plus, l'étude plus approfondie de faits contradictoires en apparence, avait fourni les plus solides arguments à l'appui de cette règle désormais érigée en loi.

De la connaissance de grandeurs moléculaires réellement comparables pour un grand nombre de composés organiques ou minéraux s'était peu à peu dégagée la notion précise du poids atomique; car le poids atomique d'un élément devait être, comme on l'a défini assez tard en bonne logique, le plus petit poids de cet élément entrant dans le poids moléculaire d'une de ses combinaisons, dont tous les autres sont des multiples par des nombres entiers. En comparant les poids moléculaires des éléments gazeux ou volatils avec leurs poids atomiques, on avait conclu que les éléments, à l'état libre, forment en général des molécules de deux ou plusieurs atomes semblables et cette conception avait fourni du même coup l'explication la plus simple des phénomènes jusqu'alors mystérieux de l'allotropie et de l'état naissant.

De la notion précise du poids atomique découle une conception non moins rigoureuse de l'équivalence chimique et la constatation qu'à côté des éléments pour lesquels le poids atomique et l'équivalent se confondent, il en est d'autres dont le poids atomique est représenté par un multiple entier du poids équivalent.

Bientôt on reconnut la connexité de la valeur de substitution de chaque atome élémentaire et de sa propriété spécifique de s'unir à un nombre déterminé d'autres atomes ; dès lors la doctrine de valence ou d'atomicité, dont la théorie des types avait donné comme une ébauche anticipée, était assise sur des bases solides. De là à déduire que les atomes élémentaires multivalents (poly-atomiques) devaient échanger dans certains cas une partie de leurs valences avec des atomes semblables, formant ainsi des restes dont les valences libres pouvaient être satisfaites par d'autres atomes élémentaires, il n'y avait qu'un pas. L'étude des combinaisons du carbone permit de le franchir, en précisant les idées de saturation réciproque et de chaînes d'atomes : la chimie dite de structure était fondée.

Il n'y a pas tout à fait vingt ans que les recherches synthétiques ont conduit, dans le domaine ardu de la chimie organique, aux plus étonnants résultats. De jour en jour, on découvrait de nouvelles méthodes pour produire, au moyen de groupes atomiques de composés simples, les édifices moléculaires les plus compliqués, et en même temps on apprenait à dédoubler ceux-ci en combinaison des groupes les plus simples.

La synthèse et le dédoublement des composés du carbone avaient élucidé le mécanisme de la formation des molécules complexes et montré que les plus gros (1) radicaux organiques se forment au moyen des plus petits, suivant des règles déterminées surtout par la valence de ces radicaux, tout à fait comparables aux lois qui régissent la formation des composés les plus simples aux dépens des atomes élémentaires. Ainsi l'on était arrivé à donner un corps à l'idée de radical, à transformer pour ainsi dire en réalité objective une conception jusqu'alors purement subjective et transcendantale, en résolvant le problème par l'étude de la structure des combinaisons chimiques, c'est-à-dire en rattachant leur constitution (et par suite aussi leurs propriétés) à la nature et à la valence de leurs atomes élémentaires.

En 1867, nous l'avons dit déjà, la chimie était maîtresse de ce terrain sur lequel semblaient devoir fusionner toutes les vérités divergentes des théories antérieures. On avait dès lors déterminé, avec plus ou moins de certitude, la structure de nombreuses combinaisons depuis longtemps connues; d'autres, jusqu'alors inconnues, avaient été méthodiquement constituées par synthèse, de telle sorte que leur structure ressortait de leur mode de formation même. Mais où se montrait à l'évidence l'inestimable valeur de la nouvelle théorie, c'est dans la lumière qu'elle répandait sur la question des isoméries dans des cas nombreux inexplicables sans son concours; les modifications dans la manière dont sont groupés et se saturent réciproquement les atomes élémentaires entraînent des différences dans les propriétés des composés formés du même nombre des mêmes atomes; bien plus, guidée par l'analogie, la théorie permet de prévoir dans quel sens se produiront ces différences. Cependant, quoi que l'on eût déjà d'acquis, la théorie n'en était qu'à ses débuts; que d'obscurité encore! et combien était grand le nombre des corps dont les investigations les plus attentives n'avaient pas réussi à dévoiler la constitution! C'est ici que les idées d'atomicité montrèrent un guide sûr, un auxiliaire incomparable. Non seulement elles limitaient le nombre des hypothèses sur la constitution d'un corps et permettaient de discuter d'avance la probabilité de chacune, mais encore elles indiquaient la voie à suivre pour la vérification expérimentale de leurs hypothèses, pour créer de toutes pièces des combinaisons de formes nouvelles. Ainsi la chimie qui autrefois passait comme un type de science inductive s'engageait peu à peu dans des voies plutôt déductives et spéculatives, sans cependant justifier les craintes de quelques amis trop prudents qui redoutaient qu'elle dévoyât en dehors du terrain solide des faits.

Cette période du développement de la chimie a été, à bon droit, appelée *synthétique*, car la meilleure part des recherches de ce temps a été consacrée à imaginer et réaliser de nouveaux édifices moléculaires, par adjonction d'atomes élémentaires aux molécules déjà connues ou nouvellement découvertes. Au moment où notre Société a été fondée, c'est l'étude des corps aromatiques qui occupait le premier plan dans les préoccupations des savants.

Il y avait alors trois ans à peine que ces corps avaient été considérés, dans leur

---

(1) Il est bien entendu que l'adjectif *gros*, qui rend bien la pensée du conférencier « die grösseren organischen Radikale » n'implique aucune idée de volume.

ensemble, comme des dérivés de la benzine, et celle-ci envisagée comme une combinaison fermée sur elle-même de six groupes *méthine* (1) équivalents entre eux. Les rapports des principaux composés aromatiques connus avec le carbure fondamental étaient éclairés de la plus vive lumière. Cette théorie de la benzine, dont nous avons célébré le jubilé d'argent dans cette salle même (2), le 11 mars 1890, et qui, dans l'esprit de son illustre auteur, n'était d'abord qu'un essai hardi de classification des dérivés de la benzine connus, dont le nombre allait s'augmentant tous les jours, devint bientôt le point de départ d'une foule de nouvelles recherches qui toutes vinrent en confirmer l'exactitude essentielle.

Comme l'exigeait l'hypothèse, et à l'encontre de quelques anciennes observations erronées, on reconnut que les produits résultant de la substitution dans la benzine d'un seul atome d'hydrogène n'existent que sous une seule modification ; que, par contre, tous les produits polysubstitués peuvent être obtenus sous un nombre de modifications isomériques exactement prévu par la théorie. On est allé plus loin en déterminant pour chacun de ces isomères la position relative des substituants. Le problème avait été abordé d'abord par voie d'hypothèses plus ou moins plausibles, mais plus tard l'expérience a permis de le résoudre par des preuves directes.

Il n'est donc pas étonnant que l'on se soit souvent égaré sur de fausses pistes dans l'étude des isoméries de position.

J'en rappellerai pour preuve le fait qu'au Congrès scientifique de Wiesbaden, en 1873, une communication développant les arguments les plus topiques pour la position *para* des groupes hydroxyles de l'hydroquinone fut accueillie avec plus que de la froideur, presque de l'hostilité, par les chimistes assemblés dans leur section, tant ils étaient tous convaincus que l'hydroquinone était l'orthodioxybenzine, idée fausse pourtant, à laquelle on dut renoncer peu de mois après.

Les étroites analogies chimiques d'autres hydrocarbures, pour la plupart extraits, comme la benzine, de l'inépuisable mine du goudron de houille, faisaient prévoir que les idées fondamentales de la théorie de la benzine donneraient aussi la clef de la constitution de ces carbures et de leurs dérivés.

La constitution de la naphtaline, élucidée en 1869, offrait le premier exemple d'une molécule composée de deux noyaux benzéniques unis par deux atomes de carbone communs. Bientôt après, on découvrait l'existence de molécules à noyaux aromatiques encore plus complexes, comme le phénanthrène où le mode de liaison est analogue, ou l'anthracène, avec un système de liaisons particulières.

Dès la même année, la pyridine et ses homologues avaient été envisagés comme des combinaisons à chaîne fermée, semblables à des composés benziniques où un atome d'azote joue le rôle d'un groupe *méthine*.

C'est en 1879 seulement qu'une série de brillantes synthèses des composés quinoléiques vint justifier la formule de constitution, depuis longtemps soupçonnée, de la quinoléine en montrant entre celle-ci et la naphtaline les mêmes liens qu'entre la pyridine et la benzine. Bientôt après, les essais poursuivis en vue de former des molécules complexes par des assemblages en positions variées d'atomes d'azote et de restes méthine aboutissaient aux brillants résultats que l'on connaît.

La découverte du fidèle satellite de la benzine du goudron de houille, le thiophène, dont les propriétés sont tellement voisines de celles de la benzine qu'il avait pu jusqu'alors échapper à tous les expérimentateurs, établit en 1882 ce fait bien inattendu que l'atome de soufre peut, dans les molécules à chaîne fermée, prendre exactement la place de deux groupes méthines reliés entre eux.

Puis, on reconnut l'existence de substitutions analogues par le reste *imide* dans la série du pyrrol, par l'oxygène dans les dérivés du furfurane. On sut dès lors manier ces

(1) CH'''.
(2) La salle des fêtes de l'hôtel de ville de Berlin.

groupes et préparer avec le méthine, l'azote, l'oxygène, le soufre, l'imide, une foule de nouveaux composés à chaînes fermées, simples ou condensés. Bien que depuis dix ans on travaille dans cette voie, le champ des recherches est loin d'être épuisé et l'ardeur des savants à le parcourir est stimulée encore par la récente découverte d'une classe de composés à chaînes fermées saturés, dérivés des polyméthènes, dont l'étude promet de conduire à d'importantes conclusions sur l'arrangement des atomes dans l'espace.

J'ai déjà rappelé, Messieurs, les services qu'a rendus la chimie de structure à l'interprétation des isoméries, au commencement de la période dont nous nous occupons. Elle ne se bornait pas à expliquer les cas d'isomérie alors connus; elle en faisait prévoir d'autres, à l'infini, ouvrant ainsi à l'activité des savants un horizon immense. De fait, alors qu'il y a vingt-cinq ans les isomères étaient encore l'exception, nous pouvons dire qu'aujourd'hui les combinaisons du carbone qui n'ont pas d'isomères sont en nombre infime par rapport à celles qui en ont. Et s'il existe encore des corps de même composition dont les différences de propriété n'ont pas reçu d'explication satisfaisante, nous sommes en droit d'espérer qu'avec le temps ces énigmes se résoudront par la constatation de différences de structure.

Au commencement de 1870, on réussit à prouver l'identité parfaite de structure pour deux des trois modifications au moins sous lesquelles nous connaissons l'acide lactique. De là découlait la nécessité de causes encore inconnues des différences que présentent des corps de même composition moléculaire qualitative et quantitative. Au point de vue des doctrines atomiques, ces causes ne pouvaient être qu'*une :* la différence de l'arrangement *dans l'espace* des atomes de même nature, en même nombre et reliés dans le même ordre.

Peu de mois s'étaient écoulés depuis qu'avait été signalée la nécessité de considérations géométriques pour l'interprétation de certains faits chimiques, que déjà cette lacune était comblée. Ce fut d'abord la théorie du carbone asymétrique qui fournit l'explication la plus satisfaisante des différences présentées par les modifications d'un même composé organique à l'égard de la lumière polarisée. Dans tous les cas où la structure d'un corps actif est connue avec certitude, on reconnut la présence d'au moins un atome de carbone dont les quatre valences sont saturées par quatre radicaux simples ou composés différents. Si nous nous représentons ces quatre radicaux disposés dans l'espace de la manière la plus simple, c'est-à-dire à intervalles symétriques autour de l'atome de carbone, nous voyons que cela peut se faire en deux manières ou configurations. Les figures dans l'espace ainsi obtenues ne sont pas superposables; chacune est l'image spéculaire de l'autre, comme le sont deux cristaux de quartz de pouvoir rotatoire opposé.

L'expérience, dans tous les cas où elle a pû être constatée, a sanctionné cette hypothèse : La présence d'un pareil système de carbone asymétrique entraîne toujours l'existence de deux modifications inversement actives; l'inactivité optique de corps ainsi constitués résulte sans exception de mélanges ou de combinaisons des modifications inversement actives, en quantités égales; enfin toute réaction qui détruit les conditions d'asymétrie indiquée par la théorie annule en même temps l'activité optique du corps qui ne se présente plus alors que sous une seule modification.

L'hypothèse stéréochimique a fourni une seconde et non moins importante preuve de son efficacité en nous donnant la clef d'isoméries assez nombreuses parmi les corps non saturés de même structure. Elle a montré que la libre évolution autour d'un axe commun du système formé par deux atomes de carbone échangeant une seule affinité est annihilée par la formation d'une double liaison entre ces atomes dont la position réciproque se trouve ainsi fixée dans l'espace. Que l'on vienne à saturer les affinités libres de chacun de ces deux atomes de carbone par deux radicaux différents et l'on devra tomber de la sorte sur deux configurations distinctes. A l'avenir de se prononcer sur ces vues; mais déjà sont entr'ouvertes les voies qui permettront de les justifier par l'expérience et l'observation, et bien plus, d'expliquer par elles les conditions de formation et de stabilité des noyaux annulaires à chaînes fermées; enfin, non seulement de prévoir, comme conséquence de différences d'orientation par rapport au plan de l'anneau de certaines parties intégrantes des molécules alicycliques, des conditions d'isoméries toutes nouvelles, mais encore de découvrir et de préparer ces isomères.

Avec cette dernière et récente phase du développement de la chimie du carbone, nous paraissons toucher au faîte du majestueux édifice. D'autres éléments vont maintenant arriver au premier plan et faire l'objet d'études sur le mécanisme de la structure de leurs composés; on sait avec quel succès le problème a été abordé tout dernièrement pour les composés de l'azote.

Plusieurs heures ne suffiraient pas pour inventorier les richesses expérimentales accumulées par le zèle et les travaux assidus des savants durant ces 25 dernières années. Le temps, qui nous est mesuré avec trop de parcimonie, m'oblige, à regret, Messieurs, de passer, sans jeter avec vous-même le plus rapide coup d'œil sur les plus importants et les plus mémorables parmi ces travaux. Combien de fois, à la lecture d'un nouveau fascicule de nos « Berichte » ou d'autres publications scientifiques, n'avons-nous pas éprouvé un sentiment joyeux, profond et empoignant comme une sensation de plaisir artistique, à constater que telle ou telle recherche faisait faire à notre science un nouveau pas en avant! Ici, c'était l'ingénieuse découverte de nouvelles méthodes d'une fécondité inattendue; là, l'expérience éclairait d'un jour subit tout un ordre de phénomènes qui avaient longtemps tenu en échec la sagacité des chimistes, ou démontait et reconstituait pièce à pièce des substances que nous ne connaissions que comme produits du processus vital de la nature organisée, tels les uréides, les alcaloïdes végétaux, les huiles essentielles, l'indigo; en dernier lieu, le groupe si important des sucres. Ailleurs encore, c'étaient les progrès géants de la chimie industrielle synthétique, transportant dans la réalité la fable du fermier chargé d'or, et réalisant des révolutions grandioses, comme l'anéantissement de la culture de la garance dans les pays méditerranéens, jusque dans le domaine de l'économie politique, conduisant à la fabrication méthodique et raisonnée de matières colorantes artificielles de toutes nuances, des parfums les plus variés, enfin d'une foule de remèdes précieux et puissants.

La plus sèche nomenclature de ces progrès, des plus marquants seuls, demanderait des heures; donc passons!

Il était dans la nature des choses, Messieurs, que nos souvenirs se reportassent d'abord dans le domaine de la chimie organique qui de notre époque est restée la grande directrice, l'instigatrice de tous les progrès réalisés dans les autres domaines de recherches chimiques, dont elle n'a en retour que fort peu subi l'influence.

Les principaux travaux de chimie minérale, en tant qu'ils ne portent pas sur le perfectionnement et le complément des méthodes analytiques ou sur le contrôle plus exact des poids atomiques, sont aussi d'essence synthétique et visent, comme but final, l'extension aux éléments inorganiques des doctrines de valence et d'enchaînement des atomes. Ils ont quelquefois apporté de précieux documents pour le développement et la généralisation de nos vues théoriques, malgré l'incertitude dont les affectait l'impossibilité de déterminations exactes des poids moléculaires des combinaisons non volatiles. La découverte, durant ce dernier décennaire, de l'égalité des tensions osmotiques et de l'égalité connexe de la dépression des points de congélation et de l'augmentation des températures d'ébullition des solutions équimoléculaires paraissait devoir résoudre la question. Mais bientôt son intérêt s'est trouvé diminué par une trouvaille de plus haute portée encore, réalisée dans une autre voie, et ses applications paraissent devoir se restreindre seulement à la détermination des poids moléculaires des *non-électrolytes*.

C'est ici le moment de donner un souvenir reconnaissant aux autres services rendus par la chimie-physique. Cette branche de notre science a étendu et précisé nos connaissances des constantes physiques et dévoilé de plus en plus clairement leur dépendance de la constitution chimique, c'est-à-dire de la structure et même, en dernière analyse, de la configuration moléculaire des corps. Elle a déterminé, dans certains cas, la part contributive de chaque atome intégrant dans les constantes moléculaires[1], avec une telle précision que ses méthodes sont devenues d'importants auxiliaires pour la détermination des fonctions et des modes de liaisons dans les molécules des atomes polyvalents.

Ainsi, par les moyens les plus divers, nous avons étendu nos connaissances sur la constitution des corps; nous avons pu soupeser leurs dernières particules dont nous avons, en partie, dévoilé les propriétés intimes. La conviction profonde que les atomes élémentaires ne sont pas des entités hétérogènes, existant au hasard les unes à côté des autres, mais qu'ils doivent être l'émanation, le reflet, seul tangible à nos moyens actuels d'observation, d'une plus haute unité, n'en a pas été ébranlée. Bien au contraire, l'idée de l'unité de la matière en a été fortifiée; elle se pose aujourd'hui plus impérieuse que jamais.

On n'a jamais cessé, dans l'espérance de démêler la loi de dérivation des éléments entre eux, de chercher des relations entre leurs caractéristiques fondamentales, les poids atomiques.

L'idée que toutes ces grandeurs seraient des multiples entiers du poids de l'atome d'hydrogène ou d'une fraction simple de ce poids s'est évanouie devant la critique des faits. Mais les déterminations exactes ont d'un autre côté mis en évidence des relations arithmétiques simples entre les poids atomiques d'éléments liés par d'étroites ana logies chimiques, membres d'une même famille naturelle. Elles ont de plus fait ressortir certaines régularités entre les différences des propriétés les plus accentuées des corps simples et les variations correspondantes de leurs poids atomiques. Le système périodique des éléments a donné, en 1869, une première synthèse, véritablement grandiose dans sa simplicité, de ces relations jusqu'alors isolées. Malgré d'heureuses retouches, nous constatons encore aujourd'hui, avec une sorte d'impatience, des lacunes indéniables dans ce système. Tous les éléments ne s'y encadrent pas, d'après la grandeur de leur poids atomique, à la place qui semble leur appartenir d'après l'ensemble de leurs propriétés. Si donc nous ne pouvons à l'heure présente envisager le système périodique que comme l'énoncé incomplet d'une loi naturelle dont la formule définitive reste encore voilée, nous n'en avons pas moins la certitude qu'il approche beaucoup de la vérité. Pourrait-il en être autrement alors que, par trois fois déjà, ses audacieuses prévisions touchant l'existence et les propriétés de certains chaînons, nécessaires pour combler les vides dans la série des éléments connus, ont été réalisées par les faits?

Les imperfections, soyez-en bien convaincus, finiront par disparaître toutes; car cette question touche à l'un des problèmes dont l'esprit humain ne se lasse pas de poursuivre la solution : Arriverons-nous à démontrer que les éléments ne sont pas choses existantes de toute éternité, mais qu'ils ont été formés à un moment donné par des modifications d'une matière primordiale? Connaîtrons-nous jamais la loi de leur formation? Questions où l'imagination et la fantaisie poétique peuvent se donner libre carrière mais qu'on n'est plus en droit de traiter de pures chimères. N'apparaît-il pas, de jour en jour plus distinctement, à notre œil armé du spectroscope, que certaines pâles lueurs, rayonnant des plus profonds lointains de l'infini nous rendent encore, nous, les tard-venus de la création, témoins de la formation de mondes et d'éléments!

Il me reste, Messieurs, à vous entretenir de l'une des branches les plus importantes de la science chimique dont le but est l'étude de la nature intime, des causes et des lois des réactions; je veux parler de la dynamique chimique.

Avec le besoin de tout connaître, de tout expliquer qui tourmente l'humanité, il n'est pas étonnant que ces problèmes aient été abordés dès l'origine de la chimie scientifique et depuis, à diverses époques, avec tous les moyens d'investigation dont on disposait. Ceux-ci étant assez restreints, il n'est pas surprenant non plus que le succès ait été mince et qu'on soit arrivé à des hypothèses, à des conceptions obscures et inexactes dont on ne tardait pas à reconnaître l'inanité. Pourtant, je me trompe, ces efforts avaient abouti à créer un *mot* : l'affinité, cause présumée de tous les phénomènes chimiques, que l'on se représentait comme une force attractive spéciale n'agissant qu'à des distances infiniment petites.

Lorsque la physique eut mis hors de doute le fait capital de l'unité des forces en dévoilant la loi de la conservation de l'énergie, on reconnut dans les phénomènes attribués à l'affinité une manifestation spéciale de cette énergie universelle et l'on put entreprendre de la mesurer.

La théorie mécanique de la chaleur, à qui la chimie devait déjà de précieux concours dans l'interprétation des phénomènes de dissociations entre autres, semblait ouvrir à ces recheches une voie praticable où se jetèrent avec ardeur les savants, en déterminant les quantités de chaleur dégagées par les réactions chimiques les plus diverses; mais elle ne conduisit pas au but visé parce que les données de l'expérience ne représentent pas des grandeurs simples mais des sommes arithmétiques de valeurs dont nous ne pouvons connaître avec quelque certitude ni le nombre ni la part individuelle dans le total.

L'étude des vitesses de réaction, pas plus que d'autres phénomènes du même ordre, ne conduisirent dès l'abord à des résultats satisfaisants; il fallut, pour rendre les observations comparables, prendre en considération la notion de masse, l'ancienne théorie de Berthollet, mise en harmonie avec nos idées atomiques modernes. Les tentatives, dans le but d'élucider le mécanisme des réactions chimiques, reçurent une toute nouvelle impulsion par la découverte, dans le domaine de l'électrolyse, de faits extrêmement intéressants. L'étude des conductibilités de nombreux électrolytes ayant montré que la conductibilité augmente avec la dilution des solutions et que l'augmentation est proportionnellement moindre pour les acides et les bases les plus puissants, on disposait ainsi d'un nouveau moyen de mesurer l'énergie de combinaison relative des électrolytes acides et basiques, de leur affinité suivant l'acception moderne de ce mot. Les résultats déduits de la connaissance des concentrations correspondant à des conductibilités égales vinrent confirmer les conclusions d'autres méthodes précédemment appliquées à la mesure de l'affinité.

Malgré leur intérêt propre, ces faits auraient à peine mérité une mention spéciale dans notre courte revue; par leur nature même, les méthodes électrolytiques s'appliquent à un nombre assez restreint de composés chimiques; elles ne sont pas susceptibles de généralisation, et ne peuvent conduire au but visé : la détermination des affinités spécifiques des atomes élémentaires. Tout autre devint leur importance lorsqu'on rapprocha les résultats fournis par la méthode de conductibilité des déterminations des poids moléculaires des mêmes dissolutions d'électrolytes, par les méthodes fondées sur les modifications des points de congélation et d'ébullition. On reconnut alors que le nombre des molécules présentes s'accroît avec la dilution proportionnellement à l'augmentation de la conductibilité et que celle-ci atteint, à la limite, une valeur proportionnelle au nombre des *ions* supposés libres, provenant de la complète dissociations des molécules primitives.

Telle est, du moins, l'interprétation que la théorie de la dissociation électrolytique a tirée des faits; elle admet que les substances décomposables par le courant, en se dissolvant dans les liquides conducteurs, se scindent en leurs éléments électrolytiques, en *ions* libres chargés d'électricités contraires. Cette théorie a éclairé d'une vive lumière nombre de phénomènes jusqu'alors obscurs et ouvert une nouvelle mine à l'esprit d'investigation. Le filon est loin d'être épuisé et l'espoir des chercheurs n'est peut-être pas chimérique d'arriver, en le suivant, à mettre au jour de nouveaux secrets de la nature.

A vrai dire, la grande majorité des chimistes réservent encore leur jugement sur cette nouvelle théorie. Pouvait-il en être autrement alors qu'elle entraîne, sur bien des points, une si radicale évolution d'idées fortement ancrées dans notre esprit? N'a-t-elle pas mérité, d'ailleurs, par l'originalité même de ses conceptions, par les applications exagérées qu'en ont faites ses partisans, avec l'audace de tous les novateurs, de justes critiques?

Avant de s'imposer, elle devra soutenir, sur le terrain des faits et de l'observation exacte, de rudes combats; mais si elle sort victorieuse de l'épreuve, elle aura sans doute à revendiquer pour elle une grande part des conquêtes dont pourra, après une nouvelle période de vingt-cinq ans, lors du cinquantenaire de notre Société, s'enorgueillir la science chimique.

MAX GERBER.

REMARQUES SUR L'ANALYSE DES DYNAMITES AU POINT DE VUE DU DOSAGE DE LA NITROGLYCÉRINE

Par M. MORTON LIEBSCHUTZ.

La variété des dynamites fabriquées est très grande, et toutes ont une composition spéciale qui, bonne ou mauvaise, est quelquefois d'une nature si compliquée que la détermination des éléments n'est pas toujours facile. L'auteur de cette note a fait quelques essais dans cette direction, il y a 2 ou 3 ans, et il pense que les quelques observations qu'il présente peuvent faire suite à l'intéressant article de M. Gerald Sanford, reproduit dans le numéro de novembre de ce journal. La détermination de la nitroglycérine dans la dynamite simple, c'est-à-dire à la terre d'infusoire, est facile : c'est une simple extraction à l'éther. Autrement difficile est la détermination de la nitroglycérine quand la dynamite renferme des corps solubles dans l'éther : soufre, résine, paraffine, naphtaline, camphre, etc. Tout ce que l'extraction par l'éther permet est de séparer ces corps de la matière absorbante essentielle à ces explosifs, en même temps que la nitroglycérine, c'est-à-dire nitrates alcalins, charbons de toute provenance, pulpe de bois, sciure de bois, tan épuisé, paille, etc., la liste en serait très longue.

Nous avions d'abord pensé que l'emploi du nitromètre de Lunge pourrait permettre l'évaluation indirecte de la nitroglycérine dans le résidu laissé par l'évaporation de l'éther, ce résidu ayant été préalablement dissous dans l'acide sulfurique pur.

Les quelques essais que nous avons faits ont bientôt montré qu'il était impossible de doser la nitroglycérine dans les dynamites par ce moyen, excepté bien entendu le cas d'une dynamite simple, c'est-à-dire nitroglycérine absorbée par une matière siliceuse.

Les quelques résultats qui suivent démontrent la proposition :

			AzO obtenu.
0 gr. 170 nitroglycérine traitée dans nitromètre, 10 c. c., H^2SO^4			58 c. c.
0 gr. 170	— en présence de 1 gr. de résine.	—	Rien.
0 gr. 170	— en présence de 0.170. «	—	42.5 c. c.

Un accident arrivé à notre nitromètre interrompit la série des expériences.

Nous fîmes, après quelques jours, les déterminations suivantes : 4 gr. 942 de nitroglycérine furent dissous dans de l'acide sulfurique pur et le volume porté à 100 centimètres cubes, et 3 centimètres cubes furent pris chaque fois pour les essais au nitromètre, cette quantité répondant à 0 gr. 14826 de nitroglycérine :

	Vol. d'acide.	AzO dégagé.
0 gr. 14826 nitroglycérine	6 c. c. H^2SO^4	46 c. c. 5
—	14	45
— + 0 gr. 100 résine	6	42
Même solution jour suivant.		
0 gr. 14826 nitroglycérine	6	45
— + 0 gr. 1 glycérine	6	45
— + 0.105 résine, cette dernière ayant été introduite préalablement dans le nitromètre avant l'addition de la solution acide	6	33.50
0 gr. 14826 nitroglycérine + 0 gr. 050 résine dissoute entièrement dans l'acide employé pour le lavage de l'entonnoir	7 c. c.	36 c. c.
0 gr. 14826 — + 0 c. c. alcool	7	44
— — + 0.50 papier-filtre blanc	7	44.5
— — + 0.050 sucre	7	44
— — + 0.060 pulpe de bois	6	42
— — + 0 c. c. 1 chloroforme	6	67

Nous n'avons pas étudié le gaz dégagé dans cette dernière expérience, mais elle prouve que si l'on a employé le chloroforme pour épuiser la matière, il faut, si la nature de la matière absorbante permet l'emploi du nitromètre, que les dernières traces de dissolvant soient évaporées (ce qui fait perdre partie de la nitroglycérine, comme on sait). Les résultats indiqués plus haut démontrent donc qu'en présence de matières organiques, il ne faut pas songer à employer le nitromètre pour déterminer la nitroglycérine. Heureusement, il est un procédé tout aussi facile à exécuter, et qui permet de mener plusieurs déterminations presque de front; c'est le procédé de dosage des nitrates par le procédé de Pelouze, modifié par Ferdinand Jean. Nous avons remarqué que l'acide acétique concentré à 80 p. 100 d'acide cristallisable est un très bon solvant de la nitroglycérine et que même un acide plus faible (60 p. 100) pouvait être employé pour conduire l'analyse. Supposons une dynamite formée de nitroglycérine gélatinisée par la pyroxyline et contenant résine, paraffine, pulpe de bois, soufre, nitrate de soude. On prend 5 ou 6 grammes de cette dynamite et on l'enferme dans un petit étui de papier-filtre, et cette petite cartouche est introduite dans un appareil à épuisement; nous préférons un appareil dans lequel la matière à épuiser est toujours baignée dans l'éther, avec écoulement intermittent, tel que celui que M. A. Riche emploie pour l'analyse des poivres et des matières grasses; cette disposition n'est pas connue aux Etats-Unis et j'ai dû faire construire ces appareils spécialement.

On obtient donc une solution éthérée contenant une partie du soufre, la paraffine, la résine et une portion de la matière incrustante de la pulpe de bois, camphre, etc.; s'il y a d'autres produits nitrés, ils seront comptés comme nitroglycérine. La cartouche de papier renferme la pyroxyline, le nitrate de soude, le bois, le charbon, le soufre, etc. On la pèse, puis on épuise par l'eau bouillante, et l'on amène après refroidissement à un certain volume. On a ainsi d'un côté le nitrate de soude, de l'autre la nitroglycérine.

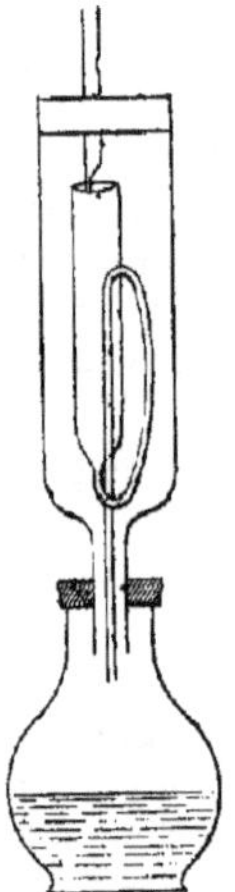

La solution éthérée de nitroglycérine est distillée à basse température, et le ballon après distillation de l'éther est abandonné à l'air libre pendant qu'il est encore un peu chaud. On prend le résidu après refroidissement par l'acide acétique à 80 p. 100 et l'on filtre dans un ballon de 100 centimètres cubes sur un tampon d'asbeste, on reprend à plusieurs reprises jusqu'à ce que le résidu paraisse bien lavé et débarrassé de nitroglycérine. Par mesure de précaution, on traite une dernière fois par l'acide acétique à 60 p. 100-80 p. 100 et l'on met de côté cette dernière solution de lavage.

On peut, bien entendu, faire simultanément plusieurs opérations de ce genre. Le dosage de la nitroglycérine s'effectue en introduisant une partie aliquote de la solution acétique dans l'appareil à détermination des nitrates (procédé de Schlœsing et Ferdinand Jean) et

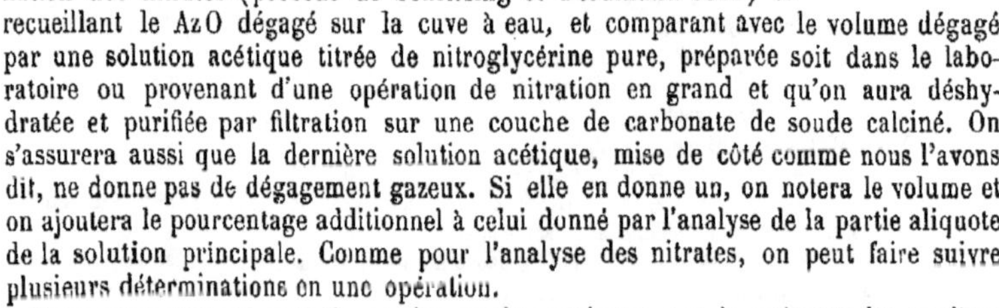

recueillant le AzO dégagé sur la cuve à eau, et comparant avec le volume dégagé par une solution acétique titrée de nitroglycérine pure, préparée soit dans le laboratoire ou provenant d'une opération de nitration en grand et qu'on aura déshydratée et purifiée par filtration sur une couche de carbonate de soude calciné. On s'assurera aussi que la dernière solution acétique, mise de côté comme nous l'avons dit, ne donne pas de dégagement gazeux. Si elle en donne un, on notera le volume et on ajoutera le pourcentage additionnel à celui donné par l'analyse de la partie aliquote de la solution principale. Comme pour l'analyse des nitrates, on peut faire suivre plusieurs déterminations en une opération.

Nous nous sommes assuré par des essais nombreux que la présence des matières organiques, qui empêche l'emploi du nitromètre, n'influe pas du tout sur la détermination exacte de la nitroglycérine. Nous n'avons pas eu affaire à des produits contenant soit de l'acide picrique, soit du nitrobenzol, et nous ne connaissons pas de méthode permettant la séparation de ces corps d'avec la nitroglycérine.

La solution contenant les nitrates peut être analysée du même coup que la solution acétique de nitroglycérine, en introduisant une partie aliquote de la solution aqueuse, acidulée par HCl dans l'appareil à analyse des nitrates et mesurant, comme on sait, le gaz dégagé et comparant avec une solution titrée de nitrate de soude pur; mais il est bien entendu que le ballon dans lequel la réduction se fait doit être assez grand pour qu'on puisse employer une forte quantité de HCl, ce qui est absolument nécessaire pour une bonne détermination des nitrates. L'emploi de l'acide sulfurique est déconseillé; il donne lieu à des secousses violentes et souvent à des ruptures du ballon, tandis que l'emploi de l'acide chlorhydrique et du sulfate de protoxyde de fer donne une opération facile à conduire, sans surveillance pour ainsi dire.

La cartouche épuisée par l'eau chaude contient une partie du soufre, la pyroxyline, le charbon, la pulpe de bois et la sciure; on enlève le soufre par le sulfure de carbone, et on l'ajoute au soufre obtenu en traitant le filtre d'asbeste séché, par le même dissolvant; on espace le CS et l'on oxyde le résidu par l'eau régale; on dose l'acide sulfurique formé et on calcule le soufre. Le résidu de la cartouche est traité par un mélange d'alcool et d'éther, dont l'évaporation laisse la pyroxyline. Un autre moyen que nous employons préférablement consiste à introduire le mélange de pyroxyline et d'autres absorbants dans le ballon à dégagement de l'appareil à dosage des nitrates avec un peu d'eau, à faire bouillir jusqu'à expulsion de l'air, puis à introduire une solution concentrée de sulfate de protoxyde de fer dans HCl par l'entonnoir à robinet ou à pince à ressort. On peut tout aussi bien introduire directement le sulfate de fer avec la pyroxyline et l'eau, faire bouillir, puis introduire l'acide chlorhydrique par l'entonnoir à robinet; la pyroxyline donne généralement une quantité de AzO répondant à 50-54 pour 100 d'acide nitrique $AzHO^3$.

La liqueur contenant les nitrates alcalins peut être analysée pour recherche de carbonates solubles, sucre, dextrine, etc.

Comme nous l'avons dit plus haut, nous ne prétendons pas décrire un nouveau procédé d'analyse, mais seulement présenter quelques observations qui viennent s'ajouter à la note sur le même sujet publiée dans le *Moniteur scientifique*. Nous croyons cependant que l'emploi de l'acide acétique pour la détermination de la nitroglycérine pourra être intéressant pour les personnes qui s'occupent desanalyses de dynamite et d'explosifs.

New-York, 16 novembre 1892.

DOSAGE DES SULFURES ALCALINS, DES HYPOSULFITES ET DES SULFITES DANS LES GLYCÉRINES DE SAVONNERIE (1)

Par M. C. Ferrier.

Jusqu'à ces dernières années, la glycérine avait été abandonnée, comme un résidu sans valeur, par les fabricants de savon. On la recueille aujourd'hui dans presque toutes les savonneries un peu importantes. Après le traitement des huiles par la lessive de soude, la glycérine se trouve dans les lessives épuisées, qui ne contiennent plus que du sel marin et de faibles proportions de carbonate et d'hydrate de soude. On sature cette solution par l'acide chlorhydrique ou l'acide sulfurique, et on la concentre de manière à précipiter la plus grande partie des sels. Mais même lorsque la glycérine est à peu près déshydratée, elle tient encore en dissolution 8 ou 10 p. 100 de sel dont elle ne peut être débarrassée que par distillation.

On sait que la glycérine ne distille sans altération que lorsqu'elle est à peu près pure. La forte proportion de sels contenus dans la glycérine de savonnerie déprécie donc ce produit dans une large mesure.

---

(1) Voir *Moniteur scientifique*, 1889, p. 429.

Cependant, de toutes les impuretés, les sulfures alcalins et, à un degré moindre, les hyposulfites et les sulfites, sont les plus redoutés.

C'est pourquoi les distillateurs ont depuis quelque temps fait exclure de leurs marchés les glycérines qui contiennent des proportions appréciables de ces divers composés du soufre. Ces exigences sont très gênantes pour les savonniers, encore nombreux, qui emploient la soude Leblanc. Il est donc très important, pour ces derniers, de pouvoir doser le soufre dans leurs glycérines et surtout de pouvoir l'éliminer ou le transformer de manière à lui faire perdre ses propriétés nuisibles.

PRÉPARATION DE L'ÉCHANTILLON.

On pèse 50 grammes de glycérine pure concentrée. On l'étend de dix fois son poids d'eau bouillie. Si cette solution n'est pas complètement neutre, on la neutralise avec l'acide chlorhydrique pur étendu. On y ajoute un peu de bicarbonate de soude et on complète avec de l'eau bouillie, pour avoir 500 centimètres cubes de liqueur.

On ajoute à cette solution 2 ou 3 p. 100 de noir de cyanure (résidu de la fabrication du prussiate jaune). Ce noir doit être préalablement lavé à plusieurs reprises avec de l'acide azotique étendu, puis avec de l'eau distillée, et enfin, après avoir été séché à l'étuve, il doit être calciné au rouge sombre dans un creuset, à l'abri du contact de l'air.

On peut également employer le noir de sang, convenablement lavé, ou, à son défaut, le noir d'os en poudre ; mais ce dernier ne retient pas aussi bien les matières organiques qui souillent la glycérine et qui exercent une action très marquée sur la plupart des réactifs employés dans le dosage du soufre par les méthodes volumétriques.

Bien que par le procédé de dosage indiqué plus loin, l'opération complète ne dure pas plus d'une demi-heure, nous avons pensé qu'il était utile d'indiquer une méthode rapide d'essais qualitatifs qui peuvent, dans certains cas, fournir des indications suffisantes ou éviter un titrage inutile.

PRÉPARATION DES LIQUEURS NORMALES.

Liqueur d'iode. — On la prépare, selon la formule ordinaire, en faisant dissoudre 12 gr. 7 d'iode bi-sublimé et 20 grammes d'iodure de potassium dans de l'eau en quantité suffisante pour obtenir un litre de liqueur.

La préparation et la vérification du titre de cette liqueur sont indiquées dans tous les traités de chimie analytique.

Liqueur d'azotate de plomb. — On dissout 13 gr. 3 de carbonate neutre de plomb pur, desséché à l'étuve, dans une quantité suffisante d'acide azotique étendu. On ajoute un peu de carbonate de soude pour neutraliser la liqueur et assez d'eau pour compléter un litre.

Liqueur alcaline de plomb. — On dissout la même quantité de carbonate de plomb dans l'acide azotique. On ajoute une solution de potasse caustique concentrée en quantité suffisante pour dissoudre le précipité d'hydrate de plomb. Quand la solution est claire, on ajoute de l'eau pour compléter un litre.

VALEUR DES LIQUEURS NORMALES.

Liqueur d'iode. — 1 centimètre cube de liqueur contient 0 gr. 0127 d'iode et correspond à :

0 gr. 0158 d'hyposulfite de soude $S^2O^3Na^2$,
0 gr. 0096 d'acide hyposulfureux S^2O^2,
0 gr. 0064 de soufre dans l'hyposulfite,
0 gr. 0126 de sulfite de soude SO^3Na^2,
0 gr. 0032 d'anhydride sulfureux SO^2,
0 gr. 0016 de soufre dans le sulfite.

Liqueur de plomb. — 1 centimètre cube de liqueur contient 0 gr. 0103 de plomb et correspond à :

0 gr. 0039 sulfure de sodium Na^2S,
0 gr. 0016 soufre dans le sulfure.

ESSAI QUALITATIF.

Recherche des sulfures alcalins. — On dépose une goutte de la liqueur glycérique sur du papier humecté de nitrate de plomb.

Un dix-millième de sulfure dans la glycérine produit une tache très apparente.

Pour découvrir les traces les plus faibles de sulfures, on met dans un petit ballon 20 ou 30 centimètres cubes de liqueur, on y ajoute quelques gouttes d'acide chlorhydrique pur et une pincée de bicarbonate de soude en poudre. On chauffe légèrement, après avoir placé sur le goulot un morceau de papier humecté de nitrate de plomb. On peut découvrir ainsi les sulfures alcalins dans la proportion de quelques cent-millièmes.

Recherche des hyposulfites et des sulfites. — On prend une petite quantité de liqueur glycérique. On précipite les sulfures par la liqueur alcaline de plomb; on filtre. On ajoute une quantité suffisante de chlorure de baryum pour précipiter les carbonates, les sulfates et les sulfites et laisser un excès de baryte dans la liqueur. On filtre au papier spécial pour les précipités très fins. Lorsque la liqueur est parfaitement limpide, ce qui n'arrive qu'après plusieurs passages sur le filtre, on y ajoute quelques gouttes de permanganate de potasse. Il se forme un trouble très apparent, si la glycérine contient seulement un dix-millième d'hyposulfite.

Pour rechercher les sulfites, on reprend le précipité qui est resté sur le filtre, on le lave abondamment avec de l'eau bouillante. On le délaie dans un peu d'eau distillée et on y ajoute quelques gouttes de solution d'amidon. Une goutte de liqueur d'iode doit produire une couleur bleue qui disparaît très rapidement. Si deux ou trois gouttes de la même solution ne produisent pas une couleur bleue permanente, c'est que la glycérine contient des sulfites.

Dosage des sulfures alcalins. — On prend 25 centimètres cubes de solution glycérique. On y verse, goutte à goutte, de la liqueur normale d'*azotate de plomb*. On agite vivement. Il se forme un dépôt de sulfure de plomb qui tombe presque instantanément au fond de la capsule. On dépose de temps en temps une goutte du liquide clair sur une bande de papier imprégné de nitrate de plomb ou recouvert d'un enduit de céruse. On arrête l'opération lorsqu'il ne se produit plus de tache jaune sur le papier indicateur. Le volume de liqueur employé donne la proportion des sulfures alcalins.

Dosage des hyposulfites et des sulfites. — On prend la liqueur qui a servi au précédent titrage : on la filtre. On y ajoute une pincée de bicarbonate de soude en poudre et quelques gouttes de solution d'amidon.

On verse la solution d'iode goutte à goutte en agitant jusqu'à ce qu'il se produise une coloration bleue persistante. On obtient ainsi, en bloc, le titre des hyposulfites, des sulfites et des autres corps réducteurs qui peuvent se trouver dans la solution : on note ce premier résultat.

On prend de nouveau 25 centimètres cubes de solution glycérique que l'on traite comme la première fois, par le nitrate de plomb. On filtre pour séparer le sulfure et l'on ajoute à la liqueur claire quelques centimètres cubes de solution concentrée de *chlorure de strontium*. Les sulfites sont précipités à l'état de sulfite de strontium. On laisse reposer 8 ou 10 minutes, on filtre et on titre le liquide clair par la liqueur d'iode : *la différence entre le premier titrage et le second donne la quantité de sulfite*. Si la glycérine ne contenait pas de cyanures, d'azotites, de sels ferreux, d'arsénites et d'autres corps réducteurs, l'opération serait terminée par ce second titrage; mais il est toujours possible de rencontrer quelques-uns de ces composés dans la glycérine.

Il faut donc, dans un troisième essai, éliminer les hyposulfites et faire un dernier titrage qui ne laissera plus aucune incertitude.

On prend encore 25 centimètres cubes de solution glycérique dont on sépare les sulfures alcalins par *la liqueur alcaline de plomb.* On sépare le sulfure de plomb par filtration. On verse la liqueur claire dans un petit ballon, on y ajoute quelques centimètres cubes d'acide chlorhydrique pur, on chauffe à 100°, au bain de sable; l'acide hyposulfureux se décompose en soufre, qui se précipite, et en acide sulfureux qui se volatilise en partie. On laisse refroidir, on ajoute un peu d'eau bouillie et de carbonate de soude pour neutraliser l'acide en excès. On ajoute enfin quelques centimètres cubes de chlorure de baryum ou de strontium pour précipiter le sulfite, on filtre de nouveau et, sur le liquide clair, on fait un dernier titrage par l'iode : *la différence entre le 2e et le 3e titrage indique la quantité d'hyposulfite.*

DÉSULFURATION DES GLYCÉRINES.

Pour désulfurer les glycérines, il existe divers moyens dont l'emploi est plus ou moins facile. On peut précipiter les sulfures alcalins à l'état de sulfures métalliques dans des glycérines de faible densité. Un traitement par le sulfate de fer en excès, à chaud, suivi d'une addition de chaux éteinte pour précipiter l'hydrate de fer, constitue, non seulement un moyen de désulfuration, mais encore un procédé de blanchiment qui est assez connu et qu'on emploie dans beaucoup d'usines.

La plus grande partie des matières organiques est entraînée par le fer. Après décantation, l'excédent de chaux en dissolution doit être précipité par un peu de carbonate de soude et enfin la glycérine est filtrée, neutralisée par l'acide chlorhydrique et très concentrée.

Pour éliminer les hyposulfites et les sulfites, on pourrait acidifier la glycérine, la porter à l'ébullition pour dégager l'anhydride sulfureux et filtrer ensuite pour séparer le soufre ; mais ces diverses opérations ne sont pas d'une exécution très facile dans l'industrie.

Il est préférable de transformer tout le soufre en acide sulfurique par le chlore à l'état d'hypochlorite de chaux.

Un excès d'hypochlorite attaquerait la glycérine ; c'est pourquoi il ne faut en employer que la proportion strictement nécessaire pour oxyder les sulfites et les hyposulfites.

On prépare donc une solution concentrée d'hypochlorite de chaux en quantité convenable pour l'emploi industriel.

On mesure le pouvoir oxydant de cette solution au moyen de l'hyposulfite de soude, en versant dans une quantité de liqueur normale connue et chauffée à 80 ou 90° un volume déterminé d'hypochlorite de chaux insuffisant pour oxyder tout l'hyposulfite.

On mesure ensuite au moyen de la liqueur d'iode la quantité d'hyposulfite en excès, ce qui permet de connaître la proportion de la solution chlorée qui doit être employée pour convertir en sulfates les hyposulfites et les sulfites contenus dans la glycérine. Par ce traitement on n'introduit dans la glycérine aucun élément nouveau et l'on peut opérer dans les récipients ordinaires qu'il convient pourtant de doubler de plomb. Si l'on veut éviter d'introduire des sels de chaux dans la glycérine, on peut employer l'hypochlorite de soude.

SUR LA SOLIDITÉ DES COULEURS

Par M. le professeur HUMMEL.

(*Journal of the Society of Arts*, t. 39, p. 535.)

L'origine de la teinture est ensevelie, comme celle de la plupart des arts, dans la nuit des temps. Ce fut sans doute avec le désir de plaire à son semblable que l'homme commença à imiter la variété de couleurs qui l'entouraient dans la nature et essaya de colorier son corps et ses habits.

La première méthode employée pour teindre les fibres textiles consistait probablement à les tremper dans des jus de fruits, de fleurs, feuilles ou racines, délayés avec de l'eau, et nous sommes en droit de supposer que ces couleurs primitives manquaient de solidité.

Peu à peu on réussit à rendre quelques couleurs plus résistantes, probablement par l'emploi de certaines terres, et de cette façon les premiers teinturiers apprirent à apprécier l'efficacité de ce que nous appelons aujourd'hui « mordants ».

Les premières connaissances sur la teinture nous sont arrivées sans doute de l'Orient, et quoique d'abord les matières colorantes indigènes fussent largement employées, les nouvelles matières colorantes importées par suite de la découverte du Nouveau Monde ne tardèrent pas à en remplacer un grand nombre, grâce à leur plus grande richesse en matières tinctoriales, leur plus de solidité et leur plus grande beauté et en partie grâce à leur application plus facile. De cette façon, le kermès céda la place à la cochenille, le pastel à l'indigo, etc.

Jusqu'à l'année 1856, les matières colorantes naturelles étaient pour ainsi dire seules employées par les teinturiers; mais au courant de cette année un savant étonna le monde scientifique et industriel par la découverte de la « mauvéine », première matière colorante du goudron de houille. A partir de ce moment, un nombre toujours croissant de couleurs a paru sur le marché, provenant toutes de la même source.

Il y a à noter spécialement la découverte de l'alizarine artificielle, en 1868, par Graebe et Liebermann, et celle de l'indigotine, en 1878, par Adolphe Bayer, toutes les deux identiques avec les matières colorantes retirées de plantes.

En face de cette grande série de couleurs artificielles et de leur emploi universel, menaçant même l'emploi de matières colorantes bien connues d'origine végétale, il est de la plus haute importance de comparer et d'étudier très consciencieusement ces deux genres par rapport à leur solidité.

Les termes de « solide » et « fugace » n'ont pas de signification bien définie. Les couleurs teintes sont exposées aux influences les plus diverses, suivant les fibres auxquelles on les applique, suivant l'état des fibres et suivant l'emploi auquel on destine les fibres teintes.

Le terme de « couleur solide » est donc à envisager à plusieurs points de vue. L'un demandera à une couleur solide qu'elle ne passe ni à la lumière ni aux influences atmosphériques, un autre qu'elle ne se dégrade pas par le lavage ou le savonnage, un troisième qu'elle résiste à certaines opérations, comme le frottement, le foulon, le vaporisage, etc.; un quatrième peut aller jusqu'à exiger qu'elle réponde à toutes ces conditions réunies.

Nous pouvons dire, dès à présent, qu'aucune couleur teinte n'est absolument solide. Il y en a beaucoup qui sont solides au savon et au foulon et très fugaces à la lumière; d'autres sont solides à la lumière, mais ne résistent pas au foulon; d'autres encore peuvent être soumises à ces deux influences sans subir d'altération. Bref, chaque couleur a ses propriétés caractéristiques.

Mais il n'est pas du tout nécessaire de demander une solidité absolue pour n'importe quelle couleur. Une couleur qui décharge beaucoup au foulon peut néanmoins être excellente pour l'article rideaux, grâce à sa solidité à la lumière.

De même des couleurs donnant des nuances très riches et tendres peuvent sans inconvénient être employées dans la teinture des soies et satins destinés aux robes de bal et de soirées.

Les couleurs des tapis, rideaux et papiers peints doivent être solides à la lumière, mais personne ne pense à les soumettre à un lessivage énergique; de même nous n'exposons pas des flanelles et des bas à la lumière pour en déterminer la solidité, mais nous demandons que les couleurs ne tombent pas au lavage.

Une couleur est donc solide dans le cas où elle résiste aux influences auxquelles elle est soumise par suite de son emploi.

Tout ce que je viens de dire au sujet du terme « solide » peut s'appliquer au terme « fugace ».

La question plus importante à traiter est la suivante :

Action de la lumière sur les couleurs teintes.

Les anciens connurent déjà la propriété qu'a la lumière d'occasionner des transformations chez beaucoup de substances. Son action destructive sur les peintures et le fait que le vermillon noircit sous son influence sont mentionnés il y a déjà 2000 ans. Depuis lors, il a été établi par de nombreuses expériences que la lumière a la propriété d'exercer des actions chimiques, de causer, par exemple, la combinaison ou la décomposition de beaucoup de substances.

L'union du chlore et de l'hydrogène, l'altération des sels d'argent, la réduction du bichromate de potasse et de certains sels ferriques en contact avec des substances organiques, sont des exemples connus de l'action de la lumière. Il suffit, pour démontrer ce qui précède, de prendre quelques impressions sur calicot, de le préparer d'abord en le plongeant dans une solution de bichromate de potasse, puis d'exposer le calicot séché sous un négatif photographique, en lavant ensuite et teignant en alizarine ou toute autre couleur de ce genre. Pendant l'exposition sous le négatif, la lumière a réduit et fixé le sel de chrome sur certaines parties de la fibre à l'état de chromate de chrome ($Cr^2O^3CrO^3$) ; le bichromate est resté inaltéré aux parties les plus protégées et a été enlevé par le lavage ultérieur. Pendant la teinture, la matière colorante se combine avec le chrome fixé et produit de cette façon la photographie colorée.

Les impressions en bleu au prussiate sont produites d'une manière semblable, en employant comme sel sensible du citrate de fer ammoniacal et comme sel développateur du ferricyanure de potassium.

L'expérience a montré que les rayons les plus actifs par leur effet chimique sont les rayons bleus et, quoique tous les rayons absorbés par un corps coloré sensible provoquent son altération, ce sont surtout, comme l'expérience le prouve, les rayons bleus qui sont la principale cause de la dégradation des couleurs.

Dépierre et Clouet (1878-1882) ont exposé des couleurs imprimées et teintes sur calicot à la lumière qui avait passé par des verres colorés en rouge, orangé, jaune, vert, bleu et violet, correspondant à des parties définies du spectre, et ont trouvé que les rayons bleus changent le plus les couleurs, les rayons rouges le moins.

Plus récemment (en 1886-1888) Abney et Russell ont exposé des couleurs à l'eau sous des verres colorés et sont arrivés au même résultat.

Mais l'action chimique des rayons solaires n'est pas la seule cause de la dégradation des couleurs, il y en a encore d'autres qui s'y ajoutent et toutes aussi importantes que la lumière elle-même.

Chevreul a montré, il y a une cinquantaine d'années, quelles sont ces autres causes en exposant à la lumière, sous différentes conditions, un certain nombre de couleurs tientes, dans le vide, dans l'hydrogène sec et humide, dans l'air sec et humide, dans la vapeur d'eau et dans l'atmosphère ordinaire. Il trouva que des couleurs fugaces, telles que l'orseille, le safran et le carmin d'indigo passent très vite à l'air humide, moins vite à l'air sec et qu'elles n'éprouvent pas ou peu de changements dans une atmosphère d'hydrogène ou dans le vide. On peut donc en conclure que la lumière seule, sans l'intervention de l'air et de l'humidité, exerce une faible influence. Il fut en outre démontré que l'air et l'humidité, sans l'aide de la lumière, influent peu sur les couleurs teintes. Les expériences d'Abney et de Russell donnèrent un résultat analogue.

Ces conclusions concordent exactement avec nos connaissances sur l'ancien procédé de blanchiment du coton et du lin, d'après lequel le tissu mouillé est exposé sur l'herbe à la lumière en ayant soin de l'arroser fréquemment. Le résultat du blanchiment est nul ou minime si, par l'absence de rosée ou de pluie ou à défaut d'arrosage, le tissu devient sec.

Chevreul a trouvé que le bleu de Prusse était la seule couleur se comportant d'une manière anormale. Cette couleur passe en effet dans le vide, et ce qui est curieux c'est qu'en la conservant à l'obscurité et à l'air, la couleur revient. Il fut démontré que, durant l'exposition, la couleur perd du cyanogène ou de l'acide cyanhydrique et, qu'à l'obscurité et à l'air, l'oxygène est absorbé. Chevreul en conclut que la dégradation du bleu de Prusse est due à une réduction.

L'opinion générale est que ce fait que les couleurs passent, est dû à une oxydation par l'ozone ou l'eau oxygénée qui se forment pendant l'évaporation de l'eau, et ces deux substances sont des agents de blanchiment très énergiques.

Il serait très commode d'avoir une méthode permettant de déterminer rapidement la solidité à la lumière des couleurs et je crois qu'en effet quelques réactifs sont employés dans ce but.

D'après mes propres recherches, je suis arrivé à la conclusion que, pour le moment, nous n'avons pas de réactif pouvant remplacer la lumière solaire; en outre, je crois que l'action de la lumière varie avec les différentes matières colorantes suivant leur constitution chimique et suivant la fibre à laquelle on les a appliquées.

Quant à ce dernier point, Chevreul a trouvé en effet que les couleurs sont plus solides à la lumière sur certaines fibres que sur d'autres. Comme règle générale, nous pouvons dire que les matières colorantes sont le plus solides sur laine, le moins sur coton ; la soie tient une position intermédiaire. Il y a néanmoins beaucoup d'exceptions à cette règle, surtout quant à la laine et à la soie.

Depuis Chevreul, l'action de la lumière n'a pas été sérieusement étudiée. Des séries d'échantillons teints avec nos couleurs modernes ont été exposées, entre autres par Dépierre et Clouet, par Joffre, Muller, Kallab, Schmidt, mais les résultats publiés sont très peu complets. Sous les auspices de la « British Association » et d'un comité désigné à sa dernière assemblée à Leeds, j'espère avoir le plaisir d'étudier cette intéressante question.

J'espère à présent donner quelques résultats obtenus pendant les années précédentes dans la section de teinture du « Yorkshire College », où nous avions l'habitude d'exposer à la lumière et à d'autres influences les échantillons teints par nos étudiants. En outre, je soumets à l'appui des échantillons de coton, laine et soie, exposés pendant 34 jours et autant de nuits au bord de la mer, près Bombay, durant les mois de février et mars de cette année. Je fais remarquer que cet essai peut être regardé comme concluant, car il équivaut bien à une exposition d'une année entière dans nos contrées. Pendant toute cette période, le soleil n'était jamais caché par les nuages, il n'y avait pas de pluie, et chaque soir il y avait une abondante rosée. Je reconnais avec plaisir les services rendus par M. W. Reid, un ancien étudiant, qui a surveillé l'exposition des échantillons.

J'appellerai d'abord votre attention sur la série contenant les échantillons des matières colorantes naturelles, c'est-à-dire des matières colorantes connues avant 1856. Ces colorants sont de deux sortes : ceux qui teignent les fibres textiles directement et ceux qui ne les teignent que par l'intervention de certains sels métalliques appelés « mordants ». Ces derniers sont beaucoup plus nombreux ; mais dans les deux classes nous rencontrons des solides et des fugaces.

En parlant d'abord des échantillons de laine et des couleurs directes, nous trouvons que les seules couleurs solides sont le bleu de Prusse et le bleu indigo. Le curcuma, l'orseille, le cachou et le carmin d'indigo sont des couleurs très fugaces.

Parmi les colorants ne tirant que sur mordants, il y en a quelques-uns qui donnent des couleurs solides avec tous les mordants usuels, comme la garance, la cochenille, le kermès, c'est-à-dire des rouges avec l'étain et l'alumine, des bruns avec le cuivre et le chrome, des violets avec le fer.

D'autres matières colorantes, comme le camwood, le bois du Brésil, et de même le fustel, donnent des nuances fugaces avec n'importe quel mordant ; d'autres encore, comme la gaude, le quercitron, la flavine et les graines de Perse donnent des nuances solides avec certains mordants et des nuances fugaces avec d'autres mordants ; avec le chrome, le cuivre et le fer, on obtient par exemple des olives solides, tandis qu'avec l'alumine et l'étain on obtient des jaunes très faux teint. Un autre exemple est le campêche, qui donne un noir bleuâtre solide avec le cuivre, tandis qu'avec l'alumine et l'étain il donne des nuances peu solides ; d'autres expériences ont montré que les noirs au chrome et au fer occupent un rang intermédiaire. Le camwood (santal) et les matières colorantes semblables ont des propriétés anormales, en ce que les nuances obtenues avec l'alumine et l'étain deviennent d'abord plus foncées et ne changent que plus tard d'une manière normale.

En examinant les échantillons de soie, nous trouvons que pour les matières colorantes naturelles la solidité est à peu près la même que celle des nuances sur laine ; en quelques cas, les nuances semblent même être plus solides, comme par exemple le brun au cachou et les nuances au bois de Brésil avec mordant de fer.

Quant aux échantillons de coton, nous sommes frappés de constater le caractère fugace de presque toutes les matières colorantes naturelles. Il y a toutefois une exception à faire pour les couleurs à la garance, surtout quand elles sont fixées sur du coton préparé en huile pour rouge, comme c'est le cas pour le rouge turc ; de même il y a une exception à faire pour les noirs au fer. Il y a encore quelques couleurs minérales qu'il faut classer parmi les solides, c'est le chamois au fer, le bistre de manganèse, l'orange au chromate de plomb et le bleu de Prusse. La cochenille et ses congénères, qui sont d'excellentes couleurs pour la laine et pour la soie, ne donnent que des nuances fugaces sur coton. Ce qui est très remarquable, c'est l'absence totale d'une couleur végétale jaune vraiment solide et c'est probablement pour cette raison que, dans le temps, le fil d'or entrait fréquemment dans la composition des fibres textiles. Les nuances que donne l'indigo sur coton et sur soie ne sont pas absolument solides en les comparant aux nuances extrêmement solides qu'on obtient avec la même couleur sur laine.

Passons maintenant aux matières colorantes artificielles, dérivées à peu d'exceptions près des produits de distillation du goudron de houille. Nous les partageons aussi en couleurs tirant sur mordants et en couleurs tirant directement sans l'intervention d'aucun fixateur. Les deux classes sont très nombreuses.

Examinons d'abord les échantillons de laine, teints avec des couleurs teignant sur mordants.

Nous y trouvons quelques couleurs jaunes égalant en solidité celles d'origine naturelle, les surpassant même, comme les jaunes alizarine R et GGW (1). Ces deux colo-

---

(1) Jaune alizarine R (Farbwerke) :

$$C^6H^4 \begin{cases} (4)\ AzO^2 \\ (1)\ Az = Az\,(1)\,C^6H^3 \begin{cases} (4)\ OH \\ (3)\ COOH \end{cases} \end{cases}$$

Paranitraniline et acide salicylique.

Jaune alizarine GGW :

rants ne sont pas de vraies couleurs alizarines, et ils ne ressemblent en rien aux matières colorantes naturelles, car ils ne teignent pas sur mordant de fer; la galloflavine (1), par contre, et les jaunes alizarine A et C (2) se rapprochent plus des couleurs naturelles et ont à peu près leur solidité.

Parmi les couleurs rouges, nous avons l'alizarine (3) et ses nombreux congénères; ils correspondent à la garance et ont presque entièrement remplacé cette dernière. Cette classe importante s'est enrichie récemment de quelques nouveaux représentants, ce sont les diverses alizarines Bordeaux de Bayer (4). Les seuls d'une moindre solidité sont la purpurine (5) et l'alizarine marron (6).

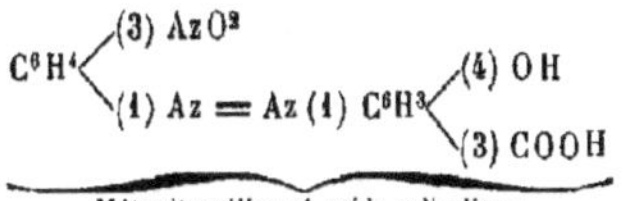

$$C^6H^4 \begin{cases} (3)\ AzO^2 \\ (1)\ Az = Az\ (1)\ C^6H^3 \begin{cases} (4)\ OH \\ (3)\ COOH \end{cases} \end{cases}$$

Métanitraniline et acide salicylique.

(1) Galloflavine (Bad. Anilin und Sodafabrik), préparée par oxydation modérée par l'air atmosphérique de l'acide gallique en solution aqueuse ou alcoolique et alcaline.

(2) Jaune alizarine A (Bad. Anilin und Sodafabrik) :

$$C^6H^5 - CO - C^6H^2 \begin{cases} (1)\ OH \\ (2)\ OH \\ (3)\ OH \end{cases}$$

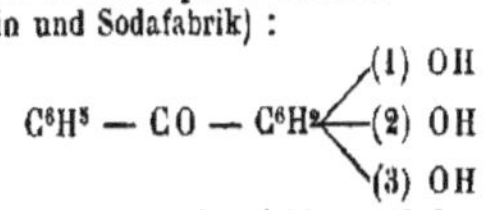

obtenu par condensation de l'acide benzoïque ou du trichlorure de benzyle avec du pyrogallol.

Jaune alizarine C (Bad.) : $CH^3 - CO - C^6H^2(OH)^3$, par l'action de l'acide acétique glacial et du chlorure de zinc sur le pyrogallol.

(3) Alizarine :

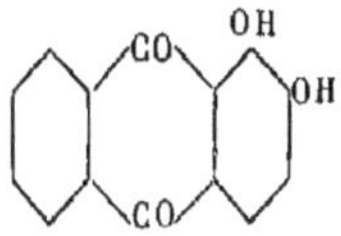

OH, OH, CO, CO

(4) Alizarine Bordeaux B (Bayer) :

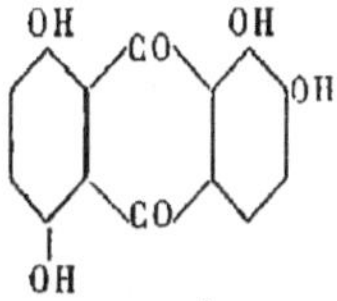

OH, CO, OH, OH, CO, OH

par oxydation de l'alizarine avec de l'acide sulfurique fumant et saponification de l'éther sulfurique de la tétroxyanthraquinone formée en premier lieu.

Alizarine cyanine R (Bayer) :

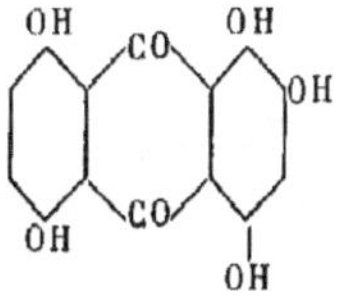

OH, CO, OH, OH, CO, OH, OH

par oxydation de l'alizarine Bordeaux en solution d'acide sulfurique avec du peroxyde de manganèse et en chauffant le produit intermédiaire avec des acides dilués ou de l'acide sulfureux.

Alizarine cyanine G (Bayer), en traitant le produit intermédiaire, formé en préparant l'alizarine cyanine R, avec de l'ammoniaque.

(5) Purpurine :

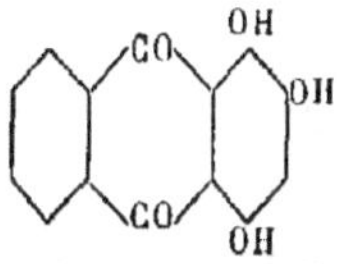

CO, OH, OH, CO, OH

(6) Alizarine marron (Bad. Anilin und Sodafabrick), est de l'amidoalizarine.

Nous avons à noter encore des bleus et des verts solides, pour lesquels nous n'avons pas de représentants parmi les couleurs naturelles. Ce sont le bleu d'alizarine (1), l'alizarine cyanine, l'alizarine indigo (2), le vert d'alizarine (3) et la céruléine (4).

En outre, il y a un excellent groupe de colorants donnant des bruns et des verts solides avec le cuivre et le fer; ce groupe se compose du vert naphtol (5), du vert résorcine (6), de la gambine (7) et de la dioxine (8).

---

(1) Bleu d'alizarine (Bad.) :

$$C^6H^4 \left\langle \begin{array}{l} (1)\ CO\ (1) \\ (2)\ CO\ (2) \end{array} \right\rangle C^6 \left\langle \begin{array}{l} (6)\ OH \\ (5)\ OH \\ (4)\ Az = CH \\ \qquad | \qquad\ \ | \\ (3)\ CH = CH \end{array} \right.$$

par condensation de la nitroalizarine avec l'acide sulfurique et la glycérine.

(2) Alizarine-indigo (Bad. anilin und Sodafabrick), en faisant réagir l'acide sulfurique sur le vert alizarine et ensuite le bisulfite de soude.

(3) Vert d'alizarine S (Bad. anilin und Sodafabrik), en faisant réagir l'acide sulfurique sur le bleu d'alizarine et ensuite le bisulfite de soude.

(4) Céruléine :

$$C^6H^4 \left\langle \begin{array}{l} C - C^6HOH - O \\ \| \\ O \quad / \quad >O \\ C - C^6H^2 - O \\ | \qquad | \\ \ \_\_\_ O \end{array} \right.$$

en chauffant la galléine à 200° avec de l'acide sulfurique.

(5) Vert naphtol :

$$C^{10}H^5 \left\{ \begin{array}{l} SO^3Na \\ = O \\ = AzO - Fe - OAz \end{array} \right. \qquad \left. \begin{array}{r} NaO^3S \\ O \end{array} \right\} C^{10}H^5$$

en faisant réagir l'acide nitreux sur l'acide β-naphtolmonosulfonique S et préparation ultérieure du sel de fer.

(6) Vert résorcine (dinitrosorésorcine) :

$$C^6H^2 \left(\begin{array}{l} = O \\ = AzOH \end{array} \right)^2$$

préparé avec l'acide nitreux et la résorcine.

(7) Gambine R (Read Holliday and sons) :

$$\underbrace{C^6H^4 \left\langle \begin{array}{l} (1)\ CO - C = Az - OH \\ \qquad\qquad\ | \\ (2)\ CH = CH \end{array} \right.}_{\beta\text{-nitroso-}\alpha\text{-naphtol.}}$$

préparé en traitant par le nitrite de soude en solution alcoolique l'α-naphtol en présence de chlorure de zinc.

Gambine Y :

$$\underbrace{C^6H^4 \left\langle \begin{array}{l} (1)\ CH = CH \\ \qquad\qquad\qquad\quad | \\ (2)\ C\ (= Az - OH) - C = O \end{array} \right.}_{\alpha\text{-nitroso-}\beta\text{-naphtol.}}$$

(8) Dioxine (Léonhardt) :

$$\underbrace{C^6H^3 \left\langle \begin{array}{l} (1)\ C\ (= Az - OH) - C = O \\ \qquad\qquad\qquad\qquad\ | \\ (2)\ CH = CH \\ (5)\ OH \end{array} \right.}_{\text{Mononitrosodioxynaphtaline.}}$$

préparée en traitant par le nitrite de soude la dioxynaphtaline.

Les seules couleurs fugaces de cette classe de colorants tirant sur mordants, sont quelques jaunes, le bleu gallamine (1) et la gallocyanine (2).

En examinant sur soie ces mêmes colorants tirant sur mordants, nous y trouvons un bon nombre de solides; et, comme pour le coton, il y en a un grand nombre bon teint pour lesquels nous n'avons pas de représentants parmi les couleurs naturelles.

Autrefois, on croyait que le seul but des mordants était de mieux fixer les couleurs sur la fibre; mais nous savons à présent, et cela est pleinement démontré par l'expérience que cette manière de voir est erronée, car le mordant ne fixe pas seulement la couleur, mais il la développe encore; le mordant et le colorant se combinent chimiquement pour donner la laque colorée.

Si une matière colorante se combine avec plusieurs mordants, les couleurs ainsi obtenues représentent des produits chimiques distincts, et il est naturel, par conséquent, qu'elles diffèrent quant à leur nuance et quant à leur solidité à la lumière.

Il est donc du devoir du teinturier d'essayer chaque matière colorante de cette classe avec les différents mordants, et de choisir la combinaison qui lui donne la nuance et la solidité voulues. Pour les nuances complexes, le teinturier a généralement recours à un seul mordant qu'il teint avec un mélange approprié de matières colorantes; il y a plus de difficulté à faire l'inverse, c'est-à-dire à teindre avec une seule matière colorante un mélange de mordants.

Le bichromate de potasse, qu'on emploie sur une grande échelle pour la teinture de la laine, est un excellent mordant; il est bon marché, facile à appliquer et sans danger pour la fibre. C'est le désir du teinturier sur laine d'avoir une série de couleurs rouges, jaunes, bleues, etc., donnant des nuances solides avec ce mordant, et c'est donc à l'industrie des matières colorantes artificielles que le problème se pose d'en livrer le plus possible. Avec la série des couleurs d'alizarine, le teinturier a été doté d'un grand nombre de colorants répondant à ses besoins, et la plupart d'entre elles ne donnent pas seulement des nuances solides avec le bichromate de potasse, mais encore avec d'autres mordants et sur d'autres fibres que la laine.

En examinant les échantillons exposés des colorants dont nous avons parlé jusqu'à présent, nous n'hésitons pas à condamner l'opinion très répandue que toutes les couleurs du goudron de houille sont fugaces, tandis que les couleurs naturelles seules sont solides. C'est en effet l'inverse qui est démontré. Pour ma part, je suis persuadé qu'à présent le teinturier a à sa disposition un plus grand nombre de couleurs solides provenant du goudron de houille, que de n'importe quelle autre source, et je crois qu'il serait possible de faire avec ces seules couleurs, si c'était nécessaire, des tapis, meubles ou autres articles pouvant concourir avec succès à tous les points de vue avec les meilleurs produits de l'Orient.

Mais comment se fait-il alors que ces matières colorantes aient été si longtemps et avec tant de persistance condamnées par le public? A part le fait que l'opinion publique se basait sur une connaissance imparfaite de la question, nous en avons l'explication en examinant les échantillons des colorants tirant sans l'intervention de mordant. Je les ai partagés, suivant leur mode d'emploi, en trois groupes, à savoir : les colorants basiques, acides, et les colorants se rattachant au rouge Congo. Un quatrième groupe, ne comprenant que peu de représentants, se compose des matières colorantes produites sur la fibre même.

(A suivre.)

---

(1) Bleu gallamine (Geigy), préparé en traitant l'acide gallamique par le chlorhydrate de nitrosodiméthylaniline.

(2) Gallocyanine (Durand et Huguenin) :

$$Cl - Az(CH^3)^2\,(4)\,C^6H^3 \begin{cases} (1)\ Az\ (1) \\ (2)\ O\ (2) \end{cases} C^6H \begin{cases} (6)\ COOH \\ (4)\ OH \\ (3)\ OH \end{cases}$$

en traitant l'acide gallique ou le tannin par le chlorhydrate de nitrosodiméthylaniline.

COULEURS MINÉRALES. — PIGMENTS CHROMÉS.

Contribution à l'étude des pigments chromés.

Par M. Carl. Otto Weber (1).

(*Dingler's polytechnisches Journal*, t. 282, p. 139, 183 et 206.)

Verts de chrome préparés avec les jaunes de chrome.

Le nom de *verts de chrome* devrait être réservé à l'hydrate d'oxyde de chrome (vert Guignet) ou aux pigments verts formés par des sels d'oxyde de chrome simples ou doubles. Toutefois, l'usage a prévalu dans le commerce de désigner aussi sous ce nom les mélanges de jaune de chrome et de bleu de Paris, tandis que le vrai vert de chrome, le vert Guignet, est plus généralement vendu sous le nom de vert permanent ou de vert solide (2).

La couleur et la qualité des verts de chrome mélangés dépend de trois conditions essentielles :

a) La nature du jaune de chrome employé;

b) La nature du bleu;

c) Le procédé mis en usage pour mélanger et unir le jaune et le bleu.

Tous ceux qui se sont occupés de mélanges de couleurs savent combien de petites différences de nuances des composants influencent la nuance et le brillant du mélange.

On a reconnu depuis longtemps que, seuls, les jaunes de nuance soufre ou citron peuvent engendrer des verts mélangés ayant du feu et de l'éclat. Nous ajouterons que la pureté de la nuance du jaune a moins d'influence que la moindre trace de teinte orangée, car on peut, avec des jaunes dont la nuance n'est ni brillante ni bien franche, obtenir des verts de toute beauté, alors que des jaunes très brillants, mais teintés d'orangé, donnent des verts de moindre valeur, dont la nuance se rapproche, suivant la proportion de l'orangé, du vert mousse ou du vert olive.

Pour ces motifs il faut rejeter, dans la préparation des verts mélangés brillants, le jaune de chrome $PbCrO^4$, préparé dans les conditions ordinaires, qui, comme nous l'avons montré dans une précédente étude (3), tire toujours plus ou moins sur l'orangé. Bien entendu, on pourra en faire usage pour obtenir les nuances mousse ou olive; mais celles-ci ne font pas l'objet de cette étude et peuvent d'ailleurs être produites plus économiquement par le mélange d'autres pigments.

Le fait que l'on ne peut obtenir industriellement des jaunes de chrome de nuances soufre ou citron bien franches que par précipitation simultanée d'un sel de plomb par un chromate et un sulfate, c'est-à-dire en produisant un mélange de chromate et de sulfate de plomb, indique dès l'abord les conditions dans lesquelles il convient de se placer pour préparer le précipité jaune pour la fabrication du vert.

L'expérience a montré que les mélanges les plus favorables sont compris entre les compositions extrêmes: $(PbCrO^4)^2PbSO^4$ et $PbCrO^4(PbSO^4)^2$. On peut obtenir de beaux verts avec tous les précipités de composition intermédiaire. Mais si l'on tient compte du pouvoir couvrant, on reconnaît qu'il y a intérêt à ne pas forcer la proportion du sulfate de plomb. Ce sel, en effet, couvre beaucoup moins que le chromate. Aussi presque tous les verts commerciaux sont à base d'un jaune de chrome contenant le chromate et le sulfate à peu près dans le rapport de 2 équivalents du premier pour 1 du second, que la pratique a montré le plus favorable pour unir une belle nuance à un pouvoir cou-

(1) Voir les articles du même auteur parus dans le *Moniteur scientifique* de novembre 1891.

(2) Des mélanges de vert Guignet et de jaune de zinc portent le nom de vert Victoria.

(3) *Loco citato*.

vrant assez développé. Il n'est pas prudent d'augmenter la proportion du sulfate, car le produit aurait alors plus de tendance à *tourner*, risque qu'il court déjà lorsqu'il est fabriqué dans de bonnes conditions à cause du mélange avec le bleu.

Le jaune destiné à la production des verts chromés s'obtient encore dans la plupart des fabriques avec les doses suivantes :

I.	Acétate de plomb	36	parties.
	Ou nitrate de plomb	32	—
	Bichromate de potasse	7.5	—
	Sulfate d'alumine	7.5	—
	Craie	5	—

On verse la dissolution du sel de plomb dans la solution de bichromate et de sel d'alumine dans laquelle on a délayé la craie. Cette dernière (craie lévigée) sert surtout comme agent de neutralisation pour empêcher la formation d'acide libre ; mais elle agit aussi sur la nuance du jaune formé qu'elle rend plus nourrie sans cependant en altérer le ton caractéristique. C'est pour cette raison que nous préférons cette recette à celle dont font encore usage quelques fabriques autrichiennes :

II.	Acétate de plomb	26	parties.
	Bichromate	7.5	—
	Sel de Glauber cristallisé	3.5	—

On obtient aussi de bons résultats avec les proportions :

III.	Acétate de plomb	36	parties.
	Bichromate	7.5	—
	Sel de Glauber calciné	7.8	—
	Sel de soude (soude Solvay)	9	—

Ici la proportion du sulfate est assez élevée ; cependant le produit est fort beau. Cela tient à la présence du sel de soude qui joue le même rôle que la craie dans la formule I. On peut ajouter ce sel à la dissolution du bichromate et du sel de Glauber et verser ensuite la liqueur plombique ; mais il est préférable de verser la lessive de soude carbonatée dans la dissolution d'acétate de plomb et de réunir ensuite avec l'autre liqueur. Ce mode d'opérer ne change rien, bien entendu, aux conditions d'acidité ou de neutralité ; mais l'acide carbonique, mis en liberté durant la précipitation du jaune, agit favorablement sur l'état d'agrégation du précipité.

Le lavage pour l'élimination des sels solubles du jaune précipité est une opération très importante. On sait en effet que le jaune est d'autant plus brillant et plus chaud que le lavage en a été plus rapide. Dans la pratique, on se contente en général de laver deux fois par décantation.

La différence de beauté du jaune due à la plus ou moins longue durée du lavage ressort bien clairement de ce fait qu'un produit préparé au laboratoire sur une petite quantité est toujours plus beau que le produit obtenu avec les mêmes réactifs et dans des conditions analogues en grand. Cela tient à ce que le lavage d'un essai en petit exige au plus deux heures de temps alors qu'il faut environ huit heures pour laver le produit d'une opération industrielle.

Il s'agit maintenant de « bleuir » le précipité jaune obtenu, c'est-à-dire de le transformer en vert par addition de bleu de Paris. Pour ce travail on emploie toujours le bleu à l'état de pâte d'une teneur connue en pigment sec.

La quantité de bleu à ajouter dépend avant tout, cela se conçoit, de la nuance que l'on désire obtenir. Pour les quantités de jaune produites à l'aide des formules ci-dessus, on emploiera moyennement de 5 à 36 kilogrammes de bleu de Paris calculé sec. On observera que si l'on fabrique des verts étendus, on devra diminuer la quotité du bleu par rapport au jaune en raison de la charge de couleur blanche ajoutée. Cela tient à ce que le pouvoir couvrant du bleu de Paris est bien supérieur à celui du jaune de chrome, en sorte que plus on diluera un vert mélangé et plus la couleur bleue deviendra dominante. Pour obtenir un vert clair du même ton qu'un vert foncé, on devra donc employer pour le premier beaucoup moins de bleu.

On mélange bien les pâtes bleue et jaune, on filtre, presse, sèche et pulvérise. Cette dernière opération contribue à donner au mélange le degré d'homogénéité nécessaire que l'on ne peut atteindre par le malaxage même prolongé des couleurs en pâte. Si la couleur doit être vendue en pâte, on fera bien d'achever la couleur sèche, puis de la malaxer avec la quantité d'eau voulue ; ce moyen est plus économique et plus commode que le passage au moulin de la pâte directe jusqu'à parfait mélange.

Le procédé que nous venons de décrire est très primitif; néanmoins c'est encore celui qui est suivi dans le plus grand nombre des fabriques. Or il est non seulement irrationnel, coûteux et incommode, mais encore il occasionne souvent des pertes parce que la couleur *tourne*, accident dont on ne connaît pas la cause d'une façon bien précise et encore moins le remède. La consommation du bleu est assez grande dans ce procédé, et cela se conçoit si l'on réfléchit que le bleu employé, même alors qu'on le passe à travers un tamis très fin avant de l'ajouter à la pâte chromique, se trouve cependant à l'état de grains relativement gros. Ces grains se trouvent entourés par le jaune qui est dans un état de plus grande division, et l'effet qu'ils produisent dans le mélange s'en trouve diminué. A la vérité, le broyage du mélange sec fait un peu *ressortir* le bleu, mais cependant l'amélioration ainsi obtenue est loin de correspondre à l'effet maximum que peut produire la proportion de bleu employée.

Autre inconvénient : Sans doute, en raison de l'union très superficielle des deux pigments, les verts obtenus par l'ancien procédé ont le défaut de passer très vite à la lumière. Ce phénomène est tellement sensible, qu'en plein soleil, il n'est pas rare de voir, au bout d'une demi-heure d'exposition, la nuance verte faire place à un jaune magnifique. En traitant la couleur ainsi passée par de l'acide nitrique dilué et tiède, on en extrait de grandes quantités d'oxyde de fer. La destruction du bleu s'accompagne, il convient de le dire, d'un dégagement sensible de cyanogène, mais non d'acide cyanhydrique. Comme l'eau, même bouillante, n'enlève pas au vert la plus petite trace de ferrocyanure ou de ferricyanure, on peut en conclure que la décomposition du bleu est due uniquement aux rayons lumineux. L'oxygène n'intervient en aucune façon dans le phénomène qui se produit aussi bien et aussi vite dans le vide qu'à l'air, ou dans une atmosphère d'oxygène pur ou d'oxygène ozonisé, d'azote, d'hydrogène ou d'acide carbonique.

Ce résultat semble anormal à première vue ; cependant en y réfléchissant, on comprend que le chromate de plomb puisse fournir l'oxygène nécessaire à la décomposition du bleu. Cette explication est justifiée par le fait que l'acide nitrique dilué extrait, du vert décoloré ou jauni par le soleil, non seulement du protoxyde de fer, mais aussi de l'oxyde de chrome. Il est remarquable que l'extrait nitrique ne contient jamais d'oxyde de plomb. Je m'en suis assuré à plusieurs reprises. Cependant, si une partie de l'acide chromique est réduite à l'état d'oxyde de chrome qui se dissout dans l'acide nitrique, cet acide devrait aussi dissoudre la quantité d'oxyde de plomb équivalente au chromate transformé. La seule explication que j'aie pu trouver à ce fait consiste à admettre que, dans la décomposition du chromate de plomb, ce dernier métal se sépare à l'état de peroxyde, suivant l'équation :

$$2\,PbCrO^4 = 2\,PbO^2 + Cr^2O^3 + O.$$

Si l'on adopte cette manière de voir, il en résulte que la décomposition d'une molécule de bleu de Paris $Fe^5(CAz)^{18}$ qui exige 7 1/2 atomes d'oxygène, emploierait, d'après l'équation ci-dessus, 15 molécules de chromate de plomb. Le fait qu'une molécule aussi complexe que $Fe^5(CAz)^{18}$ prend part à la réaction n'est sans doute pas étranger à la rapidité avec laquelle le vert se détruit. Au reste, bien que la lumière exerce sur ce phénomène une action prépondérante, il se produit aussi jusqu'à un certain point dans l'obscurité ; ainsi l'auteur de ces lignes a observé à plusieurs reprises le dégagement d'un gaz à odeur de cyanogène ou d'acide cyanhydrique dans l'opération du broyage au moulin à boulets fermé. Cette décomposition ne s'explique pas aisément; elle ne peut pas être due à la présence d'une trace d'acide provenant d'un lavage insuffisant, car elle se produit au même degré avec du bleu de Paris en pâte absolument neutre. Et ce qu'il y a de plus singulier, c'est que la décoloration du vert de chrome est beaucoup moins fréquente, lorsque la pâte de bleu a été non pas ajoutée au jaune précipité, mais délayée à l'avance dans la solution de sel de plomb, avant le mélange avec la liqueur chromique.

Avec cette manière d'opérer, on obtient un mélange plus homogène du jaune et du bleu que par le malaxage des pâtes, quoique non encore parfait.

Le vert ainsi préparé dégage aussi au broyage des traces de gaz à odeur cyanhydrique; mais il est beaucoup plus résistant à la lumière que l'autre. Aussi ce tour de main mérite-t-il d'être recommandé; il permet d'ailleurs d'éviter le lavage à neutralité du bleu de Paris, opération toujours fort longue, parce que les traces d'acide qui resteraient dans la pâte se trouvent neutralisées lorsqu'on délaie dans la solution d'acétate de plomb. La consommation du bleu est un peu moindre pour la préparation d'une nuance donnée de vert qu'avec le mélange des pâtes.

Les verts obtenus par le dernier moyen résistent mieux à la lumière que ceux préparés par l'ancien procédé; toutefois, ils ne méritent en aucune façon l'épithète de couleurs solides; au point de vue de l'utilisation du bleu, les critiques que nous avons formulées plus haut s'appliquent ici, puisque le bleu est en somme employé sous le même état. Enfin les deux procédés ont encore de commun le défaut de fournir des pigments dont le pouvoir couvrant est réduit par la présence du sulfate de plomb mélangé au chromate.

Nous avons justifié du reste l'emploi de jaunes de chrome mélangés de sulfate pour la préparation des verts. De tout temps, on a cherché à obtenir des jaunes de chrome de nuances convenables, sans adjonction de sulfate de plomb. Il y a une dizaine d'années que ces recherches ont été couronnées de succès. Nous n'avons pu connaître ni la date précise ni l'auteur réel de cette découverte. Le procédé lui-même est tout à fait singulier. Il repose sur la précipitation par l'acétate de plomb d'une solution de bichromate partiellement réduite par l'acide tartrique ou l'acide citrique.

On dissout par exemple :

Bichromate de potasse................................	20 kilogrammes.
Dans eau bouillante................................	60 litres.
Et l'on ajoute à l'ébullition : acide citrique cristallisé..........	2 kilogrammes.

Il se déclare aussitôt un tumultueux dégagement de gaz carbonique, et la nuance de la solution vire au brun olive noirâtre. Lorsque le dégagement d'acide carbonique a pris fin, on étend la liqueur de trois à quatre fois son volume d'eau froide et on coule dans une solution également froide de :

Acétate de plomb....................................	56 kilogrammes.
Eau..	1000 litres.

Le jaune précipité est d'une nuance extraordinaire : terne et teinté de vert; comme jaune il est inutilisable. Aussi est-il d'autant plus surprenant de le voir produire, avec le bleu de Paris, des verts qui surpassent de beaucoup ceux que l'on obtient avec le jaune de chromate de plomb mélangé de sulfate, non seulement par leur beauté et leur brillant, mais surtout par leur solidité. Une autre propriété très précieuse de ce jaune, est qu'il n'offre aucune tendance à *tourner*, fait d'autant plus remarquable qu'on sait combien il est difficile d'obtenir, par le moyen ordinaire, c'est-à-dire en précipitant une solution d'acétate de plomb par un chromate ou un bichromate soluble, des jaunes stables, non exposés à tourner.

La caractéristique de ce nouveau procédé est la réduction partielle de l'acide chromique. Cherchons à nous rendre compte du mécanisme de cette réaction. On peut faire deux hypothèses que résument les équations suivantes :

$$a)\ 6\,R^2Cr^2O^7 + 7\,C^6H^8O^7 = 6\,R^2CrO^4 + 3\,Cr^2(C^6H^5O^7) + 6\,CO^2 + 13\,H^2O.$$

$$b)\ 15\,K^2Cr^2O^7 + C^6H^8O^7 + 15\,K^2CrO^4 + 3\,Cr^2(CrO^4)3 + 6\,CO^2 + 4\,H^2O.$$

L'expérience permet de décider entre ces deux formules.

On a dissous 20 grammes de bichromate dans 50 centimètres cubes d'eau et fait bouillir avec 2 grammes d'acide citrique cristallisé jusqu'à cessation du dégagement de de CO^2. Le produit de la réaction, coloré en brun olive, a été légèrement alcalinisé par l'ammoniaque; on filtre chaud. Or le filtre ne retient pas la plus petite trace d'oxyde de chrome.

Si, au contraire, on précipite la liqueur bouillie avec l'acide citrique par un excès d'acétate de plomb, on obtient une eau mère filtrée, colorée en vert d'où, après élimination de l'excès de plomb, l'ammoniaque précipite de l'oxyde de chrome.

D'après cela la réaction se passerait suivant l'équation *a* : il se forme du citrate de chrome d'où, comme on sait, l'ammoniaque ne déplace pas l'oxyde. Ce fait est d'autant plus remarquable, que l'on se serait attendu à voir le citrate de chrome oxydé par l'ébullition avec le grand excès d'acide chromique en présence; c'est cette hypothèse qu'exprime l'équation *b*.

Pour étudier la réaction de plus près, on a traité comme précédemment une solution bouillante de 20 grammes de bichromate dans 50 centimètres cubes d'eau par 2 grammes d'acide citrique, jusqu'à cessation du dégagement de CO^2. On a étendu d'eau et ajouté une solution de 160 grammes de sulfate double de protoxyde de fer et d'ammoniaque et, après avoir fortement agité, on a acidulé avec 10 grammes d'acide sulfurique concentré. Le volume de la liqueur colorée en vert foncé a été amené à 1000 centimètres cubes.

L'excès de sel ferreux a été titré au moyen d'une solution de permanganate dont il fallait employer 57 centimètres cubes pour oxyder 1 gramme de sulfate ferreux ammoniacal, $Fe\,(Az\,H^4)^2\,(S\,O^4)^2\,6\,H^2O$.

Le titrage de la solution obtenue comme il vient d'être expliqué demande quelques précautions, en raison, d'une part, de la couleur vert foncé de la liqueur, et en second lieu, de la présence possible d'acide citrique.

On peut écarter la cause d'erreur due à la coloration en opérant en liqueur assez étendue; on diluera 5 centimètres cubes du produit, de façon à avoir un volume de 100 centimètres cubes environ. Dans ces conditions, la première goutte de permanganate en excès fait virer la couleur vert pâle au violet gris.

Quant à ce qui concerne l'acide citrique, on sait que le permanganate n'agit pas sur cette substance aussi longtemps qu'il y a en présence du sel ferreux non oxydé; mais dès que tout ce sel est peroxydé, l'acide citrique est attaqué à son tour. Aussi observe-t-on au titrage que la couleur amenée au violet repasse peu à peu, en un temps assez court, au vert pâle primitif. Le titrage doit être considéré comme terminé dès le premier virage au violet. On fera plusieurs dosages et on prendra la moyenne des chiffres les plus bas comme mesure de l'excès de sel ferreux.

En opérant ainsi avec la liqueur traitée comme on l'a dit plus haut, on a trouvé que :

5 centimètres cubes de solution de chrome emploient 2 c. c. 7 de permanganate.

D'où : 1000 centimètres cubes de solution de chrome = 540 centimètres cubes de permanganate,

et 57 centimètres cubes de permanganate valant 1 gramme de $Fe\,(Az\,H^4)^2\,(S\,O^4)^2\,6\,H^2O$,

540 centimètres cubes de permanganate vaudront 9 gr. 473 de $Fe\,(Az\,H^4)^2\,(S\,O^4)^2\,6\,H^2O$.

D'après cela, on calcule que sur 160 grammes de sel ferreux ajouté, 150 gr. 527 ont été oxydés par le bichromate et qu'il a fallu pour cela 18 gr. 870 de ce dernier sel. Les 2 grammes d'acide citrique ajoutés ont donc réduit 20 grammes — 18 gr. 870 = 1 gr. 13 de bichromate.

Or, d'après l'équation *a*, 2 grammes d'acide citrique doivent réduire 1 gr. 2 de bichromate, et d'après l'équation *b*, 2 grammes d'acide citrique réduiraient 8 gr. 4 de bichromate. Il ne peut donc rester le moindre doute sur le sens de la réaction qui s'accomplit bien comme le faisaient prévoir les essais préalables, d'après l'équation *a*.

Ce point étant bien établi, nous pouvons calculer la composition du produit résultant de l'action de 2 grammes d'acide citrique sur 20 grammes de bichromate. Nous trouvons qu'il est formé par un mélange de :

$K^2Cr^2O^7$	17 gr. 592	comptés pour	100	parties.
K^2CrO^4	1 gr. 587	formant	9	—
$Cr^2(C^6H^5O^7)^2$	0 gr. 985	—	5.6	—

Nous devons nous demander maintenant quel est celui de ces composés qui joue un rôle si important dans la préparation du jaune et qui communique notamment à ce pigment la précieuse propriété de ne pas *tourner* comme le jaune préparé par les anciens procédés.

Le bichromate seul fournit par double décomposition avec les sels de plomb, des jaunes qui se détériorent ou tournent invariablement et qui n'ont, de ce chef, aucune valeur comme pigments industriels.

Les jaunes préparés avec le chromate neutre sont, sous ce rapport, bien supérieurs aux précédents; néanmoins, ils sont aussi sujets à détérioration.

Ce n'est donc ni à l'un ni à l'autre de ces composants qu'il faut attribuer une action favorable pour la production de jaunes stables dans le mélange que nous étudions.

Il était intéressant d'examiner à ce point de vue des mélanges artificiels de bichromate et de chromate neutre avec ou sans citrate de chrome. C'est ce que nous avons fait avec les mélanges suivants, en nous attachant à les traiter dans des conditions aussi identiques que possible (concentration, température, lavage du jaune obtenu) :

	a	*b*	*c*	*d*	*e*	*f* (1)
Bichromate	18	—	16	16	15	16
Chromate neutre	—	23	1.5	—	1.35	—
Citrate de chrome	—	—	—	1	0.85	1

Les solutions étendues à 150 centimètres cubes ont été précipitées avec une solution de 50 grammes d'acétate de plomb dans 750 centimètres cubes d'eau; on a complété le volume de 1 litre et lavé cinq fois par décantation; les précipités ont été ensuite égouttés sur filtre et séchés.

Immédiatement après la précipitation, on n'a observé aucune différence entre les essais *a*, *b* et *c*. Déjà, durant le lavage, *b* a montré des dispositions à *tourner*. Après 12 heures, les trois précipités étaient complètement détériorés. C'est l'essai *b*, comme on l'a dit, qui a le premier changé de nuance; peu après, le même phénomène s'est déclaré avec *c* et enfin avec *a*.

Les choses se sont passées tout autrement avec les trois précipités obtenus en présence d'acide citrique :

Ni aussitôt après la précipitation, ni durant le lavage ou la dessiccation, ils n'ont subi le moindre changement. Tous trois ont conservé leur belle nuance jaune citron brillante qu'ils avaient aussitôt après leur formation.

On peut conclure de là, sans objection possible, que la stabilité des jaunes citriques n'est pas due au mode spécial de préparation, c'est-à-dire à une réduction partielle de l'acide chromique, mais uniquement à la présence de l'acide citrique échappé à l'oxydation. Cela résulte surtout de l'expérience *f*.

Nous sommes donc conduits par ces résultats à la conclusion qu'une petite quantité de citrate de plomb (ou de tartrate) précipité en même temps que le chromate, est en mesure d'empêcher ce dernier de tourner.

Une autre série d'expériences portant sur les mélanges *d*, *e* et *f* dans lesquels on a employé le nitrate de plomb au lieu de l'acétate, nous a fourni, après coup, une confirmation très nette de cette manière de voir.

Si l'on opère avec l'acétate de plomb, l'acide acétique mis en liberté par la double décomposition ne peut pas dissoudre le tartrate ou le citrate de plomb précipités en même temps que le chromate. Tandis qu'avec le nitrate de plomb, l'acide nitrique en excès empêche la précipitation de ces sels qui sont éliminés en totalité par le lavage,

(1) Dans l'essai *f* on a ajouté de l'acide citrique au lieu de citrate de chrome.

et les jaunes obtenus se détériorent comme ceux qu'on prépare sans le concours d'acide citrique ou tartrique.

Résumons ces conclusions : Dans le procédé au citrate dit « procédé américain » la réduction partielle du bichromate est superflue, attendu qu'on peut arriver aux mêmes résultats par une simple addition d'acide citrique à la dissolution du bichromate au moment de la précipitation.

Quel est au juste le rôle que joue l'acide citrique ou plutôt le citrate de plomb ? En quoi sa présence empêche-t-elle ou rend-elle inoffensive pour le chromate de plomb la réaction chimique qui détermine ou qui accompagne le phénomène de la *tourne* des jaunes de chrome ? Pour répondre d'une façon précise à ces questions, il faudrait connaître la cause qui produit ce phénomène. Or nous en sommes réduits, sur ce point, à des hypothèses assez vagues. Dullo a proposé une explication pour le cas des jaunes préparés avec un excès de bichromate qui se détériorent immanquablement, tandis qu'on obtient des jaunes plus stables, quoique non à l'abri de la tourne, lorsqu'on emploie un excès d'acétate de plomb. Dullo attribue la décomposition des jaunes à un excès de bichromate à la formation de chromate basique, d'après l'équation :

$$Pb^2(CrO^4)^2 + H^2O = PbCrO^4 : PbO + H^2CrO^4.$$

L'acide chromique, mis en liberté, agit sur le jaune non transformé. Quoique cette manière de voir n'ait encore reçu aucune confirmation expérimentale, on peut cependant considérer comme un commencement de preuve, le fait qu'une petite quantité de citrate de plomb empêche le jaune de chrome de tourner. L'acide chromique, mis en liberté par la formation du chromate basique, agit sur le citrate de plomb, soit en s'y substituant, soit en l'oxydant en partie ; de toute manière, il cesse d'être dangereux pour la stabilité du produit. On peut objecter à cela que la quantité d'acide citrique en présence n'est qu'une faible fraction de l'acide citrique qu'il faudrait pour annihiler l'acide chromique mis en liberté dans le cas où la formation du chromate basique se produirait sur toute la masse du chromate ; mais cette objection n'est pas très sérieuse, car la réaction de Dullo est forcément limitée par la réaction inverse, et au bout du compte, la basicité que pourrait acquérir un jaune de chrome par décomposition spontanée serait sans doute très minime.

Pour avoir toutes les garanties contre la *tourne* du jaune de chrome, les conditions miques générales à observer sont les suivantes :

1° Il faut produire le jaune en présence d'un excès de sel de plomb ;

2° Donner naissance simultanément, avec le chromate, à un sel de plomb à acide oxydable ; ce sel doit être insoluble dans la liqueur acide résultant de la double décomposition ;

3° Dans le cas où l'on emploierait à la précipitation un sel de plomb dont l'acide libre serait capable de dissoudre le sel de plomb de l'acide oxydable, il faudrait opérer la double décomposition avec du chromate neutre et employer l'acide oxydable sous forme de sel alcalin.

Telles sont, dans leur expression la plus large, les règles à suivre pour la préparation de jaunes stables. De fait, de nombreux essais ont montré que tous les acides oxydables, organiques ou inorganiques, peuvent jouer le même rôle que l'acide citrique dans le procédé américain, à la condition, bien entendu, qu'ils ne soient pas immédiatement oxydés à froid par le chromate, comme l'acide sulfureux par exemple.

Ce que nous venons de dire des causes de décomposition des jaunes de chrome et des moyens propres à rendre ces pigments plus stables, nous explique la résistance si singulière des verts mélangés, obtenus avec les jaunes à l'acide citrique, à la lumière. J'ai montré, du reste, que le chromate est l'agent principal de la décoloration de ces verts. La présence d'un acide facilement oxydable ou de l'un de ses sels réduit à un minimum, si elle ne la supprime pas tout à fait, l'action du chromate de plomb sur le bleu de Paris.

Pour la préparation industrielle de la pâte jaune destinée au vert mélangé, c'est l'acide ferrocyanhydrique ou ses sels de sodium ou de potassium, qu'il y a le plus d'avantage à employer comme substance oxydable, surtout en raison de ce qu'il permet de substituer, sans précaution spéciale, le nitrate de plomb à l'acétate. Le ferrocyanure de plomb est en effet insoluble dans l'acide nitrique dilué. — Ce procédé au ferrocyanure ne se recommande pas pour la préparation de jaunes commerciaux devant être employés tels quels; le ton des jaunes obtenus n'est pas très beau; par contre, les verts mélangés qu'ils produisent ont un éclat incomparable et une nuance très pure et vive.

La méthode de fabrication de verts chromés mélangés avec le concours d'un acide organique n'est pas nouvelle, nous l'avons dit, mais jusqu'ici le rôle important que joue cet acide avait été méconnu par suite de l'ignorance où l'on était des conditions chimiques de cette fabrication. Par suite, les avantages que l'on en retire pour la préparation des jaunes destinés à être mélangés à du bleu, avantages importants de stabilité et de solidité, n'avaient pu être transportés à la fabrication des jaunes de chrome eux-mêmes, l'application de cette méthode empirique fournissant des jaunes ternes, sans beauté et sans éclat.

Les expériences et les explications que l'on vient de lire donnent le moyen d'étendre le procédé à la fabrication des jaunes de chrome en général, et sans doute les produits stables et solides qu'il permet d'obtenir trouveront d'importantes applications dans la fabrication des papiers et dans l'impression des toiles.

Pour fabriquer les verts avec les jaunes stables, on peut, comme dans le procédé que nous avons décrit, soit mélanger le bleu de Paris au précipité jaune, soit délayer à l'avance le bleu dans la solution plombique. Nous avons déjà dit que la seconde méthode donne des résultats plus avantageux que la première, et que les verts obtenus sont plus solides. Reste toujours le reproche de la division insuffisante du bleu qui oblige à en employer une quantité d'autant plus forte que la fragmentation physique est plus grossière.

Le meilleur moyen de mettre un corps à l'état de plus grande division est de l'employer dissous, lorsque cela est possible. Le bleu de Paris, insoluble dans l'eau, forme, avec certains acides ou sels, des combinaisons solubles qui sont tout indiquées pour préparer les verts chromiques avec la plus petite quantité pratique de bleu. Vogel (*Neues Jahbr. d. Pharm.*, t. 11, p. 183) a proposé à cet effet l'acide oxalique. Cet auteur délaie le bleu de Paris en pâte dans une quantité convenable d'eau, et ajoute environ 10 pour 100 du poids du bleu sec d'acide oxalique; il fait bouillir jusqu'à parfaite dissolution.

Cette liqueur est versée dans la solution diluée de bichromate et l'on ajoute aussitôt après la solution d'acétate de plomb préparée à l'avance. Les proportions indiquées par Vogel sont :

Bleu de Paris	20	kilogrammes.
Acide oxalique	2	—
Bichromate	40	—
Acétate de plomb	100	—

Comme on le voit, le vert préparé avec cette formule ne contient pas de sulfate de plomb et la beauté et les qualités des produits sont dues, par suite, à la présence d'acide oxalique sous forme d'oxalate de plomb insoluble.

Au moment où l'on réunit la solution de bichromate avec la dissolution du bleu de Paris dans l'acide oxalique, il se produit une vive réaction, mais il n'est pas douteux qu'il reste dans la liqueur de l'acide oxalique non oxydé sous forme d'oxalate de chrome, de même que dans le procédé américain, on y retrouve de l'acide citrique sous forme de citrate de chrome insensible à l'action oxydante de l'excès de bichromate. Au reste, je me suis assuré, par une expérience directe, que les oxalates ne sont pas attaqués le moins du monde par la solution de bichromate, même à l'ébullition.

La recette de Vogel doit être considérée comme une heureuse trouvaille, car l'auteur, en employant l'acide oxalique, n'avait en vue qu'un moyen de dissoudre le bleu de Paris, sans se douter de l'influence que cet acide, en raison de ses propriétés réductrices, pourrait exercer sur les qualités du jaune mélangé. Si, dans la formule de Vogel, on remplace l'acide oxalique par un autre solvant non oxydable, par exemple par le tungstate de soude ou le molybdate d'ammoniaque, le bleu se dissout aussi, mais la nuance terne du vert obtenu fait voir aussitôt que le jaune a tourné.

On connaît un grand nombre de substances qui dissolvent le bleu de Paris. Mais celles-ci, pour la plupart, reviennent à un prix plus élevé que l'acide oxalique et ne jouissent pas, comme celui-ci, de la propriété d'empêcher la détérioration du jaune au même titre que l'acide citrique et l'acide tartrique. En fait donc, la méthode de Vogel remplit les conditions les plus favorables pour la production de beaux verts chromés, et les produits qu'elle fournit surpassent de cent coudées, comme feu et solidité, ceux que l'on obtient d'après les anciennes méthodes précédemment décrites.

La propriété qu'offre le ferrocyanure de potassium de dissoudre le bleu de Paris n'est pas aussi connue qu'elle l'est pour l'acide oxalique. Tandis que ce dernier dissout aisément le bleu, même employé à l'état sec, le ferrocyanure ne le dissout qu'avec plus de peine et seulement à l'état de pâte.

Si l'on délaie du bleu de Paris en pâte dans une solution de ferrocyanure en notable excès, la couleur du mélange passe au bleu clair, au vert pâle et enfin au vert foncé franc. On observe durant cette opération un dégagement de vapeurs cyanhydriques assez abondantes. Cette circonstance jointe à l'impossibilité d'obtenir, dans aucune condition, une dissolution limpide, tendrait à faire douter de la réalité d'une dissolution pure et simple et porterait à croire qu'on se trouve en présence d'une réaction chimique ; mais d'un autre côté on peut observer que la liqueur, tout en ne paraissant pas limpide, filtre à travers les tissus ou les papiers les plus fins sans laisser trace de résidu, et qu'une dissolution concentrée de sel de Glauber en précipite intégralement le bleu. Le bleu ainsi obtenu offre des différences marquées avec le bleu de Paris primitif; il est de nuance beaucoup plus claire et verdâtre.

On arrive à un autre résultat lorsqu'on fait bouillir le bleu de Paris en pâte avec une dissolution contenant 20 pour 100 au plus du poids du bleu sec, de ferrocyanure de potassium. Dans ce cas, on obtient en quelques minutes une dissolution tout à fait limpide, de couleur bleu foncé. Le sel de Glauber en déplace le bleu; mais bien que celui-ci paraisse complètement précipité, il passe presque sans résidu à travers les filtres. Cette dissolution se comporte de la même façon lorsqu'on l'ajoute à la liqueur de bichromate de potasse. Celui-ci agit instantanément sur le ferrocyanure qui maintient le bleu en dissolution, la couleur se précipite, en apparence du moins, mais elle se trouve dans un tel état de division, qu'elle traverse les filtres les plus serrés. En précipitant avec une telle liqueur une solution d'acétate de plomb, on obtient des verts qui, par leur beauté, rivalisent avec les laques de vert brillant. L'état de division, pour ainsi dire idéale, où s'y trouve suspendu le bleu de Paris, permet de préparer ces verts avec une bien plus petite quantité de bleu; cette circonstance et la beauté du vert produit compensent et au delà la dépense causée par l'emploi du ferrocyanure de potassium.

Comme exemple, nous donnerons la recette suivante :

V.	Bleu de Paris à 4 pour 100 de substance sèche	300	parties.
	Ferrocyanure de potassium	2,4	—
	Bichromate de potassium	18	—
	Sucre de saturne (acétate de plomb)	50	—

Proportions comparables à celles de la recette de Vogel :

VI.	Bleu de Paris à 4 pour 100	300	parties.
	Acide oxalique	2	—
	Bichromate de potassium	18	—
	Acétate de plomb	50	—

Quoique les verts obtenus par ces deux procédés soient à peu près identiques par leur composition chimique, ils se présentent cependant sous des aspects et avec des nuances très différents. Cela peut tenir à ce que, dans la préparation V, il n'y a aucune réduction du bichromate, tandis qu'il s'en produit une, très sensible lorsqu'on opère suivant VI. On peut empêcher cette réduction, cause de déchet, en employant, pour dissoudre le bleu de Paris, l'oxalate d'ammoniaque au lieu de l'acide oxalique. Ce sel qui dissout bien le bleu n'est pas du tout oxydé par le bichromate. D'après cela, on modifiera la formule VI de la manière suivante :

VII.	Bleu de Paris (pâte à 4 pour 100)	300 parties.	
	Oxalate d'ammoniaque	3 —	(1)
	Bichromate de potassium	18 —	
	Acétate de plomb	50 —	

Le vert ainsi obtenu diffère presque autant, par sa nuance, de celui qui s'obtient en suivant la recette V, que le vert préparé d'après VI. Son éclat est bien meilleur que celui de ce dernier et se rapproche beaucoup de celui du vert V. Sa nuance, beaucoup plus bleue, prouve que l'acide oxalique ou mieux l'oxalate d'ammoniaque divise le bleu encore plus que le ferrocyanure de potassium, et permet d'en réduire encore la proportion nécessaire pour une teinte donnée.

Le vert à l'oxalate d'ammoniaque est de beaucoup plus solide que celui à l'acide oxalique, ce qu'il faut attribuer, sans aucun doute, à la plus grande proportion d'oxalate de plomb dans le mélange.

Il faut noter ce fait, que les eaux de filtrage du vert VII contiennent une proportion notable d'un sel ferrique (oxalate?) produit d'une partielle décomposition du bleu de Paris. Cependant, on sait que ce bleu traité par les acides minéraux étendus ne leur cède pas la moindre trace d'oxyde de fer; parmi les acides organiques, seuls les acides polybasiques en dissolvent de très petites quantités, tandis que les sels alcalins et notamment les sels ammoniacaux de ces acides en entraînent d'assez fortes proportions. L'oxyde de fer dissous n'est pas entraîné par le précipité de vert et se retrouve dans les eaux d'égouttage et de lavage, à l'état de sel organique.

Il existe sans doute un lien entre ces faits et le phénomène de la dissolution du bleu de Paris dans les acides organiques polybasiques ou leurs sels, qui nous fait soupçonner que ce phénomène résulte d'une action chimique plus profonde qu'on ne l'a cru jusqu'à présent.

J'ignore si le procédé de préparation du vert de chrome au ferrocyanure a déjà été appliqué industriellement. Ce sont là choses difficiles à connaître, car on sait avec quelle anxiété jalouse les fabriques cachent de semblables procédés. Quoi qu'il en soit, le vert au ferrocyanure offre des avantages qui le recommandent tout particulièrement à l'attention des industriels.

Le procédé à l'acide oxalique a été appliqué, mais ne s'est pas maintenu dans la pratique, pour les raisons que nous avons indiquées. La substitution de l'oxalate d'ammoniaque à l'acide oxalique, dans la formule de Vogel, paraît devoir écarter tous les inconvénients des verts préparés par ce moyen.

Un autre procédé, qu'on peut regarder comme une combinaison des procédés au ferrocyanure et à l'acide oxalique, est depuis quelques années en usage en Angleterre et en Amérique, tandis qu'on peut dire qu'il est encore à peu près inconnu en Allemagne. La raison de cet abandon ne doit pas être cherchée dans quelque défaut ou inconvénient du procédé qui donne au contraire les résultats les plus satisfaisants; elle est tout entière dans le secret dont les grandes fabriques l'ont entouré. Les produits obtenus par cette méthode mixte se distinguent par la pureté et le velouté de leurs nuances et par leur extraordinaire solidité.

A priori, on comprend mal que les verts préparés par cette méthode mixte puissent se différencier de ceux que fournissent séparément l'une ou l'autre des deux méthodes. Cependant il faut observer que, dans le procédé mixte, l'acide oxalique et le ferrocyanure sont employés simultanément pour dissoudre le bleu et que, dans ce cas, non seulement ils agissent chacun pour sa part sur le bleu, mais aussi ils peuvent réagir sur l'autre. Le principal avantage de la combinaison résulte sans doute de ce que l'acide oxalique ou l'oxalate d'ammoniaque extraient une certaine quantité d'oxyde de

(1) Pour dissoudre un même poids de bleu de Paris, il faut employer environ un quart de son poids d'oxalate d'ammoniaque, tandis qu'il suffit d'un sixième d'acide oxalique.

fer du bleu de Paris, sous forme d'oxalate. Dans le procédé de Vogel, cet oxalate est perdu avec les eaux de lavage ; ici, il réagit, au fur et à mesure de sa formation, avec le ferrocyanure de potassium pour régénérer du bleu. En effet, les eaux d'égouttage et de lavage des verts produits ne contiennent pas trace de sel de fer. Les formules suivantes peuvent servir de types pour l'application de ce procédé :

	a	*b*	*c*
Acétate de plomb	100	100	100
Litharge (moulue avec de l'eau)	50	50	50
Bichromate de potassium	50	50	50
Bleu de Paris (sec)	25	50	100
Acide oxalique	4	7	15
Ferrocyanure de potassium	5.5	10	13

L'acétate de plomb et la litharge servent à la préparation d'une solution d'acétate basique d'après les prescriptions indiquées dans une précédente étude sur la fabrication des jaunes de chrome.

On verse cette solution dans le bac à précipiter rempli au tiers d'eau. D'une autre part, on dissout l'acide oxalique et le ferrocyanure dans environ 300 litres d'eau bouillante et l'on introduit le bleu de Paris par petites portions en continuant à faire bouillir. Si l'on emploie le bleu desséché, il est nécessaire de le moudre très fin ; il vaut encore mieux dans ce cas moudre le bleu avec l'acide oxalique et introduire ce mélange dans la solution bouillante de ferrocyanure. Si l'on opère avec du bleu en pâte, on le délaie en bouillie claire dans de l'eau et on verse peu à peu cette bouillie dans la solution oxalique de ferrocyanure. Après que tout le bleu a été ajouté, on continue encore l'ébullition pendant une demi-heure au moins. On porte la solution de bichromate au bouillon et on mélange les deux liqueurs. Après avoir brassé pendant quelques minutes, on verse dans la solution d'acétate de plomb.

Le vert formé est lavé 3 fois par décantation avec de l'eau fraîche. C'est actuellement le plus beau et solide vert de chrome que produise l'industrie des couleurs minérales.

Dans les formules que nous avons données, l'acétate de plomb peut être remplacé par d'autres sels de plomb neutres ; mais il faut noter que les verts produits n'ont pas les mêmes nuances; celles-ci offrent des différences bien plus accusées que celles qu'on observe dans la préparation des jaunes chromiques avec divers sels de plomb. Cela est d'autant plus remarquable que l'acide du sel ne prend aucune part à la formation du vert ou du jaune, du moins dans nos idées actuelles sur les doubles décompositions. Comment s'expliquer, en effet, que la réaction :

$$2\,Pb\,(C^2H^3O^2)^2 + K^2Cr^2O^7 + H^2O = 2\,Pb\,Cr\,O^4 + 2\,K\,C^2H^3O^2 + 2\,C^2H^4O^2$$

ne donne pas exactement le même jaune (ou le même vert) que la réaction :

$$2\,Pb\,(AzO^3)^2 + K^2\,Cr^2\,O^7 + H^2O = 2\,PbCrO^4 + 2\,K\,AzO^3 \times 2\,AzO^3H.$$

Peut-être la différence des émissions de chaleur dans l'une et l'autre réaction jouent-elles à cet égard un rôle que nous ne connaissons pas encore. On peut aussi supposer que le jaune (ou le vert) formé retient une petite quantité d'acide acétique ou nitrique? Le fait que les jaunes au nitrate donnent à l'impression de plus mauvais résultats que les jaunes à l'acétate pourrait donner du corps à cette dernière hypothèse; mais jusqu'ici je n'ai jamais pu déceler ni acide acétique, ni acide nitrique dans un jaune de chrome convenablement préparé.

Tout ce que nous venons d'exposer a trait à la fabrication des verts de chrome à l'état de pureté chimique. Mais l'industrie produit rarement de semblables verts, et il serait difficile de trouver dans le commerce un vert de chrome qui ne contînt pas une proportion plus ou moins considérable d'une charge minérale indifférente. On aurait tort à notre avis d'appeler ces additions de substance inerte de pures et simples falsifications, comme l'ont fait certains auteurs. La consommation réclame, en effet, pour nombre d'usages, des verts que l'on ne saurait préparer sans le concours de substances étrangères. Il me serait facile de citer beaucoup d'exemples de cet ordre ; je me bornerai à rappeler que, dans la fabrication des papiers teintés, le vert de chrome pur fournit des nuances assez laides en raison d'un certain reflet gras qu'il communique au papier. Ce même vert additionné de quelques centièmes d'alumine donne de très belles nuances, vives, nourries, de beaucoup supérieures à celles du vert pur.

Dans de pareils cas, il n'est pas seulement important de faire un choix judicieux de la charge que l'on ajoute au vert de chrome, mais encore faut-il tenir compte du procédé de mélange et d'incorporation de cette charge avec la matière colorante. Nous allons, dans ce qui suit, examiner ces questions.

Comme charge pour les verts de chrome, on n'emploie que des produits inorganiques blancs qui, par leur nature chimique, ne puissent exercer aucune action sur le jaune et le bleu composants. Les plus importantes de ces substances sont :

a) Le spath pesant (sulfate de baryte) ;
b) Le gypse (plâtre) ;
c) L'alumine hydratée ;
d) Le kaolin.

Parmi ces charges, les sulfates de baryte et de chaux sont plus spécialement employés pour diminuer le prix des verts. Pour les verts les meilleur marché, on charge quelquefois jusqu'à 1000 pour cent. On peut prendre comme règle que plus un vert doit être dilué, plus il convient de remplacer dans la charge le plâtre par du sulfate de baryte. Les poids spécifiques du plâtre et du spath pesant sont entre eux comme 2,35 : 4.5 ; or l'addition de ces substances éclaircit la couleur à peu près dans les mêmes rapports, c'est-à-dire qu'à ce point de vue, 1 partie de plâtre fait à peu près le même effet que 2 parties de sulfate de baryte. Il semblerait, d'après cela, qu'il est bien plus avantageux d'employer le sulfate de baryte dans tous les cas, puisqu'on peut en ajouter un poids double, c'est-à-dire *charger* la couleur du double sans qu'elle perde plus de sa coloration. Cela n'est pas vrai cependant. Le spath pesant transforme les verts de chrome en couleurs claires extrêmement lourdes et poudreuses, tandis qu'avec le gypse, les verts conservent leur « légèreté », c'est-à-dire leur apparence floconneuse qui donne meilleure apparence au produit.

Donc, pour de faibles charges, on se servira exclusivement de plâtre ou de plâtre avec très peu de sulfate de baryte, tandis que pour de fortes charges, pour éviter un trop grand affaiblissement de la couleur, on préférera le sulfate de baryte mélangé de 10 à 15 pour 100 de plâtre qui empêchent le produit de prendre l'aspect poussiéreux.

Si les verts de chrome sont destinés à être employés en pâte, on appliquera la même règle, car les verts contenant à côté du sulfate de baryte une proportion convenable de gypse donnent de meilleurs enduits que ceux chargés au spath seul. De semblables pâtes ne conviennent qu'à la fabrication des papiers peints à laquelle on emploie de préférence des couleurs ayant beaucoup de corps ; mais pour la fabrication des papiers coloriés ces pâtes donneraient des enduits trop rêches, et, pour cette application, on s'en tient exclusivement aux verts chargés à l'alumine, au kaolin ou avec les deux substances simultanément.

L'alumine est, sans contredit, une des matières premières les plus importantes de la fabrication des pigments minéraux où elle trouve des applications nombreuses et variées. Avant qu'on ne trouve dans le commerce du sulfate d'alumine exempt de fer, on la préparait avec l'alun ; aujourd'hui, il est préférable de l'extraire du sulfate d'alumine, après avoir vérifié l'absence du fer dont des proportions presque infinitésimales suffisent pour modifier désavantageusement l'alumine précipitée. Je n'ai jamais eu entre les mains de sulfate d'alumine contenant une proportion de fer assez forte pour colorer sensiblement l'hydrate en jaune, tandis que j'en ai trouvé souvent qui contenait des quantités de fer, faibles, il est vrai, mais suffisantes pour communiquer à l'alumine précipitée une teinte bleuâtre plombée, facile à distinguer du blanc vif de l'alumine pure. D'après mes analyses, la proportion de fer qui donne ces teintes fausses ne dépasse pas 0,008 pour 100 Fe^2O^3, et cependant une alumine ainsi teintée exerce une influence manifeste, souvent grande même, sur la pureté du vert qu'elle sert à charger.

On ne charge jamais avec l'alumine dans des proportions aussi considérables qu'avec les sulfates de chaux ou de baryte. Une charge à 100 pour 100 du poids du vert, 100 d'alumine $Al^2(OH)^6$ pour 100 de vert sec est à peu près le maximum.

Dans certains cas, pour diminuer la crudité d'un vert chargé au plâtre ou au sulfate de baryte, ou pour donner plus de corps au vert chargé à l'alumine, on ajoute encore une certaine quantité de kaolin. Les verts chargés avec cette substance ont une grande souplesse et donnent sur papier des couleurs qui se satinent et se lissent très bien.

Le choix du kaolin pour cet usage a une grande importance : on obtient des effets très différents suivant la qualité employée.

Le kaolin est essentiellement formé comme on sait, de silicate :

$$Al^2O^3 . 2\,Si\,O^2 + 2\,H^2O.$$

Mais on rencontre des kaolins basiques dont la composition se rapproche de :

$$(Al^2O^3)^2 . {}^3Si\,O^3 + 3\,H^2O.$$

Or ces derniers sont meilleurs pour l'usage qui nous occupe, car, tandis que les premiers dont le pouvoir couvrant est plus développé, affaiblissent en conséquence la couleur verte, les seconds, ceux qui se rapprochent plus de la formule

$$(Al^2O^3)^2 . Si\,O^2 + 3\,H^2O$$

sont plus transparents, c'est-à-dire moins couvrants; ils affaiblissent beaucoup moins le vert et doivent être préférés.

Ayant ainsi fixé nos idées sur le choix des substances à employer pour la charge des verts, il nous reste à examiner de quelle façon il convient de les mélanger, de les incorporer avec le pigment.

Le procédé le plus employé consiste à opérer le mélange en délayant la substance de charge dans l'eau, à ajouter le lait ainsi formé à la solution plombique et à précipiter ensuite. L'idée qui a donné naissance à cette manière de faire semble avoir été de précipiter la couleur sur la charge qui s'en trouverait entourée, enveloppée, formant un tout homogène où le blanc de la charge est réduit à son minimum d'effet.

Or, en fait, ce procédé est sans contredit le plus mauvais et le plus désavantageux que l'on puisse employer. D'abord, si l'on emploie le plâtre, on se heurte à une grave complication, car, au contact de la solution d'acétate de plomb, il se forme aussitôt du sulfate de plomb; cette réaction est plus rapide qu'on ne serait tenté de le croire, étant donné la faible solubilité du sulfate de chaux. Mais le plus sérieux inconvénient de cette méthode est qu'avec le plâtre et surtout le sulfate de baryte, il y a séparation mécanique des substances, la charge gagnant le fond du vase tandis qu'une partie de colorant non mélangé s'assemble dans les couches supérieures. Les produits ainsi préparés n'ont pas l'aspect léger et floconneux des verts de bonne qualité ; ils sont difficiles à filtrer, donnent des couleurs qui manquent de liant et d'éclat, etc.

En ajoutant la charge seulement au cours de la précipitation ou après, on obtient des produits de meilleur aspect, floconneux, présentant à l'état sec plus d'éclat et donnant des couleurs d'application mieux liées. Ce procédé est donc bien préférable. Il exige que la charge soit, au préable, mise en bonne suspension dans une quantité d'eau pas trop faible; on peut recommander d'ailleurs, soit qu'on ajoute ce lait au fur et à mesure de la précipitation, soit qu'on ne le mélange qu'après coup, de le passer toujours dans un tamis assez fin (n° 40).

Les inconvénients du premier mode d'opérer paraissent moins sensibles lorsque c'est l'alumine qui sert de charge. Il semblerait ici que le vert n'ait aucune tendance à se séparer d'une substance aussi légère et spongieuse. En fait, cela est vrai jusqu'à un certain point; mais l'expérience montre qu'il n'est pas avantageux de délayer dans la solution plombique la totalité de l'alumine que l'on veut ajouter. D'un autre côté, la différence entre les poids spécifiques du vert produit et de l'hydrate d'alumine rend très difficile la formation d'une masse homogène après coup. Aussi, dans la pratique, opère-t-on le plus souvent comme il suit.

Dans un récipient disposé au-dessus du bac où l'on forme le vert, on précipite environ 85 pour 100 de l'alumine qui doit être ajoutée par l'action d'une quantité convenable d'ammoniaque ou de sel de soude sur un poids de sulfate d'alumine correspondant. Le précipité est mis sur filtre et bien lavé.

D'une autre part, on dissout dans un baquet le reste du sulfate d'alumine (équivalant aux 15 pour 100 d'alumine qui manquent) et dans un autre petit baquet on prépare la dissolution de sel de soude nécessaire pour la précipitation.

Le vert étant précipité, on y ajoute la solution des 15 pour 100 de sulfate d'alumine et, en remuant bien, on coule par-dessus, en petit filet, la solution alcaline (1). On comprend qu'il résulte de ce mode d'opérer une union bien intime entre le vert précipité et la petite proportion d'alumine ajoutée, et comme la formation de l'alumine s'accompagne d'un fort dégagement de gaz carbonique, le produit se présente sous une forme très volumineuse. Après lavage complet, on mélange à la pâte les 85 pour 100 d'alumine précipitée à part; la petite proportion d'alumine préexistant dans la couleur facilite l'incorporation qui est rapide et complète.

Si le vert doit être chargé en plus de l'alumine avec une autre substance, gypse, kaolin, spath, on ajoute celle-ci durant ou aussitôt après la précipitation, avant l'alumine par conséquent, et l'on termine comme ci-dessus.

Il nous reste à parler d'un facteur qui joue un rôle des plus importants dans la fabrication des verts de chrome, je veux dire le bleu de Paris employé à leur préparation. En employant un bleu de Paris mal approprié, on obtient des verts inférieurs, même alors que toutes les conditions de bonne fabrication, que nous avons exposées, ont été scrupuleusement suivies.

Le bleu de Paris peut être obtenu en une gamme de nuances variant presque du bleu outremer au bleu violet foncé; nous parlons, bien entendu, de bleus non réduits par addition de charges quelconques. Les bleus se rapprochant de l'outremer, connus sous les noms de bleu d'acier, bleu de Chine, bleu Milori, se prêtent, comme on sait, à merveille à la fabrication de beaux verts de zinc, tandis que les variétés bleues foncées ne donnent à cet usage que de mauvais résultats. C'est exactement l'inverse qui se passe avec les verts chromés : plus un bleu est violacé (rougeâtre), plus il est avantageux pour la préparation des verts de chrome. Cela n'est pas seulement vrai au point de vue de la nuance, mais encore au point de vue du pouvoir couvrant du vert. On doit noter aussi que ce ne sont pas les bleus les plus couvrants qui fournissent les verts les plus brillants. D'après ces principes, on emploie dans les fabriques qui travaillent d'une manière rationnelle, trois bleus de Paris différents, savoir : un bleu de Paris à nuance d'outremer (bleu d'acier) un bleu de Paris de nuance indigo foncée et un bleu rougeâtre également foncé. Le premier ne sert qu'à la préparation des verts au zinc, le second pour les verts brillants de l'impression lithographique et de la teinture des cuirs, le troisième pour la fabrication des verts chromés.

Le procédé de préparation de tous ces bleus repose sur la formation de la combinaison ferreuse du ferrocyanure de potassium et l'oxydation du précipité blanc obtenu. La nuance du bleu obtenu dépend de conditions multiples; parmi les principales, nous citerons : les proportions des réactifs employés pour former le précipité blanc, la nature du sel ferreux employé (chlorure ou sulfate), l'agent d'oxydation, enfin la nature et la proportion de l'acide en présence duquel l'oxydation se produit.

I. — *Bleu d'acier.* — On le prépare avec le chlorure ferreux. Pour la précipitation, on dissout 100 kilogrammes de ferrocyanure de potassium dans 1500 litres d'eau et on coule cette liqueur dans un bac de 4,000 litres de contenance. On porte à l'ébullition, on ajoute 25 kilogrammes d'acide chlorhydrique $d = 1{,}150 = 30$ pour 100 HCl et on maintient au bouillon, pendant une demi-heure, par vapeur directe. D'un autre côté, on dissout 65 kilogrammes de chlorure ferreux ($Fe\,Cl^2$) dans 500 litres d'eau; on porte au bouillon et on mélange les deux liqueurs en pleine ébullition.

(1) Il nous semble qu'il faudrait tenir compte ici de l'acidité produite par la formation du vert? Dans les conditions, indiquées la soude neutralisera cet excès d'acide avant de précipiter une trace d'alumine. M. G.

Un autre procédé donnant un bleu un peu plus clair, consiste à dissoudre le ferrocyanure et le chlorure ferreux séparément dans 300 litres d'eau, dans deux récipients placés au-dessus du bac à précipitation. Dans celui-ci on chauffe à vapeur directe 2,000 litres d'eau, on ajoute 25 kilogrammes d'acide chlorhydrique et on coule dans cette liqueur, en pleine ébullition, simultanément les deux réactifs.

De quelque manière que l'on ait produit le précipité blanc, il faut continuer l'ébullition encore pendant une demi-heure. On achève alors de remplir le bac avec de l'eau froide et l'on abandonne pendant deux jours au repos. Le troisième jour, on décante l'eau claire qui surnage le précipité blanc, on ajoute 25 kilogrammes d'acide chlorhydrique, on porte au bouillon, en remuant, par introduction directe de vapeur, puis lentement, on ajoute à la liqueur bouillante une solution de 12 kilogrammes de chlorate de potasse dans 100 litres d'eau bouillante. L'oxydation commence aussitôt; elle est achevée après une vingtaine de minutes d'ébullition. Durant ce temps, il ne faut pas cesser de brasser constamment. On remplit le bac jusqu'au bord avec de l'eau froide et on laisse déposer le bleu qu'on lave par décantation jusqu'à disparition de toute réaction acide.

La qualité de l'eau employée pour ces opérations a une influence notable sur le produit; une mauvaise eau peut enlever au bleu tout son feu et son éclat. Il faut redouter à ce point de vue les eaux calcaires, c'est-à-dire contenant de la chaux sous forme de carbonate ou de bicarbonate; les eaux séléniteuses (sulfate de chaux) sont bien moins à craindre. Lorsqu'on n'a que de l'eau calcaire à sa disposition, on ne négligera pas, par conséquent, de mettre dans le bac avant chaque addition d'eau nouvelle, de 1 à 2 kilogrammes d'acide acétique (30 p. 100); ce moyen n'annihile pas totalement, mais diminue beaucoup l'influence fâcheuse des eaux crues.

Le chlorure ferreux est toujours préparé dans la fabrique même par l'action de l'acide chlorhydrique sur la tournure de fer. Il convient de n'employer que de la tournure de fonte, celle de fer forgé (doux) se dissolvant avec beaucoup de peine et incomplètement. La solution de chlorure ferreux obtenue est toujours très grasse en raison du graphite et des hydrocarbures goudronneux qu'elle tient en suspension, provenant de la fonte elle-même ou des graisses et impuretés diverses de la tournure. On la purifie par filtrage sur une caisse plate à faux fond recouvert d'une claie garnie avec du charbon et de la sciure de bois. On met d'abord un lit de charbon et par-dessus la sciure (de bois résineux).

II. — *Bleu de Paris, nuance indigo.* — Cette sorte se prépare avec le vitriol vert. On dissout à part 100 kilogrammes de ferrocyanure de potassium, 90 kilogrammes de sulfate de fer cristallisé dans 500 litres d'eau. On additionne la dissolution de ferrocyanure de 25 kilogrammes d'acide sulfurique à 66° Baumé et celle de sulfate de fer de 10 kilogrammes du même acide et 1 kil. 500 de sel d'étain dissous dans 20 litres d'eau. Dans l'entre-temps, on a rempli le bac à précipiter de moitié d'eau que l'on porte à l'ébullition. Dans cette eau, maintenue bouillante, on fait couler ensemble les deux liqueurs, puis on fait bouillir encore pendant une demi-heure.

L'addition de sel d'étain a pour objet essentiel de réduire un peu de sel ferrique existant dans le vitriol vert; mais il agit aussi directement sur la nuance du bleu produit, qui contient toujours un peu d'étain.

On opère ensuite comme précédemment. Pour l'oxydation de ce bleu, on emploie soit l'acide nitrique, soit l'acide chromique.

Pour oxyder au moyen de l'acide nitrique on fait couler la pâte blanche dans un récipient garni de plomb. On décantera l'eau avec soin afin d'avoir une pâte aussi riche qu'il est possible, sans filtration. Cette méthode d'oxydation dégageant des torrents de vapeurs nitreuses, on disposera les appareils de manière à ne pas en être incommodé. Pour les proportions que nous avons indiquées, le bac rectangulaire dans lequel on réalise l'oxydation devra avoir comme surface de fond 1 mètre sur 2 et 1 mètre de hauteur. Pour faciliter l'agitation on arrondira les angles de cette caisse. Tout l'appareil est couvert d'une seconde caisse renversée portant une ouverture allongée vers l'un des bords supérieurs du bac, ouverture qui permet de brasser énergiquement le contenu au moyen d'un fort ringard en fer. Une seconde ouverture communique par un canal en poterie, avec une cheminée ayant un bon tirage, dans laquelle on produit un courant d'air ascendant d'au moins mille mètres cubes par heure au moyen d'un giffard (*Kœrting*, dit le texte). Par un conduit en plomb débouchant au milieu de l'une des parois du bac et terminé extérieurement en entonnoir, on introduit, au moment voulu, les acides nitrique et sulfurique nécessaires pour l'oxydation. Après avoir envoyé la pâte blanche dans le bac et ouvert la communication avec la cheminée, on envoie par l'entonnoir latéral 50 kilogrammes d'acide sulfurique à 66° Baumé, et, après une demi-heure pendant laquelle on n'a cessé de bien remuer la masse, on ajoute 32 kilogrammes d'acide nitrique à 40° Baumé. Après 10 à 20 minutes, le dégagement de vapeurs nitreuses se déclare et souvent devient tumultueux. Il ne faut pas à ce moment interrompre l'agitation; aussi ne saurait-on accorder trop d'attention à la bonne disposition du tirage pour éviter des accidents qui se sont produits souvent et quelquefois avec suite mortelle. L'oxydation achevée, on repasse le bleu dans le bac à précipitation où on le lave à fond.

III. — *Bleu de Paris rougeâtre.* — Le précipité blanc se prépare exactement de la même manière que pour le bleu indigo. Comme oxydant, on emploie le sulfate de peroxyde de fer qui, sans avoir l'énergie du chlorate ou de l'acide nitrique, engendre cependant des bleus tout à fait appropriés à la fabrication des verts et donne avec cela un rendement en bleu plus élevé.

Avant l'oxydation, on débarrasse la pâte blanche aussi complètement que possible de l'excès d'eau; on y ajoute 25 kilogrammes d'acide sulfurique à 66° Baumé et on porte au bouillon. Pendant l'ébullition vive, on ajoute 150 kilogrammes de sulfate ferrique (mordant de fer) et l'on remue énergiquement pendant au moins une demi-heure. Le bleu est alors complètement oxydé; on s'en assure d'ailleurs en essayant un échantillon de liquide filtré avec le sulfocyanate de potassium. Si l'on reconnaît ainsi la présence dans ce liquide d'un notable excès de sel ferrique, on peut considérer l'oxydation comme achevée; sinon, au contraire, faire bouillir et ajouter quelques kilogrammes de sulfate ferrique jusqu'à ce que la réaction voulue se produise. On remplit alors le bac d'eau froide et on lave le bleu comme à l'ordinaire.

Le sulfate de peroxyde de fer se trouve dans le commerce sous le nom de mordant de fer. Mais comme cette préparation n'est souvent que partiellement peroxydée, c'est-à-dire qu'elle contient une proportion plus ou moins importante de sulfate ferreux, il est préférable de préparer soi-même ce mordant. On y trouve d'ailleurs un avantage économique non négligeable.

La préparation du sulfate ferrique, en vase ouvert, est une opération désagréable et dangereuse pour les ouvriers en raison de la masse de vapeurs nitreuses qu'elle dégage. J'ai construit, pour la réaliser, l'appareil suivant qui fonctionne très bien.

Je réunis plusieurs tourilles en grès à trois ouvertures reliées à une cheminée de tirage moyen, de manière que les vapeurs nitreuses soient entraînées au fur et à mesure de leur formation. Les tourilles devant être maintenues chaudes pendant l'oxydation, je les dispose dans une caisse dont le couvercle, en deux parties, est disposé pour emboîter les récipients à la hauteur de l'épaulement. Un jet de vapeur circule dans la caisse et l'eau de condensation s'échappe par un tuyau inférieur. Chaque tourille porte inférieurement un robinet qui débouche à l'extérieur de l'enveloppe de vapeur.

On charge chaque vase avec :

Eau.. 50 kil. Acide nitrique à 40° Baumé.. 32 kil. Acide sulfurique à 66° Baumé.. 30 kil.

et l'on y introduit, par fractions, par l'un des orifices supérieurs, 150 kilogrammes de vitriol vert. Il faut employer ce dernier, soit en petits cristaux, soit en mouture grossière. L'oxydation s'effectue vite, mais tranquillement. Pour éviter que la tourille et son contenu se refroidissent durant la réaction, on envoie un jet de vapeur dans l'espace formé par l'enveloppe extérieure. Après addition de tout le vitriol, on remue encore le produit, de temps à autre, durant deux heures environ. On abandonne ensuite au repos, et le lendemain on soutire la solution de sulfate de peroxyde de fer.

MÉTALLURGIE. — MÉTAUX. — ALLIAGES.

Nouveau procédé pour éliminer le soufre contenu dans le fer et l'acier.

Par M. E.-H. Santier.

Engineering de Londres ; 7 octobre 1892.

En septembre 1890, j'ai commencé une série d'expériences dans le but d'arriver à un procédé pratique pour éliminer le soufre contenu dans le fer. Je me suis attaché, en première ligne, à étudier l'action prolongée de la chaux sur le fer soufré à haute température. Les résultats que j'ai obtenus dans cette voie étaient très irréguliers et peu satisfaisants au point de vue de l'élimination du soufre.

Mais, en partant de ces résultats, je suis arrivé à cette conclusion que, pour éliminer rapidement le soufre du fer, il fallait employer un corps plus facile à décomposer que ne l'est la chaux. Sachant que le chlorure d'aluminium et quelques autres chlorures se réduisent facilement à l'état métallique, j'ai décidé de faire quelques expériences avec le chlorure de calcium, espérant qu'il agirait plus aisément sur le sulfure de fer que la chaux.

Que le calcium soit réduit, dans ces conditions, à l'état métallique ou non, j'ai constaté qu'un mélange de chlorure de calcium et de chaux, c'est-à-dire l'oxychlorure, est un agent désulfurant très énergique.

Le tableau suivant montre les résultats obtenus en faisant fondre, dans un creuset de plombagine, le fer soufré additionné des substances ci-dessous :

NUMÉRO de l'expérience	DURÉE de l'expérience	SOUFRE CONTENU DANS LE FER		MÉLANGE EMPLOYÉ.
		avant le traitement.	après le traitement.	
	Heures.	Pour 100.	Pour 100.	
4	2 3/4	0.38	0.03	Chaux.
6	1 3/4	0.30	0.12	
15	1/2	0.42	Trace.	Chaux, 90 pour 100 ; chlorure de calcium, 10 pour 100.
16	1/2	0.42	—	Chaux, 90 pour 100 ; chlorure de calcium, 10 pour 100.

Ces résultats montrent : 1° que la chaux seule enlève au fer une quantité considérable de soufre, si le contact est suffisamment prolongé, et 2°, qu'un mélange de chaux et de chlorure de calcium peut éliminer complètement, en une demi-heure, le soufre contenu dans le fer. Le mélange de chaux et de chlorure de calcium s'est ramolli, mais n'est pas entré en fusion.

C'est sur ces résultats qu'est basé mon procédé.

Il consiste à mettre en contact, dans des conditions bien définies, le fer ou l'acier en fusion avec un mélange de chaux et de chlorure de calcium. Avant de décrire ces conditions, je crois utile de donner quelques détails sur ce dernier sel.

Le chlorure de calcium s'obtient, en grandes quantités, comme sous-produit, dans la fabrication de la soude par le procédé Solvay et dans celle des chlorures décolorants par le procédé Weldon.

On m'assure qu'une petite partie seulement du chlorure de calcium obtenu est utilisée actuellement ; le reste est rejeté.

Le chlorure de calcium, le plus sec qu'on puisse avoir, contient 70 pour 100 de chlorure de calcium et 30 pour 100 d'eau. Son prix est de 50 francs environ par tonne. Avant de l'employer, il est bon de le dessécher, ce qui est facile à faire à une chaleur douce dans un four à réverbère, le chlorure de calcium perdant la totalité de son eau à la température de 220° F.

Le fluorure de calcium, mélangé avec de la chaux, est aussi un désulfurant très énergique; mais il offre quelques inconvénients qui le rendent inutilisable. Il est relativement peu fusible et attaque considérablement les « matériaux basiques » des fours.

Je passe maintenant à la description du procédé tel qu'il est employé pour éliminer le soufre du fer fondu brut :

On commence par préparer un mélange de chlorure de calcium et de chaux qui soit aisément fusible à la température du fer en fusion. Ce mélange s'obtient en faisant moudre parties égales de chlorure de calcium et de chaux jusqu'à ce que les deux ingrédients soient réduits en une poudre plus ou moins fine. Le mélange est placé ensuite au fond d'un récipient où il est consolidé par la chaleur ou maintenu en position par tout autre moyen approprié. Cela fait, on remplit le récipient de fer fondu qui peut être amené directement du haut fourneau. La chaleur fait fondre le mélange qui, en montant à travers le métal fondu, lui enlève tout son soufre.

Je ne trouve pas qu'une atmosphère réductrice soit nécessaire, comme on va le voir plus loin; l'oxydation peut se produire en même temps que la désulfuration. Mais malgré l'oxydation, le soufre est éliminé à l'état de sulfure.

Si l'on veut éliminer le silicium en même temps que le soufre, la chaux vive est remplacée, dans le mélange, par de la chaux éteinte ou par du carbonate de chaux ; on peut même ajouter de l'oxyde de fer, si ces matériaux ne sont pas suffisants.

J'ai trouvé que pour l'épuration du fer, il suffit d'employer 25 livres de chlorure de calcium et 25 livres de chaux par tonne. Dans les essais faits en grand, trois tonnes de fer, venant directement du haut fourneau, ont été traitées dans le récipient à chaque opération.

Dans le tableau suivant sont consignés les résultats obtenus dont l'uniformité est très marquée :

NUMÉROS.	SORTES DE FER.	SOUFRE.		SILICIUM.		MÉLANGE EMPLOYÉ.
		Avant.	Après.	Avant.	Après.	
		Pour 100.	Pour 100.	Pour 100.	Pour 100.	
1	Hematite n° 5.........	0.220	0.060	1.6	1.2	Chlorure de calcium et hydrate de calcium.
2	« Forge dure » (1.5 pour 100 de phosphore)...	0.300	0 060	1.7	1.6	—
3	« Forge grise »........	0.070	0.008	2.2	1.9	—
4	Fer basique..........	0.197	0.072	»	»	—
5	—	0.191	0.062	»	»	—
6	—	0.109	0.031	»	»	—
7	—	0.102	0.032	0.56	0.32	—
8	—	0.065	0.026	0.84	0.46	—
9	—	0.093	0.016	0.32	0.09	—
10	—	0.089	0.024	0.42	0.18	—
11	—	0.083	0.020	0.37	0.09	—
12	—	0.133	0.030	0.70	0.32	—
13	—	0.091	0.026	»	»	Chlorure de calcium et pierre à chaux.
14	—	0.060	0.008	»	»	—

Les n°s 7 à 13 représentent des charges consécutives et montrent la régularité des résultats obtenus.

Les proportions moyennes de soufre et de silicium éliminés ont été celles-ci :

Soufre	73.6 pour 100.
Silicium	35.77 —

L'élimination du silicium était due exclusivement à l'action de la chaux éteinte.

Le tableau suivant donne la composition moyenne des scories obtenues dans le traitement du fer par mon procédé :

Chlorure de calcium	39.1 pour 100.
Sulfure de calcium	5.8 —
Chaux	38.6 —
Silice	12.9 —

Une bonne partie du chlorure de calcium peut être récupérée en traitant les scories par l'eau et évaporant le liquide qui en résulte.

Je n'ai traité, d'après mon procédé, qu'une quantité relativement petite de fer (50 tonnes environ), parce que le récipient employé était trop petit pour traiter de plus grandes quantités. Ce récipient était doublé de briques réfractaires ordinaires qui ne sont pas attaquées par les scories à la température relativement basse à laquelle a lieu l'opération.

Un matériel spécial est actuellement en construction qui permettra d'épurer la charge totale du haut fourneau au fur et à mesure qu'on fait écouler le métal fondu. Ce matériel n'exige pas de grandes dépenses et se compose simplement de récipients placés sur des roues.

Le coût des matériaux employés pour l'épuration ne dépasse pas, aux prix actuels, 5 deniers (0 fr. 75) par tonne de fer traité. Il est encore plus petit lorsqu'on emploie des récipients plus efficaces.

Mon procédé d'épuration se prête à un grand nombre d'usages, à savoir : 1° épuration de l'hématite, du fer basique et du fer commun (contenant 1,5 pour 100 de phosphore), tels qu'ils sortent du haut fourneau. Ces fers sont ainsi transformés en produits à faible teneur en soufre et en silice qui peuvent être directement employés pour la fabrication de l'acier; 2° épuration de l'acier dans le récipient à sa sortie du convertisseur.

On sait depuis longtemps qu'il ne se produit pas d'élimination de soufre dans le procédé basique. De plus, si un minerai riche en soufre est employé pour alimenter le fourneau, le bain d'acier s'empare d'une nouvelle quantité de soufre, de telle sorte que, dans ces conditions, il peut contenir jusqu'à deux fois autant de soufre que les scraps et le fer brut primitivement employés. Ce fait a été avancé par Wedding (1) et confirmé par mes expériences personnelles. En faisant usage de mon procédé, on peut employer du fer ou du minerai contenant une forte proportion de soufre, et non seulement la teneur en soufre de l'acier n'est pas augmentée, mais encore le soufre primitivement contenu dans l'acier est en grande partie éliminé.

Pour arriver à ce résultat, il est nécessaire de rendre — peu de temps après la fusion de la charge — la scorie très basique et d'y ajouter une quantité convenable de chlorure de calcium. Par une scorie très basique, j'entends une scorie qui contient plus de 60 pour 100 de chaux.

Si ces conditions sont bien remplies, le soufre est éliminé en même temps et aussi facilement que le carbone et le phosphore.

La meilleure méthode pour avoir une scorie de cette nature consiste à charger, en même temps que le métal et les scraps, une proportion beaucoup plus forte qu'à l'ordinaire de chaux, soit 2 cw. (100 kilogrammes environ) par tonne. Lorsque la charge entre en fusion, la scorie a la composition voulue, et le chlorure de calcium peut alors être ajouté à certains intervalles. La proportion de chlorure de calcium à

(1) *Journal of the Iron and Steel Institute*, II° partie, p. 547, 1890.

employer (70 pour 100) représente à peu près 1/2 cw. (25 kilogrammes environ) par tonne de lingots obtenus. Le tableau suivant montre la qualité du fer brut employé et celle de l'acier obtenu.

NUMÉROS.	FER BRUT EMPLOYÉ.				TENEUR MOYENNE en soufre des métaux chargés.	ACIER OBTENU.				
	Si.	S.	Ph.	Mn.		C.	Si.	S.	Ph.	Mn.
	Pour 100.	Pour 100.	Pour 100.	Pour 100.	Pour 100.	Pour 100.		Pour 100.	Pour 100.	Pour 100.
1	0.04	0.76	1.3	0.18	0.58	0.215	Trace.	0.081	0.027	0.68
2	0.10	0.45	2.1	0.50	0.35	0.20	—	0.072	0.052	0.75
3	0.10	0.45	2.1	0.50	0.35	0.19	—	0.048	0.054	0.59
4	0.04	0.25	2.6	1.00	0.20	0.08	—	0.048	0.025	0.43
5	0.20	0.23	2.6	1.00	0.19	0.17	—	0.048	0.045	0.57
6	0.20	0.22	2.6	1.00	0.18	0.145	—	0.063	0.042	0.73
7	0.20	0.22	2.6	1.00	0.18	0.39	—	0.053	0.045	0.61
8	0.40	0.22	2.5	1.30	0.18	0.18	—	0.018	0.034	0.40
9	0.20	0.17	2.6	1.20	0.14	0.15	—	0.038	0.040	0.58
10	0.18	0.16	3.1	1.50	0.13	0.13	—	0.032	0.040	0.20
11	0.44	0.15	3.5	1.50	0.13	0.75	—	0.042	0.040	0.60
12	0.20	0.15	2.6	1.00	0.13	0.15	—	0.038	0.040	0.88
13	0.65	0.13	3.3	1.50	0.11	0.155	—	0.025	0.035	0.68
14	0.56	0.05	0.05	3.00	0.5	0.115	—	0.016	0.010	0.12

Le fer employé dans les charges ci-dessus comportait 75 pour 100.

La « Wigan Coal and Iron Company » a fabriqué avec du fer riche en soufre 2000 tonnes d'acier dont les analyses données dans ce tableau représentent la composition. Mon procédé a été employé par cette Compagnie d'une façon continue et avec un grand succès. L'acier a été vendu pour tous les usages auxquels peut donner lieu l'acier basique, à savoir : fils, cercles, rivets, etc., et a égalé à tous les points de vue l'acier fait avec de la fonte pure.

Il résulte de ce qui a été dit plus haut que, dans la fabrication de l'acier par mon procédé, on n'a pas à se préoccuper du choix des matériaux à employer. Le seul élément qui soit préjudiciable à cette fabrication, c'est le silicium. Les scraps et les minerais des qualités les plus communes peuvent être employés sans crainte, pourvu qu'ils ne renferment pas une trop forte proportion de silicium. Le rendement en lingots est le même que dans la fabrication de l'acier avec du fer contenant peu de soufre.

L'emploi de fer à haute teneur en soufre et à basse teneur en carbone et en silicium, offre l'avantage d'exiger moins de scraps d'acier et de réduire très considérablement la quantité de minerai à employer pour la charge.

Le coût du chlorure de calcium est d'environ 1 sh. (1 fr. 25) par tonne de lingots obtenus.

Mais, grâce à l'économie réalisée dans le coût des matériaux et à la diminution des quantités de scraps et de minerai, il y a en réalité une économie de 4 sh. (6 fr.) par tonne de lingots.

Ni les foyers, ni la maçonnerie des hauts fourneaux ne sont détériorés par le chlorure de calcium, ainsi qu'il a été constaté par six mois d'expériences.

M. Stead a visité à deux reprises les usines de la « Wigan Coal and Iron Company » pour étudier le fonctionnement de mon procédé. Les résultats qu'il a obtenus confirment ceux que j'ai donnés plus haut. M. Stead se propose de les consigner dans un mémoire qu'il présentera sous le titre de « Soufre et Fer » au Congrès de l'« Iron and Steel Institute ».

En terminant, je tiens à dire que mon procédé a été breveté en Angleterre et dans d'autres pays.

A. Bach.

Etude chimique du procédé au cyanure de potassium pour l'extraction de l'or (1).

Par MM. Ch. Butters et John Edward Clennell.

(*Engineering and Mining Journal;* octobre 1892.)

Solubilité de l'or dans le cyanure de potassium. — La solubilité de l'or métalique dans le cyanure de potassium est nn fait acquis depuis fort longtemps. Faraday a montré qu'une fenille d'or, plongée dans une solution de cyanure de potassium, devient assez mince pour être traversée par un rayon de lumière verte.

Le prince Bagration observa ensuite que l'or divisé, obtenu en précipitant le chlorure d'or par le sulfate ferreux, possède la propriété de se dissoudre dans le même réactif. Enfin Elsner a montré que la présence de l'oxygène est nécessaire à la dissolution de l'or dans le cyanure. On obtient ainsi une liqueur qui, par évaporation, laisse déposer des cristaux octaédriques incolores répondant à la formule $KAuCy^2$. Ce corps peut être envisagé comme un cyanure double de potassium et d'or (KCy, AuCy). La réaction qui lui donne naissance peut vraisemblablement s'exprimer par l'équation :

$$2\,Au + 4\,KCy + O + H^2O = 2\,KAuCy^2 + 2\,KHO.$$

Cette équation implique deux faits qu'il est intéressant de signaler, si l'on envisage le côté industriel de l'opération au cyanure :

1° La quantité théorique de cyanure nécessaire pour dissoudre un poids donné de métal précieux est infiniment faible en comparaison de la quantité requise actuellement dans la pratique. En prenant Au = 196,8, K = 39,04 et Cy = 25,98, nous voyons que 130,04 parties en poids de cyanure de potassium peuvent dissoudre 196,8 parties d'or, ou, approximativement, que 3 parties d'or exigent 2 parties de cyanure pour entrer en dissolution. Or la quantité minima de cyanure employée jusqu'ici pour le traitement des minerais « *free milling*(2) » s'élève à peu près à 10 quintaux (environ 500 kilog.) par tonne, soit 3 livres (1350 gr.) par once (28 gr.) de métal précieux mis en liberté. En d'autres termes, 1 partie d'or exige 40 parties de cyanure pour se dissoudre. Dans les bassins de lixiviation seuls, on emploie généralement une livre de cyanure par tonne de minerai ;

2° Il suffit d'une très faible quantité d'oxygène pour que la réaction puisse se produire. En effet, 396,6 parties d'or n'exigent que 15,96 parties d'oxygène, soit 1 partie d'oxygène pour 25 parties d'or. Nous verrons tout à l'heure que la solubilité de l'oxygène atmosphérique dans l'eau de la solution n'est pas une quantité négligeable; mais il est évident que la quantité d'air enfermée dans la masse poreuse du minerai suffit déjà amplement à la réaction. 1 litre d'eau dissout environ 0,006 litre d'oxygène atmosphérique dans les conditions normales de température et de pression. Si chaque litre de la solution de cyanure dissout seulement 0,0025 litre d'oxygène, nous aurons pour 25 tonnes de solution un poids d'oxygène égal à 0,175 livre (80 gr.). Cette quantité est plus que suffisante pour faire entrer en solution les 40 onces d'or contenues dans une charge de 75 tonnes de minerai.

Décomposition du cyanure. — D'où vient alors que la quantité de cyanure de potassium requise en pratique est si considérable ? Une des causes principales est la grande instabilité des cyanures simples. L'acide cyanhydrique est, au point de vue chimique, le plus faible de tous les acides connus. Il est déplacé de ses sels par tous les acides minéraux, l'acide carbonique et les acides organiques généralement employés.

L'acide carbonique de l'air peut donc déterminer d'une façon continue la décomposition du cyanure de potassium avec production d'acide cyanhydrique. La réaction peut être exprimée par l'équation :

$$2\,KCy + CO^2 + H^2O = 2\,HCy + CO^3K^2.$$

En second lieu, nous ne devons pas perdre de vue que les cyanures sont des corps facilement oxydables ; c'est même sur ce fait que sont basées la plupart de leurs applications dans l'industrie. Le cyanure de potassium se transforme aisément en cyanate, puis finalement en carbonate :

$$KCAz + O = KCAzO$$
$$2\,KCAzO + 3\,O = CO^3K^2 + CO^2 + Az^2.$$

(1) *Moniteur scientifique*, 1891, p. 262.

(2) On désigne sous ce nom les minerais susceptibles d'abandonner la majeure partie de leur métal précieux par le simple procédé d'amalgamation.

La présence des alcalis, que l'on constate toujours dans les cyanures du commerce, facilite cette décomposition spéciale et encore peu étudiée que l'on connait sous le nom d'*hydrolyse*. Dans cette réaction, les alcalis semblent déterminer un échange chimique dans lequel l'eau joue le principal rôle, alors que l'alcali lui-même ne subit aucune modification. Lorsque l'on traite l'acide cyanhydrique par un acide minéral concentré ou par une solution alcaline bouillante, on obtient la réaction suivante :

$$HCAz + 2H^2O = HCO^2(AzH^4).$$

En d'autres termes, l'acide cyanhydrique en s'hydratant donne du formiate d'ammoniaque.

L'hydratation du cyanure de potassium, qui se produit certainement lorsque sa solution contient un excès d'alcali, ou bien encore lorsque cet alcali a été ajouté au minerai avant le traitement au cyanure, donne naissance à du formiate d'ammoniaque et du formiate de potasse :

$$KCAz + 2H^2O = AzH^3 + HCO^2K.$$

L'odeur de l'acide cyanhydrique, généralement appréciable dans le voisinage des cuves de cyanure, est due en partie à la décomposition du cyanure de potassium par l'acide carbonique de l'air. Mais il y a de sérieuses raisons de croire que, dans les solutions diluées, il se produit une dissociation partielle du cyanure alcalin, en sorte qu'une solution étendue de cyanure de potassium est en réalité constituée par un mélange d'hydrate de potasse et d'acide cyanhydrique :

$$H^2O + KCy = HCy + KHO.$$

L'exactitude de cette théorie est confirmée par ce fait curieux, qu'un courant de gaz inerte, comme l'azote par exemple, dirigé dans une solution étendue et froide de cyanure, détermine la distillation de l'acide cyanhydrique. S'il en est ainsi, il n'est pas étonnant que l'acide cyanhydrique, dont la volatilité est très grande, se dégage d'une façon continue des cuves exposées à l'air libre.

Ce fait explique également pour quels motifs on a dû renoncer aux systèmes consistant à agiter les solutions ou bien à les faire circuler. Le renouvellement de la surface exposée à l'air nécessitait en effet une consommation encore plus grande de cyanure de potassium.

Il faut également tenir compte de l'extrême facilité avec laquelle les cyanures simples se combinent entre eux ou avec d'autres sels métalliques. Les sels de fer et, d'une façon moins constante, les sels d'alumine, de magnésie, de chaux, et enfin les sels alcalins se rencontrent fréquemment dans les minerais, surtout lorsqu'ils ont été exposés longtemps aux influences atmosphériques.

Tout ce que nous venons de voir montre assez que, même dans les conditions les plus favorables, la perte en cyanure est considérable. Nous devons ajouter qu'on peut atténuer cette perte en prenant certaines précautions; on réduira en effet la décomposition du cyanure dans de grandes proportions si l'on fait usage de cuves fermées et si l'on veille à la pureté des matières premières que l'on emploie, qu'il s'agisse de cyanure ou de l'eau qui sert à le dissoudre.

Action du cyanure sur les minerais sulfurés. — Pour bien comprendre l'action du cyanure de potassium sur ces minerais ou sur les produits qui en dérivent, il est nécessaire auparavant de dire quelques mots de leur composition et des transformations chimiques dont ils sont susceptibles. Le minerai de l'Afrique méridionale, que l'on traite par le procédé au cyanure, est formé presque exclusivement, à la surface, de silice et d'oxyde de fer. Il se présente sous forme de pierres quartzeuses arrondies, englobées dans une matrice de consistance moins dure et très riche en oxyde de fer. C'est dans cette matrice que l'on rencontre l'or associé à l'oxyde de fer; il se présente encore sous forme de paillettes attachées à la surface des silex; quant aux silex eux-mêmes, ils en contiennent parfois de petites quantités.

Au-dessous de cette première couche, on en rencontre une seconde, de structure à peu près identique, mais beaucoup plus dure et qui contient le fer à l'état de sulfure, ce qui donne au minerai une teinte bleuâtre caractéristique.

Il est à peu près certain que l'existence des minerais *free milling* provient d'une oxydation lente des minerais pyriteux sous la double influence de l'air et de l'humidité. En fait, on peut constater chaque jour cette transformation sur les matériaux pyriteux exposés à l'action de l'atmosphère. La première transformation que l'on observe est celle du sulfure de fer en sulfate soluble, avec production simultanée d'acide sulfurique :

$$FeS^2 + H^2O + 7O = FeSO^4 + H^2SO^4.$$

Puis, un certain nombre de sulfates basiques insolubles, de composition variable et complexe, se forment par l'action de l'air sur le sulfate ferreux :

$$2FeSO^4 + O = Fe^2O^3, 2SO^3 \text{ (Wittstein).}$$

Il se forme en même temps une certaine quantité de sulfate ferrique soluble :

$$10\,FeSO^4 + 5\,O = \underbrace{2\,Fe^2O^2SO^3}_{\text{Sulfate basique insoluble.}} + \underbrace{3\,Fe^2(SO^4)^3}_{\text{Sulfate ferrique soluble.}} \text{ (Berzélius).}$$

Les minerais pyriteux contiennent également de petites quantités d'arsenic et de cuivre, parfois même un peu de nickel et de cobalt, mais la quantité totale de tous ces éléments étrangers est si faible qu'il n'y a pas lieu d'en tenir compte dans l'étude du procédé au cyanure. Il est intéressant de noter ici un fait curieux qui a été observé aux mines de Robinson : c'est que la teneur des minerais en cuivre et en arsenic augmente à mesure que l'exploitation atteint une profondeur plus considérable. Il est donc à craindre que ces éléments ne deviennent par la suite une source de difficultés pour l'application du procédé au cyanure.

Supposons maintenant que l'on traite directement par la solution de cyanure une charge de minerai pyriteux partiellement oxydé. L'eau que renferme ce minerai possède une réaction nettement acide, due à la présence d'acide sulfurique libre. Ce dernier met en liberté une quantité équivalente d'acide cyanhydrique.

De son côté, le sulfate ferreux (vitriol vert) réagit sur le cyanure, et il se précipite une masse floconneuse jaune rougeâtre qui est du cyanure ferreux :

$$Fe\,SO^4 + 2\,KCy = Fe\,Cy^2 + K^2SO^4.$$

Mais, en raison même de l'excès de cyanure de potassium, le cyanure ferreux est lentement converti en ferrocyanure de potassium $Fe\,Cy^2 + 4\,K\,Cy = K^4Fe\,Cy^6$.

Si la solution est suffisamment acide, le ferrocyanure réagit sur une nouvelle quantité de sel ferreux et, finalement, on obtient, soit une coloration bleue, soit un précipité de même couleur (bleu de Prusse) $3\,K^4Fe\,Cy^6 + 6\,Fe\,SO^4 + 3\,O = Fe^2O^3 + 6\,K^2SO^4 + Fe^7Cy^{18}$.

L'apparition d'une teinte bleue à la surface du minerai ou dans la solution indique d'une façon certaine la présence de sels acides de fer ; la conséquence est une perte considérable de cyanure de potassium.

Les sels ferriques, lorsqu'ils se trouvent dans la masse, non mélangés à des composés ferreux, décomposent la solution de cyanure avec mise en liberté d'acide cyanhydrique et précipitation d'hydrate ferrique $Fe^2(SO^4)^3 + 6\,K\,Cy + 6\,H^2O = Fe^2(OH)^6 + 6\,HCy + 3\,K^2SO^4$.

Cette réaction a lieu en deux temps. Dans le premier, il se forme un cyanure ferrique soluble mais peu stable qui donne à la solution une teinte brune foncée :

$$Fe^2(SO^4)^3 + 6\,K\,Cy = Fe\,Cy^6 + 3\,K^2SO^4.$$

Ce cyanure ferrique se décompose en hydrate ferrique et acide cyanhydrique d'après l'équation :

$$Fe^2Cy^6 + 6\,H^2O = Fe^2(OH)^6 + 6\,HCy.$$

Une partie de cet hydrate de fer est constituée par un précipité extrêmement ténu et gélatineux qu'il est difficile de séparer par filtration.

Le mélange de sulfate ferreux et de sulfate ferrique qui se trouve probablement toujours formé dans les minerais pyriteux partiellement oxydés, fournit, par l'addition de cyanure, une coloration bleue, lorsque toute la potasse libre du produit commercial a été neutralisée. Lorsque le sel ferrique est en excès, il se forme du bleu de Prusse (ferrocyanure ferrique) :

$$18\,KCy + 3\,Fe\,SO^4 + 2\,Fe^2(SO^4)^3 = 9\,K^2SO^4 + Fe^4(Fe\,Cy^6)^3.$$

Si c'est au contraire le sel ferreux qui prédomine, il se forme du bleu de Turnbull (ferrocyanure ferreux) : $12\,K\,Cy + 3\,Fe\,SO^4 + Fe^2(SO^4)^3 = 6\,K^2SO^4 + Fe^3(Fe\,Cy^6)^2$.

Traitement préliminaire des minerais pyriteux. — Avant de faire subir à ces minerais l'action du cyanure de potassium, il est indispensable de les débarrasser de l'acide sulfurique libre et des sels de fer solubles qu'ils contiennent. Ce but est atteint par un lessivage à l'eau pure prolongé jusqu'à ce que le liquide, qui s'écoule des cuves, ne donne plus aucune coloration par addition de sulfhydrate d'ammoniaque.

Ce traitement, du reste, laisse dans le minerai tous les sulfates basiques insolubles sur lesquels le cyanure de potassium pourrait avoir une action ultérieure. Pour rendre cette action impossible, on procède à un certain nombre de lavages soit à la soude caustique, soit à l'eau de chaux. Dans ces conditions, les sels de fer sont transformés en oxydes avec formation de sulfate de soude ou de chaux.

Le premier lavage à l'eau pure peut être supprimé toutes les fois que la proportion d'acide libre et de sels de fer solubles est relativement faible. Parfois même, on se contente de mélanger au minerai une certaine quantité de chaux avant le traitement au cyanure. Dans ces conditions, le fer est précipité à l'état d'hydrates ferreux et ferrique.

Lorsque le lavage à l'eau alcaline est terminé, on fait écouler le liquide des cuves, puis on y fait arriver la première solution de cyanure, dite *solution forte*, et contenant environ 6 pour 100 de sel. Ce premier traitement, même lorsqu'il est effectué sur des minerais faiblement pyriteux et déjà partiellement décomposés par exposition à l'air, nécessite une consommation de cyanure quatre fois plus considérable que pour le traitement des *free milling*. La présence, dans la solution, d'un grand excès d'alcali détermine diverses réactions secondaires qui entraînent une perte considérable de cyanure. Parmi ces réactions, il faut citer l'hydrolyse, à laquelle nous avons déjà fait allusion, et une action spéciale qui se passe dans les caisses à zinc; nous reviendrons plus loin sur cette action.

La chaux, bien que son action soit plus lente, est encore préférable à la soude caustique comme agent de neutralisation. Elle décompose indifféremment tous les sels de fer; de plus, les réactions secondaires qu'elle détermine dans la solution de cyanure sont beaucoup moins énergiques; enfin, au moment de la précipitation par le zinc, son action sur ce métal est beaucoup plus faible.

L'hydrate ferrique ne semble pas avoir d'action sur le cyanure de potassium; mais l'hydrate ferreux, qui se forme lorsqu'on neutralise les sels de fer par un alcali, réagit sur le cyanure pour donner du ferrocyanure de potassium : $Fe(OH)^2 + 6\,KCy = K^4FeCy^6 + 2\,KOH$.

Précipitation de l'or des solutions de cyanure. — Dans certaines conditions, telles que l'absence d'une quantité suffisante d'oxygène dans la solution, il semble se produire une précipitation partielle de l'or primitivement dissous. S'il arrive que la solution devienne acide, il se produit une décomposition du cyanure double d'or et de potassium; on admet généralement que, dans ces conditions, l'or se précipite à l'état de cyanure insoluble $KAuCy^2 + HCl = KCl + HCy + AuCy$.

On a remarqué, du reste, que lorsqu'on applique aux minerais pyriteux le système d'épuisement par circulation, il n'est pas prudent de faire couler sur une charge de minerai frais une solution déjà riche en or; dans ces conditions, en effet, les décompositions dont nous avons parlé prennent une importance telle qu'elles conduisent finalement à une perte en or assez considérable.

Action sélective du cyanure de potassium.—Les partisans du procédé de Mac Arthur et Forrest (1) admettent que, dans un mélange contenant de l'or, de l'argent, du cuivre et des terres alcalines, le cyanure de potassium exerce, en quelque sorte, une action sélective sur ces différents corps; il dissoudrait d'abord l'or, puis l'argent, puis enfin le cuivre et les bases. Le procédé, cependant, ne semble pas avoir été appliqué avec succès aux minerais tels que ceux de la Californie et de l'Australie, qui contiennent une forte proportion de métaux étrangers. Les minerais contenant du sulfure d'argent et du sulfure de cuivre nécessitent une grande consommation de cyanure, le cuivre étant partiellement dissous à l'état de sous-sulfocyanure. M. William Bettel, chimiste en chef de la Compagnie des mines d'or de Robinson, a fait deux expériences sur un minerai provenant de la mine d'argent *Albert*, et contenant 30 onces d'argent et 10 pour 100 de cuivre. Il a montré qu'il est impossible de récupérer l'argent, lorsque ce métal est à l'état de sulfure.

Action des rognures de zinc sur la solution de cyanure. — Théoriquement, l'opération consiste en une simple substitution de l'or au zinc d'après l'équation :

$$2\,KAuCy^2 + Zn = K^2ZnCy^4 + 2\,Au.$$

Si nous prenons Zn = 65, 1, et Au = 196,8 nous voyons qu'il suffit de 65,1 parties en poids de zinc pour précipiter 393,6 parties d'or, c'est-à-dire qu'une livre de zinc devrait précipiter environ 6 livres d'or. La consommation actuelle est d'environ 1 livre de zinc par once d'or récupéré (30 gr. environ). Il est donc évident qu'il y a une consommation de zinc tout à fait étrangère au déplacement de l'or.

Pendant le passage de la solution à travers les cuves à zinc, on observe un dégagement considérable d'hydrogène. Quant au liquide qui s'écoule des caisses, on remarque qu'il a une réaction alcaline beaucoup plus forte qu'à son arrivée dans la cuve. Enfin, dans le voisinage des mêmes cuves, on constate l'odeur très nette de l'acide cyanhydrique et quelquefois même de l'ammoniaque. Il est donc évident que la décomposition du cyanure de potassium s'accentue encore dans cette partie de l'opération et le fait paraît assez naturel si l'on considère l'énergie électro-chimique mise en jeu par la présence de deux métaux tels que le zinc et l'or, le premier de ces corps étant électro-positif et le second électro-négatif.

Nous savons déjà que le couple zinc-cuivre, obtenu en plongeant une lame de zinc dans une solution de sel de cuivre, a la propriété de décomposer l'eau. C'est une réaction identique que nous obtenons avec le couple or-zinc : $Zn + 2\,H^2O = 2\,H = Zn\,(OH)^2$.

L'hydrate de zinc formé est immédiatement dissous dans l'excès de cyanure :

$$Zn(OH)^2 + 4\,KCy = K^2ZnCy^4 + 2\,KOH.$$

(1) *Moniteur scientifique*, 1891, p. 262.

Cette réaction explique pourquoi l'alcalinité de la solution augmente.

Nous avons des raisons de croire que le dépôt noir qui se forme à la surface des rognures de zinc est une combinaison chimique de zinc et d'or; cette combinaison joue le rôle d'élément électro-négatif, le zinc non attaqué constituant l'élément positif.

Lorsqu'on emploie des solutions concentrées de soude caustique pour neutraliser l'acidité des sels que renferme le minerai, on observe fréquemment la formation d'un dépôt blanc à la surface du zinc. En effet, l'alcali attaque d'abord le zinc pour former un oxyde de zinc et de sodium :

$$Zn + 2\,NaOH = Zn(ONa)^2 + 2\,H.$$

Cet oxyde réagit ensuite sur le cyanure double de zinc et de potassium qui se trouve toujours présent dans la liqueur et il se précipite du cyanure de zinc qui est blanc :

$$2\,H^2O + Zn(ONa)^2 + K^2ZnCy^4 = 2\,ZnCy^2 + 2\,NaOH + 2\,KOH.$$

Cette réaction est de quelque importance, puisqu'elle permet d'éviter une accumulation excessive de zinc dans les solutions.

Affinité du zinc pour le cyanogène. — Le cyanure double d'or et de potassium paraît être un des sels d'or les plus stables, mais la réaction qui se passe dans les cuves à zinc montre que l'affinité du zinc uni au potassium, pour le cyanogène, est plus grande que l'affinité de l'or uni au potassium pour le même radical. Il s'ensuit qu'une solution de cyanure de potassium ne peut dissoudre l'or, toutes les fois que ce métal est en contact avec du zinc; de même, l'or ne peut se substituer au zinc dans une solution de cyanure double de zinc et de potassium. Par conséquent, tant qu'il reste du zinc dans la solution, il n'y a pas à craindre que l'or se redissolve dans l'excès de cyanure de potassium et passe dans le liquide qui s'écoule des cuves.

Il est aussi évident que le cyanogène contenu dans le cyanure double de zinc et de potassium ne peut servir à dissoudre de l'or et, lorsqu'on fait couler sur une charge fraîche de minerai une solution chargée de zinc, cette solution ne peut avoir d'action dissolvante sur le métal précieux que si elle contient en outre une certaine proportion de cyanure de potassium ou de tout autre cyanure alcalin.

Nouvelles méthodes de précipitation. — Les cyanures de sodium et d'ammonium, ainsi que les cyanures des métaux alcalino-terreux (calcium, baryum, etc.), dissolvent l'or aussi aisément que le cyanure de potassium. Le cyanure de sodium est d'une préparation plus difficile que le cyanure de potassium, mais un poids donné de cyanure de sodium sera plus efficace que le même poids de cyanure de potassium, puisque 49 parties du premier équivalent à 65 parties du second.

Les avantages du procédé Molloy et de tous les procédés basés sur l'emploi d'amalgames de sodium ou de potassium sont incontestables. L'amalgame du métal alcalin est obtenu en électrolysant son carbonate entre deux électrodes de plomb et de mercure :

$$Na^2CO^3 = Na^2 + CO^2 + O.$$

Le sodium forme un amalgame avec le mercure. L'amalgame de sodium peut encore être préparé en partant des éléments. Un des avantages de ce mode de précipitation est que la totalité du cyanogène est récupérée sous une forme telle qu'il redevient susceptible de dissoudre une nouvelle quantité d'or, ainsi que le montre la formule :

$$Na + KAuCy^2 = Au + KCy + NaCy.$$

Composition des boues de zinc. — Tous les métaux qui se trouvent en solution dans la liqueur de cyanure sont susceptibles d'être précipités par le zinc en même temps que l'or. Aussi, les boues de zinc contiennent-elles toujours une certaine proportion de cuivre ainsi que des traces d'arsenic et d'antimoine. De plus, la majeure partie des impuretés que renferme le zinc se retrouvera dans les boues, le zinc étant plus facilement dissous par le cyanure que les métaux moins oxydables que lui, comme l'étain et le plomb.

L'argent est dissous par le cyanure et reprécipité par le zinc d'après une suite de réactions analogues à celles qui se passent pour l'or :

$$2\,Ag + 4\,KCy + O + H^2O = 2\,KAgCy^2 + 2\,KOH$$
$$2\,KAgCy^2 + Zn = K^2ZnCy^4 + 2\,Ag.$$

On a observé que le rapport de l'argent à l'or, dans les lingots obtenus par le procédé au cyanure, est plus grand que dans les lingots provenant du traitement par amalgamation. Dans ce dernier procédé, en effet, la perte en argent est supérieure à la perte en or.

Traitement des boues de zinc. — L'élimination du zinc est une opération difficile, ce métal n'étant volatilisé que partiellement lorsqu'on soumet à la fusion les boues préalablement desséchées. L'addition de sable quartzeux a pour but de faciliter la formation d'un silicate de zinc fusible. Une partie de zinc est volatilisée; le métal brûle à la sortie du creuset avec une flamme verdâtre et répand d'abondantes fumées blanches d'oxyde de zinc ZnO qui incrustent la paroi des cheminées et entraînent avec elles une quantité appréciable d'or et d'argent. Le procédé le plus pratique pour traiter ces boues semble être celui de M. Bettel; il consiste à les fondre avec un mélange de sulfate de soude et de spath fluor.

Des essais ont été tentés en vue d'éliminer le zinc avant d'opérer la fusion de l'alliage; mais ils sont restés sans succès, tous ces procédés impliquant la filtration d'une masse spongieuse qui retient énergiquement une forte proportion de sels solubles.

La scorie provenant de la fusion des boues de zinc contient une assez grande quantité d'or. Une partie de cet or se trouve à l'état de grains arrondis qu'il est facile de séparer en broyant la scorie et en la tamisant. Le résidu de la première fusion est toujours fondu à nouveau en présence de plomb qui absorbe l'or. Les mêmes lingots de plomb peuvent être utilisés pour un certain nombre de fusions successives. Lorsqu'ils sont suffisamment enrichis en métal précieux, on les passe à la coupellation.

Essais des solutions de cyanures. — Il est très important de déterminer avec exactitude le titre des solutions de cyanure qui servent au lessivage du minerai. La méthode de titrage le plus généralement employée repose sur ce fait que le cyanure d'argent est soluble dans un excès de cyanure de potassium, avec formation d'un cyanure double de potassium et d'argent :

$$KCy + AgAzO^3 = AgCy + KAzO^3$$
$$AgCy + KCy = KAgCy^2.$$

Lorsqu'on ajoute goutte à goutte une solution de nitrate d'argent à une solution de cyanure, il se forme un précipité blanc qui se redissout aussitôt. A un certain moment, le précipité devient permanent, et cela a lieu lorsque la totalité du cyanure a été convertie en sel d'argent soluble; une nouvelle goutte de nitrate d'argent donnera donc un précipité permanent de cyanure simple d'argent qui est insoluble :

$$KAgCy^2 + AgAzO^3 = KAzO^3 + 2\,AgCy.$$

D'après cette réaction, 107,66 parties d'argent en poids équivalent à 130,04 parties de cyanure de potassium.

La solution type d'argent qui convient le mieux est telle que chaque centimètre cube de cette solution ajouté à 10 centimètres cubes de la solution à essayer correspond à 0,1 pour 100 de cyanure de potassium pur.

La méthode donne de bons résultats lorsqu'on opère avec des solutions de cyanure pur; mais lorsque ces solutions contiennent du zinc, il est très difficile, pour ne pas dire impossible, de saisir la fin de la réaction. A un certain moment, il se dépose en effet un précipité blanc floconneux; ce précipité est probablement du cyanure de zinc, formé par la décomposition du cyanure double :

$$K^2ZnCy^4 + AgAzO^3 = KAgCy^2 + ZnCy^2 + KAzO^3.$$

Cette précipitation a lieu bien avant que la totalité du cyanure de potassium ait été convertie en sel double d'argent ($KAgCy^2$), car, après l'apparition des flocons blancs, la solution donne encore du bleu de Prusse par addition de sulfate ferreux acidulé.

On peut employer une solution d'iode dans l'iodure de potassium pour déterminer avec exactitude la totalité du cyanogène contenu dans la solution, que ce radical soit combiné ou non avec le zinc. La réaction est la suivante :

$$KCy + I^2 = KI + ICy.$$

La solution d'iode est décolorée tant qu'il reste dans la liqueur un excès de cyanure. On augmente la sensibilité de la réaction en additionnant la liqueur à essayer de quelques gouttes d'eau d'amidon. On obtient ainsi une belle coloration bleue permanente dès qu'on ajoute un excès d'iode.

Le point le plus important, du reste, est d'employer une méthode de dosage rapide, capable de déterminer la quantité de cyanure *susceptible de dissoudre l'or*, car, ainsi que nous l'avons déjà dit, le cyanure en combinaison avec le zinc est incapable de remplir ce but.

La méthode de titrage des cyanures contenant du zinc, employée pour doser le cyanogène susceptible de dissoudre l'or, a été introduite par M. Bettel à l'usine de la Compagnie générale des mines de Robinson. Voici cette méthode :

On prend deux fioles de même capacité et nettoyées avec soin. Dans chacune d'elles on introduit 50 centimètres cubes de la solution à essayer et 50 centimètres cubes d'eau. Généralement, on observe un léger trouble qui doit être le même dans les deux essais. On verse alors dans une des fioles la solution type de nitrate d'argent jusqu'à ce qu'on observe la plus légère augmentation de trouble par rapport au liquide témoin. Ce point est pris comme indiquant la conversion en sel d'argent soluble de la totalité du cyanure de potassium libre. On a ainsi la teneur de la solution en cyanure susceptible de dissoudre l'or.

Le dosage de l'or dans la solution s'effectue généralement en évaporant en présence de litharge un volume connu de la liqueur. On fond le résidu, et le bouton que l'on obtient est passé à la coupelle.

Propriétés toxiques du cyanure de potassium. — Les ouvriers employés au nettoyage des cuves et à la fusion des boues de zinc sont sujets à des éruptions d'une nature spéciale qui se produisent le plus souvent sur les bras; ils se plaignent également de maux de tête, d'étourdissements et de faiblesse générale. On combat avec succès l'éruption au moyen du ferro-cyanure de potassium, employé soit comme médicament interne, soit sous forme de lotions que l'on applique sur les parties atteintes.

Si l'on a égard à la nature éminemment toxique des substances manipulées, on s'étonnera que les accidents mortels soient aussi peu fréquents qu'ils le sont dans une industrie où l'on emploie le cyanure de potassium en aussi grande quantité. Dans les cas d'empoisonnement, l'antidote le plus généralement employé est le carbonate de fer précipité; on l'obtient en mélangeant des solutions de carbonate de soude et de sulfate ferreux. Cette substance forme dans l'organisme un composé cyanuré bleu qui est insoluble.

L'acide cyanhydrique agit directement sur le système nerveux en déterminant une paralysie instantanée; dans tous les accidents de ce genre, on pourra donc avoir recours à tous les remèdes qui ont pour résultat d'exciter le système nerveux : applications d'eau froide sur l'épine dorsale, inhalations d'ammoniaque, etc.

L'évacuation des solutions épuisées de cyanure est un point important. On a coutume d'écouler au dehors des liqueurs contenant 0,1 ou 0,2 pour 100 de cyanure de potassium et l'on empoisonne ainsi les cours d'eau qui reçoivent ces produits. Si l'on trouvait un moyen pratique de précipiter de ces solutions le zinc qu'elles contiennent, ou mieux encore, si l'on parvenait à éviter l'emploi de ce métal, on ne se trouverait plus dans la nécessité d'évacuer les liqueurs de cyanure au dehors.

MARC MERLE.

Influence des agents atmosphériques sur les propriétés générales de l'aluminium incomplètement purifié, et remarques sur quelques propriétés particulières de ce métal.

(*Engineering*, de Londres; décembre 1892.)

Il ressort d'un récent travail, publié par M. A.-E. Hunt, de la Compagnie pour le traitement des minerais alumineux de Pittsburg, ce fait que l'aluminium pur, si on le compare avec la majorité des autres métaux, et si on se place dans les circonstances ordinaires, résiste fort bien à l'action combinée du vent et des pluies; mais offre, s'il renferme de la silice, une résistance beaucoup moins grande aux agents atmosphériques. Ce métal, mélangé de quatre ou cinq parties de silice pour 100, se recouvre très souvent d'une couche d'oxyde d'une forte épaisseur, si on l'expose aux injures du temps. L'aluminium se laisse laminer et forger à froid, mais le métal est beaucoup plus malléable si, comme on doit le faire, on le chauffe à une température de 350 ou 400 degrés Fahrenheit, pour le laminer et le fragmenter du lingot dans les meilleures conditions d'économie possibles. Comme l'argent et l'or, l'aluminium a été fréquemment soumis à l'opération du *recuit*, de même qu'il présente cette particularité remarquable de durcir quand on le travaille.

Grâce à cette propriété de durcir quand on le lamine, forge, estampe ou étire, on a toutes facilités pour communiquer au métal une grande rigidité lorsqu'on l'a amené à l'état de façonnage définitif, en sorte qu'il se prête parfaitement aux fins qu'on se propose, dans les cas où, le métal recuit se trouvant trop malléable et n'offrant pas une résistance suffisante, on manquerait par suite de rigidité. Cela est vrai surtout pour l'aluminium allié à une petite proportion pour 100 de titane, de cuivre, ou de silice. On peut admettre, comme règle générale, que, dans des conditions identiques, l'aluminium est d'autant plus pur qu'il est plus mou et moins rigide. On peut recuire l'aluminium en le chauffant et l'amenant ensuite graduellement au refroidissement; la température la plus convenable pour cela se trouve aux environs du rouge. On peut aussi le recuire divisé, en tranches minces que l'on chauffe dans l'eau bouillante. L'aluminium se laisse parfaitement et aisément souder au moyen de l'électricité, et on a trouvé une soudure économique qui donne toute satisfaction à cet égard. On peut faire de bonnes fontes du métal dans des formes de sable sec ou de métal refroidi; mais il est à remarquer qu'il faut quelque expérience avant d'y réussir et d'obtenir des fontes uniformes. Il ne faut pas chauffer l'aluminium beaucoup au delà de son point de fusion, car, lorsqu'il est trop chaud, il paraît absorber des gaz qui restent dans la masse du métal, et s'opposent à la production de bonnes fontes.

ALCOOLS. — VINS. — BIÈRES. — FERMENTATION.

Exposition des méthodes les plus récentes usitées dans la fabrication des alcools d'industrie.

(*Dingler's polytechnisches Journal*, 73, t. 285, fasc. 1, 3, 4, 5.)

I. — Matière première.

Choix des pommes de terre pour semis, et sélection des plants à fort rendement en tubercules reproducteurs. — Les expériences de Brümmer sur ce sujet (*Zeitsch. für Spiritusind.*, 14, p. 317) l'ont conduit aux conclusions suivantes :

1° Il ne suffit pas, dans le choix des pommes de terre pour semis, de les prendre de grosseur moyenne ou forte; il y a aussi intérêt à choisir les tubercules des plants à fort rendement, la fécondité de ceux-ci se transmettant à leur descendance;

2° On procédera, au cours de l'été, à un premier choix d'après la vigueur des feuilles, et l'on fera le triage définitif au moment de la récolte;

3° La transmission héréditaire de la fécondité n'a de résultats très avantageux que si les conditions du développement de la plante ne sont entravées par aucune circonstance extérieure, comme la pauvreté du sol, par exemple. Dans un mauvais terrain, la grande fécondité peut être nuisible en donnant naissance à des tubercules, nombreux il est vrai, mais petits, alors qu'il est préférable d'avoir un moins grand nombre de tubercules gros;

4° Il semblerait, de plus, que les semis provenant des plantes les plus vigoureuses et les plus saines jouissent, dans de bonnes conditions culturales, d'une immunité particulière à l'égard de la maladie.

M. G. Schulze réfute, par de nombreux exemples, l'opinion généralement admise qu'il existe une variété intrinsèquement supérieure à toutes les autres. Il n'y a pas de sorte de pommes de terre dont la supériorité se maintienne dans toutes les conditions. Dans chaque localité, on devra déterminer, par des essais méthodiques, la variété qui donne les meilleurs résultats, en tenant compte aussi de l'emploi qu'on en veut faire (distillerie, féculerie, alimentation directe, etc.). On abrégera sensiblement la durée de ces essais en se basant sur l'expérience acquise en d'autres régions, par des expériences poursuivies avec soin et pendant un assez grand nombre d'années. Tels sont, par exemple, ceux que nous devons aux stations agricoles pour la culture des pommes de terre. Le choix d'une sorte, basé sur tous les autres éléments d'appréciation que ceux que nous venons d'indiquer (expérience directe de plusieurs années et essai des produits à l'usage spécial), n'a aucune valeur.

L'aspersion des champs de pommes de terre avec les solutions de cuivre pour guérir la maladie a donné de très bons résultats. Ce remède, appliqué au commencement d'août, à un champ contaminé, a coupé le mal aussitôt.

II. — Trempage et brassage.

Brassage en trempe très épaisse; saccharification et fermentation correspondantes. — Les règlements fiscaux, en Belgique, obligent à brasser en trempe épaisse. Toutes les opérations : trempage, décoction, refroidissement, fermentation et distillation, doivent être terminées dans l'espace de 24 ou 48 heures. Dans ces conditions, la distillerie ne peut opérer qu'avec des matières premières riches en amidon. Parmi toutes les céréales, c'est le malt de froment moulu qui donne les meilleurs résultats : d'une part, à cause de sa richesse en substance amylacée; d'autre part, le maltage a, pour ainsi dire, désagrégé l'amidon, qui se dissout vite et dans peu d'eau; et aussi parce que la proportion de diastase est assez forte, et, par suite, la saccharification très active; enfin, que ce grain contient des albuminoïdes solubles qui favorisent la fermentation. Avec ce malt, on brasse une proportion variable d'un autre féculent, de préférence le maïs, à cause de son prix avantageux et aussi parce qu'à poids égal, il donne une trempe plus fluide. Plus rarement, on ajoute du riz ou du dari. Ce dernier ne peut, en aucune manière, remplacer le maïs; quant au riz, bien qu'il fournisse des moûts très riches, son prix élevé empêche de l'employer.

Le maïs est préparé par dessiccation à température pas trop élevée; lorsque sa teneur en eau est réduite à 6-10 pour 100, on le moud aussi fin que possible. Depuis quelque temps, on trempe assez souvent le maïs avant de le dessécher avec de l'eau chaude additionnée d'une certaine quantité d'acide sulfureux. Il perd ainsi en partie son élasticité, se moud plus aisément, se saccharifie mieux et donne des trempes plus fluides. L'acide sulfureux ajouté disparaît à la dessiccation, soit qu'il se volatilise, soit qu'il s'oxyde en acide sulfurique, de telle sorte qu'il ne peut exercer aucune influence sur le goût et l'odeur de l'alcool.

Les essais tentés en vue de malter le maïs n'ont pas donné de résultats satisfaisants, d'une part, parce qu'il germe souvent fort mal; d'une autre part, parce que la germination décompose partiellement l'huile grasse du maïs et engendre des produits qui communiquent mauvais goût à l'alcool.

Cependant, on a remarqué que cette préparation n'offre aucune difficulté par le procédé de maltage au tambour.

La racine et le germe apparaissent au même point de la graine; la première acquiert environ trois fois la longueur du diamètre du grain; le second, environ la longueur d'un diamètre. La trempe dure environ 46 heures.

La germination, dans le tambour en lente rotation (environ 1 tour par 40 minutes), demande de 50 à 52 heures à 20-24° centigrades et 114 heures environ à 26-30° centigrades, soit 165 heures en tout. Ces résultats se rapportent au maïs dur blanc argenté. Le maïs tendre jaune demande 51 heures de trempe et 6 jours 3/4 de germination totale, dont 2 1/2 à 25° environ et 4 1/4 à 26-30° centigrades. Durant la germination, le maïs doit être assez fréquemment humecté par un jet d'eau pulvérisée à l'intérieur des tambours.

Nous ne suivrons pas l'auteur dans la description détaillée des appareils, qui jouent un rôle important dans ce procédé. La farine de maïs est empâtée avec son poids d'eau chaude et 5 pour 100 de malt, d'orge ou de froment dans un malaxeur spécial, qui empêche la farine de s'agglomérer en grumeaux, puis envoyée dans la chaudière de cuite. Après avoir fermé le trou d'homme, on ouvre en plein la vanne de vapeur en laissant d'abord ouverte la soupape pour expulser l'air, puis, la soupape fermée, on cuit pendant 30 minutes à 3 atmosphères. Durant cette opération, l'agitateur ne cesse de fonctionner. La masse cuite est envoyée par la chaudière faisant office de monte-jus dans le refroidissoir, et, lorsque sa température est descendue à 72-78°, suivant la proportion de malt qu'on veut y ajouter, on y incorpore la farine de malt de froment et on laisse la saccharification se produire entre 63 et 68° centigrades, sans remuer. Comme la proportion de malt est toujours relativement élevée, et que la diastase souffre moins d'une température un peu élevée dans un moût chargé en sucre, il reste toujours assez de diastase active pour mener à bien la fermentation secondaire, alors même qu'on a saccharifié à la température presque limite de 68°.

La température et la conduite de la fermentation n'offrent aucune particularité qu'on ne connaisse déjà. La levure employée est exclusivement la levure de bière, à raison de 6 kilogrammes par hectolitre de moût.

Des tableaux annexés au travail de l'auteur, il ressort que, par le procédé de trempe extra-épaisse :

1° La quantité d'amidon non saccharifié croît avec la concentration des moûts. L'amidon est sensiblement mieux utilisé, à concentration égale, dans le travail de 48 heures que dans le travail abrégé de 24 heures, qui ne diffèrent essentiellement que par la durée de la fermentation proprement dite. Ce résultat ne peut être attribué qu'à une saccharification secondaire de l'amidon, durant la fermentation même. C'est ce que prouvent, au surplus, les expériences directes de l'auteur, qui montrent que 20 pour 100 environ de l'amidon échappé à la première saccharification sont solubilisés durant la fermentation brève (durée totale de l'opération : 24 heures), tandis que cette proportion s'élève à 40-45 pour 100 durant l'opération de 48 heures;

2° La proportion du sucre non fermenté est pour la fermentation de 24 heures à peu près proportionnelle à la richesse du moût; avec la fermentation de 48 heures, les différences entre moûts plus ou moins chargés s'atténuent beaucoup;

3° Le rendement rapporté à l'amidon diminue au fur et à mesure que la concentration croît; mais le déchet est moins grand dans la fermentation longue que dans la fermentation de 24 heures. Ainsi en 48 heures on obtient, avec une concentration de 22 kil. 62 d'amidon par hectolitre de moût, un rendement meilleur qu'en 24 heures avec une concentration de 18 kil. 88 d'amidon par hectolitre;

4° La pureté de la fermentation diminue aussi avec la concentration croissante, c'est-à-dire que plus le moût est concentré, plus le déchet de fermentation est considérable. Le déchet peut d'ailleurs être réduit pour une concentration donnée par l'augmentation de la proportion du malt. A poids égaux de maïs et de malt de froment, on a trouvé un pour 100 d'amidon non solubilisé en plus, et cependant un rendement par kilogramme d'amidon empâté plus grand qu'avec une partie de malt pour deux de maïs. Cela tient à ce que, dans le premier cas, la fermentation alcoolique est bien plus nette, plus pure que dans le second cas où les fermentations accessoires sont plus actives.

Les proportions de maïs et de malt de froment les plus favorables ont été trouvées :

	Pour 24 heures.	Pour 48 heures.
Malt de froment	14.1	10.83
Maïs	14.1	21.66
	28.2	32.49

par hectolitre de cuve.

L'auteur a poursuivi des essais de laboratoire pour déterminer la limite pratique de rendement, par hectolitre de cuve à fermentation, durant les 48 heures. En employant le malt de froment pur, il est arrivé à produire 15 litres 99 d'alcool à 100° par hecto de cuve. En marche industrielle, on peut atteindre un rendement de 15 litres et même plus par hecto de cuve, mais il n'est pas prouvé que les dépenses accessoires résultant de la moindre utilisation de l'amidon, de l'excès de levure, etc., n'absorbent pas, et peut-être au delà, le bénéfice de cette production forcée.

Le rapport de la maltose à la dextrine est en moyenne de 4 : 1, c'est à dire très favorable même dans les moûts les plus chargés. Après fermentation, ces moûts filtrés marquent souvent 0° et même moins que 0° sacch. — Ils ne contiennent plus que des traces de maltose directement fermentescible, mais toujours plus ou moins de dextrine.

III. — Fermentation et Levures.

Le pouvoir fermentatif caractéristique des levures a fait l'objet d'une étude intéressante de M. Irmisch (*Wochenschr. für Brauerei*, 8, p. 1136). L'auteur a examiné 37 races différentes de levure au point de vue de l'intensité de leur reproduction et du degré de fermentation qu'elles peuvent produire. Il s'est attaché plus spécialement à l'étude des deux races extrêmes et il a reconnu que les modifications les plus diverses aux conditions de la fermentation, comme la concentration du moût, la proportion de levure, la présence de corps indifférents, l'aération, le renouvellement de l'atmosphère du vase à fermentation et autres analogues, n'exercent qu'une action négligeable sur le degré final de fermentation. Conservées dans l'eau sucrée, les deux races de levure n'ont rien perdu de leurs caractères spécifiques. Seule la diastase a paru exalter un peu le pouvoir fermentatif de la levure la moins active. Les cultures pures de ces levures, poursuivies durant un temps assez long, n'ont pas modifié non plus leurs caractères particuliers.

L'emploi du sulfure de carbone comme antiseptique pour régulariser la fermentation dans la fabrication des alcools d'industrie a fait l'objet d'un brevet de B. Goerner, à Lisbonne (Voir *Moniteur scientifique*. — Brevets, p. 100).

Le sulfure de carbone, au dire de l'auteur, empêcherait les fermentations accessoires sans nuire à l'activité de la levure. Par 10 hectolitres de moût, on ajoute de 1 à 2 grammes de sulfure de carbone, soit avant d'ensemencer la levure, soit au cours de la fermentation. Les quelques essais qui ont été faits d'après ce procédé ont donné des résultats contradictoires, de telle sorte qu'il n'est pas possible de se prononcer actuellement sur sa valeur.

IV. — Analyse.

C.-J. Lintner et G. Dull ont étudié l'influence des substances extractives non azotées sur le dosage de l'amidon dans les céréales. La principale parmi ces substances extractives est une sorte de gomme qui se dédouble par la saccharification en galactose et xylose. Le premier de ces sucres fermente difficilement et réduit la liqueur de Fehling un peu moins que le dextrose; le second est fortement réducteur, mais ne fermente pas. (*Zeischr. für ang. ch.* 1801, p. 537).

La teneur en amidon de diverses matières premières a été déterminée d'après la méthode de Mærcker en calculant l'amidon, d'après le dextrose, au moyen du facteur 0.9. Les liqueurs, après fermentation, ont été titrées, d'après la méthode d'Allihn, en substances réductrices. On a trouvé ainsi :

	I. Amidon.	II. Substances réductrices non fermentées, calculées en amidon.
Orge	56.86 pour 100.	2.7
Froment	56.27 —	4.0
Maïs	62.50 —	1.5
Fécule de pommes de terre	65.03 —	2.0

D'après ces résultats, les chiffres d'amidon de la colonne I devraient être corrigés par soustraction des chiffres de la colonne II; mais, d'un autre côté, l'on sait que le facteur 0.9 à l'aide duquel on calcule l'amidon d'après le dextrose, n'est pas tout à fait exact. Déjà, en 1878, Sachse (*Chem. Centralbl.*, 1878, p. 732) a été conduit par ses expériences à proposer le facteur 0.918, et plus tard Soxhlet (*Wochenschr. für Brauerei*, 1885, p. 193) est arrivé au facteur 0.94.

Les auteurs ont repris cette détermination ; à cet effet ils ont saccharifié 3 grammes d'amidon, dont la teneur en eau et en cendres était exactement connue, avec 15 et 20 c. d'acide chlorhydrique $d = 1.125$. Ils ont trouvé :

Amidon de pommes de terre.	Amidon de riz.	Amidon de seigle.	Amidon de froment.	
0.938	0.943	—	—	20cc HCl
0.938	0.937	0.945	0.950	15cc HCl

donc, en moyenne générale, 0,941.

En calculant les résultats des dosages d'amidon précédents avec les facteurs 0.9 et 0.94, il vient :

I. — Pour 100 d'amidon (sans tenir compte des réducteurs qui échappent à la fermentation), calculé avec 0.94 ;

II. — Pour 100 d'amidon (déduction faite des substances réductrices non fermentescibles, et calculé avec 0.94) ;

III. — Pour 100 d'amidon (sans modifications), calculé avec 0.9 ;

IV. — Pour 100 (déduction faite des substances réductrices non fermentescibles, et calculé avec 0.9 :

	I.	II.	III.	IV.
Orge	59.4	56.6	56.9	54.2
Froment	58.8	54.6	56.3	52.3
Maïs	65.3	63.2	62.5	60.5
Fécule de pommes de terre	67.9	66.3	65.0	63.5

Il n'est pas douteux que les chiffres de la colonne II sont ceux qui se rapprochent le plus de la vérité, bien qu'à cause de la galactose, fermentescible jusqu'à un certain point, ils doivent être un peu trop élevés. Les chiffres des colonnes I et IV s'éloignent beaucoup, en plus ou en moins, des valeurs les plus probables de la colonne II; mais par contre on voit, qu'il y a une concordance satisfaisante entre ces valeurs et celles que donne la colonne III, obtenues en calculant avec le facteur 0.9 et sans correction.

C'est donc ce facteur qu'on doit continuer à employer dans la pratique pour calculer l'amidon des céréales d'après le dosage en dextrose selon Mærcker, il est bien entendu que, pour d'autres féculents, contenant des substances extractives non azotées en proportions considérables, comme les marcs de féculeries, le son, ou dans le dosage des sucres non fermentés dans les moûts, on ne pourra plus compter sur la même approximation en se servant du facteur 0.9. Dans ces cas, la détermination directe des substances réductrices non fermentescibles, après nouvelle saccharification, est seule en mesure de donner des indications sérieuses.

Sur le dosage du sucre avec la liqueur d'Ost (1). — *Schmœger* a contrôlé les indications des tables d'Ost en déterminant, pour le glucose, le sucre de lait et le sucre inverti, les rapports entre le poids de sucre et le poids de cuivre réduit. Sauf pour le sucre de lait, ainsi que l'avait fait déjà observer Ost, la concordance est très satisfaisante.

Pour le sucre inverti le dosage est encore correct même en présence de cent fois, et plus, de son poids de saccharose et avec la liqueur diluée; les résultats sont encore suffisants, même avec mille fois le poids de saccharose.

Les inconvénients de la méthode d'Ost sont :

1° Qu'elle ne peut être appliquée au jus sucré contenant de la chaux ou d'autres oxydes métalliques; la chaux, par exemple, est entraînée avec le précipité et fausse les résultats (par exemple dans l'analyse du petit-lait). En précipitant la chaux par addition d'oxalate neutre de potasse, dans les cas où cela est possible, on remédie à ce défaut;

2° L'ébullition des liqueurs sucrées étendues avec la solution concentrée d'Ost donne lieu, comme l'on sait, à la séparation d'oxyde de cuivre noir. Les erreurs que l'on peut commettre de ce chef sont plus notables que ne l'admettait Ost;

3° La liqueur titrée ne perd pas sensiblement de gaz carbonique, même au bout d'une dizaine de minutes d'ébullition; mais elle subit à la longue une altération d'un autre ordre due à la formation d'un silicate de cuivre par corrosion des parois du flacon. Il est donc utile d'en reprendre le titre lorsqu'il s'est passé quelques semaines entre deux séries de dosages.

Liqueur de Fehling inaltérable. — On la prépare, d'après Rossel, avec les réactifs suivants :

Sulfate de cuivre cristallisé pur	34 gr. 56
Glycérine pure (sans acroléine)	150
Potasse caustique	130

On dissout séparément, on mélange et on complète le volume à un litre.

La substitution de la glycérine à l'acide tartrique a déjà été proposée autrefois, si nos souvenirs sont exacts.

C.-O. Sullivan et F. Tompson décrivent dans le *Chem. Soc.*, 1891, p. 46, un procédé de dosage du saccharose, basé sur la détermination des pouvoirs rotatoires et réducteurs avant et après fermentation par la levure de bière.

L'action de l'acide chlorhydrique sur le sucre inverti, le dextrose et le lévulose, a été étudiée par F.-G. Wichmann. Pour ces trois sucres, la proportion d'acide et la durée de l'ébullition peuvent se remplacer réciproquement, c'est-à-dire qu'une dose d'acide double provoque les mêmes modifications que la dose simple durant un temps double d'ébullition.

---

(1) Voir *Moniteur scientifique*, août 1891, p. 859.

Ces modifications ne sont pas les mêmes, à conditions égales, pour les trois sucres. Ainsi une proportion insuffisante d'acide laisse inaltérée une partie du lévulose; un excès d'acide détruit le dextrose avec le lévulose, etc.

En résumé, l'auteur conclut que la méthode de dosage connue ne saurait donner des résultats, même approchés, pour un mélange de sucre inverti, de dextrose et de lévulose.

Pour l'essai des alcools, la régie suisse fait usage des méthodes suivantes :

1° Pour reconnaître la présence d'aldéhydes, on additionne 10 centimètres cubes de l'alcool à 95 pour 100 de 1 centimètre cube d'une solution au 1/10 de chlorhydrate de métaphénylènediamine. La coloration qui se produit est comparée à des solutions colorées types conservées dans des tubes à réactifs scellés. Ce moyen décèle encore 0.01 d'aldéhyde en volumes pour 1000 d'alcool;

2° Pour le furfurol, on se sert de la réaction à l'aniline et acide chlorhydrique ou à la xylidine et acide acétique; on ajoute 2 centimètres cubes du réactif à 10 centimètres cubes d'alcool et on estime la coloration par comparaison avec des types;

3° Pour distinguer les esprits en extra, fins et alcools de vins, on ajoute à 50 centimètres cubes de l'alcool à 95 pour 100, 1 centimètre cube de permanganate à 2 décigrammes par litre et l'on note le temps employé pour la décoloration. Ce moyen donne des indications assez bonnes, à la condition que l'alcool n'ait pas été enfermé dans des récipients en bois dont il aurait extrait des substances organiques.

Les alcools de vin et les extra ne doivent donner aucune coloration à l'essai du § 1. Ils sont tenus pour douteux lorsque la décoloration dans l'essai 3 se produit avant 30 minutes pour les premiers, avant un quart d'heure pour les seconds.

Les alcools fins contenant plus de 0.3 volumes pour 1000 d'aldéhydes ou qui se décolorent à l'essai au permanganate en moins de 1 minute, ne doivent pas être livrés à la consommation.

Aucun alcool ne doit contenir de furfurol.

Action du formol sur les vins.

Par MM. Jablin-Gonnet et de Raczkowski.

MM. Trillat, Jablin-Gonnet et de Raczkowski dans leurs études sur le formol (1) ou formaldéhyde, ont signalé l'action remarquable de ce produit sur les vins (2). Ils ont observé que ceux-ci, lorsqu'ils n'étaient pas colorés artificiellement, étaient fortement décolorés par l'addition d'une très petite quantité de formol.

Nous avons voulu nous rendre compte si cette action pouvait être de quelque utilité pour l'analyse des vins et nous consignons dans les expériences suivantes nos observations.

Pour démontrer l'action du formol sur le vin, nous prenons trois tubes à essais et nous introduisons dans le premier du vin rouge ordinaire; dans le second, du même vin additionné d'une solution de formol au 1/40; enfin, dans le troisième tube, ce même vin coloré avec un dérivé quelconque de l'aniline et additionné d'une solution de formol. Nous chauffons ces tubes à une température voisine de l'ébullition, puis nous laissons refroidir. On peut alors constater que, dans ces conditions, rien n'est changé dans le premier tube, qu'il y a un volumineux dépôt dans le second et un dépôt semblable dans le troisième, mais la liqueur située au-dessus de ce dernier dépôt est fortement colorée, et cela quelle que soit la matière colorante ajoutée.

Nous avons opéré avec des vins naturels et avec ces mêmes vins colorés artificiellement avec les couleurs suivantes : *rosaniline* et *fuchsines diverses*, *campêche*, *phytolacca*, *sureau*, etc.

Voici, en opérant d'après les indications précédentes, les résultats que nous avons obtenus avec les différents colorants introduits dans le vin.

---

(1) Voir *Moniteur scientifique*, juillet 1892, p. 490.

(2) *Comptes rendus de l'Académie des sciences*, 30 mai et 2 août 1892. — *Journal de Pharmacie et de Chimie*, 1er mai. 1891.

Vin naturel. — Se trouble au bout de quelques heures en donnant comme précipité une laque foncée de couleur marron, une mousse blanche : la liqueur filtrée est presque décolorée.

COLORANTS ARTIFICIELS.

Vin et rosaniline. — Se trouble aussi rapidement : on observe une coloration violacée caractéristique, la laque est violet sombre, la mousse violette, la liqueur filtrée est violette.

Vin et orseille. — L'action commence à froid au bout de peu d'instants, il se produit une laque rouge-violet, la mousse est rose ; la liqueur filtrée prend une teinte rose caractéristique.

Vin et fuchsine. — Précipitation plus longue, laque violet foncé adhérente au verre, mousse rouge rose, liqueur filtrée rouge lilas caractéristique.

Vin et campêche. — Précipitation ordinaire, laque brune, mousse brune, le dépôt de la laque est plus considérable, la liqueur filtrée varie suivant la nature du vin (acide ou peu acide) du rose au jaune brun.

Vin et phytolacca. — Précipitation presque totale, mousse noirâtre, liqueur filtrée peu colorée, laque presque noire.

Vin et sureau. — Précipitation totale, mousse bleuâtre, laque noir bleu, liqueur filtrée peu colorée.

Cassis naturel. — Si l'on ajoute au cassis étendu ou non quelques gouttes d'une solution de formol au 1/40, on observe la formation d'un léger précipité à froid, tandis qu'à chaud la précipitation est complète. La décoloration de la liqueur est dans les deux cas très rapide, surtout si l'on a soin d'agiter vigoureusement.

Cassis additionné de dérivés d'aniline. — Un tel cassis donne dans les mêmes conditions la précipitation de sa matière colorante naturelle sous forme d'une laque rouge brun, mais on constate qu'après filtration, la liqueur présente la coloration du dérivé d'aniline ajouté que l'on peut facilement déterminer alors en traitant cette liqueur par l'alcool amylique et en faisant ensuite sur cet alcool les essais caractérisant le colorant introduit.

Grenadine naturelle. — Virage au jaune et formation d'un léger dépôt à froid, décoloration presque totale avec dépôt rouge sombre si l'on chauffe la liqueur après l'avoir étendue.

Grenadine et dérivés quelconques. — Mêmes phénomènes que précédemment. Après filtration, la liqueur possède la coloration du dérivé ajouté, tandis que le dépôt est rose rouge variable.

Bitter. — Légère décoloration à froid. En chauffant, on obtient un dépôt rouge très foncé et la décoloration presque totale, car c'est à peine si la liqueur garde une teinte rosée à peine sensible.

Bitter et dérivés. — Précipité rouge sombre variable. Après filtration, la liqueur reste fortement colorée, même si le bitter est additionné de campêche, couleur végétale que nous avons précipitée dans le vin.

Guignolet. — Précipitation totale, aussi parfaite que celle dn cassis naturel, à chaud et même à froid au bont de quelques heures. Précipité rouge sombre, liqueur filtrée à peine colorée.

Guignolet coloré artificiellement. — Précipité rouge variable, liqueur filtrée colorée fortement.

Curaçao. — Précipité jaune brun, liqueur filtrée claire.

Curaçao coloré. — Précipité brun rouge variable. La liqueur filtrée présente encore la coloration du colorant ajouté.

Dans les sirops, la précipitation du colorant semble en général plus difficile à obtenir, cela tient sans doute à la présence dans le liquide d'un excès de sucre.

En résumé, les propriétés du formol nous ont permis de modifier d'une façon convenable l'analyse usuelle des vins. Nous procédons ainsi : Après avoir dosé l'alcool, on ajoute 1 centimètre cube d'une solution de formol au 1/40, on chauffe pendant une heure, puis, après refroidissement, on filtre sur deux entonnoirs superposés. La liqueur filtrée étant parfaitement claire, on la divise en trois parties de 100 centimètres cubes chaque, par exemple.

Dans la première partie, on dose le sucre, soit au Fehling, soit au polarimètre; on supprime ainsi l'usage du noir animal.

Dans la deuxième partie, on ajoute l'alcool amylique et, après agitation, cet alcool doit avoir dissous les colorants dérivés de la houille, puis on opère comme d'ordinaire.

Pour être plus certain, on reprend le précipité laissé sur le filtre par l'alcool amylique qui y dissout les traces des colorants étrangers entraînés dans la précipitation par le formol, traces suffisantes pour reconnaître à quelle classe le colorant appartient.

Enfin, dans la troisième partie, la liqueur étant complètement claire, on dose l'acidité à l'aide du phénol-phtaléine, ou du tournesol.

Les auteurs continuent leurs expériences sur les thés, cafés, chicorées et quelques autres substances alimentaires.

Deux levures de maladie, par M. Will (*W. für Br.*, 1892, 107).

La première levure a été trouvée dans une bière de saveur douceâtre, mais avec un arrière-goût amer et âpre. Les cultures sur gélatine sont ovales courtes, avec des bords échancrés. Cette levure forme très facilement ses spores, soit sur plâtre, soit sur un filtre. Le diamètre des spores est de 1µ,5 à 5µ. Les cellules sont tuées après une demi-heure à 70°, tandis que les spores résistent une demi-heure à 75°. La fermentation se produit encore dans un liquide contenant 4 pour 100 d'acide borique, alors que 0,6 pour 100 empêche les autres levures de fermenter. Le voile se forme très facilement entre 12 et 25°. A 25°, le voile est compact à la surface au bout de neuf jours. Cette levure est très voisine du Sacch. ellipsoideus II de Hansen.

La levure se comporte comme levure basse, mais le dépôt est floconneux et souvent brun, et la bière est troublée par des chapelets de cellules. Dans l'eau de levure sucrée, la fermentation à 15-20° donne un voile épais couvrant la surface, et qui tombe au fond quand on la brise par agitation. En mélange, à la dose de 1/10 à 2 pour 100, cette levure produit encore des inconvénients. La clarification de la bière se fait difficilement à 4-5°, mais aisément à la température ordinaire. On reconnaît la présence de cette levure par la formation des spores :

41°	Pas de spores.
39°	Après 23 heures.
37°	Après 15 heures.
35°	Après 12 heures.
34°	Après 11 heures.
25°	Après 14 h. 1/2.
22°	Après 20 heures.
17°	Après 38 h. 1/2.
12°	Après 4 jours 1/2.
4°-5°	Pas de spores.

La deuxième espèce de levure a été trouvée dans une bière très trouble. Les cellules sont circulaires ou elliptiques, pointues. La bière a un arrière-goût amer et astringent. Le dépôt de levure est fortement coloré. A la dose de 0,8 pour 100 en mélange, elle rend déjà la bière trouble. A 5 pour 100, l'arrière-goût amer apparaît.

Refroidissement des moûts, par M. Reichard (*W. für Br.*, 1892, 110).

L'auteur avait constaté des troubles de nature différente dans deux bières traitées de la même manière, sauf pour le refroidissement. Il a cherché quelle influence le mode de réfrigération pouvait exercer. L'une des bières passait dans le bac refroidisseur, l'autre dans un réfrigérant.

Les deux moûts contenaient sensiblement la même dose d'oxygène dissous : 3^{cc},7 d'oxygène par litre.

Placée dans un cylindre étroit, la bière provenant du réfrigérant s'est clarifiée vite, en donnant un dépôt abondant. La bière du bac refroidisseur ne laissait rien déposer et restait trouble.

Les deux dépôts donnent la réaction des albuminoïdes.

Comme conséquence pratique, l'auteur conclut que :

1° Le dépôt qui trouble la bière pendant son refroidissement progressif augmente le degré d'atténuation ;

2° Le dépôt qui trouble la bière refroidie brusquement abaisse le degré d'atténuation.

L'invertine dans la bière, par Ar. Bau (*Chem. Zeitung*).

On a fait digérer 50 centimètres cubes bière de Pilsen avec 50 centimètres cubes d'une solution de saccharine pendant trois heures à 12-17°. Ensuite on a déterminé le pouvoir réducteur au Fehling. On a obtenu un poids de cuivre réduit cinq fois plus fort qu'avec la bière seule, ce qui montre bien la présence d'invertine. D'ailleurs, en faisant bouillir la bière, il n'y a plus trace d'action inversive.

(Les travaux de M. Fernbach ont montré depuis longtemps que l'invertine ou sucrase était un produit normal de la vie des levures, et le même savant a étudié les circonstances de leur action. — *Note du traducteur.*)

Procédé pour régler le degré d'atténuation dans la cuve,
par M. Auer (*W. für Br.*, 1892, 159).

On emploie une levure provenant d'un appareil à culture pure. La fermentation, durant douze jours, conduit à une atténuation apparente de 48 pour 100 jugée trop faible. En abaissant la température, ou du moins en diminuant le maximum, l'atténuation tombe à 40 pour 100. On peut, au contraire, le relever en augmentant la durée du maximum, comme le montre le tableau suivant :

MISE EN LEVAIN.	4e JOUR.	6e JOUR.	7e JOUR.	8e JOUR.	9e JOUR.	12e JOUR.	13e JOUR.	ATTÉNUATION apparente.
degrés R.	degrés R.	degrés R.	degrés R.	degrés R.	degrés R.	degrés R.	degrés R.	pour 100.
4	7	5,3	4,9	4,7	4,5	»	»	48
3,9	7	5,4	4,9	4,6	4,4	»	»	40
4	5,3	6,8	6,8	6,7	6,5	4,3	»	47
4	5,3	6,7	6,8	6,7	6,4	4,4	»	54
4,1	5,4	6,8	6,7	6,6	6,4	4,3	»	59
4,2	5,3	6,7	6,7	6,6	6,2	4,3	»	63
4	6,8	5,5	5,2	5	4,8	4	»	57
4	6,8	6,6	6,5	6,2	5,8	4,3	»	57

Ensuite, en continuant la même marche de température, on a obtenu un degré d'atténuation constant de 57 pour 100.

Cette observation montre quel rôle jouent dans le degré d'atténuation les températures intermédiaires pendant la fermentation principale. Chaque brasseur peut ainsi régler sa fabrication d'après la conduite des températures.

Pouvoir germinatif de l'orge, par M. Windisch (*W. für Br.*, 1891, 1449).

Le pouvoir germinatif de l'orge au commencement de la campagne est généralement faible, surtout dans les années où la maturation est incomplète et où l'orge contient beaucoup d'eau. Il s'améliore avec le temps, parce que l'orge perd de l'eau et finit de mûrir dans les magasins. Pour améliorer le pouvoir germinatif des orges trop jeunes, on a conseillé de sécher les grains pendant vingt-quatre heures à basse température. Ehrich a fait une étude à ce sujet et il a constaté les mauvais résultats de la dessiccation. Des orges de Bohême et de Saxe ont été séchées dans un courant d'air à 30-35°. On a obtenu comme résultat :

	Orge de Bohême.		Orge de Saxe.	
Grains germés.	Non séchée.	Séchée.	Non séchée.	Séchée.
—	—	—	—	—
Après 3 jours..	77.6 pour 100.	70.3 pour 100.	35 pour 100.	21.5 pour 100.
Après 7 jours..	84 —	76 —	70 —	44 —

Rehak indique dans le *Bohmischen-Bierbrauer* un autre procédé pour avoir une idée exacte du pouvoir germinatif de l'orge fraîche. On trempe cinq grains de trente-six à quarante-huit heures dans de l'eau à 15°. Si l'on fend longitudinalement les grains, on reconnaît que le bourgeon des grains sains est jaune, ou verdâtre franc, tandis que les autres sont vert sale, bruns ou même noirs, soit entièrement, soit vers la pointe. On ajoute 4 au nombre des mauvais grains pour 100 et l'on a ainsi une valeur approchée du pouvoir germinatif vrai. Comme preuve de la sûreté de la méthode, l'auteur cite un cas où la germination directe donnant un pouvoir germinatif de 90, l'examen des bourgeons de 100, on a eu dans la préparation du malt 96 pour 100 de grains germés.

Produits de la fermentation de diverses levures,
par MM. Rayman et Kruis (*Mittheil. der V. Station für gaarungs industrie*).

On a laissé pendant quatre ans du moût de bière ensemencé avec diverses levures pures et on l'a conservé entre 13° et 25°, soit en vase clos, soit dans des matras Pasteur, permettant la rentrée d'air filtré. On compare la composition de cette bière à la bière récemment fermentée par la même levure :

1° L'alcool éthylique, seul produit de la fermentation par les *Saccharomyces* purs, reste inaltéré à côté de la levure, si l'air n'a pas accès dans les vases et si la température est basse. Lorsque l'air pénètre, la levure monte à la partie supérieure du liquide et provoque une oxydation énergique aux dépens de l'alcool, changé en eau et acide carbonique;

2° Même après plusieurs années, il reste encore dans les moûts des dextrines non fermentées;

3° Dans l'état d'inanition, les *Saccharomyces* attaquent les albuminoïdes et les changent en amides et sels organiques d'ammonium. Cette transformation est maxima pour un *Mycoderma ;*

4° Toutes les variétés de *Saccharomyces* pouvent oxyder les albuminoïdes à l'état d'acides formique et valérique. Le premier de ces acides prend naissance par simple action chimique par le seul contact prolongé de l'air avec les moûts même stérilisés;

5° Les levures recueillies sur les voiles mycodermiques déjà anciens conservent ces propriétés oxydantes si la fermentation est conduite à une température assez élevée. Dans ce cas, il paraît se former, outre l'alcool éthylique, des traces d'alcool amylique;

6° Les modifications de composition des moûts en acide formique et valérianique, aussi bien qu'en alcool amylique ou en ammoniaque, cessent de se produire lorsqu'on opère dans les conditions de la pratique même sur des levures empruntées aux voiles superficiels des cultures.

Action du kaolin sur la bière, par M. Amthor (*Chem. Zeitung*, n° 93).

On a essayé des doses de 0,1 et 0,5 pour 100 par hectolitre. Les moûts et les bières après la fermentation principale, traités par le kaolin, contiennent une fois faites moins d'azote que sans ce traitement, avec 0,5 pour 100, la bière se trouble assez vite; au contraire avec 0,1 pour 100 la bière est devenue parfaitement limpide, et elle a conservé cet éclat en bouteilles, bien plus longtemps que la bière non traitée; de plus sa saveur a augmenté, le degré d'atténuation s'est un peu élevé. Il faut, bien entendu, employer du kaolin complètement exempt de carbonate de chaux qui neutraliserait une partie des acides de la bière et modifierait sa composition. Ce procédé pourrait rendre des services dans le cas de trouble.

ACADÉMIE DES SCIENCES.

Séance du 14 novembre 1892. — Observations à l'occasion du procès-verbal de la dernière séance, par M. PASTEUR.

M. Pasteur remercie l'Académie de l'honneur qu'elle lui fait de célébrer son 70e anniversaire.

— M. APPEL, dont l'élection, comme membre de la section de géométrie en remplacement de M. Ossian Bonnet, est approuvée par le Président de la République, prend place parmi ses confrères.

— Sur la chaleur de combustion du camphre, par M. BERTHELOT.

A la suite d'une lettre que lui a écrite M. Stohmann à propos de la détermination de la chaleur de combustion du camphre droit pour la valeur duquel il avait trouvé 1414cal.,3 au lieu de 1404, il a repris la détermination de cette chaleur : le nombre trouvé a été 1413,7 en moyenne. Cette différence très faible a une certaine importance, le camphre ayant été employé comme combustible auxiliaire dans un certain nombre de déterminations.

— Observations relatives à la note de M. A. COLSON, sur le pouvoir rotatoire des sels de diamine, par M. C. FRIEDEL.

Une erreur a échappé à M. Colson; il prête, bien involontairement sans doute, à M. Guye une affirmation contraire à ce qu'enseigne la stéréochimie; il suppose avec M. Guye, dit-il, que dans l'acide tartrique actif les quatre atomes H.C.C.H. sont dans un même plan. On peut les concevoir tels dans l'acide inactif; mais dans l'acide actif, qui ne présente pas de plan de symétrie, suivant M. Pasteur, et la théorie du carbone asymétrique, ils ne sont pas sur un même plan, encore moins dans un plan de symétrie. Les raisonnements basés sur cette hypothèse sont donc erronés.

— Recherches sur la constitution chimique des peptones.—Note de M. P. SCHUTZENBERGER.

La peptone-fibrine en solution évaporée en consistance sirupeuse donne par l'alcool (à 94 pour 100), ajouté en quantités croissantes, différents précipités qui constituent environ les 4/5 de la fibrine peptone; le dernier cinquième reste en solution lorsqu'on a ajouté assez d'alcool pour obtenir un mélange contenant 85 à 90 pour 100 d'alcool. Chacun de ces précipités a été analysé et les nombres trouvés ne sauraient donner aucune indication sur la composition moléculaire de chacun d'eux, car ce ne sont pas des produits uniques, mais des mélanges. L'acide phosphotungstique précipite une partie de la peptone-fibrine déjà précipitée par l'alcool; le précipité répond approximativement à la formule $C^{38}H^{73}Az^{11}O^{14}$ et la partie non précipitée à la formule $C^{40}H^{78}Az^{10}O^{20}$. Sous l'influence de la baryte ces divers produits donnent : le premier, c'est-à dire le précipité phosphotungstique, de l'acide carbonique, de l'ammoniaque, un résidu répondant à la formule p ($C^n H^{2n} Az^2 O^4$) ou $C^n H^{2n} Az O^2$ n étant compris entre 9 et 10, très voisin de 9; le rapport entre l'oxygène et l'azote du précipité phosphotungstique est voisin de 1,27 à 1, et celui entre le carbone et l'hydrogène est voisin de 1 à 1,9. Les produits non précipitables par l'acide phosphotungstique offrent entre l'oxygène et l'azote un rapport voisin de 2 à 1 et entre le carbone et l'hydrogène un rapport voisin de 1 à 1,7. Sous l'influence de la baryte, il donne aussi de l'acide carbonique et de l'ammoniaque et un résidu amide de la forme p ($C^n H^{2n} Az^2 O^6$) ou $C^n H^{2n} Az O^3$, n étant compris entre 9 et 10 et très voisin de 9.

La partie soluble dans l'alcool donne des résultats analogues, avec cette différence qu'il y a excès d'hydrogène, le rapport $C^n H^{2n}$ devenant voisin de $C^n H^{2n+2}$.

Il résulte de cela que la fibrine-peptone doit être envisagée comme un mélange dédoublable par l'acide phosphotungstique en une partie précipitable moins oxygénée et une partie non précipitable plus oxygénée jouant par rapport à la première le rôle d'un alcool; l'excès d'oxygène serait donc à l'état d'oxhydryle. La transformation en peptone serait donc le résultat d'une décomposition d'éther par saponification.

— Influence de la répartition des engrais dans le sol, sur leur utilisation. — Note de M. Th. SCHLOESING.

Il résulte de l'expérience que l'engrais semé en lignes a été mieux utilisé que celui qui a été intimement mêlé au sol. L'influence de la répartition des engrais sur leur utilisation est certainement variable suivant les doses, selon les récoltes, selon la constitution et la fertilité des sols.

— Sur les lois de dilatation des gaz sous pression constante, par M. E.-H. AMAGAT.

En comparant les nombres trouvés pour le coefficient de dilatation, on remarque que ce coefficient augmente avec la pression, ainsi que Regnault l'avait déjà trouvé pour des pressions de quelques atmosphères, il passe par un maximum qui a lieu sous une pression croissant régulièrement avec la température.

Il augmente aussi d'abord avec la température seule, passe ensuite par un maximum, puis diminue sous des pressions constantes de plus en plus fortes; ce maximum a lieu à des températures de plus en plus élevées en même temps qu'il est de moins en moins accentué; bientôt il ne subsiste qu'un accroissement qui devient de moins en moins sensible; sous les pressions inférieures à la pression critique, les coefficients relatifs à l'état gazeux vont en décroissant de suite. Pour des pressions supérieures à la pression critique, il n'y a plus lieu de considérer la distinction faite entre les deux coefficients parce que la discontinuité n'existe plus sous pression constante. Quant aux gaz dont le coefficient de dilatation a déjà, à la température ambiante, atteint ou dépassé sa valeur maxima, les valeurs de $\frac{\Delta v}{\Delta t}$ non ramenées à l'unité de volume montrent que cette valeur, sauf pour l'oxygène, devient sensiblement indépendante de la température. Les coefficients comptés depuis zéro sont sensiblement constants; par suite, les coefficients pris entre les limites successives sont sensiblement en raison inverse des volumes initiaux successifs. On retombe ainsi sur une loi qui rappelle celle des gaz parfaits; seulement ici les volumes au lieu d'être proportionnels aux températures absolues, sont proportionnels à celles-ci augmentées d'une constante dépendant de la pression et qui croît avec elle.

— Étude sur le pouvoir pathogène des pulpes ensilées de betteraves. Note de M. Arloing.

L'usage alimentaire des pulpes de betteraves conservées dans des silos, détermine chez les animaux ruminants des accidents variés, parfois mortels, désignés sous les noms symptomatologiques de *maladie de la caillette* ou étiologique, de *maladie de la pulpe*. Les pulpes provenant de sucreries ou de distilleries sont acides, contiennent des acides acétique, lactique et butyrique, ainsi que quelques ferments. Le liquide qui s'échappe des pulpes renferme ces divers éléments qui peuvent avoir une action nocive sur l'organisme. La dose toxique de ce liquide varie de 3 à 4 centimètres cubes par kilogramme de poids vif. Les acides n'ont pas un rôle bien important dans les intoxications, ce sont plutôt les produits bactériens qui sont dangereux; les uns sont des diastases, les autres des ptomaïnes. Les substances ptomaïques sont convulsivantes; les substances diastaséiformes exercent une action plus persistante sur les phénomènes vaso-moteurs et hypersécrétoires.

— M. le baron LARREY fait hommage à l'Académie d'un ouvrage en deux volumes qu'il vient de publier sous le titre *Madame Mère.*

— La Commission chargée d'examiner les titres des candidats pour la place d'académicien libre, vacante par la mort de M. Lalanne, est composée de MM. Bertrand, Fizeau, Daubrée, Schloesing, Larrey, Damour. M. d'Abbadie, en qualité de président de l'Académie, présidera cette commission.

— M. P. MICHEL adresse une note « sur une transformation du condyle de Plücker ».

— M. L. CAPAZZA adresse une note relative à la possibilité d'ascension à très grandes hauteurs, sans aéronautes, pour des déterminations scientifiques.

— M. DE PIETRA-SANTA adresse un complément à sa note sur les perfectionnements apportés à la fabrication de l'eau de Seltz artificielle.

— M. le SECRÉTAIRE signale, parmi les pièces imprimées de la correspondance : 1° un nouveau fascicule (16-13) des *Acta mathematica* de M. Mittay-Lœffler; 2° un volume de M. A. Lacroix intitulé *Minéralogie de France et de ses colonies.*

— M. BROUARDEL prie l'Académie de le comprendre parmi les candidats à la place d'académicien libre laissée vacante par le décès de M. Lalanne.

— Observations de la nouvelle comète de Holmes faites à l'Observatoire de Paris (équatorial de la tour de l'Ouest), par M. G. BIGOURDAN, communiquée par M. Tisserand.

A l'œil nu, la comète s'aperçoit facilement; elle est aussi brillante que la nébuleuse d'Andromède dans le voisinage de laquelle elle se trouve; mais étant beaucoup moins étendue, elle s'aperçoit bien moins.

— Transformation du grand Télescope de l'Observatoire de Paris, pour l'étude des vitesses radiales des astres : résultats obtenus. Note de M. H. DESLANDES, présentée par M. Tisserand.

— Résumé des observations solaires faites à l'Observatoire royal du Collège romain pendant le troisième trimestre 1892, par M. P. TACCHINI.

— Sur l'inversion des intégrales abéliennes. Note de M. E. GOURSAT, présentée par M. Hermite.

— Sur la sommation d'une certaine classe de séries. Note de M. M. d'OCAGNE, présentée par M. Poincaré.

— Recherches expérimentales sur la déformation des ponts métalliques. Note de M. RABUT, présentée par M. Sarrau.

— Conditions d'équilibre de formation des microglobules liquides. Note de M. C. MALTÉZOS, présentée par M. Cornu.

— Démonstration, au moyen du téléphone, de l'existence d'une interférence d'ondes électriques en circuit fermé. Note de M. R. COLSON, présentée par M. Cornu.

— Sur la coexistence du pouvoir diélectrique et de la conductibilité électrique. Note de M. E. Cohn, présentée par M. Lippmann.

L'auteur, dans cette note, tient à démontrer que la priorité de la méthode de M. Bouty peut établir à la coexistence de la conductibilité électrique et du pouvoir diélectrique.

— Observation sur la communication précédente. Note de M. BOUTY, présentée par M. Lippmann.

M. Bouty conteste les affirmations de M. Cohn.

— Propriétés magnétiques des corps à diverses températures. Note de M. P. CURIE, présentée par M. Lippmann.

Sur la propagation des vibrations dans les milieux absorbants isotropes. Note de M. MARCEL BRILLOUIER, présentée par M. Mascart.

— Sur une relation nouvelle entre les variations de l'intensité lumineuse et les numéros d'ordre de la sensation déterminée au moyen d'un lavis lumineux. Note de M. CHARLES HENRY, présentée par M. Mascart.

— Essai d'une méthode générale de synthèse chimique : expériences. Note de M. RAOUL PICTET.

On peut résumer ainsi qu'il suit l'ensemble des recherches faite par l'auteur :

1° Entre les températures comprises entre 155° et 125°, on n'a pu constater aucune réaction chimique, quelle que fût la nature des corps mis en présence ;

2° Dans toutes les réactions chimiques, on peut déterminer deux phases suivant la température à laquelle on opère ;

3° Toute réaction chimique commence toujours par une période d'*énergie négative*, c'est-à-dire dans laquelle il faut fournir du *travail extérieur* aux composants pour permettre leur combinaison.

— Sur la fusion du carbonate de chaux. Note de M. H. LE CHATELIER, présentée par M. Daubrée.

Cette note a pour but de vérifier l'expérience de Hall sur la fusion du carbonate de chaux. Cette expérience ayant été plusieurs fois reprise sans succès, on ne savait trop à quoi s'en tenir sur les affirmations de Hall, qui viennent d'être confirmées par les recherches de M. LE CHATELIER.

Sur les poids moléculaires des sodammonium et potassammonium. Note de M. A. JOANNIS.

Les ammoniums, étudiés par l'auteur, doivent être représentés par les formules :

$$Az^2H^6Na^2 \text{ et } Az^2H^6K^2 \text{ ou}$$

$$NaH^3Az - AzH^3Na \text{ et } KH^3Az - AzH^3K.$$

Ces conclusions sont d'accord avec les formules que l'atomicité comparée de l'azote pouvait faire prendre pour ces composés.

— Sur quelques titanates de soude cristallisés. Note de M. A. CORMIMBOEUF, présentée par M. Troost.

La présente note a pour but de faire connaître les titanates sodiques ($3\,TiO^2, 2\,NaO$), ($2\,TiO^2NaO$) et ($3\,Ti^2O\,NaO$) dont les deux premiers représentent des types nouveaux. Ces titanates ont été obtenus en utilisant et réglant l'action minéralisatrice du tungstate de soude sur les éléments du titanate sesquibasique. Un équivalent de titanate $2\,Ti,O^2 3\,Na\,O$ cède vers 800°, $\frac{5}{3}$, d'équivalent, 2 équivalents, $\frac{7}{3}$ d'équivalent de sa base à trois équivalents de tungstate de soude neutre ou additionné de l'équivalent, 2 équivalents d'acide tungstique. Les sesqui, bi et trititanates cristallisent : le premier dans un tungstate très basique, le deuxième au sein d'un tungstate moins basique et le troisième dans un milieu presque neutre.

— Sur un propylamidophénol dérivé du camphre. Note de M. P. CAZENEUVE, présentée par M. Friedel.

En réduisant l'améthylcamphonitrocétone par l'étain et l'acide chlorhydrique, on obtient une base insoluble dans l'eau, soluble dans l'alcool et dans l'éther, fusible à 122° et distillant à 260°, et présentant toutes les réactions d'un amidophénol. Chauffée dans un courant d'hydrogène avec de la poudre de zinc, elle donne un liquide bouillant à 150-156°, répondant à la formule C^9H^{12} ; c'est donc une propylbenzine. Donc l'amidophénol en question contient un groupe propylique et dérive du paracyanure, ce qui met hors de doute l'existence d'un groupe propylique dans le camphre.

— Sur la matière colorante du pollen. Note de MM. BERTRAND et G. POIRAULT, présentée par M. Friedel.

La carotine $C^{26}H^{38}$, substance à laquelle les carottes doivent leur coloration et qui existe à côté de la chlorophylle dans toutes les parties vertes de plantes, est aussi la matière colorante des pollens jaunes ou orangés. Elle se trouve dans l'huile épaisse qui recouvre ces grains.

— Sur la reproduction du grenat mélanite et du sphène. Note de M. L. MICHEL, présentée par M. Friedel.

Au cours de recherches relatives à l'action qu'exercent au rouge certains réducteurs sur les fers titanés, l'auteur a obtenu quelques substances bien cristallisées, entre autres le grenat mélanite, le sphène et le sous-sulfure de fer Fe^4S^3.

Pour obtenir ces divers composés, on chauffe dans un creuset de graphite à une température de 1200° environ, pendant cinq heures, un mélange de : fer titané 10 parties, sulfure de calcium 10 parties, silice 8 parties, charbon 2 parties. On obtient, après refroidissement lent, un mélange de cristaux de grenat mélanite, de sphène et de sous-sulfure de fer.

— Sur le pouvoir rotatoire des solutions. Note de M. G. WYROUBOFF, présentée par M. Mallard.

Il résulte de cette note que : Les corps géométriquement et optiquement isomorphes ont, en solution, des pouvoirs rotatoires spécifiques très sensiblement identiques.

Donc le pouvoir rotatoire des corps dissous, comme le pouvoir rotatoire des corps cristallisés, est un phénomène d'ordre réticulaire qui dépend de la symétrie propre au réseau cristallin.

La particule qui se trouve en solution conserve cette symétrique et, comme cette symétrie dépend non-seulement de la molécule chimique, mais encore de l'eau de cristallisation ou de ce qui la remplace, il n'y a point dissociation dans la solution, encore moins séparation en éléments éctrolytiques qu'on désigne sous le nom de *ions*.

— Recherches sur le mode d'élimination de l'oxyde de carbone. Note M. de St-Martin.

D'après ces recherches, il est bien certain que tout l'oxyde de carbone n'est pas exhalé en nature et qu'une assez notable proportion de ce gaz, qui est relativement plus forte au cas d'empoisonnement moins prononcé, disparaît très probablement à l'état d'acide carbonique. De plus, l'élimination en nature, d'abord très forte et prépondérante dans le cas d'une intoxication profonde, décroît très rapidement pour devenir très faible à partir de la troisième heure, malgré la respiration d'oxygène pur.

— Fermentations vitales et fermentations chimiques. Note de MM. MAURICE ARTHUR et ADOLPHE HUBER, présentée par M. A. Chauveau.

Cette note a pour but de démontrer que le fluorure de sodium empêche les fermentations vitales, c'est-à-dire celles qui proviennent d'êtres vivants, et non les fermentations chimiques qui se développent en milieux stériles.

Notre collaborateur, M. Effront, a, dans un mémoire très développé, publié dans le *Moniteur scientifique,* démontré cette action des fluorures et de l'acide fluorhydrique, et de nombreuses recherches faites dans ce sens, surtout par M. le professeur Mœrcher, ont confirmé les résultats de M. Effront. Ce n'est donc pas une nouveauté. Du reste, c'est ce que fait remarquer, avec juste raison, M. A. Gauthier à propos de la présente communication.

— Influence sur l'infection tuberculeuse de la transfusion du sang des chiens vaccinés contre la tuberculose. Note de MM. J. HÉRICOURT et CH. RICHET.

Dans une précédente communication, M. Ketscher aurait produit l'immunité contre le choléra, au moyen de lait de chèvre vaccinée contre cette affection. Aujourd'hui, MM. Héricourt et Richet ont cherché si en transfusant du sang de chèvres vaccinées, on arriverait à arrêter, ou tout au moins à ralentir l'affection tuberculeuse. Les expériences de ces physiologistes semblent démontrer que ce mode de traitement donne des résultats satisfaisants et exerce une action salutaire sur la marche de la tuberculose.

— Sur une nouvelle bactérie chromogène, le *Spirillum luteum*. Note de M. JONCELLE, présentée par M. Duchartre.

Cette nouvelle bactérie a été trouvée sur des débris de *Sphagnum* cueillis dans un terrain tourbeux. C'est un microbe courbe, jaune, habitant le sol, essentiellement aérobie. Il liquéfie lentement la gélatine et peut vivre sur un milieu dépourvu d'azote; dans ce dernier cas, il passe de forme de bacille courbe (virgule, arc, S, E, etc.) à une forme presque sphérique voisine des coccus.

— Sur deux myzostomes parasites de l'Antellon phalangium (Müller). Note de M. HENRI PROUHO, présentée par M. de Lacaze-Duthiers.

— M. Ch. V. ZENGER adresse une note sur les perturbations magnétiques de 1892 et la période solaire.

Séance du 21 novembre. — M. DARBOUX présente à l'Académie le tome XIV et dernier des « *Œuvres* de LAGRANGE ».

— Observations de petites planètes, faites au grand instrument méridien de Paris, du 1er octobre 1891 au 30 juin 1892, communiquées par M. TISSERAND.

— Détermination du centre des moyennes distances des centres de courbure des développées successives d'une ligne plane quelconque, par M. HATON DE LA GOUPILLIÈRE.

— Observations de la comète de Holmes (6 novembre 1892), faites au grand équatorial de l'Observatoire de Bordeaux, par MM. G. RAYET et L. PICART. Note de M. G. Rayet.

La comète est une nébulosité ronde d'environ 8′ de diamètre; le contour est net vers le soleil, diffus vers la région où devait être la queue. Le noyau est diffus et se prolonge vers la queue par une sorte de fuseau lumineux. La comète est difficile à suivre par suite du peu de netteté du noyau.

— Exploration des hautes régions de l'atmosphère, à l'aide de ballons non montés, pourvus d'enregistreurs automatiques. Note de M. GUSTAVE HERMITE.

— M. JOANNÈS CHATIN prie l'Académie de le comprendre parmi les candidats à la place vacante dans la section d'anatomie et zoologie.

— M. E. GUYOU prie l'Académie de le comprendre parmi les candidats à la place vacante de la section de géographie et navigation.

— M. S. DE GLASENAPP annonce la création d'un Observatoire astronomique, nommé GEORGIEWSKAJA, à Abastoumon (gouvernement de Tiflis).

— M. TISSERAND présente une photographie de la comète de Holmes, obtenue le 14 novembre dernier à l'Observatoire de Paris, par MM. PAUL et PROSPER HENRY, à l'aide de l'équatorial photographique employé pour la carte du Ciel.

— Observations de la comète Holmes, faites à l'Observatoire d'Alger (équatorial coudé), par MM. TRÉPIED, RAMBAUD et SY, présentées par M. Tisserand.

— Eléments elliptiques de la comète Holmes, du 6 novembre 1892. Note de M. SCHULHOF, présentée par M. Tisserand.

La comète de Holmes se déplaçant très lentement, la détermination de son orbite rencontre de grandes difficultés. Le calcul des éléments faits d'après les observations de M. BIGOURDAN, du 15 novembre, donne un système d'éléments qui semble assez exact.

— Sur le calcul des inégalités d'ordre élevé, application à l'inégalité lunaire à longue période causée par Vénus. Note de M. MAURICE HAMY, présentée par M. Tisserand.

— Sur le partage en quatre groupes des permutations des *n* premiers nombres. Note de M. DÉSIRÉ ANDRÉ.

— Rectification d'une faute d'impression dans une communication sur les équations de la dynamique, par M. PAUL PAINLEVÉ.

— Sur les oscillations électriques. Note de M. P. JANET, présentée par M. Lippmann.

Ces recherches ont pour but d'étudier les oscillations électriques qui, sous certaines conditions, se produisent dans un circuit doué de capacité et de self-induction et de déterminer avec précision non seulement la *fréquence*, mais encore la *forme* exacte de ces oscillations. Les résultats sont conformes dans leurs lignes générales aux lois de l'induction. Il serait cependant prématuré d'en conclure à un accord complet entre la théorie et l'expérience; il ne semble nullement évident que, pendant la période variable, il existe un rapport constant entre la charge d'un condensateur et la différence de potentiel de ses armatures.

— Sur quelques résultats fournis par la formation de bulles de savon au moyen d'un savon résineux. Note de M. IZARN.

Une solution de savon résineux faite à l'ébullition avec 10 grammes de colophane et 10 grammes de carbonate de potasse, se prêterait facilement, suivant l'auteur, après l'avoir étendue de quatre à cinq fois son poids d'eau, à l'étude des déformations des *surfaces élastiques*.

— Action de la pipéridine sur les sels halogénés de mercure. Note de M. RAOUL VARET.

La pipéridine fournit avec les sels halogénés mercuriques en excès et à la température ordinaire des composés répondant à la formule générale :

$$HgR^2\,2\,C^5H^{11}Az$$

dans lesquels il entre deux molécules de pipéridine pour une de sel mercurique.

— Sur les échanges d'acide carbonique et d'oxygène entre les plantes et l'atmosphère. Note de M. TH. SCHLOESING fils, présentée par M. Duclaux.

D'après ces expériences, en opérant avec un sol exempt de matière organique et autant que possible de carbonate calcaire, on constate une différence existant entre l'acide carbonique disparu et l'oxygène apparu par le fait des plantes expérimentées pendant les six premières semaines de leur végétation.

— Un nouveau cas de xiphopage vivant : les sœurs Radica Doodica-d'Orissa. Note de M. MARCEL BAUDOUIN, présentée par M. A. Milne-Edwarts.

Ce cas de xiphopage se rencontre chez deux enfants nées à Nowaparah, district d'Anghul, province d'Orissa, au sud de Calcutta, aux Indes anglaises. Ces deux enfants constituent un exemple typique du genre de monstres doubles désignés sous le nom de xiphopage dans la classification de J. Geoffroy Saint-Hilaire, et qui rentre dans la tribu des Pages, famille des Monomphaliens. Ce cas est absolument comparable à celui des frères Siamois, et présente ce fait capital qu'il n'y a chez aucun des deux sujets inversion des viscères. L'intervention chirurgicale dans un cas de ce genre est parfaitement possible ; d'ailleurs, elle a été tentée plusieurs fois et suivie de succès total ou partiel.

— Remarques sur le pied des Batraciens et des Sauriens. Note de M. A. PERRIN, présentée par M. A. Milne-Edwards.

— Sur la croissance asymétrique chez les Armélides polychètes. Note de M. de SAINT-JOSEPH, présentée par M. A. Milne-Edwards.

— Influence de l'humidité sur la végétation. Note de M. E. GAIN, présenté par M. Duchartre.

Il résulte des diverses observations consignées dans cette note : que la floraison se trouve retardée, soit par le sol sec, soit par l'air humide, et qu'elle se trouve au contraire hâtée soit par l'air sec, soit par le sol humide.

— Recherches sur le mode de production du parfum dans les fleurs. Note de M. E. MESNARD, présentée par M. Duchartre.

Les essais microchimiques faits sur plusieurs plantes riches en produits essentiels démontrent que :

1°) L'huile essentielle est localisée généralement dans les cellules épidermiques de la face supérieure des pétales ou des sépales ;

2°) La chlorophylle semble, dans tous les cas, donner naissance à l'huile essentielle ;

3°) Le dégagement du parfum de la fleur ne se fait sentir que lorsque l'huile essentielle s'est suffisamment dégagée des produits intermédiaires qui lui ont donné naissance et il se trouve en quelque sorte dans un rapport inverse avec la production du tannin et des pigments dans la fleur.

— Sur l'existence d'un appareil conidien chez les Uredinées. Note de M. PAUL VUILLEMIN, présentée par M. Duchartre.

— Sur la présence de l'*Actino camax quadratus* dans la craie pyrénéenne. Note de MM. ROUSSEL et A. de GROSSOUVRE, présentée par M. Daubrée.

La découverte de l'*Actino camax quadratus*, espèce de bélemnitelle, a été trouvée dans les marnes bleues de Saint-Louis (Aude). Ces marnes ont été regardées longtemps comme Albiennes, mais un des auteurs de cette note a démontré qu'elles étaient Sénoniennes. La présence de l'*Actino camax quadratus* prouve l'existence du componien marin dans les Corbières. Conséquences stratigraphiques de la communication précédente. Note de M. A. DE GROSSOUVRE.

— Sur la formation de la vallée de l'Arve. Note de M. E. HAUG, présentée par M. Fouqué.

L'Arve, qui coule dans la vallée de Chamounix, vallée longitudinale parallèle à la direction générale de la chaîne des Alpes, prend à partir des Houches une direction transversale déterminée par d'importantes dislocations dont le rôle a été de faciliter le travail de l'érosion.

— Sur une expérience qui paraît procurer une imitation artificielle de la gémination des canaux de Mars. Note de M. STANISLAS MEUNIER.

— M. E. MAUMENÉ adresse une note relative à la communication faite le 7 novembre par M. RAOUL PICTET « sur un essai de méthode générale de synthèse chimique ».

— M. LÉOPOLD HUGO adresse une note « sur les lignes de moindre résistance de l'écorce terrestre ».

— M. A. BERTHIER adresse une note relative à une nouvelle méthode interférentielle, pour la reproduction des couleurs par la photographie.

— M. KLEINHOLF adresse une note relative aux agrandissements obtenus par la photographie.

— M. LEROY DE KÉRANIOU adresse une note relative au rôle de la navigation dans les progrès et la propagation des sciences.

Séance du 28 novembre. — Note accompagnant la présentation d'un ouvrage relatif aux méthodes nouvelles de mécanique céleste, par M. POINCARÉ.

Ce fascicule, qui est le premier du second volume de l'ouvrage de M. Poincaré, intitulé : « Les méthodes nouvelles de la mécanique céleste » est consacré à l'exposition et à l'extension des méthodes de MM. Newcomb et Lindstedt.

— Sur l'existence des centres nerveux distincts pour la perception des couleurs fondamentales du spectre, par M. A. Chauveau.

En résumé, le vert, le rouge et le violet ont une action spéciale sur certaines cellules nerveuses distinctes ou tout au moins douées de trois sensibilités distinctes. Une de ces cellules est excitée par les vibrations du rouge, l'autre par celles du vert et la troisième par les vibrations du violet. Ces propriétés inoccupées pendant le sommeil, ne reviennent pas simultanément à l'activité. C'est l'aptitude à la perception du vert qui se réveille la première.

— Note sur l'Observatoire du mont Blanc, par M. J. Janssen.

— Sur les lois de la dilatation des liquides : leur comparaison avec les lois relatives au gaz et la forme des isothermes des liquides et des gaz, par M. Amagat.

Ces recherches ont porté sur l'éther, l'alcool, le sulfure de carbone, le chlorure d'éthyle. Il résulte des données de l'expérience que le coefficient de tous les liquides étudiés, sauf l'eau, diminue régulièrement quand la pression augmente. Il croît, au contraire, d'abord régulièrement avec la température, mais l'accroissement diminue quand la pression augmente. Pour les liquides, comme pour le gaz, les isothermes présentent une légère courbure tournée vers l'une des abscisses. Entre les mêmes limites de pression, le coefficient angulaire croît avec la température ; cet effet est surtout prononcé pour les liquides.

M. Daubrée présente, au nom de M. Nordenskiold, un ouvrage en langue suédoise intitulé :« Carl Wilhelm Scheeles bref och anteckniorgar ». Lettres et annotations du Laboratoire de C. W. Scheele.

— M. le Ministre de l'Instruction publique et des Beaux-Arts invite l'Académie à lui désigner deux candidats pour chacune des deux places de membre titulaire du Bureau des Longitudes, laissées vacantes par le décès de M. Ossian Bonnet et de l'amiral Mouchez.

— M. le Secrétaire perpétuel signale parmi les pièces imprimées de la Correspondance :

1° Le treizième album de statistique graphique pour 1892, publié par le Ministère des Travaux publics, sous la direction de M. Cheysson, présenté par M. Haton de la Goupillière ;

2° Tome I des travaux du Laboratoire de M. Charles Richet, à la Faculté de médecine de Paris : « Système nerveux, Chaleur animale ».

— Observations de la comète de Holmes (f. 1892) faites à l'Observatoire de Paris (équatorial de la tour de l'Ouest), par M. O. Collandreau, communiquée par M. Tisserand.

— Sur une protubérance solaire remarquable observée à Rome, le 16 novembre 1892. Note de M. D. Tacchini.

— Sur les invariants universels. Note de M. Rabut, présentée par M. Poincaré.

— Sur les congruences de droites. Note de M. E. Cosserat, présentée par M. Darboux.

— Sur la dépression du zéro, observée dans les thermomètres recuits. Note de M. L. C. Baudin, présentée par M. Friedel.

Il résulte de ces expériences que la dépression du zéro dans les thermomètres recuits est moindre que dans les thermomètres non recuits. Ce même phénomène s'observe avec les thermomètres en verre vert et avec ceux en cristal.

— Sur la fusion du carbonate de chaux. Note de M. A. Joannis.

Les expériences de Hall et de M. Le Chatelier sur la fusion du carbonate de chaux ont été opérées en présence de pressions mécaniques exercées sur le carbonate de chaux, et, sans doute, le succès de ces expériences est dû à l'effet de ces pressions. En entreprenant de nouvelles recherches, l'auteur de la présente note avait pour but d'atteindre cette température ou cette pression où le carbonate de chaux peut être fondu sans l'intervention d'une pression mécanique. Les expériences ont porté sur le carbonate de chaux pur et sur la craie. Un des appareils employés consistait en un gros réservoir de platine soudé à un tube du même métal à l'aide d'un peu d'or. Il contenait du carbonate de chaux pur et communiquait avec un manomètre à air comprimé. Il était placé dans un tube en fer contenant ainsi du carbonate de chaux ; l'espace annulaire communiquait avec un manomètre ; un robinet permettait de faire échapper les gaz qui s'y produisaient. Dans une expérience, la tension ayant atteint 9 atmosphères, on vit soudain la pression s'égaliser à l'intérieur et à l'extérieur du tube de platine ; l'or qui formait la soudure venait de fondre. Dans cet essai, le carbonate de chaux n'était même pas aggloméré de façon à fournir de la craie à écrire. Cette expérience montre donc qu'il ne suffit pas de chauffer du carbonate de chaux à la température indiquée par Hall, pour obtenir la fusion de ce corps sous la seule tension de dissociation. Dans les autres expériences, les soudures à l'or furent abandonnées et remplacées par des soudures autogènes. Dans un second essai, la température fut élevée et la pression monta à 17 atmosphères, le résultat fut nul ; une troisième expérience où la pression, 22 atmosphères, ne donna pas de résultat, le tube de fer se souffla. Dans une quatrième expérience, où l'on éleva davantage la température, la pression ne fut pas mesurée, mais on obtint une masse présentant au microscope l'aspect du sucre ou du camphre.

Avec la craie, on obtint, à une température voisine de la fusion de l'or et à une pression de 15 atmosphères environ, une masse semblable à celle du marbre.

— Action de l'antimoine sur l'acide chlorhydrique. Note de MM. A. Ditte et R. Metzner.

On sait que les avis sont partagés relativement à l'action de l'antimoine sur l'acide chlorhydrique. Des expériences entreprises et consignées de la présente communication, il résulte que l'acide chlorhydrique est sans action sur l'antimoine, qu'il ne se dégage jamais d'hydrogène quand on met les deux corps en présence, et que l'antimoine qui se dissout ne le fait qu'à la faveur de l'oxygène, et en quantité proportionnelle au poids de ce gaz que renferment les liqueurs considérées.

— Sur les zincates alcalino-terreux. Note de M. G. Bertrand, présentée par M. Schützenberger.

— Si l'on traite une solution d'oxyde de zinc dans l'ammoniaque par une base alcalino-terreuse, il se produit des zincates acalino-terreux. Ainsi, pour préparer le zincate de calcium, on ajoute une solution ammoniacale d'oxyde de zinc à un grand volume d'eau de chaux, le précipité floconneux est redissous dans l'ammoniaque et laissé en repos sous une cloche en présence de l'acide sulfurique. Peu à peu le zincate se dépose en cristaux. Ce corps se présente sous forme de cristaux ayant la forme de lamelles losangiques tronquées sur leurs angles aigus, il répond à la formule $Zn^2CaH^2O^2, 4HO^2$. Pour obtenir les zincates de strontium et de baryum, on fait une solution de 150 grammes d'hydrate de strontium, par exemple, on y ajoute une solution de 100 grammes de sulfate de zinc dans 500 centimètres cubes d'ammoniaque à 10 pour 100 et on met cristalliser après séparation du sulfate de strontium. On obtient un mélange de strontiane, d'oxyde de zinc et de zincate cristallisés, on sépare les cristaux à la pince. Le zincate de strontium est en losanges aplatis, celui de baryum est en aiguilles aplaties brillantes, groupées en sphéro-cristaux rappelant la mésotype. La formule de ces deux sels est la même que celle du zincate de chaux et n'en diffère que par des molécules d'eau en plus.

— Sur les fluorures de fer anhydres et cristallisés. Note de M. Poulenc, présentée par M. Moissan.

Le fluorure ferreux $FeFl^2$ a été obtenu anhydre par l'action du gaz fluorhydrique sur le fer métallique ou sur le chlorure ferreux anhydre. Il se présente sous la forme de prismes ramifiés transparents et très brillants. Ils appartiennent au système clinorhombique. Leur densité est égale à 4,09. L'eau le dissout lentement en petite quantité. Cette solution s'oxyde à l'air en donnant de l'hydrate de sesquioxyde de fer; il est insoluble dans l'alcool, l'éther anhydre et la benzine. Il est attaqué par les différents acides, tels que: l'acide chlorhydrique, l'acide azotique et l'acide sulfurique. Les carbonates alcalins le décomposent.

Le sesquifluorure de fer $FeFl^6$, peut se préparer par l'action du gaz fluorhydrique soit sur le fluorure ferrique anhydre et amorphe, soit sur le sesquioxyde de fer, et le fluorure ferrique hydraté, soit sur le sesquichlorure de fer. Ce corps se présente sous forme de cristaux verdâtres transparents et très réfringents. Sa densité est de 3,87. Ses propriétés chimiques diffèrent peu de celles du fluorure ferreux.

— Préparation du chrome métallique par électrolyse. Note de M. Em. Placet, présentée par M. H. Moissan.

Ce procédé consiste à décomposer par l'électrolyse une solution d'alun de chrome contenant une petite quantité de sulfate alcalin et d'acide sulfurique ou autre. Voir brevets, année 1892, p. 160, 295 et 313.

— Sur la préparation de l'acide bromhydrique. Note de M. E. Léger, présentée par M. Moissan.

On obtient cet acide pur en faisant réagir peu à peu l'acide sulfurique sur le bromure de potassium ; il se produit un peu de brome et d'acide sulfureux. On le débarrasse de ces impuretés en le faisant traverser une solution saturée d'acide bromhydrique contenant un excès de brome, qui oxydera l'acide sulfureux, puis une solution de ce même acide additionné de phosphore rouge en poudre qui le débarrassera du brome.

— Réponse aux observations de M. Friedel sur le pouvoir rotatoire des sels de diamine. Note de M. Albert Colson, présentée par M. H. Moissan.

Dans cette note, l'auteur dit que ses affirmations au sujet de la constitution stéréochimique de l'acide tartrique actif ont été puisées dans le traité de stéréochimie de M. Van t'Hoff, et qu'en conséquence, quelle que soit l'interprétation qu'on veuille donner à cette manière de considérer la constitution de cet acide, les faits qu'il a exposés n'en sont pas moins exacts et contraires à la théorie de M. Ph. de Guye.

— Des points de fusion des dissolvants comme limite inférieure des solubilités. Note de M. A. Etard, présentée par M. Henri Moissan.

— Action des chlorures d'acides bibasiques sur l'éther cyanacétique sodé : éther succinodicyanacétique. Note de M. Th. Muller, présentée par M. Friedel.

Dans l'action du chlorure de succinyle sur l'éther cyanacétique sodé, il se produit deux dérivés que l'on peut séparer au moyen du carbonate de sodium : l'éther succinocyanacétique insoluble dans ce réactif et l'éther succinodicyanacétique qui s'y dissout avec dégagement d'acide carbonique. Il est probable, si l'on raisonne par analogie avec l'éther phtalocyanacétique, que l'éther succinocyanacétique

$$C^4H^4O^2.C\begin{cases}CAz\\CO^2\end{cases}C^2H^5$$

possède une constitution dissymétrique :

$$\begin{matrix}C^2HC \\ | \\ CH^2CO\end{matrix}\Big\rangle O\,C\begin{cases}CAz\\CO^2C^2H^5\end{cases}$$

Le rendement étant très faible, il n'a pas été possible d'étudier complètement ce composé. Quant à l'éther succinodicyanacétique qui se forme en plus grande quantité, on peut le considérer, en présence de ses propriétés acides bien nettes, comme un composé symétrique :

$$\begin{matrix} & & CAz \\ CH^2 - CO & & CHCO^2C^2H^5 \\ | & & \\ CH^2 - CO & & CHCO^2C^2H^5 \\ & & CAz \end{matrix}$$

— Sur les fonctions de l'acide hydurilique : préparation des hydurilates de potasse. Note de M. C. Matignon.

Les hydurilates se forment par solution directe de la potasse dans l'acide hydurilique. D'après la détermination des quantités de chaleur dégagées par l'union de l'acide avec différentes proportions de base, on arrive à cette conclusion que l'acide hydurilique est tribasique. Ses trois fonctions acides sont différentes : la première comparable à celles des acides organiques forts, la deuxième du même ordre que celle des acides normaux carboxylés, enfin une troisième inférieure à la fonction faible de l'acide phosphorique.

— Recherches sur la couleur de quelques insectes. Note de M. A.-B. Griffiths, présentée par M. Bouchard.

Les recherches ont été faites sur le pigment vert des ailes de certains lépidoptères. Pour isoler ce pigment, on traite d'abord les ailes par l'alcool chaud et l'éther dans lesquels il est insoluble, puis on fait bouillir les ailes avec de l'eau acidulée, on filtre et on concentre ensuite. Le pigment vert se sépare comme une substance amorphe. C'est un acide bibasique soluble dans les alcalis, qui dévie à droite le plan de polarisation de la lumière polarisée. L'eau, par une ébullition prolongée, le transforme en urée, alloxane et acide carbonique. L'acide chlorhydrique bouillant le change au bout d'un certain temps en acide urique. Sa composition est représentée par la formule $C^{11}H^{12}Az^8O^{10}$. L'auteur l'appelle acide lépidoptérique.

— Action microbicide de l'acide carbonique dans le lait. Note de MM. Cl. Noubry et C. Michel.

— Sur un ganglion nerveux des pattes de *Phalangium pilio*.

— Myxosporides de la vésicule biliaire des poissons : espèces nouvelles. Première note de M. P. Thelohan, présentée par M. Ranvier.

— Sur les modifications de l'absorption et de la transpiration qui surviennent dans les plantes atteintes de la gelée. Note de M. A. Prunet, présentée par M. Duchartre.

— Acidicorium, genre nouveau d'urédinées. Note de M. Paul Vuillemin, présentée par M. Duchartre.

— Sur la classification et les parallélismes du système myocène. Note de M. Ch. Depéret, présentée par M. Albert Gaudry.

— Sur l'existence de la microgranulite et de l'orthophyre dans les terrains primaires des Alpes françaises. Note de M. P. Termier, présentée par M. Mollard.

Il résulte de cette note que la série *hercynienne* des roches éruptives, dans les Alpes françaises, serait composée jusqu'à nouvelle découverte, de porphyrites, orthophyres et microgranulites (houiller) : nouvelle porphyrite (permien), mélophyres (trias). Quelle est la plus ancienne de l'orthophyre ou des microgranulites? D'après la constitution du Plateau central, l'antériorité devrait appartenir à l'orthophyre.

— Sur les modifications minéralogiques effectuées par la lherzolite sur les calcaires du jurassique inférieur de l'Ariège : conclusions à en tirer au point de vue de l'histoire de cette roche éruptive. Note de M. A. Lacroix, présentée par M. Des Cloiseaux.

— Sur la distribution géographique, l'origine et l'âge des ophites et des cherzolites de l'Ariège. Note de M. A. de Lacivivier, présentée par M. Fouqué.

On peut conclure de cette note que les ophites de l'Ariège sont contemporaines du trias, aucun fait précis n'établissant qu'elles sont plus anciennes. Les cherzolites sont plus récentes que les ophites ; elles se trouvent dans les calcaires dolomitiques qui doivent être rapportées au jurassique.

— Observations géologiques sur le Creux-de-Souci (Puy-de-Dôme). Note de M. Paul Gautier, présentée par M. Fouqué.

Le Creux-de-Souci est formé par l'action lente et graduelle des eaux qui occupent la face inférieure de toutes nos coulées laviques, et le point de départ du creusement est sans doute une de ces fissures si fréquentes dans les terrains recouverts par les laves.

M. Laussedat est proposé en première ligne pour la place d'académicien libre laissée vacante par le décès de M. Léon Lalanne ; viennent ensuite *ex æquo*, et par lettre alphabétique, MM. Brouardel, Ad. Carnot, Ch. Lauth, de Romilly et Rouché.

Séance du 5 décembre. — Sur une opinion qui s'est fait jour au sein de l'Association britannique, au sujet des taches du soleil, par M. A. Faye.

M. Schuster, à la dernière réunion de l'Association britannique à Edimbourg, émit plusieurs hypothèses sur la constitution des taches solaires. Doit-on, a-t-il dit, considérer ces taches comme dues à des cyclones ; doit-on, au contraire, les regarder comme les produits des décharges électriques. La périodicité des taches solaires et la concordance avec la variation du magnétisme terrestre ne peut-elle pas être due à l'accroissement de conductibilité de l'espace entourant le soleil ? Pour M. Faye, les taches solaires sont des phénomèmes purement mécaniques, où l'électricité peut jouer sans doute un rôle encore totalement ignoré, mais non déterminant quant à la forme et à la fonction.

— Etude chimique de la fumée d'opium, par M. H. Moissan.

L'opium fumé en Chine est un opium ayant subi certaine préparation très délicate et très longue. Cet opium est connu sous le nom de *chandôo*. Mais, vu le prix élevé de ce produit, la plus grande partie des fumeurs d'opium ne consomment que des produits falsifiés ou les résidus qui restent dans les pipes à *chandôo*, résidus qu'on appelle *dross*, et qui se vendent encore très cher. Lorsqu'on étudie la combustion de l'opium, on remarque que la température à laquelle il commence à émettre de la fumée est de 230°. Cette fumée bleutée entraîne des parfums et de la morphine. La température nécessaire à une nouvelle décomposition s'élevant, il se produit vers 300° une fumée moins odoriférante, plus âcre, entraînant toujours une petite quantité de morphine, mais chargée de bases hydropyridiques plus ou moins toxiques. En conséquence, lorsque l'on fume du *chandôo* de très bonne qualité, la fumée n'apporte qu'une très petite quantité de morphine et de parfums agréables.

Si l'on fume du dross ou de l'opium falsifié dont la décomposition ne se fait qu'à une température de 300°, il y a production de composés toxiques, tels que pyrrol, acétone, bases hydropyridiques. Cette double action peut être comparée à l'alcoolisme produit soit par l'alcool de bonne qualité, soit par l'absinthe.

— M. Armand Gautier, à propos de la communication de M. Moissan, rappelle qu'il y a quelques années il a fait des expériences sur les produits provenant de la combustion du tabac. Le jus formé était, pour la majeure partie, formé de corps basiques, tels que la nicotine et des bases pyridiques et hydropyridiques.

— Sur la notation stéréochimique, réponse à la deuxième note de M. Colson, par M. C. Friedel.

Les schémas que donne M. Colson dans sa note ne sont pas ceux indiqués par M. Van t' Hoff. Il y a eu erreur, car ceux qui sont donnés se rapportent non pas aux deux acides tartriques droit et gauche, mais bien tous deux à l'acide tartrique inactif. En ce qui concerne les sels de diamine et tous les composés dans lesque's on peut admettre l'existence d'une chaîne fermée, M. Friedel fait remarquer que M. Guye a fait, dans son mémoire, des réserves expresses sur l'application de ses idées aux composés à plusieurs atomes de carbone asymétriques et aux dérivés en chaîne fermée. M. Colson n'a donc pas le droit de s'en servir pour combattre les idées de M. Guye.

— M. Brouardel, après trois tours de scrutin, est nommé académicien libre, par 33 suffrages contre 31 donnés à M. Laussedat.

— M. E. Jaggy adresse une note faisant suite à son Mémoire sur la théorie des fonctions.

— M. A. Germain et M. P. Hatt prient l'Académie de les comprendre parmi les candidats à la place laissée vacante, dans la section de géographie et navigation, par le décès de M. Jurien de la Gravière.

— Observations de la comète périodique de Wolf, faites au grand télescope de l'Observatoire de Toulouse, par MM. E. Cosserat et F. Rossard, transmises par M. Tisserand.

— Observations de la nouvelle comète de Holmes, faites à l'Observatoire d'Alger (équatorial coudé), par MM. Rambaud et Sy, présentées par M. Tisserand.

— Observations de la comète de Brookes (découverte le 20 novembre 1892) faites à l'Observatoire de Marseille (équatorial de 0^m26 d'ouverture). Note de M. Esmiol, communiquée par M. Tisserand.

— Observations de la comète de Brooks (découverte le 21 novembre 1892), faites à l'Observatoire de Marseille (équatorial de 0^m26 d'ouverture), par M. Fabry; présentées par M. Lœvy.

— Sur les groupes infinis de transformations. Note de M. A. Tresse, présentée par M. Picard.

— Sur un problème d'analyse indéterminé, qui se rattache à l'étude des fonctions fuchsiennes provenant des séries hypergéométriques à deux variables. Note de M. Levavasseur, présentée par M. Picard.

— Sur la fusion du carbonate de chaux. Note de M. Le Chatelier.

Du carbonate de chaux précipité a été chauffé dans un tube en fer à une température de 1020°. Au bout d'une heure on a retiré une baguette cylindrique agglomérée de carbonate de chaux. Il s'était produit une contraction; il y a eu fusion pâteuse. Cette expérience démontre que la fusion et la cristallisation du carbonate de chaux précipité peuvent être obtenues par l'action de la température seule sans l'intervention d'une pression élevée; cette dernière n'intervient que pour augmenter la compacité et l'agglomération de la matière. C'est exactement la conclusion opposée à celle que M. Joannis a tirée de ces recherches.

— Remarque sur une note récente de M. Barthe, relative au dosage volumétrique des alcaloïdes, par M. P. C. Plugge.

L'auteur rappelle qu'il a déjà en 1886 appliqué la propriété bien connue qu'ont les alcaloïdes de ne pas réagir sur la phtaléine, au dosage de ces derniers.

— Recherches physiologiques sur la fumée d'opium. Note de MM. N. Gréhant et Ern. Martin, présentée par M. Moissan.

Nous avons vu plus haut les intéressants résultats auxquels est arrivé M. Moissan dans ses recherches sur la fumée d'opium; la présente note a pour but d'en déterminer les effets physiologiques. Des expériences entreprises sur un chien, il résulte que la fumée d'opium ne modifie pas l'énergie de contraction du cœur et qu'un mammifère carnassier qui, durant une heure, respire une quantité de fumée d'opium égale à celle qu'un fumeur consomme généralement en trois jours ne présente aucun phénomène appréciable. On trouve donc dans la fumée de *chandóo* un réactif physiologique qui prouve qu'il existe une différence sensible entre le système nerveux central de l'homme et celui du chien.

— Sur la mesure de la perméabilité des sols et la détermination du nombre et de la surface des particules contenues dans 1 centimètre cube du sol. Note de MM. F. Houdaille et L. Semichon, présentée par M. Mascart.

— Sur les échanges d'acide carbonique et d'oxygène entre les plantes et l'atmosphère. Note de M. Th. Schloesing fils, présentée par M. Duclaux.

On peut conclure des expériences entreprises sur l'houque laineux, que le rapport du volume de l'acide carbonique disparu à celui de l'oxygène apparu par le fait des plantes examinées pendant les six ou huit premières semaines de leur végétation a été trouvé notablement inférieur à l'unité.

— Sur la reproduction du rutile. Note de M. L. Michel, présentée par M. Friedel.

En appliquant au fer titané la réaction qu'il a appliquée à la reproduction artificielle du grenat mélanite et du sphène, c'est-à-dire en faisant réagir sur ce composé la pyrite de fer à la température du rouge, l'auteur a pu obtenir un rutile identique au rutile naturel et de la pyrrothine.

— Sur un nouvel ellipsomètre. Note de M. Jannettaz, présentée par M. Des Cloizeaux.

M. Jannettaz a, en 1874, présenté sous le nom d'ellipsomètre, un appareil destiné à déterminer à la fois l'orientation et les dimensions des ellipses isothermes obtenues sur les plaques cristallines par l'échauffement d'un de leurs points. Il a apporté quelques modifications à son instrument qui permettent : 1° de déterminer la position des axes des ellipses isothermes avec une exactitude égale à celle que donnent les microscopes polarisants pour des lignes d'élasticité optique ou des lignes d'extinction dans le système oblique; 2° de savoir si la courbe isotherme est un cercle ou une ellipse, ce qui est d'une grande importance pour les cas limités.

— Sur l'existence de phénomènes de recouvrement aux environs de Gréoulx (Basses-Alpes) et sur l'âge de ces dislocations. Note de M. W. Kilian, présentée par M. Fouqué.

— M. Léon Vaillant est présenté en première ligne pour la place laissée vacante dans la section d'anatomie et de zoologie par le décès de M. de Quatrefages. MM. C. Dareste, Filhol, P. Fischer, Edmond Perrier, Georges Pouchet viennent en seconde ligne et par lettre alphabétique; en troisième ligne vient M. J. Chatin.

VARIA

Le jubilé de M. Pasteur.

La cérémonie organisée en l'honneur de M. Pasteur, à l'occasion du 70e anniversaire de sa naissance, a eu lieu le 27 décembre, dans le grand amphithéâtre de la nouvelle Sorbonne, sous la présidence de M. Carnot.

Celui-ci avait à sa droite : MM. d'Abbadie, président de l'Académie des sciences; Le Royer, président du Sénat; Ribot, président du Conseil, et le Corps diplomatique; et à sa gauche : MM. Joseph Bertrand, secrétaire perpétuel de l'Académie des sciences; Floquet; Charles Dupuy, ministre de l'Instruction publique, et tous les autres membres du Cabinet. Derrière cette première rangée de fauteuils avaient pris place, sur les gradins de l'estrade, les délégations officielles des cinq classes de l'Institut, de l'Académie de médecine et de plusieurs Sociétés étrangères; M. Gréard, vice-recteur de l'Académie de Paris; les doyens des Facultés; les présidents de la Cour de cassation, du Conseil d'État et de la Cour d'appel; le procureur général; le préfet de la Seine et le préfet de police; les présidents du Conseil général et du Conseil municipal; le directeur de l'Assistance publique; M. d'Ormesson, directeur du Protocole, etc., etc.

M. Charles Dupuy, ministre de l'instruction publique, prend le premier la parole en ces termes :

Discours de M. Ch. Dupuy, ministre de l'instruction publique.

« Monsieur le Président de la République,

« La solennité scientifique que vous avez bien voulu honorer de votre présence et à laquelle assistent, groupés autour de vous, le gouvernement tout entier et les membres du corps diplomatique est, à la fois, la fête de la France et de l'humanité. Il était digne de la République de s'associer à une manifestation qui excite dans le cœur de tous les Français un légitime mouvement de fierté nationale. On peut dire qu'à cette heure la France entière, conspirant avec tout ce qui pense dans le monde civilisé, a les yeux fixés sur l'antique Sorbonne et sur le maître illustre dont les pouvoirs publics et les corps scientifiques célèbrent en ce jour le soixante-dixième anniversaire. Notre nation a toujours aimé à reconnaître et à célébrer ceux qui la servent et qui l'honorent; mais c'est particulièrement aux heures tristes, qui ne sont épargnées, dans le cours de l'histoire, à aucun peuple, qu'elle se prend à aimer avec le plus d'ardeur, à admirer avec le plus d'élan ceux de ses fils dont la gloire éclatante et pure console sa tristesse, réconforte son cœur et accroît, avec l'estime qu'elle inspire au monde, la confiance qu'elle a le droit d'avoir en elle-même, en ses libres institutions, en ses nobles et généreuses destinées.

« Il ne m'appartient pas, cher et illustre maître, d'entrer dans le détail de vos travaux; d'autres sauront dire avec l'autorité de la science même ce que vous avez fait. Ils exposeront vos principes, vos expériences, vos méthodes. Ce que nous sentons tous, ignorants et savants, c'est que vous avez fait quelque chose de grand; pour profane que l'on soit, on ne peut rester insensible à votre œuvre; elle est si grande qu'elle s'impose à l'attention de tous, si simple qu'un homme cultivé en peut suivre le développement, si efficace et si humaine que les ignorants eux-mêmes, éclairés et convaincus par le secours qu'elle leur apporte, la proclament et la vénèrent. Lorsqu'on l'embrasse dans son ensemble, on est tout d'abord frappé des qualités de travail, de patience, de ténacité qu'elle atteste. Cette faculté fut la vôtre de pouvoir concentrer votre pensée sur un sujet et de l'y tenir obstinément fixée pendant des journées, des mois, des années; faculté souveraine que votre visage reflète, puissance créatrice dont la postérité lira l'expression sur cette médaille où l'artiste a fixé avec vos traits quelque chose de votre âme. Nous y lisons, avec la même clarté, cette foi profonde en la science, cette foi d'apôtre qui vous a soutenu au cours de votre carrière contre les angoisses du doute et les défaillances du découragement; il faut le dire très haut en ce jour, si vous êtes armé du sens critique indispensable à un savant, vous n'avez rien d'un sceptique, vous eûtes toujours la conviction, je dis plus, la foi, mère des hautes pensées et des œuvres immortelles.

« Vos études à peine terminées, vous vous révélez comme un inventeur; vos travaux sur la dosimétrie moléculaire, entrepris sous l'influence d'une idée directrice, ingénieuse et profonde, sont marqués d'une empreinte si originale que presque personne n'a osé s'attaquer depuis à cette délicate question. La science pure vous permettait les plus beaux succès; mais heureusement pour vous, heureusement pour l'humanité, les circonstances vous ont engagé dans une voie où toute découverte théorique devait aboutir à une satisfaction de nos besoins, à un soulagement de nos misères. On a peine aujourd'hui à se représenter vos efforts et vos luttes, perdus dans le rayonnement de la victoire finale; on peut difficilement se figurer la vivacité de ces batailles à la suite desquelles, vaincue par la force de l'évidence, accablée sous le poids de la preuve expérimentale, l'antique hypothèse, la chimérique illusion de la génération spontanée a battu en retraite devant la triomphante doctrine des germes qui a renouvelé la science et qui est entrée en possession incontestée de l'avenir. Vous avez pénétré jusque dans les mystérieuses profondeurs de la nature élémentaire, vous en avez rapporté ces « preuves sans répliques », dont vous parliez dans votre discours de réception à l'Académie française.

« Renan, qui vous répondait, pouvait vous dire, dans une formule que je m'approprie : « Votre « vie scientifique est comme une traînée lumineuse, dans la grande nuit de l'infiniment petit, « dans ces derniers abîmes de l'être où naît la vie ».

« C'est vers 1860 que vous abordez cette étude des infiniment petits pour en faire désormais l'unique objet de vos recherches et comme votre domaine personnel. Vous fondez cette doctrine féconde dont vous devinez dès le premier jour la portée et dont les chimistes, les biologistes et les médecins développeront dans la suite des âges l'inépuisable donnée, en se demandant si elle est le fruit des veilles d'un seul homme ou du labeur accumulé de plusieurs générations. Je n'aurais que l'embarras du choix, si je voulais citer les multiples étapes de vos recherches : vos études sur la maladie des vers à soie, sur les fermentations, sur le vin, sur le vinaigre, sur la bière, affirmations réitérées de la méthode, victoires répétées de la doctrine. La France sait ce qu'elle doit à vos découvertes. Le Parlement, appréciant à la fois la gloire que vos travaux donnaient à la patrie française et les services rendus à notre agriculture et à notre industrie, a attaché à votre nom une récompense unique, récompense vraiment nationale, dont la valeur principale est dans le sentiment de patriotique reconnaissance qui en a suggéré l'idée. Mais depuis ce mémorable hommage des représentants d'un pays libre, la doctrine a grandi ; procédant par ascensions successives et, ne semblant avoir créé tant de merveilles que pour essayer ses forces et préluder au grand œuvre, elle a atteint les hauteurs de la vie.

« Elle interroge les organismes et analyse les maladies qui les ruinent; elle pose le problème de la transmission et de la contagion du mal ; tout d'abord, avec une prudence caractéristique, avec une sorte de réserve pieuse, elle limite ses investigations aux animaux, puis, quand elle a définitivement assuré ses pas en imposant au charbon et au rouget le vaccin dont nos fermiers et nos agriculteurs peuvent seuls dire les bienfaits, elle s'élève jusqu'à l'homme, victorieuse aujourd'hui de la rage, demain peut-être du choléra! Désormais la formule est pleine et définitive, vos disciples la donnent en deux mots : « ferments et virus sont des êtres vivants, le vaccin est un virus atténué, la médecine a pour base l'atténuation artificielle des virus... » Ainsi, faisant sortir le remède du mal lui-même, la médecine microbienne est fondée!

« Merveille de la science, miracle du génie, soyez glorifiés au nom de la patrie et de l'humanité! Vous avez justifié les audacieuses espérances que la religion du progrès avait mises aux cœurs de nos pères. Vous avez traduit en réalités incontestables les imaginations de Descartes et les rêves de Condorcet; qui pourrait dire à cette heure ce que la vie humaine vous doit, ce qu'elle vous devra dans la suite des temps? Un jour viendra où quelque nouveau Lucrèce chantera dans un nouveau poème de la Nature le Maître immortel dont le génie a enfanté de pareils bienfaits, et il ne le peindra pas solitaire et insensible comme le poète latin a fait son héros ; il le montrera mêlé à la vie de son temps, aux tristesses et aux joies de son pays, partageant son existence entre les sévères jouissances de la recherche scientifique et les douces effusions de la famille, passant de son laboratoire à son foyer, trouvant auprès d'êtres affectionnés, auprès d'une compagne qui a su le comprendre et d'autant plus l'aimer, cet encouragement de toutes les heures, ce réconfort de tous les instants sans lesquels tant de batailles eussent peut-être lassé son ardeur, entamé sa persévérance et énervé son génie.

« Cher et illustre Maître, vous disiez un jour dans une fête que vous présidiez en Auvergne, que vous aviez comme le sentiment de la gloire, à vous entendre loué par des voix amies. Aujourd'hui ce sentiment doit être entier en vous, car ce n'est pas seulement un département, une région, qui s'inclinent, c'est la France entière qui vous glorifie, c'est l'humanité qui vous bénit. De tous les points du globe vous viennent en foule les hommages ; voyez autour de vous cette affluence de savants et de grands personnages, qui vous apportent les vœux et les espérances de leurs compatriotes. Je salue au nom de la République ces messagers de science et de paix, j'adresse à leur patrie le salut cordial de la France.

« Mais ce qui caractérise avant tout cette cérémonie, ce qui donne à votre jubilé sa marque propre, c'est que nos hommages vont moins au passé qu'à l'avenir; la science, dont tout l'univers vous est redevable, a reçu de vous sa méthode sûre et son principe certain, mais, vous l'avez dit vous-même : « L'ère des applications ne fait que commencer ». L'Institut Pasteur, bâti et doté par la reconnaissance et l'admiration des peuples et des gouvernements pour être à la fois un foyer de haute culture scientifique et une source d'adoucissements aux maux de la famille humaine, réalisera vos espérances.

« Puissiez-vous longtemps, cher et illustre maître, présider aux destinées de cette jeune et glorieuse maison et animer de votre ardeur féconde cette phalange de disciples qui saura tenir les promesses de la doctrine pastorienne! Puisse la France vous posséder de longues années encore et vous montrer au monde comme un digne objet de son amour, de sa reconnaissance et de sa fierté ! »

M. d'Abbadie, président de l'Académie des sciences, adresse à M. Pasteur les félicitations de l'Institut, et lui remet la grande médaille en or, produit de la souscription internationale. Cette médaille, œuvre de M. Roty, membre de l'Académie des beaux-arts, porte d'un côté l'effigie de M. Pasteur et au revers l'inscription suivante : « A Pasteur, le jour de ses soixante-dix ans, la Science et l'Humanité reconnaissantes,—27 décembre 1892. » M. d'Abbadie remet aussi à M. Pasteur une liste générale de tous les souscripteurs.

M. Joseph Bertrand présente à son illustre confrère les hommages de l'Académie des sciences et du Conseil d'administration de l'Institut Pasteur, dont il est président.

« Si un examinateur, dit M. Bertrand, nous demandait : « Quelle est la plus belle découverte de « M. Pasteur? » les plus habiles seraient embarrassés. Vos travaux embrassent, en effet, la minéralogie, l'optique, la chimie organique, la biologie et la médecine, et partout vous avez laissé une trace profonde. Après avoir forcé l'admiration des esprits d'élite, vous avez mérité la reconnaissance de tous les gens de cœur.

« Je le dis hautement, en présence des représentants du Gouvernement, des Puissances étrangères et du monde savant, réunis pour honorer votre gloire : vous n'êtes pas seulement un grand et illustre savant, vous êtes un grand homme! »

M. Daubrée, de l'Institut, ancien directeur de l'École des mines, au nom de la Section de minéralogie de l'Académie des sciences, rappelle que c'est dans cette science que M. Pasteur a fait ses débuts et que ce sont ses découvertes minéralogiques qui lui ont valu d'entrer à l'Institut.

Sir Joseph Lister, le grand chirurgien anglais qui, on le sait, est l'inventeur des pansements antiseptiques qui portent son nom, apporte à M. Pasteur l'hommage reconnaissant de la chirurgie et de la médecine,

Et il remet à M. Pasteur une adresse de la Société Royale de Londres, écrite de la main de son président.

Discours de M. Lister.

« Monsieur Pasteur,

« Le grand honneur m'a été accordé de vous apporter l'hommage de la médecine et de la chirurgie.

« Vraiment, il n'existe dans le monde entier aucun individu auquel doivent plus qu'à vous les sciences médicales.

« Vos recherches sur les fermentations ont jeté un rayon puissant qui a illuminé les ténèbres funestes de la chirurgie et a changé le traitement des plaies d'une affaire d'empirisme incertain et trop souvent désastreux, en un art scientifique sûrement bienfaisant.

« Grâce à vous, la chirurgie a subi une révolution complète qui l'a dépouillée de ses terreurs et a élargi presque sans limite son pouvoir efficace.

« La médecine ne doit pas moins que la chirurgie à vos études profondes et philosophiques.

« Vous avez levé le voile qui avait couvert pendant des siècles les maladies infectieuses. Vous avez découvert et démontré leur nature microbienne; grâce à votre initiative et dans beaucoup de cas à vos propres travaux spéciaux, il y a déjà une foule de ces désordres pernicieux dont nous connaissons complètement les causes :

Felix qui potuit rerum cognoscere causas.

« Cette connaissance a déjà perfectionné, d'une façon surprenante, le diagnostic de ces fléaux du genre humain et a indiqué la route qu'il faut suivre pour leur traitement prophylactique et curatif.

Dans cette route, vos belles découvertes de l'atténuation et renforcement des virus et des inoculations préventives servent et serviront toujours comme étoile conductrice.

« Comme illustration éclatante, je puis signaler vos travaux sur la rage. Leur originalité était si frappante que, à part quelques ignorants, tout le monde reconnait maintenant la grandeur de ce que vous avez achevé contre cette maladie terrible. Vous avez fourni un diagnostic qui dissipe à coup sûr les angoisses d'incertitudes qui hantaient autrefois celui qui avait été mordu par un chien sain soupçonné de la rage.

« Rien que cela aurait bien suffi pour vous assurer la gratitude éternelle de l'humanité.

« Mais par votre système merveilleux d'inoculations antirabiques, vous avez su poursuivre le poison après son entrée dans le système et l'y vaincre.

« Monsieur Pasteur, les maladies infectieuses constituent, vous le savez, la grande majorité des maladies qui affligent le genre humain.

« Vous pouvez donc bien comprendre que la médecine et la chirurgie s'empressent, à cette occasion solennelle, de vous apporter l'hommage profond de leur admiration et de leur reconnaissance. »

M. Bergeron, secrétaire perpétuel de l'Académie de médecine, rappelle la séance du 27 octobre 1885, où M. Pasteur exposa à ses collègues sa découverte de la prophylaxie de la rage. C'est la médecine qui a le plus bénéficié, comme science et comme art, des travaux de M. Pasteur; M. Bergeron lui adresse l'hommage d'admiration et de reconnaissance de l'Académie de médecine.

Après un discours de M. Sauton, président du Conseil municipal de Paris, M. Joseph Bertrand appelle les Sociétés françaises et étrangères qui ont envoyé des adresses. Ces adresses sont remises à M. Pasteur par les délégués de ces Sociétés, qui défilent par ordre alphabétique, et dont voici la liste :

Sociétés étrangères : Société médicale d'Amsterdam, Universités d'Athènes, de Barcelone, Sociétés médicales de Berlin, Berne, Bruxelles, Christiania, Association d'hygiène de Cologne, Académie des sciences de Copenhague, qui a envoyé une superbe médaille d'or.

Académie royale et Université royale de Dublin, Facultés de médecine de Gand et de Genève, Universités de Gênes, dont le délégué a prononcé quelques paroles d'hommage au nom de la science italienne; de Lausanne, de Liège, Association pour l'avancement de la médecine de Londres, Société médicale de Lund, Institut de médecine et Association des sciences de Saint-Pétersbourg, Sociétés naturalistes de la Petite-Russie, Universités de Posen et de Stockholm, Académie de médecine de Turin, Université d'Utrecht, Société médicale de Varsovie.

Sociétés françaises : École vétérinaire d'Alfort, délégués de la ville d'Arbois, délégués de la ville de Dôle, Facultés des sciences et de médecine de Bordeaux, de Lille, École de médecine de Limoges, Faculté de médecine de Lyon, Faculté des sciences de Nancy, École de médecine de Nantes, Faculté de médecine de Montpellier, Facultés de médecine de Paris (dont l'adresse est remise à M. Pasteur par M. Brouardel), de Reims, Facultés des sciences et de médecine de Toulouse, Association générale des étudiants de Paris.

M. Joseph Bertrand donne, après un discours du maire de Dôle, la ville natale de M. Pasteur, la parole à M. Pasteur. Pendant toute la séance, l'illustre savant a manifesté une vive émotion; à plusieurs reprises les larmes lui sont venues aux yeux. Après chaque discours, il embrassait chaque orateur en le remerciant.

M. Pasteur, se soulevant sur son fauteuil, a exprimé, d'une voix très faible et paralysé par l'émotion, ses remerciements pour les honneurs qui lui ont été décernés dans cette mémorable séance, puis il a chargé son fils de lire le discours suivant :

Réponse de M. Pasteur.

« Monsieur le Président de la République,

« Votre présence transforme tout : une fête intime devient une grande fête et le simple anniversaire de la naissance d'un savant restera, grâce à vous, une date pour la science française.

« Monsieur le Ministre,

« Messieurs,

« A travers cet éclat, ma première pensée se reporte avec mélancolie vers le souvenir de tant d'hommes de science qui n'ont connu que des épreuves. Dans le passé, ils eurent à lutter contre les préjugés qui étouffaient leurs idées. Ces préjugés vaincus, ils se heurtèrent à des obstacles et à des difficultés de toutes sortes.

« Il y a peu d'années encore, avant que les pouvoirs publics et le conseil municipal eussent donné à la science de magnifiques demeures, un homme que j'ai tant aimé et admiré, Claude Bernard, n'avait pour laboratoire, à quelques pas d'ici, qu'une cave humide et basse. Peut-être est-ce là qu'il fut atteint de la maladie qui l'emporta ! En apprenant ce que vous me réserviez ici, son souvenir s'est levé tout d'abord devant mon esprit : je salue cette grande mémoire !

« Messieurs, par une pensée ingénieuse et délicate, il semble que vous ayez voulu faire passer sous mes yeux ma vie tout entière. Un de mes compatriotes du Jura, le maire de la ville de Dôle, m'a apporté la photographie de la maison très humble où ont vécu si difficilement mon père et ma mère.

« La présence de tous les élèves de l'École normale me rappelle l'éblouissement de mes premiers enthousiasmes scientifiques.

« Les représentants de la Faculté de Lille évoquent pour moi mes premières études sur la cristallographie et les fermentations qui m'ont ouvert tout un monde nouveau. De quelles espérances je fus saisi quand je pressentis qu'il y avait des lois derrière tant de phénomènes obscurs !

« Par quelle série de déductions il m'a été permis, en disciple de la méthode expérimentale, d'arriver aux études physiologiques, vous en avez été témoins, mes chers confrères. Si parfois j'ai troublé le calme de nos Académies par des discussions un peu vives, c'est que je défendais passionnément la vérité.

« Vous enfin, délégués des nations étrangères, qui êtes venus de si loin donner une preuve de sympathie à la France, vous m'apportez la joie la plus profonde que puisse éprouver un homme qui croit invinciblement que la science et la paix triompheront de l'ignorance et de la guerre, que les peuples s'entendront, non pour détruire, mais pour édifier, et que l'avenir appartiendra à ceux qui auront le plus fait pour l'humanité souffrante. J'en appelle à vous, mon cher Lister, et à vous tous, illustres représentants de la science, de la médecine et de la chirurgie.

« Jeunes gens, jeunes gens, confiez-vous à ces méthodes sûres, puissantes dont nous ne connaissons encore que les premiers secrets. Et tous, quelle que soit votre carrière, ne vous laissez pas atteindre par le scepticisme dénigrant et stérile, ne vous laissez pas décourager par les tristesses de certaines heures qui passent sur une nation. Vivez dans la paix sereine des laboratoires et des bibliothèques. Dites-vous d'abord : qu'ai-je fait pour mon instruction ? puis, à mesure que vous avancerez, qu'ai-je fait pour mon pays ? Jusqu'au moment où vous aurez peut-être cet immense bonheur de penser que vous avez contribué en quelque chose au progrès et au bien de l'humanité. Mais, que les efforts soient plus ou moins favorisés par la vie, il faut, quand on approche du grand but, être en droit de se dire : J'ai fait ce que j'ai pu.

« Messieurs, je vous exprime ma profonde émotion et ma vive reconnaissance. De même que sur le revers de cette médaille, Roty, le grand artiste, a caché sous des roses la date si lourde qui pèse sur ma vie, de même vous avez voulu, mes chers confrères, donner à ma vieillesse le spectacle qui pouvait la réjouir davantage, celui de cette jeunesse si vivante et si aimante. »

Telle est cette séance mémorable qui récompense dignement une vie toute de travail.

SOCIÉTÉ INDUSTRIELLE DE MULHOUSE

PROCÈS-VERBAUX DES SÉANCES DU COMITÉ DE CHIMIE

Séance du 12 octobre 1892.

Depuis la découverte de la nigrisine, faite en 1889 par M. Ehrmann, chimiste aux Fabriques de matières colorantes de Saint-Denis, à Paris, un certain nombre de gris ont été livrés au commerce. A la demande du comité, M. Baumann a étudié ces divers produits au point de vue de leur solidité à la lumière et a constaté qu'aucun d'entre eux ne surpasse la nigrisine. Cette dernière est susceptible de rendre des services en teinture et en impression, aussi le comité propose-t-il de demander à la Société industrielle de décerner à l'inventeur une médaille de bronze.

Il demande également une médaille d'argent pour M. Jules Garçon, en récompense de son travail bibliographique, dont il a été question à la dernière séance.

M. Robert Weiss adresse au comité son rapport sur une demande de concours pour le prix N° XV, portant la devise « Cromgrün ».

L'auteur de la demande envoie une matière colorante nouvelle se fixant sur coton au moyen de mordants de chrome. C'est un vert très beau et très vif, mais malheureusement il ne montre pas plus de solidité à la lumière que les colorants triphénylméthaniques, à la série desquels il paraît appartenir. Le prix N° XV, visant un vert aussi solide que la céroléine, ne saurait donc s'appliquer à ce colorant.

Le comité approuve les conclusions de ce rapport et demande l'adjonction de M. Weiss, ainsi que le dépôt de sa lettre aux archives.

M. Albert Scheurer communique les premiers résultats d'une étude sur l'affaiblissement du coton au vaporisage, qu'il se propose de continuer.

M. Émile Muller, chimiste à Mulhouse, présente un aspirateur pour amorcer les siphons, d'une construction très simple et pratique. Plusieurs membres du comité qui avaient déjà eu l'occasion de l'expérimenter s'en sont trouvés satisfaits.

Le comité demande que la description de cet appareil figure au Bulletin.

M. Camille Schœn annonce qu'il a continué l'étude de la protection exercée par le cuivre sur les couleurs exposées à la lumière. Il a été à même de constater que l'affaiblissement de la fibre signalé par lui ne se produit qu'en présence de sels ammoniacaux, en dehors desquels cette action n'aurait pas lieu. M. Schœn établit un rapprochement entre ce phénomène et ceux décrits récemment par M. Prud'homme concernant la transformation du coton en oxycellulose sous l'influence de l'ammoniure de cuivre.

Le comité demande à M. Schœn une note écrite sur cette question.

Séance du 9 novembre 1892.

M. Nœlting communique les premiers résultats des études qu'il a entreprises en commun avec M. Eug. Schell, sur la 1.8 ou péri-nitronaphtylamine :

AzO^2 AzH^2

Ce corps se forme, à côté de grandes quantités du dérivé 15, fusible à 119-120°, et d'autres produits non encore tous isolés, par nitration de l'α-naphtylamine en solution dans l'acide sulfurique concentré. Il cristallise particulièrement bien de la ligroïne en belles aiguilles rouges fusibles à 95-96°. Avec les acides, il forme des sels incolores et assez facilement solubles. Le dérivé acétylique $C^{10}H^6(AzO^2)(AzH[C^2H^3O])$ fond à 191°, le benzoylique $C^{10}H^6(AzO^2)(AzH[C^7H^5O])$ à 182-183°. L'un et l'autre donnent sous l'influence des réducteurs des bases répondant aux formules $C^{12}H^{10}Az^2$ et $C^{17}H^{12}Az^2$ et ayant probablement la constitution :

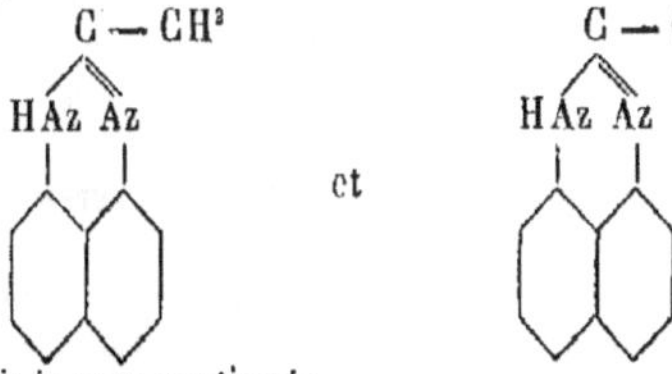

$C - CH^3$ / HAz Az — et — $C - C^6H^5$ / HAz Az

L'étude de ces dérivés sera continuée.

MM. Nœlting et Michel ont effectué la synthèse des azoïmides en faisant réagir sur les dérivés diazoïques l'acide azothydrique en présence de cuivre métallique en poudre.

La réaction pour la diazobenzolimide, par exemple, a lieu d'après l'équation :

$$C^6H^5Az = Az - SO^4H + HAz\left\langle\begin{matrix}Az\\ \|\\ Az\end{matrix}\right. = C^6H^5Az\left\langle\begin{matrix}Az\\ \|\\ Az\end{matrix}\right. + H^2SO^4 + Az^2.$$

M. Camille Schœn lit la note qu'on l'avait prié de rédiger à la dernière séance sur l'action des sels de cuivre sur la cellulose en présence de la lumière. — Le comité demande l'impression de ce travail.

Paris. — Imprimerie L. Baudoin, 2, rue Christine.

LE MONITEUR SCIENTIFIQUE-QUESNEVILLE

JOURNAL DES SCIENCES PURES ET APPLIQUÉES

TRAVAUX PUBLIÉS A L'ÉTRANGER

COMPTES RENDUS DES ACADÉMIES ET SOCIÉTÉS SAVANTES

TRENTE-SEPTIÈME ANNÉE

QUATRIÈME SÉRIE. — TOME VIIe. — Ire PARTIE

Livraison 614 FÉVRIER Année 1893

LA THÉORIE DU CARBONE ASYMÉTRIQUE ET LES DERNIERS TRAVAUX DE M. ÉMILE FISCHER

Par M. Louis Simon.

I

INTRODUCTION.

Dans sa conférence faite le 23 juin 1890 (1) devant la Société chimique de Berlin, Emile Fischer, alors en possession d'une remarquable méthode de synthèse et des premiers résultats fondamentaux qu'elle lui avait fournis, expose l'une et les autres en développant plus particulièrement deux points :

1° Le mode d'emploi et les différentes applications de la phénylhydrazine dans les recherches sur les matières sucrées;

2° Le processus suivi, pour aboutir à la synthèse totale complète de la mannite et de ses dérivés.

Depuis lors, préoccupé par l'idée d'appliquer au sujet de ses recherches la théorie du carbone asymétrique de Lebel-Van't Hoff, il en a beaucoup élargi le cadre.

Sans modifier d'une manière essentielle ses méthodes dont l'excellence et surtout la grande généralité lui avaient été amplement démontrées, il les dirige vers ce but spécial : les isoméries stéréochimiques prévues par la théorie se retrouvent-elles dans la réalité?

Les liens que cette théorie crée entre les différents corps sucrés sont-ils en harmonie avec les faits?

Si l'on réfléchit que, pour les sucres à 6 atomes de carbone seulement, la théorie prévoit 16 aldoses isomères à chaîne normale correspondant à 10 alcools hexatomiques et à 10 acides bibasiques, on conçoit l'étendue du travail à effectuer, tant pour combler les vides, que pour fixer à chacun des corps sa place exacte. Cependant, en deux ans, les lacunes essentielles ont disparu; les autres s'effacent une à une sans qu'aucune difficulté surgisse qui pourrait mettre en question la portée de l'œuvre. Son achèvement n'est désormais qu'une affaire de temps.

Les liens multiples établis par la théorie se présentent effectivement, avec un tel bonheur qu'on peut prévoir le moment où l'on se demandera si c'est la théorie qui a suscité les faits expérimentaux, ou si elle a eu seulement à les coordonner.

(1) Voir le *Moniteur scientifique*, année 1890, p. 997 et 1120.

L'harmonie la plus complète règne dans l'œuvre entière. Cette œuvre constitue donc non seulement l'édifice synthétique le plus important de la Chimie contemporaine, mais encore l'argument le plus sérieux que l'expérience ait encore produit en faveur de la belle théorie du carbone asymétrique de Lebel et Van 't Hoff.

Avant d'exposer systématiquement les travaux publiés par Fischer depuis sa conférence, nous commencerons par rappeler les éléments fondamentaux de cette théorie et les conséquences qui en découlent relativement au groupe des sucres et en particulier des sucres aldéhydiques à chaîne normale.

II

THÉORIE DU CARBONE ASYMÉTRIQUE.

§ 1. — Cas d'un seul atome de carbone asymétrique.

La théorie du carbone asymétrique a été imaginée simultanément par MM. Lebel et Van 't Hoff pour rendre compte, conjointement avec la notation atomique, d'un certain nombre d'isoméries que celle-ci était impuissante à expliquer. On attribue la même origine à ces isoméries, mais elles peuvent affecter plusieurs formes différentes. Nous ne nous occuperons ici que du genre d'isomérie qui se présente dans les matières sucrées dont nous aurons à parler.

On a rencontré dans la nature et produit dans le laboratoire des corps auxquels l'analyse attribuait la même composition, que leurs propriétés chimiques étaient impuissantes à distinguer, et qui se différenciaient uniquement par la manière de se comporter de leurs solutions vis-à-vis de la lumière polarisée.

Les solutions de ces corps étaient généralement actives et déviaient différemment le plan de polarisation de la lumière polarisée.

Le plus souvent, dans ces circonstances, on constatait l'existence de deux corps dont les solutions agissaient *également*, mais en sens *inverse* sur la lumière polarisée.

MM. Lebel et Van't Hoff constatèrent une coïncidence singulière entre ces particularités et l'existence, dans la formule de constitution des corps correspondants, d'un atome de carbone *asymétrique*, c'est-à-dire d'un atome de carbone relié à quatre atomes ou radicaux monovalents distincts :

$$
\begin{array}{c}
R_1 \\
| \\
R_4 - C - R_2 \\
| \\
R_3
\end{array}
$$

Ils imaginèrent alors de représenter la molécule chimique par *un tétraèdre régulier dans lequel l'atome de carbone serait au centre de gravité et les atomes ou radicaux monovalents R_1 R_2 R_3 R_4 concentrés autour des sommets.*

Il est bien aisé de voir qu'un tel tétraèdre ne possédant aucun plan de symétrie ne pourra jamais être superposé avec son image dans un miroir, ou, en d'autres termes, avec le *tétraèdre symétrique par rapport à un plan quelconque*. Ces deux tétraèdres constituent des édifices géométriques entièrement différents, tous deux isolément dissymétriques, mais symétriques l'un de l'autre par rapport à un plan.

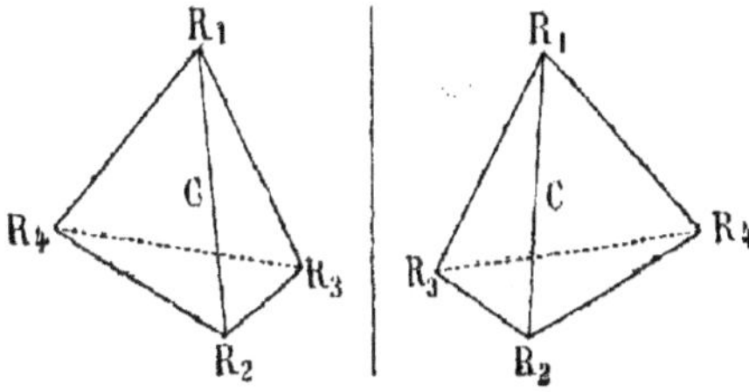

Ainsi les deux tétraèdres représentés sur la figure de la page précédente ne peuvent être amenés en coïncidence : ils sont géométriquement distincts.

Il n'en sera plus de même dès que deux des radicaux R_1 R_2 R_3 R_4 deviendront identiques, ou bien lorsque deux radicaux monovalents seront remplacés par un radical divalent, c'est-à-dire dès que deux des sommets du tétraèdre ne seront plus différenciés, autrement dit, dès que l'atome de carbone considéré ne sera plus *asymétrique.*

Le tétraèdre acquerra un plan de symétrie et sera superposable à son image. Les deux tétraèdres précédents se confondront en un seul et celui-ci sera un édifice symétrique.

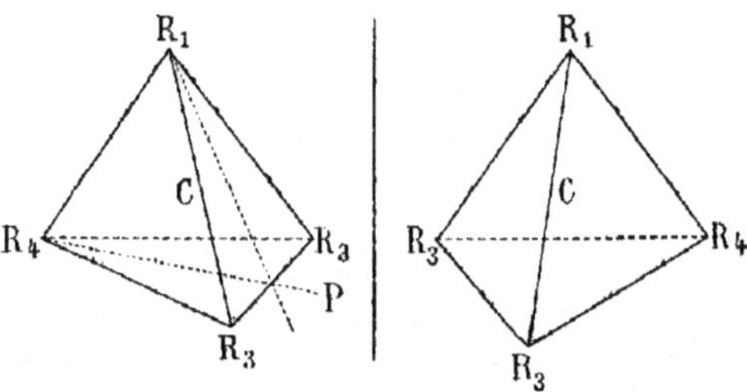

On voit bien que les deux tétraèdres figurés, dans lesquels deux des radicaux R_2 R_3 sont identiques, peuvent être amenés en coïncidence par la juxtaposition des arêtes R_1 R_4 et que l'édifice géométrique résultant admet un plan de symétrie P passant par cette arête.

On conçoit bien alors :

1° La coïncidence qui peut se produire entre l'existence de deux isomères, — identiques par la composition et la constitution chimique, — et la présence d'*un* atome de carbone asymétrique dans leur molécule ;

2° L'absence d'une telle isomérie, lorsqu'il n'existe pas dans la molécule d'atome de carbone asymétrique ;

3° L'activité optique égale, mais de sens inverse, des isomères (1) dans le premier cas ; l'inactivité optique du composé unique dans le second.

L'isomérie en question s'explique donc clairement par la remarque énoncée tout d'abord de MM. Lebel et Van t'Hoff.

C'est cette observation que l'on s'est attaché à vérifier expérimentalement. Nous allons donner quelques exemples :

Exemple I. — L'acide malique dont la formule : $[COOH - CH^2] - \underset{OH}{\overset{H}{C}} - COOH$ renferme un atome de carbone asymétrique, c'est-à-dire, je le répète, un atome de carbone relié à quatre atomes ou groupements monovalents distincts, est actif.

Ceux de ses dérivés pour lesquels on peut faire la même remarque :

L'acide aspartique : $COOH - CH^2 - \underset{AzH^2}{\overset{H}{C}} - COOH$

L'asparagine : $COAzH^2 - CH^2 - \underset{AzH^2}{\overset{H}{C}} - COOH$

(1) Il s'agit ici, et dans tout ce qui suit, du pouvoir rotatoire des corps en solution étendue. Nous admettons que la dissymétrie moléculaire se traduit à nous directement par le pouvoir rotatoire des solutions étendues et non pas par celui des corps cristallisés.

L'édifice cristallin n'a, en effet, pas d'autre rapport avec l'édifice moléculaire que celui qui existe entre une pile de boulets et chacun de ses éléments.

sont encore actifs, mais l'acide succinique $COOH - CH^2 - CH^2 - COOH$ dans lequel l'*asymétrie* a disparu, est inactif (1).

Exemple II. — De même l'alcool amylique : $C^2H^5 - \underset{H}{\overset{CH^3}{C}} - CH^2OH$ et tous les dérivés qui ne modifient pas l'asymétrie sont actifs, mais l'hydrure d'amyle : $C^2H^5 - \underset{H}{\overset{CH^3}{C}} - CH^3$ pour lequel elle disparaît, est inactif.

Exemple III. — Le plus simple des acides acétoniques est l'acide pyruvique $CH^3 - CO - COOH$. Sa réduction par l'amalgame de sodium entraîne l'asymétrie du carbone médian par formation d'acide lactique $CH^3 - \underset{OH}{\overset{H}{C}} - COOH$.

Il se fait, dans ces conditions, deux isomères actifs de pouvoir rotatoire égal, mais inverse. De plus, *ils se forment en quantités égales.*

On observe donc la production d'un corps inactif qu'on peut dédoubler en deux isomères actifs.

Exemple IV. — Les aldéhydes $R - C\begin{matrix} \diagup H \\ \diagdown O \end{matrix}$ s'unissent aisément à l'acide cyanhydrique pour donner des nitriles d'oxyacides :

$$R - C\begin{matrix} \diagup H \\ \diagdown O \end{matrix} + CAzH = R - \underset{OH}{\overset{H}{C}} - CAz.$$

L'atome de carbone du groupement aldéhydique devient asymétrique.

Il se produit ainsi, pour les nitriles et pour les acides qui en résultent par saponification : $R - \underset{OH}{\overset{H}{C}} - COOH$, deux isomères inverses optiques *en quantités égales.*

Ces exemples choisis parmi tous ceux que fournit l'expérience — et ils sont actuellement fort nombreux — suffiront, je pense, à justifier la théorie dans ses principes essentiels (2) :

1° La présence d'un atome de carbone asymétrique dans la formule de constitution d'un composé organique concorde avec l'activité optique (d'une solution) de ce composé ;

2° L'apparition synthétique, dans une formule, d'un atome de carbone asymétrique est accompagnée de la production simultanée de deux isomères agissant également sur la lumière polarisée, mais en sens inverse ;

La disparition de l'asymétrie entraîne la disparition de l'isomérie et de l'activité optique ;

3° Les isomères optiques dont la production est concomitante de l'apparition de l'asymétrie dans la formule, se forment toujours *en quantités égales ;* par suite, la syn-

---

(1) On peut imaginer qu'un corps inactif est un mélange à poids égaux de deux isomères actifs, mais inverses, et qu'il se produit une compensation des deux pouvoirs rotatoires. Un tel corps est alors dédoublable en ses éléments actifs par des procédés que nous décrirons dans un paragraphe ultérieur. Tous ces procédés ont échoué pour l'acide succinique.

Nous disons en conséquence qu'il est inactif, *indédoublable.*

(2) Jusqu'aujourd'hui, ces principes n'ont rencontré aucune difficulté de la part de l'expérience. On a même essayé d'aller plus loin et de prévoir les variations de grandeur et de signe du pouvoir rotatoire avec celle des grandeurs atomiques, des groupements rattachés au carbone asymétrique (Voir Guye, Thèse de doctorat, Paris, 1891).

thèse ne produit jamais que des composés inactifs, mais inactifs par *compensation*, c'est-à-dire dédoublables en deux composés actifs inverses.

§ 2. Cas de deux atomes de carbone asymétriques.

Considérons une molécule contenant deux atomes de carbone asymétriques :

$$\begin{array}{ccccc} & R_1 & & R_4 & \\ R_2 & C & - & C & R_5 \\ & R_3 & & R_6 & \end{array}$$

dans laquelle les radicaux monovalents R_1 R_2 R_3 sont différents et différents du radical monovalent :

$$\left[\begin{array}{cc} R_4 & \\ C & R_5 \\ R_6 & \end{array}\right]$$

De même pour R_4 R_5 R_6.

Pour fixer les idées, choisissons par exemple :

$$R - CH(OH) - CH(OH) - COOH$$

où R est un radical monovalent satisfaisant aux conditions imposées

On peut concevoir et construire quatre édifices géométriques, différents, non superposables, correspondant à cette formule :

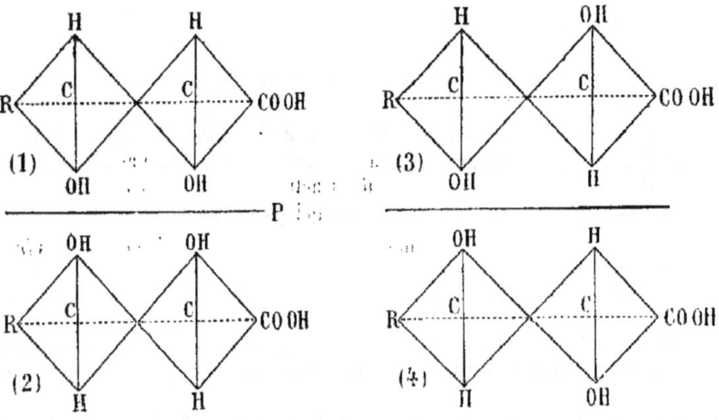

Ces quatre édifices sont tous dissymétriques, mais sont deux par deux symétriques l'un de l'autre. Les édifices 1 et 2, par exemple, sont symétriques l'un de l'autre par rapport au plan P. De même pour 3 et 4.

Il est donc bien clair qu'à la molécule considérée pourront, dans ce cas, correspondre quatre isomères différents tous actifs, de pouvoirs rotatoires différents, mais deux par deux égaux et de signe contraire.

On pourra dans l'écriture représenter ces quatre isomères par les schémas suivants obtenus par projection directe, sur le papier, des schémas dans l'espace et qui rendent compte aussi bien que ceux-ci, de toutes les particularités de l'isomérie :

$$\begin{array}{l} \quad\;\; H \quad\; H \\ R - C - C - COOH \\ (1) \quad OH \;\; OH \end{array} \qquad \begin{array}{l} \quad\;\; H \quad\; OH \\ R - C - C - COOH \\ (3) \quad OH \;\; H \end{array}$$

$$\begin{array}{l} \quad\;\; OH \;\; OH \\ R - C - C - COOH \\ (2) \quad H \quad\; H \end{array} \qquad \begin{array}{l} \quad\;\; OH \;\; H \\ R - C - C - COOH \\ (4) \quad H \quad\; OH \end{array}$$

Imaginons maintenant que R soit identique à COOH, ce qui est compatible avec les obligations qui sont imposées à ce symbole, compatible par conséquent avec l'existence, dans la molécule, de deux atomes de carbone asymétriques.

Les formules précédentes deviendront alors :

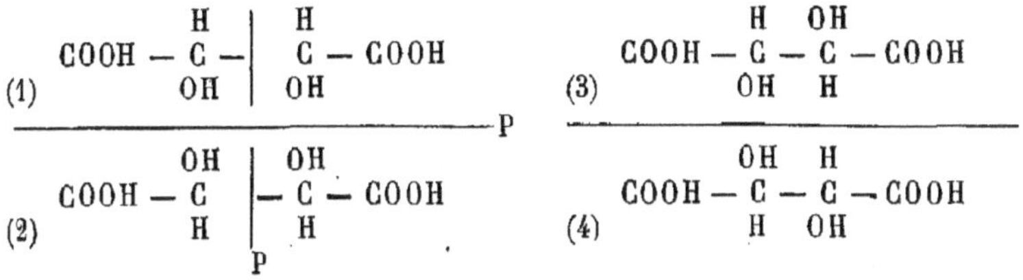

```
              H  |  H                              H    OH
    COOH — C —|  C — COOH              COOH — C — C — COOH
(1)          OH  |  OH                 (3)         OH   H
———————————————————————————————P       ———————————————————————
             OH  |  OH                             OH   H
    COOH — C     |— C — COOH           COOH — C — C — COOH
(2)           H  |  H                  (4)          H   OH
                 P
```

Il est bien visible que les deux formes isomériques 1, 2, sont identiques, superposables, et, d'autre part, que l'édifice unique correspondant admet un plan de symétrie P.

Les isomères répondant à la formule COOH — CHOH — CHOH — COOH devront être au nombre de trois. Deux d'entre eux seront actifs, également, mais en sens inverse. *Le troisième sera inactif.*

C'est bien ce que l'on sait depuis longtemps déjà, au sujet des acides tartriques dont la formule de constitution est précisément celle-là.

On connaît, en effet, deux acides tartriques actifs de propriétés optiques inverses et un troisième inactif.

Par le mélange à poids égal des acides actifs, on en obtient un autre *inactif, mais inactif par compensation, dédoublable*, qu'il ne faut pas confondre avec l'acide *inactif par nature, par symétrie moléculaire, indédoublable.*

On peut, en résumé, énoncer les propositions suivantes :

I. — Lorsqu'une molécule renferme plusieurs atomes de carbone asymétriques, il lui correspond un nombre déterminé d'isomères actifs; ces isomères agissent deux par deux également, mais en sens inverse, sur la lumière polarisée.

II. — Il peut exister pour une telle molécule un nombre déterminé d'isomères *inactifs* par nature, par symétrie moléculaire, *indédoublables.*

A ces propositions, on peut adjoindre la suivante, qu'il est naturel d'admettre *à priori*, mais dont la suite de cet article renfermera la preuve expérimentale.

III. — Lorsqu'on introduit dans la molécule dissymétrique d'un corps actif un *nouvel* atome de carbone asymétrique, les isomères qui se forment :

1° N'ont pas nécessairement des propriétés optiques opposées, des pouvoirs rotatoires égaux et de signe contraire ;

2° Ne se forment pas nécessairement en quantités égales. Il peut même arriver qu'on ne puisse isoler qu'un de ces isomères.

Pour ces deux raisons, des réactions synthétiques à partir d'un composé actif peuvent aboutir à un composé également *actif*, dédoublable ou non en deux composés actifs, ce qui ne se présente jamais lorsqu'on introduit un atome de carbone asymétrique dans une molécule qui n'en contient pas encore.

§ 3. Cas d'un nombre quelconque d'atomes de carbone asymétrique.

Il nous est maintenant facile de passer au cas général :

Considérons une molécule dont la formule renferme un nombre quelconque *n* d'atomes de carbone asymétrique. Cette molécule possédera un certain nombre de formes isomériques et ce nombre sera déterminé par celui des édifices géométriques non superposables qu'on peut concevoir pour la représenter.

La considération des schémas projetés suffit à la recherche de la nature et du nombre de ces isomères.

Parmi ces isomères, choisissons-en un en particulier et imaginons que, par un procédé quelconque, on introduise dans sa formule un nouvel atome de carbone asymétrique.

A l'isomère choisi correspondront deux isomères du corps nouveau ayant un atome asymétrique de plus.

Les formules :

$$\left.\begin{array}{l} R - \overset{r_1}{\underset{r_3}{C}} r_2 \\ \\ R - \overset{r_3}{\underset{r_1}{C}} r_2 \end{array}\right\}$$

où R représente le radical provenant du corps choisi comme point de départ, correspondent bien en effet à deux édifices géométriques non superposables.

Si l'on était parti d'autres isomères, on serait naturellement arrivé à des couples de nouveaux corps :

$$\begin{array}{ll} R' - \overset{r_1}{\underset{r_3}{C}} r_2 & R'' - \overset{r_1}{\underset{r_3}{C}} r_2 \\ & \qquad\qquad \text{etc.} \\ R' - \overset{r_3}{\underset{r_1}{C}} r_2 & R'' - \overset{r_3}{\underset{r_1}{C}} r_2 \end{array}$$

et dans chaque couple les deux termes sont distincts.

D'autre part un terme d'un groupe $R - \overset{r_1}{\underset{r_3}{C}} r_2$ ne peut être identique à un terme d'un autre groupe $R' - \overset{r_1}{\underset{r_3}{C}} r_2$ car ils diffèrent par la structure des radicaux R et R'.

Donc, d'une manière générale :

L'introduction d'un atome de carbone asymétrique dans une molécule qui en contient déjà, conduit, pour la seconde molécule, à un nombre d'isomères double de celui de la première.

Comme pour les corps admettant un seul atome de carbone, on admet deux formes isomériques, pour ceux qui en auront n, le nombre des isomères possibles sera 2^n.

Remarque. — Considérons les isomères :

$$\begin{array}{l} R - \overset{r_1}{\underset{r_3}{C}} r_2 \\ \\ R - \overset{r_3}{\underset{r_1}{C}} r_2 \end{array}$$

provenant d'un même isomère à un atome de carbone asymétrique en moins.

Pour fixer les idées, faisons :

$$R \text{ identique à } COOH - \overset{H}{\underset{OH}{C}} -$$

$$\overset{r_3}{\underset{r_1}{C}} r_2 \text{ identique à } \overset{H}{\underset{OH}{C}} - COOH$$

Les formules deviendront :

$$\left(COOH - \overset{H}{\underset{OH}{C}}\right) - \overset{H}{\underset{OH}{C}} - COOH \qquad \text{acide tartrique inactif.}$$

$$\left(COOH - \overset{H}{\underset{OH}{C}}\right) - \overset{OH}{\underset{H}{C}} - COOH \qquad \text{acide tartrique actif.}$$

Il est alors bien visible que les deux isomères ne correspondent pas forcément, comme dans le cas d'un seul atome de carbone asymétrique, à deux formes inverses au point de vue optique.

La considération attentive des formules générales conduit à la même observation.

Il devient alors tout naturel de penser que ces deux isomères se forment à partir de l'isomère à *n* atomes de carbone asymétrique seulement, *en quantités inégales*, et même que, dans certains cas, l'un d'entre eux ne pourra pas être isolé.

L'introduction d'un atome de carbone asymétrique dans une molécule qui en possède déjà, crée deux isomères qui ne sont pas nécessairement inverses optiques et qui ne se forment pas nécessairement en quantités égales.

C'est le développement de la dernière proposition du paragraphe précédent.

§ 4. Abaissement du nombre des isomères.

La formule $N = 2^n$ qui donne le nombre des formes isomériques que peut affecter une molécule qui renferme *n* atomes de carbone asymétriques, exprime naturellement que, lorsqu'un atome de carbone disparaît ou perd son asymétrie, le nombre des isomères diminue de moitié.

n diminuant d'une unité, N diminue de moitié.

Mais ce cas naturel d'abaissement du nombre des isomères n'est pas le seul qui puisse se présenter.

Il peut arriver que, pour une molécule donnée, le nombre des isomères possibles ne soit pas celui que donne la formule $N = 2^n$.

Nous avons déjà rencontré dans le paragraphe 2, à propos de l'acide tartrique, un exemple de ce genre.

Le nombre N n'est qu'un maximum. Il peut ne pas être atteint. Il existe un abaissement spécial de ce nombre, pour chaque cas particulier. Celui des matières sucrées va nous donner l'occasion de préciser davantage.

On appelle d'après Fischer (1) :

Aldoses les corps présentant simultanément les fonctions alcool et aldéhyde (olals);
Cétoses — — — et acétone (olones).

Les aldoses prennent le nom de bioses, trioses, . . hexoses (polyolals), quand elles renferment 2, 3 . . 6 de ces fonctions.

Ainsi la glucose ordinaire est une hexose (hexane pentolal).

Sa formule est en effet :

$$CH^2OH - CHOH - CHOH - CHOH - CHOH - CHO.$$

Le nombre des isomères possibles de ce corps est donné par la formule générale.

Le nombre *n* des atomes de carbone asymétrique étant 4, le nombre N est de 16.

---

(1) Les expressions d'aldoses, d'acides aldoniques, hexoniques ne sont pas très heureuses, nous les conservons pour ne pas compliquer davantage une exposition déjà difficile ; mais nous faisons suivre chacun des noms cités de l'expression adoptée par le Congrès de Nomenclature de Genève.

Il y a donc 16 hexoses possibles. Il en est de même des acides hexoniques monobasiques correspondants (acides hexanepentoloïques) :

$$CH^2OH - CHOH - CHOH - CHOH - CHOH - COOH.$$

Mais ce nombre n'est plus atteint pour les acides bibasiques (acides hexanetétroldioïques) :

$$COOH - CHOH - CHOH - CHOH - CHOH - COOH,$$

et, pour les alcools hexatomiques qui sont seulement au nombre de 10 :

$$CH^2OH - CHOH - CHOH - CHOH - CHOH - CH^2OH.$$

1° Considérons deux des hexoses prévues par la théorie :

$$\begin{array}{ccccccccccc} & & H & & OH & & OH & & H & & \\ CH^2OH & - & C & - & C & - & C & - & C & - & CHO \\ & & OH & & H & & H & & OH & & \end{array}$$

$$\begin{array}{ccccccccccc} & & OH & & H & & H & & OH & & \\ CH^2OH & - & C & - & C & - & C & - & C & - & CHO \\ & & H & & OH & & OH & & H & & \end{array}$$

Ces formules correspondent à deux inverses optiques, et, disons-le de suite, aux deux galactoses.

Leur oxydation conduit respectivement aux deux acides :

$$\begin{array}{ccccccccccc} & & H & & OH & & OH & & H & & \\ COOH & - & C & - & C & - & C & - & C & - & COOH \\ & & OH & & H & & H & & OH & & \end{array}$$

$$\begin{array}{ccccccccccc} & & OH & & H & & H & & OH & & \\ COOH & - & C & - & C & - & C & - & C & - & COOH. \\ & & H & & OH & & OH & & H & & \end{array}$$

Mais ces deux formules et les édifices dans l'espace dont elles sont les projections sont visiblement identiques. Il suffit en effet d'opérer un retournement pour réaliser leur superposition.

De plus, le composé unique possède un plan de symétrie; il est inactif, indédoublable. C'est bien ce que l'on sait sur l'oxydation de ces corps et sur le produit de cette oxydation qui n'est autre que l'acide mucique.

Les deux hexoses que nous avons choisies, donnent par oxydation un seul et même acide bibasique contenant le même nombre d'atomes de carbone asymétriques. Ces deux corps étaient actifs et inverses optiques. Leur produit commun d'oxydation est inactif par nature;

2° On est conduit à admettre pour la glucose ordinaire, la *d* glucose, la formule :

$$\begin{array}{ccccccccccc} & & H & & H & & OH & & H & & \\ CH^2OH & - & C & - & C & - & C & - & C & - & CHO, \\ & & OH & & OH & & H & & OH & & \end{array}$$

et, pour une autre hexose produite synthétiquement par Fischer, la *d* gulose, la formule :

$$\begin{array}{ccccccccccc} & & OH & & H & & OH & & OH & & \\ CH^2OH & - & C & - & C & - & C & - & C & - & CHO. \\ & & H & & OH & & H & & H & & \end{array}$$

Ces deux formules correspondent à des corps actifs, mais à des corps qui ne sont pas inverses optiques. L'un des édifices n'est pas symétrique de l'autre.

Oxydons ces deux hexoses. On obtiendra deux acides :

$$\begin{array}{ccccccccccc} & & H & & H & & OH & & H & & \\ COOH & - & C & - & C & - & C & - & C & - & COOH, \\ & & OH & & OH & & H & & OH & & \end{array}$$

$$\begin{array}{ccccccccccc} & & OH & & H & & OH & & OH & & \\ COOH & - & C & - & C & - & C & - & C & - & COOH. \\ & & H & & OH & & H & & H & & \end{array}$$

Et ces deux édifices seront encore superposables comme il est aisé de le vérifier.

L'édifice unique est d'ailleurs dissymétrique : il ne présente aucune symétrie, ni dans l'espace, ni en projection. Le composé unique sera donc actif. Les deux hexoses fournissent en effet par oxydation le même acide actif : l'acide *d* saccharique.

3° Considérons maintenant la formule d'un autre acide bibasique de ce groupe (acide hexanetétroldioïque), la formule d'un acide bien connu, l'acide métasaccharique de Kiliani) :

$$\begin{array}{ccccccccccc} & & OH & & OH & & H & & H & & \\ COOH & - & C & - & C & - & C & - & C & - & COOH. \\ & & H & & H & & OH & & OH & & \end{array}$$

Fischer a donné à cet acide la formule que nous venons d'écrire et, en même temps, le nom d'acide *l* mannosaccharique, parce qu'il provient de l'oxydation de la *l* mannose et uniquement de cette hexose :

$$\begin{array}{ccccccccccc} & & OH & & OH & & H & & H & & \\ CH^2OH & - & C & - & C & - & C & - & C & - & CHO, \\ & & H & & H & & OH & & OH & & \end{array}$$

La formule exprime bien cette circonstance, que l'acide bibasique ne peut être obtenu qu'à partir d'une seule hexose.

En effet, on ne peut concevoir qu'une autre formule pouvant donner le même acide :

$$\begin{array}{ccccccccccc} & & OH & & OH & & H & & H & & \\ CHO & - & C & - & C & - & C & - & C & - & CH^2OH. \\ & & H & & H & & OH & & OH & & \end{array}$$

et elle est identique à la première (1).

En résumé, parmi les acides bibasiques ou les alcools hexatomiques provenant des hexoses :

1° Il en est d'inactifs indédoublables, issus chacun de deux aldoses actives optiquement inverses ;

---

(1) Cette identité tient à la symétrie par rapport au centre du système des carbones asymétriques :

$$\begin{array}{ccccccccc} & OH & & OH & & H & & H & \\ - & C & - & C & - & C & - & C & - \\ & H & & H & & OH & & OH & \end{array}$$

Cette remarque permet de calculer le nombre de ces acides provenant d'une seule aldose. On trouverait, par un petit calcul d'analyse combinatoire, qu'il est de 2^n pour une molécule renfermant un nombre *pair* $2n$ d'atomes de carbone asymétrique. Il est donc en particulier égal à 4 pour les hexoses. Le nombre total des acides bibasiques est donc, dans le cas d'une aldose paire :

$$p = \left(2^{2n-1} - 2^{n-1}\right) + 2^n = 2^{2n-1} + 2^{n-1}$$

$2^{2n-1} - 2^{n-1}$ se rapporte aux acides provenant de deux hexoses différentes.

2^n se rapporte aux acides provenant d'une seule hexose.

$$p = 2^{2n-1} + 2^{n-1} = 2^{2n} - 2^{n-1}(2^n - 1) = N - A.$$

L'abaissement A du nombre normal N des isomères est donc représenté par le terme $2^{n-1}(2^n - 1)$.

Pour les hexoses, le nombre des acides calculé par la formule est égal à 10. Il croît rapidement avec n. Il serait de 528 pour les aldoses d'ordre 12 à 10 atomes de carbone asymétrique, il serait de 32896 pour les aldoses d'ordre 18 ! !

Quant aux aldoses renfermant un nombre *impair* d'atomes de carbone asymétrique, l'oxydation amène

2° Il en est d'actifs, issus de deux aldoses actives, mais non inverses ;

3° Il en est, enfin, d'actifs, provenant d'une et d'une seule aldose.

Le nombre des isomères prévus par la théorie pour le cas général, et représenté par la formule $N = 2^n$, n'est donc pas atteint.

Inversement, imaginons qu'on opère la réduction d'un acide bibasique, car nous verrons que cette rétrogradation est possible expérimentalement :

1° La réduction d'un acide inactif devra fournir les deux hexoses actives inverses au point de vue optique qui y correspondent, et elle devra les fournir en quantités *égales*.

En effet, la molécule de cet acide étant symétrique, la réduction devra évidemment se porter indifféremment sur l'une ou l'autre extrémité de la chaîne.

Dans la réduction de l'acide mucique, qui est inactif indédoublable, on a en effet observé la formation d'un corps inactif qui a pu être dédoublé en deux galactoses inverses, dont l'une a été identifiée avec la galactose naturelle ;

2° La molécule d'un acide actif n'étant plus symétrique, la réduction pourra amener la production en quantités *inégales* des deux hexoses qui le fourniraient par oxydation ; *il se pourra même qu'on ne puisse isoler qu'une de ces hexoses.*

La réduction de l'acide *d* saccharique a permis à Émile Fischer de découvrir un nouveau sucre, la *d* gulose. Dans cette opération, il n'a pas isolé de glucose ordinaire, qui, cependant, produit par oxydation l'acide *d* saccharique ;

3° Lorsqu'un acide actif correspond à une seule aldose, la réduction ne peut donner naissance qu'à cette aldose ou, si la réduction est incomplète, à l'acide monobasique intermédiaire.

L'expérience l'a vérifié sur l'acide *d* mannosaccharique, l'opposé optique de l'acide métasaccharique de Kiliani.

Remarque. — Il faut bien observer que, dans ce cas, l'expérience n'est pas entièrement concluante.

De ce seul fait que la réduction de l'acide *d* mannosaccharique n'a permis d'isoler que la lactone *d* mannonique (anhydride de l'acide *d* mannonique), on ne peut pas déduire d'une manière définitive que l'acide *d* mannosaccharique provienne d'une seule hexose. L'exemple cité dans le second cas est bien instructif à cet égard.

§ 5. Modes de dédoublement des composés inactifs par compensation.

Lorsque la synthèse expérimentale conduit à la formation, en quantités *égales*, d'isomères agissant *également* et en sens inverse sur la lumière polarisée, il reste, pour les isoler, à effectuer la séparation des isomères droit et gauche. Il n'y a pour cela aucune méthode absolument générale. On a actuellement à sa disposition trois procédés particuliers pour essayer de réaliser ce dédoublement. Ils sont dus tous les trois à Pasteur, dont les travaux sur la dissymétrie moléculaire ont eu d'ailleurs une large part dans l'élaboration de la théorie de Lebel et Van t'Hoff.

1° *Procédé de dédoublement spontané.*

Il peut arriver que l'évaporation d'une solution d'un composé inactif par compensation amène la cristallisation indépendante des deux isomères. On peut alors les trier en se fondant sur la dissymétrie de leurs cristaux, conséquence de la dissymétrie moléculaire.

---

la disparition de l'asymétrie de l'atome de carbone central. L'oxydation d'une pentose donne par exemple :

$$(\mathrm{COOH} - \mathrm{CHOH}) - \overset{\displaystyle \mathrm{H}}{\underset{\displaystyle \mathrm{OH}}{\mathrm{C}}} - (\mathrm{CHOH} - \mathrm{COOH}).$$

On voit bien que l'atome central n'est plus asymétrique. Le nombre des isomères est donc réduit de moitié. Il se calcule tout simplement d'après la formule générale comme on l'a fait remarquer au début du paragraphe.

C'est ainsi que Pasteur a pu dédoubler, au-dessous d'une température déterminée, le tartrate sodico-ammonique et que Fischer a pu dédoubler récemment la lactone de l'acide gulonique.

Remarque.—Mentionnons en passant un procédé succinctement indiqué par M. Lebel, qui n'a pas d'ailleurs été essayé, je crois, et qui consisterait à opérer les synthèses en lumière polarisée circulaire. On conçoit, en effet, que des vibrations circulaires d'un sens déterminé puissent favoriser la production de l'un des isomères par rapport à l'autre.

2° *Procédé des fermentations.*

Pasteur a remarqué qu'en ensemençant des organismes inférieurs dans un milieu fermentescible, inactif par compensation, l'un des isomères était généralement détruit plus rapidement que l'autre.

On peut arriver ainsi à isoler celui des isomères qui résiste le mieux.

Ce procédé a été utilisé dans ces derniers temps par Fischer pour dédoubler la galactose inactive en ses deux composants.

3° *Procédé de dédoublement à l'aide des composés actifs.*

En combinant le composé inactif dédoublable à un composé actif connu, celui-ci s'unit généralement avec une aptitude inégale aux deux isomères actifs du composé inactif, et les produits qui en résultent peuvent avoir des propriétés physiques, solubilités, températures de fusion différentes. Pour ces deux causes, on peut réaliser la séparation des deux composés. Il ne reste plus qu'à se débarrasser du composé actif auxiliaire pour avoir effectué le dédoublement désiré.

S'agit-il d'un acide, on emploie une base active, la cinchonine, comme a fait Pasteur pour dédoubler l'acide tartrique inactif, la strychnine comme a fait Fischer pour dédoubler l'acide mannonique.

S'agit-il, au contraire, d'une base, on emploie un acide actif, l'acide tartrique qui a permis à Ladenburg de dédoubler la coniine, le premier alcaloïde obtenu par synthèse totale.

§ 6. Transformation d'un isomère stéréochimique en un autre.

Principe général et unique.

Deux acides stéréo-isomères sont transformables l'un dans l'autre, sous l'action de la chaleur, d'une manière réversible et par conséquent limitée, *lorsque leurs formules ne diffèrent que par la disposition des radicaux monovalents autour du carbone asymétrique le plus voisin du groupement fonctionnel acide.*

Le premier exemple d'une telle transformation est dû encore à Pasteur, qui a montré que la chaleur transforme l'un quelconque des tartrates actifs de cinchonine en un mélange de tartrates inactifs par nature et par compensation.

La cinchonine n'a, d'ailleurs, d'autre effet que de donner de la stabilité et de retarder une décomposition plus complète et l'on sait que M. Yungfleisch a répété la transformation sur les acides libres.

Les travaux d'Émile Fischer ont accumulé les exemples de ces transformations mutuelles et ont démontré complètement cette mobilité singulière autour du dernier carbone asymétrique.

Prenons un exemple relatif aux acides monobasiques :

Fischer a montré que, par fixation d'acide cyanhydrique sur l'arabinose, aldose à cinq fonctions, pentose par conséquent, on obtient simultanément les acides *l* mannonique et *l* gluconique :

$$CH^2OH - (CHOH)^3 - CHO \quad \text{arabinose,}$$

$$CH^2OH - (CHOH)^3 - \overset{H}{\underset{OH}{C}} - COOH,$$

$$\begin{array}{ccccccc} & & & & OH & & \\ CH_2OH & - & (CHOH)_3 & - & C & - & COOH. \\ & & & & H & & \end{array}$$

D'après le mode de production, on est bien certain que ces deux acides ne peuvent différer que par la disposition autour du dernier atome de carbone asymétrique.

Fischer a établi que ces deux acides sont transformables l'un en l'autre lorsqu'on les chauffe vers 140° en présence d'une base organique, la quinoléine ou la pyridine. Autrement dit, qu'on traite dans ces conditions un quelconque des deux acides, on constatera, à la fin de l'expérience, un mélange des deux.

Considérons maintenant le cas d'acides bibasiques :

Nous verrons que, parmi les dix acides hexoniques bibasiques (acides hexanetétroldioïques) prévus par la théorie, il en est deux dont les formules symétriques correspondent à des acides inactifs indédoublables. Ces acides, on les connaît maintenant tous deux. Ce sont les acides mucique et allomucique, et les formules correspondantes sont :

$$\begin{array}{ccccccccccc} & & H & & OH & & OH & & H & & \\ COOH & - & C & - & C & - & C & - & C & - & COOH, \\ & & OH & & H & & H & & OH & & \end{array}$$

$$\begin{array}{ccccccccccc} & & H & & H & & H & & H & & \\ COOH & - & C & - & C & - & C & - & C & - & COOH. \\ & & OH & & OH & & OH & & OH & & \end{array}$$

Ces formules diffèrent l'une de l'autre par la disposition autour des deux carbones asymétriques extrêmes, autour des carbones voisins des groupes fonctionnels acides.

L'expérience a prouvé que l'un ou l'autre de ces acides soumis, en présence de pyridine et en vase clos, à l'action d'une température de 140°, donne finalement un mélange des deux.

Mais on conçoit *à priori* l'existence d'acides dont les formules seraient en quelque sorte intermédiaires entre celles des acides mucique et allomucique :

$$\begin{array}{ccccccccccc} & & H & & OH & & OH & & OH & & \\ COOH & - & C & - & C & - & C & - & C & - & COOH, \\ & & OH & & H & & H & & H & & \end{array}$$

$$\begin{array}{ccccccccccc} & & OH & & H & & H & & H & & \\ COOH & - & C & - & C & - & C & - & C & - & COOH. \\ & & H & & OH & & OH & & OH & & \end{array}$$

Les composés correspondants actifs seraient des termes de passage entre les deux acides inactifs.

Or, de ces acides, on connaît l'un d'eux, l'acide talomucique découvert récemment par Fischer et celui-ci a vérifié que cet acide, soumis, de la façon habituelle à l'action de la chaleur en présence de pyridine, se transformait partiellement en acide mucique.

Dans le cas des acides bibasiques le cercle s'élargit donc et, en outre des termes extrêmes de la transformation, on conçoit des termes de passage.

On ne peut d'ailleurs pas s'expliquer autrement l'expérience primitive de Pasteur.

L'acide tartrique droit :

$$\begin{array}{ccccccc} & & H & & OH & & \\ COOH & - & C & - & C & - & COOH \\ & & OH & & H & & \end{array}$$

donne par modification de la disposition autour d'un seul atome de carbone asymétrique, l'acide tartrique inactif :

$$\begin{array}{ccccccc} & & H & & H & & \\ COOH & - & C & - & C & - & COOH \\ & & OH & & OH & & \end{array}$$

et, par modification plus complète autour des deux atomes de carbone asymétrique, l'acide tartrique gauche :

$$\begin{array}{c} \quad\ \ OH \quad H \\ COOH - C - C - COOH \\ \quad\ \ H \quad OH \end{array}$$

qui en s'unissant à l'acide droit inaltéré, ou, si l'on veut, régénéré par la réaction inverse, fournit l'acide inactif par compensation.

En résumé : 1° On peut passer d'un acide à un autre isomère stéréochimique lorsque les formules de ces acides ne diffèrent que par la disposition autour d'un atome de carbone asymétrique voisin d'un groupement fonctionnel acide.

2° Dans le cas des acides monobasiques, ils se groupent deux à deux de cette manière.

Dans le cas des acides bibasiques, il peut exister des termes de passage qui augmentent le nombre des acides d'un groupe, sans que ce nombre puisse d'ailleurs dépasser quatre.

On peut associer les acides bibasiques isomères stéréochimiques par groupes, tels que dans chacun d'eux un acide quelconque puisse être transformé en un autre et qu'on ne puisse jamais passer d'un acide d'un groupe à un acide de l'autre.

Ainsi les acides bibasiques de la série des hexoses, isomères stéréochimiques correspondant à la formule :

$$COOH - (CHOH)^4 - COOH$$

pourront être classés en trois groupes, deux groupes contenant trois acides chacun et un groupe (celui de l'acide mucique qui a été indiqué précédemment) contenant quatre acides différents.

Il serait facile de se rendre compte que les seize isomères prévus par la théorie pour la formule des acides heptoniques bibasiques :

$$COOH - (CHOH)^5 - COOH \text{ (acide heptanepentoldioïque)}$$

se groupent de la même façon en quatre groupes de quatre acides chacun.

Remarque. — Il n'arrivera pas en général que les termes d'un groupe soient inverses optiques. Cela ne se présentera que dans certains cas particuliers.

§ 7. Fixaton des formules stéréochimiques des matières sucrées.

Nous avons déjà eu l'occasion de dire que nous entendions par aldose un corps renfermant à la fois la fonction alcool et une fonction aldéhyde.

Envisageons uniquement les aldoses à chaîne linéaire, non substituées :

$$CH^2OH - (CHOH)^n - CHO \text{ (polyolal).}$$

L'aldose sera dite d'après Fischer une biose, une triose . . une hexose, lorsque le nombre total des fonctions ou, ce qui est équivalent, le nombre des atomes de carbone sera 2, 3 . . 6.

A ces aldoses correspondent deux séries d'acides aldoniques :

$$CH^2OH - (CHOH)^n - COOH \text{ (acide polyoloïque),}$$
$$COOH - (CHOH)^n - COOH \text{ (acide polyoldioïque).}$$

Ces acides seront dénommés d'une manière générale acides pentoniques, hexoniques, heptoniques, etc., lorsque leur molécule renfermera 5, 6, 7 atomes de carbone.

Rappelons les noms usuels des premiers termes de la série des acides bibasiques :

$CO^2H - (CHOH) - CO^2H$ acide oxymalonique (propanoldioïque);
$CO^2H - (CHOH)^2 - CO^2H$ acides tartriques (butanedioldioïques);
$CO^2H - (CHOH)^3 - CO^2H$ acides trioxyglutariques (pentanetrioldioïques);
$CO^2H - (CHOH)^4 - CO^2H$ acides tétraoxyadipiques (hexanetétroldioïques);
$CO^2H - (CHOH)^5 - CO^2H$ acides pentoxypiméliniques (heptanepentoldioïques).

Il faut encore adjoindre à ces corps les alcools polyatomiques qui en sont les premiers termes de réduction $CH^2OH — (CHOH)^n — CH^2OH$:

$CH^2OH — (CHOH) — CH^2OH$ glycérine (propanetriol);
$CH^2OH — (CHOH)^2 — CH^2OH$ érithryte (butanetétrol);
$CH^2OH — (CHOH)^3 — CH^2OH$ arabite (pentanepentol);
$CH^2OH — (CHOH)^4 — CH^2OH$ mannite (hexanehexol);
$CH^2OH — (CHOH)^5 — CH^2OH$ perséite (heptaneheptol).

On peut rassembler ces différents corps sous la rubrique générale de matières sucrées.

Par un artifice d'exposition qui, jusqu'à un certain point, coïncide avec la méthode expérimentale, nous allons faire dériver toutes les aldoses de la plus simple d'entre elles, de la biose $CH^2OH — CHO$, qui n'est autre que l'aldéhyde glycolique (éthanolal).

A cette biose correspondent deux trioses, le carbone médian devenant asymétrique.

$$CH^2OH — \underset{OH}{\overset{H}{C}} — CHO$$

$$CH^2OH — \underset{H}{\overset{OH}{C}} — CHO$$

C'est à un mélange de ces corps que Grimaux a donné le nom de glycérose.

Chacune des trioses permet de concevoir et de formuler deux tétroses et ainsi de suite...

C'est ainsi que l'on a construit le tableau I indiquant depuis l'aldéhyde glycolique jusqu'aux hexoses ou glucoses, toutes les aldoses linéaires non substituées prévues par la théorie.

A chaque aldose correspond un et un seul acide aldonique monobasique (acide polyaloïque); nous n'avons donc pas jugé nécessaire de construire pour ces acides un tableau spécial. La dernière colonne du tableau indique le nom de chacun des acides hexoniques monobasiques (acides hexanepentoloïques).

Le tableau II représente les acides bibasiques correspondant aux aldoses du tableau I.

Mais, comme nous l'avons fait observer dans le § 4, le nombre maximum d'isomères qui était atteint dans le cas des aldoses ne l'est plus maintenant. C'est ainsi que les quatre acides en C^4 se réduisent aux trois acides tartriques, que les huit acides en C^5 se réduisent aux quatre acides trioxyglutariques, enfin que les seize acides en C^6 se réduisent aux dix acides hexoniques bibasiques ou tétraoxyadipiques.

Nous avons numéroté ces derniers acides de 1 à 10 en faisant naturellement correspondre l'identité des chiffres à celle des formules. Nous avons attribué à l'aldose, dont l'oxydation produit un acide déterminé, le numéro attribué à cet acide, ou ce numéro *bis* si deux aldoses différentes fournissent le même dérivé d'oxydation.

Les alcools polyatomiques correspondent d'ailleurs aux acides bibasiques. On n'a pas non plus cru utile de faire pour eux un tableau spécial; la dernière colonne du tableau II donne le nom d'un certain nombre d'alcools d'hexatomiques.

Il s'agit maintenant d'énumérer les corps que nous connaissons et de leur attribuer les formules qui leur appartiennent.

L'acide glycolique est l'unique biose, elle vient d'être isolée (1) à peu près pure par Fischer.

Les trioses sont représentées par la glycérose de Grimaux que Fischer a obtenue à un plus grand état de pureté et qui est vraisemblement un mélange des deux trioses.

Fischer a obtenu récemment une tétrose, mais impure, et sa méthode habituelle purification a échoué dans ce cas.

(1) *Berichte*, t. 25, p. 2549.

TABLEAU I.

					Numéro correspondant au texte.	Nom des aldoses.	Nom des acides monobasiques correspondants.
$CH^2OH-CHO$	Glycéroses.	H $CH^2OH-C-CHO$ OH	H H $CH^2OH-C-C-CHO$ OH OH	H H H $CH^2OH-C-C-C-CHO$ OH OH OH	1		

Note. — Les séries α et β n'étant pas encore rattachées aux séries l et d, nous ne précisons pas en adoptant cette notation.

TABLEAU II.

					NUMÉRO correspondant au texte.	NOM des acides.	NOM des alcools correspondants.
$CO^2H - CO^2H$	H $CO^2H - C - CO^2H$ OH	H H $CO^2H - C - C - CO^2H$ OH OH	H H H $CO^2H - C - C - C - CO^2H$ OH OH OH	H H H H $CO^2H - C - C - C - C - CO^2H$ OH OH OH OH	1	allomucique.	allodulcite (inconnue).
				H H H OH $CO^2H - C - C - C - C - CO^2H$ OH OH OH H	2	talomucique α.	talodulcite α (inconnue).
			H H OH $CO^2H - C - C - C - CO^2H$ OH OH H	H H OH H $CO^2H - C - C - C - C - CO^2H$ OH OH H OH	3	*d* saccharique.	*d* sorbite.
				H H OH OH $CO^2H - C - C - C - C - CO^2H$ OH OH H H	4	*d* mannosaccharique.	*d* mannite.
		H OH $CO^2H - C - C - CO^2H$ OH H	H OH H $CO^2H - C - C - C - CO^2H$ OH H OH (Acide trioxyglutarique inactif du xylose. Alcool correspondant : xylite.)	H OH H H $CO^2H - C - C - C - C - CO^2H$ OH H OH OH	5	*l* saccharique.	*l* sorbite.
				H OH H OH $CO^2H - C - C - C - C - CO^2H$ OH H OH H	6	*l* isosaccharique.	
			H OH OH $CO^2H - C - C - C - CO^2H$ OH H H	H OH OH H $CO^2H - C - C - C - C - CO^2H$ OH H H OH	7	mucique.	dulcite.
				H OH OH OH $CO^2H - C - C - C - C - CO^2H$ OH H H H	2	talomucique α.	talodulcite α (inconnue).
	OH $CO^2H - C - CO^2H$ H	OH H $CO^2H - C - C - CO^2H$ H OH	OH H H $CO^2H - C - C - C - CO^2H$ H OH OH	OH H H H $CO^2H - C - C - C - C - CO^2H$ H OH OH OH	8	talomucique β.	talodulcite β (inconnue).
				OH H H OH $CO^2H - C - C - C - C - CO^2H$ H OH OH H	7	mucique.	dulcite.
			OH H OH $CO^2H - C - C - C - CO^2H$ H OH H	OH H OH H $CO^2H - C - C - C - C - CO^2H$ H OH H OH	9	*d* isosaccharique.	
				OH H OH OH $CO^2H - C - C - C - C - CO^2H$ H OH H H	3	*d* saccharique.	*d* sorbite.
		OH OH $CO^2H - C - C - CO^2H$ H H	OH OH H $CO^2H - C - C - C - CO^2H$ H H OH (Acide trioxyglutarique actif de l'arabinose. Alcool correspondant : arabite.)	OH OH H H $CO^2H - C - C - C - C - CO^2H$ H H OH OH	10	*l* mannosaccharique.	*l* mannite.
				OH OH H OH $CO^2H - C - C - C - C - CO^2H$ H H OH H	5	*l* saccharique.	*l* sorbite.
			OH OH OH $CO^2H - C - C - C - CO^2H$ H H H (Acide trioxyglutarique inactif du ribose.)	OH OH OH H $CO^2H - C - C - C - C - CO^2H$ H H H OH	8	talomucique β.	talodulcite β (inconnue).
				OH OH OH OH $CO^2H - C - C - C - C - CO^2H$ H H H H	1	allomucique.	allodulcite (inconnue).

Nous connaissons à l'heure présente : 3 pentoses et les acides correspondants; 10 hexoses et autant d'acides de chaque basicité.

	ALDOSE (polyolal).	ACIDE ALDONIQUE MONOBASIQUE (acide polyoloïque).	ACIDE ALDONIQUE BIBASIQUE (acide polyoldioïque).	ALCOOL POLYATOMIQUE (polyol).
Pentoses.	arabinose.	arabonique.	1er trioxyglutarique (actif).	arabite (corps actif).
	xylose.	xylonique.	2e — (inactif).	xylite (corps inactif)
	ribose.	ribonique.	3e — (inactif).	
Hexoses ou glucoses.	*d* glucose (dextrose).	*d* gluconique.	*d* saccharique.	*d* sorbite.
	d gulose.	*d* gulonique.		
	d mannose.	*d* mannonique.	*d* mannosaccharique.	*d* mannite.
	l glucose.	*l* gluconique.	*l* saccharique.	*l* sorbite.
	l gulose.	*l* gulonique.		
	l mannose.	*l* mannonique.	*l* mannosaccharique.	*l* mannite.
	d galactose.	*d* galactonique.	mucique (inactif) (5).	dulcite (corps inactif) (3).
	l galactose.	*l* galactonique.		
	d talose (1).	*d* talonique.	*d* talomucique.	
	l talose.	*l* talonique.	*l* talomucique.	
			allomucique (inactif) (4).	
			d isosaccharique (2).	
			l isosaccharique.	

Le précédent tableau renferme implicitement un certain nombre de faits expérimentaux, par exemple l'action sur la lumière polarisée (6) ou bien le fait que l'acide *d* saccharique provient de deux aldoses différentes (7), la *d* glucose et la *d* gulose, etc.

A ces données de l'expérience. il nous suffira d'ajouter les suivantes pour être en mesure de fixer d'une façon satisfaisante les formules qu'on doit attribuer à la plupart des matières sucrées.

1° Les acides *l* mannonique et *l* gluconique s'obtiennent expérimentalement par fixation d'acide cyanhydrique sur l'arabinose (8) et saponification ultérieure des nitriles formés : leurs formules ne diffèrent donc que par la disposition autour du dernier carbone asymétrique.

De même pour les acides bibasiques correspondants, l'acide *l* mannosaccharique (métasaccharique de Kiliani) et l'acide *l* saccharique.

(1) L'une des taloses seulement est connue ainsi que ses dérivés acides ; mais la méthode qui l'a donnée à partir de la galactose naturelle, donnera infailliblement son inverse optique lorsqu'on l'appliquera à l'inverse optique de la galactose naturelle. Or M. E. Fischer a obtenu par réduction de l'acide mucique un sucre inactif, mélange équimoléculaire des deux galactoses. Ce sucre fermente sous l'influence de la levure de bière et abandonne la galactose inconnue jusqu'alors.

La synthèse de la deuxième talose et de ses dérivés n'est donc plus qu'une question de jours (*Berichte*, t. 25, p. 1247).

(2) Des acides isosaccharique un seul est connu, c'est l'acide de Tiemann, qui a été rapproché par sa formule et quelques-unes de ses propriétés des autres acides bibasiques en C^6. Il n'y a pas eu, je crois, de tentative pour le relier aux glucoses d'une manière plus directe.

(3) Les travaux de M. Bouchardat avaient longtemps fait admettre que la dulcite était active ainsi que ses dérivés acétylés. Il faut actuellement abandonner cette manière de voir. Les derniers travaux de Fischer et de ses élèves (*Berichte*, t. 25, p. 1247, 2564) ont démontré le contraire et levé du même coup la seule difficulté qui s'était présentée de la part de l'expérience contre la théorie.

(4) *Berichte*, t. 24, p. 2136.

(5) *Berichte*, t. 25, p. 1247.

(6) Nous voulons dire par là que nous savons, au sujet d'un corps du tableau, s'il est inactif ou actif. Nous n'envisageons pas le sens de l'action qui n'est pas forcément indiqué par les lettres *d* ou *l*.

(7) *Berichte*, t. 24, p. 521.

(8) *Berichte*, t. 23, p. 2611.

Les acides de la série *d* présentent la même particularité.

2° Comme l'implique le fait signalé plus haut, la *l* glucose dérive de l'arabinose dont l'acide trioxyglutarique d'oxydation est *actif*.

La *l* gulose dérive de la même manière de la xylose dont au contraire l'acide trioxyglutarique (1) d'oxydation et l'alcool (2) de réduction, la xylite, sont *inactifs*.

Fixation de la formule de l'acide d *saccharique.*

Les acides bibasiques sont au nombre de dix. Il y en a deux du type inactif indédoublable. Ce sont les acides 1.7. Les autres sont actifs et se groupent deux par deux d'après leur action sur la lumière polarisée de la façon suivante (2.8) (3.5) (4.10) (6.9).

Les deux derniers groupes correspondent à des acides provenant d'une et d'une seule hexose.

L'acide *d* saccharique étant un acide actif provenant de deux hexoses, il n'y a pour fixer sa formule qu'à décider entre le groupe (3.5) et le groupe (2.8).

Mais si l'on envisage dans ce dernier la disposition autour des carbones asymétriques extrêmes on constate que toutes les modifications qu'on pourra faire subir à cette disposition aboutiront aux formules du groupe (1.7) des acides inactifs.

Cette remarque est incompatible avec le fait expérimental que l'acide *d* saccharique ne diffère que par la disposition autour d'un tel carbone, de l'acide *d* mannosaccharique qui, lui aussi, est actif.

Il ne nous reste donc que les formules 3 et 5 pour représenter les acides sacchariques.

Nous choisirons *arbitrairement* la formule 3 pour représenter l'acide *d*, la formule 5 appartiendra donc à l'acide *l*.

Fixation des formules des glucoses, guloses et mannoses, de l'arabinose, de la ribose et de la xylose.

Si la formule 5 du tableau II :

$$\begin{array}{ccccccccccc} & & OH & & OH & & H & & OH & & \\ CO^2H & - & C & - & C & - & C & - & C & - & CO^2H \\ & & H & & H & & OH & & H & & \end{array}$$

représente l'acide *l* saccharique, les formules 5 et 5 *bis* du tableau I :

$$\begin{array}{cccccccccccc} & & & H & & OH & & H & & H & & \\ 5. & CH^2OH & - & C & - & C & - & C & - & C & - & CHO \\ & & & OH & & H & & OH & & OH & & \end{array}$$

$$\begin{array}{cccccccccccc} & & & OH & & OH & & H & & OH & & \\ 5\ bis. & CH^2OH & - & C & - & C & - & C & - & C & - & CHO \\ & & & H & & H & & OH & & H & & \end{array}$$

représenteront les hexoses qui le fournissent par oxydation, c'est-à-dire la *l* glucose et la *l* gulose.

Pour préciser quelle est celle des deux formules qui revient à chacun de ces sucres, il est nécessaire de recourir aux sucres en C^5 dont ils dérivent, c'est-à-dire à l'arabinose et à la xylose.

Les formules entre lesquelles nous pouvons hésiter pour ces deux pentoses sont évidemment :

(1) *Berichte*, t. 24, p. 1.

(2) *Berichte*, t. 24, p. 538.

$$\begin{array}{ccccccccc} & & H & & OH & & H & & \\ CH^2OH & - & C & - & C & - & C & - & CHO \\ & & OH & & H & & OH & & \end{array}$$

$$\begin{array}{ccccccccc} & & OH & & OH & & H & & \\ CH^2OH & - & C & - & C & - & C & - & CHO \\ & & H & & H & & OH & & \end{array}$$

qui se déduisent bien simplement des précédentes.

La première de ces formules est celle d'une pentose dont le produit d'oxydation :

$$\begin{array}{ccccccccc} & & H & & OH & & H & & \\ COOH & - & C & - & C & - & C & - & COOH \\ & & OH & & H & & OH & & \end{array}$$

serait inactif. Le produit d'oxydation correspondant à la seconde :

$$\begin{array}{ccccccccc} & & OH & & OH & & H & & \\ COOH & - & C & - & C & - & C & - & COOH \\ & & H & & H & & OH & & \end{array}$$

serait au contraire actif.

La première formule appartient donc à la xylose ; la deuxième à l'arabinose.

Et, comme de la xylose on peut dériver la *l* gulose, la formule 5 écrite plus haut correspond à la *l* gulose ; la formule 5 *bis* à la *l* glucose.

La formule de la *l* mannose, qui dérive également de l'arabinose, est donc nécessairement la formule 10.

Nous n'insisterons pas pour achever ce qui regarde les *d* glucose, *d* gulose, *d* mannose, les acides et les alcools correspondants.

Quant aux pentoses, la ribose a une formule qui ne peut différer, par le mode même de synthèse, de celle de l'arabinose, que par la disposition autour du dernier carbone asymétrique ; elle est donc facile à fixer.

Fixation des formules des acides mucique, allomucique, etc....

Les acides mucique et allomucique sont les deux acides inactifs que prévoit la théorie dans le cas des hexoses. Ils ont donc les formules 1 et 7 du tableau II.

Nous ne sommes pas en mesure actuellement de trancher la question de savoir quelle est celle des deux formules qu'il faut attribuer à chacun de ces deux acides.

Nous admettrons *arbitrairement*, d'une façon provisoire que la formule 1 est celle de l'acide allomucique, et la formule 7 celle de l'acide mucique.

Les formules des deux galactoses s'en déduisent et, comme conséquence immédiate, celles des taloses qui n'en diffèrent que par la disposition autour du dernier atome de carbone asymétrique.

Les formules des acides talomuciques, produits d'oxydation des taloses, sont donc également faciles à fixer.

Il reste, finalement, les formules 6 et 9 du tableau II pour représenter les deux acides isosacchariques, si tant est que l'acide isosaccharique de Tiemann appartienne à cette série.

Remarques. — Nous ne saurions trop insister sur l'harmonie générale que présente avec les faits ce tableau malgré ses lacunes et ses incertitudes.

Les vérifications, indépendantes des faits d'expérience invoqués, sont déjà nombreuses et ne feront sans doute que s'accumuler.

Nous ne dissimulerons pas cependant quelques lacunes à combler, quelques progrès à réaliser.

I. — Nous ne pouvons malheureusement pas encore donner comme définitives les formules du groupe de l'acide mucique.

Cela tient à ce que :

1° On ne peut passer directement d'un terme de ce groupe à une autre hexose ou acide hexonique, comme nous l'avons expliqué dans le § 6 ;

2° On n'a pas encore pu dériver un terme de ce groupe d'une aldose inférieure, d'une pentose ; ces pentoses n'étant pas toutes connues et ayant résisté jusqu'ici aux essais de synthèse.

En d'autres termes, ce groupe de l'acide mucique a échappé à la synthèse totale.

II. — On pourrait, par inattention, se laisser aller à une confusion regrettable au sujet de la signification de ces lettres *l* et *d*, qui précèdent les isomères actifs inverses optiques.

Sauf pour la *d* glucose ou dextrose ordinaire, où l'on a choisi arbitrairement la lettre *d*, ces symboles n'ont rien de commun avec le sens du pouvoir rotatoire.

Le meilleur exemple qu'on puisse donner de cette indépendance est celui de la fructose ou lévulose.

Cette lévulose est une cétose, c'est-à-dire un corps présentant à la fois la fonction alcool et la fonction acétone.

Sa formule de constitution est $CH^2OH - (CHOH)^4 - CO - CH^2OH$.

Par réduction elle donne deux alcools hexatomiques :

$$\begin{array}{c} \phantom{CH^2OH - (CHOH)^4 - {}}H \\ CH^2OH - (CHOH)^4 - C - CH^2OH \\ \phantom{CH^2OH - (CHOH)^4 - {}}OH \end{array}$$

$$\begin{array}{c} \phantom{CH^2OH - (CHOH)^4 - {}}OH \\ CH^2OH - (CHOH)^4 - C - CH^2OH. \\ \phantom{CH^2OH - (CHOH)^4 - {}}H \end{array}$$

L'expérience (1) constate que ces deux alcools sont la *d* sorbite et la *d* mannite.

C'est une nouvelle raison, pour nous, de penser que la *d* glucose et la *d* mannose ne diffèrent que par la disposition, autour du dernier atome de carbone asymétrique. De plus, la formule du lévulose en découle nécessairement.

$$\begin{array}{ccccccccc} & & H & & H & & OH & & \\ CH^2OH & - & C & - & C & - & C & - & CO - CH^2OH. \\ & & OH & & OH & & H & & \end{array}$$

Cette lévulose sera dite *d* fructose, à cause des liens qui l'unissent à la *d* glucose ou à la *d* gulose. Son isomère optique prendra le nom de *l* fructose.

Or la *d* fructose ou lévulose ordinaire est *lévogyre*, comme l'indique son nom usuel.

Il y a là évidemment une cause de trouble. On peut se trouver étonné de rencontrer le pouvoir rotatoire droit chez des termes de la série *l*.

On peut même se demander s'il n'eût pas mieux valu adopter des lettres α et β, privées de toute interprétation optique, ou, à un autre point du vue, exprimer une règle que la considération du tableau I suggérera sans doute à tout le monde :

Toutes les aldoses dont les formules sont écrites dans la moitié supérieure doivent être affectées de la lettre *d* ; toutes les autres de la lettre *l*.

III

MÉTHODES GÉNÉRALES DE SYNTHÈSE.

§ 1. Passage d'un sucre a un sucre plus riche en carbone.

1° Le mécanisme de toutes les méthodes qui permettent de passer d'un sucre à un autre plus riche en carbone est le même. C'est le mécanisme de l'aldolisation, qui a été si nettement éclairci par Wurtz, dans son remarquable mémoire sur l'aldol.

Deux molécules d'aldéhyde ordinaire se soudent : l'oxygène aldéhydique de l'une se transforme en oxhydrile en s'emparant d'un atome d'hydrogène, du radical méthyle de l'autre, et les valences devenues libres se saturent mutuellement :

$$CH^3 - CHO + CH^3 - CHO = CH^3 - CH(OH) - CH^2 - CHO.$$

(1) *Berichte*, t. 23, p. 3684.

Ce mécanisme, appliqué un nombre quelconque de fois à l'aldéhyde formique H — CHO, explique la formation de toutes les aldoses :

$$n(H-CHO) = CH^2OH-(CHOH)^{n-2}-CHO.$$

Bæyer a émis, le premier, l'hypothèse que c'était là l'origine des matières sucrées naturelles, Würtz a essayé en vain de la vérifier.

Lœw est arrivé récemment à de meilleurs résultats en provoquant la condensation de l'aldéhyde formique en milieu alcalin, au lieu d'opérer, comme Würtz, en milieu acide;

2° Une autre méthode, dont le mécanisme est le même, et qui a conduit Fischer à ses belles synthèses dans la série de la mannite, consiste à condenser l'aldéhyde glycérique avec la dioxacétone.

$$CH^2OH-CHOH-CHO+CH^2OH-CO-CH^2OH$$
$$=CH^2OH-CHOH-CHOH-CHOH-CO-CH^2OH.$$

On purifie le corps en passant par son osazone.

On a ainsi une cétose; pour arriver à l'aldose correspondante, on réduit de façon à avoir l'alcool hexatomique :

$$CH^2OH-CHOH-CHOH-CHOH-CHOH-CH^2OH$$

dont l'oxydation ultérieure donne :

$$CH^2OH-CHOH-CHOH-CHOH-CHOH-CHO.$$

Il est clair que ces diverses réactions peuvent s'effectuer en amenant la production de plusieurs isomères stéréochimiques qu'il faudra isoler.

3° *Condensation d'une aldose avec l'acide cyanhydrique.* — Cette méthode, très régulière, permet de passer d'une aldose à l'aldose contenant un atome de carbone de plus.

La réaction, due à Maxwell Simpson, a été appliquée surtout par Kiliani et, depuis, par Fischer, qui a montré toute sa généralité.

$$R-CHO+CAzH=R-CHOH-CAz.$$

On a ainsi un nitrile qui, saponifié, donne un acide ou sa lactone, c'est-à-dire une anhydride interne.

L'arabinose, par exemple :

$$CH^2OH-CHOH-CHOH-CHOH-CHO$$

donne l'acide arabinose carbonique :

$$CH^2OH-CHOH-CHOH-CHOH-CHOH-COOH,$$

dont la lactone :

$$CH^2OH-CHOH-\underset{\displaystyle O\!-\!-\!-\!-\!-\!-\!-\!-\!-\!-\!-\!-}{\overset{|}{CH}}-CHOH-\underset{\displaystyle CO}{\overset{|}{CHOH}}$$

réduite par l'amalgame de sodium, en présence d'acide sulfurique, donne l'aldose en C^6 :

$$CH^2OH-CHOH-CHOH-CHOH-CHOH-CHO.$$

En général, il se forme simultanément deux isomères dans cette série d'opérations : Dans l'exemple cité, on a pu isoler l'acide *l* mannonique et l'acide *l* gluconique et par suite faire dériver la *l* mannose et la *l* glucose de l'arabinose.

Dans d'autres cas on ne peut isoler qu'un des isomères. Par exemple, en appliquant la même méthode à la mannose, on a pu remonter jusqu'à un sucre C^9 et jamais on n'a constaté la présence de deux isomères.

Dans un mémoire paru plus récemment, Fischer a montré qu'à partir de la glucose ordinaire on peut par la même méthode isoler deux sucres isomères en C^7, que l'un de ces sucres en C^7 donne lui-même deux sucres en C^8.

§ 2. Passage d'un sucre a un de ses isomères contenant le même nombre d'atomes de carbone

1° *Méthode d'oxydation et réduction successives.*

Dans le § 4 nous avons déjà vu un exemple de l'application de cette méthode.

La galactose ordinaire donne par oxydation un acide inactif bibasique, l'acide mucique.

La réduction de cet acide mucique fournit, en égales quantités, les deux galactoses inverses, la galactose du sucre de lait et son isomère inconnue jusque-là.

Autre exemple :

Considérons la glucose ordinaire, la *d* glucose :

$$\begin{array}{ccccccccccc} & & H & & H & & OH & & H & & \\ CH^2OH & - & C & - & C & - & C & - & C & - & CHO. \\ & & OH & & OH & & H & & OH & & \end{array}$$

L'oxydation par l'eau bromée fournit l'acide *d* gluconique :

$$\begin{array}{ccccccccccc} & & H & & H & & OH & & H & & \\ CH^2OH & - & C & - & C & - & C & - & C & - & COOH. \\ & & OH & & OH & & H & & OH & & \end{array}$$

L'oxydation par l'acide azotique de densité 1.2 permet d'aller plus loin et d'obtenir l'acide *d* saccharique :

$$\begin{array}{ccccccccccc} & & H & & H & & OH & & H & & \\ COOH & - & C & - & C & - & C & - & C & - & COOH. \\ & & OH & & OH & & H & & OH & & \end{array}$$

Traitons cet acide par l'amalgame de sodium à 2 1/2 pour 100 en solution acide d'abord. On obtiendra :

$$\begin{array}{ccccccccccc} & & H & & H & & OH & & H & & \\ COOH & - & C & - & C & - & C & - & C & - & CHO \\ & & OH & & OH & & H & & OH & & \end{array}$$ acide glycuronique (acide hexanetétrolaloïque),

puis en solution faiblement alcaline, par réduction plus complète :

$$\begin{array}{ccccccccccc} & & H & & H & & OH & & H & & \\ COOH & - & C & - & C & - & C & - & C & - & CH^2OH \\ & & OH & & OH & & H & & OH & & \end{array}$$ acide *d* gulonique,

et enfin en solution acide. On a en définitive :

$$\begin{array}{ccccccccccc} & & H & & H & & OH & & H & & \\ CHO & - & C & - & C & - & C & - & C & - & CH^2OH \\ & & OH & & OH & & H & & OH & & \end{array}$$ *d* gulose.

Le maintien de la réaction acide dans les phases extrêmes de la réduction s'explique par la nécessité d'avoir un mélange d'acide et de lactone sans lequel la réduction ne se produirait point.

La réaction alcaline dans la phase moyenne a pour but de faire porter la réduction sur le groupement aldéhydique.

Finalement on se débarrasse, à l'aide, d'alcool absolu des sels de sodium et par évaporation de la solution alcoolique, on a le sucre.

Et ce sucre est différent de celui qui a servi de point de départ.

Comme dans l'exemple cité d'abord, on passe de cette façon d'un sucre aldéhydique à un autre fournissant par oxydation le même acide bibasique.

2° *Méthode à l'osazone.*

Une aldose quelconque :

$$R - \overset{H}{\underset{OH}{C}} - CHO$$

s'unit à deux molécules de phénylhydrazone pour donner une osazone ou dihydrazone :

$$\begin{array}{ccccccc} & & R & - C & - CH & & \\ & & & \| & \| & & \\ H & & & & & & H \\ & Az & - & Az & Az & - & Az \\ C^6H^5 & & & & & & C^6H^5 \end{array}$$

De cette osazone on peut régénérer un sucre, mais ce n'est pas celui qui a servi de point de départ, c'est une cétose :

$$R - CO - CH^2OH.$$

De cette cétose on peut, comme il a été dit antérieurement, revenir à une des aldoses :

$$R - \overset{H}{\underset{OH}{C}} - CH^2OH$$

$$R - \overset{OH}{\underset{H}{C}} - CH^2OH.$$

Cette méthode permet donc de passer d'une aldose à une autre, n'en différant que par la disposition autour du dernier carbone asymétrique.

3° *Méthode de transformation par la chaleur.*

Cette méthode, dont il a déjà été parlé, consiste à chauffer un acide en présence d'une base organique ne donnant pas d'amides, un alcaloïde, par exemple, vers 140 ou 150°.

Quand l'acide est soluble dans la quinoléine, on opère en vase ouvert à l'aide de cette base.

Quand l'acide y est trop peu soluble, on est obligé d'opérer avec des solutions aqueuses et par conséquent à l'autoclave ; on peut alors remplacer avec avantage la quinoléine par la pyridine.

Nous verrons sur des exemples, dans la suite de cet article, le détail du traitement.

Cette méthode permet de passer d'un acide à un autre ne différant du premier que par la disposition autour d'un atome de carbone asymétrique voisin d'un groupe carboxyle.

Eu égard à cette considération de l'atome asymétrique voisin d'un groupement fonctionnel acide on peut classer les acides bibasiques en C^6 en trois groupes.

Acide *d* saccharique.	Acide *l* saccharique.	Acide mucique.
Acide *d* mannosaccharique.	Acide *l* mannosaccharique.	Acide *d* talomucique.
Acide *d* isosaccharique.	Acide *l* isosaccharique.	Acide *l* talomucique.
		Acide allomucique.

Dans chacun de ces groupes, il est possible de passer de l'un des acides à l'autre, mais on ne peut passer de l'un des acides d'un groupe à l'un des acides de l'autre.

Ainsi, pas plus ce dernier procédé à la quinoléine que les deux premiers ne permet de passer des deux premiers groupes au dernier.

Il est donc tout naturel que les procédés actuellement connus soient impuissants à produire la synthèse du groupe de l'acide mucique en se fondant sur les synthèses déjà obtenues dans les deux premiers groupes.

(*A suivre.*)

DE L'ALGAROBILLE (CÆSALPINIA MELANOCARPA) DE L'AMÉRIQUE MÉRIDIONALE (1).

Etude du tannin et des autres principes immédiats qu'elle contient.

Par M. J.-J. Arnaudon.

Sous le nom d'*Algarobille* ou *Algarovilla*, on confond dans le commerce différents fruits fournis par des plantes de la famille des Légumineuses, lesquelles appartiennent aux mimosées, cæsalpinées, ou aux papilionacées (*Algarobo, Ingo, Acacia, Cæsalpinia*). Nous avons vu aux expositions les fruits de ces plantes et nous nous sommes persuadé que la vraie Algarobille, celle que l'on connaît sous le nom de *Cæsalpinia melanocarpa*, et qui le mérite le mieux, est produit par l'arbre appelé *Guaïacan* dans l'Amérique méridionale.

C'est un grand arbre qui atteint de 8 à 15 mètres de hauteur, de 0m40 à 1 mètre de diamètre, à feuilles composées, avec les folioles opposées. Son bois est dur, plus pesant que l'eau ; sa densité est de 1.270 à 1.440, de couleur brun foncé. On s'en sert pour les travaux de tour, manches d'instruments, parties de machines comme roues, essieux, cylindres ; on l'emploie enfin à la fabrication des meubles. Il se trouve répandu en diverses parties de la République Argentine, et spécialement dans le Chaco austral, dans le pays des Missions, dans les provinces de Salta, de Tucuman, de Corrientes, de Formosa, de Catamarca, de Cordoba, de Santa-Fé; on le rencontre encore au Paraguay, au Brésil, dans la Bolivie, l'Uruguay, le Chili, etc.

L'Algarobille ressemble à la gousse d'une fève; seulement elle est plus courte et réduite; elle contient de une à trois graines; sa forme est analogue à celle des lupins et de la casse, c'est-à-dire lenticulaire; la longueur de la gousse est de 1 à 3 centimètres, l'épaisseur est de 8 à 10 millimètres; l'ensemble du fruit est de forme ovale, plus ou moins allongée et aplatie, plus ou moins régulière, mais quelquefois avec des sinuosités; le poids varie de 1 à 3 grammes : on en a compté seize qui pesaient ensemble 32 grammes.

La mince pellicule extérieure ou épicarpe est de couleur orangé brun, qui correspond au 2e orangé no 10, à 14 tons, de l'échelle chromatique de M. Chevreul.

Sous cette pellicule, on trouve une matière féculente gommeuse, de couleur jaune-orangé brun un peu foncé, d'aspect résineux, à structure plus ou moins caverneuse, et douée d'une saveur astringente amère, avec arrière-goût sucré. Cet ensemble constitue le mésocarpe; plus intérieurement, il y a un endocarpe formé par une membrane qui enveloppe la graine dure et lenticulaire dont nous avons parlé plus haut.

L'Algarobille examinée par nous la première fois, et dont nous conservons un échantillon dans le Musée Merciologique de Turin, nous avait été donnée par M. Laplace, consul général et commissaire du Paraguay à l'Exposition universelle de Paris en 1855. Il nous avait dit que, dans ce pays, on l'employait à faire de l'encre, au lieu de la noix de galle.

Nous avons vu cette gousse reparaître aux différentes expositions tenues à Londres en 1862, à Paris en 1867, à Vienne en 1873, à Paris en 1878 et en 1889, enfin à l'Exposition italo-américaine de 1892.

Je vais donner un compte rendu de quelques recherches que j'ai faites en 1886.

La matière farineuse solide de la gousse sèche se dissout pour plus de moitié dans

(1) Aux mots *Concianti materie* et *Materie concianti* (*matières tannantes*), nous avons écrit pour l'*Encyclopédie chimique italienne*, de Turin, deux articles étendus sur le tannage et les matières tannantes provenant des écorces, des bois, des feuilles, des racines et des extraits connus dans le commerce. C'était un inventaire des plantes susceptibles de fournir du tannin ; c'était un travail dans le genre de celui de M. Mafat (Voir *Moniteur scientifique*, nos d'octobre et de décembre 1892).

l'alcool ; la dissolution alcoolique est constituée par une sorte de tannin, l'acide *algarobo-tannique*, une gomme-résine particulière, une matière colorante jaune et un sucre spécial mélangé à du sucre ordinaire.

En introduisant l'Algarobille sèche dans l'eau, elle se mouille, se gonfle, reprend peu à peu sa forme ovoïde, cylindrique, aplatie ; la pulpe se détache. Traitée par l'eau bouillante, celle-ci se dissout en presque totalité ; la solution a une couleur jaune clair, comme de la bière blanche.

Essayée par différents réactifs, cette solution a donné les résultats suivants :

Les acides sulfurique, chlorhydrique et oxalique troublent la liqueur.

La potasse, la soude et l'ammoniaque font virer la liqueur au brun, en y produisant un léger précipité.

La chaux, la baryte en brunissent la couleur et déterminent la formation d'un précipité blanc sale abondant qui tourne au brun par exposition à l'air.

L'alun et le bichlorure d'étain donnent un précipité jaune-brun clair.

L'acétate d'alumine donne un précipité abondant jaune clair.

L'acétate de plomb produit un abondant précipité jaune verdâtre ; le liquide surnageant est clair et transparent.

L'acétate de cuivre précipite abondamment en rouge-brun ; dans le liquide, il y a des flocons verdâtres.

Les sels de fer au maximum noircissent le liquide et y produisent un précipité noir bleuâtre.

Les sels de fer au minimum le colorent en noir grisâtre.

Le bichromate de potasse, qui se fonce à l'air, colore le liquide en jaune-brun et laisse déposer un sédiment ocreux.

La gélatine donne un abondant precipité jaune-brun clair.

Le sulfate de quinine précipite abondamment en jaune clair.

Les sels de rosaniline fournissent également un précipité.

Essais de teinture sur laine, soie et coton. — Les trois étoffes ont été passées au bouillon pendant une heure dans la décoction d'Algarobille, puis exposées à l'air ; après vingt-quatre heures, elles ont été mordancées dans une solution de protochlorure et de pyrolignite de fer, puis chauffées graduellement pendant deux heures jusqu'à 90°. La laine, la soie et le coton se sont teints en beau noir sans le concours d'autres matières colorantes, et après plus de trente années d'exposition continuelle dans un musée, conservent encore à peu près leur teinte primitive.

Les étoffes, après ébullition dans le bain d'algarobille, sont passées dans un bain léger de bichromate de potasse et se colorent en brun verdâtre foncé ; toutefois, le coton reste clair dans ce bain.

La laine est de teinte orangé 3, rabattu à 7/10 de noir ; la soie est du 1er degré, moins orangé.

Essais de tannage à l'Algarobille. — On a essayé, comparativement avec le sumac de Sicile et le chêne yeuse, de tanner de la peau de mouton épilée à la chaux, puis lavée au son aigri. Le tannage à l'Algarobille est meilleur que celui au sumac employé en même quantité. La peau est bien gonflée et consistante, *remplie*, comme on dit en terme de métier ; seulement le tannage est plus coloré et de teinte jaune rougeâtre.

Le liquide dans lequel les peaux ont été tannées exhalait une odeur spiritueuse assez prononcée, accompagnée d'un arome semblable pour l'odeur à celui des pommes de reinettes. En distillant le liquide filtré, on obtient un alcool à odeur éthérée que nous avons rectifié au moyen du carbonate de soude (1).

L'Algarobille contient une matière amylacée et un sucre fermentescible analogue à la mannite.

(1) Les Indiens préparent une boisson enivrante par fermentation de l'Algarobille et aussi d'autres fruits de légumineuses ; l'*Aloïa* ; et, en la mêlant à la farine de maïs, une sorte de *chica*.

SUR LA SOLIDITÉ DES COULEURS

(*Suite et fin*) (1).

Par M. le professeur HUMMEL.

(*Journal of the Society of Arts*, t. 39, p. 535.)

Le type des colorants basiques est la fuschine (2). On les fixe généralement sur laine et soie en bain neutre ou légèrement alcalin ; sur coton on les fixe au moyen du tannate d'antimoine ou d'étain. Les colorants acides ne sont employés que sur laine et soie ; on les fixe en bain acide. Comme type, nous pouvons prendre n'importe lequel de ces nombreux ponceaux azoïques qui, dans ces dernières années ont acquis une grande importance comme substituts de la cochenille. Le rouge congo (3) et ses congénères sont relativement nouveaux ; on les fixe généralement sur laine, soie et coton en bain neutre ou légèrement alcalin. Parmi les matières colorantes produites sur la fibre même, nous avons en premier lieu le noir aniline et ensuite, comme autres types, les couleurs de la primuline (4) de Green.

Nous remarquons, à première vue, que ces colorants tirant sans l'intervention de mordants sont beaucoup plus nombreux et beaucoup plus vifs que ceux ne tirant que sur mordants, mais nous constatons en même temps qu'ils sont pour la plupart beaucoup plus fugaces. Il n'y en a que quelques-uns qui fassent exception et qui donnent sur les différentes fibres des nuances égalant en solidité celles fournies par les colorants tirant sur mordants.

Parmi les colorants basiques, nous cherchons en vain pour en trouver un vraiment solide sur n'importe quelle fibre. Le rouge Magdala (5), sur soie, paraît être plus

---

(1) Voir *Moniteur scientifique*, année 1893, p. 20.

(2) Fuchsine :

$$C\left\langle\begin{array}{l}(1)\ C^6H^4\ (4)\ AzH^2\\ (1)\ C^6H^2\ (4)\ AzH^3\\ (1)\ C^6H^4\ (4)\ AzH^2Cl\end{array}\right. + 4\,H^2O \quad \text{et} \quad C\left\langle\begin{array}{l}(1)\ C^6H^3\left\langle\begin{array}{l}(3)\ CH^3\\ (4)\ AzH^2\end{array}\right.\\ (1)\ C^6H^4\quad (4)\ AzH^2\\ (1)\ C^6H^4\quad (4)\ AzH^2Cl\end{array}\right. + 4\,H^2O$$

préparée par oxydation d'un mélange d'aniline, d'ortho et de paratoluidine au moyen de l'acide arsénique ; ou bien en chauffant un mélange d'aniline, d'ortho et de paratoluidine avec de la nitrobenzine, de l'ortho et paranitrotoluol en présence de fer et d'acide chlorhydrique.

(3) Rouge Congo :

$$\begin{array}{l}C^6H^4\ (4) - Az = Az\ (\beta)\ C^{10}H^5\left\langle\begin{array}{l}(\alpha)\ AzH^2\\ (\alpha)\ SO^3Na\end{array}\right.\\ (1)\\ \ |\\ (1)\\ C^6H^4\ (4) - Az = Az\ (\beta)\ C^{10}H^5\left\langle\begin{array}{l}(\alpha)\ SO^3Na\\ (\alpha)\ AzH^2\end{array}\right.\end{array}$$

obtenu avec 1 molécule de benzidine et 2 molécules d'acide naphtionique.

(4) Primuline. — Dérivé sulfoconjugué d'une base compliquée obtenue par l'action du soufre sur la paratoluidine.

(5) Rouge Magdala :

$$\left.\begin{array}{r}HC = HC\ (6)\\ HC = HC\ (5)\\ H^2Az\ (4)\end{array}\right\} HC^6 \left\{\begin{array}{l}(2)\ Az\ (2)\\ (1)\ Az\ (1)\end{array}\right\} C^6H^2 \left\{\begin{array}{l}(3)\ CH = CH\\ (4)\ CH = CH\end{array}\right.$$

$$\begin{array}{l}\quad |\diagdown Cl\\ (1)\\ C^6H^2\left\{\begin{array}{l}(2)\ CH = CH\\ (3)\ CH = CH\end{array}\right.\\ (4)\\ AzH^2\end{array}$$

obtenu en chauffant de l'α-amidoazonaphtaline avec de l'α-naphtylamine.

solide que les autres et dans la série des bleus et des verts nous trouvons quelques bleus ternes sur coton, qui sont assez solides et qui ont été recommandés comme substituts de l'indigo : ce sont le bleu de paraphénylène (1), la cinéréine (2), le bleu de Meldola (3), etc. Les verts azine (4) aussi paraissent être moyennement solides sur coton et sur soie.

Mais par contre, dans les colorants acides nous trouvons un certain nombre d'écarlates, de rouges cramoisis et de bordeaux possédant une solidité considérable, sur laine tout aussi bien que sur soie. Il y en a quelques-uns qui sont presque aussi solides que les écarlates à la cochenille : tels l'écarlate de Biebrich (5), la crocéine brillante (6), etc.

Parmi les oranges et les jaunes acides nous en rencontrons aussi un bon nombre de solidité moyenne. Il y en a même une dizaine qu'on peut appeler solides, même au point, paraît-il, de pouvoir concourir avec les couleurs d'alizarine. Nous avons pour la

---

(1) Bleu de paraphénylène R (Dahl) :

$$C^6H^3\begin{cases}(4)\ Az\ (4)\quad C^6H^4\ (1)\ AzH^2.HCl\\ (1)\ Az\ (1)\\ (2)\ Az\ (2)\end{cases}C^6H^4 \qquad \text{(Az (2) lié à } C^6H^5)$$

Chlorhydrate d'amidophénylinduline.

préparé en traitant la paraphénylènediamine avec le chlorhydrate d'amidoazobenzol.

(2) Cinéréine : constitution inconnue.

(3) Bleu de Meldola :

$$ClAz\ (CH^3)^2\ (4)\ C^6H^3\begin{Bmatrix}(1)\ Az\ (\alpha)\\ (2)\ O\ (\beta)\end{Bmatrix}C^{10}H^6$$

Chlorhydrate de diméthylphénylammonium-β-naphtorazine,

préparé en faisant réagir le chlorhydrate de nitrosodiméthylaniline sur le β-naphtol.

(4) Vert azine GB (Leonhardt) :

$$(CH^3)^2Az\ (4)\ C^6H^3\begin{Bmatrix}(1)\ Az\ (\alpha)\\ (2)\ Az\ (\beta)\end{Bmatrix}C^{10}H^5\ (\beta)\ Az\begin{cases}H\\ C^6H^5\end{cases} \qquad \text{(Az } (\beta) \text{ lié à } Cl \text{ et } C^6H^5)$$

Chlorhydrate de phényldiméthylamidophénophénylimidonaphtazonium.

préparé en faisant réagir le chlorhydrate de nitrosodiméthylaniline sur la (2,6) diphénylnaphtylènediamine.

(5) Ecarlate de Biebrich. — Sel de soude de l'acide disulfonique de l'amidoazobenzolazo-β-naphtol

$$C^6H^4\begin{cases}(4)\ SO^3Na\\ (1)\ Az = Az - C^6H^3\begin{cases}SO^3Na\\ Az = Az - C^{10}H^6\ (\beta)\ OH.\end{cases}\end{cases}$$

(6) Brillant crocéine (Farbwerke Höehst). — Sel de soude de l'acide disulfonique de l'amidoazobenzol-azo-β-naphtol :

$$C^6H^5 - Az = Az - C^6H^4 - Az = Az - C^{10}H^4\begin{cases}\beta\ (OH)\\ (SO^3Na)^2\end{cases}$$

Amidoazobenzol et acide β-naphtoldisulfonique γ.

laine : l'orange de crocéine (1), l'aurantia (2), l'orange cristallisé (3), la tartrazine (4), le jaune foulon (5), l'orange palatin (6) ; sur soie : le jaune acide D (7), le jaune brillant (8), le jaune de métanile (9), la curcumine S (10). Il est intéressant de noter le

---

(1) Crocéine orange. — Sel de soude de l'acide monosulfonique de l'aniline-azo-β-naphtol :

$$\underbrace{C^6H^5 - Az = Az - C^{10}H^5 \left\langle \begin{array}{l} (\beta)\ OH \\ SO^3Na \end{array} \right.}_{\text{Aniline et acide β-naphtolmonosulfonique S.}}$$

(2) Aurantia. — Sel ammoniacal de l'hexanitrodiphénylamine :

$$Az \left\langle \begin{array}{l} C^6H^2\ (AzO^2)^3 \\ C^6H^2\ (AzO^2)^3 \\ Az\,H^4 \end{array} \right.$$

en traitant la diphénylamine par l'acide nitrique.

(3) Orange cristallisé ?

(4) Tartrazine (Bad. Anilin und Sodafabrik) :

$$\begin{array}{l} COOH \\ | \\ C = Az - AzH - C^6H^4 - SO^3Na \\ | \\ C = Az - AzH - C^6H^4 - SO^3Na \\ | \\ COOH \end{array}$$

en faisant réagir l'acide phénylhydrazinemonosulfonique sur l'acide dioxytartrique.

(5) Jaune foulon ?

(6) Orange Palatin :

$$\begin{array}{l} C^6H^2 \left\langle \begin{array}{l} (4)\ O.AzH^4 \\ (AzO^2)^2 \end{array} \right. \\ | \\ C^6H^2 \left\langle \begin{array}{l} (AzO^2)^2 \\ (4)\ O.AzH^4 \end{array} \right. \end{array}$$

en traitant la benzidine par l'acide nitrique.

(7) Jaune acide D (Orange de diphénylamine) :

$$\underbrace{C^6H^4 \left\langle \begin{array}{l} (4)\ SO^3Na \\ (1)\ Az = Az - C^6H^4 - AzH - C^6H^5 \end{array} \right.}_{\text{Acide sulfanilique et diphénylamine.}}$$

(8) Jaune brillant (Leonhardt) :

$$\underbrace{C^6H^3 \left\langle \begin{array}{l} SO^3Na \\ CH^3 \\ Az = Az - C^6H^4 - AzH - C^6H^5 \end{array} \right.}_{\text{Acide toluidinemonosulfonique et diphénylamine.}}$$

(9) Jaune de métanile (Ohler) :

$$\underbrace{C^6H^4 \left\langle \begin{array}{l} (3)\ SO^3Na \\ (1)\ Az = Az - C^6H^4 - AzH - C^6H^5 \end{array} \right.}_{\text{Acide métaamidobenzolmonosulfonique et diphénylamine.}}$$

(10) Curcumine S (Geigy) :

caractère fugace de la tartrazine, de l'aurantia, du jaune cristallisé sur soie, sur laine, ces trois colorants étant d'une grande solidité. Il y a encore une particularité de l'acide picrique à remarquer, sur laine cette couleur passe du jaune citron au rouge brun.

Les verts et les bleus acides sont pour ainsi dire tous fugaces, sur laine tout aussi bien que sur soie. Le Patent-bleu (1) (bleu breveté) semble un peu meilleur que les autres. Parmi les noirs et les violets acides nous en trouvons un petit nombre d'une solidité moyenne sur laine et sur soie; ce sont : le noir naphtol (2), le noir naphtylamine (3), le brun résorcine (4), le brun solide (5), etc. — Les couleurs azoïques tirant

---

$$\begin{array}{l} CH\ (1)\ C^6H^3\begin{cases}(2)\ SO^3Na\\ (4)\ Az\end{cases}\\ \|\qquad\qquad\qquad\qquad\quad |\ \ \rangle O\\ CH\ (1)\ C^6H^3\begin{cases}(4)\ Az\\ (2)\ SO^3Na\end{cases}\end{array}$$

Acide azoxystilbéno disulfonique.

préparé en faisant bouillir avec de la soude caustique l'acide paranitrotoluolsulfonique.

(1) Patent bleu BN (bleu breveté) :

$$(OH)\,C\begin{cases}(1)\ C^6H^2\begin{cases}(3)\ OH\\ SO^3\\ SO^3\end{cases}\!\rangle Ca\\ (1)\ C^6H^4\ (4)\ Az\,(CH^3)^2\\ (1)\ C^6H^4\ (4)\ Az\,(CH^3)^2\end{cases}$$

On condense 1 molécule de métanitrobenzaldéhyde et 2 molécules de diméthylaniline; on réduit le métanitrotétraméthyldiamidotriphénylméthane, on transforme la combinaison amidée en combinaison oxy avec le nitrite de soude, et le métaoxytétraméthyldiamidotriphénylméthane obtenu est sulfoné, oxydé et transformé en sel de calcium.

(2) Noir naphtol 6 B (Cassella) :

$$C^{10}H^5\begin{cases}(SO^3Na)^2\\ Az = Az - C^{10}H^6 - Az = Az - C^{10}H^4\begin{cases}OH\\ (SO^3Na)^2\end{cases}\end{cases}$$

Acide α-naphtylamine-α-disulfoazo-α-naphtylamine-azo-β-naphtol-α-disulfonique,

préparé avec l'acide α-naphtylamineazonaphtylaminedisulfonique et l'acide β-naphtoldisulfonique R.

(3) Noir naphtylamine D (Cassella) :

$$C^{10}H^5\begin{cases}(SO^3Na)^2\\ Az = Az - C^{10}H^6 - Az = Az - C^{10}H^6 - Az - H^2\end{cases}$$

préparé avec l'acide α-naphtylamineazo-α-naphtylamine-α-disulfonique et l'α-naphtylamine.

(4) Brun résorcine (Actiengesellschaft de Berlin) :

$$C^6H^3\begin{cases}(CH^3)^2\\ Az = Az - C^6H^2\begin{cases}(1)\ OH\\ (3)\ OH\\ Az = Az\ (1)\ C^6H^4\ (4)\ SO^3Na\end{cases}\end{cases}$$

1 molécule de xylidine;
1 molécule d'acide sulfanilazorésorcine.

(5) Brun solide :

$$\begin{array}{l} C^{10}H^6\begin{cases}(\alpha)\ SO^3Na\\ (\alpha)\ Az = Az\end{cases}\!\!\rangle\ C^6H^2\begin{cases}(1)\ OH\\ (3)\ OH\end{cases}\\ C^{10}H^6\begin{cases}(\alpha)\ Az = Az\\ (\alpha)\ SO^3Na\end{cases}\end{array}$$

2 molécules d'acide naphtionique;
1 molécule de résorcine.

directement, le rouge Congo et ses congénères sont généralement peu solides, il n'y en a que quelques-uns d'une solidité satisfaisante. Le rouge diamine solide (1), par exemple, résiste très bien à la lumière sur laine et sur soie et peut certainement être comparé avec le rouge alizarine; mais sur coton il est tout aussi fugace que le reste. De solidité moyenne sur laine sont le brillant-congo G et R (2), le Congo GR (3); sur soie, l'écarlate de diamine B (4), la deltapurpurine 5 B (5) et le brillant-congo R.

---

(1) Rouge diamine solide (Cassella) :

$$\begin{array}{l} C^6H^4\ (4) - Az = Az - C^{10}H^4 \begin{cases} AzH^2 \\ OH \\ SO^3Na \end{cases} \\ (1) \\ | \\ (1) \\ C^6H^4\ (4) - Az = Az - C^6H^3 \begin{cases} OH \\ COONa \end{cases} \end{array}$$

1 molécule de benzidine;
1 molécule d'acide γ-amidonaphtolsulfonique en solution acide;
1 molécule d'acide salicylique.

(2) Congo brillant G (Actiengesellschaft Berlin) :

$$\begin{array}{l} C^6H^4\ (4)\ Az = Az - C^{10}H^4 \begin{cases} (\beta)\ AzH^2 \\ (SO^3Na)^2 \end{cases} \\ (1) \\ | \\ (1) \\ C^6H^4\ (4)\ Az = Az - C^{10}H^5 \begin{cases} (\beta)\ SO^3Na \\ (\beta)\ AzH^2 \end{cases} \end{array}$$

1 molécule de benzidine;
1 molécule d'acide β-naphtylaminedisulfonique;
1 molécule d'acide β-naphtylaminemonosulfonique Br.

Congo brillant R. — Comme la marque G, mais avec la tolidine (ortho) au lieu de benzidine.

(3) Congo GR (Actiengesellschaft Berlin) :

$$\begin{array}{l} C^6H^4\ (4)\ Az = Az - C^6H^3 \begin{cases} (1)\ AzH^2 \\ (3)\ SO^3Na \end{cases} \\ (1) \\ | \\ (1) \\ C^6H^4\ (4)\ Az = Az - (\beta) C^{10}H^5 \begin{cases} (\alpha)\ SO^3Na \\ (\alpha)\ AzH^2 \end{cases} \end{array}$$

1 molécule de benzidine;
1 molécule d'acide métaamidobenzolsulfonique;
1 molécule d'acide naphtionique.

(4) Ecarlate de diamine (Cassella).

$$\begin{array}{l} C^6H^4\ (4)\ Az = Az - C^6H^4\,O\,C^2H^5 \\ | \\ (1) \\ C^6H^4\ (4)\ Az = Az - C^{10}H^4 \begin{cases} OH \\ SO^3Na \\ SO^3Na \end{cases} \end{array}$$

Acide benzidinodisazophénétol-β-naphtol-γ-disulfonique.

(5) Deltapurpurine 5 B (Bayer).

$$\begin{array}{l} C^6H^3 \begin{cases} (3)\ CH^3 \\ (4)\ Az = Az - C^{10}H^5 \begin{cases} (\beta) AzH^2 \\ SO^3Na \end{cases} \end{cases} \\ (1) \\ | \\ (1) \\ C^6H^3 \begin{cases} (4)\ Az = Az - C^{10}H^5 \begin{cases} SO^3Na \\ (\beta) AzH^2 \end{cases} \\ (3)\ CH^3 \end{cases} \end{array}$$

1 molécule d'orthotolidine;
1 molécule d'acide β-naphtylamine monosulfonique δ.
1 molécule d'acide β-naphtylamine monosulfonique Br.

Parmi les colorants faisant partie de cette classe, ce sont sur coton les jaunes et les orangés qui sont les plus solides, mais encore ne sont-ils que d'une solidité moyenne. Ce sont l'orange mikado 4 R, R, G (1), le jaune de Hesse (2), la curcumine S. Sur laine nous en avons une demi-douzaine de solidité moyenne, comme le congo-orange (3), le benzo-orange R (4), la chrysophénine G (5), la chrysamine R (6), le jaune

---

(1) Orange mikado G — 4 R (Leonhardt). — Sont préparés en faisant réagir les alcalis sur l'acide paranitrotoluolsulfonique en présence de substances oxydables.

(2) Jaune de Hesse (Leonhardt).

$$\begin{array}{l} \mathrm{CH\ (1)\ C^6H^3}\left\{\begin{array}{l}\mathrm{(2)\ SO^3Na}\\ \mathrm{(4)\ Az{=}Az-C^6H^3}\left\{\begin{array}{l}\mathrm{(1)\ OH}\\ \mathrm{(2)\ COONa}\end{array}\right.\end{array}\right. \\ \Vert \\ \mathrm{CH\ (1)\ C^6H^3}\left\{\begin{array}{l}\mathrm{(4)\ Az{=}Az-C^6H^3}\left\{\begin{array}{l}\mathrm{(2)\ COONa}\\ \mathrm{(1)\ OH}\end{array}\right.\\ \mathrm{(2)\ SO^3Na}\end{array}\right. \end{array}$$

1 molécule d'acide diamidostilbéno-disulfonique ;
2 molécules d'acide salicylique.

(3) Congo-orange R (Actiengesellschaft Berlin).

$$\begin{array}{l} \mathrm{C^6H^3}\left\langle\begin{array}{l}\mathrm{(3)\ CH^3}\\ \mathrm{(4)\ Az{=}Az-C^{10}H^4}\left\{\begin{array}{l}\mathrm{\beta\ AzH^2}\\ \mathrm{\beta\ (SO^3Na)^2}\end{array}\right.\end{array}\right. \\ \mathrm{(1)} \\ \vert \\ \mathrm{(1)} \\ \mathrm{C^6H^3}\left\langle\begin{array}{l}\mathrm{(4)\ Az{=}Az-C^6H^4-OC^2H^5}\\ \mathrm{CH^3}\end{array}\right. \end{array}$$

1 molécule de tétrazoditolyle ;
1 molécule d'acide β-naphtylamine disulfonique R ;
1 molécule de phénol,
Et éthylation ultérieure.

(4) Benzo-orange R (Bayer) :

$$\begin{array}{l} \mathrm{C^6H^4\ (4)\ Az{=}Az-C^6H^3}\left\langle\begin{array}{l}\mathrm{OH}\\ \mathrm{COONa}\end{array}\right. \\ \mathrm{(1)} \\ \vert \\ \mathrm{(1)} \\ \mathrm{C^6H^4\ (4)\ Az{=}Az-C^{10}H^5}\left\langle\begin{array}{l}\mathrm{SO^3Na}\\ \mathrm{AzH^2}\end{array}\right. \end{array}$$

1 molécule de benzidine ;
1 molécule d'acide salicylique ;
1 molécule d'acide naphtionique.

(5) Chrysophénine (Leonhardt) :

$$\begin{array}{l} \mathrm{CH\ (1)\ C^6H^3}\left\{\begin{array}{l}\mathrm{(2)\ SO^3Na}\\ \mathrm{(4)\ Az{=}Az-C^6H^4-OC^2H^5}\end{array}\right. \\ \Vert \\ \mathrm{CH\ (1)\ C^6H^3}\left\{\begin{array}{l}\mathrm{(4)\ Az{=}Az-C^6H^4-OC^2H^5}\\ \mathrm{(2)\ SO^3Na}\end{array}\right. \end{array}$$

obtenue par éthylation du jaune brillant.

(6) Chrysamine R (Bayer) :

$$\begin{array}{l} \mathrm{C^6H^3}\left\langle\begin{array}{l}\mathrm{(3)\ CH^3}\\ \mathrm{(4)\ Az{=}Az-C^6H^3}\left\langle\begin{array}{l}\mathrm{(1)\ OH}\\ \mathrm{(2)\ COONa}\end{array}\right.\end{array}\right. \\ \mathrm{(1)} \\ \Vert \\ \mathrm{(1)} \\ \mathrm{C^6H^3}\left\langle\begin{array}{l}\mathrm{(4)\ Az{=}Az-C^6H^3}\left\langle\begin{array}{l}\mathrm{(2)\ COONa}\\ \mathrm{(1)\ OH}\end{array}\right.\\ \mathrm{(3)\ CH^3}\end{array}\right. \end{array}$$

1 molécule d'orthotolidine.
2 molécules d'acide salicylique.

brillant (1). Quant à la soie, nous trouvons dans les jaunes et les oranges de ce groupe une douzaine de colorants des plus solides que nous connaissions sur cette fibre, tels que le congo-orange R, la chrysophénine G, le jaune diamine N (2), le jaune brillant, la curcumine N, le benzo-orange, le jaune de Hesse, les chrysamines R et G, le jaune créosotine R et G (3), le jaune pour coton G (4) et le jaune de carbazol (5). C'est là un fait très curieux et très intéressant que de trouver dans ce groupe de colorants azoïques généralement fugaces un certain nombre d'une solidité considérable sur soie.

Les violets et les bleus de ce groupe ne sont pas d'une solidité particulière; il n'y a que le violet diamine N (6) qui soit moyennement résistant sur laine, tandis que sur

---

(1) Jaune brillant :

$$\begin{array}{l} CH\ (1)\ C^6H^3 \left\{ \begin{array}{l} (2)\ SO^3Na \\ (4)\ Az = Az - C^6H^4OH \end{array} \right. \\ \| \\ CH\ (1)\ C^6H^3 \left\{ \begin{array}{l} (4)\ Az = Az - C^6H^4OH \\ (2)\ SO^3Na \end{array} \right. \end{array}$$

1 molécule d'acide diamidostilbéno-disulfonique;
2 molécules d'acide phénique.

(2) Jaune diamine N (Cassella) :

$$\begin{array}{l} C^6H^3 \left\langle \begin{array}{l} (3)\ CH^3 \\ (4)\ Az = Az - C^6H^3 \left\langle \begin{array}{l} OH \\ COONa \end{array} \right. \end{array} \right. \\ (1) \\ | \\ (1) \\ C^6H^4\ (4)\ Az = Az - (4)\ C^6H^4\ (1)\ OC^2H^5 \end{array}$$

1 molécule éthoxybenzidine;
1 molécule d'acide salicylique;
1 molécule de phénol,
Et éthylation ultérieure.

(3) Jaune créosotine R.

(4) Jaune pour coton G (Bad. Anilin und Sodafabrik) :

$$CO \left\langle \begin{array}{l} AzH\ C^6H^4\ Az = Az - C^6H^3 \left\langle \begin{array}{l} OH \\ COONa \end{array} \right. \\ AzH\ C^6H^4\ Az = Az - C^6H^3 \left\langle \begin{array}{l} COONa \\ OH \end{array} \right. \end{array} \right.$$

Paramidoacétanilide diazotée et acide salicylique. — Saponification. — Réaction avec de l'oxychlorure de carbone.

(5) Jaune de carbazole (Bad.) :

$$\begin{array}{l} C^6H^3Az = Az - C^6H^3 \left\langle \begin{array}{l} OH \\ COONa \end{array} \right. \\ | \quad \rangle AzH \\ C^6H^3Az = Az - C^6H^3 \left\langle \begin{array}{l} COONa \\ OH \end{array} \right. \end{array}$$

1 molécule de diamidocarbazole;
2 molécules d'acide salicylique.

(6) Violet diamine N (Cassella) :

$$\begin{array}{l} C^6H^4\ (4)\ Az = Az - C^{10}H^4 \left\langle \begin{array}{l} AzH^2 \\ OH \\ SO^3Na \end{array} \right. \\ (1) \\ | \\ (1) \\ C^6N^4\ (4)\ Az = Az - C^{10}H^4 \left\langle \begin{array}{l} SO^3Na \\ OH \\ AzH^2 \end{array} \right. \end{array}$$

1 molécule de benzidine:
2 molécules d'acide γ-amidonaphtol sulfonique en solution acide.

soie ce sont la sulfonazurine (1), le benzo bleu noir (2) et le gris direct qui méritent cette même distinction (3).

Dans le petit groupe de colorants formés sur la fibre même il n'y a de remarquable que le noir d'aniline, qui est probablement la couleur la plus solide qu'on puisse fixer sur les fibres.

Cette classification de toutes les matières colorantes en colorants directs et en colorants tirant sur mordants a été faite au point de vue du teinturier, suivant leur nuance et leur mode d'emploi. Mais le savant les classe tout différemment, c'est-à-dire suivant leur constitution chimique, suivant le groupement des atomes, et de cette façon il les partage en colorants nitrés, phtaléines, azines, etc.

En partant de ce point de vue et en étudiant l'action de la lumière, nous trouvons que tandis que les membres de certains groupes sont presque tous fugaces, les membres d'autres groupes sont tous solides, et de ce fait nous sommes en droit de conclure que la constitution chimique d'une matière colorante joue un grand rôle dans la manière de se comporter vis-à-vis de la lumière. Les membres du groupe de la rosaniline sont tous fugaces au même degré, tandis que ceux du groupe de l'alizarine possèdent, en général, la propriété d'être solides. Les éosines sont particulièrement fugaces, mais rien qu'en introduisant un groupe éthyle, comme c'est le cas pour l'éthyle-éosine, on arrive à avoir une matière colorante plus solide.

Dans le groupe des colorants azoïques une partie est fugace, une autre partie est moyennement solide; en les examinant de plus près, nous trouvons que ce sont les colorants tétrazoïques qui sont plus solides que les colorants diazoïques ordinaires.

Jusqu'à présent, il n'est pas possible d'établir des règles générales permettant de

---

(1) Sulfonazurine (Bayer) :

$$\begin{array}{l} \quad\; SO^3Na \\ C^6H^2 \text{———} Az = Az - C^{10}H^6AzHC^6H^5 \\ (1) \diagdown \\ \;|\quad\; \cdot\cdot\!> SO^2 \\ (1) \diagup \\ C^6H^2 \text{———} Az = Az - C^{10}H^6AzHC^6H^5 \\ \quad\; SO^3Na \end{array}$$

1 molécule d'acide benzidinosulfonedisulfonique;
2 molécules de phényl-β-naphtylamine.

(2) Benzo bleu noir G (Bayer) :

$$\begin{array}{l} C^6H^3 \langle {SO^3Na \atop } \\ (1) \quad (4)\ Az = Az - (\alpha)\ C^{10}H^6\ (\alpha)\ Az = AzC^{10}H^5 \langle {OH \atop SO^3Na} \\ \;| \\ (1) \quad (4)\ Az = Az - C^{10}H^5 \langle {OH \atop SO^3Na} \\ C^6H^3 \langle {\atop SO^3Na} \end{array}$$

1 molécule acide benzidinodisazo-α-naphtylaminedisulfonique;
2 molécules acide α-naphtolsulfonique NW.

Benzo bleu noir R (Bayer) :

$$\begin{array}{l} C^6H^3 \langle {(3)\ CH^3 \atop } \\ (1) \quad (4)\ Az = Az - (\alpha)\ C^{10}H^6\ (\alpha)\ Az = AzC^{10}H^5 \langle {OH \atop SO^3Na} \\ \;| \\ (1) \quad (4)\ Az = Az - C^{10}H^5 \langle {SO^3Na \atop OH} \\ C^6H^3 \langle {\atop (3)\ CH^3} \end{array}$$

1 molécule tolidinedisazo-α-naphtylamine;
2 molécules acide α-naphtolsulfonique NW.

(3) Gris direct?

déduire de la constitution chimique d'un colorant des conclusions exactes sur sa solidité; il est toutefois prouvé que dans beaucoup de cas la constitution chimique peut donner des indications utiles.

Il est à peine nécessaire de dire que la solidité à la lumière d'une matière colorante est indépendante de sa valeur commerciale, cette dernière étant déterminée uniquement par le prix de revient des matières premières, par la main d'œuvre et le bénéfice que le fabricant désire en tirer. De même nous ne devons pas supposer que la facilité d'emploi est en rapport avec la solidité, car quelques-uns de nos colorants artificiels les plus solides sur laine, tels que le rouge diamine solide, la tartrazine, etc., sont fixés de la manière la plus simple. D'un autre côté, l'intensité d'une couleur a une influence considérable sur sa solidité; une nuance claire d'un colorant solide, comme l'indigo, par exemple, passera relativement très vite à la lumière. Pour certaines matières colorantes, possédant un pouvoir tinctorial très considérable, le caractère fugace est encore accentué grâce à cette propriété même, car des quantités minimes suffisent pour teindre les fibres.

Il est intéressant d'examiner quelle est l'action de la lumière sur un mélange de couleurs. Une couleur fugace devient-elle plus solide en la mélangeant avec une couleur solide? Telle n'est pas mon opinion qui, du reste, est basée sur des observations générales, et je crois que si la lumière agit sur un mélange de couleurs c'est la couleur fugace qui passera, tandis que la couleur solide résistera à cette action. Un bleu cuvé, par exemple, est solide relativement à l'indigo qui entre dans sa composition; des additions d'orseille et de carmin d'indigo ne peuvent que nuire à sa solidité.

Après avoir passé en revue ces nombreuses matières colorantes artificielles, je pose encore une fois la question : d'où vient-il qu'elles sont généralement considérées comme fugaces?

En premier lieu, cela tient à ce que surtout parmi les colorants directs nous en avons un grand nombre de vraiment fugaces. En outre, toutes les matières colorantes qui furent en premier lieu retirées du goudron de houille appartenaient à une classe de colorants qui jusqu'à présent ne nous a fourni que des représentants fugaces; ces matières colorantes étaient la mauvéine (1), la fuchsine, le bleu de Nicholson (2), etc. Ces premiers représentants de la série des colorants artificiels étaient en effet préparés au moyen de l'aniline, et je crois que c'est précisément à cause du peu de solidité de ces premiers que tous les autres colorants artificiels ont été incriminés par l'opinion publique, pour laquelle le mot de couleur d'aniline est devenu synonyme de couleur fugace. Mais la science progresse, de nouveaux champs de recherche se sont ouverts, et quoiqu'il se prépare encore à présent artificiellement bien des couleurs fugaces, il y en a d'autres qui égalent en solidité, comme nous venons de le voir, les meilleures que nous connaissions de source naturelle.

La troisième cause, et c'est peut-être la principale, du peu de crédit que possèdent les colorants artificiels, est à chercher dans le fait que parmi les fugaces il y en a un grand nombre d'un emploi très facile et à cause de leur pouvoir colorant considérable, d'un prix de revient relativement peu élevé, ce qui fait que le teinturier, poussé par la con-

(1) Mauvéine : $C^{27}H^{25}Az^4Cl$, obtenu par oxydation d'aniline contenant de la toluidine.

(2) Bleu de Nicholson :

$$C\begin{cases} C^6H^2\begin{cases} AzHC^6H^5 \\ CH^3 \\ SO^3Na \end{cases} \\ C^6H^4.AzHC^6H^5 \\ C^6H^4.AzC^6H^5 \end{cases}$$

en traitant le bleu d'aniline par l'acide sulfurique concentré.

currence, les emploie souvent pour des articles destinés à un usage pour lequel ils sont absolument impropres.

En face de cette multitude de colorants nouveaux, une autre pensée se présente encore; nous nous demandons s'il n'y a pas une surproduction de matières colorantes fugaces? Le teinturier n'est-il pas confus en face de cet embarras de richesses, de façon à ne plus savoir où choisir?

Il y a beaucoup de vrai dans ceci. Une armée de chimistes s'occupe avec une rare adresse et beaucoup de persévérance à préparer de ces merveilleuses couleurs qui se succèdent avec une telle rapidité que le teinturier ne trouve pas le temps d'en faire une étude sérieuse, et il n'est pas étonnant par conséquent qu'il soit sujet à faire des erreurs dans leur emploi.

Mais tôt ou tard les couleurs fugaces devront céder la place à d'autres plus solides; le nombre de couleurs abandonnées pour une raison ou pour une autre est déjà maintenant considérable.

N'y a-t-il pas un moyen de rendre solide telle ou telle couleur fugace? Connaissant l'efficacité de mordants pour certaines matières colorantes, n'y a-t-il pas moyen de trouver un mordant qu'on puisse employer généralement dans ce but? Il me semble que la découverte d'un tel mordant est quelque peu chimérique, et néanmoins, chose curieuse, un certain nombre d'expériences faites dans ces dernières années tendent à recommander à cet effet le sulfate de cuivre ordinaire. Quelques-uns des échantillons que vous avez pu examiner montrent clairement que la solidité des laques obtenues au moyen de mordant de cuivre est généralement considérable. Cette particularité des combinaisons avec le cuivre n'a pas échappé à l'attention d'autres observateurs. Le docteur Schunck, par exemple, a observé, dans le courant de ses recherches sur la chlorophylle, la couleur verte solide que donne cette matière colorante, autrement très fugace avec le cuivre. Il y a d'un autre côté l'avis des teinturiers pratiques qui prétendent que l'emploi du sulfate de cuivre dans la teinture en cachou sur coton rend les couleurs beaucoup plus solides à l'action de la lumière.

L'emploi de mordant de cuivre pour les matières colorantes phénoliques semble assez naturel. Il y a quelque temps qu'il fut employé avec avantage pour rendre plus solides quelques colorants du groupe du rouge Congo, comme la benzazurine, pour lesquels on croyait jusqu'à ce moment pouvoir se passer de tout sel métallique.

M. Noelting et Herzberg ont observé que la solidité à la lumière est augmentée, surtout pour les colorants basiques, tels que la fuchsine, le violet de méthyle, le vert malachite, etc., par un passage ultérieur dans une solution de sulfate de cuivre, quoiqu'en beaucoup de cas la nuance soit considérablement ternie.

Encore plus récemment, M. A. Scheurer a constaté qu'en imprégnant ou foulardant certains tissus teints dans une solution de sulfate de cuivre ammoniacal, on arrive à leur faire gagner beaucoup en solidité à la lumière. M. Scheurer conclut de ses expériences que l'action protectrice du cuivre sur les couleurs est un fait général, apparemment applicable à toutes les couleurs, que cette action n'est pas due à la propriété du cuivre de pouvoir former des laques avec certains colorants, de même que l'union intime du colorant et du sel de cuivre n'est pas nécessaire. Son avis est plutôt que par le passage à travers la couche d'oxyde de cuivre la lumière est dépouillée de ses rayons actifs. — L'action souvent fortement réductrice de la lumière étant connue, et les connaissances sur la cause de la dégradation des couleurs faisant défaut, il me semble plutôt que l'influence protectrice du cuivre est due à son pouvoir oxydant qui contrebalance l'action réductrice de la lumière.

Il est intéressant de noter que MM. Gladstone et Wilson (1860), en proposant d'imprégner les tissus teints avec une substance incolore et fluorescente, telle que le sulfate de quinine, avaient les mêmes vues que M. Scheurer, c'est-à-dire que leur intention était de filtrer la lumière et de la priver de ses rayons ultra-violets actifs.

Nous ne pouvons pas dire jusqu'à quel point ces considérations sont fondées, mais nous faisons bien d'y porter notre attention dans le but d'élucider la question, car il est impossible de conserver les tissus teints dans le vide, comme le faisait Chevreul pour ses essais, et il n'est pas pratique de les imprégner d'un mastic ou d'un vernis pour empêcher l'arrivée de l'air et de l'humidité, comme le propose M. Laurie pour les peintures à l'huile.

L'action du foulon sur les couleurs teintes.

Après l'action de la lumière, qui est la plus importante, c'est l'effet que produisent sur les couleurs certaines opérations auxquelles on doit soumettre les tissus après la teinture, qui doit attirer notre attention.

Ces opérations varient beaucoup suivant les tissus et les articles, et sans les énumérer, je vous propose d'étudier en premier lieu l'action du foulon.

Une pièce de laine en quittant le métier à tisser a souvent une apparence rude et grossière, c'est avec intention et dans le but d'obtenir une certaine qualité de texture que la chaîne et la trame n'ont pas été mises en contact intime sur le métier. Cela est fait ultérieurement par le foulon, qui consiste à humecter les pièces avec une solution de savon et à les travailler ensuite dans des appareils de forme spéciale. Par cette opération, les fibres se mélangent intimement, se feutrent, et le tissu devient de plus en plus compact.

Durant cette opération, il faut tenir compte de plusieurs influences. Il y a en premier lieu à considérer l'action du savon alcalin; les couleurs ne doivent pas être dissoutes par ce dernier, elles ne doivent pas être détruites ou dégradées et ne doivent pas changer de nuance. En outre, si un tissu est composé de filés de couleurs variées, ces couleurs ne doivent pas décharger les unes sur les autres; les fils blancs en particulier doivent conserver leur pureté, autrement le tissu et les dessins perdent leur netteté, ou bien la marchandise prend un aspect sali et devient invendable.

L'action du foulon peut être déterminée au laboratoire en frottant ensemble les échantillons teints et de la flanelle blanche avec une solution concentrée de savon, ou mieux encore en cousant dans les échantillons teints des fils blancs de laine et en les soumettant ensuite à l'opération du foulon en même temps qu'une pièce blanche. L'examen attentif d'une série d'échantillons foulonnés de cette façon montre combien les matières colorantes se comportent différemment suivant les classes auxquelles elles appartiennent. Nous voyons que tous les colorants phénoliques ne se fixant que par l'intermédiaire d'un mordant, tels que l'alizarine, la céruléine, le quercitron, le campêche, sont solides au foulon. Pourquoi ces colorants ne déchargent-ils pas? C'est que dans ce cas la matière colorante se trouve sur la fibre en combinaison avec le mordant à l'état d'un précipité insoluble. La portion de ce précipité qui se trouve à la surface de la fibre est sans doute enlevée par le foulon; mais comme la matière colorante ne s'y trouve pas à l'état libre, mais combinée avec le mordant, elle ne peut pas se porter sur le mordant des fibres voisines ou bien teindre des fibres blanches non mordancées.

Je voudrais surtout attirer votre attention sur ce fait, que même ces colorants, tirant seulement sur mordants, peuvent décharger au foulon et salir les blancs, s'ils sont mal ou incomplètement appliqués sur la fibre.

Permettez-moi de répéter que, dans le cas qui nous occupe, le développement de la couleur est dû à une combinaison chimique entre le principe colorant et le mordant; la laque formée a donc une composition définie, une certaine quantité de colorant s'est combinée avec une certaine quantité de mordant.

Mais si la matière colorante est employée en excès, il peut arriver que la laque normale formée en premier lieu absorbe une nouvelle quantité de colorant, la combinaison normale se transforme alors en une combinaison plus acide. En outre, la laine elle-même absorbe une certaine quantité de matière colorante qui reste non combinée avec le mordant. S'il y a donc eu insuffisance de mordant ou excès de colorant, la partie non combinée ou mal combinée de ce dernier est enlevée par l'opération du foulon. Il est donc de la plus grande importance d'employer le mordant et le colorant dans les bonnes proportions. Le teinturier pratique pourra répondre : Ah! nous sommes bien loin de teindre d'après les poids moléculaires. C'est bien vrai, et malgré cela je voudrais me hasarder à dire que c'est l'observation de cette règle qui distingue le teinturier de l'avenir du teinturier routinier du passé.

Dans tous les cas, il est à recommander de fixer après la teinture encore une petite quantité de mordant, pour que la matière colorante absorbée par la laine soit aussi saturée complètement.

Passons à présent à l'examen des matières colorantes tirant directement sur laine sans l'intervention de mordants. Comment se comportent-elles vis-à-vis de l'opération du foulon ? Dans beaucoup de cas elles ne sont pas solides. La matière colorante qui tombe durant le foulon, ne serait-ce qu'en petite quantité, teindra tout le tissu, tachera le blanc et salira les nuances claires des fibres voisines.

Les matières colorantes se rapprochant quant à leur constitution chimique de la fuchsine, les écarlates azoïques, les dérivés nitrosés et quelques autres matières colorantes basiques et acides déchargent au foulon. Les nuances en elles mêmes ne sont pas appauvries, de sorte qu'une pièce teinte en uni peut être foulonnée sans inconvénient, pourvu que le savon employé soit de bonne qualité et ne soit pas trop alcalin.

Beaucoup d'autres colorants, par contre, tirant aussi directement, sont solides. Parmi le groupe des colorants du triphénylméthane, qui généralement ne résistent pas au foulon, il y a le bleu victoria (1) et le bleu de nuit qui font une exception remarquable (2). Il y a encore quelques représentants du groupe de l'éosine qui se distinguent par leur solidité au foulon, tels que la cyanosine (3), la phloxine (4), le rose bengale (5), etc. De même sont solides au foulon l'orseille, matière colorante phénolique et une autre matière colorante naturelle, le bleu indigo.

---

(1) Bleu Victoria (Bad.) :

$$C\left\{\begin{array}{l}(1)\ C^6H^4\ (4)\ Az(CH^3)^2 \\ (1)\ C^6H^4\ (4)\ Az(CH^3)^2 \\ C^{10}H^6\ (\alpha)\ Az\left\{\begin{array}{l}C^6H^5 \\ H \\ Cl\end{array}\right.\end{array}\right.$$

condensation de la phényl-α-naphtylamine avec le chlorure de tétraméthyldiamidobenzophénone.

(2) Bleu de Nuit (Bad.) :

$$C\left\{\begin{array}{l}(1)\ C^6H^4\ (4)\ Az(CH^3)^2 \\ (1)\ C^6H^4\ (4)\ Az(CH^3)^2 \\ C^{10}H^6\ (\alpha)\ Az\left\{\begin{array}{l}H \\ (4)\ C^6H^4\ (1)\ CH^3 \\ Cl\end{array}\right.\end{array}\right.$$

Condensation de la paratolyl-α-naphtylamine avec le chlorure de tétraméthyldiamidobenzophénone.

(3) Cyanosine :

$$C\left\{\begin{array}{l}C^6HBr^2 - OCH^3 \\ \quad\quad > O \\ C^6HBr^2 - OK \\ C^6H^2Cl^2 - CO - O\end{array}\right.$$

Méthylation de la phloxine.

(4) Phloxine :

$$C\left\{\begin{array}{l}C^6HBr^2 - OK \\ \quad\quad > O \\ C^6HBr^2 - OK \\ C^6H^2Cl^2 - CO - O\end{array}\right.$$

Brome et dichlorfluorescéine.

(5) Rose Bengale :

Tout le groupe du rouge congo est caractérisé par sa solidité au foulon. Ces mêmes colorants qui, comme nous l'avons vu, sont généralement si fugaces à la lumière, forment une classe spéciale parmi les colorants azoïques, et c'est grâce à cette solidité au foulon et au fait qu'ils teignent le coton directement sans mordant, qu'ils ont fait dans l'industrie des progrès très rapides, malgré leur peu de solidité à la lumière. Il est toutefois à noter que cette solidité au foulon ne se rapporte qu'à la laine : vis-à-vis du coton ces colorants n'ont pas la même propriété.

D'où vient que quelques-uns de ces colorants tirant directement déchargent hors du foulon tandis que d'autres ne le font pas? On pourrait être porté à répondre que probablement toutes les matières colorantes qui se fixent en bain alcalin déchargeront, vu que pendant le foulon la réaction alcaline prédomine. Jusqu'à un certain point cette explication est satisfaisante, vu l'instabilité générale de toutes les matières colorantes basiques à cet égard ; mais comment expliquera-t-on la solidité remarquable du rouge congo et de ses congénères qui se fixent en bain légèrement alcalin, et aussi le caractère fugace des colorants qui ne se fixent qu'en bain acide et qui devraient donc résister à une action alcaline?

L'explication suivante, confirmée dans beaucoup de cas, du moins, me semble assez admissible. Toutes les matières colorantes, solides au foulon, forment avec la substance de la laine des composés insolubles; mais cette dernière agirait dans ce cas comme mordant et formerait avec les colorants des laques à l'intérieur de la fibre.

Beaucoup de ces colorants directs, en particulier ceux qui se fixent sur laine en bain acide, ont le défaut de s'appauvrir durant le foulon, au point même d'être détruits complètement. Comme exemple, je citerai la fuchsine acide, les écarlates et les oranges azoïques, le carmin d'indigo, etc. Dans ce cas, la couleur est entièrement rétablie par un passage en acide sulfurique dilué et en acide acétique. La raison de cette décoloration est évidente ; l'alcali du savon neutralise l'acide du colorant en donnant un sel alcalin peu coloré ou bien incolore.

Quelques couleurs parmi celles qui se teignent directement comme parmi celles qui se teignent à l'aide d'un mordant, ont l'inconvénient de changer de nuance quand elles sont soumises au foulon. L'écarlate de cochenille devient plus terne, l'orseille devient violette, le jaune au curcuma devient brun et il est en ainsi avec d'autres encore.

Action de la lessive alcaline sur les couleurs.

La laine, qui est teinte avant d'être filée, est imprégnée d'huile dans le but de faciliter les opérations de la filature. Les filés ou les tissus faits avec de la laine ainsi teinte doivent être soumis à une cuisson (à 50—60° C) avec du savon, du carbonate de soude, ou un mélange des deux pour éliminer complètement l'huile. L'alcali plus concentré et la température plus élevée font que l'action de cette opération est plus énergique que le simple foulon. Les couleurs, dont la nuance est altérée ou appauvrie lors du foulon, sont encore beaucoup plus altérées par cette lessive. Quelques-unes, comme par exemple le bleu de Prusse, sont complètement détruites.

Les colorants sulfonés sont généralement très susceptibles à la cuisson alcaline, pour la même raison dont nous avons fait mention en parlant du foulon. Comme règle générale, les couleurs fixées par les mordants, les éosines, les colorants faisant partie de la classe du rouge congo, sont solides.

$$C\left\{\begin{array}{l} C^6HI^2 - OK \\ \quad\quad > O \\ C^6HI^2 - OK \\ C^6H^3Cl^2 - CO - O \end{array}\right.$$

Iode et dichlorofluorescéine.

L'action destructrice de la cuisson alcaline dépend, comme je l'ai déjà dit, de la quantité d'alcali libre et de la température.

Action de l'acide sulfureux.

Dans certains articles, les fibres blanches et les fibres teintes sont filées et tissées ensemble et on est obligé de soumettre la marchandise terminée à un blanchiment à l'acide sulfureux qui a pour but de rendre aux fibres blanches, salies par la série d'opérations, leur pureté antérieure.

Beaucoup de colorants acides et de colorants tirant sur mordants résistent à l'action de l'acide sulfureux, mais d'autres sont plus ou moins altérés ou entièrement décolorés, soit que la matière colorante se trouve réduite, ou que la laque colorée soit décomposée par les vapeurs acides.

Quelques colorants sont si sensibles à l'influence des vapeurs d'acide sulfureux, que les tissus qui en sont teints deviennent hors d'usage dans les villes où l'air est toujours plus ou moins chargé de ce gaz.

Tel est, par exemple, le cas pour le bistre de manganèse, dont je puis vous montrer la sensibilité en passant un échantillon dans une solution d'acide sulfureux, qui ne tarde pas à blanchir l'échantillon; d'un autre côté, le brun ou cachou, que je passe en même temps, résiste très bien à cette influence réductrice.

Une couleur très remarquable pour sa solidité à la lumière, aux acides et aux alcalis, est le noir d'aniline, et c'est cette même couleur qui, grâce à sa sensibilité à l'acide sulfureux, occasionna au début de sa fabrication d'innombrables ennuis. Il n'était pas rare autrefois que de grandes quantités de noir aniline, teint et imprimé, prenaient par un séjour prolongé dans les magasins une nuance verdâtre et devenaient par là invendables ; un passage dans l'alcali rétablissait quelque peu la nuance, mais le noir gardait toujours une tendance à redevenir vert. Cet inconvénient fut empêché en soumettant les noirs à une oxydation supplémentaire, qui changeait le noir sensible en un noir beaucoup moins susceptible à l'influence réductrice de l'acide sulfureux.

Action des acides.

La solidité aux acides est indispensable pour les colorants appliqués sur du coton destiné à être tissé avec de la laine blanche, et qui n'est qu'ultérieurement teinte avec des matières colorantes acides.

En outre, les couleurs de tous les articles destinés à être portés sur la peau devraient être solides aux acides, car la sueur contient des acides organiques, comme l'acide acétique, l'acide butyrique et d'autres; et quoique l'acidité de la sueur soit faible (elle est, en effet, quelquefois alcaline), elle peut avoir une influence sur les couleurs, surtout quand la sueur se concentre sur la fibre et que le frottement et la chaleur s'ajoutent pour faciliter son action.

Beaucoup de couleurs fixées sur mordants sont solides à l'acide, de même celles qui sont teintes en bain acide, pourvu que l'acidité ne soit pas trop forte. Les couleurs basiques et la plupart des colorants se rapprochant du rouge Congo sont très sensibles aux acides. La sensibilité du rouge Congo est devenue proverbiale, de sorte qu'il est même recommandé comme indicateur, une trace d'acide le faisant virer du rouge au bleu.

La solidité au frottement.

Une de nos couleurs les plus solides à tous les points de vue a le grave inconvénient de décharger au frottement, je veux parler du bleu cuvé. Comme colorants artificiels défectueux dans ce sens, nous avons surtout le vert malachite et le bleu Victoria; en général, toutes les matières colorantes basiques ont ce défaut plus ou moins. Les couleurs acides et les colorants du groupe du rouge Congo n'ont en général pas cet inconvénient. En outre, les colorants fixés par teinture sur mordants peuvent décharger quand ils sont mal teints. On doit éviter l'emploi de mordants ou de couleurs trop sensibles, qui peuvent se décomposer ou précipiter avant d'avoir pénétré complètement la fibre. C'est une règle en teinture qu'il faut employer les mordants et les colorants à l'état soluble; en outre, le mordant doit être complètement fixé, de façon à ne pas tomber en partie lors de la teinture et de se combiner avec le colorant au sein du bain de teinture. La cause immédiate de ce que beaucoup de couleurs déchargent au frottement est à chercher dans la présence d'une laque insoluble peu adhérente à la surface de la fibre teinte.

Pour le cas de la laine, ce défaut est souvent dû à un foulon insuffisant, à l'emploi d'une eau dure ou à une cause similaire. La fibre peut être couverte d'un savon calcaire ou d'un corps gras sous une forme ou une autre qui, ou bien fixe le colorant à la surface, ou empêche la pénétration du mordant ou de la matière colorante.

Mais à part ces causes générales, il y a des cas où ce défaut est intimement lié à la nature de la matière colorante et à son mode d'application. C'est le cas, en effet, pour le bleu indigo. L'indigo du commerce est une poudre bleue insoluble. On le transforme par réduction en bleu d'indigo, qui est soluble dans l'eau, et c'est dans cette solution que les pièces sont passées, exprimées et exposées ensuite à l'air. Par cette exposition à l'air, le blanc d'indigo soluble est retransformé en bleu d'indigo insoluble. L'indigo fixé de cette façon à l'intérieur de la fibre ne peut pas décharger, mais les pièces n'étant exprimées qu'imparfaitement, il y a une portion d'indigo blanc qui s'oxyde à la surface même à l'état d'une poudre bleue très peu adhérente à la fibre, et c'est cette partie qui décharge ensuite au frottement.

D'après tout ce que je viens de dire, vous comprenez l'importance qu'il y a pour le teinturier de se rendre compte de la sensibilité de ses couleurs vis-à-vis des différentes influences. Il n'est aucunement suffisant qu'il puisse faire rapidement quelques nuances demandées, car faire des couleurs impropres à l'usage ultérieur est, à mon point de vue, plus qu'inutile et touche plus ou moins à la fraude. Pour la teinture, il en est de même que pour une œuvre d'art qui nous dévoile immédiatement le caractère de l'artiste.

Par ceci même, l'existence de nos écoles de teinture est justifiée, et c'est dans ces écoles qu'on doit enseigner à nos jeunes gens d'obéir aux principes fondamentaux de leur art, et qu'on doit tâcher de résoudre pour le bien public les nombreux problèmes concernant l'application des matières colorantes. Certainement, personne ne désire acheter un rideau qui change de nuance au bout d'un mois, ou une robe qui soit passée après une promenade en été; en général, il ne devrait pas arriver qu'on livre des marchandises défectueuses à ce point-là.

Mais je dois rendre justice au teinturier et le décharger d'une partie du blâme. Il est sans doute souvent insuffisamment familiarisé avec les propriétés des couleurs qu'il emploie, mais souvent aussi il est trompé dans ses meilleures intentions par les exigences du marchand qui ne veut acheter qu'à bon marché.

Nous entendons souvent parler de la solidité incomparable des couleurs des productions d'art indiennes, de tapis, d'ornements d'église appartenant aux temps passés où, je tiens à le faire remarquer, on ne connaissait pas la concurrence, et le public, en général, est porté à croire que depuis ces temps-là nous n'avons pas fait de progrès en teinture, mais bien le contraire. La réflexion à faire dans ce cas serait bien triste; avec tous les avantages de la science moderne nous nous trouverions dans une condition inférieure à celle des alchimistes des temps passés!

Heureusement, il n'en est rien, et j'espère que j'ai pu vous montrer que nous n'avons aucunement besoin d'aller en arrière pour chercher des instructions de teinture auprès de nos aïeux, et que nous avons parmi nos couleurs modernes, faites avec les produits de distillation du goudron de houille, des représentants tout aussi solides, dans quelques cas plus solides, que celles employées par le passé.

La lecture de cet important mémoire a été suivie de la discussion ci-après transcrite.

M. F. Wardle ne partage pas les opinions du professeur Hummel. D'après lui, les colorants artificiels ont été beaucoup trop souvent employés au détriment des matières colorantes naturelles qui sont meilleures. Dans son voyage aux Indes, il rencontra un jour deux à trois mille hommes portant des turbans teints; la couleur des deux tiers environ était passée, le reste avait conservé la couleur primitive. Il constata que les turbans aux couleurs passées avaient été teints avec des couleurs d'aniline, tandis que les autres avaient été teints avec des colorants naturels. Le marchand, interrogé, lui répondit que ses clients ne voulant lui donner qu'une demi-roupie pour l'étoffe teinte, il ne pouvait employer de colorants naturels qui lui revenaient à deux roupies.

Il constate avec plaisir que, malgré toutes les recherches des chimistes, l'industrie de l'indigo est plus florissante dans les Indes que jamais, et il espère que cela durera encore longtemps, car c'est le meilleur bleu et son mordant est l'atmosphère, le plus actif de tous les mordants du monde.

On a beau dire que l'alizarine n'est autre chose que de la garance synthétique, c'est bien le cas au point de vue scientifique, mais en pratique il n'en est rien. M. Wardle se rappelle avoir vu des tissus rouges teints à Jeypore qui étaient plus solides et plus beaux que tout ce qu'il avait jamais vu comme rouge. Ces tissus étaient principalement teints avec du munjit, il les avait exposés au soleil pendant des mois sans remarquer aucun changement. Quant à lui, il était sûr que l'alizarine, quoique le colorant artificiel le plus solide, n'était pas comparable à la garance et au munjit. Il en est de même pour les nuances, celles obtenues avec la garance et le munjit sont bien supérieures à celles de l'alizarine.

M. le professeur Hummel vient de montrer un échantillon de rouge turc, mais c'était du rouge turc artificiel; à son avis, on ne peut pas l'appeler rouge turc, il serait très difficile pour un artiste de l'employer en peinture.

M. Wardle est tout prêt à rendre hommage au docteur Perkin et à ses successeurs, au point de vue scientifique, mais la question d'après lui doit être considérée aussi au point de vue artistique. Son voyage aux Indes l'a convaincu qu'il n'y avait aucune raison pour abandonner les anciennes couleurs en faveur des nouvelles. Les couleurs végétales, bien appliquées, ne sont pas de loin altérées par la lumière artificielle, comme le sont les nouvelles couleurs. Les couleurs naturelles en passant ne deviennent pas ternes; comme preuve, M. Wardle cite un certain nombre d'anciens habits égyptiens qu'il possède dans sa collection et dont les couleurs ont très bien résisté. Il les a exposés au soleil pendant tout un été lors de l'exposition de Manchester, et il a trouvé qu'ils n'avaient absolument pas changé de nuance.

Il y a sans doute des couleurs naturelles fugaces, telles que le curcuma, mais il a rencontré dans les Indes des teinturiers qui faisaient des nuances solides avec cette matière colorante. D'autres teinturiers de sa connaissance ont su faire des nuances solides avec des colorants passant pour fugaces, grâce au fait qu'ils avaient étudié les proportions exactes de matière colorante, de mordant et de fibre textile à employer.

Quant à la soie, il est convaincu que de toutes les matières colorantes mentionnées par M. Hummel, il n'y en a aucune qui soit véritablement solide. Comme chimiste, il respecte beaucoup toutes ces découvertes, et il emploie lui-même un grand nombre de matières colorantes nouvelles, mais aussi peu que possible, et seulement quand ses clients les lui demandent, ou quand il y est obligé à cause du prix de revient. Mais il a encore un établissement et là ses clients sont obligés de prendre ce qu'il leur donne; il n'y emploie que des matières colorantes naturelles et ne voudrait pas changer contre tous les colorants artificiels. Il n'en convient pas moins que le teinturier de nos jours ait à sa disposition un plus grand nombre de couleurs solides provenant du goudron de houille que de toute autre source. Pour lui, le tout est une question de proportions et de conditions à observer dans l'emploi des couleurs, des mordants et des fibres. On peut teindre les fibres avec les couleurs les plus solides et n'obtenir que des nuances fugaces (1).

(1) Nous croyons que M. Wardle est à peu près seul de son avis (*N. d. l. R.*).

ALCALOÏDES, PRODUITS PHARMACEUTIQUES, ESSENCES, EXTRAITS

Etude sur l'huile essentielle d'ail (Allium sativum).

Par M. F.-W. Sunmler.

(*Arch. der Pharm.*, Année 1892, p. 434.)

L'odeur particulière et si pénétrante de l'ail a amené de bonne heure les chimistes à s'occuper de la partie aromatique de cette plante, c'est-à-dire de son huile essentielle. Mais la difficulté de préparer une certaine quantité de cette essence qui n'existe dans la plante qu'en très faible proportion, et d'un autre côté les difficultés inhérentes à un travail de ce genre ne permirent qu'en 1844 à Wertheim d'obtenir des résultats précis. Ce chimiste parvint à caractériser dans l'essence d'ail un nouveau radical C^3H^5 qu'il nomma allyle. Or, on arrive par voie synthétique, à obtenir, dans l'iodure de propyline, un radical ayant la même composition C^3H^5; cet iodure de propyline, traité par le sulfocyanate de potasse, fournit de l'essence de moutarde artificielle, absolument identique à l'essence naturelle, et Wertheim démontra peu après qu'on pouvait aisément préparer l'essence de moutarde avec l'essence d'ail et réciproquement. Pour toutes ces raisons, on conserva au radical C^3H^5 le nom d'allyle, et l'on retrouve ce radical dans un assez grand nombre de composés naturels.

Après Wertheim, Hofmann parvint à préparer un sulfure de propyline, en partant de l'iodure : ce nouveau corps bout à 140°, a une odeur d'ail très prononcée, et Hofmann crut à son identité avec l'essence d'ail.

Cependant l'auteur avait conservé des doutes sur les conclusions posées par Wertheim, et de nouvelles recherches qu'il entreprit sur d'autres huiles essentielles sulfurées, celle de l'*Allium ursinum* (1) et de l'*Assa fœtida* (2) confirmèrent ses doutes.

Les idées fausses qu'on se faisait jusqu'alors sur la composition de l'essence d'assa fœtida, certaines particularités communes qu'elle avait avec celle d'ail, enfin la certitude résultant de ses recherches, que l'essence d'assa fœtida ne renfermait pas trace de sulfure d'allyle, décidèrent l'auteur à reprendre le travail de Wertheim, et ce sont les résultats qu'il a obtenus que nous allons exposer.

Composition et propriétés de l'huile essentielle d'ail.

L'essence qui a servi à cette étude est colorée en jaune clair et possède l'odeur caractéristique de la plante qui l'a fournie. Soumise à une température très basse, elle laisse déposer des cristaux, mais en très faible quantité. Son poids spécifique est supérieur à celui de l'eau, propriété déjà constatée par Wertheim : à 14°5, sa densité est de 1.0525.

D'après Wertheim, il est impossible de distiller cette essence : lorsqu'on la chauffe vers 150°, il se produit une décomposition très vive, accompagnée d'un dégagement tumultueux de gaz absolument nauséabonds. Cependant il prétend être arrivé à en vaporiser et condenser environ les 2/3 dans un bain d'eau salée bouillante : le produit recueilli était moins dense que l'eau ; l'auteur n'est pas arrivé à ce résultat; même après plusieurs heures d'exposition à une température de 130°, il n'a pu isoler trace de produit volatilisé.

L'essence d'ail brute est sensiblement plus dense que celle d'*Assa fœtida;* elle s'en différencie de plus par ses propriétés optiques : elle est en effet inactive.

Le potassium agit sur elle d'une manière très vive : le produit de la réaction est une

(1) *L. Annal. der Chem.*, t. 241, p. 90.
(2) *Archiv. d. Pharm.*, 1891, 1.

masse visqueuse, épaisse, ne cédant rien à l'éther, très peu de chose à l'alcool et renfermant une proportion considérable de sulfure de potassium.

Le chlore, le brome, l'iode s'y combinent aisément, mais il n'a pas été possible de purifier et d'analyser ces produits. L'acide azotique l'oxyde avec énergie : la réaction qui tend à être explosive fournit en dernière analyse de l'acide oxalique et de l'acide sulfurique.

L'essence d'ail brute ne renferme ni azote ni oxygène ; ce dernier caractère la différencie d'avec l'essence d'*Assa fœtida.*

L'analyse élémentaire de ce corps a donné les résultats suivants :

Carbone pour 100	= 44.63
Hydrogène pour 100	= 6.63
Soufre pour 100	= 48.82

Ces résultats, très différents de ceux publiés par Wertheim, lequel opérait d'ailleurs sur une essence volatilisée, ainsi qu'il a été dit, n'ont pas plus qu'eux de signification au point de vue de la composition de l'essence.

Celle-ci n'est pas en effet un produit homogène : lorsqu'on la soumet à la distillation fractionnée dans le vide, elle commence à bouillir, sous une pression de 16 millimètres, vers 65° : la distillation continue jusqu'à 125°, sans qu'il ait été observé un point fixe. Après plusieurs distillations, répétées en vue d'isoler autant que possible les diverses parties constituant l'essence brute, on a recueilli et examiné les portions recueillies dans les limites suivantes :

1re Portion, distillant au dessous de 70° (Pression de 16 millimètres).
2e Portion — entre 70° et 84°.
3e Portion — — 112° et 122°.
4e Portion, résidu de la distillation.

C'est dans la 2e et la 3e portion que se trouve la majeure partie des éléments qui composent cette essence.

Composition de la première portion.

Le liquide recueilli au-dessous de 70° est jaune clair, son odeur rappelle celle de l'oignon beaucoup plutôt que celle de l'ail. Sa densité est 1.0231. Pouvoir rotatoire nul. Le potassium y produit une réaction très vive avec dégagement de gaz.

L'analyse a donné les résultats suivants :

Carbone pour 100	= 48.20
Hydrogène pour 100	= 7.82
Soufre pour 100	= 43.98

composition qui répond à la formule $(C^3H^6S)^n$. On ne saurait admettre le premier terme de cette série (n = 1), en raison du point d'ébullition élevé du liquide analysé. Le second terme (n = 2) correspondant à la formule $C^6H^{12}S^2$ paraît être, au contraire, le produit isolé et analysé. En effet, sa densité de vapeur prise dans une atmosphère d'azote, en raison de son instabilité à haute température, a été trouvée égale à : $d = 5,32$ correspondant à un poids moléculaire de 154; calculé pour $C^6H^{12}S^2$: $d = 5,20$ — — 148.

Ce corps bout à 66°-69° sous une pression de 16 millimètres.

Traité par le zinc en poudre à une température de 130° environ, il fournit un dérivé moins sulfuré et dont la composition se rapproche de la formule $C^6H^{12}S$.

Il est à remarquer que, dans tous les composants de l'essence d'ail, l'action du zinc n'est pas aussi nette que pour l'essence d'*Assa fœtida;* elle doit se compliquer ici de réactions secondaires.

L'essence d'ail renferme environ 6 pour 100 de ce bisulfure; celui-ci donne avec le bichlorure de mercure en solution alcoolique, avec le chlorure d'or, etc. de volumineux précipités peu solubles dans l'alcool.

Par oxydation, ce bisulfure donne de l'acide carbonique, oxalique, sulfurique et les premiers termes de la série des acides gras jusqu'à l'acide propionique inclusivement.

D'après ces réactions, on peut donc considérer ce corps $C^6H^{12}S^2$ comme un bisulfure d'allyle et de propyle :

$$C^6H^{12}S^2 = \begin{array}{c} C^3H^5S \\ | \\ C^3H^7S \end{array}$$

Son inactivité optique vient encore confirmer cette hypothèse.

Composition de la deuxième portion.

Cette portion est la plus importante, car elle constitue environ les 60 centièmes de l'essence brute : son point d'ébullition = 70-84°, sous la pression de 16 millimètres. Elle est d'un jaune clair et possède l'odeur franche de l'ail. Elle est sans action sur la lumière polarisée. Son poids spécifique à 14°,8 est égal à 1,0237, peu différent de celui de la première fraction, mais inférieur à celui de l'essence brute ; on retrouvera dans la troisième portion un produit d'une densité supérieure qui explique cet écart.

Soumis à plusieurs fractionnements, le liquide bouillant entre 70 et 84° a fourni des produits d'une densité et d'une composition chimique sensiblement identiques, ce qui prouve son homogénéité. Cependant, c'est entre 79° et 81° que distille la majeure partie de ce produit.

La composition centésimale trouvée à l'analyse est de :

Carbone pour 100..	= 48.40		Carbone pour 100..	= 49.31
Hydrogène pour 100.	= 6.99	Calculée pour $[(C^3H^5)^2S^2]^n$ elle devient	Hydrogène pour 100.	= 6.85
Soufre pour 100....	= 44.08		Soufre pour 100...	= 43.84

La formule C^3H^5S est inadmissible : la densité de vapeur a conduit à la formule $(C^3H^5)^2S^2 = C^6H^{10}S^2$.

On a trouvé en effet :

$d = 5.2$ correspondant à un poids moléculaire de 150.

Calculé pour $C^6H^{10}S^2$, $d = 5.5$ correspondant à un poids moléculaire de 146.

La réduction à l'aide du zinc en poudre a donné une huile incolore, bouillant à 135-139 à la pression ordinaire et répondant sensiblement à la formule $C^6H^{10}S$.

Ici encore, on est donc en présence d'un bisulfure : ce n'est pas un mercaptan, car l'oxyde de mercure n'a aucune action sur lui, même à 100°.

Sous l'influence du potassium, il dégage de l'hydrogène, il est vrai ; mais en dehors du sulfure de potassium, il ne se produit que des traces d'un composé organique non étudié.

Les haloïdes sont facilement absorbés par ce bisulfure, preuve de l'existence dans sa molécule de radicaux non saturés.

L'oxydation à l'aide de l'acide nitrique, même très étendu, du permanganate de potasse ou de l'acide chromique, ne fournit que de l'acide carbonique, des acides oxalique, formique et acétique.

On peut donc admettre que chaque atome de soufre se trouve uni à un radical allyle, et que la constitution de ce corps peut être représentée par :

$$C^6H^{10}S^2 = \begin{array}{c} C^3H^5S \\ | \\ C^3H^5S \end{array}$$

Composition de la 3e portion.

Point d'ébullition = 112-122°, sous la pression de 16mm.

Entre 84 et 112°, la distillation fournit peu de chose; le thermomètre monte rapidement jusqu'à 112°, et c'est entre cette température et 122° que distillent environ 20 pour

100 de l'essence brute. Le produit ainsi obtenu possède au plus haut degré l'odeur désagréable, pénétrante de l'ail.

Sa densité, qui est de 1.0845 à 15°, est supérieure à celle de l'essence brute et à celle des liquides distillant à une température inférieure.

Le liquide ainsi obtenu, dans les limites de température indiquées, est homogène, ainsi qu'en témoignent la constance de son poids spécifique et sa composition chimique, pour des prises d'essai faites à différentes températures.

A l'analyse on a obtenu les résultats suivants :

Carbone pour 100	= 40.88
Hydrogène pour 100	= 6.03

Or, si on observe que le point d'ébullition de ce corps est bien supérieur à celui du bisulfure d'allyle, que la richesse en carbone et hydrogène a notablement diminué, et que le rapport entre le carbone et l'hydrogène est précisément celui qui existe dans le radical allyle, on est forcé d'admettre que ce produit est plus riche en soufre que le précédent, les autres éléments restant dans le même rapport.

La combinaison répondant à la formule $C^6H^{10}S^3$ exige en effet :

Carbone pour 100	= 40.45
Hydrogène pour 100	= 5.62
Soufre pour 100	= 53.93

Cette composition est d'autant plus admissible que le produit en question, soumis à l'action du zinc en poudre, fournit un liquide huileux dont l'odeur et la composition établie par l'analyse concordent avec le monosulfure $C^6H^{10}S$, distillant à 132-140°.

Ajoutons que le potassium produit sur le corps $C^6H^{10}S^3$ les mêmes réactions que sur le bisulfure $C^6H^{10}S^2$.

La formule de constitution de ce trisulfure paraît devoir être :

$$C^6H^{10}S^3 = C^3H^5S - S - SC^3H^5.$$

Résidu de la distillation au-dessus de 122°.

Ce résidu, se présentant sous forme d'un résidu visqueux brun, possède une odeur pénétrante désagréable ; à très basse température, il abandonne, comme l'essence brute, des cristaux trop peu abondants pour qu'on ait pu les isoler.

L'analyse faite de ce produit démontre que le carbone et l'hydrogène s'y trouvent toujours dans le rapport constant correspondant à C^3H^5, mais avec une plus forte teneur en soufre, ce qui permettait de lui attribuer la formule $C^6H^{10}S^4$. La réduction par le zinc a fourni comme plus haut l'huile incolore bouillant à 132-140°, et répondant à la formule $C^6H^{10}S$.

Conclusions. — De ce qui précède, il résulte que les produits isolés de l'essence d'ail brute diffèrent essentiellement de ceux qu'on avait l'habitude de considérer comme faisant partie intégrante de cette essence.

D'après Wertheim, en effet, cette huile essentielle se compose presque en totalité de sulfure d'allyle $(C^3H^5)^2S$; d'après Wright et Berkett (1), elle renferme un sesquiterpène $C^{15}H^{24}$ bouillant à 253°9.

Or l'essence qui a servi à cette étude, et qui a été préparée avec les soins les plus méticuleux, ne renferme trace ni de l'un ni de l'autre de ces dérivés.

En effet, le sulfure d'allyle, d'après les observations faites sur un produit absolument pur et préparé spécialement en vue de cette vérification, bout à 137-140°, à la pression ordinaire, et vers 37-39° sous une pression de 15mm,5 ; on aurait donc dû le retrouver dans la première portion bouillant au-dessous de 70° sous la pression de 16 milli-

(1) *Vgl. Jahresb. d. Chem.*, 1876, p. 398.

mètres ; or, dans cette fraction, les produits volatils ne commencent à distiller que vers 60-65°.

De plus, la teneur en carbone et hydrogène du produit distillé à cette température et le rapport du carbone à l'hydrogène ne permettent pas d'admettre la présence du sulfure d'allyle.

Pour les mêmes raisons, la présence d'un sesquiterpène doit être écartée ; ni le point d'ébullition, ni les résultats d'analyse, ne permettent cette hypothèse ; quant à supposer que ce sesquiterpène, bouillant vers 130° sous une pression de 16 millimètres, soit resté dans le résidu de la distillation arrêtée à 122°, c'est également impossible, étant donné l'action du potassium ou du sodium sur ce résidu. Si ce sesquiterpène existait, le métal alcalin ne l'attaquerait pas, et il pourrait distiller ultérieurement sans inconvénient, ce qui n'a pas lieu.

Force est donc d'admettre que les recherches précédentes sur le même sujet ont été faites sur un produit brut impur ou déjà partiellement décomposé par des distillations mal conduites.

En résumé, il résulte de ce qui précède que :

L'essence d'ail ne renferme pas de sulfure d'allyle, ni de sesquiterpène ; les corps qui la constituent se rapprochent des dérivés sulfurés de l'essence d'*Assa fœtida*.

Cette essence renferme environ 6 pour 100 de $C^6H^{12}S^2$; 60 pour 100 de $C^6H^{10}S^2$ et le reste de composés polysulfurés du même radical allyle, tels que $C^6H^{10}S^3$ et $C^6H^{10}S^4$.

Le produit $C^6H^{12}S^2$ paraît être un bisulfure ; il bout à 66-69° sous 16 millimètres de pression. Le zinc le réduit à l'état de $C^6H^{12}S$, dont la densité à 15° est de 1.0231.

Le produit $C^6H^{10}S^2$ est également un bisulfure : Densité à 14°8 = 1.0237 ; la distillation sur très peu de potassium le livre à l'état de liquide huileux, incolore, bouillant à 78-80° (H = 16 millimètres).

Enfin les produits bouillant à une température supérieure sont constitués par des dérivés polysulfurés du radical allyle ; tous sont susceptibles, comme le bisulfure $C^6H^{10}S^2$, de fournir par réduction à l'aide du zinc en poudre, un monosulfure $C^6H^{10}S$, bouillant à 135-139°. A. HELD.

Etude sur l'huile essentielle d'oignon (Allium Cepa).

Par M. F.-W. SEMMLER.

(*Arch. der Pharm.*, année 1892, p. 443.)

Les rapports étroits qui existent entre les deux plantes, d'une odeur analogue, laissaient supposer que la composition de l'huile essentielle d'oignon était la même que celle de l'essence d'ail.

Dans tous les ouvrages, et d'après les conclusions de Wertheim, il est dit que l'essence d'oignon renferme du sulfure d'allyle.

L'auteur, dans la série de ses recherches sur les essences de ce groupe, n'a pu arriver à en vérifier la présence, pas plus que celle du bisulfure et du sulfure d'hexényle, indiqué par Hlœsivitz, comme entrant dans sa composition.

Composition et propriétés de l'essence brute d'oignon.

5,000 kilogrammes d'oignons soumis à la distillation ont fourni 233 grammes d'une huile essentielle, mobile, colorée en brun foncé. Sa densité est de 1.0410 à 8°7. Elle dévie à gauche la lumière polarisée (—5° pour une longueur de 100 millimètres), ce qui la différencie de l'essence d'ail.

Cette essence renferme des radicaux non saturés, car elle absorbe avidement le chlore et le brome, avec forte élévation de température.

L'acide sulfurique concentré ne la colore pas en rouge. Le potassium et le sodium s'y dissolvent avec dégagement de gaz, et l'élévation de température est telle que fréquemment l'inflammation s'est produite. Elle renferme du soufre, mais pas d'azote ni d'oxygène.

La composition de l'huile brute est la suivante :

Carbone pour 100	= 48.79
Hydrogène pour 100	= 8.23
Soufre pour 100	= 43.37

Soumise à un refroidissement énergique, elle laisse déposer de petites quantités de cristaux brillants.

Distillée à la pression ordinaire, elle se décompose dès 160° avec dégagement de gaz infects.

Sous une pression de 10 millimètres, elle distille sans décomposition entre 64 et 125°, et le résidu est constitué par une huile épaisse, brun foncé, d'une odeur repoussante, et d'où se déposent les mêmes cristaux que ceux déjà mentionnés.

Les recherches ont porté sur trois fractions :

1° Liquide distillé au-dessous de 100° ;
2° Liquide distillé entre 100-125°;
3° Résidu de la distillation.

I. — *Portion passant au-dessous de* 100°, *sous la pression de* 10 *millimètres.*

Liquide jaune clair, d'une odeur rappelant celle de l'oignon, pas désagréable. Densité à 12° = 1.0234. Elle dévie à gauche d'environ 4°.

Avec le bichlorure de mercure, elle donne un précipité blanc, peu soluble dans l'alcool bouillant, d'où il cristallise par refroidissement en aiguilles incolores.

A l'analyse elle donne :

Carbone pour 100	= 47.45
Hydrogène pour 100	= 8.63

On voit que, par rapport à l'essence brute, la proportion de carbone a diminué et celle de l'hydrogène a augmenté.

L'oxyde de mercure est sans action sur elle, même à 100°, ce qui prouve qu'elle ne renferme pas de mercaptan.

De même, en raison de l'abaissement du taux de carbone dans cette portion, on ne peut y admettre la présence d'un terpène.

Si on la traite par très peu de potassium et qu'on distille rapidement, on obtient à 68-69°, sous une pression de 10 millimètres, un liquide incolore, dont la composition répond à $[(C^3H^7)S]^n$. Le premier terme possible de la série est $C^6H^{14}S^2$, dont la densité de vapeur calculée est de 5.19, et qui a été trouvée égale à 5.23.

II. — *Portion distillant entre* 100 *et* 125 *degrés.*

Ce liquide, d'un jaune foncé, a une densité de 1,0385, peu différente de celle du précédent. En opérant comme plus haut, on arrive à isoler dans cette portion un corps répondant, par sa composition, à la formule $C^6H^{12}S^2$, et fournissant sous l'influence du potassium $C^6H^{14}S^2$. De plus, elle renferme en petites quantités un corps plus riche en carbone et hydrogène, qui d'après son poids spécifique et son point d'ébullition est peut-être identique avec une des huiles qu'on trouve dans l'essence d'*Assa fœtida*, bouillant entre 112°-130°, $C^{10}H^{18}S^2$ ou $C^{11}H^{20}S^2$. En résumé, les portions volatiles de l'essence d'oignon sont constituées, pour la majeure partie, par le corps $C^6H^{12}S^2$: celui-ci n'est ni un monosulfure, ni un mercaptan; de plus, le zinc en poudre lui enlève facilement son atome de soufre et donne comme avec l'essence d'ail le monosulfure $C^6H^{12}S$, bouillant à 130°.

L'action des agents oxydants sur cette essence d'oignon n'a fourni aucune indication sur sa constitution et la théorie seule est impuissante à résoudre ce problème. De nouvelles recherches en donneront peut-être la solution.

III. — *Résidu de la distillation.*

Ce résidu est constitué par une masse visqueuse, brun foncé, d'une odeur désagréable : d'après l'analyse, il renferme un ou plusieurs corps plus riches en soufre que les précédents, et qui, sous l'influence du zinc en poudre, fournit le corps $C^6H^{12}S$.

Conclusions. — L'essence d'oignon ne renferme, pas plus que l'essence d'ail, de sulfure d'allyle ou de terpènes. Cette essence, d'une densité de 1.041 à 8°7, est jaune foncé; elle dévie à gauche la lumière polarisée. Elle est constituée principalement par un corps $C^6H^{12}S^2$, bouillant entre 75-83° (H = 10 millimètres), d'une densité de 1,0234 à 12°, qui, distillé sur très peu de potassium, fournit un produit incolore. Une plus grande quantité de potassium le transforme en $C^6H^{10}S^2$, bouillant à 68-69° (H = 10 millimètres). La poudre de zinc le transforme en $C^6H^{12}S$, bouillant à 130°.

Par oxydation, on le transforme en acides carbonique, oxalique, sulfurique, propionique, formique et acétique.

Outre ce produit principal, l'essence d'oignon renferme des produits plus sulfurés, mais contenant les mêmes radicaux, car la réduction à l'aide du zinc reproduit le corps $C^6H^{12}S$. Enfin les portions bouillant au-dessus de 100° renferment encore de petites quantités d'un corps paraissant être identique avec un des corps sulfurés bouillant à haute température, qu'on a caractérisés dans l'essence d'*Assa fœtida.*

Le Chloralose.

MM. Hanriot et Ch. Richet ont préparé, à l'état de pureté, un corps indiqué, dès 1889, par M. Hefter, et qui résulte de la combinaison du chloral et du glucose, C'est un anhydroglucochloral, que les auteurs proposent d'appeler *chloralose.* Pour le préparer, on chauffe à 100° parties égales de chloral anhydre et de glucose sec. La masse, abandonnée au refroidissement, est traitée par l'éther bouillant. Les parties solubles dans l'éther, additionnées d'eau, sont distillées à plusieurs reprises, jusqu'à ce que tout le chloral ait été chassé. Le résidu final est soumis à des distillations successives qui permettent de séparer un corps α et un autre β. Le corps α est le chloralose. Il cristallise en fines aiguilles, dont le point de fusion se tient aux environs de 184-186°, se volatilise sans décomposition, et répond à la formule $C^8H^{11}Cl^3O^6$. Traité par la potasse, il ne donne pas de glucose, contrairement à l'opinion de M. Hefter. Le chloralose est peu soluble dans l'eau froide, assez soluble dans l'eau chaude et dans l'alcool. La modification β, au contraire, est difficilement soluble, même dans l'eau chaude : c'est le *parachloralose,* qui cristallise en lamelles nacrées, dont le point de fusion est à 229°,

Les auteurs ont expérimenté les effets physiologiques et thérapeutiques de ces corps et ils ont trouvé que, tandis que le parachloralose est à peu près inerte, le chloralose, au contraire, que M. Hefter considérait d'ailleurs comme éminemment toxique, est doué de deux propriétés qui paraissent contradictoires : *il est hypnotique et il augmente l'excitabilité de la moelle épinière.* MM. Landouzy et R. Moutard-Martin ont recueilli de précieux résultats de l'emploi du chloralose, administré à la dose de 0gr.,8, à des malades atteints d'insomnie rebelle, et ils ont pu constater qu'il n'y avait, au réveil, ni trouble digestif, ni céphalalgie, ni aucun phénomène d'intoxication.

Il est à noter, cependant, que les auteurs recommandent expressément de ne pas dépasser la dose de 1 gramme, qualifiée par eux de *dose forte.* Il en résulte que le chloralose est un médicament qu'il faut manier avec la plus grande prudence.

Ajoutons, pour être complet, que la Société Bain et Fournier a breveté la fabrication du chloralose considéré comme *antiseptique.* Nous renvoyons à l'analyse des brevets où ce dernier sera prochainement décrit.

CHIMIE ANALYTIQUE APPLIQUÉE

Etude sur les procédés de détermination du chrome, du cuivre et du nickel dans les aciers contenant ces métaux (1).

Méthodes nouvelles pour ces analyses.

Par M. ALFRED ZIÉGLER.

(*Dingler's Polytechnisches Journal*, août 1892, p. 140.)

I. — SUR L'ANALYSE DES ACIERS CHROMÉS.

Depuis ma première publication sur ce sujet (2), j'ai soumis les diverses méthodes d'analyse des aciers chromés à une revision critique en m'attachant surtout à les simplifier et à les améliorer. J'indique ci-dessous quatre méthodes différentes, toutes quatre satisfaisantes; chacun pourra choisir celle qui lui conviendra le mieux ou qu'il pourra réaliser, dans son laboratoire, avec les ustensiles et les réactifs dont il dispose.

Première méthode.

La substance, acier chromé, est dissoute dans trois fois environ son poids d'acide chlorhydrique. On opère sur 1 ou 2 grammes de métal, dans une capsule en porcelaine. La dissolution achevée, on oxyde au moyen d'eau oxygénée ou d'acide nitrique et on évapore à sec. On passe le produit dans un creuset en argent, en essuyant la capsule avec un morceau de papier à filtrer humecté d'acide chlorhydrique fort; le creuset a reçu au préalable, par chaque gramme de métal attaqué, 6 grammes de soude caustique solide et 3 grammes de nitrate de sodium.

A défaut de creuset d'argent, on emploie un creuset en platine avec le fondant soude-salpêtre (120 parties NO^2CO^3 + 80 parties $KAzO^3$), mais les résultats sont moins bons.

Après fusion, on reprend par l'eau, on traite la liqueur par l'acide carbonique à refus, on évapore à sec et reprend par l'eau. On filtre et lave à l'eau légèrement alcalinisée par Na^2CO^3.

Le résidu (oxyde de fer) est soumis à une seconde fusion alcaline oxydante, dans les mêmes conditions que la première. S'il arrivait d'extraire encore une quantité notable de chromate, on procéderait à une troisième fusion.

Deuxième méthode.

Celle-ci ne diffère de la première que par le moyen employé pour l'attaque du métal. Si j'en parle avec quelques détails, c'est avant tout afin d'indiquer un procédé pratique de dissolution des fontes et aciers par le chlorure de cuivre et d'ammoniaque. On s'en référera à mes précédents mémoires (*loco citato*) pour les grandes lignes du procédé.

L'échantillon d'acier, enlevé au foret, d'un poids considérable d'après la teneur de l'élément à doser (pas moins de 1 gramme), est placé dans un matras conique A (Erlenmeyer) bouché avec un caoutchouc à trois trous. Par l'un de ces trous *a* débouche un tube coudé à angle droit, relié par un caoutchouc assez long et léger avec un appareil générateur de gaz carbonique.

---

(1) Voir *Moniteur scientifique*, année 1892, p. 56.

(2) *Moniteur scientifique*, année 1890, p. 486 et 600; année 1891, p. 705.

La seconde ouverture *b* livre passage à un tube deux fois courbé comme le montre la figure. Enfin l'ouverture *c* reste libre ; on la bouche avec le doigt lorsqu'on veut chasser par le tube *b* le liquide du matras, sous la pression du gaz carbonique, pour le passer sur le filtre B préparé d'avance.

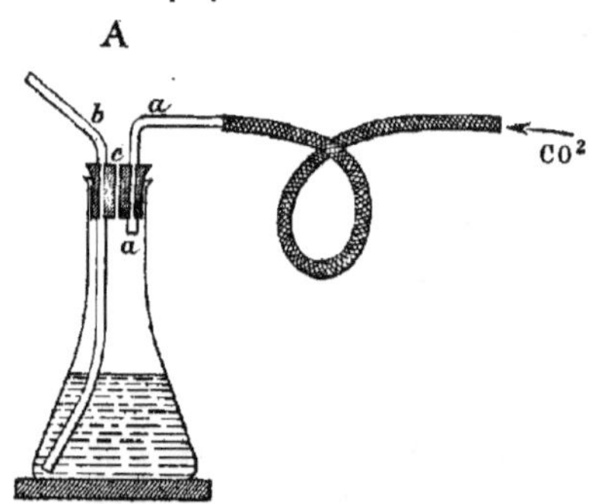

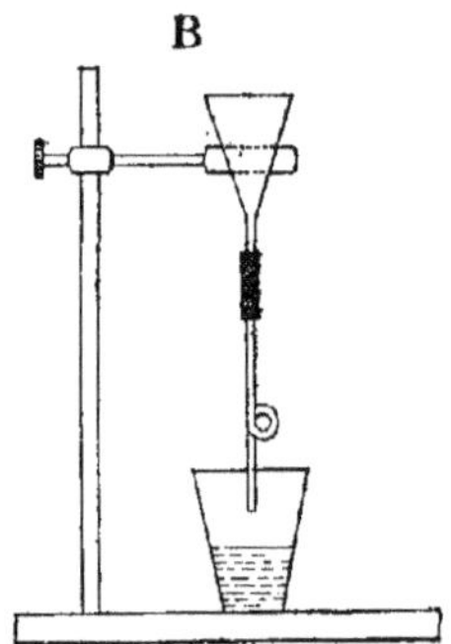

Le matras étant plein de gaz carbonique, on y verse 50 centimètres cubes par gramme d'acier à dissoudre ; de liqueur de chlorure de cuivre et d'ammoniaque, chauffée au préalable vers 70° centigrades. L'attaque commence aussitôt, on l'active en agitant doucement le matras ; suivant le poids et l'état de fragmentation de l'acier, la dissolution demande de 15 à 45 minutes. Autant pour protéger le matras que pour ralentir le refroidissement, on pose l'appareil sur une plaque de carton d'amiante. Le courant du gaz n'est interrompu qu'alors qu'on a amené sur le filtre, en inclinant convenablement le matras et bouchant l'orifice *c*, la totalité du liquide ; si un dépôt ferreux reste adhérent aux parois, on ne devra le dissoudre avec un acide que si c'est le carbone qui fait le sujet de l'analyse. Si c'est le chrome que l'on dose, on nettoiera les parois avec un tortillon de papier qu'on brûle ensuite en même temps que le filtre.

Pour le reste du traitement, on suivra les indications du § 1.

Troisième méthode.

a) On oxyde 1 ou 2 grammes d'acier (suivant la teneur en chrome) par quelques gouttes d'acide nitrique $d = 1.2$, dans un creuset de platine ; on sèche et l'on attaque au bisulfate de sodium. On peut négliger l'oxydation préalable, mais l'opération est alors beaucoup plus longue.

b) On peut aussi préparer l'échantillon en le dissolvant dans l'acide sulfurique étendu, évaporant et chauffant jusqu'à l'apparition de fumées blanches. On laisse refroidir, on redissout dans quantité suffisante d'eau au bain-marie. Le résidu filtré contient toute la silice avec de petites quantités de chrome et d'autres substances. Pour des dosages précis, on en tiendra compte ; dans ce cas, je calcine ce résidu, je chasse la silice par HFl et j'attaque de nouveau par $NaHSO^4$ qui alors dissout le tout.

La liqueur obtenue suivant *a*) ou *b*) est chauffée et additionnée peu à peu de solution de permanganate à 8 grammes $KMnO^4$ par litre. L'oxyde de chrome passe tout entier à l'état de chromate. On ajoute du sel de soude sec, par petites portions, pour éviter des débordements, jusqu'à réaction alcaline, on laisse déposer, décante et jette sur filtre. Pour la suite, on traite la liqueur comme celle provenant de l'oxydation par l'alcali fondant et le salpêtre de la méthode 1.

On peut aussi étendre la liqueur, sans tenir compte du précipité, à un volume connu, et faire le dosage sur une partie aliquote filtrée.

Quatrième méthode.

Celle-ci offre certains avantages, mais elle demande beaucoup d'attention si l'on veut être sûr des résultats.

On dissout dans l'acide chlorhydrique, on évapore à sec et maintient pendant quelques heures à 120° environ. On reprend par l'alcool fort qui dissout la plus grande partie des chlorures de fer et autres, et laisse le chlorure de chrome. On filtre dans le vide et on traite le résidu comme en I.

On s'assure que la solution alcoolique ne contient pas de chrome.

Observations d'ensemble sur les méthodes précédentes.

Quelle que soit la méthode d'attaque, on vérifiera toujours la pureté de l'oxyde de chrome pesé (1).

Le procédé 3 peut être combiné avec la méthode de Reinhardt, par précipitation de l'oxyde de zinc après réduction par l'acide hypophosphoreux.

La solution chromique est quelquefois assez difficile à réduire, surtout en présence d'un grand excès d'acide chlorhydrique et d'acide nitrique (attaque au salpêtre). L'addition d'un peu d'alcool rend la réduction, dans tous les cas, facile et complète.

La précipitation de l'oxyde de chrome par l'ammoniaque, plus ou moins rapide suivant le degré d'oxydation, doit se faire, à défaut d'ustensiles en platine, dans une bonne capsule de porcelaine. On aura soin de ne pas laisser l'agitateur en verre baigner dans la liqueur chaude; la silice, provenant de l'attaque du verre par l'ammoniaque, serait recueillie et pesée avec l'oxyde de chrome.

J'ai fait de nombreuses analyses d'aciers dont la teneur en chrome variait de 0.37 à 1.7 pour 100. C'est la méthode 1 qui a donné les meilleurs résultats.

II. — Des méthodes de dosage du cuivre dans l'acier et le fer.

1. — On sait que le cuivre est entièrement précipité de ses solutions dans l'acide chlorhydrique faible par l'hydrogène sulfuré. En dissolvant le fer ou l'acier dans HCl, il peut rester du cuivre dans le résidu, sous forme de sulfure. On devra s'assurer que le résidu insoluble dans HCl n'en contient pas.

2. — A.-V. Reis a décrit (*Stahl und Eisen*, 1889, p. 720 et 1891, p. 238) un procédé de précipitation de l'arsenic et du cuivre dans le fer au moyen du sulfocarbonate d'ammoniaque. Ce réactif s'obtient en agitant un mélange de :

Sulfure de carbone	100 centimètres cubes.
Ammoniaque concentrée	500 —
Alcool à 95 pour 100	300 —

Lorsque tout le sulfure de carbone est dissous, on étend la liqueur à 4 litres. Elle doit être conservée à l'abri de l'air et de la lumière.

Voici comment l'on opère :

Pour une fonte, un ferro-manganèse, un acier, on prend 10 grammes. Si l'on présume, ou si les essais préalables ont fait reconnaître une addition expresse de cuivre (bronze d'acier, etc.), on se contente d'opérer sur 1 gramme, ou même moins.

On dissout l'échantillon dans une capsule de porcelaine couverte avec la quantité nécessaire d'acide chlorhydrique étendu de moitié de son volume d'eau. On achève la dissolution par l'ébullition. On évapore à sec, on reprend par l'eau et on filtre. Le résidu de silice, qui peut contenir entre autres de petites quantités de cuivre, est traité par HFl et H^2SO^4 et attaqué par le bisulfate de soude fondant; tout se dissout; on filtre et on précipite à part par H^2S, on ajoute cette portion à la liqueur principale.

Dans la liqueur chauffée, on porte maintenant 2 ou 5 grammes, selon le poids de l'échantillon, d'hypophosphite de sodium solide. La réduction achevée, on étend avec de l'eau chaude de manière à faire un volume total de 200 à 700 centimètres cubes, et

(1) Le procédé de M. Armand Perrault, décrit dans le *Moniteur scientifique* d'octobre 1892, p. 722, s'appliquerait sans doute à ces analyses.

on ajoute de 5 à 10 centimètres cubes de la solution de sulfocarbonate d'ammonium. On agite bien, et lorsque le précipité de sulfure s'est déposé, on le recueille sur un filtre. On lave sans désemparer avec la mixture suivante :

Eau distillée chaude................................	500	centimètres cubes.
Solution sulfocarbonique............................	5	—
Acide chlorhydrique concentré.......................	10	—

Le filtre encore humide est passé dans un creuset de porcelaine, incinéré avec précaution, puis chauffé finalement au rouge faible pendant 5 minutes. L'oxyde de cuivre est pesé.

3. — Comme contrôle, ou même pour la détermination directe du cuivre, on peut se servir de la méthode colorimétrique, qui remplace la pesée avec une exactitude suffisante dans la plupart des cas.

On dissout l'échantillon par HCl et on traite le résidu, s'il y a lieu, comme précédemment.

Les liqueurs réunies sont précipitées par H^2S ; le sulfure est recueilli sur un filtre, puis, après incinération et grillage, dissous dans $HAzO^3$.

La solution cuivrique est concentrée au bain-marie, puis additionnée, avec précaution, d'ammoniaque, jusqu'à ce que le précipité d'abord formé soit exactement redissous.

On passe à travers un petit filtre (qui retient les flocons d'hydrate d'oxyde de fer, qui se produisent le plus souvent) directement dans l'un des tubes du colorimètre (appareil d'Eggertz).

On notera que non seulement l'intensité mais aussi la *nuance* de la liqueur à essayer doit être exactement la même que celle de la liqueur de cuivre de comparaison. C'est pourquoi il ne faut pas ajouter un excès d'ammoniaque, mais seulement la quantité juste nécessaire pour redissoudre le cuivre.

Dans un autre tube du colorimètre, gradué comme le premier, on verse un volume convenable de liqueur de comparaison, que l'on étend peu à peu d'eau, de manière à amener l'égalité des teintes. Le calcul est connu.

La liqueur normale de cuivre se prépare à deux titres : à 0 gr., 002 et à 0 gr., 0002 par centimètre cube, en dissolvant du cuivre très pur, le mieux du métal électrolytique, dans l'acide nitrique et ajoutant l'ammoniaque à juste redissolution.

Cette méthode permet d'atténuer rapidement encore quelques millièmes pour cent de cuivre sur un échantillon de 5 à 10 grammes.

4. — Rappelons pour mémoire les procédés de dosage du cuivre par l'électrolyse, dont on trouve la description dans les ouvrages de Frésénius (*Analyse quantitative*, II, p. 495, ff) et de Classen (A. Classen : *Quant. chem. Analyse durch Elektrolyse*). Elles ne sont sans doute applicables qu'à des aciers à teneur de cuivre assez élevée.

III. — Revue des méthodes de détermination du nickel dans les aciers au nickel (1). Nouvelle méthode pour cette analyse.

L'intérêt que paraît offrir l'acier nickelé (2) comme métal de blindage et les nombreux essais dont ce métal fait l'objet en ce moment, doivent attirer l'attention des chimistes analystes sur le dosage assez compliqué du nickel dans les fers et aciers.

Les méthodes actuellement suivies pour déterminer Ni en présence d'un excès de Fe, Mn, et Si, sont assez nombreuses :

1. — On précipite par le sulfhydrate d'ammoniaque, acidulé ensuite par HCl et on fait passer un courant de gaz chlorhydrique. (Voir Frésénius, *Analyse quantitative*, I, p. 579, *c*.)

(1) Voir *Moniteur scientifique*, année 1892, p. 865.

(2) Non pas nickelé à la surface ; il s'agit ici des alliages de fer ou acier et nickel (ferro-nickel).

2. — D'après Classen, on opère au moyen des oxalates (Frésénius, II, p. 395). La solution chlorhydrique étant débarrassée de silice et oxydée, on évapore à sec et on reprend le résidu par sept fois son poids d'une solution d'oxalate neutre de potassium au bain-marie, en ajoutant, s'il est nécessaire, pour obtenir une dissolution limpide, quelques gouttes d'acide acétique. On chauffe à l'ébullition et on ajoute un volume au moins égal à celui de la liqueur à précipiter d'acide acétique à 80 pour 100. Le nickel se sépare, sous forme d'oxalate cristallin, si sa proportion est faible, amorphe dans le cas contraire. Après avoir maintenu la liqueur à 50° centigrades pendant six heures, on filtre à chaud et on lave avec un mélange à parties égales d'acide acétique concentré (80 pour 100) d'eau et d'alcool.

L'oxalate de nickel est desséché, chauffé avec précaution au creuset de platine, puis enfin calciné fortement et longtemps.

Si le lavage a été insuffisant, l'oxyde de nickel retient de l'alcali. Le manganèse précipité avec le nickel doit être dosé à part. La méthode exige d'ailleurs une grande habileté et ne réussit pas entre toutes les mains (1).

3. — Par l'électrolyse, d'après Classen et d'autres, on arrive à séparer facilement le fer du nickel. Tous les laboratoires industriels ne sont pas fournis des appareils nécessaires pour les dosages électrolytiques.

4. — On a proposé de précipiter la liqueur, oxydée par Br (séparation du manganèse), au moyen de $BaCO^3$ à froid et de rechercher Ni dans la liqueur filtrée ; mais la précipitation du fer n'est pas toujours complète à froid, et les résultats fournis par cette méthode sont variables et fort sujets à caution.

5. — Th. Moore a indiqué une méthode spécialement applicable au dosage de Co, d'après laquelle, après avoir attaqué le métal ou le minerai par le bisulfate de soude, on reprend le produit de la fusion par une solution de carbonate d'ammoniaque, qui laisse Fe, Mn, SiO^2, etc., tandis que Ni et Co entreraient en dissolution.

J'ai expérimenté cette méthode à diverses reprises ; elle ne mérite aucune créance.

6. — La précipitation basique assez employée est peu recommandable à cause de la difficulté de laver le précipité gélatineux d'oxyde de fer.

J'ai réussi, après de nombreux essais, à établir une nouvelle méthode de séparation et de dosage du nickel d'avec le fer et les autres éléments qui l'accompagnent généralement ou accidentellement dans les aciers ou fers nickelés.

Elle est basée sur la propriété du *borate d'ammonium*, de précipiter en solution fortement ammoniacale la totalité du fer de l'aluminium, du manganèse et d'autres analogues, tandis que le nickel, le cobalt et le cuivre restent en solution.

La méthode n'est pas tout à fait rigoureuse ; mais elle rachète ce défaut par la rapidité d'exécution, et les résultats qu'elle donne sont suffisants dans la métallurgie pratique (2).

La marche de l'analyse est la suivante :

a) Ou bien l'on opère avec une partie aliquote de la solution préparée, suivant les indications de Volhard, pour le dosage de Mn (solution sulfurique) ;

b) Ou bien l'on dissout deux fois (pour opérer l'analyse en double) 1 gramme environ du métal contenant jusqu'à 8 — 10 pour 100 de nickel dans l'eau régale ou dans HCl, en oxydant ensuite par H^2O^2. On évapore à sec, on ajoute à plusieurs reprises quelques gouttes d'acide chlorhydrique pour bien insolubiliser la silice, on reprend par l'eau aiguisée d'acide chlorhydrique, et on filtre.

On prépare dans deux capsules de platine ou de porcelaine la solution de borate

(1) On peut se demander si la calcination ménagée de l'oxalate de nickel ne pourrait pas donner naissance à du nickel-carbonyle ?

(2) Cette assertion est contestable, car on sait combien de petites variations dans les proportions des constituants modifient quelquefois les propriétés d'un alliage.

d'ammoniaque avec un excès d'ammoniaque et on verse dans cette solution chaude, en remuant, et par petites portions, la solution chlorhydrique (*b*) ou sulfurique (*a*).

Le précipité qui se forme est grenu et se dépose vite; on le lave par décantation une ou deux fois avec de l'ammoniaque concentrée, et après l'avoir jeté sur un filtre, on lave à fond à l'eau froide.

On peut aussi amener la liqueur précipitée à un certain volume et doser Ni sur une partie aliquote filtrée.

La liqueur contient la totalité du nickel; on la porte au bain-marie pour chasser la plus grande partie de l'ammoniaque en excès, puis on précipite Ni par la soude ou la potasse caustique pure.

On évitera les baguettes de verre ou l'on aura soin, au moins, de les laisser le moins possible au contact de la liqueur ammoniacale.

L'hydrate d'oxydule de nickel, précipité et lavé, est introduit avec le filtre et quelques parcelles de nitrate d'ammoniaque fondu, dans un creuset de platine taré. On calcine doucement, on humecte d'acide nitrique, et, finalement, on porte au rouge cerise pendant assez longtemps.

Le produit calciné est d'un beau gris-vert; on s'assure de sa pureté en le fondant avec $NaHSO^4$, qui laisse SiO^2, provenant soit du nickel, soit des réactifs, ou de l'attaque des vases de porcelaine et baguettes de verre. Au besoin, on précipite une seconde fois par le borate d'ammoniaque. Il faut aussi vérifier si l'oxyde pesé est exempt de sel alcalin.

Dosage du cuivre et de l'antimoine (1).

En 1882, M. Weill publiait dans la *Revue universelle des mines* (t. XII, 2e série, p. 191) un procédé de dosage du cuivre et de l'antimoine basé :

1° Sur la sensibilité de coloration du cuivre en solution fortement chlorhydrique;

2° Sur la transformation des sels cuivriques et antimoniques en sels cuivreux et antimonieux par le chlorure stanneux;

3° Sur la stabilité du chlorure antimonieux au contact de l'air.

Ce procédé, qui donne de très bons résultats, nous a paru pouvoir être modifié afin d'obtenir une rapidité plus grande dans son exécution.

Voici les modifications que nous avons cru devoir adopter :

1° Substitution du chlorate de potasse, comme agent oxydant, à l'eau régale; ce qui permet d'opérer 1/4 d'heure après l'attaque du métal. Nous évitons ainsi au moins deux évaporations à siccité indiquées par M. Weill;

2° Dans la liqueur contenant les sels à doser ramenés à l'état de protochlorures nous faisons passer pendant 2 heures un courant d'air; d'où peroxydation complète du cuivre, au lieu d'attendre au moins 9 heures, comme le recommande l'auteur, en laissant la solution au contact de l'air.

Préparation des liqueurs. — La liqueur de cuivre que nous employons contient 15 gr. 753 de sulfate de cuivre par litre. 25 centimètres cubes représentent donc 0 gr. 113 de Cu.

La liqueur stanneuse contient par litre 15 grammes de protochlorure d'étain et 400 centimètres cubes d'acide chlorhydrique pur. Elle est conservée à l'abri de l'air sous une couche d'huile de vaseline.

On devra en prendre le titre avant chaque dosage.

Mode opératoire. — Dissoudre à l'ébullition 1 gramme de métal dans environ 70 centimètres cubes de HCl pur en ajoutant par petites portions 2 grammes de chlorate de potasse; maintenir environ 15 à 20° à l'ébullition pour chasser le chlore en excès.

On s'assurera qu'il ne reste plus de chlore, soit à l'aide du papier à l'iodure de potassium amidonné, soit par une ou deux touches sur une soucoupe contenant quelques gouttes d'indigo très dilué.

---

(1) Laboratoire municipal.

Si l'alliage contient du cuivre, la solution sera d'un jaune verdâtre très prononcé; on pourra opérer immédiatement.

Si au contraire il n'en contient pas, la solution sera incolore; dans ce cas, on devra y ajouter 25 centimètres cubes de la liqueur cuivrique type.

Puis, *toujours à l'ébullition*, avec une burette graduée en 1/10 de centimètre cube, on verse la liqueur stanneuse jusqu'à décoloration complète. Le nombre de centimètres cubes employés représentera le cuivre, puis l'antimoine.

A l'aide d'une trompe on fait alors passer pendant 2 heures un courant d'air dans le liquide qui vient d'être décoloré. Le cuivre, ramené à l'état de sel cuivreux incolore par le protochlorure d'étain, absorbe seul l'oxygène et redevient sel cuivrique; l'antimoine reste à l'état de sel antimonieux.

On titre alors comme précédemment; le nombre de centimètres cubes employés représentera le cuivre; la différence entre les deux dosages donnera l'antimoine exprimé en cuivre. En multipliant ce résultat par 0.96 on aura l'antimoine.

Sur la présence de l'ammoniaque dans la poudre de zinc.

Par MM. F. Robineau et G. Rollin (1).

La poudre de zinc est d'un emploi constant dans les laboratoires pour effectuer des réductions. Parmi celles-ci, une des plus fréquentes est celle des composés oxygénés de l'azote qui sont caractérisés et même dosés à l'état d'ammoniaque.

Les impuretés signalées jusqu'à présent dans la poudre de zinc ne sont pas nuisibles pour cet usage, mais il en est une sur laquelle notre attention a été appelée au cours de nos analyses.

La poudre de zinc paraît contenir toujours de l'ammoniaque. On conçoit que, dans ces conditions, on puisse s'exposer à de graves mécomptes et attribuer à certains produits chimiques une impureté qui ne provient en réalité que de la poudre de zinc.

La poudre de zinc qu'on trouve dans le commerce, traitée par l'eau chaude lui cède une forte trace d'ammoniaque très facilement décelée par le réactif de Nessler dans le liquide filtré. Cette poudre lavée, jusqu'à ce que les eaux filtrées ne donnent plus rien avec le Nessler, est encore susceptible de fournir par ébullition avec la soude un dégagement de vapeurs ammoniacales. L'ammoniaque se trouve donc dans la poudre de zinc, en partie à l'état de composé soluble, en partie à l'état de composé insoluble dans l'eau.

Nous avons traité de la même façon des grenailles de zinc oxydé à l'air humide et nous y avons retrouvé de l'ammoniaque d'une façon constante.

Une poudre de zinc lavée à l'acide sulfurique au 1/100 bouillant, renouvelé jusqu'à ce que le liquide ne donne plus la réaction de l'ammoniaque au Nessler, peut être considérée comme exempte d'ammoniaque, attendu qu'elle ne donne plus rien par ébullition avec la soude.

Cette même poudre a été lavée et séchée à l'air exempt de vapeurs ammoniacales. Au bout de deux jours, la poudre contenait de l'ammoniaque.

Il nous a paru, dès lors, que l'oxydation du zinc à l'air humide se passait d'une manière analogue à celle du fer et que la théorie émise au sujet de la rouille et de la présence constante de l'ammoniaque à l'état de sel dans celle-ci, s'appliquait également à l'oxydation du zinc.

Quoi qu'il en soit, pour rechercher avec la poudre de zinc les composés oxygénés de l'azote, on ne doit se servir que d'un produit que l'on traite comme nous l'indiquons ci-dessus en le lavant simplement ensuite pour s'en servir tel quel.

Il est prudent de faire cette opération peu de temps avant de s'en servir.

---

(1) Travail fait au laboratoire de la maison Poulenc frères.

CORPS GRAS. — CIRES. — RÉSINES.

Les cires végétales.

Par M. C. Buhrer.

(*Zeitschrift für Nahrungs. Unters.* 1892, p. 303.)

Les principaux centres de production des cires végétales : l'est de la Chine, le Japon et l'Amérique centrale, exportent chaque année des quantités très considérables de ces produits, que consomment aujourd'hui un grand nombre d'industries.

Le seul port d'Ichang, en Chine, a exporté en 1889 plus de 750,000 kilogrammes de cire d'insectes (cire de Chine ou « Pe-la ») (1) d'une valeur de 500,000 dollars. Or l'exportation de la cire du Japon, qui a commencé il y a trente-cinq ans à peine, se chiffre aujourd'hui par plusieurs millions de kilogrammes.

Le commerce des cires distingue 10 sortes de cires végétales, en y comprenant les produits connus sous les noms de *graisses* végétales, savoir :

1° La *cire de Carnauba*, appelée aussi cire du Brésil (Ceara Wax) ;
2° La *cire de Chine* ou Pe-la ;
3° La *cire du Japon* ou cire de Sumac ;
4° La *cire Kaga ;*
5° La *cire Ibota ;*
6° Le *suif Stillingia* ou graisse végétale de Chine,
7° La *cire de Myrica* ou cire des Myricées ;
8° La *cire d'Orizaba ;*
9° La *cire de Stocklack ;*
10° La *cire de Bahia.*

L'alcool, l'éther, le chloroforme, la ligroïne et la soude alcoolique dissolvent, en totalité ou en partie, toutes les cires végétales. L'action de quelques réactifs : ammoniaque, acétate de plomb, perchlorure de fer, sur ces solutions, permet de les différencier. La marche à suivre pour l'essai qualitatif est la suivante :

Un morceau de la cire à essayer est dissous dans dix fois son poids de chloroforme, au bain-marie. Après complète dissolution, on laisse refroidir :

I. — La solution chloroformique reste limpide.

A) La cire est entièrement soluble dans l'éther.

a) La solution alcoolique de perchlorure de fer produit, avec la solution alcoolique de la cire, un précipité qui ne se redissout pas à chaud : *cire de Myrica quercifolia ;*

b) Avec le même réactif, précipité noir : autre *cire de Myrica*, variété inconnue ;

c) Avec le même réactif, coloration brune, sans précipité : *cire d'Orizaba* (*Myrica cerifolia*).

B) La cire n'est que partiellement soluble dans l'éther.

On saponifie quelques grammes de la cire avec 10 fois son poids de soude alcoolique et on reprend le savon par 100 parties d'eau.

a) Le savon est entièrement soluble : *cire du Japon ;*

b) Le savon ne se dissout qu'en partie : *cire d'abeilles d'Afrique.*

II. — La solution chloroformique se trouble par le refroidissement.

A) Une solution alcoolique d'acétate de plomb ajoutée à la solution alcoolique de la cire y produit, après quelques instants, un trouble : *cire de Stocklack.*

---

(1) Cette cire n'est pas à proprement parler une cire *végétale*, puisqu'elle est produite par une cochenille du frêne « Coccus sinensis ». L'auteur entend par cires végétales toutes les variétés de cires exotiques non produites par l'abeille domestique.

B) L'acétate de plomb ne produit pas de trouble :

a) La solution éthérée se trouble par addition d'un volume égal d'alcool : *cire du Brésil;*

b) La solution éthérée additionnée d'alcool reste limpide : *cire de Bahia.*

Cire de Carnauba ou *cire du Brésil.* — Cette cire enduit les feuilles du coryphe-cerisier (*Copernicia cerifera*), arbre très répandu au Brésil et au Paraguay. On prétend que le nom de « carnauba » dérive du portugais ou de l'espagnol : *carné* (viande) et *uva* (raisin), par allusion à la chair de son fruit disposé en grappes. Le coryphe-cerisier est un arbre singulier dont le tronc nu atteint souvent une hauteur de 15 mètres, à larges feuilles palmées. La cire exsudée à la surface des feuilles y forme des petites écailles que l'on peut séparer par le frottement des feuilles sèches. Toutefois, ce n'est pas ainsi qu'on recueille cette cire : on coupe les jeunes feuilles, on les sèche, on les contuse au mortier et on extrait la cire par fusion.

La cire de carnauba est en masses dures, cassante, d'une couleur jaune verdâtre; son poids spécifique est environ 0,999; son point de fusion 83 à 84° C. Elle est formée principalement d'éthers de l'alcool mélissylique $C^{30}H^{61}OH$, qu'il est facile d'en extraire par saponification. On y trouve encore un autre alcool $C^{23}H^{48}O$, de petites quantités de résines et une substance fondant vers 500° dont la composition serait $C^{23}H^{82}O^{3}$ (?). D'après Bérard (*Bull. Soc. Chim.*), la partie soluble dans l'alcool de la cire de carnauba est de l'acide cérotique $C^{27}H^{54}O^{2}$, la partie insoluble étant l'éther mélissylique de cet acide.

Dans les pays de production, la cire de carnauba fondue avec du suif sert à fabriquer des bougies. En Europe et dans l'Amérique du Nord, on en consomme beaucoup pour la fabrication des vernis, toiles cirées, tissus imperméables ; on l'emploie pour durcir la cire d'abeilles, vernir et cirer l'ébénisterie, les parquets, etc.; enfin, comme isolateur des fils conducteurs de l'électricité.

Cire d'insectes ou *Pe-la.* — D'après un rapport de l'agent consulaire des États-Unis à Canton, le principal centre de production de cette cire serait la province de Sze-Chuen et spécialement la vallée de Thien-schan et les bords du fleuve An-ning.

L'arbre sur lequel se développe la larve de l'insecte cirier, et dont le nom chinois signifie « toujours vert », est en effet couvert de feuilles épaisses, opposées deux à deux, de forme ovale allongée, persistantes (1).

A la fin de mai ou au commencement de juin, il se forme de jeunes pousses de feuilles blanches auxquelles succèdent bientôt les fruits de couleur rouge foncé.

Dès le printemps, les branches et les rameaux de l'arbre se couvrent de petites excroissances en forme de pois, sortes de galles qu'on trouve remplies d'une masse farineuse, constituées par les larves de l'insecte cirier, le *Coccus Pela.* Ces galles sont récoltées vers la fin d'avril et envoyées à la préfecture de Chia-Ting, distante d'environ 200 lieues, par paquets de 500 grammes environ. On les préserve autant que possible de la chaleur pour éviter l'éclosion prématurée des *coccus* qui, peu d'heures après leur métamorphose, cherchent à prendre le large et s'échappent par toutes les fissures de l'empaquetage.

Dans le voisinage de la ville de Chia-Ting s'étend une plaine que M. Hosic, agent consulaire anglais à Shun-kuig, décrit comme une immense rizière, plantée de distance en distance jusqu'au pied des montagnes qui bordent l'horizon, de troncs noueux de 4 à 12 pieds de haut. A cette époque de l'année, ces troncs poussent de nombreux rameaux qui les font ressembler de loin aux saules de nos contrées. Les feuilles opposées sont d'un vert mat, ovales et pointues, à bords dentelés. Cet arbre est probablement le *Fraxinus chinensis;* les indigènes le nomment « paila-shu » arbre à cire blanc.

On accroche les larves au nombre de 20-30 en un paquet, sous les feuilles de cet arbre. Là, l'insecte éclôt et reste fixé durant une quinzaine de jours; après quoi, il se répand sur les rameaux et menues branches, où les femelles disposent les cocons que les mâles doivent recouvrir d'un enduit protecteur de cire. La première apparition de

(1) Au jardin de Kew, à Londres, ce végétal a été classé sous le nom de *Ligustrum lucidum.*

la cire à la partie inférieure des branches ressemble à un dépôt de neige légère ; mais bientôt la couche gagne en épaisseur, s'étend et finit par couvrir branches et rameaux d'un enduit uniforme de plusieurs millimètres d'épaisseur. Cent jours après la mise en place des larves, la fabrication de la cire est considérée comme achevée. On coupe alors les branches, on les racle pour en détacher le plus gros de la cire et, pour ne rien perdre, on les fait bouillir avec de l'eau. Dans ces conditions, la ponte est naturellement perdue et c'est ce qui explique que, chaque année, il faille réimporter les larves de localités assez éloignées. Chaque livre de larves rend 4 à 5 livres de cire.

La cire brune est fondue et coulée dans des moules. Les insectes et les œufs échaudés sont fortement exprimés et les tourteaux servent à la nourriture des cochons.

A Shanghaï, grand marché de la cire d'insectes, le kilogramme de cire raffiné est coté en moyenne à 1 dollar.

Un arbre dépouillé de ses branches a besoin de trois ans pour se refaire ; ce n'est qu'à la quatrième année, après une récolte, qu'il peut être de nouveau utilisé. Si on laisse la cire sur l'arbre, au printemps suivant l'insecte mâle, noyé dans la couche, subit une métamorphose et apparaît ailé.

La cire d'insectes fait l'objet d'un très important commerce en Chine. Une petite partie seulement de la récolte est exportée ; la plus grande partie de la production sert ou servait dans le pays pour former une enveloppe peu fusible aux chandelles de suif ; on l'emploie aussi pour apprêter la soie, pour polir les laques et les pierres.

L'introduction du pétrole en Chine a porté un coup sensible à la prospérité de l'industrie cirière en réduisant et supprimant même son principal débouché, la fabrication des bougies ou chandelles. Toutefois, depuis quelques années, la cire d'insectes semble appréciée sur quelques marchés étrangers, surtout aux États-Unis ; on peut donc espérer qu'après la crise actuelle, cette industrie reverra des jours florissants.

Cire du Japon. — Cette cire est extraite des fruits d'un arbre assez ressemblant au sureau de nos contrées, surtout abondant dans le sud de l'île. Les principales variétés sont classées sous les noms de : *Rhus succedanea*, *Rhus vernicifera*, *Rhus sylvestris*.

La variété *Rhus succedanea* atteint une dizaine de mètres en hauteur avec un diamètre au pied de 30-35 centimètres. L'écorce est uniformément grise ; le bois, de couleur jaune, contient une sève incolore qui noircit à l'air. Les branches sont peu nombreuses et les nouvelles pousses portent au printemps des feuilles d'un beau rouge passant ensuite au vert clair. Le fruit mûrit en octobre ; on le recueille dans de grands récipients en bois où il est écorcé par battage avec des masses en bois. L'amande, en forme de haricot, est excessivement dure, de couleur jaune foncé, à toucher savonneux. On ramollit ces amandes par la vapeur et on les exprime.

La cire brute est en masses d'un vert bleu, qu'on emploie dans le pays à divers usages, principalement à la fabrication des bougies. Pour l'exportation, on la raffine en la faisant bouillir avec de la lessive de cendres jusqu'à ce qu'elle soit fondue ; on la verse alors dans l'eau froide où elle se concrète en petites coquilles qu'on expose au soleil durant une quinzaine de jours pour la blanchir. Au besoin, on reprend une seconde fois l'épuration par décoction avec une lessive alcaline et exposition à la lumière. Ainsi raffinée, la cire du Japon offre une grande ressemblance avec la cire d'abeilles blanche : couleur, consistance, cassure, tous caractères qui permettraient de les confondre ; mais un caractère différentiel bien net, c'est l'odeur que développent ces cires lorsqu'on les fond : la cire d'abeilles répand une agréable odeur aromatique tandis que la cire du Japon dégage une odeur de graisse repoussante. Autrefois, cette cire était coulée dans des capsules plates en gâteaux de 12 centimètres de diamètre, avec 2 1/2 à 3 centimètres d'épaisseur ; aujourd'hui on préfère lui donner pour l'exportation la forme de grands pains rectangulaires du poids de 143 livres l'un.

La cassure fraîche de la cire raffinée est blanche, quelquefois marbrée de jaune-vert léger. Les qualités ordinaires sont colorées en jaune plus ou moins foncé. La cire récente fond vers 42° C. ; mais son point de fusion s'élève peu à peu jusqu'à 52-53° C. Elle est un peu plus lourde que l'eau, insoluble dans ce liquide, très soluble dans l'alcool à 97° bouillant, d'où elle se sépare presque en totalité par le refroidissement; à la température ordinaire, il n'en reste que 3 pour 100 dans l'alcool à 97°. L'éther chaud la dissout en abondance et, par refroidissement, elle s'en sépare en flocons ou granulations.

La préparation de la cire est une des principales industries de Kin-sin; le meilleur produit est fabriqué à Kumamoto; mais il n'est pas commercial, étant réservé pour les besoins de la cour impériale. La sorte marchande la plus estimée provient de la province de Hizan et est embarquée à Osaka pour Londres.

La *cire Kaga* est produite par le *Cinnamomum pedunculatum;* elle est plus molle que la *cire du Japon.* On la rencontre peu sur les marchés européens. Il en est de même de la *cire Ibota,* dont la formation est due à la piqûre d'un insecte à l'écore du *Ligustrum Ibota;* c'est une cire très fine et blanche exclusivement consommée au Japon.

La *cire* ou *graisse de Stillingia* est extraite des semences ou mieux de l'écorce du fruit du *Stillingia sebifera Mart.* C'est une sorte de graisse fondant à 37°, jadis très employée en Chine à la fabrication des chandelles.

La *cire de Myrica* est préparée avec le fruit du *Myrica cerifera;* son point de fusion oscille entre 47°5 et 49° centigrades. Elle est assez connue déjà pour qu'il n'y ait aucun intérêt à en donner une nouvelle description.

Recherche des huiles végétales dans le saindoux.

Par M. P. Welmans.

(*Zeitschrift für Nahrungs. Hyg.*, 1892, p. 32.)

La réaction suivante permet de caractériser avec certitude la présence d'une huile ou d'un corps gras d'origine végétale dans les graisses animales, et particulièrement dans le saindoux ou la graisse d'Amérique.

On dissout dans 5 centimètres cubes de chloroforme 1 gramme de la graisse à examiner, on y ajoute 2 centimètres cubes d'une solution d'acide phosphomolybdique ou de phosphomolybdate de soude additionné de quelques gouttes d'acide azotique, et on agite vigoureusement.

Le produit est-il exempt de graisse végétale, la coloration de la masse est d'un jaune franc et disparaît par addition d'un excès d'ammoniaque ou d'un alcali fixe.

Si, au contraire, il existe dans le produit des matières grasses végétales, il se produit une réduction de l'acide phosphomolybdique : le mélange prend une coloration vert émeraude : au bout de quelques minutes de repos, le chloroforme se sépare à la partie inférieure, complètement incolore, tandis que la couche supérieure est d'un beau vert. Vient-on à sursaturer par l'ammoniaque, la coloration verte passe au bleu intense.

De toutes les matières grasses d'origine animale, l'huile de foie de morue seule se comporte vis-à-vis du réactif employé comme les huiles végétales et le réduit avec coloration verte.— Ce fait semble confirmer l'hypothèse émise que les huiles végétales renferment des substances de nature alcaloïdique ou des glucosides, car on sait pertinemment que l'huile de foie de morue renferme des bases de nature alcaloïdique.

D'un autre côté, les huiles végétales ayant subi un traitement chimique en vue de l'épuration, du blanchiment, etc., ne donnent plus de coloration avec le réactif, ou tout au moins ne l'accusent que d'une manière très faible.

Le tableau ci-dessous indique les colorations que prennent dans ces conditions les principales huiles :

Nom des corps gras.	Coloration.	Traitement par la solution ammoniacale.	Nom des corps gras.	Coloration.	Traitement par la solution ammoniacale.
Huile de coton	Vert foncé.	Bleu foncé.	Huile de lin décolorée.	»	Bleu pâle.
Huile d'olives	Vert clair.	Bleu.	Huile d'arachide	Vert foncé	Bleu.
Huile de foie de morue	Bleu vert.	Bleu foncé.	Huile blanche	Vert clair.	Bleuâtre.
Huile de colza	Vert foncé.	Bleu.	Huile de sésame	Vert clair.	Bleu.
Huile de colza désacidifiée.	»	Bleuâtre.	Huile de coco	»	Bleuâtre.
Huile d'amandes	Vert foncé.	Bleu.	Paraffine	»	Incolore.
Huile de lin	Vert foncé.	Bleu.			

ACADÉMIE DES SCIENCES.

Séance du 12 décembre. — L'élection de M. BROUARDEL comme Académicien libre est approuvée par M. le Président de la République; le nouvel élu prend place parmi ses confrères.

— Sur certaines solutions asymptotiques des équations différentielles. Note de M. E. PICARD.

— Description d'un nouveau four électrique, par M. MOISSAN.

Ce four est construit en chaux vive; les électrodes sont en charbon de dimensions variables suivant l'intensité du courant à obtenir. Ce four, alimenté par une machine Édison, actionnée par une machine à gaz de 4 chevaux, a permis d'obtenir une température pouvant aller jusqu'à 3,000°. A cette température, la chaux vive fond et est réduite à la même température; l'oxyde d'uranium irréductible par le charbon, aux températures les plus élevées de nos hauts fourneaux, est réduit, et en dix minutes, on peut obtenir 120 grammes d'uranium. A 2,950°, le sesquioxyde de chrome et l'oxyde magnétique de fer sont rapidement fondus. Les oxydes de nickel, de cobalt, de manganèse, de chrome sont réduits par le charbon, en quelques instants, à 2,500°. Cette méthode a permis d'obtenir des bromures et des siliciures métalliques en très beaux cristaux.

— Action d'une haute température sur les oxydes métalliques, par M. HENRI MOISSAN.

Différents oxydes métalliques ont été soumis à une température élevée dans le four électrique ci-dessus.

Oxyde de calcium. — Lorsqu'on soumet la chaux à l'action d'un arc voltaïque produit par une machine donnant 50 volts et 25 ampères, la masse ne tarde pas à se recouvrir de cristaux. Avec un arc de 350 ampères et 70 volts, la chaux pure, bien exempte de silice, d'alumine ou de magnésie fond rapidement.

Strontiane. — La fusion qui commence vers 2,500°, s'achève vers 3,000.

Baryte. — Fond à 2,000° et ne paraît pas se décomposer vers 2,500°.

Magnésie. — Fournit vers 2,500° des cristaux transparents d'oxyde anhydre, et aux hautes tensions (360 ampères et 70 volts), elle donne une masse fondue transparente.

Alumine. — Vers 2,250°, l'alumine fond et cristallise facilement; additionnée d'un peu de sesquioxyde de chrome, elle donne des petits cristaux de rubis. Lorsque l'on atteint 75 ampères et 25 volts, au bout de 20 minutes, l'alumine est volatilisée.

Oxydes de la famille du fer. — Le sesquioxyde de chrome, chauffé à l'arc de 30 ampères et 55 volts, a fondu et a donné une masse noire hérissée de petits cristaux répondant à la formule du sesquioxyde anhydre. Le bioxyde de manganèse donne du protoxyde fondu. Le sesquioxyde de fer fond rapidement et perd aussi de l'oxygène et donne de l'oxyde magnétique de fer (Fe^3O^4), liquide et en partie cristallin. Le protoxyde de nickel fond et donne des cristaux verts. Le protoxyde de cobalt fond très rapidement et produit des cristaux rosés.

Acide titanique. — Soumis à un courant de 50 volts et 25 ampères, cet acide fournit de beaux cristaux prismatiques noirs de protoxyde de titane; avec un courant de 100 ampères et 45 volts, ce protoxyde, d'abord fondu, se dissocie, puis se volatilise complètement.

Oxyde de zinc. — Il est volatilisé en quelques instants et cristallise en longues aiguilles transparentes.

— Sur l'existence du diamant dans le fer météorique de Cañon Diablo. Note de M. C. Friedel.

Un échantillon de fer de Cañon Diablo, dans l'Arizona, examiné, a donné des résultats analytiques qui ne permettent pas de mettre en doute, au point de vue chimique, l'existence du diamant dans ce fer météorique. Ce corps se trouve dans cette météorite à l'état de diamant *carbonado*, formant de petits grains agglomérés, d'une couleur gris brunâtre foncé, opaque, d'un éclat vif, ne présentant aucune forme cristalline.

— Sur les lois de dilatation à volume constant des fluides : coefficients de pression, par M. E.-H. AMAGAT.

Les coefficients $\frac{1}{p}\frac{\Delta p}{\Delta t} = \beta$ et $\frac{\Delta p}{\Delta t} = B$, appelés coefficients de pression, varient avec la température, de quantités très faibles, s'annulent aux températures suffisamment élevées sous toutes les pressions, et probablement à toutes les températures sous des pressions suffisantes; c'est bien ce que paraissent montrer les résultats relatifs aux gaz qui, dans les limites de température des expériences, sont déjà de beaucoup au-dessus de leur température critique. Dans ces conditions, les pressions à volume constant sont proportionnelles non aux températures absolues, mais à celles-ci diminuées d'une constante, fonction du volume seul; cette constante croît d'abord rapidement quand le volume diminue, elle passe par un maximum, diminue, s'annule, change de signe et continue à décroître en valeur absolue; au moment où la constante est nulle, le gaz repasse par une loi analogue à celle qui caractérise les gaz parfaits ; c'est ce qui arrive pour l'hydrogène vers 800 atmosphères. Il est remarquable que précisément, dans ces conditions, son coefficient est une valeur sensiblement égale à celle qu'il a sous la pression normale, c'est-à-dire à celle qu'on attribue aux gaz dans le plus grand état de perfection connu.

— Des moyens de diminuer le pouvoir pathogène des pulpes de betterares ensilées, par M. **Arloing.**

Les trois moyens préconisés par l'auteur pour diminuer le pouvoir pathogène des betteraves ensilées sont la neutralisation, le chauffage et le chlorure de sodium. Mais celui qui est préférable à tous est le chlorure de sodium. Si on le mélange à raison de 1/4 pour 100 à 1/5 pour 100 aux pulpes ramenées elles-mêmes à la dose journalière de 50 à 60 kilogrammes pour le bœuf, on échappera vraisemblablement aux accidents causés par l'usage de ces résidus industriels. Dans le cas où l'on serait en présence de la *maladie de la pulpe*, on pourrait employer logiquement le sel marin comme agent thérapeutique.

— M. Perrier a été élu membre pour la section d'anatomie et de zoologie, en remplacement de M. de Quatrefages, décédé, par 38 suffrages contre 12 donnés à M. Vaillant, 5 à M. Dareste et 4 à M. Fischer, au second tour de scrutin. Au premier tour, 5 voix avaient été attribuées à M. J. Chatin et 4 à M. Filhol.

— Sur l'emploi des ballons non montés à l'exécution d'observations météorologiques à très grande hauteur. Note de M. Ch. Renard, présentée par M. Cornu.

— M. Raoul Pictet adresse un mémoire ayant pour titre : « Essai d'une méthode générale de synthèse chimique ».

— M. L. Benoit soumet au jugement de l'Académie un mémoire ayant pour titre : « Esquisse sur les causes naturelles ».

— M. Foveau de Courmelles adresse un mémoire intitulé : « La bi-électrolyse : actions réciproques de deux corps complexes sous l'action des courants électriques continus ».

— Observations photographiques de la comète de Holmes. Note de M. H. Deslandres, présentée par M. Tisserand.

— Sur le lieu du centre des moyennes distances d'un point d'une épicycloïde ordinaire et des centres de courbure successifs qui lui correspondent. Note de M. G. Fouret, présentée par M. Haton de la Goupillière.

— Sur les équations différentielles linéaires ordinaires. Note de M. Jules Cels, présentée par M. Darboux.

— Sur la cause commune de l'évaporation et de la tension superficielle des liquides. Note de M. G. van der Mensbrugghe.

Si un point de la couche superficielle d'un liquide est tiré vers l'intérieur avec une force A, il est sollicité, en vertu de la transmission nécessaire des répulsions, par une force K — A vers l'extérieur; de là un écartement des particules dans le sens normal; mais, dans un liquide, il ne peut se produire autour d'un point quelconque un écartement quelconque suivant une direction déterminée, sans provoquer aussitôt le même écartement dans toutes les autres directions. Dès lors, les forces répulsives doivent faire naître, dans la couche superficielle, des tensions non seulement dans le sens normal, mais encore dans le sens tangentiel; ces tensions augmentent aussi, depuis la profondeur r où la force contractile est nulle, jusqu'à la surface libre où elle est maximum.

On comprend immédiatement que, si l'écart dans le sens normal dépasse une certaine valeur, les particules extrêmes se séparent de la couche; c'est le phénomène de l'évaporation. D'autre part, les forces élastiques partielles développées dans le sens tangentiel ajoutent leurs effets, car ceux-ci ne se produisent que dans l'épaisseur r de la couche superficielle (r vaut au plus $\frac{1^{mm}}{20,000}$); l'intégrale de toutes ces forces élémentaires constitue précisément la tension superficielle. Ce raisonnement est absolument indépendant de la forme de la surface du liquide. Cette relation, si elle est confirmée par l'expérience, permettra d'avancer que l'eau s'évapore même à travers une couche d'huile d'olive de près de 7 centimètres d'épaisseur.

— Sur le rapport entre la vitesse de la lumière et la grandeur des molécules dans les milieux réfringents. Note de M. P. Joubin, présentée par M. Mascart.

Cette note a pour but l'énoncé d'une loi qui ne s'appuie sur aucune théorie et déduite de résultats numériques connus depuis de longues années. Elle permet de calculer simplement l'indice de réfraction de tous les corps dont on connaît la composition chimique.

Loi. — Soit E la densité par rapport à l'hydrogène d'une molécule M, composée des corps simples a, b, c..., soit p, q, r... le nombre des atomes de chacun d'eux entrant dans la molécule M;

soit enfin m le nombre de fois que la molécule réelle contient la molécule chimique (ou la condensation). On a :

$$n-1=0,97.10^{-4}\sqrt{\frac{2mE}{\Sigma p}},$$

c'est-à-dire que la réfraction ($n-1$) est proportionnelle à la racine carrée du quotient du poids de la molécule par le nombre des atomes constituants (poids moyen de l'atome).

— Sur la propagation anormale des ondes lumineuses des anneaux de Newton. — Note de M. Ch. Fabry, présentée par M. Mascart.

— Sur les globes diffuseurs transparents. Note de M. Fédureau, présentée par M. A. Potier.

Les globes ont pour but de supprimer les ombres produites par les cendriers, les charbons eux-mêmes et les supports sur les points de l'espace placés au-dessous des foyers des lampes à arc. Ils sont constitués par des enveloppes de verre ou de cristal transparent, munies sur leurs faces extérieures d'anneaux prismatiques parallèles et perpendiculaires à l'axe du globe. Leur forme générale rappelle celle des anneaux catadioptriques des phares.

— Sur une relation entre la chaleur moléculaire et la constante diélectrique. Note de M. Runolfsson, présentée par M. Lippmann.

Entre les capacités calorifiques et électriques il existe la relation suivante : le produit du poids moléculaire et de la chaleur spécifique, divisé par la constante diélectrique est constant, du moins à une température donnée, et le même pour tous les corps, soit à l'état solide, liquide ou gazeux. A la température ordinaire, cette constante est approximativement égale à 6,8 quand on pose l'équivalent de l'hydrogène égal à 1, et la chaleur spécifique est évaluée en petites calories. Quant aux gaz, le produit du poids moléculaire et de la chaleur spécifique sous pression constante est à peu près égal à 6,8 et leur constante diélectrique égale à 1.

— Sur l'emploi des condensateurs à anneau de garde et des électromètres absolus. Note de M. P. Curie, présentée par M. Lippmann.

— Sur la densité de l'oxyde de carbone et le poids atomique du carbone. Note de M. A. Leduc, présentée par M. Lippmann.

L'auteur a trouvé pour densité de l'oxyde de carbone 0,967, nombre déjà admis par les auteurs. Si l'on admet pour le poids atomique de l'oxygène le nombre 15,88 on a pour poids moléculaire de l'oxyde de carbone 27,793 ; d'où pour le poids atomique du carbone, 11,913.

— Réduction critique des déterminations fondamentales de Stas sur le chlorate de potasse. Note de M. G. Hinrichs.

Il résulte de cette note que le seul fait positif établi par les déterminations de Stas et celles aussi dignes de Marignac, c'est que le procédé au chlorate ne peut légitimement être appliqué à la détermination du poids de l'oxygène.

— Sur le chloro-iodure de carbone. Note de M. A. Besson, présentée par M. Troost.

Le meilleur procédé pour obtenir le chloro-iodure de carbone consiste à faire réagir l'iodure d'aluminium sur le chlorure de carbone CCl^4, en présence d'un grand excès de chlorure et à une température de 0°. Au bout de 1 ou 2 jours la réaction est terminée. Le chloro-iodure CCl^3I est un liquide jaune clair ayant une densité égale à 2,36 à 17° et distillant dans un gazomètre à 142°, en se décomposant partiellement. En même temps que ce corps, il se produit d'autres chloro-iodures tels que CCl^2I^2 et $CClI^3$.

— Action de l'acide fluorhydrique anhydre sur les alcools. Note de M. M. Meslans, présentée par M. Moissan.

En résumé, l'acide fluorhydrique comme les autres hydracides, peut être éthérifié par les alcools. Cette éthérification est plus lente que celle de l'acide chlorhydrique, elle exige aussi une température beaucoup plus élevée et ne commence guère que vers 140°, à 220° elle s'effectue rapidement.

— Action de l'acide sulfurique sur le citrène. Note de MM. G. Bouchardat et Lafont.

Si l'on ajoute progressivement de l'acide sulfurique à du citrène bouillant de 175 à 178° $\alpha^{D}=+72°,40$ tout le citrène a disparu au bout de 24 heures, et tous les produits formés sont sans action sur la lumière polarisée. Soumis à la distillation avec la vapeur d'eau, le produit huileux qui a pris naissance donne des carbures passant entre 173 à 178°, et qui ne sont pas attaqués par l'acide sulfurique ordinaire à froid. L'acide de Nordhausen le dissout presque totalement. La partie inattaquée bout entre 165 et 168°, et résiste à l'action du brome. C'est un carbure saturé $C^{20}H^{20}$ ou $C^{20}H^{22}$. Les sulfoconjugués saturés par de la baryte donnent du sulfocyanate de baryte, et un autre sulfo correspondant au pseudo-cumène bouillant à 160°. Le cymène et le pseudo-cumène semblent préexister dans le citrène. Une partie du produit ne distillant pas avec la vapeur d'eau, est surtout formée de diterpilène ou colophène passant à 310°-320°. Le résidu solide à froid est formé par des polymères plus élevés et également inactifs du citrène. En somme, l'action de l'acide sulfurique sur le citrène fournit donc uniquement des polymères de ce carbure, mais inactifs : le plus abondant est le diterpilène $C^{40}H^{32}$.

— Essai du sulfate de quinine et dosage de la quinine en présence des autres alcaloïdes du quinquina. Note de M. Barthe, présentée par M. Friedel.

Essai du sulfate de quinine. — Si l'on mélange du sulfate de quinine en proportion croissante avec de l'eau à 5° (sulfate de quinine, 1 gramme, 2 grammes, 3 grammes, etc.; eau, 100) et qu'après une agitation d'une heure, on filtre à 17°, on obtient des solutions qui consomment une certaine quantité de potasse déci-normale, présentant entre ces différents dosages une différence constante de 0,7, représentant par gramme de sulfate de quinine les sulfates d'alcaloïdes autres que la quinine. C'est le facteur qui mesure l'impureté; en l'évaluant en sulfate de cinchonidine cristallisé (équiv. = 397), on a $0,7 \times 100 \times 0,0397 = 2$ gr. 779 pour 100 du sulfate de quinine employé. Partant de là, l'essai du sulfate de quinine se fera très simplement en laissant en contact pendant une heure à 20°, et en agitant fréquemment deux mélanges constitués, l'un par 1 gramme de sulfate de quinine et 100 grammes d'eau, et l'autre par 5 grammes du même sel et 100 grammes d'eau; le sulfate ayant été finement pulvérisé et largement broyé avec l'eau. La différence entre les chiffres de potasse décime, consommée par chacune des solutions, multipliée par l'expression $\frac{100 \times 0,0397}{4}$, fait connaître l'impureté par 100 grammes de sulfate de quinine. On peut, par ce procédé, évaluer la solubilité du sulfate de quinine pur.

Dosage de la quinine dans un quinquina. — A la solution chloroformique des alcaloïdes, obtenue par l'un des procédés quelconques d'épuisement des quinquinas, on ajoute un excès mesuré d'acide sulfurique déci-normal. On agite vivement à plusieurs reprises. On évapore jusqu'à disparition du chloroforme; on dose dans la solution alcaloïdique, à l'aide de la teinture de tournesol et de la potasse $\frac{N}{10}$; l'excès d'acide non combiné aux alcaloïdes est ainsi connu par simple différence (soit N^{cc}). On ajoute au mélange, de l'acide sulfurique pour redissoudre les alclaoïdes; on les reprécipite de nouveau par de la potasse et on les dissout dans du chloroforme. La solution, additionnée de N^{cc} d'acide sulfurique $\frac{N}{10}$, est évaporée au bain-marie jusqu'à siccité; on obtient ainsi des sulfates mixtes et basiques d'alcaloïdes. On les broie longuement dans la capsule avec 200cc d'une solution saturée à 20° de sulfate de quinine pur, dont 100cc exigent 4cc de potasse $\frac{N}{10}$. On laisse digérer pendant deux heures à 20° et l'on filtre. La solution filtrée renferme en solution saturée de sulfate de quinine tous les sulfates d'alcaloïdes voisins. 100cc sont titrés à la phtaléine et à l'aide de la solution de potasse $\frac{N}{10}$. Du résultat doublé, on soustrait 8cc (représentant le sulfate de quinine), et le chiffre obtenu exprime les impuretés qu'on traduit en sulfate de cinchonidine cristallisé. On peut d'ailleurs contrôler les résultats en dosant à part le sulfate de quinine resté sur le filtre.

— Sur l'assimilation du feuillet à la caillette des ruminants au point de vue de la formation de leur membrane muqueuse. Note de M. J.-A. Cordier, présentée par M. A. Milne-Edwards.

— Sur les caractères ostéologiques différentiels des lapins et des lièvres. Comparaison avec le léporide. Note de M. F.-X. Lesbre, présentée par M. Chauveau.

Il résulte de cet examen ostéologique que le lapin de garenne n'est pas un lapin sauvage, comme l'a démontré Darwin. Le léporide n'a rien du lièvre dans son squelette; ce n'est qu'un lapin.

M. Milne-Edwards fait remarquer à propos de la communication précédente, qu'il ne croit pas à l'existence d'hybrides de lièvre et de lapin; les léporides ne sont que des lapins domestiques constitués en race bien caractérisée.

— Myxosporidies de la vésicule biliaire des poissons. Espèces nouvelles. Note de M. P. Thélohan, présentée par M. Ranvier.

— Méthode pour assurer la conservation et la vitalité des graines provenant des régions tropicales lointaines. Note de M. Maxime Cornu, présentée par M. Duchartre.

Cette méthode consiste à placer les plantes choisies et séparées de celles dont les tiges ou les racines sont blessées ou rompues, isolément sous une cloche, à une température de 25 à 30° dans un substratum spécial parfaitement poreux et sain, extrêmement rebelle à l'envahissement des moisissures et qui a la propriété de condenser l'humidité de l'air. C'est ce qu'on appelle la *terre à Polypode*, produit formé par les détritus des racines de *Polypodium vulgare* dans les bois siliceux.

— Sur la différence de transmissibilité des pressions à travers les plantes ligneuses, les plantes herbacées et les plantes grasses. Note de M. G. Bonnier, présentée par M. Duchartre.

— Sur la structure des Gleichéniacées. Note de M. **Georges Poirault**, présentée par M. Duchartre.

— Sécrétion salivaire et excitation électrique. Note de M. N. **Wedensky**, présentée par M. A. Chauveau.

— Action de l'extrait de sang de bœuf sur les animaux atteints de morve. Note de M. A. **Babes**, présentée par M. A. Chauveau.

On sait que le bœuf est réfractaire à la morve; or, si l'on recueille du sang de cet animal, obtenu par saignée et qu'on le traite après repos de quelques heures par de la poudre de zinc et qu'on filtre après oxydation, on obtient un liquide dont on sépare le zinc par le sulfure de potassium. La nouvelle liqueur filtrée et concentrée dans le vase, à la température de 35°, donne un résidu qui, dissous dans un mélange à parties égales d'eau et de glycérine stérilisées, constitue une solution possédant la propriété de provoquer une fièvre intense chez les animaux atteints de morve.

— Le *Blizzard* du 6 au 7 décembre 1892. Note de M. **Ch.-V. Zenger**.

— M. **Coulon** adresse une note sur un curieux phénomène d'ornithologie.

L'auteur décrit les désordres produits chez un sansonnet par l'ingestion d'un lézard. Le reptile a perforé le gosier et son corps est resté en partie engagé dans les parois stomacales.

— M. P. **Apéry** adresse un mémoire « sur la vitesse des combinaisons chimiques de différents corps en dissolution ».

Séance publique annuelle du 19 décembre 1892. — Le président, M. **d'Abbadie**, suivant l'usage, consacre quelques mots à la mémoire des membres, associés et correspondants morts dans l'année et dont le *Moniteur scientifique* a parlé en temps et lieu: Richet, de Quatrefages, Jurien de la Gravière, Ossian-Bonnet, Mouchez, Airy, l'un des 8 associés étrangers, et Lalanne académicien libre. Il termine ainsi : « Parmi nos Correspondants, la mort nous a enlevé le marquis de Caligny, bien connu par ses inventions hydrauliques; Gilbert, le savant mathématicien à l'Université de Louvain; Abria, physicien à Bordeaux, et Adams, le célèbre directeur de l'observatoire de Cambridge, en Angleterre ».

« Nos correspondants, MM. de Helmholtz, de Berlin, et Van Beneden, de Louvain, ont été élevés dans cette année au rang de nos associés étrangers. »

On voit qu'Hofmann, le savant chimiste, ne figure pas parmi les morts de l'année 1892. Il paraîtrait que l'Académie n'ayant pas reçu de lettre de faire-part, ne veut pas connaître cette mort qui a fait assez de bruit. Cependant il nous semble qu'Hofmann n'est pas responsable de cet oubli. Avis aux académiciens qui feront bien à l'avenir, s'ils ne veulent pas disparaître inaperçus, de préparer eux-mêmes, pour les secrétaires perpétuels, leur lettre mortuaire — L'affranchissement est de rigueur.

PRIX DÉCERNÉS EN 1892.

GÉOMÉTRIE.

Grand prix des sciences mathématiques. — Détermination du nombre des nombres premiers inférieurs à une quantité donnée. Le prix est décerné à M. Hadamard.

Prix Bordin (question posée en 1888). — Deux prix sont décernés, l'un à M. Gabriel Kœnigs, l'autre à M. Humbert. Il est accordé deux mentions honorables, l'une à M. Ohnesorge et l'autre à M. Louis Raffy.

Prix Francœur. — Le prix est décerné à M. Mouchot.

Prix Poncelet. — Le prix est décerné à MM. sir John Fowler et sir Benjamin Baker, auteurs du célèbre pont du Forth.

MÉCANIQUE.

Prix extraordinaire de six mille francs. — Le prix est partagé entre MM. Hédouin et Doyère.

Prix Montyon (mécanique). — Le prix est décerné à M. N.-J. Raffard.

Prix Plumey. — Le prix est décerné à M. Augustin Normand.

ASTRONOMIE.

Prix Lalande. — Le prix est partagé entre M. Barnard, astronome de l'observatoire de Lick, en Californie, et M. Max Wolf, de Heidelberg.

Prix Damoiseau. — Un prix est décerné à M. Radau, dont le mémoire est le premier travail d'ensemble fait sur les inégalités à longues périodes et réalise un progrès important dans le domaine de la théorie de la Lune. Un second prix est attribué à M. G. Leveau.

Prix Valz. — Le prix est décerné à M. Puiseux.

Prix Janssens. — Le prix est accordé à M. Tacchini.

STATISTIQUE.

Prix Montyon (statistique). — Le prix est partagé entre M. le docteur Bastié et M. le docteur Dardignac.

CHIMIE.

Prix Jecker. — Le prix est décerné à M. G. Bouchardat, professeur à l'École supérieure de pharmacie de Paris, auquel une partie du prix Jecker avait déjà été attribuée en 1874. Nous publions plus loin le rapport.

MINÉRALOGIE ET GÉOLOGIE.

Prix Vaillant. — Application de l'examen des propriétés optiques à la détermination des espèces minérales et des roches. Le prix est décerné à M. Lacroix.

BOTANIQUE.

Prix Desmazières. — Le prix est décerné à M. Viala.
Prix Montagne. — Le prix est décerné à M. l'abbé Hue.
Prix de La Fons-Melicocq. — Le prix est décerné à M. Masclef.
Prix Thore. — N'est pas décerné.

ANATOMIE ET ZOOLOGIE.

Prix Savigny. — N'est pas décerné.

MÉDECINE ET CHIRURGIE.

Prix Montyon (médecine et chirurgie). — Le prix est partagé entre : 1° MM. Farabeuf et Varnier; 2° M. Javal; 3° M. Lucas-Championnière. Des mentions honorables sont accordées à MM. Kelsch et Antony, Pitres et Redard. Des citations sont attribuées à MM. Brocq, Testut et Thiroloix.

Prix Barbier. — Le prix est partagé entre MM. Laborde et Cadeac et Albin Meunier. Deux mentions sont accordées, l'une à M. Paul Thierry et l'autre à M. Marcel Baudouin.

Prix Bréant (la rente de la fondation). — Ce prix est partagé entre MM. Proust et Monod.

Prix Godard. — Le prix est accordé à M. Albarran; une mention est décernée à M. Repin.

Prix Bellion. — Le prix est décerné à M. le docteur Théodore Cotelle.

Prix Mège. — Le prix est décerné à M. G. Colin.

Prix Lallemand. — Le prix est partagé entre MM. Alfred Binet et Durand (de Gros).

PHYSIOLOGIE.

Prix Montyon (physiologie expérimentale). — Le prix est partagé entre MM. E. Hédon et Cornevin. Deux mentions très honorables sont données l'une, à M. Ephrem Aubert et l'autre à M. J.-Richard Ewald. Deux mentions honorables sont attribuées, l'une à M. Hans Molisch et l'autre à M. W. Einthoven.

Prix Pourat. — Le prix est accordé à M. H. Roger.

GÉOGRAPHIE PHYSIQUE.

Prix Gay. — Le prix est décerné à M. Moureaux.

PRIX GÉNÉRAUX.

Prix Montyon (arts insalubres). — Le prix est décerné à M. L. Guéroult. Un encouragement est attribué à M. le docteur Paquelin.

Prix Trémont. — Le prix est décerné à M. Emile Rivière.

Prix Gegner. — Le prix est décerné à M. Paul Serret.

Prix Delalande-Guerineau. — Le prix est décerné à M. Georges Rolland.

Prix Jérôme Ponti. Le prix est décerné à M. Le Chatelier.

Prix Leconte (de cinquante mille francs). — Le prix est décerné à M. Villemin. Deux prix sont décernés sur les reliquats de la fondation Leconte, l'un à M. Deslandres et l'autre à M. Maurice d'Ocagne.

Prix fondé par Mme la Marquise De Laplace. — Le prix est décerné à M. Lebrun (Albert-François) sorti le premier de l'Ecole polytechnique.

Rapport sur le prix Jecker.

(Commissaires : MM. Frémy, Friedel, Troost, Schützenberger, Moissan ; Arm. Gautier, rapporteur).

M. G. Bouchardat, professeur à l'Ecole supérieure de pharmacie de Paris avait, déjà en 1874, publié une série de recherches sur la mannite, la dulcite, et en général sur les sucres et leurs dérivés, qui lui firent alors attribuer une partie du prix Jecker.

Depuis, tout en continuant ces premiers travaux, avec une patience peu commune et un succès bien mérité, il a repris l'étude d'une série de composés qui avaient fait l'objet des études de Dumas, Sainte-Claire Deville, Berthelot, Kekulé, etc., pour ne citer que les plus illustres, série sur laquelle il semblait qu'il n'y eût plus qu'à glaner quelques faits nouveaux ; je veux parler de la famille des carbures térébéniques.

Nulle étude peut-être, en chimie organique, n'est plus délicate que celle des hydrocarbures de cette série et de ses dérivés, que la chaleur, la lumière, l'air, le temps, etc., modifient ou polymérisent, qui s'unissent à l'eau, s'oxydent, se résinifient et, sous les moindres influences, se transforment en nombreux isomères.

Le point de départ des laborieuses recherches que nous avons à résumer ici est un travail sur la distillation du caoutchouc. M. Gréville Williams avait distingué déjà, dans les produits qui dérivent de ce produit par l'action de la chaleur, un hydrocarbure en $C^{10}H^{16}$, qu'en 1875 M. G. Bouchardat identifia avec le terpilène qu'on régénère du dichlorhydrate de térébenthène. Il établit ensuite que les hydrocarbures qui prennent naissance dans la distillation du caoutchouc, et ce produit naturel lui-même, sont tous des polymères d'un carbure fondamental, l'*isoprène* C^8H^8, le plus volatil des hydrocarbures complexes obtenus dans cette distillation. Soumis en vases scellés à une température de 260°, l'isoprène se transforme en terpilène inactif $C^{10}H^{16}$. En même temps, il donne le copahène $C^{15}H^{24}$ de l'essence de copahu, et, en présence de l'acide chlorhydrique, le caoutchouc d'où l'on était parti. D'autre part, en soumettant à la chaleur le valérylène, isomère de l'isoprène que l'on peut obtenir avec l'alcool amylique, on reproduit aussi le terpilène mélangé à d'autres hydrocarbures de la même série.

En réalisant ainsi, à partir d'hydrocarbures très simples aptes à être formés par synthèse totale, un certain nombre de composés naturels de la série térébénique, M. Bouchardat confirmait les prévisions théoriques formulées par son maître, M. Berthelot.

Avec le concours de M. Lafont, alors son préparateur, M. G. Bouchardat fit une étude attentive de l'action des acides sur le térébenthène naturel et ses principaux isomères : le térébène ou camphène inactif, qui ne donne qu'un monochlorhydrate, et le terpilène de même formule, mais qui peut donner un dichlorhydrate cristallisé.

Le camphène inactif fournit, par l'action lente des acides, des éthers, qui par saponification reproduisent, sauf le pouvoir rotatoire, le camphre du *Dryobalanops camphora* ou camphre de Bornéo, avec toutes ses propriétés. Par oxydation, ce corps donne un camphre identique au camphre ordinaire, mais inactif.

Au contraire, le terpilène inactif, dérivé du caoutchouc et isomère du précédent, fournit, dans les mêmes conditions, un alcool qui fond à 33° (au lieu de 197°, point de fusion du bornéol), et que les oxydants résinifient sans donner de camphre.

L'action des acides sur le térébenthène lévogyre de l'essence de térébenthine française donne des réactions plus complexes :

Une partie notable du térébenthène est transformée en un citrène distillant 20° plus haut que le térébenthène, mais de pouvoir rotatoire opposé et fournissant un dichlorhydrate. En même temps, il se forme : 1° l'éther d'un bornéol lévogyre, qui donne, par oxydation, un camphre lévogyre ; 2° l'éther d'un terpilénol lévogyre $C^{10}H^{18}O$, incapable de former le camphre $C^{10}H^{18}O$; 3° enfin l'éther d'un bornéol dextrogyre qui, par oxydation, se transforme en un camphre liquide paraissant identique à celui que M. Wallach vient de retirer de l'essence de fenouil, le *fenchol*.

Au cours de ces délicates recherches, M. G. Bouchardat a vérifié, complété ou corrigé un grand nombre de faits relatifs aux essences végétales et aux nombreux produits qui en dérivent naturellement ou artificiellement.

En montrant les liens qui rattachent les hydrocarbures et les camphres qui composent généralement ces essences avec un carbure aussi simple que l'isoprène, et avec le valérylène que l'on peut lui-même obtenir par synthèse totale ; en reproduisant avec ces hydrocarbures fondamentaux les carbures térébéniques, les terpilénols, les camphres qui se trouvent dans les produits naturels ; en distinguant ces nombreux isomères et déterminant leurs rapports réciproques, M. G. Bouchardat a fait faire de notables progrès à l'un des chapitres les plus difficiles et les plus complexes de la chimie organique et de la physiologie végétale.

La section de chimie accorde à ces belles et patientes recherches le prix Jecker pour 1892.

Séance du 26 décembre 1892. — M. le Ministre de l'Instruction publique, des Beaux-Arts et des Cultes adresse une ampliation du décret par lequel M. le Président de la République approuve l'élection de M. Edmond Perrier, dans la section d'anatomie et zoologie, en remplacement de M. de Quatrefages. Après la lecture du décret, M. Perrier prend place parmi ses confrères.

— Élévations thermiques sous l'influence des injections de produits solubles microbiens, par MM. Bouchard et Charrin.

Il résulte de cette note que les toxines du pus bleu sont capables d'élever la température, même de provoquer un ensemble de phénomènes rappelant ce qui a été décrit par Koch sous le nom de *Réaction*. Ces élévations de température sont d'autant plus marquées que la dose est plus forte, la culture plus âgée ; elles sont également plus intenses suivant le milieu de culture.

— Des vaisseaux et des clasmatocytes de l'hyaloïde de la grenouille, par M. Ranvier.

La membrane hyaloïde, qui sépare le corps vitré de la rétine, contient, chez les Batraciens, un très beau réseau vasculaire. Elles possèdent en outre des cellules étoilées qui ne sont autre chose que des clasmatocystes. Les vaisseaux de cette membrane sont entourés d'une membrane dont la constitution est singulière et que M. Ranvier appelle *membrane accessoire*. Enfin il a été impossible de découvrir des nerfs dans la membrane hyaloïde.

— Observations de la comète Holmes (6 novembre 1892), faites au grand équatorial de l'observatoire de Bordeaux, par MM. G. Rayet et L. Picart. Note de M. G. Rayet.

— Observations de la comète Swift (1892, I), faites au grand équatorial de Bordeaux, par MM. G. Rayet, L. Picart et F. Courty. Note de M. G. Rayet.

— Sur les lois de dilatation à volume constant des fluides : coefficients de pression, par M. E.-H. Amagat.

— M. Albert Gaudry fait hommage à l'Académie, au nom de M. Marcellin Boule et au sien, d'un nouveau fascicule des « Matériaux pour l'histoire des temps quaternaires » intitulé : les *Oubliettes de Sargas*.

— M. Poincaré est proposé en première ligne pour la place laissée vacante au bureau des longitudes par le décès de M. Ossian Bonnet, par 61 suffrages. M. Appell est proposé en seconde ligne par 48 voix.

— Pour la place de M. Mouchez, M. Fleuriais est proposé en première ligne par 47 voix contre 44 données à M. Manen qui est présenté en seconde ligne.

— M. F.-P. Le Roux adresse une note intitulée : « De l'incubation et de la nutrition des productions glaireuses de l'intestin, cause de la diathèse rhumatismale ».

— M. Alf. Basin adresse deux notes relatives à diverses questions intéressant la navigation.

— M. Ch. Sibillot adresse un mémoire relatif à un système de montgolfières dirigeables en aluminium.

— M. L. Rousse soumet au jugement de l'Académie un instrument qu'il nomme « Galacti-densimètre ».

— M. Verney adresse une note relative à la surdité.

— La Compagnie des messageries maritimes transmet à l'Académie un rapport de M. Fournier, relatif aux effets produits par le filage de l'huile par les gros temps.

— MM. Binet, Blondel, Bouchardat, Cornevin, Dardignac, Deslandres, Doyère, Einthoven, Ewald, Farabeuf et Varnier, Gillot, Hédouin, Hue, Humbert, Koenigs, Laborde, Le Chatelier, Leveau, Hans Molisch, Moureaux, Normand, D'Ocagne, P. Puiseux, Radau, Raffard, Stieltjes, Tacchini, Thierry, Viala, Max Wolf, Mlle D. Klumpke adressent leurs remerciements à l'Académie pour les distinctions accordées à leurs travaux.

— Mme veuve Villemin adresse à l'Académie l'expression de sa reconnaissance pour la haute distinction accordée aux travaux de son mari, le docteur Villemin.

— M. Caspari prie l'Académie de le comprendre parmi les candidats à la place laissée vacante par la mort du vice-amiral Jurien de la Gravière.

— M. le Secrétaire perpétuel signale parmi les pièces imprimées de la correspondance :

1° Un volume adressé par M. le vice-amiral Roussin et consacré à la biographie de son père, l'amiral baron Roussin;

2° Une étude sur les courants et sur la température des eaux de la mer dans l'océan Atlantique, par le général H. Mathiesen (présentée par M. Des Cloizeaux) ;

3° Un volume de M. Capellini, en langue italienne, intitulé : « Gerolamo Guidoni di Vernazza e le sue scoperte geologiche in Liguria e in Toscana » (présenté par M. Daubrée).

— Observations de la comète Holmes, faites à l'équatorial coudé ($0^m,30$) de l'observatoire de Lyon, par M. G. Le Cadet.

— Nouvelles recherches expérimentales sur l'équation personnelle dans les observations de passage. Note de M. P. STROOBANT, présentée par M. Wolf.

— Sur les systèmes conjugués et les couples de surfaces applicables. Note de M. A. PETOT, présentée par M. Darboux.

— Sur la déformation infinitésimale et sur les surfaces associées de M. Bianchi. Note de M. E. COSSERAT, présentée par M. Darboux.

— Sur les fonctions contiguës relatives à la série hypergéométrique de deux variables. Note de M. LEVAVASSEUR, présentée par M. Picard.

— Caractère de convergence des séries. Note de M. A. DE SAINT-GERMAIN, présentée par M. Darboux.

— Critérium de divisibilité par un nombre quelconque. Note de M. FONTÈS, présentée par M. Cornu.

— Sur le mouvement d'un point matériel dans le cas d'une résistance proportionnelle à la vitesse. Note de M. ELLIOT, présentée par M. Barboux.

— Sur la forme générale de la loi du mouvement vibratoire dans un milieu isotrope. Note de M. E. MERCADIER, présentée par M. Cornu.

— Emploi des ressorts dans la mesure des pressions explosives. Note de M. P. VIEILLE, présentée par M. Sarrau.

— Sur la décroissance de la température dans l'air avec la hauteur. Note de M. ALFRED ANGOT, présentée par M. Mascart.

Pendant la nuit, dans tous les mois, sans exception, la température commence par augmenter à mesure que l'on s'éloigne du sol ; elle passe par un maximum à une heure variable, mais qui est en moyenne de 170 mètres. La différence entre la température maximum et celle que l'on observe à 2 mètres du sol est, en moyenne 1°1 ; elle est plus faible en hiver et au printemps (0°7) et atteint sa plus grande valeur en automne (2°1 en octobre et 2°6 en septembre). Dans la journée, la température décroît régulièrement à mesure que l'on s'éloigne du sol. La loi de détente adiabotique des gaz indique que l'équilibre n'est stable dans l'atmosphère qu'autant que la décroissance de la température y est inférieure à 1° pour 100 mètres. Cette condition est toujours remplie en moyenne au-dessus de 160°, mais elle cesse de l'être au-dessous, depuis février jusqu'en septembre. Dans tous ces mois, les couches les plus basses de l'atmosphère doivent donc être au milieu du jour le siège de courants ascendants.

— Sur la température de l'arc électrique. Note de M. J. VIOLLE, présentée par M. Mascart.

Les recherches en question ont été faites sur l'arc électrique produit dans des conditions très variées, depuis 10 ampères et 50 volts jusqu'à 400 ampères et 85 volts, consommant 500 à 3,400 watts, c'est-à-dire 0,7 à 46 chevaux. Elles ont été effectuées au moyen d'une excellente machine à courant continu, prêtée par la compagnie Edison. Un fait important à signaler, c'est que l'éclat de la plaque positive est identiquement le même pour ces arcs de puissance si différente. Il résulte de là que la température du charbon positif, ainsi que celle des particules de carbone contenues dans l'arc, est constante, quelle que soit la dépense d'énergie. C'est donc la température de volatilisation du carbone. La quantité de chaleur abandonnée par 1 gramme de charbon ou, ce qui revient au même, la quantité de chaleur nécessaire pour porter 1 gramme de graphite de 0° à la température de volatilisation du carbone est de 1600 calories (gramme, degré centigrade). Or, d'après les expériences de Weber et Dewar, il faut environ 300 calories pour chauffer 1 gramme de graphite de 0 à 1000°. Il reste 1300 calories attribuables à l'échauffement depuis 1000° jusqu'au point de volatilisation du carbone. Si la chaleur spécifique du graphite au-dessus du graphite est de 0.52, ces 1300 calories représentent 2,500°, de sorte que la température cherchée est 3,500°.

— Remarques sur les hautes températures et sur la vaporisation du carbone, par M. BERTHELOT.

A propos de la communication de M. Violle, M. Berthelot fait remarquer que, dans les recherches qu'il a faites avec M. Vieille, il a établi l'existence de température effective variant de 4,000 à 4,500°. En outre, certains essais de M. Vieille démontrent comme probable l'existence, vers 3,200°, de la présence d'une notable tension de vapeur de carbone. Il y a donc concordance entre les résultats obtenus par des voies si différentes. De plus, dans le phénomène de volatilisation du carbone, il est à remarquer que ce dernier corps, tel que nous le connaissons, était un produit polymère ; en conséquence, il s'est passé un double phénomène et il fallu restituer au corps l'énergie perdue par sa polymérisation et réduire en vapeur l'élément monomoléculaire.

— Sur l'égalité des vitesses de propagation de l'ondulation électrique dans l'air et le long de fils conducteurs, vérifiée par l'emploi d'une grande surface métallique. Note de MM. ED. SARASIN et L. DE LA RIVE, présentée par M. Poincaré.

Les conclusions de ce travail sont que : 1° le résonateur circulaire a une longueur d'onde constante; quelles que soient les dimensions de l'oscillateur, l'intensité de l'oscillation seule varie; 2° le quart de longueur d'onde d'un résonateur circulaire est très approximativement égal ou double de son diamètre; 3° dans le cas de la réflexion normale, le premier nœud est exactement au miroir; enfin, comme résultat principal, 4° la vitesse de propagation de l'ondulation électrique est la même dans l'air et le long de fils conducteurs.

— Sur les réseaux de conducteurs électriques : Propriété réciproque de deux branches. Note de M. Vaschy, présentée par M. Cornu.

Cette note a pour but la démonstration du théorème suivant : Considérons un ou plusieurs réseaux de conducteurs, pouvant même contenir des condensateurs intercalés sur diverses branches. Si une force électromotrice $E = f(t)$ placée dans une branche A produit un courant d'intensité $i = \varphi(t)$ dans une branche B (appartenant soit au même réseau que A, soit à l'un des autres réseaux), réciproquement, la même force électromotrice E, placée en B et variant suivant la même loi $f(t)$, produira dans la branche A, un courant i variant suivant la même loi $\varphi(t)$.

— Sur l'affaiblissement des oscillations électro-magnétiques avec leur propagation et leur amortissement. Note de M. A. Perot, présentee par M. Poincaré.

— Détermination des coefficients de self-induction au moyen des oscillations électriques. Note de M. P. Janet, présentée par M. Lippmann.

— Méthode de Doppler-Fizeau. Formule exacte. Formule approchée. Evaluation de l'erreur commise. Note de M. H. de la Fresnaye, présentée par M. Cornu.

— Sur les propriétés magnétiques de l'oxygène à diverses températures. Note de M. P. Curie, présentée par M. Lippmann.

Entre 20° et 450° le coefficient d'aimantation spécifique de l'oxygène varie en raison inverse de la température absolue.

— Sur le pouvoir rotatoire du quartz aux basses températures. Note de MM. Ch. Soret et C.-E. Guye, présentée par M. Cornu.

Comme MM. Caillelet et Bouty, les auteurs de la présente note ont trouvé que le coefficient de variation du pouvoir rotatoire du quartz augmente aux basses températures.

— Sur la fusion du carbonate de chaux. Note de M. Joannis.

Discutant les conclusions auxquelles est arrivé M. Le Chatelier, sur la fusion du carbonate de chaux, l'auteur considère comme établi que tant qu'on ne dépasse pas la température de fusion de l'or, si l'on n'a recours, comme l'ont fait Hall et M. Le Chatelier, à des pressions étrangères, on n'arrive pas à fondre le carbonate de chaux; on le transforme en une craie plus ou moins friable. Pour obtenir la fusion, en dehors de toute pression extérieure, il faut atteindre une température qui doit être notablement plus élevée.

— Composés ammoniacaux dérivés du sesquichlorure de ruthénium. Note de M. A. Joly, présentée par M. Troost.

Le sesquichlorure de ruthénium absorbe le gaz ammoniac desséché. Il semble d'après la marche de la réaction, donner plusieurs composés. Le plus riche en ammoniaque a pour formule $Ru^2Cl^6(AzH^3)^7$. Il ne se dissout complètement dans l'eau que si cette dernière est saturée d'ammoniaque. Si l'on projette du sesquichlorure de ruthénium anhydre et très divisé dans une solution ammoniacale saturée à basse température et si l'on maintient quelque temps le tout à 40°, on obtient une liqueur rouge très foncée qui laisse déposer par le refroidissement, si la concentration est convenable, de petites lamelles brunes à reflets mordorés jaunes par transparence. Ces petits cristaux bruns ont pour formule $Ru^2(OH)^2Cl^4(AzH^3)^7 + 3H^2O$. La dissolution de ce sel est rouge par transparence avec des reflets violets par réflexion; il a un pouvoir tinctorial comparable à celui des colorants organiques. Sec, il est inaltérable à la lumière, mais en dissolution il se décompose lentement en donnant un dépôt de sesquioxyde brun. L'acide chlorhydrique concentré donne, avec les dissolutions de l'oxychlorure ammoniacal, un précipité brun d'un chlorhydrate :

$$Ru^2(OH)^2Cl^4(AzH^3)^7HCl + 3H^2O$$

dont la dissolution étendue est jaune et vire peu à peu au rouge en augmentant la dilution; une goutte d'ammoniaque ou d'alcali fixe la fait immédiatement virer au violet.

— Sur un iodosulfure de phosphore. Note de M. L. Ouvrard, présentée par M. Troost.

L'hydrogène sulfuré agit entre 110° et 120° sur le biiodure de phosphore, d'après la réaction suivante :

$$2\,PhI^2 + 3\,HS = Ph^2S^3I + 3\,HI.$$

L'iodosulfure Ph^2S^3I qui se forme, est en prismes brillants jaune d'or très biréfringents, probablement tricliniques. Il est inaltérable à l'air sec; en présence de l'humidité, il dégage de l'hydrogène sulfuré. Il est très soluble dans le sulfure de carbone, peu dans la benzine et encore moins dans l'éther et l'alcool absolu. Son point de fusion est à 106°. Avec l'acide nitrique, il produit une explosion et un dégagement de lumière.

— Action du bismuth sur l'acide chlorhydrique. Note de MM. A. Ditte et R. Metzner, présentée par M. Troost.

Comme l'antimoine, le bismuth n'éprouve aucune action de la part de l'acide chlorhydrique, à la condition d'opérer à l'abri de toute trace d'oxygène; la présence de celui-ci modifie la réaction et entraîne la dissolution d'une quantité du métal correspondant à celle de ce gaz; et la facilité plus ou moins grande avec laquelle le bismuth, l'antimoine et l'arsenic se dissolvent dans ces conditions est en relation immédiate avec la chaleur d'oxydation de ces trois corps.

— Action de la potasse et de la soude sur l'oxyde d'antimoine. Note de M. H. Cormimboeuf, présentée par M. Troost.

Si l'on fait bouillir une solution de 2 grammes de potasse dans 2 grammes d'eau avec 1 gramme d'oxyde d'antimoine, on obtient des prismes orthorhombiques de triantimonite anhydre de potasse. Ce sel est préparé à l'état hydraté $KO\,3SbO^3\,3HO$, quand on dissout jusqu'à refus de l'oxyde d'antimoine dans la solution potassique bouillante. L'eau décompose ces triantimonites en donnant d'abord de l'oxyde prismatique d'antimoine, puis de l'oxyde octaédrique. La soude donne avec l'oxyde d'antimoine du monoantimonite en octaèdres à base carrée $NaOSbO^3, 6HO$. Si l'on fait dissoudre jusqu'à refus de l'oxyde d'antimoine dans 2 parties de soude dissoute dans une partie d'eau, à l'ébullition on a le sesquiantimonite hydraté. Le biantimonite se produit si l'on ajoute un excès d'oxyde d'antimoine, et le triantimonite quand on opère, non à l'ébullition, mais à 100°. La soude donne avec l'oxyde d'antimoine du sesqui, du bi et du triantimonite, tandis que la potasse ne donne que le triantimonite. L'eau décompose les sels sodiques en donnant un oxyde correspondant à la valentnéite, et ceux de potasse en donnant de la valenténite et de la sénarmontite.

— Relation entre les chaleurs de formation et les températures du point de réaction. Note de M. Maurice Prud'homme, présentée par M. Schützenberger.

Cette note peut se résumer dans cette loi : « Pour une même série de corps, la chaleur de formation de l'unité de masse est proportionnelle à la chaleur spécifique et en raison inverse de la température absolue du point de réaction ».

— Sur l'étude des réactions chimiques dans une masse liquide, par l'indice de réfraction. Note de M. C. Féry, présentée par M. Schützenberger.

— Sur un propylamidophénol et ses dérivés acétylés. Note de M. P. Cazeneuve, présentée par M. Friedel.

Le propylamidophénol que l'auteur a obtenu en partant du camphre, fournit avec l'acide acétique anhydre un dérivé monocétylé fusible à 95°-96°, soluble dans l'alcool, le chloroforme et l'éther, et insoluble dans l'eau ; et un dérivé triacétylé fusible à 138°-139°. Ce propylamidophénol est un développateur énergique pour la photographie ; or il n'y a que les dérivés aromatiques ayant soit deux groupes phénoliques ou un groupe phénolique et un groupe amidé en ortho ou para qui possèdent cette propriété. Dans le propylamidophénol en question la position ortho seule, vu l'enchaînement des faits, est admissible. Il dérive d'un nitrophénol et non d'une nitrocétone comme l'auteur l'avait cru d'abord.

— Dosage des impuretés dans les méthylènes. Note de M. Er. Barillot, présentée par M. Troost.

Principe. — I. Lorsqu'on agite 20 centimètres cubes de chloroforme avec un mélange formé de 10 centimètres cubes d'alcool méthylique, 15 centimètres cubes de bisulfite de soude de densité 1.325 et 5 centimètres cubes d'eau, le coefficient de partage entre les deux liquides non miscibles est tel que la couche chloroformique conserve son volume intégral si l'alcool méthylique ne contient pas d'impuretés autres que l'acétone.

II. Si l'alcool méthylique contient des impuretés (Benzol, méthylol, diallyle, etc.), la couche chloroformique augmente proportionnellement à leur quantité.

Application. — 1°) Dans un tube *a* de 40 centimètres cubes environ de capacité, on verse du méthylène à examiner, puis 15 centimètres cubes de la solution de bisulfite de soude, on bouche le tube et on l'agite fortement; on y ajoute ensuite 5 centimètres cubes d'eau, on agite de nouveau et on laisse le mélange reprendre la température ordinaire;

2°) Un tube de verre de 20 centimètres cubes de capacité, terminé inférieurement par un robinet, communique à sa partie supérieure par un tube de plus petit diamètre, divisé en centimètres cubes et dixièmes de centimètres cubes, avec un ballon de verre *b* d'environ 200 centimètres cubes dont la tubulure supérieure peut être fermée par un bouchon à l'émeri. Dans cet appareil *b* on verse du chloroforme, de manière à remplir le tube inférieur dont la capacité est exactement de 20 centimètres cubes. Le ménisque de ce liquide affleure alors très nettement au zéro de la graduation en centimètres cubes et en dixièmes de centimètre cube à 15°. Le mélange *a* est versé dans l'appareil *b*; on agite fortement, de façon à obtenir une émulsion d'apparence laiteuse et on laisse ensuite au repos.

Lorsque les deux couches liquides de l'appareil *b* sont bien limpides, on lit à 15° l'augmentation de volume du chloroforme. Cette augmentation, multipliée par 10, correspond à la proportion pour 100 d'impuretés autres que l'acétone contenues dans le méthylène. Le degré alcoométrique du méthylène examiné peut être compris entre 80° et 99°. La proportion d'acétone comprise de 1 à 30 pour 100 n'influe pas sur l'exactitude du dosage.

— Séparation des micro-organismes par la force centrifuge. Note de M. R. Lezé, présentée par M. P. S. Dehérain.

— Les pertes d'azote dans les fumiers. Note de MM. A. Muntz et A.-Ch. Girard, présentée par M. Dehérain.

Les observations consignées dans cette note montrent que c'est surtout à l'étable que se produisent les pertes d'azote; ce qui s'explique par la fermentation ammoniacale extrêmement rapide des urines et par la surface considérable sous laquelle la litière imprégnée de liquides ammoniacaux se présente au contact de l'air. Elles montrent aussi que ce n'est pas dans l'abondance de la litière qu'il faut chercher le remède à ces déperditions si préjudiciables.

— Sur la fermentation des fumiers. Note de M. Alex. Hébert, présentée par M. P. S. Dehérain.

Les déperditions en azote d'un fumier maintenu en bon état d'humidité ne peuvent avoir lieu à l'état d'ammoniaque; les divers procédés imaginés pour éviter ces pertes ammoniacales (addition de sulfate de fer, de plâtre, d'acide sulfurique) ne sont donc pas d'une grande efficacité, puisque l'azote libre qui disparaît pendant la préparation du fumier se dégage à l'état libre.

— Du desséchement des marais en Russie. Note de M. Venuckoff, présentée par M. Dehérain.

Depuis 1873, le gouvernement russe a entrepris le desséchement des marais formés dans le pays qu'arrose la Pripète, affluent du Dniéper. Le total des marais desséchés, au moyen de la canalisation des eaux, est de 1,000,000 d'hectares, dont 320,000 hectares sont transformés en prairies, 106,000 hectares en champs et jardins, 600,000 hectares en forêts. On a dépensé de 1873 à 1891 plus de 3,000,000 de roubles.

— Sur les conditions chimiques de l'action des diastases. Note de M. J. Effront, présentée par M. Duclaux.

Une série de recherches entreprises par M. Effront sur l'action de diverses substances chimiques lui ont démontré qu'il existe trois catégories de corps favorisant l'action de la diastase et du ferment soluble de l'*Aspergillus orizæ*; par un mélange convenable des substances des trois groupes, on peut augmenter dans le rapport de 1 à 10 le pouvoir saccharifiant de ces ferments solubles.

Les corps qui possèdent la propriété de favoriser l'action de la diastase sont : les sels d'aluminium, les sels d'acide phosphorique, l'asparagine, ainsi que certaines albumines.

L'action de ces différentes substances sur la diastase a été déterminée de deux manières différentes : 1° La diastase a été mise en contact direct avec différentes doses de réactif, avant d'agir sur l'amidon; 2° La diastase, non traitée préalablement, a été ajoutée à de l'empois d'amidon qu'on additionnait de ces diverses substances. Par ces deux méthodes, on a obtenu les mêmes chiffres pour l'asparagine, le phosphate d'ammonium et l'acétate d'aluminium. Les résultats obtenus avec le phosphate de calcium et l'alun différaient suivant les deux méthodes et étaient en défaveur. L'action des agents chimiques sur la diastase se manifeste à n'importe quelle température de saccharification; en outre l'action favorable de ces agents s'arrête régulièrement juste au moment où l'hydratation est devenue très avancée. Il est très curieux de constater que les mêmes substances qui favorisent le développement des ferments figurés favorisent également l'action des ferments solubles.

Vu l'importance du travail de notre collaborateur, nous le publierons *in extenso*, dans un prochain numéro, afin de remédier à l'insuffisance de la note communiquée à l'Académie.

— De la tricophytie chez l'homme. Note de M. R. Sabouraud, présentée par M. Duclaux.

De l'examen fait sur cent malades atteints de tricophytie, et de l'étude du parasite qui produit cette affection, il résulte que le tricophyte à petites spores produit les teignes rebelles. Dans la tricophytie humaine il n'y a qu'un type, la teigne à grosses spores qui puisse s'accompagner d'auto-inoculations ou de contagions de tricophytie circinée, ou produire par contagion à l'homme la tricophytie de la barbe. La tricophytie à petites spores ne paraît contagieuse que pour les cheveux, et par conséquent pour les enfants, seuls sujets à la teigne tondante. On peut dire que dans la majorité des cas la tricophytie des cheveux de l'enfant n'est aucunement contagieuse pour l'homme.

— De l'évolution des fonctions de l'estomac. Note de M. J. Winter, présentée par M. Armand Gautier.

— Sur l'histologie des organes annexes de l'appareil mâle chez la Périplaneta orientalis. Note de M. P. Blatter, présentée par M. Ranvier.

— Sur la présence d'une araliacée et d'une pontédériacée fossiles dans le calcaire grossier parisien. Note de M. Ed. Bureau, présentée par M. Bornet.

Au nombre des plantes fossiles trouvées en 1866 lors des travaux exécutés à la butte du Trocadéro, s'en trouve une dont les caractères se rapprochent de ceux des *Brassacopsis* et *Macropanax*, de la famille des Araliacées. L'examen comparatif de ses caractères avec ceux de plantes de la famille précitée permet de la considérer comme un macropanax. M. Bureau la dénomme *Macropanax eocina*. On n'avait pas encore signalé ce genre, ou cette section de genre, à l'état fossile. Une autre plante qui a fourni de nombreux échantillons a été aussi rencontrée dans ces mêmes fouilles. Elle appartient à la famille des Pontédériacées. L'auteur propose pour elle le nom de *Monochona pariensis*. Elle se rapproche beaucoup de certaines espèces de ce genre qui existent dans l'Inde, Ceylan, la Malaisie, la Chine et le Japon. L'existence de plantes de ce genre dans le calcaire grossier montre les affinités asiatiques de la flore de ce terrain.

— Sur une nouvelle carte géologique des Pyrénées françaises et espagnoles. Note de MM. Emm. de Margerie et Fr. Schrader, présentée par M. Daubrée.

— Le mouvement différentiel dans l'océan et dans l'atmosphère : marées d'eau, marées d'air. Note de M. Fernand de Saintignon, présentée par M. Daubrée.

— Sur la perforation des roches basaltiques du golfe d'Aden par des galets : formation d'une marmite des Géants. Note de M. Jousseaume, présentée par M. Daubrée.

— M. E. Lemoine adresse une note sur la Géométrographie, ou Art des constructions géométriques.

— M. Léopold Hugo adresse une note sur « l'Équidomoïde tétragonal » et sur un fer météorique des États-Unis.

— M. E. Marhem adresse une note relative à la production des orages.

— M. F. Delmas adresse une note relative au mouvement de rotation de la Terre.

Séance du 2 janvier 1893.

État de l'Académie des Sciences au 1er Janvier 1893.

Sciences mathématiques. — Section I. — Géométrie. — MM. Hermite, Jordan, Darboux, Poincaré, Picard, Appell.

Section II. — Mécanique. — MM. Résal, Lévy, Boussinesq, Deprez, Sarrau, Léauté.

Section III. — Astronomie. — MM. Faye, Janssen, Lœwy, Tisserand, Wolf, N....

Section IV. — Géographie et navigation. — MM. Pâris (vice-amiral), d'Abbadie, Bouquet de la Grye, Grandidier, De Bussy, N....

Section V. — Physique générale. — MM. Fizeau, Cornu, Mascart, Lippmann, Becquerel, Potier.

Sciences physiques. — Section VI. — Chimie. — MM. Frémy, Friedel, Troost, Schützenberger, Gautier, Moissan.

Section VII. — Minéralogie. — MM. Daubrée, Pasteur, Des Cloizeaux, Fouqué, Gaudry, Mallard.

Section VIII. — Botanique. — MM. Duchartre, Naudin, Trécul, Chatin, Van Tieghem, Bornet.

Section IX. — Economie rurale. — MM. Schlœsing, Reiset, Chauveau, Dehérain, Duclaux, Chambrelent.

Section X. — Anatomie et zoologie. — MM. Blanchard, de Lacaze-Duthiers, Milne Edwards, Ranvier, Perrier.

Section XI. — Médecine et chirurgie. — MM. Marey, Charcot, Brown-Sequard, Bouchard, Verneuil, Guyon.

Secrétaires perpétuels. — M. Bertrand, pour les sciences mathématiques; M. Berthelot, pour les sciences physiques; M. Pasteur, secrétaire perpétuel honoraire.

RENOUVELLEMENT ANNUEL DU BUREAU ET DE LA COMMISSION ADMINISTRATIVE.

M. Lœwy est nommé vice-président par 45 voix sur 46 votants.

MM. Fizeau et Frémy sont élus membres de la Commission centrale administrative.

M. d'Abbadie, président sortant, fait connaître l'état où se trouve l'impression des Recueils que publie l'Académie et les changements survenus parmi les membres et les correspondants pendant le cours de l'année 1892.

État de l'impression des recueils de l'Académie au 1er janvier 1893. — Volumes publiés.

Comptes rendus des séances de l'Académie. — Les tomes CXII et CXIII (1er et 2e semestre 1892) ont paru avec leurs tables.

Mémoires présentés par divers savants. — Un mémoire de MM. de Lacaze-Duthiers et Delage, intitulé : « Études sur les ascidies des côtes de France, Faune de cynthodiées de Roscoff et des côtes de Bretagne » (t. XLV).

Un mémoire de M. E. Vicaire : « Sur les propriétés communes à toutes les courbes qui remplissent une certaine condition de minimum ou de maximum » (*Savants étrangers*, t. XXXI, nº 5).

Changements survenus parmi les membres depuis le 1er janvier 1892.

Membres décédés.

Section de géométrie. — M. Bonnet, décédé le 22 juin.
Section d'astronomie. — M. Mouchez, décédé le 25 juin.
Section de géographie et de navigation. — M. N... décédé le 5 mars.
Section d'anatomie et de zoologie. — M. de Quatrefages de Bréau, décédé le 12 janvier.
Académiciens libres. — M. Léon Chrétien-Lalanne, décédé le 12 mars.

Membres élus.

Section de géométrie. — M. Appell, le 7 novembre, en remplacement de M. Bonnet, décédé.

Section d'anatomie et de zoologie. — M. Perrier, le 12 décembre, en remplacement de M. de Quatrefages de Bréau, décédé.

Section de médecine et de chirurgie. — M. Guyon, le 16 mai, en remplacement de M. Richet, décédé.

Académiciens libres. — M. Brouardel, en remplacement de M. Léon Chrétien-Lalanne, décédé.

Membres à remplacer.

Section d'astronomie. — M. Mouchez.
Section de géographie et navigation. — M. Jurien de la Gravière.

Changements survenus parmi les associés et correspondants étrangers depuis le 1er janvier 1892.

Membres décédés (1).

M. Airy, décédé au mois de janvier.
M. Owen, décédé au mois de décembre.

Membres élus.

M. Helmholtz, à Berlin, le 13 juin, en remplacement de don Pedro d'Alcantara, décédé.
M. van Beneden, à Louvain, le 18 juillet, en remplacement de M. Airy, décédé.

Membres à remplacer.

M. Owen, décédé au mois de décembre.

Changements survenus parmi les correspondants depuis le 1er janvier 1892.

Correspondants décédés.

Section de mécanique. — M. Gilbert, à Louvain, décédé le 4 février; M. le marquis de Caligny, à Versailles, décédé en mars dernier.

Section d'astronomie. — M. Adams, à Cambridge, décédé le 21 janvier.

Section de physique générale. — M. Abria, à Bordeaux, décédé le 4 avril.

Correspondants élus.

Section de géométrie. — M. Sophius Lie, à Leipzig, le 7 juin, en remplacement de M. Kronecker, décédé.

Section de mécanique. — M. Considère, à Quimper, le 1er février, en remplacement de M. Boileau, décédé; M. Amsler, à Schaffouse, le 30 mars, en remplacement de M. Gilbert, décédé.

---

(1) On remarquera que Hofmann ne figure pas sur cette liste. Il est toujours vivant pour l'Académie, qui, paraît-il, n'a pas entendu parler de sa mort ! ! ! Inutile d'insister.

Section d'astronomie. — M. Auwers, à Berlin, le 27 juin, en remplacement de M. Oppolzer, décédé; M. Rayet, à Bordeaux, le 4 juillet, en remplacement de M. Warren de la Rue? décédé; M. Perrotin, à Nice, le 11 juillet, en remplacement de M. Adams, décédé.

Section de géographie et navigation. — M. de Tillo, à Saint-Pétersbourg, en remplacement de M. Ibanez de Ibero, décédé; M. Manen, à Fleury (Seine-et-Oise), le 8 février, en remplacement de M. Ledieu, décédé.

Correspondants à remplacer.

Section de mécanique. — M. le marquis de Caligny, à Versailles.

Section de chimie. — M. Stas, à Bruxelles, décédé le 13 décembre 1891; M. Abria, à Bordeaux, décédé le 4 avril; M. Helmholtz, à Berlin, élu associé étranger le 13 juin 1892.

Section de médecine et de chirurgie. — M. Donders, à Utrecht, décédé le 4 mars 1889; M. Palasciano, à Naples, décédé le 28 novembre 1891.

— M. LE SECRÉTAIRE PERPÉTUEL annonce à l'Académie la perte qu'elle a faite dans la personne de sir Richard Owen, son associé étranger, décédé à Surrey (Angleterre) au mois de décembre 1892.

— M. ÉM. BLANCHARD donne un aperçu touchant l'œuvre et la carrière de Richard Owen, l'illustre zoologiste anglais nommé associé étranger en 1859. (Il est regrettable qu'il n'y ait rien dans les *Comptes rendus* sur cette note. Cependant ce savant méritait bien quelques mots, car il fut l'un des fondateurs de l'anatomie comparée. Il perfectionna l'échafaudage scientifique élevé par Cuvier en définissant plus exactement certaines notions et systématisant l'ostéologie comparée. Les travaux d'Owen sur les oiseaux et les reptiles fossiles font époque dans la science. Son ouvrage : *On the anatomy of vertebrates* (*comparative anatomy and physiology of vertebrates*), publié de 1866 à 1868, est une mine de documents relatifs à l'anatomie comparée, d'une richesse incomparable. Son fameux traité : *On the Archetype of the vertebrate Skeleton*, datant de 1848, et dans lequel se trouve remaniée la célèbre théorie vertébrale du crâne, dont les bases avaient été jetées par Gœthe et Oken, puis reprises par de Blainville, laisse voir quelle a été l'œuvre du savant anglais, et nous nous demandons pourquoi les *Comptes rendus* ne contiennent pas la plus petite notice biographique).

— M. FAYE présente à l'Académie l'*Annuaire du Bureau des longitudes* pour 1893.

— M. DARBOUX présente le tome I de l'édition nouvelle de Diophante, publiée par M. Paul Tannery.

MM. MOUCHOT et RIVIÈRE adressent leurs remerciements pour les récompenses accordées à leurs travaux.

— Observations sur la comète de Brooks (19 novembre 1892), faites à l'équatorial coudé de l'observatoire de Lyon, par M. G. LE CADET, présentées par M. Tisserand. Ces observations ont été faites le 28 et le 29 décembre. La comète se présentait comme une nébulosité brillante, ronde, de 2′ de diamètre avec condensation centrale : l'intensité est régulièrement décroissante du centre aux bords très diffus.

— Sur une méthode nouvelle d'approximation. — Note de M. E. JABLONSKI, présenté par M. E. Jordan.

— Sur les mouvements des septèmes dont les trajectoires admettent une transformation infinitésimale. — Note de M. Paul PAINLEVÉ, présentée par M. Darboux.

— Sur la forme générale de la loi du mouvement vibratoire dans un milieu isotrope. Note de M. E. MERCADIER, présentée par M. H. Becquerel.

La formule $n = A\sqrt{\frac{q}{\delta}}\frac{1}{\varphi_1}$ est applicable à un milieu isotrope vibrant illimité. Puisque n désigne le nombre de vibrations isochrones effectuées par le ppoint vibrant initial, et par les autres points à la suite de la propagation du mouvement, il en résulte que la durée θ d'une vibration est égale à $\frac{1}{n}$, d'où en remplaçant n par $\frac{1}{\theta}$ et φ_1 par l on a $l = B\,\theta\sqrt{\frac{q}{\delta}}$, B étant une constante numérique. Si l'on fait $\sqrt{\frac{q}{\delta}} = V$ et $\frac{l}{B}$ par λ on tire $\lambda = V\,\theta$. C'est l'expression d'une loi identique à celle du mouvement uniforme.

— Sur les phénomènes thermo-électriques entre deux électrolytes. Note de M. Henri BAGARD, présentée par M. Mascart.

Les expériences qui font l'objet de cette note ont pour but d'étudier l'influence de la concentration sur la marche de couples formés par deux solutions d'un même sel, de teneur différente. S l'on représente par des courbes dont les abscisses seront les températures et les ordonnées les forces électro-motrices, on arrive à ce résultat que pour une température donnée, la force électromotrice est d'autant plus grande que la différence de concentration est elle-même plus grande.

— Sur l'âge des plus anciennes éruptions de l'Etna. Note de M. Wallcrant, présentée par M. Fouqué.

L'époque des premières éruptions de l'Etna remonterait, d'après M. Baldaci, à l'ère quaternaire peut-être même vers sa fin ; d'après Lyell, elle serait contemporaine du cray de Norwich, c'est-à-dire des dépôts occupant la base du pliocène supérieur. On remarque autour de l'Etna des basaltes prismatiques qui, en certains endroits, ont été mises à nu par l'action destructive de la mer, et qui constituent le soubassement du cône. Ces basaltes sont en relation avec des dépôts quaternaires pliocènes qui sont à l'état d'argiles jaunes aujourd'hui. On trouve, dans les couches supérieures de ces argiles, des fossiles qui permettent de les considérer comme synchroniques des marnes bleues subapennines et comme appartenant par conséquent au pliocénien ou pliocène inférieur. Sur la côte, par suite des bouleversements qu'a subis le terrain, il est difficile d'établir nettement les relations entre les basaltes et les roches sédimentaires. Cependant on peut établir d'une façon certaine l'identité d'âge des deux formations, par l'examen de lentilles sableuses interstratifiées dans les argiles. Ces sables présentent tous les caractères des cendres volcaniques. Il résulte de là qu'à l'époque des marnes subapennines, l'Etna était le théâtre d'éruptions accompagnées d'émissions de cendres.

— M. E. Lemoine adresse une note intitulée : « Règles d'analogie dans le triangle, ou transformation continue et transformation analytique correspondante ».

— M. P. Bidault propose d'obtenir le diamant en chauffant de la fonte ou de l'acier jusqu'à leur température de fusion et en y faisant passer un courant électrique.

— M. Chatron adresse une note relative au vol des oiseaux et à la navigation aérienne.

Séance du 9 janvier. — Les eaux de drainage des terres cultivées, par M. P.-P. Dehérain.

Continuant ses recherches sur les eaux de drainage, M. Dehérain a pu, cette année, opérer sur une plus vaste échelle, ce qui lui a permis de se mettre dans des conditions plus en rapport avec celles qui existent à l'état de nature. Il a expérimenté sur vingt cases de 4 mètres cubes contenant 5 tonnes chacune de terre, dans lesquelles il avait semé du ray-grass, des betteraves à sucre, du blé à épi carré, des pommes de terre *Richter's imperator*, du maïs-fourrage, du trèfle, de l'avoine mêlée de trèfle, enfin des betteraves portugaises. Parmi ces cultures, le blé, l'avoine et le trèfle n'ont fourni que des récoltes médiocres, toutes les autres ont été bonnes ou même très bonnes. Quatre cases sont restées sans culture, elles ont laissé couler une quantité d'eau considérable. Sur les 449 millimètres d'eau recueillis au pluviomètre, elles ont débité en moyenne $96^{mm},9$; deux avaient reçu du fumier, une autre des engrais chimiques; toutes trois ont laissé couler un peu plus d'eau que la case sans fumier.

D'après les résultats obtenus, on constate que le drainage des sols-cultures est beaucoup moins abondant que celui des terres nues; il est d'autant plus faible que le sol est plus longtemps couvert et que l'évaporation des végétaux fonctionne plus avant dans la saison. Les eaux écoulées des cases cultivées renferment des quantités notables de nitrates, même celles provenant des cases à betteraves et à orge. Cette nitrification abondante est peut-être due à ce que la terre était insuffisamment tassée. Cependant, il est à remarquer que ces pertes sont bien plus étroitement liées à la quantité qu'à la richesse des eaux écoulées. Ainsi, la betterave et le maïs laissent écouler des eaux assez riches en nitrates; mais, comme la quantité d'eau de drainage recueillie est très minime, les pertes, à l'hectare, sont minimes. Dans les eaux de drainage des cases dans lesquelles a eu lieu la culture du blé non suivie de culture dérobée, la quantité de nitrates a été quatre fois plus forte que si l'on avait préalablement semé de la vesce. L'abondante quantité de nitrates qui s'est produite dans les cases semble avoir gêné le développement des légumineuses, qui, on le sait, ne profitent guère des fumures azotées. Ce fait cependant ne saurait faire rejeter la vesce comme culture dérobée, car cette légumineuse, si elle ne retient pas avidement les nitrates, assimile l'azote de l'air et, par sa végétation luxuriante, évapore l'eau tombée et empêche complètement l'écoulement par les drains, car les pertes sont réglées non pas la composition des eaux, mais par leur abondance.

Si l'on compare la quantité d'azote nitrique contenue dans l'eau de drainage au pour 100 d'azote dans la récolte, on remarque que les betteraves donnent les nombres les plus faibles ; viennent ensuite le maïs-fourrage, puis les pommes de terre. Quand la récolte est médiocre, le rapport se rapproche de l'unité; le trèfle qui a mal réussi, l'avoine qui n'a donné qu'une récolte passable, ont laissé entrainer par l'eau de drainage une quantité d'azote qui atteint la moitié de celle qui existe dans la récolte ; enfin, l'une des cases portant un mauvais blé a fourni de l'eau qui renfermait plus d'azote que n'en contenait la récolte.

Au point de vue pratique, ce dernier point est important : tout azote nitrifié dans le sol est assimilé ou perdu ; quand la récolte est mauvaise, le cultivateur est doublement lésé, par la faiblesse des produits obtenus, et par l'appauvrissement de sa terre.

— Sur les petites planètes et les nébuleuses découvertes à l'Observatoire de Nice, par MM. CHARLOIS et JAVELLE, et sur la station de Mounier. Note de M. Perrotin.

— Dilatation et compressibilité de l'eau, par M. E.-H. AMAGAT.

L'eau fait exception à la plupart des lois que suivent les autres liquides ; ces anomalies sont intimement liées à l'existence du maximum de densité. La variation du coefficient de compressibilité avec la pression change peu quand la température croît, elle paraît cependant diminuer d'abord légèrement pour augmenter ensuite. Cette augmentation ne devient très sensible que pour 198°. On sait depuis longtemps que le coefficient de compressibilité de l'eau pour des pressions voisines de l'atmosphère, décroît quand la température augmente. Cette décroissance s'arrête à une température à partir de laquelle le coefficient commence à croître, comme pour les acides liquides. Le minimum, d'après les recherches de M. Amagat, se retrouve sous des pressions beaucoup plus fortes ; mais l'effet est de moins en moins accentué à mesure que la pression croît. Pour les pressions supérieures, la température ne dépassant pas 50°, la décroissance est de plus en plus faible et, entre 2500 et 3000 atmosphères, la perturbation a disparu et l'on peut prévoir que, sous des pressions encore plus considérables, l'eau rentrerait dans le cas ordinaire des autres liquides. Le maximum a lieu à une température qui ne paraît pas varier sensiblement avec la pression et qui s'écarte très peu de 50°. Pour cette température, on remarque une tendance à passer par un maximum ; mais l'effet n'est pas assez prononcé pour qu'on puisse regarder le fait comme certain.

— M. DAUBRÉE annonce à l'Académie la perte qu'elle vient de faire dans la personne de M. N. Kokscharow, correspondant pour la section de minéralogie, décédé à Saint-Pétersbourg le 2 janvier.

— Strabon et le phylloxera. Mémoire de M. DE MÉLY.

L'auteur a appliqué le traitement de Strabon aux vignes phylloxérées. Il présente à l'Académie un sarment de vigne de 3m,50 de longueur, d'une végétation puissante, cueilli sur un cep phylloxéré et traité, ce qui prouve que le pétrole n'a nullement nui à la force de la plante. Quant au produit, les chiffres comparatifs établissent jusqu'à présent l'efficacité du traitement.

— M. P. MERCIER adresse une note relative à des expériences concernant la résistance de l'air.

— M. D. CATEL adresse un Mémoire relatif à un projet de ballon dirigeable.

— Le Comité organisateur du Congrès international de Médecine adresse une invitation à l'Académie pour la session qui doit être tenue à Rome, du 24 septembre au 1er octobre prochain.

— M. HEDON adresse ses remerciements à l'Académie pour la distinction accordée à ses travaux.

— Observations de la comète Brooks (19 novembre 1892), faites à l'Observatoire de Paris (équatorial de la tour de l'Ouest), par M. O. CALLANDREAU, communiquées par M. Tisserand.

— Sur la réduction des intégrales elliptiques. Note de M. J.-C. KLUYVER, présentée par M. Hermite.

— Sur la variation thermique de la résistance électrique du mercure. Note de M. Ch.-Ed. GUILLAUME, présentée par M. Cornu.

Dans cette note l'auteur démontre qu'il existe entre la formule moyenne pour la résistance vraie du mercure en fonction du thermomètre à hydrogène qu'il a donné, et celle de MM. Kreichgäuer et Jager, un accord plus parfait qu'on pourrait le croire à première vue.

— Sur la mesure de la puissance dans les courants. Note de M. BLONDEL, présentée par M. A. Cornu.

— Sur la valeur absolue des éléments magnétiques au 1er janvier 1893. Note de M. Th. MOUREAUX, présentée part M. Mascart.

— Sur la purification du zinc arsenical. Note de M. H. LESCOEUR, présentée par M. Troost.

Cette note n'a pas pour but un procédé nouveau, mais simplement une modification aux méthodes de purification du zinc destiné aux recherches toxicologiques. On sait que, pour purifier ce métal, on a proposé de le traiter soit par fusion avec le nitre, soit avec le sel ammoniac, soit avec le chlorure de magnésium. Or, aucun de ces procédés pris séparément ne donne du zinc exempt d'arsenic pour arriver à un bon résultat. Il faut faire suivre la fusion au nitre par celle au sel ammoniac ou au chlorure de magnésium, ou enfin, comme le propose l'auteur, au chlorure de zinc. (Ce procédé n'est pas nouveau, nous avons déjà dans plusieurs occasions eu à employer du zinc pour rechercher de l'arsenic dans des eaux minérales ou dans des produits chimiques ou pharmaceutiques et nous avons toujours purifié notre zinc en le soumettant successivement à l'une des méthodes précédentes.

— Combinaisons de la quinoléine avec les sels halogènes d'argent. Note de M. RAOUL VARET.

La quinoléine chauffée à 60° dissout abondamment le cyanure d'argent en donnant un produit cristallisé en gros cristaux décomposables par l'eau et la chaleur et répondant à la formule $AgCAz.2C^9H^7Az$. C'est l'argentocyanure de quinoléine.

Le chlorure d'argent se combine moins facilement avec la quinoléine; cependant, si l'on ajoute de ce sel pulvérisé à de la quinoléine et si l'on chauffe au bain-marie pendant une heure, on obtient après quelque temps de repos à l'abri de la lumière de fines aiguilles très altérables à l'air et à la lumière, décomposables par l'eau. Ce nouveau corps est l'argentochlorure de quinoléine $AgCl.C^9H^7Az$. Le bromure d'argent et l'iodure d'argent donnent dans des conditions semblables, des composés analogues au dérivé du chlorure.

— Dipropylurée et dipropylsulfo-urée symétriques. Note de M. F. CHANCEL, présentée par M. Friedel.

Ces deux nouvelles urées ont été obtenues, l'une par l'action de propylamine aqueuse sur l'isocyanate de propyle, et l'autre en versant de la propylamine sèche dans du sulfure de carbone dans la proportion de 2 molécules de propylamine pour 1 de sulfure. La dipropylamine symétrique diffère de son isomère dissymétrique en ce qu'elle ne se combine pas aux acides. Elle cristallise en paillettes blanches à éclat micacé. Elle fond à 104°, bout à 255° et est peu soluble dans l'eau froide, davantage dans l'eau chaude; ses meilleurs dissolvants sont l'alcool et l'éther. Elle répond à la formule $CO = (AzHC^3H^7)^2$. Quant à la seconde, que l'on obtient ainsi que nous l'avons dit plus haut du mélange de sulfure de carbone et de propylamine, après refroidissement et chauffage pendant huit heures à 100°-110°, elle cristallise en lamelles ressemblant à la dipropylurée symétrique; elle se rapproche encore de cette dernière par son peu de solubilité dans l'eau froide; plus soluble dans l'eau chaude, elle se dissout notablement dans l'alcool. Elle fond à 68°. L'acide nitrique l'oxyde même à froid.

— D'une substance dérivée du chloral ou *chloralose* et de ses effets physiologiques et thérapeutiques. Note de MM. HANRIOT et CH. RICHET. — Voir présente livraison, p. 131.

— De la phagocytose observée sur le vivant dans les bronches des mollusques lamellibranches. Note de M. DE BRUYNE.

— Observations nouvelles sur les affinités des divers groupes de gastéropodes (Campagnes du yacht l'*Hirondelle*). Note de M. E.-L. BOUVIER, présentée par M. Ed. Perrier.

— Sur une anomalie présentée dans ces derniers temps par la marche de l'aiguille aimantée comme effets de la variation séculaire. Note de M. LÉON DESCROIX.

— Influence du mouvement sur le développement des œufs de poule. Note de M. A. MARTIN.

ERRATA.

Dans la livraison de janvier 1893, p. 43, ligne 4 : *au lieu de* Santier, *lire* Saniter.

Dans l'article concernant l'action du formol sur les vins (p. 59 de la même livraison), par MM. Jablin-Gonnet et de Raczkowski, les auteurs ont cité comme référence le *Journal de Pharmacie et de Chimie*, numéro du 1er mai 1891. Le lecteur est prié de lire 1er mai 1892.

LA MÉDECINE SCIENTIFIQUE

Recueil mensuel, rédacteurs en chef : Ch.-E. Quinquaud et J. Dagonet; directeur : G. Quesneville.

Un certain nombre de nos abonnés nous ont exprimé depuis quelque temps le regret de ne plus rencontrer, dans le *Moniteur scientifique*, les mémoires importants qui sont aujourd'hui à l'ordre du jour, sur l'hygiène et la microbiologie, ainsi que les questions d'ordre général qui se discutent à l'Académie de médecine.

L'abondance des matières seule nous a mis dans l'impossibilité de publier ces recherches intéressantes. Nous avons toujours d'avance trois numéros du *Moniteur* sur le marbre, et le désir de faire paraître *in extenso* les mémoires les plus importants nous oblige, même en ayant recours aux petits caractères, à laisser de côté les sujets qui s'écartent des sciences chimiques.

Aussi, pour donner satisfaction à nos lecteurs, nous avons fondé, avec le concours de nos amis les docteurs Quinquaud et J. Dagonet, *La Médecine scientifique*, dont le prix sera uniformément de 5 francs pour les abonnés du *Moniteur scientifique*.

Paris. — Imprimerie L. BAUDOIN, 2, rue Christine.

LE MONITEUR SCIENTIFIQUE-QUESNEVILLE

JOURNAL DES SCIENCES PURES ET APPLIQUÉES

TRAVAUX PUBLIÉS A L'ÉTRANGER

COMPTES RENDUS DES ACADÉMIES ET SOCIÉTÉS SAVANTES

TRENTE-SEPTIÈME ANNÉE

QUATRIÈME SÉRIE. — TOME VIIe. — Ire PARTIE

Livraison 615 | MARS | Année 1893

CONTRIBUTIONS RÉCENTES A L'ÉTUDE CHIMIQUE ET BACTÉRIOLOGIQUE DES INDUSTRIES BASÉES SUR LA FERMENTATION

Conférence faite à la Société des Arts de Londres

Par M. le professeur PERCY-FRANKLAND (1).

(*Journal of the Society of Arts* : 16, 23, 30 septembre et 7 octobre 1892.)

I

Bien que les industries basées sur la fermentation puissent être comptées au nombre des arts les plus anciens et des fabrications les plus utiles, elles se trouvent précisément avoir attendu le plus longtemps la base scientifique qu'elles ont actuellement. Des industries infiniment plus récentes, telles que la fabrication des acides et des alcalis, la fabrication du verre ou celle des matières colorantes artificielles, ont eu un développement beaucoup plus rapide, et ont profité beaucoup plus tôt des connaissances scientifiques accumulées que les industries basées sur la fermentation. Dans le cas de celles-ci, la plupart des opérations sont restées, jusque dans ces derniers temps, enveloppées de la même obscurité qu'il y a des milliers d'années, même avant le commencement de notre ère.

La cause de ce développement tardif n'est pas difficile à trouver. Tandis que les industries chimiques ordinaires sont basées sur des transformations chimiques et physiques qui ont lieu dans des substances relativement simples, les industries qui nous occupent doivent leur existence à des transformations beaucoup plus complexes et délicates, provoquées par ce que nous appelons actuellement « protoplasme vivant ». Longtemps après le commencement de notre siècle, ce protoplasme était censé être régi par des lois entièrement différentes de celles qui président à la création inanimée. On lui attribuait la faculté de produire des transformations par l'intermédiaire d'un agent mystérieux connu sous le nom de « force vitale ».

Ainsi que l'on voit, le grand courant de découvertes scientifiques qui, dans le domaine de la chimie organique, marque le deuxième quart de notre siècle, a réussi à faire évanouir ce fantôme de « force vitale », en montrant qu'il était parfaitement possible de préparer *artificiellement* des substances qui ne se trouvaient dans la nature que

(1) Voir *Moniteur scientifique*, livraison de septembre 1892, p. 625.

comme produits de la vie animale ou végétale. Mais, grâce à la complexité des produits vitaux et aux difficultés que présentent leur étude, les progrès réalisés dans cette branche de nos connaissances ont été relativement très lents.

C'est ainsi que des produits vitaux, relativement aussi simples que le sont les sucres, n'ont pu être préparés artificiellement que dans ces derniers temps, et cela après 50 ans d'activité sans pareille dans toutes les branches de la science!

Les difficultés dont l'étude de ces produits est hérissée suffiraient à elles seules pour expliquer la lenteur des progrès réalisés dans les industries basées sur la fermentation. Mais il faut encore tenir compte d'un autre fait qui est tout aussi important, à savoir que les organismes, sur l'activité vitale desquels ces industries sout basées, ont des dimensions tellement petites que leur étude raisonnée devait attendre le développement d'une technique très compliquée qui avait exigé un long labeur et une grande ingéniosité de la part de nombre d'expérimentateurs distingués. C'est ainsi que des microscopes de grande puissance et de construction spéciale devaient être imaginés pour rendre visibles ces organismes minuscules. Mais comme la plupart de ceux-ci ne diffèrent entre eux que très peu comme aspect, même étant examinés au microscope le plus puissant, il a fallu avoir recours à une étude supplémentaire de ces micro-organismes, étude supplémentaire qui consiste à les cultiver dans un milieu approprié.

Cette étude par la culture est loin d'être facile. Grâce à la distribution presque universelle de ces organismes minuscules dans tout ce qui nous entoure, on a toujours à redouter la contamination des formes que l'on veut étudier par d'autres formes introduites accidentellement. C'est justement dans la préparation de ce qu'on appelle « cultures pures » qu'ont été réalisés dans ces dernières années des progrès tellement considérables, qu'il est à présent possible d'étudier avec le degré voulu d'exactitude ces formes microscopiques de la vie.

Les opérations dont se compose l'étude des micro-organismes revêtent un caractère tellement spécial, que cette étude peut être envisagée avec raison comme une science à part, bien qu'en réalité elle ne soit qu'une application de la physique, de la chimie, de la botanique, etc., à l'étude des phénomènes de la microbiologie.

Je commencerai par passer en revue quelques-unes des plus importantes méthodes d'étude bactériologique, méthodes qui, dans un espace de temps relativement court, ont fourni de si beaux résultats.

EXAMEN MICROSCOPIQUE.

Les méthodes primitives d'examen bactériologique consistaient simplement à placer sur un couvre-objet propre une petite quantité du corps à examiner, à la mélanger avec de l'eau, s'il y avait lieu, et à l'examiner au microscope sous un fort grossissement. De cette façon, les organismes peuvent être vus à l'état de vie; mais, grâce à l'évaporation sur les bords du couvre-objet, il se produit au sein du liquide des courants qui empêchent l'observation, et, au bout d'un certain temps, la préparation devient sèche et perd toute valeur.

Pour parer à ces inconvénients, et surtout pour rendre possible d'observer pendant des heures, des jours et même des semaines, les organismes à l'état vivant, on a imaginé de les cultiver dans une goutte suspendue de liquide nutritif.

Cette méthode permet de suivre l'histoire de la vie d'un micro-organisme depuis sa naissance jusqu'à sa mort. Examinés dans ces conditions, quelques-uns des micro-organismes apparaissent doués de motilité, tandis que d'autres sont stationnaires. C'est également dans cette voie qu'a été déterminée l'étonnante rapidité de multiplication observée chez quelques-uns des micro-organismes. C'est ainsi que, dans le cas d'un bacille (*Bacillus subtilis*), on a trouvé que la division en deux avait lieu dans un espace de temps qui n'excédait pas 20 minutes.

COLORATION DES BACTÉRIES.

Les progrès réalisés récemment dans nos connaissances bactériologiques sont en grande partie dus aux méthodes qui ont été imaginées pour accentuer l'aspect des micro-organismes au moyen de couleurs voyantes. On colore les corps des micro-organismes d'après le même principe qu'on teint un écheveau de soie ou un peloton de laine.

Les fibres textiles, soie et laine, comme le savent bien les teinturiers, se teignent le plus facilement par des matières colorantes basiques auxquelles appartiennent les brillantes couleurs d'aniline : le magenta, le violet de méthyle, le vert malachite, etc. Le grand avantage qu'offrent ces matières colorantes consiste dans la rapidité et l'intensité avec lesquelles elles teignent les matériaux pour lesquels elles ont une affinité.

Dans la plupart des cas, la coloration des bactéries n'est pas chose aussi facile que la teinture de la laine ou de la soie, attendu que les corps dont elles sont entourées ont également une grande affinité pour les colorants basiques. Mais les micro-organismes ont une propriété qui permet de les colorer fortement en laissant les matières environnantes incolores ou légèrement colorées. Ils semblent être munis d'une enveloppe qui empêche la matière colorante de pénétrer à l'intérieur du corps. Cette enveloppe protège également les micro-organismes contre les influences qui affectent les corps dépourvus de ce moyen de protection, et c'est cette circonstance que l'on met à profit de différentes manières pour colorer les microbes. C'est ainsi qu'un des expédients les plus simples et les plus employés consiste à exposer les micro-organismes et les matières auxquelles ils sont mélangés à une température plus ou moins élevée qui altère les matières en question et les rend incapables de s'emparer de la matière colorante, tandis que les micro-organismes restent pratiquement indemnes. En appliquant la matière colorante au spécimen ainsi traité, les micro-organismes prennent une coloration intense et stable, mais les matières environnantes restent incolores.

On pourrait croire qu'il est très difficile de choisir convenablement la chaleur qui puisse altérer ces matières sans attaquer en même temps les micro-organismes; mais en réalité, avec un peu d'expérience, cela se fait très facilement et rapidement.

L'examen des micro-organismes colorés révèle quelquefois la présence, à leur intérieur, de petits corps ronds ou ovales qui sont restés incolores. Ces corps sont des spores qui, grâce à la grande puissance qu'elles ont de résister à la destruction, jouent un rôle éminemment important dans la propagation des micro-organismes.

Bien que les spores soient suffisamment visibles par l'effet de contraste avec les couleurs des micro-organismes teints, les bactériologistes aiment à les colorer aussi, ce qui est facile à faire en modifiant légèrement le procédé de coloration. Il suffit pour cela de traiter la préparation contenant les spores, non par une solution aqueuse de la matière colorante basique, mais par une solution dans de l'eau d'aniline qui donne un colorant d'une grande pénétration. De cette façon, les spores prennent une coloration qui, à plus forte raison, atteint une haute intensité chez les micro-organismes bien développés. Ayant pénétré à l'intérieur des spores, la matière colorante y est fixée plus solidement que dans le reste de la préparation. Si maintenant on soumet celle-ci à l'action des agents décolorants; par exemple, si on la submerge dans de l'acide azotique étendu, la coloration des spores est celle qui disparaît en dernier lieu.

Ayant détruit la décoloration dans toute la préparation, sauf dans les spores, on teint de nouveau les microbes au moyen d'une autre matière colorante. De cette façon, on obtient une belle préparation microscopique dans laquelle les spores sont colorées par une matière colorante et les organismes bien développés par une autre.

Il est remarquable que quelques micro-organismes adultes offrent la même résistance à la coloration que les spores. C'est notamment le cas d'un des micro-organismes les plus importants que nous connaissions; je parle du bacille de la tuberculose. La haute importance qu'a, au point de vue clinique, la recherche de ce microbe, a conduit à un grand nombre de méthodes imaginées dans le but de le rendre visible au moyen de la coloration. Ces méthodes sont basées sur les mêmes principes que j'ai exposés à l'occasion de la coloration des spores.

Les perfectionnements de la technique microscopique sont allés encore plus loin. Aucune des méthodes de coloration mentionnées plus haut n'est capable de mettre en relief certaines structures d'une haute importance que l'on trouve chez quelques micro-organismes, et notamment les organes de la locomotion, à l'aide desquels quelques-uns des microbes peuvent se mouvoir en milieu liquide, souvent avec une rapidité fabuleuse.

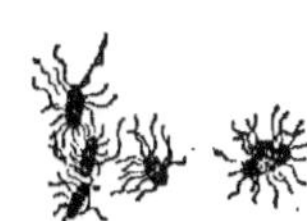
Fig. 1. — Bacille de la fièvre typhoïde, avec ses *flagelles*.

Ces organes de locomotion, à la différence des spores et des corps des micro-organismes, ne possèdent aucune affinité pour les couleurs d'aniline. Dans la pratique de la teinture, nous connaissons quelques fibres textiles qui montrent la même indifférence pour ces couleurs. Les fibres de coton et de lin, par exemple, ne peuvent pas être teintes directement par les couleurs basiques. Pour les teindre, il faut les imprégner d'abord de substances connues sous le nom de mordants. Or, c'est en se basant sur le même principe qu'on est parvenu à démontrer l'existence d'organes de locomotion chez les micro-organismes mobiles. La figure 1 représente le microbe de la fièvre typhoïde avec ses flagelles ou organes de locomotion.

De tout ce que j'ai dit plus haut, il résulte que nous sommes actuellement bien outillés pour l'étude des micro-organismes. En effet, en employant les meilleurs microscopes et en colorant avec soin les préparations, les contours des microbes apparaissent si nettement que les plus belles photographies peuvent en être faites.

CULTURE DES MICRO-ORGANISMES.

Bien que l'étude microscopique des micro-organismes ait fait beaucoup de progrès dans ces dernières années, ces perfectionnements ont en réalité beaucoup moins d'importance que ceux qui ont été apportés à l'étude de ces organismes par la culture.

Pour la culture des micro-organismes, il est nécessaire d'employer des matériaux liquides ou solides, plus ou moins chargés d'eau. On pourrait supposer que rien n'est plus facile que de trouver un milieu approprié à la culture de tous les micro-organismes, puisque, à un certain point de vue, ils se ressemblent tous. En réalité, leurs goûts diffèrent beaucoup, et tel milieu qui convient à une certaine classe de microbes ne convient pas du tout à une autre. Le bactériologiste a à déployer une grande ingéniosité dans le choix de la nourriture pour les organismes qu'il a à sa charge; tous les ans ou même tous les mois, il voit s'accroître le menu qui est à sa disposition et qui comprend déjà à l'heure actuelle des aliments très variés : animaux vivants, sérum sanguin, bouillon, gélatine, agar-agar, pommes de terre, pain, moût de malt, nombre de solutions purement minérales, etc.

Quel que soit le milieu dont on se sert, il est avant tout nécessaire de le débarrasser de toute espèce de matière vivante, de façon qu'on ne se trouve pas en présence d'autres organismes que ceux qui y ont été introduits à dessein. En termes du métier, le milieu doit être stérilisé. Cette stérilisation peut être opérée de différentes manières :

1° Le milieu peut être, par sa nature même, dépourvu de matière vivante, et dans ce cas, tout ce que l'on a à faire, c'est d'éviter l'introduction de germes vivants pendant les manipulations. Tel est notamment le cas du sérum sanguin. Le sang d'animaux sains est exempt de micro-organismes et si, avant de faire une incision, on désinfecte la peau de l'animal, le sang recueilli dans un vase stérilisé reste stérile pendant un temps indéfini. Le sérum qui s'en sépare peut être transvasé dans des récipients stérilisés et reste également stérile pendant des années.

2° Le plus souvent, on emploie la chaleur pour effectuer la destruction de la matière vivante qui se trouve accidentellement dans le milieu de culture. On se sert pour cela de la vapeur d'eau dans un appareil très simple connu sous le nom de stérilisateur à vapeur.

Pour que la vapeur produise son effet stérilisant, il est nécessaire qu'elle agisse pendant un espace de temps qui varie d'une demi-heure à une heure, ce qui, dans certains cas, altère la qualité du milieu.

On évite cet inconvénient au moyen de la stérilisation discontinue ou fractionnée. Lorsqu'un milieu est soumis à l'action de la vapeur pendant quelques minutes, toutes les vingt-quatre heures, pendant une période de plusieurs jours, il est tout aussi efficacement stérilisé que dans le cas où il aurait subi l'action continue de la vapeur pendant un long espace de temps à la fois. On explique généralement ce phénomène en admettant que la vapeur agissant pendant quelques minutes, tue tous les organismes, excepté les spores. En laissant écouler vingt-quatre heures entre la première opération et la deuxième, les spores se transforment en microbes complètement développés, qui à leur tour, sont tués par la chaleur. On chauffe d'ordinaire une troisième fois pour être sûr que la destruction a été complète. Mais, à mon avis, l'efficacité de la stérilisation fractionnée est déterminée par l'élévation rapide de la température jusqu'au point d'ébullition. Une élévation réitérée de température produit un effet plus décisif qu'une température élevée maintenue pendant la même période de temps. Cette stérilisation fractionnée est surtout nécessaire lorsque l'on emploie des milieux nutritifs contenant de la gélatine, attendu que l'action prolongée de la chaleur réduit considérablement le point de fusion de cette substance.

3° L'action discontinue ou fractionnelle de la chaleur peut être un moyen efficace de stérilisation, même quand on emploie une température inférieure à celle de l'ébullition de l'eau. C'est ainsi que le lait doit être stérilisé en chauffant une heure pendant quatre ou cinq jours successifs à 65 ou 70° centigrades. Si la température s'élève au-dessus de 75° centigrades, le lait s'altère, grâce à la coagulation des matières albuminoïdes qu'il contient.

La stérilisation fractionnée, qui a été primitivement imaginée par Tyndall, constitue un des points les plus importants de la bactériologie pratique.

L'importance qu'a la stérilisation du lait est devenue tellement manifeste, que l'on commence à la pratiquer sur une échelle industrielle. Un grand nombre d'appareils de formes très variées ont été proposés à cet effet.

La difficulté que présente la conservation du lait est également connue du laitier et du consommateur; celui-là a souvent recours à l'addition de produits chimiques, d'une valeur hygiénique douteuse, pour arriver à ce but. Les produits le plus souvent employés sont le carbonate de soude et le borax, dont le premier neutralise l'acide lactique qui fait tourner le lait, tandis que le dernier a une action antiseptique et empêche la croissance et la multiplication des micro-organismes qui déterminent les altérations du lait.

Il est bien préférable de conserver le lait par l'action de la chaleur parce que, de cette façon, on détruit aussi les micro-organismes pathogènes qui peuvent toujours être présents dans cet excellent milieu de culture. En Allemagne, la stérilisation industrielle du lait a été pratiquée, pendant plusieurs années, au moyen de l'appareil de Thiell, dans lequel on fait passer le lait sur une surface métallique plissée qui élève rapidement la température du lait à 75-80° centigrades, à la suite de quoi, le lait est promptement refroidi au moyen d'un réfrigérateur. Soxhlet a proposé plus récemment une méthode de stérilisation, surtout pour le lait servi aux enfants en bas âge, qui consiste à chauffer le liquide à une température supérieure à 75° centigrades, dans des flacons séparés. Les flacons, après avoir été chauffés pendant un certain temps, sont bouchés hermétiquement, chauffés encore pendant quelque temps, et ensuite refroidis. Le lait, ainsi traité, est loin d'être complètement stérilisé, étant donné que souvent il contient justement les microbes qui sont les plus difficiles à détruire. Mais, grâce à la destruction de la plupart des micro-organismes par la chaleur, le lait se conserve mieux et, ce qui est le plus important, il n'offre pas de danger pour la santé, les organismes pathogènes y ayant été détruits avec presque certitude. Sans parler de la propagation occasionnelle des maladies infectieuses par l'intermédiaire du lait, il suffit, pour juger de l'importance de la stérilisation du lait, de prendre en considération la fréquence de la tuberculose parmi les vaches. C'est ainsi que, dans les abattoirs de la Silésie, on a constaté que le bétail abattu était atteint de tuberculose dans les proportions suivantes :

Veaux	0,13 pour 100.
Taureaux	1,00 —
Jeunes animaux	1,87 —
Bœufs	7,31 —
Vaches	9,54 —

Il est à désirer que la stérilisation industrielle du lait se généralise de plus en plus; mais la sauvegarde la plus sûre du consommateur, c'est encore la précaution de faire bouillir son lait avant de l'employer.

4° Je mentionnerai encore une autre méthode de stérilisation qui rend de très grands services là où la stérilisation par la chaleur est inadmissible. Elle consiste à filtrer le liquide à stériliser sous pression sur de la porcelaine poreuse. C'est là le principe des filtres Chamberland que tout le monde connaît.

Il va de soi que cette méthode ne peut être employée que quand on a affaire à des liquides. Elle est surtout d'une grande utilité dans l'étude des produits sécrétés par les microbes, quand il s'agit de séparer les produits des microbes eux-mêmes : on sait que ces produits sont détruits ou altérés par la chaleur.

C'est en employant ce système qu'on est parvenu à isoler les différents ferments solubles sécrétés par les microbes. Il a également rendu des services signalés dans la séparation des micro-organismes pathogènes des substances toxiques solubles auxquelles ils donnent naissance, dans le cours de leur développement.

MILIEUX DE CULTURE.

Comme je l'ai dit plus haut, les matériaux les plus variés ont été employés pour la culture des micro-organismes. Mais, tandis que les fondateurs de la science bactériologique se servaient exclusivement de milieux liquides, depuis quelques années, les milieux solides entrent de plus en plus en vogue. On peut dire, sans crainte d'exagération, que le grand chemin qu'a fait, pendant les dix dernières années, notre connaissance des micro-organismes est en grande partie due à l'introduction de milieux de culture solides dans l'étude bactériologique.

Ce n'est pas que les microbes préfèrent les milieux solides; au contraire, en thèse générale, ils prospèrent mieux en milieux liquides. Mais le grand avantage des milieux solides réside en ceci, qu'il devient facile d'obtenir des cultures pures de micro-organismes, et les cultures pures sont le pivot du progrès bactériologique, au même titre que les réactifs purs sont indispensables pour le progrès de la science chimique.

Nous passerons en revue les principales méthodes employées pour la préparation des cultures pures.

Cultures pures en milieux liquides. — 1° La méthode la plus simple consiste à cultiver les organismes dans un milieu liquide qui, d'après l'expérience acquise, convient spécialement aux microbes que l'on veut obtenir en culture pure. Cette méthode ne peut être employée que dans des cas assez rares. Lorsque l'examen microscopique montre que les microbes cultivés se sont multipliés abondamment dans le milieu choisi, on en porte une quantité minime sur un milieu fraîchement préparé et on répète la même opération nombre de fois. De cette façon, on arrive quelquefois à purifier la culture à tel point que, finalement, il n'y a qu'une seule espèce de microbes qui se trouve en présence.

C'est ce principe qui, sous une forme modifiée, est largement mis à profit dans les industries basées sur la fermentation.

C'est ainsi que, dans la fermentation alcoolique, le moût est artificiellement maintenu à une température à laquelle il offre un bon milieu de culture pour la levure, mais un milieu indifférent ou défavorable pour les ferments lactique et acétique. Quelquefois on ajoute au moût des substances qui nuisent à ces ferments, mais qui affectent peu ou point le développement de la levure. Ainsi, c'est dans le but d'éliminer les ferments étrangers qu'on a employé longtemps, dans quelques brasseries, l'acide sulfureux. Dans la même catégorie de faits rentre la pratique qui consiste à conserver chargées d'acide carbonique les liqueurs alcooliques faibles, telles que la bière et quelques sortes de vin. L'acide carbonique empêche dans ce cas le ferment acétique de se développer et laisse le champ libre à la levure. D'autre part, dans la fermentation acétique, on arrive, par le maintien d'une réaction fortement acide et par une aération abondante, à réserver le milieu au développement presque exclusif du ferment acétique.

Mais, de cette manière, on n'obtient que rarement des cultures pures et, dans les recherches scientifiques, cette méthode ne sert généralement que de moyen de purification préliminaire qui prépare le champ aux procédés plus exacts.

Par rapport à l'emploi de l'acide sulfureux comme préservatif, je citerai quelques expériences récentes de Linossier, qui montrent l'action antiseptique de cet acide (1).

Acide sulfureux. — Doses toxiques pour 1000 *centimètres cubes.*

	1/4 D'HEURE.	6 HEURES.	24 HEURES.	5 JOURS.
	cent. cubes.	cent. cubes.	cent. cubes.	cent. cubes.
Levure de brasserie	200	100	20	»
Levure (de raisin)	100	20	20	10
Mycoderma vini	200	100	100	40
Aspergillus niger	50	20	10	»

L'accroissement de l'activité antiseptique de l'acide sulfureux en présence d'une trace d'un acide minéral libre, est non seulement intéressant au point de vue théorique, mais il pourrait encore, dans certains cas, avoir une valeur pratique considérable.

Sous ce rapport, je dirai encore quelques mots des résultats obtenus récemment par M. Effront dans l'emploi d'acides minéraux pour la suppression de fermentations accessoires dans les brasseries et les distilleries.

Effront a trouvé que 0 gr. 025 d'acide fluorhydrique, ou 0 gr. 200 d'acide chlorhydrique, ou 0 gr. 300 d'acide sulfurique pour 100 centimètres cubes de moût suffisaient pour arrêter net les fermentations lactique et butyrique. Les mêmes fermentations étaient considérablement retardées par l'acide fluorhydrique à la dose de 0 gr. 002, et par l'acide chlorhydrique ou l'acide sulfurique à la dose de 0 gr. 020.

Si les deux ferments se trouvent simultanément dans le moût, il faut des doses beaucoup moins grandes d'acide fluorhydrique pour les supprimer. C'est ainsi que 0 gr.0008 d'acide fluorhydrique retardent considérablement ou détruisent entièrement les ferments butyriques qui sont de beaucoup les plus dangereux.

Effront a encore constaté que l'addition d'acide fluorhydrique, au lieu d'être préjudiciable au pouvoir diastatique du malt, l'exaltait, au contraire, dans une certaine mesure. Dans quelques cas, il était préférable d'employer le fluorure d'ammonium ou le fluorure de potassium au lieu de l'acide libre.

Les revendications de cette méthode ressortent clairement de l'expérience suivante : 3 kilogrammes de maïs ont été transformés en 10 litres de moût. Avec 14 pour 100 de malt, ce moût a fourni 57.02 d'alcool pour 100 parties d'amidon. Avec 7.5 pour 100 de malt, le rendement n'a été que de 54.30 d'alcool pour 100 d'amidon.

En ajoutant au moût 0 gr. 02 de fluorure d'ammonium et en employant 14 pour 100 de malt, le rendement s'est élevé à 66.98 d'alcool pour 100 d'amidon. Avec la même

(1) Voir *Moniteur scientifique*, année 1892, page 721.

quantité de fluorure d'ammonium et 7.5 pour 100 de malt, le moût de 3 kilogrammes de maïs a fourni 66.07 d'alcool pour 100 d'amidon.

Le procédé Effront a été essayé sur une grande échelle dans plusieurs distilleries en Allemagne et a toujours eu un grand succès.

Il est hors de doute que le procédé mérite d'être essayé.

2° La seule méthode exacte pour obtenir des cultures pures au moyen de milieux liquides est beaucoup plus compliquée et exige beaucoup plus de soins que celle que je viens de décrire. Elle est connue sous le nom de « Méthode de dilution », et consiste à diluer largement le liquide contenant les microbes et à le diviser en petites fractions, de façon que chacune de celles-ci ne contienne plus qu'un micro-organisme. Une telle fraction constitue alors le point de départ d'une culture pure.

Bien que le principe de cette méthode soit très simple, son exécution est au plus haut degré laborieuse, et très souvent le succès ne vient qu'après une longue série d'échecs.

Le cas hypothétique suivant donnera une idée de la manière dont cette méthode est mise en pratique :

Supposons que l'examen microscopique du liquide ait révélé que 10,000 microbes s'y trouvent par chaque centimètre cube. On dilue 1 centimètre cube de ce liquide avec de l'eau stérilisée, de façon à avoir 100 centimètres cubes, et on inocule 10 tubes, chacun avec 1 centimètre cube de ce nouveau liquide. Chacun de ces tubes contient alors 100 microbes environ. On inocule 10 autres tubes avec 0 c. c. 5, et on a alors environ 50 microbes dans chaque tube. Une nouvelle inoculation de 10 tubes avec 0 c. c. 1 de liquide donne 10 microbes environ dans chaque tube. Si on dilue 1 centimètre cube du liquide primitif avec un liquide stérilisé, de façon à avoir 1000 centimètres cubes, et qu'on inocule 10 tubes, chacun avec 1 centimètre cube du liquide obtenu, on aura dans chaque tube 10 microbes environ; avec 0 c. c. 5 de liquide, chaque tube contiendra 5 microbes environ; avec 0 c. c. 1 de liquide, il n'y aura que 1 microbe environ dans chaque tube; avec 0 c. c. 05 de liquide, les 10 tubes inoculés ne renfermeront en moyenne que 0.5 de microbe.

Sur ces dix derniers tubes, cinq environ développeront une croissance qui, en toute probabilité, sera dérivée dans chaque cas d'un seul microbe.

Quand on a affaire à des microbes relativement grands, comme dans l'étude de la levure, la méthode est beaucoup plus facile que dans le cas des bactéries, car il est relativement aisé de déterminer, à l'aide de l'hæmatimètre, combien de cellules de levure se trouvent dans un volume donné de liquide.

C'est de cette manière que, dans ses recherches classiques, Hansen a préparé pour la première fois, en 1882, des cultures de levure pures. Tout récemment, j'ai employé la même méthode pour isoler l'organisme nitrifiant. J'y reviendrai plus tard.

MILIEUX DE CULTURE SOLIDES.

Étant données les difficultés qu'offre la préparation de cultures pures au moyen de milieux liquides, on peut s'imaginer l'enthousiasme avec lequel a été accueillie l'introduction par Koch de nouvelles méthodes de culture en milieux solides, qui ont grandement facilité le procédé de purification.

La gélatine peptonisée, l'agar-agar et les pommes de terre sont ceux des milieux solides qui sont le plus souvent employés.

Voici la composition exacte des deux premiers milieux :

	Gélatine peptonisée.	Agar-agar peptonisé.
Bœuf maigre	500 grammes.	500 grammes.
Gélatine (en feuilles)	100 —	Agar-agar 15 —
Peptone (sèche)	10 —	10 —
Sel marin	5 —	5 —
	Dans 1000 cent. cubes d'eau.	Dans 1000 cent. cubes d'eau.

La gélatine peptonisée convient aux cultures qui n'exigent pas pour leur incubation une température supérieure à 22° centigrades. Si des températures plus élevées sont nécessaires, il faut se servir de l'agar-agar peptonisé ou de tout autre milieu qui reste solide à la température en question : pommes de terre, blanc d'œuf dur ou sérum sanguin coagulé. Ce dernier était considéré comme le seul milieu dans lequel le bacille de la tuberculose puisse être cultivé, jusqu'à ce que Nocard et Roux aient démontré que l'agar-agar additionné de 5 à 8 pour 100 de glycérine constituait un excellent milieu pour la culture de ce bacille, on n'emploie pas à présent d'agar-agar peptonisé sans l'additionner de glycérine.

Des cultures pures peuvent fréquemment être obtenues en rayant simplement la surface de l'un ou de l'autre de ces milieux solides avec une aiguille portant les micro-organismes à examiner. Chaque organisme se fixe de cette manière au point où il a été déposé et donne naissance à des colonies qui, étant plus ou moins isolées, sont pures, et peuvent développer d'autres cultures pures par inoculation.

Les surfaces des matériaux nutritifs solides ont été largement employées par moi-même et par d'autres expérimentateurs, pour étudier les micro-organismes de l'air. Lorsque ces matériaux sont exposés à l'air, les micro-organismes s'y déposent en différents endroits et donnent naissance à des colonies isolées à l'aide desquelles il est facile d'obtenir des cultures pures.

CULTURES SUR PLAQUES.

Koch a apporté, au procédé que je viens de décrire, une très importante modification qui consiste à mélanger les micro-organismes avec de la gélatine liquéfiée, de manière qu'ils soient distribués uniformément dans la masse liquide, et à jeter ensuite le mélange sur une plaque de verre refroidie sur laquelle il se solidifie rapidement. En abandonnant la plaque de verre dans une chambre humide, à une température convenable et à l'abri de l'air, les organismes se multiplient et forment des colonies isolées dont chacune constitue une culture pure.

On ne saurait trop apprécier le parti que la science bactériologique a tiré de ce procédé élégant. Non seulement il permet, dans beaucoup de cas, d'obtenir très facilement des cultures pures, mais encore, d'après l'aspect des colonies examinées, soit à l'œil nu, soit à un faible grossissement, on peut souvent reconnaître les organismes particuliers auxquels on a affaire.

L'identification des micro-organismes offre souvent de grandes difficultés et exige une longue pratique. Cependant, ceux qui ont eu l'occasion de voir des préparations de micro-organismes peuvent se faire une idée du parti que le bactériologiste peut tirer de l'examen microscopique.

MODIFICATIONS APPORTÉES AU PROCÉDÉ DE CULTURE SUR PLAQUE.

Bien que dix années se soient écoulées depuis que Koch a, pour la première fois, introduit le procédé de culture sur plaque, la pratique bactériologique n'y a apporté que des modifications insignifiantes qui peuvent à peine être considérées comme des perfectionnements. En effet, sous bien des rapports, le procédé de Koch est tellement parfait et simple qu'il n'admet presque pas de perfectionnements. La seule modification qui présente quelquefois un avantage spécial est celle adoptée par Esmarch et consiste

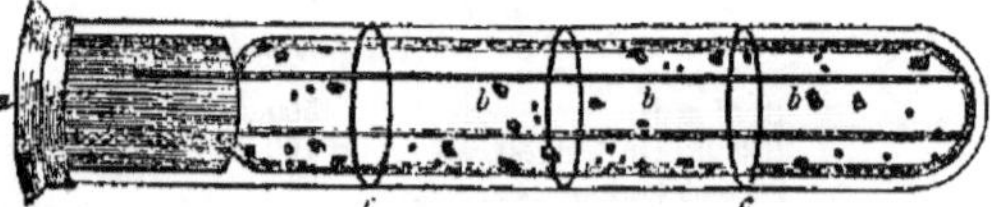

Fig. 2. — Tube d'Esmarch (avec colonies). — *a* : capsule de caoutchouc couvrant un bouchon d'ouate; *b* : colonies dans l'enduit de gélatine; *c* : marques sur l'intérieur du tube pour faciliter la numération des colonies.

à produire un enduit de gélatine à l'intérieur d'un tube à essai, au lieu de le produire sur la surface d'une plaque de verre (fig. 2).

Cette modification est surtout utile dans l'étude des organismes de fermentation ordinaires et dans celle des microbes anaérobies, car elle permet d'opérer l'incubation en l'absence de l'air ou dans une atmosphère d'un gaz quelconque (fig. 3).

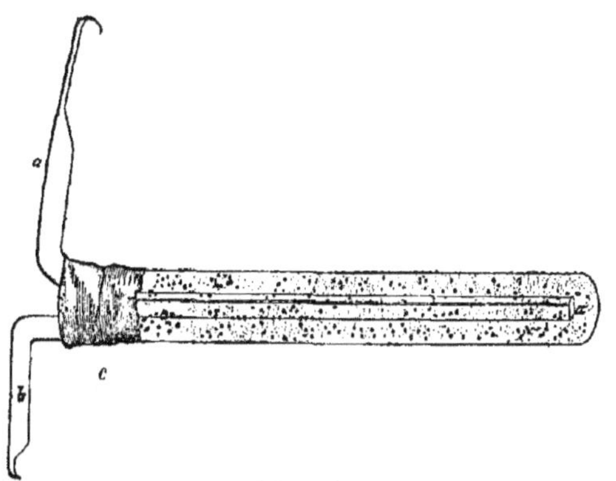

Fig. 3. — Tube d'Esmarch pour culture anaérobique. — *a a* : Tube pour le passage de l'hydrogène ou d'un autre gaz dans la gélatine fondue; *b* : Tube d'abduction. Ayant fait passer le gaz pendant 15 minutes environ, on scelle les deux tubes à la lampe et on solidifie la gélatine à la surface interne du tube à essai, en tournant celui-ci horizontalement dans de l'eau froide; — *c* : Bouton de caoutchouc à deux trous enduit de paraffine.

De cette manière, il devient souvent facile d'identifier les organismes de fermentation en présence d'autres microbes, car ceux-là peuvent vivre sans air et, si la gélatine est additionnée de 1 à 2 pour 100 de dextrose, l'apparition d'une colonie sur l'enduit est accompagnée de la formation d'une bulle de gaz.

Au lieu de déplacer par l'hydrogène l'air d'un milieu devant servir à la culture d'organismes anaérobies, l'élimination de l'oxygène peut être effectuée par l'intermédiaire de bactéries, comme l'ont démontré Roux, Salomonserd et Buchner. A cet effet, on prépare un tube à culture comme à l'ordinaire et on l'inocule avec les microbes anaérobies à examiner. On le place ensuite dans un tube plus large qui contient du bouillon infecté par le *bacillus subtilis* ou par quelque autre organisme qui consomme rapidement l'oxygène. On ferme ensuite hermétiquement le tube extérieur par un bouchon de caoutchouc qui peut être enduit de paraffine. L'oxygène contenu dans les deux tubes est rapidement consommé par la végétation du *bacillus subtilis*, et les organismes anaérobies peuvent alors manifester leur activité.

Au lieu d'employer une culture du *bacillus subtilis*, on peut se servir avec avantage d'un mélange de potasse caustique et d'acide pyrogallique qui absorbe rapidement l'oxygène.

Malheureusement, on connaît beaucoup de micro-organismes qui refusent de croître sur la gélatine solidifiée. Mais, même dans ce cas, les plaques de gélatine peuvent être employées avec succès pour l'obtention de cultures pures. Supposons, par exemple, que nous ayons des organismes, qui ne peuvent pas se multiplier dans un milieu de gélatine, mélangés avec d'autres qui y prospèrent. Nous pouvons avoir recours à l'artifice suivant pour isoler les organismes auxquels le milieu de gélatine ne convient pas.

Nous préparons une culture sur plaque contenant les deux espèces de microbes. Au bout d'un certain temps, les microbes, qui prospèrent dans ce milieu, donnent naissance à des colonies. Il est évident que l'autre espèce doit se trouver dans les interstices de ces colonies. En découpant, avec un instrument stérilisé, quelques-uns de ces interstices, nous pouvons obtenir ces organismes exempts de l'espèce qui prospère dans un milieu de gélatine.

Cet artifice a quelquefois donné de très bons résultats. J'y reviendrai en parlant des micro-organismes qui déterminent la nitrification dans le sol.

Une gelée spéciale a été récemment proposée pour les organismes réfractaires qui refusent la gélatine ordinaire et qui exigent un milieu exempt de matière organique. Ces organismes peuvent être cultivés avec succès sur de la silice gélatineuse préparée au moyen de l'acide silicique dialysé. A une solution de ce dernier, on ajoute les composés suivants :

	gr.		gr.
Sulfate d'ammoniaque.........	0.4	Chlorure de calcium..........	Trace.
Sulfate de magnésie...........	0.5	Eau distillée.................	100
Phosphate de potasse..........	0.1	Carbonate de soude...........	0.6 à 0.9

Les solutions bien mélangées et stérilisées sont placées dans un vase à fond plat, également stérilisé; la gélatinisation se produit au bout de 5 à 15 minutes. Le carbonate de soude peut souvent être remplacé avec avantage par le carbonate de magnésie, mais alors le milieu n'est pas transparent.

Même dans les cas où les organismes prospèrent dans un milieu de gélatine, il n'est pas toujours possible d'obtenir des cultures pures par le procédé ordinaire. Ils sont souvent mélangés avec d'autres qui ont la faculté de peptoniser ou de liquéfier la gélatine, à tel point que les organismes que nous cherchons à étudier sont débordés. La plaque devient liquide avant que ceux-ci n'aient eu le temps de donner naissance à des colonies de dimensions appréciables. Tous ceux qui cherchent à isoler des micro-organismes spéciaux ne doivent pas perdre de vue cette particularité. Ils sont souvent forcés de recourir à des méthodes spéciales adaptées au caractère particulier des organismes à étudier. Je citerai deux exemples pour montrer quelles sont les difficultés qui ont été surmontées dans des cas spécifiques.

Le premier cas est celui de la méthode proposée pour constater la présence du bacille de la fièvre typhoïde dans l'eau potable. Ces bacilles sont invariablement accompagnés, dans l'eau potable, par un grand nombre d'autres espèces qui s'accommodent fort bien d'un milieu de gélatine et occasionnent souvent la liquéfaction des plaques.

Comme les colonies du bacille de la fièvre typhoïde se développent lentement et ne sont que très peu caractéristiques, c'est à peu près peine perdue que de chercher à les déceler dans la culture sur plaque d'un échantillon de l'eau à examiner. Dans ces conditions, on a mis à profit un fait intéressant, établi par différents expérimentateurs, à savoir que ces microbes sont particulièrement insensibles envers l'acide phénique.

Afin d'utiliser cette particularité pour la recherche du microbe de la fièvre typhoïde, on prépare nombre de tubes contenant chacun 10 centimètres cubes de bouillon neutre. Chacun de ces tubes reçoit des doses de 0 c. c. 1, 0 c. c. 2 ou 0 c. c. 3 de la solution suivante :

Acide phénique..................................	5 grammes.
Acide chlorhydrique.............................	4 —
Eau distillée...................................	100 —

Les tubes sont inoculés avec une à deux gouttes de l'eau à examiner et placés pendant 24 heures dans l'incubateur à 37° centigrades. Dans ces conditions, la plupart des microbes qui se trouvent dans les eaux naturelles sont détruits, tandis que les bacilles de la fièvre typhoïde se multiplient abondamment.

Avec ces cultures de bouillon, on peut préparer, après incubation, des cultures sur plaques de gélatine, dans lesquelles il est facile de découvrir les colonies du microbe de la fièvre typhoïde et de prouver son identité par la culture sur pomme de terre, par la présence des flagelles, etc.

Le second cas, qui montre d'une façon très instructive comment les propriétés particulières d'un microbe peuvent être mises à profit pour préparer une culture pure, est celui du procédé imaginé par Kitasato pour isoler le microbe du tétanos.

Ce microbe, tel qu'il se trouve dans le pus d'une plaie qui a occasionné le tétanos, est toujours entouré d'un grand nombre d'autres micro-organismes. Le premier pas vers l'obtention d'une culture pure de ce microbe consiste à mettre à profit son caractère anaérobie et à le cultiver, en conséquence, dans une atmosphère d'hydrogène.

Il se multiplie abondamment dans ces conditions, mais quelques-uns des micro-organismes qui l'accompagnent en font autant. Mais Kitasato a découvert qu'il y avait une importante différence entre ces organismes et le microbe du tétanos : celui-ci développait ses spores beaucoup plus tôt qu'aucun de ceux-là. Du coup, la méthode pour isoler le microbe du tétanos a été trouvée. Comme les spores résistent beaucoup plus longtemps à la haute température que les microbes eux-mêmes, Kitasato chauffe les cultures à 80° centigrades pendant quelque temps, dès qu'il constate la présence de spores, et détruit tous les microbes sans que les spores subissent une altération quelconque. En cultivant les spores sur une plaque de gélatine, il est facile d'obtenir une culture pure du microbe du tétanos (fig. 4).

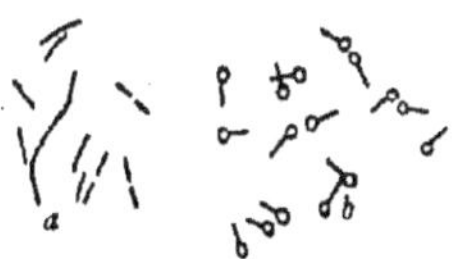

Fig. 4. — Bacilles du tétanos. — a) Bacilles sans spores; b) Bacilles supportant une spore à leur extrémité.

Je me suis attardé sur ces faits — bien qu'ils puissent sembler étrangers à mon sujet — parce que je suis convaincu de la grande importance qu'ils ont pour tous ceux qui étudient les phénomènes de la fermentation : ils doivent toujours avoir présentes à l'esprit les méthodes qui ont été trouvées utiles et les découvertes qui ont été faites dans les autres branches de la science bactériologique.

II

Ayant passé en revue les méthodes les plus importantes qui, pendant les dix dernières années, ont été élaborées pour l'étude et le maniement des micro-organismes, nous allons examiner quelques-uns des principaux résultats qui ont été obtenus par leur intermédiaire.

Il faut noter, en premier lieu, que pendant la majeure partie de ces dix années, les méthodes bactériologiques modernes ont été principalement employées pour élucider les problèmes qui se rattachent à l'étude de la cause et de la transmission des maladies infectieuses, et, dans cette voie, des progrès véritablement étonnants ont été réalisés. Ce n'est que pendant la dernière moitié de cette décade qu'a été entreprise l'étude sérieuse des transformations chimiques déterminées par les microbes, et il est à prévoir que cette branche de la bactériologie attirera de plus en plus l'attention des expérimentateurs, les problèmes qu'elle pose ayant une importance fondamentale pour la connaissance des phénomènes biologiques.

En ce qui concerne les résultats pratiques obtenus dans le domaine industriel par utilisation de ces méthodes bactériologiques modernes, il faut citer en première ligne les travaux de Christian Hansen, dont le nom est si populaire dans le monde des brasseurs. Sans entrer dans le détail de ces travaux, je dirai seulement que Hansen a démontré industriellement ce que Pasteur avait indiqué dans ses recherches devenues classiques, à savoir : qu'il y a grand avantage, non seulement à n'employer en brasserie qu'une levure exempte de micro-organismes étrangers, mais encore à se servir d'une espèce de levure déterminée.

En Angleterre, que je sache, la méthode de Hansen n'a pas été appliquée sur une grande échelle. Des brasseurs et des savants en ont pris connaissance, des expériences de laboratoire ont été faites, et c'est tout.

Mais, dans d'autres pays, la méthode de Hansen a pris un développement très considérable. C'est ainsi que ses levures pures ont été adoptées par les brasseries de haute fermentation dans toutes les parties du monde, et, même dans les brasseries de basse fermentation ; elles ont été employées avec beaucoup de succès en Danemark, en Belgique, en France et en Australie.

Un grand intérêt théorique s'attache à quelques recherches récentes de Hansen, qui ouvrent un large horizon aux industries basées sur la fermentation. Dans ces recherches, Hansen a trouvé qu'il est possible de produire des variétés artificielles de levure dont les propriétés acquises se transmettent de génération en génération, à ce qu'il paraît, indéfiniment. Il est évident que nous avons ici, sur une échelle microscopique, les débuts d'un système qui se pratique depuis des siècles dans l'horticulture, pour les plantes supérieures.

La production de variétés plus ou moins permanentes de micro-organismes autres que la levure attire également beaucoup l'attention à l'heure actuelle, et jette un nouveau jour sur l'hérédité et l'évolution.

J'ai eu l'occasion d'observer récemment un exemple frappant de variation sur un bacille qui a la faculté de faire fermenter le citrate de chaux. Ce bacille peut exercer cette faculté pendant des années; mais s'il est cultivé sur plaque de gélatine, il perd sa puissance fermentative; dans une solution aqueuse de citrate de chaux, il ne produit pas la fermentation caractéristique. Mais si, au lieu d'une solution aqueuse, on emploie du citrate de chaux dissous dans du bouillon, la fermentation se manifeste et, après le passage dans ce milieu, le microbe modifié recouvre sa faculté de faire fermenter le citrate de chaux en solution *aqueuse*.

Des phénomènes analogues peuvent être observés sur les bactéries qui produisent des pigments. Le microbe peut perdre de sa faculté de produire le pigment particulier, à moins qu'on n'ait recours à un traitement spécial pour la rétablir.

Le *bacillus prodigiosus* qui produit un magnifique pigment rouge offre un exemple frappant de cette variation. Il perd sa faculté de produire le pigment s'il est cultivé d'une façon continue dans un milieu de gélatine ou d'agar-agar, et la recouvre étant transplanté sur des pommes de terre.

Cette possibilité de produire des variétés plus ou moins permanentes des micro-organismes complique beaucoup les problèmes de la bactériologie et montre à quel point nous sommes encore loin d'avoir une base certaine pour caractériser les espèces différentes. On a d'abord tenté d'établir sur une base morphologique la classification des espèces en prenant pour point de départ les différences de forme. Il est inutile de rappeler ici combien a été complet l'effondrement de cette classification artificielle. On a alors essayé de faire une classification des micro-organismes d'après leurs fonctions physiologiques. Ce terrain s'est trouvé être tout aussi intenable que celui de la classification morphologique, parce que chez la plupart des microbes une fonction physiologique déterminée ne revêt pas de caractère immuable.

C'est ainsi qu'un organisme fermentatif peut être amené à perdre sa faculté caractéristique, qu'un microbe pathogène peut être, pour ainsi dire, dépouillé de son venin, etc. On a encore cherché à établir une classification des microbes d'après quelques particularités de culture, telles que la liquéfaction de la gélatine, la production de pigments, l'aspect des colonies, etc. Tous ces caractères, bien que très importants au point de vue du diagnostic, ne sont pas suffisamment rigoureux pour servir de base à une classification scientifique. Le système de classification qui, peut-être, a eu le plus de crédit auprès des bactériologistes, a été celui basé sur la production ou non-production de spores par les microbes dans des conditions déterminées. Mais il a été réduit à néant par la découverte, extrêmement importante, faite par Roux et Chamberland, de l'« antrax-aspore » Ces bactériologistes ont montré qu'en cultivant convenablement les microbes de l'anthrax dans un milieu additionné d'antiseptiques, on obtient une race qui diffère des microbes ordinaires en ce qu'elle est absolument incapable de produire des spores. Ce caractère asporagène reste permanent, quel que soit le milieu dans lequel les microbes sont cultivés, même le passage par le système d'un animal ne le modifie pas. L'asporogénie n'atténue nullement la virulence de la culture.

Nous devons donc avouer que, malgré l'énorme accroissement de nos connaissances sur les micro-organismes, nous n'avons encore aucune base pour établir une classification rationnelle. C'est précisément cette instabilité de propriétés et la facilité relative avec laquelle les micro-organismes peuvent être moulés au gré de l'expérimentateur, qui rend la bactériologie si attrayante.

L'introduction de la levure pure a un intérêt spécial au point de vue de la formation des produits accessoires de fermentation : glycérine, acide succinique et alcools supérieurs. On croyait généralement que la formation des alcools supérieurs était due aux fermentations provoquées par une levure différente de celle qui produit l'alcool éthylique, et que, prise à l'état pur, chaque espèce de levure ne donne naissance qu'à un seul alcool. Jusqu'à présent, cette question a été très peu étudiée; mais d'après quelques recherches récentes de Perdrix, il paraît très probable que l'alcool amylique, qui est un produit constant de la fermentation des moûts de pommes de terre, est formé par une bactérie anaérobie qui est spécialement favorisée par la présence de l'amidon.

Il existe quelques faits qui tendent à prouver que la formation des alcools supérieurs dépend jusqu'à un certain point de la température de fermentation. Lindet a trouvé qu'il se forme une plus grande quantité d'alcools supérieurs dans les fermentations à haute température que dans les fermentations à basse température. En employant le même mélange de levure haute et de levure basse, les résultats suivants ont été obtenus :

Température de fermentation. Degrés centigrades.	Alcool brut. Centimètres cubes.	Alcool supérieur. Centimètres cubes.	Alcool supérieur. Pour 100.
32-35	675	3.9	0.58
25-27	1607	9.6	0.59
19-21	1834	9.9	0.54
8-10	1877	9.7	0.52

Il est à regretter que ces expériences n'aient pas été faites avec de la levure pure, parce que les résultats auraient été, dans ce cas, beaucoup plus intéressants.

En ce qui concerne la production de glycérine, il résulte des expériences de Borgman que, par l'emploi d'une levure pure, il se forme moins de glycérine par rapport à l'alcool total que dans le cas où l'on se sert d'une levure mélangée ordinaire :

	BIÈRE ORDINAIRE.		BIÈRE FABRIQUÉE avec de la levure pure de Carlsberg.	
	MAXIMUM.	MINIMUM.	LEVURE Nº 1.	LEVURE Nº 2.
Glycérine pour 100 d'alcool............	5.497	4.140	2.63	3.24

Quant à la théorie de la fermentation alcoolique, il faut avouer que nous ne sommes pas encore sortis de l'incertitude, surtout étant donné que la théorie primitive de Pasteur — d'après laquelle les phénomènes de fermentation seraient dus à la vie en l'absence d'air de la levure — est en désaccord avec quelques expériences récentes. Car, non seulement les mêmes phénomènes se produisent lorsque la levure est bien aérée, mais encore la quantité de produits de fermentation est supérieure à celle qui s'obtient en l'absence d'oxygène. Les défenseurs de la théorie de Pasteur expliquent ce fait en admettant que la présence d'oxygène augmente la prolifération de la levure et que, se trouvant en quantité plus considérable, la levure produit naturellement une plus grande proportion d'alcool. Adrian Brown a fait récemment quelques expériences qui ôtent presque toute valeur à cette explication ingénieuse.

Dans ses expériences, Brown a déterminé la quantité de levure par la numération des cellules à l'aide de l'hæmatimètre et par la pesée directe de la levure. Il s'est arrangé de façon que la levure ne pût se multiplier pendant la fermentation et, *dans tous les cas*, il a trouvé que l'aération abondante du moût avait pour conséquence la production d'une plus grande quantité d'alcool. Ainsi, par exemple :

	En l'absence d'air.	En présence d'air.
Alcool dans 120 centimètres cubes de liquide........	3.35 gr.	3.56

Pensant que, dans la dernière expérience, la fermentation a pu être favorisée par l'agitation produite par le passage de l'air dans le liquide, Brown a fait des expériences parallèles avec de l'air et avec de l'hydrogène. Voici les résultats qu'il a obtenus :

	GLUCOSE DÉCOMPOSÉE.		
	I.	II.	III.
	grammes.	grammes.	grammes.
Courant d'hydrogène	6.20	4.882	2.26
Courant d'air	7.38	5.289	2.45

RÉSISTANCE VITALE DE LA LEVURE.

Duclaux a eu récemment l'occasion unique d'examiner quantité de cultures de levure qui avaient été employées en 1873 et 1874, par Pasteur dans ses célèbres études sur la bière. Il a déterminé si les cellules étaient vivantes ou mortes et a dosé dans chaque cas l'alcool, l'acide, etc. Les très intéressants résultats qu'il a obtenus donnent quelques indications précieuses sur les conditions qui favorisent la conservation de la levure ou lui sont défavorables.

Ces résultats sont consignés dans le tableau suivant :

Pour 1000 *centimètres cubes.*

NUMÉROS.	AGE.	V = VIVANTE. M = MORTE.	B = BIÈRE. L = LIQUIDE ACIDE.	ALCOOL.	MALTOSE.	EXTRAIT.	ACIDE acétique.	ACIDE valérique.	ACIDE total.
	ans.			cent. c.	grammes.	grammes.	grammes.	grammes.	grammes.
1	17		B	31.1	17.0	48.0	0.064	0.114	»
2	15.5		B	2.2	11.0	34.0	0.133	0.470	»
3	—		B	3.0	»	58.0	0.163	0.427	«
4	—		B	0.9	»	»	»	»	»
5	—	V	B	»	»	»	»	»	»
6	—		B	»	»	»	»	»	»
7	—		L	»	»	»	»	»	»
8	—		B	4.0	11.8	33.8	»	»	»
9	—		B	»	»	»	»	»	»
10	—	M	B	»	»	»	»	»	»
11	15.25		L	56.0	0	10.3	0.450	0	2.40
12	—		L	»	»	»	»	»	»
13	15.75		B	»	»	»	»	»	»
14	—	V	B	»	»	»	»	»	»
15	15		B	»	»	»	»	»	»
16	15.5		B	»	»	»	»	»	»
17	—		L	46.0	11.4	»	1.800	0	3.96
18	—	M	B	25.8	»	77.2	1.810	0	3.36
19	15		L	1.3	0.5	16.5	0.070	0	4.50
20	—	V	B	21.5	»	20.0	»	»	»
21	11		B	2.0	»	21.7	»	»	1.15
22	—	M	B	54.0	20.0	72.0	0.240	0	1.72
23	15		B	»	»	»	»	»	»
24	—	V	L	52.0	1.0	1.0	0.094	0.028	1.92
25	16		B	30.4	6.0	42.0	»	»	»
26	14.5		B	»	»	»	»	»	»

On voit d'après ce tableau que l'âge a eu peu ou point d'influence sur la levure.

Sur les six cultures mortes, l'une avait 11 ans, tandis que les cultures âgées de 16 et de 17 ans étaient parfaitement vivantes. La principale cause qui avance la mort de la evure semble résider dans l'acidité du milieu. Dans toutes les cultures mortes, on a trouvé une quantité considérable d'acide libre et, dans la plupart d'entre elles, la proportion d'alcool était singulièrement élevée.

La résistance vitale de la levure a une importance spéciale au point de vue de la conservation des cultures de levure pures. Hansen et Jörgensen ont trouvé que la levure pure se conserve le mieux dans une solution à 10 pour 100 de sucre de canne. Dans une telle solution les propriétés spécifiques de la levure restent inaltérées pendant des années, tandis que, si l'on conserve la levure dans un moût de gélatine, ses propriétés subissent souvent des altérations profondes. J'ai trouvé aussi que les bactéries de fermentation sont sujettes à perdre plus ou moins complètement leur puissance fermentative, lorsqu'elles sont cultivées d'une façon continue dans un milieu solide. Quelquefois la puissance fermentative disparaît après une seule culture sur plaque. C'est là un point que ne doivent pas perdre de vue tous ceux qui sont engagés dans l'étude des phénomènes de fermentation.

INFLUENCE DE LA CHALEUR SUR LA VITALITÉ DE LA LEVURE.

L'influence de la chaleur sur la vitalité de la levure a fait récemment l'objet d'une étude spéciale entreprise par Kayser. Cette étude est d'autant plus intéressante que nos données antérieures sur cette question étaient pleines de contradictions et de divergences.

Kayser a fait ses expériences sur des espèces bien connues de levure pure, en déterminant leur résistance et celle de leurs spores à la chaleur à l'état sec et à l'état humide. Les résultats sont consignés dans les tableaux suivants. La température a été maintenue dans tous les cas pendant une période de 5 minutes.

I. — *Action de la chaleur sur les levures et leurs spores à l'état humide.*

	45° C.	50° C.	55° C.	60° C.	65° C.
Levures.					
Basse	Vivante.	Vivante.	Vivante.	Vivante.	Morte.
Saint-Emilion	—	—	—	Morte.	—
Augustinerbrau	—	Morte.	Morte.	—	—
Hofbrau	—	Vivante.	—	—	—
Spatenbrau	—	—	—	—	—
Neukirchen	—	—	Vivante.	Vivante.	—
Saccharomyces Pastorianus	—	Morte.	Morte.	Morte.	—
Spores.					
Basse	Vivante.	Vivante.	Vivante.	Vivante.	Morte.
Saint-Emilion	—	—	—	—	—
Augustinerbrau	—	—	—	—	—
Spatenbrau	—	—	—	Morte.	—
Saccharomyces Pastorianus	—	—	—	—	—

Deux expériences ont été faites dans chaque cas.

Il résulte de ce tableau, premièrement, que l'action de la chaleur est plus marquée sur les levures basses que sur les levures hautes; deuxièmement, bien que les spores offrent toujours beaucoup plus de résistance à la destruction que les cellules végétales, dans ce cas, la différence n'est pas aussi grande que celle qui est généralement observée entre les bacilles et leurs spores.

II. — *Action de la chaleur sur les levures et leurs spores à l'état sec.*

	TEMPÉRATURE NÉCESSAIRE POUR LA DESTRUCTION.	
	Levures.	Spores.
	degrés centigrades.	degrés centigrades.
Basse	95-105	115-125
Saint-Emilion	105-110	125
Augustinerbrau	»	115-120
Hofbrau	85-90	
Spatenbrau	100-110	115
Saccharomyces Pastorianus	100-105	115

La levure des Augustins est tellement délicate qu'elle ne supporte pas, à l'état sec, la moindre chaleur. Elle périt souvent par la dessiccation, même à la température ambiante ordinaire. La levure la plus résistante à l'état sec est celle de Saint-Émilion, qui est une levure de fermentation haute retirée du vin.

Dans quelques cas, on a observé que la levure provenant des spores qui avaient résisté à une haute température, pouvait elle-même résister à une température supérieure à celle qui suffisait pour détruire la même espèce dans les conditions normales. Cela fournit une preuve à l'appui de la transmission héréditaire de leurs propriétés, transmission qui joue un rôle très important chez les microbes, comme chez les êtres d'une plus haute organisation.

HYDRATES DE CARBONE FERMENTESCIBLES PAR LA LEVURE.

La question de savoir quels sont les hydrates de carbone fermentescibles par la levure a attiré de temps à autre beaucoup d'attention sans que l'accord se soit établi à ce sujet entre les différents expérimentateurs. Avant l'introduction des cultures de levure pures, la question ne pouvait être étudiée avec le degré voulu de précision, attendu que la levure ordinaire contient un grand nombre de micro-organismes étrangers qui, d'une part, peuvent transformer quelques-uns des hydrates de carbone infermentescibles en produits fermentescibles, et d'autre part, peuvent eux-mêmes provoquer des fermentations alcooliques qui seront attribuées à l'action de la levure. C'est ainsi que les anciens expérimentateurs ont classé parmi les corps fermentescibles par la levure des substances qui, d'après des expériences récentes, ne sont nullement attaquées par la levure à l'état pur. Jusque dans ces derniers temps, on admettait généralement que les seuls hydrates de carbone fermentescibles étaient le glucose, le lévulose, le maltose et le sucre de canne (après inversion); l'opinion était très divisée en ce qui concerne le galactose.

Mais les expériences récentes de Duclaux, Adametz et Kayser ont démontré que, bien que le sucre de lait ne soit pas fermentescible par la levure ordinaire, il existe une ou plusieurs espèces de levure capables de provoquer la fermentation alcoolique dans une solution de cet hydrate de carbone. Cette levure de sucre de lait, comme nous pouvons l'appeler, a été trouvée dans une laiterie dans laquelle on a constaté une fermentation particulière du lait. L'action de cette levure, sur les différentes espèces de sucres, a été comparée à celle de la levure ordinaire de fermentation haute, et quelques résultats intéressants ont été obtenus dans cette voie. Cette nouvelle levure possède non seulement l'unique propriété de faire fermenter le sucre de lait, mais encore elle est beaucoup plus active que la levure de brasserie dans la fermentation du galactose; mais, d'autre part, elle est inférieure à la levure ordinaire au point de vue de la fermentation du maltose.

Le tableau suivant montre les résultats obtenus :

SUCRES EMPLOYÉS.	LEVURES EMPLOYÉES.	GRAMMES POUR 1000 CENTIMÈTRES CUBES.			
		Sucre résiduel.	Sucre fermenté.	Levure produite.	Acidité.
Sucre de lait, 60 gr. 30...	Levure de sucre de lait (Adametz).	25.60	34.70	0.510	1.520
	— (Duclaux)..	25,60	34,70	0,270	1.050
	— (Kayser). .	21.40	38.90	0.450	1.790
Galactose, 36 gr. 80......	— (Adametz).	16.80	20.00	0.315	1.770
	— (Duclaux)..	1.67	35.13	0.480	1,000
	— (Kayser). .	15.84	20.96	0.270	1.280
	Levure de brasserie............	20.80	16,00	0.370	0.790
Glucose, 37 gr. 3 (acidité initiale = 0 gr. 180).	Levure de sucre de lait (Adametz).	2.34	34.93	0.590	2.030
	— (Duclaux)..	0.00	37.30	0.215	1.370
	— (Kayser)..	0.00	37.30	0.485	1.740
Sucre interverti, 56 gr. 80.	— (Adametz).	2.22	54.58	0.413	»
	— (Duclaux)..	3.25	53.55	0.240	»
	— (Kayser)..	2,79	54.01	0,270	»
Maltose, 89 gr. 3 (acidité initiale = 0 gr. 600).....	— (Adametz).	73.76	24.54	0.575	1.425
	— (Duclaux)..	73.12	25.18	0.395	1.480
	— (Kayser)..	74.40	23.90	0.475	1.280
	Levure de brasserie............	6.84	91.46	0.735	1.830

Le fait que la nouvelle levure provoque une fermentation alcoolique pure dans le lait a naturellement suggéré l'idée de fabriquer, sur une grande échelle, une boisson alcoolique nutritive avec le petit-lait, qui s'obtient en si grande quantité comme sous-produit dans la fabrication du fromage. Le tableau suivant montre la composition de ce vin de petit lait qui ressemble par son goût au cidre. Pour augmenter la force alcoolique de la liqueur, on a ajouté du sucre de canne au petit-lait, avant la fermentation. Dans une autre expérience, on a, dans le même but, concentré le petit-lait avant d'ajouter la levure. Ce dernier procédé n'a pas donné de bons résultats, la liqueur ayant pris par la concentration un goût par trop salin.

	PETIT-LAIT ET SUCRE.		PETIT-LAIT CONCENTRÉ.
	Levure de sucre de lait (Kayser).	Levure de sucre de lait (Kayser) et *Saccharomyces apiculatus*.	Levure de sucre de lait (Kayser).
	pour 100.	pour 100.	pour 100.
Sucre résiduel............................	2.92	1.17	2.37
Alcool (en poids).........................	2.88	3.68	3.00
Acidité....................................	0.14	0.15	0.60

On se fera une idée de l'importance que peut acquérir cette industrie si l'on prend en considération que, d'après la statistique récente de Kew, 224,000,000 de gallons de lait (10,000,000 d'hectolitres en chiffres ronds), sont employés annuellement dans le Royaume-Uni pour la fabrication du fromage.

Il va de soi que ce petit-lait fermenté est un produit entièrement différent du koumys, qui est le résultat de plusieurs fermentations qui se produisent concurremment dans le lait. Selon toute probabilité, la fermentation lactique du lait, qui a lieu au début, est suivie ultérieurement d'une fermentation alcoolique.

(A suivre.)

CRITIQUE PRÉSENTÉE PAR MM. ALFRED JORGENSEN ET JUST CHR. HOLM

DU PROCÉDÉ DE M. EFFRONT

POUR LA PURIFICATION ET LA CONSERVATION DE LA LEVURE

A L'AIDE DE L'ACIDE FLUORHYDRIQUE ET DES FLUORURES

Et Réponse de M. EFFRONT.

Dans ses « Études sur la bière », publiées en 1876, M. Pasteur, en s'appuyant sur les recherches qu'il avait faites, avançait que *les bactéries étaient des germes de maladie contenus dans la levure*, et il donnait le conseil de la purifier à l'aide d'acides, et en particulier, d'acide tartrique.

Ce traitement réussissait, dans la plupart des cas, à éliminer les bactéries.

Quelques années plus tard, *M. E.-Chr. Hansen* ouvrait par ses recherches sur la physiologie et la morphologie des ferments alcooliques une voie toute nouvelle. Un des résultats des réformes radicales que ce savant avait introduites dans l'étude des ferments, était la découverte de *levures capables de provoquer des maladies dans la bière. M. Hansen* parvint, de plus, à donner une méthode simple et rigoureuse pour obtenir *de grandes quantités de levures absolument pures ;* il fut dès lors possible d'introduire dans l'industrie de la fermentation le même procédé qu'avait employé, pendant des siècles entiers, l'agriculture; à savoir la sélection méthodique de races spécialement appropriées à la brasserie ou à toute autre fabrication (1).

Il fallait naturellement abandonner le principe de M. Pasteur pour la purification en masse des levures industrielles; non seulement sa méthode était insuffisante pour se débarrasser des levures de maladie, mais, ainsi que l'a démontré M. Hansen (2), elle menait à un résultat absolument opposé; en effet, au lieu de détruire les germes de maladie, elle pouvait en favoriser la multiplication au point de devenir un danger sérieux pour la fabrication, tandis que pour la bonne levure de culture, la méthode Pasteur était apte à la supprimer.

Etant donné que le système de M. Hansen est accepté universellement et appliqué dans les différentes industries de la fermentation, il paraît surprenant qu'on revienne à une ancienne méthode et qu'on cherche à atteindre ce qu'un savant tel que M. Pasteur n'a pu réaliser, c'est-à-dire débarrasser, au moyen d'une substance chimique, une levure de tous les germes de maladie qu'elle peut renfermer.

Voilà pourtant ce que s'est proposé M. Effront.

Après avoir démontré par ses expériences, contrôlées depuis par *MM. Maercker, Cluss, Schuppan* et d'autres, que l'acide fluorhydrique et les fluorures sont les meilleurs antiseptiques pour la distillerie, et après avoir pris des brevets, M. Effront a émis cette assertion que les dites substances pouvaient être employées avec avantage dans les *brasseries*, les *distilleries* et les *fabriques de levure pour la boulangerie, pour la purification et la conservation de la levure ; elles suppriment, dit-il, tous les germes de maladie et ne laissent subsister que la bonne levure de culture.*

Il nous semble qu'actuellement de semblables études n'ont plus aucun intérêt pour la pratique; car il nous paraît choquer le bon sens d'admettre qu'une substance chimique favorise le développement d'une levure de culture désirée au détriment de toutes les autres races et de tous les ferments de maladie.

---

(1) *Untersuchungen aus der Praxis der Garungeindustrie*, 1re partie, 2e édition, 1890; 2e partie, 1892 : M. R. Oldenbourg, libraire-éditeur, à Munich. — *Recherches sur la physiologie et la morphologie des ferments alcooliques.* — *Comptes rendus du laboratoire de Carlsberg*. Copenhague, 1881-1892.

(2) *Comptes rendus du Laboratoire de Carlsberg*, 1891.

C'est du reste le résultat auquel nous ont conduits nos recherches expérimentales; l'acide fluorhydrique ou ses composés, pas plus que l'acide tartrique, ne peuvent réellement produire une sélection utile. En suivant strictement les instructions de M. Effront, nous nous sommes heurtés aux mêmes dangers que M. Hansen avait déjà signalés pour l'emploi de l'acide tartrique.

Ces deux acides favorisent le développement d'une série de germes de maladie au détriment de la bonne levure de culture.

Voici le procédé publié par M. Effront dans les journaux allemands (par exemple : *Zeitschrift für Spiritusindustrie*, n° 33, Berlin, 1892; — je n'ai pu me procurer la description du procédé publiée en français) (1) :

« Quand il s'agit de purifier des levains, c'est-à-dire de rendre les ferments étrangers qui y sont contenus incapables de nuire, on met la levure dans de l'eau additionnée d'une dose de fluorure ou d'acide fluorhydrique variant de 3 à 10 grammes par litre, et on la laisse pendant 24 heures en contact avec cette eau, en ayant soin d'agiter assez souvent. La quantité du liquide à employer est sans importance, il suffit que la levure soit bien couverte par le liquide. Au lieu d'eau, on peut employer un moût sucré, ou du moût de bière. Après l'espace de temps indiqué plus haut (24 heures), on soutire le liquide clair, la levure s'étant déposée au fond, et on lave celle-ci avec une grande quantité d'eau, de façon à enlever le plus d'acide fluorhydrique ou de fluorure possible. La levure ainsi purifiée peut de suite servir à ensemencer le moût.

« Veut-on obtenir une culture plus pure que celle décrite plus haut, on procède encore de la même façon, et l'on fait fermenter pendant 24 heures la levure ainsi purifiée dans du moût de bière. Les cellules vigoureuses sont seules capables de reprendre leur vitalité, tandis que les cellules affaiblies ne peuvent plus se multiplier. Le moût fermenté peut être transporté immédiatement dans les cuves, à moins que l'on ne veuille encore une fois soumettre la culture pure obtenue au même traitement. »

Pour essayer un pareil procédé d'une manière rationnelle, il est nécessaire de soumettre un levain industriel au traitement en question et ensuite à une analyse rigoureuse; il faut préparer, en outre, des mélanges de composition connue et essayer sur eux l'effet du traitement.

Nous devons faire remarquer toutefois qu'une série d'expériences faites avec les mêmes races de levure ne donneront pas toujours un résultat identique, puisque les aptitudes individuelles et les conditions de végétation de chaque race et de chaque cellule pendant l'expérience leur permettent de se comporter différemment. Ce fait n'est pas particulier aux fluorures, mais se retrouve dans l'emploi de tous les antiseptiques.

39 séries d'expériences ont été exécutées dans mon laboratoire. Pour ces diverses recherches, la levure, d'abord traitée exactement par les procédés de M. Effront avec de l'eau distillée contenant 3, 5 ou 8 grammes de fluorure par litre, a été examinée au microscope et analysée à l'aide de cultures sur plâtre, d'après la méthode de M. Hansen.

Les différents organismes ont été ensuite isolés au moyen de cultures sur gélatine. Plus tard, nous en avons introduit les colonies dans des flacons contenant du moût; les végétations développées dans ces flacons ont été étudiées microscopiquement ou — pour les *Saccharomyces* — physiologiquement, d'après les méthodes de M. Hansen.

Voici les principaux résultats de ces expériences :

1° Dans une masse de levure provenant directement d'une distillerie et dans laquelle l'examen microscopique ne pouvait que difficilement révéler la présence de cellules de *Mycoderma*, nous en avons trouvé, après le traitement de M. Effront, de telles quantités qu'il était évident que par ce traitement même *cet organisme avait pris le dessus.*

2° Des cultures de *levure de distillerie* et de *Mycoderma* ont été obtenues par la méthode de M. Hansen. Nous avons introduit dans une levure de distillerie absolument

(1) On voit que M. Jorgensen n'est pas abonné au *Moniteur scientifique* : nous le renvoyons à la réponse de M. Effront, p. 182.

pure une très petite quantité de *Mycoderma* et de *Bacterium aceti*, provenant toujours de cultures pures. Après le traitement par le fluorure d'ammonium, les cellules de Mycoderma s'étaient fortement multipliées, et le *Bacterium aceti*, loin d'avoir disparu, s'était conservé vivant et suffisamment vigoureux pour se développer dans du moût et même dans du moût gélatiné.

Dans une autre expérience, le *Bacterium aceti* avait pris *un accroissement très considérable.*

Une expérience faite avec une culture absolument pure de *levure basse de brasserie* et une très petite quantité de *Mycoderma cerevisiæ* a montré une suppression à peu près totale de la levure basse, remplacée par le Mycoderma.

3° Une race de *levure de distillerie* spécialement choisie et qui, dans l'industrie, donne de bons resultats, a été mélangée avec 20 pour 100 d'une *levure de fermentation basse* que mon laboratoire a introduite dans des brasseries de l'Amérique du Sud, où elle sert à fabriquer des bières de conserve genre Bavière. Après le traitement de M. Effront, la levure de bière basse se trouvait avoir *supprimé tout à fait* la levure de distillerie. — Dans une autre expérience faite avec un mélange de levure de distillerie et de levure basse (20 pour 100); provenant de la brasserie Spaten, à Munich, cette dernière levure avait pris après le traitement un accroissement très considérable, environ 90 pour 100 de la masse totale de la levure.

4° Dans un mélange d'une autre très bonne *race de la distillerie* et d'une petite quantité d'une *levure de brasserie* de fermentation haute (*Saccharomyces cerevisiæ* I de Hansen), cette levure de brasserie l'emportait complètement sur la levure de distillerie.

5° Quelques expériences ont été instituées avec le *Saccharomyces Pastorianus III de Hansen*, espèce qui provoque, ainsi qu'on le sait, des troubles dans la bière. Dans les recherches faites d'après les instructions de M. Effront avec des mélanges de ce Saccharomyces en très petite quantité, et d'une levure de bière basse connue sous le nom de Carlsberg II, *la levure de maladie avait pris un accroissement très considérable.* Dans une de ces expériences, *l'espèce dite Carlsberg II avait même à peu près disparu.* Dans des mélanges d'une levure de distillerie et de petites quantités de Saccharomyces Pastorianus III, cette espèce s'est propagée également d'une manière excessive, après le traitement par le procédé de M. Effront.

On pouvait prévoir d'ailleurs le résultat de ces recherches, à savoir qu'un antiseptique exerce une action différente sur les différentes espèces. On ne peut donc conseiller d'étendre l'emploi de l'acide fluorhydrique ou de ses composés au delà de l'usage ordinaire des antiseptiques, sans s'exposer à travailler au hasard. Mais, fait bien plus grave, ces expériences ont prouvé que les espèces d'organismes particulièrement aptes à occasionner des accidents dans la fabrication, par exemple: les levures de maladie, les Mycoderma et la levure basse de bière dans la levure haute de distillerie sont favorisées par le traitement de M. Effront. En outre, tout mélange de levure de distillerie subit dans sa composition un changement profond sans sélection de meilleures races, ce qu'ont prouvé aussi plusieurs autres de nos essais; les expériences nous ont montré en effet que des espèces reconnues pour bonnes dans l'industrie pouvaient être supprimées. Enfin, l'acide fluorhydrique et les fluorures sont sans action sur un organisme très dangereux, le *Bacterium aceti*, qui non seulement ne disparaît pas, mais, dans quelques-unes des expériences, est en proportion bien plus considérable *après* qu'avant le traitement.

En considérant ces résultats, on peut donc affirmer que l'emploi de l'acide fluorhydrique et des fluorures, recommandé dans le brevet en question pour la *purification* et la *conservation de la levure* industrielle, a, dans la pratique, des conséquences fort graves.

Les espèces employées pour nos recherches sont conservées dans le laboratoire et seront pendant six mois à la disposition de ceux qui désireront contrôler les résultats obtenus.

Voici maintenant la réponse de notre éminent collaborateur aux critiques qui viennent d'être exposées, du procédé dont il est l'auteur.

Sur l'emploi des fluorures dans l'industrie des fermentations.

Lorsque j'eus terminé mes travaux sur l'influence des fluorures dans l'industrie des fermentations, dont une grande partie a été publiée dans le *Moniteur scientifique* (1), la Société générale de Maltose, de Bruxelles, prit, en son nom, des brevets pour l'emploi de l'acide fluorhydrique et des fluorures dans les différentes branches de cette industrie.

Un de ces brevets, qui est relatif à la purification et à la conservation des levures, a eu la malechance de déplaire à MM. Jörgensen et Holm (2). Il a donné lieu à une critique très sévère de leur part.

A-t-elle sa raison d'être ? C'est ce que je me permettrai d'examiner ; mais il importe avant toute discussion, avant tout examen de leurs contestations, de constater que ces Messieurs, au lieu de s'appuyer sur mes travaux et d'y rechercher l'exactitude de mes investigations, ont trouvé plus pratique, pour asseoir leurs critiques, de ne consulter que le texte du brevet pris par la *Société générale de Maltose*.

Il est évident que l'on ne peut juger équitablement un brevet qui prétend apporter un perfectionnement à une industrie quelconque qu'en soumettant le procédé, qu'il préconise, à une épreuve sérieuse dans une usine, et qu'en comparant le produit obtenu par l'application du prétendu perfectionnement, au produit obtenu par les moyens ordinaires.

Telle n'a pas été cependant l'opinion de MM. Jörgensen et Holm, et alors qu'il est avéré pour tout le monde que l'on ne peut induire de résultats de laboratoire les mêmes résultats que dans l'industrie, ils se sont crus assez forts pour trancher une question pratique à la suite de simples recherches dans un laboratoire.

Dans le brevet de la Société générale de Maltose on avance que, par un traitement convenable au fluorure, on peut arriver à conserver et à améliorer la qualité des levures de bière.

Pour vérifier cette assertion, il n'y avait, d'après moi, qu'une chose à faire : prendre une levure industrielle, la séparer exactement en deux parts, les mettre en fermentation dans des conditions essentiellement semblables, sauf à traiter préalablement l'une par le fluorure, et l'autre sans fluorure.

La marche des fermentations, l'atténuation, la limpidité et le goût des liquides fermentés seront incontestablement les véritables facteurs de la démonstration. Une série d'expériences exécutées dans ces conditions doivent infailliblement prouver si, oui ou non, par les moyens indiqués, on arrive à une amélioration.

Au lieu de se borner à ce moyen si simple et si logique, au lieu d'expérimenter parallèlement sur des levures industrielles avec et sans traitement par le fluorure, MM. Jörgensen et Holm se contentent de quelques analyses de laboratoire, et ils en concluent que le procédé que j'ai indiqué, loin d'apporter une amélioration, favorise la multiplication des germes de maladie, tout en supprimant la bonne levure.

Pour justifier leurs opérations, les auteurs des critiques dont je m'occupe, ont essayé de démontrer :

1° Que la présence de mycodermes dans la levure traitée par les fluorures est constante ;

2° Que les fluorures sont sans influence sur le *Bacterium aceti;*

3° Que l'action des fluorures se manifeste différemment sur les diverses races de levures.

Ils annoncent que, dans le but d'essayer l'action des fluorures, ils ont soumis la

---

(1) Voir *Moniteur scientifique*, année 1890, p. 449, 790, 1013 ; année 1891, p. 251, 1138 ; année 1892, p. 81.

(2) Voir le *Moniteur scientifique*, présente livraison.

levure industrielle au traitement en question et l'ont fait suivre d'une *analyse rigoureuse*.

Je prendrai la liberté d'interpréter à mon tour les expériences auxquelles ils se sont livrés et les conclusions qu'ils en ont déduites :

Essai n° I. — Ces études sont commencées, par un traitement au fluorure, de levures provenant *directement de distilleries*.

L'analyse *rigoureuse* de ces levures, avant le traitement, ne révèle ni ferments, ni germes étrangers ; ce n'est qu'avec de *grandes difficultés* qu'ils constatent la présence des mycodermes.

Après traitement par le fluorure, la constatation en est bien plus facile, ils en concluent que le fluorure a favorisé le développement de cet organisme.

Il est difficile de croire à une pureté si grande de levures provenant directement de l'usine, étant donné surtout le mode de fabrication des levains de distilleries et les conditions générales dans lesquelles cette industrie se trouve; pour ma part, je considère la chose comme impossible.

Le levain industriel contient toujours des bactéries lactiques, on y rencontre fréquemment des bactéries butyriques et acétiques.

Que sont devenus ces organismes par le traitement au fluorure?

Les auteurs ne le disent pas et pour cause ! Je m'autorise à affirmer qu'ils existaient avant le traitement, mais qu'ils ont disparu sous l'influence du fluorure.

Ce résultat est déjà très important, il l'est bien plus que la présence de mycodermes dans une levure de distillerie.

Du reste, dans les levures provenant directement d'une brasserie, on ne trouve guère de mycodermes, et on peut admettre que ces levures introduites à nouveau dans un moût de distillerie qu'on laisserait dans de bonnes conditions de fermentation et à la même température, se développeront normalement sans favoriser la multiplication des mycodermes.

Il est évident que si, lors des expériences faites par MM. Jörgensen et Holm, des mycodermes ont pu se développer, ce développement doit être attribué, non comme l'insinuent ces Messieurs, au traitement par le fluorure, mais bien au changement de milieu et aux conditions défavorables de la fermentation.

Essai n° II. — Nos critiques paraissent attacher une très grande importance aux essais qu'ils ont pratiqués avec le *Bacterium aceti*.

A première vue, ces expériences semblent être défavorables à l'influence des fluorures, et si on ne les considérait que superficiellement, on pourrait se complaire dans les mêmes erreurs que nos antagonistes.

Les résultats que nous avons obtenus sont en réalité identiques aux leurs, mais nos déductions réciproques sont absolument opposées, elles confirment pleinement notre manière de voir sur le rôle des fluorures employés comme antiseptiques.

J'ai démontré que l'action des fluorures sur les bactéries dépend des conditions générales de végétation, de nutrition, de température et d'acidité des milieux.

C'est ainsi que dans un moût de bière, 5 milligrammes de fluorure arrêtent très sensiblement le développement des ferments lactiques, tandis que dans le lait, où les conditions de végétation pour ces ferments sont extrêmement favorables, la dose de 100 milligrammes n'amène pas le même résultat.

J'ai constaté les mêmes phénomènes pour les levures : la dose de 5 à 10 milligrammes de fluorure arrête presque totalement le développement des cellules de levure dans une solution sucrée contenant peu de matières minérales et azotées, tandis que cette même dose de fluorure, en présence d'une alimentation complète, favorise indiscutablement le développement des cellules.

De plus, j'ai démontré que, dans le même milieu, le même individu peut avoir une sensibilité différente, au point de vue du fluorure, suivant le mode de culture.

Des ferments lactiques de même provenance, les uns cultivés dans le lait, les autres dans un moût sucré, se comportent différemment ; dans le moût de bière, additionné de fluorure, le ferment, après un séjour prolongé dans le lait, devient presque inattaquable par le fluorure, tandis que celui qui a été développé dans le moût sucré est très sensible, même aux petites doses.

Ces expériences démontrent à l'évidence qu'il ne suffit pas d'un essai superficiel pour conclure si un individu déterminé résiste ou non à l'action d'un antiseptique quelconque.

Les résultats qu'on obtient n'ont, la plupart du temps, qu'une valeur relative, attendu qu'ils dépendent, non pas des propriétés et des doses d'antiseptiques, mais bien des conditions physiques et chimiques de deux milieux : 1° le milieu dans lequel la culture a été obtenue; 2° le milieu dans lequel on soumet la culture à l'influence du réactif.

Au surplus, quand on fait des expériences, en présence d'antiseptiques, avec le ferment acétique, l'on doit prendre également en considération, ce que n'ont point fait mes adversaires, qu'il existe diverses espèces de ces ferments, et qu'indépendamment des influences de milieu, il y a encore à avoir égard à la question des races qui, elles aussi, peuvent se comporter différemment, comme le font les diverses races de levure avec les réactifs.

Ce sont précisément toutes ces raisons qui m'ont imposé, lors de mes recherches sur l'acide fluorhydrique, une très grande réserve dans mes conclusions : j'ai constaté trois faits :

1° Qu'un moût de distillerie ou de brasserie peut être exposé à l'air à toutes les températures sans s'acidifier ;

2° Que les fluorures additionnés aux moûts qui ont déjà subi un commencement d'acidification, arrêtent le développement des ferments et l'augmentation de cette acidification ;

3° Que les levures industrielles contenant les ferments acétique et lactique, et produisant, à cause de cette présence même, un grand développement de ces ferments ainsi que des produits acides, peuvent être, par un traitement au fluorure, sensiblement améliorées et donner naissance à une fermentation normale sans production d'acides.

Ce n'est qu'à la suite de ces constatations, faites aussi bien au laboratoire que dans les nombreuses usines dans lesquelles j'ai appliqué mes procédés, que j'ai osé conclure que, par un traitement rationnel au fluorure, on peut arriver à rendre de grands services à l'industrie des fermentations en supprimant l'acidification des moûts et le développement des ferments qui la provoquent.

Pour combattre ces conclusions, basées sur des faits multiples et indéniables, mes critiques traitent une culture pure de bactéries acétiques au fluorure, et comme ils reconnaissent, après ce traitement, la présence de ce ferment, ils ne s'inquiètent ni de la provenance de leur soi-disant culture pure, ni de l'analyse des moûts; et, sans déterminer la présence de l'acide acétique, ils en concluent que les fluorures sont sans action sur ce ferment.

La bactérie acétique se rencontre fréquemment dans les distilleries; elle provoque, la plupart du temps, l'acidification des moûts, et c'est précisément par l'emploi des fluorures qu'on arrive toujours à éviter l'acidification complète.

MM. les docteurs Soxhlet (1), Maercker (2), Cluss, Schuppan (3), Bücheler (4), Glassenapp (5), etc., sont unanimes à confirmer cette action.

Mieux encore, on trouve dans les publications des savants précités, à côté de multiples expériences confirmatives de laboratoire, des résultats obtenus dans une centaine de distilleries qui travaillent d'après le procédé au fluorure. J'ajouterai, chose remarquable, que leurs récits ne relatent nulle part que l'on ait constaté, soit une augmentation d'acidité du moût, soit la présence de bactéries acétiques.

---

(1) *Zeitschrift des Landwirth-Vereins in Bayern*, 1890, juillet.

(2) *Sur la valeur de l'acide fluorhydrique et des fluorures comme antiseptiques en distillerie.*

(3) *Das Flussaure Verfahren in der Spiritusfabrikation*, Berlin, 1891.

(4) Assemblée générale des distillateurs allemands, février 1891.

(5) *Baltische Wochenschrift*, mars 1891.

Essai n° III. — Dans l'expérience III ainsi que dans les deux dernières, MM. Jörgensen et Holm montrent qu'en traitant au fluorure un mélange de deux races de levure, on arrive à supprimer une espèce au détriment de l'autre.

Cette démonstration était au moins inutile; je suis complètement d'accord sur ce point avec mes adversaires, ou plutôt, pour être plus exact, ceux-ci sont complètement d'accord avec moi.

Bien avant eux, dans mes travaux antérieurs, institués dans le but d'examiner l'action des fluorures sur les différentes races, j'étais arrivé absolument au même résultat. Mais bien que d'accord sur les faits, nous ne le sommes plus lorsqu'il s'agit de leur interprétation.

Mes critiques, après avoir fait quelques essais de laboratoire, concluent carrément que l'emploi des fluorures a des conséquences fort graves. Il supprimerait les espèces de levures reconnues bonnes dans l'industrie, au détriment d'autres moins bonnes.

Cette conclusion constitue une assertion tout aussi téméraire que les autres qu'ils ont avancées, et il ne sera guère difficile d'en faire justice.

J'ai constaté également que l'emploi des fluorures avait pour conséquence la destruction de certaines races de levures au détriment d'autres, mais je me suis borné à relater cette action sans me permettre d'en déduire des conclusions définitives.

Si j'ai agi ainsi, c'est que j'avais conscience qu'il faut autre chose que des essais superficiels pour conclure et que des données pratiques prévaudront toujours contre toute l'habileté des théoriciens.

J'en suis au regret pour MM. Jörgensen et Holm, mais leurs conclusions si nettes, si démonstratives, si meurtrières pour mon procédé, s'écroulent complètement en présence des données pratiques et même des expériences de laboratoire.

On trouve dans l'opuscule du professeur-docteur Maercker, « Das Flussäure Verfahren in der Spiritusfabrikation », une série d'expériences qui prouvent avec une netteté absolue que les fluorures ont une action très manifeste sur les levures industrielles. Il y est démontré, en outre, que cette action, déjà très appréciable au microscope, se fait remarquer par une augmentation notable du rendement en alcool, par une diminution de l'acidité et par une amélioration de l'odeur et du goût du produit obtenu.

Je ne puis résister au désir de reproduire les résultats de quelques expériences que l'on trouve dans l'ouvrage de M. le professeur-docteur Maercker; je cite (p. 23) :

Un même moût, pris en distillerie et additionné de fluorure, est fermenté avec des levures de différentes qualités.

Les résultats obtenus ont été les suivants :

Excellente levure.

Pour 100 de moût elle a donné, sans fluorure, 11.2 pour 100 d'alcool;
— avec fluorure, 11.6 —

Levure de moindre qualité.

Pour 100 de moût elle a donné, sans fluorure, 10.10 pour 100 d'alcool;
— avec fluorure, 11.10 —

Levure de très mauvaise qualité.

Pour 100 de moût elle a donné, sans fluorure, 7.5 pour 100 d'alcool;
— avec fluorure, 11 —

Dans une autre expérience, une quantité déterminée de levure industrielle est abandonnée, pendant 24 heures, dans un moût filtré contenant différentes quantités de fluorure.

Cette levure, ainsi traitée, est mise dans un moût de distillerie sans addition de fluorure.

Les résultats ont été les suivants :

	Atténuation.	Acidité.	Alcool.	Acidité (1) de l'alcool.
	—	—	—	—
Une levure non traitée a donné.................	7.29	2.9	4.2	5.7 c. c.
— traitée avec 0.02 gr. de fluorure......	2.63	2.9	7.0	5.5
— traitée avec 0.07 gr. —	1.05	1.25	8.0	4.6
— traitée avec 0.15 gr. —	0.58	0.95	8.5	2.0

Ces chiffres peuvent se passer de commentaires.

Il est évident que, si par suite d'un traitement au fluorure la bonne levure avait disparu, en cédant la place à des espèces moins bonnes, on aurait obtenu des résultats tout autres que ceux cités plus haut.

Après avoir analysé les arguments critiques de MM. Jörgensen et Holm, je pense qu'il est nécessaire que je revienne à quelques passages de leur travail.

Mes censeurs, qui sont attachés au laboratoire de Hansen, affirment que le système de leur maître donne un moyen certain pour arriver à la sélection méthodique des races spécialement appropriées à la brasserie et aux autres fabrications, ils ajoutent que l'étude des agents chimiques sur la levure n'a, par suite, plus la moindre raison d'être.

Je suis un des premiers à reconnaître que les services rendus par M. Hansen à l'industrie des fermentations sont très importants, et je suis persuadé que l'avenir nous réserve la connaissance de levures qui amèneront directement la fermentation des dextrines, et donneront un maximum de rendement en alcool; mais cela ne m'empêchera pas de considérer que la sélection des races spécialement appropriées aux différentes branches de l'industrie des fermentations est, à quelques exceptions près, une chose à faire et non faite.

De plus, je pense qu'en admettant même que ce progrès ait été complètement réalisé, l'étude des agents chimiques sur les levures présentera toujours un grand intérêt tant au point de vue scientifique proprement dit qu'au point de vue pratique.

La distillerie, qui est évidemment la branche la plus importante de l'industrie des fermentations n'a guère, jusqu'à présent, profité de la méthode de Hansen — la sélection des races—et cela pour la bonne raison qu'on ne connaît pas de race spéciale appropriée à cette industrie.

Je sais que depuis plusieurs années on a tenté d'introduire dans l'industrie des appareils et des cultures de Hansen soi-disant appropriés, mais je sais aussi que ces tentatives ont complètement échoué.

Pour ne citer qu'un exemple, je ne donnerai que celui de la grande distillerie Vezia-Kiderlen et Ce, de Bordeaux.

Cet établissement modèle, soucieux d'essayer toutes les innovations, a fait l'acquisition d'appareils et de cultures Hansen.

Travaillant dans les meilleurs conditions, on a obtenu un rendement de 35,7 pour 100 kilogrammes de maïs.

J'ai eu la satisfaction de voir mon procédé appliqué dans cette même distillerie; le rendement s'est élevé à 37,9, comme le prouve l'enquête faite par le docteur Maercker et reproduite à la page 59 de son opuscule.

Dans mes travaux sur l'action des fluorures, j'ai démontré, entre autres choses, que l'emploi des fluorures peut influencer la marche du développement des cellules tant au point de vue de la qualité qu'à celui de la quantité.

J'estime que des essais faits dans cette voie avec des agents chimiques, pourront nous révéler de nouvelles propriétés qui trouveront leur application dans l'industrie.

Quoi qu'il en soit, mes études sur les agents chimiques m'ont conduit à la découverte d'un procédé qui, bien que récent, a trouvé son application dans environ huit cents usines.

Je puis donc ne plus m'attarder à l'avenir à réfuter les critiques de MM. Jörgensen et Holm, et à en démontrer l'inanité.

Dr JEAN EFFRONT.

---

(1) Déterminée au moyen d'une solution d'hydrate de baryum titrant 0.002 gr. de $Ba(OH)^2$.

LA THÉORIE DU CARBONE ASYMÉTRIQUE ET LES DERNIERS TRAVAUX DE M. ÉMILE FISCHER

(*Suite et fin*) (1).

Par M. Louis Simon.

IV

EXPOSÉ DES DERNIERS TRAVAUX DE M. E. FISCHER.

L'impression que produit, après un aperçu sommaire, l'œuvre de Fischer dans ces deux dernières années, est trompeuse. Les matériaux semblent s'accumuler nombreux et disparates, sans choix et sans ordre. Les travaux succèdent aux travaux, les découvertes aux découvertes, mais, en apparence, sans méthode et sans esprit de suite. Ce serait s'exposer à une grave erreur que de s'en tenir là et une étude plus attentive ne tarde pas à révéler l'enchaînement rigoureux qui relie, en réalité, tous ces travaux épars. Si les liens qui les unissent ne sont pas constamment mis en lumière, ils n'en existent pas moins. Chacun des mémoires de Fischer est un pas nouveau fait en avant dans une voie tracée avec circonspection par la pensée réfléchie du savant. Cette voie n'est pas une : elle est multiple et les progrès dans chacune de ses branches s'accusent par une marche parallèle régulière et continue. La prudence extrême, qui est peut-être l'un des traits les plus caractéristiques du génie de Fischer, l'empêche bien souvent d'indiquer prématurément le but qu'il se propose.

Cependant, aujourd'hui, les jalons plantés dans des directions variées dessinent l'œuvre entière et permettent à la fois de considérer la portion acquise, et de se rendre compte de ce qui reste à faire pour la compléter.

C'est à ce double point de vue que nous allons essayer de nous placer pour exposer les derniers travaux de Fischer.

Nous adopterons l'ordre suivant qui n'a rien de commun avec l'ordre chronologique :

§ 1. — Biose et tétrose.
§ 2. — Pentoses.
§ 3. — Hexoses.
§ 4. — Hexobioses.
§ 5. — Sucres aromatiques.

§ 1. — Biose : $CH^2OH - CHO$. Aldéhyde glycolique (éthanolal).

L'aldéhyde glycolique n'avait point été préparé jusqu'ici d'une façon certaine.

Abeljanz prétendait l'avoir isolé, soit en chauffant avec l'eau le bichloréther

$$CH^2Cl - CHCl - O - C^2H^5$$

de Lieben et en distillant, soit en traitant par l'acide sulfurique concentré le β-oxychloréther $CH^2Cl - CHOH - O - C^2H^5$ et en extrayant à l'éther.

Or l'aldéhyde glycolique est difficilement volatil avec la vapeur d'eau et l'éther ne l'absorbe pour ainsi dire pas.

Ce n'est donc pas ce corps qu'Abeljanz a eu entre les mains.

Pinner a également tenté la recherche de cet aldéhyde par une autre méthode, mais il n'a pas été plus heureux.

Fischer guidé par une analogie bien naturelle a réussi à l'obtenir et à le caractériser en partant de l'aldéhyde bromé $CH^2Br - CHO$ qu'il a eu à préparer au préalable.

(1) Voir *Moniteur scientifique*, année 1893, p. 81.

Fischer part du bromacétal qu'il prépare par la méthode de Pinner, en la modifiant cependant pour élever le rendement.

Il fait tomber goutte à goutte du brome dans l'acétal mélangé de carbonate de chaux pur. L'acide bromhydrique qui se forme est immédiatement éliminé par le carbonate et son action destructive est supprimée du même coup. Le rendement (50 pour 100 de l'acétal) est double de celui obtenu par Pinner. La fraction bouillant de 164 à 172° est recueillie et dédoublée à l'aide d'acide oxalique par le procédé de Natterer.

Elle fournit une certaine quantité (35 pour 100 du bromacétal) d'un liquide bouillant entre 80° et 105°, épais, incolore, d'une odeur piquante, provoquant le larmoiement, qui est l'aldéhyde bromé impur.

On ne s'est pas attaché à le purifier; il réduit vivement la liqueur de Fehling et s'unit à la phénylhydrazine.

Pour passer de là à l'aldéhyde glycolique, il suffit de saponifier avec une solution de baryte à froid. L'excès de baryte est précipité par l'acide sulfurique. L'excès de l'acide sulfurique et une grande partie de l'acide bromhydrique sont précipités par du carbonate de plomb; on distille ensuite dans le vide.

La solution aqueuse de l'aldéhyde glycolique réduit la liqueur de Fehling à froid et se colore à chaud par les alcalis comme une solution sucrée.

L'acétate de phénylhydrazine donne à froid un faible trouble avec l'aldéhyde glycolique, tandis que l'aldéhyde bromé donnait un abondant précipité. Mais à 40° à l'étuve il se forme également un volumineux précipité dans le cours de vingt-quatre heures. Les lamelles brunes, lavées et purifiées ont été identifiées par le point de fusion et le dosage de l'azote avec la glyoxalphénylosazone.

Le brome transforme l'aldéhyde glycolique en acide glycolique qui est isolé à l'état de glycolate de calcium $(C^2H^3O^3)^2Ca$; 1 gramme d'aldéhyde donne 2 grammes de glycolate.

TÉTROSE : $CH^2OH - CHOH - CHOH - CHO$.

L'aldéhyde glycolique tend à se polymériser en présence d'alcalis étendus.

Si, à une solution aqueuse étendue, refroidie à 0° et bien débarrassée de baryte et d'acide bromhydrique, on ajoute une quantité calculée de soude, on obtient une liqueur qui ne réduit que très faiblement la liqueur de Fehling et que l'on a caractérisée comme une tétrose à l'aide de son osazone.

Cette osazone préparée par le procédé ordinaire, purifiée et analysée, a été identifiée avec la phénylérythrosazone obtenue antérieurement par l'action de la phénylhydrazine sur les produits d'oxydation de l'érithryte. Malheureusement, la méthode des osones n'a pas permis de retirer le sucre de son osazone.

Ainsi l'aldéhyde glycolique $CH^2OH - CHO$ tend à doubler sa molécule pour donner une tétrose

$$CH^2OH - CHOH - CO - CH^2OH \text{ ou } CH^2OH - CHOH - CHOH - CHO$$

qui donnent la même osazone

$$\begin{array}{c} CH^2OH - CHOH - \underset{\displaystyle \begin{array}{c}\| \\ \begin{matrix} H \\ C^6H^5 \end{matrix}\!\!>\!Az - Az\end{array}}{C} - \underset{\displaystyle \begin{array}{c}\| \\ Az - Az\!<\!\!\begin{matrix} H \\ C^6H^5 \end{matrix}\end{array}}{CH} \end{array}$$

Mais le procédé habituel ne permet pas de retirer de cette combinaison le sucre

$$CH^2OH - CHOH - CO - CH^2OH.$$

Cette impuissance où l'on est actuellement de retirer la tétrose de sa combinaison hydrazinique est d'autant plus regrettable que l'acquisition synthétique d'une tétrose aurait comme contre-coup la synthèse totale des pentoses et contribuerait par conséquent à la suppression de la dernière lacune synthétique importante dans la série des sucres depuis l'aldéhyde glycolique jusqu'aux glucoses.

Remarque. — On aurait pu espérer voir la polymérisation s'exercer sur trois molécules de biose et obtenir ainsi les glucoses ordinaires.

On voit qu'il n'en est rien et que l'isolement des tétroses elles-mêmes n'est pas chose facile.

Si comme cela semble naturel *maintenant*, Fischer eût adopté au début cette marche synthétique à partir de l'aldéhyde bromé, ou, ce qui revient au même, de l'aldéhyde glycolique, l'aldose la *moins compliquée*, il se serait heurté à une impasse et peut-être la synthèse des sucres serait-elle encore à découvrir ?

Ce n'est d'ailleurs pas le seul exemple qu'on puisse donner de la profonde perspicacité ou de l'heureuse inspiration du savant chimiste.

§ 2. — PENTOSES.

La théorie prévoit l'existence de huit pentoses (tétrolals) et d'un nombre égal d'acides monobasiques (acides pentanetétroloïques), de quatre acides bibasiques (acides pentanetrioldioïques) et d'autant d'alcools pentatomiques.

De ces différents corps, un très petit nombre seulement était connu il y a deux ans. Deux pentoses avaient été isolées : l'arabinose par Scheibler, dans la gomme arabique; la xylose par Wheeler et Tollens, dans la sciure de bois.

$$\begin{array}{ccccccccc} & & OH & & OH & & H & & \\ CH^2OH & - & C & - & C & - & C & - & CHO \\ & & H & & H & & OH & & \end{array} \qquad \text{arabinose.}$$

$$\begin{array}{ccccccccc} & & H & & OH & & H & & \\ CH^2OH & - & C & - & C & - & C & - & CHO \\ & & OH & & H & & OH & & \end{array} \qquad \text{xylose.}$$

Les acides mono et bibasiques correspondant à l'arabinose avaient été obtenus par Kiliani; l'acide monobasique de l'arabinose par Allen et Tollens.

$$\begin{array}{ccccccccc} & & OH & & OH & & H & & \\ CH^2OH & - & C & - & C & - & C & - & COOH \\ & & H & & H & & OH & & \end{array} \qquad \text{acide arabonique.}$$

$$\begin{array}{ccccccccc} & & H & & OH & & H & & \\ CH^2OH & - & C & - & C & - & C & - & COOH \\ & & OH & & H & & OH & & \end{array} \qquad \text{acide xylonique.}$$

C'est alors que Fischer entreprend la question. Avec la prudence et la méthode scientifique dont tous ses travaux portent la marque, il se préoccupe d'abord de préparer en tout état de pureté les acides arabonique (1) et xylonique (2) puis il obtient par oxydation plus complète de la xylose ou de l'acide xylonique, l'acide bibasique trioxyglutarique qui leur correspond (3). Il compare, au point de vue de son action sur la lumière polarisée, cet acide avec celui qu'avait obtenu Kiliani dans l'action de l'acide azotique sur l'arabinose.

$$\begin{array}{ccccccccc} & & OH & & OH & & H & & \\ COOH & - & C & - & C & - & C & - & COOH \\ & & H & & H & & OH & & \end{array} \qquad \begin{array}{c} \text{acide trioxyglutarique de} \\ \text{l'arabinose (Kiliani)} \\ \textit{actif.} \end{array}$$

$$\begin{array}{ccccccccc} & & H & & OH & & H & & \\ COOH & - & C & - & C & - & C & - & COOH \\ & & OH & & H & & OH & & \end{array} \qquad \begin{array}{c} \text{acide trioxyglutarique} \\ \text{de la xylose (Fischer)} \\ \textit{inactif.} \end{array}$$

(1) *Berichte*, t. 23, p. 2625.
(2) *Berichte*, t. 24, p. 1.
(3) *Idem.*

Il prépare ensuite les alcools correspondants et signale entre eux, relativement à l'action sur la lumière polarisée, les mêmes rapports qu'entre les acides bibasiques :

$$\begin{array}{ccccccccc} & & OH & & OH & & H & & \\ CH^2OH & - & C & - & C & - & C & - & CH^2OH \\ & & H & & H & & OH & & \end{array} \quad \text{arabite (composé actif).}$$

$$\begin{array}{ccccccccc} & & H & & OH & & H & & \\ CH^2OH & - & C & - & C & - & C & - & CH^2OH \\ & & OH & & H & & OH & & \end{array} \quad \text{xylite (composé inactif).}$$

Ces faits lui permettent, comme nous l'avons vu antérieurement (1), de fixer les formules de ces pentoses : il peut alors élargir le champ de ses recherches et entamer celle des autres sucres en C^6.

L'action de la chaleur sur l'acide arabonique (2), en présence de la pyridine, lui fournit un nouvel acide distinct du premier, auquel il donne le nom d'*acide ribonique* pour rappeler son origine et dont la formule résulte immédiatement de celle du premier par modification de la disposition autour du dernier carbone asymétrique

$$\begin{array}{ccccccccc} & & OH & & OH & & H & & \\ CH^2OH & - & C & - & C & - & C & - & COOH \\ & & H & & H & & OH & & \end{array} \quad \text{acide arabonique.}$$

$$\begin{array}{ccccccccc} & & OH & & OH & & OH & & \\ CH^2OH & - & C & - & C & - & C & - & COOH \\ & & H & & H & & H & & \end{array} \quad \text{acide ribonique.}$$

La réduction de ce nouvel acide, ou plutôt de sa lactone, fournit à Fischer (3) un nouveau sucre, la ribose :

$$\begin{array}{ccccccccc} & & OH & & OH & & OH & & \\ CH^2OH & - & C & - & C & - & C & - & CHO \\ & & H & & H & & H & & \end{array}$$

et l'oxydation, soit de l'acide ribonique, soit de la ribose, conduit à un nouvel acide bibasique, *qui n'agit pas sur la lumière polarisée :*

$$\begin{array}{ccccccccc} & & OH & & OH & & OH & & \\ COOH & - & C & - & C & - & C & - & COOH \\ & & H & & H & & H & & \end{array} \quad \begin{array}{c}\text{acide trioxyglutarique} \\ \text{de la ribose} \\ \textit{inactif.}\end{array}$$

La symétrie de la formule stéréochimique s'accorde bien avec l'inactivité de cet acide. La même expérience fournit donc une vérification importante de la théorie et le second acide trioxyglutarique *inactif*.

C'est à ce point que nous en sommes actuellement : le nombre des corps connus a plus que doublé en deux ans.

Mais le progrès accompli est encore plus considérable que ne l'indique à première vue cette simple statistique; car, en réalité nous possédons actuellement une méthode sûre qui doit aboutir non seulement à la connaissance de tous les sucres en C^6, mais encore à leur synthèse totale dès qu'on aura réalisé celle de l'un d'entre eux.

Le développement de cette remarque ne peut que nous familiariser davantage avec les conceptions théoriques qui, tantôt accompagnant l'expérience, tantôt la précédant, lui sont toujours si étroitement liées dans cet ordre de recherches.

La méthode qui a fourni à Fischer l'acide ribonique à partir de l'acide arabonique

(1) *Moniteur scientifique*, 1893, p. 101.

(2) *Berichte*, t. 24, p. 4214.

(3) *Berichte*, t. 24, p. 4214.

doit donner facilement, lorsqu'on l'applique à l'acide xylonique, un nouvel acide monobasique.

Les formules de cet acide et de l'acide xylonique sont d'ailleurs en relation simple :

$$\begin{array}{ccccccccc} & & H & & OH & & H & & \\ CH_2OH & - & C & - & C & - & C & - & COOH \\ & & OH & & H & & OH & & \end{array} \quad \text{acide xylonique.}$$

$$\begin{array}{ccccccccc} & & H & & OH & & OH & & \\ CH_2OH & - & C & - & C & - & C & - & COOH \\ & & OH & & H & & H & & \end{array} \quad \text{acide inconnu.}$$

La réduction du nouvel acide donne une nouvelle pentose :

$$\begin{array}{ccccccccc} & & H & & OH & & OH & & \\ CH_2OH & - & C & - & C & - & C & - & CHO \\ & & OH & & H & & H & & \end{array}$$

et son oxydation un nouvel acide trioxyglutarique :

$$\begin{array}{ccccccccc} & & H & & OH & & OH & & \\ COOH & - & C & - & C & - & C & - & COOH. \\ & & OH & & H & & H & & \end{array}$$

Cette formule que l'on peut encore écrire par simple retournement :

$$\begin{array}{ccccccccc} & & H & & H & & OH & & \\ COOH & - & C & - & C & - & C & - & COOH \\ & & OH & & OH & & H & & \end{array}$$

est celle d'un acide *actif* inverse optique de l'acide trioxyglutarique de l'arabinose :

$$\begin{array}{ccccccccc} & & OH & & OH & & H & & \\ COOH & - & C & - & C & - & C & - & COOH. \\ & & H & & H & & OH & & \end{array}$$

Ainsi, par l'emploi d'une méthode éprouvée maintes fois avec succès, on obtient le quatrième et dernier acide trioxyglutarique.

On se trouve donc à la tête de quatre pentoses et des acides correspondants mono et bibasiques.

Mais il y a huit pentoses correspondant à quatre acides bibasiques seulement, et si l'on connaît les quatre acides bibasiques on n'a seulement que quatre des pentoses. Il reste donc à trouver ces quatre sucres.

Pour y arriver il suffira de réduire les acides bibasiques. Or cette réduction ne fournira *nécessairement deux* pentoses et, par suite, ne donnera *nécessairement* une pentose inconnue que lorsque les acides seront *inactifs*. Dans ce cas seulement, en effet, par suite de la symétrie de la molécule, la réduction porte également sur ses deux extrémités et aboutit à la synthèse d'un composé inactif, *dédoublable*, qui fournit à côté de la pentose connue son inverse optique encore ignorée.

Celle-ci, ou plutôt l'acide monobasique correspondant, traité par la chaleur en présence de quinoléine fournit une nouvelle pentose, celle précisément que la réduction de l'un des acides bibasiques actifs aurait peut-être été impuissante à produire.

Par application de cette méthode aux deux acides trioxyglutariques inactifs, on obtient donc les quatre pentoses inconnues et par suite leurs dérivés.

Considérons, par exemple, l'acide trioxyglutarique inactif de la ribose :

$$\begin{array}{ccccccccc} & & \text{OH} & & \text{OH} & & \text{OH} & & \\ \text{COOH} & - & \text{C} & - & \text{C} & - & \text{C} & - & \text{COOH.} \\ & & \text{H} & & \text{H} & & \text{H} & & \end{array}$$

La réduction de cet acide fournira en quantités égales les acides monobasiques :

$$\begin{array}{ccccccccc} & & \text{OH} & & \text{OH} & & \text{OH} & & \\ \text{CH}_2\text{OH} & - & \text{C} & - & \text{C} & - & \text{C} & - & \text{COOH} \\ & & \text{H} & & \text{H} & & \text{H} & & \end{array} \quad \text{acide ribonique,}$$

$$\begin{array}{ccccccccc} & & \text{H} & & \text{H} & & \text{H} & & \\ \text{CH}_2\text{OH} & - & \text{C} & - & \text{C} & - & \text{C} & - & \text{COOH} \\ & & \text{OH} & & \text{OH} & & \text{OH} & & \end{array} \quad \text{acide inverse du précédent,}$$

et la réduction plus complète de ce dernier donnera la pentose correspondante.

Le traitement à la quinoléine de l'acide monobasique obtenu précédemment conduira à la synthèse d'un nouvel acide pentonique :

$$\begin{array}{ccccccccc} & & \text{H} & & \text{H} & & \text{OH} & & \\ \text{CH}_2\text{OH} & - & \text{C} & - & \text{C} & - & \text{C} & - & \text{COOH} \\ & & \text{OH} & & \text{OH} & & \text{H} & & \end{array}$$

et, par suite, d'une nouvelle pentose :

$$\begin{array}{ccccccccc} & & \text{H} & & \text{H} & & \text{OH} & & \\ \text{CH}_2\text{OH} & - & \text{C} & - & \text{C} & - & \text{C} & - & \text{CHO} \\ & & \text{OH} & & \text{OH} & & \text{H} & & \end{array}$$

qui est l'opposée optique de l'arabinose.

Ce n'est pas tout. La théorie nous fait présumer que la méthode de transformation par la chaleur permet de passer de l'un des acides trioxyglutariques inactifs à l'autre par l'intermédiaire des acides actifs

$$\begin{array}{ccccccccc} & & \text{H} & & \text{H} & & \text{H} & & \\ \text{COOH} & - & \text{C} & - & \text{C} & - & \text{C} & - & \text{COOH} \\ & & \text{OH} & & \text{OH} & & \text{OH} & & \end{array} \quad \text{acides trioxyglutariques de la ribose.}$$

Termes de passage.

$$\left\{\begin{array}{ccccccccc} & & \text{OH} & & \text{H} & & \text{H} & & \\ \text{COOH} & - & \text{C} & - & \text{C} & - & \text{C} & - & \text{COOH} \\ & & \text{H} & & \text{OH} & & \text{OH} & & \\ & & \text{H} & & \text{H} & & \text{OH} & & \\ \text{COOH} & - & \text{C} & - & \text{C} & - & \text{C} & - & \text{COOH} \\ & & \text{OH} & & \text{OH} & & \text{H} & & \end{array}\right. \quad \begin{array}{l} \text{de l'arabinose.} \\ \\ \\ \text{inconnu.} \end{array}$$

$$\begin{array}{ccccccccc} & & \text{OH} & & \text{H} & & \text{OH} & & \\ \text{COOH} & - & \text{C} & - & \text{C} & - & \text{C} & - & \text{COOH} \\ & & \text{H} & & \text{OH} & & \text{H} & & \end{array} \quad \text{de la xylose.}$$

Les deux acides inactifs sont donc transformables l'un dans l'autre.

L'un quelconque des acides actifs est transformable en l'un des acides inactifs.

La synthèse (1) *totale d'un quelconque des sucres en* C^5 *aura donc comme conséquence immédiate celle de tous les autres.*

---

(1) Nous avons vu antérieurement qu'on n'a encore pas réussi à isoler à l'état de pureté les tétroses qui pourraient servir de pivot à la synthèse totale des pentoses, synthèse qui est donc toujours à effectuer.

Il ne paraît pas sans intérêt de signaler ici une tentative de M. Wohl, en vue d'arriver au but par un chemin inverse, c'est-à-dire à partir des sucres en C^6, des hexoses.

M. Wohl part de l'aldose R — CHOH — CHO, il forme son oxime R — CHOH — CH = AzOH, la transforme par déshydratation en un oxynitrile R — CHOH — CAz qui, par perte d'une molécule d'acide cyanhydrique, donnerait R — CHO. (*Berichte*, t. **24**, p. 993.)

PARTIE EXPÉRIMENTALE.

Ribose : $$CH^2OH - \underset{H}{\overset{OH}{C}} - \underset{H}{\overset{OH}{C}} - \underset{H}{\overset{OH}{C}} - CHO \quad (1)$$

Préparation. — Elle repose sur la réduction de l'acide ribonique :

$$CH^2OH - \underset{H}{\overset{OH}{C}} - \underset{H}{\overset{OH}{C}} - \underset{H}{\overset{OH}{C}} - COOH$$

ou plutôt de sa lactone :

$$CH^2OH - CH - \underset{H}{\overset{OH}{C}} - \underset{H}{\overset{OH}{C}} - CO$$
(lactone : CH et CO reliés par O)

La réduction des acides qui, entre les mains de Fischer, a été une grande méthode de synthèse, ne s'effectue qu'en présence d'une grande quantité de lactone. Il faut donc opérer sur des solutions acides dans lesquelles on a produit par évaporation une certaine quantité de lactone. Pendant toute la durée de la réduction il faut avoir soin de maintenir la réaction acide, la lactone disparaissant en milieu alcalin.

On réduit donc à l'aide d'amalgame de sodium, à 2 1/2 pour 100, une solution aqueuse à 10 pour 100 de lactone ribonique acidulée à l'acide sulfurique et maintenue à 0°. La réduction, dont on favorise la marche par une agitation continuelle, s'effectue vivement et au début l'hydrogène est complètement fixé. L'opération est interrompue quand on a employé dix fois plus d'amalgame que de lactone.

On sépare alors le liquide du mercure et on rend la solution *alcaline pour transformer en sel de sodium la lactone qui a échappé à la réduction.*

On neutralise exactement la liqueur à froid à l'aide d'acide sulfurique.

Pour séparer le sucre formé du mélange de sulfate et de ribonate de sodium, on ajoute au liquide chaud six fois son poids d'alcool absolu chaud : le sulfate de sodium est complètement précipité, le ribonate l'est partiellement.

Il n'est pas commode de se débarrasser complètement de ce sel organique et on perd dans l'opération une quantité notable de sucre.

On précipite les sels de sodium par l'acétate basique de plomb, et de la liqueur filtrée on précipite la plus grande partie du sucre par l'hydrate de baryte en présence d'un excès d'acétate basique de plomb.

Le précipité est lavé soigneusement à l'eau froide, puis traité par l'acide sulfurique étendu et froid; on se débarrasse de l'excès d'acide sulfurique par la quantité nécessaire de baryte.

L'eau mère abandonne par évaporation le sucre à l'état de sirop incolore que l'on n'a pas encore réussi à faire cristalliser.

Ce sucre donne la réaction caractéristique des pentoses : avec l'acide sulfurique à 10 pour 100, il produit du furfurol.

On a préparé ses combinaisons avec le phénylhydrazine et la parabromophénylhydrazine.

L'hydrazone :

$$C^6H^2OH - (CHOH)^3 - CH = Az - Az\begin{matrix} \diagup H \\ \diagdown C^6H^5 \end{matrix}$$

est très soluble dans l'eau, assez peu dans l'alcool chaud, et s'en sépare par refroidissement en cristaux incolores qui fondent à 154°-155° en se décomposant.

(1) *Berichte*, t. 24, p. 4214.

L'osazone :

$$\begin{array}{l} CH^2OH-(CHOH)^2-C\quad-\quad CH \\ \qquad\qquad\qquad\qquad\quad \| \qquad\quad | \\ \qquad\qquad\qquad (H)(C^6H^5)Az-Az \quad Az(H)(C^6H^5) \end{array}$$

est identique avec l'arabinosazone, ce qui est conforme avec la théorie, puisque la ribose et l'arabinose ne diffèrent que par la disposition autour du dernier carbone asymétrique et que la formation d'osazone supprime l'asymétrie de ce carbone.

Cette osazone ou dihydrazone ne peut donc servir à séparer les deux sucres : on peut réaliser cette séparation à l'aide de la parabromophénylhydrazone. Sa combinaison *avec la ribose est très soluble dans l'eau ;* elle se sépare par refroidissement de sa solution dans l'alcool absolu chaud et fond vers 164°-165°. Sa combinaison *avec l'arabinose est très peu soluble dans l'eau* froide et en décèle par suite des traces.

Il est regrettable que l'on n'ait pas encore de bonne méthode pour caractériser la ribose, car il est à présumer que ce sucre se trouve fréquemment dans le règne végétal à côté de ses isomères, la xylose et l'arabinose.

Acide ribonique : $$CH^2OH-\underset{H}{\overset{OH}{C}}-\underset{H}{\overset{OH}{C}}-\underset{H}{\overset{OH}{C}}-COOH \quad (1)$$

Préparation. — L'acide ribonique dont on s'est servi pour préparer la ribose s'obtient de la façon suivante : on chauffe à l'autoclave l'acide arabonique, en présence de pyridine, il se transforme partiellement en acide ribonique ; on sépare ensuite les deux acides en utilisant successivement les différentes solubilités de leurs sels de calcium et de cadmium.

On opère sur 3 kilogrammes d'une solution aqueuse à 10 pour 100 d'acide arabonique provenant d'arabonate de calcium pur, en présence de 500 grammes de pyridine. Il faut prendre soin que la température du bain d'huile ne dépasse pas 130° et faire durer la chauffe pendant trois heures.

Le liquide brun qui en résulte est traité à chaud par un petit excès (650 grammes) d'hydrate de baryte, jusqu'à complète disparition de la pyridine.

La baryte est précipitée par un petit excès d'acide sulfurique et la liqueur est filtrée.

En vue de la purification ultérieure de l'acide ribonique, il faut se débarrasser des matières brunes qui souillent la liqueur. Le traitement au noir animal ne réussissant pas, on opère comme il suit : on ajoute une petite quantité de carbonate de plomb (60 grammes) qui donne, avec l'excès d'acide sulfurique, du sulfate de plomb et avec les acides organiques des sels de plomb, le ribonate très soluble et au contraire l'arabonate peu soluble. C'est pour éviter la précipitation de ce dernier qu'on emploie peu de carbonate.

On filtre et on traite par l'acide sulfhydrique : le sulfure de plomb précipité entraîne les produits bruns et la liqueur filtrée est complètement décolorée. Le liquide clair contient alors les acides ribonique et arabonique ; il reste à les séparer.

On commence par traiter la liqueur par du carbonate de chaux : il se forme des sels de calcium ; l'arabonate très peu soluble se sépare, on récupère ainsi à peu près la moitié de l'acide arabonique employé ; le ribonate au contraire est assez soluble, il reste en solution.

On précipite alors la chaux par l'acide oxalique et on chauffe la liqueur filtrée avec un petit excès d'hydrate d'oxyde de cadmium jusqu'à réaction faiblement acide.

On traite par le noir animal, on filtre et on évapore jusqu'à consistance sirupeuse. Par refroidissement le ribonate de cadmium moins soluble, cette fois, que l'arabonate, se prend en une masse cristalline formée d'amas sphériques de petites aiguilles.

(1) *Berichte*, t. 24, p. 4214.

Le rendement total en sel de cadmium s'élève à 115 grammes.

On fait cristalliser le sel de cadmium dans un peu d'eau chaude, et de la solution aqueuse de ce sel pur on précipite le cadmium par l'hydrogène sulfuré. Par refroidissement de la liqueur filtrée et évaporée, on obtient la lactone ribonique bien cristallisée.

Cette lactone est très soluble dans l'eau, l'alcool, l'acétone, peu soluble dans l'éther acétique et presque insoluble dans l'éther ordinaire.

Elle fond entre 72 et 76°, son pouvoir rotatoire $[\alpha]_D^{20} = -18°$ n'est pas altéré au bout de 12 heures.

Elle a une réaction neutre et ne réduit pas la liqueur de Fehling.

La lactone ribonique peut être transformée en acide arabonique par la même méthode qui a permis de réaliser la transformation inverse.

1 gramme de lactone a fourni 0 gr. 64 de lactone arabonique. L'arabonate de calcium a été caractérisé par son hydrazide.

Ainsi, que l'on chauffe de l'acide arabonique ou de l'acide ribonique dans les mêmes circonstances, il semble qu'on aboutisse finalement au même équilibre, 60 à 70 pour 100 du premier, 30 à 40 pour 100 du second.

Comparaison des acides arabonique et ribonique.

		ACIDE ARABONIQUE.	ACIDE RIBONIQUE.
Lactone.........	Point de fusion.........	89° (Bauer). 95-98° (Fischer).	72-76°.
	Pouv. rotat. $[\alpha]_D^{20} = -$ (1).	67°,4 (Bauer). 73°,9 (Fischer). 45°,36 (Allen et Tollens)	$[\alpha]_D^{20} = -18°$. Pas de birotation.
Sel de calcium. ..	Difficilement soluble, cristallisable.		Très soluble, gommeux, incristallisable.
Sel de cadmium ..	Un peu soluble à froid.		Très difficilement soluble à froid, cristallisable.
Phénylhydrazide. .	Point de fusion, 215° (2), difficilement soluble dans l'eau froide.		162-164°, très soluble.

(1) Allen et Tollens ont opéré sur un mélange d'acide et de lactone. On ne peut donc accorder grande confiance à la valeur qu'ils attribuent au pouvoir rotatoire de l'acide arabonique. Il y a la même remarque à faire pour la valeur $[\alpha]_D^{20} = +17°,48$ qu'ils attribuent au pouvoir rotatoire de l'acide xylonique, cet acide qu'on obtient par l'oxydation de la xylose par l'eau de brome. Les données manquent d'ailleurs pour comparer ce corps à ses deux isomères. (*Ann. de Liebig*, t. 260, p. 306.)

(2) La phénylhydrazide arabonique a été préparée par Fischer par le procédé habituel. Il consiste à chauffer pendant une heure et demie au bain-marie l'acide arabonique, ou sa lactone, ou son sel de calcium en solution aqueuse concentrée avec poids égal de phénylhydrazine et d'acide acétique à 50 pour 100. L'hydrazide se précipite par refroidissement sous forme d'une masse cristalline jaune, qui est filtrée, lavée à l'eau froide, à l'alcool et à l'éther. Cristallisée dans l'eau chaude après décoloration au noir animal, l'hydrazide se présente en lamelles brillantes incolores fondant à 215° en se décomposant et possédant la composition $C^5H^9O^5Az^2H^2C^6H^5$. (*Berichte*, t. 23, p. 2625.)

Acide trioxyglutarique provenant de la ribose.

$$\begin{array}{c} \quad\quad\quad\;\; OH \quad OH \quad OH \\ CO.OH - \underset{H}{C} - \underset{H}{C} - \underset{H}{C} - COOH. \end{array}$$

Le procédé de préparation de cet acide est celui qui a été donné par Kiliani pour obtenir l'acide trioxyglutarique (1) provenant de l'arabinose. Il consiste à chauffer une partie (10 grammes) de lactone ribonique avec deux parties et demie (25 grammes) d'acide azotique de densité 1.2 dans une capsule en platine au bain-marie.

On évapore la solution en l'agitant constamment jusqu'à complète disparition de l'acide azotique.

Puis, on neutralise le sirop redissous dans l'eau, par du carbonate de chaux pur, on traite par le noir animal et on filtre à chaud.

Par refroidissement, le sel de calcium se sépare lentement sous forme d'une poudre cristalline fine, colorée en jaune. On en obtient ainsi 2 grammes.

L'évaporation de l'eau mère dans le vide à 50° fournit une nouvelle cristallisation qui se continue à froid pendant plusieurs jours.

Finalement on obtient 4 gr. 5 de sel cristallisé.

L'acide libre s'obtient en dissolvant à chaud le sel de calcium et en mettant la solution en digestion avec la quantité calculée d'acide oxalique. Comme le sel de calcium n'est pas rigoureusement pur, l'acide oxalique se trouve en léger excès, on le précipite quantitativement par un lait de chaux et on décolore au noir animal à l'ébullition.

La liqueur, fortement évaporée dans le vide à 60°, fournit par refroidissement une cristallisation de *la première lactone* de l'acide trioxyglutarique $C^5H^6O^6$.

On la purifie par cristallisation dans l'éther acétique pur chaud.

La matière commence à suinter vers 160°, elle ne fond nettement que vers 170-171° en se décomposant.

Elle est très soluble dans l'eau et l'alcool, assez dans l'acétone, peu dans l'éther acétique et presque pas dans l'éther.

Elle est complètement inactive au point de vue optique.

Elle a le goût et la réaction acide et ne réduit pas la liqueur de Fehling.

On a vérifié sa nature lactonique par l'étude de sa conduite vis-à-vis des alcalis.

Enfin, sa réduction fournit l'acide glutarique normal.

Acide trioxyglutarique du xylose (2).

$$\begin{array}{c} \quad\quad\ \ H \quad OH \quad H \\ COOH - C - C - C - COOH. \\ \quad\quad\ \ OH \quad H \quad OH \end{array}$$

Le sel de calcium de cet acide avait déjà été obtenu par Wheeler et Tollens (3) souillé de trioxybutyrate, mais ils n'avaient pu isoler l'acide pur.

Pour le préparer, Fischer emploie la méthode de Kiliani qui a été développée précédemment.

30 grammes de xylose lui ont donné 18 grammes de sel de calcium.

Le sel de calcium pulvérisé est alors ajouté à une solution concentrée d'acide oxalique en quantité à peu près calculée.

L'excès d'acide oxalique est précipité après filtration à l'aide de carbonate de chaux. On filtre de nouveau, on décolore et on évapore dans le vide.

---

(1) Cet acide :

$$\begin{array}{c} \quad\quad\ \ OH \quad OH \quad H \\ COOH - C - C - C - COOH \\ \quad\quad\ \ H \quad H \quad OH \end{array}$$

a été préparé et purifié par cristallisation avec soin (point de fusion : 127) pour l'étudier au point de vue optique.

Une solution à 9,59 pour 100 de densité 1,0441 a fourni $[\alpha]_D^{20} = -22,7$. La solution n'a pas varié au bout de 24 heures de repos (*Berichte*, t. 24, p. 1).

(2) *Berichte*, t. 24, p. 1.

(3) *Liebig's Annalen*, t. 254, p. 318.

L'acide, et non pas sa lactone, se prend en masse cristalline qu'on purifie par cristallisation dans l'acétone.

Il est très soluble dans l'eau et l'alcool chaud et cristallise par évaporation de ses solutions. Il se dissout beaucoup moins facilement dans l'acétone pure et chaude, et il est presque insoluble dans l'éther et le chloroforme.

Il fond vers 145°,5 et se décompose au delà.

Il est inactif au point de vue optique et ne réduit pas la liqueur de Fehling.

Le sel de calcium préparé à l'aide de l'acide impur peut, à la température d'ébullition, rester dissous dans beaucoup d'eau; mais lorsqu'il provient d'acide pur, le sel est presque rigoureusement insoluble.

Le sel de potassium est très soluble dans l'eau et *cristallise* par évaporation au bout d'un temps assez long, en petits prismes, à six pans, bien formés, possédant la composition $C^5H^6O^7K^2 + 2\,H^2O$.

L'hydrazide neutre est cristallisée en lamelles incolores, très peu solubles dans l'eau chaude et l'alcool. Elle fond à 175° et se décompose à 210°.

L'acide a été transformé par réduction en acide glutarique normal (caractérisé par son point de fusion et son sel de zinc).

Comparaison des trois acides trioxyglutariques.

L'acide de l'arabinose se sépare nettement des autres par son pouvoir rotatoire.

Les acides *inactifs* provenant du xylose et du ribose se distinguent l'un de l'autre par la formation de lactones (1).

L'acide du xylose ne paraît pas pouvoir donner de lactone.

L'acide du ribose n'a pu être obtenu de sa solution aqueuse, car par évaporation on obtient la lactone.

En outre, le premier donne un sel de potassium bien cristallisé répondant à la formule $C^5H^6O^7K^2 + 2\,H^2O$; le sel de potassium du second est un sirop épais, ne cristallisant ni spontanément, ni par addition d'un cristal de l'autre. Les trois acides trioxyglutariques connus sont donc différents.

Il est permis de penser qu'il en est de même pour les alcools pentatomiques correspondants, quoique l'on ne connaisse encore que deux d'entre eux.

La réduction (2) de l'arabinose et de la xylose conduit à deux alcools : l'arabite et la xylite, qui sont bien différenciés.

L'arabite est en effet bien cristallisée, la xylite n'a été obtenue que sous forme d'un sirop, incristallisable, même en présence d'un cristal d'arabite.

L'arabite est faiblement lévogyre; la xylite, inactive même en présence de borax.

La combinaison benzylique de la xylite est solide, celle de l'arabite liquide.

§ 3. — Hexoses ou glucoses.

C'est à ce groupe qu'appartiennent les matières les plus anciennement connues du groupe des sucres : la glucose ordinaire, la galactose du sucre de lait, la mannite, l'acide saccharique, etc. Les propriétés particulières de ces corps ont servi de types pour réunir en un même groupe une série de corps de fonctions différentes, principes immédiats pour la plupart, qu'on a désignée sous le nom de *matières sucrées*.

On a longtemps admis que toutes ces matières et celles qu'on pourrait leur assimiler devaient avant tout contenir dans leur molécule *six atomes de carbone et six seulement*.

---

(1) Il serait intéressant de savoir comment ils se comportent vis-à-vis de l'anhydride acétique et s'il y a entre leurs dérivés acétylés les mêmes rapports qu'entre ceux de l'acide saccharique et de l'acide mucique. — Voir Maquenne (*Bull. Soc. Ch.*, t. 48, p. 719).

(2) *Berichte*, t. 24, p. 538.

Kiliani, par une étude extrêmement serrée, a réussi à faire admettre que l'arabinose de Scheibler avait une formule en C^5 — $C^5H^{10}O^5$.

La démonstration remarquable que M. Maquenne a donnée de l'heptatomicité de la perséite $C^7H^{16}O^7$, a établi l'existence d'un alcool polyatomique plus riche en carbone que la mannite.

La série magistrale de synthèses effectuée par Fischer dans la série de la mannite est venue donner le coup de grâce à cette superstition. Il n'a fallu rien moins que cette belle suite de synthèses produites par l'application réitérée de la méthode à l'acide cyanhydrique, qui conduit si régulièrement de la mannose en C^6 à la mannononose en C^9 pour faire accepter de tout le monde que le squelette des glucoses n'est pas privilégié, qu'il ne constitue pas une discontinuité, un accident dans la suite des composés à chaîne linéaire.

Malgré cette considération exceptionnelle, nous pourrions même dire exclusive, dont ils étaient l'objet, les sucres en C^6 étaient très imparfaitement étudiés.

Il n'y a pour s'en convaincre, qu'à considérer le petit nombre des corps de ce groupe qui étaient connus avant Fischer.

ALDOSES.	ACIDES BIBASIQUES.	ALCOOLS HEXATOMIQUES.
d glucose. *d* galactose.	Acide *d* saccharique. Acide mucique.	*d* sorbite. *d* mannite. Dulcite.

Il est vrai qu'en compensation, on rangeait dans ce groupe de corps une foule d'autres qui n'avaient rien à y faire.

Quant aux relations qu'on supposait entre eux, il suffit pour être édifié de se rappeler que la mannite était considérée, il y a peu de temps encore, comme l'alcool correspondant à la glucose. On peut lire également dans certains traités que cette même mannite est le point de départ de la préparation de l'acide saccharique.

Est-il donc par suite un sentiment plus explicable et plus légitime que l'admiration qui accueillit les premiers travaux de Fischer ?

Ils comprenaient, entre autres résultats fondamentaux, la synthèse de la mannite et de ses dérivés par la condensation de la glycérose ou de l'acroléine, la synthèse de la *d* glucose ou glucose ordinaire à partir de la mannose ainsi que la progression synthétique dont nous parlions quelques lignes plus haut.

Depuis lors, Fischer n'a cessé de communiquer des résultats importants destinés tantôt à compléter son œuvre, tantôt à l'étendre, tantôt enfin à en relier étroitement les parties, et l'intérêt qu'ils ont excité n'a pas cessé d'aller en croissant.

Il complète le groupe des mannoses par la recherche et l'étude du produit d'oxydation (1) de la *d* mannose, l'acide *d* mannosaccharique, opposé optique de l'acide métasaccharique de Kiliani.

Pour les glucoses, il s'attache d'abord à préparer l'acide *l* gluconique (2) à partir de l'acide *l* mannonique, par une méthode identique à celle qui lui avait déjà donné l'acide *d* gluconique à partir de l'acide *d* mannonique.

Guidé par des idées théoriques sagement interprétées, il retrouve cet acide gluconique dans les eaux mères de la préparation d'acide *l* mannonique à partir de l'arabinose : il a alors entre les mains un procédé pratique de préparation de cet acide. Il lui devient alors possible par de simples opérations de réduction et d'oxydation de préparer tous les dérivés de cet acide : *l* glucose, acide *l* saccharique, etc.

(1) *Berichte*, t. 24, p. 539.
(2) *Berichte*, t. 23, p. 2611.

La synthèse totale des deux glucoses et de leurs dérivés actifs est donc réalisée, ainsi que celle des composés inactifs par compensation qui en résultent immédiatement.

Par réduction de l'acide *d* saccharique (1), il découvre un nouvel acide monobasique distinct de l'acide *d gluconique* auquel il donne le nom d'acide *d gulonique* (2) et sans que le hasard ait aucune part à cette coïncidence, il reconnaît dans la fixation de l'acide cyanhydrique sur la xylose un excellent moyen d'obtenir l'inverse optique de cet acide, l'acide *l* gulonique.

Ayant les deux acides guloniques il lui est alors facile de passer par réductions successives aux guloses et aux sorbites.

Il ne reste plus alors d'inconnu dans ce groupe que les sucres qui se rattachent aux acides isosaccharíques, et encore la méthode capable de les fournir saute-t-elle aux yeux.

L'action de la chaleur en présence de quinoléine, sur les acides guloniques, donnera certainement deux acides nouveaux monobasiques : oxydés, ces acides donneront les acides isosaccharíques ; réduits, ils fourniront les sucres (isoglucoses) et les alcools correspondants.

Comme vérification importante, l'action de la chaleur en présence de quinoléine sur l'acide isosaccharique doit conduire à la formation d'acide saccharique ou mannosaccharique.

Le groupe de l'acide mucique échappe jusqu'à présent à la synthèse totale; mais les travaux de Fischer ont eu cette conséquence fondamentale de faire découler la synthèse totale de tous les corps de ce groupe de celle de l'un quelconque d'entre eux.

La réduction de l'acide mucique (3) lui a fourni *en quantités égales* les acides galactoniques inverses optiques ; leur dédoublement lui a donné l'acide *l* galactonique et, par suite, la *l* galactose, inconnus tous deux.

Appliquée à l'acide galactonique (4), la méthode de transformation par la chaleur lui a permis d'obtenir un acide monobasique nouveau : l'acide *talonique*, dont la formule :

$$\begin{array}{ccccccccc} & & H & & OH & & OH & & OH & & \\ CH^2OH & - & C & - & C & - & C & - & C & - & COOH \\ & & OH & & H & & H & & H & & \end{array}$$

ne peut différer que par la disposition autour du dernier atome de carbone asymétrique de celle de l'acide galactonique :

$$\begin{array}{ccccccccccc} & & H & & OH & & OH & & H & & \\ CH^2OH & - & C & - & C & - & C & - & C & - & COOH. \\ & & OH & & H & & H & & OH & & \end{array}$$

La réduction de l'acide talonique le conduit à la talose :

$$\begin{array}{ccccccccccc} & & H & & OH & & OH & & OH & & \\ CH^2OH & - & C & - & C & - & C & - & C & - & CHO \\ & & OH & & H & & H & & H & & \end{array}$$

et son oxydation à l'acide talomucique :

$$\begin{array}{ccccccccccc} & & H & & OH & & OH & & OH & & \\ COOH & - & C & - & C & - & C & - & C & - & COOH. \\ & & OH & & H & & H & & H & & \end{array}$$

(1) *Berichte*, t. 24, p. 521.

(2) L'*arabinose* et la *ribose* ne diffèrent que par la disposition autour du dernier atome de carbone asymétrique ; nous verrons qu'il en est de même pour la *galactose* et la *talose*. Il semble donc que Fischer qui a créé ces noms de *ribose* et de *talose*, par une modification alphabétique évidente, ait voulu rappeler cette circonstance.

Or cette circonstance ne se présente pas pour la glucose et la gulose. Le mot de gulose, qui pourrait créer une confusion, n'est donc pas très satisfaisant.

(3) *Berichte*, t. 25, p. 1247.

(4) *Berichte*, t. 24, p. 3622.

L'application de ce même processus à l'isomère de l'acide galactonique précédemment préparé conduira évidemment aux isomères actifs et par suite aux isomères inactifs par compensation des corps précédents.

Enfin la transformation de l'acide mucique par la chaleur a fourni (1) à Fischer un nouvel acide *inactif* : l'acide *allomucique*, auquel il attribue la formule nécessairement symétrique :

$$\begin{array}{c} \quad\quad\quad\;\; H \quad\;\; H \quad\;\; H \quad\;\; H \\ COOH - C - C - C - C - COOH \\ \quad\quad\quad\;\; OH \;\; OH \;\; OH \;\; OH \end{array}$$

et qui, entre ses mains, ne tardera pas à devenir le point de départ d'une nouvelle série de découvertes parallèle à celle qu'il a indiquée à partir de l'acide mucique, et qui compléteront l'ensemble des matières sucrées en C^6.

Effectivement, la réduction de ce nouvel acide *inactif* produira en *quantités égales* les acides monobasiques inverses optiques :

$$\begin{array}{c} \quad\quad\quad\;\; H \quad\;\; H \quad\;\; H \quad\;\; H \\ CH^2OH - C - C - C - C - COOH \\ \quad\quad\quad\;\; OH \;\; OH \;\; OH \;\; OH \end{array}$$

$$\begin{array}{c} \quad\quad\quad\;\; OH \;\; OH \;\; OH \;\; OH \\ CH^2OH - C - C - C - C - COOH. \\ \quad\quad\quad\;\; H \quad\;\; H \quad\;\; H \quad\;\; H \end{array}$$

Leur réduction, un peu plus complète, donnera les deux aldoses correspondantes, et leur réduction totale aboutira à un *seul* alcool hexatomique, qu'on peut appeler l'*allodulcite* et qui devra être *inactive, indédoublable :*

$$\begin{array}{c} \quad\quad\quad\;\; H \quad\;\; H \quad\;\; H \quad\;\; H \\ CH^2OH - C - C - C - C - CH^2OH. \\ \quad\quad\quad\;\; OH \;\; OH \;\; OH \;\; OH \end{array}$$

Le traitement par la chaleur en présence de quinoléine des acides monobasiques précédents, les transformera en deux autres aussi inconnus :

$$\begin{array}{c} \quad\quad\quad\;\; H \quad\;\; H \quad\;\; H \;\; OH \\ CH^2OH - C - C - C - C - COOH \\ \quad\quad\quad\;\; OH \;\; OH \;\; OH \quad\;\; H \end{array}$$

$$\begin{array}{c} \quad\quad\quad\;\; OH \;\; OH \;\; OH \quad\;\; H \\ CH^2OH - C - C - C - C - COOH \\ \quad\quad\quad\;\; H \quad\;\; H \quad\;\; H \;\; OH \end{array}$$

dont l'oxydation reproduira les deux acides talomuciques et dont la réduction aboutira à la connaissance de deux nouvelles aldoses :

$$\begin{array}{c} \quad\quad\quad\;\; H \quad\;\; H \quad\;\; H \;\; OH \\ CH^2OH - C - C - C - C - CHO \\ \quad\quad\quad\;\; OH \;\; OH \;\; OH \quad\;\; H \end{array}$$

$$\begin{array}{c} \quad\quad\quad\;\; OH \;\; OH \;\; OH \quad\;\; H \\ CH^2OH - C - C - C - C - CHO. \\ \quad\quad\quad\;\; H \quad\;\; H \quad\;\; H \;\; OH \end{array}$$

Ces aldoses qui correspondent aux acides talomuciques pourraient-elles être obtenues

(1) *Berichte*, t. 24, p. 2136.

par réduction directe de ces acides? En d'autres termes, ces acides bibasiques fournissent-ils par réduction ces aldoses ou les taloses qui ont permis tout d'abord de les obtenir, ou encore un mélange des deux? rien ne permet de le prévoir. L'incertitude où l'on se trouve à cet égard est en quelque sorte théorique.

L'acide allomucique est en effet un acide *actif*, dont la formule n'est pas symétrique, et par conséquent la réduction peut s'adresser à un carboxyle de préférence à l'autre.

Quoi qu'il en soit, la réduction plus complète à l'état d'alcool hexatomique devra conduire à un seul corps auquel on peut donner le nom de talodulcite.

On peut donc considérer, sans grande témérité, comme acquise, la connaissance actuelle, ou fort prochaine, de toutes les matières sucrées du groupe des hexoses.

Quant au problème de leur synthèse totale à partir des éléments, déjà résolu pour la plus grande partie, son complet achèvement est uniquement subordonné à la synthèse d'un terme quelconque du groupe de l'acide mucique.

PARTIE EXPÉRIMENTALE. — GROUPE DES MANNOSES.

Dans sa conférence faite à Berlin, E. Fischer, pour donner un exemple de la fécondité de la méthode de synthèse à l'acide cyanhydrique (1), énumère une série de corps obtenus par son emploi réitéré, à partir de la *d* mannose :

$CH^2OH — (CHOH)^5 — COOH$ .... Acide mannoheptonique.
$CH^2OH — (CHOH)^6 — COOH$ .... — — octonique.
$CH^2OH — (CHOH)^7 — COOH$ .... — — nonosique.
$CH^2OH — (CHOH)^5 — CHO$ .... Mannoheptose.
$CH^2OH — (CHOH)^6 — CHO$ .... — octose.
$CH^2OH — (CHOH)^7 — CHO$ .... — nonose.

Mannoheptite..... $CH^2OH — (CHOH)^5 — CH^2OH$ (perséite naturelle).
Mannooctite....... $CH^2OH — (CHOH)^6 — CH^2OH$.

Cette belle série de synthèses, outre qu'elle a démontré d'une manière indiscutable l'existence possible de sucres contenant un nombre quelconque d'atomes de carbone, a confirmé la justesse des vues émises sur la nature de la perséite par M. Maquenne. La perséite de synthèse a été identifiée avec un échantillon de celle qui avait servi au chimiste français.

Il aurait pu se produire, par l'application de cette méthode, pour chaque addition d'acide cyanhydrique, deux isomères stéréochimiques. M. Fischer n'a jamais observé que la présence d'un seul corps nouveau.

Depuis, rendu attentif par ce qui se passe lorsque l'on opère de la même façon sur la glucose, il a chargé un de ses élèves, M. Hartmann, de reprendre soigneusement la question, en s'attachant particulièrement à observer la naissance simultanée de deux isomères et à les séparer au besoin. Les résultats ont été négatifs (2).

On n'a pu obtenir que les sels de l'un des acides et l'on a vainement cherché trace de l'autre dans les eaux mères.

M. Hartmann a préparé sans plus de succès les sels de calcium, baryum, strontium, strychnine et brucine de l'acide *d* mannoheptonique.

Il n'y a là, d'ailleurs, rien d'anormal, comme nous l'avons développé antérieurement.

(1) Nous avons déjà indiqué dans un précédent article le mécanisme de cette méthode, nous aurons occasion de la décrire dans tous ses détails dans la traduction du mémoire de Fischer : « Sur les sucres plus riches en carbone que la *d* glucose », qui sera publié *in extenso* dans un prochain numéro du *Moniteur scientifique*.

(2) *Ann. de Liebig*, 1892.

M. Hartmann a en outre préparé l'acide bibasique correspondant au *d* mannoheptose:

$$\begin{array}{c} \quad\ \ H \quad\ H \quad OH \quad OH \\ COOH - C - C - C - C - CHOH - COOH \\ \quad\ OH \quad OH \quad H \quad\ H \qquad ? \end{array}$$

Sa formule, comme toutes celles des corps qui en dérivent, ne peut d'ailleurs être fixée d'une façon complète, au moins pour le moment.

L'éther diéthylique de cet acide est neutre, soluble dans l'eau et l'alcool chaud, insoluble dans l'alcool froid et l'éther; il fond à 166°.

Sa phénylhydrazide est très peu soluble dans l'eau et l'alcool et fond à 225°.

Un autre élève de Fischer, M. Stanley Smith (1), s'est préoccupé de préparer à partir de la *l* mannose les termes correspondants à la série *d*. Il a obtenu ainsi l'acide *l* mannoheptonique, la *l* mannoheptose et la *l* mannoheptite, inverse optique de la perséite naturelle et par suite les composés inactifs résultant du mélange équimoléculaire des composés droit et gauche.

	d.	*i.*	*l.*
Lactone mannoheptonique	Facilement soluble dans l'eau et difficilement soluble dans l'alcool. Réaction neutre.		
Point de fusion	148-150	85°	153-155
Pouvoir rotatoire $[\alpha]_D^{20}$	— 74,23	0	+ 75,15
Point de fusion de la phénylhydride	»	225°	220°
Mannoheptose.			
Hydrazone (point de fusion)	197-200	175-177	126
Osazone	200	210	203
Mannoheptite.			
Point de fusion	188	203	187

L'auteur est indécis sur la question de savoir si les combinaisons inactives sont des *mélanges* mécaniques ou des *combinaisons racémiques*. C'est la première fois que nous prononçons ce mot; nous reviendrons là-dessus un peu plus loin.

Oxydation de l'acide d *mannonique ou de la* d *mannose* (2).

L'oxydation de l'acide arabinose carbonique a conduit Kiliani à la découverte d'un nouvel acide isomère de l'acide saccharique auquel il a donné le nom d'acide métasaccharique, comme l'acide arabinose carbonique n'est autre que l'acide *l* mannonique, on peut appeler l'acide précédent acide *l* mannosaccharique :

$$\begin{array}{c} \quad OH \quad OH \quad H \quad H \\ COOH - C - C - C - C - COOH. \\ \quad H \quad\ H \quad OH \quad OH \end{array}$$

Par l'oxydation de l'acide *d* mannonique, on est conduit à l'acide *d* mannosaccharique, inverse optique du précédent :

$$\begin{array}{c} \quad H \quad\ H \quad OH \quad OH \\ COOH - C - C - C - C - COOH. \\ \quad OH \quad OH \quad H \quad\ H \end{array}$$

(1) *Ann. de Liebig.*

(2) *Berichte.*

Le procédé d'oxydation est d'ailleurs celui de Kiliani, que nous avons déjà décrit antérieurement; chauffe avec l'acide azotique de densité 1.2, neutralisation au carbonate de chaux et décomposition du sel de calcium par l'acide oxalique. On obtient ainsi la dilactone mannosaccharique.

On peut prendre également comme point de départ, la mannose brute (l'ivoire végétal, la séminose de Reiss), que l'on chauffe avec l'acide chlorhydrique étendu. La solution, neutralisée par le carbonate de plomb, est concentrée à feu nu. Après refroidissement, on filtre et on amène à consistance sirupeuse. On a ainsi la mannose pure (rendement 27 pour 100) à laquelle on fait alors subir le traitement précédent à l'acide azotique : il se sépare du nitrate de plomb; on filtre à chaud et par refroidissement la lactone se sépare cristallisée (rendement final : 2 pour 100 du poids de l'ivoire).

Cette lactone est très soluble dans l'eau chaude et peu dans l'eau froide, ce qui la distingue de la combinaison *l;* sa solution aqueuse neutre, quand elle est fraîchement préparée, ne tarde pas à devenir fortement acide. Elle est fortement dextrogyre. $[\alpha]_D^{13} = -201°,8$. Cristallisée dans l'alcool, elle fond à 180°-190° en se décomposant. Elle réduit la liqueur de Fehling et se colore en jaune quand on la fait bouillir avec les alcalis.

Le sel de potassium est soluble, ceux de cadmium, baryum et calcium sont insolubles. La monophénylhydrazide est insoluble dans l'eau froide, soluble dans l'eau chaude et fond à 190°.

La diphénylhydrazide est insoluble même dans l'eau chaude et fond à 212°.

Réduction de la dilactone mannosaccharique (1).

Cette réduction s'effectue à l'aide d'amalgame de sodium à 2 1/2 pour 100, par le procédé habituel déjà décrit antérieurement à propos de la ribose. Il faut avoir soin de maintenir la solution acide. On obtient un bon rendement en lactone *d* mannonique; *il a été impossible de déceler la production d'un isomère.*

Ce résultat avait été présenté par Fischer comme une vérification de la théorie et des formules stéréochimiques. La formule de l'acide mannosaccharique correspond en effet à l'oxydation d'une seule hexose ou d'un seul acide hexonique. Cependant la vérification indiquée n'est pas complète : elle constitue tout au plus une prévention favorable comme nous l'avons déjà dit (2). La réduction d'un acide actif bibasique, et c'est bien le cas qui nous occupe, peut conduire à un seul acide monobasique, même s'il provient de l'oxydation de deux de ces acides. La réduction de l'acide *d* saccharique en est un exemple.

GROUPE DES GLUCOSES.

Dans ces derniers temps, Fischer a effectué, à partir de la glucose ordinaire, par la méthode à l'acide cyanhydrique, une série de synthèses. Le mémoire, fort important à plusieurs titres, où sont consignés ses résultats, sera publié *in extenso* dans un prochain numéro du *Moniteur*. Nous n'insisterons donc pas sur ce point.

Relativement aux glucoses, nous avons à parler de la réduction de l'acide *d* saccharique et de la préparation de l'acide *l* gluconique.

La réduction de l'acide saccharique :

$$\begin{array}{ccccccccc} & & H & & H & & OH & & H \\ COOH & - & C & - & C & - & C & - & C & - COOH \\ & & OH & & OH & & H & & OH \end{array}$$

s'effectue en plusieurs phases comme nous l'avons précédemment indiqué.

(1) *Berichte*, t. 24, p. 539.
(2) *Moniteur scientifique*, février 1893.

Un produit intermédiaire est l'acide glycuronique ou euxanthique de Thierfelder :

$$\begin{array}{ccccccccccc} & & H & & H & & OH & & H & & \\ COOH & - & C & - & C & - & C & - & C & - & CHO \\ & & OH & & OH & & H & & OH & & \end{array}$$

acide aldéhydique important au point de vue physiologique.

La réduction plus complète conduit à la préparation d'un acide monobasique différent de l'acide *d* gluconique :

$$\begin{array}{ccccccccccc} & & OH & & H & & OH & & OH & & \\ CH^2OH & - & C & - & C & - & C & - & C & - & COOH \\ & & H & & OH & & H & & H & & \end{array} \quad \text{acide } d \text{ gulonique,}$$

et du sucre réducteur correspondant qui est une nouvelle hexose :

$$\begin{array}{ccccccccccc} & & OH & & H & & OH & & OH & & \\ CH^2OH & - & C & - & C & - & C & - & C & - & CHO \\ & & H & & OH & & H & & H & & \end{array} \quad d \text{ gulose.}$$

La réduction se fait d'ailleurs comme d'habitude à l'aide d'amalgame de sodium à 2 1/2 pour 100 en solution acide. On élimine à l'alcool les sels de sodium, puis on neutralise à la baryte l'excès d'acide saccharique, on filtre, on se débarrasse de l'excès de baryte à l'aide d'acide carbonique, on filtre de nouveau et on évapore.

La lactone *d* gulonique, lavée à l'eau froide et à l'alcool, est purifiée par cristallisation dans l'alcool chaud à 60 pour 100. Elle fond alors à 180°-181°. Le pouvoir rotatoire $[\alpha]_D^{20} = +55°,1$. L'hydrazide très soluble dans l'eau et l'alcool chaud est difficile à purifier, elle fond à 147°-149°.

La réduction plus complète de la lactone *d* gulonique aboutit à un sirop incolore, très soluble dans l'eau, peu soluble dans l'alcool absolu, beaucoup plus fermentescible que la *d* gulose. C'est la *d* glucose se distinguant aussi de la glucose par son osazone.

L'oxydation de la lactone *d* gulonique reproduit l'acide saccharique.

Pour bien accentuer la distinction entre les deux lactones gulonique et gluconique, il suffit de se reporter aux propriétés de la lactone *d* gluconique préparée (1) à l'aide d'une solution d'acide gluconique pur cristallisée plusieurs fois dans l'eau chaude et lavée à l'alcool froid. Elle fond à 130°-135° et est assez soluble dans l'alcool chaud. Le pouvoir rotatoire $[\alpha]_D^{20} = +68°,2$. L'hydrazide est très peu soluble dans l'eau.

Acide l *gluconique.*

Fischer a montré antérieurement (2) que l'acide *d* mannonique chauffé à 140° avec de la quinoléine se transforme partiellement en acide *d* gluconique. C'est même cette transformation qui lui a permis de déduire la synthèse totale de la *d* glucose de celle de la *d* mannose.

Dans les mêmes conditions, l'acide *l* mannonique se transforme partiellement en acide *l* gluconique et inversement.

M. Fischer n'a pas donné les rendements correspondant à ces transformations inverses, de sorte qu'on ne peut fixer les proportions des deux acides relatives à l'équilibre.

On peut encore préparer l'acide *l* gluconique en fixant de l'acide cyanhydrique sur l'arabinose :

$$\begin{array}{ccccccccc} & & OH & & OH & & H & & \\ CH^2OH & - & C & - & C & - & C & - & CHO \\ & & H & & H & & OH & & \end{array}$$

(1) *Berichte*, t 24, p. 1836.
(2) *Berichte*, t. 23, p. 2411.

Il se produit alors beaucoup d'acide mannonique et de l'acide gluconique :

```
          OH  OH   H    H
CH²OH — C — C — C — C — COOH    acide l mannonique.
          H   H   OH   OH

          OH  OH   H   OH
CH²OH — C — C — C — C — COOH    acide l gluconique.
          H   H   OH   H
```

On sépare la plus grande partie de l'acide mannonique par cristallisation de sa lactone. De l'eau mère on retire l'acide *l* gluconique à l'état de dihydrazide fondant à 200°.

Le *l* gluconate de calcium ressemble beaucoup à son isomère :

$$[\alpha]_D^{20} = -6°,64 \qquad [\alpha]_D^{20} = +6°,66.$$

Les lactones sont plus différentes à ce point de vue, car leurs pouvoirs rotatoires sont plus élevés.

On ne connaît pas l'acide gluconique libre ; quand on évapore ses solutions il se forme sa lactone. Ses sels ne sont pas cristallisés.

La réduction de la lactone *l* gluconique s'effectue comme d'habitude à l'aide d'amalgame de sodium et fournit la *l* glucose.

Cette glucose se présente en cristaux semblables à ceux de son isomère, la glucose ordinaire, fondant à 141-143°, très soluble dans l'eau et peu dans l'alcool.

Son pouvoir rotatoire est : $[\alpha]_D^{20} = -51°,4$.

La diphénylhydrazone, peu soluble dans l'eau froide, fond à 162-163° comme son isomère.

De même pour la phénylglucosazone *l*.

La *l* glucose *n'est pas fermentescible.*

Oxydation de la lactone gluconique.

La méthode générale fournit l'acide *l* saccharique ou du moins le sel de potassium cristallisé, caractéristique de cet acide.

La diphénylhydrazide fond à 213-214° en se décomposant.

Ainsi, cette suite d'opérations nous fournit la synthèse totale de la *l* glucose et des acides *l* gluconique et saccharique.

Celle des composés inactifs, par compensation, dédoublables, en résulte immédiatement par le mélange équimoléculaire, c'est-à-dire à poids égal, des composés actifs.

L'acide gluconique inactif peut être aussi obtenu par le traitement à la quinoléine de l'acide mannonique inactif.

Il se distingue de ses isomères par sa faible solubilité dans l'eau.

Sa phénylhydrazide fond vers 188-190°, c'est-à-dire 10 degrés plus bas que ses composants actifs.

La glucose inactive résulte de la réduction de l'acide inactif. Sa phénylhydrazone cristallise et fond vers 133°, c'est-à-dire 30 degrés plus bas que celle de la glucose dextrogyre.

La fermentation fournit comme résidu la glucose lévogyre *l*.

L'acide saccharique inactif peut être obtenu par l'oxydation de l'acide gluconique inactif. Le sel de potassium cristallise d'une manière caractéristique. Sa dihydrazide fond à 209-210°, quelques degrés plus bas que ses isomères.

GROUPE DES GULOSES.

Nous avons vu que dans la réduction de l'acide *d* saccharique, il se produisait un acide distinct de l'acide *d* gluconique, l'acide *d* gulonique qui, par réduction, donnait une nouvelle hexose, le *d* gulose, et qui, par oxydation, restituait l'acide *d* saccharique.

Il est bien légitime de penser que le même processus appliqué à l'acide *l* saccharique conduirait au même résultat, c'est-à-dire à l'acide *l* gulonique et à la *l* gulose.

Mais un procédé bien plus pratique consiste à fixer de l'acide cyanhydrique sur la xylose :

$$\begin{array}{c} \quad\quad\quad\; H \quad OH \quad H \\ CH^2OH - C - C - C - CHO \\ \quad\quad\quad\; OH \quad H \quad OH \end{array}$$

On peut s'attendre à la production de deux acides hexoniques ; l'un d'eux serait :

$$\begin{array}{c} \quad\quad\quad\; H \quad OH \quad H \quad OH \\ CH^2OH - C - C - C - C - COOH \\ \quad\quad\quad\; OH \quad H \quad OH \quad H \end{array}$$

qui correspondrait à l'un des acides isosacchariques et dont Fischer suppose la présence dans les eaux mères du second :

$$\begin{array}{c} \quad\quad\quad\; H \quad OH \quad H \quad H \\ CH^2OH - C - C - C - C - COOH \\ \quad\quad\quad\; OH \quad H \quad OH \quad OH \end{array}$$

qui est précisément l'acide *l* gulonique.

La lactone *l* gulonique a été isolée, elle cristallise très bien ; purifiée par cristallisation dans l'eau chaude ou l'alcool à 60 pour 100, c'est une belle matière fondant à 181° comme son isomère et ayant comme pouvoir rotatoire $[\alpha]_D^{20} = -55°,3$, bien voisin de celui $[\alpha]_D^{20} = +55°,1$, attribué au composé dextrogyre.

Le sel de baryum basique est cristallisé, le sel neutre amorphe.

Le sel neutre de calcium cristallise lentement.

L'hydrazide cristallise très bien dans l'eau chaude, et fond à 147-149° comme le composé *l* ; elle ne se décompose qu'à 195°.

La réduction en solution acide de la lactone *l* gulonique fournit un sirop incolore, sucré, très faiblement dextrogyre, non fermentescible. C'est la gulose caractérisée par son hydrazone.

Cette hydrazone lavée à l'eau froide, l'alcool et l'éther, cristallise dans l'alcool absolu chaud en fines aiguilles très solubles dans l'eau chaude, fondant à 143° sans décomposition.

L'osazone de la *l* gulose est très soluble, ce qui l'éloigne de toutes les hexoses connues et la rapproche des pentoses.

Elle fond à 156° beaucoup plus haut que la glucosazone.

La réduction énergique de la *l* gulose par l'amalgame de sodium fournit un alcool hexatomique

$$\begin{array}{c} \quad\quad\quad\; H \quad OH \quad H \quad H \\ CH^2OH - C - C - C - C - CH^2OH \\ \quad\quad\quad\; OH \quad H \quad OH \quad OH \end{array} \quad l \text{ sorbite},$$

qui est l'inverse optique de la sorbite de Boussingault.

Purifiée en passant par sa combinaison benzylique, elle fond à 75° comme la *d* sorbite et a un pouvoir rotatoire voisin de celui de son isomère.

Possédant pour le groupe des guloses les termes de la série *d* et de la série *l*, il est facile d'obtenir les composés *inactifs par compensation dédoublable.*

Si on mélange les solutions aqueuses de poids égaux de lactones guloniques *d* et *l*, il reste par évaporation une masse cristalline inactive qui fond 20° plus bas que les composés actifs.

Si on évapore lentement la solution, les cristaux des deux lactones se forment indépendamment. On peut recueillir les cristaux hémièdres des deux lactones assez gros pour qu'on puisse les trier à la main, déterminer leur point de fusion, et leur pouvoir rotatoire.

Il y a là quelque chose de bien différent de ce qui se passe pour l'acide tartrique *racémique*, c'est-à-dire pour le mélange équimoléculaire des acides tartriques actifs. L'évaporation d'une solution d'acide racémique ne fournit jamais des cristaux isolés d'acides actifs même si, comme l'a fait M. Gernez, on ajoute à la solution sursaturée des cristaux droit ou gauche.

D'ailleurs, le sel extrait d'une solution de lactone gulonique inactive, par traitement au carbonate de chaux est inactif et de plus est *trois à quatre fois moins soluble que les sels de calcium actifs*.

La phénylhydrazide inactive fond 4 à 5 degrés *plus haut* que les isomères actifs, et cristallise mieux dans l'alcool.

Quant à la gulose inactive, c'est un sirop incristallisable, dont la phénylhydrazone est identique aux combinaisons isomères, si l'on fait abstraction de l'action sur la lumière polarisée.

L'osazone fond à la même température, mais est beaucoup moins soluble que les combinaisons isomères.

Elle présente la plus grande analogie avec la β-acrosazone qui se produit accessoirement dans la condensation du bromure d'acroléine (1); mais elle s'en sépare par la solubilité dans l'éther acétique. De même pour la parabromophénylosazone.

Remarque sur les combinaisons racémiques.

De ce qui précède relativement aux combinaisons *inactives par compensation*, *dédoublables*, tant des lactones guloniques et des guloses que des lactones mannoheptoniques, etc., il résulte qu'on est généralement embarrassé quand il s'agit de décider si une telle matière est un mélange mécanique de deux matières actives, ou si elle constitue une combinaison racémique.

D'abord qu'est-ce qu'une *combinaison racémique?*

L'acide tartrique racémique, les racémates pour lesquels on a créé tout d'abord le vocable, sont-ils des combinaisons chimiques proprement dites?

L'élévation de température lors du mélange, les différences dans les grandeurs des constantes physiques sont évidemment des présomptions; mais la détermination cryoscopique de leur poids moléculaire semblerait le rapprocher de ces *combinaisons* dites *moléculaires*, que la *théorie atomique* est encore, il faut bien le dire, impuissante à expliquer.

Ainsi, nous ne trouvons nulle part de définition nette de ce qu'on appelle un racémique. On n'est pas plus heureux si l'on recherche les critériums propres à nous éclairer sur la nature d'un mélange mécanique ou racémique.

En admettant que l'élévation du point de fusion soit une condition suffisante, elle n'est en tout cas pas considérée comme nécessaire, et, si elle ne se trouve pas remplie, on est de nouveau indécis.

La différence de solubilité n'est qu'une indication qui ne comporte aucun caractère scientifique de certitude.

Il nous paraît plus rationnel d'adopter un critérium dont l'application est susceptible de beaucoup plus de généralité et dont la première observation, due à M. Gernez, remonte à l'étude de la combinaison qui a donné son nom à la classe de corps dont il s'agit.

Nous proposons donc d'appeler *racémique tout mélange inactif par compensation dont la solution sursaturée ne fournit pas de cristaux hémièdres droit ou gauche lorsqu'on lui ajoute un cristal de substance droite ou gauche;* au contraire, un cristal de la substance racémique devra produire la cristallisation.

(1) *Moniteur scientifique*, 1890, p. 1005 et 1123.

Cette définition ne contenant, comme toute définition, que ce que nous y mettons, n'a pas la prétention d'expliquer quelque chose, mais elle aurait peut-être l'intérêt d'établir entre deux classes de corps une distinction qu'elle serait en mesure de préciser dans chaque cas particulier.

GROUPE DE L'ACIDE MUCIQUE :

$$\begin{array}{ccccccccccc} & & H & & OH & & OH & & H & & \\ COOH & - & C & - & C & - & C & - & C & - & COOH. \\ & & OH & & H & & H & & OH & & \end{array}$$

Préparation de l'acide allomucique :

$$\begin{array}{ccccccccccc} & & H & & H & & H & & H & & \\ COOH & - & C & - & C & - & C & - & C & - & COOH. \\ & & OH & & OH & & OH & & OH & & \end{array}$$

On emploie la méthode générale de transformation à la quinoléine en partant de l'acide mucique. Comme l'acide mucique est presque insoluble, même à chaud, dans la quinoléine, on se sert de solution aqueuse et, par cela même, on perd l'avantage d'opérer en vase ouvert; il est alors beaucoup plus commode de se servir de pyridine. La base organique est là pour empêcher la production de lactone qui s'opposerait à la transformation.

Pour séparer l'acide allomucique de l'acide mucique inaltéré, on utilise leur différence de solubilité dans l'eau. L'acide mucique, presque isoluble, se précipite par refroidissement des solutions aqueuses chaudes. On peut arriver à l'acide allomucique pur (rendement : 14 pour 100).

Il est inactif au point de vue optique.

Il se dissout dans 10 à 12 parties d'eau bouillante, et est peu soluble dans l'alcool.

L'acide allomucique est cristallisable, il fond à 166-171°, c'est-à-dire beaucoup plus bas que l'acide mucique qui fond à 213°.

On a préparé ses sels alcalins qui sont plus solubles que les mucates correspondants; on a préparé aussi les sels de calcium, baryum et cadmium, qui peuvent restituer sans altération l'acide allomucique.

La monohydrazide est facilement soluble dans l'eau chaude, et cristallisable.

La dihydrazide est presque complètement insoluble dans l'eau, et fond à 213° sans décomposition.

Action de la chaleur sur l'acide allomucique.

En solution aqueuse, il est facilement transformé en un produit soluble dans l'alcool que l'on doit regarder comme sa lactone.

En présence de pyridine, et en vase clos, il se transforme partiellement en acide mucique (rendement : 10 pour 100).

Dissous dans un mélange, à poids égaux, d'acide chlorhydrique concentré et d'acide bromhydrique fumant, il se transforme comme l'acide mucique en acide déhydromucique (rendement : 25 pour 100). Le même fait a été observé, par Tollens et Sohst, sur l'acide saccharique, par Tiemann et Haarmann sur l'acide isosaccharique, et enfin par Fischer sur la lactone mannosaccharique. On a donc, dans la production d'acide déhydromucique caractérisé par les sels de fer et par la formation d'acide pyromucique, *une réaction caractéristique de tous les acides tétraoxyadipiques :* $CO^2H-(CHOH)^4-CO^2H$.

Préparation de la lactone mucique (acide paramucique).

Malaguti avait décrit sous le nom d'acide paramucique un corps isomère de l'acide mucique $C^6H^{10}O^8$ qu'il obtenait par évaporation de la solution alcoolique de ce dernier,

Fischer a repris la question; il a préparé la lactone mucique, inconnue jusque-là, et montré du même coup que l'acide de Malaguti ne pouvait être que cette lactone ou l'acide mucique qu'elle reforme au contact d'eau.

On chauffe 30 grammes d'acide mucique avec 2 litres d'eau pendant 20 à 30 minutes, jusqu'à obtenir une solution claire, puis on évapore à feu nu jusqu'à 300 centimètres cubes. Par refroidissement, il se dépose une notable partie (8 grammes) d'acide mucique. La liqueur renferme alors la lactone et environ un dixième d'acide inaltéré, comme on peut s'en rendre compte par un titrage avec un alcali.

Pour en retirer la lactone on ne peut songer à évaporer la solution, car il se reformerait régulièrement de l'acide. L'évaporation d'une solution alcoolique aboutirait à l'éther mucique.

On reprend la liqueur à l'acétone pure, et on évapore dans le vide. On obtient ainsi un sirop qu'on n'a pu faire cristalliser, mais qui possède toutes les propriétés de la première lactone mucique.

Cette matière correspond, sans aucun doute, à l'acide lactosaccharique de Tollens et Sohst.

Ainsi, il faut deux fois plus d'alcali à chaud qu'à froid pour la neutraliser, et il se forme des mucates.

La phénylhydrazine donne la monophénylhydrazide mucique : $C^6H^9O^7Az^2H^2C^6H^5$, cristallisée en lamelles fines, incolores, qui fondent à 190-195° en se décomposant.

Enfin la réduction de la lactone mucique conduit à la synthèse d'un acide *inactif dédoublable*, l'acide galactonique inactif par compensation.

Réduction de la lactone mucique.

L'acide mucique ne peut être réduit par l'amalgame de sodium, mais sa lactone l'est facilement.

On part d'acide pur obtenu par un traitement préalable de l'acide commercial et on opère comme d'habitude en solution acide.

Il y a ici, comme pour l'acide saccharique, formation intermédiaire d'un acide aldéhydique. La présence de cet acide se manifeste par le pouvoir réducteur d'un échantillon prélévé dans la masse. Au moment où ce pouvoir réducteur passe par un maximum, on laisse la réaction devenir *faiblement alcaline* pour faire porter la réduction sur le groupement aldéhydique.

On sépare le produit formé des acides sulfurique et mucique à l'aide de carbonate de baryum.

Le rendement total en *galactonate de baryum* est de 45 pour 100.

On peut retirer de ce sel un mélange d'acide et de lactone, mélange qui est *inactif si on est parti de matières pures.*

Pour isoler la lactone, on dissout dans l'eau chaude, on essore les cristaux qui se forment par refroidissement, on les lave à l'alcool et on des dissout ensuite dans l'acétone pure. Par évaporation et refroidissement, on obtient la lactone en prismes fins réunis en agrégats sphériques.

La lactone a été analysée, sa composition est donnée par $C^6H^{10}O^6$.

Elle fond à 122-125°, possède une réaction neutre et est inactive.

Elle est très soluble dans l'eau, moins dans l'alcool, peu dans l'acétone pure et l'éther acétique.

L'acide azotique la transforme facilement en acide mucique.

Les galactonates de baryum, calcium et cadmium sont caractéristiques.

L'hydrazide, très semblable à celle de l'acide *d* galactonique habituel, fond à 205°.

Dédoublement de l'acide i *galactonique* (inactif par compensation).

On peut y arriver à l'aide des sels de strychnine. Le *d* galactonate de strychnine est moins soluble, il se précipite, le *l* galactonate reste dans la liqueur.

Pour les isoler, on passe par les sels de calcium.

La partie précipitée, qui contient surtout du sel *d*, fournit avec le carbonate de calcium du galactonate inactif qui se précipite et du *d* galactonate de calcium qui reste dissous et qu'on peut retirer par évaporation.

En opérant de même sur le sel de strychnine le plus soluble, on peut obtenir du galactonate *l* de calcium, et par suite l'acide *l* galactonique.

Le manque de matière n'a pas permis d'isoler assez nettement la lactone ou l'acide *l* galactonique.

Néanmoins, l'étude optique est bien faite pour se convaincre de la séparation possible des deux acides actifs.

D'ailleurs, pour caractériser l'acide *l* galactonique, on a préparé son sel de cadmium et sa phénylhydrazide.

Ils ressemblent à s'y méprendre aux combinaisons de la série *d*.

Préparation de la galactose inactive et sa fermentation.

On pourrait obtenir la *l* galactose inverse optique de la galactose ordinaire par la réduction de l'acide *l* galactonique. Il est plus commode de préparer la galactose inactive par réduction de l'acide *i* galactonique et de faire disparaître l'isomère connu par la fermentation.

La lactone *i* galactonique se réduit en effet facilement en donnant la galactose inactive, bien cristallisée et fondant à 140-142°.

Sa phénylhydrazone, également inactive, se présente en lamelles brillantes, incolores, fondant à 158-160°.

L'osazone est extrêmement semblable à celle de la *d* galactose, mais fond à 206° au lieu de 195°. Elle est d'ailleurs identique avec l'osazone fournie par le produit d'oxydation de la dulcite.

La galactose inactive est *fermentescible*, et l'isomère *d* disparaît dans cette fermentation qui dure habituellement cinq ou six jours.

La solution est alors filtrée, décolorée au noir animal et évaporée.

La *l* galactose se dépose en petits cristaux qu'on lave à l'alcool et qu'on décolore en solution aqueuse. Après recristallisation dans l'alcool, le produit est séché à 100° et analysé. Il fond à 162-163°.

La *l* galactose est lévogyre et présente une forte birotation.

La phénylhydrazone fond à 158-160° comme les autres combinaisons *i* et *d*.

La *l* phénylhydrazone est *dextrogyre*, son pouvoir rotatoire est égal en valeur absolue à celui de la *d* phénylhydrazone qui est *lévogyre*.

Les osazones *l* et *d* ne sont pas moins semblables comme aspect, solubilité et point de fusion 192-195°. Quant au pouvoir rotatoire, leur forte coloration ne permet pas de l'étudier en solutions suffisamment concentrées.

La *l* galactose fournit, comme son isomère, l'acide mucique par oxydation à l'aide d'acide azotique. Le rendement est d'ailleurs le même (75 pour 100) que pour l'isomère, d'après le nombre donné par Rischbiet et Tollens.

La réduction, commencée en solution acide et terminée en solution faiblement alcaline, fournit un excellent rendement en dulcite, identique à la dulcite naturelle.

De ce qui précède, il résulte bien que l'acide mucique est inactif par nature et symétrie moléculaire. La réduction, en effet, produit en quantités égales deux acides monobasiques isomères dont l'oxydation reproduit le même acide mucique et dont la réduction conduit, par l'intermédiaire de deux aldoses actives inverses, les galactoses au même alcool hexatomique, la dulcite, dont la formule symétrique, autrement dit l'essence inactive, se trouve par là même solidement établie.

Cette justification a été complétée dans ces derniers temps par M. Arthur Crossley (1)

(1) *Berichte*, t. 25, p. 2564

qui, sur l'invitation de M. Fischer, a repris sur une dulcite plus pure les recherches de M. Bouchardat, relatives à l'activité des dérivés acétylés : la diacétyldulcite, et surtout le tétracétyldulcitane.

Il est très difficile d'obtenir une dulcite bien pure, et c'est par une impureté échappée à l'observation que peut s'expliquer la divergence des observations.

Tandis que M. Bouchardat attribuait à ces deux dérivés de la dulcite des pouvoirs rotatoires faibles, mais sensibles, M. Crossley n'a pas pu déceler une déviation de 0°,03 pour une solution à 30 pour 100 de tétracétyldulcitane auquel Bouchardat attribuait le pouvoir rotatoire $[\alpha]_J = 6°,31$.

Ainsi se trouve levée la seule difficulté rencontrée dans le groupe des sucres par la théorie du carbone asymétrique.

Préparation de l'acide d *talonique.*

L'acide *d galactonique* se transforme sous l'action de la chaleur, en présence de pyridine, en un acide nouveau, l'acide *d talonique.*

On isole et on purifie cet acide à l'aide de son sel de brucine. Puis on prépare l'acide libre en décomposant ce sel par la baryte. On lave à l'alcool et on précipite exactement la baryte en excès par l'acide sulfurique. On évapore la liqueur filtrée. Il reste un sirop, mélange d'acide et de lactone, qui agit fortement sur la lumière polarisée.

Les sels, très solubles dans l'eau, restent par l'évaporation, sous forme de masses gommeuses.

Le sel de cadmium cristallise très bien avec une molécule d'eau de cristallisation. Comme il est très soluble dans l'eau froide on peut le séparer du galactonate.

La phénylhydrazide talonique est également plus soluble que son isomère et l'on doit, par suite, se servir pour la préparer, de solutions concentrées. Elle cristallise en petits prismes incolores fondant à 155°, en se décomposant.

L'action de la chaleur, en présence de pyridine, transforme inversement l'acide talonique en acide galactonique.

Réduction de l'acide talonique. — Préparation de la talose.

La réduction de l'acide talonique s'effectue comme d'ordinaire et conduit à un sirop incolore dont la phénylhydrazone est très soluble dans l'eau et se distingue ainsi de la galactose phénylhydrazone. La talosazone est au contraire identique à la galactozone, comme le veut la théorie, puisque d'après le mode de synthèse de la talose, elle ne peut différer de la galactose que par la disposition autour du dernier carbone asymétrique.

Oxydation de l'acide talonique. — Préparation de l'acide talomucique.

On peut effectuer l'oxydation par l'acide azotique sur l'acide brut provenant, sans purification, du traitement de l'acide galactonique par la chaleur en présence de pyridine. Il se forme par suite, simultanément de l'acide mucique, dont on se débarrasse facilement, grâce à son insolubilité.

On isole ainsi et on purifie sous forme de sel de calcium un acide hexonique bibasique nouveau, *l'acide talomucique.* Il cristallise au sein d'une eau mère qui contient sans doute sa lactone. On le purifie en le redissolvant dans l'acétone pure et faisant évaporer la solution : il se sépare alors en lamelles carrées, microscopiques, incolores, qui séchées à 105° correspondent à la formule $C^6H^{10}O^8$.

Il fond à 158° et est très soluble dans l'eau, même à froid. Il se distingue par sa solubilité et son pouvoir rotatoire $[\alpha]_D^{20} = 29,4$ de l'acide mucique.

On obtiendrait facilement son isomère inverse optique en appliquant, à l'acide *l* galactonique préparé auparavant, la méthode qui a réussi sur l'acide *d* galactonique.

L'acide talomucique s'éthérifie dans l'alcool et est presque insoluble dans l'éther, le chloroforme et le benzène.

Il ne réduit pas la liqueur de Fehling. Son sel de calcium, séché à 100°, possède la composition $C^6H^8O^8Ca$.

Son pouvoir rotatoire tend à diminuer par la formation de lactone, à l'inverse de ce qui se produit pour les acides *d* saccharique et mannosaccharique.

La phénylhydrazide qui cristallise en lamelles brillantes fond à 185°-190°, tandis que la phénylhydrazide mucique ne fond qu'à 240° (Maquenne). Celle-ci est d'ailleurs bien moins soluble que la première.

Action de la chaleur sur l'acide talomucique.

En présence de pyridine, il se transforme partiellement en acide mucique.

En présence d'un mélange à poids égaux d'acide chlorhydrique concentré et d'acide bromhydrique fumant, il se transforme en acide déhydromucique (rendement 19 pour 100).

REMARQUE SUR LA FORMATION DES LACTONES.

Il paraît naturel de penser que la disposition autour des atomes de carbone asymétrique doit être en relation avec la formation des lactones.

L'expérience nous fournit les données suivantes :

1° Les acides monobasiques de la série des sucres fournissent tous très aisément des lactones, depuis les acides pentoniques jusqu'à l'acide lactose carbonique, dont nous indiquerons dans la suite du travail la préparation;

2° Les acides bibasiques correspondant aux pentoses connues ne fournissent pas de dilactones.

Les acides bibasiques correspondant aux heptoses, en d'autres termes les deux acides pentoxypiméliniques étudiés sont connus à l'état de monolactones, d'acides lactoniques cristallisés;

3° Les acides bibasiques correspondant aux hexoses fournissent des dilactones, mais avec plus ou moins de facilité.

Les acides connus à l'état solide, cristallisés, sont l'acide mucique, qui fond à 215°; l'acide allomucique, qui fond à 166°-171°; l'acide *d* talomucique, qui fond à 158°.

Les autres ne sont connus qu'à l'état de sirops contenant en même temps les lactones : on a pu d'ailleurs, pour les deux acides mannosaccharique, isoler les dilactones à l'état cristallin fondant vers 180°-190°.

Nota. — Nous laissons volontairement de côté l'acide isosaccharique de Tiemann, bien cristallisé d'ailleurs, qui n'a pas été rattaché jusqu'ici aux autres acides de ce groupe par des expériences directes.

On peut conclure de ce qui précède que :

1° Le pivot de formation des lactones est, pour les acides pentoniques et heptoniques, l'atome de carbone *central*.

On s'explique ainsi l'absence de dilactones dans le cas actuel;

2° De la comparaison des formules de constitution stéréochimique attribuées aux acides hexoniques bibasiques avec la facilité plus ou moins grande qu'ils présentent de donner des lactones, on conclut que :

Pour les acides qui donnent facilement des lactones, la disposition est identique autour des carbones asymétriques qui servent de pivots à la formation de lactones.

Pour les acides cristallisés, donnant beaucoup plus difficilement des lactones, la disposition est inverse.

Je constate simplement cette coïncidence sans chercher à l'expliquer.

§ 4. — HEXOBIOSES.

Nous appelons ainsi les matières sucrées en C^{12} dont l'hydrolyse fournit deux molécules de sucre en C^6. Scheibler leur avait donné le nom de *bioses*, qui pourrait maintenant prêter à la confusion. Il y a longtemps que les savants se préoccupent de réaliser la production des bioses à partir des glucoses, auxquels ils correspondent par dédoublement.

M. E. Fischer (1) vient de faire le premier pas dans cette voie nouvelle. Il abandonne à la température de 15° une solution de 100 grammes de glucose pure dans 400 grammes d'acide chlorhydrique de densité 1,19. On précipite, au bout de quinze heures, par l'éther et on lave le précipité avec un mélange d'alcool et d'éther. La matière blanche amorphe que l'on obtient ainsi est rapidement transformée à l'air en un sirop d'où l'on peut retirer, à l'état d'osazone, un nouveau sucre réducteur en C^{12}.

L'acide chlorydrique concentré transforme l'osazone en osone qui, par hydrolyse, se scinde en glucosone et glucose.

Nous avons ainsi le premier exemple de synthèse complète d'une hexobiose. Ce qui ajoute encore à son intérêt, c'est que cette matière à laquelle Fischer avait donné le nom d'*isomaltose* est très probablement identique avec un principe immédiat, trouvé par Scheibler et Mittelmeier (2) dans l'amidon commercial et auquel ils avaient donné le nom de *gallisine* (3).

Sur les indications de M. Fischer, M. Otto Rinbrecht (4) a entrepris, par la méthode générale, la préparation, à partir de la lactose et de la maltose, des acides lactose et maltose carbonique et il en a effectué l'hydrolyse.

On a obtenu et analysé la lactone lactose carbonique et le sel de calcium de l'acide correspondant. On a analysé de même le maltose carbonate de calcium.

L'hydrolyse donne pour le premier de ces acides la *d* galactose et l'acide α glucoheptonique

$$\begin{array}{ccccccccccc} & & H & & H & & OH & & H & & H \\ CH^2OH & - & C & - & C & - & C & - & C & - & C & - COOH \\ & & OH & & OH & & H & & OH & & OH \end{array}$$

pour le second la *d* glucose et le même acide.

Le manque de matière n'a pas permis de décider s'il se trouvait ou non de l'acide β-glucoheptonique

$$\begin{array}{ccccccccccc} & & H & & H & & OH & & H & & OH \\ CH^2OH & - & C & - & C & - & C & - & C & - & C & - COOH \\ & & OH & & OH & & H & & OH & & H \end{array}$$

dans les eaux mères résiduelles.

On ne peut donc pas affirmer que la fixation d'acide cyanhydrique sur la lactose ou la maltose se fait en produisant simultanément deux acides isomères.

§ 5. — SUCRES AROMATIQUES.

Jusque dans ces derniers temps l'inosite et ses isomères, dont le nom est lié inséparablement à celui de M. Maquenne était à peu près le seul sucre aromatique connu.

On sait que sa formule est celle d'un hexahydrophénol :

```
         CHOH
    CHOH/    \CHOH
    CHOH\    /CHOH
         CHOH
```

(1) *Berichte*, t. 23, p. 3687.

(2) *Berichte*, t. 24, p. 301.

(3) *Moniteur scientifique*, 1890, p. 16.

(4) *Ann. de Liebig*, t. 272, p. 197.

Mais tout récemment M. de Bæyer (1) vient de faire la synthèse d'une matière se rapprochant de celle-ci, la quinite, qui se présente sous deux formes isomériques, conformément à la théorie :

$$\begin{array}{ccc} & CHOH & \\ CH^2 & & CH^2 \\ CH^2 & & CH^2 \\ & CHOH & \end{array}$$

Enfin M. Hanriot a annoncé la préparation d'un produit de condensation du chloral et de la glucose, *le chloralose*, produit auquel il donne sous toutes réserves la formule :

$$\begin{array}{ccc} & CH^2OH & \\ & | & \\ & COH & \\ CCl^3 - CH & & CHOH \\ CO & & CHOH \\ & CHOH & \end{array}$$

et qui par suite doit appartenir au même groupe que les précédents. M. E. Fischer s'est proposé un but tout différent et il l'a atteint du premier coup (2). Il a cherché à obtenir le premier acide oxyphénylé capable de donner une lactose.

Dans l'hypothèse où il faut, pour remplir cette condition, avoir une chaîne contenant au moins quatre atomes de carbone, c'était l'acide phényltrioxybutyrique qu'il fallait obtenir.

Fischer y est parvenu en partant de la cyanhydrine de l'aldéhyde cinnamique :

$$C^6H^5 - CH = CH - CH\begin{cases} CAz \\ OH \end{cases}$$

Celle-ci est bromée ; on isole et on fait cristalliser le composé obtenu qui n'est autre que le nitrile phényldibromooxybutyrique $C^6H^5 - CHBr - CHBr - CHOH - CAz$.

Il forme de petites aiguilles groupées par touffes qui se colorent en brun vers 130° et fondent à 140° en se décomposant.

En faisant bouillir ce nitrile au réfrigérant ascendant, pendant deux heures avec vingt fois son poids d'acide chlorhydrique à 20 p. 100, on obtient l'acide correspondant, ou plutôt, par départ d'une molécule d'acide bromhydrique, la lactose de l'acide phénylbromodioxybutyrique :

$$\begin{array}{llll} C^6H^5 - & CH - & CHBr - & COOH \\ & | & & | \\ & O & \text{———} & CO \end{array}$$

Elle est soluble dans dix fois son poids d'eau bouillante et en cristallise par refroidissement. Elle fond à 131° sans décomposition et possède une réaction neutre.

Les bases, par exemple l'hydrate de baryte, la transforment en sels de l'acide phényltrioxybutyrique $C^6H^5 - CHOH - CHOH - CHOH - COOH$.

On sépare cet acide de l'excès de baryte par la quantité exacte d'acide sulfurique, et de l'acide bromhydrique par l'oxyde d'argent. S'il reste de l'argent on le précipite de la liqueur filtrée par l'hydrogène sulfuré et après filtration on évapore au bain-marie.

L'acide renfermé dans la solution se transforme alors en partie en lactone et celle-ci

(1) Bæyer, *Berichte*, t. 25, p. 1037.

(2) Fischer et Stewart, *Berichte*, t. 25, p. 9999.

cristallise par refroidissement. La lactone est cristallisée de nouveau dans l'alcool chaud et l'éther. L'analyse correspond à la formule $C^{10}H^{10}O^4$. Elle fond mal entre 115 et 117° et se décompose au delà. Les bases la transforment en sels de l'acide : celui d'argent est très beau et caractéristique : il a été analysé.

La phénylhydrazide bien cristallisée a été également analysée, elle se ramollit à 160° et fond complètement à 167°; elle est très peu soluble dans l'eau.

Phényltétrose C^6H^5 — CHOH — CHOH — CHOH — CHO.

La réduction de la lactone phényltrioxybutyrique s'opère comme pour les lactones aliphatiques, mais exige plus de temps et d'amalgame de sodium.

L'aldose reste comme un sirop incolore qu'on n'a pu faire cristalliser; elle est soluble dans l'eau, l'alcool et l'éther et réduit assez vivement la liqueur de Fehling à l'ébullition.

Sa phénylhydrazone, très peu soluble dans l'eau même à chaud, fond vers 154°.

L'acide chlorhydrique, concentré de densité, 1,19 la dissout à froid en régénérant la tétrose.

Nota. — Un essai de préparation de l'acide phényltrioxybutyrique à l'aide d'acide phényloxycrotonique a conduit à un résultat intéressant mais inattendu : la formation d'un acide cétonique dont la réduction donne un isomère de l'acide phényldioxybutyrique de Biedermann.

La nature de l'isomérie n'a pas encore été précisée.

V

CONCLUSION.

Les travaux que nous avons énumérés comblent des lacunes et ouvrent de nouvelles voies aux recherches. Les tétroses vont succéder aux hexoses et le réseau qui enserre les pentoses se rétrécit assez pour qu'on puisse bientôt espérer saisir ces corps récalcitrants.

Les sucres aromatiques ont été entamés et un premier jalon a été planté sur le domaine des hexobioses. Il n'est ni possible, ni même souhaitable d'imaginer la synthèse complète des 1024 hexobioses, et l'on n'exigera pas de la démonstration, pour paraître suffisante, qu'elle aille jusque là.

Il serait d'un intérêt plus immédiat d'obtenir d'une manière complète les matières sucrées les plus simples, et, en particulier, les glucoses en C^6 et d'en faire une étude comparative à divers points de vue, par exemple relativement à la grandeur et au signe des déviations qu'elles impriment au plan de polarisation de la lumière.

On pourrait alors essayer d'approfondir davantage l'influence indéniable de la structure stéréochimique de la molécule sur ses propriétés physiques ou chimiques.

La formation plus ou moins facile, de lactones, semble être en relation directe avec les formules.

N'y aurait-il pas également des variations régulières du pouvoir rotatoire pour les inversions successives des carbones asymétriques consécutifs, inversions qui permettent de passer d'un isomère à son inverse optique?

La solution de tous les problèmes de ce genre est subordonnée à l'achèvement total de l'œuvre si brillamment échafaudée par Fischer.

Sans vouloir en rien diminuer le mérite et l'importance des travaux de l'illustre chimiste allemand, c'est une douce satisfaction d'amour-propre national de voir à tous les différents stades de l'œuvre le nom d'un chimiste français associé à son édification. Si c'est à Bæyer que remonte l'idée de la condensation de l'aldéhyde formique comme origine naturelle des hydrates de carbone, c'est le travail de M. Würtz, sur l'aldol, qui en a affirmé la justesse. C'est M. Grimaux qui a réalisé la synthèse du premier sucre fermentescible; les recherches de M. Maquenne sur la perséite ont fait époque dans cette branche de la science; et enfin le nom de M. Lebel est attaché inséparablement à la théorie du carbone asymétrique dont la plus belle démonstration est certainement l'œuvre de M. E. Fischer.

REVUE DE TEINTURE

ANALYSE DE QUELQUES TRAVAUX PUBLIÉS A L'ÉTRANGER

Par M. Frédéric Reverdin.

M. Otto Walther a publié dans la *Färber-Zeitung*, du docteur Lehne (1891-1892, cah. 19, p. 306), un intéressant article sur les *Causes du verdissage du noir de campêche* au foulon et à l'apprêt, dans lequel nous relevons les considérations suivantes :

Les avis sont très partagés sur les causes du verdissage du noir de campêche. On attribue quelquefois ce défaut au délaissement du bitartrate de potasse dans la teinture; cependant ce produit n'a d'importance que pour la teinture en pièces, alors qu'il s'agit d'obtenir des nuances égales; s'il est bon de l'employer pour le noir au fer afin de rendre la laine plus apte au mordançage, son utilité est contestable pour le noir au chrome. En résumé, on obtient un noir tout aussi résistant, qu'on emploie ou non le bitartrate.

On a aussi attribué la cause du verdissage à une mauvaise fermentation du bois, mais il faut remarquer à ce sujet que, dans ce cas, le défaut est visible immédiatement après la teinture, et qu'il ne se manifeste pas seulement après le foulon et l'apprêt.

Le teinturier est souvent fort embarrassé de savoir comment il doit s'y prendre pour éviter le verdissage du noir, et l'auteur attire son attention sur quelques points qui ont été pour lui l'objet de recherches pratiques.

La première condition pour obtenir un beau noir, de même du reste que pour les autres nuances, consiste à employer une laine absolument pure, complètement dégraissée et débarrassée de toute impureté; les matières colorantes se fixent en effet imparfaitement sur les parties grasses d'un tissu, et si l'on veut obtenir, en employant des bains concentrés en matière colorante et en mordants un noir intense sur une laine mal nettoyée, ce noir deviendra en tout cas plus faible et verdira lors du foulonnage et de l'apprêt. Cela vient en partie de ce que la teinture faite sur une laine impure doit être lavée bien plus énergiquement avec les alcalis et soumise aussi plus longtemps à l'action du foulon que la teinture faite dans de bonnes conditions; ces deux actions ont pour conséquence de faire descendre la nuance. L'auteur l'a constaté non seulement avec des teintures au noir de campêche, mais aussi avec des noirs obtenus au moyen de matières colorantes solides au foulon, telles que le noir d'alizarine, le noir diamant et le noir anthracite.

Dans le foulonnage, ce sont les parties qui subissent l'action directe du frottement, la surface par conséquent, qui perdent le plus de leur intensité. Cela explique aussi pourquoi le noir au chrome pâlit et verdit plus facilement que le noir au fer, car il est plus long à foulonner.

L'auteur a fait des essais comparatifs de teinture au fer et au chrome avec de la laine pure et de la laine imparfaitement lavée et aussi avec de la laine indigène et de la laine exotique; il a obtenu les meilleurs résultats avec la laine indigène et bien lavée.

Il faut donc prendre en considération non seulement la propreté de la laine, mais aussi sa provenance et le genre auquel elle appartient; on ne s'aperçoit du reste de la différence considérable qui peut exister entre les teintures faites sur les marchandises différentes que lorsqu'elles sont terminées et qu'elles ont subi l'action du foulon. Dans les essais comparatifs de l'auteur, il a fallu 6 heures 1/2 seulement pour foulonner le noir au fer, tandis que le noir au chrome a demandé 16 heures pour le même traitement. Une autre condition nécessaire pour arriver à un bon résultat consiste à faire bouillir suffisamment longtemps, soit en bain de mordançage, soit en bain de teinture.

La qualité du bois de campêche entre aussi en jeu; mais un teinturier expérimenté saura toujours tirer le meilleur parti même d'une qualité inférieure, et l'auteur ajoute avec raison cette phrase que le teinturier fera bien de ne pas oublier lorsqu'il aura à choisir des bois de prix différents : « Le meilleur est juste assez bon et c'est aussi le meilleur marché, malgré son prix plus élevé », phrase dont la seconde partie peut s'appliquer du reste à la plupart des matières colorantes, par le temps qui court.

Pour obtenir un bon noir, il est aussi nécessaire que le teinturier observe exactement les rapports convenables entre les quantités de mordants et de matières colorantes et celles de la marchandise à teindre; ces rapports varient beaucoup, de 1 à 4 pour 100, par exemple, pour les quantités de chrome et de sulfate de cuivre, et de 40 à 70 pour 100 pour celle du bois de campêche. Cela s'explique par le fait que la pureté et la qualité de la laine sont variables, de même que la qualité du bois employé, que le noir à obtenir peut varier de richesse colorante, que l'eau employée est plus ou moins dure, etc. D'une manière générale, un bain renfermant 2 pour 100 de bichromate de potasse et 2 pour 100 de sulfate de cuivre suffit pour fixer la couleur.

Le sulfate de cuivre joue un grand rôle au point de vue de la solidité du noir au campêche, à la lumière et au foulon, et l'on peut toujours recommander son emploi soit qu'il s'agisse de noir au fer, soit qu'il s'agisse de noir au chrome. Dans ce dernier cas, on peut l'ajouter au bain de teinture ou bien s'en servir pour foncer la nuance. Le meilleur procédé consiste à en employer deux tiers de la quantité nécessaire (2 à 2 1/2 pour 100) en teignant et un tiers pour foncer. Le noir ainsi obtenu est beaucoup plus intense et résiste mieux que lorsqu'on teint avec du bichromate et de l'acide sulfurique et qu'on remonte avec un sel de fer.

Nous venons de parler de la solidité à la lumière du noir de campêche produit dans certaines conditions; nous trouvons, à propos de cette question de *solidité à la lumière des matières colorantes*, quelques conseils pratiques sur la manière de s'en rendre compte, donnés par A. Berner dans la *Farber-Zeitung* du docteur Lehne (1892-1893, cah. 1, p. 3). Cette détermination, qui paraît simple au premier abord, est faite souvent bien à la légère, et l'on classe volontiers sous ce rapport les matières colorantes artificielles d'une manière erronée. Il s'agit d'abord de s'entendre sur ce que l'on désigne par « solide à la lumière et fugace »; ces expressions correspondent nécessairement à des états très indéterminés. Un teinturier, par exemple, qui travaille à l'indigo de cuve considérera le bleu d'alizarine comme fugace, tandis que celui qui travaille au bois de campêche le considère comme solide à la lumière. Une étoffe pour robes teinte avec certaine matière colorante sera caractérisée comme étant de nuance solide à la lumière, tandis que la même nuance faite avec la même matière colorante sur drap militaire serait considérée comme fugace. Chaque teinturier doit donc se rendre compte, lorsqu'il a entre les mains une matière colorante nouvelle, si sa solidité à la lumière est suffisante pour son genre de teinture.

Comme nous n'avons pas de mesure absolue pour déterminer le degré de solidité à la lumière d'une matière colorante, il faut faire sous ce rapport les essais d'une manière comparative, c'est-à-dire exposer simultanément à la lumière des échantillons teints avec des matières colorantes déjà connues sous ce rapport et avec la matière colorante à essayer; il faut avoir soin de choisir parmi les matières colorantes connues celle que le nouveau produit est destiné à remplacer. Cet essai comparatif est absolument nécessaire pour se rendre compte d'une manière exacte des propriétés d'un nouveau produit, et s'il était toujours fait ainsi on n'entendrait pas si fréquemment émettre par les teinturiers les opinions les plus contradictoires sur la solidité ou la fugacité à la lumière de telle ou telle matière colorante.

Une autre condition est d'exposer des échantillons teints de même richesse, de même intensité de nuance. Tout le monde sait que les nuances claires passent plus vite que les nuances foncées, ce qui explique la nécessité de bien observer cette condition; il faut aussi que la teinture soit faite sur la même marchandise autant que possible.

Il faut suivre aussi la rapidité plus ou moins grande avec laquelle se produit l'action de la lumière; deux échantillons teints avec les couleurs A et B pourraient être, par exemple, complètement passés au bout de quatre semaines d'exposition; si par contre on observait les échantillons au bout de huit jours on verrait que la teinture A est intacte et que B a subi un commencement de décomposition; il est clair que, dans ce cas, A est plus solide à la lumière que B, propriété dont on ne se serait pas rendu compte si l'on se contentait d'examiner les échantillons au bout d'un temps plus long. Il est certaines teintures qu'il faut observer au bout de fort peu de temps, tandis que d'autres ne demandent à être observées qu'après un certain temps.

Lorsqu'on expose, par exemple, des teintures sur coton avec certaines couleurs d'aniline à la lumière d'un soleil d'été, il faut faire ces observations au bout de quelques heures déjà, tandis que la laine teinte en couleur d'alizarine en nuance foncée peut être observée toutes les deux ou trois semaines seulement.

Enfin il faut encore avoir soin de remarquer dans quelle nuance se transforme l'échantillon soumis à l'action de la lumière; ceci a quelquefois de l'importance. C'est ainsi qu'un noir qui passerait au gris serait plus apprécié qu'un autre noir de solidité égale, mais *devenant rougeâtre*.

Lorsqu'on teint la laine en *indigo*, on remonte souvent la nuance avec des matières colorantes naturelles ou artificielles dans le but de la rendre plus résistante au frottement ou d'en diminuer le ton cuivré; on fait aussi souvent, dans le même but, quelquefois aussi dans un but économique, une teinture de fond avant la teinture en indigo, de manière à obtenir une nuance semblable à celle que donnerait l'indigo de cuve. M. Hugo Baumgärtner (*Färber-Zeitung*, 1892-93, cah. 2, p. 20), après avoir passé en revue les diverses matières colorantes employées dans ce but, recommande pour cet usage l'*azofuchsine* qu'on trouve dans le commerce sous deux marques différentes: G et B; la première est constituée par le produit de la réaction de la toluidine diazotée sur la dioxynaphtalinemonosulfonée, et la seconde par celui de l'acide sulfanilique diazoté sur la même combinaison.

Ces deux marques qui se présentent sous la forme de poudres brunâtres sont facilement solubles dans l'eau en rouge bleuâtre et se fixent sur laine en bain acide pour donner une nuance semblable à celle de la fuchsine.

On les emploie de la manière suivante comme couleur de fond : on fait bouillir la laine, suivant la nuance et l'intensité désirées, dans un bain renfermant, dans 1000 litres, 1 à 3 pour 100 d'azofuchsine et 2 litres d'acide acétique jusqu'à ce que la matière colorante se soit complètement fixée, ce qui a lieu au bout de 3/4 d'heure environ.

La marque G donne des nuances plus solides que la marque B. Après cette teinture, on lave bien et on passe à la cuve.

Le bleu sur laine avec fond d'azofuchsine devient un peu plus clair au foulonnage, aussi faut-il tenir la nuance plus foncée que celle qu'on désire obtenir. Pour la teinture en pièces, la laine est seulement rougie en flottes, puis, après avoir été transformée en pièces, elle est passée en indigo et remontée, ou bien on la passe une ou deux fois en cuve après la teinture en rouge pour terminer plus tard en pièces.

Dans ce dernier cas, la teinture revient un peu plus cher et le procédé est un peu plus compliqué à cause des lavages répétés, mais elle est alors nourrie et résiste mieux au foulon; elle est aussi plus égale.

A tort ou à raison on essaye toujours les teintures en bleu d'indigo à l'acide nitrique, épreuve à laquelle les acheteurs attachent une grande importance; il est donc nécessaire d'employer comme fond ou comme remontage des couleurs qui réagissent avec l'acide nitrique de la même manière que le bleu de cuve; tel est aussi le cas de l'azofuchsine qui, à ce point de vue également, convient donc très bien pour l'opération dont nous venons de parler.

Puisque nous en sommes à l'*indigo*, et en nous en référant à nos précédentes revues sur ce sujet (*Moniteur scientifique*, 1892, p. 257 et 737), nous ne saurions passer sous silence la préparation de nouveaux dérivés de l'indigo, due à M. le prof. Wichelhaus, les α et β-*naphtalène-indigos*. En appliquant la synthèse d'Heumann à la série de la naphtalène, l'auteur obtient des dérivés qui, au point de vue de leurs propriétés tinctoriales et de la solidité des nuances obtenues, peuvent rivaliser et dépassent même les dérivés correspondants de la série du benzène.

On obtient ces matières colorantes en chauffant jusqu'à fusion parties égales d'acétate de sodium et d'acide chloracétique, puis en introduisant dans ce mélange une partie d'α ou de β-naphtylamine. Il se forme du naphtylglycocolle ou acide naphtylamidoacétique. On ajoute au bout de peu de temps au produit de la réaction, de la potasse ou de la soude caustique et l'on porte le mélange à une température élevée jusqu'à ce que la masse se boursoufle et prenne une coloration rouge, ou jusqu'à ce que le produit se dissolve dans l'eau en déposant des pellicules vertes. Après refroidissement, la plus grande partie du naphtalène-indigo se sépare sous la forme d'une poudre verte, tandis que le reste se dissout dans l'eau et fournit encore, par l'action de l'air, un dépôt d'indigo.

Lorsqu'on traite le naphtalène-indigo par des réducteurs, comme la poudre de zinc en présence de chaux, on obtient des dérivés hydrogénés faiblement colorés.

L'α et le β-naphtalène-indigo sont insolubles dans l'eau, un peu solubles dans l'aniline et l'acide acétique cristallisable; lorsqu'on les traite par l'acide sulfurique concentré en chauffant légèrement ou par l'acide sulfurique fumant à la température ordinaire, ils fournissent des dérivés sulfonés également verts comme leurs sels.

L'acide β-naphtalène-indigo sulfoné teint en vert et le dérivé α correspondant en brun-vert à brun. Ils se fixent sur les fibres animales et végétales sans l'intervention des mordants.

Le procédé de préparation des naphtalène-indigos a fait l'objet d'une demande de brevet en Allemagne (P. A., 12 août 1892, brevet W, nº 8215).

LE DERNIER NOIR D'ANILINE DE M. GRAWITZ.

Par M. Henri Schmid.

Dans le *Moniteur scientifique* de l'année 1891, page 1131, se trouve l'analyse du brevet 212082 du 13 mars 1891 de *M. S. Grawitz*, boulevard Gambetta, 62, à Nogent-sur-Marne (Seine), concernant des *Perfectionnements dans la teinture et l'impression avec les alcaloïdes. M. Grawitz* y prétend qu'un noir d'aniline ordinaire, développé par oxydation ou aérage, ne porte plus d'atteinte à la solidité de la fibre textile s'il est additionné d'une certaine quantité d'*acétate alcalin.*

Vu le haut intérêt que présentait et que présente encore, à l'heure qu'il est, un noir d'aniline, par voie sèche, n'attaquant pas les fibres, j'ai répété l'expérience de *M. Grawitz* et je n'ai pas tardé a constater qu'un bain, constitué comme celui du brevet, est incapable d'engendrer du noir. J'ai démontré que le brevet en question était aussi erroné et insoutenable dans toutes ses parties constituantes que les arguments théoriques invoqués en sa faveur par *M. Grawitz* dans sa note, présentée à la *Société chimique de Paris*, le 2 décembre 1891 (1). Mes observations à ce sujet se trouvent déposées dans la *Chemiker-Zeitung* (2) et dans les *Bulletins de la Société industrielle de Rouen* (3). Chargé, par le Comité de chimie de Rouen, de reprendre les essais nécessaires pour élucider la question, *M. Emile Blondel*, chimiste-manufacturier à Rouen, est arrivé aux mêmes conclusions que moi, et son rapport, qui confirme toutes mes assertions, a été publié dans le même journal (*loc. cit.*, page 147).

Dans mon analyse critique j'avais signalé, comme un des principaux défauts du *procédé Grawitz*, la trop faible teneur en agent oxydant : 207 parties de chlorate de

---

(1) *Comptes rendus*, 1891, 113, 746.

(2) *Chemiker-Zeitung*, 1892, 16, nᵒˢ 30 et 32.

(3) *Bull. de la Soc. Ind. de Rouen*, 1892, mars et avril, page 141.

soude devaient suffire, d'après lui, pour oxyder 1295 parties de chlorhydrate d'aniline.. Je constatais que, dans ces conditions, 42 pour 100 de sel d'aniline échappaient à l'oxydation et que pour un noir, s'oxydant uniquement à l'aide de chlorate, il fallait sur 1295 parties de $C^6H^5AzH^2.HCl$, 355 *parties de chlorate sodique comme minimum théorique,* chiffre se déduisant directement de l'équation :

$$C^6H^5AzH^2 + O = H^2O + C^6H^5Az$$

qui exprime sommairement la formation du noir d'aniline.

Je passe ici sous silence tous les autres points saillants de ma critique, mais je ne voudrais pas oublier de citer la remarque faite à la fin de mon article : que tous les noirs d'aniline, par voie sèche, attendrissaient plus ou moins la fibre et qu'on ne connaissait, jusqu'à présent, comme sels réellement *préservateurs* que les *prussiates,* intervenant dans les noirs vapeur, fait qui, du reste, n'est ignoré par aucun chimiste-coloriste ou teinturier.

Quel ne fut pas mon étonnement, lorsque je lus dans le dernier fascicule du *Moniteur scientifique* (février 1893, page 49), parmi les brevets pris à Paris, l'analyse de *M. Thabuis,* d'un nouveau brevet de *M. Grawitz* (br. 220270, 19 mars 1892-30 juin 1892), pour des *Perfectionnements dans la teinture et l'impression avec les alcaloïdes,* dans lequel il avait fidèlement et scrupuleusement tenu compte de mes rectifications de son procédé antérieur et vicieux !

A la place des *acétates* de sa propre invention, — drogues qui tuent le noir d'aniline au lieu de le faire naître, — on voit les *prussiates,* et au lieu de la disproportion de 207 *parties de chlorate de soude* de son premier brevet, figurent aujourd'hui les 355 parties indiquées par moi ! Pas même 1 partie de plus ou 1 partie de moins pour sauver au moins les apparences !

Tout le monde voit que cette nouvelle invention brevetée de *M. Grawitz* n'est autre chose que le procédé tout ordinaire du *noir d'aniline vapeur au prussiate,* dont l'origine, due à *M. Cordillot,* remonte à une trentaine d'années. Ce procédé est pratiqué depuis bientôt dix ans par toutes les fabriques du globe, approximativement dans les mêmes conditions que *M. Grawitz* présente aujourd'hui comme imaginées par lui !

Son importance dans l'art des toiles peintes s'est encore accrue par suite de l'élégant système de *rongeage* que *M. Prud'homme* lui a adapté. Il est étrange qu'un procédé aussi répandu et aussi connu, appartenant au domaine public, puisse constituer l'objet d'un brevet, accordé à quelqu'un qui ne l'a pas inventé et qui n'y a apporté aucune amélioration !

Car l'emploi du *vanadium* que prescrit *M. Grawitz* dans le but de revêtir son brevet d'une allure d'originalité, n'est que facultatif; cet agent peut être supprimé complètement; sa présence ne dispense pas le noir du vaporisage, et il est, du reste, bien des praticiens qui l'ont ajouté, longtemps avant *M. Grawitz,* au bain pour noir au prussiate. De substituer au vanadium un « autre agent capable de déterminer la décomposition des chlorates et leurs réactions sur les sels d'aniline » n'est pas permis dans le cas qui nous occupe, car — *M. Grawitz* doit le savoir — les seuls métaux qui puissent être pris en considération — le fer et le cuivre — précipiteraient directement le prussiate jaune contenu dans le bain.

Quant à la composition quantitative du noir breveté, *M. Grawitz* ne s'éloigne pas, comme rapport entre aniline et prussiate, de la bonne proportion moyenne, consacrée par une longue pratique d'autrui — 250 parties de prussiate jaune sur 400 parties de chlorhydrate d'aniline —; la dose d'aniline est celle d'un bon noir corsé, et la quantité de chlorate qui pourrait tout au plus être quelque peu plus élevée, répond à celle théorique qu'il a préalablement fallu lui apprendre.

M. Grawitz ne connaît même pas tous les avantages de « son nouveau noir » au prussiate, sans cela il ne parlerait pas, à la fin de son brevet, d'un traitement ultérieur à lui faire subir dans le but de le rendre « inverdissable ». En effet, tout le monde sait qu'un pareil noir, développé à 100° centigrades, passe pour être inverdissable.

Si *M. Grawitz*, pour ne pas avouer la défaite qu'il a essuyée avec son brevet de 1891, continue dans celui de 1892 de soutenir, l'air sérieux, que les *acétates* préservent la fibre de l'attendrissement, il faut se demander pourquoi il les a remplacés par les *prussiates* qui sont beaucoup plus chers et qui nécessitent, en outre, un vaporisage après le séchage ?

Les brevets Grawitz du noir au *bichromate* sont expirés; ce n'est que pendant 15 ans qu'ils ont fait le bonheur du teinturier. Pour que celui-ci reste dans la douce habitude du tribut, *M. Grawitz* invente le noir au *prussiate*. Le succès s'y attachera-t-il ? C'est peu probable; car il est à supposer que les teinturiers en écheveaux (et même en pièces) préféreront un noir d'aniline par oxydation — non breveté — qui est plus commode et meilleur marché, au noir vapeur breveté. Ce sera donc au tour des *imprimeurs* de dédommager l'inventeur. Que des millions de pièces aient été imprimées et teintes, dans le monde entier, en noir au prussiate, peu importe ! Dorénavant, l'indienneur français aura le grand avantage, sur celui de l'étranger, — s'il veut appliquer son ancien noir vapeur ou plaquer son noir *Prud'homme*, destiné aux enlevages, genre susceptible d'un nouvel essor par l'introduction des couleurs artificielles à la place des couleurs plastiques, d'aller préablement en demander la permission à l'infatigable innovateur, *M. Samuel Grawitz.*

Moscou, février 1893.

LA GRANDE INDUSTRIE CHIMIQUE

Sur le rôle du chlorure de calcium dans le procédé Weldon.

Par M. G. Lunge.

(*Journal of the Society of Chemical Industry*; Novembre 1892.)

La présence d'une quantité considérable de chlorure de calcium, dans la récupération du bioxyde de maganèse, avait été reconnue, par Weldon lui-même, comme indispensable au bon fonctionnement de son procédé. Ce fait résulte, sans doute, d'observations qui avaient été faites par Weldon dans les usines avec lesquelles il était en rapport et il est probable qu'après lui, bien d'autres les ont renouvelées depuis cette époque ; mais, jusqu'ici, ces renseignements semblent être restés enfouis dans les livres de technique industrielle et n'ont pu être utilisés pour établir des règles quantitatives relativement à cette partie du procédé.

Le seul renseignement numérique que je possède sur la quantité de chlorure de calcium nécessaire à la récupération du bioxyde de manganèse, est celui que m'a donné M. Schaffner, d'Aussig, et que l'on retrouvera dans mon ouvrage intitulé : *Acide sulfurique et alcali.* D'après ce renseignement, chaque molécule de chlorure de manganèse exige de 2 à 2,5 molécules de chlorure de calcium.

J'ai donc pensé que des recherches supplémentaires sur cette question ne seraient pas inutiles et je les ai entreprises avec l'aide de M. Zahorsky. Je donnerai ici une indication sommaire des résultats que nous avons obtenus.

L'explication la plus naturelle que l'on puisse donner du rôle important que joue le chlorure de calcium, est que cette substance sert de solvant pour la chaux dont la présence est essentielle dans le procédé Weldon. On sait, en effet, que la chaux est plus soluble dans une solution chaude de chlorure de calcium que dans l'eau pure, et cela sans doute grâce à la formation d'un oxychlorure. L'oxychlorure de calcium cristallisé a pour formule ($3\,CaO, CaCl^2, 15\,H^2O$). L'exactitude de cette formule a été récemment confirmée par M. Zahorsky, qui, du reste, a établi l'existence d'un seul oxychlorure de calcium.

Nous n'avons qu'une seule source de renseignements quantitatifs sur la solubilité de la chaux dans les solutions de chlorure de calcium (Post, *Berichte*, 1879). Encore ces renseignements sont-ils très vagues, car ils reposent seulement sur quatre observations dans lesquelles la concentration de la solution était déterminée par des méthodes hydrotimétriques. Nous avons donc commencé nos recherches par une série d'essais sur la solubilité de la chaux dans des solutions de chlorure de calcium de concentrations diverses. Voici les résultats que nous avons obtenus :

Solubilité de la chaux dans les solutions de chlorure de calcium (exprimée en grammes de CaO *par* 100 *centimètres cubes de solution de* $CaCl^2$).

SOLUTIONS.	TEMPÉRATURE EN DEGRÉS CENTIGRADES.				
	20°	40°	60°	80°	100°
Eau pure....................	0,1374	0,1162	0,1026	0,0845	0,0664
Solution à 5 pour 100 de $CaCl^2$...	0,1370	0,1160	0,1020	0,0936	0,0906
— 10 — ...	0,1661	0,1419	0,1313	0,1328	0,1389
— 15 — ...	0,1993	0,1781	0,1706	0,1736	0,1842
— 20 — ...	0,1857*	0,2249	0,2204	0,2295	0,2325
— 25 — ...	0,1661*	0,3020*	0,2989	0,3261	0,3714
— 30 — ...	0,1630*	0,3084*	0,3664	0,4112	0,4922

* Les nombres marqués d'un astérisque correspondent à des expériences dans lesquelles il s'est formé un précipité d'oxychlorure de calcium, lequel diminuait par conséquent la teneur de la solution en $CaCl^2$.

Nous voyons que la solubilité de la chaux dans des solutions contenant jusqu'à 10 p. 100 de $CaCl^2$, à la température ordinaire ou à une température légèrement supérieure, ne diffère pas sensiblement de celle de la chaux dans l'eau pure, probablement parce que, dans ces conditions, il n'y a pas encore formation d'oxychlorure de calcium.

A une température plus élevée, la présence du chlorure de calcium augmente la solubilité de la chaux, et ceci a lieu proportionnellement à la quantité de chlorure de calcium, excepté lorsque le phénomène se complique par la précipitation d'un oxychlorure solide; dans le cas contraire, et à partir de 40° C., la concentration de la solution a plus d'effet sur la solubilité qu'une élévation de température.

Outre la chaux, une solution de chlorure de calcium peut dissoudre du protoxyde et du peroxyde de manganèse; nous reviendrons sur ces faits ultérieurement.

Ces expériences préliminaires, une fois terminées, nous avons cherché à construire un appareil nous permettant d'étudier, au laboratoire, le rôle du chlorure de calcium dans le procédé Weldon, en nous plaçant dans des conditions se rapprochant aussi bien que possible de la réalité pratique. Ces conditions ne sont pas faciles à réaliser, témoin Weldon lui-même, qui n'a jamais obtenu de résultats satisfaisants tant qu'il a expérimenté son procédé au laboratoire ou même sur une moyenne échelle ; témoin également Post qui a complètement échoué dans des essais analogues. Nous avons cependant réussi dans notre entreprise, grâce aux ressources de notre laboratoire de technologie, construit spécialement en vue d'études industrielles.

Nous avons à notre disposition une machine soufflante, actionnée par un moteur à vapeur et munie d'un jeu de tuyaux et de valves permettant de distribuer l'air comprimé dans le laboratoire. J'ai mis en communication avec la soufflerie un réservoir en fonte de forme circulaire et muni de trois tubes de verre; ces tubes étaient destinés à mener l'air à la base inférieure de cylindres en verre (hauteur = 40 cm.) et placés dans un grand bain-marie chauffé à 55°-60° C. Les extrémités des tubes de verre étaient percées d'un grand nombre de petits trous destinés à diviser la masse d'air injecté et à maintenir ainsi le mélange dans un état d'agitation constant, absolument comme dans l'appareil Weldon.

Il était important de s'assurer que les trois tubes débitaient exactement le même volume d'air ; j'ai donc fait un certain nombre d'expériences préliminaires, en employant chaque fois les mêmes quantités de liqueur de manganèse et de chaux et en me plaçant dans des conditions aussi identiques que possible. Les produits de chaque opération furent ensuite analysés au point de vue de leur teneur en MnO^2. Les trois expériences, effectuées chacune avec un des trois tubes, m'ont donné : 66,14, 65,90 p. 100 de MnO^2. Ce léger écart dans les résultats, écart qui du reste n'excède pas ceux que l'on rencontre dans les analyses précises, montre que mon appareil remplissait parfaitement le but proposé, à savoir que les résultats obtenus dans des opérations de même durée étaient comparables entre eux.

La matière première que nous avons employée dans nos expériences est désignée dans l'industrie sous le nom de *liqueur tranquille*. Elle nous a été fournie par une usine qui fabrique le chlore d'après l'ancien système, en attaquant le minerai de manganèse par l'acide chlorhydrique. Cette liqueur fut neutralisée avec un excès de craie et filtrée; elle contenait alors 114,84 grammes de $MnCl^2$ par litre. Pour chaque essai, 800 centimètres cubes de cette liqueur furent étendus à 2 litres, en sorte que la nouvelle solution contenait 45 gr. 93 de $MnCl^2$ par litre; c'est, d'une façon très approchée, la concentration adoptée sur une grande échelle. Ces 800 centimètres cubes furent additionnés d'une quantité de lait de chaux exactement suffisante pour précipiter tout le manganèse à l'état d'hydrate $Mn(OH)^2$, puis la liqueur fut soumise à un essai pour déterminer la teneur en chlorure de calcium; cet essai terminé, on amenait la liqueur à contenir une proportion exactement connue de ce sel, soit en rejetant un volume donné de la liqueur primitive, soit en additionnant cette même liqueur de chlorure de calcium solide. Finalement, on ajoutait exactement 1 molécule de chaux pour 2 molécules de $Mn(OH)^2$ et le volume était complété à 2 litres. Chacun des trois cylindres en verre recevait un semblable mélange. Pendant les expériences, l'eau vaporisée était remplacée de façon que les niveaux, dans les trois cylindres, restassent constants et égaux entre eux. Dès que la température du bain avait atteint 55-60° C., la machine soufflante était mise en marche et l'opération était poursuivie pendant 10 heures. Cette durée est certainement beaucoup plus considérable que celle adoptée en pratique, mais elle était nécessaire en raison de la faible épaisseur du magma contenu dans les cylindres, épaisseur qui est beaucoup plus considérable dans les appareils d'oxydation Weldon. Les résultats excellents que l'on trouvera plus loin montrent du reste que, malgré cette différence inévitable, les conditions de notre expérience ressemblaient aussi exactement que possible à celles de la pratique.

Je passerai sous silence les résultats de quelques expériences effectuées au moyen de solutions troubles et qui ont donné des irrégularités semblables à celles que l'on constate, dans les mêmes conditions, sur une grande échelle. Les autres résultats sont résumés dans le tableau suivant où je donne, pour chaque cas particulier, le chiffre moyen résultant de deux expériences conduites parallèlement. Dans chaque cas, on a employé la même quantité de manganèse (45 gr. 93 par litre), la même quantité de chaux (14 gr. 78 = 1/2 molécule) pour une molécule de $Mn(OH)^2$ et la même quantité d'eau. Mais les quantités de $CaCl^2$ variaient de 1 à 6 molécules pour 1 molécule de $Mn(OH)^2$ et les essais ont été faits toutes les heures. La table suivante donne la proportion de MnO transformé par oxydation en MnO^2. Chaque chiffre représente la moyenne de deux résultats qui ne différaient entre eux que d'une quantité représentant au maximum 3 pour 100 de MnO^2.

MOLÉCULES.	HEURES.										
	1	2	3	4	5	6	7	8	9	10	12
$Mn(OH)^2 \frac{1}{2} CaO$:											
+ 1 $CaCl^2$.........	56,91	66,14	67,71	69,84	70,60	72,49	73,78	75,23	76,11	77,25	»
+ 1,5 $CaCl^2$........	54,95	60,68	65,82	69,22	71,41	73,81	75,00	77,20	78,30	79,24	»
+ 2 $CaCl^2$.........	50,56	58,23	64,31	69,93	73,89	76,59	78,52	79,69	80,21	80,97	»
+ 3 $CaCl^2$.........	42,23	53,13	61,78	70,06	76,17	79,05	80,45	81,62	82,53	83,32	»
+ 4 $CaCl^2$.........	38,53	48,70	57,86	68,35	76,02	79,68	80,94	81,75	83,27	84,75	»
+ 5 $CaCl^2$.........	29,43	37,50	44,37	49,17	52,32	65,36	75,14	81,08	84,11	85,20	87,79
+ 6 $CaCl^2$.........	19,74	26,47	41,37	51,18	65,71	73,14	79,17	82,36	83,75	85,51	89,13

Il ressort de ce tableau que, dans les premières phases de l'opération, l'oxydation de MnO en MnO^2, ou, pour parler plus exactement, la formation de manganite de chaux est d'autant plus retardée que la solution est plus riche en chlorure de calcium ; avec 1 molécule de $CaCl^2$, l'oxydation est à peu près trois fois aussi rapide qu'avec 6 molécules; mais cette proportion change avec la durée du soufflage; au bout de 6 heures, l'oxydation est la même avec toutes les proportions de chlorure de calcium; mais, à partir de ce moment, *le degré d'oxydation augmente proportionnellement à la quantité de chlorure de calcium*. Avec 1 molécule de $CaCl^2$, nous trouvons, après 10 heures de soufflage, 77,25 pour 100; avec 3 molécules, 83,3 pour 100; avec 6 molécules, 85,5 pour 100. Deux expériences ont été poursuivies jusqu'à la douzième heure pour atteindre le maximum d'oxydation; ce maximum a été trouvé égal à 89,13 pour 100 avec 6 molécules de chlorure de calcium.

Dans la pratique, l'oxydation atteint rarement 79-80 pour 100 à ce moment de l'opération, c'est-à-dire au moment où l'on va ajouter la *liqueur finale* (ce que nous n'avons pas fait pour ne pas compliquer les expériences). Ce point est atteint en deux heures dans les grands appareils d'oxydation, en trois heures dans les petits, et en six heures dans notre appareil de dimensions minimes. C'est donc là un excellent résultat, et les conclusions que nous pouvons en tirer s'appliquent non seulement à nos propres expériences, mais aux opérations de la pratique actuelle.

Ma conclusion est que 3 molécules de chlorure de calcium pour chaque molécule de manganèse représentent la proportion la plus avantageuse à employer dans l'opération de l'oxydation. Au-dessous de 3 molécules, l'opération est essentiellement retardée; une addition de plus de 3 molécules rend l'opération plus difficile à conduire et ne donne pas d'avantage appréciable. Il n'en reste pas moins vrai que le but de l'opération est plus complètement atteint lorsque la proportion de $CaCl^2$ augmente au delà de cette limite.

Il reste à déterminer les causes de cette action si efficace du chlorure de calcium. L'explication qui s'est présentée d'elle-même au début et que Weldon a été le premier à admettre, repose sur ce fait que la chaux est plus soluble dans les solutions chaudes de chlorure de calcium que dans l'eau pure et que l'oxydation est d'autant plus aisée à obtenir que la quantité de chaux dissoute est plus grande. Si cette explication est la seule vraie et la seule suffisante, on peut en conclure que d'autres solvants de la chaux pourraient agir dans le même sens. Nous ne pouvons malheureusement pas employer le meilleur dissolvant de la chaux, c'est-à-dire le sucre de canne, car cette substance prévient toute oxydation du protoxyde de manganèse; les seules substances que je crois susceptibles de quelque application dans le cas actuel sont les chlorures de sodium et de potassium. Les solutions de ces sels ne contenant pas plus de 5 à 10 pour 100 de KCl ou $NaCl$, dissolvent, à 50° C., 30 ou 40 fois plus de chaux que l'eau pure, ou, plus exactement, elles dissolvent autant de chaux qu'une solution de $CaCl^2$ à 10 pour 100, comme je l'ai établi par un certain nombre d'expériences.

Dans cette nouvelle voie, nous avons entrepris parallèlement trois essais en chargeant nos cylindres avec les mêmes quantités de manganèse et de chaux que précédemment, mais en ajoutant au nº 1, 100 grammes de $CaCl^2$, au nº 2, 100 grammes de NaCl, et au nº 3, 100 grammes de KCl par litre. D'après ce que j'ai dit tout à l'heure, ces trois liqueurs devaient dissoudre la même quantité de chaux. Les trois cylindres furent chauffés dans le même bain à 55º C.; l'air fut injecté pendant huit heures et, finalement, les produits furent analysés et donnèrent les résultats suivants en bioxyde de manganèse.

Nº 1	77,2 pour 100.
Nº 2	69,41 —
Nº 3	69,02 —

Bien que, dans les trois cas, la quantité de chaux dissoute fût la même, on voit que l'avantage reste encore au chlorure de calcium; l'écart est trop considérable pour pouvoir être imputé à un accident, surtout si l'on a égard à l'uniformité absolue des conditions de l'expérience.

Nous devons donc conclure que l'action du chlorure de calcium, à titre de simple solvant de la chaux, ne suffit pas à expliquer la question que nous nous sommes posée; elle n'explique pas davantage le retard qui se manifeste dans les premières phases de l'opération, à mesure qu'on augmente la proportion de chlorure de calcium.

Nous devons donc chercher une autre explication et, tout naturellement nous portons notre attention sur les oxydes de manganèse eux-mêmes, dont la solubilité dans les solutions de $CaCl^2$ fut observée de bonne heure par Weldon (*Chemical News*, XX, p. 109). Nous avons vérifié ce fait et, de plus, nous avons trouvé que la solubilité de $Mn(OH)^2$ augmente avec la concentration de la solution en $CaCl^2$. La liqueur que l'on obtient est incolore et devient brune par addition de chlorure de chaux.

Weldon a remarqué que tous les sels de manganèse, qu'il s'agisse de $MnCl^2$ ou d'une solution de MnO dans $CaCl^2$, retardent l'oxydation de $Mn(OH)^2$ en supension dans le liquide, mais que la présence simultanée de la chaux active cette oxydation. Le liquide prend alors une coloration lie de vin que Weldon attribuait à la dissolution d'un manganite de chaux dans l'oxychlorure de calcium.

Nous avons preparé cette solution lie de vin en partant directement des matières premières. Dans le cas d'une solution concentrée en $CaCl^2$, le liquide prend une couleur ambrée et l'ébullition n'y détermine pas de précipité. Exposée à la lumière naturelle, la solution claire ne tarde pas à se troubler graduellement et laisse déposer une grande quantité de MnO^2 (ou de manganite de chaux). Par addition d'eau, la coloration devient brune foncée et la solution précipite par la chaleur. L'eau oxygénée détermine un dégagement gazeux et un précipité vermillon. L'ammoniaque ne donne pas de précipité. L'acide chlorhydrique donne d'abord une coloration brune avec dégagement de chlore, puis la coloration s'éclaircit en passant momentanément par le vert. L'acide sulfurique donne un précipité de sulfate de chaux qui présente également une coloration verte passagère. Le sulfate de sodium donne un précipité noir.

Certaines de ces réactions, notamment la décomposition à la lumière, semblent indiquer que nous n'avons pas affaire à une simple dissolution de peroxyde de manganèse ou de manganite de calcium dans le chlorure de calcium, mais bien à un bi-oxychlorure de manganèse dont la formule peut bien être $Cl - Mn - O^2 - OCl$.

Les façons absolument différentes dont se comportent, d'une part, les solutions de protoxyde de manganèse dans le chlorure de calcium, et d'autre part, les solutions de bioxyde de manganèse dans le même réactif, semblent nous permettre de donner maintenant l'explication du retard apporté dans les premières phases de l'oxydation par l'excès de chlorure de calcium contenu dans la solution : Le chlorure de calcium dissout de l'hydrate de manganèse $Mn(OH)^2$ et cette solution est une cause retardatrice pour l'oxydation de $Mn(OH)^2$ qui se trouve en suspension dans le liquide. Plus le chlorure de calcium est abondant et plus il se dissout d'hydrate manganeux, et plus aussi l'action retardatrice est considérable. Mais, en somme, cette action n'est que retardée; elle n'est pas arrêtée; aussi se forme-t-il une certaine quantité de MnO^2 (ou plutôt de $CaMnO^3$) qui se dissout aussi partiellement dans le chlorure de calcium en donnant la solution lie de vin dont nous avons déjà parlé. C'est dans cette solution que l'oxydation est accélérée.

Ainsi, au bout d'un certain temps, l'action retardatrice de la solution de MnO est compensée par l'action accélératrice de la solution de MnO^2 et cette dernière finit par prévaloir. Mais, à ce point, un nouveau facteur entre en jeu; en effet, la quantité de MnO^2 qui entre en dissolution augmente avec la quantité de $CaCl^2$ présent; par conséquent, dans les dernières phases de l'opération, la vitesse d'oxydation doit augmenter également avec la proportion de $CaCl^2$.

Nous avons encore cherché à déterminer la nature exacte de ces *prises en masses* qui se produisaient si fréquemment autrefois et que l'on évite facilement aujourd'hui par un bon soufflage et en ayant soin de maintenir constamment une quantité convenable de chlorure de calcium dans le mélange. L'opinion, émise par Post, que ces *prises en masses* étaient dues à la précipitation d'un oxychlorure solide, est inadmissible. L'oxychlorure ne se dépose jamais lorsque le mélange est trop pauvre en chlorure de calcium, mais au contraire lorsque ce sel est en excès, et même en très grand excès (voir le tableau précédent), ce qui n'est pas le cas dans la pratique. De plus, en filtrant le résidu d'une prise en masse obtenue accidentellement, nous avons trouvé que le précipité contenait bien la proportion de chlorure de calcium correspondant à l'oxychlorure, mais que la proportion de chaux était incomplète; la séparation d'un oxychlorure solide n'est donc pas admissible. Nous avons même obtenu une prise en masse en soufflant de l'air à travers un mélange d'hydrate manganeux pur, exempt de chlorure de calcium et d'une quantité de chaux légèrement supérieure à son équivalent. L'analyse du résidu filtré nous a donné les résultats suivants :

CaO	30,12 pour 100.	
Mn	14,11 —	(à l'état de MnO^2).
Mn total	41,32 —	(calculé en MnO^2).

Il y avait donc plus de 3 CaO pour 1 de MnO^2 réel. Il semble qu'il y ait formation d'une combinaison de chaux et de protoxyde de manganèse, ou bien d'un manganite très basique; mais nous ne pouvons, pour le moment, nous prononcer d'une façon catégorique sur ce point, qui sera élucidé ultérieurement au laboratoire de Zurich.

Marc Merle.

Sur la substitution partielle du cyanure de sodium à celui de potassium dans les cyanures du commerce.

Par M. T.-B. Stillmann.

(J. Soc. Ch. Ind.)

L'auteur a trouvé qu'un mélange de cyanures de potassium et de sodium est meilleur marché et, dans beaucoup de cas, d'un emploi préférable à celui du sel de potassium, parcequ'il contient une proportion plus élevée de cyanogène. De plus, le mélange peut se fabriquer à un prix beaucoup plus bas que le cyanure de potassium seul. Pour déterminer la proportion, dans le mélange, du potassium et du sodium, l'auteur convertit les cyanures en sulfates par évaporation de la solution aqueuse des cyanures, en présence d'un excès d'acide sulfurique, dont on détermine la teneur dans les sulfates formés, au moyen du chlorure de baryum. Les indications fournies servent de base au dosage du potassium et du sodium. On en déduit ultérieurement la teneur en cyanogène des cyanures, par titration avec la solution demi-normale d'argent.

CORPS GRAS. — CIRES. — RÉSINES.

Contribution à l'analyse des graisses.

Par M. le docteur J. LEWKOWITSCH.

(*The Journal of the Society of Chemical Industry*, année 1892, t. XI, p. 134 à 145.)

Au cours d'un travail de recherches que j'avais entrepris dans le laboratoire pendant que j'élaborais un procédé technique que j'ai introduit dans les usines auxquelles je suis attaché, j'ai eu l'occasion de faire quelques observations qui, je crois, pourront être d'une certaine utilité aux chimistes travaillant dans le même sens. Les circonstances ne me permettent de donner ici que des notes incohérentes et quelques observations nouvelles que je n'ai pas eu le temps de poursuivre et de compléter comme je l'aurais désiré, car, malheureusement, le chimiste industriel est obligé d'interrompre ses recherches juste au moment où elles deviennent intéressantes pour le chimiste scientifique. Ces remarques préliminaires me serviront d'excuse pour l'incohérence des quelques notes qui suivent.

Au cours de mon travail, il m'a fallu déterminer la nature et la quantité des matières non saponifiables se trouvant dans les graisses. Les publications sur ce sujet étant très rares, il m'a fallu chercher des substances contenant de grandes quantités de ces corps non saponifiables et les examiner moi-même. Il m'a paru que l'huile de spermaceti et le suint convenaient pour mon projet. Le suint étant difficile à obtenir, j'ai choisi pour le remplacer de la « graisse récupérée », ou ce que l'on appelle de la « graisse de Yorkshire ».

I. — HUILE DE SPERMACETI.

La substance graisseuse que l'on rencontre dans les cavités de quelques baleines est connue pour contenir des alcools supérieurs de la série aliphatique (ἄλειφας, graisse). J'ai préparé ces alcools à la manière ordinaire, au moyen de l'huile de spermaceti, en saponifiant un spécimen pur de cette dernière par la potasse alcoolique, et j'ai obtenu 41 pour 100 de substances insaponifiables. J'ai fait une expérience préliminaire, en distillant 50 grammes de ce produit dans un vide de 60 centimètres. Le thermomètre monta rapidement à 300° centigrades, et la masse distilla entre 300 et 305° centigrades; le produit de la distillation se prit par le refroidissement en une masse blanche cristalline fondant entre 22 et 30° centigrades. On sait que les éthers des alcools et des acides de la série aliphatique sont plus faciles à distiller que les corps originaux eux-mêmes, et que même les membres inférieurs ne peuvent être effectivement séparés par distillation fractionnée qu'après avoir été transformés en leurs éthers. J'ai donc pensé qu'en convertissant les alcools de l'huile de spermaceti en leurs acétates, et qu'en soumettant ensuite les éthers à la distillation fractionnée, je pourrais ensuite effectuer quelque séparation. Il est évident que je ne pensais pas et que je ne pouvais pas penser arriver par cette méthode à une séparation complète ou même approximative de corps bouillant à de si hautes températures et apparemment si proches les uns des autres. Quiconque est familiarisé avec la distillation de substances à point d'ébullition élevé, telles que les huiles minérales ou les huiles de goudron, reconnaîtra immédiatement la futilité d'un tel travail, même si on l'entreprenait avec de grandes quantités de matière. Dès le début, j'abandonnai donc l'espoir d'obtenir des substances dont l'analyse élémentaire pût être entreprise avec quelque profit, mais il me parut qu'il y avait chance d'obtenir plus de résultats, en appliquant aux produits fractionnés de la distillation les méthodes employées dans l'analyse technique des graisses (*The Journal of the Society of Chemical Industry*, 1890, p. 842).

J'ai préparé les acétates en faisant bouillir 200 grammes du mélange d'alcool avec 300 grammes d'anhydride acétique dans un ballon relié à un condensateur à reflux, pendant quelques heures. Le produit fut débarrassé d'anhydride acétique par chauffage répété dans le vide, jusqu'à une température d'environ 200° centigrades. Le mélange d'acétate ne cristallisa pas à la température ordinaire, et, par suite, je recourus à la distillation fractionnée.

Mon appareil distillatoire a été décrit par moi dans *The Journal of the Chemical Society*, 1889, p. 359. Il me reste à ajouter seulement que le ballon n'était pas chauffé à feu nu, mais plongé dans un bain d'air limité par une capsule de fer, tandis qu'un revêtement d'amiante protégeait le ballon contre les pertes de chaleur. Les acétates distillaient très bien dans un vide de 0m,65 sans présenter de signe de décomposition, ce que prouvait l'excellent rendement de la distillation et la nature du résidu du ballon, car ce résidu, bien que foncé, donna à l'examen des nombres qui correspondaient parfaitement à ceux des liquides distillés. La première fraction fut mise de côté, car elle pouvait contenir de l'acide ou de l'anhydride acétique ; en fait, elle doit en avoir contenu, car l'indice de saponification en était très élevé, atteignant 415. Les liquides distillés furent recueillis en quatre fractions, les récipients étant changés lorsque le thermomètre, qui avait paru rester constant quelque temps, commençait à monter et lorsque le liquide distillé semblait posséder une autre densité. J'obtins ainsi, dans un vide de 0m,65, entre la température de 295° et 315° centigrades, quatre fractions qui, saponifiées par de la potasse alcoolique normale, ont donné les indices de saponification suivants :

Fraction.	Indice de saponification.	Fraction.	Indice de saponification.
1re	187.7	4e	168.0
2e	185.0	Résidu	159.5
3e	183.0		

Les quantités de ces quatre fractions ne différaient par sensiblement.

Pour permettre la comparaison, je joins ci-dessous les indices de saponification exigés par la théorie pour les acétates d'alcool cétylique et d'alcool octodécylique :

Acétate cétylique	197.5	Acétate octodécylique	180

Un second fractionnement des quatre fractions a donné le résultat suivant, le premier gramme ou les deux premiers grammes ayant été mis de côté :

Fraction.	Indice de saponification.	Fraction.	Indice de saponification.
1re	187.9	3e	173.3
2e	181.1	4e	163.7

L'indice de saponification de la première fraction n'avait subi aucun changement et, bien qu'on ne puisse tirer aucune conclusion nette de ces nombres, il est bien évident que l'assertion d'Allen (1), selon laquelle l'huile de spermaceti contient des alcools dont la composition serait indiquée par la formule $C^{12}H^{26}O$ et $C^{15}H^{32}O$, comme il le trouve par l'analyse élémentaire, n'est pas confirmée par mes nombres, car les acétates de l'alcool dodécatylique et de l'alcool pentadectylique ont respectivement les valeurs de saponification 246 et 207,7. Néanmoins, pour faire disparaître tous les doutes, j'ai entrepris un troisième fractionnement, bien que je ne pusse raisonnablement espérer une nouvelle séparation.

Voici les valeurs trouvées :

Fraction.	Indice de saponification.	Fraction.	Indice de saponification.
1re	190.2	4e	174.4
2e	183.8	Résidu	161.4
3e	180.7		

(1) *Commercial Organic Analysis*, t. 2, p. 169.

Contrairement à mon attente, ces acétates étaient capables d'absorber l'iode, fait qu'Allen avait déjà signalé pour un spécimen d'huile de spermaceti, et, par conséquent, il fallait abandonner l'hypothèse d'après laquelle les alcools consistaient principalement en un mélange d'alcool cétylique, d'alcool octodécylique et de quelques homologues supérieurs.

Pour préparer les alcools eux-mêmes, j'ai saponifié les acétates au moyen de potasse alcoolique, j'ai séparé les alcools, je les ai lavés pour les débarrasser de la potasse et, finalement, je les ai filtrés dans une étuve. Tous les alcools se sont solidifiés par le refroidissement.

J'ai trouvé les valeurs d'absorption d'iode que voici :

Fraction.	Indice d'iode.	Fraction.	Indice d'iode.
1re.......	46.48 pour 100.	4e.......	81.8 pour 100.
2e........	63.3 —	Résidu...	81.4 —
3e........	69.8 —		

Ces nombres montrent clairement que les alcools ou, en tout cas, de grandes quantités pour 100 d'entre eux appartiennent aux alcools de la série non saturée. Pour permettre les comparaisons, j'ajoute les indices de saponification et d'iode des alcools inconnus suivants, de la série de l'éthylène :

Formule.	Indice de saponification des acétates.	Indice d'iode.
$C^{16}H^{32}O$.....................	199	106.6 pour100.
$C^{18}H^{36}O$.....................	180	94.8 —
$C^{20}H^{40}O$.....................	166	85.8 —

La présence d'un alcool de la formule $C^{15}H^{30}O$ (Voir Allen; *Comm. Org. Analysis*, t. II, 170) semble exclue, mais il est encore permis de se demander si les alcools des séries $C^{n}H^{2n-2}O$ ne sont pas présents. Les alcools supérieurs de la série de l'éthylène et de la série de l'acétylène sont à peine connus. L'huile de spermaceti étant une matière brute relativement peu chère et en même temps facile à obtenir, il semble que, dans cet ordre d'idées, il n'y ait que quelques recherches à entreprendre pour combler quelques-unes des lacunes qui restent encore dans la série des alcools appartenant au groupe aliphatique. L'occasion, en vérité, paraissait trop tentante pour que je n'en profitasse pas, bien que je n'eusse pas le temps d'exécuter une investigation complète; aussi, n'ai-je expérimenté qu'avec quelques-uns des alcools. J'ai, du reste, le regret de dire qu'ils ne m'ont pas fourni de résultats précis dès la première attaque et que, par suite, j'ai abandonné le travail. Les alcools appartenant à la série $C^{n}H^{2n}O$ et, par conséquent, contenant un groupe (CH — CH), se transformeraient, sous l'influence d'un agent oxydant faible, en un alcool de la série du glycérol, comme l'a montré Wagner (1), qui a effectivement préparé du glycérol, au moyen de l'alcool allylique, en oxydant ce dernier au moyen d'une solution de permanganate de potasse à un titre compris entre 1 et 5 pour 100. J'ai essayé d'oxyder de cette manière 30 grammes de la fraction alcoolique n° 4, absorbant 81,8 pour 100 de solution d'iode; j'ai ajouté la quantité calculée d'une solution de permanganate à 3 pour 100 et, finalement, j'ai chauffé doucement au bain-marie, jusqu'à ce que tout le permanganate eût été réduit. J'ai distillé la solution en y faisant passer de la vapeur, j'ai concentré la liqueur filtrée, jusqu'à 300 centimètres cubes, dans un ballon relié à un condensateur. Il passa, en même temps que l'eau, une substance floconneuse blanche, qui fut obtenue en trop petite quantité pour qu'il fût possible de l'examiner. A l'ébullition, le liquide distillé ne réduisait pas le nitrate d'argent. J'ai traité les 300 centimètres cubes par l'acide carbonique, j'ai fait bouillir, jusqu'à commencement de cristallisation d'un sel; enfin, j'ai

(1) *Berichte der Deutschen Chemischen Gesellschaft*, t. 21, p. 1230, 3343 et *Ref.*, p. 182.

extrait par un mélange d'éther et d'alcool. En évaporant le dissolvant, j'ai obtenu 16 grammes d'un liquide se solidifiant par refroidissement en une masse cristalline. L'indice d'absorption d'iode de cette substance était 71,3. Ce qui montre que, des 50 pour 100 obtenus, une petite quantité seulement avait pu être transformée en un produit de la série du glycérol. J'ai dissous une seconde quantité des alcools dans de l'acide acétique glacial et j'ai ajouté du brome dissous dans ce même liquide jusqu'à ce que le brome ne fût plus absorbé. J'espérais obtenir un dérivé du brome capable de cristalliser. Comme la séparation acétique n'abandonnait pas de cristaux, j'ai enlevé l'acide par lavage à l'eau, puis j'ai desséché la substance en la lavant avec de l'alcool et ensuite avec de l'éther. N'ayant pas obtenu de cristaux, j'ai essayé de distiller la substance oléagineuse, mais j'ai constaté que c'était impossible à exécuter, car, à 160° centigrades environ, il se dégageait de grandes quantités d'acide bromhydrique, ce qui indiquait une décomposition de la substance.

J'ai chauffé une troisième quantité des alcools avec de la chaux potassée, pour convertir l'alcool, s'il était possible, en l'acide correspondant. Il se dégagea une quantité d'hydrogène bien plus grande que ce que la théorie exigerait pour la formation de l'acide attendu; en extrayant de la chaux potassée, au moyen de l'eau, le sel de potasse supposé et en acidulant par l'acide chlorhydrique, je n'ai obtenu qu'une très petite quantité d'acides gras insolubles. La solution acide fut donc épuisée à l'éther et j'obtins 0 gr. 374 d'un acide oléagineux exigeant pour sa neutralisation 2 c. c. 1 pour 100 de potasse normale. Il ne serait pas possible de calculer le poids moléculaire d'après un titrage de cette petite quantité. La solution aqueuse épuisée paraissait contenir un acide bibasique. La chaux non dissoute contenait, indépendamment d'un peu d'alcool inaltéré, le sel de chaux d'un acide organique.

Ces expériences qui viennent d'être mentionnées en dernier lieu ne sont guère, du reste, que les premiers pas dans l'examen de ces intéressants alcools.

II. — Graisse récupérée.

La « graisse récupérée » sur laquelle ont été faites les observations suivantes consistait surtout en ce que l'on appelle de la « graisse de Yorkshire », graisse récupérée des solutions de savon ayant servi dans le désuintage de la laine; j'ai examiné aussi d'autres échantillons provenant d'usines continentales, mais seulement pour contrôler les méthodes employées. On pourrait répartir entre les trois divisions suivantes les constituants d'une semblable graisse récupérée :

1) *Acide gras libre* résultant de la décomposition du savon ayant servi par un acide minéral et dont la présence tient en partie à l'existence d'acide gras libre particulier au suint, comme l'a montré E. Schulze, dont les trois mémoires dans les *Berichte der deutschen Chemischen Gesellschaft*, t. 5, p. 1076; t. 6, p. 251; t. 7, p. 571, sont les contributions les plus remarquables à la chimie du suint.

2) *Graisses neutres, c'est-à-dire saponifiables.* — Ce sont les constituants saponifiables réels du suint, les éthers cholestérylique et autres des acides gras. C'est, par exemple, du cérotate de céryle.

Quelques glycérides restant de l'huile que l'on a employée pour huiler la laine peuvent se trouver mélangés avec ces corps caractéristiques. Quelques traités citent, parmi les constituants du suint, les glycérides d'acides gras inférieurs; je n'ai pas pu trouver l'origine de cette indication; Schulze dit nettement qu'Hartmann n'a pas trouvé de glycérol dans le suint. (Voir *Berichte*, t. 5, p. 1075, note). Je puis dire que je n'ai pas trouvé de glycérol dans les spécimens de graisse récupérée que j'ai examinés.

3) *Matière non saponifiable.* — Sous cette rubrique, nous pouvons comprendre les alcools libres, c'est-à-dire le cholestérol et l'isocholestérol, comme étant caractéristiques du suint, et d'autre part, les hydrocarbures provenant des huiles employées dans le graissage de la laine, hydrocarbures qui peuvent avoir été falsifiés (ou perfec-

tionnés, comme disent certaines personnes) avec une quantité plus ou moins grande d'huile minérale.

Si nous acceptons cette classification comme correcte, il semble qu'il en résultera une méthode convenable pour séparer ces trois classes de substances.

Il faudrait commencer par éliminer les *acides gras libres* en les convertissant en leurs savons de soude et en séparant ceux-ci des substances des classes 2 et 3.

J'ai d'abord déterminé la quantité d'alcali nécessaire en titrant avec soin de petites quantités; j'ai ajouté la plus grande partie de la soude nécessaire pour une plus grande quantité pesée, laquelle soude avait été préalablement dissoute dans l'alcool, et j'ai titré avec de la soude à la moitié du titre normal, jusqu'à ce que la solution prît une couleur œillet en présence de la phénolphtaléine. Une grande partie des graisses neutres et de la matière non saponifiable s'éleva à la surface où elle forma une couche oléagineuse, et elle se sépara ainsi de la solution du savon, tandis qu'une plus petite quantité restait suspendue dans cette dernière. La couche oléagineuse fut dissoute dans de l'éther et la solution de savon fut agitée à plusieurs reprises avec de l'éther. Les extraits éthérés furent réunis avec la quantité principale et la solution éthérée fut lavée à l'eau, ce qui avait pour objet d'enlever les dernières traces du savon adhérent. Bien qu'apparemment simple, ce procédé exige plus que la patience ordinaire, car il ne se forme que trop souvent, et malheureusement aux dernières phases, des émulsions qui semblent défier tout effort tenté pour les séparer en deux couches. Je les laissai reposer pendant plusieurs semaines, mais cela ne servit de rien et la dernière ressource fut de les traiter avec la solution éthérée en petites quantités, puis alternativement avec une solution diluée de soude caustique ou avec de l'alcool dilué, et ainsi de suite. Une autre cause d'ennui fut l'apparition d'une couche intermédiaire entre la solution éthérée et la solution de savon. Ce fut en les jetant sur un filtre que j'arrivai à les séparer le mieux possible. J'ai trouvé ensuite que ce stratum floconneux consistait en un savon formé par un acide gras supérieur (1), savon qui n'était pas soluble dans l'eau, mais qui se dissolvait facilement dans la solution alcaline bouillante des autres acides gras.

Ainsi les acides gras libres ont été obtenus en deux parts : d'abord, des acides gras des savons dissous; secondement, ceux des savons solides, difficilement solubles. J'ai chassé par distillation l'éther dissous dans la solution de savon et finalement j'ai mis en liberté les acides gras en acidulant la liqueur par l'acide chlorhydrique. J'ai lavé les acides gras jusqu'à ce que les eaux de lavage fussent exemptes d'acide, j'en ai séparé toute l'eau qu'ils pouvaient retenir et j'ai filtré dans une étuve. On voit qu'à cette phase des essais, je ne me suis aucunement préoccupé de savoir s'il y avait si peu que ce fût d'acides gras volatils solubles; je ne m'en suis pas préoccupé davantage dans tout le cours de cet examen, sauf pour la dernière analyse de cette graisse récupérée, analyse que je donnerai tout à l'heure. Je puis en outre signaler immédiatement que toutes les substances ont été desséchées et filtrées avant d'être examinées.

J'ai dissous dans de l'alcool étendu des quantités pesées des acides gras provenant de la solution de savon, et je les ai titrées avec de la soude aqueuse demi-normale pour déterminer leur poids moléculaire. J'ai trouvé dans trois expériences 376-378-379, par conséquent la moyenne 377,6. Plus tard, dans le cours de mes recherches, j'ai observé que quelques-uns des acides gras supérieurs étaient très sujets à subir une perte appréciable dans l'étuve, à une température ne dépassant pas 100° centigrades, ce qui indiquait la formation d'anhydrides ou peut être de lactones, ce qui se manifestait par un poids moléculaire très élevé ; car ces anhydrides, pendant le titrage à la soude caustique aqueuse, se comportaient pour ainsi dire comme une masse inerte; ils n'étaient pas hydratés par l'alcali aqueux, ou, en tous cas, pas complè-

(1) Par acides gras « supérieurs », j'entendrai, dans tout le cours de ce Mémoire, des acides gras possédant un poids moléculaire qui dépasse 300.

tement. (*The Journal of the Society of Chemical Industry*, 1890, p. 846). Il m'était facile de prouver qu'il en était ainsi, en titrant avec de la potasse alcoolique, laquelle hydrauliserait tous les anhydrides qui auraient pu se former et, par conséquent, la quantité totale de potasse caustique étant trouvée, réduirait le poids moléculaire à sa valeur convenable. J'ai donc fait bouillir avec de la potasse alcoolique normale, les acides gras pour lesquels j'avais trouvé plus haut le poids moléculaire moyen 377,6; ils m'ont donné les poids moléculaires 327,7 et 326, d'où on peut déduire la moyenne 326,8 comme étant le véritable poids moléculaire moyen. J'ai traité avec de l'eau bouillante et de l'acide chlorhydrique, le savon solide que j'avais obtenu comme couche intermédiaire entre la solution éthérée et la solution aqueuse, et j'ai ainsi mis en liberté les acides gras. J'ai trouvé par titrage à la soude caustique que leur poids moléculaire était approximativement 3920, ce qui naturellement est absurde. Bouillis avec de la potasse alcoolique normale, ils ont donné par nouveau titrage de l'excès de potasse caustique, le poids moléculaire 520 comme moyenne de deux déterminations concordantes. Ces acides gras étaient très difficilement solubles dans l'alcool. La proportion entre les acides gras libres formant des savons facilement solubles et les acides gras libres donnant les savons solides était de 9,1 ; on peut donc admettre que le poids moyen de *tous* les acides gras libres est : $\frac{9 \times 326 + 520}{10} = 345.$

Les acides gras provenant de la solution de savon, possédaient un poids moléculaire plus élevé que je ne l'avais prévu ; la supposition d'après laquelle les acides gras libres supérieurs particuliers aux suints ne seraient contenus que dans le savon solide n'avait pas été confirmée par les faits. Une méthode facile pour séparer les acides gras possédant un poids moléculaire supérieur à 280 de ceux dont le poids moléculaire est d'environ 280 (acides stéarique et oléique), paraissait indiquée par l'observation contenue dans un brevet de la *Norddeutsche Wollkämmerei und Kammagarnspinnerei zu Bremen* (brevet allemand 55110, 3 décembre 1889), d'après laquelle les savons des premiers de ces acides sont les seuls qui soient solubles dans l'alcool bouillant et qui se séparent quand on fait refroidir la solution au-dessous de 25° centigrades, tandis que les savons des derniers de ces acides gras sont solubles à la fois dans l'alcool chaud et dans l'alcool froid. En conséquence, j'ai dissous dans l'alcool chaud 50 grammes des acides gras récupérés de la solution de savon et je les ai titrés avec de la soude alcoolique jusqu'à neutralité, j'ai ajouté assez de soude alcoolique pour tenir les savons facilement en solution pendant qu'ils étaient chauds, et je les ai laissés refroidir au-dessous de 25° centigrades. J'ai séparé le savon déposé pendant le refroidissement en filtrant et en aspirant la liqueur mère, puis j'ai préparé et titré les acides gras des savons solides et des savons dissous, pour en déterminer le poids moléculaire. L'estimation au moyen de la soude aqueuse a donné, pour les acides du savon solide, le poids moléculaire moyen 343, tandis que les acides gras du savon dissous ont donné 394. En me servant de potasse alcoolique, comme cela était nécessaire d'après l'expérience mentionnée ci-dessus, j'ai trouvé les poids moléculaires respectifs 303 et 338. Les acides gras ayant le poids moléculaire 303 étaient solides ; ceux possédant le poids moléculaire moyen 338 étaient liquides, ce qui a paru d'abord surprenant, mais ce que l'on peut expliquer, en admettant que les acides liquides appartenaient à une série non saturée.

Il est évident que la méthode consistant à séparer les sels de sodium des acides gras au moyen de l'alcool exigerait une fastidieuse répétition dans la même opération, sans posséder un avantage sur les anciennes méthodes également fastidieuses.

Les acides gras supérieurs du poids moléculaire 520 offraient un intérêt spécial en raison de leur poids moléculaire supérieur et de leur propriété de perdre facilement de l'eau. Il était facile de décider si ce qui s'était formé se composait des anhydrides normaux ou des lactones, c'est-à-dire des anhydrides inférieurs. J'ai montré que quand on fait bouillir des acides gras qui possèdent le groupe COOH seulement, sans groupe

OH à côté, avec de l'anhydride acétique (*Journal of the Chemical Society*, 1890, p. 843), il se forme des anhydrides normaux, et il est facile de le constater en pesant le produit qui en résulte, car ce produit : 2 $C^{15}H^{31}COOH$, étant transformé par ce réactif en $(C^{15}H^{31}CO)^2O$, perdra une molécule d'eau. Les acides hydroxylés, par exemple $C^{15}H^{30}(OH)COOH$, subiront la même modification. Mais en même temps l'atome d'hydrogène du groupe OH sera échangé contre un groupe d'acétyle et le produit résultant $[C^{15}H^{30}(OC^2H^3O)CO]^2O$ présentera un accroissement de poids, la perte de H^2O par deux molécules de l'acide étant plus que contrebalancée par l'absorption de deux groupes C^2H^2O. En conséquence, j'ai fait bouillir 5 gr. 9283 des acides gras, poids moléculaire 520, avec de l'anhydride acétique et j'ai obtenu sur un filtre pesé 6 gr., 1960, ce qui indique une augmentation de poids égale à 4,52 pour 100 : il était donc évident que les acides gras contenaient une grande quantité d'acides hydroxylatés. Un acide hydroxylaté ayant le poids moléculaire 520 augmenterait de 6,5 pour 100 par la même opération. La valeur de l'indice d'iode de ces acides gras était 21,5, mais on n'en peut tirer aucune conclusion quant à la série à laquelle appartiennent les acides ou quelques-uns d'entre eux. Il y avait encore un point à fixer par l'expérience, à savoir si les acides supérieurs de la série $C^nH^{2n}O^2$ perdent facilement de l'eau par formation d'anhydride. Comme je possédais un spécimen d'acide cérotique pur, poids moléculaire 410, je l'étudiai sous ce rapport. J'en chauffai 5 grammes à 130° centigrades, je les fis dissoudre dans l'alcool et titrai avec une solution aqueuse de soude, à la moitié du titre normal. Je trouvai que le poids moléculaire était 415 ; il ne s'était donc pas produit d'hydratation.

La graisse neutre et la matière non saponifiable de la graisse récupérée étaient contenues dans la solution éthérée après l'enlèvement des acides gras, et toutes deux furent obtenues ensemble par distillation du solvant. Les substances que l'on pouvait espérer trouver dans cette partie de la graisse ont déjà été énumérées. Pour prouver l'absence de glycérol et par conséquent de glycéride, j'ai saponifié complètement une grande quantité de la graisse récupérée, et j'ai examiné la solution aqueuse. Il ne pouvait y avoir d'hydrocarbure ou, pour m'exprimer plus exactement, il ne pouvait y en avoir des quantités appréciables, car les substances extraites par l'éther après saponification si complète de la graisse récupérée se dissolvaient complètement dans l'anhydride acétique, sans qu'il se séparât par le refroidissement aucune graisse minérale. Il était donc très probable que la matière non saponifiable consistait en cholestérol, en isocholestérol et peut-être en d'autres alcools. Pour séparer ces derniers de la graisse neutre, j'ai à plusieurs reprises extrait par l'alcool bouillant dans lequel, comme Berthelot l'a montré, des éthers de cholestéryle sont à peu près insolubles. Néanmoins la partie dissoute dans l'alcool bouillant, se sépara par un léger refroidissement à l'état d'une masse amorphe. Bien qu'elle fût apparemment identique avec la substance insoluble, je la maintins encore séparée de façon à m'assurer que j'avais à une substance exempte de toute matière non saponifiable. Je parlerai tout à l'heure de la matière extraite ; pour le moment je ne veux m'occuper que de la graisse neutre.

Cette graisse neutre est une substance visqueuse, semblable à de la cire, fondant en un liquide épais, quand on la chauffe modérément. Cette substance sans aucun doute est très semblable à cette partie du suint de Schulze qui s'est montrée insoluble dans l'alcool et qui, par saponification, lui a fourni du cholestérol et de l'isocholestérol, mais avec cette importante différence que ma substance est un corps neutre, tandis que celle de Schulze, dans le cas de quelques spécimens de suint, contenait des acides gras libres, difficilement solubles dans l'alcool comme je l'ai dit plus haut. Pour pousser plus loin l'examen de cette graisse neutre, il fallait la saponifier, et, pour en même temps obtenir quelque aperçu de la nature de la matière non saponifiable contenue dans la « graisse récupérée », j'analysai la graisse neutre en même temps que le mélange de graisse saponifiable et de matière non saponifiable retiré directement de la solution éthérée décrite plus haut. La saponification de cette graisse neutre ne se produit pas facilement, même quand on se sert d'un grand excès de potasse alcoolique et que l'on chauffe pendant une heure : les nombres discordants qui ont été obtenus, dans des expériences parallèles, montrent que dans aucun cas la saponification n'avait été complète.

J'obtins à la fin des résultats satisfaisants, lorsque j'exécutai la saponification avec de la potasse alcoolique au double du titre normal sous pression. Je trouvai que l'emploi d'un flacon de cuivre était très convenable pour cet usage; le flacon resta immergé dans de l'eau bouillante pendant une heure ou à peu près et le contenu était agité de temps en temps. Quelque temps après que j'eus terminé ces expériences, un brevet fut pris par Kossel et Obermüller pour la saponification de la graisse au moyen de sodium métallique projeté dans un mélange de graisse et d'alcool absolu, ou, ce qui revient au même, au moyen *d'alcoolate de sodium*. J'ai comparé cette méthode avec celle que j'ai pratiquée moi-même quantitativement, en me servant, naturellement, d'une solution récemment préparée d'alcoolate de sodium, celle-ci pouvant être titrée. Les nombres obtenus montrent qu'il y a correspondance absolue entre les deux méthodes.

1 gramme de :	Potasse alcoolique sous pression.	Alcoolate de sodium.
	exige des quantités correspondant à	
A) Graisse neutre.............	1.825 c. c. KOH	1.825 c. c. KOH
B) Graisse neutre + matière non saponifiable..............	1.733 c. c. KOH	1.727 c. c. KOH

Quoique plus commode, la méthode de Rossel et Obermüller peut être trouvée par trop coûteuse dans la pratique du chimiste analyste, et il y a fort à craindre que, pour la même raison, les brevetés ne trouvent pas de fabricant disposé à leur acheter une licence pour saponifier les glycérides ou même le suint au moyen du sodium métallique et de l'alcool absolu.

Pour extraire les alcools et la matière non saponifiable (dans le cas de B), j'ai agité avec de l'eau les graisses saponifiées et j'ai acidulé avec de l'acide chlorhydrique les solutions de savon épuisées. J'ai lavé sur un filtre taré les acides qui s'étaient séparés et je les ai pesés comme on fait dans la méthode de Hehner pour l'analyse du beurre.

J'ai obtenu les nombres suivants :

	A) Graisse neutre.		B) Graisse neutre + matière non-saponifiable.	
	I Pour 100.	II Pour 100.	I Pour 100.	II Pour 100.
Acides gras.............	56.3	54.1	50.7	49.8
Alcools................	43.2	44.0	47.5	47.6
	99.5	98.1	98.2	97.4

La somme donnée par les analyses ne s'élève pas à 100 parties, bien que je me fusse attendu à ce qu'elle soit de 102 à 103 pour 100, à cause de 2 à 3 pour 100 d'eau absorbés pendant la saponification. On ne peut chercher l'erreur que dans les nombres pour les acides gras; il était donc impossible de calculer le poids moléculaire de ces acides gras d'après leur poids et la quantité de potasse normale employée à saponifier. On peut partiellement s'expliquer que les nombres pour les acides gras aient été trouvés trop bas, d'après l'observation relatée plus haut, que les acides du suint ont perdu de l'eau pendant la dessiccation ou, en d'autres termes, par une formation soit d'anhydrides, soit de lactones, soit des deux pendant la dessiccation. Preuve suffisante à l'appui de cette opinion : la différence des nombres trouvés pour les poids moléculaires de ces acides gras déterminée d'une part au moyen de la soude aqueuse à la moitié du titre normal et d'autre part au moyen de la potasse alcoolique. Ce titrage à la soude aqueuse a donné le poids moléculaire 363, tandis que, en faisant usage de la solution normale alcoolique, j'ai trouvé les valeurs 325 et 330, moyenne 327,5.

Cette dernière valeur doit être considérée comme la valeur véritable. Il est à peine nécessaire de dire que les acides gras de A) et de B) étaient identiques.

Au moyen des valeurs obtenues pour le poids moléculaire des alcools et au moyen de la quantité d'alcali employée pendant la saponification, il est possible de calculer la composition de A) et de B) :

		A) Graisse neutre.	B) Graisse neutre + matière non-saponifiable.
Alcools (moyenne)		43.60	47.55
Acides gras	1.825 × 327.5	59.77	56.66
	1.73 × 327.5	»	»
		103.37	104.21

Ces nombres peuvent être considérés comme représentant à peu près les deux constituants de A et de B après hydrolyse de ces matières.

L'analyse de la graisse neutre nous donne la facilité de calculer le poids moléculaire moyen des *alcools*, par l'équation $M = \frac{48,6 \times 327,5}{59,77} = 239$. La même analyse nous permet aussi de calculer la quantité de matière non saponifiable, c'est-à-dire d'alcool libre dans la partie B; car les 56,66 pour 100 d'acides gras de cette partie exigent, pour le poids moléculaire moyen, 239, des alcools, 41,34 pour 100 d'alcool pour former de la graisse neutre. (On peut trouver le même nombre plus rapidement au moyen de la proportion $\frac{59,77}{43,60} = \frac{56,66}{x}$.)

Par conséquent, la partie B contenait $47,55 - 41,34 = 6,21$ pour 100 d'alcool libre. Ce n'est là du reste qu'une approximation, des analyses de ce genre devant être complétées par des calculs indiquant les limites qu'il ne faut pas franchir.

Les acides gras ont absorbé 17 pour 100 d'iode seulement, ce qui exclut une plus grande quantité d'acides non saturés.

Je n'ai pas poussé plus loin l'analyse des acides gras. J'ai fait bouillir les alcools avec deux fois leur poids d'anhydride acétique pour les transformer en leurs acétates; j'ai employé des quantités pesées et j'ai déterminé les augmentations de poids des alcools, en recueillant les produits sur des filtres tarés. J'ai obtenu les nombres suivants :

	Poids de l'alcool.	Poids de l'acétate.	Augmentation.	Moyennes.
	Grammes.	Grammes.	Pour 100.	Pour 100.
Graisse neutre	4.4574	5.0084	12.35	12.70
	7.7967	8.8149	13.06	
Graisse neutre + matière non-saponifiable	6.024	6.8624	13.90	13.60
	7.077	8.0202	13.30	

Pour permettre la comparaison, j'ajoute les valeurs correspondantes (c'est-à-dire l'augmentation résultant de l'échange d'un atome d'hydrogène contre un groupe d'acétyle) pour plusieurs alcools.

	Augmentation.
Alcool cétylique	17.2 pour 100.
Alcool cétylique	10.6 —
Cholestérol ou isocholestérol	11.3 —

Les indices de saponification des acétates obtenus ont été déterminées immédiatement, car des expériences que je mentionnerai tout à l'heure m'avaient montré combien il était pénible et relativement inutile d'essayer de séparer les acétates par cristallisation dans l'alcool. On peut, comme on le verra dans la troisième partie de ce mémoire, entreprendre avec quelque succès de séparer le cholestérol de l'alcool éthylique par cette méthode, mais les alcools aliphatiques supérieurs (et il y en avait, selon toute apparence) fournissent des liquides que l'on ne pouvait pas faire cristalliser. J'ai obtenu les nombres suivants :

Acétate provenant des alcools de :	Poids.	Potasse alcoolique 1/1 employée pour saponification.	Valeur de saponification.
	grammes.	centimètres cubes.	
A) Graisse neutre	8,5720	24,58	160,9
B) Graisse neutre et matière non saponifiable.	17,3226	20,40	156,3

Voici les valeurs théoriques de saponification auxquelles nous arrivons pour les trois alcools mentionnés plus haut :

Acétate	Indice de saponification.
Alcool cétylique....................................	197,5
Alcool cérylique....................................	128,0
Cholestérol ou isocholestérol	135,5

La valeur correspondante pour l'alcool octylique, que Guetta dit avoir trouvée dans les produits de la distillation du suint, est 330. Je n'ai pas consigné cet alcool à côté des autres, car Hannau (1) n'a pas pu en démontrer l'existence dans le suint distillé.

J'ai préparé environ 20 grammes des alcools provenant de la graisse neutre A), dans l'espoir d'isoler le cholestérol en le faisant cristalliser dans l'alcool ordinaire ou dans un mélange d'alcool et d'éther (je décrirai bientôt une expérience exécutée avec les acétates de ces alcools), mais je n'ai pas tardé à découvrir qu'il était impossible d'arriver de cette manière à des résultats satisfaisants, du moins dans les limites du temps dont je disposais. D'autres dissolvants, tels que le chloroforme, l'éther de pétrole, le benzène, n'ont pas donné de meilleurs résultats. J'ai obtenu les substances d'aspect gélatineux et cristallin que Schulze a décrites et desquelles il a séparé avec succès le cholestérol et l'isocholestérol au moyen de leur benzoate, tandis qu'il n'a pu identifier un autre alcool qui se trouvait présent. Il me fallut renoncer à faire d'autres essais pour, du mélange de ces alcools, isoler les divers composés homologues, et j'ai eu recours à l'artifice des réactions colorées. Je parlerai de ces réactions colorées dans la troisième partie de mon mémoire, et je me contenterai ici de dire que j'ai obtenu avec une netteté très satisfaisante la réaction colorée proposée tout récemment par Schulze pour l'isocholestérol (*Zeitschrift für physiologische Chemie*, t. XIV, page 522), mais que je n'ai pu obtenir la réaction correspondante pour le cholestérol, ce qui du reste n'exclut aucunement la présence de ce corps.

La quantité de matière non saponifiable, à en juger d'après l'analyse de la partie B) (mélange de graisse neutre et de matière non saponifiable), ne pouvait être que très petite. J'ai calculé plus haut qu'elle était égale à 6,21 pour 100 de la partie B). Comme je l'ai montré plus haut, cette troisième classe des constituants de la graisse récupérée avait été obtenue au cours de la préparation de la graisse neutre, et elle était contenue dans l'alcool qui avait servi à effectuer la séparation.

Je dois faire remarquer que Liebreich (*Archiv für Physiologie* 1890, p. 363) a proposé d'employer, pour séparer le cholestérol des éthers de cholestéryle, deux réactifs qu'on ne rencontre pas très communément, savoir : l'éthylacéto-acétate et l'éthyl-éthylacéto-acétate. Je n'ai pas trouvé — la solubilité de la masse extraite dans l'acide acétique l'a prouvé — d'huile minérale qui aurait été extraite en même temps que des alcools libres par l'alcool bouillant. En conséquence, je m'attendais à ne trouver que du cholestérol et de l'isocholestérol. Par le refroidissement de la solution alcoolique, j'ai obtenu de petits cristaux qui, après avoir cristallisé plusieurs fois dans ce dissolvant, m'ont paru assez purs pour être examinés. J'ai trouvé que le point de fusion variait de 57 à 58 degrés; par conséquent, les cristaux n'étaient ni du cholestérol ni de l'isocholestérol. Bien plus, en faisant bouillir l'alcool avec de l'anhydride acétique, j'ai obtenu une

(1) *Public. del Laboratorio chimico centrale delle Gabelle*, Rome, 1891.

substance amorphe fondant entre 37° et 39° centigrades et dont le poids était égal à 108 pour 100 du poids de la matière primitive. Cette substance ne présentait que très faiblement la réaction de l'isocholestérol, et elle n'absorbait que 3,7 pour 100 d'iode. Il est donc permis de conclure que l'alcool isolé est de l'alcool cérylique, dont la présence dans le suint (à l'état de cérotate) a été affirmée par M. Buisine.

Les liqueurs mères de cet alcool cérylique ont donné des substances gélatineuses et finalement des substances huileuses que je n'ai pu identifier autrement que par des réactions colorées ; celles-ci accusaient très nettement la présence de l'isocholestérol.

Dans l'espoir d'arriver peut-être à de meilleurs résultats en ce qui concerne les alcools, j'ai saponifié une plus grande quantité de la graisse récupérée primitive et j'ai immédiatement traité par l'éther la solution de savon. J'ai obtenu à nouveau une grande quantité de la couche intermédiaire et je l'ai recueillie séparément dans quelques expériences, de sorte que j'ai pour ainsi dire fractionné dans une certaine mesure tous les acides gras contenus dans la graisse récupérée, acides libres et acides combinés; dans d'autres expériences, j'ai obtenu en une seule masse *tous* les acides gras de la graisse récupérée en dissolvant la couche intermédiaire dans la solution de savon chaude et en acidulant cette dernière.

J'ai trouvé, par titrage avec de la soude aqueuse à la demi-normale, le poids moléculaire de *tous* les acides gras préparés en dernier lieu : 1) 411,5; 2) 412; 3) 410,8; 4) 400. La détermination au moyen de la potasse alcoolique a cependant donné les valeurs 331 et 333, de sorte que 332 doit être pris comme représentant le véritable poids moléculaire moyen de tous les acides gras de la graisse récupérée (abstraction faite de tous acides volatils).

Les deux fractions des acides gras, si je puis m'exprimer ainsi, c'est-à-dire *a*) les acides gras des savons facilement solubles, et *b*) les acides gras de la couche intermédiaire, ont été également essayées par titrage, ce qui a donné, pour leur poids moléculaire moyen, le résultat suivant :

FRACTION A.

Poids moléculaire par titrage avec de la soude aqueuse...........	340
Poids moléculaire par titrage avec de la potasse alcoolique........	318

J'ai essayé ensuite de fractionner encore ces acides gras au moyen de la méthode brevetée mentionnée plus haut ; dans ce cas aussi, les acides gras solides formant les savons les moins solubles ont présenté un poids moléculaire inférieur à celui des acides liquides dont les sels de sodium étaient solubles dans l'alcool au-dessous de 25° centigrades. Voici les nombres obtenus pour les poids moléculaires :

I. — ACIDES SOLIDES.

α) au moyen de solution aqueuse..........................	323
β) au moyen de potasse alcoolique.........................	309

II. — ACIDES LIQUIDES.

α) avec soude aqueuse..................................	385
β) avec potasse alcoolique..............................	331

FRACTION B.

Poids moléculaire par titrage avec solution aqueuse de soude......	670

Je n'avais pas exécuté de dosage au moyen de la potasse alcoolique, car à cette époque je ne savais pas que les acides gras supérieurs de la graisse récupérée subissaient une sorte de déshydratation quand ils étaient soumis à une température de 100° centigrades. La séparation de ces acides ou plutôt de leurs savons, au moyen de l'alcool, en deux fractions, n'a donné qu'une très petite quantité d'acide liquide, tandis qu'elle a donné, en majorité, des acides gras solides. J'ai trouvé, au moyen de la soude aqueuse, que le poids moléculaire moyen des acides liquides était 1380 ; au moyen de la potasse alcoolique, j'ai trouvé 618. Quant aux acides solides, j'ai trouvé pour leur poids moléculaire, par la soude aqueuse, 660; par la potasse alcoolique, 480. Ces acides solides contenaient des acides hydroxylés, car, en les faisant bouillir avec de l'acide acétique, j'ai trouvé une augmentation de 3,3 pour 100. Leur indice d'iode n'était que de 8,9.

Je préparais les alcools dans chaque cas en agitant la solution de savon à plusieurs reprises avec de l'éther, sans avoir égard à la couche moyenne, laquelle alors était bien moins gênante que la séparation correspondante de la graisse neutre et de la matière saponifiable des acides gras libres. Des expériences quantitatives m'ont montré que, malgré la couche moyenne gênante, dont on ne se débarrasse bien qu'en la filtrant, le traitement de la solution aqueuse par l'éther, avec lavage subséquent de la solution éthérée avec de l'eau, est ce qui donne le résultat le meilleur et le plus digne de confiance.

Le traitement extractif de la masse saponifiée desséchée, mêlée avec du sable, dans un tube de Soxhlet, a causé plus de retard, car, en raison de la grande quantité de matière non saponifiable, l'éther a dissous de plus grandes quantités de savon qu'il a fallu éliminer en recommençant à laver. La substitution de l'éther de pétrole à l'éther donne des résultats pires encore, car on sait bien que l'éther de pétrole, en présence d'une grande quantité de matière non saponifiable, dissout de notables quantités de savon. A ce propos, je puis signaler que Hönig et Spitz (*Zeitschrift für angewandte Chemie*, 1891, page 565) proposent pour le dosage de la matière non saponifiable le traitement de la solution aqueuse de savon au moyen d'éther de pétrole et le lavage de ce dernier au moyen d'alcool à 50 pour 100.

Les alcools extraits n'ont pas donné de cendre par incinération. C'est là un essai que l'on ne devrait pas omettre dans les dosages des substances de ce genre. J'ai desséché les alcools, je les ai fait bouillir avec deux fois leur poids d'anhydrique acétique; j'ai lavé les acétates ainsi obtenus jusqu'à ce qu'ils fussent exempts d'acide acétique et je les ai desséchés. J'ai dans deux expériences déterminé l'augmentation de poids : elle était une fois de 9,90 pour 100, l'autre fois de 10,2. J'ai trouvé que l'indice de saponification des acétates mélangés était 150,6 (moyenne de 149,9 et de 151,3), leur indice d'absorption d'iode était de 44,03. J'ai divisé les acétates en deux parties; j'ai fractionné la première partie, 90 grammes environ, dans le vide comme j'avais fait pour les acétates des alcools de spermaceti. La température s'est élevée rapidement jusqu'à 330° centigrades, dans un vide de 65 centimètres. Entre 330° et 350° centigrades, j'ai obtenu trois fractions qui toutes présentaient cette odeur particulière qui caractérise, pour les huiles minérales, les fractions à point d'ébullition élevé. Il me parut que des cristaux engagés dans une masse visqueuse se séparaient de ces liquides distillés.

Je vais donner les indices de saponification et les indices d'iode de ces trois fractions. Il se peut bien que la première fraction ait contenu un peu d'acide acétique, à en juger d'après son indice élevé de saponification. Le résidu a été perdu.

Fraction.	Solubilité dans l'alcool.	Indice de saponification.	Absorption d'iode pour 100.
1re	Aisément soluble.......	237,5 (!)	32,2
2e	Non aisément soluble...	136,5	57,0
3e	Difficilement soluble....	59,3	78,3

La différence de solubilité de ces trois fractions dans les alcools peut être considérée comme une preuve de la décomposition qui, évidemment, a eu lieu. La fraction 3 est celle qui contenait la plus grande quantité d'hydrocarbures. Si les valeurs trouvées dans la seconde fraction concordaient parfaitement avec celles que donneraient le cholestérol et l'isocholestérol, savoir : 135,5 et 68,3 (voir la 3e partie de ce mémoire), cela ne peut donc être considéré que comme un effet du hasard. En essayant de séparer de la seconde fraction, soit de l'acétate de cholestéryle, soit de l'acétate d'isocholestéryle, par cristallisation dans l'alcool, je n'ai obtenu que des flocons; la plus grande partie se séparait sous forme d'une huile lourde. Après un grand nombre de vains efforts pour obtenir des cristaux, j'ai saponifié toute la masse pour préparer les alcools au moyen de cette dernière, dans l'espoir qu'il serait plus facile d'identifier ces alcools.

En les faisant cristalliser dans un mélange d'éther et d'alcool, j'ai obtenu une masse semi-cristalline, qui présentait très exactement la réaction du cholestérol, à côté de celle de l'isocholestérol. Je suis disposé à croire que le cholestérol se trouvait présent en plus grande proportion que l'isocholestérol. Il est évident qu'il n'aurait servi de rien de déterminer les indices d'iode. Je ne pouvais, faute de temps et faute des appareils nécessaires pour chauffer les tubes scellés, exécuter la méthode de séparation au moyen de l'anhydride benzoïque due à Schulze ; du reste, cette méthode elle-même n'aurait pas fourni de résultats quantitatifs satisfaisants. J'ai traité de la même manière les deux autres fractions des acétates, la première et la troisième. Des alcools de la première fraction, j'ai obtenu des cristaux qui ont donné les réactions du cholestérol et de l'isocholestérol. La troisième fraction a donné par saponification une masse oléagineuse se gélatinisant par refroidissement, et contenant évidemment une grande quantité d'hydrocarbures. Les réactions colorées de l'espèce décrite n'ont pu donner aucun résultat avec un pareil mélange.

J'ai essayé de résoudre la seconde partie des acétates bruts en ses constituants, par cristallisation dans l'alcool absolu, car on sait que l'acétate de cholestéryle se sépare de cet alcool en cristaux caractéristiques. J'ai commencé avec 100 grammes de substance. Par refroidissement, j'ai obtenu quelques cristaux, mais la partie de beaucoup la plus considérable s'est séparée sous forme d'une masse visqueuse oléagineuse. Il serait trop long de décrire, si peu que ce soit, les essais très fastidieux que j'ai faits pour obtenir les cristaux purs et en grande quantité. Je me bornerai à dire que j'ai réussi à obtenir 7 grammes de l'acétate cristallisé. Par redissolution dans l'alcool, il n'a plus fourni de substance oléagineuse. Quant aux 93 pour 100 restants, je les ai laissés ensemble, car, bien qu'une partie parût avoir une tendance à cristalliser, il était difficile de différencier l'huile en plusieurs parties.

L'acétate cristallisé, lorsque je l'ai desséché à l'étuve, a fondu au-dessous de 80° ; j'en ai conclu qu'il consistait principalement en un mélange d'acétate de cholestéryle et d'isocholestéryle, mélange qui, d'après Schulze, fond au-dessous de 100° centigrades ; mais la valeur de saponification trouvée, 161, m'a montré que j'étais encore loin d'avoir les substances pures. J'ai donc préparé les alcools contenus dans les acétates, et, en les dissolvant dans un mélange d'alcool et d'éther, j'ai obtenu par refroidissement une substance indistinctement cristallisée, qui a présenté magnifiquement la réaction de l'isocholestérol ; quant à la réaction du cholestérol, elle n'a été observée qu'en certaines circonstances. La détermination de l'absorption d'iode par les alcools (voir la 3e partie de ce mémoire) pourrait résoudre définitivement la question de savoir s'il y avait de grandes quantités de cholestérines. Les alcools n'ont absorbé que 5,1 pour 100 ; ceci montre que la partie de beaucoup la plus grande consistait en un alcool de la série $C^nH^{2n+2}O$, et, comme j'avais trouvé précédemment de l'alcool cérylique, ce mélange d'alcools doit être considéré comme consistant en alcool cérylique, en isocholestérol et en cholestérol.

Les acétates oléagineux ont donné des valeurs de saponification comprises entre 106 et 106,5 ; l'alcool provenant de ces acétates a augmenté de 7,6 pour 100 par ébullition avec de l'anhydride acétique, d'après ce que j'ai trouvé dans deux expériences. En admettant, pour un moment, que la substance soit homogène, nous pouvons, d'après les valeurs de saponification, trouver, pour l'alcool, le poids moléculaire 528, tandis que, en acétylant, nous retrouverions l'augmentation 7,5 pour 100.

Mais ces acétates oléagineux contenaient indubitablement de l'acétate de cholestéryle et d'isocholestéryle, et l'on pouvait en déterminer approximativement la quantité d'après l'absorption d'iode par leurs acétates, pourvu que les autres alcools fussent des alcools saturés, supposition que confirme faiblement la présence de l'alcool cérylique. Les acétates oléagineux n'ont absorbé que 31,99 pour 100 d'iode, tandis que la théorie exigerait, pour l'alcool cholestérylique et pour l'alcool isocholestérylique (voyez la troisième partie de ce mémoire) 61,3 pour 100. Nous pouvons donc admettre, en nombres ronds, que les acétates oléagineux contenaient 50 parties pour 180 des acétates de cholestérine; comme l'indice de saponification de cette dernière est 135,5, il faudrait que les 50 pour 180 des acétates restants eussent la valeur de saponification 77,5, ce qui conduit, pour la supposition précédente, à un alcool de poids moléculaire 724, ou, en d'autres termes, à un alcool de la formule $C^{52}H^{104}O$.

Mais je suis obligé de couper court, car ces calculs reposent sur une base trop incertaine, et on aurait le droit de m'objecter qu'ils ne sont qu'un jeu de nombres.

L'examen des alcools contenus dans la graisse récupérée n'a donc révélé aucun fait nouveau, si ce n'est, peut-être, que j'ai démontré la présence d'alcool cérylique libre dans cette graisse.

Les acides libres gras de la graisse récupérée, et par conséquent de suint, se composent, dans une certaine mesure, d'acides ayant un poids moléculaire supérieur à 400 et à 500. Ces acides gras, ou quelques-uns d'entre eux, sont caractérisés par leur tendance à perdre facilement de l'eau en se transformant en lactones ou anhydrides inférieurs. Cette propriété des acides due à la présence d'oxydes hydroxylés n'avait pas encore été observée, et par suite les poids moléculaires élevés, comme par exemple 570,9, nombre cité par Allen pour les acides libres de la lanoline (*Comm. Org. Analys.*, t. II, p. 317), ou celui que je calcule d'après un titrage donné, comme étant égal à 820 (100 grammes d'acides exigent 122 centimètres cubes de NaOH normale) doivent être considérés comme inadmissibles.

La graisse neutre de la graisse récupérée, qui est le principal constituant de la graisse de suint, contient, à côté d'autres alcools non identifiés, du cholestérol et de l'isocholestérol. M. Buisine a dit qu'il y a du cérotate de céryle, et par conséquent de l'alcool cérylique, dans cette partie du suint; mais la méthode qu'il a adoptée (*Bull. de la Soc. chim.*, 1887, t. 72, p. 201) ne met point cette assertion hors de doute. L'auteur a saponifié complètement le suint et il a trouvé, parmi les alcools, de l'alcool cérylique, tandis qu'il a isolé des acides gras, l'acide cérotique. J'ai montré plus haut que l'alcool cérylique se rencontre à l'état libre dans le suint. L'analyse de cette graisse neutre nous a conduit au poids moléculaire 239 pour la totalité des alcools; comme le cholestérol et l'isocholestérol possèdent le poids moléculaire 372, nous sommes forcé d'admettre la présence d'alcools inférieurs dans la graisse neutre. M. Buisine arrive à la même conclusion d'après ses expériences; il pense qu'il y a là des homologues inférieurs de l'alcool cérylique, mais il n'a pas réussi à les isoler. L'opinion de Guetta, selon laquelle l'alcool octylique se rencontre dans le suint n'est pas nécessairement controuvée, parce que Hannau n'a pas pu le découvrir dans la graisse distillée (on le verra plus loin).

Les acides gras de cette graisse neutre partagent avec quelques autres la propriété de former facilement des lactones; par conséquent, ils contiennent des acides gras hydroxylés, dont la présence a été en outre prouvée par l'augmentation de poids qui se produit quand on fait bouillir avec de l'anhydride acétique.

On admet généralement et on trouve dans les traités que les acides gras du suint sont essentiellement de l'acide stéarique et de l'acide oléique; M. Buisine admet la présence de ces acides et il ajoute l'acide cérotique. Je suis d'avis que cette assertion repose surtout sur la ressemblance entre la graisse neutre d'une part, l'oléate et le stéarate de cholestéryle préparés synthétiquement par M. Berthelot, d'autre part, et en outre sur l'autorité de Schulze, je crois. Mais ce dernier base simplement son opinion quant à la présence des oléates de cholestéryle et d'isochotestéryle sur l'assertion de Ulbricht et de Reich (*Ann. der Landwirthschaft*, t. 49, p. 122), d'après laquelle ils ont trouvé de l'acide stéarique et de l'acide oléique dans le suint, et il fait remarquer incidemment que l'acide oléique paraît se trouver en grande quantité, mais il se hâte d'ajouter qu'il n'a pas isolé l'acide oléique du suint. Le fait que les acides gras de la graisse neutre fondent à basse température peut avoir été la cause de cette assertion. J'ai trouvé que l'absorption d'iode par ces acides gras était de 17 pour 100, et ceci exclut nettement une grande quantité d'acide oléique et d'autres acides gras non saturés.

Pour conclure, je donnerai l'analyse complète de cette graisse récupérée; les nombres qui parsèment les notes précédentes nous fournissent les données nécessaires pour établir nos calculs. Pour le dosage, j'ai procédé comme il suit : j'ai dissous dans de l'alcool 5 grammes environ de la graisse récupérée et j'ai titré avec de la soude caustique aqueuse demi-normale jusqu'à l'apparition de la couleur œillet avec la phénolphtaléine; j'ai trouvé ainsi qu'un gramme de graisse exigeait 0.71 de KOH normale pour saturer tous les acides libres (1). J'ai fait bouillir 5 autres grammes avec un excès de potasse alcoolique, et j'ai déterminé, par un nouveau titrage de l'excès, la quantité réellement employée pour saturer les acides libres et les acides combinés; j'ai trouvé que 1 gramme de la graisse exigeait 2,19 centimètres cubes de potasse normale. J'a eu recours au même procédé pour doser la matière non saponifiable, c'est-à-dire les alcools, et j'ai trouvé 36,47 pour 100. Il n'y avait plus maintenant qu'à déterminer les acides gras volatils par le procédé bien connu de Reichert-Meissl. Un gramme de la graisse contenait une quantité d'acides volatils qui exigeaient pour leur neutralisation 1 c. c. de KOH normale.

Tous les nombres donnés sont la moyenne de trois expériences qui concordent bien entre elles. Le calcul est maintenant facile. On peut admettre que les acides volatils ont le poids moléculaire moyen 104 (pour $C^5H^{12}O^2$), ce qui nous donne :

$$10,4 \times 0,124 = 1,28 \text{ pour 100 d'acides gras volatils.}$$

On peut bien admettre que les acides volatils se rencontrent à l'état libre, bien que Schulze signale la possibilité de la présence d'acétate de cholestéryle; nous trouvons donc par le calcul, pour les acides libres restants, par gramme :

$$0,71 - 0,124 = 0,586 \text{ centimètres cubes de KOH à 1 pour 1,}$$

ce qui, pour le poids moyen 345 (trouvé plus haut), donne :

$$34,5 \times 0,586 = 20,22$$

comme proportion pour 100 des acides gras libres qui restent.

Les acides gras combinés ont exigé :

$$2,19 - 0,71 \text{ centimètre cube} = 1 \text{ centimètre cube, 48 de KOH à 1 pour 1,}$$

et ceci nous conduit pour le poids moléculaire moyen 327,5 à :

$$32,75 \times 1,48 = 48,47 \text{ pour 100,}$$

pour la quantité d'acides gras combinés calculés comme acides hydratés.

Dans l'analyse pratique, on ne peut pas se servir d'une méthode aussi détaillée que je l'ai fait, mais il est au moins nécessaire de préparer tous les acides gras (libres et combinés) débarrassés d'acides volatils par lavage et d'en déterminer le poids moyen par titrage avec la potasse *alcoolique*. J'ai trouvé de cette manière pour le poids moléculaire moyen de tous les acides gras (moins les acides volatils), 332 (voir plus haut), et ceci donne, leur saturation ayant exigé,

$$33,2 \times 2,066 = 68,59 \text{ pour 100,}$$

pour tous les acides gras à l'état d'acides hydratés, les résultats suivants :

$$2,19 - 0,124 = 2,066 \text{ centimètres cubes de KOH à 1 pour 1.}$$

(1) Un autre point, qui pouvait être soulevé, n'a pas été examiné du tout : c'est la présence possible d'anhydrides dans la graisse récupérée. A supposer qu'ils fussent présents, le titrage des acides libres ne les montrerait pas. Ils passeraient dans la solution éthérée de la graisse neutre et de la matière non saponifiable, et, à la fin, ils seraient extraits, avec la matière non saponifiable, au moyen de l'alcool, car la comparaison de l'analyse des parties A) et B) montre que B) contient moins d'acides gras que A), mais la méthode d'analyse complète, adoptée en II, exclut toute erreur provenant d'une semblable possibilité.

Pour faciliter la comparaison, je donne sous forme de tableau les résultats analytiques calculés par les deux méthodes.

	I.	II.
	Pour 100.	Pour 100.
Acides volatils	1.28	1.28
Acides gras libres insolubles	20.22	68.59
Acides gras combinés (1)	48.47	
Matière non saponifiable (2)	36.47	36.47
	106.44	106.34

On pourrait contrôler le nombre 68,59 en pesant directement tous les acides gras sur un filtre taré; mais dans ce cas, vu la formation d'anhydrides inférieurs, on trouverait un nombre trop bas pour la valeur de Hehner. Néanmoins, pour l'analyse commerciale, une méthode de ce genre peut avoir quelques avantages et mériter d'être recommandée aux chimistes analystes.

Etant donné la difficulté de titrer des solutions aussi concencées que celles que nous avons obtenues dans le cours de l'analyse; étant données aussi les erreurs importantes provenant d'une légère inexactitude dans la détermination du poids moléculaire, le total peut être considéré, je crois, comme suffisamment satisfaisant. Une partie de ce qui dépasse 100 provient naturellement de l'absorption des éléments de l'eau pendant la saponification.

Si nous désirons détailler davantage ces nombres qui tous ont été déterminés directement, nous pouvons introduire la proportion de matière non saponifiable pour 100; nous avons trouvé plns haut par le calcul qu'elle était égale à 6,21 pour 100 de la partie B).

La partie B) forme (48,47 + 36,47) pour 100 = 84,94 pour 100 de la graisse récupérée, ou plutôt, comme nous avons à faire une déduction pour les éléments d'eau ajoutés (mettons 1,94 pour 100), 83 pour 100; d'où nous déduisons :

$$83 \times 0,0621 = 5,15 \text{ pour 100 pour la matière non saponifiable}$$

contenue dans la graisse. L'analyse se lirait donc ainsi :

	Pour 100.	
Acides volatils	1.28	
Acides gras libres insolubles	20.22	
Acides gras combinés	48.47	
Alcools combinés	31.32	36,44.
Matière non saponifiable	5.15	

La graisse récupérée contient donc, en chiffres ronds, après déduction de 1,76 pour 100 pour les éléments d'eau ajoutés pendant la saponification, 78 pour 100 de graisse neutre.

J'ai eu la chance de me procurer les produits de distillation, partie liquide et partie solide de ce même suint qui avaient été préparées industriellement sur une grande échelle. L'examen de la partie liquide a été conduit comme celui de la graisse brute. J'ai commencé par neutraliser les acides libres, puis j'ai extrait au moyen de l'éther la graisse neutre, plus la matière non saponifiable; j'ai ensuite récupéré de l'éther ces deux substances. Il est important de noter que je n'ai pas observé de couche intermédiaire dans ce cas. J'ai trouvé 286 pour le poids moléculaire moyen des acides gras libres; ils peuvent donc être considérés comme un mélange d'acide oléique, stéarique et palmitique avec une petite proportion pour 100 d'acides gras supérieurs.

Un gramme de l'huile a exigé 1 c. c. 92 de KOH à parties égales, pour la neutralisation des acides gras libres; nous avons donc :

$$1,92 \times 28,6 = 54,91 \text{ pour 100 d'acides gras libres}$$

---

(1) A l'état d'acides hydratés.
(2) *C'est-à-dire* alcools.

dans les huiles. Comme la saponification complète de l'huile neutre n'a pris que 2 c. c. 10 de KOH à parties égales, il est évident que la quantité de graisse neutre ne pouvait être que très petite. Je n'ai pu trouver de méthode pour séparer la graisse neutre de la matière non saponifiable, car cette dernière était insoluble dans l'alcool. Il me fallut donc me contenter de ne préparer et doser que les acides qui étaient contenus dans la graisse neutre. A cet effet, j'ai saponifié au moyen de la potasse alcoolique l'huile obtenue de l'éther, et j'ai récupéré les acides gras de la solution de savon en résultant; à cette occasion, j'ai vu apparaître la couche intermédiaire que j'ai mentionnée plusieurs fois plus haut. Les acides provenant de la graisse neutre, titrés avec de la soude aqueuse, ont donné dans un cas le poids moléculaire 538; une autre préparation, provenant d'une autre quantité, a donné 466. Ces derniers acides, chauffés à 150° centigrades ont donné le poids moléculaire 763, et ce nombre est resté le même lorsque l'acide qui avait été employé pour le titrage a été récupéré de son savon et réchauffé à 160° centigrades. Il est clair que la différence des poids moléculaires était due à une différence dans le degré de déshydratation, et que dans ce cas les deux préparations devaient fournir le même poids moléculaire quand on les ferait bouillir avec un excès de potasse alcoolique. C'est ce qui eut lieu en réalité, car j'ai trouvé pour les deux acides les poids moléculaires 393 et 395, ce qui donne définitivement 394 pour la valeur véritable.

La proportion d'acides gras combinés est donc :

$$39,4 \times (2,10 - 1,92) = 7,09 \text{ pour } 100.$$

Les alcools combinés avec ces acides gras devaient se trouver dans la matière non saponifiable, c'est donc celle-ci qu'il fallait examiner en premier lieu. Par saponification complète, la graisse distillée a accusé 38,8 pour 100 de matière non saponifiable. Pour apprécier à l'avance la quantité d'alcools contenus dans la matière non saponifiable, j'ai fait bouillir les quantités pesées avec de l'anhydride acétique, et j'ai recueilli sur un filtre taré le produit en résultant. J'ai fait les quatre expériences suivantes :

Substance employée. — grammes.	Acétate obtenu. — grammes.	Substance employée. — pour 100.
4,9167	4,9483	100.90
5,2735	5,2874	100.20
2,9995	3,0281	100.90
4,5572	4,5979	100.85
	Moyenne....	100.71

Au premier abord, on pourrait être tenté d'attribuer les 0,71 pour 100 *d'excédent* aux erreurs de la méthode, mais dans ce cas il faudrait répondre à la question : « Qu'est devenu l'alcool avec lequel les acides gras combinés ont formé la graisse neutre, puisqu'il ne s'est pas formé de glycérol, même si l'huile ne contenait pas d'alcool libre? » En admettant pour un moment que l'alcool était du cholestérol, poids moléculaire 372, il faudrait qu'il y en eût dans l'huile une proportion égale à celle des acides gras combinés (poids moléculaire 394); c'est-à-dire 7 pour 100; par conséquent, la matière non saponifiable dans laquelle ces 7 pour 100 sont dissous, contiendrait 18 pour 100 d'alcool et il se produirait par l'ébullition avec l'anhydride acétique une augmentation de $18 \times 0,113 = 2,35$, ou, en d'autres termes, la matière non saponifiable employée dans les quatre dernières analyses aurait dû fournir 102,35 pour 100. Mais, naturellement, il nous faut baser un calcul de ce genre sur les nombres que nous avons trouvés en examinant la graisse neutre de la graisse récupérée (voir plus haut), savoir 239, pour le poids moléculaire moyen des alcools, et 12,7 pour 100 pour leur augmentation de poids par ébullition avec l'anhydride acétique; ceci nous conduit à 101,3 pour 100, nombre avec lequel les 100,71 réellement trouvés supportent la comparaison. (Une analyse élémentaire que l'on aurait faite pour trouver l'oxygène par différence n'aurait pas donné des résultats indiscutables.) Le même calcul donne 4,26 pour 100 dans la graisse distillée ou 11 pour 100 d'alcool dans la partie non saponifiable; par conséquent, la partie de beaucoup la plus grande de cette dernière consiste en hydrocarbures, conclusion confirmée par son insolubilité dans l'anhydride acétique. L'alcool aurait pu être extrait au moyen de ce réactif, mais, en raison de son prix élevé, il me fallut préférer l'alcool ordinaire, dans lequel les hydrocarbures, spécialement à la température ordinaire, sont bien moins solubles que les alcools. La matière non saponifiable fut donc à plusieurs reprises portée à l'ébullition avec de l'alcool, et ce dernier, après quelque temps de repos, fut décanté de l'huile non dissoute. Par un léger refroidissement, la plus grande partie des hydrocarbures dissous s'est séparée, et l'alcool encore chaud a donné, à la température ordinaire, une masse de cristaux indistincts qui, par recristallisation dans le mélange d'alcool et d'éther, a fourni une masse semi-cristalline semblable, selon toute apparence, aux mélanges d'alcools obtenus pendant l'examen de la graisse récupérée.

Les alcools ainsi préparés présentent très distinctement la réaction de l'isocholestérol.

A force d'épuiser la matière non saponifiable au moyen de l'alcool, j'ai fini par n'avoir plus comme restes que les hydrocarbures. Ils étaient caractérisés par leur insolubilité dans l'anhydride acétique et jusqu'à un certain point dans l'alcool, ainsi que par la façon dont ils se comportaient en présence de l'acide nitrique. Essayer de les examiner plus à fond, cela aurait été entreprendre une tâche sans issue, vu le manque de méthode convenable; tout ce que je pouvais faire était donc de distiller dans le vide. J'ai obtenu ainsi trois fractions : elles possédaient toutes l'odeur que présentent les produits bruts de distillation des huiles à paraffine, bouillant à la même température. Ces fractions sont mieux définies par le tableau ci-joint :

Fraction.	Densité à 26°,67 C. comparée avec celle de l'eau à la même température.	Apparence.
1re........	0,8513	Huile jaune clair, limpide et fluorescente.
2e	0,9162	Huile brillante se solidifiant en partie et fluorescente.
3e	0,9180	Huile plus foncée, solidifiée et fluorescente.

Le résidu était comme de la poix.

Je répète l'analyse complète de la graisse distillée, sous forme de tableau :

	Pour 100.
Acides gras libres..	54.91
Acides gras combinés..	7.02
Matière non saponifiable..	38.80
	100.73

Ce qui peut se résumer de la manière suivante :

	Pour 100.	
Acides gras libres........................	54.91	
Acides gras combinés........................	7.02	} = 11.28 pour 100 graisse neutre.
Alcools combinés........................	4.26	
Hydrocarbures........................	34.54	
	100.73	

Une manière plus rapide d'analyser cette graisse distillée, manière que l'on peut recommander aux chimistes analystes serait de titrer comme plus haut, mais d'employer, pour la détermination du poids moléculaire moyen, *tous* les acides gras (libres *et* combinés) et de la potasse ou de la soude *alcoolique*. En procédant de cette manière, j'ai trouvé pour le poids moléculaire moyen de tous les acides gras, 300,5 (le titrage avec la soude aqueuse a donné 317) et par conséquent la proportion de tous les acides gras, 300,5 × 2,1 pour 100. Cette manière de calculer conduit à des résultats également satisfaisants :

	Pour 100.
Acides gras	63.1
Matière non saponifiable	38.8

Peser tous les acides gras directement (méthode de Hehner), serait dans ce cas presque aussi exact qu'on peut le désirer, et l'adoption de cette méthode par pesée seule, ou mieux, combinée avec la détermination directe de la matière non saponifiable supprimerait l'incertitude afférente à l'analyse commerciale de cette graisse distillée, incertitude tenant à la *supposition* d'un poids moléculaire pour les acides et au calcul de la matière non saponifiable par *différence.*

La partie solide de la graisse distillée n'a été examinée qu'à la hâte. Un gramme de cette partie solide a exigé 2 c. c. 19 de soude caustique normale, pour la saturation des acides gras libres. J'ai fait bouillir cette graisse avec de la potasse alcoolique : un gramme a exigé 2 c. c. 30. Ce dernier nombre accuse la présence de graisse neutre, et l'on trouverait la quantité de cette graisse neutre par la différence 2,30 — 2,19 = 0,11. La matière non saponifiable s'élevait à 34,05 pour 100.

En comparant les analyses de la graisse récupérée et des produits de distillation de cette graisse, on voit qu'il s'est formé une grande quantité d'hydrocarbures pendant la distillation, fait qui n'a rien de surprenant. En examinant ces huiles distillées dont on ne peut connaître l'origine, on peut être facilement enclin à déclarer que ces hydrocarbures sont de l'huile minérale. Mais une dénomination fausse de ce genre, tout en faisant soupçonner des intentions frauduleuses, pourrait conduire à des conséquences désagréables pour l'acheteur de ces huiles, car les compagnies d'assurance deviennent généralement méfiantes, quand on ne mentionne que de l'huile minérale. La graisse distillée contient légitimement une grande quantité d'hydrocarbures, lesquels, *à ce que l'on me donne à comprendre,* sont dits constituer les propriétés utiles de ces huiles.

Comme on ne connait pas de méthode pour distinguer entre les hydrocarbures formés par distillation destructive et les huiles minérales quelconques ajoutées frauduleusement, il faut se tenir sur ses gardes, quand il s'agit de faire un rapport sur ces huiles.

Une comparaison des deux analyses jette en outre une lumière intéressante sur la destruction qui se produit. Nous remarquons d'abord que la graisse neutre, constituant jusqu'à 78 pour 100 de la graisse récupérée, a été détruite presque complètement.

Dans le premier cas, il est probable que les éthers ont été dédoublés en leurs acides gras et en hydrocarbures, ces derniers se formant naturellement, en raison de ce que les acides gras s'emparent de tout l'oxygène disponible. Cela nous a été appris expérimentalement. Berthelot nous a montré que le stéarate de cholestéryle devient acide quand on le chauffe. Nous savons en outre, d'après les expériences de Smith (*Annales de chimie et de physique,* 3e série, t. 6, p. 40), que le palmitate de cétyle, distillé sous la pression ordinaire, se dédouble en acide palmitique et en cétène, conformément à l'équation

$$C^{15}H^{31}CO.O.C^{16}H^{33} = C^{15}H^{31}COOH + C^{16}H^{32}.$$

Enfin Krafft (*Berichte,* t. 16, p. 3019) a préparé par la même réaction, au moyen des palmitates des alcools dodécatylique, tétradécylique, cétylique et octodécylique, les hydro-carbures : dodécylène, $C^{12}H^{24}$; tétradécylène, $C^{14}H^{28}$; cétène, $C^{16}H^{32}$; et octodécylène, $C^{18}H^{36}$.

Comme la distillation de la graisse récupérée s'effectue au moyen de la vapeur surchauffée, il n'est pas surprenant de trouver qu'une partie de la graisse neutre a échappé à la destruction, car nous savons que le palmitate de cétyle, par exemple, peut être distillé dans le vide sans subir de décomposition.

Les alcools libres ou tous alcools qui peuvent s'être formés par la destruction qui se produit dans ces circonstances perdront facilement de l'eau à ces températures élevées et contribueront pour leur part à la production d'hydrocarbures.

On voit parfaitement que le cholestérol se décompose en hydrocarbures quand on le soumet à la distillation sèche; les autres acools peuvent subir des changements analogues et cela non-seulement pendant la distillation, mais déjà dans l'opération précédente, celle du lavage à l'acide sulfurique concentré. Le cholestérol, par exemple, est transformé par cet acide en trois hydrocarbures isomériques; Zwengen (*Liebig's Annalen*, 1848, t. 66, p. 5) l'a montré.

Les acides gras, de leur côté, se dédoublent en acides à poids moléculaire inférieur; ce sont spécialement, selon toute apparence, les acides gras supérieurs qui doivent subir ce changement, car les acides oléique, stéarique et palmitique peuvent facilement être distillés sans grande destruction dans un courant de vapeur surchauffée. On trouve toujours cependant qu'il se forme une petite quantité d'hydrocarbures, quand on distille ces acides gras inférieurs dans les fabriques de bougies; il nous est donc permis de prévoir que les acides gras deviendront, dans une certaine mesure, une nouvelle source d'hydrocarbures, produits par distillation.

La constitution chimique de quelques-uns de ces acides gras supérieurs que l'on peut considérer comme des acides gras hydroxylés, paraît prédisposer spécialement ces acides à subir ce changement. On peut, en outre, trouver une nouvelle preuve en faveur de cette supposition, dans les observations rappelées plus haut.

La formation de ce savon difficilement soluble, qui se manifeste d'une façon si désagréable pendant la neutralisation des acides gras libres de la graisse récupérée, n'a pas eu lieu lorsque la graisse distillée a subi la même opération. A la saponification cependant, la graisse neutre de cette dernière est apparue à nouveau sous forme de couche intermédiaire; on ne peut invoquer ceci comme contredisant ma supposition, car cela montre simplement que le courant de vapeur entraîne mécaniquement la graisse neutre et la soustrait ainsi à l'influence destructive de la haute température.

III. — Dosage du cholestérol.

Pendant l'examen de la graisse récupérée, j'ai éprouvé très sensiblement l'absence d'une méthode permettant de doser le cholestérol. La séparation du cholestérol en nature ou sous forme de ses éthers à l'état d'acétate ou de benzoate de cholestérine, ne donnerait évidemment pas des résultats quantitatifs. Une méthode optique, la détermination du cholestérol d'après la rotation du plan de la lumière polarisée, était exclue *à priori*, car l'isocholestérol qui se trouve aussi dans le suint, est dextrogyre et, par compensation avec le cholestérol qui est lévogyre, conduirait à des résultats complètement erronés.

Une méthode calorimétrique, basée sur la réaction du cholestérol, de Liebermann, a été récemment proposée par Burchard (*Berichte*, 1890, *Referate*, p. 752), mais, évidemment, il ne pouvait être question de se servir de cette méthode pour le but que j'avais en vue.

Il me fallait donc chercher une méthode nouvelle. L'examen de la formule du cholestérol, $C^{26}H^{43}.OH$, suggère immédiatement la possibilité d'employer des méthodes qui sont généralement pratiquées dans l'analyse des graisses. Le cholestérol, étant un alcool, se transformerait facilement en un éther; bien plus, le cholestérol, étant un composé non saturé, pourrait prendre de l'iode; et l'existence du dibromure qui a été décrit par Wislicenus et Moldenhauer (*Liebig's Annalen*, t. 146, p. 178), semblait indiquer cette méthode. Restait à déterminer expérimentalement si les deux réactions se produisaient quantitativement, et pour cela il n'était aucunement nécessaire d'isoler les dérivés produits, car l'indice de saponification et l'absorption d'iode pouvaient donner une réponse satisfaisante à cette question. Les expériences ont montré que l'acétate de cholestéryle et le diiodure de cholestérol se forment quantitativement et que ces deux méthodes fournissent un moyen facile pour le dosage du cholestérol et, par conséquent aussi, de l'isocholestérol. J'ajoute les détails de l'analyse :

Le cholestérol pur, préparé au moyen de cervelle de veau (dans les ateliers de Kahlbaum), a été porté à l'ébullition avec une fois et demie sa quantité d'anhydride acétique dans un ballon relié à un condensateur à reflux ; le produit résultant a été lavé à l'eau chaude sur le filtre jusqu'à ce que les eaux de lavage ne présentassent plus leur réaction acide, et j'ai mis dans un ballon le filtre avec le précipité, pour les faire bouillir avec un excès de potasse alcoolique normale. L'alcali employé a été déterminé par rétrotitrage de l'excédent.

I

1 gr. 5681 de cholestérol transformé en acétate a exigé, pour sa saponification, 8 c. c. 55 de KOH à la moitié du titre normal ; d'où valeur de saponification : 137,4.

II

1 gr. 9860 de cholestérol a exigé 10 c. c. 3 de KOH à la moitié du titre normal. Valeur de saponification : 132,4.

La théorie indique, pour la formule $C^{26}H^{43}O.C^{2}H^{3}O$, la valeur de saponification 135,5. Pour la détermination de la valeur d'absorption d'iode, j'ai dissous le cholestérol dans 50 centimètres cubes de chloroforme et j'ai ajouté 25 centimètres cubes d'une solution d'iode ainsi que d'une solution de bichlorure de mercure (préparation conforme aux indications de Hübl ; les solutions maintenues à part jusqu'au moment de s'en servir). L'iode non absorbé a été rétrotitré avec une solution d'hyposulfite de sodium, dont 17 c. c. 4 correspondent à 0 gr. 2 d'iode. Il va saus dire que j'ai fait en même temps un essai de contrôle.

I

0 gr. 6060 de cholestérol ont absorbé une quantité d'iode équivalente à 35 c. c. 9 de la solution d'hyposulfite de sodium mentionnée plus haut, d'où la valeur d'iode, 68,09.

II

0 gr. 5617 de cholestérol ont absorbé 33 c. c. 65 de la solution ; valeur d'iode, 67,3.

La théorie exige pour la formation de $C^{26}H^{44}OI^{2}$, 68,3 pour 100. Les dernières expériences prouvent que le cholestérol ne contient qu'un seul groupe CH — CH dans la chaîne latérale d'un seul noyau de benzène.

Après que les résultats ci-dessus eurent été obtenus, j'ai pu essayer jusqu'à quel point le cholestérol pouvait être séparé d'autres alcools. Possédant un spécimen pur d'alcool cétylique, j'ai préparé, au moyen de quantités pesées, un mélange de cholestérol et d'alcool cétylique. L'indice d'iode du mélange a donné directement la quantité de cholestérol. La méthode par l'acétate ne pouvait être employée, comme je l'aurais désiré, car l'acétate de cétyle, fondant à environ 22° centigrades, aurait passé à travers le filtre et, lorsque j'aurais refroidi le filtre au moyen de la glace, la filtration n'aurait pas pu être menée à bonne fin. J'ai, par conséquent, dissous les acétates dans l'alcool absolu, dans lequel l'acétate de cholestéryle cristallise en aiguilles. J'ai obtenu ainsi dans deux expériences une masse de cristaux ayant une valeur de saponification égale à 138,4 et 132,6 ; les rendements respectifs étaient 69,03 et 59,92 pour 100 de l'acétate de cholestéryle qui s'était formé au moyen du cholestérol pesé et introduit. La liqueur-mère provenant des cristaux a donné une autre récolte, fournissant encore 9 pour 100, avec la valeur de saponification 168.

Les cristaux de la première récolte étaient de l'acétate de cholestéryle à peu près pur, tandis que la seconde cristallisation contenait déjà des quantités notables d'alcool cétylique (indice de saponification, 197,5). Il est évident que l'acétate de cholestéryle ne peut être séparé complètement de l'acétate de cétyle par cristallisation dans l'alcool.

Comme dans l'examen de la graisse distillée j'avais obtenu des mélanges d'alcools et d'hydrocarbures, j'ai préparé des mélanges de cholestérol pur et d'une huile minérale ayant la densité 0,880, pour essayer les deux méthodes en vue du dosage du cholestérol dans un cas de ce genre.

J'ai mélangé 0 gr. 8220 de cholestérol avec 0 gr. 2393 de l'huile minérale qui avait été auparavant essayée par l'anhydride acétique et qui, comme je m'y étais attendu, n'avait pas exigé de KOH, et j'ai fait bouillir avec de l'anhydride acétique. Le mélange a exigé pour la saponification 4 c. c. 44 de KOH à la moitié du titre normal. Les 0 gr. 8220 de cholestérol auraient dû donner théoriquement 0 gr. 9148 d'acétate, d'où la valeur de saponification 136,1 au lieu de 135,5.

La proportion de cholestérol pour 100 dans le mélange aurait pu être trouvée immédiatement au moyen de la formule :

$$P = \frac{\alpha \times 56,1 \times 372}{S \times 414 \times 135,5 \times 100}.$$

dans laquelle α est le nombre de centimètres cubes de potasse normale à 1 pour 1 employés; S la substance pesée; 56,1 le poids moléculaire de KOH; 372 celui du cholestérol, et 414 celui de l'acétate de cholestéryle, tandis que 135,5 est la valeur de saponification du cholestérol. Le calcul donne 77,82 pour 100 de cholestérol; le mélange contenait effectivement 77,45 pour 100.

La méthode par l'iode a donné, pour le mélange de cholestérol et d'huile minérale, des résultats également bons. L'huile minérale, employée séparément, a absorbé 26,3 pour 100 d'iode.

1) Un mélange de 0 gr. 7208 de cholestérol et 0 gr. 3379 de cette huile minérale a absorbé 54,38 pour 100 d'iode, c'est-à-dire pour la somme 0,7208 + 0,3379, une quantité de 0 gr. 5757 d'iode. Le calcul théorique donne :

$$\frac{0,7208 \times 68,3 + 0,3379 \times 26,3}{100} = 0 \text{ gr. } 5810.$$

2) 0 gr. 7263 de cholestérol, plus 0,3364 d'huile minérale, ont absorbé 54,3 pour 100 ou 0 gr. 5771 d'iode ; la théorie exige 0 gr. 5845.

Cette seconde méthode n'est susceptible que d'une application limitée, car elle exige que l'on connaisse la valeur d'iode afférente aux hydrocarbures, ce qui n'aura pas toujours lieu.

Pour conclure, je désire dire quelques mots relativement aux réactions du cholestérol et de l'isocholestérol. Les réactions colorées, spécialement celles qui exigent l'emploi de l'acide sulfurique concentré, devraient toujours être l'objet de quelque méfiance, suspicion qui ne peut que s'augmenter si l'on se rappelle le destin, par exemple, de la réaction de l'isatine pour la benzène, de la réaction de Laubenheimer pour la phénanthrènequinone, etc. La réaction de Libermann pour le cholestérol exige l'emploi de l'anhydride acétique et de l'acide sulfurique; la forme la plus nette est celle qui a été proposée par Burchard; celle-ci consiste dans l'emploi de 2 centimètres cubes de chloroforme, de 20 gouttes d'anhydride acétique et d'acide sulfurique; c'est une belle réaction pour le cholestérol pur; mais malheureusement, les résines possèdent une réaction si semblable à celle du cholestérol qu'il serait difficile de distinguer. La réaction correspondante pour l'isocholestérol, récemment proposée par Schulze (*Berichte*, t. 24, *Referate*, p. 671), se manifestant par une fluorescence verte, est très nette également; mais, dans un mélange d'isocholestérol et de cholestérol, mélange que nous avons indubitablement dans les alcools préparés au moyen de la lanoline, la réaction de l'isocholestérol prévaut, comme j'ai eu l'occasion de l'observer. Dans un grand nombre d'expériences, je n'ai réussi qu'occasionnellement à observer la coloration violette due à la présence du cholestérol; ce serait donc trop se hâter que de conclure à l'absence de cholestérol dans le cas où l'on n'observe que la fluorescence verte.

La réaction avec le perchlorure de fer et l'acide chlorhydrique concentré sur un couvercle de creuset de porcelaine n'est pas exclusivement particulière au cholestérol, car la térébenthine, le camphre, etc., se comportent de la même manière (Weyl, *Berichte*, 1886, *Referate*, p. 619.).

ACADÉMIE DES SCIENCES.

Séance du 16 janvier 1893. — Des mouvements de natation de la raie. Note de M. Marey.

Le mouvement de natation de la raie, ainsi que le montrent les photographies prises avec le chronophotographe, montrent qu'il se fait par une oscillation des nageoires qui se transmet progressivement de haut en bas, de l'avant à l'arrière. Ce genre de locomotion rappelle le vol des oiseaux.

— Recherches microscopiques sur la contractilité des vaisseaux sanguins, par M. L. Ranvier.

— L'Académie royale des sciences de Turin rappelle les conditions du concours pour le neuvième prix Bressa.

Suivant la volonté du testateur, ce concours a pour but de récompenser le savant ou l'inventeur, *à quelque nation qu'il appartienne*, lequel, durant la période quadriennale de 1891-1894, aura, « au jugement de l'Académie des sciences de Turin », fait la découverte la plus éclatante et la plus utile, ou qui aura produit l'ouvrage le plus célèbre dans les sciences physiques et expérimentales, l'histoire naturelle, les mathématiques pures et appliquées, la chimie, la physiologie et la pathologie, sans exclure la géologie, l'histoire, la géographie et la statistique. Ce concours sera clos le 31 décembre 1894.

La somme fixée pour ce prix sera de 10,416 francs.

— M. le Secrétaire perpétuel signale, parmi les pièces imprimées de la correspondance, une brochure de M. Paul Tannery, intitulée : « La Correspondance de Descartes dans les inédits de Libri, étudiée par l'Histoire des mathématiques ». (Extrait du *Bulletin des sciences mathématiques*, 2e série, t. XV et XVI, 1891-1892.)

— Sur la somme des logarithmes des nombres premiers qui ne dépassent pas x. Note de M. Cahen, présentée par M. Picard.

— Sur les équations différentielles d'ordre supérieur dont l'intégrale n'admet qu'un nombre fini de déterminations. Note de M. Paul Painlevé, présentée par M. Picard.

— Sur les équations différentielles linéaires à coefficients rationnels. Note de M. Wittelge von Koch, présentée par M. Poincaré.

— Ondes électriques dans des fils ; la dépression de l'onde qui se propage dans des conducteurs. Note de M. Birkelaud, présentée par M. Poincaré.

— Sur le minimum perceptible de lumière. Note de M. Charles Henry, présentée par M. H. Becquerel.

Le minimum perceptible de lumière serait égal à 2910^{-9} bougies (29 milliardièmes de bougie). Cette détermination a été faite au moyen de la loi de déperdition lumineuse du sulfure de zinc, et spécialement la formule asymptotique $i^{0,6}\,(t-18,5)=1,777,8$.

— Sur le sulfure de zinc phosphorescent, considéré comme étalon photométrique. Note de M. Ch. Henry, présentée par M. H. Becquerel.

— Sur un platonitrite acide de potassium. Note de M. Vezes, présentée par M. Troost.

Une solution concentrée et chaude de platonitrite de potassium est traitée par une quantité d'acide sulfurique titré, telle que le mélange corresponde à la formule $Pt\,(AzO^2)^4\,K^2 + SO^4H^2$. La liqueur verte obtenue, fortement concentrée sous l'action de la chaleur, fournit un dégagement abondant de vapeurs nitreuses, et se prend par refroidissement en une masse rouge foncée, formée de très fines aiguilles anisotropes, mélangées à quelques petits cristaux incolores de sulfate de potassium. Cette matière essorée et lavée à l'eau froide, est purifiée par plusieurs cristallisations dans l'eau chaude. On obtient de la sorte un sel rouge, agissant sur la lumière polarisée. Ce sel répond à la formule : $Pt^3\,O\,(Az\,O^2)^6\,K^2H^4 + 3\,H^2O$.

Ce serait le sel bipotassique inconnu dont la formule serait :

$$Pt^3O\,(AzO^2)^6\,H^6 = O\left\{\begin{array}{l} Pt\left\langle\begin{array}{l} AzO - OH \\ AzO - OH \end{array}\right. \\ Pt\left\langle\begin{array}{l} AzO - OH \\ AzO - OH \end{array}\right. \\ Pt\left\langle\begin{array}{l} AzO - OH \\ AzO - OH \end{array}\right. \end{array}\right.$$

Il est analogue à ceux décrits par Nilson, sous les noms d'acide triplato-octonitrosylique et de triplato-octonitrite de potassium.

— Sur la décomposition du chloroforme en présence de l'iode. Note de M. A. Besson, présentée par M. Troost.

La décomposition au rouge du chloroforme, en présence de 1 pour 100 d'iode, donne comme produits principaux, rapportés au poids du produit brut de la réaction débarrassé du chloroforme non décomposé : ($C^2 Cl^4$) 35 pour 100 (soit 20 pour 100 du chloroforme employé), $C^2 Cl^6$ 20 pour 100, et, comme produits accessoires : ($C Cl^4$) 15 pour 100, ($C^6 Cl^6$) 10 pour 100, ($C^4 Cl^6$) 8 p. 100, le reste formé de produits non séparés, comprenant de petites quantités de composés iodés, et un peu de $C^2 HCl^5$. Ces rendements sont un peu variables et dépendent de la température à laquelle on opère.

— Sur quelques éthers de l'homopyrocatéchine. Note de M. H. Cousin, présentée par M. Moissan.

Les éthers mono et diméthyliques de l'homopyrocatéchine se forment simultanément en chauffant dans un récipient à reflux de l'homopyrocatéchine avec une solution méthylique de potasse et d'iodure de méthyle. On sépare ces deux éthers en traitant le résidu de la réaction par de la lessive de soude, qui dissout l'éther monosubstitué, tandis que le disubstitué se dissout dans l'éther ordinaire, avec lequel on agite le mélange des deux éthers et de soude.

L'éther monométhylique est un liquide, la créosote, qui distille dans le vide vers 217°-220. Sa densité est 1,0971.

L'éther diméthylique distille dans le vide vers 215-218°.

L'auteur a préparé d'une manière analogue les éthers méthyléthyliques. L'éther diacétique a été préparé au moyen de l'anhydride acétique. Il bout à 263-264°.

— Sur la détermination du phosphore dans les fers et les aciers. Note de M. Adolphe Carnot, présentée par M. Daubrée.

On opère sur une prise d'essai de 5 grammes pour les fers, les aciers et les fontes pures (il suffirait de 1 gramme ou même 0 gr. 50 centigrammes pour les fontes phosphoreuses. Le métal est attaqué par 40 centimètres cubes d'acide nitrique dans une capsule de porcelaine assez grande que l'on recouvre aussitôt d'un entonnoir renversé. Quand l'effervescence est terminée, on chauffe doucement pour compléter l'attaque, et on lave l'entonnoir avec un peu d'eau que l'on reçoit dans la capsnle. On y verse, en agitant avec une baguette de verre, 10 centimètres cubes d'acide sulfurique concentré (2 cc. par gramme de métal). On chauffe doucement et l'on évapore, puis la masse pâteuse est portée à l'étuve à 120°-125°, jusqu'à disparition de vapeurs nitreuses. On reprend par 50 centimètres cubes d'eau bouillante, on filtre, la silice est séparée, on la dose après l'avoir traitée de nouveau par HCl, puis calcinée. La liqueur est additionnée d'environ 1 gramme d'acide chromique pour oxyder les matières organiques qu'elle peut contenir, et qui gêneraient la précipitation par le molybdate d'ammoniaque. Après avoir chauffé une demi-heure à l'ébullition, on verse dans la liqueur 60 à 80 centimètres cubes de solution de molybdate d'ammoniaque à 5 pour 100. On maintient à 100° pendant deux ou trois heures, pour que la précipitation soit complète. On laisse reposer et refroidir, on filtre et on lave le précipité avec de l'eau tiède contenant 1/20 de son volume de la solution molybdique, jusqu'à ce que les eaux de lavage ne contiennent plus de fer. Puis on redissout le précipité en versant sur le filtre qui le contient, 30 centimètres cubes d'ammoniaque, étendue de son volume d'eau chaude. On lave le filtre et la fiole avec 50 centimètres cubes d'eau bouillante un peu ammoniacale. Si le filtre retient un peu d'hydrate et de phosphate ferriques non dissous, on traite par quelques gouttes d'acide nitrique, que l'on ajoute ensuite à la liqueur acide obtenue en neutralisant la solution ammoniacale par l'acide nitrique, sans que la température dépasse 40 centimètres cubes. On ajoute un excès de 3 centimètres cubes d'acide nitrique ; on maintient 2 heures à 40°, puis on filtre sur un filtre taré ; on lave à l'acide nitrique, on sèche à 100°, puis on pèse. Le poids du phosphore s'obtient et multipliant le poids du précipité par 1,628.

— Perte d'azote dans les fumiers. Note de MM. A. Muntz et A.-C. Girard, présentée par M. Dehérain.

Au point de vue pratique, on peut conclure de cette note que, pour retenir la quantité considérable qui se perd dans les étables, il faudrait mélanger à la paille des terres, particulièrement des terres tourbeuses ou humifères, dont quelques pelletées jetées sur la litière forment une couche qui entrave notablement la déperdition de l'ammoniaque.

— Recherches sur la localisation des huiles grasses dans la germination des graines. Note de M. Eugène Mesnard, présentée par M. Duchartre.

— M. N. Pagana adresse, de l'île Mételin (Turquie), une note relative à la division de la gamme.

— M. Hatt est présenté en première ligne pour la place laissée vacante dans la section de géographie et de navigation par la mort de M. Jurien de la Gravière; puis viennent en seconde ligne, par ordre alphabétique : MM. Bassot, Bienaymé, Caspari, Germain, Guyon.

Séance du 23 janvier. — Notice sur M. Nicolas Kokscharow, par M. Daubrée.

Le général Nicolas de Kokscharow, décédé à Saint-Péterbourg le 2 janvier dernier, à l'âge de 75 ans, était né le 5 décembre 1818 en Sibérie. Après avoir été nommé officier à sa sortie de l'Ecole militaire des mines de Saint-Pétersbourg, il accompagna, de 1840 à 1842, Murchison de Verneuil et Keyserling pendant leurs voyages à travers une grande partie de la Russie. Plus tard, il entra en relation avec le célèbre cristallographe de Berlin, Weiss, et le minéralogiste Gustave Rose, puis avec Elie de Beaumont, Dufrénoy, Delafosse et d'Orbigny, en France, et Muller en Angleterre. Son œuvre capitale est son ouvrage publié en langues russe et allemande, intitulé : *Materialen zür Mineralogie Russlands*, qui ne forme pas moins de 10 volumes accompagnés d'un très bel Atlas. En outre, il publia différents travaux dans les *Mémoires de l'Académie de Saint-Pétersbourg*.

Les plus hautes distinctions couronnèrent une carrière si méritoire ; il fut directeur de l'Institut des mines, place qu'il occupa pendant treize années. Élu en 1864 directeur de la Société impériale de minéralogie, il a conservé ses fonctions jusqu'en 1891, et en fut alors directeur honoraire. Professeur à l'Université de Saint-Pétersbourg dès 1847, il a enseigné aussi la minéralogie, la géologie et la géographie dans plusieurs autres écoles supérieures.

Il laisse un *Traité de cristallographie*, et on lui doit une part importante dans l'organisation et l'installation des observatoires magnétiques et météorologiques qui, sur l'instigation d'Alexandre de Humboldt, furent établis dans les diverses régions du vaste Empire. Kokscharow appartenait à l'Académie des sciences comme correspondant depuis 1874.

— Contribution à l'étude de la fonction de l'acide camphorique. Note de M. A. Haller.

En faisant réagir l'isocyanate de phényle sur les acides phtalique et succinique, ainsi que sur les éthers méthyliques acides, on obtient de la phénylsuccimide. Dans ces conditions. l'isocyanate de phényle agirait comme déshydratant, et donnerait de l'acide carbonique, de l'anhydride acide et de la diphénylurée symétrique qui, en réagissant sur les anhydrides formés, les transformerait en amides phénylées.

A une température ne dépassant pas 150°, le carbonile agit de la même manière sur l'acide camphorique. Il se forme de l'anhydride camphorique et de la diphénylurée, en même temps qu'il se dégage de l'acide carbonique. A 200°, la diphénylurée réagit sur l'anhydride camphorique, et forme de la diphénylcamphoramide symétrique et de l'acide carbonique.

Pour obtenir l'amide, on traite le résidu de la réaction par de la potasse alcoolique, qui décompose la diphénylurée en excès, et laisse l'amide, que l'on sépare par filtration, et fait cristalliser dans l'alcool.

La diphénylcamphoramide symétrique cristallise en aiguilles feutrées solubles dans l'alcool méthylique, le chloroforme, l'éther, insolubles dans le benzène, l'eau et les alcalis. Elle fond à 221°-222°. Chauffée à 140°-150° avec de la potasse alcoolique en tubes scellés, elle donne de l'aniline et l'acide phénylcamphoramique. Cet acide, isomère de celui de Laurent, cristallise en octaèdres à base rectangulaire solubles dans l'alcool, l'éther, la potasse, presque insolubles dans l'eau. Il fond à 196°.

Si l'on chauffe de 220° à 250° la diphénylurée avec l'anyhdride camphorique, on obtient de l'aniline et la phénylcamphoramide fondant à 119°.

La diorthotolylurée, en réagissant à 220° sur l'anhydride camphorique, donne la ditolycamphoramide fusible à 218°. La tétraphénylurée ne réagit pas même entre 220°-250°.

Avec les acides benzoïque et ortho-toluique on obtient de la benzoylanilide et de l'ortho-toluylanilide.

De ces expériences, on peut conclure que l'isocyanate de phényle peut servir de déshydratant pour la préparation des anhydrides, tels que ceux de la série acrylique.

— Sur le pouvoir pepto-saccharifiant du sang. Note de M. Lépine.

D'après une précédente communication, la peptone donnerait, en présence du sang, du sucre. Le sang seul, en présence de l'eau, produirait du sucre, et M. Lépine suppose que cette production est précédée de la formation de peptone.

— M. Bassot est nommé membre de la section de géographie et de navigation en remplacement de M. Jurien de la Gravière. Il a obtenu 42 voix contre 12 données à M. Hatt, et 3 à M. Guyon.

— M. G. Drillon adresse, de Périgueux, un projet de locomotive hydraulique à grande vitesse.

— M. Barnard adresse de Lick (Californie) ses remerciements pour la distinction accordée à ses travaux.

— Observations de la planète Charlois T (du 11 décembre 1892), faites à l'observatoire de Toulouse (grand télescope), par M. B. Baillaud, présentée par M. Tisserand.

— Contribution à la recherche de la couronne solaire en dehors des éclipses totales. Note de M. H. Deslandres, présentée par M. Tisserand.

— Observations du soleil faites à l'observatoire de Lyon (équatorial Brunner), pendant le second semestre 1892. Note de M. Guillaume, présentée par M. Mascart.

— Sur la dimension du degré pour l'intégrale générale algébrique de l'équation différentielle du premier ordre. Note de M. Autonne, présentée par M. Jordan.

— Sur l'équation de Van der Waals, et la démonstration du théorème des états correspondants. Note de M. G. Meslin, présentée par M. Mascart.

— Propriétés magnétiques des corps à diverses températures. Note de M. P. Curie, présentée par M. Lippmann.

L'auteur a étudié les propriétés magnétiques d'un certain nombre de corps, tels que : le bismuth, l'antimoine, le phosphore, l'eau, le sel gemme, le sulfate de potasse, le soufre, le sélénium, le brome, l'iode, le palladium, l'oxygène, etc., etc. Tous ces corps ne donnent aucun effet sensible d'aimantation rémanente, et le coefficient d'aimantation est constant à chaque température, quelle que soit l'intensité du champ, pour des champs magnétiques variant de 50 à 1350 unités.

— Contribution à l'étude des égaliseurs de potentiel par écoulement. Note de M. G. Gouré de Villemontée, présentée par M. Mascart.

Il résulte de cette note que l'égalisation de potentiel d'un tube et d'un récipient de même métal, rempli de grenaille de ce métal, peut être obtenue en faisant écouler du récipient à travers le tube de la grenaille du métal.

— Phénomènes lumineux observés à Lyon (Observatoire), dans la soirée du 6 janvier 1893. Note de M. Gonnessiat, présentée par M. Mascart.

D'après l'étendue, l'éclat et la transparence des bandes lumineuses observées, il est probable que l'on s'est trouvé en présence d'une aurore boréale; les arcs observés étaient d'ailleurs perpendiculaires au méridien magnétique. Mais alors il semble extraordinaire que les appareils magnétiques soient restés presque calmes.

— Méthode pour mesurer objectivement l'aberration sphérique de l'œil vivant. Note de M. C.-J.-A. Leroy, présentée par M. Mascart.

— Sur le poids atomique du palladium. Note de MM. A. Joly et E. Leidié, présentée par M. Troost.

Jusqu'à présent, le poids atomique du palladium n'a pas été établi d'une façon certaine. M. Keiser a trouvé 106,35 en partant de la palladamine, et MM. Bailey, Thornton, Keller et Smith indiquaient des nombres différents. MM. Joly et Leidié l'ont établi en partant du chloropalladite de potassium. Les deux méthodes employées pour cela sont : l'electrolyse d'une part, qui a donné le nombre 105,438, et d'autre part la réduction par l'hydrogène, qui a conduit au chiffre 105,665. En conséquence, les nombres 105,4 et 105,5, qui ont été obtenus de deux séries de nombres fournis par des expérimentateurs distincts et par des méthodes très différentes, pourront être adoptés provisoirement.

— Action des alcoolates alcalins sur l'anhydride camphorique et quelques autres anhydrides. Note de M. P. Cazeneuve, présentée par M. Friedel.

En faisant réagir les alcoolates sodiques sur l'anhydride camphorique, on obtient les orthoéthers acides de l'acide camphorique. Avec l'éthylate de sodium, on obtient l'éther orthoéthylcamphorique. M. Cazeneuve pensait avoir affaire à l'éther de saponification (allo-éther), mais la comparaison avec ce dernier n'a pas permis de conclure à l'identité. Pour obtenir cet orthoéther, on dissout 5 grammes de sodium dans de l'alcool absolu, et dans le liquide chaud on ajoute 20 grammes d'anhydride camphorique sec. Le produit dissous dans l'eau est additionné d'acide chlorhydrique, qui donne l'éther acide orthoéthylcamphorique, que l'on reprend par l'éther. Après évaporation de ce dissolvant, on a l'éther camphorique. La réaction a lieu par simple addition d'alcoolate alcalin par rupture de la chaine d'anhydrisation. On peut obtenir dans les mêmes conditions l'éther orthométhylcamphorique ; l'éther amylique se prépare aussi à peu près de la même manière. Si l'on fait réagir l'éthylate de sodium sur les anhydrides phtalique, succinique, et sur la lactide et la coumarine, la réaction est vive, et le monoéthher est saponifié immédiatement par addition d'eau ou d'alcool à 93°. On obtient du phtalate bisodique. La lactide ne donne pas davantage d'éther monoéthylique isolable; enfin la coumarine donne simplement de la coumarine sodée et de l'alcool. Il résulte de ces essais que l'acide camphorique diffère des acides phtalique et succinique, et que son anhydride n'a pas la même constitution que la lactide ou la coumarine.

— Modification de la pression artérielle sous l'influence des toxines pyocyaniques. Note de MM. Charrin et Teissier.

Les sécrétions du bacille pyocyanique agissent sur les vasomoteurs; elles paralysent les vasodilatateurs. L'injection sous-cutanée de toxines pyocyaniques élève la pression artérielle. Cette pression est proportionnée à l'âge de la culture, à la richesse du bouillon en albuminoïdes, à la quantité introduite sous la peau; elle est également plus marquée, si le liquide contient le protoplasma microbien.

— Sur divers cas de gingivite arthrodentaire infectieuse, observés chez les animaux. Note de M. V. Galippe, présentée par M. A. Milne-Edwards.

— Gisement primaire de platine de l'Oural. Note de M. A. Inostranzeff, présentée par M. Daubrée.

Ce gisement est constitué par une enclave de 0m,35 de diamètre, située dans la roche mère du mont Solowieff (chaîne de l'Oural), et consistant en fer chromé et en serpentine, avec une petite quantité de dolomie. La roche de cette enclave contient de petits grains de platine natif. La roche mère du mont Solowieff est une variété des pendotes, connue sous le nom de *dunite*.

M. Daubrée fait remarquer que la nature minéralogique de la roche matrice du platine confirme une observation qu'il a faite autrefois, au sujet d'une roche provenant des mêmes localités que celles indiquées par M. Inostranzeff.

— Sur l'existence de phénomènes de recouvrement dans l'Atlas de Blida (Algérie). Note de M. E. Ficheur.

— Dom Lamey adresse, de Cluny, une note sur le mode de formation des mers lunaires.

— M. P. Navrotsky adresse, de Saint-Pétersbourg, une note sur un compas divisant l'angle en trois parties égales.

— M. Ch. Contejean annonce que la température est descendue à — 30°2 à Montbéliard, dans la nuit du 16 au 17 janvier.

Séance du 30 janvier. — Sur quelques objets en cuivre, de date très ancienne, provenant des fouilles faites par de M. de Sarzec, en Chaldée, par M. Berthelot.

Dans ses fouilles en Chaldée, M. de Sarzec a trouvé des objets de date extrêmement reculée, et qui remontent aux origines de la Chaldée. Quelques-uns de ces objets permettront d'éclaircir la question de l'existence d'un âge de cuivre pur, antérieur à l'âge de bronze dans l'humanité. On sait, en effet, que le bronze est relativement moderne, sa fabrication étant postérieure à l'existence du commerce de l'étain. L'échantillon analysé provient d'une figurine trouvée dans les fondations d'un édifice plus ancien que les constructions dont les briques portent le nom du roi Our-Nina, aïeul d'Enneadou, le roi de la stèle de Vaulours; il s'agit d'une époque estimée antérieure au XLe siècle avant notre ère.

Le métal est recouvert d'une patine épaisse et profondément altéré, jusque dans le cœur de la figurine. Les résultats de l'analyse ont été les suivants :

Cuivre	77,7	Arsenic	Traces.
Eau	3,9	Etain, antimoine	0
Oxygène	6,1	Zinc, fer, argent	0
Soufre	Traces.	Magnésie	0
Chlore	1,1	Silice	3,9
Plomb	Traces.		92,7
Carbonate de chaux, alumine, etc., matières diverses			7,3

Le métal originaire ne contenait donc pas d'étain. Le chlore provient de son immersion pendant des siècles dans de l'eau saumâtre; il existe à l'état d'oxychlorure cuivreux. Le restant de l'oxygène formait un sous-oxyde à aspect cristallin.

— Sur les variations diurnes de la gravité, par M. Mascart.

— Sur la statistique solaire de l'année 1892. Note de M. Rod. Wolf.

— Sur les propriétés pathogènes des matières solubles fabriquées par le microbe de la péripneumonie contagieuse des bovidés, et leur valeur dans le diagnostic des formes chroniques de cette maladie. Note de M. S. Arloing.

L'auteur a expérimenté les produits de culture du bacille de la pneumonie. Pour arriver à une conclusion présentant quelque degré de certitude, il a cherché à isoler ces produits par la méthode que Koch a employée pour la tuberculose. Le mélange obtenu, appelé *Pneumobacilline*, a, sur les animaux atteints de péripneumonie chronique, une action plus énergique que sur les animaux sains. On pourrait donc trouver là un moyen de diagnostic pour cette affection.

— M. Vallier est nommé par 37 voix contre 3 à M. de Sparre, et 3 à M. Aimé Witz, correspondant pour la section de mécanique, en remplacement de feu A. de Coligny.

— M. L. Bailly adresse de Bône (Algérie) un mémoire intitulé : « Exposé d'une théorie sur l'état thermique des corps célestes ».

— M. R. Arnoux adresse une note « sur la mesure directe et automatique de la puissance des moteurs industriels ».

— M. Pietrini adresse une note « sur le ballon et la navigation aérienne ».

— M. le Secrétaire perpétuel signale, parmi les pièces imprimées de la correspondance, un ouvrage de M. Arthur Issel, en langue italienne, intitulé : *Liguria geologica e preistorica*, et formé de deux volumes in-8° et d'un atlas (Gênes, 1892), présenté par M. Daubrée.

— M. Backer adresse ses remerciements à l'Académie pour la distinction accordée à ses travaux.

— Les raies H et K dans le spectre des focules solaires. Note de M. George E. Hale.

— Sur les équations différentielles d'ordre supérieur, dont l'intégrale n'admet qu'un nombre donné de déterminations. Note de M. Paul Painlevé, présentée par M. Picard.

— Sur les équations différentielles linéaires ordinaires. Note de M. Jules Cels, présentée par M. Darboux.

— Sur les systèmes d'équations différentielles linéaires du premier ordre. Note de M. Helge von Koch, présentée par M. Poincaré.

— Sur la théorie des fonctions sphériques. Note de M. E. Beltrami, présentée par M. Hermite.

— Décomposition des aluminates alcalins en présence de l'alumine. Note de M. A. Ditte, présentée par M. Troost.

Il résulte de cette note qu'au contact de cristaux d'alumine hydratée, l'aluminate de potasse se décompose d'une manière graduelle ; au contact des cristaux, l'alumine se sépare aussi sous forme de cristaux de l'hydrate $Al^2O^3\ 3H^2O$. Le même phénomène se produit avec l'aluminate de soude.

— Étude électrométrique du triplatohexanitrite acide de potassium. Note de M. Vèzes, présentée par M. Troost.

— Action de la vapeur d'eau sur le perchlorure de fer. Note de M. G. Rousseau, présentée par M. Troost.

Si l'on fait réagir la vapeur d'eau sur le perchlorure de fer à la pression atmosphérique, il y a analogie complète entre la décomposition du chlorure ferrique en vapeur par l'eau gazeuse et celle de ses solutions concentrées. Il était intéressant de savoir si au rouge sombre on obtiendrait un oxychlorure plus condensé que ceux qui se forment aux températures inférieures. D'après l'expérience, la quantité d'oxychlorure, déjà faible à 300°, diminue à 400°, et au rouge on n'observe la formation d'aucun dépôt solide sur les parois du tube quand le sesquichlorure prédomine ; si, au contraire, la vapeur d'eau est en excès, on voit se former des lamelles hexagonales d'hématite. On peut proposer deux explications de cette absence de formation d'oxychlorure vers le rouge :

1° Il se produit un renversement de la réaction, dû sans doute à quelque changement survenu dans les chaleurs spécifiques si mal connues aux températures élevées ;

2° Il existe entre la vapeur d'eau, le perchlorure, l'oxychlorure et l'acide chlorhydrique mis en liberté, un équilibre mobile variable avec la température, et tel qu'à un certain point de l'échelle thermométrique l'action de destruction sur l'oxychlorure devienne prépondérante. La formation d'hématite, qui est en contradiction apparente avec le principe du travail maximum, est donc inexpliquée (1).

— Sur deux combinaisons de cyanure cuivreux avec les cyanures alcalins. — Note de M. Fleurent, présentée par M. Schützenberger.

En faisant réagir, dans certaines conditions déjà indiquées, le cyanure de potassium sur le chlorure cuivreux, l'auteur a obtenu deux sels : l'un se déposant en cristaux bleus et l'autre en cristaux verts. La liqueur mère, décolorée à la suite de cette séparation, donne encore par évaporation spontanée, d'une part des paillettes micacées répondant à la formule :

$$Cu^2Cy^2\ 2\,Cy\,(Az\,H^4)\ 2\,Az\,H^3\ 4\,H^2O$$

— c'est le cyanure diammoniaco-cuivreux diammoniacal — et, d'autre part, des cristaux prismatiques, dont la formule est : $Cu^2Cy^2\,2\,CyK$, c'est le cyanure cuivreux dipotassique.

— Sur la composition de quelques phénates alcalins hydratés. — Note de M. de Forcrand.

On désigne sous le nom de phénates alcalins des composés répondant à la formule $C^{12}H^6O^2MHO^2$, anhydres ou hydratés, dans lesquels on considère les deux molécules de phénol et de base, comme juxtaposés, bien différents des phénols potassé ou sodé $C^{12}H^5MO^2$. D'ailleurs, les phénols potassé

(1) Ne se produirait-il pas un phénomène de dissociation de l'eau qui produirait de l'hydrogène, lequel réagirait par le chlore du chlorure pour former de l'acide chlorhydrique et dont l'oxygène s'unirait au fer mis en liberté.

t sodé s'hydratent et peuvent donner naissance à des produits isomères $C^{12}H^5MO^2H^2O^2$ et $C^{12}H^6O^2MHO$.

Crace Calvert, en 1865, et Romei, en 1869, ont obtenu des produits répondant à la formule $C^{12}H^6MHO^2$. Reprenant les expériences du dernier des deux chimistes précédents, l'auteur a préparé des phénates de potasse et de soude en faisant réagir de la potasse ou de la soude et du phénol dissous séparément dans de l'alcool. Les différents corps obtenus sont au nombre de trois : le phénate de potasse $C^{12}H^5KO^2$ 2 H^2O^2, le phénate de soude $C^{12}H^5NaO^2$ 5 H^2O^2, et le phénate de soude répondant à la formule : $C^{12}H^5NaO^2$ 3 H^2O^2.

Ces composés se déshydratent difficilement, et au bout de plusieurs semaines, on arrive à une limite de déshydratation pour laquelle ils répondent à la formule $C^{12}H^5MO^2$ et non à $C^{12}H^6O^2MHO^2$. Le phénate de potasse se déshydrate plus difficilement que celui de soude. Ces résultats démontrent que les corps précédents, considérés comme hydrates, s'effleurissent en passant à l'état de phénols potassé ou sodé $C^{12}H^5MO^2$. Dès lors, il est très probable qu'ils en sont simplement les hydrates, et que leurs formules doivent être écrites :

$$C^{12}H^5KO^2,\ 2\ H^2O^2$$
$$C^{12}H^5NaO^2,\ 3\ H^2O^2$$
$$C^{12}H^5NaO^2,\ 5\ H^2O^2$$

et que ce ne sont pas des combinaisons d'addition de phénol et de bases, contrairement à l'opinion admise.

— Recherches sur les sels acides et sur la constitution des matières colorantes du groupe de la rosaniline. — Note de M. A. Rosenstiehl, présentée par M. Friedel.

Si l'on est fixé sur la constitution des bases du groupe de la rosnailine, il n'en est pas de même des corps que l'on considère comme étant leurs sels. Hofmann considérait la rosaniline comme l'hydrate d'une base triamidée hypothétique $C^{19}H^{17}Az^3$.

MM. E. et O. Fischer, ayant établi que la rosaniline était le triphénylcarbinol triamidé, ont conservé l'hypothèse d'Hofmann sur la constitution de la fuchsine et ils sont établi la relation suivante entre ces deux corps :

$$\underbrace{(C^6H^4AzH^2)^3 = C - OH}_{\text{Rosaniline.}} \qquad \underbrace{(C^6H^4AzH^2)^2 = C - C^6H^4}_{\text{Fuchsine.}} \diagdown\!\diagup AzH\,HCl.$$

C'est-à-dire qu'ils n'ont pas assigné au chlore un rôle correspondant à celui de l'oxygène dans la molécule de rosaniline.

L'expérience cependant permet de considérer la fuchsine et ses congénères comme des éthers d'alcools aromatiques amidés et non comme des sels d'amine. En effet, en comparant les deux formules :

$$(1)\ (C^6H^4AzH^2)^2 = C - C^6H^4 \diagdown\!\diagup AzH\,HCl, \qquad \text{et } (2)\ (C^6H^4AzH^2)^3 = C - Cl$$

on voit que la première répond à la formule d'une diamine qui doit pouvoir s'unir à 2 molécules d'acide, tandis que la seconde, qui contient trois AzH^2, correspond à un corps pouvant fixer trois molécules d'acide.

Hofmann a préparé un trichlorhydrate de rosaniline qui semble trancher la question en faveur de la formule (2). Ce sel est très difficile à obtenir pur, car, en perdant de l'eau, il perd de l'acide ; le bromhydrate de violet de rosaniline hexaméthylée a seul pu être obtenu pur. Pour les autres sels, il a fallu renoncer à la voie humide. Pour avoir des sels de composition constante, on place les matières sursaturées dans le vide, à froid, sur de l'acide sulfurique concentré. Au bout de deux ou trois jours, le poids ne varie plus. Si on analyse ces sels, on constate que le triphénylcarbinol triamidé, qu'il soit méthylé ou non, produit des sels renfermant quatre atomes de brome ou de chlore, et le même carbinol diamidé tétraméthylé donne naissance à des sels contenant trois atomes de chlore ou de brome pour deux atomes d'azote. Vis-à-vis des acides, la rosaniline et ses congénères présentent deux fonctions distinctes : une fonction alcool et une fonction amine.

L'expérience démontre que c'est la fonction alcool qui domine, mais modifiée par le voisinage des groupes AzH^2. Le caractère basique se trouve accru. Les éthers amidés subissent la double décomposition avec la même facilité que les sels minéraux. Ils sont les intermédiaires entre les bases alcalines et les alcools. La fonction amine vient au deuxième rang ; mais ce n'est point la rosaniline qui est triamine ; cette fonction appartient à son éther.

Hofmann avait bien vu les deux séries de combinaisons que les acides forment avec la rosaniline, mais l'instabilité extrême des sels saturés et une idée préconçue ne lui ont pas permis de reconnaître que le polychlorhydrate de rosaniline renferme quatre atomes de chlore. La constatation du fait qu'une molécule renfermant trois atomes d'azote peut entrer en réaction avec quatre molécules d'acide, autorise à conclure qu'on est en présence d'une fonction nouvelle que l'on peut caractériser en disant que les *matières colorantes du groupe de la rosaniline sont des éthers d'alcools aromatiques amidés.*

— Analyse des créosotes officinales; gayacol. — Note de MM. A. Béhal et Choay, présentée par M. Friedel.

La créosote de goudron de bois, qui est un mélange d'éthers de phénols, et le gayacol, qui est un corps défini, prennent de plus en plus place dans la thérapeutique.

Les modes d'essai proposés pour l'analyse de la créosote sont très variables, et de plus l'industrie lui enlevant la majeure partie du gayacol qu'elle contient, il est important de posséder une méthode de dosage aussi exacte que possible. Le procédé de dosage, proposé par MM. Béhal et Choay, repose sur les principes suivants :

1° L'acide bromhydrique déméthyle complètement, à la pression ordinaire, dans les conditions indiquées, les éthers méthyliques de phénol ;

2° Les monophénols sont facilement entraînables par la vapeur d'eau ;

3° Les polyphénols ne sont pas sensiblement entraînés par la vapeur d'eau ;

4° L'éther enlève complètement à une solution aqueuse la pyrocatéchine et l'homopyrocatéchine ;

5° La benzine permet de séparer, à peu près rigoureusement, la pyrocatéchine de l'homopyrocatéchine.

On fait passer un courant d'acide bromhydrique dans la créosote, en présence d'une certaine quantité d'eau et l'on chauffe ; il y a déméthylation des éthers des polyphénols. On distille à la vapeur d'eau, les monophénols passent et les diphénols restent dans le résidu. On épuise les deux liquides au moyen de l'éther ; l'un de ces épuisements permet d'obtenir les monophénols, et l'autre donne les diphénols. On sépare l'homopyrocatéchine de la pyrocatéchine au moyen du benzène. Ce procédé s'applique au gayacol, le dernier corps n'a pas encore son point d'ébullition ni sa densité fixée bien exactement. Pour résoudre la question, MM. Béhal et Choay ont préparé synthétiquement du gayacol par méthylation de la pyrocatéchine. Ils ont obtenu un corps cristallin blanc, fusible à 28°5 et bouillant à 205°,1. Sa densité est de 1,1534 à 0° et de 1,143 à 15. Il reste en surfusion un temps indéfini, lorsqu'on le fond. Il est soluble dans la plupart des dissolvants organiques ; la glycérine anhydre le dissout en grandes proportions, mais il est peu ou point soluble dans la glycérine officinale.

— Sur un appareil de dosage des précipités par une méthode optique. — Note de M. E. Aglot, présentée par M. Friedel.

— Sur la préexistence du gluten dans le blé. — Note de M. Balland.

D'après MM. Weyl et Bischoff, le gluten n'existerait pas tout formé dans le blé, mais prendrait naissance par l'action simultanée de l'eau et d'un ferment spécial. Une température de 60°, une solution de sel marin à 15 p. 100 empêcheraient la formation de ce produit.

M. Balland, dans un Mémoire précédent, avait déjà démontré que l'on pouvait retirer du gluten de farines traitées dans les conditions indiquées ci-dessus et même soumises à 100°. La question ayant été remise en discussion à la suite de travaux de M. Kjeddahl, il a repris les expériences de ce dernier chimiste, il a soumis des farines à un froid de —5°, puis à une température de 52°, 57° et même 60°; il a obtenu à peu près la même quantité de gluten. Un essai fait sur des farines soumises à l'action de l'acide sulfureux lui a permis de retirer du gluten, soit au moyen de l'eau salée, soit en opérant avec un poids déterminé de gluten humide. *Le gluten préexiste donc dans le blé.*

— L'évolution des grégarines intestinales des vers marins. — Note de M. Louis Léger.

— Origine et multiplication de l'Ephestia kuehniella (Zeller) dans les moulins en France. — Note de M. J. Danysz.

— Sur les périthées de l'Uncinula spiralis en France et idendification de l'oïdium américain et de l'oïdium européen. — Note de M. G. Couderc, présentée par M. Duchartre.

— Recherches histologiques sur les Urédinées. — Note de MM. P. A. Dangeard et Sapin-Trouffy, présentée par M. Duchartre.

— Nouvelles observations géologiques dans les Alpes françaises. — Note de M. W. Kilian, présentée par M. Fouqué.

— M. G. Davidson adresse une note relative à ses travaux géodésiques en Californie.

— M. Ch.-V. Lenger adresse une note relative au grand verglas du 13 janvier 1893, et à divers autres phénomènes météorologiques.

— M. Alf. Basin adresse une note « sur l'éclairage en mer de la route des paquebots ».

Paris. — Imprimerie L. Baudoin, 2, rue Christine.

LE MONITEUR SCIENTIFIQUE-QUESNEVILLE

JOURNAL DES SCIENCES PURES ET APPLIQUÉES

TRAVAUX PUBLIÉS A L'ÉTRANGER

COMPTES RENDUS DES ACADÉMIES ET SOCIÉTÉS SAVANTES

TRENTE-SEPTIÈME ANNÉE

QUATRIÈME SÉRIE. — TOME VII°. — I° PARTIE

Livraison 616 AVRIL Année 1893

REVUE DES MATIÈRES COLORANTES NOUVELLES AU POINT DE VUE DE LEURS APPLICATIONS A LA TEINTURE

Par M. Frédéric Reverdin.

Nous parlerons dans cette « Revue », que nous espérons pouvoir renouveler périodiquement, des nouveautés introduites dans le domaine si intéressant et si vaste des matières colorantes artificielles au point de vue de leurs applications à la teinture.

Nous utiliserons pour cela les nombreux procédés de teinture et les renseignements fournis par les fabricants eux-mêmes à leur clientèle en en faisant ressortir les parties essentielles. Quoique ces documents soient en général donnés « sans garantie » ils ont une importance réelle pour celui qui veut suivre les progrès de l'industrie des matières colorantes et ils peuvent, en tout cas, servir de base pour des essais d'application lorsqu'il s'agit de produits nouveaux. Il nous paraît donc utile de les réunir au fur et à mesure pour les lecteurs du *Moniteur scientifique* qui, à un titre quelconque, s'intéressent aux progrès réalisés dans cette industrie.

Nous y ajouterons, lorsque la chose sera possible, quelques renseignements sur le mode de production des couleurs dont nous parlerons, ainsi que quelques données sur leurs principales réactions.

Il va sans dire que, pour atteindre notre but et donner à cette Revue un caractère pratique, nous avions besoin du concours des fabricants de matières colorantes; ce concours ne nous a pas fait défaut et presque tous les fabricants auxquels nous nous sommes adressé ont accueilli notre demande avec la plus grande obligeance; qu'ils en reçoivent ici nos bien sincères remerciements.

La *Société des matières colorantes de Saint-Denis* livre au commerce sous les noms de *Gris direct* (marques J et B en poudre, 4B et R en pâte) et de *Gris spécial R* (en pâte) des azines obtenues par condensation de deux molécules de nitrosodiméthylaniline ou par oxydation de deux molécules d'amidodiméthylaniline.

Ces matières colorantes brevetées (1) se fixent sur coton non mordancé en nuances grises très solides à la lumière, au savon et aux acides.

Pour teindre, on fait dissoudre le produit dans un peu d'eau chaude et on introduit cette solution dans un bain d'eau froide dans lequel on manœuvre le coton débouilli

(1) Brevets allemands n°s 49446 et 61504.

préalablement pendant 20 minutes; on chauffe ensuite lentement jusqu'au bouillon en continuant à manœuvrer le coton : la durée totale de l'opération dure de 1 heure à 1 heure 1/4.

Il est recommandé de mettre la couleur en plusieurs fois; on monte donc le bain de teinture avec la moitié du colorant, on introduit le coton qu'on manœuvre pendant 20 minutes, on lève, puis on ajoute le reste du colorant et on commence à chauffer, on fait bouillir 1/4 d'heure, on lave, on tord et on fixe dans un bain de bichromate de soude à 5 pour 100 et à la température de 60° pendant 1/4 d'heure, on lave et on sèche.

Ces gris peuvent être lessivés, en ne perdant que fort peu de leur intensité, en faisant bouillir pendant 1 heure dans un bain renfermant, pour 10 kilogrammes de coton, 8 kilogrammes de soude Solvay et 4 kilogrammes de savon dans 400 litres d'eau.

Les nuances obtenues avec le gris direct sont franchement grises, tandis que celles que fournit le gris spécial sont plus violacées : la différence entre ces nuances est peu sensible à la lumière artificielle.

L'emploi facile de ces matières colorantes et les nuances agréables qu'elles fournissent en recommandent l'emploi.

La maison *K. Œhler*, à Offenbach, fournit aussi sous le nom de « *Gris solide* » (marques R et B) une nouvelle matière colorante basique, en poudre, sous la forme d'un sel double de zinc, destinée plus spécialement à la teinture du coton mordancé à l'émétique, au tannin ou de préférence au sumac; les nuances obtenues sont très solides au savon et aux acides.

On délaye le colorant avec son poids d'acide acétique ou la moitié de son poids d'acide chlorhydrique, puis on ajoute 50 parties d'eau bouillante. On introduit ce mélange dans le bain de teinture tiède, on entre le coton mordancé, on monte à 75° et on manœuvre le coton jusqu'à épuisement du bain.

On peut nuancer avec d'autres colorants basiques tels que le bleu éthylène, le bleu de toluylène, les safranines, etc.

Le gris solide teint également le coton non mordancé en présence d'acide acétique, mais le bain ne s'épuise pas complètement et doit être conservé pour une opération suivante; le lin et la ramie se teignent comme le coton, tandis que pour le jute la teinture directe suffit.

La laine est teinte dans un bain additionné de 10 pour 100 de bisulfate de soude à une température voisine du bouillon. Les nuances ainsi obtenues ne sont pas solides au foulon mais elles sont bien égalisées, surtout les nuances claires.

Le gris solide fournit sur soie en bain de savon coupé une nuance gris d'acier et en bain de savon pur un gris d'argent. Il donne sur les fibres végétales des nuances plus claires que sur fibres animales, en sorte que, pour la teinture des tissus mélangés, on recommande de mordancer préalablement au tannin et à l'antimoine.

Les nuances obtenues avec le gris solide diffèrent peu de celles que fournissent les gris direct et gris spécial dont nous avons parlé plus haut.

Parmi les matières colorantes fournies par la même maison et dont il n'a pas encore été question dans le *Moniteur scientifique*, nous trouvons un *Bleu-noir azoïque* destiné à la teinture du coton non mordancé et qui fournit avec 1/3 pour 100 de colorant un joli gris violacé et à 3 pour 100 un bleu-noir.

On teint avec ce produit de la manière suivante :

Pour 100 kilogrammes de coton non mordancé on garnit le bain de teinture (2,500 litres d'eau) avec 1 kilogramme de savon de Marseille et l'on fait bouillir : si l'eau est calcaire, il se produit à la surface une écume de savon calcaire qu'on enlève soigneusement; on ajoute 5 kilogrammes de carbonate de soude, 20 kilogrammes de sel marin et la quantité nécessaire de matière colorante, on introduit le coton débouilli et on le manœuvre pendant 1 heure à une température voisine du bouillon; le bain ne s'épuisant pas doit être conservé pour une opération suivante.

Les nuances obtenues résistent assez bien au savon, aux alcalis et à la lumière, la résistance aux acides est suffisante.

Le bleu-noir azoïque tire aussi, quoique moins bien, dans un bain contenant seulement du sel marin ou du sel de Glauber; il peut donc être nuancé avec tous les autres colorants substantifs employés, soit en bain alcalin, soit en bain neutre, mais ce sont surtout les orange et brun toluylène (1) qui se prêtent le mieux à ces combinaisons à cause de leurs propriétés voisines de celles du bleu-noir.

Les écheveaux teints avec cette couleur n'ont pas besoin d'être lavés s'ils sont destinés à des pièces unies, mais il est indispensable de bien laver après teinture si le coton est tissé avec du blanc. En faisant bouillir 1/2 heure le coton teint dans un bain renfermant 5 pour 100 d'acétate de chrome à 16° Baumé du poids du coton, on obtient une solidité à l'eau bien plus grande.

Le coton écru se teint mieux que le coton blanchi et les meilleurs résultats de teinture sont obtenus dans des barques de bois.

On teint la laine en nuances assez solides au foulon et à l'acide dans un bain bouillant additionné de 20 pour 100 de sel marin ou de sel de Glauber, et la soie en bain additionné de 1 pour 100 de savon, 10 pour 100 de phosphate de soude et 20 pour 100 de sel marin ou dans un bain acidulé par l'acide acétique ou enfin en bain de savon coupé.

Le bleu-noir azoïque ne se prête pas, par contre, à la teinture des tissus mélangés (mi-soie et mi-coton ou mi-laine et mi-coton).

Azo-mauve (marques R et B).

L'azo-mauve B s'emploie de la même manière pour coton non mordancé que le bleu-noir azoïque et fournit des nuances semblables.

L'azo-mauve R, plus rouge, fournit une nuance plus vive et plus bleue lorsqu'on traite le coton teint, pendant une demi-heure, dans un bain bouillant renfermant 1 à 2 pour 100 du poids du coton de fluorure de chrome; il peut en outre être diazoté sur la fibre, puis combiné à la métatoluènediamine; on obtient ainsi un noir foncé résistant bien au savonnage et à la soude. Dans ce but, on rince le coton teint avec l'azo-mauve et on le manœuvre pendant un quart d'heure dans un bain renfermant pour 100 kilogrammes de coton :

> 1,500 litres d'eau;
> 2 kil. 500 de nitrite de soude;
> 8 kilogrammes d'acide chlorhydrique à 20° Baumé;

on passe à l'eau froide, on essore et on développe ensuite dans un nouveau bain froid renfermant :

> 1,500 litres d'eau;
> 4 kilogrammes de sulfate de métatoluylènediamine;
> 10 à 12 kilogrammes de craie,
> ou 2 kil. 500 de soude Solvay.

On manœuvre un quart d'heure, on rince, et on manœuvre encore pendant une demi-heure dans une solution à 1/2 pour 100 de savon.

Naphtazurine. — Cette matière colorante, destinée aussi à la teinture du coton non mordancé, s'emploie de la même manière que le bleu-noir; elle fournit sur coton une jolie nuance bleue et le bain de teinture s'épuise plus à fond que celui des autres bleus substantifs.

---

(1) *Moniteur scientifique*, année 1892, page 430.

La laine se teint dans un bain bouillant additionné de 20 pour 100 de sel marin ou de sel de Glauber. La teinture est assez solide au foulon et à l'acide; elle vire un peu au bleu sous l'influence de la soude.

Brun de toluylène (marques RR, RM, RB et RBB). — Cette matière colorante appartient à la série des combinaisons dans lesquelles le copulant est l'acide sulfanilique, l'acide orthotoluidine sulfoné, l'acide amidoazobenzène sulfoné, l'acide naphtionique ou l'acide β-naphtylamine sulfoné, et les bruns Bismarck sulfonés (1).

Elle s'emploie sur coton non mordancé, en teignant en présence de sel marin, et, pour les mélanges avec d'autres colorants substantifs, en ajoutant de la soude ou de la potasse. Les bains ne s'épuisent pas à la teinture et les nuances obtenues varient suivant la marque du brun rouge au brun bistre.

La laine se teint dans un bain contenant 20 pour 100 de sel marin, et le brun obtenu résiste assez bien à l'acide et au foulon; la laine destinée au foulon doit être bien rincée.

Ce brun tirant aussi bien sur coton que sur laine dans un bain de teinture préparé de la même manière, offre un avantage spécial pour la teinture des tissus mi-laine.

Le *Brun de toluylène* G, est une couleur azoïque résultant de la combinaison d'une molécule d'acide toluylènediamine sulfoné et d'une molécule de métaphénylènediamine.

Il donne sur coton, laine et soie, un beau brun jaunâtre, et son mode d'emploi est le même que celui du brun précédent.

On obtient en outre des bruns foncés très beaux, et résistant bien au savonnage et à la soude, en le diazotant sur la fibre même, puis en combinant avec la chrysoïdine, la β-naphtylamine ou la métatoluylènediamine par le procédé que nous avons indiqué plus haut à l'occasion de l'azo-mauve R.

La maison Œhler a aussi introduit dans le commerce, sous le nom de *Brun cuir* R, une matière colorante brevetée (2) qui présente un certain intérêt pour la teinture du cuir.

Ce produit de nature basique s'obtient en faisant réagir deux molécules de para-amido-acétanilide diazotée sur une molécule de métaphénylènediamine en solution alcaline; cette combinaison, difficilement soluble dans l'acide chlorhydrique étendu, est chauffée avec de l'acide chlorhydrique concentré à la température du bain-marie, pour la désacétyler et la rendre soluble. Il est livré au commerce sous la forme de son sel double de zinc.

La teinture du cuir au moyen de ce brun est des plus simples. On peut teindre, soit par immersion pendant 15 à 30 minutes dans un bain renfermant la quantité nécessaire de matière colorante, chauffé à 40° environ, ou au moyen de la brosse.

F. V. Kallab (3) auquel nous empruntons ces renseignements recommande le premier procédé pour la teinture du cuir tanné au sumac, bien nettoyé, et le second pour la teinture du cuir tanné à l'écorce, et en particulier du cuir de bœuf.

Les nuances obtenues sont foncées, bien égales et dépourvues de reflet bronzé; elles résistent bien au frottement et conservent au cuir sa souplesse.

Le Brun cuir s'applique par contre moins bien aux articles mégissés; les nuances obtenues sont plus rougeâtres, et il est difficile de teindre en brun foncé.

Le *Jaune de crésotine* (marques G et R), est une matière colorante azoïque dans laquelle les « copulants » sont la benzidine ou la tolidine et les « copulés » les acides méta ou orthocrésotiniques (4).

Pour teindre le coton non mordancé avec ce produit, on ajoute au bain (2,500 litres d'eau pour 100 kilogrammes de coton), 2 kil. 1/2 de savon de Marseille et l'on fait

(1) Brevet allemand 51662 et P. A. O. 1176.

(2) Brevet allemand 57429; *Moniteur scientifique*, 1892, p. 424.

(3) *K. K. Techn. : Gewerbe-Museum*. Vienne, 1892.

(4) *Moniteur scientifique*, 1892, p. 431.

bouillir; si l'eau est calcaire, il se forme à la surface une écume de savon calcaire qu'on enlève soigneusement, on ajoute 10 kilogrammes de phosphate de soude et la quantité voulue de colorant, on entre le coton et on le manœuvre pendant une heure à une température voisine de l'ébullition. Le bain ne s'épuise pas; ce produit, livré comme les précédents par la maison Œhler, fournit, avec 1/3 pour 100 de colorant du poids du coton, une fort jolie nuance jaune; la marque R est légèrement plus rougeâtre.

Les « *Farbenfabriken vormals Bayer et Co* » ont introduit dernièrement dans le commerce deux nouveaux bruns : le *Brun diazoïque* V et le *Brun au chrome* R (en pâte).

Le *Brun diazoïque* V fournit directement sur coton des nuances brunes, mais il est surtout destiné à être diazoté sur la fibre et copulé soit avec le β-naphtol (développeur A), soit avec la phénylènediamine (développeurs C ou E); la première combinaison donne un brun violet foncé, la seconde un brun jaunâtre; ces teintures résistent bien au lavage, ainsi qu'à l'action des acides et des alcalis et elles ne déchargent pas.

On teint le coton en le manœuvrant pendant une heure dans un bain additionné de 10 pour 100 de sel de Glauber ou de sel marin. On diazote et on copule par la méthode applicable à toutes les couleurs diazotables sur la fibre et que nous avons indiquée plus haut.

La laine se teint en bain légèrement acidulé par l'acide acétique; les teintures résistent au foulon et aux acides.

Le Brun diazoïque s'applique également, soit directement, soit diazoté, à la teinture des tissus mi-soie; on teint pendant une heure à l'ébullition dans un bain additionné de 5 pour 100 de sel de Glauber et, si l'on désire peu teindre la soie, on ajoute 5 pour 100 de savon.

Le *Brun au chrome* R, destiné à l'impression du coton en présence d'acétate de chrome, s'applique aussi à la teinture de la laine chromée.

Pour teindre la laine, on mordance pendant une heure au bouillon avec 3 à 4 pour 100 de bichromate de potasse et 1 à 1 1/2 pour 100 d'acide oxalique, on rince et on teint dans un second bain renfermant 15 à 20 pour 100 de matière colorante en entrant à 60-70° et en portant le bain en 15 à 20 minutes au bouillon, que l'on maintient pendant une heure.

Les nuances obtenues possèdent une grande solidité au foulon et ne déchargent pas.

Le brun au chrome est doué d'un grand pouvoir colorant et s'associe très bien aux autres matières colorantes qui se fixent sur chrome, telles que le jaune au chrome, l'alizarine-cyanine G et RRR, le rouge drap 3 G, le noir diamant, la céruléine, pour fournir les nuances modes les plus variées.

Les *Farbenfabriken vormals Bayer et Co* ont aussi entrepris la fabrication de l'*acétate d'ammoniaque* (liquide), dont ils recommandent l'usage aux teinturiers lorsqu'il s'agit d'employer des matières colorantes qui n'égalisent pas bien et lorsqu'il faut éviter les acides énergiques ou la cuisson.

La plupart des matières colorantes qui se fixent en bain acide ou neutre peuvent aussi être fixées au moyen de l'acétate d'ammoniaque, de sorte que l'emploi de cette substance permet de nuancer aussi bien qu'avec les autres produits.

La maison *J. R. Geigy*, à Bâle, fabrique depuis peu, sous le nom de *Clématine*, une safranine très bleuâtre qui possède la même solidité et, d'une manière générale, les caractères de la safranine.

On teint avec ce produit le coton mordancé au tannin ou à l'extrait de sumac (en employant 5 à 10 kilogrammes de tannin pour 100 kilogrammes de coton) et au tartre émétique; on entre à froid et l'on chauffe graduellement jusqu'à 70°.

La clématine, qui est un colorant homogène, peut aussi être employée en mélange avec d'autres couleurs pour les nuances combinées.

Avec 3/4 pour 100 seulement de colorant du poids du coton, on obtient une nuance violet rouge fort jolie.

La même maison a breveté un nouvel orange teignant directement le coton non mordancé : l'*Orange de Chicago*.

Cet orange, qu'elle annonce comme étant le meilleur marché des colorants de même nuance, se distingue par une grande intensité ainsi que par sa résistance à la lumière, au lavage et au chlore.

On teint avec 1 à 2 pour 100 de colorant et 10 grammes de sel de cuisine par litre d'eau ; on entre à chaud et on manœuvre le coton pendant une demi-heure. Le bain à 1 pour 100 de colorant s'épuise bien.

Cette nouvelle matière colorante s'obtient au moyen de la benzidine et de l'acide paranitrotoluène sulfoné.

Parmi les nombreux échantillons de spécialités que la maison J. R. Geigy et Cᵉ a mis obligeamment à notre disposition, nous remarquons une autre nouveauté, le *Bleu Helvétie* (breveté), au moyen duquel on obtient, sur soie en particulier, des nuances d'une pureté qui n'a pas été atteinte, croyons-nous, jusqu'ici.

Ce bleu est un colorant homogène et cristallisé ; les fabricants recommandent de l'employer en dissolution étendue (1 à 200-300) ; les dissolutions concentrées ayant de la tendance à recristalliser en présence de l'acide, il pourrait en résulter des nuances cuivrées. Il convient donc d'opérer de l'une des deux manières suivantes :

Le colorant nécessaire pour la nuance voulue est introduit en dissolution dans le bain chaud de savon non coupé ; on ajoute graduellement l'acide étendu et on manœuvre la soie jusqu'à épuisement complet, ou bien on prépare comme d'habitude le bain de savon coupé et l'on ajoute après chauffage, successivement et par petites doses, la dissolution étendue (1 à 300) du colorant.

Le bleu Helvétie se fixe sur coton sans mordant pour donner une belle nuance bleu-ciel, mais comme règle générale il est indiqué de mordancer préalablement au tannin et de teindre en présence d'une très petite quantité d'acide acétique.

La « *Manufacture Lyonnaise de matières colorantes* » nous a aussi envoyé une riche collection de ses spécialités parmi lesquelles celles plus récemment introduites dans le commerce sont le *Noir diamine BH*, le *Bleu pur diamine*, le *Vert diamine B*, le *Bronze diamine G*, le *Noir naphtol* 12 *B*, le *Bleu méthylène nouveau* et le *Jaune d'anthracène C*.

Le *Noir diamine BH* (1) se fixe sur coton non mordancé en présence de carbonate de soude et de sulfate de soude ou sel marin, ou pour les teintes foncées avec sulfate de soude et sel marin seuls. Avec 4 pour 100 de colorant du poids du coton on obtient une nuance nourrie et bleuâtre ; mais il est surtout destiné à être diazoté sur la fibre par la méthode habituelle et developpé avec la phénylènediamine par exemple ; on obtient ainsi un noir solide au foulon, à l'air et aux acides qui peut encore être remonté avec le bleu méthylène N pour donner un très beau noir.

Il se prête également bien à la teinture des tissus mi-soie (coton et soie) et mi-laine (coton et laine).

Le *Bleu pur diamine* (2) se teint sur coton non mordancé, au bouillon, avec 20 pour 100 de sulfate de soude ou de sel marin ; en mélanges avec les couleurs « diamine » demandant une addition de carbonate de soude, on peut sans inconvénient teindre avec 20 pour 100 de sulfate de soude et 5 pour 100 de carbonate de soude.

Avec 3 pour 100 de colorant du poids du coton on obtient une nuance bleu foncé fort belle comparativement à celle des bleus directs pour coton connus jusqu'ici ; elle est douée en outre de la propriété de rester bleu pur à la lumière artificielle au lieu de devenir grise comme cela est fréquemment le cas.

En teignant le satin mi-soie (coton et soie) avec le bleu diamine au bouillon en pré-

---

(1) Brevet français 233032.

(2) Brevet français 201770 ; *Moniteur scientifique*, 1891, p. 664.

sence de 10 pour 100 de savon et 15 pour 100 de sulfate de soude, on obtient de fort jolis effets, car la soie reste complètement blanche; si l'on veut teindre la soie en même temps, on peut le faire en y mélangeant du bleu alcalin et rinçant sur une eau légèrement acidulée ou en teignant d'abord le coton en bleu pur diamine et ensuite la soie sur un nouveau bain avec les colorants tels que les orangés, ponceaux, vert acide, éosines, etc., qui se fixent en bain acide.

Pour les tissus mi-laine, on obtient un bleu vif et uni en teignant avec un mélange de bleu diamine et de bleu alcalin au bouillon avec 2 pour 100 de carbonate de soude et 20 pour 100 de sulfate de soude.

Le *Vert diamine B* (1) est intéressant en ce sens qu'il constitue le premier colorant direct pour coton de nuance verte; c'est un vert jaunâtre qui, à 3/4 pour 100 de colorant du poids du coton, fournit déjà une nuance assez foncée.

On teint le coton par la même méthode qu'avec le bleu diamine; pour les mélanges avec d'autres produits nécessitant une addition de carbonate de soude ou d'un alcali, cette addition doit être réduite autant que possible, car il est plus avantageux de teindre le vert diamine sur bain neutre ou très légèrement alcalin.

Le vert diamine mélangé avec le noir diamine RO donne sur coton en un seul bain un beau noir solide.

La laine se teint en bain renfermant 3 pour 100 de bisulfate de soude ou d'acide acétique, le tissu mi-laine à 90° avec 30 pour 100 de sulfate de soude et la soie sur bain légèrement acidulé par l'acide acétique.

Le *Bronze diamine G* (2) appartient à la même série de matières colorantes, il est surtout destiné aux mélanges avec les autres couleurs diamines pour les nuances mode, les olives et surtout pour nuancer les bruns.

On teint le coton au bouillon avec addition de :

5 pour 100 de carbonate de soude
et 15 pour 100 de sulfate de soude ou de sel marin,

mais pour les mélanges avec d'autres produits ne demandant pas une addition de carbonate de soude, on peut sans inconvénient teindre seulement avec du sulfate de soude ou du sel marin.

On obtient sur tissu mi-soie avec 1 1/2 pour 100 de colorant du poids du coton, 10 pour 100 de savon et 15 pour 100 de sulfate de soude un fort joli bronze.

Le *Noir naphtol 12 B* (3) est un colorant pour laine; avec 1 pour 100 de colorant la nuance est bleu foncé, avec 3 à 4 pour 100 elle est noire avec reflet bleuâtre.

La teinture est solide à l'air, à la lumière et au lavage, elle résiste à un foulon *ordinaire* et aux acides.

Le noir naphtol 12 B conservant sa teinte bleu verdâtre à la lumière artificielle peut corriger par mélange les noirs qui au contraire rougissent.

On teint la laine en flottes avec addition de

10 pour 100 de bisulfate de soude,
ou 10 pour 100 d'acide acétique,
ou 10 pour 100 de sulfate de soude
et 3 pour 100 d'acide sulfurique,

on ajoute au bain de teinture d'abord l'acide, on entre la laine et on lisse pendant quelque temps, on introduit ensuite la solution colorante et on teint au bouillon jusqu'à épuisement du bain; si au bout d'une heure le bain n'est pas épuisé on ajoutera encore 2 à 5 pour 100 de bisulfate de soude.

---

(1) Brevet français 201770. Certificat d'addition du 22 janvier 1891. — Voir *Moniteur scientifique*, année 1891, p. 664.

(2-3) Brevet français 201770. Brevet d'addition du 10 septembre 1891.

Pour le tissu de laine on fait bouillir pendant 1 heure avec :

10 pour 100 de sulfate de soude
et 5 pour 100 de bisulfate de soude,

on laisse refroidir le bain à 60° et on teint 1 heure en montant au bouillon; on ajoute pour épuiser le bain de nouveau 5 pour 100 de bisulfate de soude et on fait bouillir encore pendant 1/2 heure.

Le *Bleu méthylène nouveau N* (1) s'applique de la même manière que le bleu méthylène ordinaire sur coton mordancé au tannin et au tartre émétique.

On commence à teindre à tiède et on monte jusqu'à 90° en ajoutant pour les nuances claires un peu de savon et pour les nuances foncées un peu d'acide acétique.

Les nuances obtenues sont vives et nourries; avec 1/20, 1/10 et 1/4 pour 100 de colorant elles sont verdâtres, avec 1 à 1 1/2 pour 100 elles sont bleu violet.

En teignant sur fond de sumac et fer on obtient un bleu-noir.

La marque NGG donne des nuances beaucoup plus verdâtres.

Le *Jaune anthracène C* livré par la même maison est destiné à la teinture de la laine sur laquelle elle donne des nuances d'une grande solidité; un des meilleurs procédés de teinture consiste à teindre sur bain acide avec addition de 3 à 5 pour 100 de bisulfate de soude en chauffant lentement au bouillon, puis à ajouter après épuisement du bain 3 pour 100 de fluorure de chrome et à faire bouillir encore pendant 1/2 heure.

On peut aussi teindre en ajoutant au bain de teinture, outre la quantité nécessaire de colorant, 2 1/2 pour 100 de chromate et 1 pour 100 d'acide sulfurique en montant lentement jusqu'au bouillon.

Ce colorant est destiné à remplacer le bois jaune non seulement dans les cas où celui-ci est employé en combinaison avec les couleurs dites d'alizarine, mais partout où il s'agit d'obtenir des teintes solides au foulon.

Le jaune d'anthracène est plus solide à la lumière et à l'air que le bois jaune.

Nous signalerons une notice fort intéressante publiée par la « *Manufacture Lyonnaise de matières colorantes* » sur la teinture des tissus mélangés laine et soie.

Cette brochure renferme des renseignements précieux pour donner aux tissus mélangés, tout en teignant en pièces, des nuances opposées à la soie et à la laine, ce qui permet d'obtenir les effets de dichroïsme qu'on produisait autrefois par le tissage après teinture en flottes.

La Manufacture Lyonnaise a étudié dans ce but des produits qu'elle divise en trois classes :

1° Ceux qui teignent en teinte uniforme la laine et la soie;
2° Ceux qui ont plus d'affinité pour la laine que pour la soie;
3° Ceux qui teignent la soie à froid sans teindre la laine.

Grâce aux renseignements qu'elle fournit en outre on arrive à de fort beaux effets de dichroïsme, comme le montrent les échantillons renfermés dans cette notice.

La *Société pour l'industrie chimique* à Bâle vient d'introduire dans le commerce sous le nom de *Rhodamine 6 G* un nouveau rose breveté qui est particulièrement destiné à la teinture du coton; elle se fixe sur coton mordancé au tannin et au tartre émétique en une belle nuance rose, présentant plus de solidité à l'eau et à la lumière que les nuances analogues obtenues avec les matières colorantes connues. Elle peut en outre être combinée facilement avec d'autres colorants basiques, ce qui permet d'obtenir des nuances variées.

Les nuances sur soie et laine sont également fort belles.

Nous donnons dans le tableau suivant quelques indications sur les propriétés et réactions principales des matières colorantes dont il vient d'être question :

(1) Brevet français 201770. Brevet d'addition du 10 septembre 1891.

NOM COMMERCIAL.	FABRICANT.	ASPECT DU PRODUIT.	SOLUTION AQUEUSE.	SOLUTION AQUEUSE ADDITIONNÉE de			SOLUTION dans ACIDE SULFURIQUE concentré.
				ACIDE CHLORHYDRIQUE (en excès).	LESSIVE DE SOUDE (en excès).	CARBONATE DE SOUDE (en excès).	
Gris direct J	Soc. des matières colorantes de St-Denis.	Poudre noire.	Gris-bleu.	Vire légèrement au rouge.	Précipité.	Précipité.	Brun noir avec dégagement d'acide sulfureux.
— B.......	Id.	Id.	Id.	Id.	Id.	»	
— R.......	Id.	Pâte noire.	Brun rougeâtre.	Vire au rouge.	Id.	Précipité.	Brun noir.
— 4 B.....	Id.	Id.	Bleu.	Pas de changement.	Id.	Id.	Bleu.
Gris spécial R......	Id.	Id.	Violet bleu.	Id.	Id.	Id.	Violet.
Gris solide R.......	K. Œhler.	Poudre noire.	Violâtre.	Avive la nuance.	Id.	Id.	Brun noir.
— B.......	Id.	Id.	Terne.	Id.	Id.	Id.	Id.
Bleu noir azoïque...	Id.	Poudre noir brun.	Violet.	Vire au violet bleu précipité.	Id.	»	Bleu verdâtre.
Azo-mauve R........	Id.	Id.	Rouge violacé.	Vire et précipite.	Précipite incomplètement.	Pas de changement.	Id.
— B.......	Id.	Id.	Id.	Id.	Id.	Id.	Id.
Naphtazurine.......	Id.	Poudre noir bleuâtre.	Violet bleuâtre.	Vire au bleu et précipite.	Vire au bleu, précipite.	Vire au bleu.	Id.
Brun tolylène G...	Id.	Poudre brune.	Brun.	Précipité.	Précipite incomplèt.	Pas de changement.	Brun rouge.
— R...	Id.	Id.	Brun un peu plus rougeâtre.	Id.	Id.	Id.	Brun violacé.
Jaune de crésoline G.	Id.	Poudre jaune.	Peu soluble, jaune.	»	Développe la coloration jaune.	Id.	Violet rougeâtre.
— R.	Id.	Id.	Id.	»	Développe la coloration jaune rougeâtre.	Id.	Violet.
Brun diazoïque V...	Farbenfabriken vorm.	Poudre noire.	Brun rougeâtre.	Vire au violet rouge et précipite.	Précipité.	Id.	Bleu violet.
Brun au chrome R..	F. Bayer et Cie.	Pâte brune.	Brun jaune.	Précipité.	Coloration rougeâtre.	Id.	Brun.
Clématine.........	J.-R. Geigy et Cie.	Poudre bronze.	Rouge violet.	Vire au violet.	Pas de changement.	Id.	Vert jaunâtre.
Orange Chicago....	Id.	Poudre brune.	Pas très soluble.	Précipité brunâtre.	Id.	Id.	Violet.
Bleu Helvétie......	Id.	Poudre bleue.	Bleu pâle.	Colorat. plus intense et plus violette.	Décoloration complète.	Décoloration partielle	Brun rouge.
Noir diamine BH...	Manufacture lyonnaise de matières colorantes.	Poudre violet noir.	Violet bleu dichroïque.	Vire au violet rouge et précipite.	Vire au violet rouge.	Pas de changement.	Bleu.
Bleu pur diamine...	Id.	Id.	Bleu.	Pas de changement.	Vire au violet.	Id.	Vert.
Bronze diamine G...	Id.	Poudre bronze.	Brun.	Précipité.	Précipité.	Id.	Violet.
Noir naphtol 12 B...	Id.	Poudre brune.	Bleu rouge dichroïque.	Vire au bleu léger précipité.	Bleu violet sans dichroïsme.	Bleu violet sans dichroïsme.	Vert.
Bleu méthylène N...	Id.	Poudre bronze.	Bleu.	Pas de changement.	Précipité.	Pas de changement.	Vert jaune.
Vert diamine B.....	Id.	Poudre noire.	Vert jaunâtre.	Vire au bleu.	Vire au jaune.	Id.	Violet rouge.
Jaune anthracène C.	Id.	Poudre jaune.	Peu soluble, jaune.	Pâlit la coloration.	Fonce la coloration.	Id.	Brun rouge.
Rhodamine 6 G extra.	Société pour l'industrie chimique, à Bâle.	Poudre rouge.	Rose avec fluorescence verdâtre.	Pas de changement.	Coloration plus rouge et moins fluorescente.	Pas de changement.	Jaune pâle.

SUR LES CONDITIONS CHIMIQUES DE L'ACTION DE LA DIASTASE

Par M. le Docteur JEAN EFFRONT.

La fabrique américaine de glucose « *The Chicago sugar refining Company* » emploie le maïs comme matière première de sa fabrication ; elle fournit au marché un résidu très riche en azote.

En étudiant cette dernière substance, j'ai constaté qu'elle possédait la propriété d'activer l'action de l'amylase sur l'amidon et que le principe actif qu'elle renfermait était soluble dans l'eau froide.

Tout d'abord j'attribuai ce phénomène à la présence dans ces résidus d'amylase, de glucase ou d'autres ferments; mais je dus bientôt abandonner cette hypothèse, lorsque j'eus reconnu qu'un macéré préparé avec ces résidus, tout en augmentant notablement la production du maltose dans l'empois d'amidon, en présence d'une infusion de malt, ne possède pas par lui-même de pouvoir saccharifiant; de plus, le macéré bouilli a les mêmes propriétés que celui préparé à froid. Ce pouvoir de suractivité doit donc être provoqué par une substance spéciale d'une tout autre nature que les ferments.

Pour la déterminer, je procédai à l'analyse de ces résidus; celle-ci me fournit les chiffres ci-après :

Protéine	37.63
Amidon	38.39
Eau	8.46
Résidu non azoté	15.03
	99.51

Je constatai, en outre, la présence de l'asparagine, et, dans les cendres, je décelai des composés de calcium, de potassium, de magnésium, d'aluminium et des combinaisons d'acides sulfurique et phosphorique.

Je me livrai à des études séparées sur chacune de ces substances et je recherchai leur action sur la diastase.

Action de l'asparagine. — Je fis un empois d'amidon d'une densité de 1,015. Il ne contenait que des traces de sucre. Je l'additionnai d'une quantité déterminée de malt et d'asparagine. J'obtins les résultats consignés dans ce tableau :

Saccharification de 1 heure 30 à la température de 50° centigrades.		Saccharification de 12 heures à la température de 15° centigrades.	
Asparagine p. 100 d'empois.	Maltose p. 100 de matières sèches.	Maltose p. 100 de matières sèches.	Iode.
0.0	16.4	22.3	Bleu.
0.01	23.4	65.4	Violet.
0.02	32.6	66.2	Violet.
0.03	37.8	66.4	Violet.
0.04	58.2	6.17	Violet.

Je prélevai de chaque échantillon, après une saccharification d'une heure et demie à 50° centigrades, un peu de liquide pour être soumis à l'analyse ; le restant fut refroidi et abandonné à une température de 15° centigrades pendant douze heures. L'action de l'asparagine est très manifeste ; une addition de 4 centigrammes de cette substance a donné lieu à une production de 58,2 de maltose, tandis que le même mélange, sans asparagine, et contenant cependant exactement la même proportion d'infusion de malt, n'en a fourni que 16,4; avec 4 centigrammes d'asparagine, on a obtenu plus du double de maltose qu'avec 1 centigramme.

Dans la saccharification à une température de 15° centigrades, la question des doses différentielles d'asparagine n'a joué qu'un rôle secondaire. Sa présence seule a suffi pour produire la suractivité ; j'ai constaté la même quantité maxima approximative aussi bien avec 1 qu'avec 4 centigrammes d'asparagine.

Action des sels d'aluminium. — Pour établir le pouvoir de suractivité des sels d'aluminium sur la diastase, je me suis adressé successivement au chlorure d'aluminium, au sulfate d'aluminium, à l'acétate d'aluminium et aux aluns potassique et ammonique. Tous ces sels ont déterminé une action très favorable. Je me contente de consigner quelques chiffres relatifs à l'emploi de l'acétate d'aluminium ; ces chiffres sont des plus typiques, attendu que la proportion d'acide acétique que renfermaient les doses mises en expérience ne peut avoir aucune influence sur l'empois d'amidon. L'effet constaté est donc dû uniquement à l'aluminium et non à l'acide en combinaison.

Acétate d'aluminium pour 100 d'empois.	Maltose pour 100 de matières sèches.
0.0	7.31
0.025	31.62
0.05	59.72
0.1	61.30
0.2	61.93

Dans toutes les expériences avec l'asparagine, on pouvait ajouter cette substance, soit directement à l'empois d'amidon, soit à l'infusion de malt, les résultats obtenus n'étaient pas influencés ; il en fut de même pour l'acétate d'aluminium. L'alun potassique ou ammonique se comportait différemment ; s'ils étaient ajoutés directement à l'empois, on obtenait de bons résultats, mais si, au contraire, on les introduisait préalablement dans l'infusion de malt, on détruisait la diastase.

Action de l'acide phosphorique. — Une addition d'acide phosphorique à l'empois active sensiblement l'action de la diastase ; la dose la plus favorable semble être 15 milligrammes pour 100 grammes d'empois ; si l'on augmente cette dose et qu'on atteigne celle de 2 centigrammes, on commence à paralyser l'action de la diastase. Toutefois, l'activité de l'acide libre est peu régulière ; elle dépend de la pureté du produit, de l'amidon et de l'eau que l'on emploie pour procéder à l'expérience.

Dans un essai avec 15 milligrammes d'acide phosphorique, nous avons obtenu 21.6 de maltose pour 100 d'amidon ; le même produit, sans addition d'acide, ne nous a donné que 9.21 de sucre pour 100 d'hydrate de carbone.

L'acide métaphosphorique se comporte absolument de la même façon, seulement son action est moins énergique.

	Saccharification de 1 h. 30 à tempér. 50° C.	Saccharification de 12 h. à tempér. 15° C.
Phosphate ammonique.	Maltose pour 100 de matières sèches.	Maltose pour 100 de matières sèches.
0.0	6.1	14.2
0.02	12.0	»
0.025	17.2	68.0
0.05	24.3	»
0.05	36.2	»

Le phosphate calcique $CaH^4(PhO^4)^2$ agit avec l'empois comme le sel ammoniacal, seulement l'action diffère suivant la façon d'opérer.

On peut ajouter indifféremment la solution de phosphate ammonique, soit à l'empois, soit à l'infusion de malt ; il n'en est pas de même pour la solution de phosphate acide de calcium : celle-ci ne peut être ajoutée qu'à l'empois d'amidon pour obtenir un résultat favorable ; son addition à l'infusion de malt annihile toute influence et peut détruire l'activité diastasique.

J'ai constaté que 2 centimètres cubes d'infusion de malt, additionnée de 5 centigrammes de sel calcique, fournissent dans le même empois la même proportion de sucre; une addition d'une quantité plus élevée de sel calcaire provoque déjà une notable diminution de sucre.

Tous les essais que j'ai pratiqués avec des sels de sodium, de magnésium, ou avec des sulfates, ont donné des résultats négatifs. L'activité des résidus de l'usine américaine de glucose, sur l'hydratation de l'empois d'amidon, doit être uniquement attribuée à la présence, d'une part, de l'acide phosphorique et de l'aluminium, et, d'autre part, à celle des produits de décomposition de la protéine.

L'action des agents chimiques sur la diastase est caractérisée par ce fait : c'est qu'elle cesse lorsqu'on introduit ces substances dans un empois dont l'hydratation est déjà très avancée ; aussi doit-on, lorsqu'on fait des essais avec ces substances, n'employer que de faibles quantités d'infusion.

J'ai répété les mêmes expériences avec de la diastase pure, préparée d'après l'excellente méthode de Lintner et j'ai obtenu les mêmes résultats qu'avec l'infusion de malt.

Action du chlorure et du carbonate de sodium sur la diastase. — On admet généralement que le chlorure de sodium, à la dose de 8 pour 100 est favorable à la diastase; avec le carbonate de sodium, au contraire, à la dose de 0 gr. 4, l'activité est déjà presque supprimée.

J'ai repris ces expériences et j'ai pu constater que le chlorure de sodium du commerce exerce une action réellement favorable ; mais celle-ci n'existe plus dès qu'on fait usage du sel chimiquement pur.

Le carbonate de sodium, même à de faibles doses, est très nuisible d'après ce qui résulte de mes expériences. J'ai obtenu :

Carbonate de sodium pour 100 d'empois.	Maltose pour 100 de matières sèches.
—	—
0.0	78.3
0.25	18.2

Dans cette dernière expérience, le carbonate avait été additionné à l'empois et ce n'est qu'après le mélange qu'on avait ajouté l'infusion. Dans une autre série de recherches, on avait ajouté à 2 centimètres cubes d'infusion diverses doses de carbonate de sodium, dissoutes dans 2 centimètres cubes d'eau distillée, et le mélange de ces liquides avait été introduit dans 100 centimètres cubes d'empois d'une densité de 1,015; on procéda à la saccharification à la température ordinaire, et celle-ci dura 12 heures.

Carbonate de sodium. pour 100 d'empois.	Maltose pour 100 de matières sèches.
—	—
0.0	55.3
0.001	52.6
0.005	44.2
0.01	32.0
0.02	17.55
0.05	3.10

Ces chiffres démontrent péremptoirement le danger de la présence du carbonate de sodium ; il importe donc, lorsqu'on neutralise un moût pour la fabrication de la maltose, de ne pas ajouter un excès d'alcali.

Dans un prochain travail, je reviendrai sur l'action favorable que d'autres produits azotés exercent sur la diastase.

NOTE SUR LES ALLIAGES D'ALUMINIUM ET D'ANTIMOINE ET SUR L'ANTIMONIURE D'ALUMINIUM

Par M. D.-A. Roche.

Les alliages d'aluminium et d'antimoine n'ont pas encore été obtenus, à ma connaissance du moins; d'après certains traités de chimie, ces deux métaux ne pourraient pas s'allier, et sir Joseph-W. Richards écrivait dans un traité sur l'aluminium (2e édition de 1891) à la page 398 :

« L'aluminium semble n'avoir qu'une faible tendance à s'unir avec l'antimoine, « comme avec le plomb. Les frères Tissier disent qu'ils n'ont pu obtenir un alliage « homogène de ces deux métaux. »

Or, *à priori*, il semble étrange que l'aluminium, doué d'affinités si énergiques, et dont la combinaison avec d'autres métaux tels que le cuivre, le nickel, etc., se fait avec dégagement de chaleur et de lumière, ne puisse se combiner avec l'antimoine alors qu'il se combine à l'arsenic et à l'étain, corps qui tous deux se rapprochent beaucoup de l'antimoine. L'expérience montre en effet que, contrairement à l'opinion généralement admise, l'aluminium et l'antimoine se combinent très facilement en toutes proportions, et cela par divers procédés; c'est ainsi qu'on peut fondre ensemble de l'aluminium avec un composé d'antimoine : le trichlorure, l'oxyde, etc., ce dernier avec ou sans charbon; l'opération est facilitée par l'addition d'un fondant convenable, tel qu'un chlorure alcalin.

Mais le procédé le plus simple et qui donne les meilleurs résultats consiste à combiner directement les deux métaux par voie de fusion; l'opération se fait dans un creuset au four Perrot et à une température peu élevée.

Les alliages à faible teneur en antimoine (inférieure à 5 pour 100) ont une dureté, une ténacité et une élasticité beaucoup plus considérables que l'aluminium, et sont en même temps très malléables; leur couleur est un peu moins blanche que celle de l'aluminium pur, mais leur éclat est plus vif et plus argentin et résiste mieux à l'action des agents atmosphériques.

Si l'on élève la teneur en antimoine, la dureté augmente, mais la ténacité et l'élasticité diminuent très vite et l'alliage devient friable; la cristallisation propre de l'aluminium disparait de plus en plus, et vers 10 pour 100 l'alliage est formé de paillettes cristallines brillantes; ceci est d'ailleurs absolument identique à ce qui se passe avec un grand nombre d'alliages d'aluminium tels que les alliages avec le chrome, le nickel, le cobalt, le tungstène, etc.

On remarque en même temps que le point de fusion de l'alliage s'élève avec la teneur en antimoine, et qu'il s'altère de plus en plus au contact de l'air humide, jusqu'à ce qu'on arrive à un alliage de composition :

Al....................................	18,37 pour 100.
Sb....................................	81,63 pour 100.

Cet alliage qui répond à la formule :

$$Al^2Sb^2 \text{ ou } \begin{matrix} Al \equiv Sb \\ | \\ Al \equiv Sb \end{matrix}$$

est un véritable antimoniure d'aluminium. Pour l'obtenir, le mieux est de fondre dans un creuset, au four Perrot, de l'antimoine, puis de brasser le bain avec une baguette d'aluminium en ayant soin d'élever peu à peu la température au fur et à mesure que l'aluminium se combine; la masse devient de plus en plus pâteuse, puis brusquement se solidifie. Après refroidissement, on la sort facilement du creuset sans qu'il soit besoin de casser celui-ci.

L'antimoniure d'aluminium se présente sous forme d'une masse gris foncé bien homogène à cassure gris noirâtre cristalline. Il est absolument infusible aux plus hautes températures que donne le four Perrot, et son point de fusion paraît même supérieur à celui des aciers doux; c'est là un fait assez remarquable, puisque les deux métaux qui le constituent fondent à des températures relativement basses (Sb à 440° centigrades, Al à 600° centigrades).

La composition de l'antimoniure d'aluminium n'est pas rigoureusement constante; elle varie un peu avec les conditions de la préparation, mais ne diffère jamais que de quelques dixièmes pour cent de celle donnée plus haut.

L'antimoniure d'aluminium n'est pas altéré par l'air sec à la température ordinaire; à haute température, l'antimoine se volatilise lentement, et si l'on n'évite pas complètement l'accès de l'air ou des gaz du foyer, l'aluminium s'oxyde.

L'air humide même à froid l'altère profondément; en très peu de temps, on voit l'alliage se déliter en formant une poudre noirâtre contenant de l'alumine en même temps qu'il se dégage de l'hydrogène antimonié.

L'eau froide décompose cet alliage comme l'humidité de l'air en donnant lieu à un dégagement lent et régulier d'hydrogène antimonié. La chaleur rend cette attaque beaucoup plus vive; il en est de même si l'on ajoute un alcali caustique; il se forme alors un aluminate et l'hydrogène antimonié est mêlé d'hydrogène libre.

L'acide chlorhydrique même étendu attaque énergiquement cet alliage; il se dégage de l'hydrogène contenant beaucoup d'hydrogène antimonié; tout l'aluminium se dissout à l'état de chlorure, et l'antimoine qui n'est pas passé à l'état d'hydrogène antimonié se trouve en partie dissous à l'état de $Sb\,Cl^3$, et en partie inattaqué sous forme d'une poudre noire.

Si l'on prépare des alliages encore plus riches en antimoine, on remarque que leur point de fusion s'abaisse très rapidement ainsi que leur altérabilité à l'air humide, sans toutefois qu'elle devienne jamais nulle. Un phénomène semblable avait été signalé par Wöhler (*Pogg. Ann.* 1827, II, 160) pour des combinaisons de l'aluminium avec le bore, le silicium, l'arsenic, le tellure et le phosphore; je l'ai également observé sur un alliage formé de plomb 75 pour 100, antimoine 24 pour 100, aluminium 1 pour 100.

Les alliages d'aluminium et d'antimoine se combinent facilement avec plusieurs métaux et en diverses proportions, pour former des alliages complexes dont plusieurs sont susceptibles d'applications industrielles importantes; je citerai parmi les alliages légers l'aluminium-nickel-antimoine et l'aluminium-tungstène-antimoine remarquables par leur dureté, leur ténacité et leur élasticité; les alliages aluminium-argent-antimoine, avec ou sans nickel ou cuivre, susceptibles d'un fort beau poli; puis parmi les alliages lourds, les fers et surtout les aciers-aluminium-antimoine, avec ou sans nickel, chrome, etc.; d'une finesse de grain extraordinaire, absolument sans soufflures, extrêmement durs et tenaces.

Ajoutons que le lecteur trouvera tous les renseignements complémentaires concernant les alliages d'aluminium en se reportant au *Moniteur scientifique*, année 1892 (Brevets, pagination à part, p. 31, 295 et 379). A signaler surtout le brevet publié à cette dernière page, pris par Lebedeff, qui donne la description d'un procédé général propre à fournir des alliages avec tous les métaux.

SUR DE NOUVEAUX EXPLOSIFS

Par MM. A. Berg et L. Cari-Mantrand.

Les hypophosphites associés aux chlorates fournissent de nouveaux explosifs ayant des propriétés brisantes intéressantes qui pourront avoir des applications en pyrotechnie.

Un mélange à parties égales d'hypophosphite de baryte et de chlorate de potasse, tous deux finement pulvérisés et séparément desséchés à l'étuve à la température de 100°, fournit une poudre ayant les propriétés suivantes :

Enflammée à l'air libre, elle brûle rapidement en produisant une sourde explosion : cette inflammation se fait très facilement par l'étincelle électrique.

Si l'on vient à opposer un obstacle, même léger, au dégagement des gaz, l'inflammation se produit avec une violente explosion. Ainsi, une petite quantité de cette poudre enfermée dans un tortillon de papier auquel on met le feu, produit une détonation stridente.

Un choc peu violent la fait détoner à la manière des poudres au chlorate; aussi convient-il de prendre des précautions lors du mélange des deux composants. Eviter par exemple de les broyer ensemble dans un mortier, fût-il en bois; de graves accidents pourraient en résulter.

Il est prudent de n'opérer que sur de petites quantités à la fois et de ne faire le mélange que sur une feuille de papier à l'aide d'une spatule flexible en corne.

Voici quelques expériences qui montrent la rapidité de sa combustion et les effets qu'elle produit :

Si l'on pose sur un petit tas de 1 à 2 décigrammes de matière un bouchon de liège d'environ 3 centimètres de diamètre, à la suite de l'explosion ce petit bouchon est brisé en fragments, et souvent coupé suivant son axe.

Une traînée de poudre de 3 mètres de longueur sur laquelle on dispose quelques bouchons de liège, comme dans l'expérience précédente, brûle assez rapidement pour que l'on n'entende qu'une explosion.

Plonge-t-on dans une terrine de 20 litres pleine d'eau un petit tube de verre, muni à ses deux extrémités de deux armatures métalliques et de tubes en caoutchouc permettant de faire passer l'étincelle électrique, la terrine vole en éclats et l'eau est projetée à une grande hauteur.

Sur une planchette de bois bien plane, nous avons disposé un petit tas de poudre de 2 décigrammes ; nous l'avons recouverte d'une feuille de clinquant, puis d'une pièce de 10 centimes chargée d'un poids de 200 grammes. Après la détonation, le clinquant est embouti et offre l'empreinte de la pièce.

Enfin, mélangée à de la poudre de magnésium, elle produit en brûlant une lumière éblouissante de très courte durée, ne nécessitant aucun appareil spécial et permettant d'obtenir des instantanés nocturnes.

Son inflammabilité par l'étincelle électrique étant aussi facile que celle du fulminate de mercure, il y a lieu de croire qu'elle remplacerait avantageusement ce produit. En effet, elle présenterait sur ce dernier l'avantage d'avoir un prix de revient bien inférieur et de pouvoir être préparée au moment du besoin par simple mélange des deux composants qui, pris séparément, n'offrent aucun danger.

En remplaçant l'hypophosphite de baryte par celui de soude en solution sirupeuse et le chlorate de potasse par le chlorate de soude finement pulvérisé, on obtient un mélange ayant des propriétés curieuses, comparables à celles de la nitro-glycérine. Une goutte de substance, chauffée sur une feuille mince de clinquant, devient d'abord entièrement liquide, par suite de la dissolution du chlorate, bouillonne, se dessèche, et produit alors une explosion très violente. La plaque est généralement percée, ou tout au moins très fortement emboutie.

Nous avons aussi essayé d'autres hypophosphites, mais aucun ne nous a donné d'aussi bons résultats.

DOSAGE VOLUMÉTRIQUE DE L'ACÉTONE

Par MM. F. Robineau et G. Rollin (1).

La méthode habituellement employée pour doser l'acétone dans un liquide, consiste. après avoir éliminé les matières qui pourraient nuire à la réaction, à transformer cette acétone en iodoforme par action de l'iode en présence de la soude.

On emploie dans ce but les solutions binormales d'iode et de soude. L'iodoforme est pesé, soit après lavage et dessiccation, soit après évaporation spontanée sur l'acide sulfurique de sa solution éthérée.

Cette façon d'opérer comporte une cause d'erreur qui réside dans la volatilité appréciable de l'iodoforme, même à la température ordinaire, et, quand on opère sur de faibles quantités, l'erreur ainsi produite peut être assez grande.

Quoi qu'il en soit, ce procédé exige un temps relativement long.

Nous avons cherché à transformer en méthode volumétrique ce dosage de l'acétone :

« Notre procédé consiste à transformer l'acétone en iodoforme, au sein d'une solution d'iodure de potassium et de soude, par un hypochlorite titré.

« La fin de la réaction est indiquée par l'apparition de la teinte bleue, en pratiquant des touches avec des gouttes du liquide sur des gouttes d'empois d'amidon bicarbonaté.

« Du volume d'hypochlorite on déduit l'acétone. »

En effet, un hypoiodite alcalin, même à l'état de trace dans une solution de soude, au contact de l'empois d'amidon contenant un excès de bicarbonate de soude, donne la réaction de l'iodure d'amidon.

D'un autre côté, un liquide contenant de l'acétone, de l'iodure et de la soude caustique en excès, dans lequel on fait tomber de l'hypochlorite alcalin, ne donne de réaction avec l'empois bicarbonaté que lorsque l'acétone a été totalement transformée en iodoforme.

Cette manière d'opérer ne donnera néanmoins des résultats constants qu'autant qu'on observera un certain nombre de précautions.

La liqueur acétonique doit être suffisamment alcaline, sans quoi il faudrait beaucoup plus d'hypochlorite que normalement pour transformer l'acétone.

L'iodure potassique sera employé en excès.

La dilution sera à peu près la même et l'hypochlorite de même concentration dans les titrages.

On opérera à l'abri d'une trop vive lumière.

Pendant le titrage, on agitera d'une façon continuelle. Ce point surtout est capital.

L'hypochlorite est titré par rapport à de l'acétone pure du bisulfite.

Préparation de l'hypochlorite. — Pour le dosage de quantités assez importantes d'acétone, on le préparera ainsi qu'il suit :

On prend de l'hypochlorite de soude concentré du commerce, dont le titre varie de 45 à 55 volumes de chlore. On mesure 500 centimètres cubes de ce produit, et on le mélange avec 500 centimètres cubes d'eau et 10 centimètres cubes de soude pure à 36° Baumé.

On le conserve dans un flacon jaune bouché.

Titrage de l'hypochlorite. — On pèse exactement 2 grammes environ d'acétone pure du bisulfite et on en fait 500 centimètres cubes. Ensuite on prend 10 grammes d'iodure potassique pur qu'on introduit dans un verre de Bohême conique ; on verse par-dessus

(1) Travail exécuté au laboratoire de l'usine Poulenc frères.

100 centimètres cubes de la solution d'acétone, puis 20 centimètres cubes de lessive de soude pure à 28° Baumé. On remue pour dissoudre le KI et rendre homogène.

On fait tomber l'hypochlorite avec une burette goutte à goutte ou par 1/2 centimètre cube, en remuant constamment le verre de Bohême.

L'iodoforme se précipite en gros flocons et se rassemble facilement. Lorsque l'addition d'hypochlorite ne donne plus qu'un léger trouble, on prend une goutte du liquide avec une baguette de verre et on la met en contact avec une goutte d'empois d'amidon bicarbonaté déposée sur une assiette. Aussitôt qu'il y a excès d'hypochlorite, la teinte bleue apparait très nettement.

On lit le volume employé, et on réitère l'opération pour plus de sûreté.

Exemple. — On a pesé 2 gr. 081 d'acétone pure et fait 500 centimètres cubes en tout. 100 centimètres cubes de la solution acétonique ont exigé 22 c. c. 5 d'hypochlorite; on a donc, pour 1 centimètre cube d'hypochlorite, 0 gr. 01874 d'acétone pure.

Il y a un peu d'écart dans les résultats si l'on vient à trop varier les conditions de l'expérience.

L'agitation est supposée constante et la liqueur d'hypoclorite versée régulièrement.

En ajoutant à 100 centimètres cubes du liquide acétonique précipité 100 centimètres cubes d'eau, avec les mêmes quantités de soude et d'iodure, on a obtenu 22 c. c. 05 d'hypochlorite.

En prenant 40 centimètres cubes de soude à 28°, au lieu de 20 centimètres cubes, on a obtenu 22 centimètres cubes d'hypochlorite.

En prenant 60 centimètres cubes de soude à 28°, au lieu de 20 centimètres cubes, on a obtenu 21 c. c. 6 d'hypochlorite.

Enfin, en prenant 10 centimètres cubes de soude à 28°, au lieu de 20 centimètres cubes, on a obtenu 23 centimètres cubes d'hypochlorite.

Ces chiffres démontrent que la dilution influe peu sur les résultats, de même qu'un faible excès de soude, mais on remarquera qu'une trop faible alcalinité fait beaucoup varier la quantité d'hypochlorite.

L'alcalinité indiquée en premier lieu, soit 20 centimètres cubes de soude à 28°, paraît normale.

Dans ces dernières conditions d'alcalinité et de dilution, la relation entre l'acétone et le chlore disponible de l'hypochlorite est très sensiblement, pour 1 molécule de C^3H^6O, de 6 atomes de Cl.

L'hypochlorite dont nous nous sommes servis ici titrait, à la liqueur de Penot, 21 volumes 56.

On pourrait donc se passer de titrer l'hypochlorite avec de l'acétone pure et déterminer simplement au Penot le chlore disponible. Mais nous préférons néanmoins le titrage avec l'acétone pure.

Dosage de l'acétone dans un liquide complexe. — Nous donnons comme exemple le dosage d'un liquide fait de toutes pièces, qui nous a servi à contrôler l'exactitude du procédé.

Ce liquide contenait :

gr.		
1.510	eau	soit 39,98 pour 100 d'acétone.
1.677	alcool éthylique	
1.550	alcool méthylique pur	
3.149	acétone pure du bisulfite	

On a pesé 3 gr. 2445 de ce mélange et complété 500 centimètres cubes.

En opérant comme précédemment avec 100 centimètres cubes de liquide, 10 grammes de KI, et 20 centimètres cubes de soude à 28°, nous avons obtenu 13 c. c. 85 d'hypochlorite (le même que plus haut). En calculant, on trouve 39,99 pour 100 d'acétone, ce qui a vérifié la composition indiquée ci-dessus.

On le voit, l'alcool éthylique n'a pas d'influence sur les résultats.

Nous avons vérifié le changement qu'apporterait la paraldéhyde dans un titrage analogue.

A 100 centimètres cubes de solution acétonique correspondant à 0 gr. 4162 d'acétone pure nous avons ajouté 10 centimètres cubes d'une solution aqueuse de paraldéhyde pure à 5 pour 100, ce qui faisait 0 gr. 500, soit un peu plus que d'acétone.

En titrant le mélange, nous avons trouvé 22 c. c. 4 d'hypochlorite. Il fallait 22 c. c. 2. Cette variation est faible pour la quantité relativement forte de paraldéhyde. Une trop grande quantité d'aldéhyde fausserait néanmoins plus encore les résultats, mais les cas sont assez rares où il y en aurait une telle abondance. On purifierait, dans ce cas, le liquide à titrer d'après les indications de Bardy, après avoir recherché l'aldéhyde par la méthode qu'il indique.

Pour le dosage de faibles quantités d'acétone, on fera usage d'un hypochlorite 5 fois plus faible que celui précité, soit à 4 ou 5 volumes de chlore, et l'alcalinité sera proportionnelle.

Avec un peu d'habitude, on voit qualitativement à peu près combien le liquide à essayer contient d'acétone et on en prend au jugé une quantité sensiblement correspondante à celle prise pour le titrage de l'hypochlorite. On ramène ainsi les conditions à être à peu près les mêmes.

Les résultats en sont d'autant meilleurs.

Ce procédé a le grand avantage d'être rapide. Il permet à un opérateur d'exécuter en peu de temps de nombreux titrages, tout en donnant des résultats suffisamment rigoureux.

Remarques. — On peut, en effet, considérer la réaction indiquée pour le titrage comme très sensible. Elle se manifeste mieux pour des traces d'acétone quand il y a un excès de soude, un excès d'iodure et peu d'hypochlorite.

Une solution aqueuse contenant 0 gr. 004 de C^3H^6O par litre donne un fort trouble immédiatement.

La réaction se montre au bout de quelques instants pour une liqueur contenant seulement 0 gr. 0012 de C^3H^6O par litre.

Avec un liquide contenant 0 gr. 0008 de C^3H^6O par litre, elle se manifeste difficilement.

Cette réaction doit être accomplie à l'abri d'une lumière trop vive.

Au soleil, ou dans un endroit très éclairé, les traces d'iodoforme ainsi produites disparaissent très rapidement et le liquide s'éclaircit.

Dans l'obscurité le précipité ne disparaît pas.

Conservation de l'hypochlorite titré et sa variation. — L'hypochlorite titré doit être conservé dans un flacon jaune, au frais et dans l'obscurité.

Il devra être titré assez fréquemment, soit à l'acétone, soit au Penot, car il varie assez rapidement, surtout quand il est dilué.

Nous avons fait à ce sujet une série d'expériences qui montrent d'une façon saisissante les variations éprouvées par celui-ci sous diverses influences :

Un hypochlorite préparé pour le titrage marquait 22 volumes 16.

Laissé au frais dans l'obscurité il donnait, 6 jours après, 21 volumes 96.

Conservé dans un flacon en verre blanc bouché, à une lumière vive et le plus souvent au soleil, il a donné au bout de 7 jours 12 volumes 32.

Maintenu au bain-marie à 100° pendant 1/4 d'heure il titrait, après refroidissement, 19 volumes 48.

CONTRIBUTIONS RÉCENTES A L'ÉTUDE CHIMIQUE ET BACTÉRIOLOGIQUE DES INDUSTRIES BASÉES SUR LA FERMENTATION

Conférence faite à la Société des Arts de Londres

Par M. le professeur PERCY-FRANKLAND (1).

(*Suite et fin*).

FERMENTATION DES SUCRES ARTIFICIELS.

La question de la fermentescibilité des différents sucres a acquis une importance toute particulière depuis que M. Émile Fischer a réussi à réaliser la synthèse des matières sucrées. Les magnifiques travaux de ce savant offrent un profond intérêt non seulement au point de vue purement chimique, mais encore dans leurs rapports avec les phénomènes de fermentation sur lesquels ils ont jeté un nouveau jour. Fischer a préparé artificiellement non seulement les deux sucres naturels les plus importants, — la lévulose et la dextrose, — mais encore toute une série de matières sucrées qui n'existent pas dans la nature ou qui n'ont pas encore été découvertes. Il a même surpassé la nature dans la production de sucres. Tandis que les sucres naturels se rattachant à la glucose dérivent tous des alcools hexatomiques à 6 atomes de carbone, Fischer a préparé synthétiquement des sucres qui sont de véritables alcools hepta-, octo- et nonatomiques contenant respectivement 7, 8 et 9 atomes de carbone (2).

Nous devons aussi jeter un coup d'œil sur une réaction qui a rendu d'inestimables services à l'étude des sucres et qui a pris déjà sa place dans les laboratoires à côté de la liqueur de Fehling et du polarimètre. Je parle de la réaction qui se produit entre les sucres et la phénylhydrazine.

Cette dernière substance entre facilement en combinaison avec les différents sucres en formant des composés qui sont faciles à purifier et qui se prêtent bien à l'identification des sucres dont ils dérivent. Il suffit de chauffer la solution sucrée avec de la phénylhydrazine en solution acétique ou avec une solution de chlorhydrate de phénylhydrazine et d'acétate de soude pour obtenir l'osazone correspondante sous forme de précipité jaune.

Non seulement les osazones offrent un excellent moyen pour reconnaître les variétés de sucres, mais ce sont encore elles qui ont permis à Fischer de réaliser ses brillantes synthèses dans cet important groupe de corps chimiques. Traitées par l'acide chlorhydrique concentré, les osazones se transforment en *osones*.

Non seulement nous comprenons maintenant la différence qui existe entre la constitution chimique de la dextrose et celle de la lévulose, telle qu'elle ressort des formules de Kiliani, mais encore, grâce aux recherches de Fischer, nous avons un véritable isomère optique de la dextrose, c'est-à-dire la glycose lévogyre et un véritable isomère optique de la lévulose, c'est-à-dire la lévulose dextrogyre.

Cette lévulose dextrogyre s'obtient en faisant fermenter la fructose inactive.

Les cellules de levure choisissent les molécules de la lévulose ordinaire et les décomposent en alcool et acide carbonique, tandis que la lévulose dextrogyre, — qui est une substance entièrement nouvelle et dont la levure n'a aucune expérience dans le passé, — reste inattaquée. Ce phénomène est particulièrement intéressant, étant le premier

(1) Voir *Moniteur scientifique*, livr. de mars 1893, p. 161.

(2) Voir sur ce sujet la conférence de M. Fischer, publiée dans la livraison d'octobre 1890 du *Moniteur scientifique*, p. 997 et 1120.

exemple de la sélection faite par la levure entre deux isomères optiques. Il est vrai qu'il est aussi le premier exemple d'isomérie optique qui soit connu dans le groupe de substances sucrées.

Je passerai maintenant à une autre série de découvertes dans le même groupe, celle qui comprend la synthèse des sucres renfermant plus de six atomes de carbone. Cette synthèse repose sur des réactions très simples.

Chacun des sucres appartenant au groupe du dextrose ou à celui du lévulose peut se combiner à l'acide cyanhydrique pour former un oxycyanure, à la manière de l'aldéhyde et de l'acétone ordinaires.

FERMENTATIONS BACTÉRIENNES.

Les phénomènes de fermentation provoqués par la levure, bien qu'ayant une énorme importance au point de vue industriel, sont relativement peu intéressants en comparaison des transformations variées qui résultent de l'activité vitale d'autres micro-organismes. La levure n'agit que sur un nombre extrêmement limité de substances qui comprend quelques espèces de sucres, et ne produit en somme que de l'alcool et de l'acide carbonique. Dans les fermentations bactériennes, non seulement les substances attaquées, — organiques et inorganiques, — sont beaucoup plus nombreuses, mais encore les produits de fermentation sont infiniment plus variés.

L'étude de ces fermentations bactériennes a été faite, pour une bonne partie, antérieurement à l'introduction des méthodes bactériologiques dont j'ai parlé plus haut. Elle a, par conséquent, besoin d'être revue et placée sur une base plus solide. On a déjà fait beaucoup dans cette voie, mais ce n'est qu'une partie de ce qui reste à faire.

De toutes ces fermentations bactériennes, la fermentation acétique est celle qui, le plus longtemps, a été utilisée industriellement. En 1864, M. Pasteur a trouvé que cette fermentation était due à un organisme spécial auquel il a donné le nom de *Mycoderma aceti*, et qui avait été connu antérieurement sous le nom de *fleurs de vinaigre*. Ce savant a démontré en outre que cet organisme joue le rôle d'un véhicule d'oxygène et que, si sa vitalité est affectée, l'alcool est incomplètement oxydé et, au lieu d'acide acétique, il se forme de l'aldéhyde. D'autre part, si l'on continue la fermentation après que la totalité d'alcool a été transformée, l'acide acétique lui-même devient la proie de la puissance oxydante du micro-organisme et est converti en acide carbonique et eau.

Notre connaissance de cette importante fermentation a été récemment augmentée dans une large mesure par Adrian Brown qui a démontré que l'alcool propylique normal peut être transformé par le mycoderma aceti en acide propionique, tandis que l'alcool méthylique, l'alcool isobutylique primaire et l'alcool amylique ne sont pas attaqués.

Le mycoderma aceti est aussi capable d'exercer sa puissance oxydante sur quelques alcools polyatomiques et sur quelques-uns des sucres. C'est ainsi qu'il transforme le glycol en acide glycolique, la glycérine en acide carbonique et eau, la mannite en lévulose et la glucose en acide gluconique. Il n'exerce pas d'action sur la dulcite ni sur l'érythrite.

Brown a également étudié l'origine de la masse gélatineuse que l'on trouve souvent dans les vaisseaux employés dans la fabrication du vinaigre et qui est généralement connue sous le nom de « plante de vinaigre » ou de « mère de vinaigre ». Cette substance est de la cellulose qui résulte de l'action d'un micro-organisme ressemblant beaucoup au mycoderma aceti. Il diffère de celui-ci en ce qu'il possède la propriété de transformer en cette cellulose gélatineuse la dextrose, la lévulose et la mannite, mais surtout la lévulose. Cet organisme a reçu le nom de *Bacillus xylinus*. Son action offre un grand intérêt au point de vue théorique.

FERMENTATION DU BLEU D'INDIGO.

En fait de fermentations bactériennes, je mentionnerai encore la fermentation du bleu d'indigo qui, pendant longtemps, a été employée industriellement en teinturerie.

Parmi les matières colorantes naturelles, aucune n'est aussi appréciée que l'indigo. Mais l'usage de cette substance offre une difficulté particulière en tant que l'indigo est insoluble dans l'eau et tous les autres liquides qui peuvent être employés en teinturerie. Cependant, sous l'influence des agents réducteurs, le bleu d'indigo se transforme en une substance incolore et soluble qui est connue sous le nom de blanc d'indigo. Si maintenant on imprègne d'une solution de blanc d'indigo les fibres à teindre, et qu'on les expose ensuite à l'air, le bleu d'indigo est régénéré sur la fibre par l'oxydation du blanc d'indigo.

Cette réduction du bleu d'indigo a été invariablement opérée jusque dans ces derniers temps par l'intermédiaire d'une fermentation spéciale dans les cuves à indigo.

On prépare le milieu qui convient à cette fermentation en mélangeant les substances suivantes :

Indigo	15	kilogrammes.
Guède	300	—
Son	10	—
Garance	2 à 5	—
Lait de chaux	12	—

On peut remplacer la guède par le carbonate de potasse et, dans ce cas, la cuve a la composition suivante :

Indigo	10	kilogrammes.
Garance	2 à 5	—
Son	2 à 5	—
Carbonate de potasse	10-15	—

Dans les deux cas, on emploie une cuve de 2 mètres de largeur sur 2 mètres de profondeur que l'on remplit d'eau après y avoir jeté les substances ci-dessus.

L'organisme qui détermine la réduction du bleu d'indigo n'a pas encore été isolé ni étudié scientifiquement. On suppose que la réduction est effectuée par l'hydrogène naissant engendré par la fermentation. Il existe plusieurs micro-organismes qui pourraient produire le même résultat, l'hydrogène étant le produit d'un grand nombre de fermentations.

Je suis actuellement occupé à étudier la nature de cette fermentation particulière.

BACTÉRIES QUI JOUENT UN RÔLE DANS L'AGRICULTURE.

Les recherches scientifiques récentes ont révélé que les bactéries jouent un rôle tellement important dans l'agriculture, que celle-ci doit être considérée à juste titre comme la principale et la plus universelle des industries basées sur la fermentation. Toutes ces recherches ont convergé sur l'azote, cet élément mystérieux qui, bien qu'indispensable à toute forme de vie, est caractérisé par une si grande inertie apparente à l'état libre. Je dis : inertie apparente, parce que, comme on va le voir plus loin, les découvertes récentes ont grandement modifié sur ce point les notions établies. Pour les agriculteurs, la question de l'azote a une importance capitale, et même les moins instruits parmi eux ont toujours le mot « azote » dans la bouche.

Ce n'est que de l'azote du sol que je vais m'occuper ici.

On admet généralement que l'acide azotique constitue l'aliment le plus important que les plantes tirent du sol. Un sol complètement exempt d'azotates ne saurait fournir la moindre récolte, quelque favorables que soient toutes les autres conditions dans lesquelles il se trouve.

Bien qu'il soit absolument indispensable à la vie végétale, l'acide azotique ne se trouve dans le sol qu'un peu plus qu'à doses homéopathiques. Il faut employer des réactions chimiques très délicates pour déceler sa présence dans le sol. C'est ainsi que des sols fertiles peuvent contenir, dans certains cas, 1 partie d'acide azotique pour 1,000,000 de parties en poids de sol.

Le fait que l'acide azotique se trouve en si petite quantité dans le sol est dû, en premier lieu, à la grande solubilité des azotates qui permet aux eaux de pluie de les entraîner; en deuxième lieu, à la facilité avec laquelle les azotates sont assimilés par les plantes et qui a pour résultat leur disparition rapide du sol. On sait depuis longtemps que, si l'on met le sol à l'abri de la pluie et qu'on en exclue toute végétation, la proportion d'azotates y augmente rapidement. Dans les conditions normales, le sol produit sans cesse des azotates avec les différentes matières azotées qui lui sont fournies sous forme d'engrais, et l'azote renfermé dans ceux-ci n'est utilisé par les plantes que sous forme d'azotates.

Déjà en 1862, Pasteur avait supposé que cette production d'acide azotique dans le sol était due au travail de micro-organismes; mais cette supposition n'a été corroborée qu'en 1877, par deux autres chimistes français, Müntz et Schlœsing.

Ces expérimentateurs ont démontré que la production d'acide azotique dans le sol se trouve du coup arrêtée si l'on soumet le sol à l'action d'antiseptiques ou à l'influence de la chaleur, c'est-à-dire si on le place dans des conditions incompatibles avec la vie organique. La nature vitale du processus de nitrification a été confirmée par quelques autres chimistes, sans qu'on soit arrivé à déterminer ou à isoler le micro-organisme nitrifiant lui-même.

Un pas très important dans cette voie a été fait par Munro qui a montré, en 1886, que la nitrification pouvait se produire dans des solutions pratiquement exemptes de matière organique, ce qui revenait à dire que l'activité vitale de l'organisme de la nitrification pouvait se maintenir sans aucun aliment de nature organique.

Bien que la culture continue des organismes du sol dans un milieu exempt de matières organiques ait déterminé l'élimination de nombre de bacilles étrangers à la nitrification, elle ne nous a pas fourni l'organisme nitrifiant à l'état pur, plusieurs autres formes ayant persisté à se maintenir dans cette solution minérale. Mais différentes considérations nous ont conduit à supposer que l'organisme nitrifiant différait des autres organismes qui l'accompagnaient, en ce qu'il était incapable de vivre sur de la gélatine peptonisée. Il a donc fallu revenir au procédé de dilution. A cet effet, une des solutions inoculées a été énormément étendue d'eau, et, de cette solution étendue, plusieurs petites portions ont été introduites dans des solutions nutritives préparées comme il a été décrit plus haut. Dans quelques-unes de ces solutions inoculées, la nitrification s'est produite, tandis que les autres n'ont pas subi de nitrification. L'examen des solutions nitrifiées nous a révélé qu'elles contenaient pour la plupart des organismes cultivables sur gélatine, tandis que dans un cas la solution, bien que nitrifiée, n'a donné aucune croissance sur une plaque de gélatine. Nous avons donc obtenu une culture pure du microbe nitrifiant.

Notre travail sur l'organisme nitrifiant a été publié au mois de mars 1890.

Un mois plus tard, Winogradsky annonçait, dans les *Annales de l'Institut Pasteur*, qu'il avait isolé un organisme nitrifiant analogue, sinon identique, au nôtre. Quelques mois plus tard, Warrington arrivait au même résultat.

La méthode adoptée par Winogradsky différait de la nôtre bien qu'elle fût également basée sur l'incapacité de l'organisme nitrifiant de se multiplier dans un milieu de gélatine. Ayant cultivé des solutions nitrifiées sur des plaques de gélatine, il a constaté que les colonies formées ne possédaient plus la faculté de nitrifier les solutions ammoniacales. De là, il a conclu que l'organisme nitrifiant devait se trouver dans les espaces restés libres entre les colonies qui se sont developpées. En découpant les portions de gélatine exemptes de colonies et les introduisant dans des solutions convenables, il a, en effet, obtenu une nitrification.

Ces découvertes ne suffisaient pas pour expliquer les phénomènes de la nitrification, car les organismes isolés dans ces trois recherches indépendantes possédaient la faculté de transformer l'ammoniaque en acide azoteux, et non en acide azotique. L'acide azoteux est un produit intermédiaire qui ne se trouve dans le sol que très rarement et en petite quantité.

Les organismes isolés par Winogradsky, par Warrington et par nous, ne peuvent accomplir la première de ces réactions. Il est tout à fait remarquable que ces organismes puissent effectuer l'oxydation la plus difficile et soient incapables d'opérer une oxydation relativement facile. On sait qu'un des agents d'oxydation puissants, le permanganate de potasse, n'exerce aucune action sur l'ammoniaque, tandis qu'il oxyde facilement l'acide azoteux en acide azotique. Pour arriver à oxyder l'ammoniaque par des moyens chimiques, il faut avoir recours à un des oxydants les plus énergiques qui soient connus — l'ozone — mais alors le produit est un mélange d'acide azotique et d'acide azoteux.

Comment donc l'acide azotique se forme-t-il dans le sol ?

Ayant constaté que l'organisme isolé par nous ne produisait que de l'acide azoteux, je suis arrivé à la conclusion que ce problème pouvait être expliqué par l'une des deux hypothèses suivantes : 1° ou bien l'acide azoteux et l'acide azotique sont produits par des organismes entièrement différents ; 2° ou bien un seul et même organisme produit l'acide azoteux ou l'acide azotique suivant les conditions dans lesquelles il est placé.

Les recherches plus récentes de Warrington et de Winogradsky ont démontré que c'est la première hypothèse qui est la vraie. En cultivant les microbes du sol dans des solutions contenant de l'acide azoteux et point d'ammoniaque, ils ont isolé un organisme capable de transformer l'acide azoteux en acide azotique, mais incapable d'oxyder l'ammoniaque.

Ce ferment nitrique exerce donc la même action que le permanganate de potasse qui, comme nous l'avons vu plus haut, oxyde l'acide azoteux en acide azotique, mais n'attaque pas l'ammoniaque.

Dans la lumière de toutes ces découvertes, le mécanisme de la nitrification dans le sol devient compréhensible dans son ensemble. La nitrification est l'œuvre de deux organismes différents, dont le premier oxyde l'ammoniaque en acide azoteux, tandis que le dernier convertit l'acide azoteux en acide azotique.

Le processus de nitrification se manifeste non seulement dans tout sol fertile, mais encore d'énormes accumulations de ses produits, sous forme d'azotate de soude, se trouvent dans quelques districts du Chili et du Pérou, d'où ils sont exportés en immenses quantités, plus spécialement pour fertiliser les sols fatigués de l'Europe.

FIXATION DE L'AZOTE LIBRE PAR LES PLANTES.

Avant de terminer, je dois encore m'arrêter à un autre problème qui offre un immense intérêt au point de vue pratique et théorique.

Depuis un siècle, les chimistes agricoles et les physiologistes discutent la question de savoir si les plantes peuvent s'assimiler l'azote libre de l'air ou non. Boussingault a répondu négativement à cette question il y a quelque cinquante ans d'ici. Le problème a été repris, il y a une trentaine d'années, par Lawes, Gilbert et Pugh, et leur réponse a été également négative. Cependant, dans le cours de leurs expériences, Lawes et Gilbert ont souvent eu l'occasion de constater que, tandis que dans la plupart des récoltes, l'azote trouvé était dû aux composés azotés fournis au sol par les engrais et les eaux de pluie, les récoltes de légumineuses — pois, haricots, fèves, etc., — renfermaient toujours un excédent d'azote qui ne pouvait évidemment pas provenir des sources qui viennent d'être indiquées. On sait, en effet, depuis 2,000 ans, que la fertilité du sol peut être augmentée par la culture des légumineuses.

La question est restée dans cet état peu satisfaisant jusqu'en 1876, lorsqu'elle a été de nouveau soulevée par Berthelot ; mais ce n'est que plus tard que deux expérimentateurs allemands, Hellriegel et Wilfarth, ont donné l'explication complète de ce phénomène. Ils ont démontré que l'excédent d'azote dans les légumineuses provient de l'air, et, — ce qui est beaucoup plus intéressant pour nous, — que l'assimilation de l'azote libre par ces plantes s'effectue par l'intervention de certains micro-organismes qui abondent autour de leurs racines. Lorsque les mêmes plantes sont cultivées dans un sol stérilisé, la fixation de l'azote libre n'a pas lieu.

La façon dont les micro-organismes aident les plantes à accumuler l'azote est extrêmement intéressante. Lorsque ces micro-organismes se trouvent dans le sol cultivé, ils déterminent la formation de tubérosités particulières sur les racines des légumineuses. Examinées au microscope, ces tubérosités montrent parmi leurs cellules une croissance ramifiée qui donne naissance à un grand nombre de petites cellules. Celles-ci ressemblent beaucoup à des bactéries, mais les morphologistes sont encore loin d'être d'accord sur leur véritable nature.

Comme les bactéries ordinaires, ces bactéroïdes peuvent être cultivés dans des milieux artificiels.

L'étude de ces organismes a montré que chaque espèce de légumineuses a son bactéroïde particulier qui est plus puissant, au point de vue de la production de tubercules sur cette espèce, que les bactéroïdes pris sur d'autres espèces. Sous ce rapport quelques expériences très instructives ont été faites par le professeur Nobbe.

Nobbe a trouvé que lorsqu'on inocule les racines d'une plante de pois par les bactéroïdes provenant d'un tubercule d'une plante de la même espèce, la plante fixe beaucoup plus d'azote que dans le cas où elle est inoculée par une culture pure de bactéroïdes provenant d'un tubercule de lupin. Il en est de même pour les autres légumineuses.

On ne connait pas encore le mécanisme exact par lequel l'azote atmosphérique devient assimilable par les légumineuses possédant des tubercules. On suppose que les micro-organismes qui se trouvent dans les tubercules s'emparent de l'azote et les transforment en une substance que les plantes peuvent s'assimiler. Quoi qu'il en soit, il est parfaitement certain que l'activité vitale des micro-organismes qui produisent les tubercules est le facteur indispensable de la fixation de l'azote.

Il est inutile d'insister sur la grande importance qu'a cette découverte pour la physiologie végétale. Nous devons considérer ces micro-organismes comme des agents précieux par l'intervention desquels l'azote atmosphérique — qui, comme tel, n'a aucune valeur pour les plantes ordinaires et les animaux, — est transformé en un aliment directement assimilable par les plantes et sert indirectement au maintien de la vie sur notre planète.

Dans la présente étude, j'ai tâché d'esquisser les grandes questions qui occupent actuellement l'attention de tous ceux qui ont dévoué leur énergie et leur intelligence à l'élucidation des phénomènes de fermentation. J'emploie le mot « fermentation » dans son sens le plus large, et, par les faits exposés plus haut, il est facile de voir que l'ampleur de ce sens devient de plus en plus grande. Comme je l'ai dit, les industries basées sur la fermentation ne comprennent pas que la distillerie, la brasserie, la fabrication du vin, la fabrication du vinaigre et quelques autres; il faut y ajouter l'agriculture, qui a plus d'importance que toutes ces industries réunies.

L'étude des phénomènes de fermentation fait des progrès tellement rapides, les données accumulées sont tellement nombreuses, que j'ai dû forcément omettre bien des choses qui auraient pu trouver leur place dans cet exposé, si le temps à ma disposition n'avait pas été limité. Mais j'estime que mes efforts seront amplement rétribués et que le but de ces conférences sera pleinement atteint quand j'aurai réussi à susciter dans l'esprit d'un seul de mes auditeurs un intérêt assez vif pour le décider à rejoindre les rangs des pionniers de ce domaine fertile de la science (1). A. Bach.

(1) Nous avons dû écourter cette deuxième partie de la conférence de l'auteur et nous en tenir aux généralités qui y sont contenues : pour plus amples renseignements, il suffira au lecteur de se reporter aux développements publiés sur toutes ces questions dans le *Moniteur scientifique*, année 1890, p. 996 et 1120; année 1892, p. 625; année 1893, p. 81 et 187.

MÉTALLURGIE. — MÉTAUX. — ALLIAGES.

Les alliages de fer et de chrome.

Par M. R.-A. HADFIELD.

(*Engineering*, 23 et 30 septembre, 7 et 14 octobre 1892.)

INTRODUCTION.

Bien que plusieurs mémoires aient été présentés à l'*Iron and Steel Institute*, au sujet des alliages de fer et de chrome, notamment par Brustlein et Boussingault, on n'a pas encore de données exactes sur les propriétés de l'acier au chrome. Il est certain que personne ne s'est attaché à étudier l'influence qu'exerce sur le métal l'addition de quantités croissantes de chrome et, jusqu'à présent, il n'existe pas de série d'épreuves et d'analyses qui puissent donner un tableau complet des propriétés de cet important alliage.

Le principal objet de ce mémoire est de décrire les résultats obtenus dans l'étude des combinaisons de fer et de chrome, combinaisons dans lesquelles l'élément constant, le carbone, a été maintenu dans des limites aussi basses que possible. A en juger par ces résultats, il est probable que l'acier au chrome est appelé à jouer un grand rôle dans l'avenir, et l'auteur espère que son mémoire servira de moyen pour attirer une fois de plus l'attention des spécialistes sur cet important sujet.

On ne saurait contester que la question spéciale des alliages ou des combinaisons d'acier peut acquérir une haute importance pour le monde entier, et peut offrir un jour à nos constructeurs et ingénieurs civils des moyens pour entreprendre des travaux d'une extension qui, malgré les énormes progrès réalisés dans ces dernières années, est impossible à l'heure actuelle.

Lorsqu'on se rappelle combien de difficultés a dû surmonter le métal connu sous le nom d'acier carburé, et combien a été longue pour ce métal la période d'expériences et d'épreuves, on ne s'étonne plus que l'introduction de combinaisons spéciales, telles que les aciers au manganèse, au nickel et au chrome, n'ait lieu que très lentement.

HISTORIQUE.

Il est très intéressant de prendre l'histoire d'un élément important *ab ovo*. Le métal chrome nous fournit une occasion particulièrement favorable à ce point de vue, et qui ne se rencontre pas dans l'histoire de la plupart des autres métaux.

C'est à la France — dont la production métallurgique, bien qu'insuffisante au point de vue de la quantité, ne laisse rien à désirer comme qualité, — que nous devons la plupart de nos connaissances sur le métal, ses propriétés et le développement de ses applications. Après Vauquelin, qui avait découvert le métal, viennent Berthier, Frémy, Boussingault et enfin Brustlein, qui fit tant pour augmenter les usages pratiques du chrome. Le travail de Brustlein fut spécialement reconnu, il y a deux ans, en France, par la Société d'Encouragement pour l'Industrie nationale, qui lui décerna un prix de 2,000 francs : « pour la fabrication courante d'un acier ou fer fondu doué de propriétés spéciales utiles, par l'incorporation d'un corps étranger ». Ce métal spécial était un acier au chrome.

Le chrome fut découvert vers la fin de 1797, à une époque très troublée.

On ne peut s'empêcher d'évoquer le souvenir de l'histoire de cette époque en apprenant que le « citoyen » Louis-Nicolas Vauquelin lut son premier mémoire le 11e brumaire, et son second mémoire le 30e nivôse an VI. En d'autres termes, son mémoire le plus important fut lu le 19 janvier 1798, sous ce titre : « Sur la nouvelle substance métallique contenue dans le plomb rouge de Sibérie, découverte par le citoyen Vauquelin, et à laquelle il a donné le nom de chrome ».

Vauquelin fut amené de la manière suivante à la découverte de ce métal : En 1789, lui-même et un médecin de Paris, le « citoyen » Macquart, furent invités à faire l'analyse d'un échantillon de « plomb rouge de Sibérie », un chromate de plomb natif provenant de ce pays. En 1797, Vauquelin arriva à la conclusion que les résultats de son analyse étaient faux. Il dit lui-même : « Grâce à la quantité insuffisante de matière, je n'ai pas été à même de donner à mes recherches l'extension voulue. Mais elles ont suffi pour démontrer que ce « plomb rouge » contient un nouvel acide métallique possédant des caractères très marqués et dont nous pouvons utiliser les propriétés dans les arts ».

Ce « plomb rouge » est actuellement connu sous le nom de vauquelinite.

Avec son énergie caractéristique, Vauquelin arriva en deux mois à isoler le métal, à le classer et à déterminer la plupart de ses propriétés. Il est étonnant qu'avec des moyens d'analyse aussi grossiers et imparfaits que ceux que Vauquelin avait à sa disposition, il pût arriver à des résultats aussi exacts.

Il constata que le nouveau métal, dont quelques échantillons furent présentés à l'Académie des Sciences, était blanc, cassant, très infusible, cristallisait en aiguilles, et que les acides n'exerçaient sur lui qu'une action très faible. Il fut d'avis que ce métal, en raison de ses propriétés, n'était pas destiné à entrer dans l'usage général ; mais il formula la supposition que ses oxydes pourraient être employés avantageusement dans les arts comme matières colorantes. Vauquelin indiqua aussi que la magnifique colorisation de l'émeraude était due à l'oxyde de chrome.

La découverte de Vauquelin avait une grande importance pratique, étant donné que de grandes quantités de composés chromés sont actuellement employées dans les arts — dans la préparation de pigments, dans l'impression sur toile et dans la coloration du verre et de la porcelaine émaillée. Le borate de chrome est employé dans la fabrication des couleurs minérales pour remplacer le vert d'arsenic.

Il paraît que quelques-uns des amis de Vauquelin, notamment les « citoyens » Fourcroy et Hanx, furent consultés au sujet du nom à donner au nouveau métal. Le nom de « chrome » fut suggéré (de *chroma*, couleur), en raison des couleurs caractéristiques que les oxydes de ce métal donnaient aux corps avec lesquels ils entraient en combinaison. Vauquelin dit : « Je dois avouer que ce nom ne convient pas tout à fait au métal, étant donné qu'il n'a pas lui-même de couleur particulière. Je ne voulais pas adhérer spécialement à ce titre plutôt qu'à un autre qui serait plus approprié et exprimerait mieux les propriétés les plus saillantes et caractéristiques de ce métal ». Évidemment, l'avis des deux amis prévalut, et c'est pourquoi nous avons actuellement le métal chrome.

Vauquelin fut l'un de ces chimistes industrieux dont les travaux donnent, de nos jours, un si parfait résultat. Cuvier avait dit de lui : « Il était tout chimiste, chimiste chaque jour de sa vie et pendant la durée de chaque jour ». Ses différents mémoires et traités se chiffrent à plus de 240.

Vauquelin fait preuve d'une grande intuition scientifique quand il dit : « Si la chimie pouvait seulement utiliser quelques-uns des objets que la nature nous offre, elle convertirait bientôt en applications utiles les corps qui n'existent actuellement que comme vaine curiosité ». Il serait sans doute bien étonné s'il pouvait voir que c'est au métal découvert par lui il y a presque un siècle, que nous devons les remarquables propriétés des projectiles d'acier moderne — propriétés qui permettent à un projectile de 6 pouces de diamètre de traverser sans se déformer une plaque d'acier de 10 pouces et demi d'épaisseur, ou à un projectile de 13 pouces et demi de diamètre de pénétrer à plus de 3 pieds d'épaisseur dans une couche d'acier et de fer forgé.

L'utilisation métallurgique de ce métal dans un but plus pacifique n'a pas encore été tentée sur une grande échelle. Mais, à en juger par les résultats obtenus par Brustlein et autres, il est certain que l'emploi du chrome dans la métallurgie deviendra de plus en plus considérable.

Description du métal.

Le chrome, Cr, a pour poids atomique 52.40 ; pour volume atomique 7.7. Sa densité est de 6.80 à 7.3, et sa chaleur spécifique de 0.12. Son point de fusion n'a pas encore été déterminé. D'aucuns disent qu'il est situé plus haut que celui du platine. Deville affirme qu'il a obtenu du chrome moins fusible que le platine. Carnelly, dans son livre sur les *Points de fusion et d'ébullition*, dit que « le chrome ne fond pas au feu de forge, mais se ramollit et se conglomère ». Neville constate que « le chrome fond à une température plus élevée que le platine ». Toutes ces données étant relatives et approximatives, n'ont pas beaucoup de valeur réelle. D'après les expériences d'Osmond, le point de fusion du chrome est situé un peu plus haut que celui du fer pur.

Bien que dans un mémoire présenté à l'Académie des Sciences, en septembre 1821, J.-F. John prétende avoir trouvé des traces de chrome dans du fer météorique, le chrome n'a probablement jamais été trouvé à l'état natif. On ne l'obtient actuellement que par la réduction de ses oxydes. A l'état métallique, il peut être hardiment considéré comme un « métal rare », l'auteur ayant payé un échantillon de chrome supposé pur, à raison de 80 sh. par once (3 fr. 70 environ par gramme). Or, cet échantillon ne contenait que 86.6 pour 100 de chrome, et renfermait 2.18 pour 100 de carbone. Le chrome étant pour ainsi dire inconnu à l'état pur, il est naturel qu'on ne sache rien de positif sur ses propriétés. L'échantillon que l'auteur avait entre ses mains avait une densité de 7.88, et n'était pas magnétique.

Dans son *Electro-deposition*, Watt mentionne un procédé adopté par Bunsen pour fabriquer du chrome par électrolyse. Il paraît que Bunsen isolait facilement le chrome en soumettant à l'électrolyse une solution concentrée de son chlorure. Le métal déposé, qu'on supposait être pur, présentait l'aspect du fer, mais était moins altérable que celui-ci à l'air humide. Il résistait à l'action de l'acide azotique bouillant, mais était attaqué par l'acide chlorhydrique et l'acide sulfurique étendu. Bunsen a trouvé que, quand on diminuait le courant, le chrome se déposait non à l'état métallique, mais sous forme d'une poudre noire composée de protoxyde et de sesquioxyde de chrome.

Quelques chimistes affirment que le chrome s'oxyde facilement, grâce à son affinité pour l'oxygène. D'autres disent qu'il n'en est rien et qu'il ne s'altère que très peu à l'air. On rapporte aussi que le métal a été obtenu en plusieurs modifications, dont l'une serait réfractaire au point d'être infusible à la température qui suffit pour volatiliser le platine.

D'après les expériences que l'auteur a faites sur des échantillons qui se vendent sous le nom de chrome métallique, ce métal peut être chauffé au rouge sans qu'il s'oxyde, et résiste à l'action de la plupart des acides. Frémy aurait obtenu du chrome cristallisé qui n'était pas attaqué par les acides les plus forts.

Sous forme de poudre, le chrome est amorphe, brûle avec une flamme brillante, étant chauffé à l'air, et est aisément soluble dans les acides. C'est probablement cette modification que Wöhler a obtenue sous forme d'une poudre verte et brillante, de 6.81 de densité, en réduisant par le zinc le sesquioxyde de chrome. Cette poudre se ternissait à l'air et était soluble dans l'acide chlorhydrique et l'acide sulfurique chauds.

En 1888, M. James Park, du Millburn chemical Works (Glasgow), a obtenu un brevet (n° 377), pour quelques perfectionnements apportés à la fabrication du chrome métallique. Cet inventeur emploie le bichromate de potasse, qu'il réduit en oxyde en chauffant un mélange finement divisé de bichromate et de sucre à une température convenable. Le produit ainsi obtenu, est réduit à l'état métallique en chauffant avec du charbon de bois ou quelques autres matériaux appropriés. L'éponge métallique est réduite en une poudre fine et fondue à une température très élevée. On obtient ainsi une masse de chrome pur ou presque pur. Cependant, les échantillons de ce métal analysés par l'auteur, ne contenaient que 79 pour 100 de chrome, le reste étant constitué par du carbone, du silicium et du fer.

Le docteur Glatzel a obtenu le chrome sous forme de cristaux microscopiques presque blancs, en réduisant par le magnésium le chlorochromate de potasse en présence de chlorure de potassium. Triturés dans un mortier d'agate, ces cristaux donnaient une poudre qui avait un éclat métallique. La densité des cristaux était de 6.7284 à 16° cent. (Wöhler avait trouvé 6.81 à 25° cent., et Bunsen, 6.7). L'aimant n'exerçait pas d'action sur le métal.

Le protoxyde de chrome ou oxyde chromeux Cr O est le premier terme d'oxydation du chrome. Il se distingue par sa brillante coloration verte.

L'acide chromique, ou plus proprement, l'oxyde chromique Cr^2O^3, possède une grande puissance d'oxydation. Il détruit la couleur de l'indigo et la plupart des matières colorantes végétales et animales, et est employé dans l'impression sur toile. Il fournit avec les bases des sels colorés, dont le plus important est le chromate de plomb, qui a une belle couleur jaune.

Le chromate de fer est également une matière colorante très belle et stable. Les chromites sont des corps dans lesquels l'oxyde chromique Cr^2O^3 est combiné à des protoxydes, comme par exemple dans $C^3O^4 = Cr^2O^3.CrO$, ou dans le fer chromé $Cr^2F^3O^4$. Ce dernier, qui constitue le minerai de chrome le plus important, contient, à côté du chrome et du fer, des quantités variables de magnésie et d'alumine. Il cristallise rarement, et se présente sous forme d'un minerai noir, compact et granuleux, dont la densité est de 4.40. Le chrome se rencontre ordinairement dans la serpentine, dans l'ocre chromée Cr^2O^3, dans l'ouvarovite ou grenat chromé $Si^3CaCr^2O^8$. Il avait été découvert par Vauquelin, dans la crocoïse $PbCr^2O^4$ et dans une autre forme de ce minéral, la vauquelinite, qui est un chromate de plomb et de cuivre. La coloration verte de la serpentine et de l'émeraude est due à des combinaisons de ce métal. Le fer chromé est probablement la source la plus abondante de chrome.

Utilisation métallurgique du chrome.

En ce qui concerne l'utilisation du chrome dans la fabrication du fer et de l'acier, il paraît que Faraday et Stodart furent les premiers à faire des expériences à cet effet (1820). A cette époque, on s'occupait beaucoup d'alliages, et Faraday avait sans doute pensé que le chrome — qui était considéré comme un métal très dur — pouvait remplacer le carbone et donner au fer et à l'acier une grande dureté. On verra plus loin, par les expériences de l'auteur, qu'il n'en est pas ainsi. Le chrome à lui seul ne confère pas la dureté à l'acier.

Un grand nombre d'expériences sur l'utilisation du chrome furent faites en France par P. Berthier, qui publia en 1821 les résultats obtenus dans les *Annales de Chimie et de Physique*. Berthier reconnaît franchement dans son mémoire que l'idée d'introduire du chrome dans de l'acier lui avait été suggérée par le mémoire de Faraday, sur les alliages de différents métaux avec l'acier. Ce fait a son importance, puisqu'on affirma, dans un ouvrage récent, que Faraday avait emprunté son idée au mémoire de Berthier.

Toutefois, les expériences de Berthier furent beaucoup plus complètes que celles de Faraday. Il trouva que la présence du fer facilitait la réduction de l'oxyde de chrome, bien qu'il fallût employer de très hautes températures.

Berthier opérait sur un minerai qui contenait 36 pour 100 d'oxyde de chrome, et provenait de l'île à Vaches, une petite île au sud de San-Domingo.

Il prépara des alliages de fer et de chrome renfermant 17 pour 100 de chrome, et quelques autres échantillons qui contenaient jusqu'à 60 pour 100 de ce métal. Après le ferro-chrome, il fabriqua de l'acier au chrome à 1 et 1.5 pour 100, mais la seule particularité qu'il trouva à son produit, ce fut sa damasquinure. Il constata que le damas offrait une « surface bigarrée d'un blanc d'argent, les parties blanches étant probablement constituées par du chrome pur sur lequel, comme on sait, les acides n'exercent pas d'action ».

Berthier termine son mémoire en disant que le ferro-chrome n'a pas de valeur spéciale en lui-même, mais qu'il peut être employé avec succès pour introduire du chrome dans l'acier.

Les échantillons d'acier qui contenaient respectivement 1 et 1.5 pour 100 de chrome, avaient tous les deux une bonne malléabilité. Les couteaux et les rasoirs fabriqués avec ces aciers étaient d'une bonne qualité. Berthier ne donne pas d'analyse, et il est difficile de se faire une idée de la proportion de carbone contenue dans ces échantillons.

Il est malheureux que, dans ces expériences pratiques, Baur n'ait pas reconnu, quarante ans plus tard, la valeur des travaux de Berthier. Baur avait essayé d'abord de combiner le chrome au fer ou à l'acier directement, par l'addition de minerai chromé. Mais, après plusieurs années d'expériences, il a été forcé de revenir à la méthode indiquée par Berthier. Cette méthode, qui est actuellement adoptée partout, consiste à ajouter à l'acier du ferro-chrome de composition exactement déterminée, et à préparer ainsi un produit dont la teneur en chrome est connue.

Après Berthier, les expériences sur le chrome semblent avoir été abandonnées pendant près de quarante ans. En 1857, Frémy (1) prépara le métal par la méthode de Wöhler et fit ressortir à cette occasion combien la classification des métaux manquait de précision. Bien que le chrome appartienne au groupe du fer, ses propriétés diffèrent considérablement de celles des autres termes du même groupe. C'est ainsi, par exemple, que le chrome est insoluble dans les acides concentrés, une propriété qui le rapproche plutôt du rhodium et de l'iridium qui appartiennent à un tout autre groupe de métaux.

Frémy indiqua un autre fait très important — sur lequel nous reviendrons plus loin — à savoir : que le chrome contenu dans le ferro-chrome possède la propriété de cristalliser en longues aiguilles. Frémy suggéra aussi l'idée de fabriquer le ferro-chrome dans le haut fourneau, en chauffant de l'oxyde de chrome avec de la fonte ou avec un minerai de fer approprié.

Le docteur Percy fut probablement le premier Anglais à expérimenter sur la production d'alliages riches de ferro-chrome. Il prépara ces alliages sur une petite échelle en commençant par 4 pour 100 de chrome, et passant ensuite à des alliages à 27, 54 et 76 pour 100 de chrome. Le fer n'ayant été déterminé que dans les échantillons très riches en chrome, les analyses de Percy n'ont qu'une valeur approximative. Bien que la teneur en carbone des échantillons ne soit pas indiquée, elle doit avoir été très haute, à en juger par les propriétés des alliages obtenus. Percy relate que les alliages à 4 et 27 pour 100 de chrome étaient magnétiques, tandis que ceux à 54 et 76 pour 100 ne l'étaient pas. Mais sous ce rapport, les observations de Brustlein et de l'auteur ne coïncident pas avec celles de Percy. Cette question sera discutée dans la section de ce mémoire relative aux propriétés magnétiques du ferro-chrome.

Les demandes de brevets révèlent d'ordinaire l'histoire des premiers pas faits dans une certaine voie, et celles relatives au chrome ne font pas exception à cette règle.

En 1861, nous trouvons pour la première fois un procédé pour l'utilisation industrielle du chrome dans la fabrication du fer et de l'acier, procédé dû à Robert Mushet, qui fit tant pour l'étude des alliages en fer avec l'acier. Ce procédé consistait à chauffer du fer brut, de la fonte ou du fer affiné à une température un peu inférieure au point de fusion, et à le réduire en poudre avec du tungstène, du minerai de chrome ou de l'oxyde de chrome. Il est difficile de comprendre l'avantage qu'offre ce traitement.

---

(1) *Comptes rendus*, vol. 24.

En 1870, A. Parkes revendique l'emploi du chrome pour les alliages, mais on ne sait pas s'il a jamais essayé son procédé sur une échelle pratique.

H. Bierman, du Hanovre, dont les fabriques se trouvent en France, affirme qu'il fabrique industriellement du ferro-chrome depuis 1873. En 1877, il a fourni à la maison de l'auteur du ferro-chrome à 10 et à 30 pour 100, les alliages supérieurs au prix de 2 sh. (2 fr. 50) par livre.

C'est à Julius Baur, de New-York, que revient l'honneur d'avoir introduit, sur une échelle vraiment industrielle, la fabrication de l'acier au chrome. Brustlein reconnaît lui-même que ce sont les travaux de Baur qui l'ont décidé à faire ses expériences sur le chrome, en 1875.

Baur a obtenu un brevet américain, n° 49495, août 1865, pour la fabrication d'un « acier considérablement perfectionné, rendu dur et résistant par l'addition de chrome ». Il prétend, en même temps, « être le premier à avoir établi le fait que le chrome peut être employé pratiquement dans la fabrication de l'acier ». En 1869, il a pris des brevets d'addition, et, quelques années plus tard, il a breveté un procédé perfectionné pour la fabrication du ferro-chrome à employer dans la fabrication de l'acier. A partir de cette époque, le procédé a été employé d'une façon continue par la *Chrome Steel Company*, qui a montré à l'Exposition centenaire de Philadelphie, en 1876, un grand nombre d'échantillons d'aciers au chrome: ferro-chrome, acier au chrome en barres, plaques composées de fer doux et d'acier au chrome, etc. Cette Compagnie fabriquait elle-même dès le début le ferro-chrome nécessaire pour la fabrication de l'acier, et c'est sans doute ce fait qui lui a assuré un succès complet. Dans une lettre adressée à l'auteur, en avril dernier, la Compagnie constate qu'elle produit de l'acier au chrome depuis vingt ans.

Un procédé analogue pour fabriquer des plaques et des barres d'acier carburé, entremêlées de fer doux, est employé par quelques maisons de Sheffield. Le produit est principalement employé pour la fabrication de coffres-forts.

La nouvelle *British Iron Company* a également fait une étude spéciale de l'acier composé.

Dans ses premières spécifications, Baur décrit son procédé de fabrication de l'acier au chrome, qui consiste à mélanger le ferro-chrome avec le fer ou l'acier à traiter, et, de même que les autres expérimentateurs, il revendique l'emploi du chrome comme « élément pouvant remplacer le carbone dans la fabrication de l'acier ». Ce n'est que vers 1876, que Baur s'est aperçu que l'addition directe du minerai de chrome au fer ou à l'acier en traitement était une opération tellement incertaine, que le produit obtenu n'avait souvent aucune valeur, et que, pour obtenir un bon résultat, il fallait employer le ferro-chrome. Comme il a été mentionné plus haut, Berthier avait prévu l'importance de la production d'un ferro-chrome de composition régulière et bien déterminée. A voir la façon claire et précise dont Berthier avait énoncé ses idées, on ne comprend pas que cet important point ait échappé à Baur et à d'autres expérimentateurs.

Les travaux de Brustlein, relatifs à l'acier au chrome — travaux commencés en 1876 — sont tellement connus, qu'il n'est pas nécessaire de nous y arrêter longtemps. L'auteur discutera plus loin quelques-unes des idées de Brustlein. A l'Exposition de 1889, à Paris, on pouvait voir une belle collection de pièces d'acier au chrome, ayant servi aux différentes épreuves usitées, collection de pièces exposée par la maison Holtzer et Cie, dont Brustlein fait partie.

Serge Kern, de Saint-Pétersbourg, a aussi fait des expériences sur l'acier au chrome, et tout dernièrement, un excellent mémoire sur ce sujet a été publié par Franklin Hart et Julius Calish, du *Steven's Institute of Technology*.

Le ferro-chrome, sa production et les minerais employés pour sa fabrication.

La première opération dans la fabrication des alliages malléables de fer et de chrome consiste à obtenir un ferro-chrome uniforme et de composition bien déterminée. Comme il a été dit plus haut, on avait essayé d'abord d'effectuer la combinaison directe du fer et du chrome en faisant fondre du minerai de chrome avec du fer, ou en ajoutant le minerai au bain en traitement. Mais ce procédé donne de très mauvais résultats. Tant qu'il n'est pas parvenu à obtenir un ferro-chrome satisfaisant, Baur a échoué dans toutes ses tentatives de fabrication d'acier au chrome.

Le ferro-chrome peut être fabriqué de différentes manières. Les deux principales méthodes sont celles du creuset et du haut fourneau. La première, qui nécessite beaucoup de dépenses, n'est employée que pour la fabrication de produits à haute teneur en chrome. Plusieurs maisons qui fabriquent de l'acier au chrome préparent elles-mêmes le ferro-chrome qui leur est nécessaire; mais cet alliage constitue actuellement un article de commerce régulier, dont la teneur en chrome peut aller jusqu'à 70 pour 100. A titre d'expérience, on a même préparé des articles contenant 80 et 84 pour 100 de chrome. Le prix des articles à haute teneur en chrome est encore assez élevé; mais il pourrait être considérablement réduit — grâce aux sources abondantes de minerai de chrome — si la demande de ces produits venait à augmenter.

Étant métallurgiste lui-même, l'auteur désirerait offrir à cette place ses remerciements à ces expérimentateurs courageux qui, ne craignant pas les dépenses et les labeurs, ont perfectionné de temps à autre la fabrication des alliages spéciaux du fer. C'est à eux que les fabricants d'acier doivent la position dans laquelle ils se trouvent actuellement. On n'entend pas souvent leurs noms, mais, sans leur concours, l'industrie de l'acier n'aurait pas réalisé les progrès rapides que l'on sait.

En commençant par MM. D. et R. Mushet, nous avons M. Henderson, qui a travaillé pendant bien des années et a posé la base de la fabrication actuelle des alliages du ferro-manganèse. Ses travaux ont été repris aux usines de Terre-Noire par un groupe de métallurgistes distingués : MM. Enverte, Pourcel et Gautier, et continués en Angleterre par plusieurs maisons dont les principales sont : la *Darwen and Mortyn Company* et la *Wigan Iron and Coal Company.*

Dans la fabrication des alliages de silicium, nous citerons les travaux de la *Darwen and Mortyn C°*, MM. Gfers, Milles and C°, Middlesborough ; Dixon and C°, Glasgow ; Crosseley, Glasgow, et finalement Hewlett, de la *Wigan Coal and Iron Company.*

La *Darwen and Mortyn C°* a développé pendant les dernières années, avec le concours de M. Holgate, la fabrication du ferro-chrome en Angleterre, tandis que, sur le continent, Bierman, de Hanovre, a été probablement le premier à commencer cette fabrication vers 1873.

Nous avons ensuite l'aluminium et les produits du ferro-aluminium, dont la fabrication a été portée à un haut degré de perfectionnement par MM. Hall et Hunt, de la *Pittsburgh Reduction Company*, par la *Cowles Company*, l'*Aluminium Company*, etc.

Le minerai de fer chromé est la source la plus abondante de ce métal, et se trouve sur les îles Shetland, Uist et Fetlar ; près de Portsay, dans le Bauffshire ; dans le département du Var (France) ; en Bohême ; dans la Silésie ; en Grèce ; dans les montagnes de l'Oural ; à la Nouvelle-Calédonie, où il existe de très grands dépôts de ce minerai ; dans l'État de Maryland (Amérique) ; à Sidney (Australie) et en Californie. Ce dernier État a produit, pendant les sept dernières années, 15,000 tonnes environ de minerai, évaluées à 270,000 dollars (1,350,000 fr.). Le minerai contient de 40 à 50 pour 100 d'oxyde, et se trouve en masses irrégulières incorporées dans les roches du pays. Depuis 1884, les opérations dans cette branche de l'industrie minière en Amérique ont beaucoup souffert de la concurrence étrangère. En 1888, l'Amérique a exporté 46,000 livres sterling (1,150,000 fr.) de minerai de chrome. De grandes quantités de ce minerai sont actuellement fournies par l'Asie Mineure, où il se trouve aux environs de Brussa et de Harmunsiek, à 65 milles au sud de Péra. Le minerai s'y rencontre également en masses irrégulières, entourées de couches de serpentine.

Dans son mémoire présenté à l'*Iron and Steel Institute*, Boussingault constate que le minerai de chrome contient toujours une proportion considérable d'oxyde ferreux, 10 à 20 pour 100 de magnésie et des proportions d'alumine et de silice, qui d'ordinaire ne s'élèvent pas à 10 pour 100.

Pemberton rapporte dans un mémoire lu au *Columbian College* (New-York) en 1891, que, suivant le minéralogiste officiel de l'État de Californie, de grandes quantités de minerais de chrome se trouvent dans cet État sous forme de fragments rocheux dans les ravines et sur les côtes des collines, et sous forme de poches et de veines dans les profondeurs des montagnes. Une des meilleures mines est située à 1800 pieds (540 mètres environ) au-dessus du niveau de la mer. Un échantillon de ce minerai a donné à l'analyse les nombres suivants :

Cr^2O^3.	Al^2O^3.	Fe^2O^3.	MgO.	FeO.	MnO.	SiO^2.	H^2O.		TOTAL.
52.68	11.40	3.52	16.23	11.17	0.15	3.40	0.95	=	100.09

Dans un mémoire lu au congrès de l'*American Institute of Mining Engineers*, à Baltimore, au mois de février dernier, G.-E. Kuntz a donné quelques intéressantes analyses d'un grenat de Bohême, qui contenait de l'oxyde de chrome. C'était un grenat de la variété pyrope (magnésie, fer, chaux, alumine), avec une dureté de 7.5 et une densité de 3.7 à 3.8, et non un almaudin (fer, alumine, silice), dont la densité est de 4.2

Voici quelques-uns des résultats publiés par Kuntz :

	SiO^2.	Al^2O^3.	Fe^2O^3.	MgO.	CaO.	FeO.	MnO.	Cr^2O^3.	TOTAL.
I..........	40.00	28.50	16.50	10.00	3.50	»	»	2.00	100.75
II..........	43.70	22.40	»	5.60	6.72	11.48	3.68	6.52	100.10
III..........	42.08	20.00	1.51	10.20	1.99	9.09	»	3.01	98.20
IV..........	41.35	22.35	»	15.00	5.29	0.94	2.59	4.17	100.69

Dans une lettre récente, adressée à l'auteur, MM. Busck et Cie, de Vienne, ont offert du minerai de chrome contenant 38 pour 100 environ de Cr^2O^3, au prix de 33 s. (41 fr. 25) la tonne *franco* à bord à Orsova (Autriche).

Boussingault rapporte, dans le mémoire mentionné plus haut, que pendant son séjour à Antioquia (Amérique centrale) il a eu l'occasion de constater que le minerai de chrome se trouvait en abondance dans le sol sur lequel étaient érigées les fonderies. Les murs des maisons étaient faits avec du minerai de chrome. Il affirme aussi qu'une compagnie, qui avait érigé un haut fourneau aux environs de Medellin, a fabriqué du ferro-chrome brut depuis 1867.

En Russie, grâce aux efforts d'Ouchakoff, qui a construit des usines sur la Kama, près Elabougi, 2,000 tonnes de minerai de chrome sont travaillées annuellement, ce qui a déterminé l'arrêt complet de l'importation de produits chromés dans ce pays.

La *Tasmanian Iron and Charcoal Company*, d'Ilfracombe, près Launceston (Tasmanie), fabriquait dans ses meilleurs hauts fourneaux, vers 1872, du fer contenant 6 à 7 pour 100 de chrome. L'analyse des échantillons de ce fer a donné les résultats suivants :

C.	Si.	S.	Ph.	Mn.	Cr.	Fe.		TOTAL.
44.2	1,52	0.10	0.5	0,14	7,05	86,56	=	99.79

Des recherches récentes ont révélé la présence dans cette mine de très grands dépôts d'hématite brune, qui contient environ 3 pour 100 de sesquioxyde de chrome et très peu de soufre et de phosphore.

Les analyses suivantes ont été faites par Woodgate, en 1880.

	ILFRACOMBE.			DON (RUSSIE).
	N° 1.	N° 2.	N° 3.	N° 1.
Produits volatilisés	11.2	19.5	5.1	12.0
Alumine	2.0	15.3	5.8	2.4
Soufre	Trace.	»	»	»
Phosphore	Trace.	»	»	»
Chaux, magnésie, alcalis	»	»	»	Trace.
Sesquioxyde de chrome	Trace.	3.0	3.4	»
Sesquioxyde de fer	79.8	»	»	70.8
Peroxyde de fer	»	42.5	80.0	»
Silice	6.1	18.4	4.8	13.8
Différence	0.9	1.3	0.9	1.0
	100.0	100.0	100.0	100.0

Analyses du fer métallique (1) *obtenu par la réduction du minerai d'Ilfracombe.*

	N° 1.	N° 2.	N° 3.
Fer	89.0	73.3	97.2
Silice	3.2	19.9	0.9
Graphite	0.7	0.8	Trace.
Chrome	5.1	4.6	Trace.
Soufre	»	0.2	Trace.
Différence	2.0	1.2	1.9
	100.0	100.0	100.0

(1) On ne sait pas s'il s'agit ici d'un minerai grillé ou d'un produit mal puddlé.

Analyses des scories.

	Nº 1.	Nº 2.	Nº 3.	Nº 4.	Nº 5.
Silice	34.6	28.8	35.5	32.0	26.6
Protoxyde de fer	7.7	3.7	2.5	1.9	1.0
Alumine	24.1	36.2	26.6	32.1	32.2
Chaux	27.1	24.8	29.1	26.7	33.2
Magnésie	2.6	3.2	2.1	2.2	2.0
Différence	3.9	3.3	6.2	5.1	5.0
	100.0	100.0	100.0	100.0	100.0

On évalue à un demi-million de tonnes l'hématite brune qui se trouve à la surface du terrain. Les mines sont situées dans le district connu sous le nom d'Ironstone Hills, au voisinage de la rivière Tamar, à Port-Lampière. Elles ne sont pas loin de la *Beakonsfield gold Mine,* qui a fourni jusqu'à ce jour plus de 400,000 onces (près de 12,440 kilogrammes) d'or, évalué à plus d'un million et demi de livres sterling (37,500,000 fr.). Malheureusement la mine de chrome est bien loin d'avoir été une mine d'or pour la *Tasmanian Iron and Charcoal C°*, qui avait érigé, il y a plus de quinze années, des fours à coke et des hauts fourneaux d'après le système écossais. Cet insuccès était principalement dû à la propriété qu'a le chrome d'amener à l'état combiné la totalité du carbone en présence. Il était impossible d'obtenir autre chose qu'un produit brut très dur et blanc, qui n'avait que très peu de valeur pour la fonderie, et ne pouvait être puddlé ni transformé en acier. La compagnie a échoué, mais plusieurs centaines de tonnes de ce fer brut ont été envoyées en Angleterre, où le produit a été utilisé comme un alliage dans un but spécial. Nous parlerons de ces expériences dans la section de ce mémoire relative aux propriétés de l'acier au chrome.

Les dépôts tasmaniens ayant une très grande importance au point de vue de l'extraction des composés chromés, je crois utile d'en donner la description.

Les dépôts d'Ilfracombe ou Ironstone Hills appartiennent, d'après M. Gould, le géologiste du gouvernement, à la formation silurienne inférieure.

Les roches de ce district sont constituées par des couches de schiste, de calcaire et de grès contordus. Au voisinage immédiat de ces dépôts se trouve une grande masse de serpentine dont la coloration passe par toutes les nuances du gris au vert, et qui contient des veines d'amiante et de magnétite. En plusieurs endroits, on constate à la surface de grandes quantités de minerais ferrugineux, ce qui indique l'existence de dépôts considérables d'hématite ou de minerai magnétique dans les couches plus profondes. Les Ironstone Hills, qui s'élèvent de 100 à 150 pieds au-dessus du niveau de la rivière, se détachent sur le terrain boisé et onduleux qui les environne, par leur couleur rouge foncé. Leur surface est couverte de ferrites dont les dimensions varient beaucoup. On rencontre souvent des blocs qui pèsent plusieurs tonnes. Les pièces les plus grandes se trouvent toujours au sommet de la colline ou sortent du sol environnant qui, évidemment, résulte de leur destruction. Les blocs se transforment pour la plupart par l'efflorescence en masses rondes, et montrent à la surface une structure conglomérée, formée par des fragments ou des cailloux d'hématite cimentés par de la terre ferrugineuse.

En cassant quelques-uns de ces petits cailloux, on distingue facilement une structure concentrique très marquée, avec de la terre ocreuse au centre.

Dans la *Géologie de la Tasmanie,* de Johnston, nous trouvons les données suivantes sur quelques-uns de ces dépôts :

Protoxyde de fer	30.5
Sesquioxyde de fer	66.2
Alumine, silice et eau (par différence)	3.3
	100.0

La totalité de fer métallique en présence comporte, par conséquent, 70 pour 100, dont 23 pour 100 existent à l'état de protoxyde et 47 pour 100 à l'état de sesquioxyde. Dans les analyses ci-dessus, le sesquioxyde de chrome n'est pas mentionné. Probablement les échantillons provenaient d'un dépôt de minerai de fer ordinaire.

Le minerai de chrome extrait dans ces mines vaut environ 5 schillings (6 fr. 25) la tonne, et on estime qu'il pourrait être livré en Angleterre au prix de 15 à 20 schillings (18 fr. 75 à 25 francs) la tonne.

Obtention du ferro-chrome par le procédé dit du creuset.

Boussingault mentionne dans son mémoire un rapport de M. Rolland, d'après lequel le ferro-chrome à 21-26 pour 100 a été préparé pour la première fois, en 1869, par Baur, de Brooklyn, (New-York), qui a traité le minerai de chrome d'après son procédé breveté. Le minerai, la serpentine de Hoboken et de Newhaven, a été réduit en une poudre fine et additionné de 6 à 8 pour 100 de charbon de bois ou d'anthracite pure et d'une certaine quantité de flux composé de fluorure de calcium ou de sodium et de borax ou de chaux. Le mélange a été fondu à une haute température dans des creusets de plombagine et a fourni du ferro-chrome, dont la teneur en chrome variait de 21 à 46 pour 100.

En 1875, Serge Kern, de Saint-Pétersbourg, a obtenu du ferro-chrome à 74 pour 100 en faisant fondre dans un creuset du minerai avec du charbon de bois. Vers la même époque, Brustlein fabriquait du ferro-chrome à l'usine d'Unieux et, quelques années plus tard, il est arrivé à produire du ferro-chrome contenant 84 pour 100 de chrome et 11 pour 100 de carbone. Ce ferro-chrome doit être fabriqué avec du Cr^2O^3 spécialement préparé, ce qui augmente beaucoup le coût du produit en comparaison des ferro-chromes à basse teneur en chrome fabriqués dans les hauts fourneaux. Ainsi, par exemple, le ferro-chrome à 28-30 pour 100, obtenu d'après ce dernier système, s'est vendu 25 livres sterling (625 fr.) par tonne, tandis que les alliages à 66-70 pour 100 préparés dans des creusets valaient de 90 à 100 livres (2,250 à 2,500 fr.) la tonne. MM. Stevenson, Carlile et Cᵒ, de Glasgow, ont également fabriqué du ferro-chrome à 90 pour 100, mais jusqu'à présent sur une petite échelle.

L'auteur a fait, il y a huit ou neuf ans, quelques expériences qui prouvent combien est facile la réduction partielle du minerai de chrome. 40 livres environ de fer brut nᵒ 1 ont été fondues en creuset et additionnées de 20 livres de minerai de chrome. Ce dernier a été ajouté par petites portions et la masse fondue a été brassée pendant une heure et demie. On a obtenu de cette façon un ferro-chrome brut contenant 4,37 pour 100 de chrome. Le fer gris a entièrement changé de caractère et a donné une cassure de spiegel. Avec 15 livres de minerai de chrome, le résultat obtenu a été analogue ; mais, avec 10 livres, le fer brut n'a pas changé d'aspect et, dans deux expériences, on n'a pas pu constater de réduction du chrome.

On a relaté (1) que le ferro-chrome suédois, fabriqué par la compagnie de Lyrholm à 60-70 pour 100 de chrome, contient moins de carbone que les produits des autres usines. L'auteur n'a pas eu l'occasoin de vérifier cette assertion. Cette compagnie emploie des fourneaux système Wittenström, qui donnent une température très élevée.

Préparation du ferro-chrome par la méthode du haut fourneau.

Le travail récent de Vosmaer (2), qui résume les progrès réalisés dans la métallurgie, fournit quelques intéressantes données sur la préparation du ferro-chrome par cette méthode. Il fait ressortir que le chrome est difficile à réduire au haut fourneau, excepté à des températures très élevées, et que la teneur-limite pratique en chrome de l'alliage ainsi obtenu n'était que de 40 pour 100, tandis que théoriquement elle devait être de 65 pour 100. Le minerai de chrome contient d'ordinaire de 50 à 60 pour 100 Cr^2O^3 et environ 20 pour 100 FeO. La quantité de combustible consommé est même supérieure à celle employée dans la fabrication du ferro-manganèse. Il faut trois tonnes de combustible par tonne d'alliage produit. Ainsi que l'on sait, le chrome élève considérablement la limite d'absorption du carbone, beaucoup plus que le manganèse dans le cas de spiegel ou de ferro-manganèse. Tandis que la teneur la plus haute en carbone du ferro-manganèse n'a probablement jamais dépassé 7 pour 100, le ferro-chrome à 65 pour 100 (Saint-Chamond), exposé à Paris en 1889, contenait 12 pour 100 de carbone *à l'état combiné.* L'auteur a cherché de différentes manières à extraire du carbone graphitique du ferro-chrome, — en laissant refroidir lentement ou en ajoutant du graphite à du ferro-chrome fondu, — mais il a toujours échoué. C'est sans doute grâce à cette particularité que le métal fondu se refroidit et se solidifie rapidement, de

(1) *Stahl und Eisen*, janvier 1888. — Sur la fabrication suédoise des alliages de chrome.
(2) *The Mechanical and other Properties of Iron and Steel*, par A. Vosmaer.

même que le fer-blanc qui contient le carbone à l'état combiné. Son point de solidification est situé plus haut que celui du fer gris.

Bien que le minerai de chrome se réduise facilement dans des conditions convenables, son oxyde ne se scorifie pas facilement, et on éprouve de grandes difficultés à obtenir une scorie fusible. Il faut employer de grandes quantités de carbonates alcalins, de spath fluor, de borax ou de chaux. C'est en partie pour cette raison que toutes les tentatives pour puddler le ferro-chrome brut seul ont jusqu'à présent échoué, la scorie réfractaire ne pouvant pas être séparée du métal. Comme il a été mentionné plus haut, il existe d'excellents dépôts de minerais de fer en Tasmanie, mais, comme ils renferment également de l'oxyde de chrome dont une partie est réduite à l'état métallique en même temps que le fer, le produit brut obtenu n'a pas eu jusqu'à présent de valeur commerciale. Une quantité considérable de ce produit a été importée en Angleterre en 1878, et, dans un mémoire présenté à l'*Iron and Steel Institute*, Riley a appelé l'attention des métallurgistes sur les propriétés spéciales de cet alliage. Il est à remarquer que celui-ci contenait une forte proportion de soufre, de telle sorte que, dans son action sur le fer au haut fourneau, le chrome, à la différence du manganèse, ne déplace pas ce métalloïde.

Riley a trouvé que l'opération du puddlage exigeait beaucoup plus de temps si on employait une charge de neuf dixièmes de fer gris et de un dixième de ferro-chrome brut. La totalité du chrome a passé dans la scorie peu de temps après que la masse est entrée en fusion. L'influence sur les barres puddlées a été nulle. Riley est donc arrivé à la conclusion que, tandis que le ferro-chrome brut ne pouvait pas être puddlé à lui seul, de petites quantités de cet alliage, ajoutées à du fer brut ordinaire, n'empêchaient pas pratiquement le puddlage.

On a aussi constaté que le chrome ne peut pas remplacer le manganèse dans les alliages, attendu que, par l'addition de ferro-chrome brut à du fer décarburé, les lingots obtenus s'émiettaient sous le marteau à la chaleur rouge. Gilchrist a fait des expériences dans le but d'élucider cette question et ne tardera probablement pas à publier les résultats obtenus.

Dans le cours de la discussion à laquelle a donné lieu le mémoire de Riley, le docteur Percy a dit qu'il avait trouvé dans un échantillon de fer noir en feuilles, provenant de Russie, 0,035 pour 100 de chrome. Mais cette petite proportion ne pouvait évidemment pas exercer une influence appréciable sur la qualité du produit.

Le fer brut de Tasmanie, qui ne peut pas être employé pour le puddlage direct, a trouvé une application dans certaines aciéries qui ont vu la qualité de leur produit s'améliorer considérablement par l'addition de cet alliage au bain d'acier. L'intéressant mémoire du professeur Arnold, dont nous parlerons plus loin, donne tous les détails des essais et des résultats obtenus.

Pour terminer le chapitre de la fabrication du ferro-chrome, voici la méthode qui résume les progrès les plus récents réalisés dans cette branche :

On a trouvé que la réduction du chrome de ses oxydes est plus facile que celle du manganèse, probablement grâce à l'affinité moins grande que le chrome a pour l'oxygène. Malgré cela, la fabrication des ferro-chromes à 30 ou 40 pour 100 dans le haut fourneau est plus difficile que celle du ferro-manganèse à 80 ou 84 pour 100 et exige beaucoup plus de combustible. Cette différence semble être due à ce que le ferro-chrome exige des températures beaucoup plus élevées pour sa fusion, et aussi à ce qu'il est nécessaire dans la pratique d'éviter autant que possible le passage de l'oxyde de chrome dans la scorie. Il a été trouvé que, si la scorie contenait même 5 pour 100 d'oxyde de chrome, le métal n'était pas assez liquide pour s'écouler du haut fourneau. On a énoncé l'hypothèse que la scorie contenant une forte proportion d'oxyde de chrome tend, en arrivant au contact du métal en fusion, à décarburer et à désilicer celui-ci et diminue de cette façon sa fusibilité. Ce n'est qu'une supposition ; mais si elle est correcte, elle prouve que le chrome ressemble dans ces propriétés au fer beaucoup plus que le manganèse. Cependant, il est certain que, pour obtenir du ferro-chrome fondu dans toute sa masse, il faut employer de grandes quantités de combustible et opérer la réduction à peu près complète de l'oxyde de chrome. Dans le ferro-manganèse, ou même dans le spiegel ordinaire, la réduction de l'oxyde de manganèse n'est jamais complète. On n'obtient que rarement, sous forme d'alliage, plus de 80 pour 100 du manganèse contenu dans le minerai.

Les différences de caractères de ces deux oxydes métalliques expliquent les différences que l'on constate dans les opérations métallurgiques auxquelles ils sont soumis. Holgate, qui a tant fait pour perfectionner les procédés métallurgiques, informe l'auteur qu'il a fait des expériences dans le but de déterminer le degré de réductibilité du sesquioxyde de chrome. Il a employé un mélange de fer et de manganèse, ainsi qu'un mélange de fer et de minerai de chrome, de carbone et de flux. Il a trouvé que la totalité du chrome a été réduite à l'état métallique, tandis que le manganèse n'a été réduit que dans la proportion de deux tiers.

En ce qui concerne la production du ferro-chrome à 40 pour 100 dans le haut fourneau, la pratique a démontré qu'il était nécessaire d'employer même plus de 3 tonnes de combustible par tonne de ferro-chrome produit et qu'en outre une grande expérience était nécessaire pour mener à bonne fin l'opération. Les spécialistes sont d'avis que, quoiqu'il soit possible de fabriquer par la méthode du haut fourneau des ferro-chromes à haute teneur en chrome, il est à peine probable qu'on arrive à 60 pour 100; en tout cas, on n'y arrivera sûrement pas avec le minerai de chrome ordinaire. On a également trouvé que dans les minerais de fer chromé contenant un équivalent de Cr^2O^3 pour un équivalent FeO, la limite théorique ne dépasserait pas 57 pour 100 de chrome, vu que le métal obtenu ne renfermerait probablement pas plus de 90 pour 100 de chrome et de fer. En réalité, la limite serait située encore plus bas, étant donné que le coke et les cendres contiennent toujours une certaine quantité de fer, ce qui contribue à augmenter la proportion des éléments autres que le chrome.

Le ferro-chrome à 35-40 pour 100, bien que très liquide à la sortie du haut fourneau et possédant une température beaucoup plus élevée que le ferro-manganèse à 80-84 pour 100, se fige très rapidement. Ce qui prouve la haute température du ferro-chrome fondu, c'est que le sable des moules se concrète au contact du métal et subit presque une fusion; il ne peut être séparé que difficilement du métal. Dans le ferro-chrome à 10-20 pour 100, ces propriétés sont moins marquées, soit au point de vue de la fusibilité, soit au point de vue de la quantité de coke nécessaire. Les scories qui renferment du chrome ont d'ordinaire une coloration brun jaunâtre à la surface.

On dit qu'une certaine partie du ferro-chrome produit sur le continent a été fabriquée en mélangeant de la scorie Messemer de bonne qualité avec du minerai de chrome.

Cristallisation du ferro-chrome.

Le ferro-chrome de Brustlein, dont il a montré des échantillons à l'Exposition de Paris, variait beaucoup en ce qui concerne la cristallisation et la teneur en chrome. Quelques échantillons contenaient 84 pour 100 de chrome et jusqu'à 11 pour 100 de carbone. Quant aux échantillons à 40-70 pour 100, ceux qui contenaient la plus haute proportion de chrome ne renfermaient pas nécessairement la plus haute proportion de carbone. Il paraît qu'il n'existe pas de règle fixe en ce qui concerne les proportions relatives de chrome et de carbone dans les alliages.

Brustlein a exposé quelques alliages très curieux, comme par exemple un échantillon qui contenait 48 pour 100 de chrome, 8 pour 100 de carbone et 17 pour 100 de silicium. Cet alliage était particulièrement fragile, bien que la fragilité soit un caractère plus ou moins constant de tous les ferro-chromes.

En ce qui concerne la cristallisation, les produits bruts à basse teneur en chrome, lorsqu'on les laisse refroidir rapidement, ressemblent beaucoup à du spiegel.

Les ferro-chromes à haute teneur en chrome sont caractérisés soit par une structure aciculaire, soit par des cristaux à petites facettes. Ces caractères sont probablement dus jusqu'à un certain point au taux de refroidissement. La formation d'aiguilles se produit d'une façon très subite. Brustlein raconte un cas où, une portion du contenu d'un creuset ayant été versée accidentellement sur le fond du fourneau, la formation d'aiguilles a été très apparente pendant le refroidissement. Dans son livre mentionné plus haut, Vosmaer dit que plus la teneur en carbone du métal est élevée, plus sa structure aciculaire est marquée. Bien que le chrome rende l'alliage cassant, on ne saurait nier l'influence analogue qu'exerce sur l'alliage la présence d'une haute proportion de carbone. C'est ainsi que, suivant Brustlein, des deux échantillons de ferro-chrome à 71 pour 100, celui qui contenait 3,45 pour 100 de carbone était beaucoup moins cassant que celui qui en renfermait 6 à 7 pour 100. La cassure de ce dernier accusait de petites facettes et était dépourvue de toute structure aciculaire; de plus, il ne rayait pas le verre. Nous avons ici un exemple d'un alliage contenant plus de 70 pour 100 de chrome et dont la dureté dépendait uniquement de sa teneur en carbone. Ceci confirme le fait que, dans tous les alliages du fer et de l'acier, c'est le carbone qui détermine la dureté. Brustlein fait encore ressortir que la cassure du ferro-chrome est déterminée plutôt par sa teneur en carbone et en silicium que par sa teneur en chrome. Il affirme qu'il est difficile de dire d'après l'aspect d'un alliage s'il contient du chrome et s'il est saturé par le carbone seul ou par le carbone et le silicium. Lorsqu'un métal est fortement chargé de carbone ou de carbone et de silicium, il manifeste toujours une tendance vers la structure aciculaire et est dur et cassant. Mais à mesure que la proportion de ces deux métalloïdes diminue, la dureté et la fragilité des alliages diminuent. A. Bach.

(A suivre.)

Analyse d'un ferro-tungstène.

Par M. William Wahl.

(*Engineering and Mining Journal;* Décembre 1892.)

On a effectué l'analyse d'un alliage de tungstène (ferro-tungstène) dont la densité était 10,14. Le résultat de cette analyse accuse une forte teneur en tungstène et la façon dont se comporte l'alliage vis-à-vis des dissolvants liquides et des fondants montre que la majeure partie du tungstène s'y trouve à l'état de tungstène métallique non combiné au fer et cristallisé dans la matrice de l'alliage.

Les expériences sur lesquelles on s'est basé pour établir ce fait sont décrites dans la lettre suivante où l'auteur donne quelques détails sur les méthodes analytiques employées :

« L'alliage était attaqué par l'eau régale, bien que peu énergiquement; en décantant la liqueur à plusieurs reprises et en ajoutant chaque fois de nouvelles quantités d'acide, j'ai obtenu facilement un résidu qui résistait absolument à l'action des acides et à la fusion avec un mélange de salpêtre et de carbonate de soude. Cette substance noire, dense, pulvérulente répondait au tungstène par son action négative sur les dissolvants; elle constituait 22,54 p. 100 du produit original. Une seconde portion de l'alliage, pulvérisée au mortier d'acier, a été fondue avec un mélange de carbonate de soude et de nitrate de potasse. Le produit de cette fusion, après plusieurs lavages, a laissé un résidu représentant 22,80 p. 100 de la substance primitive. Le poids de ce résidu n'a pas varié après une seconde fusion opérée dans des conditions identiques. Enfin, l'action répétée de l'acide chlorhydrique concentré a donné un résidu qui, après calcination, représentait 21,74 p. 100 de la matière prise à l'origine. »

Les chiffres suivants semblent justifier cette conclusion que le résidu insoluble représente bien le tungstène métallique contenu dans l'alliage sous forme de métal non combiné.

Le métal analysé par M. de Benneville présentait en effet la composition suivante :

Carbone	0,85
Phosphore	0,041
Silicium	0,14
Manganèse	Traces.
Fer	42,28
Tungstène libre	22,54
Tungstène combiné	34,35
	100,201

L'examen de ces chiffres nous permet en outre de signaler un fait intéressant.

Si nous prenons les chiffres relatifs au fer et au tungstène combiné (42,28 et 34,35), nous voyons que la combinaison de ces deux métaux contient en réalité:

$$\frac{34,35 \times 100}{42,28 + 34,35} = 44,82 \text{ de tungstène pour 100.}$$

Or c'est précisément dans ce rapport que le tungstène se trouve combiné au fer dans le composé Fe^4W, comme le montrent les chiffres suivants :

	Fe^4W trouvé :		Fe^4W théorique :
Fe	55,18	Fe	54,91
W	44,82	W	45,09
	100,00		100,00

La conclusion que l'on peut tirer de ces remarques est que la saturation du fer par le tungstène est atteinte dans le composé Fe^4W et que, au delà de ce point, le tungstène en excès dans un alliage de fer se présente sous forme de métal non combiné.

J'estime que ces remarques sont l'interprétation de l'exacte vérité; mais il serait hasardeux d'établir une généralisation de cette espèce sur la foi d'une simple analyse.

ALCALOÏDES, PRODUITS PHARMACEUTIQUES, ESSENCES, EXTRAITS

Contribution à l'étude des alcaloïdes des Solanacées.

Par M. O. Hesse.

(*Liebig's Annalen*, année 1892, t. 271, p. 100-125.)

Les Solanacées fournissent toute une série d'alcaloïdes offrant le caractère commun de se dédoubler, sous l'influence des acides et des alcalis, en bases volatiles et acide tropique ou dérivés de cet acide. Quelques-uns de ces alcaloïdes, comme l'atropine par exemple, ont une grande importance en thérapeutique; les autres n'offrent qu'un intérêt scientifique.

Quoique le commerce produise aujourd'hui ces alcaloïdes en apparence assez purs, il arrive souvent que les caractères physiques ou chimiques de préparations de diverses provenances ne concordent pas entre eux ou diffèrent de ceux qu'on trouve accrédités dans la littérature chimique. Ces anomalies, ainsi qu'une récente publication de Liebermann (1), qui dit avoir extrait d'un alcaloïde de la Coca une base volatile identique avec la pseudotropine extraite par Ladenburg de la hyoscine (2), m'ont engagé à reprendre l'étude des alcaloïdes des Solanacées.

I. — Atropine.

On désigne sous le nom d'atropine un alcaloïde extrait en général de l'*Atropa Belladona*, fondant à 115 — 116° C. Ce produit est vendu dans le commerce sous les noms d' « atropine lourde » ou « atropine vraie ».

Pour le préparer je suis parti d'un sulfate commercial très pur. On l'a dissous dans l'eau et la solution sursaturée par l'ammoniaque a été extraite au chloroforme. Ce solvant abandonne à l'évaporation spontanée des aiguilles blanches et des prismes brillants fondant tous deux à 115°5.

Pouvoir rotatoire : Pour $p = 3.22$ et $t = 15°$, en solution dans l'alcool absolu, on a trouvé :

$$[\alpha]_D = -0°4.$$

Dans une première communication sur ce sujet, Will (3) dit que l'atropine en solution alcoolique ne dévie pas la lumière polarisée. Plus tard, il tombe d'accord avec Bredig (4) pour assigner à cet alcaloïde un pouvoir rotatoire de — 1 : 89. Ladenburg tient l'atropine pour réellement inactive; mais il ajoute n'avoir pu l'obtenir entièrement indifférente à la lumière polarisée (5).

Sulfate neutre. — Dans l'ophtalmo-thérapie, on fait peu usage de l'atropine libre; on emploie surtout son sulfate. La « Pharmacopée germanique III » se montre sevère pour la pureté de ce sel : aussi me suis-je adressé pour mes essais à des produits désignés comme « très purs » et répondant aux exigences de cette pharmacopée. Soumis aux épreuves indiquées, tous les échantillons se sont bien comportés ; néanmoins tous, sauf un seul, contenaient encore une certaine quantité de sulfate d'hyoscyamine. Pour se convaincre de la présence ou de l'absence de cet alcaloïde, on peut recourir à l'essai suivant :

(1) *Berichte d. d. ch. Gesellsch.*, t. 24, p. 2339.
(2) *Liebig's Annalen*, t. 206, p. 299.
(3) *Berichte*, t. 21, p. 1724.
(4) *Berichte*, t. 21, p. 2792.
(5) *Liebig's Annalen*, t. 206, p. 282, et *Berichte*, t. 21, p. 3065.

A la solution du sulfate dans l'alcool absolu, on ajoute de l'éther jusqu'à formation d'un trouble laiteux. Au bout de peu d'instants, ce trouble disparaît et fait place à un dépôt de longues aiguilles brillantes, non accolées. S'il y a du sulfate d'hyoscyamine mélangé, on observe en outre des agrégats de cristaux blancs qui ne sont pas du sulfate d'hyoscyamine pur, mais un mélange de ce sulfate et de sulfate d'atropine.

Le sulfate d'atropine séché dans l'air sec retient 1 H^2O.

La formule : $(C^{17}H^{23}AzO^3)^2\, SO^4H^2 + H^2O$ exige :

	Calculé.	Trouvé.	
H^2O	2.59 pour 100.	2,91	2.84
SO^3	11.52 —	11,39	—

Son pouvoir rotatoire en solution aqueuse est pour $p = 2$ (sel anhydre) et $t = 15°$.

$$[\alpha]_D = -8°8.$$

Le *sel de platine* obtenu par évaporation spontanée de la solution aqueuse, moyennement concentrée du sulfate additionnée de chlorure platinique, est en cristaux tabulaires, anhydres, fondant entre 197 et 200° suivant que l'on chauffe plus ou moins vite.

Le *sel d'or* obtenu en précipitant une solution aqueuse de sulfate tiède par le chlorure d'or, se sépare partiellement à l'état d'huile se concrétant bientôt en masse cristalline; en même temps il se forme de petits feuillets, réunis en forme de mousse qui perdent tout éclat par la dessiccation. Le point de fusion du sel cristallisé est situé vers 138°; la masse cristalline fond à environ 3 degrés au-dessous, vers 135°.

L'*oxalate neutre* s'obtient en mélangeant une dissolution de la base libre dans l'acétone avec de l'acide oxalique en solution éthérée que l'on ajoute par petites portions et non en excès. Il se dépose en houppes formées de petits prismes anhydres, peu solubles dans l'alcool absolu, fondant à 176°.

La formule $(C^{17}H^{23}AzO^3)^2\, C^2O^4H^2$ exige :

	Calculé.	Trouvé.
C^2O^3	10.77	10.82

II. — Hyoscyamine.

L'alcaloïde employé pour cette étude a été préparé avec les semences de l'*Hyoscyamus niger*. Le sulfate a été purifié avec soin et l'alcaloïde en a été séparé par la même voie que l'atropine.

L'extrait chloroformique abandonne à l'évaporation des aiguilles blanches, fondant à 108°5.

La solution dans l'alcool absolu a donné pour $p = 3.22$ et $t = 15°$:

$$[\alpha]_D = -20°3.$$

Ladenburg (1) avait trouvé..................	— 14°5
Will (2) —	— 21°68
Hammerschmidt pour $t = 20°$..............	— 21°016 — 0.0154 C.

D'après ce dernier auteur (3), la concentration de la solution alcoolique entre les limites 1 jusqu'à 12 n'influence pas sensiblement le pouvoir rotatoire de l'hyoscyamine.

Les chiffres trouvés à la combustion s'accordent avec la formule connue :

$$C^{17}H^{23}AzO^3$$

	Calculé.	Trouvé.
C..................................	70.58	70.35
H..................................	7.99	8.15

(1) *Liebig's Annalen*, t. 206, p. 274.
(2) *Berichte*, t. 21, p. 1722.
(3) *Berichte*, t. 21, p. 2784.

Le sulfate neutre est en aiguilles déliées, blanches, perdant leur eau de cristallisation à 100° et fondant ensuite à 201°. Il est bien soluble dans l'eau et dans l'alcool chaud. L'addition d'éther à la solution alcoolique froide le déplace en petits agrégats d'aiguilles blanches. Il est insoluble dans l'éther, un peu solube dans l'acétone. Sa composition répond à la formule : $(C^{17}H^{23}AzO^3)^2 SO^4H^2 + 2H^2O$.

	Calculé.	Trouvé.		
$2H^2O$	5.05	5.04	5.02	5.49
SO^3	11.23	11.59	—	—

Le pouvoir rotatoire calculé pour le sulfate anhydre, en solution aqueuse avec $p = 2$ et $t = 15°$ est égal à

$$[\alpha]_D = -28°6.$$

Le *sel de platine* est obtenu, en ajoutant du chlorure de platine à la solution aqueuse du sulfate cristallisé, par évaporation spontanée en beaux prismes orangés, anhydres, fondant à 206°, comme l'a indiqué E. Schmidt. Il répond à la formule :

$$(C^{17}H^{23}AzO^3)^2 . PtCl^6H^2.$$

	Calculé.	Trouvé.
Pt	19.67	19.62

Le *sel d'or* est préparé comme le précédent, mais avec des solutions chaudes; il cristallise par le refroidissement en beaux feuillets jaunes d'or, conservant leur éclat dans l'air sec et fondant à 159° centigrades (Will indique 162°; d'autres expérimentateurs 158 à 160°). On a pour :

$$C^{17}H^{23}AzO^3 . AuCl^4H.$$

	Calculé.	Trouvé.
Au	31.33	31.20

L'*oxalate neutre*, obtenu comme le sel d'atropine correspondant, se sépare en longs prismes durs, fondant vers 176°, un peu plus solubles dans l'alcool que l'oxalate d'atropine. Ils ne contiennent pas d'eau de cristallisation. On a pour :

$$(C^{17}H^{23}Az O^3)^2 C^2H^4O^2.$$

	Calculé.	Trouvé.
C^2O^3	10.77	10.84

III. — Atropinum naturale.

Sous cette dénomination, on trouve dans le commerce l'alcaloïde cristallisé brut, extrait de la racine de belladone, qui sert à la préparation de l'atropine. Le sulfate de cet alcaloïde brut, vendu sous le nom de « *Atropin. sulfur. purissimum* », bien entendu sans la mention « Ph. Germ. III », est le sulfate d'atropine courant; suivant les conditions d'extraction, il contient en proportion dominante soit l'un, soit l'autre des alcaloïdes, atropine ou hyoscyamine.

Pour comparaison, on a préparé avec ce sulfate mélangé l'alcaloïde libre, le sulfate neutre, l'oxalate neutre et les sels doubls platinique et aurique d'après les mêmes méthodes appliquées à la préparation des dérivés des alcaloïdes purs.

Avec l'un des échantillons, on a trouvé comme pouvoir rotatoire de la base libre en solution dans l'alcool absolu, pour $p = 2.472$ et $t = 15°$;

$$[\alpha]_D = -16°2.$$

Le *sulfate neutre*, dont on avait 4 échantillons, donne à l'analyse des chiffres très voisins de ceux que fournit le sulfate d'atropine vrai ;

	Sulfate vrai.		Sulfate commercial.			
H^2O	2.91	2.84	1.76	2.24	2.52	—
SO^3	11.89	—	—	—	—	11.76

L'un des échantillons a donné pour $p = 2$ (sel anhydre) et $t = 15°$.

$$[\alpha]_D = -22°3.$$

Ce sulfate est également très peu soluble dans l'acétone. Il se dissout, au contraire, en abondance dans l'alcool absolu chaud. L'éther le précipite de cette solution refroidie en houppes cristallines formées d'aiguilles blanches.

L'*oxalate neutre* ressemble assez à l'oxalate d'atropine. Sa composition est la même que celle des oxalates purs. On a :

	Calculé.	Trouvé.
C^2O^3	10.77	10.85

Le *sel de platine* fond vers 200 — 204°.

Le *sel d'or*, qui conserve son éclat dans l'air sec, fond entre 154 et 158° suivant le sulfate employé à sa préparation. Le point de fusion s'élève par de nouvelles cristallisations, tandis qu'on peut extraire des eaux mères des cristaux fondant vers 145° et même plus bas.

On peut sans doute reconnaître ainsi que les échantillons analysés sont composés surtout de sulfate d'hyoscyamine; mais il est impossible de séparer quantitativement le sel aurique de ce dernier alcaloïde d'avec celui de l'atropine.

L'analyse optique donne les indications les plus précises sur le mélange de ces deux alcaloïdes et sur leurs proportions.

On détermine la teneur en eau du sulfate de manière à opérer avec des solutions d'un titre connu en sel anhydre. Soit alors x la quantité de sulfate d'atropine, y la quantité de sulfate d'hyoscyamine dont la somme $= 1$.

Soit d'un autre côté a le pouvoir rotatoire du sulfate d'atropine, b celui du sulfate d'hyoscyamine et c celui des sulfates mélangés, déterminés avec le même solvant et dans les mêmes conditions de concentration et de température. On aura :

$$y = \frac{c - a}{b - a}$$

$$x = 1 - \frac{c - a}{b - a}$$

J'ai contrôlé la méthode en essayant ainsi un sulfate mixte, formé de proportions connues, de sulfates d'atropine et d'hyoscyamine.

Comme exemple de l'application pratique de cette méthode, il nous suffira de donner les résultats fournis par la polarisation de l'un des sulfates d' « *Atropin. puriss.* », ci-dessus analysé (teneur en $SO^3 = 11.76$).

Dans les mêmes conditions de température et de dilution, on a trouvé :

$$a = -\ 8.8$$
$$b = -\ 28.6$$
$$c = -\ 22.3$$

en introduisant ces valeurs, changées toutes trois de signe, dans les formules indiquées, il vient :

Pour y (sulfate d'hyoscyamine)	0.682
Pour x (sulfate d'atropine)	0.318
$x + y =$	1.000

D'où nous concluons que le produit analyse « *Atropin. sulfur. puriss.* » se compose en réalité de 68.2 parties de sulfate d'hyoscyamine et de 31.8 parties de sulfate d'atropine pour cent parties.

On peut de même polariser l'alcaloïde brut, en solution alcoolique, toutes conditions de dilution et de températures égales. On a trouvé ainsi pour l'un des échantillons commerciaux d' « *atropinum naturale* » :

$$[\alpha]_D = -16^\circ 2,$$

d'où l'on calcule un mélange de :

Hyoscyamine...........................	0.704 ou 70.4 pour 100.
Atropine.............................	0.206 ou 20.6 —

Cette méthode a surtout de l'intérêt pour déterminer les proportions relatives des deux alcaloïdes dans les racines, tiges ou semences des Solanacées. Schütte (1) avait appliqué à cette détermination la cristallisation fractionnée des sels d'or qui permet en effet une séparation approchée, le sel d'or d'hyoscyamine cristallisant avant le sel d'or d'atropine; mais le premier sel entraîne toujours plus ou moins du second, et les eaux mères de leur côté retiennent du sel d'hyoscyamine.

De plus, les eaux mères retiennent des substances amorphes qui troublent les réactions de l'atropine au point souvent de les masquer complètement; c'est sans doute ce qui est arrivé à V. Italie (2), qui n'a trouvé que des traces d'atropine dans l'extrait de belladone.

Bien entendu, dans l'analyse optique, il convient de tenir compte de la présence de ces impuretés amorphes. On s'en débarassera en extrayant les extraits bruts par l'acétone, précipitant la totalité des alcaloïdes par l'acide oxalique en solution éthérée et examinant une portion aliquote du précipité au polarimètre, en solution alcoolique.

Nous devons observer d'ailleurs qu'au point de vue thérapeutique, l'atropine et l'hyoscyamine offrant les mêmes propriétés, il n'y a aucun intérêt à séparer les deux alcaloïdes pour l'usage médical.

IV. — Hyoscine.

Cette base considérée d'abord comme isomère de l'atropine et de l'hyoscyamine a été extraite par Ladenburg (3) du produit connu sous le nom d'hyoscyamine amorphe qui s'amasse dans les eaux mères de la préparation de l'hyoscyamine en partant des semences de l'*Hyoscyamus niger*.

Ladenburg (4) a obtenu en cristaux les chlorhydrate, bromhydrate et iodhydrate de cet alcaloïde dont on a proposé, d'autre part, l'emploi en médecine comme calmant. E. Merck, qui avait préparé les matériaux dont Ladenburg s'est servi pour cette étude, considérait jusqu'en ces derniers temps l'hyoscine comme composée de $C^{17}H^{23}AzO^3$, c'est-à-dire comme un isomère de l'atropine et de l'hyoscyamine, en adoptant pour la pseudotropine la formule établie par Ladenburg $C^8H^{15}AzO$ (5). Cette dernière formule est inexacte et entraine la modification de celle de l'hyoscine qui est $C^{17}H^{21}AzO^4$, comme je le montrerai tout à l'heure.

C'est aussi à l'obligeance de E. Merck que je dois une partie des matériaux de mes recherches. Le bromhydrate d'hyoscine qu'il m'a fourni était tout à fait pur. Il était en gros cristaux dont la forme n'a pu être exactement déterminée. Je l'ai redissous dans une petite quantité d'eau chaude d'où il a cristallisé sous la forme décrite par Fock (6). D'un autre côté, le sel d'or correspondant répondait au signalement donné par Ladenburg; ce n'est qu'après avoir vérifié l'identité de l'alcaloïde que j'avais en mains que j'ai procédé aux expériences suivantes.

Pour extraire l'alcaloïde libre, j'ai opéré comme pour l'atropine et l'hyoscyamine.

(1) *Mitth. aus d. ph. chem. Inst. der Univ. Marburg*, t. 12, p. 596.
(2) *Chem. Centrabl*, 1892, t. 1, p. 390.
(3) *Liebig's Annalen*, t. 206, p. 299.
(4) *Berichte*, t. 14, p. 1870.
(5) *Jahresberichte E. Merck*, janvier 1892.
(6) *Berichte*, t. 14, p. 1872.

L'extrait chloroformique abandonne à l'évaporation une masse amorphe ressemblant à un vernis desséché, dure, fondant vers 55° en un liquide assez mobile. Pour l'analyse, on a séché la substance à 90° centigrades jusqu'à poids constant.

	Calculé pour		Trouvé.
	$C^{17}H^{21}AzO^4$.	$C^{17}H^{23}AzO^3$.	
C.	67.32	70.58	67.27
H.	6.93	7.99	7.11

L'hyoscine, d'après cette analyse, ne peut répondre à la formule $C^{17}H^{23}AzO^3$. Les chiffres conduisent à la composition $C^{17}H^{21}AzO^4$.

L'hyoscine se dissout assez bien dans l'eau, mieux dans l'éther, le chloroforme et l'alcool. Cette dernière solution offre une réaction alcaline très marquée. Son pouvoir rotatoire dans l'alcool absolu pour $p = 2.65$ et $t = 15°$ a éte trouvé :

$$[\alpha]_D = -13°7.$$

L'addition d'une petite quantité de soude caustique diminue rapidement le pouvoir rotatoire de l'alcaloïde.

L'hyoscine est précipitée par les lessives alcalines des solutions aqueuses de ses sels. Toutefois l'ammoniaque ne précipite qu'en liqueur concentrée. Les sels sont pour la plupart cristallisables.

Le *chlorhydrate* cristallise par évaporation spontanée de sa solution aqueuse. Celle-ci ne donne pas de précipité avec le chlorure de platine, mais bien avec le chlorure d'or, et si les solutions sont étendues, le sel double aurique se sépare en petits cristaux. Ce sel cristallise par refroidissement de sa solution aqueuse en aiguilles jaunes souvent groupées en rameaux comme le sel ammoniac; il ne contient pas d'eau de cristallisation et fond, comme l'indique Ladenburg, à 198°, en se décomposant. Ce point de fusion reste constant, quel que soit le nombre des cristallisations. On a trouvé :

	Calculé pour $C^{17}H^{21}AzO^4.AuCl^4H$.	Trouvé.
C.	31.76	31.64
H.	3.42	3.50
Au.	30.57	30.56

Au reste, les analyses de ce sel, indiquées par Ladenburg, s'accordent beaucoup mieux avec la formule $C^{17}H^{21}AzO^4.AuCl^4H$ qu'avec la formule qu'il avait adoptée : $C^{17}H^{23}AzO^3.AuCl^4H$. Celle-ci demande Au = 31.32. Or Ladenburg a trouvé :

Au =	30.66	30.81	30.49	30.63	30.69

Bromhydrate. — Grands rhomboèdres brillants, facilement solubles dans l'eau et l'alcool, contenant de l'eau de cristallisation qu'ils perdent à la température ordinaire, sous l'exsiccateur. Le pouvoir rotatoire pour le sel non effleuri, pour $p = 4$ et $t = 15°$ est :

$$[\alpha]_D = -22°5.$$

La composition des cristaux est $C^{17}H^{21}AzO^4HBr + 3H^2O$. Le sel séché répond à la formule $C^{17}H^{21}AzO^4.HBr$.

Iodhydrate. — S'obtient aussi en beaux cristaux anhydres : $C^{17}H^{21}AzO^4.HI$.

Picrate. — Ladenburg observe que les chiffres trouvés à l'analyse de ce sel s'accordent peu avec la théorie. On va voir qu'en remplaçant la formule erronée que cet auteur attribuait à son picrate par la formule nouvelle, l'accord est des plus satisfaisants :

	Calculé pour		Trouvé par Ladenburg.	
	$C^{17}H^{21}AzO^4.C^6H^3(AzO^2)^3O$ (formule nouvelle).	$C^{17}H^{23}AzO^3.C^6H^3(AzO^2)^3O$ (formule de Ladenburg).		
C.	51.87	53.28	51.82	51.88
H.	4.51	5.10	5.19	5.08

La formule $C^{17} H^{21} Az O^4$ pour l'hyoscine est d'ailleurs confirmée par la composition des produits résultant du dédoublement de cet alcaloïde sous l'action des alcalis ou de l'acide chlorhydrique.

L'action de la baryte a fourni à Ladenburg de l'acide tropique et une base volatile à laquelle il a attribué la formule $C^8 H^{15} Az O$ et qu'il a dénommée pseudotropine. Plus tard il a obtenu, en collaboration avec Roth, la même base qu'il a formulée $C^8 H^{15} Az O^2$ et dénommée oxytropine. Cette base est en réalité $C^8 H^{13} AzO^2$, et comme elle n'offre aucun lien apparent avec la tropine, je propose de la nommer *Oscine*, en dérivant ce nom de celui de l'hyoscine par un procédé analogue à celui qui a fourni le vocable tropine par mutilation de atropine.

En chauffant pendant quelques heures en tube scellé le bromhydrate d'hyoscine avec de l'acide chlorhydrique fumant à 80 — 100° C, on trouve à l'ouverture du tube une huile lourde qu'on peut extraire à l'éther, tandis que l'oscine reste dissoute dans la liqueur acide. L'éther évaporé abandonne cette huile qui ne se concrète qu'en partie et après fort longtemps. On observe les mêmes phénomènes avec l'éther de pétrole. Elle se dissout dans l'eau de chaux d'où on peut l'extraire de nouveau en acidulant, au moyen de l'éther.

Par traitement à l'eau bouillante, on réussit à isoler un acide qu'il est facile d'identifier avec l'acide atropique. Au fur et à mesure que l'on traite cette huile par l'eau chaude, on obtient de nouvelles quantités de sel acide qui, apparemment, ne se forme que par l'action de l'eau.

Sa composition répond à peu près à la formule $C^{18} H^{18} O^5$:

Calculé.	Trouvé.
68.79	70.37
5.73	5.55

Comme la substance analysée était visiblement mélangée d'acide atropique, l'analyse doit donner un peu trop de carbone et un déchet d'hydrogène. Dans mes études sur les produits de dédoublement de l'atropamine et de la belladonine, j'ai déjà rencontré la même substance que Merling a obtenue de son côté en dédoublant la belladonine. Sans doute cette substance est intermédiaire entre la tropide de Kraut (1) qui, d'après Liebermann et Limpach (2), a pour formule $C^{18} H^{16} O^4$ et l'acide tropique que Ladenburg a obtenu directement de l'hyoscine. D'après ces analogies, le nom d'acide tropidique paraît tout indiqué pour cette substance. L'acide atropique en dériverait par l'action soutenue de l'eau d'après l'équation :

$$C^{18} H^{18} O^5 = 2 C^9 H^8 O^2 + H^2 O,$$

tandis que la formation d'acide isatropique, observée précédemment par l'action prolongée d'une température de 80 — 90° s'expliquerait par la réaction :

$$C^{18} H^{18} O^5 = C^{18} H^{16} O^4 + H^2 O.$$

Quant au produit basique du dédoublement par H Cl fort, l'oscine, on en a abandonné la solution chlorhydrique à l'évaporation lente à une douce chaleur. Le résidu a été redissous dans l'eau et cette liqueur, sursaturée par la soude caustique, a été extraite au chloroforme.

Par évaporation spontanée, le chloroforme abandonne l'oscine en rhomboèdres incolores et en prismes courts un peu hygroscopiques, fondant à 104°5, bouillant à 242°. Ladenburg a trouvé *p.f* = 106° et *p.é* = 241 — 243°. L'oscine se volatilise déjà sensiblement lorsqu'on la maintient à l'air à une température de 100° environ. On a analysé la base séchée pendant plusieurs jours dans l'exsiccateur à 60°.

(1) *Liebig's Annalen*, t. 148, p. 241.

(2) *Berichte*, t. 25, p. 937.

	Calculé pour $C^8H^{13}AzO^2$.	Trouvé.
	—	—
C	61.92	61.85
H	8.39	8.43

L'oscine se dissout bien dans l'eau à laquelle elle communique une forte réaction alcaline. L'ammoniaque ne la déplace pas de ses sels, mais bien la soude caustique; elle se sépare sous forme d'huile. Son chlorhydrate est cristallisable. Le sel double platinique cristallise en beaux prismes rouges orangés d'apparence rhomboédrique. Ce sel contient de l'eau de cristallisation qu'il perd à 110°. Anhydre, il fond à 200° — 202° en se décomposant. Merck indique 211 — 213°.

L'analyse du sel séché à l'air conduit à la formule $(C^8H^{13}AzO^2)^2PtCl^6H^2 + H^2O$, pour le sel anhydre à la formule $(C^8H^{13}AzO^2)^2PtCl^6H^2$, qui concordent aussi bien avec les analyses de Merck.

		Trouvé.				
		Hesse.			Merck.	
	Calculé pour le sel hydraté.	I.	II.	III.	I.	II.
	—	—	—	—	—	—
H^2O	2.43	2.45	2.87	2.44	2.48	2.45
	Calculé pour le sel anhydre.					
	—					
C	26.67	27.05	26.78		—	—
H	3.89	4.12	4.10		—	—
Pt	27.01	27.11	27.18		27.13	27.18

Ces chiffres s'accordent aussi, d'une manière satisfaisante, avec les résultats de l'analyse du sel platinique de l' « oxytropine » de Ladenburg et Roth (1) et ceux de l'analyse du même sel effectuée par Merling (2) qui ont trouvé :

	Ladenburg et Roth.		Merling.
			—
C	26.5	26.55	27.20
H	4.4	4.7	4.14
Pt	26.77	26.62	26.98

Merling a trouvé pour l'eau de cristallisation 4.90 et 4.96 pour 100. Sans doute son produit n'était pas bien sec, car il dit que les cristaux « s'effleurissent à l'air », fait que l'on n'observe pas avec le sel desséché avec soin. Je ne saurais m'expliquer comment Ladenburg est arrivé en premier lieu à des analyses concordant avec la formule :

$$(C^8H^{13}AzO^2)PtCl^6H^2.$$

Le sel d'or répond sans doute à la formule : $C^8H^{13}AzO^2.AuCl^4H$. Je ne l'ai pas vérifié; mais j'ai examiné l'action de l'iodure de méthyle sur l'oscine, sur laquelle Ladenburg a donné déjà quelques indications.

L'oscine s'unit à l'iodure de méthyle avec dégagement de chaleur. Il est préférable d'employer un solvant, l'alcool méthylique par exemple; on ajoute un petit excès de CH^3I. Après quelques minutes de contact, on évapore le solvant. Le résidu est repris par l'eau, d'où le méthyliodhydrate cristallise en rhomboèdres incolores, anhydres, très solubles dans l'eau. La formule $C^8H^{13}AzO^2.CH^3I$, qui exige I = 42.76 pour 100, s'accorde avec l'analyse de Ladenburg et Roth qui ont trouvé I = 42.03 pour 100. Ces auteurs ont calculé par erreur pour la formule adoptée : $C^8H^{15}AzO, CH^3I$ une teneur en iode de 42.19 pour 100; la théorie indique I = 44.87 pour 100.

Le méthylechlorhydrate obtenu en agitant la solution aqueuse du sel précédent avec du chlorure d argent récemment précipité, se présente, après évaporation du solvant,

(1) *Berichte*, t. 17, p. 153.
(2) *Berichte*, t. 17, p. 384.

en masse blanche cristalline très soluble dans l'eau. Par addition de chlorure de platine, on obtient un beau sel double en feuillets carrés, brillants, orangés, anhydres et fondant à 228°. Les chiffres trouvés à l'analyse s'accordent très bien avec la théorie.

Benzoyloscine. — J'ai cru intéressant de vérifier si l'oscine contient, comme la tropine, un groupe hydroxyle ou si le second atome d'oxygène s'y trouve lié d'autre manière. A cet effet, j'ai chauffé à 80 — 100° l'oscine avec son poids d'eau et un notable excès d'anhydride benzoïque. Après réaction, j'ai décomposé l'excès d'anhydride par l'eau et extrait l'acide benzoïque avec l'éther. La base a été isolée de la liqueur au moyen de l'ammoniaque et du chloroforme. Ce dernier a laissé à l'évaporation une huile incolore qui s'est prise en un feutré de fines aiguilles fondant à 59°. L'analyse conduit à la formule $C^{15}H^{17}AzO^4$.

	Calculé.	Trouvé.
C	69.49	69.51
H	6.56	6.73

La benzoyloscine se dissout facilement dans le chloroforme, l'éther ou l'alcool. Cette dernière solution a une réaction alcaline. Elle se dissout aussi dans l'eau et notamment dans l'eau acidulée d'où les alcalis la déplacent de nouveau sous forme d'huile qui se concrète après un certain temps.

J'ai préparé un sel double aurique en petites aiguilles jaunes brillantes qui, séchées à 100°, fondent à 184°. L'analyse exige pour $C^{15}H^{17}AzO^4.AuCl^4H$.

	Calculé.	Trouvé.	
Au	32.89	32.94	32.89

V. — Scopolamine.

Sous ce nom, E. Schmidt (1) a baptisé provisoirement un alcaloïde extrait d'abord par Bender du *Scopolia atropoïdes* et que ce dernier regardait comme identique à l'hyoscine. Schmidt a montré que cet alcaloïde a pour formule $C^{17}H^{21}AzO^4$, qu'il donne un bromhydrate et un sel double aurique cristallisables : $C^{17}H^{21}AzO^4.HBr + 3H^2O$ et $C^{17}H^{21}AzO^4.AuCl^4H$, enfin qu'il se rencontre dans le bromhydrate d'hyoscine du commerce.

Schmidt a indiqué successivement pour son sel double aurique les points de fusion 214, puis 210 — 212 et Schütte l'a trouvé à 208°. Des eaux mères du sel d'or on peut extraire d'ailleurs un autre sel double aurique d'aspect un peu différent fondant déjà à 204°.

Plus récemment, Schmidt a annoncé (2) que le bromhydrate d'hyoscine commercial est formé pour la presque totalité de bromhydrate de scopolamine : cet alcaloïde traité par l'eau de baryte se dédouble en acide atropique et en une base $C^8H^{13}AzO^2$ qui se présente en aiguilles incolores fondant à 110°.

Comme le bromhydrate d'hyoscine commercial n'est autre, autant que j'ai pu m'en assurer, que le bromhydrate de la véritable hyoscine dont le sel d'or fond à 198°, comme l'a indiqué Ladenburg, et plus récemment Liebermann et Limpach, on ne peut considérer les différences sur lesquelles s'appuient Schmidt et Schütte pour conclure à un alcaloïde spécial que comme des erreurs d'observation (3).

J'ai dit plus haut que le pouvoir rotatoire de la solution alcoolique d'hyoscine disparaît presque entièrement par addition de quelques gouttes de lessive de soude (2 gouttes de NaOH à 30 pour 100 pour 25 centimètres cubes de solution). On pourrait en inférer que l'hyoscine peut, durant son extraction, subir une modification analogue à celle dont l'hyoscyamine nous présente un exemple. En effet, l'hyoscine traitée par un alcali

(1) *Apotheker Zeitung*, 1890, p. 30.
(2) *Chemische Centralblatt*, 1091, p. 704.
(3) Ces auteurs ont protesté contre cette assertion de M. O. Hesse.

donne un sel d'or cristallisé en feuillets allongés, mais le point de fusion ne s'est élevé que fort peu par ce traitement; on a trouvé *p. f.* = 200°.

Quoi qu'il en soit de cette explication, il résulte des faits connus que la scopolamine de Schmidt n'est pas autre chose que l'hyoscine.

VI. — Atropamine.

J'ai extrait cet alcaloïde de l'atropine brute, provenant du traitement d'une grande quantité de racines de belladone et non, comme l'indique Merck, de la belladonine. L'atropamine étant précipitable par le sel marin de sa solution acétique, tandis que les alcaloïdes cristallisables de l'atropine brute, l'atropine et l'hyoscyamine, restent en dissolution, on n'éprouve aucune peine à l'isoler. Ses propriétés étant connues, il n'a pas été plus difficile de reconnaître la présence de l'atropamine dans les racines de belladone de diverses origines, bien qu'elle ne se trouve jamais qu'en très faible proportion.

Je n'ai à ajouter à ma précédente communication sur cet alcaloïde que fort peu de nouvelles observations :

Le sel double platinique s'obtient aussi par évaporation spontanée de la solution aqueuse froide en houppes cristallines jaune pâle, fondant avec décomposition à 203 — 204°.

Quant à la base volatile obtenue par dédoublement de l'atropamine, elle ne peut être identique avec la pseudo-atropine de Ladenburg (l'oscine) dont elle diffère par sa formule ; non plus avec la tropine dont le sel de platine a un point de fusion beaucoup plus élevé. Pour éviter sous ce rapport toute confusion, je désignerai cette base volatile sous le nom de β-tropine.

VII. — Belladonine.

Sous le nom de belladonine, Hubschmann (1) a désigné une base dont le sulfate reste dans les eaux mères de la préparation du sulfate d'atropine. Ce sulfate incristallisable, traité par la soude, donne l'alcaloïde qui est amorphe.

Merck entend par belladonine ou plus spécialement par belladonine brute, le résidu incristallisable de la préparation de l'atropine. Merck pense d'ailleurs que la belladonine brute étudiée par Durkopf (2) ne provenait que pour partie de la racine de belladone, à cause de la proportion considérable d'hyoscine que cet auteur a pu en extraire.

Kraut (3) a montré que la belladonine est difficile à dédoubler par l'eau de baryte bouillante, observation qui fournit le moyen de préparer cet alcaloïde à l'état de pureté.

Merling donne pour formule à l'alcaloïde ainsi purifié :

$$C^{17} H^{21} Az O^2.$$

Il se fonde sur la forme cristalline et sur l'analyse du sel double de platine pour reconnaître la tropine parmi les produits de dédoublement de la belladonine.

J'ai de mon côté fait voir autrefois que l'atropamine, traitée par la baryte ou par l'acide chlorhydrique, se transforme en un alcaloïde incristallisable dont les caractères s'accordent très bien avec la description que donne Merling de sa belladonine purifiée.

J'ajouterai à mes précédentes observations, que le moyen le plus commode pour métamorphoser l'atropamine ou belladonine consiste à humecter à plusieurs reprises le chlorhydrate de la première base avec un peu d'acide chlorhydrique dilué et à évaporer cet acide à une température de 80° environ. La transformation est quantitative.

On peut aussi chauffer le chlorhydrate d'atropamine en solution chlorhydrique moyennement concentrée ; avant de se dédoubler, l'atropamine passe sous forme de

(1) *Schweiz. Zeitschrift f. Pharmacie*, 1858, p. 123.

(2) *Berichte*, t. 22, p. 3183.

(3) *Annalen*, t. 148, p. 239.

belladonine que l'on extrait en déplaçant son chlorhydrate par addition de sel marin.

Dans les deux cas, on obtient du chlorhydrate de belladonine amorphe, facile à distinguer du chlorhydrate d'atropamine par ses sels doubles d'or et de platine.

VIII. — Apo-atropine.

Obtenue d'abord par Pesci (1) en faisant agir l'acide nitrique sur l'atropine, puis par Ladenburg par évaporation répétée d'acide nitrique dilué sur l'atropate de tropine, cette base a été appelée, en raison de ce second mode de préparation *atropyletropéine*. Merck l'obtint comme produit secondaire de la préparation de l'atropine, résultant sans doute aussi de l'action d'un acide sur l'atropine.

Bouillie avec de l'eau de baryte, l'apo-atropine se dédouble très vite, d'après Pesci, en acide atropique et tropine, réaction qui la différencie de la belladonine et de l'atropamine. Au reste, ses autres propriétés se confondent à peu près avec celles de l'atropamine : Merck a trouvé :

	Apo-atropine.	Atropamine.
Base libre.....	Aiguilles ; p. f. 60 à 62°.	Amorphe ; p. f. < 60°.
Chlorhydrate..	Feuillets fondant à 237-239°	Feuillets fondant à 236°.
Sel de platine..	Houppes cristallines ; p. f. 212-214°.	Houppes et aiguilles ; p. f. 203-204°.
Sel d'or......	Longues aiguilles ; p. f. 110-111°.	Feuillets brillants ; p. f. 112°

On peut relever d'ailleurs une différence bien caractéristique entre l'apo-atropine et l'atropamine ; en effet, l'apo-atropine prend naissance sous l'action de l'acide chlorydrique étendu, tandis que l'atropamine se détruit ou se transforme sous l'influence de ce même réactif.

On peut conclure de là que l'apo-atropine n'est pas identique à l'atropamine, comme le pense Merck.

Un nouvel alcaloïde de l'Opium.

Par MM. T. et H. Smith.

(*Pharmaceutical Journal.*)

Les auteurs ont réussi à isoler un nouvel alcaloïde de l'opium, auquel ils ont donné le nom de *xanthaline* (ξανθός, jaune ; ἅλς, sel), basé sur l'une de ses propriétés très caractéristique. Ce corps répond à la formule ($C^{37}H^{36}Az^{2}O^{9}$), laquelle a été déterminée par M. le professeur Ost, de Hanovre. MM. Smith avaient découvert la xanthaline depuis douze années déjà, mais n'en ayant obtenu, en 1881, qu'une très minime proportion, il leur avait été impossible d'en étudier les propriétés. On la rencontre dans les eaux mères acides de la cristallisation du chlorhydrate de morphine et de la codéine ; elle est précipitée par neutralisation des liqueurs, en même temps que la narcotine, la papavérine, et un certain nombre d'impuretés. C'est une base tellement faible, que si l'on traite l'un de ses sels par l'eau, l'acide se sépare, laissant la base à l'état libre, ainsi qu'il arrive, dans des circonstances analogues, pour les sels de caféine. La xanthaline se présente sous la forme de minces cristaux blancs, ayant leur point de fusion situé vers 206°. Ses sels, toutefois, ont une magnifique coloration jaune ; le nitrate possède une teinte jaune doré ou orange, le chlorhydrate est un peu plus pâle, et le sulfate est un peu moins foncé. Ces combinaisons cristallisent en cristaux aciculaires de dimensions plus grandes que ceux fournis par la base elle-même. Si l'on fait réagir l'hydrogène naissant sur la xanthaline, il se forme une base nouvelle, l'hydroxanthaline ($C^{37}H^{38}Az^{2}O^{9}$), dont le sulfate se présente en cristaux blancs anhydres, fondant à 137° centigrades.

(1) *Gaz. chim.*, t. 11, p. 538 et t. 12, p. 60.

SUCRES. — AMIDON. — GOMMES.

Analyse des sucres (Méthodes officielles).

(*Chemical News*, juillet et août 1892.)

Nous comprenons dans « l'analyse des sucres » l'étude de toutes les substances saccharifères telles que le sucre proprement dit, les mélasses, sirops, sucres d'amidon, miels, etc. Dans ce qui va suivre, nous nous efforcerons d'indiquer les principes qui peuvent guider le praticien dans ce genre d'analyses, sans négliger toutefois les détails grâce auxquels il pourra les conduire avec le soin et l'uniformité désirables.

Les principaux corps que nous avons à doser dans les substances indiquées ci-dessous sont les suivants :

1. Eau.
2. Cendres.
3. Matières azotées.
4. Sucre réducteur.
5. Saccharose.
6. Lactose.
7. Maltose.
8. Raffinose.

Eau.

Dans les sucres bruts ou raffinés. — Peser de 2 à 5 grammes de substance dans une capsule de nickel ou de platine et chauffer au bain-marie pendant trois heures; laisser refroidir dans un dessiccateur et peser après refroidissement; placer de nouveau la capsule sur le bain-marie et chauffer pendant une heure. Si la seconde pesée ne diffère pas sensiblement de la première, le dosage est terminé. Dans le cas contraire, on doit poursuivre la dessiccation jusqu'à ce que la perte en eau ne dépasse pas 0.20 pour 100 en une heure.

Dans le miel ou les mélasses.

a) Opérer comme précédemment sur 1 ou 2 grammes de substance.

b) Placer de 2 à 5 grammes de substance dans une capsule de 30 à 40 centimètres cubes de capacité; dissoudre dans l'alcool à 70 pour 100 au moyen d'un petit agitateur taré avec la capsule Ajouter au moyen d'un flacon taré 15 à 25 grammes de sable pur et sec; dessécher à 70-80° C. de façon à chasser l'alcool; humecter complètement avec de l'alcool à 99 pour 100 ou de l'alcool absolu; dessécher à 75° C. pendant une demi-heure, puis au bain-marie pendant une heure. Répéter l'opération comme précédemment, déduire le poids de sable ajouté et calculer la teneur en eau.

Cendres.

a) Placer 5 à 10 grammes de substance (sucre, mélasse, miel) dans une capsule de platine de 50 à 100 centimètres cubes de capacité. Le platine ne peut être employé si la substance renferme de l'étain ou tout autre corps susceptible de s'unir à ce métal. Chauffer à 100° C. de façon à éliminer l'eau, puis lentement jusqu'à ce que tout bouillonnement cesse. La capsule est alors portée au moufle et chauffée au rouge sombre jusqu'à ce que la cendre obtenue soit parfaitement blanche.

b) *Cendre soluble.* — Faire digérer la cendre avec de l'eau, séparer la liqueur au moyen d'un filtre de Gooch, laver le résidu à l'eau chaude, sécher à 100° C. et peser. La différence de poids donne la cendre soluble.

c) On prend 50 milligrammes d'oxyde de zinc pour 25 grammes de mélasse ou 50 grammes de sucre. On mélange et on triture le tout avec un peu d'alcool dilué, on sèche et on calcine comme précédemment. Il suffit de retrancher du poids de cendres le poids de zinc employé.

d) Carboniser la masse à basse température, dissoudre les sels solubles au moyen d'eau chaude, brûler le résidu comme précédemment, ajouter la liqueur contenant les sels solubles et évaporer à siccité au bain-marie; calciner doucement, laisser refroidir dans un dessiccateur et peser.

e) Additionner l'échantillon d'acide sulfurique, dessécher, calciner doucement et terminer au moufle à la température du rouge sombre.

f) Dissoudre 10 grammes de sucre dans l'eau chaude et filtrer pour séparer le sable, etc.; évaporer à sec la liqueur filtrée et les eaux de lavage, carboniser avec soin et épuiser le résidu avec de l'eau chaude jusqu'à ce que la liqueur qui filtre ne donne plus les réactions du chlore. Sécher et calciner le résidu qui, pesé, donnera la cendre insoluble. Ajouter la solution précédente, traiter par un léger excès d'acide chlorhydrique et évaporer à sec. Elever la température jusqu'à ce que tout l'acide libre soit éliminé, reprendre par l'eau et quelques gouttes d'acide chlorhydrique, filtrer et laver. Le résidu est de la silice. La liqueur filtrée est additionnée d'ammoniaque, portée à l'ébullition et filtrée. On lave le précipité qui est constitué par le fer et l'alumine. A la liqueur filtrée, on ajoute de l'oxalate d'ammoniaque et on évapore à sec; après calcination, on humecte avec du carbonate d'ammoniaque et l'on chauffe de nouveau; on reprend par l'eau, on filtre et on lave. Le résidu est du carbonate de chaux et du carbonate de magnésie. La liqueur et les eaux de lavage sont ramenées à un petit volume, additionnées de carbonate d'ammoniaque et évaporées à sec; on chasse avec précaution l'excès d'ammoniaque et l'on pèse les métaux alcalins à l'état de carbonates. En ajoutant le poids de cendre insoluble déterminé précédemment, on a la cendre totale calculée en carbonate.

Sucre réducteur.

Le réactif employé pour ce dosage est une solution alcaline de cuivre (Fehling, Violette). On prend :

34,64 grammes sulfate de cuivre cristallisé pur;
187,00 — sel de Seignette;
78,00 — soude caustique.

On dissout le sulfate de cuivre ($CuSO^4, 5H^2O$) dans 1000 centimètres cubes d'eau à la température où doit se faire le dosage. Les solutions de tartrate double et de soude caustique mélangées doivent également occuper un litre. Dans la pratique, on emploie volumes égaux de chacune de ces solutions.

Méthode volumétrique.

a) La solution sucrée doit contenir environ 1 pour 100 de sucre interverti. On place dans un grand tube à essais 10 centimètres cubes de la solution cuivrique et 10 centimètres cubes de la solution alcaline; on ajoute 20 centimètres cubes d'eau et on porte à l'ébullition. On verse alors approximativement la quantité de solution sucrée nécessaire pour réduire le cuivre et l'on fait bouillir exactement pendant deux minutes. On laisse le sous-oxyde de cuivre se déposer et, si la solution surnageante est encore bleue, on ajoute une nouvelle quantité de solution sucrée et l'on porte de nouveau à l'ébullition. Lorsque la solution semble décolorée, il est bon de filtrer quelques gouttes du liquide bouillant dans un petit tube et de rechercher le cuivre au moyen du ferrocyanure de potassium et de l'acide acétique. S'il reste encore du cuivre, on verse la solution sucrée goutte à goutte jusqu'à ce que les essais répétés ne donnent plus les réactions du cuivre. Ayant déterminé ainsi approximativement la quantité de solution sucrée à employer, on recommence l'expérience en ajoutant du premier coup la presque totalité de la solution sucrée nécessaire à la réduction.

b) ***Méthode par pesée.*** — On emploie 25 centimètres cubes d'une solution de cuivre préparée en dissolvant 34,639 grammes de sulfate de cuivre ($CuSO^4, 5H^2O$) dans 500 centimètres cubes d'eau; on ajoute dans une fiole d'Erlenmeyer 25 centimètres cubes de la solution alcaline suivante :

173 grammes sel de Seignette } dans 500 centimètres cubes d'eau.
51,6 — soude caustique }

Dans la solution cuivrique ainsi préparée, on verse 50 centimètres cubes de la solution sucrée à essayer; le titre en a été calculé approximativement de telle sorte que, pour cette quantité, le cuivre ne soit pas réduit en totalité. On chauffe rapidement à l'ébullition que l'on maintient exactement 2 minutes; on ajoute alors 100 centimètres cubes d'eau distillée froide et récemment bouillie. Le liquide est versé sur un tube à entonnoir muni d'un tampon d'amiante préalablement humecté.

On amène sur le filtre les dernières portions d'oxyde de cuivre au moyen d'une barbe de plume et on lave le précipité avec 300-400 centimètres cubes d'eau bouillante; puis on continue le lavage avec 20 centimètres cubes d'alcool absolu et finalement avec de l'éther. On sèche et on chauffe au rouge sombre pour transformer le sous-oxyde de cuivre en oxyde. On peut encore peser le cuivre métallique en réduisant l'oxyde dans un courant d'hydrogène sec. Dans l'un et l'autre cas, il est nécessaire de placer le tube dans un dessiccateur avant de le peser.

c) ***Méthode par pesée.*** — Réactif :

34,639 grammes $CuSO^4, 5H^2O$ }
125,000 — NaOH } dans 500 centimètres cubes.
173,000 — sel de Seignette }

Mode opératoire. — Dans un verre de 250 centimètres cubes de capacité, on verse 25 centimètres cubes de réactif et 50 centimètres cubes d'eau.

On porte à l'ébullition, puis on ajoute 25 centimètres cubes de la solution à essayer qui doit contenir environ 1 pour 100 de sucre réducteur (dextrose, lévulose). On fait bouillir exactement 2 minutes, on décante sur un filtre de Gooch et on lave par décantation avec 100 centimètres cubes d'eau bouillante en ayant soin de recouvrir chaque fois le verre qui contient l'oxyde de cuivre.

Le verre est alors placé sous le filtre qu'on lave avec une petite quantité d'acide nitrique de façon à dissoudre l'oxyde de cuivre; on lave jusqu'à dissolution complète du précipité, puis on verse la solution de nitrate de cuivre dans une capsule de platine et on l'additionne de quelques gouttes d'acide sulfurique. On évapore au bain-marie jusqu'à élimination complète de l'acide nitrique.

Le sulfate de cuivre évaporé à sec est repris par l'eau et la solution est électrolysée au moyen d'une batterie de quatre éléments.

On prolonge l'action du courant jusqu'à ce que tout le cuivre soit déposé, ce qui exige environ trois heures. La capsule doit être mise en communication avec le pôle négatif de la pile. On décante alors la solution acide en ayant soin de la remplacer par de l'eau pure jusqu'à ce que toute trace d'acide sulfurique ait disparu. La capsule est ensuite lavée avec de l'alcool à 95 pour 100, et finalement à l'alcool absolu; on brûle l'alcool adhérent à la capsule qui est alors placée dans un dessiccateur et pesée.

On calcule l'analyse au moyen des facteurs suivants :

1. En multipliant le poids de cuivre réduit par 0,5698, on a le sucre interverti.
2. En multipliant le poids de cuivre réduit par 0,5808, on obtient la dextrose anhydre.

Ces facteurs ne sont exacts que si les titres de la solution cuivrique et de la solution sucrée sont conformes aux indications que nous avons données précédemment.

Saccharose.

Lorsque le sucre est à peu près pur, on donne la préférence aux méthodes optiques.

a) L'échantillon est dissous dans l'eau à la température où doit être effectuée la polarisation. Les poids de substance à employer sont de 26,048 grammes pour la graduation Ventzke et de 16,19 grammes pour la graduation Laurent.

Après clarification, la solution sucrée est amenée à 100 centimètres cubes. Pour la pesée initiale, il est commode d'employer une capsule tarée en platine ou en argent à larges bords, de façon à pouvoir chasser facilement, dans la fiole graduée, tout le sucre par un simple lavage. Avant d'amener la solution au volume indiqué, il est nécessaire de la clarifier par addition de sous-acétate de plomb ou d'acide phosphotungstique jusqu'à ce qu'une goutte de réactif ne détermine plus de précipité dans la liqueur. Il faut éviter l'emploi d'un excès de sel de plomb.

Dans beaucoup de cas, on facilite la filtration et la clarification en ajoutant au liquide une petite quantité d'hydrate d'alumine en suspension dans l'eau.

On complète le volume avec de l'eau pure jusqu'à ce que le ménisque inférieur affleure au trait de jauge. On bouche la fiole simplement avec le pouce, on agite et on verse le contenu sur le filtre à plis; les 15 ou 20 premiers centimètres cubes sont rejetés. Si le liquide filtré n'est pas suffisamment clair, on le verse de nouveau sur le filtre et on prolonge l'opération jusqu'à ce que la liqueur soit parfaitement limpide. La solution sucrée est alors versée dans un tube de 200 millimètres (100 à 500 millimètres suivant les cas) que l'on place sur le saccharimètre. Après rotation du Nicol analyseur, ou déplacement de la lame de quartz, une simple lecture donne la teneur en sucre de l'échantillon analysé. Si la solution sucrée n'est pas incolore, il suffit de la placer dans un tube de 100 millimètres, ou bien de la décolorer en l'agitant avec une petite quantité de noir animal bien sec. Enfin, si la solution contient très peu de sucre, on prendra un tube de 300 à 500 millimètres de longueur.

b) Méthode optique par inversion. — Cette méthode est spécialement employée pour les sucres bruts, les mélasses, etc.

1. *Méthode de Clerget.* — La solution sucrée est préparée comme précédemment. On prélève 50 centimètres cubes de cette solution filtrée que l'on verse dans une fiole jaugée à 50 et 55 centimètres cubes. On complète avec de l'acide chlorhydrique concentré et on agite de façon à bien mélanger le tout; la fiole est alors placée dans l'eau et chauffée à 68° centigrades, exactement pendant 10 minutes. On retire la fiole et on la laisse refroidir à la température du laboratoire. Enfin on polarise après avoir noté la température. Si la substance contenait, au début, du sucre interverti, la seconde polarisation devrait être effectuée à la même température que la première.

La teneur en saccharose est donnée par la formule :

$$S = \frac{a+b}{144 - \frac{t}{a}}$$

dans laquelle :

S = saccharose pour 100.
a = première polarisation.
b = seconde polarisation (généralement à gauche).
$a+b$ = somme des deux polarisations.
t = température de la solution en degrés centigrades.

Si b est lu à gauche, a et b doivent être ajoutés; si b est lu à droite, on doit le retrancher de a.

2. *Méthode de Lindet.* — La solution sucrée est préparée comme précédemment. On verse 50 centimètres cubes de cette solution filtrée dans une fiole jaugée à 100,5 centimètres cubes; on ajoute 5 grammes de poudre de zinc et on place la fiole dans l'eau bouillante. Lorsque le point d'ébullition est atteint, on verse goutte à goutte 5 centimètres cubes d'acide chlorhydrique fumant. Lorsque tout l'acide a été ajouté, on laisse refroidir et on complète le volume. On polarise dans un tube de 400 millimètres, ou bien un tube de 200 millimètres, en ayant soin de multiplier par le résultat obtenu. La teneur en sucre est calculée comme précédemment.

3. *Méthode par pesée.* — On commence par déterminer le sucre réducteur par une des méthodes indiquées plus haut. Il suffit alors d'intervertir la totalité du sucre, neutraliser l'acide libre et déterminer de nouveau le sucre réducteur. En retranchant le sucre interverti obtenu précédemment, on a le sucre réducteur provenant de la saccharose. La saccharose elle-même s'obtient en multipliant par 0,95 le nombre obtenu.

Lactose (anhydre).

On prend 20,56 grammes de substance (correspondant à 16,19 grammes de sucre), ou 32,99 grammes (correspondant à 26,048 grammes de sucre). Après dissolution, on clarifie la liqueur si cela est nécessaire, et on complète le volume à 100 centimètres cubes. Une simple lecture à l'échelle du vernier donne la teneur en lactose.

On peut encore déterminer la lactose au moyen de la solution alcaline de cuivre; 10 centimètres cubes de liqueur de Fehling correspondent à 0,067 grammes de lactose. Le poids de cuivre réduit, multiplié par 0,7635, donne également le résultat cherché.

Lactose dans le lait.

Les réactifs, appareils et manipulations qui donnent les meilleurs résultats dans la recherche du sucre de lait, sont les suivants :

Réactifs. — 1. *Sous-acétate de plomb*, de densité 1,97. On prépare ce réactif en faisant bouillir une solution saturée d'acétate de plomb avec un excès de litharge, puis en amenant la liqueur filtrée à la densité voulue. 1 centimètre cube de cette solution précipite les matières albuminoïdes contenues dans 50-60 centimètres cubes de lait.

2. *Nitrate acide de mercure.* — On dissout une certaine quantité de mercure dans le double de son poids d'acide nitrique (D = 1,42). On ajoute à la solution un égal volume d'eau : 1 centimètre cube de ce réactif suffit pour 50-60 centimètres cubes de lait. Du reste un excès de nitrate de mercure n'a aucune influence sur le résultat de la polarisation.

3. *Iodure de mercure et acide acétique.*

Iodure de potassium	33,2 grammes.
Bichlorure de mercure	13,5 —
Acide acétique	20 centimètres cubes.
Eau	64 —

Appareils. — 1. Pipettes jaugées de 59,5, de 60 et de 60,5 centimètres cubes. — 2. Fioles jaugées de 102,4 centimètres cubes. — 3. Filtres, tubes et saccharimètre. — 4. Densimètre à tige. — 5. Thermomètre.

Manipulation. — 1. Le laboratoire et les échantillons à essayer doivent être à une température constante. Le degré de cette température a du reste peu d'importance. L'analyse peut être faite aussi bien à 15° centigrades qu'à 20 ou 25° centigrades. Dans ces limites de température, les légères variations du pouvoir rotatoire n'affectent en rien les résultats de l'analyse. On choisira donc de préférence une température facile à entretenir d'une façon permanente.

2. On commence par déterminer la densité du lait. En général, on emploie pour cet usage un densimètre à tige de grande sensibilité. Pour les déterminations plus exactes, on emploiera la méthode du flacon.

3. Si la densité est voisine de 1,026, on prélève 60 c. c. 5 de lait que l'on verse dans la fiole

jaugée. On ajoute 1 centimètre cube de nitrate de mercure ou 30 centimètres cubes d'iodure de mercure et l'on complète à 102 c.c. 4. Le précipité des matières albuminoïdes occupe environ 2 c. c. 44; par suite, le lait occupe bien 100 centimètres cubes. Si la densité est voisine de 1,030, on prend 60 centimètres cubes de lait; si elle est voisine de 1,034, on en prend 59 c. c. 5.

4. On complète à 102 c. c. 4, on agite et, après filtration, on polarise la solution claire.

Remarque. — Dans la méthode précédente, on prend comme pouvoir rotatoire spécifique du sucre de lait le nombre 52,5, et l'on admet que 20 gr. 51 de cette substance, dissous dans 100 centimètres cubes d'eau, donnent une rotation de 100° à l'échelle saccharimétrique. Cela n'a lieu que pour les instruments dans lesquels 16 gr. 19 de sucre de canne donnent une rotation de 100°. Pour les instruments, un simple calcul donnera rapidement la teneur en lactose.

Le poids de lait essayé étant égal à trois fois 20 gr. 51, la lecture du saccharimètre divisée par 3 donnera immédiatement la teneur en lactose si l'on emploie un tube de 200 millimètres.

Pour un tube de 400 millimètres, on divisera la lecture par 6, et, pour une tube de 500, on la divisera par 7,5.

Sans que la perte de temps soit pour cela beaucoup plus considérable, il est bon, pour plus d'exactitude, de faire l'analyse en double et de faire quatre lectures pour chaque tube. Cette méthode permet d'éviter la plupart des erreurs d'observation.

L'emploi d'une fiole de 102 c. c. 4 pour 60 centimètres cubes de lait dispense de faire la correction de volume relative au précipité de caséine.

Dans aucun cas, il n'est nécessaire de chauffer l'échantillon avant de le polariser.

MÉTHODES PARTICULIÈRES.

MODÈLE A. — *Essai des sirops qui contiennent au moins 2 pour 100 de sucre interverti, maltose ou raffinose, ainsi que des sucres contenant de la raffinose* (1). (Méthode officielle allemande employée pour la taxe des sucres.) (*Zeit. Anal. Chem.*, vol. XXVIII, n° 2.)

Dans l'essai des sirops soumis à l'analyse parce qu'ils contiennent plus de 2 pour 100 de sucre interverti, il peut être avantageux de déterminer au préalable la densité et le degré Brix. Naturellement, on peut prendre la densité au moyen d'un appareil à lecture directe, mais, dans aucun cas, on ne doit conclure de cet essai la teneur en matières solides parce que, d'une part, le coefficient de pureté ainsi calculé ne concorderait pas avec celui obtenu par les experts et que, d'autre part, la détermination exacte des matières solides dans un sirop contenant du sucre interverti présente trop de difficultés et exige beaucoup trop de temps pour pouvoir être effectuée d'une manière courante.

Pour calculer le coefficient de pureté, on doit rejeter notamment la méthode employée dans les sucreries et dans laquelle on ne considère comme sucre que la saccharose. Le sucre interverti doit être calculé comme sucre de canne en retranchant un vingtième de la quantité totale trouvée; on ajoute ce résultat à la teneur réelle en sucre de canne, et c'est sur ces chiffres que l'on base le calcul de l'analyse.

La détermination du sucre de canne peut être effectuée par différentes méthodes suivant la teneur en sucre réducteur, maltose ou raffinose. L'explication des ces différents procédés est basée sur les remarques suivantes :

Le sucre interverti contenu dans les sirops est très souvent inactif; il peut néanmoins donner une rotation gauche. D'après les déterminations les plus récentes, cette rotation représente, suivant les uns, les 33 centièmes, et, suivant les autres, les 34 centièmes de la rotation droite du sucre de canne. La rotation droite due à la saccharose du sirop sera donc diminuée d'une quantité proportionnelle à la teneur en sucre interverti.

Meissl a proposé, pour l'analyse des sucres coloniaux, de multiplier par 0,34 le sucre interverti et d'ajouter ce nombre à la lecture saccharimétrique pour avoir la teneur réelle en saccharose. Cette méthode ne peut avoir son emploi dans l'analyse des sirops, car, dans ces produits, le sucre interverti ne possède plus son pouvoir rotatoire normal; souvent même il peut n'en posséder aucun. Dans ce cas, la correction de Meissl donnera des résultats sur lesquels il est impossible de compter. De plus, le pouvoir rotatoire du sucre interverti pourra fournir des chiffres trop faibles pour le sucre de canne.

Pour tous ces motifs, la détermination du sucre total par polarisation, en tenant compte du sucre interverti trouvé précédemment, n'est possible que si la teneur en sucre interverti n'excède pas une certaine limite. Si, par exemple, le sirop contient 6 pour 100 de sucre interverti, l'erreur par défaut commise sur la saccharose sera $6 \times 0,33 = 1,98$ pour 100.

(1) Voir *Moniteur scientifique*, juin 1889, p. 681.

Par conséquent, toutes les fois que le sirop soumis à l'analyse contiendra une forte proportion de sucre interverti dont le pouvoir rotatoire n'est pas déterminé, nous recommanderons de rejeter totalement les méthodes optiques et d'adopter la méthode par pesée.

Nous donnons au paragraphe I une modification nouvelle de cette méthode qui présente alors les plus grandes facilités d'exécution.

Il n'en est pas de même lorsqu'il s'agit de la maltose ou de la raffinose. Le pouvoir rotatoire de la maltose qui, dans les articles commerciaux, représente une variation correspondant à 40-60 pour 100 de sucre, est altéré par les conditions où l'on opère l'interversion des sirops de sucre dans la méthode gravimétrique; et, comme il nous est impossible de déterminer exactement la proportion de maltose, nous ne pouvons en aucun cas appliquer cette méthode au dosage de la saccharose et au calcul du coefficient de pureté.

Bien au contraire, cette méthode conduirait à de graves erreurs, car un sirop ayant un coefficient de pureté supérieur à 70 ne donnerait plus, après incorporation d'une certaine quantité de maltose, qu'un coefficient bien inférieur à ce chiffre.

Dans ce cas, et toutes les fois que la maltose se trouve en quantité appréciable, on ne peut plus faire aucune hypothèse sur l'influence de la rotation gauche produite par le sucre interverti, le pouvoir rotatoire dextrogyre de la maltose étant bien supérieur à celui de tous les autres sucres présents.

Pour éviter les causes d'erreurs qui résulteraient de l'addition de maltose à un sirop dont le coefficient de pureté est supérieur à 70, il est préférable de calculer la saccharose en combinant la polarisation et la détermination directe du sucre interverti total. Cette méthode est décrite au paragraphe II. Si le sirop contient de la raffinose, toutes les méthodes autres que celle décrite au paragraphe III doivent être rejetées.

I. — Cas où l'on n'a pas à tenir compte de la maltose.

L'analyse des sirops qui ne contiennent pas de maltose se présente très fréquemment, l'addition de maltose n'étant pas le fait des industriels, mais bien celui des commerçants. Une seule opération suffit, dans ce cas, à la détermination du sucre total.

On pèse une quantité de sirop égale à la moitié du poids normal (13,024 grammes) qu'on place dans une fiole de 100 centimètres cubes et qu'on dissout dans 75 centimètres cubes d'eau. On ajoute 5 centimètres cubes d'acide chlorhydrique à 38,8 pour 100 d'HCl et l'on chauffe au bain-marie à 67-70° C.

Lorsque le contenu de la fiole a atteint cette température, on chauffe environ cinq minutes sans dépasser 70° C. et en agitant fréquemment. Si la première période de chauffe a exigé deux minutes et demie à cinq minutes, l'opération dans son ensemble durera de sept minutes et demie à dix minutes.

On complète alors à 100 centimètres cubes et, après agitation, on prélève 50 centimètres cubes de cette solution que l'on étend à un litre. Au moyen d'une pipette, on verse 25 centimètres cubes de cette nouvelle solution dans une fiole et on ajoute 25 centimètres cubes d'une solution de carbonate de soude (170 grammes de sel anhydre par litre) de façon à neutraliser l'acide libre. On ajoute alors 50 centimètres cubes de liqueur de Soxhlet et on chauffe à l'ébullition, comme pour le dosage du sucre interverti, en ayant soin de maintenir le liquide en ébullition pendant trois minutes. Dans le cas où toute la saccharose est intervertie et, par conséquent, incapable de fausser les résultats, la durée de l'ébullition a moins d'importance. Les expériences de Soxhlet montrent qu'une différence de deux ou trois minutes n'influe pas d'une façon sérieuse sur les chiffres obtenus. On ajoute alors au liquide un égal volume d'eau qu'on a eu soin de faire bouillir au préalable afin d'en chasser tout l'air, et on continue l'analyse comme dans le dosage du sucre interverti.

Les tables publiées jusqu'ici pour le calcul du sucre ne peuvent être employées dans le cas actuel, car elles sont relatives à la glucose où à un mélange de sucre interverti et de saccharose. La table que nous donnons ci-après a été calculée pour le sucre interverti. Elle permet au chimiste de calculer le sucre correspondant au poids de cuivre obtenu.

Exemple. — 25 centimètres cubes de la solution, c'est-à-dire 0 gr. 1628 de substance ont donné 0 gr. 1628 de cuivre qui correspondent à 0 gr. 082 de sucre. Le sirop contenait donc 50,4 pour 100 de sucre.

En supposant que le degré Brix de ce sirop soit 80°, son coefficient de pureté sera 63. Ce coefficient n'est calculé qu'au dixième, les centièmes du degré Brix ne provenant que d'un dixième additionnel, tandis qu'on n'en tient pas compte dans le coefficient de pureté. Ainsi 82°,85 Brix doivent être lus 82°,9, tandis qu'un coefficient de pureté de 69,99 sera lu 69,9 et non pas 70.

Table donnant le poids de saccharose correspondant au poids de cuivre métallique obtenu (durée de l'ébullition : 3 minutes)

SUCRE.	CUIVRE.	SUCRE.	CUIVRE.	SUCRE.	CUIVRE.	SUCRE.	CUIVRE.
milligr.	milligr.	milligr.	milligr.	milligr.	milligr.	milligr.	milligr.
40	79,0	73	145,2	106	208,6	139	269,1
41	81,0	74	147,1	107	210,5	140	270,9
42	83,0	75	149,1	108	212,3	141	272,7
43	85,2	76	151,0	109	214,2	142	274,5
44	87,2	77	153,0	110	216,1	143	276,3
45	89,2	78	155,0	111	217,9	144	278,1
46	91,2	79	156,9	112	219,8	145	279,9
47	93,3	80	158,9	113	221,6	146	281,6
48	95,3	81	160,8	114	223,5	147	283,4
49	97,3	82	162,8	115	225,3	148	285,2
50	99,3	83	164,7	116	227,2	149	286,9
51	101,3	84	166,6	117	229,0	150	288,8
52	103,3	85	168,6	118	230,9	151	290,5
53	105,3	86	170,5	119	232,8	152	292,3
54	107,3	87	172,4	120	234,6	153	294,0
55	109,4	88	174,3	121	236,4	154	295,7
56	111,4	89	176,3	122	238,3	155	297,5
57	113,4	90	178,2	123	240,2	156	299,2
58	115,4	91	180,1	124	242,0	157	300,9
59	117,4	92	182,0	125	243,7	158	302,6
60	119,5	93	183,9	126	245,7	159	304,4
61	121,5	94	185,8	127	247,5	160	306,1
62	123,5	95	187,8	128	249,3	161	307,8
63	125,4	96	189,7	129	251,2	162	309,5
64	127,4	97	191,6	130	252,9	163	311,3
65	129,4	98	193,5	131	254,7	164	313,0
66	131,4	99	195,4	132	256,5	165	314,7
67	133,4	100	197,3	133	258,3	166	316,4
68	135,3	101	199,2	134	260,1	167	318,1
69	137,3	102	201,1	135	261,9	168	319,9
70	139,3	103	202,9	136	263,7	169	321,6
71	141,3	104	204,8	137	265,5	170	323,3
72	143,2	105	206,7	138	267,5		

II. — Le sirop analysé peut contenir de la maltose.

Dans ce cas, on doit faire au préalable une polarisation directe. Si le coefficient de pureté trouvé est supérieur à 70, il est inutile de poursuivre l'examen de la substance, cet examen ne pouvant tendre qu'à élever la valeur du coefficient sans jamais la diminuer.

Si le coefficient est inférieur à 70, la présence de la maltose devient possible. Pour la rechercher, on intervertit le sirop comme au § I et on complète jusqu'au trait de jauge. On décolore la solution en employant 0,5 à 1 gramme de noir animal lavé préalablement à l'acide chlorhydrique. On peut également faire usage de charbon de sang.

Dans le cas de sirops épais, la quantité de charbon employée est portée à 2 ou 3 grammes. Lorsque l'on emploie le charbon de sang, il est nécessaire de déterminer auparavant son pouvoir absorbant pour le sucre interverti, et, si la rotation gauche doit être déterminée exactement, il faudra effectuer une correction sur la lecture saccharimétrique. Dans le cas présent, il suffira de déterminer approximativement cette rotation à 20° environ.

L'expérience a montré que les sirops non falsifiés ne donnent pas toujours une rotation gauche correspondant aux 33 centièmes de la rotation droite primitive; mais, dans tous les cas, elle est toujours supérieure au cinquième de la rotation primitive. Un sirop ayant donné 55 à la polarisation directe donnera toujours au moins — 11 après interversion, ces chiffres étant calculés pour le poids normal. Si la seconde lecture est égale ou inférieure à — 10, ou bien même si la solution dévie à droite, on devra en conclure que le sirop a été additionné de maltose.

Si l'absence de maltose a été reconnue par cette expérience, le sirop peut être analysé suivant e § I.

Si, au contraire, l'échantillon contient de la maltose, on déterminera la saccharose totale en ajoutant au résultat fourni par la polarisation directe le sucre interverti dosé par la liqueur de Fehling. Dans ce procédé, on fait usage de la liqueur de Fehling d'après la méthode de Soxhlet; mais comme la quantité de liqueur employée par cet auteur ne suffirait pas pour 10 grammes de substance, il est nécessaire de déterminer par une expérience préalable la quantité de sirop qui doit être soumise à l'essai. On arrive facilement à ce but en étendant 10 grammes de sirop à 100 centimètres cubes. Puis on place 5 centimètres cubes de liqueur de Fehling dans un certain nombre de tubes à essais et on ajoute successivement dans chacun d'eux 8, 6, 4 et 2 centimètres cubes de solution sucrée.

En portant à l'ébullition, on recherche le point pour lequel la liqueur de Fehling n'est plus décolorée. Si ce point correspond à 6 centimètres cubes par exemple, on pèse 6 grammes de sirop, on les dissout dans 50 centimètres cubes d'eau et on ajoute 50 centimètres cubes de liqueur de Fehling. Le tout est porté à l'ébullition pendant deux minutes et on continue l'analyse comme dans le dosage du sucre interverti.

Le sucre interverti est calculé d'après la table de Meissl. Les données suivantes sont relatives à l'emploi de ces tables.

Posons :

I. $\frac{Cu}{2} = Z$. Quantité absolue de sucre interverti (calculée approximativement);

II. $Z \times \frac{100}{p} = y$. Quantité pour 100 de sucre interverti (calculée approximativement);

III. $$\frac{100\,Pol.}{Pol. + y} = R.$$ Saccharose;

$100 - R = I$. Sucre interverti;

IV. $\frac{Cu}{p} \times F =$ Teneur exacte pour 100 en sucre interverti.

Dans ces formules, Cu représente le poids de cuivre dosé, p la quantité de substance soumise l'analyse, Pol. la polarisation; dans la table suivante, les valeurs de Z et de $\frac{R}{Z}$ facilitent les lectures de la colonne verticale et de la colonne horizontale.

Pour l'emploi de ces tables, il suffira de choisir les valeurs de R et de $\frac{R}{Z}$ se rapprochant le plus exactement possible des valeurs trouvées, et de suivre les colonnes correspondantes. L'intersection des deux colonnes donnera la valeur de F.

Facteurs permettant de déterminer le sucre interverti en présence de la saccharose.

R : Z	Z = MILLIGRAMMES DE SUCRE INTERVERTI.								
	245	225	200	175	150	125	100	75	50
90 : 10	56,2	55,1	54,1	53,6	53,1	52,6	52,1	51,6	51,2
91 : 9	56,2	55,1	54,1	53,6	52,6	52,1	51,6	51,2	50,7
92 : 8	56,2	54,6	53,6	53,1	52,1	51,6	51,2	50,7	50,3
93 : 7	55,7	54,1	53,6	53,1	52,1	51,2	50,7	50,3	49,8
94 : 6	55,7	54,1	53,1	52,6	51,6	50,7	50,3	49,8	48,9
95 : 5	55,7	53,6	52,6	52,1	51,2	50,3	49,4	48,9	48,5
96 : 4	»	»	52,1	52,2	50,7	49,8	48,9	47,7	46,9
97 : 3	»	»	50,7	50,3	49,8	48,9	47,7	46,2	45,1
98 : 2	»	»	49,9	48,9	48,5	47,3	45,8	43,3	40,0
99 : 1	»	»	47,7	47,3	46,5	45,1	43,3	41,2	38,1

Exemple. — La polarisation a donné 86,4. Le poids de la substance étant $p = 3,256$ grammes, on a obtenu un poids de cuivre Cu = 0 gr. 290.

On a donc :

I. $$\frac{Cu}{2} = \frac{0,290}{2} = 0,145 = Z;$$

II. $$Z \times \frac{100}{p} = 0,145 \times \frac{100}{3,256} = 4,45 = y;$$

III. $$\frac{100 \times \text{Pol.}}{\text{Pol.} + y} = \frac{8640}{86,4 \times 4,45} = 95,1 = R;$$

$$100 - R = 100 - 95,1 = 4,9 = Z;$$

$$\frac{R}{Z} = \frac{95,1}{4,9.}$$

En nous reportant à la table précédente, nous voyons que la colonne 150 se rapproche le plus de Z = 145 et que la colonne 95 : 5 se rapproche le plus de 95,1 : 4,9. A l'intersection de ces deux colonnes, nous trouvons pour F la valeur 51,2. En portant ce facteur dans la dernière équation, nous avons :

IV. $$\frac{Cu}{p} \times F = \frac{0,290}{3,256} \times 51,2 = 4,56 \text{ pour 100 de sucre interverti.}$$

Pour convertir ce sucre en saccharose nous retranchons un vingtième :

$$4,56 - 0,23 = 4,33.$$

Il suffit d'ajouter ce nombre au chiffre fourni par la polarisation directe et d'en déduire le coefficient de pureté et le degré Brix.

III. — Cas ou il faut tenir compte de la raffinose.

Dans ce cas, on doit procéder de la manière suivante : on détermine la valeur de la polarisation directe et celle de la polarisation indirecte, les deux expériences devant être faites exactement à 20° C.

Pour l'interversion, on devra prendre les précautions déjà indiquées aux paragraphes I et II. On dissout la moitié du poids normal dans une fiole jaugée de 100 centimètres cubes au moyen de 75 centimètres cubes d'eau. On ajoute 5 centimètres cubes d'acide chlorhydrique (38,8 pour 100 d'HCl) et l'on chauffe à 60-70° pendant 7 à 10 minutes. Après avoir complété le volume jusqu'au trait de jauge et avoir clarifié la liqueur avec du noir animal lavé, on fait la lecture saccharimétrique à la température de 20° C. exactement. Les résultats sont calculés au moyen de la formule suivante :

$$Z \text{ (sucre)} = \frac{0,3188 \ (P - J)}{0,845}$$

$$R \text{ (raffinose)} = \frac{P - Z}{1,85}$$

dans laquelle P est la valeur de la polarisation directe et J la valeur absolue de la polarisation indirecte pour le poids normal (le signe — correspondant à la rotation gauche).

Le sucre interverti est déterminé comme dans les autres sirops. Si la méthode décrite au modèle A indique que la teneur en sucre interverti ne dépasse pas 2 pour 100, on peut ne pas en tenir compte dans la suite. Si la teneur en sucre interverti est égale ou supérieure à 2 pour 100, cette substance doit être déterminée quantitativement par la méthode de Meissl, décrite au paragraphe II et calculée en saccharose.

En faisant usage de la table, on devra donc considérer la raffinose comme sucrose et lui attribuer la valeur calculée par Meissl. La polarisation est par conséquent la somme des deux polarisations dues à la saccharose et à la raffinose. Le coefficient de pureté sera calculé d'après le degré Brix et d'après le sucre total (c'est-à-dire saccharose + sucre interverti calculé en saccharose) sans tenir compte de la raffinose.

Exemple. — L'essai d'un sirop a donné 85°,6 Brix. La lecture saccharimétrique directe est 76,6; après interversion elle est 3. En introduisant ces valeurs dans les formules précédentes, nous trouvons 50,5 pour 100 de saccharose et 14 pour 100 de raffinose. Si d'autre part on a trouvé 2,1 pour 100 de saccharose correspondant au sucre interverti, la saccharose totale sera 52,6 et le coefficient de pureté 61,4.

L'examen, au point de vue de la raffinose, d'un sirop de sucre pur additionné d'une petite quantité de maltose peut conduire à des erreurs de résultats tout à fait grossières en employant la méthode précédente; on trouverait dans ce cas un chiffre trop faible pour la saccharose et une proportion considérable de raffinose correspondant à la quantité de maltose ajoutée.

L'application de cette méthode à l'examen des sirops que l'on suppose contenir de la raffinose n'est donc possible que si la substance est absolument exempte de maltose. Si l'on a reconnu la présence de ce sucre, la seule méthode applicable est celle décrite au paragraphe II.

Le dosage de la maltose ne peut être effectué d'une façon exacte par la méthode II pour les sirops en général, car les sirops contenant de la raffinose donnent une polarisation indirecte tout à fait différente.

Si donc l'on suppose que la substance à essayer contient de la raffinose, il est préférable d'employer la méthode du paragraphe III et d'en déduire à la fois la saccharose et la raffinose. La différence entre la déviation observée et la déviation calculée ne doit pas excéder $+ 5^o$; dans le cas contraire, on peut affirmer que la substance contient de la maltose et la formule relative à la raffinose n'est plus applicable. Il faut alors avoir recours à la méthode du paragraphe II.

IV. — Examen des sucres au point de vue de leur teneur en raffinose.

La méthode employée pour l'examen des sirops contenant de la raffinose peut être appliquée également aux sucres. La polarisation directe est effectuée à la façon ordinaire; la polarisation indirecte, après interversion de la moitié du poids normal, est effectuée exactement comme pour les sirops (paragraphe III). Enfin les teneurs en saccharose et raffinose sont calculées par les formules données au même paragraphe. De nombreuses expériences ont montré que cette méthode fournit des résultats satisfaisants. Voici quelques résultats relatifs à un mélange de saccharose et de raffinose :

Mélange.		La méthode a donné :	
Saccharose pour 100.	Raffinose. pour 100.	Saccharose pour 100.	Raffinose pour 100.
97,00	3,00	97,02	2,98
91,00	9,00	90,99	8,95
85,70	15,00	85,00	14,07

Bien que, sans doute, cette méthode présente des garanties sérieuses d'exactitude, son emploi récent nous oblige à admettre une limite pour les erreurs d'expérience. Une variation de 0,6 entre la quantité de saccharose calculée au moyen de la formule relative à la raffinose et celle déterminée directement par la polarisation constitue cette limite. En supposant par exemple que la quantité de saccharose trouvée par la polarisation directe soit 92,6 et celle calculée par la formule 92 pour 100, nous pouvons supposer que cette différence est due à des erreurs imputables à la méthode. Dans le cas actuel, la teneur en raffinose serait considérée comme nulle et le dosage de la saccharose serait effectué par la polarisation directe. Or, si la formule nous a donné 91,9 pour 100 de saccharose, tandis que la polarisation directe en donne 92,6 pour 100, il est évident que la présence de la raffinose ne peut être mise en doute. Pour éviter les erreurs provenant d'une variation supérieure à 0,6, il est utile de contrôler le premier résultat par une seconde détermination toutes les fois que la différence est inférieure à 1 pour 100; de ce contrôle on pourra conclure à la présence ou à l'absence de raffinose.

Cette restriction relative aux erreurs dont la méthode est susceptible n'infirme en rien l'utilité de la méthode elle-même; la quantité maxima de raffinose constatée jusqu'ici dans les sucres riches correspond en effet à 0,6 pour 100 de saccharose. Nous ne possédons encore aucune méthode pour déterminer de plus petites quantités de raffinose et nous pouvons par conséquent ne pas en tenir compte.

La méthode de Scheibler pour le dosage de petites quantités de raffinose suppose que le poids des matières organiques autres que le sucre est égal au poids des cendres. Cette méthode n'est pas exacte, car nous ne connaissons pas l'excès de poids des matières organiques sur le poids des cendres. Du reste, la méthode peut être appliquée avec succès lorsque le résultat trouvé par la formule diffère très peu de celui qu'a fourni la polarisation. En fait, elle est applicable toutes les fois que cette différence n'excède pas 1 pour 100 de saccharose. Dans ce cas, l'expérience montrera facilement si l'échantillon contient de la raffinose ou bien si la différence est causée par des erreurs de méthode.

La méthode consiste à effectuer la polarisation, puis à déterminer l'humidité et les cendres. Le poids de matières organiques autres que le sucre étant pris égal au poids des cendres, on additionne ces quatre résultats. Toutes les fois que la substance contiendra de la raffinose, la somme sera supérieure à 100; si le résultat est inférieur à 100, on peut conclure à l'absence de raffinose. Dans le premier cas, la teneur en raffinose est calculée de la façon suivante :

On retranche de 100 le poids de l'eau et deux fois le poids des cendres. Le résultat représente la saccharose, plus la raffinose anhydre. Si nous désignons par a cette somme, par p la valeur de la polarisation directe, par x et y les teneurs en saccharose et en raffinose, nous avons :

$$x + 1,85\,y = p$$

$$x + y = a$$

$$x \text{ (saccharose pour 100)} = \frac{1,85\,a - p}{0,85}$$

$$y \text{ (raffinose pour 100)} = \frac{a - 1,85\,(a - p)}{0,85}$$

L'erreur ne doit pas dépasser 0,3 pour que la méthode soit applicable, c'est-à-dire que la somme obtenue en ajoutant la valeur de la polarisation, l'humidité et deux fois le poids de cendres, ne doit pas excéder 100,3.

Dans le cas contraire, les résultats ne seraient qu'incertains, étant donné qu'une erreur de 0,2 est parfaitement possible sur la lecture saccharimétrique directe.

L'exemple suivant montrera qu'une erreur de 0,3 ne détermine pas une variation supérieure à 0,6 pour 100 de sucre.

Un sucre a donné 99,7 au saccharimètre; il contient 0,4 pour 100 d'eau et 0,1 pour 100 de cendres.

Nous avons donc : $99,7 + 0,4 + 2 \times 0,1 = 100,3$

et d'autre part : $100,00 - 0,4 - 0,2 = 99,4 = a$;

tandis que : $p = 99,7$.

On en déduit : x (saccharose) $= 99,05$, ou pratiquement 90,1,
y (raffinose) $= 0,3$.

Il est évident que l'excès de 0,3 trouvé par la polarisation et qui constitue la limite d'erreur admise, correspond exactement à la différence entre le sucre réel et la lecture saccharimétrique, cette différence ayant été prise précisément comme limite dans la méthode indirecte où la raffinose est donnée par le calcul. Le contrôle est inutile lorsque la différence entre le sucre réel et la lecture saccharimétrique est égale ou supérieure à 1 pour 100. Fréquemment le chiffre fourni par la formule relative à la raffinose est adopté, même si le contrôle a donné un résultat négatif. Lorsque la méthode de Scheibler donne un résultat négatif avec un sucre pour lequel la variation est inférieure à 1 pour 100, on peut conclure à l'absence de raffinose. Cependant, si le contrôle laisse quelque doute, c'est-à-dire si la somme des trois éléments est comprise entre 100 et 100,3, ou bien encore si l'on a constaté la présence de la raffinose, les résultats obtenus par la méthode indirecte devront toujours être contrôlés par de nouveaux essais jusqu'à ce que la différence entre le sucre trouvé et la lecture saccharimétrique soit inférieure à 0,6 pour 100. Si cette différence est égale ou inférieure à 0,6, on en conclura qu'il est impossible de doser la raffinose. En calculant le résultat final, on remplacera les centièmes par un dixième additionnel. On remplacera, par exemple, 97,01 par 97,1.

MODÈLE B. — *Instruction officielle sur l'essai des chocolats, sucres candis et liqueurs, au point de vue de leur teneur en sucre.*

A. — L'analyse des chocolats, fruits confits et liqueurs doit être précédée d'un essai en vue de rechercher la maltose ou le miel.

B. — La détermination du sucre se fait au moyen du saccharimètre Soleil-Ventzke. L'instruction relative à l'emploi de cet appareil se trouve au modèle C du *Bulletin officiel* publié en appendice au tarif des droits sur les sucres le 9 juillet 1887.

La graduation Ventzke est telle qu'une solution sucrée contenant 26 gr. 048 de sucre pour 100 centimètres cubes de liquide, et placée dans un tube de 200 millimètres donne au saccharimètre le degré 100.

Lorsqu'on dissout dans 100 centimètres cubes d'eau 26 gr. 048 de la substance à essayer et qu'on polarise dans un tube de 200 millimètres, le nombre de degrés lu sur l'échelle donne donc le poids de sucre contenu dans 100 parties en poids de la substance.

L'indication sera la même si l'on a dissous 13 gr. 024 (moitié du poids normal) dans 50 centimètres cubes d'eau. Si ce même poids de substance est dissous dans 100 centimètres cubes, la lecture du saccharimètre devra être doublée. Enfin si l'on dissout un poids p de substance dans 100 centimètres cubes d'eau et si l'on polarise la solution dans un tube de 200 millimètres, le nombre a de degrés lu sur l'échelle, multiplié par 0,26048 donnera en grammes le poids de sucre contenu dans 100 centimètres cubes de la solution et la formule :

$$\frac{26,048 \times a}{p}$$

donnera le pour 100 de sucre de la substance analysée.

Toutes les fois que la substance à essayer ne contient pas d'autres corps actifs à la lumière polarisée, la lecture saccharimétrique donnera directement des résultats exacts. Dans le cas contraire, c'est-à-dire si l'échantillon contient des substances telles que glucose, sucre interverti, maltose, dextrine, matières pectiques, l'exactitude de la méthode saccharimétrique devient incertaine et on ne peut compter sur de bons résultats que dans un petit nombre de cas que nous examinerons ultérieurement.

Au sujet de la préparation des solutions sucrées, nous devons faire les remarques suivantes :

Les substances constituées presque exclusivement par du sucre et qui ne laissent qu'un faible résidu insoluble dans l'eau peuvent être pesées dans une capsule et dissoutes directement dans la fiole jaugée.

Si, au contraire, la substance contient une forte proportion de résidu insoluble, ce dernier ne doit dans aucun cas être versé dans la fiole jaugée, car alors le volume de la solution sucrée proprement dite ne serait plus exactement égal à 100 centimètres cubes. Il est donc nécessaire de séparer le résidu par filtration et de le laver avec soin. En général, la solution sucrée n'est pas absolument limpide et il est bon de la clarifier au préalable.

Voici les réactifs que l'on emploie à cet usage :

1. *Acétate de plomb.* — On ajoute 1 à 10 centimètres cubes de ce réactif à la solution et on filtre au bout de 15 à 30 minutes.

2. *Acétate de plomb* avec addition *d'alun ou de sulfate d'alumine.* — Le sulfate de plomb ainsi formé entraîne avec lui les matières étrangères.

3. *Hydrate d'alumine.* — On l'emploie sous forme de gelée assez fluide dont on ajoute quelques centimètres cubes à la solution. On filtre après avoir agité.

4. *Tannin.* — Destiné à précipiter les matières albuminoïdes. Il faut au préalable avoir soin de l'examiner au point de vue de son action sur la lumière polarisée.

5. *Sang calciné ou noir animal.* — Pour précipiter les matières colorantes, il suffit d'ajouter à la solution 0 gr. 5 à 1 gramme de ces substances.

Dans certains cas, la clarification présente des difficultés et il sera bon en général de rechercher par une expérience préliminaire les réactifs que l'on emploiera avec le plus de succès. Pour les dissolutions de sucre candi, nous recommandons tout spécialement l'emploi de l'hydrate d'alumine.

Lorsque la substance contient du sucre interverti — et c'est le cas le plus fréquent — les résultats fournis directement par la polarisation seront trop faibles, en raison du pouvoir rotatoire gauche de ce sucre. Dans ce cas, la méthode d'interversion de Clerget est la seule qu'on doive employer pour avoir la teneur exacte en saccharose. Voici comment on opère :

On dissout 26 gr. 048 de la substance dans une fiole jaugée et on amène le volume à 100 centimètres cubes; 50 centimètres cubes de cette solution sont versés au moyen d'une pipette dans une fiole de 50 ou 55 centimètres cubes. Après clarification, on polarise en ayant soin de faire la correction relative aux 5 centimètres cubes supplémentaires. On rince la pipette et on verse les eaux de lavage dans la fiole de 100 centimètres cubes qui contient encore 50 centimètres cubes de la solution primitive, soit 13 gr. 024 de substance. On ajoute 5 centimètres cubes d'acide chlorhydrique concentré à 38 pour 100 d'HCl (densité = 1,88 à 10° C.) et l'on chauffe la fiole au bain-marie pendant 15 minutes à la température de 67-70° C. Il faut éviter de dépasser cette limite de température. On refroidit alors rapidement la fiole et on complète à 100 centimètres cubes. Si la liqueur est colorée, on l'agite avec 0,5 à 1 gramme de noir animal et on jette la solution sur un double filtre. Il suffit alors de polariser cette solution dans un tube de 200 millimètres muni d'un thermomètre. Cette précaution est indispensable, le pouvoir rotatoire du sucre interverti variant très sensiblement avec la température. La lecture doit être faite entre 18 et 22° C. et la température notée avec soin. Cette lecture sera multipliée par 2, le volume de la solution ayant été doublé.

Pour calculer la quantité R de sucre pour 100, on additionne les deux lectures; la somme S est multipliée par 100 et divisée par $142,4 - \frac{1}{2} t$.

Dans cette formule, t représente la température à laquelle la lecture a été faite. Si la température est exactement 20° C., on obtiendra un résultat plus exact en substituant à 142,4 le facteur 142,66. Ainsi :

$$R = \frac{100 \text{ S}}{142,66 - \frac{20}{2}} = \frac{100 \text{ S}}{132,66} = 0,7538 \text{ S}.$$

Si la proportion de sucre interverti est très grande, la lecture directe et la lecture indirecte doivent être faites à la même température.

I. — Chocolats.

On pèse dans une capsule d'argent 13 gr. 024 de chocolat râpé. On humecte avec de l'alcool, au besoin avec un peu d'eau pour aider la dissolution, on ajoute 30 centimètres cubes d'eau et on chauffe au bain-marie pendant 10 à 15 minutes. On filtre la solution chaude dans une fiole de 100-110 centimètres cubes en ayant soin d'employer un filtre à plis; il n'est pas indispensable en effet d'avoir une liqueur parfaitement limpide. On lave le résidu à l'eau chaude jusqu'à ce que la solution occupe à peu près 100 centimètres cubes. On ajoute alors 5 centimètres cubes d'acétate de plomb et, après un repos d'un quart d'heure, on ajoute quelques gouttes d'une solution d'alun et un peu d'hydrate d'alumine. On complète à 110 centimètres cubes et, après agitation, on filtre sur un filtre à plis. La filtration se fera plus aisément si l'on a soin d'humecter légèrement le filtre au préalable. Dans ce cas, on devra rejeter les 25 premiers centimètres cubes de la liqueur filtrée. Le résultat de la polarisation, augmenté d'un dixième, sera ensuite doublé.

II. — Sucres candis et bonbons.

a) *Dragées* (graines ou amandes recouvertes de sucre et de farine). — On place dans un verre 26 gr. 048 de dragées que l'on recouvre de 40 à 50 centimètres cubes d'eau. On laisse digérer le tout en agitant fréquemment jusqu'à ce que tout le sucre soit dissous. Si la liqueur a une réaction acide, il suffit d'y ajouter un peu de carbonate de chaux précipité ou quelques gouttes d'ammoniaque. Les morceaux d'amandes sont alors séparés par filtration sur toile et les eaux de filtration sont recueillies dans une fiole de 100-110 centimètres cubes. Le résidu est lavé à l'eau froide jusqu'à ce que les eaux de lavage occupent à peu près 100 centimètres cubes. On ajoute un peu d'hydrate d'alumine pour clarifier la liqueur, on complète à 110 centimètres cubes avec de l'eau et l'on ajoute environ 0 gr. 05 de noir animal si le liquide est coloré. On laisse digérer pendant une demi-heure en agitant fréquemment. La solution est finalement filtrée sur un filtre à plis parfaitement sec.

La détermination du sucre interverti aura été faite au préalable par la liqueur de Fehling. Les dragées en contiennent presque toujours.

b) *Bonbons ordinaires* (sucre de canne additionné d'une matière colorante et parfumé au moyen d'éthers de la série grasse). — On dissout 26 gr. 048 de l'échantillon dans l'eau, on complète à 100 centimètres cubes et, si cela est nécessaire, on décolore avec du noir animal. Le sucre interverti doit être déterminé au préalable et on en tient compte dans la suite de l'analyse.

c) *Pastilles à la santonine* (sucre de canne et santonine avec un agglutinant tel que le blanc d'œuf). — On dissout 13 gr. 024 de pastilles dans une fiole jaugée de 100 centimètres cubes. La santonine reste insoluble. On ajoute 5 centimètres cubes d'acétate de plomb et quelques gouttes d'une solution d'alun. On laisse digérer en agitant à plusieurs reprises, on complète à 100 centimètres cubes et on filtre.

d) *Bonbons fins* (fondants, pralines, chocolats, composés d'une enveloppe de sucre de canne ou de sucre interverti renfermant des confitures, fruits, etc.). — On traite 13 gr. 024 de l'échantillon par l'eau et quelques gouttes d'ammoniaque jusqu'à complète dissolution. Si le résidu est très faible, on peut verser immédiatement le tout dans une fiole de 100 centimètres cubes. Dans le cas contraire, la solution doit être filtrée. On intervertit la moitié du liquide. L'autre moitié est polarisée directement, après avoir subi une clarification au moyen d'hydrate d'alumine dans une fiole de 50-55 centimètres cubes.

e) *Nougats* (sucre de canne et amandes pilées). — On triture 13 gr. 024 de nougat dans un mortier de porcelaine avec de l'eau froide, puis on verse le tout dans une fiole, on ajoute 50 centimètres cubes d'eau et environ 50 centimètres cubes d'alumine en gelée. On agite avec soin et on filtre dans une fiole de 200 centimètres cubes. Le résidu est lavé sur le filtre même jusqu'à ce que le volume de la solution atteigne 200 centimètres cubes. Comme ce produit ne contient pas de sucre interverti, la solution peut être polarisée directement dans un tube de 200 millimètres; il suffira de multiplier par 4 la lecture faite au saccharimètre.

f) ***Gâteaux et pâtisseries sucrées.*** — On commence par pulvériser aussi bien que possible l'échantillon soumis à l'analyse. On pèse 26 gr. 048 de substance qu'on mélange dans une fiole avec environ 75 centimètres cubes d'alcool à 85-90 pour 100. On laisse digérer dans un endroit chaud pendant une demi-heure. On filtre sur une toile fine et on lave plusieurs fois le résidu avec de l'alcool. La liqueur filtrée est recueillie dans une capsule de porcelaine et chauffée au bain-marie jusqu'à élimination complète de l'alcool. On ajoute alors 0 gr. 5 de noir animal et on filtre dans une fiole de 100 centimètres cubes; 50 centimètres cubes de cette solution servent à l'interversion, le reste est polarisé directement.

g) ***Fruits glacés et fruits confits*** (marmelades, compotes, gelées). — Ces produits contiennent toujours une forte proportion de sucre interverti et de matières pectiques. Les solutions aqueuses de pectose sont sans action sur la lumière polarisée. Si la substance est solide, la prise d'échantillon se fait en broyant finement le produit ou bien en le coupant en menus morceaux. On pèse 13 gr. 024 de cet échantillon auquel on ajoute 30 à 50 centimètres cubes d'eau et quelques gouttes d'ammoniaque, de façon à neutraliser les acides organiques libres, puis on laisse reposer quelques heures. On filtre alors sur toile dans une fiole de 100 ou 200 centimètres cubes. Le résidu est lavé plusieurs fois à l'eau chaude. On ajoute à la solution filtrée environ 10 centimètres cubes d'hydrate d'alumine et 0 gr. 5 de noir animal. On agite et on complète jusqu'au trait de jauge. La solution filtrée de nouveau est polarisée suivant la méthode de Clerget.

Les gelées et marmelades de fruits sont analysées de la même manière.

Pour les articles mentionnés au paragraphe *g*), la formule :

$$R = \frac{100\ S}{142{,}4 - \frac{1}{2}\, t}$$

ne donne que la saccharose contenue dans l'échantillon au moment même de l'analyse. Mais il faut tenir compte de ce fait que les acides contenus dans les fruits ont déterminé l'interversion d'une forte proportion de la saccharose existant dans le produit original.

La teneur réelle en sucre de canne, qui est prise comme base pour la taxe douanière, peut être calculée en polarisant la solution intervertie. Si la lecture saccharimétrique est rapportée à une solution de 26 gr. 048 dans 100 centimètres cubes et polarisée dans un tube de 200 millimètres, la teneur réelle en saccharose sera fournie par les relations suivantes, en désignant par B la formule établie plus haut :

Une solution de 26 gr. 048 de sucre de canne dans 100 centimètres cubes d'eau possède, après interversion et à la température t, un pouvoir rotatoire égal à :

$$42{,}4 - \frac{1}{2}\, t$$

La quantité de saccharose correspondant à la polarisation B sera donnée par la formule :

$$\frac{42{,}4 - \frac{1}{2}\, t}{26{,}048} = \frac{B}{42{,}4 - \frac{1}{2}\, t}$$

et cette quantité de saccharose se trouve contenue dans 26 gr. 048 de la substance analysée. Par conséquent, la teneur originale R en sucre de canne sera donnée par la seconde proportion :

$$\frac{26{,}048}{\dfrac{26{,}048\ B}{42{,}4 - \frac{1}{2}\, t}} = \frac{100}{R}$$

d'où:

$$R = \frac{100\ B}{42{,}66 - 10} = 3{,}062\ B.$$

III. — Liqueurs.

Dans les liqueurs, la quantité de sucre pour 100 est exprimée généralement en grammes par litre. Il faut avant tout rechercher le sucre interverti en diluant dans un tube à essais une petite quantité de la liqueur, puis en ajoutant cinq gouttes de sulfate de cuivre et suffisamment de soude pour avoir une solution bleue parfaitement limpide. Si l'ébullition ne produit aucun précipité, la liqueur ne contient que du sucre de canne ; un précipité jaune ou rouge indique la présence de sucres étrangers.

Les liqueurs qui ne contiennent pas de sucre interverti peuvent être polarisées directement dans un tube de 200 millimètres après décoloration au noir animal si cela est nécessaire. Si le produit est très riche en sucre, il est préférable d'employer un tube de 100 millimètres.

La présence de l'alcool n'a aucune influence sur la lecture saccharimétrique. Les éthers de la série grasse que l'on rencontre dans ces liqueurs ont, il est vrai, une action sur la lumière polarisée. Mais la proportion de ces substances est tellement faible qu'elle n'altère en rien les résultats. Si l'on opère dans un tube de 200 millimètres, la teneur en grammes par litre est donnée par la formule :

$$R = 2{,}6048\ A.$$

Si la liqueur contient du sucre interverti, on doit au préalable éliminer l'alcool qui, on le sait, altère le pouvoir rotatoire de ce sucre.

On mesure 50 centimètres cubes de la liqueur qu'on place dans une capsule de porcelaine. Le volume du liquide est réduit de moitié par une évaporation au bain-marie. Si la liqueur a une réaction acide, on lui ajoute quelques gouttes d'ammoniaque avant de chauffer. On verse alors le contenu de la capsule dans une fiole jaugée et, après rinçage, on complète à 100 centimètres cubes avec de l'eau. La moitié de la solution est polarisée directement, l'autre moitié est polarisée après interversion. Les deux solutions doivent être décolorées au noir animal.

Si l'on appelle :

V, le nombre de centimètres cubes prélevés pour l'analyse,

A, la lecture saccharimétrique relative à la polarisation directe,

B, la lecture saccharimétrique à la polarisation après interversion,

(Ces deux polarisations sont effectuées dans un tube de 200 millimètres.)

t, la température de la solution intervertie au moment de la polarisation ;

La teneur en grammes par litre (R) sera donnée par la formule :

$$R = \frac{26{,}048\,(A - B)}{\left(142{,}4 - \frac{1}{2}t\right)V}.$$

Lorsque la polarisation directe est positive et la polarisation après interversion négative, la différence A — B devient en valeur absolue A + B, si la température est exactement 20° centigrades,

$$R = 196{,}7\,\frac{A + B}{V},$$

ou plus exactement ;

$$R = 196{,}35\,\frac{A + B}{V}.$$

Dans certaines liqueurs, l'addition du jus de fruits détermine l'interversion d'une partie de la saccharose contenue primitivement dans la substance. La teneur réelle du produit original en sucre de canne est alors calculée, d'après la lecture après interversion, exactement comme pour les fruits confits. La formule donnant le nombre R de grammes de sucre par litre, sera alors :

$$R = \frac{26{,}048\ B}{\left(42{,}4 - \frac{1}{2}t\right)V},$$

et si $t = 20°$ centigrades :

$$R = 804\,\frac{B}{V},$$

ou plus exactement

$$R = \frac{26{,}048\ B}{32{,}66\ V} = 797{,}55\,\frac{B}{V}.$$

Modèle C. — *Instruction pour déterminer la valeur d'un sirop de sucre interverti.*

Lorsque le sirop est en barils, on prélève un même volume de liquide dans chacun des barils, de façon à obtenir un échantillon moyen. On mélange toutes les prises d'échantillon et on pèse 250 grammes de sirop dans un verre taré. On dissout avec de l'eau distillée, puis on replace le verre sur le plateau de la balance et l'on ajoute assez d'eau pour amener à 1000 grammes le poids du mélange. Le sirop est donc dilué de 3 fois son poids d'eau. On mélange de nouveau au moyen d'une baguette de verre et l'on verse le tout dans une grande éprouvette. On se sert d'un densimètre spécial pour déterminer le sucre interverti. Cet appareil est analogue à celui de Brix, que l'on emploie pour l'analyse des sirops. Il est gradué à 174° centigrades, et la table suivante donne les corrections à effectuer pour les différentes températures :

CORRECTIONS SOUSTRACTIVES.		CORRECTIONS ADDITIVES.			
Température.	Degrés Brix.	Température.	Degrés Brix.	Température.	Degrés Brix.
degrés centigr.		degrés centigr.		degrés centigr.	
10	0,35	18	0,03	25	0,50
11	0,29	19	0,09	26	0,57
12	0,25	20	0,17	27	0,64
13	0,22	21	0,24	28	0,71
14	0,18	22	0,31	29	0,79
15	0,14	23	0,38	30	0,87
16	0,10	24	0,44		
17	0,04				

On multiplie par 4 la lecture pour avoir la teneur en sucre interverti du sirop non dilué. S'il y a des centièmes, on augmente d'une unité le chiffre des dixièmes.

Exemple. — Le densimètre indique 18,1 pour 100 de sucre interverti à 20° centigrades. On doit donc ajouter 0°,17 à la lecture et multiplier le résultat par 4.

$$18°,1 + 0,17 = 18°,27;$$

$$18°,27 \times 4 = 73,08 \text{ ou } 73,10.$$

On calcule le poids de sucre de canne employé à la préparation du sirop en retranchant un vingtième et en multipliant le résultat par le poids du sirop de sucre interverti.

Marc Merle.

Dosage du sucre dans les betteraves, par M. C. Fischer (*Deutsche Zückerindustrie*, 1892, p. 229).

La méthode employée pour obtenir le jus qu'on polarise a une grande influence. Par exemple, en pressant la pulpe, on a obtenu des résultats inférieurs de 1 à 2 pour 100 à ce que l'on observe en épuisant cette pulpe à l'alcool.

Les écarts sont d'ailleurs variables d'une année à l'autre, ce qui indiquerait que les produits de la vie végétale y sont pour quelque chose; mais le rendement pratique est conforme à ce que l'on tire de l'extraction de la pulpe par l'alcool.

En pressant la pulpe, puis additionnant le jus d'acétate de plomb, la polarisation a donné dans un cas 10,9 pour 100 de sucre, et la pulpe contient encore du sucre en faisant macérer la pulpe avec l'acétate de plomb, puis en la pressant, 13,6 pour 100; en extrayant à l'alcool, 12,7 pour 100.

L'auteur a constaté au contraire une grande concordance entre l'analyse de l'extrait alcoolique et celle de l'extrait aqueux, suivant la méthode de Pellet. On pèse le poids normal de pulpe fine, on la met dans un ballon de 200 avec de l'eau et 10 centimètres cubes d'acétate de plomb. On agite trois quarts d'heure, on remplit jusqu'à 200 centimètres et on examine au tube de 20 centimètres.

ACADÉMIE DES SCIENCES.

Séance du 6 février. — M. le Ministre de l'Instruction publique, des Beaux-Arts et des Cultes adresse ampliation du décret par lequel le Président de la République approuve l'élection de M. le colonel Bassot, dans la section de géographie et navigation, en remplacement de feu M. le vice-amiral Jurien de la Gravière.

— Sur la variation de l'intensité de la gravité terrestre. Note de M. D'ABBADIE.

— Sur la préparation du carbone sous une forte pression. Note de M. H. MOISSAN.

Dans cette note, l'auteur indique un procédé au moyen duquel il aurait obtenu du diamant noir et du diamant blanc. Cette méthode consiste à comprimer fortement du charbon de sucre, puis à l'introduire dans un bain de fonte fondue au four électrique. Le creuset est aussitôt sorti du four, puis trempé dans un seau d'eau. Lorsque la croûte solide de fer qui se forme est au rouge sombre, on retire le tout de l'eau, on laisse refroidir à l'air. Puis on fait subir au produit une série de traitements par l'acide chlorhydrique bouillant pour séparer le fer, puis alternativement par l'acide sulfurique bouillant et l'acide fluorhydrique. Le résidu charbonneux est ensuite soumis à l'action du chlorate de potasse et de l'acide azotique fumant, et enfin on le traite de nouveau par l'acide sulfurique bouillant et l'acide fluorhydrique; on lave le résidu, que l'on verse dans le bromoforme. Il se sépare quelques fragments très petits, plus denses que ce dernier liquide, et qui rayent le rubis et sont complètement brûlés à 1000° dans l'oxygène.

Ces fragments sont les uns noirs, les autres transparents. Le rendement a été tellement faible, que l'on n'a pu réunir les quelques milligrammes de cristaux transparents pour peser l'acide carbonique produit.

Dans une autre série d'expériences, M. Moissan a remplacé la fonte par de l'argent, mais il n'a obtenu que du carbonate (1).

— Sur la reproduction du diamant, par M. FRIEDEL.

M. Friedel, beaucoup moins affirmatif que M. Moissan, fait connaître qu'il a entrepris des expériences sur la reproduction du diamant, par décomposition du sulfure de carbone, et l'action du soufre sur de la fonte riche en carbone en vase clos. Il a obtenu ainsi une poudre noire rayant le corindon. Il met sous les yeux de l'Académie le saphir ainsi rayé; mais comme il n'a pu procéder à l'analyse de son produit, M. Friedel, bien qu'il l'ait traité par l'acide azotique et le chlorate de potasse, et bien que sa propriété de rayer l'alumine cristallisée soit indéniable, n'ose donner ses résultats comme probants de la production du diamant.

— M. BERTHELOT lui-même donne un aperçu des recherches qu'il a faites dans le même sens. Il a isolé un carbone qui résistait à tous les réactifs employés pour dissoudre le carbone pur; mais le corps obtenu n'a pas paru rayer le corindon.

— Sur la pathogénie du diabète; rôle de la dépense et de la production de la glycose dans les déviations de la fonction glycogénique, par MM. A. CHAUVEAU et KAUFMANN.

— MM. Hermite, Faye, Bertrand, Pasteur, A. Mine-Edwards et Charcot sont nommés membres de la Commission chargée de préparer une liste de candidats à la place d'associé étranger, vacante par le décès de M. Owen.

— Sur les progrès de l'art de lever des plans à l'aide de la photographie, en Europe et en Amérique. Note de M. A. LAUSSEDAT.

— Recherche de la proportion d'oxyde de carbone qui peut être contenue dans l'air confiné, à l'aide d'un oiseau employé comme réactif physiologique. Note de M. N. GRÉHANT.

(1) La reproduction du diamant a été déjà tentée par plusieurs chimistes. Gannal avait obtenu par décomposition du sulfure de carbone du diamant en assez gros cristaux; Macter, puis Merden s'en occupèrent aussi. Ce dernier avait obtenu par le procédé à l'argent, non pas simplement des diamants noirs, mais aussi des cristaux octaédriques transparents. Quant à Hannay, on peut dire qu'il est le premier auteur qui ait songé à faire intervenir méthodiquement une énorme pression sur des mélanges d'hydrocarbure et de métal alcalin placés dans des tubes de fer fermés et portés à une haute température. Il obtint ainsi du charbon cristallisé xactement semblable au diamant. (Voir *Moniteur scientifique*, années 1878, p. 1137, et 1881, p. 222.)

— M. Clayenad adresse, à propos d'une communication récente de M. Mercadier, une note « Sur le mouvement vibratoire dans un milieu isotrope ».

— M. H. Merzbach adresse de Bruxelles une note sur une invention de M. Louis Kern, pour neutraliser les effets nuisibles des gaz produits par la carbonisation et le blanchiment dans l'industrie textile.

— M. L. Aubert adresse, par l'entremise de M. Larrey, un mémoire relatif à « La Topographie médicale de Gabès (Tunisie) et de ses environs ».

— MM. Le Testut et Em. Blanc adressent, par l'entremise de M. Bouchard, des observations faites sur la coupe du cadavre congelé d'une femme enceinte, arrivée au sixième mois de la grossesse.

— M. Vallier, nommé membre correspondant pour la section de mécanique, adresse ses remerciements à l'Académie.

— M. Oct. Callandreau prie l'Académie de vouloir bien le comprendre parmi les candidats à la place laissée vacante, dans la section d'astronomie, par le décès de M. Mouchez.

— Sur les propriétés des facules. Réponse à une note de M. G. Hale, par M. H. Deslandres.

— La probabilité de coïncidence entre les phénomènes terrestres et solaires. Note de M. G.-E. Hale.

— Sur une expression explicite de l'intégrale algébrique d'un système hyperelliptique de la forme la plus générale. Note de M. F. de Salvert, présentée par M. Hermite.

— Sur une généralisation des courbes de M. *Bertrand*. Note de M. Alphonse Demoulin, présentée par M. Darboux.

— Sur les surfaces qui admettent un système de lignes de courbures sphériques, et qui ont même représentation sphérique pour leurs lignes de courbure. Note de M. Blutel, présentée par M. Darboux.

— Sur des franges d'interférences semi-circulaires. Note de M. G. Meslin, présentée par M. Mascart.

— Étude des fluorures de chrome. Note de M. C. Poulenc, présentée par M. H. Moissan.

Le fluorure chromeux $Cr F^2$ a été obtenu soit par l'action de l'acide fluorhydrique gazeux sur le chrome métal, soit par l'action du même acide sur le chlorure chromeux. Le protofluorure ainsi obtenu est une masse fondue, verte et transparente, d'un éclat nacré. Sa cassure est très brillante et lamelleuse. Sa densité est de 4,11. Il est peu soluble dans l'eau, insoluble dans l'alcool. L'acide chlorhydrique bouillant le dissout, alors que l'acide azotique ne l'attaque que faiblement. L'acide sulfurique, même à chaud, n'agit que lentement.

Le sesquifluorure de chrome $Cr^2 F^6$ a été préparé par l'action de l'acide chlorhydrique gazeux : 1° sur le fluorure chromique amorphe et anhydre ; 2° sur le sesquichlorure de chrome anhydre ; 3° sur le sesquioxyde de chrome précipité ; 4° sur le fluorure chromique hydraté. Ce fluorure est constitué par de fines aiguilles verdâtres. Sa densité est 3,78. Il est insoluble dans l'eau et l'alcool, il est faiblement attaqué par les acides sulfurique, chlorhydrique et azotique même à chaud.

Le fluorure hydraté $Cr^2 F^6 7 H^2 O$ est obtenu en poudre lorsqu'on verse une solution aqueuse de fluorure chromique dans l'alcool.

— Sur un nouveau procédé de soudure pour l'aluminium et divers autres métaux, par M. J. Novel. Ces soudures sont :

N° 1. — Étain pur sans allliage			fond à 250°
N° 2. — Étain pur	Étain pur	1000	fond de 280° à 300°.
	Plomb	50	
N° 3. — Étain pur	Étain pur	1000	fond de 280° à 320°.
	Zinc pur	50	

Ces trois soudures ne donnent aucune coloration à l'aluminium, et le laissent intact. Souder au fer à souder, de préférence au nickel pur.

N° 4.	Étain pur	1000	fusible de 350° à 450°.
	Cuivre rouge	10 à 15	
N° 5.	Étain pur	1000	fusible de 350° à 450°.
	Nickel pur	10 à 15	

Ces soudures, plus dures et plus fortes que les précédentes, donnent une teinte légèrement jaune à l'aluminium.

N° 6. — Étain pur...........................	900	fond à peu près de 250 à 450°
Cuivre rouge...........................	100	
Bismuth...........................	2 à 3	

Peut servir à souder le bronze d'aluminium.

— Action de l'acide acétique et de l'acide formique sur le térébenthène. Note de MM. BOUCHARDAT et OLIVIERO.

Il résulte de cette note que la présence de quantités croissantes d'eau ajoutée diminue rapidement la vitesse de combinaison du térébenthène avec l'acide acétique. Les produits sont identiques dans tous les cas, sauf dans celui où il y avait en présence 1 molécule de carbure, 1 molécule d'acide et 25 parties d'eau, et où il n'y a pas eu d'action. Il y a eu transformation partielle et de moins en moins prononcée du térébenthène en terpilène isomérique actif; ce qui est attesté par une augmentation de pouvoir rotatoire des parties carburiques et leur séparation en térébenthène primitif bouillant à 157° et en terpilène bouillant vers 175°.

Le composé, résultant de l'union de l'acide et du carbone, a été isolé par distillation dans le vide. On a reconnu qu'il était formé par un composé unique, l'acétate de terpilénol $C^2OH^{16}C^4H^4O^4$ qui, saponifié, fournit d'emblée du terpilénol pur, cristallisant après une seule rectification, dans le vide, à pouvoir rotatoire voisin de −80° et fusible vers + 33°; il n'a pas été possible de constater la présence de bornéol ni d'isobornéol. L'addition d'eau à l'acide change donc la nature des produits formés. C'est là un fait comparable à celui que l'on observe dans l'action de HCl sur le térébenthène; le gaz sec donnant surtout du camphre artificiel $C^{20}H^{16}HCl$, les solutions, ainsi que l'a montré M. Berthelot, donnent surtout du dichlorhydrate.

L'action de l'acide formique en présence de l'eau, sur le térébenthène, se distingue par une action plus violente, détruisant le pouvoir rotatoire et se distinguant aussi pour les mélanges à 1, 3 et 5 molécules d'eau par une formation abondante de terpine libre, qui n'a pu être observée avec l'acide acétique qu'én proportion extrêmement faible. Cette action spéciale de l'acide formique rend compte de la présence de petites quantités de terpine dans les essences hydratées conservées depuis un certain temps, l'acide formique existant dans toutes ces essences.

— Sur le mode d'élimination de l'oxyde de carbone. — Note de M. L. de SAINT-MARTIN.

Les animaux partiellement intoxiqués par l'oxyde de carbone, placés dans des conditions où l'élimination en nature est impossible, détruisent lentement, mais régulièrement, une certaine quantité du gaz toxique; cette destruction est d'autant plus active que l'intoxication est moins profonde et laisse, par conséquent, dans le sang plus d'oxygène disponible.

Le temps pendant lequel le mélange gazeux toxique est respiré, est un facteur important dans l'appréciation de la proportion de carbone capable de rendre mortelle une atmosphère confinée.

— Influence de la pilocarpine et de la phloridzine sur la production du sucre dans le lait. — Note de M. CORNEVIN, présentée par M. Chauveau.

La pilocarpine augmente chez les vaches la proportion du sucre dans le sang et dans le lait; elle ne rend pas glucosurique. La phloridzine, en même temps qu'elle provoque la glycosurie, détermine une augmentation de sucre dans le lait, qui peut dépasser le double de la quantité primitive.

— Du siège de la coloration chez les huitres vertes. — Note de M. JOANNÈS CHATIN.

La pigmentation verte des huîtres vertes est due à des granulations protoplasmiques contenues dans de grandes cellules que M. Chatin désigne sous le nom de macroblastes, et qui sont des éléments constitutifs des tissus des mollusques que l'on retrouve dans les huîtres dites blanches ou incolores.

— Une pseudo-fécondation chez les Urédinées. — Note de MM. P.-A. DANGEARD et SAPIN-TROUFFLY, présentée par M. Duchartre.

— Sur les matières formées par le nucléole chez le *Spirogyra setiformia* et sur la direction qu'il exerce sur elles au moment de la division du noyau cellulaire. — Note de M. CH. DECAGNY.

— Sur un procédé de mesure de la biréfringence des lames cristallines. — Note de M. GEORGES FRIEDEL, présentée par M. Mollard.

— Une coupe transversale des Alpes françaises. — Note de M. W. KILIAN, présentée par M. Fouqué.

— Sur la disposition des assises crétacées dans l'intérieur du bassin de l'Aquitaine et leurs relations avec les terrains tertiaires. — Note de M. EM. FAILLOT, présentée par M. de Lacaze-Duthiers.

— M. Le Levret adresse une note relative à un procédé pour reconnaître la concentration d'une solution saline, sans employer de réactifs.

— M. Fr. Longo adresse une note relative à l'étiologie du cancer.

Séance du 13 février. — Sur un nombre invariant dans la théorie des surfaces algébriques, par M. Emile Picard.

— Etude de la météorite de Cañon Diablo. Note de M. H. Moissan.

L'auteur a analysé la météorite de Cañon Diablo. D'après lui, elle renfermerait du diamant transparent, du diamant noir ou carbonado et un charbon marron de densité assez faible. Dans certains échantillons, il a pu caractériser la présence du graphite sous forme de petites masses à aspect gras. La note se termine par cette remarque : « Le diamant transparent peut donc se rencontrer dans d'autres planètes que la Terre ».

— Sur le fer météorique de Cañon Diablo, par M. C. Friedel.

Le savant professeur de la Sorbonne relate les faits nouveaux qu'il a observés depuis la communication qu'il a faite à l'Académie sur la météorite de l'Arizona. Moins heureux que M. Moissan, il n'a pu rencontrer le diamant blanc en grains d'une assez grande dimension; mais en regardant au microscope la poudre de diamant carbonado assez abondante qu'il a pu isoler au moyen de l'iodure de méthylène, il a reconnu la présence d'un certain nombre de petits grains transparents qui ne pouvaient être autre chose que le diamant blanc. Il a constaté la présence d'un sous-sulfure de fer très brillant et d'une quantité de phosphore qui n'a pu être dosée. Il existe aussi des nodules de triolites jaunes et de charbon pénétré de ce même sulfure.

— Sur la présence du graphite, du carbonado et des diamants microscopiques dans la terre bleue du Cap. Note de M. H. Moissan.

L'étude microscopique de la terre bleue du Cap a permis d'y découvrir l'existence de nombreux diamants microscopiques, du carbonado ou diamant noir sous ses formes variées et à densité variable, et enfin du graphite. M. Moissan rappelle que la découverte du carbonado dans les terres bleues qu'il a examinées, provenant de la mine d'Old de Beer's, est due à M. Coutolenc, auquel l'antériorité de cette constatation appartient; bien que l'étude de M. Moissan fût faite depuis deux années, rien n'avait été publié sur ces recherches.

— Les clasmatocytes, les cellules fixes du tissu conjonctif et les globules du pus, par M. Ranvier.

— La dépense glycosique entraînée par le mouvement nutritif, dans le cas d'hyperglycémie et d'hypoglycémie provoquées expérimentalement. Conséquences relatives à la cause immédiate du diabète et des autres déviations de la fonction glycémique, par MM. A. Chauveau et Kaufmann.

L'hyperglycémie diabétique, qu'elle provienne de l'extirpation du pancréas ou d'une lésion de l'axe médullaire, reconnaît toujours pour cause un excès de production glycosique, et non un arrêt ou un ralentissement de la dépense de sucre dans les vaisseaux capillaires. D'un autre côté, dans les cas d'hypoglycémie déterminée par les sections médullaires, cette dépense est plutôt moins active qu'à l'état normal. D'où il résulte que toutes les déviations de la fonction glycémique, en quelque sens qu'elles se produisent, doivent être rapportées à la même cause immédiate : un changement dans l'activité de l'organe glycogène, c'est-à-dire l'exaltation ou l'amoindrissement de la production du glucose. La dépense glycosique qu'entraîne le mouvement nutritif n'est ni entravée ni accrue dans les diverses déviations de la fonction glycémique qui ont fait l'objet des recherches dont nous donnons les conclusions. D'où il résulte que ces troubles, malgré leur gravité, ne modifient pas sensiblement les caractères fondamentaux de la nutrition en ce qui concerne l'utilisation du glucose pour la création de la force vive nécessaire au travail physiologique interne des tissus animaux (1).

— MM. Cl. Nourry et C. Michel adressent une note intitulée : « Immunisation contre la tuberculose par les injections sous-cutanées de liquide testiculaire ».

— M. le Secrétaire perpétuel informe l'Académie qu'une souscription est ouverte pour publier les œuvres de J. Stas, et élever un monument à sa mémoire.

---

(1) A propos de cette note, nous ferons remarquer que les différences entre les quantités de matières réductrices contenues dans le sang artériel et le sang veineux sont bien faibles, d'autant plus que la quantité de sang employée à réduire 5 à 10 centimètres cubes de liqueur de Fehling a été au plus de 50 à 100 centimètres cubes. Or la moindre erreur multipliée par 10 ou 20 peut amener une différence de 10 à 20 centigrammes. En outre, MM. Chauveau et Kaufmann ne nous indiquent pas s'ils ont bien identifié leur matière réductrice à du sucre. Il se peut que ce soit un autre réducteur que ce dernier.

— M. BERTRAND dépose sur le bureau de l'Académie, au nom de Mme Laugier, un mémoire manuscrit de Lancret présenté à l'Institut en 1806. Ce mémoire a été imprimé dans le 11e volume du *Recueil des Savants étrangers*.

— M. LE SECRÉTAIRE PERPÉTUEL signale, parmi les pièces de la correspondance, un volume de MM. TANNERY et J. MOLK, intitulé : « Éléments de la théorie des fonctions elliptiques ».

— M. FOWLER adresse ses remerciements à l'Académie pour la distinction accordée à ses travaux.

— Observations de la comète Holmes, faites à l'équatorial coudé (0[m],32) de l'observatoire de Lyon. Note de M. G. LE CADET, présentée par M. Tisserand.

— Sur une forme explicite des formules d'addition des fonctions hyperelliptiques les plus générales. Note de M. F. DE SALVERT, présentée par M. Hermite.

— Sur les lois de réciprocités et les sous-groupes du groupe arithmétique. Note de M. X. STOREFF, présentée par M. Darboux.

— Expériences sur les déversoirs noyés. Note de M. H. BASIN, présentée par M. Boussinesq.

— Sur les franges des caustiques. Note de M. J. MACÉ DE LEPINAY, présentée par M. Mascart.

La note a pour but le calcul des franges de diffraction des caustiques au moyen de la formule de M. Mascart, déduite de considérations géométriques simples.

— Sur un phénomène de réflexion apparente à la surface des nuages. Note de M. C. MALTÉZOS, présentée par M. A. Cornu.

— Sur les figures électriques produites à la surface des corps cristallisés. Note de M. PAUL JANNETTAZ, présentée par M. G. Lippmann.

Il résulte des expériences entreprises par M. Jannettaz sur un certain nombre de cristaux que, dans la majorité des cas, les ellipses électriques ont leurs grands axes perpendiculaires aux directions de conductibilité calorifique maxima.

— Action de la température sur le pouvoir rotatoire des liquides. Note de M. ALBERT COLSON, présentée par M. H. Moissan.

L'auteur dit que la rotation ne peut pas être prévue d'une façon certaine par les théories stéréochimiques actuelles. Pour appuyer sur de nouveaux faits sa démonstration, il indique trois corps : l'oxyde d'isobutylamyle, celui de di-isoamyle, et enfin celui de méthylamyle, dont le pouvoir rotatoire change avec la température. Il a trouvé pour le second de ces corps une différence de 1°,09 entre des températures variant de — 21° à + 40° ; pour le premier, le pouvoir rotatoire, d'abord négatif à — 40°, devient positif et varie de — 0°,6 à + 0°,15. Quant au dernier, son pouvoir rotatoire diminue, de — 40° à + 40°, de 1°,12. Depuis longtemps, on sait que certains corps changent le signe de leur pouvoir rotatoire avec la température. Cela infirme-t-il la théorie stéréochimique, qu'il faut prendre avec ce qu'elle a de bon, et qui a permis de prévoir de nombreuses isoméries ? Du reste, ce n'est pas par des expériences portant sur trois corps, et ayant donné des résultats de si minime importance, qu'il faut de suite renverser la théorie actuelle qui n'a pas, du reste, la prétention de tout expliquer. La théorie atomique, elle-même, en bien des points est attaquable ; cela n'empêche pas qu'elle a rendu de grands services. En outre, toutes les théories sont comme toutes les lois physico-chimiques, elles ne sont qu'approchées et ne peuvent s'appliquer que dans une certaine mesure. Du reste, rien ne prouve que les corps sur lesquels a opéré M. Colson soient d'une pureté irréprochable, et surtout que ce soient des composés dont la stabilité n'est pas des plus grandes et qui peuvent se modifier facilement. Si la stéréochimie ne suffit pas à M. Colson, qu'il fasse une autre théorie meilleure, et chacun s'empressera de l'accepter si elle est bonne. Ce n'est pas avec des arguments de cette valeur que l'on doit battre en brèche une théorie basée sur des travaux aussi importants que ceux de Lebel, Van t'Hoff, Wislicenus, Hantsch et Fischer.

— Sur la densité du bioxyde d'azote (nitroxyle). Note de M. A. LEDUC, présentée par M. Lippmann.

— Considérations sur la genèse du diamant. Note de M. J. WERTH.

La forme diamant ne serait pas, d'après l'auteur, en équilibre naturel à la température ordinaire, puisque, chauffé à une température suffisamment élevée, le diamant charbonne et tend à prendre l'état de graphite. Se basant sur des considérations d'ordre cristallographique, minéralogique et géologique, il regarde ce corps comme formé à haute température sous pression, par refroidissement rapide, et en présence d'hydrogène plus ou moins carboné.

— Sur les dérivés chlorés des propylamines, des benzylamines, de l'aniline et de la paratoluidine. Note de M. BERG, présentée par M. Friedel.

La *propylchloramine* a été obtenue par l'action de l'hypochlorite de soude sur le chlorhydrate de propylamine, tous les deux en solution. C'est un liquide incolore, à odeur très piquante ; sa densité à 0° est 1,021, il ne se solidifie pas à — 50° ; il est décomposable par la chaleur.

La *propyldichloramine* se prépare par le procédé que Eschorniac a indiqué pour la dichloréthylamine. Elle est liquide, jaune verdâtre ; sa densité est égale à 1,177 à 0° ; elle bout à 177°.

La *dipropylchloramine* s'obtient comme la propylchloramine. C'est un liquide huileux insoluble dans l'eau, à odeur chlorée. Sa densité à 0° est 0,923 ; il bout à 149° sous une pression de 771 millimètres.

On obtient par le même procédé la *benzylchloramine*, qui est un liquide incolore plus lourd que l'eau, et la *dibenzylchloramine* qui possède une odeur d'amandes amères, insoluble dans l'eau. Elle cristallise en rhomboèdres fusibles à 56°.

La *benzyldichloramine* s'obtient en décomposant par les acides le dérivé monochloré. C'est un liquide jaune verdâtre, de densité 1,282 à 0°.

Par l'action de l'hypochlorite de soude, l'aniline et la paratoluidine, en solution chlorhydrique, donnent des composés instables.

— Sur la dipropylcyanamide et la dipropylcarbodiimide. Note de M. F. Chancel, présentée par M. Friedel.

Dans une solution saturée de dipropylamine, on met la quantité de cyanure indiquée par l'équation :

$$2\,[AzH(C^3H^7)^2] + KCAz + 2\,Br = Az(C^3H^7)^2CAz + AzH(C^3H^7)^2HBr + KBr$$

et l'on ajoute peu à peu de l'eau de brome jusqu'à neutralisation. On distille ensuite et la vapeur d'eau entraine un liquide insoluble plus léger, que l'on sépare à l'aide d'un entonnoir à robinet. La dipropylcyanamide est un liquide mobile ayant une densité de 0,88 à 0° ; elle possède une odeur de menthe ; elle bout à 220° sous une pression de 770 millimètres. Elle est insoluble dans l'eau, soluble dans l'alcool et dans l'éther.

La *dipropylcarbodiimide* $Az(C^3H^7) = C = Az(C^3H^7)$ s'obtient par désulfuration de la dipropylsulfourée symétrique au moyen de l'oxyde jaune de mercure sec. C'est un liquide de densité 0,86 à 0°, à odeur de menthe, bouillant à 171° sous une pression de 765 millimètres. Elle est insoluble dans l'eau, soluble dans l'alcool et l'éther.

— Survie après la section des deux nerfs vagues. Note de M. C. Vanlair, présentée par M. Charcot.

— Sur le péricycle interne. Note de M. Léon Flot, présentée par M. Duchartre.

— Sur une modification à apporter à la construction des bouteilles destinées à recueillir les échantillons d'eaux profondes. Note de M. J. Thoulet.

— Lignes de structure dans la météorite de Winnebago et dans quelques autres. Note de M. H. A. Newton, présentée par M. Daubrée.

— Sur un météore observé à New-Hawen (Connecticut). Extrait d'une lettre de M. H. A. Newton à M. Daubrée.

— M. Chapel adresse une note sur la similitude mécanique chez les êtres animés.

— La section d'Astronomie, par l'organe de son doyen, M. Faye, présente la liste suivante de candidats à la place laissée vacante par le décès de M. Mouchez :

En première ligne...............	M. Callandreau ;
En deuxième ligne..............	MM. Radau et Bigourdan ;
En troisième ligne..............	M. Deslandres.

M. Callandreau a obtenu 48 voix et M. Radau 6 voix.

Séance du 20 février. — Description d'un instrument pouvant rendre apparentes les petites variations de l'intensité de la pesanteur. Note de M. Bouquet de la Grye.

— Observations sur les conditions qui paraissent avoir présidé à la formation des météorites, par M. Daubrée.

L'observation et l'expérimentation s'accordent pour conduire à admettre que, dans les corps célestes dont elles proviennent, les météorites n'ont pas été formées par une simple fusion, mais probablement par une précipitation de vapeurs amenées brusquement de l'état gazeux à la forme solide. Si ces vapeurs étaient de natures diverses, on comprend la nature hétérogène des produits solides qu'elles ont engendrés.

— Sur la préparation de l'uranium à haute température. Note de M. H. Moissan.

A haute température, par réduction directe des oxydes d'uranium par le charbon, il se produit une véritable fonte d'uranium, dont le point de fusion est bien supérieur à celui du platine.

— Préparation rapide du chrome et du manganèse à haute température, par M. Moissan.

Le protoxyde de manganèse pur est mélangé de charbon et chauffé dans l'arc. Lorsque l'on opère avec 300 ampères et 60 volts, la réduction est complète en cinq ou six minutes. Il reste au fond du creuset un culot de carbure de manganèse de 100 à 120 grammes. Le sesquioxyde de chrome calciné mélangé à du charbon est réduit facilement et laisse un culot brillant parfaitement fondu de 100 à 110 grammes. Avec un courant de 50 volts et 100 ampères, l'expérience se fait sur une quantité de matière un peu plus faible en quinze minutes au maximum.

— Sur la stéréochimie, par M. C. Friedel.

Dans cette note, l'auteur réfute les assertions de M. Colson en démontrant que ce dernier arrive, avec l'interprétation fausse qu'il fait de la stéréochimie, à un nombre d'isomères supérieur à celui indiqué par les formules. Se basant sur des formules construites dans le plan et non dans l'espace, ce chimiste arrive à trouver deux butanes et trois propanes isomères. Du reste, M. Friedel ne veut pas prolonger une discussion qui paraît oiseuse depuis les magnifiques travaux de Bæyer sur les acides hydrophtaliques et ceux de Fischer sur les sucres. Quant à la dernière note que M. Colson a transmise, elle relate des faits qui peuvent s'expliquer par les déformations que peut subir la molécule sous l'influence de la température, sans que pour cela son arrangement soit détruit.

— Sur les benzoates et métanitrobenzoates de diazoamidobenzène et de paradiazoamidotoluène. Note de MM. A. Haller et A. Guyot.

Quand on traite un mélange d'acide benzoïque ou métanitrobenzoïque et d'aniline ou de toluidine par le nitrite d'amyle, on obtient de véritables sels des composés diazoamidés. La réaction peut se traduire par les équations suivantes :

$$C^6H^5.CO^2H^3AzC^6H^5 + AzO^2H = C^6H^5.CO^2Az^2C^6H^5 + 2H^2O$$

$$C^6H^5.CO^2Az^2C^6H^5 + C^6H^5AzH^2 = C^6H^5.CO^2H^2Az\begin{cases}C^6H^5\\Az^2C^6H^5\end{cases}$$

De cette manière on peut obtenir le benzoate de diazoamidobenzène qui est cristallisé en aiguilles jaunes et fondent vers 91°, solubles dans presque tous les dissolvants habituels. On prépare d'une façon identique le benzoate de diazoamidotoluène et le métanitrobenzoate de paradiazoamidobenzène.

— Hautes pressions atmosphériques observées à Irkoutsk du 12 au 16 janvier 1893. Note de M. Alexis de Tillo.

Du 12 au 16 janvier 1893 le baromètre est resté à Irkoutsk (Sibérie orientale) au-dessus de 800^{mm}. Le 14 janvier il est monté jusqu'à 807,5, la température étant — 46°3. C'est la valeur la plus élevée que l'on connaisse jusqu'ici.

— M. Callandreau est nommé membre de la section d'astronomie en remplacement de M. Mouchez.

— M. Kékulé est nommé membre correspondant dans la section de chimie, en remplacement de M. Stas, par 47 suffrages contre 2 donnés à M. Mendeleïeff, 1 à M. Cannizaro et 1 à M. Roscoë.

— M. H. Arnaud adresse un mémoire intitulé : « Étude théorique et expérimentale sur les couleurs de la lumière ».

— M. le Secrétaire perpétuel signale parmi les pièces imprimées de la correspondance le cinquième volume des « Archives du Muséum d'histoire naturelle de Lyon », dirigées par M. Lortet.

— M. Bertrand informe l'Académie du désir exprimé par M. Diamondi d'être soumis à un examen de calcul de mémoire.

— M. Bertrand offre à l'Académie pour ses archives, au nom de Mme Laugier, trois mémoires manuscrits du célèbre horloger Pierre Leroy, lauréat de l'Académie en 1756.

— Résumé des observations solaires faites à l'observatoire royal du collège romain pendant le dernier trimestre 1892. Note de M. P. Tacchini.

— Sur les termes du second ordre provenant de la combinaison de l'aberration et de la réfraction. Note de M. Folie.

— Sur les singularités essentielles des équations différentielles d'ordre supérieur. Note de M. Paul Painlevé, présentée par M. Picard.

— Remarque sur la communication précédente, par M. E. Picard.

— Sur les intégrales uniformes des équations linéaires. Note de M. Helfe von Kock, présentée par M. Poincaré.

— Généralisation de la série de Lagrange. Note de M. E. Amigues.

— Du rôle des chemises de vapeur dans les machines à expansion multiple. Note de M. A. Witz, présentée par M. Haton de la Goupillière.

Il ressort des expériences faites les conclusions suivantes :

1° Les condensations à l'admission au petit cylindre sont beaucoup moindres dans la compound (système Dujardin) que dans une machine monocylindrique; conséquemment l'évaporation est moindre aussi pendant la détente et l'on arrive même à observer une condensation quand les enveloppes ne sont plus chauffées. Les valeurs moyennes de γ dans $p v \gamma =$ const. diffèrent peu de l'unité. L'efficacité des enveloppes est démontrée, mais cette influence est peu considérable;

2° La différence de consommation de vapeur quand toutes les enveloppes sont chauffées et lorsque aucune ne l'est, est de 3.7 pour 100 en faveur de cette dernière. Cet écart est beaucoup moindre que dans les machines monocylindriques;

3° C'est en supprimant la chemise du receiver que l'on a obtenu les meilleurs rendements;

4° La consommation de 6 kil. 547 dans un moteur privé de ses enveloppes est remarquable en valeur absolue, et ce résultat fait ressortir la supériorité des machines compound. Les machines à triple expansion peuvent seules donner un meilleur rendement.

— Stéréocollimateur à lecture directe. Note de M. de Place, présentée par M. Mascart.

— Hystérésis du mica pour les oscillations rapides. Note de M. P. Janet, présentée par M. Lippmann.

Dans le cas des oscillations électriques produites par un condensateur à diélectrique solide (mica), il y a un retard des charges sur les différences de potentiel. Ce simple fait enlève toute signification au mot capacité pendant la période variable, et il serait illusoire de chercher à vérifier dans ce cas la théorie élémentaire des oscillations.

— Champ optique, champ visuel absolu relatif à l'œil humain. Note de M. C.-J.-A. Leroy, présentée par M. Mascart.

— Sur l'achromatisme des franges d'interférences semi-circulaires. Note de M. G. Meslin, présentée par M. Mascart.

— Nouveau système de poids atomiques fondé en partie sur la détermination directe des poids moléculaires. Note de M. A. Leduc, présentée par M. Lippmann.

— Décomposition des aluminates alcalins par l'acide carbonique. Note de M. A. Ditte, présentée par M. Troost.

Un courant d'acide carbonique dirigé dans une solution d'un aluminate alcalin renfermant un excès d'alcali donnera des résultats différents suivant la proportion de cet excès, en ce sens qu'on pourra avoir ou n'avoir pas, des cristaux d'alumine hydratée. Si la liqueur est riche en aluminate et pauvre en alcali, des cristaux se formeront; avec une solution riche en alcali et pauvre en aluminate, on obtiendra seulement du carbonate double précipité.

— Sur les mélanges d'éther et d'eau. Note de M. Marchis, présentée par M. L. Troost.

La tension de vapeur d'un mélange d'éther et d'eau est indépendante de la composition du mélange, pourvu que l'on ait une dissolution d'eau dans l'éther ou un mélange formé de deux couches.

— Sur la chaleur de formation de l'arragonite. Note de M. Le Chatelier, présentée par M. Daubrée.

La chaleur de transformation de l'arragonite en calcite est $-$ 0cal,3 au lieu de $+$ 2cal.

— Sur les formes cristallines du chrome et de l'iridium. Note de M. W. Prinz, présentée par M. Daubrée.

Les cristaux d'iridium ne sont pas des rhomboèdres, mais des octaèdres. Quant à l'iridium, est-il dimorphe? c'est ce que l'auteur n'a pu résoudre, bien qu'il eût expérimenté, sur un échantillon dû à Stas; appartient-il à la série des rhomboédriques? la question n'est pas élucidée davantage.

— La fermentation ammoniacale de la terre. Note de MM. A. Munz et H. Coudon, présentée par M. Dehérain.

La formation de l'ammoniaque dans le sol, qu'on remarque surtout dans l'emploi de fumiers organiques, est due à l'intervention d'organismes inférieurs et non à une action chimique, tout au moins quand la terre est placée dans des conditions naturelles. La fermentation ammoniacale du sol est une fonction banale à laquelle concourent les espèces si diverses qui peuplent le sol.

— Sur la composition des sels employés comme condiment par les populations voisines de l'Oubanghi. Note de MM. J. Dybowsky et Demouny, présentée par M. P.-P. Dehérain.

Le sel employé comme condiment par les Bonjos et les peuplades qui habitent entre les affluents du lac Tchad et l'Oubanghi provient de la combustion de graminées, polygonées, aroïdées, fougères, etc. Il est composé presque exclusivement de chlorure et de sulfate de potassium. On voit donc que l'on peut par accoutumance arriver à absorber une quantité relativement considérable de ces sels regardés comme toxiques. Les musulmans du Wadaï emploient le sel gemme.

— Oxyhématine, hématine réduite et hémochromogène. Note de MM. H. Bertin-Sans et J. Moitessier, présentée par M. Arm. Gautier.

L'action directe de divers réducteurs sur les solutions alcalines (non ammoniacales) d'oxyhématine pure donne naissance non pas à de l'hémochromogène, mais à un composé caractérisé par un spectre d'absorption spécial constitué par une bande unique à bords estampés, situés entre C et D et dont le milieu correspond environ à $\lambda = 618$, mentionné nulle part et que les auteurs de la présente note désignent sous le non d'*hématine réduite;* c'est ce composé qui fournit secondairement l'hémochromogène.

— Sur les altérations histologiques de l'écorce cérébrale dans quelques maladies mentales. Note de M. R. Colella, présentée par M. Charcot.

— De la structure et de l'accroissement du test calcaire de la balane (B. Tintinnabulum). Note de M. A. Gruvel, présentée par M. de Lacaze-Duthiers.

— Sur les causes de la viridité des huîtres. Note de M. S. Jourdain, présentée par M. A. Milne-Edwards.

La matière colorante des huîtres provient d'algues chlorophycées; quelquefois on verdit les huîtres avec des sels de cuivre et on les bleuit avec de l'indigo.

— Remarques géologiques sur les fers météoritiques diamantifères. Note de M. Stanislas Meunier, présentée par M. H. Moissan.

L'auteur est d'avis qu'il ne faut pas trop généraliser la conclusion qui fait admettre que les fers météoritiques diamantifères sont avant tout des produits de fusion.

— M. Daubrée présente au nom de l'auteur, M. Michel Venukof, une carte ethnographique de la Russie d'Asie.

— M. Daubrée présente également une brochure de M. Michel Venukof donnant la liste des voyageurs russes qui ont exploré l'Asie pendant les quarante dernières années dans un but scientifique et qui ont publié leurs relations.

Séance du 27 février. — M. Berthelot présente à l'Académie un ouvrage qu'il vient de publier sous le titre: *Traité pratique de calorimétrie chimique.*

— M. Duclaux présente à l'Académie un petit volume intitulé : *Principes de laiterie.* C'est un traité de laiterie, écrit non au point de vue technique, mais au point de vue microbien.

— Sur l'essai d'ostréiculture tenté au laboratoire de Roscoff. Note de M. de Lacaze-Duthiers.

— Sur la détermination exacte du pouvoir pepto-saccharifiant des organes. Note de MM. R. Lépine et Métroz.

Cette note a pour but de démontrer que l'extrait aqueux de divers organes, mis en contact avec une petite proportion de peptone, transforme cette dernière en sucre. Le moyen de dosage employé est la fermentation. Or l'acide carbonique, comme l'a si bien démontré M. Armand Gauthier dans son travail sur la vie résiduelle, peut provenir aussi bien des organes eux-mêmes, que de l'action de la levure sur le sucre qui serait contenu dans le mélange fait avec l'organe et la levure.

— Sur les photographies agrandies de la lune, de M. le professeur Weinek. Note de M. Faye.

— M. de Baye donne lecture d'un Mémoire sur les récentes découvertes paléontologiques faites en Sibérie.

— De l'urée dans le sang dans l'éclampsie. Déductions pronostiques. Note de M. L. Butte, présentée par M. Larrey.

En résumé et au point de vue du pronostic, on peut conclure que, dans l'éclampsie, si la quantité d'urée contenue dans le sang est deux fois et demie plus grande qu'à l'état normal, la guérison est probable, tandis que la terminaison fatale est presque certaine lorsque le chiffre de l'urée est très voisin du chiffre physiologique. La mort doit également survenir lorsque l'urée devient considérable et dépasse cinq à six fois le poids normal. Il semble, au point de vue de la pathogénie de l'éclampsie, qu'on doit attribuer un rôle plus important aux altérations hépatiques qu'aux ésions rénales.

— M. A.-L. Donnadieu adresse une note « sur quelques cas particuliers de la stéréoscopie ».

— M. O. Gilbert adresse un projet de ballon de guerre dirigeable.

— M. A. Calmette adresse de Saïgon, pour le prix Barbier, deux Mémoires insérés dans les *Annales de l'Institut Pasteur*.

— M. Bertrand offre à l'Académie, au nom de Mme Laugier, le Mémoire manuscrit de Malus, sur la double réfraction, qui a obtenu le grand prix des sciences physiques en 1810.

— M. Aug. Kékulé nommé membre correspondant pour la section de chimie, adresse ses remerciements à l'Académie.

— M. l'Inspecteur général de la navigation adresse, pour les Archives de l'Académie, les états des crues et diminutions de la Seine, observées chaque jour au pont Royal et au pont de la Tournelle, pendant l'année 1892.

— Sur le problème général de l'intégration. Note de M. Riquier, présentée par M. Barboux.

— Sur certaines équations différentielles du premier ordre. Note de M. Vassiot, présentée par M. Picard.

— Remarque à propos d'une précédente note sur une généralisation de la série de Lagrange. Lettre de M. E. **Amigues** à M. le Secrétaire perpétuel.

— Propriétés physiques du ruthénium fondu. Note de M. A. Joly, présentée par M. Troost.

Le ruthénium fondu par la chaleur d'un arc voltaïque s'oxyde légèrement par refroidissement, et roche fortemnt eau moment de la solidification. Après un traitement à l'eau régale, puis à l'acide fluorhydrique et réduction par l'hydrogène, on obtient le métal dont la couleur grise se rapproche plus de celle du fer que du platine ; la dureté est comparable à celle de l'iridium ; la structure est cristalline, aussi le métal est-il cassant à froid. Chauffé au rouge, dans la flamme oxhydrique, il se laisse tout d'abord aplatir, puis casse. La densité du métal fondu et pulvérisé est à 0° et, rapportée à l'eau à 4°, 12,063; sur le même métal non fondu, M. Violle avait obtenu 12,002.

— Sur les déterminations du poids atomique du plomb, par Stas. Note de M. G. Hinrichs.

L'auteur prétend que les meilleures analyses chimiques, comme celles de Stas, ne permettent point d'appliquer la méthode des moyennes, dont on fait généralement usage, à la détermination des poids atomiques. En effet, si l'on représente par des courbes dont les ordonnées sont les valeurs du poids atomique du plomb et les abscisses les poids du plomb employé, ces courbes trouvées en transformant le plomb en azotate et en sulfate, ne sont pas identiques, quoique assez semblables et se rapprochant d'assez près dans l'espace.

— Sur les aldéhydes des terpènes. Note de M. A. Etard, présentée par M. Moissan.

Si l'on applique la réaction du chlorure de chromyle à ces terpènes, on obtient des aldéhydes. L'auteur a préparé de cette façon un nouvel aldéhyde au moyen d'un camphène inactif, fusible à 45°, bouillant à 156°, obtenu par la saponification du chlorure de térébenthine au moyen de la litharge à une température de 110°. Le chlorure de chromyle donne avec ce corps un composé; traité par l'eau, il donne un aldéhyde fusible à 67°, bouillant à 220° et dépourvu de pouvoir rotatoire. C'est l'*aldéhyde camphénique* $C^{10}H^{14}O$.

Il s'oxyde facilement au contact de l'air et produit un nouvel acide, l'*acide camphénique*. Cet acide fond à 65°, bout entre 263°-264° ; distillé sur de la chaux, il donne des carbures éthyléniques (C^nH^{2n}) gazeux, de l'hydrogène et des carbures liquides, bouillant entre 80° et 230°. Il dérive donc, non pas de l'acide benzoïque, mais de l'acide propionique. Ses propriétés se rapprochent de celles de l'acide paraméthylhydrotropique que MM. Miller et Rhode ont préparé en partant de l'aldéhyde isocuminique $C^{10}H^{12}O$. Au cymène répond l'acide paraméthylhydrotropique et au camphène un acide hydroparaméthylhydrotropique. Si l'on tient compte de la notion des carbonyles, les propriétés actuellement connues du camphre peuvent se résumer dans une formule graphique analogue à celle de Brühl :

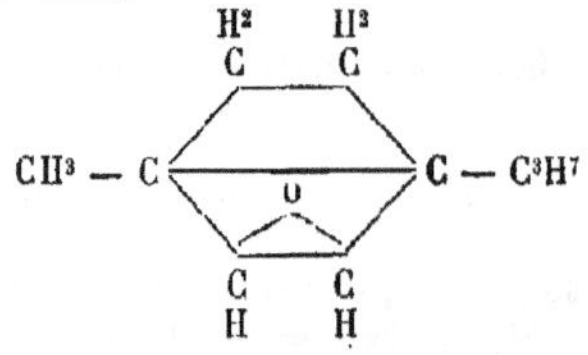

```
          H²   H³
          C    C
        /        \
CH³ — C ——— O ——— C — C³H⁷
        \   / \  /
          C    C
          H    H
```

Le térébenthène donne par la même méthode un aldéhyde liquide bouillant sous la pression normale entre 205°-207°, et de densité égale à 0,961 à 22°. Le dérivé bisulfique de ce corps n'a pu être préparé.

— Sur la constitution des phénates alcalins hydratés. Note de M. de Forcrand.

Il résulte des recherches termochimiques que les *phénates*, en prenant ce mot dans le sens qu'on lui donnait il y a vingt ans n'existent pas. Le phénol, comme tous les acides, donne avec les bases des sels anhydres ou hydratés, mais sa molécule ne peut exister à côté d'une molécule basique pour donner des produits d'addition. Il n'y a, à ce point de vue, aucune raison pour distinguer entre les phénols et les acides. Les formules des sels hydratés s'écrivent :

$$\text{Acide} : -\text{H} + \text{M} + n\text{H}^2\text{O}^2 \text{ et non pas acide} : + \text{MHO}^2\,(n-1)\,\text{H}^2\text{O}^2.$$

En réalité, l'eau, les alcools, les phénols, les acides agissent sur les métaux de la même manière, et l'on peut dire que tous sont *acides* et que leurs dérivés métalliques sont tous des *sels*.

— Des alcaloïdes de l'huile de foie de morue, de leur origine et de leurs effets thérapeutiques. Note de M. J. Bouillot.

Les alcaloïdes de l'huile de foie de morue ne sont pas le résultat d'une fermentation quelconque, ils existent préformés dans le tissu hépatique normal; on les retrouve dans la bile de la morue, ainsi que le démontrent les recherches microchimiques. L'auteur donne le nom de *pangaduine* à l'ensemble de ces alcaloïdes et dit que ce mélange produit de très heureux effets dans toutes les affections désignées sous le nom générique de maladies par ralentissement de la nutrition.

— Sur un microbe pathogène de l'orchite blennorrhagique. Note de MM. L. Hugounencq et J. Eraud.

— Crustacés et cirrhipèdes commensaux des tortues marines de la Méditerranée. Note de MM. E. Chevreux et J. de Guerne, présentée par M. A. Milne-Edwards.

— Sur une sangsue terrestre du Chili. Note de M. Raphael Blanchard, présentée par M. A. Milne-Edwards.

— Examen minéralogique et lithologique de la météorite de Kiowa-Kansas. Note de M. Stanislas Meunier.

La particularité remarquable de cette météorite, c'est la présence de magnétite, dont la formation paraît due certainement à des jets de vapeur d'eau analogues à nos soufflards terrestres, se faisant jour au contact de la roche métallique, préalablement constituée et chauffée au rouge. Ce qui confirme cette manière de voir, c'est que cette magnétite a pu être reproduite par M. Meunier, en chauffant au rouge dans de la vapeur d'eau un fragment de la météorite de Kiowa.

— M. Daubrée présente un Mémoire en langue espagnole intitulé : « El artificio de Januelo y el puente de Julio Cesar », par M. de la Escosura, ingénieur du corps des mines d'Espagne.

Séance du 6 mars. — Il est donné lecture du décret présidentiel approuvant l'élection de M. Callandreau dans la section d'Astronomie, en remplacement de M. Mouchez.

— Sur une équation aux dérivées partielles. Note de M. E. Picard.

— Analyse des cendres du diamant. Note de M. Moissan.

En résumé, tous les échantillons de boort et de diamant du Cap qui ont été étudiés renfermaient du fer. Ce métal formait, du reste, la majeure partie des cendres. Il a été retrouvé dans les cendres du carbonado et du diamant du Brésil, sauf dans une variété de boort de couleur verte qui en était totalement dépourvue. Enfin on a caractérisé, dans tous ces échantillons, l'existence du silicium et, dans la plupart, la présence du calcium. M. Daubrée a indiqué la présence de ce dernier métal dans certains fers natifs tels que ceux de l'Ovifak.

— Sur quelques propriétés nouvelles du diamant, par M. Henri Moissan.

La température de combustion du diamant varie avec les différents échantillons ; elle oscille entre 760° et 875°. En général, plus le diamant est dur, plus sa température de combustion est élevée. Si le diamant résiste à 1200° au chlore et à l'acide fluorhydrique, et à l'action de différents sels, par contre, il est facilement attaqué à cette température par les carbonates alcalins, et cette décomposition sous forme gazeuse a permis d'établir que l'échantillon étudié ne renfermait pas d'hydrogène ou d'hydrocarbures.

— Le pancréas et les centres nerveux régulateurs de la fonction glycémique, par MM. A. Chauveau et M. Kaufmann.

Conclusions : 1° L'action frénatrice que le pancréas exerce sur l'action glycoso-formatrice du foie paraît être sous la dépendance d'un centre excito-sécréteur des cellules chargées de la sécrétion interne du pancréas ;

2° Le centre est placé dans la partie encéphalique de l'axe médullaire ;

3° L'activité glyco-formatrice des cellules hépatiques semble régie par un centre excito-sécréteur situé dans une des régions de la moelle épinière ;

4° L'action frénatrice du pancréas a chance de s'exercer sur ce centre excito-moteur plutôt que sur le foie lui-même ;

5° Il y a dans le bulbe rachidien un centre excitateur du pancréas et un centre frénateur du foie. Un centre excitateur de ce dernier existe dans la moelle épinière ;

6° La sécrétion pancréatique interne, à part le rôle indéterminé qu'elle peut remplir en agissant directement sur le foie, excite le frénateur de la glande hépatique et en modère l'excitateur.

Donc, la suppression du pancréas amoindrit l'activité du frénateur hépatique et augmente celle de l'excitateur. C'est peut-être parce que cette double action se produit, que le trouble de la fonction glycémique, déterminé par la suractivité du foie, est si actif et si grave chez les sujets privés de pancréas.

Si la section bulbaire ne trouble pas la fonction glycémique aussi profondément que le fait la suppression du pancréas, c'est que cet organe, quoique soustrait à l'influence de son excitateur, n'est, sans doute, pas absolument paralysé et peut, par sa sécrétion interne, continuer à exercer une certaine action modératrice sur le centre excito-sécréteur du foie.

— Fixation des torrents et boisement des montagnes, par M. Chambrelent.

En somme, d'après cette note, l'œuvre totale à réaliser pour empêcher de grands malheurs et la destruction d'une partie du territoire de la France, n'exigera pas une dépense de 200 millions, la vingt-cinquième partie des 5 milliards affectés à des chemins de fer non-seulement moins urgents, mais dont quelques-uns ont besoin de ces travaux de boisement pour assurer leur viabilité.

M. Faye fait quelques observations au sujet de la précédente communication.

— Sur la cause des variations périodiques des latitudes terrestres, par M. Hugo Gyldén. (Extrait d'une lettre adressée à M. Tisserand.)

— Sur de nouveaux dérivés de la phénolphtaléine et de la fluorescéine. Note de MM. A. Haller et A. Guyot.

Depuis les recherches de Bæyer, on sait que la phénolphtaléine contient une double fonction phénolique et un groupement lactonique. D'après Bernthsen et Friedlander, la dissolution de la phénolphtaléine et de la fluorescéine dans les alcalis produirait une coloration par suite de la rupture du noyau lactonique et la transformation d'une des fonctions phénoliques en fonction quinonique. La présente note a pour but d'indiquer certains résultats difficiles à interpréter dans la nouvelle théorie de ces derniers chimistes. Ainsi la phénolphtaléine (1 molécule) bien séchée, chauffée avec de l'isocyanate de phényle (2 molécules) donne un corps cristallisé en aiguilles fondant à 135°, qui est le diphényldicarbamate de phénolphtaléine. La fluorescéine donne, dans les mêmes conditions, un composé semblable fondant à 195°.

Si l'on chauffe la phénolphtaléine (1 molécule) avec du sodium (2 atomes) dissous dans l'alcool absolu et du chlorure de benzyle (2 molécules), on obtient la dibenzylphénolphtaléine qui forme de beaux feuillets nacrés d'un bleu pur, fondant à 150°. Cet éther ne donne pas d'oxime avec le chlorhydrate d'hydroxylamine (contrairement à la théorie de M. Friedlander).

Le poids moléculaire de ce corps a été déterminé par la cryoscopie, et a donné le nombre 450, qui théoriquement doit être 498. La formule de M. Friedlander ne parait donc pas admissible ; en outre, la présence d'un groupe lactonique ne peut être admise avec certitude, l'action de la potasse n'ayant été ni assez profonde ni assez nette.

— M. Lister est nommé associé étranger, en remplacement de M. Richard Owen décédé, par 46 voix contre 6 données à M. Nordenskiold et 5 à M. Newcomb.

— M. le Ministre de l'Instruction publique prie l'Académie de lui désigner deux candidats pour une place d'astronome titulaire actuellement vacante à l'Observatoire de Paris. Il l'invite aussi à dresser une liste d'un même nombre de candidats pour la chaire de minéralogie vacante au Muséum par suite de l'admission à la retraite de M. Des Cloizeaux.

— Sur le diamètre des satellites de Jupiter. Note de M. Landerer, présentée par M. Janssen.

— Sur une classe de problèmes de dynamique. Note de M. Stoekel, présentée par M. Darboux.

— Sur les surfaces dont les plans principaux sont équidistants d'un point fixe. Note de M. Guichard, présentée par M. Appell.

— Intégration des systèmes d'équations différentielles linéaires à coefficients constants. Note de M. Vaschy, présentée par M. Sarrau.

— Sur une équation aux dérivées partielles de second ordre. Note de M. Weingarten, présentée par M. Darboux.

— Sur le calcul de stabilité des navires. Note de M. E. Guyon, présentée par M. de Bussy.

— Sur les ondes électriques dans des fils ; la force électrique dans le voisinage du conducteur. Note de M. Birkeland, présentée par M. Poincaré.

— Oscillographes, nouveaux appareils pour l'étude des oscillations lentes. Note de M. A. Blondel, présentée par M. Potier.

— Reproduction photographique des réseaux et micromètres gravés sur verre. Note de M. Izarn, présentée par M. Mascart.

— A propos du stéréocollimateur à lecture directe de M. de Place. Note de M. R. Arnoux.

— Sur la préparation industrielle de l'alumine. Note de M. A. Ditte, présentée par M. Troost.

Par cette note l'auteur explique, au moyen des recherches qu'il a précédemment communiquées, la préparation industrielle de l'alumine, consistant à précipiter cette dernière en solution alcaline.

— Sur l'isomérie des acides amidobenzoïques. Note de M. Œchsner de Coninck.

On peut conclure des résultats fournis par l'expérience, que les isomères amidobenzoïques, à ne considérer que les proportions dissoutes dans les différents véhicules acides employés, se ressemblent toujours deux à deux.

— Sur le dimorphisme du chloroplatinate de diméthylamine. Note de M. Lebel, présentée par M. Arm. Gautier.

— Sur l'inuline et deux principes immédiats nouveaux : la pseudo-inuline et l'inulénine. Note de M. C. Tanret.

Dans l'aunée et le tampinambour, l'inuline est accompagnée de deux autres corps voisins : la *pseudo-inuline* et l'*inulénine*.

Pour préparer ces corps on se base sur la différence de solubilité de leurs composés barytiques en présence de l'eau de baryte en excès. On défèque par 1/10 environ d'extrait de saturne le jus bouillant de topinambours récoltés en septembre ou en octobre; dans la liqueur refroidie, où l'excès de plomb a été éliminé par l'acide sulfurique étendu, on verse une solution de baryte concentrée tant qu'il se forme un précipité, puis 1/5 d'alcool à 80°. Le précipité lavé à l'eau de baryte froide est décomposé par CO^2, puis la liqueur est additionnée d'un grand excès d'eau de baryte froide. Il se forme un précipité barytique (A) riche en inuline, mais contenant encore plus ou moins des deux autres corps. Quant à l'eau mère, elle renferme ceux-ci avec une petite quantité d'inuline qui a échappé à la précipitation. On l'additionne successivement d'alcool faible en séparant les précipités qu'on décompose par CO^2. On mettra de côté les liqueurs (B) qui ne précipitent plus par l'eau de baryte froide.

On soumet à ce traitement le précipité (A) jusqu'à ce qu'il ne fournisse plus de liqueurs (B). Amené à ce point, il n'est plus formé que d'inulate de baryte. On le dissout alors dans l'eau chaude, on le décompose par CO^2, puis la liqueur, bouillie et filtrée, est agitée avec du noir bien lavé, qui la dépouille presque complètement de son restant de baryte. Après filtration, on l'additionne de son volume d'alcool à 95°. L'inuline ne tarde pas à se déposer pure. On la jette sur un filtre, et on la lave à l'alcool concentré. Elle est mise ensuite à sécher à l'air, ou mieux sur l'acide sulfurique.

D'autre part les liqueurs (B) sont évaporées à siccité au bain-marie, puis le résidu est dissous dans l'eau de baryte froide (préparée avec de la baryte pure). On en verse ensuite une nouvelle quantité jusqu'à ce que le précipité qui se forme n'augmente plus. Ce précipité, traité par CO^2, comme pour l'inuline, donne la *pseudo-inuline*.

L'eau de baryte où s'est formé le dernier précipité est à son tour traitée par CO^2 et, après filtration, évaporée à siccité; le résidu est formé par l'inulénine et une petite quantité de pseudo-inuline. Pour séparer celle-ci, on agite le résidu avec dix fois son poids d'eau froide, et au bout de 24 heures on filtre, on évapore la solution, puis on dissout de nouveau le résidu dans cinq à six fois son poids d'alcool à 30° bouillant. Par refroidissement, la solution donnera l'*inulénine*.

L'*inuline* est un corps ressemblant à l'amidon; desséchée à 100°, son pouvoir rotatoire est

$$a_D = -38°,8 \ (p.\ 1\ gr. 45;\ v.\ 20^{cc},5;\ a - 5°,5).$$

Les auteurs ont donné — 35 à — 37°. Ce pouvoir rotatoire ne paraît influencé ni par la chaleur, ni par la concentration de la liqueur. Sa composition centésimale répond à la formule $C^{72}H^{62}O^{62}$ quintuplée.

L'eau de baryte donne d'abord une solution, mais une addition plus grande de liqueur donne un précipité $C^{72}H^{62}H^{62}\,6\,BaO$, même dans les solutions à 1/600.

La *pseudo-inuline* est constituée par des globules irréguliers ou réguliers suivant qu'elle se sépare de ses solutions aqueuses ou alcooliques. Elle dévie à gauche de — 32°,2. Sous l'influence des acides, son pouvoir rotatoire s'élève à — 85°,6. Le produit sucré ainsi obtenu donne facilement du lévulose cristallisé et un peu de glucose sans doute. Son poids moléculaire est exprimé par la formule $16\,(C^{12}H^{10}O^{10})H^2O^2$. Sa combinaison barytique est plus soluble que celle de l'*inuline*. A froid elle donne par la baryte un précipité répondant à la formule $16(C^{12}H^{10}O^{10})\,H^2O^2,\ 12\,BaO$ qui ne se forme plus dans les solutions à 3 pour 100. L'alcool donne le précipité $16\,(C^{12}H^{10}O^{10})\,H^2O^2,\ 16\,BaO$.

La pseudo-inuline ne précipite pas par le sous-acétate de plomb, mais une addition d'ammoniaque donne le composé $16\,(C^{12}H^{10}O^{10})\,H^2O^2\ 38\,PbO$.

L'*inulénine* est un produit parfaitement cristallisé en aiguilles disposées en étoiles auxquelles il faudrait sans doute attribuer la formation des sphéro-cristaux observés sur les coupes microscopiques de dahlias macérées dans l'alcool. Elle se dissout dans 35 parties d'alcool à 30° et 245 d'alcool à 50°, son pouvoir rotatoire est égal à — 29°,6. Après immersion il s'élève à — 83°,6. Sa composition après dessiccation à 100° peut être représentée par la formule $10\,(C^{12}H^{10}H^{10})\,2H^2O^2$. L'eau de baryte froide dissout l'inuline sans qu'un excès la précipite, les solutions concentrées tièdes de baryte la précipitent au contraire.

— Action absorbante du coton pour les solutions étendues de sublimé. Note de M. L. VIGNON, présentée par M. A. Gautier.

Le coton enlève le mercure aux solutions étendues de sublimé. Dans de pareilles solutions, le coton semble dissocier le sublimé suivant l'équation :

$$HgCl^2 + H^2O = HgO + 2\,(HCl),$$

le coton se combinant à l'oxyde mercurique, en vertu de sa fonction acide, tandis qu'il s'imprègne simplement d'acide chlorhydrique sans contracter de combinaison.

— Résistance remarquable des animaux de l'espèce caprine aux effets de la morphine. Note de M. L. GUINARD, présentée par M. Chauveau.

— Altérations du tissu musculaire dues à la présence de myxosporidies et de microbes chez le barbeau. Note de M. P. THÉLOHAN, présentée par M. Chauveau.

— Sur l'appareil maxillaire des Tuniciens. Note de M. JULES BONNIER.

— Sur le parfum des Orchidées. Note de M. EUGÈNE MESNARD, présentée par M. Duchartre.

— Recherches expérimentales sur la môle et sur le traitement de cette maladie. Note de M. J. COSTOUTIN, présentée par M. Duchartre.

Cette maladie des champignons de couche ne résisterait pas à un traitement antiseptique fait avec de l'acide sulfureux, du bisulfite de chaux ou mieux encore du lysol en solution à 2 pour 100.

— Une maladie de la barbe de capucin. Note de M. PRILLEUX, présentée par M. Duchartre.

Cette maladie due à un champignon, le *Sclerotinia libertiana*, peut être traitée avec succès par le saccharate de cuivre.

— M. ARMAND GAUTIER présente quelques remarques au sujet de la précédente communication.

— Sur la morphologie du noyau cellulaire chez les *Spirogyra* et sur les phénomènes particuliers qui en résultent chez ces plantes. Note de M. CH. DECAGNY.

— Découverte du mastodon Borsom, en Roussillon. Note de M. DONNEZAN, présentée par M. Albert Gaudry.

— Sur l'emploi de cartouches solubles dans les mesures et expériences océanographiques. Note de M. J. THOULET.

— Température observée dans l'hiver de 1789 à Montbéliard. Note de M. CONTEJEAN, présentée par M. Daubrée.

— D'après les documents de cette époque, la température serait descendue à —33°,1 à Montbéliard pendant l'hiver de 1789. Ces données sont-elles exactes, vu l'incertitude qui règne sur la valeur des thermomètres employés à cette époque?

— M. PELLERIN adresse une note sur la production des images photographiques.

— M. JARY adresse une note relative aux abordages en mer.

SOCIÉTÉ INDUSTRIELLE DE MULHOUSE

PROCÈS-VERBAUX DES SÉANCES DU COMITÉ DE CHIMIE

Séance du 14 *décembre* 1892.

M. O. Breuer a chargé M. Schæffer de remettre au comité de chimie une application assez intéressante du mica. Ce sont des tapis de table à fond foncé avec impression d'aspect argenté obtenu au moyen d'un mastic recouvert de mica. Ces tapis de table sont très estimés aux Indes, vu qu'ils supportent beaucoup de fatigue. Pas un Européen ne rentre des Indes sans en rapporter. M. Breuer croit qu'on les fabrique en imprimant une couleur à l'huile que l'on saupoudre, après l'impression, avec du mica broyé.

M. Breuer désire que le comité de chimie, après l'avoir examiné, remette ce tapis à M. Schœnhaupt pour le musée de dessin.

M. Werner a répété et confirmé les expériences de M. Henri Schæffer sur la préparation d'un oxyde de chrome d'un beau vert par l'action du bichromate de soude sur la glycérine. Le comité demande l'impression de la note de M. Schæffer et du rapport de M. Werner.

M. le docteur Pfungst, de Francfort, envoie deux exemplaires d'un appareil autoclave, à fermeture spéciale brevetée, destiné à remplacer dans les laboratoires les tubes de verre scellés, et demande à concourir pour un prix.

L'examen de cette demande est renvoyé à MM. Nœlting et Frey, qui se chargeront d'expérimenter les appareils en question.

Un certain nombre de plis cachetés ouverts aux séances générales du 26 octobre et du 30 novembre ont été renvoyés à l'examen du comité.

Le pli n° 327, de M. Josué Heilmann, est déposé aux archives.

Le n° 337, de M. Gustave Schœn, du 8 novembre 1881, traite de la préparation du chlorate de soude. Le comité en demande l'impression.

Le n° 342, de M. Witt, est déposé aux archives, son contenu ayant été publié depuis ce temps par l'auteur.

Le n° 339, de M. Albert Scheurer, déposé le 3 décembre 1881, traite de l'emploi de divers sulfoléates métalliques dans les couleurs vapeurs.

L'auteur a observé que le sulfoléate d'alumine précipité, bien neutre, mélangé à une matière colorante susceptible de donner avec l'alumine une laque, se combine avec elle et se fixe sur tissu par l'action du vaporisage. Il en est de même du sulfoléate de chrome.

Le comité demande l'impression de ce pli.

Le n° 340, de M. Albert Scheurer, traite d'un procédé de fabrication du rouge turc qui, sur la demande de l'auteur, est déposé aux archives.

Le n° 350, de M. Albert Scheurer, du 6 mai 1882, montre qu'un chauffage avec l'eau sous pression à 120° pendant 2 heures, suffit pour aviver les rouges turcs.

Le n° 347, de M. F. Witz, déposé le 25 avril 1882, décrit un noir d'aniline sur coton, n'attaquant ni le tissu, ni la racle, et se fixant immédiatement après l'impression par un passage au Mather et Platt, et traitement ultérieur en sel de soude.

La couleur se fait comme suit; on prend :

60 litres eau,
8 kilos amidon,
6 kilos amidon grillé,
0 kil. 500 aniline,
4 kil. 300 chlorate de soude;

cuire et ajouter à froid :

9 kilos de chlorhydrate d'aniline;

ajouter enfin, avant l'emploi, sur un litre de cette couleur :

0 kil. 25 chlorhydrate d'ammoniaque,
0 kil. 150 chromate de chrome.

Pour préparer le chromate de chrome, on mélange les dissolutions bouillantes de 12 kil. 586 d'alun de chrome dans 70 litres d'eau et de 13 kil. 713 de chromate *jaune* de potasse (K^2CrO^4) dans 70 litres d'eau également. On laisse reposer jusqu'au lendemain; on lave trois fois à l'eau tiède et trois fois à l'eau froide. La pâte obtenue pèse 33 kilos.

Il est à noter que l'emploi du chromate de chrome avait été signalé par M. Alfred Paraf en 1866.

Deux plis cachetés, n° 639, du 27 décembre 1890, et n° 650, du 7 février 1891, ont été déposés par MM. Fourneaux et Nœlting. Les auteurs décrivent la préparation de la métazodiméthylaniline :

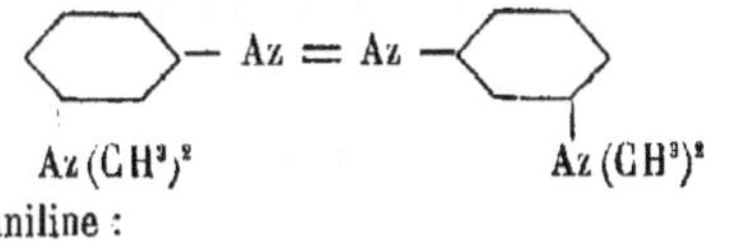

— Az = Az —
Az$(CH^3)^2$ Az$(CH^3)^2$

de la métazoxydiméthylaniline :

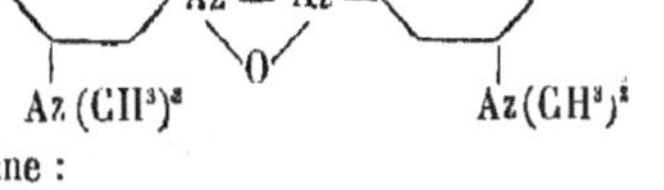

Az — Az —
O
Az$(CH^3)^2$ Az$(CH^3)^2$

de l'hydrazodiméthylaniline :

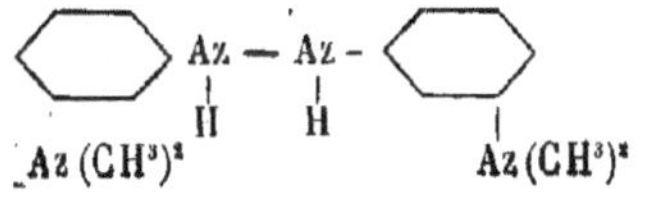

Az — Az —
H H
Az$(CH^3)^2$ Az$(CH^3)^2$

et de la tétraméthyldiamobenzidine :

H^2Az — ⬡ — ⬡ — AzH^2
$Az(CH^3)^2$ $Az(CH^3)^2$

ainsi que d'un certain nombre de matières colorantes dérivées de cette dernière.

Le dérivé azoïque et la benzidine ont été, depuis ce temps, obtenus aussi par M. Ch. Lauth, qui a publié ses expériences dans le *Bulletin de la Société chimique de Paris* de 1892, tome VIII, page 479.

MM. Fourneaux et Nœlting publieront prochainement leurs expériences *in extenso*, en tant que cette publication n'est pas devenue inutile par suite du travail de M. Lauth, et ils communiqueront aussi les résultats obtenus avec la parazo et parazoxydiméthylaniline, dérivés déjà connus, mais dont ils ont complété l'étude.

M. F. Ulzer adresse une note imprimée sur le dosage de l'indigotine dans l'indigo. Le comité lui en exprime ses remerciements.

M. Camille Schœn rend compte d'essais faits sur l'action du métatungstate de soude sur la laine.

La laine traitée au bouillon par le métatungstate n'attire en teinture que faiblement les matières colorantes acides, tandis qu'elle se teint avec les matières colorantes basiques en nuances bien plus foncées que la laine non traitée. Il y a donc neutralisation des fonctions basiques de la laine et augmentation des fonctions acides.

L'impression d'une réserve au métatungstate n'a pas réussi, peut-être par suite d'une polymérisation du composé de tungstène au vaporisage, analogue à celle observée par M. Vignon avec l'acide stannique.

La laine traitée au métatungstate et vaporisée conserve ses propriétés plus acides.

Les autres sels acides et acides essayés dans les mêmes conditions n'ont pas donné de résultat.

L'action du métatungstate sur la soie est la même que sur la laine.

M. Nœlting communique qu'en collaboration avec M. Michel, il a obtenu les azoïmides aromatiques nitrées par l'action des dérivés nitrodiazoïques, soit sur l'hydrazine, soit sur l'acide azothydrique.

Les réactions sont dans les deux cas extrêmement nettes.

Séance du 11 *janvier* 1893.

M. Baumann dépose son rapport sur la demande de concours pour le prix n° XXXII portant la devise *Grau ist nie die Theorie.* Le gris décrit dans cette demande de prix est un produit tirant directement sur coton, ainsi que sur mordant de tannin, et présentant des analogies avec la nigrisine. L'objet du prix est un gris tirant sur chrome, alumine ou autres oxydes métalliques.

La demande ne répond donc pas aux conditions du programme. Une copie du rapport de M. Baumann sera communiquée à l'auteur. Comme le mémoire de l'auteur contient des détails intéressants, il lui sera demandé en même temps s'il consent à ce qu'un extrait de son travail soit publié au Bulletin.

Les plis cachetés de la maison Frères Kœchlin, ouverts à la dernière séance, seront, sur la demande des auteurs, déposés aux archives.

M. Stœcklin entretient le comité d'essais qu'il fait sur une méthode de dosage du tannin et de l'acide gallique. Dans une prochaine séance il présentera un mémoire complet.

Un travail de M. Pokorny sur la production directe de colorants azoïques sur laine au moyen des naphtylamines est renvoyé à l'examen de M. Werner.

M. Albert Scheurer lit la note suivante :

SULFOGLYCÉRATE DE CHAUX.

Son emploi comme sel de chaux dans le rouge alizarine vapeur.

« On lit dans l'ouvrage de M. Dépierre, sur la teinture et l'impression, l'application « faite par M. Havraneck du sulfoglycérate de chaux en remplacement de l'acétate de « chaux dans le rouge alizarine vapeur.

« Le sulfoglycérate de chaux est employé dans le même but par la maison Scheurer-« Rott et Ce depuis l'année 1879.

« La préparation de ce corps ayant offert quelques difficultés, j'eus recours, au bout « d'un certain temps, à la glycérine concentrée, que l'on emploie pour fabriquer la « dynamite.

« A l'appui de mon assertion, je mets sous les yeux du comité une facture de gly-« cérine concentrée de la maison de Hæn à Hanovre, datée du 2 juillet 1879, et mon « cahier d'essais, où l'on retrouve, antérieurement et postérieurement à cette date, de « nombreux dosages, ainsi que le moyen d'éliminer le fer.

« D'après les renseignements que j'ai pu recueillir, M. Havraneck n'a vendu ou com-« muniqué son procédé qu'en 1880. »

Le comité demande à la Société de nommer membre correspondant, avec Bulletin, M. Vignon, maître de conférences à la Faculté des sciences de Lyon.

M. Dubosc envoie une brochure sur le blanchiment électrolytique de M. Hermite.

Séance du 8 février 1893.

L'auteur du travail envoyé sous la devise *Grau ist nie die Theorie*, M. Max Petzold, de Chemnitz, consent à ce qu'un extrait de son mémoire soit publié au Bulletin. M. Baumann est prié de le rédiger.

Le comité passe ensuite à l'étude de divers plis cachetés déposés par M. Goppelsrœder le 22 mars 1882 et ouverts à la séance du 8 octobre 1892, traitant de nouveaux procédés de décreusage et de nettoyage des cocons et de la schappe de soie.

Suivant le désir de l'auteur, ces documents seront soumis à M. Jules Persoz à Paris.

M. Albert Scheurer lit une étude sur l'action du vaporisage sur la laine considérée au point de vue de l'affaiblissement de la fibre. — Le comité demande l'impression de cette note.

Il demande ensuite à la Société de vouloir bien faire l'acquisition de l'ouvrage de M. Zune sur l'analyse des beurres.

M. Nœlting, en commun avec M. L. Baumann, a étudié l'action de l'acide nitrique sur la métabromaniline en solution sulfurique concentrée. Comme dans le cas de la métatoluidine, il se forme un dérivé nitré en para vis-à-vis de l'amide, savoir :

ERRATUM.

Dans le numéro de mars 1893 du *Moniteur scientifique*, page 201, ligne 5, au lieu de : *acide allomucique*, lire : *acide talomucique*.

Paris — Imprimerie L. Baudoin, 2, rue Christine.

LE MONITEUR SCIENTIFIQUE-QUESNEVILLE

JOURNAL DES SCIENCES PURES ET APPLIQUÉES

TRAVAUX PUBLIÉS A L'ÉTRANGER

COMPTES RENDUS DES ACADÉMIES ET SOCIÉTÉS SAVANTES

TRENTE-SEPTIÈME ANNÉE

QUATRIÈME SÉRIE. — TOME VIIe. — Ire PARTIE

Livraison 617 — MAI — Année 1893

PROGRÈS RÉALISÉS DANS L'INDUSTRIE DES MATIÈRES COLORANTES EN 1892

Par M. Ed. Ehrmann.

Nous avons divisé notre revue, ainsi que nous l'avions fait les années précédentes, en un certain nombre de chapitres, de façon à pouvoir rattacher aux principaux groupes de la chimie aromatique les brevets et les travaux relatifs aux matières colorantes :

1. Dérivés du diphénylméthane et du triphénylméthane.
2. Thionines, safranines, oxazines, azines.
3. Dérivés de l'anthracène.
4. Dérivés acridiques.
5. Indulines.
6. Couleurs azoïques.
7. Matières colorantes diverses.
8. Tableaux des matières colorantes nouvelles.

1° Dérivés du triphénylméthane et du diphénylméthane.

Depuis que l'importance des dérivés métasubstitués du triphénylméthane a été établie, de nombreux travaux ont été dirigés dans le but de produire ces couleurs. Elles possèdent, comme on sait, les formules générales suivantes :

$$\mathrm{C}(\mathrm{OH})\begin{cases}\mathrm{C^6H^4.Az(CH^3)^2}\\ \mathrm{C^6H^4R}\\ \mathrm{C^6H^4.Az(CH^3)^2}\end{cases} \qquad \mathrm{C}(\mathrm{OH})\begin{cases}\mathrm{C^6H^4.Az(CH^3)^2}\\ \mathrm{C^6H^4OR}\\ \mathrm{C^6H^4.Az(CH^3)^2}\end{cases}$$

On les obtient, d'une part, en condensant des aldéhydes métasubstituées avec toute la série des amines, et d'autre part, en faisant réagir les benzophénones métasubstituées sur des amines dant la position para est libre. On éprouvait toutefois une grande difficulté à préparer les benzophénones métasubstituées. On y est arrivé par le procédé suivant (1) : pour faire, par exemple, une *benzophénone métaméthoxylée*, on transforme l'acide méthoxybenzoïque en *méthoxybenzanilide :*

$$\underset{\underset{O}{\|}}{C}(\!-\!C^6H^4.OCH^3)\!-\!AzHC^6H^5$$

puis on la traite simultanément par de l'*oxychlorure de phosphore* et par de la diméthylaniline. Il se forme d'abord un dérivé dichloré qui perd les éléments de l'acide chlorhydrique :

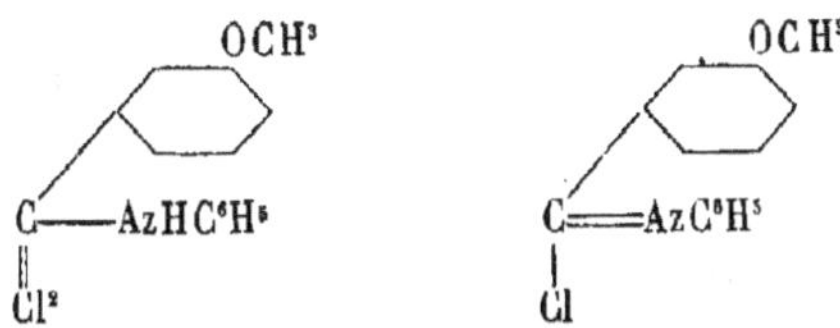

il y a ensuite fixation de diméthylaniline et départ du groupement phénylimide sous l'influence d'une molécule d'eau :

$$C\begin{cases} C^6H^4.OCH^3 \\ =Az.C^6H^5 \\ C^6H^4.Az(CH^3)^2 \end{cases} + H^2O = C^6H^5.AzH^2 + CO\begin{cases} C^6H^4.OCH^3 \\ C^6H^4.Az(CH^3)^2 \end{cases}$$

Cette réaction est applicable aux anilides parasubstituées; ainsi on peut, par ce procédé, préparer les benzophénones tétraméthyldiamidées.

Si les acides benzoïques sont anilidés avec de la monométhylaniline, on obtient :

$$C\begin{cases} C^6H^4.OCH^3 \\ Az\begin{cases} CH^3 \\ C^6H^5 \end{cases} \\ C^6H^4.Az(CH^3)^2 \\ Cl \end{cases} \qquad C\begin{cases} C^6H^4.Az(CH^3)^2 \\ Az\begin{cases} CH^3 \\ C^6H^5 \end{cases} \\ C^6H^4.Az(CH^3)^2 \\ Cl \end{cases}$$

qui, par fixation d'eau, donnent les cétones correspondantes.

De plus, en traitant ces produits par de l'ammoniaque, même à froid, ils se transforment intégralement en *auramines :*

$$C\begin{cases} C^6H^4.Az(CH^3)^2 \\ Az\begin{cases} CH^3 \\ C^6H^5 \end{cases} \\ C^6H^4.Az(CH^3)^2 \\ Cl \end{cases} + 2\,AzH^3 = AzH^4Cl + C\begin{cases} C^6H^4.Az(CH^3)^2 \\ =AzH \\ C^6H^4.Az(CH^3)^2 \end{cases}$$

En partant du vert malachite métaamidé, qui est un bleu vert, et en le condensant avec du *chlorodinitrobenzène* 1-2-4 :

(1) D. R. P. 65952, 21 septembre 1892 ; « Farbwerke ». (*Mon. sc.*, 1892, *pagination à part des brevets*, p. 394).

$$C_6H_2(Cl)(AzO^2)^2$$

on prépare une couleur verte basique qui possède un ton très jaune; elle est intéressante à cause de sa nuance (1), c'est le *dinitromonophénylmétaamidotétraméthyldiamidotriphénylcarbinol*, dont la leucobase prend naissance en vertu de l'équation suivante :

$$CH\begin{cases} C^6H^4.Az(CH^3)^2 \\ C^6H^4-AzH^2 \\ C^6H^4.Az(CH^3)^2 \end{cases} + Cl-C^6H^3(AzO^2)^2 = CH\begin{cases} C^6H^4.Az(CH^3)^2 \\ C^6H^4-AzH-C^6H^3(AzO^2)^2 \\ C^6H^4.Az(CH^3)^2 \end{cases}$$

On oxyde ensuite cette leucobase. La matière colorante obtenue possède, quoique basique, la propriété curieuse de teindre la laine en *bain acide*.

On a obtenu un autre dérivé métasubstitué en prenant une voie différente. On condense la *parachlorométanitrobenzaldéhyde :*

$$CHO-C^6H^3(AzO^2)-Cl$$

avec de la diméthylaniline, on obtient ainsi la leucobase d'un vert malachite *parachloré* et *métanitré* (2) :

$$CH\begin{cases} C^6H^4.Az(CH^3)^2 \\ C^6H^3(Cl)(AzO^2) \\ C^6H^4Az(CH^3)^2 \end{cases}$$

En traitant ce produit par un sulfite alcalin, on remplace Cl par SO^3H; on réduit ensuite ce dérivé nitré, on le diazote et on le décompose par l'eau bouillante; on a alors la leucobase du *vert métaoxyparasulfoné*, qui, traité par des déshydratants appropriés, se transforme en *sultone :*

$$HC-C^6H^3(AzO^2)-SO^3H \qquad HC-C^6H^3(AzH^2)-SO^3H \qquad HC-C^6H^3(OH)-SO^3H$$

$$HC-C^6H^3\langle{}^{SO^2}_{O}\rangle$$

(1) D. R. P. 63026, 8 février 1892; « Farbwerke ». (*M. sc.*, 1892, *pag. à part des brevets*, p. 138).

(2) D. R. P. 64736, 7 mars 1892; E. et H. Erdmann. (*M. sc.*, 1892, *pag. à part des brevets*, p. 143).

En oxydant cette sultone, on obtient un très beau bleu.

On a aussi préparé des *couleurs métasulfonées* en condensant le tétraméthyldiamidobenzhydrol avec les bases (1) :

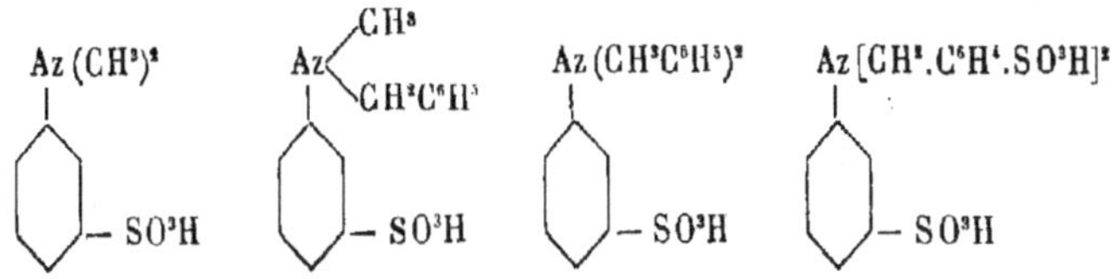

$Az(CH^3)^2$ — C^6H^4 — SO^3H ; $Az<^{CH^3}_{CH^2C^6H^5}$ — C^6H^4 — SO^3H ; $Az(CH^2C^6H^5)^2$ — C^6H^4 — SO^3H ; $Az[CH^2.C^6H^4.SO^3H]^2$ — C^6H^4 — SO^3H

Par oxydation, on obtient des couleurs teignant en bleu et en bleu violet, par exemple :

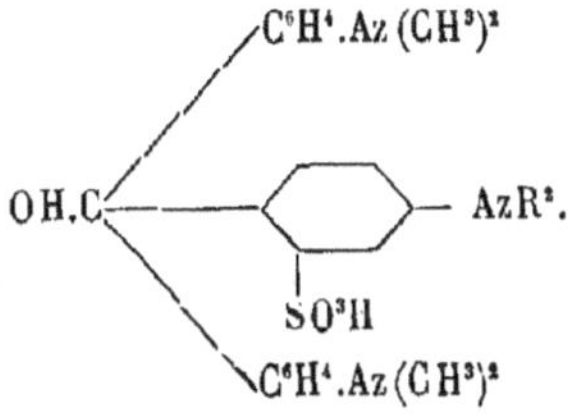

$$OH.C \begin{cases} C^6H^4.Az(CH^3)^2 \\ C^6H^3(SO^3H)-AzR^2. \\ C^6H^4.Az(CH^3)^2 \end{cases}$$

On peut encore condenser la métaamidobenzaldéhyde avec deux molécules de *monométhylorthotoluidine*, puis transformer le groupe AzH^2 en OH, sulfoner et oxyder (2) :

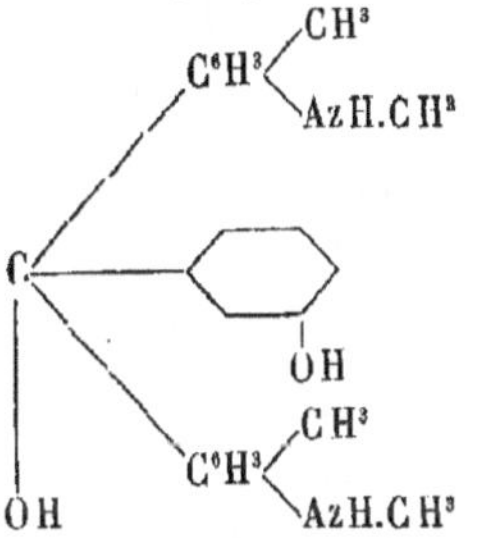

$$C \begin{cases} C^6H^3<^{CH^3}_{AzH.CH^3} \\ C^6H^4-OH \\ C^6H^3<^{CH^3}_{AzH.CH^3} \\ OH \end{cases}$$

L'hydrol de Michler (3) est toujours une matière première particulièrement apte à fournir des couleurs du triphénylméthane. Nous avions vu précédemment qu'il se condense aisément avec l'*acide benzoïque* (4) en donnant une matière colorante teignant les mordants. Ce produit semble être le *vert au chrome* commercial; ce serait un vert malachite *carboxylé;* il prend naissance par la condensation en milieu sulfurique de l'hydrol avec de l'acide benzoïque à la température du bain-marie; il aurait donc la constitution (5) :

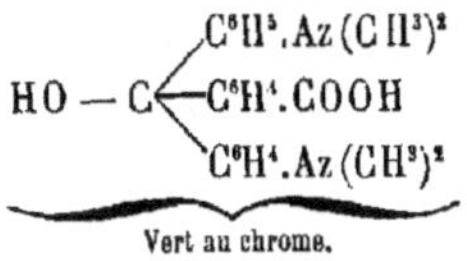

$$\underbrace{HO-C \begin{cases} C^6H^4.Az(CH^3)^2 \\ C^6H^4.COOH \\ C^6H^4.Az(CH^3)^2 \end{cases}}_{\text{Vert au chrome.}}$$

Il forme une poudre à reflets métalliques, facilement soluble dans l'eau en vert bleu;

(1) D. R. P. 68291, 15 novembre 1892; Bayer et Ce. — D. P. A. F. 6053, 15 novembre 1892; Bayer et Ce. (*Mon. sc.*, 1892, p. 16 et 171, *pagination à part des brevets*, et 1891, p. 886).

(2) D. P. A. C. 3796, 1er décembre 1892; Cassella et Ce.

(3) Le tétraméthyldiamidobenzhydrol.

(4) *Moniteur scientifique*, 1892, p. 246.

(5) *Die Chemische Industrie*, 1892, p. 372; Erdmann.

il se dissout en jaune dans l'acide sulfurique concentré; en étendant d'eau, la solution devient jaune verdâtre.

Pour l'appliquer sur coton on l'imprime avec de l'acétate de chrome sur tissu huile, puis on vaporise. La couleur est vive, mais n'offre que fort peu de résistance à la lumière. Le *violet au chrome* et le *bleu au chrome* semblent être de même nature chimique; il est possible que le premier soit le produit de condensation de l'hydrol avec l'acide *α-oxynaphtoïque* et le second avec l'acide *salicylique* (1) :

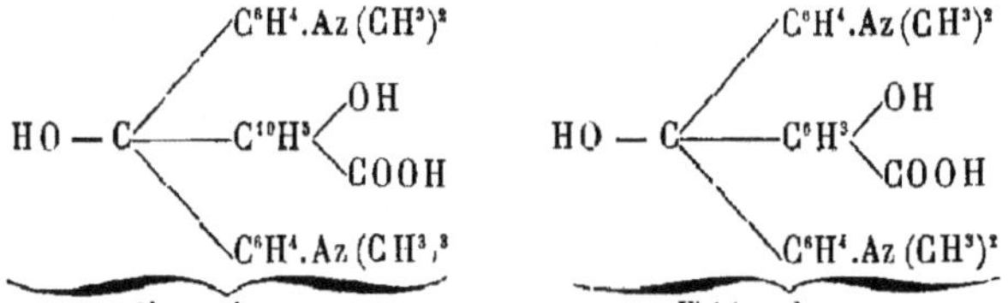

$$HO - C \begin{cases} C^6H^4.Az(CH^3)^2 \\ C^{10}H^5 \begin{cases} OH \\ COOH \end{cases} \\ C^6H^4.Az(CH^3)^2 \end{cases}$$

Bleu au chrome.

$$HO - C \begin{cases} C^6H^4.Az(CH^3)^2 \\ C^6H^3 \begin{cases} OH \\ COOH \end{cases} \\ C^6H^4.Az(CH^3)^2 \end{cases}$$

Violet au chrome.

On peut obtenir des couleurs nitrées et halogénées du triphényl et du diphénylnaphtylméthane en condensant l'hydrol avec les dérivés nitrés suivants (2) :

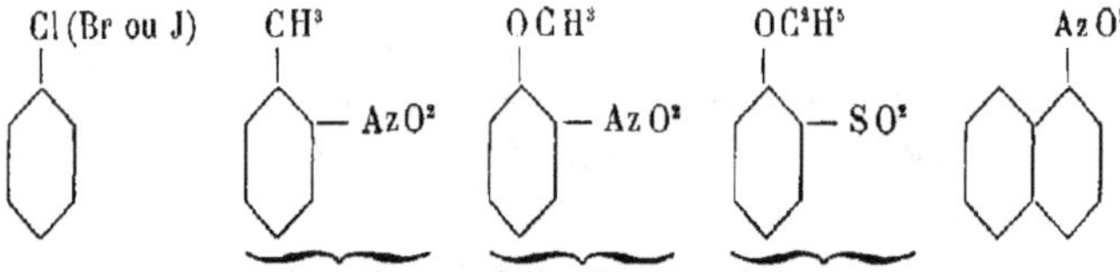

$$C^6H^5 - Cl\ (Br\ ou\ J) \qquad CH^3 - C^6H^4 - AzO^2 \qquad OCH^3 - C^6H^4 - AzO^2 \qquad OC^2H^5 - C^6H^4 - SO^2 \qquad C^{10}H^7 - AzO^2$$

(ou para). (méta ou para). (méta ou para).

Si la condensation de l'hydrol a lieu avec de la dibenzylaniline en milieu sulfurique, à la température du bain-marie, on obtiendra un violet acide qui possède sans doute la constitution suivante (3) :

$$OH - C \begin{cases} C^6H^4.Az(CH^3)^2 \\ C^6H^4.Az\,[CH^2.C^6H^4.SO^3Na] \\ C^6H^4.Az(CH^3)^2 \end{cases}$$

Toutes ces synthèses au moyen de l'hydrol déterminent d'abord la formation d'une leucobase qu'il est ensuite nécessaire d'oxyder. On sait que les hydrogènes des groupements amidés et imidés sont particulièrement sensibles à cette oxydation ; en général, les rendements sont mauvais. Il est possible de protéger l'hydrogène imidique en transformant la leucobase en nitrosamine que l'on décompose après l'oxydation.

Par exemple, on condense l'hydrol avec la phényl-α-naphtylamine (4) :

$$CH \begin{cases} C^6H^4 - Az(CH^3)^2 \\ C^6H^4 - AzH - C^{10}H^7 \\ C^6H^4 - Az(CH^3)^2 \end{cases}$$

puis on nitrose, on oxyde la nitrosamine et l'on chasse ensuite le groupe AzO :

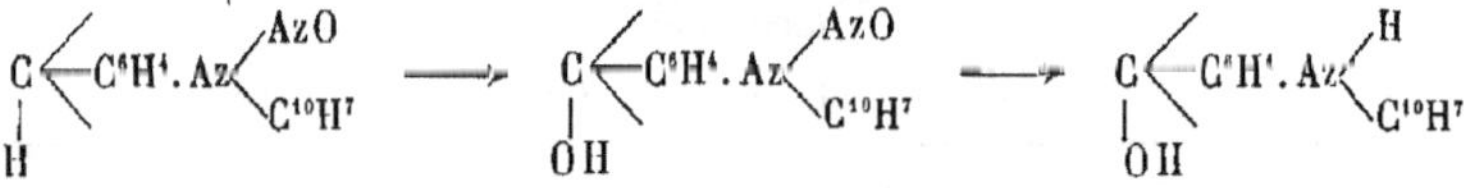

$$\underset{H}{C} \left\langle C^6H^4.Az \begin{cases} AzO \\ C^{10}H^7 \end{cases} \right. \longrightarrow \underset{OH}{C} \left\langle C^6H^4.Az \begin{cases} AzO \\ C^{10}H^7 \end{cases} \right. \longrightarrow \underset{OH}{C} \left\langle C^6H^4.Az \begin{cases} H \\ C^{10}H^7 \end{cases} \right.$$

(1) *Chemiker Zeitung*, 1892, p. 1805; Friedländer.

(2) D. R. P. 63743, 17 mars 1892 ; Bayer et Ce. — D. R. P. 64306, 17 mars 1892 ; Bayer et Ce. (*Mon. sc.*, 1892, *pagination à part des brevets*, p. 171).

(3) D. P. A. F. 5055, 24 février 1893 ; Bayer et Ce.

(4) D. R. P. 65733, 18 juillet 1892; Cassella et Ce. (*Mon. sc.*, 1892, p. 395 et 396).

On peut d'ailleurs traiter de la même façon les dérivés sulfonés de ces produits (1).

Puisque nous en sommes à l'hydrol, nous signalerons la transformation de ce produit en *tétraalcoyldiamidodiphénylméthane sulfoné* (2). Si l'on fait bouillir l'hydrol avec une solution de bisulfite de soude à 30 pour 100, il se dissout, et le sulfo prend naissance dans les conditions suivantes :

$$SO^2\left\langle\begin{matrix}ONa \\ \boxed{H \quad\quad HO}\end{matrix}\right. \begin{matrix}H \\ \end{matrix}\!\!\Big\rangle C\left\langle\begin{matrix}C^6H^4Az(CH^3)^2 \\ C^6H^4Az(CH^3)^2\end{matrix}\right. = H^2O + \begin{matrix}H \\ | \\ C \\ | \\ SO^3Na\end{matrix}\left\langle\begin{matrix}C^6H^4Az(CH^3)^2 \\ C^6H^4Az(CH^3)^2\end{matrix}\right.$$

Ce produit est donc, comme on le voit, un dérivé sulfoné de la série grasse. Il est stable ; ainsi, une ébullition prolongée avec des acides minéraux étendus, ne provoque qu'une décomposition insignifiante ; par contre, en le chauffant avec de l'acide sulfurique concentré, il se dédouble nettement en acide sulfureux et en hydrol.

Lorsqu'on le chauffe dans une atmosphère d'ammoniaque à 120-160° ou que l'on porte son sel ammoniacal à une température de 130-150° jusqu'à cessation du dégagement d'acide sulfureux, il se transforme en auramine (3) :

$$\begin{matrix}H \\ | \\ C \\ | \\ SO^3H\end{matrix}\!\!\Big\langle \longrightarrow \begin{matrix}| \\ C = AzH \\ |\end{matrix}$$

Les bisulfites alcalins ont été employés dans deux autres réactions pour obtenir des produits sulfonés ; nous ouvrons ici une parenthèse pour parler de ces produits.

On sait que la nitrosodiméthylaniline, traitée par du bisulfite de soude, donne un produit insoluble (4). Toutefois une action prolongée du bisulfite détermine la dissolution du produit en donnant un corps soluble dans l'eau (5), de la formule :

$$C^6H^4\left\langle\begin{matrix}Az(CH^3)^2 \\ Az = (SO^3Na^2)\end{matrix}\right.$$

Si, la dissolution une fois achevée, on élève la température jusqu'à l'ébullition, et en ajoutant de l'acide chlorhydrique, on obtient un *paraamidophénol disulfoné*, modification α ; si au contraire on n'ajoute pas d'acide, et que l'on chauffe à 115-120°, il se forme la modification β. Ces deux paraamidophénols disulfonés servent à la préparation de matières colorantes.

On sait qu'il est très difficile de sulfoner la paraphénylènediamine, et encore n'obtient-on, dans le cas de la sulfonation directe, qu'un dérivé *disulfoné*. Pour préparer la *monosulfoparaphénylènediamine*, on oxyde avec précaution la paraphénylènediamine pour la transformer en *quinonimide* (6) :

$$C^6H^4\left\langle\begin{matrix}AzH \\ AzH\end{matrix}\right.$$

(1) D. P. A. F. 5910, 19 septembre 1892 ; Bayer et Ce. (*Mon. sc.*, 1893, p. 41).
(2) D. R. P. 67434, 15 septembre 1892 ; Bayer et Ce. (*Mon. sc.*, 1893, p. 39).
(3) D. P. A. W. 8484, 6 janvier 1893 ; Bayer et Ce.
(4) *Berichte* t. 22, p. 107 ; Forsberg.
(5) D. R. P. 65236, 20 juin 1892 ; Geigy et Co. (*M. sc.* 1892, *pag. à part des brev.*, p. 258 et 317).
(6) D. R. P. 64908, 12 mai 1892 ; E. et H. Erdmann. (*M. sc.*, 1892, *pag. à part des brev.*, p. 208).

puis on traite par du bisulfite de soude qui transforme cette diimide en produit sulfoné :

$$C^6H^3\begin{cases} AzH^2 & (1) \\ AzH^2 & (4) \\ SO^3H & (2) \end{cases}$$

On peut d'ailleurs traiter aussi par les bisulfites alcalins la *quinonedichlorimide* obtenue, comme on sait, par l'action du chlorure de chaux sur la paraphénylènediamine :

$$C^6H^4\begin{cases} AzCl & (1) \\ AzCl & (4) \end{cases}$$

Nous verrons au chapitre des azoïques que l'on a également fait usage des sulfites pour préparer une *métaphénylènediamine sulfonée* :

$$AzH^2-C^6H^3(SO^3H)-AzH^2$$

On obtient des matières colorantes sulfonées de la série du triphénylméthane, en transformant le dérivé disulfoné du tétraméthyldiamidotriphénylméthane en hydrol, puis en condensant ce corps avec des amines telles que la diméthylaniline, la diéthylaniline, l'éthylbenzylaniline sulfonée (1), etc... :

$$HO-CH\begin{cases} C^6H^3\begin{cases} Az(CH^3)^2 \\ SO^3H \end{cases} \\ C^6H^3\begin{cases} Az(CH^3)^2 \\ SO^3H \end{cases} \end{cases} + C^6H^5.Az(CH^3)^2 = H^2O + CH\begin{cases} C^6H^3\begin{cases} Az(CH^3)^2 \\ SO^3H \end{cases} \\ C^6H^4.Az(CH^3)^2 \\ C^6H^3\begin{cases} Az(CH^3)^2 \\ SO^3H \end{cases} \end{cases}$$

puis on oxyde cette leucobase.

Ce procédé est moins intéressant que celui qui consiste à oxyder des bases benzylées et sulfonées avec la diphénylamine et ses dérivés éthoxylés et méthoxylés (2) en solution aqueuse neutre ; le corps suivant, par exemple, obtenu par ce procédé, est un bleu rouge :

$$HO-C\begin{cases} C^6H^4.Az\begin{cases} C^2H^5 \\ C^7H^7.SO^3H \end{cases} \\ C^6H^4.AzH.C^6H^5 \\ C^6H^4.Az\begin{cases} C^2H^5 \\ C^7H^7.SO^3H \end{cases} \end{cases}$$

On a effectué une synthèse du *bleu diphénylamine* permettant d'obtenir le bleu directement en solution aqueuse sans passer, ni par la cuite, ni par la sulfonation du produit insoluble que l'on obtient habituellement (3). En effet, deux molécules de diphénylamine monosulfonée se condensent facilement avec une solution de formaldéhyde en

(1) D. R. P. 65047, 30 mai 1892 ; Geigy et Ce.

(2) D. R. P. 62239, 16 mai 1891 ; Cassella et Ce. — D. R. P. 65733, 19 juillet 1892 ; Cassella et Ce.

(3) D. P. A G. 5719, 30 décembre 1892 ; Geigy et Ce.

solution aqueuse légèrement acidulée et se transforment en *diphényldiamidodiphénylméthane disulfoné* (1) :

$$H.COH + 2[C^6H^5.AzH.C^6H^4.SO^3H]^2 = H^2O + CH^2[C^6H^4.AzH.C^6H^4.SO^3H]^2.$$

Ce produit, condensé avec une troisième molécule de diphénylamine sulfonée au moyen d'un oxydant tel que le chlorure de fer, le chlorate ou le bichromate de potasse, le chlorure cuivrique, etc., à 100°, donne une *triphénylpararosaniline trisulfonée* symétrique :

$$HO - C \begin{cases} C^6H^4 - AzH.C^6H^4.SO^3H \\ C^6H^4 - AzH.C^6H^4.SO^3H \\ C^6H^4 - AzH.C^6H^4.SO^3H \end{cases}$$

On peut aussi oxyder directement deux molécules de diphénylamine sulfonée et une molécule de *méthyldiphénylamine sulfonée ;* dans ce cas, c'est le groupe méthyle de la méthyldiphénylamine qui fournit le carbone central (2).

Dans la série des bleus de diphénylamine on a fait usage récemment du *tétrachlorure de carbone ;* si on le condense à 90° en présence de chlorure d'aluminium avec de la diphénylamine (3), on obtient directement du bleu de diphénylamine sans passer par la leucobase.

On peut d'ailleurs préparer le bleu de diphénylamine en faisant réagir le *formaldéhyde* sur de la diphénylamine (4).

Le tétrachlorure de carbone peut être aussi employé pour la préparation de l'*aurine* (5) (*trioxytriophénylcarbinol*) :

$$C \begin{cases} C^6H^4.OH \\ C^6H^4.OH \\ C^6H^4.O \end{cases} \quad (\text{C et O reliés})$$

On chauffe à 140-160°, par exemple, un mélange de :

14 parties de phénol,
30 parties de ZnCl,
10 parties de Al^2Cl^6,
8 parties de CCl^4,

et on traite la cuite par la méthode habituelle.

Nous avions vu dans notre précédente revue (6) que les amidobenzophénones substituées pouvaient, dans certaines conditions, donner, par condensation avec le pyrogallol, des couleurs à mordants. Au lieu de ces benzophénones, on peut employer des thiocétones ou des corps imidés (auramines et auramines substituées), en général les dérivés cétoniques qui sont susceptibles, dans les conditions présentes, de se retransformer en cétones. Par exemple, en mélangeant en milieu chlorhydrique à la température ordinaire de l'auramine ou de la méthylphénylauramine et du pyrogallol, on a (7) :

$$C \begin{cases} C^6H^4.Az(CH^3)^2 \\ AzH^2 \\ OH \\ C^6H^4.Az(CH^3)^2 \end{cases} + C^6H^3(OH)^3 = AzH^4Cl + C \begin{cases} C^6H^4.Az(CH^3)^2 \\ C^6H^2(OH)^3 \\ OH \\ C^6H^4.Az(CH^3)^2 \end{cases}$$

(1) D. P. A. G. 7845, 28 février 1893; Geigy et Cᵉ.
(2) D. P. A. G. 7845, 28 février 1893; Geigy et Cᵉ.
(3) D. R. P. 66511, 1ᵉʳ septembre 1892 ; Heumann.
(4) D. R. P. 67013, 7 juillet 1892; « Farbwerke ». (*Mon. sc.*, 1892, p. 322).
(5) D. P. A. H. 12155, 13 janvier 1893; Heumann.
(6) Voir *Moniteur scientifique*, 1892, page 246.
(7) D. R. P. 64946, 2 juin 1892; *Gesellschaft für Chemische Industrie* (Bâle).

Signalons ici les remarquables travaux de Noelting dans la série du triphénylméthane, travaux ayant eu pour but d'étudier l'influence des groupes substitués dans la formation des couleurs du triphénylméthane, et les modifications que ces groupements font éprouver aux couleurs de ces produits. Toutes les anilines méthylées en para, oxydées avec 2 molécules d'une base ayant un groupe méta ou para libre, donnent des fuchsines; telles sont, par exemple :

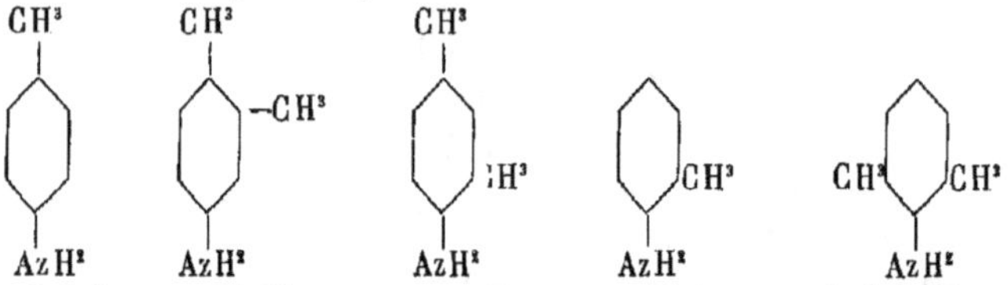

CH³ — AzH² : Para-toluidine. CH³, —CH³ — AzH² : Orthoxylidine As. CH³, CH³ — AzH² : Métaxylidine As. CH³ — AzH² : Ortho-toluidine. CH³, CH³ — AzH² : Métaxylidine voisine.

On n'obtient pas de fuchsine lorsqu'on les oxyde avec des amines qui ont leur position para libre, mais dont la position méta est occupée par un CH³, par exemple :

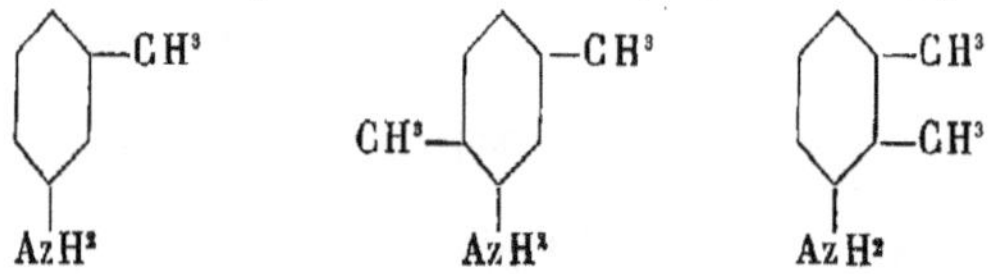

—CH³ — AzH² : Métatoluidine. —CH³, CH³— — AzH² : Paraxylidine. —CH³, —CH³ — AzH² : Orthoxylidine voisine.

On en tirerait donc la conclusion suivante : à savoir qu'il est impossible de préparer des couleurs de triphénylméthane renfermant dans deux noyaux phényliques un méthyle en para ou en ortho par rapport au carbone central. Toutefois cette règle n'est pas applicable aux couleurs alcoylées dans les groupes AzH²; ainsi, avec la benzaldéhyde et la diméthylmétatoluidine, on obtient parfaitement un produit renfermant dans deux noyaux phényliques un méthyl en ortho par rapport au carbone méthanique et qui donne, par oxydation, un vert malachite diméthylé teignant le coton mordancé au tannin :

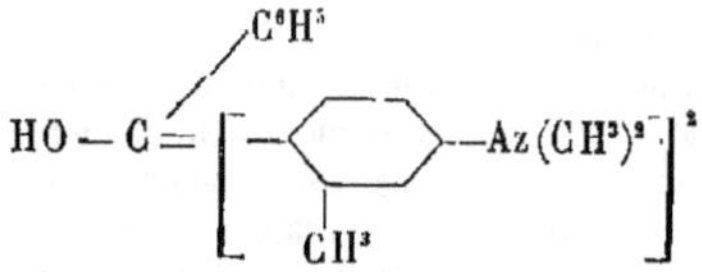

$$HO-C{\overset{C^6H^5}{\diagup}}=\left[-C_6H_3(CH^3)-Az(CH^3)^2\right]^2$$

Dans ces conditions, la paranitrobenzaldéhyde conduit à une leucobase correspondant à un beau violet amidé :

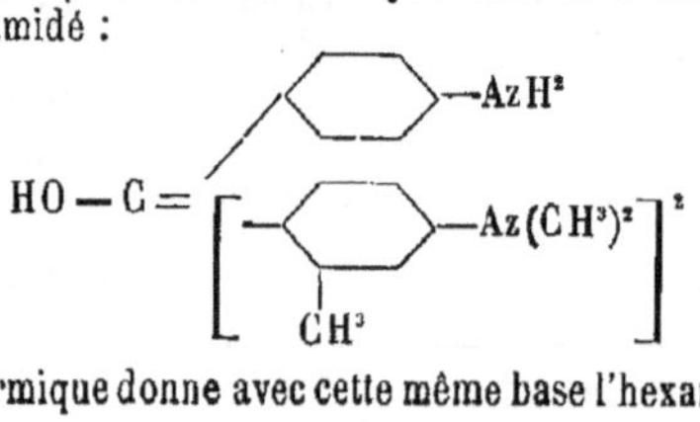

$$HO-C{\overset{C_6H_4-AzH^2}{\diagup}}=\left[-C_6H_3(CH^3)-Az(CH^3)^2\right]^2$$

Enfin l'éther orthoformique donne avec cette même base l'hexaméthyltriamidotritolylcarbinol :

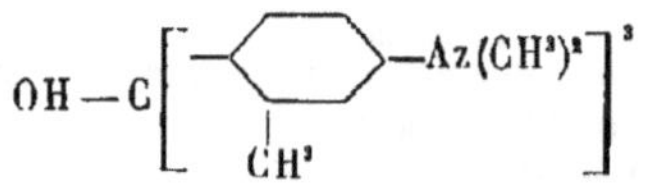

$$OH-C\left[-C_6H_3(CH^3)-Az(CH^3)^2\right]^3$$

qui rappelle, comme nuance, le violet cristallisé.

Nous avions déjà vu, dans une précédente revue (1), que le tétraméthyldiamidobenzhydrol, condensé avec la paratoluidine donne suivant que la condensation a lieu en milieu sulfurique ou chlorhydrique, un produit méta ou orthosubstitué, qui se transforment tous deux par oxydation en produits bleu-verts analogues au bleu patenté :

$$HO - C \begin{cases} [C^6H^4Az(CH^3)^2]^2 \\ C^6H^3(CH^3)(AzH^2) \end{cases} \qquad HO - C \begin{cases} [C^6H^4Az(CH^3)^2]^2 \\ C^6H^3(CH^3)(AzH^2) \end{cases}$$

Ces expériences confirment la manière de voir exposée plus haut, à savoir que la règle qui préside à la formation des fuchsines n'est pas applicable aux produits alcoylés dans les groupes AzH^2.

On sait que le tétraméthyltriamidotriphénylcarbinol est un violet :

$$HO - C \begin{cases} [C^6H^4Az(CH^3)^2]^2 \\ C^6H^4.AzH^2 \end{cases}$$

mais que son dérivé monoacétylé est un vert comme le vert malachite ; la disparition de la basicité du groupe AzH^2 provoque ce changement de nuance :

$$\underbrace{HO - C \begin{cases} [C^6H^4Az(CH^3)^2]^2 \\ C^6H^4.AzCOCH^3 \end{cases}}_{\text{Couleur verte.}} \qquad \underbrace{HO - C \begin{cases} [C^6H^4Az(CH^3)^2]^2 \\ C^6H^5 \end{cases}}_{\text{Vert malachite.}}$$

Or, en appliquant au violet tétraméthylé la réaction de Skraup, on obtient un bleu vert analogue au vert acétylé :

$$OH - C \begin{cases} [C^6H^4Az(CH^3)^2]^2 \\ C^9H^6Az \end{cases}$$

fait qui ressort bien, dans ce cas, de la disparition du groupe AzH^2. Nous ne faisons que résumer brièvement ces travaux, qui ont d'ailleurs été exposés d'une façon très complète dans le *Moniteur* (2).

Les *anisolines* (3) sont de nouvelles phtaléines obtenues en transformant les rhodamines en produits plus alcoylés. On chauffe les rhodamines à 120° avec des chlorures, bromures ou iodures d'éthyle, de méthyle, de benzyle ; il est probable que le produit se trouve éthérifié dans le carboxyle phtalique :

$$\underbrace{R^2Az-C^6H^3\langle{-O-}\rangle C^6H^3-AzR^2,\ -C(C^6H^4-CO-O)}_{\text{Rhodamine.}} \qquad \underbrace{R^2Az-C^6H^3\langle{-O-}\rangle C^6H^3-AzR^2,\ -C(OH)(C^6H^4-COOC^2H^5)}_{\text{Anisoline.}}$$

(1) Voir *Moniteur scientifique*, 1891, p. 356.
(2) Voir *Moniteur scientifique*, 1892, p. 321.
(3) D. R. P. 66238, 4 août 1892 ; « Badische ». (*Mon. sc.* 1892, p. 400).

Les anisolines possèdent en général des nuances plus bleues que les rhodamines dont elles dérivent ; elles sont plus solides que la plupart des autres éosines. Elles se fixent sur les trois tissus. Sur coton non mordancé, on obtient un beau rose bleu, analogue à celui fourni par la rhodamine S. On teint à 60° sans mordant, ou bien on huile le coton avec de l'huile pour rouge pendant 15 minutes et on passe en acétate d'alumine ; on teint après avoir répété deux ou trois fois cette opération.

Les phtaléines ont trouvé un débouché important dans la teinture de la laine, spécialement les dérivés sulfonés des rhodamines phénylées ; les *rouge solide A* et *violet solide A* se rattachent à cette catégorie de produits (1). On les prépare en condensant des dérivés benzylés sur le chlorure de fluorescéine et en sulfonant ensuite ces dérivés benzylés.

Toutes les rhodamines fournissent, lorsqu'on les chauffe pendant quelques heures avec de l'acide chlorhydrique alcoolique, des colorants plus jaunes que les produits primitifs (2). Il se forme vraisemblablement des éthers à radicaux acides. Ces nouveaux colorants, traités par de la soude étendue au bain-marie, régénèrent les colorants qui avaient servi à leur préparation. Ces produits n'ayant plus, comme les rhodamines, la propriété de se fixer sur chrome, il est très probable que l'éthérification a lieu dans le groupe carboxyle. On obtient ainsi la *Rhodamine* 6 *G* qui aurait pour constitution :

$$C^2H^5.HAz - C_6H_3 \langle {}^{O}_{C} \rangle C_6H_3 - Az(C^2H^5)^2$$

$$C(OH) - C^6H^4 - COOC^2H^5$$

et que l'on prépare en faisant passer un courant d'acide chlorhydrique dans une solution alcoolique d'éthylrhodamine. Cette matière colorante donne de très belles nuances sur coton. On la fixe, soit au moyen du tannin, soit sur coton non mordancé en présence d'un peu de savon. On teint la soie en bain neutre ou sur savon acidifié à l'acide acétique. On imprime comme les autres couleurs basiques ; les tissus se rongent bien à la poudre de zinc.

On peut aussi oxyder les *rhodamines*, les *benzéines* et les *pyronines* avec du permanganate de potasse ou d'autres agents d'oxydation (3) ; les nuances primitives sont complètement modifiées. Il est possible que le *rouge d'acridine* et l'*écarlate d'acridine* soient obtenus par ce procédé, malgré leur dénomination qui les rattacherait au groupe acridique (4).

On a aussi préparé les rhodamines dérivées du *monométhylorthoamidoparacrésol* (5) :

$$OH - C_6H_3 \begin{cases} - AzHCH^3 \\ - CH^3 \end{cases}$$

et des *rhodamines nitrées* en traitant les rhodamines par du dinitrochlorobenzène (6) :

$$C_6H_3 (Cl)(AzO^2)(AzO^2)$$

(1) *Chemiker Zeitung*, 1892, p. 1805, Friedländer.
(2) D. R. P. 63325, 4 février 1892 ; « Badische ».
(3) D. R. P. 6528, 20 juin 1892 ; Leonhardt et C°. (*M. sc.*, 1892, p. 347).
(4) *Chemiker Zeitung*, 1892, p. 1805 ; Friedländer.
(5) D. P. A. B. 13521, 17 janvier 1893 ; « Badische ». (*V. la présente livraison du Mon. sc., pagination à part des brevets*, p. 129).
(6) D. P. A. F. 6327, 21 février 1893 ; « Farbwerke ».

On sait que Feer a trouvé un procédé de préparation de l'auramine en faisant réagir du gaz ammoniac sur un mélange de soufre et de tétraméthyldiamidodiphénylméthane. En poursuivant les recherches dans cet ordre d'idées, on a obtenu d'autres auramines avec des bases différentes : on a préparé par exemple les deux auramines suivantes (1) :

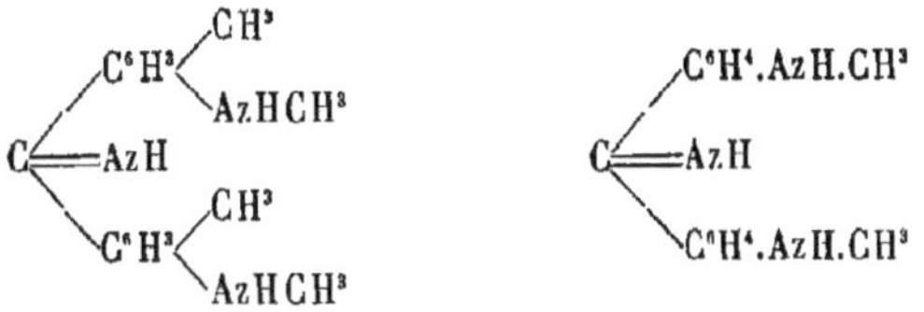

$$C\begin{cases} C^6H^3\begin{cases} CH^3 \\ AzHCH^3 \end{cases} \\ =AzH \\ C^6H^3\begin{cases} CH^3 \\ AzHCH^3 \end{cases} \end{cases} \qquad C\begin{cases} C^6H^4.AzH.CH^3 \\ =AzH \\ C^6H^4.AzH.CH^3 \end{cases}$$

et les dérivés éthylés correspondants (2).

Le *sesquioxyde de soufre* S^2O^3, obtenu en dissolvant du soufre dans de l'anhydride sulfurique est un puissant agent de sulfuration. Si on le fait réagir sur du tétraméthyldiamidodiphénylméthane, on obtient une substance qui, par oxydation, se transforme en une matière colorante soluble dans l'eau en rouge brun, avec une belle fluorescence (3). Elle teint la soie en bain neutre et le coton mordancé au tannin en violet rouge. On lui attribue la constitution suivante :

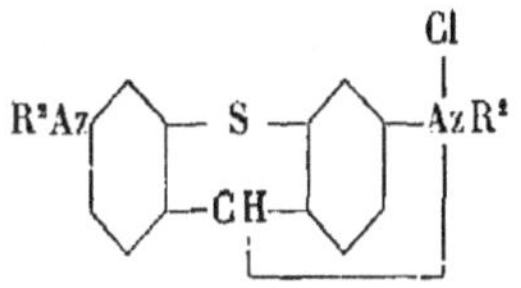

$$R^2Az-C^6H^3\begin{cases} -S- \\ -CH- \end{cases}C^6H^3-Az(Cl)R^2 \quad (?)$$

Nous verrons au chapitre de l'anthracène que le sesquioxyde de soufre a été avantageusement employé comme oxydant.

Parmi les produits dont nous venons de parler, ceux qui ont trouvé une application industrielle sont : le *vert au chrome*, le *bleu au chrome*, le *violet au chrome*, l'*anisoline*, le *rouge* et le *violet solide*, le *rouge* et l'*écarlate d'acridine*, la *rhodamine* 6 *G*.

2° Thionines, safranines, oxazines, azines.

Les paradiamines susceptibles de servir à la préparation des couleurs thionées sont celles qui possèdent un groupe amido libre non alcoylé, par exemple :

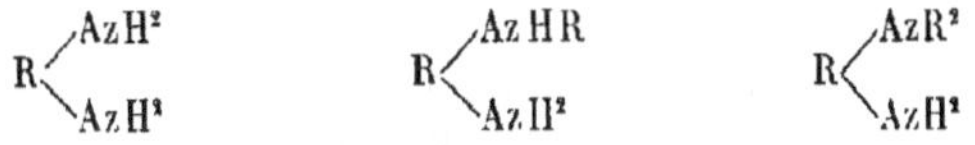

$$R\begin{cases} AzH^2 \\ AzH^2 \end{cases} \qquad R\begin{cases} AzHR \\ AzH^2 \end{cases} \qquad R\begin{cases} AzR^2 \\ AzH^2 \end{cases}$$

Weinberg a prétendu, il y a longtemps, que la paraamidodiméthylorthotoluidine

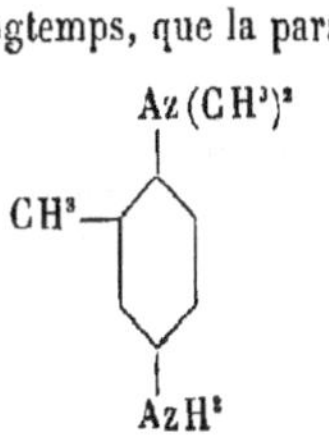

$$CH^3-C^6H^3\begin{cases} Az(CH^3)^2 \\ AzH^2 \end{cases}$$

(1) D. R. P. 67498, 4 novembre 1892 ; « Badische ». — D. R. P. 68011, 4 novembre 1892 ; « Badische ». (*Mon. sc.*, 1893, p. 74).

(2) D. R. P. 68004, 4 novembre 1892 ; « Badische ». (*Mon. sc.*, 1893, p. 75).

(3) D. R. P. 65739, 4 novembre 1892 ; Geigy et Cie.

ne donne pas d'acide thiosulfoné avec l'hyposulfite de soude et le chromate. Bernthsen vient de démontrer (1) au contraire qu'il se forme parfaitement le dérivé sulfuré :

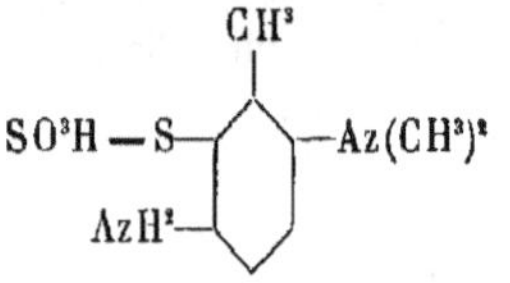

CH³
SO³H — S — [noyau] — Az(CH³)²
AzH² —

en sulfurant par sa méthode la diméthylparamidoorthotoluidine. On obtient par suite le thiosulfonate de la *tétraméthylhomoindamine* :

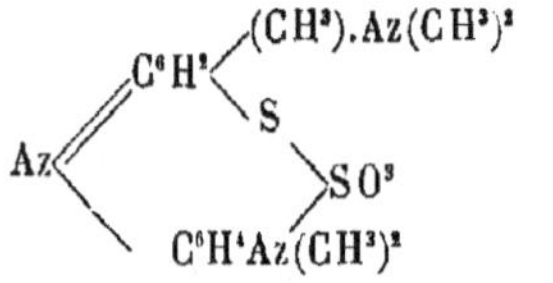

$$Az \begin{cases} C^6H^2 \begin{cases} (CH^3).Az(CH^3)^2 \\ S \end{cases} \\ C^6H^4Az(CH^3)^2 \quad SO^3 \end{cases}$$

et l'homologue du bleu méthylène :

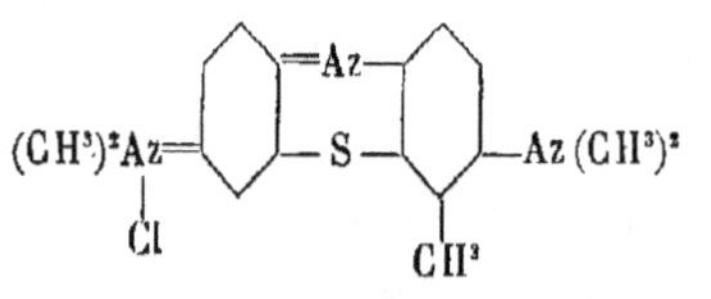

(CH³)²Az= [noyau] =Az— [noyau] —Az(CH³)²
Cl — S — CH³

Toutefois la condensation n'a pas lieu si l'on cherche à souder au thiosulfonate de la *diméthylorthotoluidine*.

En appliquant la réaction de Bernthsen à quelques produits de la naphtaline, par exemple en oxydant :

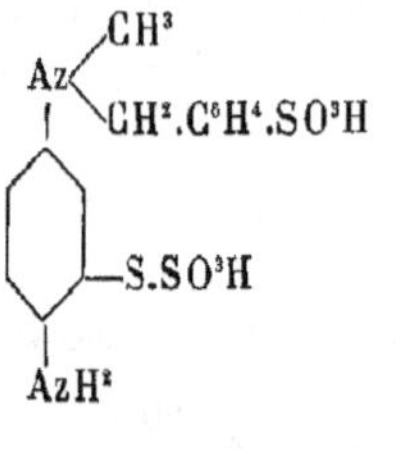

$$Az \begin{cases} CH^3 \\ CH^2.C^6H^4.SO^3H \end{cases}$$
[noyau] —S.SO³H
AzH²

avec l'une des amines suivantes : *α-naphtylamine*, *méthylnaphtylamine*, *α-sulfo-α-naphtol*, *α-naphtol*, *acide α-oxynaphtoïque*, et en oxydant les indamines, on obtient des bleus pour laine (2).

Dans la série des azines, citons la préparation de matières colorantes obtenues par la condensation de dérivés paranitrosés d'amines secondaires avec des amines secondaires, telles que la monométhyle, la monométhylaniline, l'éthoxyorthotoluidine, la diphénylamine (3) ; et la préparation d'une couleur oxazinique bleue (4) avec la nitrosodiméthylmétaamidophénol (la matière première du bleu du Nil) et des métadiamines ; ce produit aurait la formule suivante :

---

(1) *Berichte*, t. 25, p. 3128 ; Bernthsen.
(2) D. R. P. 68141, 10 mars 1892 ; Cassella et Cᵉ. (*Mon. sc.*, 1892, p. 144).
(3) D. P. A. L. 6597, 6 décembre 1892 ; Leonhardt et Cᵉ. (*Voir présente livraison* ; *brevets*, p. 130).
(4) D. P. A. L. 6342, 25 décembre 1892 ; Leonhardt et Cᵉ.

Nietzki et Bossi proposent d'appeler *oxazones* les corps renfermant le squelette :

et *oxazines* les produits suivants :

Il serait désirable que cette nomenclature fût adoptée.

De nombreux travaux ont été poursuivis depuis plusieurs années déjà dans le but de modifier les nuances et les caractères tinctoriaux des oxazines et des oxazones. Les amines grasses et aromatiques s'y fixent en effet avec une grande facilité. Il semble prouvé (1) actuellement que la gallocyanine anilidée est :

Gallocyanine. Gallocyanine anilidée.

Le bleu Meldola anilidé serait du bleu du Nil phénylé :

Bleu Meldola. Bleu Meldola anilidé (Bleu du Nil phénylé).

Bleu du Nil.

En effet, en faisant réagir le nitrosodiméthylmétaamidophénol sur de la phényl-

(1) *Berichte*, t. 25, p. 2994; Nietzki et Bossi.

α-naphtylamine, on a obtenu le bleu du Nil phénylé qui s'est trouvé être identique avec le bleu Meldola phénylé.

Quant à la cyanamine de O.-N. Witt (1) qui prend naissance par la condensation du bleu Meldola avec de la paraamidodiméthylaniline, elle serait :

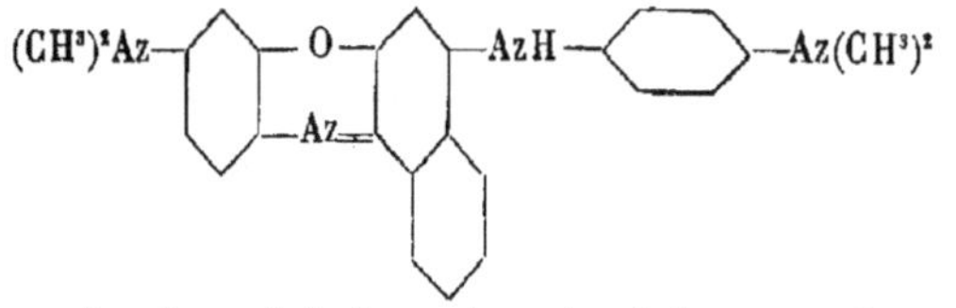

$(CH^3)^2Az$—O—AzH—Az$(CH^3)^2$ —Az=

La *muscarine*, qui est le produit de condensation de la nitrosodiméthylaniline et de la dioxynaphtaline 2-7 :

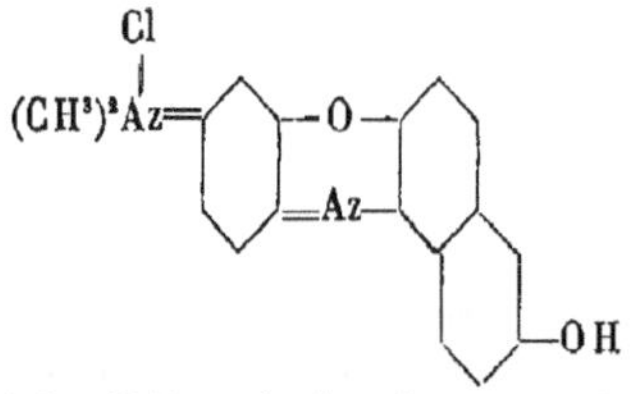

Cl
$(CH^3)^2Az$=—O— =Az— —OH

donne également un dérivé anilidé, mais dont la constitution n'est pas parfaitement établie. En général, les amines primaires et certaines amines secondaires réagissent bien sur ces produits et se placent en *para* par rapport à l'azote oxazinique.

Par contre, les amines grasses et aromatiques ne réagissent pas sur la *résorufine* (*oxyphénoxazone*), substance dans laquelle la position para par rapport à l'azote oxazinique est occupée :

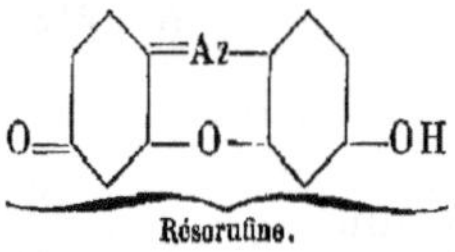

=Az—
O= —O— —OH

Résorufine.

Il en est de même de la *résorufamine* (*amidophénoxazone*).

Récemment on a préparé un produit de condensation du bleu Meldola, non pas avec les amines mentionnées plus haut, mais avec le tétraméthyldiamidobenzydrol. La matière colorante obtenue (2) teint en bleu le coton mordancé au tannin.

On a aussi fait réagir sur la gallocyanine de nouvelles amines : avec les *diéthylamine, dipropylamine* et *dibutylamine*, on obtient des couleurs teignant la laine chromée en nuances variant du bleu au bleu vert (3).

On peut aussi employer la *triméthylamine*, l'*amylamine*, etc. (4), et l'*éthylènediamine* (5).

On a obtenu un dérivé oxazinique intéressant en oxydant la *diméthylmétaoxyparaphénylènediamine* (6) :

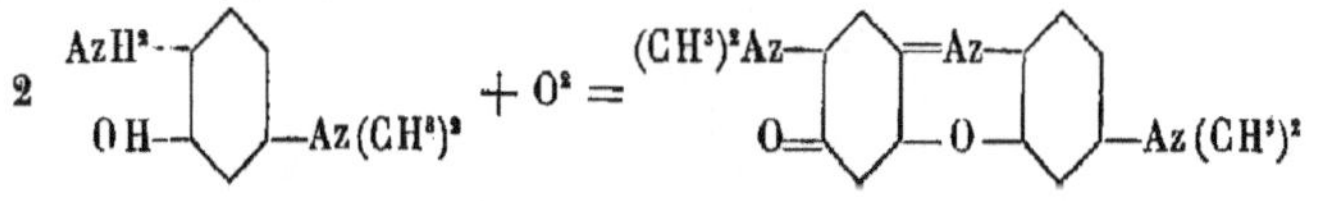

2 [AzH^2— ; OH— ; —Az$(CH^3)^2$] $+ O^2 =$ $(CH^3)^2Az$— =Az— ; O= —O— —Az$(CH^3)^2$

(1) D. R. P. 61662, 5 mars 1891 ; O.-N. Witt. (*Mon. sc.*, 1891, p. 882).

(2) D. R. P. 68381, 20 décembre 1892 ; Bayer et Ce. (*M. sc.*, *présente livraison, brevets*, p. 133).

(3) D. R. P. 64387, 21 avril 1892 ; Durand et Huguenin. (*Mon. sc.*, 1892, *pagination à part des brevets*, p. 204).

(4) D. R. P. 65000, 7 juin 1892 ; Durand et Huguenin. (*M. sc.*, 1892, *pag. à part des brev.*, p. 273).

(5) D. P. A. D. 5494, 17 février 1893 ; Durand et Huguenin.

(6) *Berichte*, t. 25, p. 1055 ; Möhlau.

et des couleurs aziniques à caractères de safranines en condensant les nitrosodiméthyl et diéthylanilines avec la *métaamidodiméthylparatoluidine*, obtenue en nitrant la diméthyltoluidine et en réduisant le dérivé métanitré (1) :

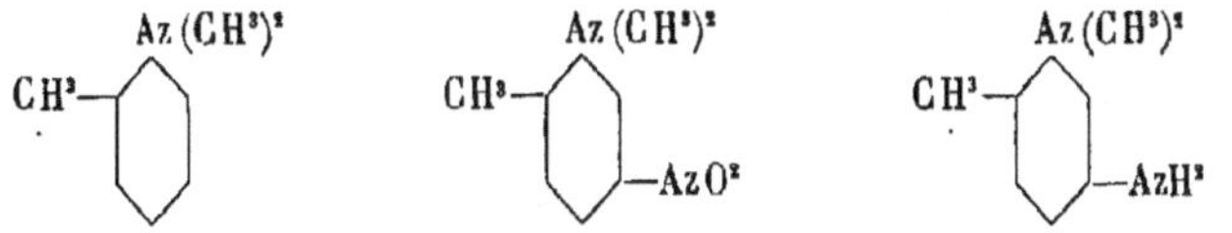

On peut aussi oxyder, par le procédé employé pour la préparation des safranines, cette base avec une molécule d'amidodiméthylaniline. La matière colorante obtenue teint le coton au tannin en *rouge fuchsine ;* elle possède peut-être la constitution suivante :

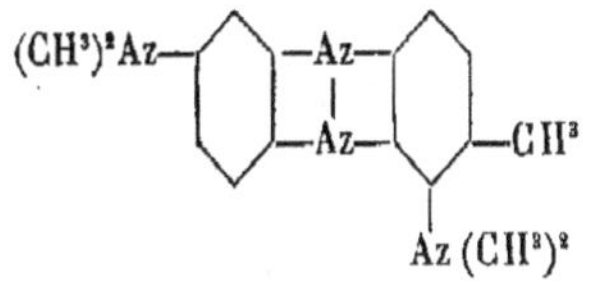

On sait que lorsqu'on fait réagir à chaud la nitrosodiméthylaniline sur la métatoluylènediamine, on obtient un produit appelé *rouge de toluylène*. Nietzki et Rehe ont préparé un corps analogue, mais qui n'offre qu'un intérêt scientifique (2). En condensant la paraamidodiméthylaniline sur le *chlorodinitrotoluène*, on obtient un dérivé dinitré qui donne par réduction :

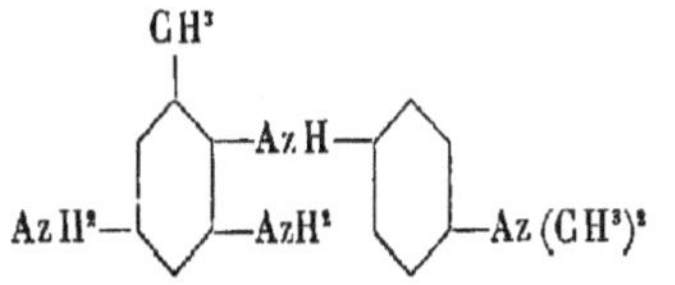

Ce produit, par oxydation, fournit un rouge qui est un isomère du rouge de toluylène :

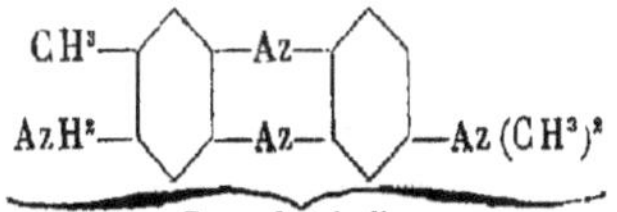

Rouge de toluylène.

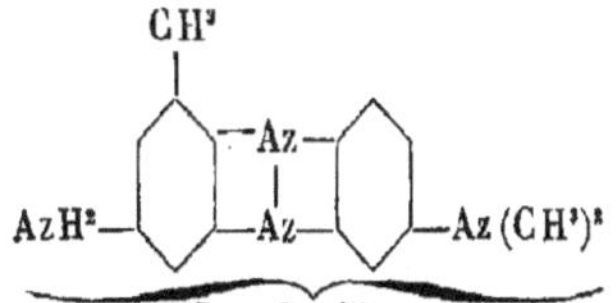

Rouge isomérique.

On trouve dans le commerce, sous le nom de *Bleu azinique*, un colorant en pâte qui fait peut-être partie de cette classe des azines ; il est destiné spécialement à l'impression de la laine ; il donne des nuances bleu marine très corsées.

3° Dérivés de l'anthracène.

Nous avions étudié dans notre dernière revue les transformations diverses de l'alizarine sous l'influence de l'anhydride sulfurique et des oxydants. Ces *Bordeaux d'alizarine* et ces *Alizarines cyanines* continuent à être l'objet de nombreuses recherches ; on a appliqué les réactions types aux diverses variétés d'oxyanthraquinones et de bordeaux

(1) D. P. A. F. 5564, 9 juin 1892 ; Farbwerke. (*Mon. sc.*, 1892, *pagination à part des brevets*, p. 255).
(2) *Berichte*, t. 25, p. 3005 ; Nietzki et Rehe.

d'alizarine (1) ; il n'y a pas lieu de mentionner quelque originalité de réaction ou de procédé.

Toutefois, un certain nombre de ces produits sont des *anthradiquinones*, c'est-à-dire qu'ils sont à la fois des dérivés de l'anthraquinone et de la *benzoquinone ;* ce dernier groupement (modification α ou β) ayant pris naissance par l'oxydation de deux groupes hydroxyles. C'est ce qui explique la curieuse propriété que possèdent ces produits de se condenser, grâce à ce groupement phénoquinonique avec des phénols en donnant des couleurs à mordants d'une grande variété de nuances (2).

Le *noir d'alizarine cyanine* pourrait bien être une *diquinonequinalizarine ;* il sert pour la teinture de la laine en bleu noir; sa solidité est celle des autres cyanines. Sur laine chromée, on obtient un gris bleu et un vert bleu en nuances claires, un beau noir bleu en nuances foncées avec 25 à 30 pour 100 de couleur. On imprime le coton avec de l'acétate de chrome et de l'acétate de chaux, ce qui donne du gris vert, du gris bleu et du bleu noir.

Le noir d'alizarine est, comme on sait, une *dioxynaphtoquinone* (*naphtazarine* de Roussin solubilisée par du bisulfite de soude). Bamberger et Kilschilt ont préparé un isomère de ce produit (3) en oxydant la *dioxynaphtaline* 1-2 par du chlorure de chaux, ils ont obtenu :

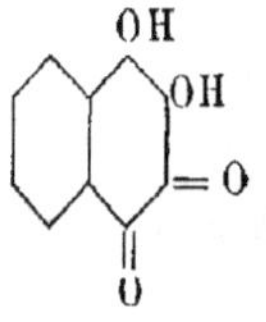

OH
OH
= O
O

Cette *Isonaphtazarine* donne des laques colorées, mais qui ne possèdent aucune solidité à la lumière; ce produit n'est donc intéressant à signaler qu'au point de vue théorique.

Si l'on chauffe la *dinitroanthraquinone* 1-5 :

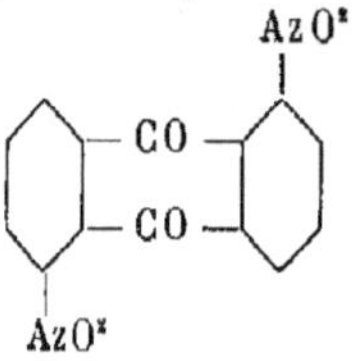

AzO^2
— CO —
— CO —
AzO^2

avec de l'acide sulfurique à 40 pour 100 de SO^3, on obtient un produit nouveau (4) qui se rattache par sa constitution à l'alizarine cyanine ; c'est une *hexaoxyanthraquinone* qu'on a ainsi préparée par oxydation de l'*anthrachrysone :*

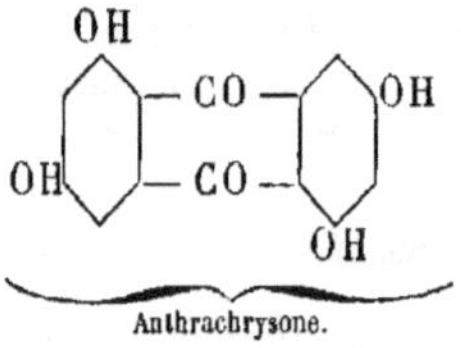

OH — CO — OH
OH — CO — OH

Anthrachrysone.

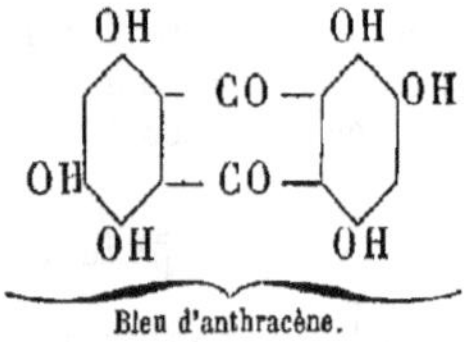

OH — CO — OH OH
OH — CO — OH OH

Bleu d'anthracène.

(1) D. R. P. 68123, 66153, 65569, 65375, 65453, 63650, 67061, 68113, 68114, 68112, 5108, 5711, 5814, 5854, 5251, 5825, 5892 ; Bayer et Cᵉ.

(2) D. P. A. F. 5364, 21 mars 1893 ; Bayer et Cᵉ.

(3) *Berichte*, t. 25, p. 133, 1138, 1493 ; Bamberger.

(4) D. P. A. B. 12599, 11 juillet 1892 ; « Badische ».

Ce nouveau produit nommé *bleu d'anthracène* est livré en pâte ou en poudre. Il offre de l'intérêt pour la teinture de la laine, car il donne des nuances claires et foncées résistant à l'air, à la lumière, au foulon et au savon. Sur laine chromée on obtient un bleu, genre bleu de cuve; avec la marque WR on a un bleu rougeâtre, tandis que la marque WB donne un bleu pur et la marque WG un bleu verdâtre; il s'unit bien aux autres couleurs d'alizarine.

On obtient ce produit plus facilement encore en oxydant la dinitroanthraquinone avec du *sesquioxyde de soufre* S^2O^3 (1).

La *naphtazarine* peut être préparée très avantageusement par le même procédé : en faisant réagir S^2O^3 sur de l'α-nitronaphtaline (2).

On sait que la nitroalizarine commerciale a la constitution suivante :

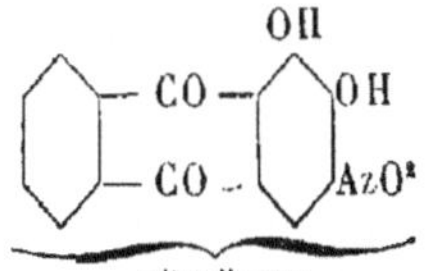

OH — CO — OH — CO — AzO^2

α-nitroalizarine.

On avait depuis longtemps déjà préparé la *β-nitroalizarine* isomérique :

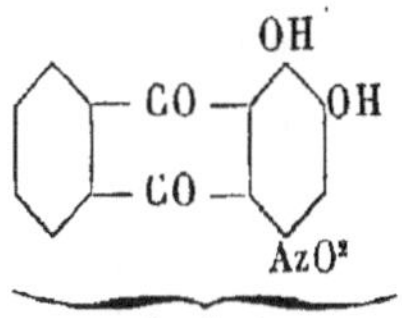

OH — CO — OH — CO — AzO^2

β-nitroalizarine.

Toutefois les rendements défectueux avaient empêché ce produit de devenir industriel. Par le procédé suivant on a un moyen pratique d'obtenir ce corps (3) : on nitre en milieu sulfurique à froid, et avec la quantité théorique d'acide nitrique, la *dibenzoylalizarine* (ou la *monobenzoylalizarine*) :

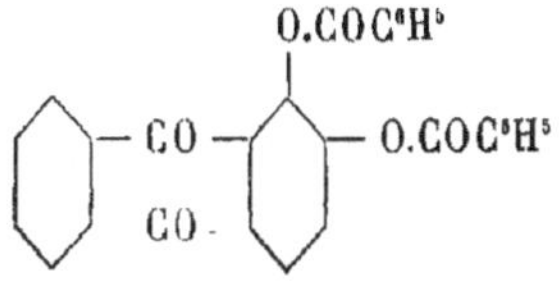

$O.COC^6H^5$ — CO — $O.COC^6H^5$ — CO

Cette α-nitroalizarine donne l'*α-amidoalizarine* correspondante, une matière colorante grenat, et, en appliquant la réaction de Skraup, une alizarinequinoléine qui est une matière colorante *verte :*

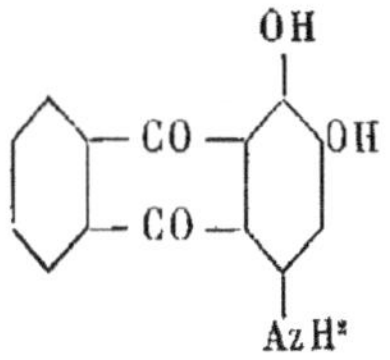

OH — CO — OH — CO — AzH^2

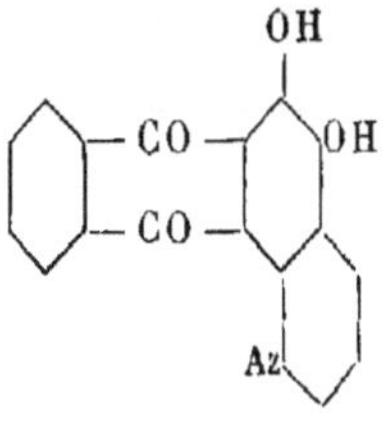

OH — CO — OH — CO — Az

(1) Brevet français 224740, 5 octobre 1892; Bayer et Ce.

(2) Brevet français 224739, 5 octobre 1892; Bayer et Ce.

(3) D. R. P. 66811, 19 septembre 1892; « Farbwerke ».

Ce vert d'alizarine forme, comme le bleu d'alizarine, une combinaison bisulfitique soluble (1).

Il faut probablement rattacher à la naphtazarine la matière colorante obtenue en traitant la *perchlornaphtaline* par de l'acide sulfurique très riche en SO^3 (2). On chauffe par exemple :

10 kilogrammes $C^{10}Cl^8$
200 kilogrammes acide sulfurique à 70 pour 100 de SO^3

à 40-50° pendant 48 heures, on obtient un « *produit intermédiaire* » que l'on décompose par un traitement à l'acide sulfurique dilué. Cette matière colorante donne sur alumine des nuances bordeaux, sur chrome des nuances variant du brun noir au noir.

Signalons en terminant un procédé de purification de l'anthracène et de l'anthraquinone, qui consiste à traiter l'anthracène brut par de l'*acide sulfureux* pour le débarrasser des corps qui l'accompagnent (3) ; et un procédé de teinture de l'alizarine qui consiste à employer de l'ammoniaque comme dissolvant de ce produit. Pendant la teinture, cette base se volatilise peu à peu en mettant graduellement l'alizarine en liberté ; comme le départ de l'AzH^3 est complet, il ne nuit pas à la teinture. Ce procédé avait d'ailleurs été simultanément étudié par Erbau et Specht (4), et découvert par Th. Baldensperger (5).

4° Dérivés acridiques.

On prépare les matières colorantes acridiques, telles que l'*orangé* et le *jaune d'acridine*, par une condensation interne du diamido ou tétramidodiphénylméthane (6). Pour préparer des dérivés de la *phénylacridine* on partira au contraire de *tétraméthyltétramidotriphénylméthane*. Si l'on chauffe ce produit avec des acides dilués, on obtient en effet, après oxydation, une matière colorante rouge basique (7) qui est peut-être le *rouge d'acridine* :

$(CH^3)^2Az$, AzH^2, AzH^2, $Az(CH^3)^2$, CH, C^6H^5

Tétraméthyltétramidotriphénylméthane.

$(CH^3)^2Az$, AzH, $Az(CH^3)^2$, CH, C^6H^5

Leucobase.

$(CH^3)^2Az$, Az, $Az(CH^3)^2$, C, C^6H^5

Matière colorante rouge.

Il se forme un produit analogue en partant de *tétraméthylpentaamidophénylditolylméthane* (8).

Jusqu'à présent, on avait généralement effectué la synthèse de dérivés acridiques par la condensation d'aldéhydes sur des métadiamines ; on est arrivé à préparer un produit

(1) D. R. P. 67470, 15 septembre 1892 ; « Farbwerke ».
(2) D. R. P. 66611, 23 janvier 1892 ; « Badische ».
(3) D. P. A. F. 5945, 16 décembre 1892 ; Bayer et Ce.
(4) D. R. P. 54037.
(5) *Bulletin de la Société industrielle de Rouen*, 1892 ; Th. Baldensperger.
(6) Voir *Moniteur scientifique*, 1892, p. 417.
(7) D. P. A. L. 5878, 6 janvier 1893 ; « Farbwerke ».
(8) D. P. A. L. 6596, 14 mars 1893 ; Leonhardt et Ce.

acridique en chauffant la *métaamidodiméthylaniline* avec un mélange de glycérine, de $ZnCl^2$ et d'acide oxalique sec; il se forme vraisemblablement de l'acroléine comme produit intermédiaire. On chauffe par exemple à 150° pendant 3 heures (1) :

12 kilogrammes métaamidodiméthylaniline,
12 — acide oxalique sec,
10 — glycérine,
11 — $ZnCl^2$.

On peut aussi préparer un jaune basique à caractère acridique du groupe de la *chrysaniline*, en chauffant la métanitraniline avec de la paratoluidine, du chlorhydrate de paratoluidine et du chlorure ferreux à 190-200°, par exemple :

100 parties chlorhydrate de paratoluidine,
30 — paratoluidine,
10 — chlorure ferreux,

et l'on ajoute par petites portions 30 parties de *métanitraniline*. Le produit obtenu teint le coton mordancé au tannin en jaune rougeâtre genre phosphine (2).

L'orangé, le jaune et le rouge d'acridine sont des produits industriels.

5. Indulines.

Le *Moniteur* devant publier prochainement un résumé des remarquables travaux de MM. Fischer et Hepp sur les indulines, nous n'insisterons que sur les produits industriels appartenant à cette classe de couleurs.

Si l'on chauffe 1 partie de *nitroso-β-naphtylamine* avec 2 parties de chlorhydrate d'α-naphtylamine et 10 parties d'aniline à 100°, on obtient en grande partie le chlorhydrate d'une matière colorante appelée *bleu naphtyle* et qui est une *N*[7]*-4-anilidophényl-naphtinduline*, dont le dérivé sulfoné constitue le produit commercial :

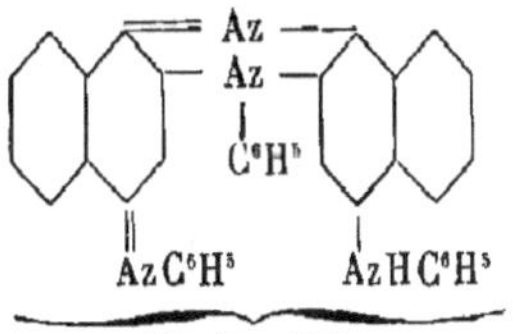

Bleu de naphtyle.

Il se forme à côté de ce bleu un peu de *violet de naphtyle* qu'on obtient aussi dans la préparation de la phénylrosinduline comme produit accessoire. Sa constitution est la suivante :

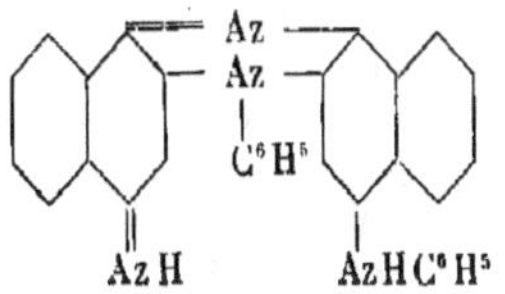

Violet de naphtyle.

Le bleu de naphtyle est donc du violet de naphtyle phénylé. Ces deux matières colorantes, après sulfonation, teignent la soie en nuances douées d'une belle fluorescence et d'une solidité suffisante pour avoir trouvé des applications nombreuses.

(1) D. P. A. L. 5878, 6 janvier 1893; Leonhardt et Co.
(2) D. R. P. 65985, 21 juillet 1892; « Farbwerke » (*Mon. sc.*, 1892, p. 394).

Le bleu de naphtyle, dont nous avons vu la préparation plus haut, peut être préparé avantageusement en fondant 1 partie de chlorhydrate de *benzolazophényl-α-naphtylamine* avec 2 parties de phénol à 120-150° (1).

Dans la série des rosindulines, signalons la préparation des *orthotolylrosindulines* obtenues en chauffant la phénylrosinduline avec de l'orthotoluidine à 200° pendant 5 à 6 heures (2).

Les *tolyl* et *xylylrosindulines* forment toute une série de dérivés sulfonés (3) que l'on peut d'ailleurs préparer directement par le procédé Peters (4), appliqué déjà antérieurement à la préparation de rosindulines sulfonées.

On peut également préparer la phénylrosinduline et ses dérivés sulfonés en chauffant à 160-180° un mélange d'α-nitronaphtaline, de chlorhydrate d'aniline et d'aniline (5).

Les *bleus azindons G et R* sont deux nouveaux produits de la classe, sans doute, des indulines. On les fixe sur coton au tannin; ils teignent aussi la laine et la soie, mais ils ont surtout de l'intérêt sur coton. Ils montent aussi en nuances claires sur le coton non mordancé; on peut d'ailleurs, après teinture, passer au sumac, ce qui fait verdir la teinture, ou chromater, ce qui fonce considérablement.

On comprend sous le nom d'*Eurhodines* des produits découvers par Witt qui prennent naissance dans des conditions très diverses : soit avec du chlorhydrate d'α-naphtylamine et des corps orthoamidoazoïques (6), soit en chauffant l'orthophénylènediamine avec de la benzolazo-α-naphtylamine (7), ou en condensant le triamidobenzol avec des orthoquinones telles que la β-naphtoquinone ou la phénanthracènequinone, etc. (8). Toutefois ces produits n'ont pas trouvé d'emploi industriel; il en est de même des *Eurhodols*. On a cherché à employer ces eurhodines et eurhodols en les transformant en indulines; ces couleurs diffèrent des autres indulines en ce qu'elles possèdent, relié à l'azote azinique, non pas un phényle mais un groupement alcoylé gras (9).

On transforme d'abord l'eurhodine ou l'eurhodol au dérivé phénylé, en le chauffant avec de l'aniline et du chlorhydrate d'aniline à 150-160°; puis on méthyle avec des chlorures ou iodures alcooliques.

Les substances obtenues, ainsi que le produit intermédiaire, ont peut-être les constitutions suivantes :

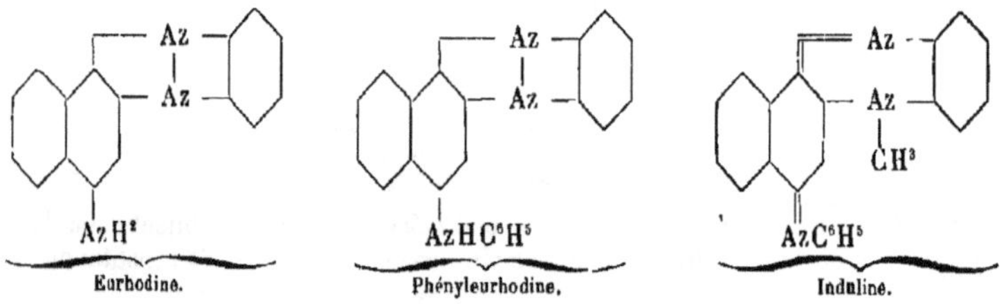

Az, Az, AzH^2 — Eurhodine.

Az, Az, $AzHC^6H^5$ — Phénleurhodine.

Az, Az, CH^3, AzC^6H^5 — Induline.

Ces nouvelles indulines sont plus jaunes que les phénylrosindulines; elles se transforment comme ces dernières en dérivés sulfonés. (*A suivre.*)

(1) D. R. P. 63181, 4 février 1892; Kalle et C° (*Mon. sc., Brevets*; 1892, p. 138).
(2) D. R. P. 67115, 21 mars 1892, Kalle et C° (*Mon. sc., Brevets*; 1892, p. 172).
(3) D. R. P. 65894, 25 juillet 1892; « Badische » (*Mon. sc., Brevets*; 1892, p. 399).
(4) D. R. P. 59180 et 64993, 5 mai 1892; Peters (*Mon. sc., Brevets*; 1892, p. 207).
(5) D. R. P. 67339, 13 octobre 1892; « Badische ».
(6) *Berichte*, t. 19, p. 441; O. N. Witt.
(7) *Berichte*, t. 23, p. 845; Fischer et Hepp.
(8) *Berichte*, t. 19, p. 441; O. N. Witt.
(9) D. R. P. 66361, 15 août 1892; « Badische » (*Mon. sc.. Brevets*; 1893, p. 14).

RÉSERVES ET ENLEVAGES EN IMPRESSION.

Par M. Prud'homme.

Dans l'industrie des toiles peintes, on entend par *réserves* et *enlevages*, des préparations qui sont imprimées sous ou sur des mordants ou des matières colorantes, fixés ou non. Les premières s'opposent à la fixation sur la fibre des mordants et des matières colorantes ou bien détruisent celles-ci. Les secondes ont pour but, soit d'enlever à la fibre les mordants ou les matières colorantes, fixés en totalité ou en partie, soit de détruire ces dernières. Les réserves sont mécaniques ou chimiques, ou les deux à la fois. Les enlevages agissent toujours chimiquement. Au point de vue historique, les réserves ont précédé les enlevages : c'est de l'Inde et de la Chine que nous en est venu l'usage. Pour obtenir des dessins blancs sur un fond uni, on les traçait d'abord à la cire fondue, avant de passer le tissu dans le bain de teinture. Le blanc reparaissait en faisant circuler les pièces dans de l'eau portée à l'ébullition, où la cire fondait et venait surnager à la surface du liquide. Ce procédé, tout primitif qu'il paraisse, s'emploie de nos jours dans la teinture de la soie avec quelques modifications.

Les réserves présentent vis-à-vis des enlevages certains côtés désavantageux. La présence de corps insolubles en rend l'impression au rouleau, sinon impossible, du moins fort difficile. Pendant la teinture ou le plaquage à la machine à imprimer, elles se trouvent en contact avec une masse de liquide relativement très grande, qui tend à en dissoudre les parties solubles et à occasionner des coulages, au détriment de la finesse et de la netteté du dessin. Aussi ont-elles généralement disparu, et n'aurons-nous qu'un nombre restreint d'exemples de réserves à donner.

INDIGO.

Les blancs-réserves sous bleu indigo cuvé peuvent renfermer des corps qui jouent le rôle d'acides, et qui s'emparant de la base unie à l'indigo blanc, le rendent insoluble au moment où il touche l'étoffe (acide arsénique, biarséniate et bisulfate de potasse, alun, sulfate de zinc). Généralement, on emploie des corps qui, outre la faculté de fonctionner comme acides, possèdent celle de fournir de l'oxygène à l'indigo blanc, l'oxydent avant qu'il ait pénétré dans les pores du tissu, et le rendent incapable d'y adhérer (sels de cuivre ou de mercure au maximum). On peut y adjoindre de la terre de pipe ou du sulfate de plomb qui n'agissent que mécaniquement.

Pour obtenir une réserve petit-bleu, on imprime un corps puissant réducteur qui, sans faire fonction de réserve, s'oppose cependant à la complète oxydation de l'indigo, par conséquent à l'entier développement de la couleur.

Un mordant d'alumine et de magnésie, additionné d'une certaine proportion de sels de zinc et de cuivre, fera réserve sous bleu de cuve. Convenablement nettoyé et teint en garance, il aura donné naissance à une réserve rouge sous bleu.

Les réserves jaunes ou orange se composent essentiellement de nitrate et de sulfate de plomb et de nitrate de cuivre. Le passage en cuve alcaline détermine la précipitation sur le tissu d'oxyde de plomb : le sulfate de plomb se fixe aussi directement par le seul fait de l'intervention de la chaux. On teint en bichromate de potasse qui fournit du chromate de plomb. Au contact d'un acide étendu, ce dernier donne de l'acide chromique qui détruit le bleu qui aurait pu se fixer malgré la réserve. Une nouvelle teinture en bichromate donne le jaune bien pur : on le transforme en orange par un passage en eau de chaux bouillante. Cette réserve fonctionne donc comme réserve-enlevage. Mercer s'en servit comme enlevage direct sur bleu.

Le premier procédé d'enlevage blanc sur indigo est dû à J. Thompson (1831). Il consiste à foularder les pièces dans une solution de bichromate de potasse, à les sécher autant que possible à l'abri de la lumière, et à imprimer une couleur renfermant de l'acide oxalique. L'acide, aux points où il touche le tissu, détermine la mise en liberté d'acide chromique, qui détruit instantanément l'indigo bleu.

On conçoit la possibilité d'entraver sur certains points du tissu l'action du rongeant blanc, et d'arriver à des effets de dessin nouveaux par la combinaison de deux impressions successives, la première (un filet, une bande ou un objet) faisant réserve bleue sous la seconde (soubassement). Ce genre se réalisait par l'emploi de corps alcalins capables de saturer l'acide oxalique de l'enlevage, tels que la soude, la craie, etc.

Quelques années plus tard, entre les mains de Basile, le procédé d'enlevage blanc se transforma en enlevage rouge. Sur les pièces foulardées en bichromate de potasse, on imprime un mélange d'acétate d'alumine, d'acide nitrique et d'acide oxalique. Quand cette couleur a opéré son action, on sature par l'ammoniaque pour précipiter l'alumine dans la fibre, on nettoie et on teint en garancine.

Un procédé postérieur à ceux-là, donnant à volonté du blanc ou un mordant destiné à la teinture en rouge, repose sur l'action réciproque de la soude caustique et du ferricyanure de potassium, qui donne lieu à la production d'oxygène et de ferrocyanure (Mercer). Les pièces étaient foulardées en solution de prussiate rouge et imprimées avec une lessive de soude épaissie ou une couleur à l'aluminate de soude fortement alcalin. Dans ce second cas, l'alumine, en partie fixée par l'acide carbonique de l'air, est complètement précipitée par un passage en solution de sel ammoniac

Le ferricyanure de potassium, en présence de certains acétates, des carbonates ou bicarbonates alcalins, et sous l'influence du vaporisage, reproduit la réaction de Mercer. Le carbonate et l'hydrate d'oxyde de plomb, avec le prussiate rouge, rongent le bleu d'indigo au vaporisage, avec fixation d'oxyde de plomb qu'on peut transformer en jaune par une teinture en bichromate. Une réaction fort intéressante est celle qu'appliqua un certain temps la maison Kœchlin frères pour obtenir des enlevages jaunes ou orange sur bleu cuvé clair, par l'impression d'un mélange de nitrate de plomb et de prussiate rouge qui ronge l'indigo à la température de 35° environ des chambres d'oxydation, en déposant de l'oxyde de plomb sur la fibre (1).

Le procédé au ferricyanure, du moins pour le blanc, a été heureusement modifié par une simple interversion dans le rôle des agents employés pour le foulardage et l'impression. Sous sa nouvelle forme, il consiste à imprimer une couleur au ferricyanure et à passer les pièces dans un bain de soude caustique.

Une modification analogue, apportée vers 1869 par Camille Kœchlin au procédé J. Thompson, a donné naissance à la seule méthode employée de nos jours pour les enlevages sur bleu cuvé. On imprime une couleur au chromate de potasse, de soude ou d'ammoniaque, et l'on passe les pièces dans un bain acide, monté avec de l'acide sulfurique et de l'acide oxalique. En employant une couleur suffisamment faible, on arrive à n'enlever qu'une couche plus ou moins épaisse d'indigotine et à réaliser un mi-enlevage ou enlevage petit-bleu. Il est essentiel, pour la production du blanc, de ne pas appliquer plus de chromate que n'en exige la destruction du bleu, car elle serait suivie de celle de la fibre, — transformée en oxycellulose, — qui se ferait sentir aux premiers lavages chauds ou alcalins (P. Jeanmaire, *Soc. Ind. Mulhouse*, 1873, p. 334). Comme on n'est pas maître absolument de parer à ce danger, il est prudent d'ajouter à la cuve d'acide des corps organiques sur lesquels se portera l'action de l'acide chromique en excès : mélasse, glycérine, alcool, etc. D'après M. Brandt, c'est ce dernier corps qui donne les meilleurs résultats à la dose de 10 pour 100.

La réserve bleue sous enlevage blanc (et noir d'aniline), se réalise par l'emploi de réducteurs énergiques, tels que le bisulfite, l'hyposulfite et l'arsénite de soude ou le sel d'étain (*Bull. Soc. Chim.*, 1881, t. 36, p. 300). Un enlevage blanc sur bleu, réserve sous noir d'aniline, s'obtient en imprimant une couleur au chromate fortement chargée d'acétate de soude.

---

(1) Voir réactions de prussiate rouge (*Moniteur scientifique*, 1890, p. 399).

On voit que les couleurs-enlevages sur bleu cuvé se réduisaient au blanc, au jaune ou à l'orange, au petit-bleu et au rouge. Encore n'était-il guère possible de les associer par plus de deux à la fois. En 1873, Camille Kœchlin imagina une méthode aussi ingénieuse qu'élégante qui permet d'obtenir sur les bleus les plus foncés, et, simultanément, toutes les nuances désirables. Elle consiste à imprimer des couleurs à l'albumine, renfermant un chromate alcalin, et des poudres ou laques colorées capables de résister à l'action d'un acide fort, comme l'acide sulfurique (vermillon, chromate de plomb, vert Guignet, noir de fumée, oxydes de fer naturels, etc.). Après, séchage les pièces sont passées, comme pour le blanc, dans un bain d'acides sulfurique et oxalique qui met l'acide chromique en liberté. Celui-ci coagule instantanément l'albumine qui se trouve parfaitement fixée et adhérente au tissu, tout en maintenant les couleurs insolubles qu'on lui avait incorporées. Si ces couleurs à l'albumine sont additionnées d'acétate de soude en proportion suffisante, elles se transforment en enlevages colorés sur bleu, réserve sous noir d'aniline. L'article, dans ce cas, se fait sur bleu cuvé clair.

L'article dit Schlieper et Baum, du nom de la maison où il a été inventé, donne lieu à des réserves et à des enlevages d'un genre tout spécial. La fixation de l'indigo se fait en imprimant sur tissu préparé en glucose un mélange convenablement épaissi d'indigo broyé et de soude caustique. Un vaporisage de 10 à 15 secondes détermine sur place la réduction de l'indigo bleu en indigo blanc, soluble dans la soude, qui pénètre dans la fibre et se réoxyde rapidement à l'air. La seule bonne réserve blanche sous bleu, dans ces conditions, est le *soufre précipité* à la dose maxima de 140 grammes par litre d'épaississant.

La réserve jaune consiste en un mélange de 200 grammes de chlorure de cadmium et 140 grammes de soufre précipité pour un litre d'épaississant. Il se forme sur le tissu du sulfure de cadmium jaune pendant le vaporisage. Une réserve nankin s'obtient par le mélange d'un sel de fer et de soufre précipité. Pour obtenir un bleu clair ou demi-bleu, sur le tissu préparé en glucose on imprime de la soude caustique épaissie, on vaporise 15 secondes, on sèche et l'on surimprime avec la couleur à l'indigo et à la soude caustique. Le glucose ayant été détruit en partie au contact de la soude et de la vapeur, la couleur ne se développe pas complètement et donne un bleu clair. La réserve rouge sous bleu se compose d'acétate d'alumine, de sel d'étain, d'amidon grillé et de 130 grammes de soufre précipité par litre de couleur. Un passage ultérieur en solution de sel ammoniac sert à fixer l'alumine.

Le procédé de MM. Schlieper et Baum permet, comme nous le verrons plus loin, de faire des enlevages blancs et surtout gros bleu sur rouge turc ; mais, pour cet objet particulier, son application en grand est délicate et la réussite tient à certains tours de main. Aussi, depuis 1883, époque où ce procédé a été publié, a-t-on cherché à obtenir des enlevages rouges bon teint sur bleu cuvé, plus avantageux que celui de Basile ou que celui au ferricyanure qui laissent toujours dans le mordant d'alumine une certaine proportion d'oxydes de chrome ou de fer.

Persoz indique déjà dans son ouvrage (*Traité de l'impression des tissus*, 1846, t. III, p. 53) qu'un tissu teint en indigo, s'il n'est pas humide, souffre peu de son séjour dans le chlore sec, mais que l'indigo est au contraire instantanément détruit par cet agent en présence de l'eau. En 1884, M. Albert Scheurer a établi qu'un tissu, teint en bleu cuvé, imprégné de soude caustique à 16° Baumé, est décoloré complètement en 10 secondes dans une atmosphère de chlore. Cette expérience réalise l'oxydation la plus énergique que l'on puisse produire. Le rouge d'Andrinople et le noir d'aniline sont aussi décolorés et détruits très rapidement. Les hypochlorites, même à l'état concentré, ne produisent pas sur le bleu cuvé un enlevage rapide. Mais les hypobromites alcalins possèdent cette propriété à un degré bien supérieur aux hypochlorites. En s'inspirant de ces données, M. Brandt est parvenu à produire, d'une manière fort élégante, sur bleu cuvé foncé des enlevages blancs et rouges des plus réussis. La couleur pour rouge se compose de chlorate d'alumine à 15° Baumé, épaissi à l'amidon grillé au bain-marie : on y ajoute par litre 200 grammes de bromure de sodium, 25 grammes de sulfure de cuivre et 25 grammes d'iodure de potassium. Le sulfure de cuivre, comme pour le noir d'aniline, détermine la décomposition de l'acide chlorique en composés moins oxygénés du chlore, qui donnent lieu à la production de brome et d'acide hypobromeux. L'iodure de potassium sert à précipiter à l'état insoluble les sels de cuivre solubles qui se forment dans la couleur aux dépens du sulfure et entraînent sa décomposition prématurée. La réaction se fait par un vaporisage d'une ou deux minutes. Le blanc s'obtient en ajoutant à la couleur pour rouge une certaine proportion d'acide citrique qui s'oppose à la fixation de l'alumine (*Bull. Soc. Ind. Mulhouse*, 1892, p. 201).

ROUGE TURC.

Les premiers enlevages blancs sur rouge turc faits au moyen du chlore sont antérieurs à 1811. Mais c'est seulement à partir de 1818 que le procédé d'impression blanc enlevage à la *presse écossaise* a été appliqué industriellement. Les pièces huilées, mais un peu moins que pour les fonds rouge turc uni, puis garancées et avivées, sont pliées et mises sous presse. La liqueur décolorante, formée d'une solution de chlorure de chaux étendue, acidulée d'acide sulfurique, pénètre les plis de l'étoffe en traversant deux plaques métalliques, sur la surface desquelles le dessin se trouve représenté à jour, et disposées de telle sorte que les ouvertures de l'une correspondent exactement à celles de l'autre. Pour empêcher le liquide décolorant de s'étendre lorsqu'il a produit son effet et de nuire à la netteté de l'impression, avant de décharger les pièces on en enlève l'excès au moyen de lavages à l'eau.

En 1811, Daniel Kœchlin imagina le procédé d'enlevage *à la cuve décolorante* qui est encore suivi de nos jours. Il est basé sur ce qu'un tissu teint en rouge peut être en contact avec une dissolution de chlorure de chaux même assez concentrée, sans être attaqué, tandis que la décoloration a lieu sur-le-champ, alors même que cette dissolution est fortement étendue, quand la réaction est acide. Ces conditions sont remplies en imprimant un acide, tel que l'acide tartrique, sur toutes les parties destinées à devenir blanches, et en plongeant ensuite immédiatement l'étoffe dans une dissolution de chlorure de chaux concentrée et fortement alcaline. Le bleu-enlevage à la cuve décolorante se compose de bleu de Prusse dissous dans du chlorure stannique et additionné d'acide tartrique. Le jaune-enlevage renferme du jus de citron, de l'acide tartrique et du nitrate de plomb. Avant la découverte du noir d'aniline, le noir s'obtenait par la superposition du bleu de Prusse sur le rouge.

Le procédé Schlieper et Baum permet de ronger en blanc, et surtout en bleu d'indigo, le rouge turc fini ou le mordant pour rouge. L'enlevage bleu constitue même l'application la plus importante de cette méthode. On imprègne de glucose le tissu mordancé en aluminate de chaux ou déjà teint en alizarine et on imprime, soit une couleur à la soude, soit la couleur à l'indigo et à la soude. Vaporiser, laver, oxyder quelques minutes à l'air, passer en acide sulfurique à 8° Baumé pendant 10 à 20 secondes, laver, passer en carbonate de soude faible, laver : telle est la série des opérations qu'on clôt par un savonnage au bouillon pour dissoudre l'alizarine qui se trouve sous l'indigo.

Des imitations de ce genre ont été obtenues en imprimant sur rouge teint soit un bleu vapeur au prussiate, soit des bleus-vapeur au tannin, tels que le bleu Victoria ou le bleu méthylène, fortement chargés en acide tartrique.

Sur laine, M. H. Kœchlin est arrivé à réaliser ce beau contraste d'un bleu foncé et d'un rouge éclatant, en imprimant sur tissu teint en ponceau azoïque une couleur à l'indophénol et à la gallocyanine, réduits à chaud au moyen de l'oxyde d'étain et du carbonate de soude. Le bleu se développe au vaporisage en même temps que le rouge se détruit sous l'action du réducteur.

MORDANTS.

Les genres enlevages sur mordants ont été exécutés pour la première fois par J. M. Haussmann. Ils se composent de fonds uniformément chargés de mordant, sur lesquels on imprime des dissolutions épaissies d'acides citrique, oxalique, tartrique, de bisulfate de potasse, etc. Les pièces sont suspendues dans un étendage jusqu'à ce que l'acide ait rongé l'oxyde qu'il recouvre, ou bien vaporisées plus ou moins longtemps. On procède ensuite au dégommage alcalin et à la teinture. Dans certains cas, on trouve avantage à imprimer la couleur acide avant le plaquage en mordant; l'enlevage se transforme alors en réserve. Les mordants de fer, d'alumine, de chrome ou leurs mélanges, traités ainsi, permettent, avec le campêche, la graine de Perse, le quercitron, le lima, l'alizarine, etc., d'obtenir une collection de nuances rouge, violet, noire, puce, olive, etc., des plus variées.

Une couleur au citrate de soude réserve le noir d'aniline en même temps que les mordants d'alumine et de fer. Cette fabrication s'exécute en imprimant le blanc-réserve et soubassant en noir d'aniline qu'on oxyde; le mordant est ensuite plaqué au rouleau.

D'après M. H. Schmid, les mordants de chrome peuvent se ronger en imprimant une couleur au ferricyanure de potassium qui, par un passage en soude caustique, suroxyde l'oxyde de chrome et le fait passer à l'état de chromate soluble.

Les enlevages colorés sur mordants ont été tentés au moyen des couleurs d'aniline au tannin chargées d'une forte dose d'acide tartrique ou citrique. Après le vaporisage, on passait les pièces dans un bain d'émétique et d'arséniate de soude, et l'on teignait en alizarine ou autres matières colorantes, d'après la méthode indiquée par M. T. Brooks en 1861. Ce procédé ne donne pas de résultats assez satisfaisants pour avoir été employé sur une grande échelle. Il a été modifié tout récemment par M. George Donald et, sous sa nouvelle forme, breveté aux États-Unis, en Angleterre, en France, etc. Les pièces passent par les opérations suivantes :

1° Foulardage au tannin à 15 grammes par litre et séchage ;
2° Passage en émétique, lavage et séchage ;
3° Mordançage en alumine, fer, chrome, etc.;
4° Impression d'une couleur d'aniline, additionnée d'acide citrique, vaporisage ;
5° Bousage et teinture en alizarine, bleu et vert d'alizarine, naphtazarine, dinitrorésorcine, etc.

Le tannate d'antimoine fixe bien les couleurs d'aniline, mais est incapable de se charger d'oxydes d'aluminium, de fer ou de chrome que l'acide citrique entraîne facilement. C'est là l'originalité et le grand avantage de cette méthode dont les résultats sont, du reste, très remarquables.

COULEURS D'ANILINE.

Pour le coton, les réserves sous couleurs d'aniline-vapeur doivent renfermer des corps capables de se combiner à l'excès de tannin qui tient en dissolution la laque colorée, et d'isoler en quelque sorte celle-ci en formant un tannate insoluble. Le blanc de zinc, en couleur à la gomme, répond assez bien à cet objet, mais le nettoyage de l'étoffe est assez difficile à obtenir. L'émétique, indiqué dès 1881 par M. Prud'homme, se prête fort bien à ce genre de fabrication, mais son peu de solubilité empêche de faire une couleur réserve concentrée. Comme l'hydrate d'oxyde d'antimoine précipité agit sur le tannin à la façon des sels de ce métal, on peut composer une bonne réserve sous couleurs d'aniline foncées en épaississant à l'amidon grillé un mélange à poids égaux d'émétique et de solution d'ammoniaque à 21° Baumé. M. Juste Kœchlin a montré que la solubilité de l'émétique est considérablement accrue par la présence de chlorhydrate d'ammoniaque ou de sel marin. Avec ce dernier, il semble se former un sel double, renfermant quatre molécules de chlorure de sodium pour une du tartrate double. En se servant de cette propriété, on compose une excellente réserve avec 300 grammes d'émétique, 300 grammes de sel marin et un litre d'eau, qu'on épaissit à l'amidon grillé. Après le vaporisage, on passe les pièces en eau chaude pour en détacher mécaniquement le tannate d'antimoine formé, et on termine par un savonnage.

Sur soie, on emploie beaucoup les réserves *grasses* ou réserves-*mastic*, soit à la planche, soit au rouleau, pour obtenir des dessins blancs sur fonds unis teints. Ces réserves se composent essentiellement de résines, cire, stéarine, etc., additionnées de térébenthine, et n'agissent donc qu'en protégeant mécaniquement la fibre. Pour empêcher les coulages, au sortir de l'impression, elles sont saupoudrées de terre de Sommières, et les pièces restent suspendues un certain temps, avant d'être livrées à la teinture. Celle-ci se fait en bain acide, avec des colorants tirant bien dans ces conditions. Après teinture, on essore bien les pièces et on les sèche, puis on les passe par une cuve montée avec de la benzine bien sèche, qui dissout les éléments de la réserve grasse. Il ne reste qu'à les essorer et à les passer à la chambre chaude, pour éliminer les dernières traces de benzine. En teignant d'abord les pièces en uni de nuance claire, imprimant la réserve grasse et donnant une seconde teinture capable de fournir un ton foncé, on obtient un effet de dessins colorés sur fond uni. Ce procédé reproduit, dans ses lignes principales, la méthode primitive des réserves à la cire de l'Inde.

La poudre de zinc a été indiquée, dès 1864, par M. Louis Durand, comme permettant, en raison de son pouvoir réducteur, de réaliser des enlevages sur couleurs d'aniline. Cet agent est très employé actuellement pour effectuer des enlevages blancs sur des tissus de soie, dits *glacés*, dont la chaîne et la trame sont teintes, avant tissage, en couleurs de nuances différentes. La poudre de zinc s'imprime épaissie à la gomme : on peut ajouter à la couleur du bisulfite de soude qui y détermine la production d'hydrosulfite. La décoloration se fait au vaporisage. Les enlevages colorés s'obtiennent en mélangeant des dissolutions de couleurs d'aniline avec une certaine proportion du blanc-enlevage au zinc.

Les tissus de coton, mordancés au tannin 25 à ou 30 grammes par litre d'eau, puis passés en émétique, se teignent en nuances foncées, d'un ton correspondant à celui des bleus cuvés foncés, avec des mélanges de bleu méthylène, violets et verts d'aniline, auramine, etc. Il était fort intéressant de produire sur ce mordant un enlevage blanc par destruction de l'acide tannique. Dans ces dernières années, M. F. Binder y est arrivé avec un plein succès en imprimant une couleur à la soude caustique et en vaporisant au large environ deux minutes. On peut imprimer la couleur alcaline sur le tissu mordancé simplement en tannin et, après le vaporisage, passer les pièces en bain d'émétique et de sel ammoniac.

Une variante de cet article, dessins blancs et foncés se détachant sur un fond moyen, s'obtient en plaquant le tissu en tannin à 8 ou 10 grammes par litre. On imprime ensemble une couleur d'aniline vapeur foncée et la couleur alcaline. Après le vaporisage de deux minutes, on passe en émétique. La quantité de matière colorante provenant de la couleur-vapeur qui se fixe dans cette opération forme en quelque sorte un premier pied de teinture, et les nuances obtenues sont beaucoup plus intenses que si l'on avait imprimé directement une quantité de tannin même supérieure à celle qui entre dans la composition de la couleur vapeur.

COULEURS AZOÏQUES.

Les couleurs azoïques s'obtiennent directement sur tissu, en le préparant en α ou β naphtol-sodium (ce sont les phénols le plus généralement employés), puis en imprimant ou en plaquant une couleur renfermant le dérivé diazoïque de l'amine. Les réserves s'obtiendront en imprimant sur le naphtol un corps qui le prive de la faculté de se combiner au diazoïque. On peut employer un acide, qui met le naphtol en liberté, ou du nitrite de soude associé à un sel, comme le sulfate de zinc, qui provoque la transformation en nitrosonaphtol. Ces corps agissent donc plutôt comme enlevages, que comme réserves proprement dites. Celles-ci devront se composer de corps, aptes à réagir sur le diazoïque, tels que les sulfites qui le transforment en diazosulfonate, ou le sel d'étain qui le réduit à l'état d'hydrazine. C'est à ce dernier agent, que pratiquement on doit donner la préférence. La réserve au sel d'étain renferme environ 1 kilogramme de ce sel par litre d'eau de gomme. Après le plaquage en diazoïque, on ne sèche pas les pièces, mais on les passe en acide chlorhydrique faible. Un savonnage et un chlorage achèvent de purifier le blanc.

Les colorants azoïques, en général, se scindent, sous l'influence des réducteurs, en produits incolores. Cette propriété permet de réaliser des enlevages blancs ou colorés, par voie de vaporisage. En imprimant une couleur renfermant de la graine de Perse et de l'acétate stanneux, et vaporisant une heure, on obtiendra un enlevage jaune. Le bleu-enlevage consiste en bleu de Prusse vapeur, renfermant du prussiate et de l'acétate d'étain.

NOIR D'ANILINE.

Le noir d'aniline, en raison même de son mode de formation (oxydation de l'aniline, en présence d'un acide minéral), peut être réservé par les réducteurs, les corps alcalins, ou par les sels à acides organiques (citrates, acétates alcalins, etc.), dont l'acide se substitue à l'acide minéral du sel d'aniline. Les réserves colorées sous noir d'aniline sont généralement des couleurs à l'albumine, renfermant de l'acétate de sodium, de la craie, etc., et des poudres minérales, outremer, vert Guignet, vermillon, jaune de chrome, etc., que n'affecte pas la présence de corps à réaction alcaline ou réductrice. Le noir appliqué par impression au rouleau est oxydé, passé en vapeurs d'ammoniaque et vaporisé pendant un temps suffisant pour coaguler l'albumine.

MM. Storck et Strobel impriment des couleurs à l'albumine, au tannin, à l'acétate d'alumine, additionnées de sulfocyanure de potassium ou d'ammonium, plaquent en noir d'aniline-vapeur, et vaporisent. Ce procédé permet donc l'emploi des couleurs d'aniline et des rouges et roses d'alizarine. Mais, comme toutes les couleurs-réserves, celles-là ont l'inconvénient de paraître parfois coulées ou râpées.

Le procédé d'enlevage-réserve pour noir de M. Prud'homme (1884), est seul employé aujourd'hui. Il consiste à foularder les pièces dans un bain pour noir d'aniline, composé essentiellement de sel d'aniline, de chlorate de soude et de ferrocyanure de potassium. Les pièces, desséchées modérément, restent jaunes. On imprime aussi vite que possible après le séchage des couleurs alcalines à l'albumine; on vaporise deux minutes au large, on passe en bichromate de potasse, lave et savonne.

Une modification à ce procédé permet, en le compliquant il est vrai, l'application des couleurs d'aniline. Elle consiste, avant de foularder en bain pour noir, à mordancer le tissu en tannate d'antimoine. A cet effet, on foularde en tannin, on sèche et passe en solution d'émétique. Les pièces lavées et séchées reçoivent seulement alors le bain pour noir. Les couleurs d'enluminage ne renferment que des solutions de matières colorantes basiques, avec de l'acétate de soude. Celui-ci empêche le développement du noir, et le tannate d'antimoine détermine au vaporisage la fixation des couleurs d'aniline basiques.

Les couleurs analogues au noir d'aniline, obtenues avec les toluidines, xylidines, la naphtylamine, etc., se prêtent aux mêmes enlevages alcalins. Le vert Havraneck (bleu au prussiate, avec addition d'un sel de chrome) est dans le même cas. Nous rappellerons aussi l'ancienne fabrication des bleus de Prusse rongés blanc ou jaune, au moyen d'une couleur à la potasse caustique et au tartrate de potasse pour le blanc, à la potasse et au tartrate double de plomb et de potasse pour le jaune. Un passage en bichromate de potasse détermine la formation de chromate de plomb (Persoz, t. 3, p. 167 et t. 4, p. 414).

M. H. Kœchlin a proposé, pour faire sur laine le genre noir d'aniline, avec enlevage-réserve, la méthode suivante: On foularde le tissu dans une dissolution chaude de sulfate d'aniline à 100 grammes par litre. Puis, on imprime une dissolution épaissie de sel d'étain à 800 grammes par litre, et on plaque par-dessus une dissolution de 100 grammes de bichromate de potasse dans un litre d'un mélange à parties égales d'acide acétique et d'eau. Le noir se forme à froid : on lave et savonne à 60°.

BISTRE DE MANGANÈSE.

Les fonds bistres s'obtiennent en foulardant le tissu en chlorure de manganèse, puis en soude caustique, et en oxydant le protoxyde ainsi précipité, au moyen du chlorure de chaux ou du bichromate de potasse. Le peroxyde de manganèse est facilement détruit par une foule de substances réductrices, telles que le chlorure stanneux, les acides oxalique et tartrique, l'hydroxylamine, etc. Ces agents pouvant être, sans inconvénient, associés à beaucoup de couleurs, il en résulte que le fond bistre se prête admirablement à des impressions couleurs enlevage. M. J. Dépierre a récemment proposé de foularder en chlorure de manganèse bien neutre, de sécher, puis de passer à 40°, dans un bain renfermant 50 grammes de permanganate de potasse, et 30 grammes de sel de soude par litre d'eau. Ce bistre se laisserait plus aisément ronger que ceux obtenus par les autres procédés (*Soc. Ind.* Mulhouse, 1891, p. 36). En plaquant les bistres en sulfate d'aniline, on les transforme en noir d'aniline (procédé Lauth). Mais le noir d'aniline enluminé fabriqué de la sorte est bien inférieur à l'article noir d'aniline réserve-enlevage. En remplaçant l'aniline par la naphtylamine, on change le bistre en un grenat.

COULEURS A L'ALBUMINE.

Les réserves sous couleurs à l'albumine sont basées sur la propriété que possèdent les sels de mercure, de cuivre, de zinc, etc., de la coaguler sous une forme spéciale. Elle n'a plus alors les propriétés physiques de l'albumine coagulée par l'action de la vapeur d'eau, qui forme une membrane continue, souple et élastique, capable de se mouler autour des fibres et de maintenir fortement les poudres colorées, qui lui sont confiées. Au contraire, l'albumine coagulée chimiquement par l'action des sels métalliques n'a plus aucune adhérence avec la fibre et s'en détache facilement par l'action mécanique des lavages et par les savonnages. On emploie généralement le sulfate de zinc à la dose de 500 à 750 grammes par litre d'eau de gomme. Cette couleur additionnée de citrate acide de soude, pourra fonctionner comme réserve, à la fois sous couleur albumine et sous chamois au fer.

COULEURS DIVERSES.

Une réaction très intéressante, observée par M. P. Jeanmaire (1), permet de faire des enlevages sur toutes les matières colorantes, qui sont détruites par l'oxygène naissant. Ses agents sont le ferricyanure de potassium, et le chlorate de potasse ou de soude. Sous l'influence de la vapeur d'eau, le ferricyanure se transformerait en ferrocyanure, avec production d'oxygène et d'acide chlorique. Ce dernier changerait à son tour le prussiate jaune en prussiate rouge : il se formerait en plus de l'eau et du chlorure de potassium, avec dégagement d'oxygène. Le rôle du ferricyanure serait donc analogue à celui du vanadium. Cette réaction peut se passer à froid, en milieu acide, et on s'explique ainsi que les couleurs qui renferment un mélange de prussiate rouge et d'un chlorate (certains noirs d'aniline ou au campêche) soient d'une conservation difficile. Les seuls documents publiés sur ce sujet sont dus à M. H. Schmid, qui emploie une couleur au prussiate rouge, chlorates de potasse et de soude, et carbonate de magnésie en pâte. Le citrate de chaux, substitué à ce dernier corps, donne de très bons résultats.

L'application de la couleur-enlevage se fait sur des fonds foulardés en alizarine, bleu d'alizarine, noir d'alizarine, gallocyanine, etc., accompagnées d'un mordant de chrome généralement, et avant de vaporiser ces couleurs. L'enlevage blanc se produit au vaporisage, en même temps que la fixation des couleurs du fond. En ajoutant de l'acétate de soude à l'enlevage, celui-ci devient en même temps réserve sous noir d'aniline. Pour les rongeants colorés, on emploie du jaune ou de l'orange de chrome, du vermillon, du vert Guignet, etc., épaissis à l'albumine, et on y adjoint du ferricyanure de potassium et du chlorate de soude.

---

(1) *Moniteur scientifique*, 1890, p. 901.

NOUVEAUX PROCÉDÉS ET APPAREILS POUR LA CONCENTRATION DE L'ACIDE SULFURIQUE

Par M. M. Gerber.

Depuis la revue que nous avons publiée sous ce titre en septembre 1892, il n'a pas été délivré de brevets nouveaux touchant la concentration de l'acide sulfurique. Nous complétons ici les indications de cette revue par l'exposé du procédé de L. Kessler, que nous avons pu voir fonctionner dans l'usine L. Kessler et Ce. « Ce qui distingue ce procédé », disions-nous (1), « c'est l'emploi raisonné de l'air chaud pour entraîner les produits volatils, renouveler l'atmosphère à la surface du liquide et activer ainsi l'évaporation ». A cette définition, il faut ajouter ceci : de manière à concentrer l'acide jusqu'à son maximum de densité à des températures relativement basses (2).

L. Kessler a trouvé, en effet, que si l'on fait passer sur des surfaces suffisamment développées d'acide sulfurique, de l'air ou des gaz convenablement surchauffés, on arrive à porter cet acide à son maximum de concentration et même à le volatiliser entièrement à des températures bien inférieures au point d'ébullition de l'acide à 66°, inférieures même à la température d'ébullition dans le vide. Alors que l'acide concentré bout vers 328° à la pression ordinaire, et vers 230° dans le vide, la température de l'acide amené à 66° dans l'appareil Kessler ne dépasse pas 170° C.

En principe, le nouveau procédé substitue à la concentration par *ébullition* ou *distillation*, sur laquelle sont basés tous les procédés actuellement pratiqués, la concentration par *évaporation* seule. Dans la concentration en alambics de platine ou cornues de verre, l'atmosphère qui surmonte l'acide est chargée de vapeur d'eau à une tension correspondant à la tension de dissociation de l'acide sulfurique aqueux pour la température actuelle ; la concentration est fonction de la température et, pour amener l'acide à ne plus contenir que 4 pour 100 d'eau, il est nécessaire d'élever peu à peu sa température jusqu'au point où la tension de dissociation de $SO^4H^2 + H^2O$ correspond au rapport de 96 environ d'acide réel pour 4 d'eau, c'est-à-dire jusque près du point d'ébullition d'un tel acide sous la pression ordinaire.

Dans l'appareil Kessler, l'atmosphère surmontant l'acide est continuellement renouvelée par des gaz chauds et secs, ou du moins ne contenant qu'une proportion de vapeur d'eau inférieure à celle qui correspond à la tension de dissociation pour la température où se trouve porté l'acide par le passage même de ces gaz. La concentration peut donc être poussée, pour une température donnée, bien au delà du point d'équilibre entre l'eau et l'acide assigné par la tension de dissociation pour cette même température.

Il résulte de là que l'acide qui sort de l'appareil de concentration n'emporte que 120° C. au lieu de 328° et que les vapeurs n'entraînent à l'extérieur qu'une quantité plus faible de chaleur perdue. De plus, en faisant servir les gaz sortant d'une concentration au degré maximum, à une, ou successivement à plusieurs autres évaporations graduées, on arrive, avec la même chaleur initiale, à ne perdre que des gaz chauffés au-dessous de 100°, soit, dans la marche normale de l'appareil, à 85° C. environ. En échangeant d'autre part les températures des acides entrant et sortant, on ne perd presque plus rien de la chaleur qui s'échappait avec l'acide concentré.

La condensation des acides entraînés se fait au moyen d'une simple filtration de vapeur et ne nécessite aucun refroidissement artificiel. Elle est si complète que les gaz incoercibles ainsi filtrés peuvent sans inconvénient être lancés en nature dans l'atmosphère. Les petits acides rentrent encore chauds dans l'appareil.

(1) *Loco citato*, p. 663.
(2) Voir *Moniteur scientifique*, juillet 1892, p. 220 des Brevets.

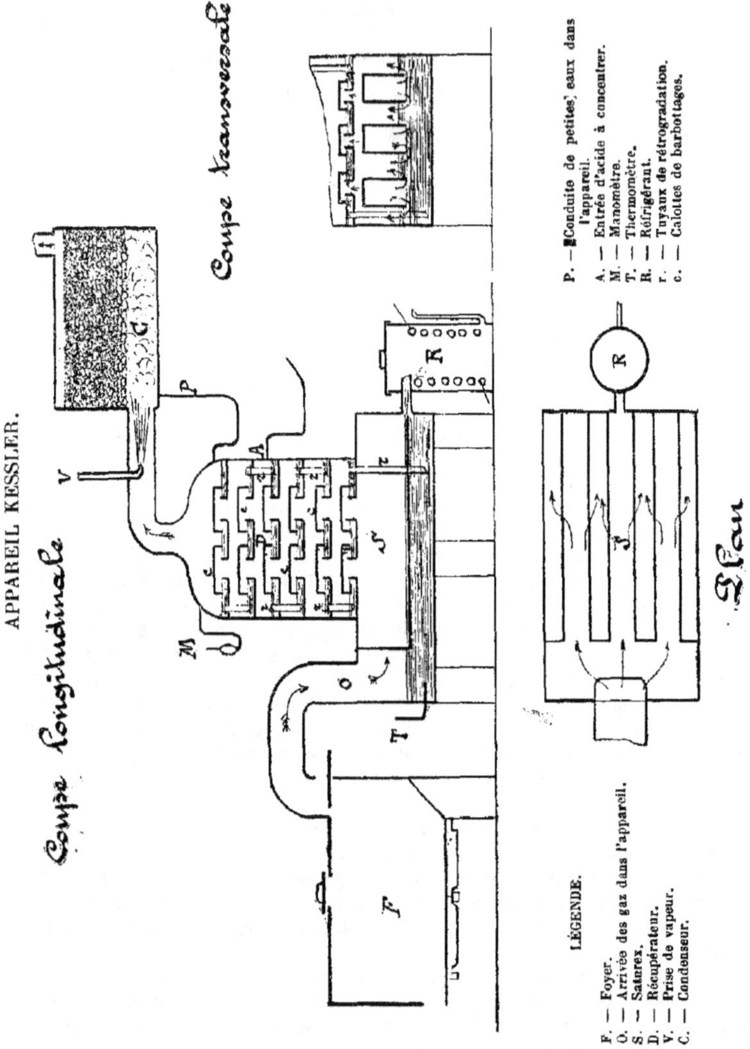

Celui-ci se compose de deux parties principales. L'une, à laquelle l'inventeur donne le nom de *saturex* (saturateur-extincteur), parce que les gaz s'y trouvent, dès leur premier contact avec l'acide, *saturés* par les vapeurs dégagées de ce dernier et, par suite, y *éteignent* leur excès de chaleur de manière qu'elle cesse d'être brisante pour les parties composant le reste de l'appareil. Le saturex S est constitué par une grande auge rectangulaire, en matériaux inattaquables par l'acide concentré et chaud (pierre de Volvic, pierre ponce, grès) reliés avec un ciment également résistant à l'acide ; cette auge est divisée par une série de cloisons parallèles en compartiments, dont les uns, *q*, *q*, *q*, reçoivent les gaz, arrivant en *O* par un tuyau de fonte ; ces gaz passent ensuite dans les canaux *q'q'q'q'* en soulevant ou rasant la couche d'acide qui occupe le fond du saturex et montent dans le *récupérateur*.

Celui-ci est superposé directement ou latéralement au saturex dont il reçoit les gaz et auquel il envoie ses acides. Il se compose d'une série de cases horizontales superposées, percées d'ouvertures recouvertes par des sortes de calottes qui forcent les gaz à souffler fortement sur le liquide acide ou à barboter au travers. L'acide chemine horizontalement, en couche de 2 à 4 centimètres de hauteur, d'une paroi jusqu'à la paroi opposée, où il rencontre des tuyaux de rétrogradation, semblables à ceux qui l'ont amené, qui le descendent dans la case inférieure. Cette disposition est assez semblable à celle des plateaux des colonnes distillatoires de Derome ou de Savalle.

Au premier abord, il semblerait que ce dispositif n'offre pas de surfaces de contact assez développées entre l'acide et les gaz chauds pour que ceux-ci puissent, dans leur trajet à travers le saturex et les trois ou quatre plateaux qui composent le récupérateur, épuiser toute leur action. Une disposition analogue à la tour de Glover, où les gaz montent à travers des fragments solides arrosés d'acide, eût paru plus rationnelle.

Cependant, en fait, on est surpris de la rapidité avec laquelle se produit l'échange de chaleur entre les gaz et l'acide. Ainsi la température des gaz, qui est de 500° environ dans les canaux d'arrivée q, n'est plus, après un premier barbotage dans l'acide, que de 200° environ dans les canaux q'. Elle est en moyenne de 130° dans le premier plateau du récupérateur, de 115° dans le second, de 100° dans le troisième, enfin de 75 à 85° dans le plateau supérieur. Il suffit de quatre compartiments bien construits, mesurant ensemble de 0m,80 à 1 mètre de haut, placés au-dessus du saturex, pour produire une concentration d'acide de 50° à 66° B. qu'on ne saurait obtenir avec une colonne de Glover de 20 ou 30 pieds de hauteur.

Le récupérateur pourrait être construit entièrement en plomb ; mais, comme l'acide sulfurique dissout d'autant plus de sulfate de ce métal qu'il est plus concentré, il est préférable, pour obtenir un produit plus pur, d'établir aussi cette partie de l'appareil en grès naturel taillé ou en pâte céramique moulée.

Dans la pratique, sur quatre cases composant le récupérateur, les trois cases du bas sont en grès, celle du dessus, où l'acide, d'ailleurs au minimum de concentration, n'est pas chauffé à plus de 110°, est en plomb. Au sortir du récupérateur, les gaz retenant encore un peu d'acide se rendent dans un réservoir, où ils sont filtrés sur du coke fin.

L'acide entraîné se colle à la surface du charbon et retourne dans le récupérateur, où il est reçu dans deux cases supplémentaires qui le concentrent et le déversent par rétrogradation dans le plateau où arrive l'acide des chambres. Il n'y a donc plus de petites eaux, l'appareil les évaporant au fur et à mesure et produisant ainsi un acide concentré d'autant plus pur.

L'acide concentré sort du compartiment inférieur (le saturex) par un tuyau de porcelaine placé sous joint hydraulique et passe dans un réfrigérant qui est en même temps l'échangeur de température entre l'acide des chambres et l'acide commercial. Ayant été traversé par un courant de gaz provenant de la combustion du coke et partant chargé d'acide sulfureux, l'acide produit est forcément exempt de composés nitreux; il est blanc et limpide comme de l'eau. Son degré est réglé sur les indications d'un thermomètre à mercure placé dans la case du bas.

Pour faire circuler les gaz chauds dans l'appareil évaporatoire, L. Kessler avait le choix entre deux moyens : ou comprimer ces gaz au moyen d'une pompe et les injecter dans le saturex, ou produire une aspiration à l'extrémité du récupérateur. C'est à ce second moyen que l'on a eu recours. Les avantages de ce système sont d'ailleurs évidents : dans le cas où une pression de quelques centimètres d'eau nécessaire pour assurer la circulation des gaz eût régné dans l'appareil, les fuites, impossibles à éviter à travers des joints aussi développés, eussent lancé dans l'air ambiant des gaz nuisibles ou tout au moins désagréables et occasionné des pertes d'acide.

Avec l'aspiration, déterminée par un simple jet de vapeur dans un giffard de construction particulière, les fuites n'occasionnent aucune incommodité pour les ouvriers, et ne troublent pas la marche de l'appareil, puisqu'il est nécessaire de mélanger une petite quantité d'air froid aux gaz chauds aspirés du foyer.

L'expérience a montré, en effet, que les gaz ne doivent pas être trop chauds pour assurer le fonctionnement régulier de l'appareil. Lorsque ces gaz sont portés à plus de 500° environ, l'acide produit marque moins de 66° Baumé. Ce fait, en apparence paradoxal, s'explique par la dissociation bien connue de l'acide monohydraté en eau et anhydride sulfurique ou pyrosulfurique, dissociation qui croît avec la température, très rapidement vers le point d'ébullition de l'acide à 66° Baumé. Pfaundler avait déjà reconnu, autrefois, qu'on obtient un acide plus concentré que l'acide $SO^4H^2 + \frac{1}{12} H^2O$ obtenu par distillation à 338° centigrades (Marignac), lorsqu'on opère à température plus basse, avec le concours d'un courant d'air sec.

La dépression, indiquée à chaque instant par de petits manomètres en U, à acide sulfurique, est, en moyenne, de 2 à 4 centimètres d'eau dans le saturex et de 1 centimètre dans les plateaux du récupérateur.

Pour assurer l'étanchéité du système, le récupérateur est entouré de bandes de plomb assujetties et maintenues par des barres de fer serrées à vis ; entre cette enveloppe extérieure et les plateaux superposés du récupérateur, on a battu de la terre ou du sable formant garniture isolante pour réduire les pertes de chaleur par rayonnement et faire obstacle à la rentrée de l'air par les joints ou par les fuites accidentelles. En cas d'avaries, d'ailleurs fort rares, cette garniture s'enlève sans peine et il devient facile d'effectuer, sans autre déplacement que celui de quelques blocs de grès ou de pierre ponce, les réparations nécessaires.

Le combustible employé est le coke menu d'usine à gaz que l'on obtient à prix réduit lorsqu'il est trop fin pour la vente. La consommation n'en dépasse pas 8 à 10 kilogrammes par 100 kilogrammes d'acide à 66° produit avec l'acide venant directement des chambres à 52° Baumé. Cette consommation est un peu augmentée par celle de la houille employée à faire fonctionner l'aspirateur à vapeur.

Mais, comme il n'y a plus à évaporer de petits acides, et que l'appareil fonctionne sans poêles d'évaporation préparatoire, cette consommation de combustible est en somme *la plus réduite* à laquelle on soit arrivé jusqu'ici.

A surface égale de section intérieure de plateaux, l'appareil produit plus d'acide à 66°, étant alimenté avec de l'acide à 52° des chambres, froid, que n'en fait un appareil en platine d'un système quelconque recevant l'acide à 62° Baumé chaud.

L'inventeur pense d'ailleurs qu'il serait possible de se passer d'aspirateur avec un tirage de cheminée suffisant et d'employer comme gaz surchauffés les chaleurs perdues d'un four à chaux, à coke, à briques ou d'un haut fourneau. Pour une usine qui travaillerait dans ces conditions, la dépense d'évaporation de l'acide sulfurique serait réduite à l'amortissement de l'installation et à des frais d'entretien insignifiants.

La main-d'œuvre avec un foyer spécial est d'ailleurs presque nulle, le four à coke recevant en une seule fois la charge nécessaire pour le chauffage durant 24 heures.

En résumé, le nouvel appareil Kessler réduit la main-d'œuvre et la surveillance à un minimum qui, sans doute, ne pourra être dépassé ; il produit un acide à 66° couverts (96 pour 100 à 98 pour 100 de monohydraté) plus pur, sans petits acides, sans employer d'eau pour refroidir l'acide sortant ou condenser les produits volatilisés. Enfin, il réalise une économie importante sur le combustible consommé par les autres systèmes pour la concentration totale de l'acide sulfurique.

L'appareil fonctionne régulièrement depuis passé deux ans à l'usine de Clermont-Ferrand. Un second appareil y va être installé sans modification essentielle, en remplacement de l'encombrante tour de Glover. Si cet essai donne les résultats qu'on en attend, le nouvel appareil Kessler s'imposera sans doute comme un progrès des plus marquants dans la question de la concentration de l'acide sulfurique à laquelle le même inventeur avait déjà donné il y a vingt-cinq une solution assez heureuse pour que beaucoup d'usines y soient restées fidèles durant un quart de siècle, ce qui est un grand espace de temps pour l'industrie chimique.

REVUE DE PHOTOGRAPHIE

Les progrès de la photographie en 1891 et 1892.

Par MM. J.-M. EDER et E. VALENTA.

(*Dingler's Polytechnisches Journal*, t. 285, p. 299.)

I. — PHOTOGRAPHIE EN COULEURS NATURELLES.

Après une longue période de repos, la question de la photographie en couleurs a fait l'objet d'un grand nombre de travaux depuis les essais couronnés de succès du professeur G. Lippmann, de Paris, qui a réussi à fixer les couleurs de la chambre noire. Les premiers essais de ce savant ont été faits sur plaques de verre albuminées, sensibilisées à l'iodure d'argent et disposées sur un bain de mercure, le côté sensible en contact direct avec ce métal. En exposant ce système à l'action de rayons normaux à la couche, il se produit entre les ondes incidentes et les ondes réfléchies des phénomènes d'interférence au sein même de la couche d'albumine où se trouvent des zones éclairées alternant avec des zones obscures. Si l'on développe et fixe comme d'habitude, on fait apparaître des bandes noires et blanches qui sont la photographie directe du phénomène d'interférence; ces zones, dont l'épaisseur est du même ordre de grandeur que les longueurs d'onde des rayons lumineux, reproduisent, par réflexion, la couleur même des rayons qui les ont engendrées. A la lumière transmise, la photographie obtenue est négative, chaque couleur se trouvant reproduite par sa complémentaire. A la réflexion, l'image est positive et montre bien la teinte de la lumière incidente, à la vérité comme une sorte d'irisation bien plutôt que comme une reproduction précise du spectre. Ce sont les couleurs des plaques minces, du même caractère que les anneaux colorés des bulles de savon.

Lippmann a employé plus tard le bromure d'argent au lieu de l'iodure et le collodion au lieu d'albumine, avec le même succès. Les conditions de réussite sont que la couche sensible n'offre aucun grain perceptible au microscope ou du moins que ce grain, s'il existe, ait un diamètre moyen négligeable par rapport aux longueurs des ondulations lumineuses.

Ch. Thronig a répété et confirmé les expériences de *Lippmann;* l'émulsion employée se composait de 25 grammes de bromure de cadmium dissous dans 280 centimètres cubes d'alcool et 5 centimètres cubes d'acide chlorhydrique. On prend 5 centimètres cubes de cette liqueur et 40 centimètres cubes d'éther pour dissoudre 2 grammes de pyroxyline et l'on ajoute, en remuant, une solution de 1 gramme de nitrate d'argent dans 10 centimètres cubes d'alcool. Temps d'exposition, 20 minutes au soleil (*Amer. Journ. of Phot.*, 1891, p. 553).

Consulter aussi sur la photographie en couleurs, d'après Lippmann, l'opuscule très substantiel de *Berget* (*La photographie des couleurs*, 1891, Paris, Gauthier-Villars).

H. Krone, de Dresde, est arrivé à photographier en couleurs, sans bain de mercure, en utilisant la plaque de verre elle-même comme surface réfléchissante.

H. W. Vogel a étudié la cause des échecs éprouvés autrefois par les devanciers de Lippmann dans leurs tentatives pour fixer les photochromies. D'après la théorie de Zenker, les conditions nécessaires pour la formation des images colorées sont : 1° l'existence de couches sensibles à des distances égales à la moitié de la longueur d'onde de la couleur; 2° un milieu aussi translucide que possible servant de support à ces couches. Or on avait fait usage jusqu'ici, exclusivement, du chlorure d'argent partiellement réduit, de sous-chlorure (Ag^2Cl) qui est à peu près également sensible aux divers rayons du spectre. Ce sel se dédouble au fixage dans l'hyposulfite en argent réduit et chlorure d'argent :

$$Ag^2Cl = Ag + AgCl,$$

et ce dernier se dissout dans le bain fixateur, laissant dans la couche sensibilisée un dépôt d'argent métallique disséminé dans toute la masse et non réparti en couches à peu près régulières. Les conditions nécessaires pour la production des couleurs *des lames minces* ne se trouvent donc pas réalisées dans ce cas. Lippmann ayant opéré avec du bromure d'argent, il n'y a eu formation de *sous-bromure d'argent* qu'aux points où la vibration lumineuse était maximum et, par suite, ce n'est qu'en ces points, disposés en couches régulières, qu'il s'est déposé de l'argent métallique lors du fixage. Ici, le fixage réalise les conditions exigées pour la production de phénomènes colorés des lames minces, conformément à la théorie de Zenker.

D'après *Saint-Florent* (*Phot. Arch.*, 1891, p. 307), on obtiendrait des images colorées avec tous les papiers du commerce, à la gélatine ou au collodion et chlorure d'argent, en exposant ceux-ci au préalable à la lumière jusqu'à ce qu'ils aient pris un éclat métallique, puis en les exposant pendant très longtemps à la lumière solaire directe sous un négatif coloré. Les auteurs de cette revue n'ont obtenu les résultats annoncés par Saint-Florent qu'avec les papiers commerciaux sensibilisés, débarrassés au préalable du citrate communément employé à leur préparation par un séjour de quelques minutes dans un bain à 3 pour 100 de chlorure de zinc et 5 pour 100 d'acide chlorhydrique. Les papiers ainsi traités se prêtent bien à la production d'images colorées.

H. Krone a repris les anciens essais de *Becquerel* et *Poitevin* et a obtenu des résultats assez avantageux avec une modification du procédé de *Poitevin*. Nous extrayons de son travail (*Deutschen Photographenzeitung*, 1891, p. 326) les indications pratiques suivantes, renvoyant au mémoire original pour les développements théoriques :

1° *Salage du papier.* — On prépare du papier photographique en le laissant nager à la surface d'un bain d'eau à 10 pour 100 de sel marin ;

2° *Bain d'argent.* — Le papier salé et séché passe dans un bain de sel d'argent; il est égoutté et dégorgé dans de l'eau distillée pour éliminer l'excès de nitrate d'argent ;

3° *Réduction.* — La réduction du chlorure d'argent en sous-chlorure est provoquée par une solution à 5 pour 100 de sel d'étain. On expose les feuilles à la lumière diffuse jusqu'à ce qu'elles aient une belle teinte violette, puis on les sèche et on peut les conserver dans cet état ;

4° *Sensibilisation.* — Elle s'obtient en laissant nager les feuilles durant 2 à 3 minutes à la surface d'un bain formé de parties égales de solutions concentrées de bichromate de potasse et de sulfate de cuivre ;

5° On expose sous un négatif coloré jusqu'à ce que les colorations paraissent à peu près également intenses ;

6° On développe enfin dans un bain composé de 3 grammes de sublimé et 3 gouttes d'acide sulfurique pour un litre d'eau.

De son côté, *R. Kopp*, de Munster (Suisse), a modifié le procédé de Poitevin en employant comme sensibilisateur une solution de bichromate de potasse, de sulfate de cuivre et de nitrate mercureux que l'on filtre pour séparer le précipité de chromate mercureux formé ; cette liqueur sert aussi pour fixer les images. Les auteurs de cette note ont constaté que les rouges et jaunes verts sortent bien par ce procédé, qui laisse cependant à désirer pour les autres couleurs. Il offre aussi l'avantage de faire apparaître les couleurs sur fond blanc.

Nous avons à signaler aussi dans la photochromie par voie indirecte, d'après le principe imaginé dès 1865 par *Ranconnet*, une série d'essais et de recherches du plus grand intérêt. L'idée consiste à prendre trois clichés à travers des milieux de colorations diverses (rouge, jaune, bleu); on imprime sur reports photolithographiques avec des encres de couleurs convenablement choisies pour reproduire par leur superposition les couleurs naturelles.

Ce procédé n'a pu être appliqué à l'époque parce qu'on n'avait pas de plaques assez sensibles pour le jaune et le rouge. Depuis la découverte des plaques impressionnables aux couleurs (*Vogel*, 1873), le procédé de *Ranconnet* est devenu praticable et a donné, notamment entre les mains de *Cros* et *Ducos*, d'*Albert* et d'autres, de très brillants résultats.

Albert employait un sensibilisateur unique : le collodion éosiné. L'éosine rend les plaques très sensibles au vert, moins sensibles au bleu, encore moins au rouge. De plus, les couleurs d'impression étaient choisies empiriquement. Ces circonstances expliquent les différences souvent très grandes de coloration entre les impressions héliochromiques et les modèles.

H. W. Vogel a perfectionné ce procédé :

1° En employant, au lieu d'un seul sensibilisateur optique (comme dans le procédé de Ducos), un sensibilisateur spécial pour chaque plaque, par exemple un pour le rouge, un pour le jaune, un pour le vert, un pour le vert-bleu (Il est inutile d'en prendre un particulier pour le bleu, qui impressionne toujours assez le bromure d'argent) ;

2° En se servant des sensibilisateurs optiques comme bases des couleurs d'impression ou, dans le cas où ces sensibilisateurs ne peuvent servir directement, en faisant usage de couleurs spectroscopiquement analogues.

Cette seconde condition résulte de ce que la couleur d'impression doit réfléchir les rayons qui ne sont pas absorbés par la plaque sensible correspondante et, réciproquement, ne doit pas réfléchir les rayons absorbés par la même plaque.

Ce procédé a été étudié, dans ses plus petits détails, par *H. W. Vogel* et *E. Vogel junior*. Il a donné entre les mains d'*Ulrich*, photographe à Berlin, des impressions héliochromiques très heureusement venues.

PHOTOGRAPHIE AVEC LUMIÈRES ARTIFICIELLES.

Les inventions concernant les moyens de produire des lumières riches en rayons photochimiques ont été assez nombreuses dans ces deux dernières années, mais en vérité elles n'offrent qu'une originalité relative.

Eder et *Valenta* ont comparé les différents moyens de production de la lumière magnésium-éclair.

Ils ont essayé des mélanges de poudre de magnésium et de permanganate de potasse, ou de bichromate de potasse ou d'ammoniaque, ou de salpêtre. La quantité de lumière émise en totalité par chacun de ces mélanges, pour un même poids de magnésium, est à peu de chose près la même.

La durée de combustion du magnésium en poudre projeté à travers une flamme est en moyenne de 0 gr. 1 par 1/7 de seconde. Si l'on brûle à la fois une plus grande quantité de magnésium, la durée de l'éclair ne s'accroît pas en proportion du poids de métal, mais dans un rapport diminué ; ainsi la combustion de 1 gramme de poudre de magnésium ne demande pas $10 \times 1/7$ de seconde, mais seulement à peu près 1/4 de seconde.

Des mélanges explosifs du genre de ceux que nous avons cités brûlent en un espace de temps encore plus limité. Ainsi les mélanges de 1 à 4 grammes de poudre de magnésium avec la quantité équivalente (donnant la quantité d'oxygène théoriquement nécessaire) de chlorate ou de perchlorate de potasse, déflagrent en un temps moyen de 1/10 à 1/20 de seconde. Les mélanges avec le permanganate (1 : 1) ou le salpêtre (1 : 1) brûlent un peu plus lentement, tout en émettant une même lumière totale, tandis que les mélanges avec des chromates, non seulement brûlent plus lentement, mais encore produisent une lumière plus faible.

Les mélanges de poudre de magnésium avec le permanganate ou le salpêtre sont les plus recommandables pour les photographes amateurs, parce que leur manipulation est inoffensive et qu'ils peuvent être expédiés par la poste, qui n'accepte pas les mélanges chloratés dont l'emploi n'est pas sans danger (*Phot. Correspond.*, 1891).

On a proposé plusieurs appareils pour la combustion instantanée des mélanges-éclair. Nous nous contenterons de signaler les lampes de *Gaedicke*, à Berlin (*Eder, Jahrb. f. Photogr.*, 1892, p. 375), de *Beaurepaire* (Lampe météore, br. allemand, nº 52892) et de *E. Hackh*, à Stuttgart (*Phot. Corr.*, 1891 et 1892).

Abney a comparé diverses sources lumineuses au point de vue de leur activité photographique au moyen de papier platinotype. Il a trouvé que la lumière électrique (arc), lorsqu'elle apparaît à l'œil, de l'intensité de 1 bougie normale, équivaut photographiquement à 10 bougies agissant pendant 1 minute. Une lumière oxhydrique égale au photomètre à 400 bougies, équivaut photographiquement à 800 bougies. A intensité égale, la lumière électrique agit 4 fois plus que la lumière magnésienne (*Bull. belge de Phot.*, 1891, p. 858).

Auer prépare depuis 1891 de nouvelles compositions pour incandescence oxhydrique ou chalumeau au gaz d'éclairage qui développeraient une lumière allant jusqu'à 80 bougies, très propre pour les usages photographiques, notamment les reproductions, les agrandissements ou la microphotographie (*Eder, Jahrb. f. Phot.*, 1892, p. 380).

L'aluminium en poudre très fine (vendu sous le nom de poudre de bronze d'aluminium), mélangé à du chlorate de potasse, brûle avec une lumière blanche moins belle toutefois et moins active que celle des poudres de magnésium-éclair et donne à peu près autant de fumée que celles-ci, bien qu'on ait affirmé le contraire.

ÉMULSIONS AU GÉLATINO-BROMURE.

J. Harrison indique la recette suivante pour la préparation d'une émulsion rapide :

1º On fait gonfler 40 grammes de gélatine Nelson nº 1 dans 8 onces d'eau distillée, on ajoute 180 grammes de bromure d'ammonium et 10 grammes d'iodure de potassium; on fait dissoudre à une douce chaleur;

2º On dissout d'autre part 100 grammes de nitrate d'argent dans 1 once d'eau et l'on additionne d'ammoniaque jusqu'à redissolution ;

3º On chauffe la solution nº 1 à 170º F., on y fait dissoudre en remuant 165 grammes de nitrate d'argent et, lorsque le sel est fondu et émulsionné, on ajoute la liqueur nº 2 et l'on maintient le tout au bain-marie à 170º F. pendant 2 heures.

Après ce temps, on refroidit l'émulsion à 80º F., on ajoute 300 grammes de gélatine dure de Heinrich, on porte à 100º F. jusqu'à parfaite dissolution de la gélatine, et l'on verse l'émulsion dans une capsule entourée d'eau froide. La gelée est lavée comme d'habitude (*Amat. Photogr.*, 1891, p. 207).

Henderson décrit une nouvelle méthode de préparation des émulsions qui rappelle l'ancien procédé de *Monkhof*. D'après cet auteur, pour éviter la formation de voiles rouges ou verdâtres, il est nécessaire d'empêcher le contact du nitrate d'argent avec la gélatine. Il obtient ce résultat en précipitant le nitrate d'argent en solution aqueuse par le carbonate d'ammoniaque, recueillant sur filtre et lavant le carbonate d'argent qu'il incorpore ensuite à la gélatine fondue, préalablement additionnée de la quantité de bromure nécessaire pour transformer le carbonate argentique en bromure.

Pour des images très nourries (pour projections, par exemple), *Henderson* emploie, au lieu de carbonate, le citrate ou l'acétate d'argent (*Photogr. News*, 1891, p. 207).

Bolton emploie également le carbonate d'argent pour préparer une très pure et fine émulsion ; toutefois le carbonate est produit au sein même de la solution de gélatine. Celle-ci est d'abord ramollie dans l'eau froide, puis dissoute avec une quantité convenable de carbonate de sodium. On ajoute alors le nitrate d'argent en cristaux et l'on remue jusqu'à disparition du sel; il est nécessaire d'employer un excès de carbonate alcalin qui provoque la séparation de carbonate d'argent avec un grain très fin. On laisse digérer l'émulsion durant une heure à 40 degrés centigrades ; on ajoute la quantité de bromure d'ammonium équivalente au sel d'argent et, après une nouvelle digestion d'une heure à 38º centigrades, on abandonne au refroidissement. La gelée es divisée sous de l'alcool additionné d'un peu d'acide salicylique et conservée pour l'usage (*Bull. Soc. française de Photogr.*, 1891, p. 116).

Carl Dibbik Hellstrona a pris un brevet en Angleterre (n° 9062, du 11 juin 1890) pour l'emploi d'essoreuses à force centrifuge dans la préparation des émulsions. Son procédé ne diffère pas beaucoup de celui de *Plener*, depuis longtemps connu.

D'après *Haffel*, on prépare un gélatinobromure de bonne qualité pour les papiers photographiques, en dissolvant au bain-marie :

Gélatine	12	grammes.
Bromure de potassium	5.5	—
Acide citrique	0.13	—
Alun de chrome	0.18	—
Eau	240	—

On porte à 100° centigrades pendant 10 minutes et l'on ajoute :

Nitrate d'argent	7	grammes.

On agite pendant 5 minutes et l'on abandonne au refroidissement. L'émulsion est ensuite lavée comme d'habitude, additionnée de 25 centimètres cubes d'alcool et d'assez d'eau pour former un volume total de 300 centimètres cubes.

Le papier employé par Haffel est du papier albuminé dont l'albumine a été coagulée par la vapeur d'eau, de telle sorte que l'émulsion ne peut pénétrer dans la pâte du papier et qu'on obtient des images d'un remarquable brillant (*Phot. News*, 1891).

Smith a construit une nouvelle machine pour étendre le gélatino-bromure pour la préparation des plaques sèches (*Talbot*, « *Neuheiten* », 1891, p. 299).

W. Rebikow, de Saint-Pétersbourg, a breveté un procédé d'épuration des solutions d'agar-agar, consistant en échauffements et refroidissements successifs, décantations, filtrages sur papier, ouate, etc., qui rendent ces solutions propres à la préparation d'émulsions et de papiers sensibilisés (*Phot. Arch.*, 1891, p. 241).

ÉMULSIONS AU COLLODION.

Cette branche de l'art photographique a réalisé des progrès assez importants.

Gaedicke a présenté à la Société des amis de la photographie, à Berlin, des plaques au collodion sec qui sont d'une bonne sensibilité pour les couleurs G à D du spectre, tandis que le violet les impressionne relativement peu. Le procédé de préparation de ces plaques n'a pas été publié (*Photog. Wochenbl.*, 1891, p. 355).

Wilkinson dit avoir obtenu des émulsions collodionnées de la plus haute sensibilité en réalisant la préparation du sel d'argent haloïde au sein d'une solution de gélatine; il sépare ensuite le sel d'avec la solution de gélatine et l'émulsionne dans du collodion.

On doit à *von Hubl* la description détaillée d'une excellente méthode de préparation de plaques sèches collodionnées orthochromatiques ou non. Nous en reproduisons les recettes :

On prépare une solution n° 1 en dissolvant 40 grammes de nitrate d'argent dans 50 centimètres cubes d'eau et ajoutant une quantité d'ammoniaque exactement suffisante pour redissoudre le précipité formé. On ajoute 100 centimètres cubes d'alcool et on laisse refroidir.

D'un autre côté, on dissout 30 grammes de bromure d'ammonium dans 35 centimètres cubes d'eau, on ajoute 70 centimètres cubes d'alcool absolu et l'on chauffe jusqu'à dissolution (liqueur n° 2).

Dans un flacon de verre, on mélange 450 centimètres cubes de collodion brut à 4 pour 100 de coton nitrique avec la solution n° 1 et l'on ajoute, en trois portions, en agitant chaque fois pendant quelques minutes et en opérant dans la chambre obscure, la solution n° 2 encore chaude. On agite encore pendant 5 minutes, puis on ajoute une quantité d'eau suffisante pour provoquer la formation de flocons au sein de l'émulsion. On verse alors dans beaucoup d'eau : 10 litres environ, et l'on agite.

Dans ces conditions, le collodion bromuré argentique se précipite sous forme sablonneuse, se dépose rapidement et peut être lavé à froid par décantation.

Finalement, on jette sur filtre, on lave à l'alcool et l'on redissout dans 800 à 1000 centimètres cubes d'un mélange à parties égales d'éther et d'alcool.

L'émulsion mère ainsi obtenue est sensibilisée par addition de 0 gr. 5 de codéine ou de narcotine ; la présence de ces alcaloïdes la rend beaucoup plus impressionnable. On l'emploie après 3 ou 4 jours à la préparation de plaques sèches sur une mince pellicule de caoutchouc. En y additionnant une solution d'éosinate argentique (éosine argentique) : 0 gr. 5, acétate d'ammonium : 1 gramme, alcool : 30 centimètres cubes ; chauffer, étendre ensuite avec 120 centimètres cubes d'alcool et ajouter quelques gouttes d'acide acétique), on obtient d'excellentes plaques orthochromatiques.

Le Dr *Jonas* a préparé une émulsion collodionnée rendue sensible aux couleurs par addition d'une solution d'éosine argentique et de picrate d'ammoniaque (*Photog. Corresp.*, 1891).

RÉVÉLATEURS POUR PLAQUES AU GÉLATINO-BROMURE.

Bothamley (*Eder. Jahrb. f. photogr.*, 1892, p. 164) a comparé les divers sulfites du commerce employés comme agents révélateurs. Le sulfite neutre de sodium est en général assez pur ; le bisulfite au contraire est souvent très impur et cause des irrégularités fâcheuses. Les métabisulfites qui cristallisent fort bien et sont d'une assez grande pureté, se recommandent particulièrement pour la préparation des bains révélateurs.

Le colonel *J. Waterhouse* a analysé le révélateur vendu sous le nom de *graphol*. Il l'a trouvé composé d'iconogène associé à du borax, du sucre de lait et du carbonate de lithine. Il a étudié la part de chacun de ces composés sur l'action des révélateurs simples iconogène et hydroquinone.

Cette étude l'a amené à constater que les alcalis caustiques peuvent être avec avantage remplacés par le borax dans les révélateurs à base d'iconogène ou d'hydroquinone, ce qui est un avantage pour les pays chauds. La formule suivante donne de bons résultats :

Iconogène	1	parties.
Borax	2	—
Sulfite de sodium	2	—
Eau	100	—

L'addition de sucre de lait augmente l'intensité du négatif (*Phot. Mith.*, 28, p. 195).

Pour développer normalement des plaques dont la durée d'exposition a été trop longue, *F. Cobb* ajoute au révélateur une certaine quantité de nitrate de potasse ou donne un bain préalable de ce sel dissous dans 240 parties d'eau (*Yearbook of Photogr.* 1891, p. 72).

Le révélateur de *Noel*, le kinocyanogène ($C^{25}H^{12}O^{10}$?), qui se dissout dans l'eau ou l'alcool en vert bleuté, s'emploie en combinaison avec sulfite et carbonate de soude et alcali libre (*Amateur Photogr.*, 1891, p. 384).

MM. *A.* et *L. Lumière*, de Lyon, ont publié une importante étude sur les corps réducteurs de la série aromatique qui peuvent être employés comme révélateurs (1).

Ils ont constaté que les conditions nécessaires pour qu'un dérivé aromatique puisse être employé à ce titre sont :

1° Que le corps contienne au moins, soit deux groupes hydroxyles, soit deux groupes amidogènes, soit un hydroxyle et un amidogène directement fixés au noyau benzinique ;

2° Que les propriétés révélatrices sont plus développées dans les composés contenant ces groupes dans la position para ;

3° Qu'un plus grand nombre de groupes hydroxyles ou amidogènes dans la molécule n'influence pas le pouvoir révélateur ;

(1) Voir *Moniteur scientifique*, année 1892, p. 30.

4° Que les règles ci-dessus s'appliquent aussi dans le cas où l'on a affaire à une molécule complexe contenant plusieurs noyaux benzéniques ou d'autres composés cycliques, lorsque les groupes hydroxyles ou amidogènes sont attachés au même noyau;

5° Des substitutions dans les groupes AzH^2 ou OH annulent immédiatement la propriété de la combinaison de fonctionner comme révélateur s'il ne reste pas dans la molécule au moins deux de ces groupes intacts;

6° Enfin des substitutions de l'hydrogène des groupes méthines du noyau ne semblent pas affecter les propriétés photographiques des révélateurs de la série aromatique.

Ces règles s'appliquent, sauf l'exception de la phénylhydrazine ($C^6H^5.AzH.AzH^2$), qui constitue à elle seule un révélateur, à tous les dérivés de la benzine.

Les auteurs donnent un tableau d'ensemble de ceux des composés aromatiques connus qui sont ou pourraient être utilisés comme révélateurs.

Ces résultats ont été confirmés et étendus par le Dr *M. Andresen*. Comme les auteurs précédents, ce savant range tous les révélateurs de la série aromatique sous les trois types :

1) $C^6H^4\begin{cases}AzH^2\\AzH^2\end{cases}$ Diamidobenzol.

2) $C^6H^4\begin{cases}AzH^2\\OH\end{cases}$ Amidophénol.

3) $C^6H^4\begin{cases}OH\\OH\end{cases}$ Dioxybenzol.

On sait que chacun de ces types peut exister sous trois modifications, isomères de position; parmi ces modifications, celles de la para et de l'orthosérie sont d'énergiques révélateurs, tandis que l'isomère méta est inactif.

Ainsi, dans la série para, on emploie avec succès l'hydroquinone, le para-amidophénol et la paraphénylènediamine.

Dans l'orthosérie, on a la pyrocatéchine et l'orthoamidophénol; l'orthophénylènediamine développe également l'image latente.

La résorcine, le méta-amidophénol ou la métaphénylènediamine n'offrent aucune propriété révélatrice.

On trouvera dans les *Berichte*, de Berlin, une étude de Zincke et Küster sur le processus chimique du développement des images photographiques par les révélateurs aromatiques, notamment par l'iconogène :

AzH^2, OH, $NaSO^3$ (sur noyau naphtalénique)

Nous ne nous y arrêterons pas ici.

Andresen prépare un révélateur à base de para-amidophénol, le *rodinal*, que les auteurs de cette revue ont trouvé formé de para-amidophénol, potasse caustique, sulfite de potassium et eau.

D'après *Wicker*, l'addition de carbonate de lithine au révélateur pyrogallique active le développement de l'image latente. La formule indiquée est :

Pyrogallol (acide pyrogallique)	2 grammes.
Solution à 1/20 de carbonate de lithine	2 centimètres cubes.
Sulfite de sodium	12 grammes.
Eau	480 centimètres cubes.

(*Photogr. Arch.*, 1891, p. 53).

L'addition de carbonate de lithine est recommandée dans le même but par *Bronquart* (*Rev. Photogr.*, 1891, p. 461).

Nous ne pensons pas que les légers avantages qu'offre la lithine sur les autres alcalins compensent l'augmentation de prix résultant de l'emploi de ce corps rare.

L'acide hydroquinonemonosulfonique préparé par *Stebbin*, par l'action de l'acide sulfurique concentré sur l'hydroquinone, donne, avec le carbonate de sodium, un révélateur pour plaques au gélatino-bromure, qui fournit de beaux diapositifs de ton jaune brun (*Phot. Arch.*, 1891, p. 326).

Newton recommande l'addition de stannate de sodium au révélateur à l'iconogène pour les instantanés.

On a proposé de divers côtés d'associer l'iconogène à l'hydroquinone pour la préparation de révélateurs.

Citons ici la formule de *V. Angerer*, de Vienne, d'un excellent usage pour les développements rapides :

A)	Eau	1250 grammes.
	Sulfite de sodium	150 —
	Iconogène	22.5 —
	Hydroquinone	7.5 —
B)	Eau	250 grammes.
	Carbonate de potassium	7.5 —

On mélange A et B dans le rapport 5 : 1 (*Phot. Arch.*, 1891, p. 128).

Des formules analogues dues à *Chapruan* (*Phot. Wochenblatt*, 1891), à *Vredenburgh* (*Phot. Arch.*, 1891, p. 133) ont obtenu quelques succès en Angleterre.

Parmi les révélateurs au para-amidophénol, nous relevons les deux suivants de *Eder* et *Valenta* :

	I	II
Para-amidophénol	4 grammes.	4 grammes.
Eau	1000 —	1000 —
Sulfite de sodium	80 —	120 —
Soude (carbonate)	40 —	»
Carbonate de potasse	»	40 —

Les frères *Lumière* remplacent dans ces formules la soude ou la potasse par la lithine (*Revue suisse de Photogr.*, 1891, p. 395).

La maison *Hauf*, de Feuerbach, a récemment lancé dans le commerce deux nouveaux révélateurs qui donnent de très bons résultats. L'un est le sulfate de monométhylpara-amidométacrésol :

$$C^6H^3\begin{cases} OH & (1) \\ CH^3 & (3) \\ AzH.CH^3 & (4) \end{cases}$$

poudre blanche, soluble dans l'eau, que l'on vend sous le nom de métol.

Les solutions de métol, additionnées de sulfite, se conservent sans altération pendant fort longtemps; en présence des carbonates alcalins, elles restent limpides et constituent un révélateur rapide, énergique, donnant des épreuves irréprochables avec les plaques au gélatino-bromure et aussi à une moindre concentration avec les plaques au chlorure et au chloro-bromure.

Pour les plaques bromurées on suivra la formule :

Solution A.	Eau distillée	1000 parties.
	Sulfite neutre de sodium	100 —
	Métol	10 —
Solution B.	Eau	1000 parties.
	Carbonate de potasse	100 —

Mélanger 60 centimètres cubes de A et 20 centimètres cubes de B. Le mélange se conserve pendant plusieurs semaines en flacons bien bouchés. L'image apparaît presque instantanément sur les plaques dont le temps de pose a été normal et se renforce régulièrement; en 2 à 3 minutes, l'opération est terminée.

En remplaçant dans la solution B le carbonate de potassium par celui de sodium, on prépare le révélateur avec volumes égaux de A et de B. Cette seconde préparation agit un peu plus lentement.

L'autre substance révélatrice préparée par *Hauf* est un sel du diamidophénol (1) :

$$C^6H^3\begin{cases} OH \\ AzH^2 \\ AzH^2 \end{cases}$$

vendu sous le nom d'*amidol* en petits cristaux très solubles dans l'eau. Cette solution se colore en rouge faible ; sa réaction est acide. La recette indiquée comporte :

Amidol	5	parties.
Sulfite de sodium	50	—
Eau	1000	—

Le docteur *E. Just* recommande pour ses papiers au gélatino-bromure le révélateur rapide de Lainer ou le rodinal.

RENFORÇAGE OU AFFAIBLISSEMENT DES NÉGATIFS. — FIXAGE.

D'après *Vidal*, on remplace partiellement un négatif gélatiné en le couvrant d'une couche d'asphalte et le plongeant durant quelques heures dans une solution de matière colorante (rouge d'aniline, chrysoïdine, etc.) que la gélatine absorbe avec facilité. On enlève ensuite la pellicule d'asphalte au moyen de la benzine (*Mon. de la Photogr.*, 1891, p. 87).

Doll a publié (*Phot. Corresp.*, 1891, p. 425) un procédé analogue : il emploie une solution étendue de carmin et affaiblit ou détruit la couleur, dans les endroits du négatif qui doivent être éclaircis, au moyen d'eau de javelle.

R. Bottone emploie pour renforcer les négatifs, notamment les reproductions de dessins au trait, un bain composé de 4 pour 100 de bromure de potassium et autant de sulfate de cuivre.

Le négatif, fixé et lavé, est plongé dans cette liqueur où il ne tarde pas à prendre une teinte blanche perlée, qui, par un traitement ultérieur, après lavage, par l'ammoniaque étendue (1 partie alcali volatil, 12 parties d'eau) vire au brun foncé (*Yearbook of Photogr.*, 1891, p. 115).

Pour affaiblir les négatifs trop durs, *Paul Ladewig* recommande un bain composé de :

Eau distillée	150	grammes.
Bichromate de potasse	1	—
Acide chlorhydrique	3	—
Alun	5	—

On y maintient la plaque jusqu'à ce que l'argent réduit ait repassé à l'état de chlorure et que la plaque paraisse uniformément blanche. On lave alors et développe dans un bain révélateur étendu ou épuisé. Cette méthode a déjà été indiquée autrefois par *Eder*.

Haddon emploie pour affaiblir les négatifs, au lieu de ferrocyanure, une solution de ferricyanure et de sulfocyanure d'ammonium, qui peut servir aussi à pâlir les épreuves sur papier.

FILMS. — PLAQUES PHOTOGRAPHIQUES SOUPLES.

Les plaques souples, connues en Angleterre sous le nom de *Films*, trouvent de jour en jour une clientèle plus étendue parmi les photographes amateurs. Plusieurs fabriques en livrent d'excellente qualité. Nous citerons : *Thomas*, à Londres (*Pall-Mall-Films*) ; *Perutz*, à Munich ; les frères *Lumière*, à Lyon (brevet *Balagny*); enfin *Graffe* et *Jougla*, au Perreux (Seine).

(1) Sans doute : $OH : AzH^2 : AzH^2 = 1 : 2 : 4$.

AGRANDISSEMENTS. — IMAGES AU GÉLATINO-BROMURE D'ARGENT.

Pour remédier aux défauts des agrandissements de négatifs en diapositifs au bromure d'argent, le docteur *Stolze* propose de tirer de ceux-ci un négatif sur plaque. L'appareil employé, construit par *Feraros*, figurait à l'exposition photographique londonienne de 1891.

La compagnie *Eastman*, de Londres, fabrique un très bon papier au gélatino-bromure pour agrandissements. Elle emploie comme source lumineuse une lampe à arc de 500 bougies. On développe dans un bain faible d'oxalate de fer, on lave à l'eau alunée additionnée d'acide acétique et on renforce les parties trop claires en y promenant au pinceau un révélateur convenable. Les images obtenues sont noires.

Pour obtenir des images brunes, *Hair Brown* choisit un papier au gélatino-bromure peu sensible, expose pendant un temps assez long et développe dans un bain préparé avec :

A)	Hydroquinone	10 grammes.
	Sulfite de sodium	60 —
	Bromure de potassium	20 —
	Eau	600 —
B)	Potasse caustique	15 grammes.
	Eau distillée	85 —

Mélanger 100 centimètres cubes de A avec 100 centimètres cubes de B et étendre avec 400 centimètres cubes d'eau. L'image lavée et blanchie à l'eau oxygénée est ensuite nuancée dans un bain d'urane composé de :

Eau	240 grammes.
Acide acétique cristallisable	1.5 —
Ferricyanure de potassium	4 —
Nitrate d'urane	4 —

(*Brit. Jour. of Photogr.*, 1891.)

C.-J. Scaper recommande un procédé donnant des images noires bien neutres, même lorsque l'exposition n'a pas été tout à fait correcte. On développe avec un révélateur composé de :

A)	Iconogène	4.5 grammes.
	Sulfite neutre de sodium	24 —
	Eau	760 centimètres cubes.

On dissout d'abord le sulfite dans l'eau, on acidule légèrement avec de l'acide citrique puis on ajoute l'iconogène :

B)	Soude calcinée	24 grammes.
	Eau	240 centimètres cubes.
C)	Bromure de potassium	12 grammes.
	Eau	48 centimètres cubes.

Pour l'usage on mélange :

A	145 centimètres cubes.
B	48 —
C	1 goutte.

Si le développement est trop rapide on ajoute 2 ou plusieurs gouttes de C.

Pour éclaircir, on passe dans un bain composé de :

Acide nitrique	3 parties.
Eau	480 —

et l'on nuance en bain de platine (*Phot. Wochenbl.*, 1891, p. 255).

PAPIERS PHOTOGRAPHIQUES.

K.-W. Burton a publié une série de recettes pour la préparation d'émulsions pour papiers de faible sensibilité. Toutes comportent une dose plus ou moins forte d'acide citrique. Comme exemple, nous rapporterons la formule suivante pour négatifs de force moyenne :

Solution A.	Nitrate d'argent	40 grammes.
	Eau distillée	200 centimètres cubes.
Solution B.	Gélatine molle	8 grammes.
	Chlorhydrate d'ammoniaque	8 —
	Acide citrique	12 —
	Soude calcinée	4.5 —
	Eau	400 centimètres cubes.

On mélange les solutions préalablement chauffées à 40-50°; après filtration, on peut étendre l'émulsion (*Brit. Journ. of Phot.*, 1891, p. 440).

Pour papiers au gélatino-chlorure, la même revue indique la formule :

Gélatine	60 grammes.
Sel ammoniac	2 —
Acide citrique	4 —
Soude cristallisée (cristaux)	4 —
Eau	1000 —
On ajoute ensuite : nitrate d'argent	10 —

Une émulsion spéciale pour *diapositifs* s'obtient, d'après *Stoudage*, en ajoutant à une solution de gélatine dans l'eau du nitrate d'argent et du chlorure d'or avec de l'acide citrique. Les copies sont fixées en bain de sulfocyanure d'or.

Pour obtenir des copies brunes ou noires bien ombrées, *E. Valenta* a préparé un papier à l'émulsion de résine dont les images très brillantes ne *rentrent* pas comme celles des papiers sensibles ordinaires.

Ce papier s'obtient en préparant le papier brut de Rives dans une émulsion de résine (colophane française) contenant du sel ammoniac. On le sensibilise au moment d'en faire usage en le laissant nager sur une solution argentique à 12 pour 100 durant 3 minutes environ. On fait sécher à l'obscurité, on expose pendant 10 minutes aux vapeurs d'ammoniaque et on place en châssis. Les impressions obtenues, fixées en bain acide, sont de nuance brun-rouge. On peut leur donner des tons violets foncés, jusqu'au noir, en les passant, avant fixage, en bain d'or et leur donner l'aspect des plus belles impressions en platine en faisant suivre le bain d'or d'un bain de platine :

Chloroplatinate de potassium	1 gramme.
Eau	250 centimètres cubes.
Acide nitrique	30 gouttes.

Legros recommande, pour développer les épreuves sur papiers au gélatinochlorure (Aristopapier, Celerotyppapier, etc.), un révélateur à l'acide gallique (*Bull. Soc. fr. de Photogr.*, 1891, p. 152).

Enfin *E. Valenta* a formulé un révélateur universel s'appliquant à tous les papiers à émulsions gélatinées ou résineuses (Aristo celerotyppapiers d'Obernetter, de Lumière au citrate d'argent, papiers de celloïdine, et autres analogues). Il se compose de :

Eau	1000 grammes.
Acide pyrogallique	10 —
Sulfite de sodium	100 —
Acide citrique	11 —

Toutefois, le papier à l'émulsion de résine de *Valenta* ne se développe bien dans ce bain que s'il est sensibilisé en présence d'acide citrique :

Nitrate d'argent	10 grammes.
Acide citrique	10 —
Eau	100 —

et simplement séché sans exposition aux vapeurs d'ammoniaque (*Phot. Corresp.*, 1892).

DIAPOSITIFS SUR VERRES ET IMAGES POUR PROJECTIONS.

L'art des projections a pris dans ces dernières années un nouvel essor. La vieille *lanterne magique* s'est transformée, et, d'un objet d'amusement, est devenu un puissant moyen d'instruction pour les enfants ; c'est le procédé d'enseignement par les yeux, de l'avenir. Signalons parmi les appareils les mieux construits celui de *Ploessl*, à Vienne, qui se distingue par la simplicité et la perfection de son fonctionnement et se trouve déjà employé dans beaucoup d'écoles.

Edwards prépare des plaques spéciales pour projections « Specialtransparencyplates » très estimées. D'après *Eder* et *Valenta*, on obtiendrait des plaques analogues au moyen du procédé de *Nellington* modifié par Eder (1). Ces plaques sont à peu près 10 fois moins sensibles que les plaques au gélatino-bromure; on les développe dans les mêmes révélateurs employés par *Edwards* pour ses « specialtransparencyplates » :

1)	Hydroquinone	3 grammes.
	Sulfite de sodium	100 —
	Soude (calcinée)	200 —
	Potasse (carbonate)	100 —
	Bromure de potassium	3 —
	Eau	1000 —

Ce bain se conserve longtemps et donne des tons d'un très beau noir. On peut aussi employer :

2)	A.	Acide pyrogallique	12 grammes.
		Acide citrique	1.5 —
		Eau	760 centimètres cubes.
	B.	Ammoniaque	60 centimètres cubes.
		Bromure d'ammonium	36 grammes.
		Eau	760 centimètres cubes.

Mélanger A et B à volumes égaux au moment de l'emploi. Le temps de pose doit être double environ pour le révélateur 2 que pour celui à l'hydroquinone (1) (*Anthony's Bull.*, 1891, p. 324).

D'après *Godby* on obtient de très beaux tons pourprés avec un révélateur au pyrogallol ammoniacal ainsi composé :

A)	Pyrogallol (acide pyrogallique)	3 parties.
	Sulfite neutre de sodium	8 —
	Acide sulfureux (?)	13 —
	Eau	260 —
B)	Ammoniaque	6 parties.
	Bromure d'ammonium	96 —
	Ferrocyanure (cyanure jaune)	4 —
	Eau	200 —

Mélanger au moment de l'usage A et B par parties égales.

L'abbé *Sabachi* prépare une émulsion à copies directes pour diapositifs en faisant gonfler 35 grammes de gélatine dans 500 centimètres cubes d'eau et chauffant ensuite à dissolution. Il ajoute, en remuant avec une baguette de verre, une solution de 7 grammes de nitrate d'argent dans 36 centimètres cubes d'eau, puis, en agitant vivement 1 gr. 6 de chlorure de strontium dissous dans 35 centimètres cubes d'eau, et enfin une liqueur citrique préparée avec :

Acide citrique	3 gr. 3
Eau	35 centimètres cubes.
Ammoniaque caustique	50 gouttes.

L'émulsion peut être employée directement (*Phot. française*, 1891).

(1) Voir le *Traité de Photographie* de Eder, IIIe partie.

A. Pringle a fait connaître des formules d'émulsions analogues (*Phot. Wochenbl.*), et notamment une émulsion de collodion au bromure d'argent qui peut être employée sèche. Le même auteur propose de revenir à l'ancien procédé à l'albumine (albumine iodée et passage en bain d'argent) pour les images destinées à un fort agrandissement, en raison du grain de la pellicule, si fin qu'il n'apparaît pas dans les images projetées (*Journ. of the Camera Club*, 1891).

Pour la projection d'images en couleurs naturelles, *Ives* propose de superposer exactement sur l'écran trois images en rouge, en vert et en violet. A. Scott a construit une lanterne spéciale pour le même objet; il projette à la fois 4 images en carmin, jaune, vert et bleu (*Phot. Nachr.*, 1891, p. 410).

RENFORÇAGE, NUANÇAGE EN BAIN D'OR ET DE PLATINE. — BAINS DE RENFORÇAGE ET DE FIXAGE.

Pour les papiers du genre « Aristopapier », *J. Bourier* indique un bon bain de renforçage qui se conserve longtemps sans altération. Ce bain se prépare avec :

Eau	1000	parties.
Carbonate de sodium	5	—
Acide benzoïque	1	—
Chlorure d'or	1	—

Sur papiers argentés, on obtient des tons noir-platine avec un bain de :

Benzoate de sodium	20	grammes.
Potasse caustique	0.1	—
Eau	450	—
Solution de chlorure d'or (1 : 150)	50	centimètres cubes.

D'après *Fourtier*, les copies sur papiers argentiques ordinaires virent au brun sépia par un lavage à l'eau et carbonate de sodium, et passage au bain de chlorure de palladium (*Phot. Magaz.*, 1891, p. 212).

Mercier recommande d'employer de préférence des bains de renforçage et de fixage alcalins, au lieu des bains acides employés jusqu'ici, qui agissent en partie en sulfurant le sel d'argent.

Mercier emploie :

Pour bain de renforçage et fixage	1000	parties.
Potasse caustique, environ	0,3	—
ou carbonate de potasse	5	—

(*Bull. Soc. française Photogr.*, 1891).

D'après *B. Nare* (*Phot. Arch.*, 1890), on donne aux reproductions argentiques l'apparence de belles épreuves au platine en les passant dans un bain de :

Eau	1000	grammes.
Borax	45	—
Chlorure d'or	1	—

jusqu'à ce qu'elles aient pris un ton brun très chaud, puis en les immergeant dans le bain de platine suivant :

Eau	2880	parties.
Chlorure de platine et de potassium	12	—
Acide citrique	30	—
Chlorure de sodium	48	—

où elles virent en peu d'instants au noir pourpré.

Brunel (*Revue de Photogr.*, 1891, p. 180) recommande un bain de renforçage au platine :

Chlorure de platine et de sodium	2	parties.
Chlorure de sodium	2	—
Tartrate acide de sodium	1	—
Eau	1000	—

Les auteurs de cette revue pensent qu'il est préférable de ne pas employer de sel d'acide organique dans ces préparations. Les acides nitrique ou phosphorique donnent plus vite et plus sûrement de beaux tons platinés.

L'emploi des préparations de renforçage et fixage qui réalisent ces deux opérations dans un seul et même bain, se répand de plus en plus. Ces bains se composent en général de sulfite, de sulfocyanate, de chlorure d'or, d'alun, d'acide citrique et de sels de plomb.

On doit à *Lumière*, de Lyon, une excellente formule pour un semblable fixateur avec renforçage, destiné à son « papier au citrate d'argent ». La voici :

Eau chaude	500	parties.
Hyposulfite de sodium	200	—
Rhodanate d'ammoniaque	25	—
Alun	30	—
Acétate de plomb en solution à 10 pour 100	40	—

La liqueur trouble est filtrée, conservée telle et, pour l'usage, étendue à raison de son volume d'eau. Pour 100 centimètres cubes de liqueur et 100 centimètres cubes d'eau, on ajoute 7 centimètres cubes de solution de chlorure d'or au centième.

PAPIERS POSITIFS INSTANTANÉS.

A.-J. Leeson a proposé de préparer les papiers positifs au moment de s'en servir ; on peut ainsi obtenir des effets variés. Le papier salé s'obtient au moyen du bain suivant :

Chlorhydrate d'ammoniaque	7	grammes.
Gélatine	12	—
Eau	1000	—

Le sel en quantité variable, suivant la force du cliché, n'est ajouté que quand la solution de gélatine est presque refroidie. On sensibilise au moyen du bain suivant :

Nitrate d'argent	2	grammes.
Eau distillée	10	—

On ajoute ensuite de l'ammoniaque, goutte à goutte, jusqu'à redissolution du précipité. On divise ensuite le bain en deux parties égales, on ajoute de l'acide nitrique à l'une d'elles jusqu'à réaction acide. On réunit les deux parties et on ajoute de l'eau distillée, de manière à doubler le volume. Le liquide sensibilisateur est appliqué au pinceau sur le papier salé placé sur une glace. On interpose entre le papier et la glace un papier buvard pour éviter les taches. On doit employer le papier de suite. Pour conserver le papier plus longtemps, on emploie une solution contenant de l'acide citrique :

Nitrate d'argent	60	grammes.
Acide citrique	25	—
Eau	500	—

Tous les virages peuvent convenir ; le suivant donne de bons résultats :

Borax	30 grammes.
Chlorure d'or	0 gr. 25.
Eau tiède	3000 grammes.

L'épreuve doit être tirée un peu plus qu'avec le papier albuminé (*The Amat. Photog.*, 1892).

LA GRANDE INDUSTRIE CHIMIQUE

Action de l'acide sulfurique pur ou chargé de composés nitreux et de l'acide nitrique sur diverses sortes de plomb.

Par MM. G. Lunge et Ernst Schmid.

(*Zeitschrift für angew. Chemie*, 1892, 6p. 42.)

La grande industrie chimique, notamment pour la fabrication de l'acide sulfurique, consomme d'énormes quantités de plomb; aussi est-il singulier qu'on ne sache pas encore de façon précise quelles sont les propriétés chimiques ou plus exactement quelle est la composition du plomb qui résiste le mieux à l'acide sulfurique pur ou chargé d'impuretés, parmi lesquelles nous n'avons guère à envisager que les composés oxygénés de l'azote. D'après certains auteurs, le plomb pur résisterait moins bien à l'acide sulfurique que du plomb impur, que le plomb allié d'antimoine par exemple; d'autres chimistes, dont la compétence n'est pas douteuse, Glover, par exemple, et Cookson (1), sont de l'avis contraire. De même, on a attribué au cuivre en très faible quantité, une action préservatrice.

La question n'est pas simple et même, par voie d'expérimentation directe, il n'est pas facile de déterminer l'importance relative de chacun des facteurs qui peuvent augmenter ou diminuer la résistance du plomb à l'acide sulfurique: les impuretés de celui-ci, les quantités et la nature des métaux alliés au plomb, l'homogénéité et la cohésion superficielle du métal, la température, etc.

La pratique industrielle a cependant montré depuis longtemps de quelle influence peut être la qualité du métal sur sa résistance à l'acide sulfurique. Hochstetter cite l'exemple de marmites à concentration mises hors d'usage après 8 jours de travail. C'est là un fait exceptionnel, il est vrai, mais il n'est pas indifférent qu'à travail égal, une marmite de concentration, une chambre de plomb, une tour, etc., dure deux fois plus ou moitié moins de temps suivant la qualité du plomb employé à sa confection; et des écarts de cet ordre s'observent tous les jours.

Une étude approfondie de la question était donc à souhaiter, aussi bien dans l'intérêt de l'industrie chimique, que dans celui des plomberies.

On croyait savoir, avec une certaine précision, qu'une teneur en zinc et bismuth est très défavorable; que le cuivre à petites doses offre des avantages; quant à la présence de l'antimoine, les avis étaient contradictoires. On a aussi prétendu, c'est du moins ce que nous avons entendu dire par les fabricants, mais sans qu'à notre connaissance on ait jamais élucidé ce point par expérience, que le plomb est d'autant moins attaqué qu'il contient plus d'oxygène (oxyde de plomb). Quant aux autres éléments qui accompagnent d'habitude ce métal, le cadmium, l'arsenic, l'étain, l'argent, leur proportion dans les plombs du commerce est toujours très faible: en général on peut présumer que leur présence est plutôt nuisible.

Dans ces conditions, il nous a semblé que nos investigations pouvaient se borner à rechercher l'influence des éléments concomitants : antimoine, cuivre et oxygène.

Quant à l'acide sulfurique, nous avons fait varier sa concentration, sa teneur en acide nitreux (sulfate de nitrosyle) et en acide nitrique; enfin et avant tout la température.

Comme matières premières, nous avons employé les acides du commerce que nous avons amenés, par dilution ou addition d'acide fumant, de cristaux de chambre de plomb, etc., à l'état voulu.

---

(1) *Chem. News*, t. 45, p. 105.

Nous avons fait préparer spécialement par des producteurs de plomb le métal pur ou allié dont nous avions besoin. Nous avons employé :

Plomb tendre n° 1, donnant à l'analyse :

Plomb.............................. 99.95 pour 100.

et contenant comme impuretés :

Cuivre........	0.001	pour 100.	Fer...........	0.0005	pour 100.
Bismuth.......	0.044	—	Étain..........	0.0004	—
Antimoine......	0.0004	—	Argent........	0.0005	—
Arsenic.........	0	—			

Plomb dur, contenant :

Plomb.............................. 97.98 pour 100.

Cuivre..........	0.05	pour 100.	Fer.............	0.01	pour 100.
Bismuth.........	0.01	—	Étain...........	0.04	—
Antimoine.......	1.81	—	Arsenic.........	0.10	—

Alliage plomb-antimoine, contenant :

Plomb....................... 78.07 à 80.56 pour 100.

Cuivre.....	0.1 à 0.3	pour 100.	Étain.......	0.1	pour 100.
Antimoine..	18.1 à 18.3	—	Arsenic.....	1.0 à 3.1	pour 100.

Ce dernier métal n'est pas tout à fait homogène, d'où les écarts trouvés à l'analyse. En moyenne nous y avons trouvé plus de 0.14 pour 100 de cuivre.

Plomb tendre n° 2 (analyse d'après Frésénius ; argent dosé par coupellation) :

Plomb.............................. 99.98 pour 100.

Cuivre........	0.0034	pour 100.	Cadmium.....	0.00025	pour 100.
Bismuth.......	0.0019	—	Nickel et cobalt.	Traces.	
Antimoine.....	0.0029	—	Argent.......	0.0010	—
Fer...........	Traces.		Zinc.........	0.0002	—
Arsenic........	0.0047	—	Oxygène......	0.0025	—

Avec ce plomb tendre n° 2, nous avons fait préparer des alliages avec 0.2 pour 100 d'antimoine et avec 0.02 — 0.1 — 0.2 et 1 pour 100 de cuivre.

Comme méthode de recherche, nous avions le choix entre plusieurs procédés qui tous avaient été appliqués par les expérimentateurs précédents :

1° Détermination de l'hydrogène dégagé pendant la réaction ;

2° Détermination de la température à laquelle se déclare subitement une réaction vive ;

3° Dosage direct du plomb entré en dissolution ;

4° Détermination de la perte de poids de plaques de plomb exactement mesurées et pesées, de dimensions à peu près égales.

De ces procédés, le premier conduit à des résultats erronés, et n'est applicable que dans des cas spéciaux très limités.

Le second, intéressant à certains titres, n'est cependant pas susceptible d'une application générale.

Le troisième, en apparence le meilleur, ne mérite cependant aucune créance, ainsi qu'il a été démontré.

Nous nous sommes arrêtés au quatrième procédé, basé sur la détermination de la perte de poids, procédé qui donne des résultats très sûrs, mais qui est long et exige de la part de l'opérateur beaucoup de patience et de dextérité. Il faut faire subir aux plaques d'épreuve une préparation, les mesurer et les peser soigneusement, puis, après l'opération, les laver, les débarrasser mécaniquement à la brosse de toutes impuretés, sécher, etc. Lorsque l'on a soin d'opérer toujours dans des conditions identiques, — et les moindres détails sont à considérer, comme par exemple, la disposition de la plaque dans le bain acide, etc., — on obtient des résultats tout au moins comparables et, dans l'espèce, c'est là le seul point important.

Les plaques de plomb qui ont servi à nos expériences ont été obtenues en découpant à l'emporte-pièce, dans des feuilles laminées d'une épaisseur de 3 à 3.5 millimètres, des rectangles de 20 × 15 millimètres. Pour le plomb antimonié, on a préparé ces éprouvettes par coulée dans un moule.

On a ménagé un mince trou dans chaque plaque pour pouvoir la suspendre à un petit crochet de verre.

Avant l'essai, on a exactement poli toutes les surfaces de l'éprouvette au papier émeri de plus en plus fin, mesuré au micromètre sa superficie totale, essuyé à la brosse fine, séché sur chlorure de calcium et pesé.

Après l'opération, les plaques d'épreuve ont été lavées à l'eau distillée, débarrassées à la brosse mouillée du sulfate adhérent, essuyées avec du papier à filtrer, séchées sur du chlorure de calcium et pesées. La perte de poids a été calculée d'après la surface initiale.

Les essais à la température ordinaire et en présence de l'air ont été exécutés dans des becherglass où l'on a suspendu à des crochets de verre deux plaques d'épreuve.

Pour les expériences à températures élevées, on s'est servi de matras coniques de 400 centimètres cubes environ de capacité; les plaques y ont été fixées, comme précédemment, à des baguettes de verre étirées en double crochet et traversant le bouchon à deux trous du matras. Le second trou était fermé par une soupape de Bunsen (tube de caoutchouc fermé à l'extrémité avec fente latérale) permettant à l'air de s'échapper par la dilatation, sans qu'il puisse cependant y avoir rentrée de l'air extérieur.

Nos premières expériences ont porté sur la comparaison de la corrosion produite par l'acide sulfurique sur différentes sortes de plomb avec la quantité d'hydrogène dégagée. La mesure du gaz dégagé par le contact prolongé du plomb et de l'acide sulfurique paraît être fréquemment employée en Angleterre comme moyen de déterminer la résistance du plomb, bien que les recherches de Boyd (1) aient montré combien cette méthode est sujette à caution.

En fait, il se dégage toujours un peu de gaz lorsqu'on abandonne le plomb dans l'acide sulfurique; mais la quantité de gaz n'est nullement en rapport avec la corrosion réelle, avec la perte de poids du métal.

Si la perte de poids du plomb était proportionnelle au volume de gaz produit, on aurait, d'après l'équation :

$$Pb + H^2SO^4 = PbSO^4 + H^2,$$

206 gr. 4 de plomb = 2 grammes hydrogène ou 1 cent. cube hydrogène = 0 gr. 009243 de plomb. Nos essais prouvent que le gaz dégagé est bien de l'hydrogène (trouvé 99,35 vol. pour 100 H et 0,65 vol. pour 100 SO^2; pas de H^2S). Cependant la perte de poids n'est pas dans le rapport voulu avec le volume d'hydrogène.

Plomb mou n° 1 :

Corrosion calculée d'après le gaz dégagé............	0 gr. 0015 à 0 gr. 0112 par c. c.
Corrosion réelle (perte de poids trouvée)............	0 gr. 0128 par c. c.

(1) *Journ. Soc. chem. Ind.*, 1884, p. 230.

Plomb dur (1.8 pour 100 d'antimoine) :

Corrosion calculée d'après le gaz dégagé............ 0 gr. 000093 par c. c.
Corrosion réelle (perte de poids trouvée)........... 0 gr. 0193 par c. c.

Plomb antimonié (18 pour 100 d'antimoine) :

Corrosion calculée d'après le gaz dégagé............ 0 gr. 000086 à 0 gr. 000075 par c. c.
Corrosion réelle (perte de poids trouvée)............ 0 gr. 0159 par c. c.

Pour le plomb tendre, il y a donc équivalence assez approchée entre l'hydrogène dégagé et le plomb attaqué ; pour les plombs antimoniés, au contraire, la corrosion réelle est 200 fois environ plus forte que ne l'implique le volume d'hydrogène formé. On voit donc combien il est illusoire de mesurer la résistance du plomb à l'acide sulfurique par le volume du gaz dégagé.

On peut s'expliquer la différence constatée par des phénomènes galvaniques. Les alliages antimoniés se recouvrent, sous l'action de l'acide sulfurique, d'un enduit pulvérulent gris ou noirâtre, formé surtout d'antimoine, sous lequel apparaît le plomb avec une surface rugueuse, noire. Le plomb tendre au contraire, sous une couche de sulfate facile à détacher, conserve son éclat métallique. Il est probable que l'hydrogène formé au début de l'action, dans le cas de l'alliage plomb antimonié, cesse bientôt de se dégager parce que le plomb ne se substitue plus à l'hydrogène de l'acide sulfurique, mais bien à de l'antimoine du sulfate d'antimoine formé en même temps. Un essai direct nous a démontré la justesse de cette interprétation (1).

Ces faits expliquent la préférence de beaucoup de fabricants pour le plomb antimonié. De ce qu'ils voient beaucoup moins de gaz se dégager avec cet alliage qu'avec le plomb pur au contact de l'acide sulfurique chaud, ils déduisent que le premier métal est moins attaqué que le second, et ils ne se rendent pas compte que, dans le premier cas, la perte de poids est néanmoins plus considérable, comme le montrent à l'évidence les essais qu'on verra plus loin.

Il y a un cas cependant où c'est avec raison qu'on peut préférer le plomb antimonié au plomb pur : c'est lorsqu'il s'agit de conserver l'acide sulfurique en vases de plomb hermétiquement clos, par exemple pour les transports outre-mer. Napier (2) cite le cas de réservoirs de plomb qui, sous la pression intérieure due au dégagement de gaz, se sont distendus au point de faire sauter les bandes de feuillard qui garnissaient les caisses d'emballage et ont fini par crever. L'expertise a montré que l'acide était bien pur et le plomb employé à la confection des récipients d'une pureté exceptionnelle, exempt notamment d'antimoine. Des réservoirs analogues en plomb contenant 0,42 pour 100 d'antimoine s'étaient fort bien comportés. Nos essais rendent bien compte de ces différences : avec le plomb pur la corrosion est moindre, mais elle dégage beaucoup de gaz, tandis que le plomb antimonié, bien que corrodé plus profondément, ne donne qu'une proportion très faible de gaz.

I. — *Action de l'acide sulfurique sur le plomb pur et sur le plomb allié d'antimoine.*

Sortes de plomb employées : plomb mou n° 1 ; plomb dur à 1,8 pour 100 d'antimoine ; plomb antimonié à 18 pour 100 Sb.

Acides employés : acide concentré, $d = 1,84$; le même additionné de cristaux des chambres de plomb à concurrence de 1 pour 100 Az^2O^3, que nous appelons pour abréger,

(1) Il est regrettable que les auteurs ne donnent aucun détail sur cet essai. Pour s'expliquer la corrosion profonde sans dégagement d'hydrogène, il faut admettre une série d'actions successives du plomb sur le sulfate d'antimoine, puis de l'antimoine sur le sulfate de plomb formé ; mais on comprend mal que dans ce cas, ces actions ne se limitent pas aux portions de métal rendu pulvérulent au début de l'attaque et qu'elles se poursuivent à la surface du métal compact sous-jacent.

(2) *Chem. News*, 1880, t. 42, p. 314.

acide *nitrosé ;* acide étendu, $d = 1,725$ à $1,765$. Les nombres expriment en grammes la perte de poids du plomb par mètre carré de surface (1).

a) *Action de l'acide concentré à la température ordinaire.*
(Durée de contact : 8 jours. — Nombre d'essais : 69.)

NATURE DU PLOMB.	ACIDE CONCENTRÉ en PRÉSENCE DE L'AIR.	ACIDE NITROSÉ en L'ABSENCE DE L'AIR.	ACIDE NITROSÉ avec ACCÈS DE L'AIR.
Plomb mou n° 1	128.1	159.5	188.1
Plomb dur	130.2	161.7	190.1
Plomb antimonié	149.1	200.1	228.5

b) *Action de l'acide concentré à 100° centigrades.*
(Durée de contact : 6 heures. — Nombre d'essais : 56.)

NATURE DU PLOMB.	ACIDE CONCENTRÉ AVEC AIR.	ACIDE NITROSÉ SANS AIR.	ACIDE NITROSÉ AVEC AIR.
Plomb mou n° 1	86.8	91.10	106.0
Plomb dur	304.4	111.1	464.5
Plomb antimonié	194.0	345.6	379.5

c) *Action de l'acide concentré à 200° centigrades* (2).
(Durée de contact : 3, 4 et 6 heures. — Nombre d'essais : 36.)

NATURE DU PLOMB.	ACIDE CONCENTRÉ AVEC AIR.	ACIDE NITROSÉ SANS AIR.	ACIDE NITROSÉ AVEC AIR.
α) *Durée 3 heures.*			
Plomb mou n° 1	277.6	261.1	428.4
Plomb dur	3833.3	3475.1	3877.3
Plomb antimonié	2400.0	3525.9	3989.4
β) *Durée 4 heures.*			
Plomb dur	4728.9	4470.5	5010.1
γ) *Durée 6 heures.*			
Plomb mou n° 1	565.4	—	—
Plomb dur	7398.5	—	—
Plomb antimonié	5217.9	—	—

d) *Action de l'acide étendu à 100 et 200° centigrades.*
(Durée de contact : 6 heures. — Nombre d'essais : 78.)

NATURE DU PLOMB.	ACIDE PUR $d = 1.725$ AVEC AIR.	LE MÊME NITROSÉ SANS AIR.	LE MÊME NITROSÉ AVEC AIR.
A 100° centigrades.			
Plomb mou n° 1	47.0	31.0	37.4
Plomb dur	48.8	47.2	46.3
Plomb antimonié	52.5	78.8	76.5
A 200° centigrades.			
Plomb mou n° 1	191.9	—	—
Plomb dur	1503.2	—	—
Plomb antimonié	2198.9	—	—

(1) Toutes les valeurs expérimentales sont des moyennes d'un assez grand nombre d'essais concordants.

(2) En raison de la concentration de l'acide par chauffage à l'air libre, les résultats de la colonne 3 sont sans doute un peu trop forts.

Une seconde série d'essais a été exécutée avec le plomb mou n° 2 et avec le même allié à 0.2 pour 100 d'antimoine.

e) *Action de l'acide concentré à la température ordinaire.*
(Durée de contact : 30 jours. — Nombre d'essais : 22.)

NATURE DU PLOMB.	ACIDE PUR SANS AIR.	ACIDE NITROSÉ SANS AIR.
Plomb mou n° 2	348.1	1062.5
Le même + 0.2 pour 100 Sb	303.3	852.9

f) *Action de l'acide concentré à 100° centigrades.*
(Durée de contact : 10 heures. — Nombre d'essais : 26.)

NATURE DU PLOMB.	ACIDE PUR SANS AIR.	ACIDE NITROSÉ SANS AIR.
Plomb mou n° 2	79.1	79.7
Le même avec 0.2 pour 100 Sb	114.3	144.2

g) *Action de l'acide concentré à 200° centigrades.*
(Durée de contact : 3 et 10 heures. — Nombre d'essais : 30.)

NATURE DU PLOMB.	ACIDE PUR SANS AIR.	ACIDE NITROSÉ SANS AIR.
α) *Durée 10 heures.*		
Plomb mou n° 2	601.4	615.3
Le même + 0.2 pour 100 Sb	647.6	834.1
β) *Durée 3 heures.*		
Plomb mou n° 2	190.0	—
Le même + 0.2 pour 100 Sb	195.1	—

h) *Action des acides étendus à 100° centigrades.*
(Durée de contact : 10 heures. — Nombre d'essais : 24.)

NATURE DU PLOMB.	ACIDE PUR A L'ABRI DE L'AIR.	ACIDE NITROSÉ A L'ABRI DE L'AIR.
Plomb mou n° 2	55.7	39.7
Le même + 0.2 pour 100 Sb	63.5	41.2

Il résulte du tableau *a* que l'acide concentré à la température ordinaire, corrode moins le plomb mou que le plomb dur, et celui-ci moins que le plomb antimonié à froid ; à circonstances égales, l'acide nitrosé corrode plus en présence qu'à l'abri de l'air. L'influence de l'antimoine est surtout sensible lorsque l'on compare l'action de l'acide pur à celle de l'acide nitrosé.

Le tableau *e*, essais faits dans les mêmes conditions que *a*, mais avec un plomb contenant une faible quantité d'antimoine, semble au contraire indiquer qu'une très petite addition d'antimoine rend le plomb plus résistant à l'acide sulfurique concentré à la température ordinaire.

Des tableaux *b* et *f*, il ressort que l'acide sulfurique concentré à 100° centigrades, attaque beaucoup moins le plomb pur qu'aucune autre sorte de métal. Le plomb dur (1.8 pour 100 Sb) est même plus attaqué que le plomb antimonié à 18 pour 100.

L'acide nitrosé corrode toujours plus que l'acide pur et son action est plus marquée au contact qu'à l'abri de l'air.

A la température de 200° centigrades (tableaux *c* et *g*), les phénomènes se produisent dans le même sens, mais avec beaucoup plus d'intensité qu'à 100° centigrades. Le plomb antimonié souffre en général plus que le plomb dur. L'acide nitrosé, en présence de l'air, garde toujours le premier rang comme action corrosive.

Il semble bizarre au premier abord, que l'acide nitrosé à l'abri de l'air, agisse moins dans certains cas que l'acide pur ; l'anomalie n'est qu'apparente, car l'air sec qui traversait continuellement l'acide pur entraîne à 200° plus d'eau que d'acide sulfurique ; l'acide se concentrant sensiblement, les conditions ne restent plus égales et le renversement des résultats s'explique.

Les acides étendus (tableaux *d* et *h*), agissent à 100° et à 200° moins sur le plomb mou que sur le plomb dur, moins sur celui-ci que sur le plomb antimonié. La différence, déjà marquée à 100°, est énorme à 200°. Il est remarquable qu'ici les acides nitrosés corrodent moins le plomb pur ou allié à un peu d'antimoine que ne le fait l'acide pur. Avec le plomb antimonié à 18 pour 100 de Sb, la corrosion est de nouveau normale, c'est-à-dire plus forte avec l'acide nitrosé qu'avec l'acide pur. Une circonstance constamment observée dans les essais donne la raison de cette différence : la couche de sulfate formée dans le cas des acides nitrosés est, en effet, beaucoup plus adhérente. Lorsque l'on plonge la plaque de plomb dans l'acide nitrosé étendu et chaud, il est probable que c'est l'acide nitrique présent qui agit en premier lieu sur le métal ; le nitrate de plomb est, au moment même de sa formation, transformé en sulfate par l'excès d'acide sulfurique présent, et l'enduit ainsi produit doit avoir une consistance, une homogénéité superficielle plus grandes que celui qui résulte de la corrosion par l'acide sulfurique seul. Ces considérations ne s'appliquent bien entendu qu'à des acides nitrosés d'une concentration déterminée. Si ces acides sont plus concentrés, l'acide sulfurique dissout le sulfate de plomb et met à nu de nouvelles couches de métal, sur lesquelles la corrosion se poursuit sans obstacle. Si au contraire, l'acide est plus étendu, la quantité d'acide nitrique qui s'y trouve tout formé, augmente en proportion de la dilution, et l'enduit de sulfate de plomb devient insuffisant pour protéger le métal contre l'attaque par cet acide.

Nous résumerons comme il suit les résultats des essais qu'on vient de lire :

1° *A froid* il n'y a pas de différence sensible entre le plomb mou et le plomb contenant 0.2 pour 100 d'antimoine ; mais le plomb dur à 1.8 pour 100 d'antimoine est sensiblement plus attaqué que le plomb mou ;

2° *A chaud* le plomb pur résiste toujours plus que le plomb contenant de l'antimoine. Parmi les plombs antimoniés, celui qui contient 0.2 seulement de Sb résiste mieux que celui qui en contient 1.8 pour 100 ; l'alliage à 18 pour 100 d'antimoine offre plus de résistance que le plomb dur à 1.8 pour 100, moins que le plomb à 0.2 pour 100 Sb. Les différences s'accentuent très vite avec l'élévation de la température ;

3° Les acides contenant des vapeurs nitreuses corrodent, à toutes les températures, toutes les sortes de plomb plus vivement que l'acide non nitrosé, de même concentration ;

4° Enfin les acides nitrosés agissent plus en présence qu'à l'abri de l'air.

Il ressort encore de nos essais, malgré les temps différents des épreuves, que le plomb mou n° 2, plus pur que le plomb mou n° 1, lui est aussi supérieur comme résistance à la corrosion par l'acide sulfurique. Ainsi nous avons eu :

Acide concentré à froid :

Plomb mou n° 1, perte en 8 jours..................	128 gr. 1	par mètre carré.
Plomb mou n° 2, perte en 30 jours..................	348 gr. 1	—

Acide concentré à 100° centigrades.

Plomb mou n° 1, perte en 6 heures..................	86 gr. 8	par mètre carré
Plomb mou n° 2, perte en 10 heures..................	79 gr. 1	—

Acide concentré à 200° centigrades.

Plomb mou n° 1, perte en 3 heures.................. 277 gr. 6 par mètre carré.
Plomb mou n° 2, perte en 3 heures.................. 190 gr. 0 —

II. — *Action de l'acide sulfurique sur le plomb pur et sur le plomb allié avec du cuivre.*

Les auteurs ont été conduits à étudier cette action surtout en raison des résultats annoncés par Hochstetter (1). Ce chimiste a conseillé d'allier au plomb de 0.01 à 0.02 pour 100 de cuivre, pour lui communiquer une immunité relative contre l'acide sulfurique chaud; il a pu, grâce à ce moyen utiliser, en fabrication courante, pour la confection des marmites de concentration, du plomb qui s'était montré spécialement sensible à l'action de l'acide sulfurique, au point que les marmites établies avec ce plomb non allié de cuivre, avaient été mises hors d'usage en huit jours. Nous passons une discussion des résultats de Hochstetter et rendons la parole à MM. Lunge et Schmid pour l'exposé de leurs propres recherches.

Comme métal nous avons employé pour ces essais le plomb mou n° 2 dont nous avons donné plus haut l'analyse détaillée. Nous avons fait préparer avec ce plomb quatre alliages à 0.2 — 0.1 — 0.2 et 10 pour 100 de cuivre. Ce dernier alliage ne peut être obtenu homogène; quelques soins que l'on prenne durant la fonte et la coulée du métal, on y trouve toujours des taches de cuivre non allié. Pareil fait s'observe quelquefois, même avec l'alliage à 0.2 pour 100 de cuivre.

Les acides employés, la méthode d'expérimentation et le mode d'expression des résultats sont restés les mêmes que pour la précédente étude.

Série I. — *Action de l'acide concentré à la température ordinaire.*

(Durée du contact : 30 jours. — Nombre des essais : 56.)

NATURE DU PLOMB.	ACIDE PUR $d=1.8413$.	ACIDE NITROSÉ 1 pour 100 Az^2O^3.
Plomb mou n° 2	348.1	1062.5
Le même + 0.02 pour 100 Cu	419.7	1002.4
— + 0.1 —	773.8	975.9
— + 0.2 —	355.4	1028.2
— + 1.0 —	956.0	1204.3

Série II. — *Action de l'acide concentré à 100° centigrades.*

(Durée de contact : 10 heures. — Nombre d'essais : 68.)

NATURE DU PLOMB.	ACIDE PUR.	ACIDE NITROSÉ.
Plomb mou n° 2	79.1	79.7
Le même + 0.02 pour 100 Cu	79.7	80.5
— + 0.1 —	80.9	81.3
— + 0.2 —	80.1	83.1
— + 1.0 —	96.0	90.4

1) *Bull. Soc. Ind. du nord de la France*, 1890, p. 231. — Voir également *Moniteur scientifique* 1891, p. 424.

Série III. — *Action de l'acide concentré à 200° centigrades.*

(Durée de contact : 3 et 10 heures. — Nombre d'essais : 78.)

DURÉE DES ESSAIS	10 heures.		3 heures.
NOMBRE D'ESSAIS	68		10
NATURE DU PLOMB.	ACIDE PUR.	ACIDE NITROSÉ.	ACIDE PUR.
Plomb mou n° 2	601.4	615.3	190.0
Le même + 0.02 pour 100 Cu	605.1	651.8	193.1
— + 0.1 —	486.4	659.6	185.7
— + 0.2 —	496.1	652.4	189.4
— + 1.0 —	492.0	643.2	175.2

Série IV. — *Action de l'acide étendu* d = 1.720°, *à* 100° *centigrades.*

(Durée de contact : 10 heures. — Nombre d'essais : 60.)

NATURE DU PLOMB.	ACIDE PUR.	ACIDE NITROSÉ.
Plomb mou n° 2	55.7	39.7
Le même + 0.02 pour 100 Cu	55.6	39.1
— + 0.1 —	56.9	40.1
— + 0.2 —	55.2	35.0
— + 1.0 —	47.1	34.9

De la discussion de ces tableaux il résulte :

1° Qu'à froid l'acide sulfurique concentré pur attaque moins le plomb pur que le plomb allié de cuivre. Cependant l'alliage à 0.2 pour 100 de Cu, résiste aussi bien ou un peu mieux que le plomb pur.

L'acide chargé de composés nitreux attaque à peu près de la même façon le plomb mou et les alliages de cuivre, quelle que soit leur teneur ;

2° A 100° centigrades, les acides concentrés, purs ou nitrosés, agissent d'une manière pour ainsi dire identique sur le plomb mou et sur ses alliages cuivrés. Il est donc bien constaté qu'à 100° centigrades, pas plus qu'à la température ordinaire, le plomb allié de cuivre ne résiste mieux à l'acide sulfurique que le plomb pur ;

3° Mêmes conclusions pour le cas des acides étendus $d = 1.720$. Le plomb à 0.20 pour 100 de Cu offrirait un léger avantage à l'égard de l'acide nitrosé ;

4° A 200° centigrades, on n'observe pas de différence marquée entre le plomb pur et le plomb allié à 0.02 pour 100 de cuivre ; mais pour une plus grande teneur en cuivre, la résistance du métal à l'acide concentré pur s'accroît notablement. Cette différence disparaît dans le cas de l'acide nitrosé concentré.

Ainsi, à 200°, le plomb pur offrirait à l'égard de l'acide concentré pur une résistance de 20 pour 100 inférieure à celle de l'alliage à 0.2 pour 100 de cuivre ; à l'égard de l'acide nitrosé, au contraire, une résistance plus forte de 10 pour 100 environ.

En résumé, les essais qui précèdent conduisent à ces conclusions que, pour les températures inférieures à 200°, c'est-à-dire pour la confection des chambres et pour la plupart de ses autres emplois dans l'industrie chimique, le plomb pur est préférable au plomb cuivré. Au-dessus de 200°, pour les marmites à concentration tenues très chaudes par exemple, le plomb allié à 0.1 — 0.2 pour 100 de cuivre se comporte mieux dans l'ensemble que le plomb pur ; cependant l'avantage n'est pas très marqué et il disparaît même lorsque l'on a affaire à des acides nitrosés ; l'alliage cuivré ne pourrait donc pas plus être recommandé même pour la confection des marmites à concentration que pour celles destinées à recevoir l'acide le plus chaud, déjà débarrassé de vapeurs nitreuses.

Nous verrons cependant, dans la troisième partie de ces recherches, que ces conclusions doivent être modifiées lorsqu'il s'agit de températures encore plus élevées que 200° ; dans ce dernier cas, le cuivre peut être justement considéré comme exerçant sur le plomb auquel il est allié une action protectrice marquée.

III. — *Recherches sur la corrosion vive et subite de diverses sortes de plomb aux températures supérieures à 200° centigrades.*

Plusieurs chimistes se sont déjà occupés de cette question : Hasenclever (1), Bauer (2), Mallard (3), enfin Hochstetter (4).

Bauer a trouvé que le plomb pur est transformé subitement et violemment en sulfate au contact de l'acide sulfurique concentré chauffé à 230°-240° centigrades ; des alliages à 5-10 pour 100 d'antimoine se dissolvent lentement, sans réaction brusque, à peu près entre les mêmes limites de température. Par contre, des alliages à 1 pour 100 d'antimoine ou 1 pour 100 de cuivre ne sont attaqués vivement que vers 250° et entièrement dissous que vers 280° centigrades. D'un autre côté, 0.73 pour 100 de bismuth allié au plomb abaisse déjà le point de réaction vive à 160°.

Nous avons pensé pouvoir trouver dans les phénomènes de cet ordre l'explication des faits observés par Hasenclever et par Hochstetter ; aussi nous avons soumis à l'action de l'acide sulfurique fortement chauffé les différentes sortes de plomb employées dans nos précédents essais.

L'acide sulfurique concentré, $d = 1{,}842$, agit d'abord très peu sur le plomb mou pur (n° 2). Jusque vers 175°, il ne se dégage que de rares et petites bulles de gaz ; les choses restent les mêmes jusqu'à 220° environ ; au delà, les bulles deviennent plus grosses et, à 260°, le plomb se dissout instanément en faisant bouillir et écumer l'acide, avec production de gaz sulfureux et de soufre libre. Si l'on cesse de chauffer au moment où la réaction vive se déclare, celle-ci ne s'en termine pas moins et le thermomètre s'élève à 275° centigrades (5).

Avec le plomb allié à 0,2 pour 100 de cuivre, le dégagement gazeux ne commence que vers 260° centigrades ; il reste toujours assez faible et, si l'on continue à chauffer jusqu'à l'ébullition (310° centigrades), le plomb se dissout très lentement, sans réaction brusque comme celle observée avec le métal pur.

Le plomb allié à 1 pour 100 d'antimoine commence à dégager quelques bulles de gaz vers 175° ; le dégagement s'accentue vers 225° et augmente à partir de là avec assez de régularité jusqu'à 275°, température où le métal se dissout brusquement avec la même réaction tumultueuse que le plomb pur et formation de SO^2 et de S.

Si l'on fait bouillir de l'acide sulfurique étendu avec du plomb, l'acide se concentrant peu à peu et son point d'ébullition s'élevant en conséquence, on constate que l'attaque vive a lieu, pour le plomb pur à 280°, pour le plomb à 1 pour 100 d'antimoine à 300°, soit à une température d'environ 20° au-dessus de celle observée lorsqu'on opère directement avec l'acide concentré.

Ces essais montrent que la réaction brusque, violente, de l'acide sur le plomb est un peu retardée par l'adjonction de 1 pour 100 d'antimoine et qu'elle est réellement empêchée par 0,2 pour 100 de cuivre.

Pour suivre le phénomène de plus près, nous avons institué les expériences suivantes fondées, comme les premières, sur la détermination directe de la corrosion par perte de poids.

On a chauffé en vases ouverts avec de l'acide de densité 1,66, bouillant à 180°, des

---

(1) *Berichte*, 1872, p. 502.
(2) *Berichte*, 1875, p. 210.
(3) *Bull. Soc. Chim.*, 1874, p. 114.
(4) *Loc. cit.*
(5) Pour quelles proportions de plomb et d'acide ?

échantillons de plomb pur, de plomb à 1 pour 100 d'antimoine et de plomb à 0,2 pour 100 de cuivre. Dans chaque expérience, on a exposé 5 échantillons de plomb pur et 5 échantillons du plomb allié à une température fixe dans un même bain de glycérine.

a) *Plomb mou et alliage antimonié.*

(Contact : 10 heures à 220-225° centigrades ; *d* de l'acide final = 1.77.)

NATURE DU PLOMB.	PERTE DE POIDS EN GRAMMES par mètre carré de surface.	RAPPORT DES CORROSIONS constatées.
Plomb mou n° 2	224 gr. 3	1
Le même + 1 pour 100 Sb	5975 gr. 1	26.64

b) *Plomb mou et alliage cuivré.*

NATURE DU PLOMB.	PERTE DE POIDS EN GRAMMES par mètre carré de surface.	RAPPORT DES CORROSIONS observées.
α) Contact : 9 heures à 240-255° ; *d* de l'acide final = 1.81.		
Plomb mou n° 2	5752 gr. 5	26.61
Le même + 0.2 pour 100 de Cu	216 gr. 2	1
β) Contact : 10 heures à 235° ; *d* de l'acide final = 1.79.		
Plomb mou n° 2	2724 gr. 7	17.03
Le même + 0.2 pour 100 de Cu	160 gr.	1

On voit que, si dans nos précédents essais nous n'avons pu constater d'avantage au plomb-cuivre sur le plomb pur jusqu'à la température de 200° où l'alliage se comporte à peine un peu mieux que le plomb mou et à l'égard seulement de l'acide sulfurique pur, l'influence favorable du cuivre ressort d'une façon évidente aux températures supérieures à 200°. A 235°, l'alliage plomb-cuivre résiste déjà 17 fois plus, à 255° il résiste 26,5 fois plus que le plomb vierge.

Les conclusions de notre deuxième série d'essais doivent donc être modifiées ainsi qu'il suit :

Pour résister à l'acide sulfurique pur à des températures supérieures à 200°, les alliages de plomb à 0,1 — 0,2 pour 100 de cuivre sont préférables au plomb pur, tandis que les alliages antimoniés sont absolument défavorables.

IV. — *Influence de la teneur en oxygène du plomb sur sa résistance à l'acide sulfurique.*

Nous avons entendu exprimer maintes fois par les spécialistes compétents l'idée que la résistance du plomb à la corrosion par l'acide sulfurique est en rapport avec la teneur du métal en oxygène, c'est-à-dire en oxyde, et qu'elle augmente avec la proportion de PbO. Cette idée n'a jamais, que nous sachions, été contrôlée par l'expérience. Nous nous sommes proposé de combler cette lacune.

Nous décrirons ailleurs la méthode analytique qui nous a permis de doser avec toute la rigueur nécessaire l'oxygène contenu dans le plomb ; disons ici que cette méthode est basée sur la réduction de l'oxyde du métal par l'hydrogène sec et pur et la pesée de l'eau formée.

Nous avons trouvé ainsi dans :

Plomb pur n° 2			0.00237	pour 100 d'oxygène.
Le même	+ 0.02 pour 100	Sb	0.00363	—
—	+ 0.02 —	Cu	0.00250	—
—	+ 0.10 —	Cu	0.00343	—
—	+ 0.20 —	Cu	0.00566	—
—	+ 1.00 —	Cu	0.03661	—

Les alliages cuivrés sont donc un peu plus riches en oxygène que le plomb pur; mais, sauf pour l'alliage à 1 pour 100 de Cu qui, nous l'avons dit, n'est pas un métal homogène, l'augmentation de la teneur en oxygène reste confinée entre des limites assez étroites.

Nous avons vainement essayé divers artifices pour charger le plomb pur d'oxygène. A peine avons-nous réussi à obtenir en faisant barboter de l'air pendant 20 minutes dans le métal fondu, un produit contenant 0,00499 pour 100 d'oxygène.

En partant du plomb n° 2 contenant.......... nous avons obtenu :	a) 0.00237 pour 100 d'oxygène,	
Par 1 fusion un métal à....................	b) 0.00131	—
Par 10 fusions un métal à..................	c) 0.00224	—
Par 5 minutes d'insufflation d'air.............	d) 0.00328	—
Par 20 minutes d'insufflation d'air............	e) 0.00499	—

Ces divers échantillons, traités par l'acide sulfurique concentré à 150° centigrades, pendant 10 heures, ont perdu les poids suivants en grammes par mètre carré :

a..................................	89.5	qui sont entre eux comme	100
b..................................	100.9	—	113
c..................................	113.4	—	126
d..................................	107.9	—	121
e..................................	109.5	—	122

On voit qu'il n'y a aucun rapport entre la résistance du plomb à l'acide sulfurique et sa teneur en oxygène, teneur qu'on ne peut d'ailleurs faire varier qu'entre des limites très étroites. Le fait que l'échantillon *a*, qui n'est pas celui dont la proportion d'oxygène est la plus faible, a été moins corrodé que dans les autres échantillons, doit être attribué à cette circonstance que *a* est le plomb mou type, laminé industriellement sous une pression beaucoup plus forte que les échantillons *b*, *c*, *d* et *e*, préparés et laminés par nous au laboratoire et sans doute moins compacts.

CONCLUSIONS.

Au point de vue de l'industrie chimique, nous résumerons comme suit les principaux résultats de nos essais :

1° Pour la fabrication de l'acide sulfurique, dans la grande majorité des cas, c'est le plomb mou le plus pur qui constitue la meilleure matière pour la construction des appareils, en première ligne des chambres de plomb, réservoirs, tours et autres semblables; puis aussi pour les marmites de concentration en tant que leur température ne puisse jamais, même momentanément, dépasser 200° centigrades;

Le plomb mou le plus pur est moins attaqué qu'aucun alliage à base d'antimoine ou de cuivre par l'acide sulfurique concentré ou étendu, mélangé ou non de vapeurs nitreuses dans l'intervalle de températures comprises entre la température ordinaire et 200°.

2° La présence d'une petite quantité d'antimoine (0,2 pour 100) n'est pas ou n'est que peu nuisible; à froid un tel métal résisterait plutôt un peu mieux, — mais fort peu, — que le plomb non antimonié. S'il s'agit donc de communiquer au métal un peu de dureté ou de ténacité, l'addition d'une petite dose d'antimoine est indiquée, mais seulement dans le cas où le plomb ne doit être mis au contact que d'acides froids. De plus fortes doses d'antimoine rendent le plomb moins résistant à l'acide sulfurique et d'autant moins que la température s'élève davantage. Pour des appareils destinés à subir le contact de l'acide à des températures plus élevées que l'ordinaire, le plomb contenant de l'antimoine est donc à rejeter absolument.

A la vérité, une teneur de 1 pour 100 d'antimoine élève d'environ 20° la température à laquelle le plomb se transforme brusquement en sulfite puis en sulfate sous l'action de l'acide concentré; mais, comme cette température ne peut être atteinte, pour une marmite de concentration en travail normal, que dans le cas où le métal contiendrait une proportion exceptionnelle de bismuth, et comme, d'une autre part, une addition de cuivre exerce dans le même sens une action beaucoup plus complète, si l'on considère aussi que la présence du cuivre est bien moins nocive, dans les limites de température usuelles, que celle de l'antimoine dont la présence entraîne l'usure bien plus rapide des appareils, on voit que l'usage du plomb antimonié doit être condamné même pour les marmites à concentration. Un pareil plomb n'est à recommander que pour le seul cas où l'on se propose de conserver de l'acide froid dans des réservoirs hermétiquement clos, en raison de la réduction du dégagement gazeux beaucoup plus abondant au contact du plomb pur.

3° On ne peut obtenir pratiquement d'alliages homogènes à plus de 0,2 pour 100 de cuivre.

Une teneur de moins de 0,1 pour 100 en cuivre a peu d'influence, en bien ou en mal, sur la résistance du plomb à l'acide sulfurique froid. De même une teneur de 0,2 pour 100 jusqu'à 100° centigrades. A 200° le plomb contenant de 0,1 à 0,2 pour 100 de cuivre est en moyenne un peu moins corrodé que le plomb pur; toutefois l'avantage est très peu marqué et il repasse au plomb pur dans le cas de l'acide nitrosé.

Il n'y a donc pas de motif dans les circonstances ordinaires d'employer, même pour construire les marmites à concentration, un alliage plomb-cuivre de préférence au plomb pur. Toutefois, lorsque le plomb employé, sans doute à cause d'une teneur insitée en bismuth, est susceptible d'éprouver la corrosion vive, instantanée, à une température sensiblement inférieure à celle où se produit ce phénomène pour le plomb pur (environ 260°), une addition de 0,1 à 0,2 pour 100 de cuivre est indiquée pour remédier à ce défaut. On peut recommander cette même addition au métal des marmites à concentration les plus chaudes comme mesure de précaution. Au-dessus de 200°, cette teneur en cuivre exerce une action protectrice tout à fait marquée, circonstance dont il convient de tenir compte dans les cas, en pratique fort rares, où le métal doit être mis au contact de l'acide sulfurique, à des températures dépassant 200° centigrades.

4° La teneur du plomb en oxygène (oxydes) est toujours très minime et elle n'exerce aucune influence sur la résistance du plomb à l'acide sulfurique.

5° Enfin le dégagement de gaz qui se produit par le contact prolongé de l'acide avec le plomb n'est nullement en rapport avec la corrosion effective du métal. Ce dégagement est maximum pour le plomb mou et minimum pour le plomb dur dont la corrosion est cependant beaucoup plus profonde.

Nous allons compléter cette étude par la publication du mémoire suivant, des mêmes auteurs, paru dans le même journal (*Zeitschrift für angew. Chemie*, 1892, p. 666).

I. — *Attaque du plomb par l'acide sulfurique très concentré ou fumant.*

Cette étude a été exécutée, d'après la même méthode employée à la détermination de la corrosion du plomb par l'acide sulfurique ordinaire, dans un appareil spécial où l'on a évité tout bouchon ou joint en caoutchouc qui n'eût pas résisté aux vapeurs d'anhydride sulfurique. Cet appareil se compose d'un matras avec bouchon creux rodé à l'émeri; le bouchon se prolonge à la partie inférieure, d'abord en une partie creuse conique, percée d'un trou qui laisse passage aux gaz dégagés, puis en une tige de verre pleine terminée en double crochet pour supporter les plaques d'épreuve. Le bouchon se termine en pointe débouchant au centre d'une sorte d'entonnoir évasé qu'on remplit de sable fin; on couvre la pointe avec un bout de tube à essai dont les bords viennent se noyer dans le sable, de manière à former joint.

Comme il n'y avait plus d'intérêt ici à étudier l'action à des températures élevées, nous avons opéré à la température uniforme de 50° centigrades.

On a employé : *a*) acide sulfurique pur, concentré, $d = 1,84$, comme moyen de contrôle; *b*) l'acide monohydraté, préparé par congélation, mais contenant un peu d'eau parce qu'il était conservé depuis assez longtemps ; *c*) à *g*) divers acides fumants contenant de 10 à 45 pour 100 SO^3.

Tous ces acides ont été soigneusement titrés, puis mis en contact pendant 10 heures à 50° avec les plaques d'épreuve.

Le tableau suivant résume les résultats obtenus :

NATURE DE L'ACIDE	TENEUR en SO^3 pour 100.	TENEUR en SO^4H^2 pour 100.	PERTE EN GRAMMES par mètre carré.	RAPPORTS EN POSANT 64.0=1	NOMBRE D'ESSAIS.
Acide concentré.............	79.30	96.57	64.0	1.00	6
Acide monohydraté...........	80.69	98.85	867.5	13.56	6
Acide monohydraté réel.......	81.63	100.00	1300.0	20.31	interpolé graphiquement.
		TENEUR en SO^3 libre.			
Acide fumant................	83.49	10.11	1899.6	29.7	6
Id....................	85.31	20.02	2052.5	32.1	6
Id....................	87.10	29.77	2008.8	31.4	6
Id....................	88.92	39.68	1801.5	28.2	6
Id....................	89.90	45.01	1649.7	28.8	6

On voit qu'à partir de l'acide concentré commercial, l'action corrosive de l'acide s'accroît très rapidement. Le monohydrate à 98,85 pour 100 H^2SO^4 attaque déjà le plomb 13 fois 1/2 plus que l'acide anglais à 96.57 pour 100; le monohydrate industriel obtenu par congélation et récemment préparé attaquerait déjà 20 fois plus.

Pour une teneur de 20 pour 100 en anhydride, c'est-à-dire pour un acide fumant composé de 80 pour 100 de SO^4H^2 et 20 pour 100 de SO^3, l'attaque atteint son maximum, 32 fois celle qu'on observe avec l'acide sulfurique anglais. Au delà la corrosion diminue, fait assez singulier, mais qui s'explique par ce fait que, pour les acides fumants faibles, le sulfate formé se détache en poudre de la surface métallique, tandis qu'au contact des acides fumants forts, il se produit aussitôt d'épaisses croûtes de sulfate, compactes, qui se détachent irrégulièrement en plaques et qui protègent temporairement le métal sous-jacent. Si l'acide avait été agité pendant l'expérience, il est probable que l'on aurait constaté une corrosion croissante avec la concentration de l'acide fumant.

II. — *Action de l'acide nitrique sur le plomb.*

On sait que l'acide nitrique étendu dissout facilement et vite le plomb, tandis que l'acide concentré l'attaque fort peu, apparemment par suite de la formation d'un enduit de nitrate de plomb qui, soluble dans l'eau ou dans l'acide étendu, est insoluble ou à peu près dans l'acide nitrique concentré.

On peut donc faire usage de vases, tuyaux, ustensiles divers en plomb pour conserver ou manipuler l'acide nitrique concentré. Bien que l'industrie mette cette circonstance à profit depuis longtemps, nous ne croyons pas qu'il ait été fait aucune étude sur la corrosion réelle du plomb et sur les limites de concentration de l'acide entre lesquelles cette corrosion est assez réduite pour ne pas former obstacle à l'emploi du plomb pour cet usage spécial.

Nos recherches ont porté uniquement sur le plomb le plus pur dont nous ayons pu disposer, le plomb mou n° 2, employé dans nos précédentes recherches, et dont l'analyse complète se trouve rapportée dans notre mémoire.

Nous avons employé :

a) De l'acide nitrique chimiquement pur, exempt au moins pratiquement de vapeurs nitreuses, à différents degrés de concentration ;

b) De l'acide nitrique fumant rouge ;

c) Pour comparaison, de l'acide sulfurique concentré et de l'acide monohydraté à 98,85 pour 100 de H^2SO^4;

d) Enfin des mélanges à volumes égaux de ce dernier acide avec de l'acide nitrique pur et de l'acide nitrique fumant.

Le contact a été maintenu pendant 30 jours à la température ordinaire.

Nombre total des essais : 64.

I. — *Essais avec l'acide nitrique pur.*

	1	2	3	4	5	6	7	8	9	10	11	ACIDE sulfurique concentré pour comparaison.
Poids spécifique......	1.210	1.262	1.305	1.330	1.348	1.371	1.404	1.425	1.458	1.480	1.498	»
Teneur en $HAzO^3$ pour 100........	33.8	41.6	48.3	52.4	55.5	59.6	65.1	71.0	79.3	86.1	93.1	»
Perte de poids en gramme par mètre carré.............	3711	1801	900	552	398	261	194.2	196	516	733	378	343
Rapports en posant 194.2 = 1.......	19	9.3	4.6	2.8	2.4	1.34	1	1.005	3.76	2.65	1.94	1.76

II. — *Essais avec divers acides et mélanges d'acides.*

NATURE DE L'ACIDE ou du mélange.	ACIDE NITRIQUE PUR n° 7 du tableau précédent.	ACIDE NITRIQUE fumant rouge.	ACIDE SULFURIQUE concentré 96.57 pour 100 H^2SO^4.	ACIDE SULFURIQUE monohydraté 98.85 pour 100 H^2SO^4.	MÉLANGE DE 1 VOLUME d'acide sulfurique monohydraté avec : acide nitrique $d = 1.498$.	acide nitrique fumant $d = 1.520$.
Poids spécifique.....	1.404	1.520	»	»	»	»
Perte de poids......	194 gr. 2	699 gr.	343 gr.	4042 gr.	38 gr. 2	35 gr.
Rapports en posant 194.2 = 1.......	1	3.54	1.76	20.74	0.2	0.18

Si on reportait ces résultats sur un graphique, on verrait, en ce qui concerne l'acide nitrique pur (tableau I), une dépression assez régulière et rapide de la courbe entre les densités 1.2 et 1.3, puis moins rapide entre 1.3 et 1.4. Le minimum est atteint avec la densité 1.404 et reste à peu près stationnaire jusqu'à 1.425 ; à partir de là, la courbe se relève et, à la densité 1.480, la perte de poids est déjà 3 fois et demie celle qu'on observe au minimum.

Doit-on attribuer la corrosion plus active avec les acides plus concentrés à ce que la protection du métal par l'enduit de nitrate de plomb est plus que compensée par l'énergie de l'acide ? Résulte-t-elle de ce que les acides plus concentrés s'obtiennent plus difficilement exempts de vapeurs nitreuses (acide hypoazotique ou acide nitreux) qui paraissent activer la corrosion ? (1). Nous ne pouvons nous prononcer, pas plus que nous ne voyons la raison des irrégularités observées pour les acides dont le poids spécifique dépasse 1.480.

Notre tableau II montre que le plomb est plus attaqué à froid par l'acide sulfurique concentré que par l'acide nitrique $d = 1.4$. L'acide sulfurique « monohydraté » a une action 20 fois plus énergique que l'acide nitrique à 65.1 pour 100 (2).

Par contre, et ce résultat surpendra sans doute bien des chimistes comme il nous a surpris nous-mêmes, l'attaque du plomb par les mélanges d'acides nitrique et sulfu-

(1) Voir Veley, *J. Soc. Chem. Ind.*, 1891, p. 211.

(2) Il est assez surprenant que les auteurs n'aient pas songé à chercher le point minimum avec un acide répondant à un hydrate défini, par exemple l'acide $AzO^3H + 2H^2O$ qui s'écrirait $Az^v(OH)^5$, et dont la teneur en AzO^3H est égale à 63.63 pour 100 ; ou avec l'acide $2AzO^3H + 3H^2O$ dont Dalton, Millon et d'autres ont admis l'existence en formule de structure $(Az^2O)^{viii}(OH)^8$.

rique très concentrés ou fumants est extrêmement faible. Il en résulte cette conclusion intéressante pour l'industrie que de pareils mélanges, à la concentration nécessaire pour certaines nitrations, nitrocellulose, nitroglycérine et autres analogues, peuvent être manipulés avec autant de sécurité dans le plomb que dans le fer.

III. — *Action de l'acide sulfurique chargé de vapeurs nitreuses à différents degrés de concentration et de diverses teneurs en acide nitrique, sur le plomb.*

Comme complément aux études qu'on vient de lire, les auteurs ont étudié avec beaucoup de soin l'action de l'acide sulfurique à divers degrés de concentration et avec des teneurs variables d'acide nitrique et de vapeurs nitreuses (sulfate de nitrosyle) sur le plomb pur. Les résultats acquis précédemment (1), ayant affirmé dans toutes les circonstances la supériorité du plomb le plus pur, il n'y avait pas lieu d'étendre les recherches aux sortes dures ou aux alliages. Malgré cette simplification, la partie expérimentale de cette étude a été très compliquée et très difficile en raison de la volatilité et de l'instabilité des composés azotés. Elle n'a cependant qu'un intérêt documentaire — et, à ce titre, nous croyons inutile de la reproduire — car elle a conduit à cette conclusion que l'acide nitrosé (acide des chambres de plomb) à la température du travail normal, de 65° à 70°, attaque le moins le plomb lorsque son poids spécifique oscille entre 1.50 et 1.60, c'est-à-dire dans les limites même de concentration que, pour d'autres motifs, les fabricants s'attachent toujours à maintenir dans les chambres.

CONCLUSIONS.

1° En ce qui concerne l'action de l'acide sulfurique plus concentré que l'acide anglais (environ 96 pour 100 de SO^4H^2) ou fumant sur le plomb, on constate que la corrosion augmente rapidement avec la concentration de l'acide au delà de 96 pour 100.

Déjà l'acide à 99 pour 100 de SO^4H^2 (acide monohydraté commercial, acide premier blanc) ne doit plus être conservé ni manipulé dans des ustensils en plomb; encore moins l'acide sulfurique fumant ;

2° L'acide nitrique de densité 1.37 à 1.42, attaque très peu le plomb à froid. L'acide nitrique plus concentré attaque plus vivement, mais guère plus cependant que l'acide sulfurique à 96 pour 100. Des mélanges d'acide sulfurique concentré et d'acide nitrique concentré ou fumant ont une action très faible sur le plomb ;

3° L'acide sulfurique nitrosé concentré attaque toutes les sortes de plomb, à toutes les températures, plus fortement que l'acide sulfurique pur. Pour l'acide étendu, $d = 1.72$ et, jusqu'à 1.76, la corrosion semble un peu moindre qu'avec l'acide pur, en raison de la protection d'une couche assez épaisse et compacte de sulfate de plomb. Pour des acides encore plus dilués, l'attaque augmente, sans doute en raison de la proportion d'acide nitreux formé par l'action de l'eau sur le sulfate de nitrosyle (cristaux des chambres de plomb).

En ne comparant entre eux que les acides nitrosés, on reconnaît que leur action sur le plomb, à une température de 65°-70°, est la plus faible lorsque leurs poids spécifiques sont compris entre 1.60 et 1.50, limites de concentration que ne dépasse pas l'acide des chambres en travail normal. La corrosion du plomb augmente aussi bien avec les acides plus étendus qu'avec les acides plus dilués et, dans le dernier cas, en proportion de l'acide nitrique préexistant ou engendré par la dilution.

(1) Première étude des mêmes auteurs.

Sur la production électrolytique du chlore et de la soude.

Par MM. C.-F. Cross et E.-J. Bevan.

(*The Journal of the Society of Chemical Industry*, du 31 décembre 1892, p. 963 à 966.)

Le problème de la fabrication économique de la soude et d'un chlorure décolorant par l'électrolyse d'une solution de sel a depuis longtemps attiré l'attention des inventeurs ; mais c'est seulement dans ces dernières années que l'on a réalisé quelques progrès notables.

Les principales difficultés ont été jusqu'à présent : 1° la construction d'un diaphragme qui offrît assez peu de résistance pour permettre à l'électrolyse de se produire avec une force électromotrice raisonnablement modérée, et qui, en même temps, fût capable d'empêcher efficacement la recombinaison des produits de l'électrolyse ; 2° la construction d'une anode qui ne s'usât pas trop vite.

Ces difficultés, à ce qu'il nous semble, ont été vaincues, et nous croyons que l'on peut espérer pour bientôt de grands succès.

Nous ne nous proposons pas, dans la présente étude, de défendre l'un quelconque des nombreux procédés qui sont soumis au public, mais de discuter le problème d'une façon générale, dans l'espoir de montrer qu'il est possible d'avoir un procédé électrolytique économique. Nous aurons néanmoins l'occasion de décrire un peu en détail deux procédés que nous avons plus ou moins pratiqués : celui de Greenwood et celui de Lesueur.

Dans le premier, l'électrolyseur est une cuve rectangulaire en ardoise ou en une autre matière convenable, divisée en compartiments au moyen de diaphragmes. Ceux-ci sont constitués par un certain nombre de cloisons en verre ou en ardoise, en forme de V, placées dans un cadre en acajou. Les intervalles entre les cloisons sont garnis d'amiante. De l'un des côtés du diaphragme se trouve la cathode, qui est en fer, de l'autre côté se trouve l'anode. Celle-ci est construite d'une façon spéciale. Elle est formée par un certain nombre de morceaux de charbon de cornue dur que l'on a cimentés ensemble en les imprégnant de goudron et en les chauffant ensuite à une haute température. L'intérieur est garni d'alliage typographique. Les cathodes et les anodes, dans chaque électrolyseur, sont reliées ensemble en arc parallèle, les électrolyseurs eux-mêmes étant en série. On dispose des tuyaux pour que la solution de sel passe par tous les compartiments de l'anode et de la cathode respectivement.

Le chlore dégagé se rend dans un grand tuyau qui lui est réservé. On évapore la solution caustique lorsqu'elle a traversé un nombre suffisant d'électrolyseurs et l'on enlève l'excès de sel non décomposé. Le traitement ultérieur du chlore n'exige pas d'observations spéciales.

Dans le procédé Greenwood, on n'a pas pourvu au renouvellement des diaphragmes ni des anodes, car on admet que les unes et les autres sont indestructibles au point de vue pratique. Le temps seul pourra montrer si cette supposition est exacte.

Dans le procédé Lesueur les dispositions sont très différentes.

Les électrolyseurs consistent en une cuve de fer ayant un fond incliné sur lequel repose la cathode. Celle-ci est formée d'un anneau de fer garni de plusieurs morceaux de toile de fil de fer. Plusieurs petits trous, percés dans le haut de l'anneau, permettent à l'hydrogène de s'échapper. C'est aussi pour le même effet que le fond de la cuve est incliné. Le diaphragme repose sur la cathode. Il est formé de deux parties, une feuille de papier-parchemin ordinaire et une double feuille d'amiante collées ensemble au moyen d'albumine de sang coagulée.

Le diaphragme étant installé, on place dessus le vase de terre intérieur. Ce récipient, par son poids, forme joint étanche. Il y a ordinairement de 6 à 12 électrolyseurs dans chaque cuve. L'anode a été préalablement placée à l'intérieur du vase. Elle consiste en morceaux de charbon de cornue ordinaire, logés dans une masse de plomb, ce qui permet d'obtenir le contact électrique.

Les luts sont en porcelaine ; ils servent à empêcher le chlore de s'échapper. Grâce à eux, il est possible de séparer électriquement chaque électrolyseur des autres qui se trouvent dans la même cuve. Sans cela, il faudrait enlever l'élément si quelque chose venait à se déranger.

L'élément étant en place, on verse dans le vase extérieur une solution saturée de sel jusqu'à ce qu'elle arrive juste au-dessus du bord supérieur. On verse dans le compartiment de l'anode le même liquide jusqu'à 12 millimètres environ au-dessus du niveau du liquide dans le compartiment de la cathode : c'est pour empêcher tout transport de solution du vase extérieur au vase intérieur, transport qui serait plus préjudiciable que l'inverse.

On renouvelle les diaphragmes toutes les 48 heures : pour cela, on relève simultanément la totalité des vases intérieurs dans chaque cuve.

Au fur et à mesure que le charbon s'use, on abaisse les anodes au moyen de vis, de manière à les rapprocher des cathodes autant que possible. Au bout de 6 à 8 semaines de fonctionnement, il faut les renouveler. A cet effet, on démonte les éléments, on fond le plomb et on le coule à nouveau.

Lorsque l'électrolyse a duré assez longtemps pour que la solution de soude caustique atteigne une concentration de 10 pour 100, on décante le liquide et on précipite l'alcali à l'état de bicarbonate.

Maintenant que nous avons décrit l'appareil Greenwood et l'appareil Lesueur, nous allons discuter le problème au point de vue économique : nous baserons nos estimations sur les nombres obtenus dans le fonctionnement du système Lesueur qui produit actuellement une demi-tonne de chlorure décolorant en poudre par jour.

Le prix de l'installation varie avec chaque procédé, mais pour le reste on peut admettre que les nombres sont approximativement exacts.

Dans le calcul des prix, l'élément le plus important est la force motrice. Les opinions diffèrent considérablement au sujet du prix du cheval-vapeur ; nous croyons toutefois qu'il ne dépasse pas un demi-penny (5 centimes) par heure.

Nous arrivons à cette estimation en prenant pour base un rendement égal, par heure, à 2,400 chevaux-vapeur indiqués, et en supposant que l'on emploie deux machines de 1200 chevaux-vapeur chacune.

Dans une conférence faite récemment à la *Junior Engineering Society*, le Dr John Hopkinson disait que l'on peut produire une unité du *Board of Trade* (1000 watts) à raison de 1/3 de penny (0,033) par cheval-vapeur et par heure.

Aux bornes des électrolyseurs, les 2,400 chevaux-vapeur, convertis en énergie électrique, n'équivaudront qu'à 2,000 chevaux électriques, si l'on admet que la conversion et les fuites entraînent une perte de 17 pour 100.

Nous avons maintenant à examiner quelle quantité d'énergie électrique on peut obtenir au moyen de 2,000 chevaux électriques. Cela naturellement dépendra de la force électro-motrice absorbée par la décomposition. En pratique, on a trouvé qu'avec des dispositions comme celles que présentent les procédés Greenwood et Lesueur, la décomposition du sel peut être effectuée avec un courant fonctionnant à 4 volts 1/2. En fait, 3 volts au moins suffisent; mais, dans ce cas, la quantité de matière décomposée par l'appareil est petite et l'économie serait probablement plus que contrebalancée par les surcharges de l'installation. 2000 chevaux électriques $\times$ 746 = 1,492,000 watts. En divisant ce nombre par 4 1/2, nous arrivons à un courant de 331,555 ampères, égal à 7,957,320 ampères-heures.

Chaque ampère-heure est théoriquement capable de produire 0 liv. 00292 de chlore (1 gr. 325) ; par conséquent, 7,957,320 $\times$ 0,00292 = 23,235 de chlore par 24 heures. En prenant un rendement pratique de 80 pour 100, nous trouvons que notre courant de 331,555 ampères fournira 18,580 livres (8,427 kil. 888), ou 8 tonnes anglaises 3 (8 tonnes françaises 427 kilogrammes) de chlore par 24 heures, ce qui équivaut à 22 tonnes anglaises 43 de poudre décolorante contenant 37 pour 100 de chlore.

Chaque ampère-heure produira 0 liv. 0033 (149 gr. 688) de soude caustique ($NaOH$). Par un calcul analogue, nous trouvons un rendement de 9 tonnes anglaises 378 de soude caustique par 24 heures.

Ces produits, aux prix de vente actuels, vaudraient 239 livres sterling 13 schillings 6 pence (5,991 fr. 20).

Pour le prix de production, en faisant le total des prix du sel, de la chaux, de la force motrice, du travail, des tonneaux et emballages, et en tenant compte de la dépréciation des électrolyseurs, des dynamos, des cuves, des pompes, des bâtiments, etc., en faisant également entrer en ligne de compte l'administration et les frais généraux, nous trouvons 121 livres sterling (3,025 francs).

Là où il faut renouveler les diaphragmes et les anodes, comme dans le système Lesueur, on est obligé d'ajouter une nouvelle somme. Celle-ci peut s'élever à 30 livres sterling (750 francs). Quant à l'acide carbonique, employé pour convertir la soude caustique en carbonate, nous pouvons l'estimer à 2 livres sterling (50 fr.). Nous arrivons à un coût total de 153 livres sterling (3,825 fr.).

Lorsque c'est de la soude caustique que l'on veut obtenir, il faut ajouter au coût de production les frais d'évaporation. Ils ne doivent pas s'élever à plus de 1 livre sterling par tonne anglaise.

Voilà où l'on en est actuellement au sujet de la soude et de la poudre décolorante électrolytique.

Le procédé Lesueur fonctionne actuellement à Rumford-Falls (États-Unis), et produit trois tonnes de poudre décolorante par jour. D'autre part, le procédé électrolytique Hermite a parfaitement réussi sur le continent. Il produit actuellement 3,000 tonnes de poudre par an.

En dépit des prédictions très affirmatives de certaines autorités, quant à l'impossibilité absolue d'avoir un procédé électrolytique d'un bon rapport dans la fabrication de la soude, nous osons penser que l'électrolyse est destinée à jouer un rôle très important dans le développement de l'industrie des alcalis.

ALCOOLS. — VINS. — BIÈRES.

Sur la fermentation du moût de raisin et de pommes par diverses levures pures.

Par MM. E. Mach et K. Portele (1).

(*Landw. Vers. Station*, t. XLI, p. 233.)

Ce travail, exécuté par M. Portele pendant l'automne de 1891, a eu pour but de déterminer dans quelle mesure l'emploi des levures pures pourrait rendre des services dans la pratique. Les recherches déjà effectuées dans cette voie ne paraissent pas fondées sur des bases exactes, et les conclusions qui en ont été tirées semblent au moins prématurées.

Les expériences ci-dessous décrites ne sont peut-être pas à l'abri de toute cause d'erreur, et n'ont pas, par conséquent, toute la généralité désirable, parce que les raisins et le moût de l'année 1891, mis à notre disposition, étaient de qualité médiocre, et qu'on n'a pu se procurer que tardivement les quantités de levures nécessaires aux essais en grand : nous ne considérons donc ces recherches que comme préliminaires et destinées seulement à éclairer la marche à suivre.

Les levures employées étaient pures et provenaient du laboratoire de M. Jörgensen ; elles étaient les suivantes :

1° *Saccharomyces cerevisiæ I*, Hansen, levure haute employée dans les brasseries d'Edimbourg et de Londres ;

2° *Saccharomyces ellipsoïdus I*, Hansen, levure basse, recueillie à la surface des grains de raisin ;

3° *Saccharomyces ellipsoïdus II*, Hansen, levure basse troublant la bière ;

4° *Saccharomyces Pastorianus I*, Hansen, levure basse donnant à la bière un goût amer ;

5° *Saccharomyces Pastorianus III*, Hansen, levure basse troublant la bière ;

6° *Saccharomyces apiculatus* ;

7° *Monilia candida* : se trouve en couche blanche sur le fumier de vache frais et se rencontre aussi sur les fruits à jus. Elle ne sécrète aucun ferment inversif, mais peut fermenter directement la saccharose et la maltose, même à 40°.

I. — Expériences exécutées avec le mout de Bourgogne blanc.

Les raisins, cueillis le 30 septembre 1891 ont été pressés de suite et le moût filtré a été stérilisé par la chaleur au bain-marie. Le moût a un poids spécifique de 1,0926, son extrait est égal à 18,73 pour 100 d'après la méthode de Klosterrenbourg ; le sucre inverti, dosé au Fehling est 21 gr. 76 au litre ou 19,94 pour 100 ; l'acidité totale en acide tartrique 7 gr. 35 au litre, et l'azote 0,589 par litre.

On introduit environ 1,250 centimètres cubes de moût dans des ballons de 1 lit. 3/4, et l'on stérilise de nouveau par une forte ébullition ; avant que celle-ci soit terminée, on ferme avec un tampon de coton stérilisé à 150° ; on flambe encore le col du ballon et ce tampon, et on l'abandonne au repos jusqu'au 16 octobre. A cette date, on ensemence l'une des levures indiquées dans les ballons dont le moût est resté clair ; auparavant on avait mis fermenter un peu du même moût avec les levures, et on ensemençait autant que possible avec la même quantité de ce liquide en fermentation.

Comme contrôle, on a laissé plusieurs ballons sans ensemencement : ils sont restés stériles pendant la durée des expériences.

La fermentation se produisit jusqu'au 25 octobre à 19-20°, ensuite jusqu'au 31 octobre à 25-28°. Les ballons commençant à se clarifier, l'expérience fut interrompue le 2 novembre et on examina les vins. Par suite de leur contact prolongé avec l'air à des tem-

(1) Voir aussi le travail de M. Bungener sur les levures (*Moniteur scientifique*, 1890, p. 665 et 780).

pératures assez élevées, la plupart des vins avaient un goût d'*éventé*, ce qui ne permet pas de percevoir de petites différences de bouquet. On examina les levures au microscope pour chaque ballon, et on retrouva la forme primitive, sans mélange d'autres organismes.

Une partie du vin fut placée dans des bouteilles que l'on transvasa le 4 et le 5 novembre, le 21 février et le 6 avril, et que l'on examina enfin le 29 avril. Les liquides ensemencés avec le *Sacch. apiculatus* et la *Monilia candida* avaient incomplètement fermenté; une nouvelle fermentation faible recommençait dans les flacons, d'autant plus que d'autres ferments avaient pu s'y introduire pendant les transvasements.

Voici les observations faites sur les divers vins :

1° Fermentation avec le *Sacch. cerevisiæ*. — La fermentation commence le 18 octobre, atteint son maximum le 21, et se termine le 23 octobre; pendant tout le temps, le liquide est fortement trouble; le 2 novembre il avait un goût d'éventé sensible, et était encore un peu doux; le 29 avril, le vin contenait beaucoup de CO^2, parce qu'il fermentait encore faiblement; l'éventé était à peine sensible;

2° *Sacch. ellipsoïdus I.* — Fermentation très violente du 18 au 22 octobre; le 23 octobre le liquide commence à s'éclaircir; le 2 novembre, la dégustation y reconnaît un goût d'éventé, moindre que pour le vin précédent. Ce vin était beaucoup mieux fermenté et moins doux qu'avec le *Sacch. cerevisiæ*. Le 29 avril, il avait un léger goût rappelant celui des vins de dessert du Midi;

3° *Sacch. ellipsoïdus II.* — Fermentation moins violente. Le liquide commence à s'éclaircir le 23 octobre; il a un goût d'éventé désagréable qu'il conserve encore le 29 avril;

4° *Sacch. Pastorianus I.* — La fermentation, commencée le 18 octobre, fut très violente le 19 et se ralentit le 20; pendant toute la durée, le liquide resta presque absolument clair, la levure se déposant au fond; goût d'éventé, moins sensible au 29 avril, par suite d'une continuation lente de la fermentation;

5° *Sacch. Pastorianus III.* — Le liquide fut pendant la fermentation un peu moins limpide que le précédent; éventé le 2 novembre et encore très doux. A la fin d'avril, le vin avait une âcreté particulière, il était piquant; certains dégustateurs comparaient ce goût à celui d'une solution d'acide sulfureux;

6° *Sacch. apiculatus.* — Le liquide se troubla de suite et ne commença à s'éclaircir que le 31 octobre. Au 2 novembre, il était encore tout à fait doux, avec cependant une certaine âcreté;

7° *Monilia candida.* — La fermentation commence le 18 octobre; le liquide se trouble et l'on voit apparaître un voile de *Monilia*. Le liquide commence à s'éclaircir le 5 novembre. Le 10 novembre, il était très doux avec un goût de fruit particulier. Dans la suite, ce liquide fut infecté par d'autres organismes.

Les résultats des analyses sont réunis dans le tableau suivant :

	ALCOOL en volume pour 100.	GRAMMES PAR LITRE.					GLYCÉRINE.
		ALCOOL.	ACIDITÉ totale.	EXTRAIT.	SUCRE inverti.	AZOTE.	
Moût (16 octobre)............	»	»	7,35	»	217.6	0.589	»
Fermenté par :							
Saccharomyces Cerevisiæ........	11.82	93.91	6.70	46.24	19.15	0.314	4.395
— *Ellipsoïdus I*.....	13.57	107.81	7.20	26.83	2.33	0.345	5.652
— *Ellipsoïdus II*....	12.50	99.26	6.80	29.38	4.91	0.335	5.539
— *Pastorianus I*.....	12.30	97.67	6.75	34.45	9.54	0.385	5.53
— *Pastorianus III*...	12.13	96.33	6.50	37.85	15.00	0.329	4.56
— *Apiculatus*.......	2.9	23.05	7.05	182.14	154.37	0.514	1.477
Monilia Candida.............	6.01	47.77	7.08	130.34	104.22	0.435	1.859

II. — Expériences avec le raisin de Nosiola blanc.

Elles ont été conduites d'une façon analogue aux précédentes, et ont montré que, ici encore, le *Sacch. ellipsoïdus I* paraissait fournir le meilleur vin, quoiqu'il n'y ait eu que des différences de goût très faibles pour les diverses levures.

De plus, on a distillé le vin pour extraire l'alcool; celui-ci a été redistillé et, dans chaque cas, on l'a ramené à la même teneur en alcool par addition d'eau. On a ensuite goûté les divers alcools six mois après la distillation :

1° *Sacch. cerevisiæ.* — Odeur et goût pas très fins ;

2° *Sacch. ellipsoïdus I.* — Tout à fait analogue à de l'eau-de-vie de vin, jeune et très doux au goût ;

3° *Sacch. ellipsoïdus III.* — Semblable au précédent, mais moins agréable de goût et ressemblant moins à l'eau-de-vie de vin ;

4° *Sacch. Pastorianus I.* — Moins doux, odeur piquante, saveur brûlante, analogue à de l'eau-de-vie additionnée d'aldéhyde et d'acide formique ;

5° *Sacch. Pastorianus II.* — Voisin du précédent, moins désagréable ;

6° *Sacch. apiculatus.* — Se rapproche de l'alcool obtenu avec l'*Ellipsoïdus I*, mais un peu liquoreux, et n'a presque pas de goût ;

7° *Monilia candida.* — Arome de fruit très fin.

On a déterminé également le poids de levure produit dans chaque cas; pour cela la levure était jetée sur un filtre à l'aide du même vin, lavée deux fois avec de l'eau alcoolisée à 10 pour 100, séchée à 100°, puis pesée. Ensuite on la dissolvait dans l'eau bouillante et l'on déterminait dans le liquide filtré le bitartrate de chaux, que l'on déduisait du poids de levure. On a trouvé ainsi :

	Acides volatils pour 100 d'alcool.	Levure formée pour 100 de sucre inverti fermenté.	Alcool répondant à 1 gramme de levure.	Levure pour 1 litre de vin.	Grammes par litre	
					Acidité totale.	Acides volatils.
		gr.	gr.	gr.		
Saccharomyces Cerevisiæ..........	0.311	2.04	20.98	3.54	7.2	0.232
— *Ellipsoïdus I*.......	0.322	2.65	16.52	5.60	7.2	0.240
— *Ellipsoïdus II*......	0.449	2.26	18.56	3.93	7.2	0.332
— *Pastorianus I*......	0.086	1.53	27.15	2.72	7.3	0.064
— *Pastorianus III*.....	0.325	2.23	17.75	3.86	7.2	0.224
— *Apiculatus*.........	3.091	0.93	44.37	0.74	7.6	1.024
Monilia Candida................	1.295	3.40	11.16	3.90	7.5	0.572

Au point de vue des acides volatils, c'est le *Sacch. Pastorianus* qui en fournit le moins, bien que le vin qui en provient ait un goût âcre et brûlant. Au contraire, dans toutes les recherches faites avec le *Sacch. apiculatus*, on a trouvé un taux extrêmement élevé en acides volatils, près de 40 fois la dose fournie par le *Sacch. Pastorianus I*. Cependant on n'a pu constater la présence d'aucune trace de ferment acétique.

Au point de vue de la glycérine, les vins de Bourgogne ont donné des résultats un peu trop élevés, ceux de Nosiola des nombres plus bas, mais dans les deux cas, on a trouvé moins de 7 parties de glycérine pour 100 d'alcool, contrairement à l'opinion généralement admise.

III. — Expériences avec le mout de pommes.

Le 26 octobre on a pressé des petites reinettes jaunes de Cassel et le moût a été stérilisé par la chaleur, ensuite il a été décanté, filtré et stérilisé à nouveau dans des ballons par quantité de 1 litre environ. Sa composition était la suivante :

Poids spécifique à 17°,5..................................	1.05556
Extrait pour 100..	13.61

Extrait suivant la méthode Klostenenbourg	11.51
Sucre inverti pour 100..................................	9.46
Sucre de canne pour 100................................	2.34
Acidité tartrique au litre................................	6.08
Azote au litre..	0.091

La fermentation fut très faible ; la perte de poids ne dépassa pas 8 grammes, et ce maximum fut atteint par l'*apiculatus*, alors que le *Sacch. cerevisiæ* ne produisait une perte de poids que de 1 gr. 1 ; cela était dû à la pauvreté du milieu en azote, et l'on voit par là que l'*apiculatus* peut se développer dans un milieu peu azoté, tandis que le *Sacch. cerevisiæ* exige de plus grandes quantités de cet élément. On essaya d'ajouter, mais sans succès, de la gélatine et du blanc d'œuf, tandis que le tartrate d'ammoniaque, surtout additionné de phosphate de potasse, donna une fermentation active.

On a reconnu à la dégustation les résultats suivants :

1° Avec le *Sacch. cerevisiæ*, le cidre est un peu visqueux ; goût de pommes un peu gâtées, pas vineux ;

2° *Sacch. ellipsoïdus I.* — Goût agréable, vineux, mais en vieillissant un peu âcre ;

3° *Sacch. Pastorianus I.* — Cidre excellent, mais moins vineux qu'avec l'*ellipsoïdus I* ;

4° *Sacch. Pastorianus III.* — Analogue au précédent, mais un peu inférieur et moins clair ;

5° *Sacch. apiculatus* et *Monilia.* — Ont donné des cidres déjà très aigres au bout de six mois, et l'on n'a pas retrouvé pour le dernier l'odeur de fruits obtenue dans la fermentation du moût de raisin.

Au mois de juillet, tous les cidres étaient clairs ou à peine louches. Ceux obtenus avec les *Sacch. ellipsoïdus I*, *Pastorianus I* et *Monilia* sont jaune clair, les autres un peu bruns. Le léger dépôt observé dans les bouteilles contenait de petites cellules de levure et quelques bactéries. Celui de la *Monilia* renfermait beaucoup d'organismes étrangers.

Composition des cidres après addition au moût de 3 gr. 28 de tartrate acide d'ammoniaque.

	ALCOOL en volume pour 100.	GRAMMES PAR LITRE.						AZOTE consommé pour 100 d'alcool.
		ACIDITÉ tartrique.	ACIDES volatils.	EXTRAIT.	SUCRE inverti.	GLYCÉRINE.	AZOTE total.	
		gr.						
Moût primitif................	»	6.1	»	155.7	126	»	0.5954	»
Saccharomyces Cerevisiæ........	7.12	6.9	0.19	22.84	0.95	2.58	0.301	0.53
— *Ellipsoïdus I*.....	7.07	8.6	0.41	23.56	1.01	2.95	0.330	0.48
— *Ellipsoïdus II*....	6.88	7.0	0.25	24.62	1.04	3.88	0.330	0.498
— *Pastorianus I*....	7.18	7.0	0.044	23.51	0.92	4.33	0.344	0.44
— *Pastorianus III*..	7.02	7.0	0.100	22.65	0.82	3.427	0.260	0.597
— *Apiculatus*.......	6.04	6.9	1.05	38.38	15.20	3.42	0.538	0.12
Monilia Candida.............	6.24	9.6	2.66	25.88	3.38	2.81	0.382	0.44

La proportion d'azote pour 100 d'alcool varie peu, sauf pour l'*apiculatus*, qui demande fort peu d'azote, tandis que le *Sacch. cerevisiæ* et le *Pastorianus III* sont les plus exigeants. On vérifie de plus l'affirmation de Nessler, que les moûts de pommes ne peuvent fermenter complètement que par addition de sels ammoniacaux.

IV. — Essais de fermentation en cuve.

On n'a pu commencer ces essais qu'à la fin de la vendange ; les raisins étaient un peu pourris et la fermentation spontanée se déclarait très rapidement.

Cependant on a pu opérer avec un Negrara blanc. Les diverses levures étaient ensemencées dans un peu de moût de Nosiola stérilisé, puis le liquide en fermentation ajouté à du moût de Negrara préparé immédiatement; pour 1 hect. 1/2 à 2 hectolitres de Negrara, on employait environ 1 lit. 1/2 de moût en fermentation.

Après 7 jours, on a déterminé l'alcool et dégusté les produits :

RACES DE LEVURES.	ALCOOL EN VOLUME.	CARACTÈRES ORGANOLEPTIQUES.
Saccharomyces Cerevisiæ	3.11 pour 100.	Doux.
— *Ellipsoïdus I*	7.19 —	Moins doux.
— *Ellipsoïdus II*	7.78 —	Moins doux.
— *Pastorianus I*	8.17 —	Goût particulier, âcre.
— *Pastorianus III*	7.60 —	Goût analogue, moins fort.
— *Apiculatus*	2.13 —	Goût âcre, rappelant l'acide acétique.
Monilia Candida	2.32 —	Goût spécial, rappelant la pomme.

La fermentation commencée le 23 octobre, le 2 décembre le vin a été soutiré, et on l'a goûté les 11 décembre, 18 mars et en juillet.

Les levures dans chaque dépôt étaient très mélangées ; à la dégustation, le *Sacch. ellipsoïdus I* donnait le meilleur vin ; le *Pastorianus I* avait un goût âcre, et le vin était moins rougeâtre que les autres. Le vin ayant fermenté spontanément avait moins bon goût que celui provenant du *Sacch. ellipsoïdus I* et du *Pastorianus I*.

La conclusion générale de ces recherches est que l'emploi de diverses races de levures produit dans les vins des différences de composition, de goût et de bouquet, plus ou moins notables, mais capables cependant d'influer sur la valeur marchande des produits ; il semble qu'on puisse tirer de pareilles expériences des résultats intéressants pour la pratique, à condition de multiplier les recherches avec des levures absolument pures. Quant aux recherches entreprises avec des mélanges de levures spontanées ou isolées de grands crus, il ne semble pas qu'elles puissent conduire à des résultats certains, malgré les magnifiques conclusions que l'on a signalées de divers côtés et qui ont besoin au moins de confirmation nouvelle. Il semble impossible en effet de pouvoir obtenir avec de la levure de Sauterne, cultivée dans un moût concentré de Sicile, le bouquet riche des crûs de Bordeaux.

Au point de vue des résultats obtenus avec les levures employées, le *Sacch. ellipsoïdus I* et le *Pastorianus I* paraissent seuls utilisables pour la production de vin ; les deux *Pastorianus I* et *III* le déposent sous forme granulée et laissent le vin presque complètement clair ; il serait peut-être intéressant d'essayer ces deux levures pour la fabrication des vins mousseux.

Quant à l'*apiculatus*, c'est certainement un ferment nuisible que l'on doit écarter autant que possible ; il fournit en effet des vins peu atténués, riches en acide acétique et se clarifiant mal.

L'emploi de levures pures paraît plus indiqué pour le cidre que pour le vin, car les levures spontanées de cidre sont très impures, et les levures telles que le *Sacch. ellipsoïdus* et *Sacch. Pastorianus* donnent un produit plus fin et ressemblant davantage au vin de raisin ; cependant il est encore douteux qu'il soit préférable de recommander des levures pures ou simplement des levures de vin purifiées de bactéries.

Il faut donc encore de nombreuses recherches, mais un point paraît dès maintenant définitivement fixé. Comme Müller de Thurgovie l'a déjà fait remarquer, il est recommandable de prélever avant la vendange une certaine quantité de raisins *absolument sains* et d'abandonner le moût à la fermentation spontanée ; on emploie ensuite ce liquide en pleine activité à ensemencer le reste de la vendange. La fermentation se déclare alors plus rapidement et les autres ferments ne peuvent plus se développer. Cette pratique est encore plus à recommander lorsque les raisins sont partiellement gâtés à la vendange, parce qu'on arrête ainsi le développement, non seulement des levures comme l'*apiculatus*, mais encore des bactéries et des moisissures de toute espèce.

[Les recherches qui précèdent sont d'un haut intérêt pour les producteurs de vin; cependant on peut y faire quelques objections. D'abord les moûts ont été stérilisés par la chaleur, même deux fois, et l'on sait quelles modifications l'ébullition apporte dans la composition du moût de raisin ; peut-être eût-il été plus prudent d'employer la stérilisation à froid par filtration à travers une bougie Chamberland. En second lieu, les levures employées étaient certainement pures, puisqu'elles venaient du laboratoire de M. Jörgensen; mais on peut regretter que MM. Mach et Portele se soient bornés à examiner au microscope les dépôts de levures après fermentation. On sait également que ce n'est pas là un caractère permettant d'affirmer la pureté du levain, surtout au point de vue des levures étrangères; l'examen du temps de formation des spores eût été plus concluant. Enfin, dans quelques essais, des bactéries ont été introduites, et il est certainement possible, au moyen d'un bouchage approprié, d'effectuer le transvasement des liquides ensemencés sans contamination.] (*Note du traducteur.*)

P. Petit.

Recherches sur les microbes acétifiants.

Par M. Wermischeff.

(*Annales de l'Institut Pasteur*, Février 1893.)

En éclairant le mystère de l'acétification, le travail classique de M. Pasteur a soulevé une multitude de problèmes que l'on peut essayer d'aborder par les méthodes de la bactériologie moderne, et dont quelques-uns présentent, outre leur intérêt scientifique, une véritable importance industrielle. A quoi tiennent par exemple les difficultés que l'on rencontre à régulariser la marche d'une vinaigrerie? La semence qu'on transporte de cuve en cuve est-elle homogène ou composée de plusieurs espèces vivantes? Il y a une forme de développement en voile mince et plissé; une autre en pellicules grasses et épaisses; celles-ci peuvent-elles provenir d'une transformation du microbe en voile, sous l'influence de la vieillesse ou des conditions d'alimentation? Ces productions différentes appartiennent-elles au contraire à des microbes différents?

C'est une question que j'ai commencé à étudier, et je publie mes premiers résultats dans cette note préliminaire. Je suis parti d'un ferment obtenu par le procédé de M. Pasteur, c'est-à-dire en exposant à l'air, dans une étuve à 20-22°, un mélange de vin rouge, d'eau et de vinaigre. Un voile se forme. Pour séparer les espèces qu'il peut contenir, je les sème sur de l'eau de levure alcoolisée à 5 ou 7 pour 100, acidulée avec 1 à 2 millièmes d'acide acétique, et additionnée de 10 pour 100 de gélatine, de façon à donner un milieu solide qu'on stérilise par trois chauffages à 100°, espacés de 24 heures. On obtient, en diluant suffisamment la semence, des colonies isolées sur lesquelles on prend des semences nouvelles qu'on soumet de nouveau à la même méthode de séparation. Je suis arrivé ainsi à obtenir des colonies que je pouvais considérer comme provenant chacune d'un seul germe, mais qui présentaient des aspects assez variés que j'ai pu ranger sous les six types suivants :

1° Colonies rondes, plates, minces, un peu brunes à un faible grossissement, homogènes d'aspect et mates, avec un aspect un peu chagriné;

2° Colonies identiques aux précédentes, sauf que le milieu est plus coloré que les bords;

3° Colonies transparentes, presque brillantes, en mamelon entouré d'une petite dépression dans la surface de la gélatine;

4° Colonies d'aspect brillant, rondes, presque noires au bord, brunes au centre, n'ayant plus du tout l'aspect chagriné;

5° Colonies rondes, brunes, brillantes, ayant la forme d'un bourrelet déprimé en son centre, lequel souvent n'est pas rond, mais crénelé;

6° Colonies diffuses plus ou moins rondes, blanchâtres, ressemblant à une goutte de lait diluée dans le milieu gélatinisé. Au microscope leur surface est brune, transparente, mais comme couverte d'un feutrage indistinct. Ces colonies sont assez souvent à une petite profondeur au-dessous de la surface.

Toutes ces colonies, prises sur des vases de Petri, ont été ensemencées avec les précautions requises dans des matras Pasteur contenant du vin blanc ordinaire dilué de son volume ou des 2/5 de son volume d'eau. J'ai obtenu partout une acétification active; mais il s'est révélé des différences remarquables dans l'aspect microscopique de la substance des matras ensemencés.

Dans les uns, le liquide est devenu trouble et a donné au bout de quelques jours un dépôt farineux; dans d'autres, j'avais le voile mince bien connu, grimpant le long des parois, et surnageant un liquide très limpide; dans une troisième série, le liquide en restant limpide se couvrait ou se remplissait de flocons glaireux.

Ces trois formes persistent après des séries d'ensemencements successifs sur milieu liquide et solide, et en les comparant avec les six types de colonies formées sur gélatine alcoolisée, j'ai vu que les types 1, 2, 3, 4 et 5 donnaient toujours les cultures à liquide limpide et à pellicule cireuse, ou bien le liquide trouble avec dépôt farineux.

Une semence provenant de l'une de ces cultures donnait indifféremment les cinq types de colonies sur gélatine; l'aspect microscopique des microbes est d'ailleurs partout le même, de sorte que les différences observées tiennent à des différences dans le mode ou les conditions de développement sur le milieu solide.

Comment expliquer alors les deux formes de développement des cinq premiers types? Il est facile de voir que le voile mince superficiel sur liquide limpide et le précipité farineux dans un liquide trouble dérivent l'un de l'autre. On peut, en partant d'une culture à voile, arriver, par des ensemencements successifs, à une culture à précipité, et inversement. En agitant une culture à voile, on disloque la pellicule superficielle, et elle tombe en flocons qui troublent le liquide et forment au fond le précipité farineux. Il m'a paru qu'en vieillissant, la pellicule entrait plus facilement en suspension dans le liquide, et je sais qu'à Orléans, dans la fabrique où est mis en œuvre le procédé de M. Pasteur, on ne laisse jamais vieillir la couche acétifiante sur le liquide, de peur de lui enlever sa limpidité.

Au contraire des cinq premiers types de colonies qui donnaient presque indifféremment les deux formes du développement que je viens d'étudier, le sixième type m'a toujours donné la peau glaireuse à la surface. Cette peau s'y épaissit, tombe; à sa place il s'en forme une autre, tantôt reliée à la précédente, tantôt isolée, et le liquide entier finit par se remplir de masses glaireuses et assez résistantes pour qu'on puisse les manier. C'est la forme de peau ou de mère du vinaigre si connue dans l'industrie. J'ai eu beau faire varier la composition chimique des liquides, les conditions d'aération et de température, cette forme se reproduit toujours identique à elle-même.

M. Brown (1) a constaté le premier que ces productions glaireuses se colorent en bleu quand on fait agir successivement sur elles l'acide sulfurique et la teinture d'iode. Il les a appelées du nom de *Bacterium xylinum*. Celles que j'obtenais se comportaient de même, tandis qu'il m'était impossible de produire la même réaction avec les pellicules de mes deux premières formes de développement. Ces masses glaireuses m'ont paru se développer plus vite que les formes en voile, surtout lorsque l'air ne se renouvelle pas facilement à la surface des liquides.

Il est évident qu'elles absorbent aussi de plus fortes proportions des éléments nutritifs. Au point de vue de leur puissance acétifiante, il n'est pas sûr qu'elles soient inférieures à la forme en voile, et si l'industrie les redoute, c'est pour d'autres raisons. Quoi qu'il en soit de ces points sur lesquels je reviendrai, voyons si ces différences dans l'aspect des colonies et les formes de développement se retrouvent dans la forme des microbes.

---

(1) On an acetic ferment which forms cellulose (*Journ. Chemic. Soc.*, 1886, p. 432).

MORPHOLOGIE.

Le microbe donnant les voiles minces surnageant un liquide transparent et les précipités farineux au fond d'un liquide trouble, ressemble tout à fait, pour ses formes et ses dimensions, à l'être que M. Pasteur a décrit et figuré sous le nom de ferment acétique. Ce sont des bactéries étranglées en leur milieu et pouvant se présenter, surtout lorsqu'elles sont vieilles, sous forme de micrococcus ou de diplococcus. Elles sont entourées d'une enveloppe glaireuse, d'aspect brillant, qui devient surtout visible quand on colore au bleu de méthylène et au dahlia. Le microbe se teint en bleu foncé, l'enveloppe prend une nuance plus claire. On observe parfois des chapelets dont quelques grains, surtout ceux des extrémités, sont gonflés.

Parfois aussi, dans une même chaîne, la division en articles, très nette sur une partie de la longueur, devient indistincte sur d'autres, de sorte qu'on a des formes bacillaires plus ou moins allongées. Les articles isolés possèdent ce balancement sur place qui a été noté par Knierim et Mayer.

Quant au microbe des peaux gélatineuses, il est difficile à observer dans la masse dont il fait partie. Il faut pour cela prendre une pellicule glaireuse, jeune et aussi mince que possible, la laver à l'eau, puis avec de la potasse étendue, puis à l'acide chlorhydrique dilué. Ces traitements l'amincissent : on la dessèche et on la colore aux couleurs d'aniline. Sur les bords de la préparation, on voit des bâtonnets de couleur foncée, courts, serrés l'un contre l'autre dans la masse cellulosique qui les englobe.

Mais un examen plus attentif montre que ces bâtonnets sont formés de chaînes de coccus que le traitement a condensés et serrés étroitement. Ces coccus se voient très nettement quand on examine un fragment imperceptible de la pellicule glaireuse, même sans coloration. Ils sont un peu plus allongés que les coccus de la forme en voile.

Ces coccus peuvent, comme les précédents, donner des filaments, et je suis d'accord avec M. Brown sur ce fait qu'il n'y a pas alors de renflements irréguliers le long du chapelet.

Il y a donc au moins deux formes de ferment acétique dans mes expériences. Faut-il les assimiler aux Bacterium aceti et Bacterium pasteurianum décrits par Hansen? Je n'ai pas pu réussir la réaction indiquée par ce savant, celle de la teinture d'iode qui colore l'un en jaune, l'autre en bleu. Il y a d'ailleurs sans doute de très nombreuses espèces de ferment acétique. Ainsi je n'ai jamais rencontré dans mes essais ces pellicules demi-solides, couvertes de bosselures assez régulières, qui donnent à la surface du liquide l'apparence d'un rayon de miel, et que M. Duclaux a décrites autrefois (1). Cette question de la fermentation acétique aurait besoin d'être étudiée de plus près qu'elle ne l'a été jusqu'ici.

Dosage du glucose, par M. Rossel (*W. für Brauerei*, 1892, p. 31).

On remplace, dans la liqueur de Fehling, l'acide tartrique par la glycérine avec 34 gr. 56 de sulfate de cuivre pur, 150 grammes de glycérine pure et 130 grammes d'hydrate de potasse, le tout faisant un litre : on a une dissolution se conservant indéfiniment; 1 centimètre cube = 5 milligrammes de glucose.

---

(1) Sur les causes de la fermentation acétique (*Landw. Versuchstat*, t. 16, 1873). — Voir aussi sur le même sujet Hansen, dans les Comptes rendus du laboratoire de Carlsberg, et Brown, *loco citato*, et : Action chimique de culture pure de Mycoderma aceti (*Journ. Chemic. Soc.*, 1886, p. 172).

NOTICES DIVERSES

La vulcanisation du caoutchouc par la « chaleur sèche » avec emploi d'un vulcanisateur perfectionné.

Par M. Charles-A. Fawsitt.

(*The Journal of the Society of Chemical Industry.*)

Pour la vulcanisation du caoutchouc, il y a quatre procédés en usage : le procédé par la vapeur, le procédé par la chaleur sèche, le procédé à froid et le procédé par le chlorure de soufre.

Le procédé par la vapeur est employé presque exclusivement pour tous les objets dits mécaniques; les objets à traiter sont entassés, soit sans protection, soit recouverts, partiellement ou en totalité, dans de grands récipients en fer où l'on fait arriver de la vapeur directe, jusqu'à la température convenable, pendant un temps qui varie selon la qualité, l'épaisseur, etc., des objets. Les trois autres procédés sont employés principalement dans le traitement des étoffes imperméabilisées.

Le procédé par la chaleur sèche consiste à mélanger le caoutchouc avec une petite proportion de soufre et d'autres ingrédients et à exposer l'étoffe sur laquelle est répandu ce mélange dans une chambre à air, chauffée par des tuyaux ou des carnaux dans lesquels circule de la vapeur ou de l'air chaud.

Le procédé à froid consiste à exposer la composition qui a été répandue sur l'étoffe à l'action du chlorure de soufre dissous dans du sulfure de carbone ou un autre dissolvant.

Le procédé par la vapeur de chlorure de soufre consiste à exposer les objets dans de grandes chambres à l'action de la vapeur de chlorure de soufre, soit seuls, soit mélangés avec l'acide nitrique, ou simplement à faire passer le côté imperméabilisé de l'étoffe sur des récipients d'où le même réactif s'évapore lentement. Je me propose de traiter exclusivement de la vulcanisation de l'étoffe pour vêtements imperméables, ou, plus exactement, de la légère couche de caoutchouc qui rend l'étoffe imperméable.

On est en train d'abandonner le procédé à froid pour le procédé par la chaleur sèche. La révolution, pour ainsi dire, a été si soudaine, étant donnée la répugnance des industriels à se départir des anciennes méthodes, qu'elle a consterné les fabricants de sulfure de carbone et de chlorure de soufre. Les affaires de ces fabricants seront très compromises, à moins que l'on ne découvre de nouveaux débouchés pour leurs produits. Jusqu'à ces deux dernières années, la plupart des fabricants se servaient presque exclusivement du procédé à froid pour la vulcanisation des vêtements à tissu simple et des vêtements à tissu double. Comme ce procédé avait mis des années à se développer, son abandon a causé la plus grande surprise.

En Ecosse, les fabricants ont tous adopté le procédé par la chaleur sèche, mais, en Angleterre, on n'est pas aussi avancé : quelques-uns des principaux fabricants tiennent toujours pour le procédé à froid qu'ils considèrent comme le plus sûr et le meilleur; mais certainement ils seront forcés de l'adopter partiellement, attendu que maintenant on demande surtout les étoffes préparées à chaud.

Le procédé par la chaleur sèche a été appliqué en grand et avec succès en Amérique. Ce sont, je crois, les Américains les premiers qui ont élaboré ce procédé, et c'est leur succès qui a décidé les fabricants d'ici à les imiter.

Peut-être y aurait-il intérêt, avant d'aller plus loin, à rechercher les raisons qui ont décidé les fabricants à opérer ce changement de front; et je pense que la meilleure manière de le faire, c'est d'exposer en quelques mots les avantages et les désavantages des deux procédés.

Les avantages du procédé à froid sont : 1° la production de ce que l'on appelle une couche *transparente* qui a été appréciée, et qui l'est encore, mais un peu moins, pour les vêtements à tissu simple; 2° la rapidité et le bon marché du procédé comparé à celui par la chaleur sèche. Ce que j'entends ici par bon marché ne s'applique pas à la composition elle-même, mais simplement aux frais de manipulation; 3° la non-efflorescence des étoffes traitées à froid, ce qui est très important et ce qui n'a pas été expliqué d'une façon satisfaisante. A ce propos, je ferai une courte digression et je mentionnerai un point ou deux qui se rattachent à l'efflorescence et qui peuvent présenter un certain intérêt.

Comment se fait-il que dans le caoutchouc appliqué à froid nous puissions mettre 9 pour 100 de soufre sans craindre d'efflorescence, tandis que dans le procédé par la chaleur sèche, 3 pour 100 sont dangereux? Quelques personnes disent qu'on peut l'expliquer par ceci : que le caoutchouc n'a jamais été traité au-dessus du point de fusion du soufre. J'ai contrôlé cette assertion en chauffant des morceaux de waterproof préparés à froid et contenant plus de 6 pour 100 de soufre, au-dessus du point de fusion de ce corps, mais je n'ai point trouvé d'efflorescence.

Maintenant, pour ce qui concerne les désavantages du procédé à froid :

1° La principale cause qui a conduit les manufacturiers à adopter le procédé par la chaleur sèche a été que, souvent, le procédé à froid détériorait les étoffes, et cela pour des causes qui n'ont pu être expliquées. On s'en prenait ordinairement à l'huile contenue dans l'étoffe; mais je crois que ce n'était là qu'une cause accidentelle, sans doute les fabricants faisaient des mélanges défectueux, mais ils préféraient attribuer la faute à d'autres;

2° L'action fâcheuse de la vapeur de sulfure de carbone sur les ouvriers occupés à surveiller les appareils. Dans quelques fabriques, cette action est réduite au minimum et ne constitue pas une difficulté; mais il n'en est pas de même dans la plupart des fabriques;

3° La plupart des fabricants disent que les étoffes préparées à froid ne résistent pas aux climats chauds et aux climats froids aussi bien qu'on pourrait le désirer. Dans les climats chauds, la lumière intense, la chaleur et les exhalaisons du sol exercent une puissante action décomposante. La lumière est, je crois, le principal agent de cette altération;

4° Il n'est pas possible de falsifier le caoutchouc aussi facilement quand on emploie le chlorure de soufre, ce qui, à notre époque de bon marché, est d'une grande importance.

Quant à moi, j'ai constaté jusqu'à présent que le caoutchouc vulcanisé à froid est mieux vulcanisé que tout autre. Seulement, est-il facile, ou même possible, de réaliser pour les étoffes ce qui peut se faire pour une feuille de caoutchouc?

Les avantages du procédé par la chaleur sèche s'expliquent pour la plupart par les désavantages du procédé à froid, car : 1° il se produit peu de réclamations pour marchandises avariées et l'on peut employer des étoffes contenant une proportion d'huile qui serait inadmissible dans le procédé à froid. Néanmoins, bien que le dommage provenant de l'action de l'étoffe sur le revêtement de caoutchouc soit fortement réduit dans le procédé par la chaleur sèche, il ne faut pas en inférer que ce dommage n'existe pas, car on observe, avec les qualités inférieures d'étoffes de coton noires et brunes, que douze mois suffisent pour amener la décomposition d'un bon enduit de caoutchouc. Cela tient au mordant et aux couleurs employées; 2° on évite l'emploi du sulfure de carbone; 3° l'enduit de caoutchouc résiste mieux que celui fait à froid, à la chaleur extrême et au grand froid; 4° le bon marché.

En ce qui concerne les désavantages du procédé par la chaleur sèche, nous avons :

1° Le danger d'efflorescence, qui a été la principale cause des réclamations adressées aux fabricants et, comme les paramattas noirs deviennent de plus en plus à la mode, ce point a une grande importance;

2° L'espace qu'occupent les étuves;

3° Les frais de vulcanisation, pour une longueur donnée d'étoffe, sont le double de ce qu'ils sont par le procédé à froid; certainement, cela est compensé par la possibilité de faire un enduit à meilleur compte, mais l'avantage n'en est pas moins en faveur de l'ancien procédé;

4° L'impossibilité de produire un enduit transparent qui soit en même temps souple et élastique. On peut demander pourquoi l'on ne se servirait pas du procédé par la vapeur pour les étoffes à waterproofs, puisqu'on l'emploie pour d'autres objets. C'est que, tout en appliquant bien le caoutchouc et avec moins de danger d'efflorescence qu'avec la chaleur sèche, ce procédé serait fatal aux couleurs de l'étoffe et à l'étoffe elle-même. Avant l'invention du procédé par la vapeur sèche, on employait le procédé par la vapeur, mais jamais en grand, sauf pour les toiles noires et les toiles blanches.

Quand les fabricants, qui avaient pris l'habitude d'opérer par le procédé à la vapeur et par le procédé à froid, commencèrent à employer le procédé par la chaleur sèche, il se présenta quelques difficultés qui n'étaient pas faciles à vaincre. Par exemple, si vous prenez un morceau de caoutchouc mélangé de 4 pour 100 de soufre, et si vous le chauffez à 121° centigrades dans une étuve à chaleur sèche, ce caoutchouc se ramollit et devient impropre à servir; mais si le même morceau de caoutchouc est chauffé à la vapeur, il se vulcanise d'une façon satisfaisante. Pour surmonter cette difficulté, il a fallu, pour chaque espèce d'enduit, faire des mélanges différents. De plus, la difficulté d'éviter les efflorescences, tout en obtenant une vulcanisation satisfaisante, a causé beaucoup d'ennuis, et l'expérience a souvent été payée de la perte de la clientèle, le temps constituant le facteur qui agit le plus fortement comme moyen de contrôle sur les marchandises en caoutchouc. En outre, les personnes qui avaient l'habitude d'acheter des vêtements transparents, bien finis, veloutés au toucher et bien élastiques, ne prenaient pas facilement les marchandises à tissu simple, à enduit sombre, manquant de mollesse au toucher et moins élastiques. Il va de soi que, pour les étoffes claires, il n'y a pas grande importance à éviter l'efflorescence; mais pour les étoffes noires ou foncées, il est nécessaire de l'éviter complètement. On pouvait éviter l'efflorescence en employant une température élevée ou une chaleur continue, mais alors l'étoffe en souffrait. On constate que l'étoffe de laine s'attendrit légèrement vers 116° centigrades : de là l'importance de chauffer peu et peu longtemps. Avec l'enduit effectué au moyen du procédé à la chaleur sèche, on ne peut descendre au-dessous de la température de 114°, à laquelle le soufre fond : de là la nécessité évidente d'amener la chaleur de l'étuve aussi promptement que possible à cette température. En ce qui concerne la durée du chauffage, elle dépend entièrement de la composition de l'enduit; il faut de 1 à 2 heures entre 116° centigrades et 118° centigrades, à partir du moment où la température atteint 116° centigrades.

L'emploi et la construction des étuves exigent beaucoup de connaissances pratiques. La vapeur à 4 k. 5 de pression serait plus que suffisante pour produire une température de 114° centigrades en admettant qu'il ne se perde pas de chaleur par radiation; mais pour de grandes étuves, on fait monter la pression jusqu'à 27 kilos. Il est plus économique d'opérer avec une pression encore plus considérable, car alors la chaleur peut être amenée plus promptement au point de fusion du soufre et l'on peut ainsi obtenir plus de travail dans un temps donné.

Il y a deux ans environ, on a demandé à ma maison un mélange capable de donner un enduit transparent, au moyen du procédé par la vapeur sèche; je fis faire une série d'essais qui aboutirent à la production d'une substance répondant bien au but et utile, non seulement pour ce genre spécial de travail, mais aussi pour d'autres que l'on n'avait pas prévus. Lorsque les essais de laboratoire furent finis, la *North British Rubert Company*, celle qui avait, de toutes les maisons de la Grande-Bretagne, la plus longue expérience du procédé par la vapeur sèche, a eu l'obligeance d'entreprendre des essais pratiques, et, sous la surveillance de M. A. Douglas, en 1891, elle les a réussis : elle a prouvé que cette substance convenait pour la production d'enduits transparents et elle l'a introduite dans la fabrication d'autres objets tels que celle des bas de pêche. Grâce à eux, on trouve dans le commerce des objets qu'ils fabriquent maintenant couramment et dont le plus important est une paire de culottes de pêche. Le caoutchouc est excessivement souple; en exposant l'étoffe à une température peu élevée, et en ne l'exposant que pendant peu de temps, on diminue le risque de l'attendrir. Deux échantillons transparents ont été arrosés avec la même gomme que les bas de pêche, l'échantillon en soie a été arrosé en juillet 1891 et vulcanisé pendant 3/4 d'heure à 116° centigrades; un autre échantillon de soie a été arrosé la semaine dernièrd et chauffé pendant 1 heure seulement à la même température. Ces échantillons, surtout ceux qui ont été très légèrement arrosés, sont souples et agréables à toucher et de belle apparence.

J'ai deux échantillons de feuilles de caoutchouc coloré, que MM. W. Warne et C° ont eu l'obligeance de préparer pour moi. Ces échantillons ne contiennent que 2 pour 100 de vulcaniseur. Les vulcaniseurs employés dans ces essais étaient les iodures des métaux lourds mélangés avec du soufre.

Dans mon brevet je revendique tous les composés d'iode et de brome; toutefois, j'ai trouvé que les iodures et les bromures de métaux lourds sont ceux qui donnent les meilleurs résultats. J'ai trouvé que l'addition du soufre était nécessaire et que sans lui il était impossible de réussir.

Voici les points que nous avons fixés pendant les essais :

1° La très petite proportion de composé qui était nécessaire pour assurer la vulcanisation complète. L'iodure a pu être réduit jusqu'à 1 1/2 pour 100, le soufre étant de 2 pour 100. Vous comprenez bien que 3 1/2 pour 100 de composé n'affecteraient en quoi que ce soit la transparence du caoutchouc.

2° La température peu élevée exigée pour la vulcanisation complète. Ce point semble très important, car la plupart des fabricants éprouvent de grandes difficultés à vulcaniser, de façon satisfaisante, à une température qui n'altère pas l'étoffe. L'extrême sensibilité du vulcaniseur, à l'égard de la chaleur, a gêné un peu au commencement des essais, car on se rapprochait trop des opérations faites avec les mélanges pour chaleur sèche. Je me rappelle que dans les premiers essais, on avait jusqu'à 15 pour 100 d'iode et 6 pour 100 de soufre, et ce qui est étonnant, c'est que ces échantillons se vulcanisèrent entre 93° centigrades et 96° centigrades, bien au-dessous du point de fusion du soufre, ce qui était tout à fait insolite et prouve que la réaction qui a lieu est bien différente de celle qui se produit dans le procédé ordinaire, où il n'y a pas d'action apparente au-dessous de 114° centigrades, bien qu'il y ait une proportion considérable d'agents vulcanisateurs. Naturellement, comme vous pouvez vous le figurer, lorsque l'on emploie une si grande proportion de vulcaniseur, une grande quantité de ce produit reste sans avoir servi, de sorte qu'elle peut plus tard encore affecter le caoutchouc. C'est ce que j'ai prouvé par le chauffage d'un morceau de caoutchouc de ce genre entre 116 et 118° centigrades, mais pendant 39 minutes seulement : ce morceau est devenu tout à fait dur. La propriété de ce vulcaniseur, d'agir bien au-dessous de 114° centigrades n'a pas grande importance à présent, mais elle pourra recevoir plus tard une application utile;

3° La rapidité de l'opération a été assez surprenante, car une demi-heure a suffi lorsque j'ai employé 3 pour 100 de vulcaniseur et 2 pour 100 de soufre; quand j'ai employé une grande proportion, en même temps qu'une température élevée, la vulcanisation s'est effectuée en quelques minutes. Avec 15 pour 100, 10 minutes de chauffage à 121° centigrades suffiraient.

Il y a des personnes compétentes qui regardent avec méfiance la vulcanisation rapide : cela est tout naturel, car la méthode ordinairement employée n'exige pas moins de 2 heures à 114° centigrades. J'ai trouvé qu'avec ce nouveau composé, le mieux était d'en employer une petite proportion et de prolonger la chaleur, mais une heure a paru suffisante pour tous les usages ordinaires, lorsque l'on employait 2 à 3 pour 100 de composé avec 2 pour 100 de soufre. Avec ces proportions, le vulcaniseur paraît épuisé au bout de 1 heure de chauffage. Pour le prouver, j'ai coupé en deux parties un morceau de caoutchouc mixte, j'ai chauffé l'une pendant 1 heure à 116° centigrades et l'autre pendant 5 heures : au bout de ce temps, elles étaient l'une et l'autre également vulcanisées. Le vulcaniseur, en agissant si rapidement et à une température si peu élevée, procure une grande économie, en ce que dans un temps donné une étuve peut faire plus de travail. C'est là un avantage considérable du procédé par la vapeur sèche.

M. Waddington a pris un brevet pour une étuve à fonctionnement continu; MM. Charles Macintosh et Ce et d'autres personnes s'en servent. Dans cette étuve, l'étoffe est tirée lentement, elle monte et descend un grand nombre de fois avant d'aller s'enrouler sur un cylindre extérieur. Il semble qu'il y ait là un pas dans la vraie direction, car par ce système on peut essayer l'étoffe quand on le veut et régler la vitesse des cylindres selon que le caoutchouc est trop vulcanisé ou pas assez; ce système empêche aussi les faux plis et les raies qui se produisent ordinairement sur l'enduit dans les étuves ordinaires. Ce système serait spécialement applicable quand on se sert du nouveau vulcaniseur, vu qu'il est plus sensible à la chaleur que tous les produits dont on se sert pour le travail ordinaire.

Quand on a commencé à opérer avec ce vulcaniseur, il s'est présenté une difficulté qui a causé quelque ennui, mais on a trouvé un moyen simple d'y obvier. Sur la laine, la vulcanisation s'effectuait d'une façon satisfaisante; il n'en était pas de même sur le coton teint en noir ou en brun. Une fois, on avait opéré sur du coton à carreaux noirs et blancs; sur le noir, l'enduit était mou et pas assez vulcanisé; sur le blanc il était parfait. Comme l'étoffe de laine noire était exempte de cette action particulière, celle-ci ne pouvait provenir que de la façon différente dont les couleurs étaient fixées dans les deux cas. Dans le cas du coton, on pensa que l'insuccès provenait soit du mordant seul, soit du mordant combiné avec la matière tinctoriale. Pour les étoffes contenant beaucoup de couleurs, il était difficile de dire quelles étaient celles qui exerçaient une action fâcheuse; je me procurai donc du fil de coton teint de diverses couleurs et j'en fis faire des bandes tricotées sur lesquelles je répandis de la pâte de caoutchouc contenant une proportion de vulcaniseur plus que suffisante pour la vulcaniser. Après avoir opéré pendant 2 heures, entre 116 et 118° centigrades, je constatai que l'enduit sur les blancs, les bleus, les gris et certaines nuances de brun était parfaitement vulcanisé, mais que sur les noirs et les bruns foncés il ne l'était pas assez.

Comme l'étoffe noire était celle qui avait causé le plus d'ennuis, je m'en occupai spécialement pour trouver, si cela était possible, la cause de cette action. Je commençai par prendre l'opinion d'un teinturier expérimenté pour essayer de deviner quel avait été le procédé employé dans la teinture du fil. Après un examen critique, il me dit que le mordant était la liqueur de fer, le tannin « préparé » et la teinture de campêche. Je pris ensuite trois morceaux de coton blancs, et, après les avoir bien nettoyés et desséchés, je les ai traités commme suit :

Le n° 1 a été trempé dans une solution de liqueur de fer;
Le n° 2 a été trempé dans une solution d'acide tannique;
Le n° 3 a été trempé dans une solution de bois de campêche.

Je les ai ensuite desséchés et j'y ai étalé à la surface de la pâte de caoutchouc de la même composition que celle précédemment employée. Après vulcanisation j'ai desséché, pendant 2 heures environ, à 116° centigrades et j'ai trouvé que dans chaque cas l'enduit était de bonne qualité; ainsi, pris séparément, les réactifs n'empêchaient pas la vulcanisation. J'ai pris ensuite trois pièces d'étoffe, je les ai nettoyées et traitées comme suit :

Le n° 1 a été plongé dans de la liqueur de fer, puis dans de l'acide tannique;
Le n° 2 a été plongé dans de la liqueur de fer, puis dans de l'extrait de bois de campêche;
Le n° 3 a été plongé dans de la liqueur de fer, puis dans de l'acide tannique, puis dans de l'extrait de bois de campêche.

Après dessiccation, j'ai étalé de la pâte de caoutchouc à la surface et j'ai traité comme auparavant. Le n° 1 s'est trouvé vulcanisé, mais les numéros 2 et 3 n'étaient pas vulcanisés, ce qui prouve évidemment que l'échec provenait du composé qui s'était formé entre l'oxyde de fer et la matière colorante du bois de campêche. Le manque de temps m'empêcha d'étudier davantage ce sujet et d'essayer de trouver la cause de cette action.

Comment ce composé de teinture pouvait-il influencer l'iodure ou le mélange d'iodure et de sulfure au point d'empêcher ainsi l'action vulcanisante? Il semblait presque que le composé tinctorial affectait le soufre ou se combinait avec lui de façon à le soustraire à l'action de l'iodure, car j'ai trouvé que l'addition de soufre supplémentaire était un antidote en ce qui concerne la vulcanisation, mais l'emploi de cette addition était-il admissible dans le travail avec l'étoffe noire, à cause du danger d'efflorescence? Je pensai, comme explication possible, que les étoffes qu'on vend ordinairement pouvaient contenir un peu de mordant enlevé par le lavage ou de la matière grasse. Aussi je traitai comme il suit les morceaux d'étoffe contenant un bon mélange de noir et de brun :

N° 1, traité trois fois avec de l'éther pour enlever les graisses;
N° 2, bouilli trois fois dans de l'eau;
N° 3, bouilli avec de l'acide faible, puis avec de l'eau;
N° 4, bouilli avec de l'alcali faible, puis avec de l'eau.

Après dessiccation, j'ai étendu la pâte de caoutchouc et j'ai vulcanisé 2 heures à 116° centigrades. L'enduit, ainsi formé, n'a rien valu, ce qui condamnait la théorie d'après laquelle de la graisse ou du mordant serait resté dans l'étoffe.

On sait depuis longtemps que le cuivre et certains de ses composés exercent une action délétère sur le caoutchouc. Cette opinion a été exprimée dernièrement par Thomson (*India rubber Journal* 1891, *page* 328); mais, dans les cas ci-dessus, il n'y avait pas de cuivre. J'ai demandé à M. Christie, de la maison J. Orr Ewing and C°, qui a une grande expérience dans la teinture du fil de coton, s'il pouvait fournir une explication de ce fait; il pensa qu'il pouvait tenir à la présence du peroxyde de fer, et il me conseilla de me procurer un morceau de cette étoffe de coton buffle dont on se sert beaucoup pour rideaux de fenêtres; il me disait que cette étoffe était exempte de toute matière étrangère telle que l'acide tannique et le bois de campêche dont on se sert pour teindre en noir et en brun. Je suivis son conseil et je trouvai que l'action du vulcaniseur était retardée, ce qui prouvait presque que le peroxyde de fer était la cause de l'insuccès; mais, si cela était démontré, il y avait lieu de se demander quelle était la réaction qui se produisait; quoique cette action fût spéciale et à peu près inexplicable pour moi, je trouvai un remède simple pour permettre son emploi sur les étoffes de coton. Ce remède consistait d'abord à donner à l'étoffe un enduit de pâte de caoutchouc pur, mélangé avec 2 pour 100 de soufre, mélange auquel on a souvent recours dans le procédé ordinaire par la chaleur sèche, pour éviter l'efflorescence. L'étude de l'action des étoffes teintes sur l'enduit de caoutchouc, est importante non seulement pour les fabricants de caoutchouc, mais aussi pour les teinturiers, et il me semble que la solution du problème ne devrait pas être laissée aux manufacturiers, mais confiée aux écoles de teinture qui, autant que je sache, ne se sont guère ou point occupées de ce sujet; quelques riches fabricants de caoutchouc auraient avantage à encourager l'étude de ces questions dans les écoles industrielles.

Un point important dans l'emploi de ce nouveau vulcaniseur c'est que, par son moyen, on peut facilement obtenir un enduit de caoutchouc coloré, sans ajouter une grande quantité de pigment au caoutchouc. Dans le procédé ordinaire, par la chaleur sèche, il est difficile d'avoir un bon enduit coloré, tout en employant assez peu de pigment pour que le composé reste élastique.

Les enduits colorés se vulcanisent dans un laps de temps dépendant de la proportion du vulcaniseur et de la matière ajoutée, mais le laps de temps ordinaire est de 3/4 d'heure entre 116 et 118° centigrades.

Le vulcaniseur en question se mélange très bien avec les pigments, mais il y en a qui retardent son action. Il me semble que les enduits obtenus avec lui pourraient être finis sans farine, car la surface est sèche et souple. Ce serait là quelque chose en sa faveur, car la farine paraît exercer une action nuisible à la surface du caoutchouc, sans doute parce qu'elle devient humide et qu'elle fermente. En outre, la farine ressort par l'humidité sur les vêtements et laisse des marques, ce qui est regrettable.

Voici deux questions très importantes en ce qui concerne l'emploi du vulcaniseur, sa faculté de se conserver et son prix :

1° En ce qui concerne sa durée, il est impossible de donner une réponse basée sur une longue expérience; mais on peut s'étonner de ce que les échantillons qui ont été faits dans les essais préliminaires, il y a quinze mois, soient encore en bon état, car on avait employé trop de vulcaniseur et la méthode de travail a été bien perfectionnée depuis. Il est certain que les enduits transparents préparés par le procédé à la chaleur sèche résisteront mieux dans les climats chauds que les enduits préparés à froid. Pour essayer leur propriété de résister à la chaleur, j'ai pris un morceau de chacune de ces espèces d'enduits et aussi un morceau de celui qui avait été vulcanisé au moyen du procédé ordinaire par la chaleur sèche, et je les ai chauffés pendant 1 heure à 149° centigrades pendant 1/2 heure. Le morceau préparé à froid s'est simplement désagrégé par une sorte de pourriture; le morceau préparé au moyen du procédé par la chaleur sèche s'est complètement décomposé. On dit que le morceau préparé par le vulcaniseur ne l'était que légèrement, ce qui prouve qu'il n'était pas promptement affecté par la chaleur. A en juger d'après mon expérience, ainsi que d'après l'échange de vues que j'ai eu avec M. Douglas et d'autres, je conclus qu'il y a grande probabilité pour que le caoutchouc se conserve aussi bien que celui traité par la chaleur sèche ;

2° Pour ce qui concerne le prix de revient du vulcaniseur, il pourrait sembler à première vue que ce prix soit assez élevé pour empêcher l'usage général du produit; mais quand on examine la question de plus près, elle se présente sous un aspect différent. Si l'on admet que le poids moyen d'un enduit transparent sur le revêtement est de 2 livres, nous avons pour ce poids pour quatre *pence* de vulcaniseur. Maintenant, il faut en déduire le prix de la vulcanisation par la méthode ordinaire qui est environ de un penny; il faut aussi tenir compte de ce que la rapidité de la vulcanisation réalise une économie considérable, de sorte que la différence de prix n'est certainement pas un obstacle. Si l'on ajoute des matières étrangères, le prix peut être réduit à celui de la vulcanisation ordinaire.

On peut demander : ce composé se mélange-t-il avec les succédanés du caoutchouc? Je puis dire que le succédané ordinaire, à l'huile, fait avec du chlorure de soufre, est presque aussi inutilisable qu'il l'est pour tout le travail par la chaleur sèche. L'huile vulcanisée avec du soufre par la chaleur convient. Quant à y mélanger des substances différentes, il n'y a que les fabricants eux-mêmes qui puissent en juger.

C'est devenu un art, et un art nécessaire sans doute, d'abaisser le prix de revient du caoutchouc en faisant entrer dans sa composition quelque matière étrangère, et l'on ne tardera pas à trouver quelque nouveau mélange qui servira encore à abaisser le prix davantage. Cela a été essayé pour des vêtements aussi bien à tissu simple qu'à tissu double. Le nouveau composé rend de grands services quand on a besoin d'un enduit de belle apparence et souple, et quand il s'agit de traiter une étoffe facilement affectée par la chaleur. C'est surtout avec le procédé au moyen de la chaleur sèche qu'il a été essayé; néanmoins il donne de bons résultats quand on l'essaye dans l'étuve à vapeur, après l'avoir enroulé pour le protéger partiellement contre l'action de cette vapeur.

M. Fawsitt ajoute que l'iodure employé pour la fabrication des bas de pêche est de l'iodure d'antimoine. On l'a choisi de préférence à l'iodure d'étain, à cause de son prix peu élevé et des beaux résultats qu'il produit. L'iodure d'étain, lui aussi, a donné de bons résultats; mais, ayant commencé avec l'antimoine, on n'a pas voulu changer dans l'intervalle.

ACADÉMIE DES SCIENCES.

Séance du 13 mars. — M. LE SECRÉTAIRE PERPÉTUEL annonce à l'Académie que le tome CXIV des *Comptes rendus* (1er semestre 1892) est en distribution au Secrétariat.

— Sur la vraie théorie des trombes et tornados, à propos de celui de Lawrence (Massachusetts). Note de M. H. FAYE.

— Sur un four électrique. Note de MM. H. MOISSAN et JULES VIOLLE.

Ce four se compose essentiellement d'une enceinte en charbon à l'intérieur de laquelle l'arc électrique jaillit entre deux électrodes horizontales. Cette enceinte a la forme d'un cylindre dont la hauteur égale le diamètre. Elle est constituée par un morceau de tube de charbon qui repose par son extrémité inférieure sur une plaque de même substance. La partie supérieure supporte un disque de charbon ayant le même diamètre. Enfin deux échancrures laissent passer les électrodes. Ce cylindre est placé dans un bloc de pierre calcaire, semblable à celui que Deville et Debray employaient dans leurs grandes fusions de platine. Le cylindre ne touche pas la paroi calcaire, il en est séparé par une couche d'air de 5 millimètres d'épaisseur et sa base repose sur des cales en magnésie. Les dimensions de l'appareil dépendent de la puissance dont on dispose. La température réalisée dans ce four peut aller sans peine jusqu'à 3,000°.

— Le pancréas et les centres nerveux régulateurs de la fonction glycémique. Expériences concourant à démontrer le rôle respectif de chacun de ces agents dans la formation de la glycose par le foie. Note de MM. A. CHAUVEAU et M. KAUFMANN.

1° Les sections de la moelle épinière dans la région cervico-dorsale complètent les enseignements que confère la section bulbaire, relativement au *centre fréno-secréteur du foie*, en montrant que ce centre transmet son action au système sympathique surtout pour les racines des quatre premières paires cervicales; 2° ce centre fréno-secréteur du foie siège dans la moelle cervicale, au-dessus du point d'émergence des racines de la quatrième paire, et ce centre est relié au système sympathique par les *rami communicantes* que fournissent les plus antérieures des paires nerveuses émanant de la partie moyenne de la région dorsale de la moelle épinière; 3° il existe un centre frénateur et un centre excitateur de la fonction glycoso-formatrice du foie, une section médullaire isolant ce dernier centre du sympathique l'annihile; 4° cette annihilation se maintient même après l'ablation du pancréas; 5° l'intégrité des centres régulateurs de l'activité du foie importe essentiellement à la manifestation des effets de la dépancréatisation; 6° on en peut conclure que le pancréas n'exerce pas directement son influence sur le foie et la fonction glycoso-formatrice; 7° quand la section de la moelle épinière dans la région comprise entre la quatrième cervicale et les sixième ou septième paires dorsales est précédée de la suppression du pancréas, l'hyperglycémie ne diminue pas; au contraire, elle semble augmentée.

— Description d'une espèce nouvelle d'Holothurie bilatérale (Georisia ornata). Note de M. ED. PERRIER.

— M. GRANDIDIER présente au nom de M. le général de Tillo, correspondant de l'Académie, la première feuille d'un Atlas hypsométrique de la Russie d'Europe à l'échelle de 1/420,000°.

— M. J. RULLIÈRE adresse la description d'un contrepoids, applicable au pesage automatique et à la mesure du temps.

— Sur l'observation des ombres des satellites de Jupiter. Note de M. J. J. LANDERER, présentée par M. Janssen.

— Sur les formules de l'aberration annuelle. Note de M. GAILLOT, présentée par M. Tisserand.

— Sur les transcendantes définies par les équations différentielles au second ordre. Note de M. PAUL PAINLEVÉ, présentée par M. E. Picard.

— Un théorème de géométrie infinitésimale. Note de M. G. KOENIGS, présentée par M. Darboux.

— Sur de nouvelles franges d'interférences semi-circulaires. Note de M. G. MESLIN, présentée par M. Mascart.

— Photographie de certains phénomènes fournis par des combinaisons de réseaux. Note de M. IZARN, présentée par M. Mascart.

— Sur les propriétés photographiques des sels de cérium. Note de MM. AUGUSTE et LOUIS LUMIÈRE.

Le cérium forme, comme on le sait, deux sortes de sels : les sels céreux et les sels cériques. Ces derniers, très sensibles à l'action des réducteurs, sont facilement ramenés à l'état de sels céreux. Ces composés peuvent donc rendre des services dans l'art photographique, et ceux qui donnent les meilleurs résultats sont le sulfate et le nitrate, obtenus par dissolution de l'hydrate cérique dans les acides sulfurique et nitrique. Des feuilles de papier imprégnées de ces sels et convenablement encollées ou recouvertes d'une mince couche de gélatine sont, après dessiccation, exposées à la lumière. La coloration jaune du papier disparait aux points frappés par les rayons lumineux, la décoloration progressive qui a lieu permet de suivre l'action de la lumière et de l'arrêter au moment voulu. Ainsi obtenue, l'épreuve doit être traitée par un réactif susceptible de différencier le sel céreux du sel cérique, de façon à accentuer l'image et à la fixer. On arrive à ce résultat en utilisant l'action oxydante des sels cériques qui peuvent, en réagissant sur certains dérivés aromatiques, former des matières colorantes insolubles. On obtient ainsi et fixe des colorations dans les points où le sel cérique n'a pas été réduit par la lumière. Il suffit ensuite d'éliminer par un lavage sommaire l'excès du réactif, ainsi que le sel céreux pour avoir une épreuve définitivement fixée. Parmi les réactions les plus caractéristiques on peut citer les suivantes :

En solution acide, les épreuves sont grises avec le phénol, vertes avec les sels d'aniline, bleues avec la naphtylamine α, brunes avec l'acide amidobenzoïque, rouges avec l'acide parasulfanilique, vertes avec les sels d'orthotoluidine, etc. Si on traite par l'ammoniaque, la coloration change; elle devient par exemple violette avec l'aniline, rouge avec la naphtylamine, etc. Les papiers photographiques aux sels cériques présentent une sensibilité notablement plus grande que celle des préparations aux sels ferriques et manganiques.

— Procédé d'échauffement intense et rapide au moyen du courant électrique. Note de MM. Lagrange et Hoho, présentée par M. Lippmann.

Lorsqu'on plonge dans un électrolyte, comme électrode négative, un fil métallique de faible surface, en prenant pour électrode positive une lame conductrice de grande surface, on observe qu'il se forme, autour de l'électrode négative, une sorte de gaine lumineuse. Il faut, bien entendu, pour que le phénomène se produise, que le générateur du courant possède une force électro-motrice minima qui dépend des circonstances expérimentales. Ce phénomène a été signalé depuis longtemps déjà par un grand nombre de physiciens. La plus grande partie de l'énergie électrique, produite par le générateur, vient se dépenser dans cette gaine où elle se retrouve sous forme de chaleur et lumière. Si on place à quelques millimètres de la surface de l'électrode négative (qui subit l'échauffement), dans le liquide, un écran de matière non conductrice, la partie en regard est protégée et aucune gaine ne s'y produit; si par exemple on glisse autour de cette électrode un tube de porcelaine, sans qu'il y ait contact, la gaine ne se produit pas sous la partie recouverte. Grâce à l'ensemble des propriétés que le phénomène de la gaine présente, on peut produire en des endroits donnés et limités d'un corps, un dégagement de chaleur excessivement rapide et intense. Ainsi une barre d'acier de 0,10 divisée en 10 parties égales peut être chauffée sur certaines de ces parties mêmes jusqu'à la température de fusion tandis que les autres restent assez froides pour pouvoir être saisies avec la main.

— Sur l'osmium métallique. Note de MM. Joly et Vèzes, présentée par M. Troost.

Les travaux de Berzélius, H. Sainte-Claire Deville et Debray, ont fait connaître les propriétés générales de l'osmium : on l'a rapproché des métalloïdes. Pour Deville et Debray c'était le métalloïde de la famille du platine; Berzélius l'assimilait à l'arsenic et Dumas au tellure. Ce métal n'avait pu être fondu au chalumeau oxhydrique, cependant il peut être fondu dans l'arc électrique et obtenu sous une forme métallique comparable au ruthénium. S'il est rapidement porté à la plus haute température de l'arc, dans un appareil clos en présence d'un courant lent d'acide carbonique et dans des coupelles en charbon, il fond sans se volatiliser sensiblement. On réussit mal en opérant dans des creusets en chaux, car au contact du métal la chaux est transformée en une matière vitrifiable dans laquelle l'osmium est incrusté. L'osmium fondu est très brillant à la surface; sa couleur est encore gris bleuâtre. La teinte bleue est-elle due à une oxydation superficielle ou ce métal est-il bleu comme l'or est jaune et le cuivre rouge, c'est ce qui reste à déterminer. La cassure est cristalline; plus dur que l'iridium et le ruthénium, il entame profondément le verre, raye le quartz, mais il est rayé par la topaze; les limes les mieux trempées ne peuvent l'entamer. Ainsi fondu, l'osmium n'est plus oxydable à l'air. Ce métal est donc comparable au ruthénium; ces deux métaux forment un groupe fort net, comme le rhodium et l'iridium d'une part, et le palladium et le platine de l'autre. Du reste les volumes atomiques sont presque identiques (Ru = 8,40 et Os = 8,46).

Plus réfractaires que les autres métaux de la série du platine, ils sont plus oxydables qu'eux et donnent dans l'oxygène et au rouge les peroxydes RuO^4 et OsO^4. Ils se rapprochent beaucoup du manganèse par la série très étendue de leurs composés oxygénés à tendances acides. Le chlorure double $OsCl^4\,2KCl$ établit la liaison du groupe avec celui du platine-palladium aussi bien qu'avec l'iridium. Les sesquichlorures doubles $Ru^2Cl^6\,2KCl$, et $Os^2Cl^6\,2KCl$ les rattachent au rhodium et à l'iridium.

— Recherches sur le thallium. Nouvelle détermination du poids atomique. Note de M. Ch. Lapierre, présentée par M. Schützenberger.

Le poids atomique du thallium a été déterminé : 1° par électrolyse du sulfate thalleux ; 2° au moyen de l'oxyde Tl^2O^3 ; 3° par transformation de l'oxyde thalleux en oxyde thallique par fusion avec de la potasse ; 4° par réduction de l'oxyde thallique par l'hydrogène. On a préparé l'oxyde pur en fondant au-dessous du rouge sombre avec huit ou dix fois son poids de potasse pure le sulfate ou l'azotate thallique. Les paillettes hexagonales d'oxyde Tl^2O^3 obtenues sont séparées du sulfate de potasse lorsqu'on emploie le sulfate de thallium, par des lavages à l'alcool. L'oxyde étant obtenu à l'état de pureté, on peut facilement le transformer en sulfate thalleux par réduction avec SO^2. La moyenne de onze déterminations du poids atomique a conduit au nombre $20^3,62$.

— Sur les fluorures de zinc et de cadmium. Note de M. C. Poulenc, présentée par M. H. Moissan.

D'après Marignac, le fluorure de zinc $ZnFl^2, 4H^2O$ perd son eau à 100° et donne une poudre blanche amorphe. On peut l'obtenir anhydre et cristallisé, par l'action de l'acide fluorhydrique anhydre, soit sur le zinc, soit sur le chlorure de zinc fondu, soit sur l'oxyde de zinc et le fluorure hydraté. Ce corps se présente sous forme de fines aiguilles incolores et transparentes polarisant fortement la lumière et paraissant appartenir au système monoclinique. Sa densité est 4,85 à + 15°. Peu soluble dans l'eau, sa solubilité augmente avec la température ; il est insoluble dans l'alcool à 95°. Les acides azotique, sulfurique et chlorhydrique le dissolvent à l'ébullition. Ses autres propriétés ne présentent rien de remarquable.

Le *fluorure de cadmium.* — Le fluorure de cadmium dissous à l'état de fluorhydrate de fluorure donne par évaporation de la dissolution un corps cristallin qui, même à 120°, ne perd pas toute son eau. Le fluorure anhydre a été obtenu par les mêmes procédés que ceux employés pour l'obtention du fluorure de zinc. Ce corps, lorsqu'il a été porté à une haute température, se présente sous la forme d'une masse incolore transparente craquelée qui s'émiette en petits fragments. Sa densité est égale à 6,64. Assez soluble dans l'eau, il est insoluble dans l'alcool à 95°. Il se dissout dans les acides azotique, sulfurique et chlorhydrique à l'ébullition. Sa solution sulfurique évaporée au bain de sable abandonne du sulfate anhydre de cadmium qui est constitué par de petits prismes incolores très brillants. Les autres réactions ne présentent pas de particularités remarquables.

— Dosage du mercure dans les solutions étendues de sublimé. Note de M. Léo Vignon, présentée par M. Arm. Gautier.

Le dosage du mercure par pesées à l'état de HgS, s'applique sans difficulté aux solutions de sublimé au millième. On prend, par exemple, 50 centimètres cubes de solution de sublimé au millième, on les additionne de 5 centimètres cubes d'acide chlorhydrique pur à 22° et de 10 centimètres cubes de solution saturée et claire d'hydrogène sulfuré.

On obtient un précipité jaune qui devient rapidement noir. On filtre sur un filtre préalablement taré au 1/10 de milligramme. Le précipité est lavé, seché et pesé. Il est utile d'opérer comparativement avec un filtre témoin sur lequel on filtre un mélange de 50 centimètres cubes d'eau distillée, 5 centimètres cubes de HCl, et 10 centimètres cubes de H^2S, qu'on lave comme le précédent. Pour les solutions au dix-millième, on ne pourrait exécuter le dosage par pesée que sur 500 centimètres cubes de solution, ce qui serait long et non exempt d'erreur. On peut alors doser le mercure calorimétriquement d'après l'intensité de la teinte brune que donne le sulfure de mercure HgS qui dans certaines conditions reste dissous. On peut opérer comme pour le dosage de l'ammoniaque par le réactif de Nessler.

— Sur les phénates alcalins polyphénoliques. Note de M. de Forcrand.

Comme il arrive pour la plupart des alcools, phénols et acides, le phénol ordinaire ne donne pas directement les phénols $C^{12}H^5NaO^2$ ou $C^{12}H^5KO^2$ par l'action des métaux alcalins. La dissolution s'arrête avant qu'un atome de métal ait remplacé l'hydrogène dans une molécule phénolique ; il se dépose des cristaux formés de combinaisons polyphénoliques qui n'ont pas été isolées. L'étude de ces corps présente des difficultés spéciales qui tiennent à l'état physique du phénol. Ce corps fond à 42°, il cristallise avec la combinaison formée, et la séparation n'est pas possible. On fait des dissolutions de 1 atome de métal dans 2, 3.... 7, 8 molécules de phénol ; la masse cristallisée homogène que l'on obtient est dissoute dans l'eau du calorimètre. On mesure aussi la chaleur dégagée dans l'état dissous pour produire le même état final. On déduit de ces expériences la chaleur dégagée dans l'état solide par l'union de 1, 2.... 6, 7 molécules de phénol avec les phénates. S'il existe une seule combinaison $CH^{12}H^5MO^2 + NC^{12}H^6O^2$ on doit trouver : pour $NC^{12}H^6O^2$ un nombre Q ; pour $(n-1)\ C^{12}H^6O^2$ et $(n+1)\ C^{12}H^6O^2$ Q' et Q'' tels que :

$$Q' < Q \quad \text{et} \quad Q'' = Q.$$

Au-dessous de n les quantités de chaleur sont proportionnelles au nombre de molécules ajoutées. S'il y a plusieurs combinaisons, deux par exemple, avec n et n' $C^{12}H^6O^2$ ($n' > n$), on aura d'abord, au-dessous de n, des quantités proportionnelles au nombre de molécules ajoutées; de n à n' des quantités croissantes dont les différences seront constantes; puis, à partir de n' des nombres constants.

Phénate de potasse. — La chaleur de dissolution du phénol est — 2,54 (dans 2 litres à + 12°). D'autre part l'addition de 1, 2, 3, 4, 6 molécules de phénol (1 éq. = 2 litres) à $C^{12}H^5KO^2$ (1 éq. = 4 litres) dégage

$$+ 0^{cal},38,\ + 0,58,\ + 0,50,\ + 0,64,\ + 0,59,$$

nombres sensiblement constants à partir de $2\,C^{12}H^6O^2$.

Q devient constant à partir de $n = 3$ pour l'état solide. Il reste une combinaison $C^{12}H^5KO^2$, $3\,C^{12}H^6O^2$ formée avec dégagement de + 10^{cal},14 soit 3^{cal},38 par molécule.

Il n'y a pas de combinaison plus riche en phénol. Enfin il n'existe pas de composé à 1 ou 2 $C^{12}H^6O^2$, car les nombres trouvés + 3,41 et + 6,63 sont exactement le tiers et les deux tiers de 10,14, qui est à peu près le nombre trouvé pour $3\,C^{12}H^6O^2$.

Phénate de soude. — Ici on ne peut dissoudre plus de 1 atome de sodium dans 4 molécules de phénol, ce qui correspond à $C^{12}H^5NaO^2$, $3\,C^{12}H^6O^2$. L'addition de 3, 4, 5, 7 molécules de phénol au phénate de soude en dissolution dégage des quantités de chlorure qui augmentent régulièrement. A partir de $n = 6$ le nombre trouvé ne varie plus pour l'état solide. De plus, de $n = 3$ à $n = 6$, les différences sont à peu près constantes (0,62, 0,63, 0,64) beaucoup plus faibles que $+\frac{6,88}{3}$ (6,88 est le nombre trouvé pour $n = 3$). Il existe donc deux combinaisons :

$$C^{12}H^5NaO^2 + 3\,C^{12}H^6O^2 \quad \text{et} \quad C^{12}H^5NaO^2 + 6\,C^{12}H^6O^2$$

formées respectivement avec des dégagements de chaleur de + 6,88 (soit + 2,29 par molécule) et + 8,57 (soit + 1,43 par molécule).

Il y a lieu de remarquer : 1° que le rapport 1/3 est fréquent pour ces combinaisons d'addition; un très grand nombre de sels d'alcoolates se combinent à 3 molécules d'eau, d'acide ou d'alcool; 2° que très souvent le dérivé sodé forme deux composés successifs, tandis que le dérivé potassé n'en produit qu'un seul; 3° que les dérivés potassés fixent les molécules ajoutées avec plus d'énergie que les dérivés sodés; 4° que ceux-ci peuvent se combiner avec un plus grand nombre de molécules que les dérivés potassés.

— Sur l'isomérie des acides amidobenzoïques. Note de M. Œchsner de Coninck.

Après avoir déterminé les solubilités comparées des trois acides amidobenzoïques dans les véhicules acides et alcalins, l'auteur a combiné cette étude en expérimentant sur quelques dissolvants neutres, tels que la ligroïne, la benzine cristallisable, le sulfure de carbone pur et anhydre, l'éther acétique neutre et l'eau distillée. D'après ces déterminations, on peut conclure que : 1° l'acide *méta* est le plus soluble; 2° que les acides *ortho* et *para*, moins solubles, possèdent une solubilité à peu près égale dans l'eau distillée.

— Action de l'oxyde de carbone sur l'hématine réduite et sur l'hémochromogène. Note de MM. Bertin, Sous et J. Moitessier, présentée par M. Arm. Gautier.

Si l'on fait passer un courant d'oxyde de carbone dans une solution alcaline d'hématine réduite fraîchement préparée, la bande unique (milieu sur la raie D) que présentait son spectre, est bientôt remplacée par deux bandes rappelant, par leur position, celle de la carboxyhémoglobine. Mais, à l'inverse de ce qui a lieu pour l'hémoglobine, l'oxyde de carbone, fixé par l'hématine réduite, est facilement déplacé par l'oxygène.

Si l'on ajoute un excès d'ammoniaque aux solutions de carboxyhématine, le spectre change immédiatement d'aspect. Les deux bandes (dont les milieux correspondaient environ au λ 569 et 531) sont remplacées par deux autres plus foncées et plus nettes, dont les milieux coïncident avec la λ 590 et 546. La première, la plus foncée, est moins large et mieux délimitée que la seconde. On peut obtenir les mêmes apparences spectrales en faisant agir directement l'oxyde de carbone sur l'*hémochromogène* obtenu par l'action d'un réducteur sur les solutions ammoniacales d'oxyhématine. Ajoute-t-on de l'albumine à la solution de carboxyhématine préparée d'après les indications ci-dessus, le spectre ne subit pas de modifications appréciables, mais la combinaison devient beaucoup plus stable en présence de l'air; l'ammoniaque ne modifie pas son spectre. Il en est de même du composé formé par l'action de l'oxyde de carbone sur l'hémochromogène préparé en présence d'albumine. Les diverses propriétés de la carboxyhématine permettent de différencier facilement ce composé de la carboxyhémoglobine, malgré l'analogie de leurs spectres.

La carboxyhématine se distingue par son instabilité, surtout en l'absence d'albumine. Dans ce cas, l'addition d'ammoniaque transforme le spectre de la carboxyhématine et constitue un procédé rapide et commode de diagnose.

— La substance toxique qui engendre le tétanos résulte de l'action sur l'organisme récepteur d'un ferment soluble fabriqué par le bacille de Nicolaïer. Note de MM. J. Courmont et Doyon, présentée par M. Chauveau.

Il résulte de cette note que : 1° le bacille de Nicolaïer engendre le tétanos par l'intermédiaire d'un ferment soluble qu'il fabrique ; 2° ce ferment, qui n'est pas toxique par lui-même, élabore, aux dépens de l'organisme, une substance directement tétanisante, et comparable, par ses effets, à la strychnine ; 3° cette dernière substance se retrouve en abondance dans les muscles tétaniques ; elle existe aussi dans le sang et quelquefois dans les urines ; 4° elle résiste à une ébullition prolongée, tandis que les produits bacillaires deviennent inactifs après un chauffage à + 65° ; 5° elle exige, pour se former, des conditions favorables de température. Ainsi s'explique l'immunité des grenouilles en hiver vis-à-vis du ferment bacillaire ; 6° l'immunité naturelle ou acquise, l'immunisation contre le tétanos peuvent être considérées comme les résultats de causes qui empêchent, ralentissent ou arrêtent la susdite fermentation ; 7° il est probable que d'autres substances microbiennes, dites *toxiques*, doivent agir comme des ferments solubles pour produire des toxiques aux dépens de l'organisme.

— De l'action du froid sur la circulation viscérale. Note de M. Wertheimer, présentée par Bouchard.

— Sur les affinités du genre *Oreosonia* (Cuvier). Note de M. Léon Vaillant, présentée par M. E. Blanchard.

— Sur une nouvelle espèce minérale de Bamle, Norvège. Note de M. L. Michel, présentée par M. Friedel.

Cette espèce minérale vient des mines de Odgarden, district de Bamle. Elle se présente sous forme de masses lamellaires offrant une structure rayonnée, composée de cristaux incolores transparents : dureté = 2,5 ; densité à 16 = 2,435. Les cristaux sont clinorhombiques. L'angle des axes optiques, 2 E, est d'environ 88° (rayons jaunes). L'indice moyen $n^m = 1,52$ (raie D) ; $2 v = 53°,45$. Dispersion des axes $\rho < v$. La dispersion inclinée est très forte. Chauffé au chalumeau, ce minéral se gonfle et se divise en une multitude de feuillets et, enfin, fond en un globule blanc verdâtre. Il se dissout facilement dans les acides chlorhydrique et nitrique étendus. L'analyse a donné les résultats suivants :

Acide phosphorique	34,52
Magnésie	25,12
Chaux	5,71
Eau	34,27

Cette composition répond à la formule (Mg Ca^3) $(PhO^4)^2$ 8 H^2O.

Elle est voisine de celle de la bobierrite. L'auteur propose de l'appeler *Hautefeuillite*.

— Sur un schiste à chloritoïde des Carpathes. Note de MM. L. Duparc et L. Mrazec, présentée par M. Fouqué.

Ce schiste provient de Lainiciu (vallée du Juil, district de Gorjin) ; il est de couleur pâle grisâtre légèrement satiné. Il contient de nombreux nodules constitués par du chloritoïde, lequel est isolé au moyen de l'iodure de méthylène après pulvérisation de la roche. La densité du minéral est 3,5, sa dureté 6. Au chalumeau, il fond difficilement en un verre non magnétique. Dans un tube il dégage de l'eau. L'analyse faite sur un échantillon purifié et passé à l'aimant a donné les résultats suivants :

SiO^2	25,17
Al^2O^3	34,70
FeO	34,04
CaO	0,14
MgO	0,57
H^2O	4,30

Cette roche ressemble aux schistes décrits par M. Termier dans le massif de la Vanoise et qu'il attribue au permien et au trias. Elle se rapproche aussi des schistes de la vallée de Grossarl, en Salzbourg, décrits par M. Cathrein, et qui représentent l'équivalent des couches de Saarbrück.

Séance du 20 mars. — M. le Ministre de l'Instruction publique et des Beaux-Arts adresse ampliation du décret par lequel le Président de la République approuve l'élection de Sir Joseph Lister comme associé étranger.

— Sur la prochaine éclipse totale. Note de M. Janssen.

— Sur la préparation d'une variété de graphite foisonnant. Note de M. H. Moissan.

Certaines variétés de graphite chauffées en présence d'acide sulfurique ou d'un mélange d'acide sulfurique et de chlorate de potasse, prennent la propriété curieuse de foisonner abondamment lorsqu'on les porte ensuite au rouge sombre sur une lame de platine. M. Luzi a démontré récemment qu'il suffit d'imbiber ces graphites naturels d'une très petite quantité d'acide azotique monohydraté pour les voir ensuite se gonfler par la calcination en fournissant de petites productions vermiformes ou dendritiques. M. Luzi a divisé d'après ces propriétés les différents graphites en deux classes: ceux qui se gonflent après l'action de l'acide azotique et auxquels il réserve le nom de *graphites*, et ceux qui ne foisonnent pas dans ces conditions et qu'il appelle *graphitites*. Le graphite de la fonte et celui de l'arc voltaïque ne produisent pas ce phénomène après traitement par l'acide azotique. Ce graphite foisonnant existe dans la terre bleue du Cap.

Pour obtenir cette variété de graphite, il suffit de refroidir brusquement de la fonte en fusion dans de l'eau. A la surface du culot, on trouve du graphite ordinaire et, à une faible profondeur, du graphite foisonnant. Cependant pour cette préparation il est préférable d'employer le platine. On fond un lingot de ce métal dans le four électrique. Après quelques minutes, il distille, et vient se condenser en gouttelettes sur la partie moins chaude des électrodes. On laisse le platine liquide se saturer de carbone pendant quelques instants à cette haute température, puis, après cinq minutes, on arrête l'expérience et on laisse refroidir le métal dans le creuset en charbon. Il s'est formé dans ces conditions un carbure (?) de platine et l'excès de carbone a cristallisé dans la masse sous forme de graphite. On dissout le culot métallique dans l'eau régale et le résidu est lavé à l'eau bouillante et séché. Le rendement est de 1,45 pour 100. Ce graphite est d'un gris ardoisé moins noir que celui de la fonte. Il se présente en hexagones séparés ou en piles de cristaux séparés. La densité de ce graphite varie de 2,06 à 2,08, il brûle dans un courant d'oxygène à 575°. Il foisonne par suite du traitement à l'eau régale; en effet, dès la température de 400°, il se gonfle comme le sulfocyanure de mercure. La masse légère obtenue dans ces conditions est formée de graphite qui, par le chlorate de potassium et l'acide azotique, donne de l'oxyde graphitique.

Cette variété de carbone résiste à l'action du nitrate de potasse en fusion, mais à une température plus élevée, il foisonne et se détruit assez vite, mais sans incandescence. L'acide chromique fondu l'attaque à peine, l'acide iodique au contraire l'attaque avec facilité. Dans l'acide sulfurique à chaud, il ne change pas d'aspect et ne dégage pas d'acide sulfureux même à l'ébullition. Enfin le carbonate de soude en fusion le détruit avec rapidité. Le graphite brûlé laisse environ 1 pour 100 de cendres, il ne contient pas d'hydrogène.

Le foisonnement semble dû à un brusque dégagement d'un faible volume de gaz dilaté par la chaleur, soit à l'attaque au rouge sombre de carbone amorphe qu'il peut contenir ou à la décomposition d'oxyde graphitique formé par l'action de l'acide azotique.

— Recherches sur le samarium. Note de M. Lecoq de Boisbaudran.

Le fractionnement par l'ammoniaque de la samarine de M. Clère n'ayant pas donné de résultats bien nets, les têtes ammoniacales ont été refractionnées par l'acide oxalique. Ces fractions donnaient mieux que les queues, les raies électriques $Z\varepsilon$ et la bande de renversement $Z\zeta$; le plus gros du $Z\beta$ s'y était accumulé.

La tête oxalique est une terre presque blanche ne montrant pas le renversement $Z\beta$, la terre de queue, assez jaune, donne $Z\beta$. Les spectres de renversement Sm et $Z\zeta$ et les raies électriques $Z\varepsilon$ ont sensiblement la même intensité dans la tête et dans la queue oxaliques. $Z\varepsilon$ et $Z\zeta$ sont réellement plus marquées dans les têtes par AzH^3 que dans le centre et que dans les queues. Les trois bandes Sm sont assez sensiblement plus marquées dans les têtes par AzH^3 que dans le centre, lequel ne contient pourtant, en quantité appréciable, aucune terre connue autre que Sm.

Jusqu'à l'indigo du spectre, l'absorption Sm paraît constante dans les têtes, centre et queues par AzH^3; mais de légères différences de composition ne seraient pas ainsi révélées.

Il est remarquable qu'il ne soit pas sorti des fractionnements si prolongés, un produit donnant, dans HCl, $Z\zeta$ franchement plus forte que l'orangée Sm, alors que les bandes ne différaient déjà pas beaucoup avec la samarine primitive quand les conditions expérimentales étaient bonnes. M. Crookes n'a pas non plus obtenu sa raie anomale bien intense. Aussi M. Lecoq de Boisbaudran pense-t-il que la bande $Z\zeta$ et la raie anomale ont d'étroits rapports; elles se voient avec des matières riches en Sm, et augmentent (surtout l'anomale) quand les trois bandes du Sm et surtout l'orangée tendent à diminuer.

Dans l'yttria très samarifère (sulfatée), la raie dite anomale, a la λ indiquée par M. Crookes. Dans la gadoline, le lanthane et la terbine samarifères, la position varie. Les trois bandes Sm sont assez peu développées quand il y a beaucoup de Sm; l'anomale est alors à son maximum d'intensité. Avec très peu de Sm le spectre de ce corps est très peu brillant, et l'anomale s'évanouit, ou du moins n'est visible qu'au premier instant, car elle disparaît sous l'action un peu prolongée du flux électrique, en même temps que les trois bandes *Sm* gagnent rapidement en éclat. L'anomale est, au contraire, stable quand les bandes *Sm* se développent mal. La raie 619,6 observée au vide avec du lanthane mêlé de gadoline samarifère et sulfatée, ne paraît pas appartenir à Zβ; du moins, une raie analogue a été obtenue avec de l'yttria, exempte de Zβ, additionnée de *Sm* (tête oxalique) exempte aussi de Zβ. Dans cette préparation, on ne voit pas d'ailleurs la bande verte Zβ. Ici la raie est nébuleuse et peu intense : $\lambda = 618,0$ environ.

— Le pancréas et les centres nerveux régulateurs de la fonction glycémique. Démonstrations expérimentales empruntées à la comparaison des effets de l'ablation du pancréas avec ceux de la section bulbaire. Note de MM. A. Chauveau et M. Kaufmann.

Des résultats obtenus expérimentalement, il résulte nécessairement que l'ablation du pancréas agit par un mécanisme analogue quand il provoque l'hyperglycémie et la glycosurie : cette opération détermine l'annihilation du centre frénateur de la fonction glycoso-formatrice. Le pancréas agit donc sur cette fonction, par l'intermédiaire de ce centre frénateur, dont il excite l'activité, et sans doute aussi par l'intermédiaire du centre excitateur, qui est, au contraire, contenu dans son activité, quand il est influencé par les produits de la sécrétion pancréatique interne qui sont versés dans le sang.

— M. Roscoe est nommé membre correspondant pour la section de chimie, en remplacement de feu M. Abria, par 28 suffrages contre 17 à M. Cannizzaro et 1 à M. Mendeleïeff.

— M. Lacroix, gendre de M. Fouqué, membre de l'Institut, est proposé en première ligne par 45 suffrages contre 2 donnés à M. Jannettaz, qui n'a jamais été que l'élève des illustres Delafosse et Descloizeaux, pour la chaire de minéralogie vacante au Muséum.

Si l'on payait mieux les savants dans l'enseignement supérieur en France, il est probable que les chaires ne serviraient pas à constituter des dots.

— Commissions de prix pour juger le concours de 1893 :

Prix Francœur. — MM. Hermite, Darboux, Bertrand, Poincaré, Picard.

Prix Poncelet. — MM. Poincaré, Hermite, Darboux, Picard, Bertrand.

Prix extraordinaire (mécanique). — MM. de Bussy, Pâris, Bouquet de la Grye, Lévy, Sarrau.

Prix Montyon (mécanique). — MM. Lévy, Boussinesq, Sarrau, Résal, Deprez.

Prix Plumey. — MM. de Bussy, Sarrau, Lévy, Résal, Léauté.

— M. Œchsner de Coninck adresse une nouvelle note sur l'isomérie des acides amido-benzoïques.

— M. J. Joubert annonce l'envoi d'une « Étude statistique, médicale et anthropologique sur la Corse ».

— M. Carlier adresse, par l'entremise de M. Larrey, un mémoire manuscrit portant pour titre : « La ville d'Évreux, son climat, son hygiène, ses maladies ».

— M. B. Walter adresse une note en allemand sur la production artificielle du diamant.

— M. Roussel adresse une note relative à diverses expériences concernant la phototypie, l'impression sur étoffes, etc.

— M. L. Silhol adresse une note relative à un mode particulier de chargement des condensateurs électriques.

— M. E. Delaurier adresse une note sur une méthode de clarification et épuration des eaux impures.

— Sir J. Lister, élu associé étranger, adresse ses remerciements à l'Académie.

— Sur la distribution en latitude des phénomènes solaires observés à l'Observatoire royal du Collège romain, pendant le quatrième trimestre 1893. Note de M. P. Tacchini.

— Photographie de la couronne solaire en dehors des éclipses totales. Note de M. George-E. Hale.

— Sur les ondes électriques le long de fils minces; calcul de la dépression. Note de M. Birkeland, présentée par M. Poincaré.

— Sur les capacités initiales de polarisation. Note de M. E. Bouty, présentée par M. Lippmann.

— Influence de la fréquence sur les effets physiologiques des courants alternatifs. Note de M. d'Arsonval, présentée par M. Bouchard.

Les expériences d'électro-physiologie faites avec des appareils donnant un nombre d'excitations considérable, montrent que dans ces conditions, les phénomènes d'excitation des nerfs et des muscles ne se produisent plus. M. d'Arsonval conclut de là que les nerfs sensitifs et moteurs sont, comme le nerf optique et le nerf acoustique, accordés pour des périodes vibratoires déterminées. Comme eux, ils ne répondent pas à des ondulations dont la fréquence est trop basse ou trop élevée. C'est un nouvel exemple des phénomènes d'inhibition sur lesquels M. Brown-Séquard a attiré l'attention des physiologistes.

— Sur la mesure des grandes différences de marche en lumière blanche. Note de M. P. Joubin, présentée par M. Mascart.

— Sur l'aberration sphérique de l'œil humain, mesure du sénilisme cristallinien. Note de M. C.-J.-A. Leroy, présentée par M. Mascart.

— Creuset électrique de laboratoire avec aimant directeur. Note de MM. E. Ducretet et L. Lejeune.

— Sur un phénomène de dissociation du chlorure de sodium chauffé en présence d'une paroi de terre poreuse. Note de M. de Sanderval.

Lorsqu'on chauffe un tube de terre poreuse dans une atmosphère extérieure de chlorure de sodium en vapeur mêlée d'air sec, il se remplit de chlore. Ce gaz se dégage isolé par l'intérieur du tube, tandis qu'à l'extérieur, l'atmosphère de chlorure de sodium n'en renferme qu'une très petite quantité à l'état libre. Pour réaliser cette expérience, on dépose du chlorure de sodium entre deux tubes, l'un, l'intérieur en terre poreuse et l'autre en porcelaine ou même en fer. On chauffe le tube ; bientôt le dégagement de chlore s'arrête par suite de la formation des sels fusibles du sodium qui enrobent les réactifs, silice, alumine, oxyde de fer, dont le tube est formé, vernissent la paroi extérieure du tube et ferment les pores de la terre. On peut éviter cette obstruction en employant des substances non siliceuses.

— Sur les acides hydurilique et désoxyamalique. Note de M. C. Matignon.

Acide hydurilique $C^8H^6Az^4H^6$. — Dans ses études sur les uréides, M. von Bæyer envisagea l'acide hydurilique comme une diuréide résultant de l'union des acides barbiturique et dialurique

$$C^4O^3Az^2H^4 + C^4O^4Az^2H^4 = C^8H^6Az^4H^6 + H^2O.$$

La détermination des chaleurs de combustion des différents termes de cette équation (acide barbiturique, $161^{cal},8$; acide dialurique, $202^{cal},1$; acide hydurilique, $302^{cal},9$) a permis de calculer la chaleur mise en jeu dans cette formation hypothétique de l'acide ; on a trouvé ainsi $+ 10^{cal},3$, en prenant tous les corps à l'état solide. La grandeur de ce nombre rendait probable la synthèse de l'acide hydurilique dans ces conditions ; c'est, en effet, le résultat auquel l'auteur est arrivé.

Les acides dialurique et barbiturique, réduits en poudre fine, sont mélangés intimement, puis placés par petites portions dans un tube à essais. On chauffe ensuite progressivement jusqu'au moment où le mot ur commence à noircir. Le résidu noirâtre repris par un peu d'eau bouillante, puis filtré, fournit une liqueur qui prend avec le perchlorure de fer la coloration verte caractéristique de l'hydurilate de fer en donnant de l'oxhydurilate ferrique Tous ces caractères, essentiellement particuliers à l'acide hydurilique, suffisent pour ne laisser aucun doute sur la production de cet acide. Les solutions des acides dialurique et barbiturique, mêlées ensemble, paraissent ne fournir d'acide hydurilique ni à chaud ni à froid.

Comme les restes urée qui existent dans la molonylurée et la tartaoxylurée persistent dans l'acide hydurilique, on ne peut expliquer la formation précédente qu'en admettant la soudure des deux molécules des corps constituants par l'intermédiaire des carbones centraux, ce qui conduit à la formule suivante :

$$\begin{array}{lllllll}
AzH - CO & & CO - AzH & AzH - CO & CO - AzH & & \\
| & & | \quad\quad | & | \quad\quad | & | \quad\quad | & & \\
CO - CH(OH) & + CH^2 & CO = CO & CH - CH & CO & + H^2O \\
| \quad\quad | & & | \quad\quad | & | \quad\quad | & | & & \\
AzH - CO & & CO - AzH & AzH \quad CO & CO - AzH & &
\end{array}$$

L'acide hydurilique dérive donc de l'acide barbiturique comme l'éthane dérive du méthane

$$\begin{array}{ll}
2\,C^4O^3Az^2H^4 & = C^8O^6Az^4H^6 + H^2 \\
2\,CH^4 & = C^2H^6 + H^2.
\end{array}$$

Acide désoxyamalique $C^{12}H^6Az^4H^{14}$. — A la suite de ses recherches sur la caféine, la théobromine et la xanthine, Fischer a obtenu par distillation de l'acide malique un nouveau produit, l'*acide désoxyamalique*. Un bon procédé pour obtenir un rendement convenable, consiste à chauffer l'acide amalique, réduit en poudre fine, dans un tube scellé à 210°-220° ; à la place de l'acide introduit, on trouve un magma de petits cristaux brillants légèrement bruns qui sont très peu solubles dans l'eau et qui présentent tous les caractères de l'acide désoxyamalique. Le rendement dans ces conditions est triple de celui donné par la méthode de Fischer. Si l'acide amalique n'est chauffé qu'à 180-185°, on obtient d'autres produits.

L'acide désoxyamalique est presque aussi insoluble à chaud qu'à froid ; cependant, en opérant sur un volume d'eau considérable, l'auteur a pu obtenir l'acide sous forme de petits cristaux brillants, isolés, très durs, qui paraissent constitués par des prismes à base carrée, terminés par les faces de l'octaèdre. La chaleur de combustion de cet acide, comparée à celle de l'acide amalique ou tétraméthylalloxantine, donne une différence de $40^{cal},6$, différence qui paraît caractéristique pour un corps et son dérivé dihydroxylé. On peut donc en conclure que la tétraméthylalloxantine est le dérivé dihydroxylé de l'acide désoxyamalique, ou l'alloxantine serait, d'après M. Matignon, le dérivé dihydroxylé de l'acide hydurilique, de sorte que les acides amalique (tétraméthylalloxantine désoxyamalique présentent entre eux la même relation que l'alloxantine et l'acide hydurilique; en un mot l'*acide désoxyamalique est l'acide tétraméthylhydurilique*; sa formule de constitution est donc :

```
CH³ (Az) — CO     CO — Az (CH³)
   |        |      |
   CO      CH — CH  CO
   |        |    |  |
(CH³) Az — CO   CO  Az (CH³).
```

Les chaleurs de combustion des acides hydurilique et désoxyamalique en donnent une nouvelle confirmation Il existe entre ces deux acides une différence de $165^{cal},8$; or cette quantité de chaleur est caractéristique pour les dérivés méthylés dont le radical est lié à l'azote. Du reste, les principaux caractères de l'acide hydurilique s'appliquent à l'acide désoxyamalique. Ce dernier fournit par oxydation la diméthylalloxane, tandis que le premier donne de l'alloxane. Dans l'acide hydurilique $C^8O^6Az^4H^6$ il existe trois fonctions acides différentes; dans son dérivé tétraméthylé $C^8O^6Az^4H^2\,(CH^3)^4$, il ne doit plus exister que deux hydrogènes remplaçables par des métaux et, par conséquent, seulement deux fonctions acides. C'est ce que démontre l'expérience.

— Action du coton sur le sublimé absorbé en solutions étendues. Note de M. Léo Vignon.

Le mercure qu'absorbe le coton par immersion dans les solutions étendues de sublimé affecte trois états distincts :

1° Une partie est soluble dans l'eau froide;

2° Une partie est soluble dans l'eau acidulée froide (10 pour 100 de HCl à 22°);

3° Une partie peut être dissoute par les solutions aqueuses de chlorure de sodium (10 pour 100 NaCl) à l'ébullition. D'après ces résultats fournis par l'expérience on peut conclure que le coton blanchi, plongé dans des solutions étendues de sublimé, fixe de l'oxyde mercurique en excès par rapport à l'acide chlorhydrique. La fixation peut dépasser 3 (HgO) pour 1 (HCl).

2° Ce coton, séché à la température ordinaire, puis immergé dans l'eau, au bout de quelques jours ne cède qu'une partie de son mercure à l'état de sublimé, et de l'acide chlorhydrique, il conserve de l'oxyde mercurique HgO et du chlorure mercureux Hg^2Cl^2. Il est probable que le calomel s'est formé d'après la réaction :

$$HgCl^2 + HgO = Hg^2Cl^2 + O,$$

l'oxygène étant absorbé par la cellulose qui se transforme en oxycellulose.

3° Par l'action d'une température de 60° pendant quelques heures, le chlorure et l'oxyde mercurique diminuent et la proportion du calomel augmente. Cette action est assimilable à celle que doit exercer le temps agissant avec une vitesse moindre à la température ordinaire. De ces faits découlent un certain nombre de déductions utiles à connaître pour la préparation des matériaux de pansement au moyen du sublimé.

— Influence de l'alcalinité du sang sur les processus d'oxydation intraorganiques provoqués par la spermine. Note de M. Al. Pœhl, présentée par M. A. Gautier.

Il ressort des observations chimiques, physiologiques et cliniques que la spermine est un ferment d'oxydation intraorganique. Les causes qui diminuent le pouvoir de cette substance peuvent être réduites à deux : 1° la faible production de spermine dans l'organisme, par suite de l'absence ou de l'arrêt de fonctionnement de certaines glandes; 2° la transformation de la spermine en sa forme inactive. Le deuxième cas serait de beaucoup le plus fréquent. La spermine agit d'une façon catalytique, et son action ne se manifeste que lorsqu'elle est en solution. D'autre part, l'état sous lequel elle peut se trouver insolubilisée dans l'organisme est sa forme de phosphate. Charcot, Leyden, Vulpian et Robin ont rencontré la présence de ce phosphate à l'état cristallisé dans diverses maladies, et toujours dans celles où les oxydations intraorganiques sont diminuées. Le phosphate de spermine se forme par l'addition d'acide phosphorique à une solution alcaline de spermine. Cette formation a lieu avant l'apparition de la réaction acide. Dans les cas anormaux, il se rencontre dans l'organisme des conditions analogues; cette réaction s'effectue probablement, surtout dans les tissus nerveux. On sait que ces tissus contiennent une quantité notable de lécithine et qu'en se dédoublant, ces substances donnent naissance à l'acide phosphoglycérique. D'après les recherches de Funke, Ranke, nous savons que l'irritation des tissus nerveux amène leur réaction acide, d'où découle la diminution de l'alcalinité du sang qui les traverse. L'augmentation des produits de dénutrition acides du tissu nerveux et les conclusions donnant naissance à l'acide phosphorique sont, avec la diminution de l'alcalinité du sang, des circonstances favorables pour la transformation de la spermine soluble, et par conséquent active, en phosphate insoluble, et par conséquent inactif. Il est donc facile de s'expliquer les motifs de la diminution des oxydations intraorganiques à la suite des maladies nerveuses, et l'effet favorable, dans ces cas, des injections sous-cutanées de spermine soluble. La diminution de l'alcalinité du sang est en réciprocité avec la transformation de la spermine en sa forme inactive, et les nouvelles recherches de Krause, Witkoskwy, Swiatezki, Horbaczewski, etc., démontrent que la diminution de l'alcalinité du sang se produit dans beaucoup de maladies où les processus d'oxydation intraorganiques sont toujours diminués. La relation entre les dycrasies acides et les maladies nerveuses trouve son explication dans les faits rapportés ci-dessus. Du reste, la corrélation entre l'alcalinité du sang et l'effet des injections de spermine a été démontrée par des expériences directes, en employant dans certains cas, à la fois les injections sous-cutanées de spermine et un traitement propre à augmenter l'alcalinité du sang, les eaux de Contrexéville ou le sulfate de soude, par exemple.

— Production du diabète sucré chez les lapins, par destruction du pancréas. Note de M. E. Hédon, présentée par M. A. Chauveau.

— Amélioration de la culture des pommes de terre industrielle et fourragère, en France. Note de M. Aimé Girard, présentée par M. Schlœsing.

— Sur l'emploi du rouge de ruthénium en anatomie végétale. Note de M. Louis Mangin, présentée par M. Duchartre.

Le rouge de ruthénium ou oxychlorure ammoniacal de ruthénium est le meilleur réactif des composés pectiques qui sont toujours associés à la cellulose dans les jeunes tissus et dans les tissus adultes que l'imprégnation de matières étrangères n'a pas modifiés ; c'est aussi le seul réactif pour les produits de transformation des composés pectiques, c'est-à-dire la plupart des gommes et des mucilages.

— La faune ichtyologique du terrain permien français. Note de M. E. Sauvage, présentée par M. Albert Gaudry.

Des recherches que l'auteur a pu faire sur la faune ichtyologique du permien français, actuellement connue dans l'Autunois, l'Allier, l'Aveyron, l'Hérault, il résulte que cette faune est celle du permien inférieur. En France, elle est caractérisée par la prédominance des espèces appartenant au genre *amblypteurs*.

— Sur la manifestation, depuis plus de six cents ans, des variations brusques de la température aux dates fixes de la seconde quinzaine de janvier. Note de D. Démoulin, présentée par M. d'Abbadie.

Il résulte de cette note que la moitié du mois de janvier est affectée, depuis des siècles, d'alternatives s'accentuant par une baisse vers le 18, suivie d'une élévation de température prononcée vers le 23 et le 29, la température baissant généralement entre ces deux dates.

— Le déboisement et l'hygiène publique. Mémoire de M. J. Jeannel, présenté par M. Verneuil.

Séance du 27 mars. — M. le Président annonce qu'en raison des fêtes de Pâques, la séance du lundi 3 avril serait renvoyée au 4 avril.

— Sur la construction de la carte du ciel et la détermination des coordonnées des centres des clichés, par M. Loewy.

— Sur les matières organiques constitutives du sol végétal, par MM. Berthelot et André.

Les matières organiques du sol proviennent des débris des végétations antérieures déposés à sa surface ou enfouis dans son épaisseur. Ces débris subissent une suite de réactions, les unes purement chimiques, les autres déterminées par des organismes inférieurs. Il y a élimination de certains principes à l'état gazeux ; d'autres, solubles, sont entraînés par l'eau, et, enfin, une portion subsiste à l'état insoluble et constitue ce que l'on appelle les principes *humiques* ou *humus*. Quelle est la nature de cette matière organique ? C'est un principe azoté; l'analyse faite sur cette matière existant dans une terre débarrassée, autant que possible, des débris de plantes visibles et non mélangées avec des engrais, fumiers ou terreau, a donné des résultats se rapportant à la formule $C^{13,3} H^{12,7} Az O^{6,2}$. Dans des sols et sables argileux analogues, le poids de l'azote formé est de 5 et 6 centièmes de celui de la matière organique, pour les plus riches, et il s'élève au moins aux 2 ou 3 centièmes pour les plus pauvres. Or, dans les fractions même les plus riches des plantes, l'azote ne s'élève qu'à 3 ou 4 centièmes. Cet excès d'azote dans le sol ne peut s'expliquer que par la présence d'organismes inférieurs qui jouent un rôle prépondérant dans la fixation de cet élément. Si l'on examine les matières organiques contenues dans le sol, au point de vue de la possibilité de les séparer des principes distincts sous l'influence des réactifs, on trouve qu'une très faible partie est enlevée par l'eau, que l'action des alcalis et acides est beaucoup plus marquée même à froid, que les portions solubles dans les alcalis sont plus riches en hydrogène et plus pauvres en azote que l'ensemble de la matière humique, sans pourtant s'en écarter beaucoup comme richesse en carbone et en oxygène. Enfin, les principes insolubles présentent une composition élémentaire semblable à celle des matières précédentes.

Quant aux principes insolubles dans les acides, ils se comportent, vis-à-vis de la potasse, comme l'acide humique artificiel, et c'est à la propriété qu'ils possèdent de former des composés potassiques insolubles et doués d'une résistance pareille, à l'action même très prolongée des eaux naturelles, que l'on doit la qualité *absorbante* du sol, en ce qui touche les alcalis, la potasse en particulier.

— Sur les bandes d'interférence des spectres des réseaux sur la gélatine. Note de M. A. Crova.

— Recherches sur le samarium. Note de M. Lecocq de Boisbaudran.

Continuant ses recherches spectroscopiques sur la samarine, l'auteur a constaté que la quantité et la nature de l'acide employé pour dissoudre la samarine modifiait l'éclat des deux bandes Sm et Zz; il conclut que la comparaison de ces bandes de renversement (Zz et orangée Sm) est assez délicate à faire dans les divers numéros d'un fractionnement.

— Remarques sur le fer natif d'Ovifak et sur le bitume des roches cristallines de Suède. Extrait d'une lettre de M. Nordenskiöld à M. Daubrée.

L'auteur pense que le fer d'Ovifak (Groenland) contient du diamant, car un bloc qu'il avait rapporté fut *impossible à scier et à couper*. Il rappelle que dans les mines de fer des environs de Norberg et de Dannemora on trouve des masses assez considérables de bitumes ou d'asphaltes avec les roches cristallines. Ces bitumes peuvent être ramenés à deux types: les uns donnant beaucoup de produits à la distillation, et ne laissant, après leur combustion, presque pas de cendres; les autres ressemblant à l'anthracite, et n'abandonnant à la distillation que des quantités insignifiantes, et laissant un poids assez notable de cendres.

L'analyse de la cendre des bitumes anthracitiques a indiqué la présence de la silice, du fer, de la chaux, de la magnésie, etc., des oxydes de nickel, d'urane (3 pour 100), des terres de la cérite et de la godolinite. Ces mêmes oxydes, jusqu'à présent réputés si rares, se trouvent aussi dans la cendre d'une espèce de charbon formant de grands nodules dans les plus anciennes couches sédimenteuses (schiste à alun), ainsi que dans le grahamite de l'Amérique du Nord. L'association, dans les minéraux asphaltiques, de la matière charbonneuse avec le nickel, l'uranium, le cérium, l'yttrium, etc., semble fournir une indication: d'une part, sur l'origine des substances bitumineuses dans les roches cristallines de Suède et dans les plus anciens schistes sédimentaires, qui seraient dues à des émanations de l'intérieur du globe; d'autre part, sur l'existence de combinaisons avec l'oxyde de carbone, avec l'uranium, l'yttrium, le cérium, etc., analogues au nickel-carbonyle. Il est également digne d'attention que l'uranium, regardé jusqu'à présent comme restreint à quelques localités caractérisées par des formations géologiques spéciales, soit beaucoup plus répandu qu'on ne l'a supposé, même dans ces terrains sédimentaires.

— M. Berthelot, à propos de la communication précédente, rappelle que depuis longtemps et même de nos jours encore on attribuait des propriétés magiques aux armes faites avec des aérolithes, et que, même on ne put, d'après Avicenne, travailler un aérolithe avec lequel le sultan Mahmoud le Gaznevide voulait se faire fabriquer une épée.

— M. Prosper Henry est désigné à l'unanimité comme candidat à la place d'astronome titulaire vacante actuellement à l'Observatoire de Paris; M. Paul Henri est proposé à l'unanimité en seconde ligne.

— Sur les bandes d'interférence des spectres des réseaux sur gélatine. Note de M. A. Crova.

— M. le Secrétaire perpétuel signale, parmi les pièces imprimées de la Correspondance :

1° Une notice biographique sur *Georges Dufond*, élève de la première promotion de l'École polytechnique, ingénieur-constructeur des usines de Fourchambault (1777-1852), par M. Alfred Saglio.

2° Une brochure de M. Émile Bousse ayant pour titre : *Flore de la Roche-Guyon* (Seine-et-Oise), présentée par M. Chatin ;

— Observations de petites planètes faites à l'Observatoire de Toulouse (grand télescope). Note de M. Baillaud, présentée par M. Tisserand.

— Les biélides. Note du père François Denza, présentée par M. Tisserand.

— Sur la correspondance par orthogonalité des éléments. Note de M. Alphonse Demoulin, présentée par M. Darboux.

— Sur la possibilité de définir une fonction par une série entière divergente. Note de M. H. Padé, présentée par M. Appell.

— Nouveau sléromètre. Note de M. Paul Jannettaz, présentée par M. Lippmann.

— Sur les indications du niveau de l'eau dans les chaudières à vapeur par le tube de verre, et leur influence sur les explosions. Note de M. Hervier.

— Sur les capacités initiales de polarisation. Note de M. E. Bouty, présentée par M. Lippmann.

— Sur la distillation des mélanges d'eau et d'alcool. Note de M. E. Sorel, présentée par M. Duclaux.

— Méthode générale pour le calcul des poids atomiques d'après les données de l'analyse chimique. Note de M. G. Hinrichs.

La méthode généralement employée pour le calcul des poids atomiques est celle de l'enchainement des rapports. Choisissant arbitrairement A ($H=1$ ou $O=16$), on détermine $B=k_1$; $D=k_2$; $B=k_1 k_2 A$..., et finalement :

$$x=k_1 k_2 \ldots\ldots k_n H.$$

Mais, dans cette méthode, tous les rapports k sont affectés d'erreurs inconnues, et ces erreurs s'accumulent de plus en plus jusqu'à faire disparaître toute exactitude. Les travaux de tout un siècle ont établi ce fait capital que, en posant $O=16$, les poids atomiques de presque tous les éléments sont très voisins de nombres entiers ; pour les autres, tels que Cu, Cl, la valeur est voisine d'un nombre entier et demi. Cette condition spéciale établie par la chimie permet l'usage d'une solution mathématique également spéciale pour le calcul des poids atomiques.

Soient A, B,..... X, les poids atomiques véritables ou de précision, et soient A_0, B_0,..... X_0 les nombres entiers susdits, ou bien les poids atomiques communs, on a .

$$A=A_0+a, \qquad B=B_0+b,\ldots\ldots \qquad X=X_0+x,$$

où les écarts a, b,... x, sont des quantités assez petites en comparaison de A_0, B_0,... X_0 pour permettre l'application de procédés simples au calcul des petites différences finies. Soient α, β, ξ, les coefficients correspondants pour l'unité de poids, on aura de même :

$$A=A_0(1+\alpha), \qquad B=B_0(1+\beta),\ldots \qquad X=X_0(1+\xi).$$

Par exemple, on trouve tout simplement le rapport :

$$\frac{x}{A}=\frac{x_0}{A_0}(1+\xi-\alpha).$$

En d'autres termes, le rapport vrai a pour coefficient la différence $\xi-\alpha$ des coefficients des éléments. On peut donc toujours trouver les valeurs des poids atomiques communs, si l'on a des analyses réellement bonnes Ces valeurs seront fixes, si l'on a pris comme étalons des éléments tels que le diamant ou l'argent. L'étude critique des expériences se fait alors avec les poids atomiques communs ; si les expériences sont assez exactes, on en tirera le poids final X, où l'on trouvera l'écart x du poids commun et le coefficient ξ relatif à l'unité. L'étude minutieuse de ces écarts des éléments divers conduira à l'un ou à l'autre des deux résultats possibles : ou ces écarts diminueront graduellement avec l'accroissement de l'exactitude des analyses et des calculs, ou bien ils s'arrêteront à des valeurs appréciables.

— Sur la formation de la gallanilide ; sur ses dérivés triacétylés et tribenzoylés. Note de M. P. Cazeneuve, présentée par M. Friedel.

L'acide gallique chauffé avec un excès d'aniline donne du pyrogallol à une température relativement basse : 110-120°. Le gallate d'aniline formé en proportions théoriques ne jouit pas d'une plus grande stabilité. Chauffé à 105-110°, il perd de l'acide carbonique avant de se transformer en gallanilide par perte d'eau. La formation de gallanilide peut avoir lieu en chauffant l'acide gallotannique avec un excès d'aniline, d'après le mode de formation général des amides par réaction des bases sur les éthers composés. La gallanilide se forme d'après l'équation :

$$\begin{matrix} C^6H^2\left\{\begin{matrix} CO^2H \\ (OH)^2 \\ O \end{matrix}\right. \\ | \\ C^6H^2\left\{\begin{matrix} CO \\ (OH)^3 \end{matrix}\right. \end{matrix} + 2C^6H^5AzH^2 = C^6H^2\left\{\begin{matrix} CO\,AzH\,C^6H^5 \\ (OH)^3 \end{matrix}\right. + C^6H^2\left\{\begin{matrix} CO^2H\,C^6H^7Az \\ (OH)^3 \end{matrix}\right.$$

Il se produit en même temps du gallate d'aniline. Comme on opère la réaction en chauffant au delà de 100°, ce gallate donne un dégagement d'oxyde de carbone.

La masse, chauffée pendant une heure vers 150°, est traitée par l'eau acidulée par HCl, puis mise à cristalliser à plusieurs reprises dans l'alcool aqueux. Au bout d'un grand nombre de cristallisations, on obtient des cristaux lamellaires d'une grande blancheur qui perdent à 100° deux molécules d'eau de cristallisation. Ce corps anhydre répond à la formule :

$$C^6H^2\left\{\begin{array}{l}CO.AzHC^6H^5\\(OH)^3\end{array}\right.$$

Il fond vers 205° en se colorant à peine et sans dégagement gazeux, ce qui le différencie du gallate d'aniline, lequel se décompose dès 110°. Il est très peu soluble dans l'eau froide, très soluble dans l'eau bouillante. La solution colore en bleu le perchlorure de fer. Il se dissout bien dans l'alcool à 90° et assez bien dans l'éther à 65°. Il est insoluble dans le chloroforme, la benzine et la ligroïne. Il se dissout mieux dans les alcalis en se colorant, mais l'altération n'est que partielle. Bouillie avec une lessive de soude pendant dix minutes, la gallanilide a été retrouvée sensiblement inaltérée. Les acides chlorhydrique et sulfurique étendus l'altèrent lentement.

Chauffée à 150° pendant une heure avec le double de son poids d'acide chlorhydrique concentré, elle s'hydrate et se dédouble en acide gallique et aniline. Bouillie un quart d'heure avec un excès d'anhydride acétique, elle se transforme en un dérivé triacétylé. On obtient une masse blanchâtre qu'on lave à l'eau et fait cristalliser dans l'alcool. Ce corps, cristallisé en petites aiguilles blanches très légères fond à 160-161° en un liquide incolore. Chauffé au delà de 200°, il dégage de l'acide acétique en se décomposant. Il n'a plus d'action sur le perchlorure de fer. Le dosage de l'azote indique un dérivé triacétylé.

Le chlorure de benzoyle donne aussi un dérivé tribenzoylé obtenu en chauffant vers 120° pendant plusieurs heures la gallanilide avec un peu plus de 4 molécules de chlorure de benzoyle. On fait bouillir à plusieurs reprises dans l'alcool à 93°, le produit formé insoluble pour le dépouiller de l'excès de chlorure de benzoyle et de matières noirâtres. Par cristallisation répétée dans le toluène bouillant, on obtient un corps blanc cristallisé en petites aiguilles fondant à 181°. Ce corps est insoluble dans la plupart des dissolvants. Il est même très peu soluble dans le toluène bouillant. Il ne distille pas sans décomposition. Ces dérivés éthérés sont formés sans doute aux dépens des 3 OH phénoliques de l'acide gallique. Ce procédé de préparation de la gallanilide au moyen de l'acide gallotannique au tannin confirme la constitution de ce corps qui n'est autre chose que l'éther digallique.

— Sur les lacs des Sept-Laux (Isère) et de la Girotte (Savoie). Note de M. A. Delebecque, présentée par M. Daubrée.

— Sur un moyen de préserver les plants de betteraves, ainsi que les jeunes végétaux économiques ou d'ornement, contre les attaques des vers gris (chenilles d'*Agrotis*) et d'autres larves d'insectes. Note de M. A. Laboulbène, présentée par M. Chambrelent.

Ce moyen consiste à arroser les plantes avec des décoctions ou macérations de plantes et de graines renfermant des alcaloïdes.

A propos de cette note, M. Chambrelent fait remarquer que ce serait pour la France une augmentation de richesse pouvant s'élever à une somme considérable chaque année si on arrivait à trouver un procédé pratique pour la destruction des insectes qui sont nuisibles aux cultures du sol.

Séance du 4 avril. — Sur la construction de la carte du ciel. Application numérique de la méthode de rattachement des clichés voisins, par M. Maurice Loewy.

— Remarque sur la note de M. P. Joubin, relative à la mesure des grandes différences de marche en lumière blanche, par M. A. Cornu.

— Sur la représentation approchée des fonctions expérimentales entre des limites données. Note de M. Vallier.

— Sur les éthers benzèneazocyanacétiques et leurs analogues. Note de MM. Haller et E. Brancovici.

L'*éther benzèneazocyanacétique d'éthyle ; modification* α. — Cet éther a été préparé, ainsi que ses analogues, en ajoutant une solution alcoolique d'éther cyanacétique sodé à une solution aqueuse et refroidie de diazobenzène. Le précipité formé est ensuite dissous dans la potasse en excès, et la liqueur filtrée est sursaturée par l'acide sulfurique étendu. On fait cristalliser le produit dans l'alcool. Obtenu ainsi, l'éther cristallise en aiguilles jaunes fondant bien à la température de 124-125°. Mais si, au lieu d'opérer de la sorte, on dissout dans l'alcool ou la benzine, à froid ou à chaud, le produit primitif, sans le faire passer auparavant à l'état de combinaison potassique, on obtient des aiguilles dont le point de fusion est 104-120°. Tous les échantillons dissous dans la potasse et reprécipités par un excès d'acide, fournissent invariablement un corps fondant à 124-125°.

Modification β. — M. Kruckeberg prépare cet éther en neutralisant exactement une solution potassique de l'éther α par de l'acide acétique ou chlorhydrique ou en chauffant ce même éther α à une température de 130°. Cette modification se forme toujours en même temps que l'éther α. En soumettant le dérivé fraîchement préparé à une série de cristallisations dans l'alcool, on finit par accumuler l'éther β dans les eaux mères.

Il se produit encore en précipitant incomplètement par un acide une solution alcaline de l'éther α, ou bien en chauffant ce même éther pendant quelques heures dans une solution de xylène. La température du bain-marie suffit pour accomplir cette transformation, mais elle n'a lieu qu'au bout de quatre à cinq jours ; le produit devient pâteux peu à peu et finit par se liquéfier. Par refroidissement, on obtient une masse jaune qui fond à 72-74° et fournit par cristallisation dans l'alcool des tables rhomboïdales fondant à 85°. Cette forme β est beaucoup plus soluble dans les dissolvants que la forme α. Elle cristallise, en particulier, dans le benzène en lamelles hexagonales, transparentes tant qu'elles sont au sein du liquide, mais devenant opaques au contact de l'air. Ce corps peut aisément être transformé en son isomère α; il suffit de le redissoudre dans la potasse, de sursaturer peu à peu à froid la liqueur potassique avec de l'acide sulfurique, en ayant soin d'éviter l'agglomération du précipité. Par cristallisation dans l'alcool, on obtient des aiguilles fondant à 124-125°.

Benzoylbenzèneazocyanacétate d'éthyle. — Se prépare en ajoutant une solution sodique d'éther α à du chlorure de benzoyle. On agite la masse avec de l'éther et l'on sépare le nouveau dérivé insoluble. Une cristallisation dans l'alcool le fournit sous forme d'aiguilles blanches fondant à 158°.

Méthylbenzèneazocyanacétate d'éthyle. — Cet éther prend naissance en chauffant le dérivé sodé de l'éther α et de l'éther β avec l'iodure de méthyle. Prismes d'un jaune clair fondant à 57°.

Sodiumbenzèneazocyanacétate d'éthyle. — Se prépare en évaporant un mélange de 1 molécule d'alcoolate de sodium et de 1 molécule d'éther benzèneazocyanacétique. Poudre cristalline jaune, soluble dans l'eau et l'alcool, mais insoluble dans les alcalis. Séché à l'air, ce sel répond à la formule $C^{11}H^{10}Az^{3}O^{2}Na.2H^{2}O$, tandis que dans le vide il perd 1 molécule d'eau et a pour formule $C^{11}H^{10}Az^{3}O^{2}Na.H^{2}O$.

Benzèneazocyanacétate de méthyle. — Se prépare comme l'éther éthylique en traitant le cyanacétate de méthyle avec le chlorure de diazobenzène. Donne un *dérivé* α qui se présente sous forme de petits grains cristallins très peu solubles dans la benzine, plus solubles dans l'alcool bouillant qui le transforme partiellement en isomère β et aussi en benzèneazocyanacétate d'éthyle fondant à 85°. Ce dérivé α fond à 141°.

L'*isomère* β cristallise en lamelles ou en aiguilles jaunes, très minces, fusibles à 115°.

Le *méthylbenzèneazocyanacétate de méthyle* fond à 121°.

Le *benzoylbenzèneazocyanacétate de méthyle* fond à 147°.

Constitution des éthers benzèneazocyanacétiques. — La solubilité des éthers benzèneazocyanacétiques dans les alcalis et les carbonates alcalins a conduit à les considérer comme de véritables dérivés azoïques (I) et non comme des hydrazones (II).

$$\text{(I)}\quad C^{6}H^{5}Az = Az\,CH\!\begin{cases}CAz\\CO^{2}R\end{cases} \qquad \text{(II)}\quad C^{6}H^{5}Az\,H.Az = C\!\begin{cases}CAz\\CO^{2}R\end{cases}$$

Claisen et Beyer ont attribué une constitution analogue pour les mêmes raisons à l'aldéhyde benzèneazoacétoacétique, à la benzèneazoacétylacétone. Les recherches de R. Meyer, V. Meyer, de Pechmann, Bamberger, Wellwright semblent, au contraire, établir que les dérivés azoïques de la forme :

$$R - Az^{2} - CH\!\begin{cases}R\\R\end{cases}$$

n'existent pas, et qu'on doit les considérer comme des hydrazones.

Dans ces conditions, les éthers benzèneazocyanacétiques seraient des hydrazones des éthers cyanooxaliques :

$$OC\!\begin{cases}CAz\\CO^{2}R\end{cases}$$

Les recherches faites en faisant réagir la nitrosométhylaniline sur l'éther cyanacétique et sur son dérivé sodé pour obtenir la méthylhydrazone de l'éther cyanooxalique qui serait identique alors avec le méthylbenzèneazocyanacétate d'éthyle :

$$C^{6}H^{5} - Az\!\begin{cases}CH^{3}\\AzO\end{cases} + CH^{2}\!\begin{cases}CAz\\CO^{2}C^{2}H^{5}\end{cases} = H^{2}O + C^{6}H^{5}Az\!\begin{cases}CH^{3}\\Az\end{cases} = C\!\begin{cases}CAz\\CO^{2}C^{2}H^{5}\end{cases}$$

sont restées sans succès. Une autre réaction, due à Miller, a démontré que certaines hydrazones, et en particulier celle de l'éther acétoacétique, étaient susceptibles de se combiner à l'acide cyanhydrique pour donner des nitrites.

Les éthers benzèneazocyanacétiques mis en présence du formonitrile ne s'y sont pas combinés. Ils ne se comportent donc pas comme l'hydrazone de l'éther acétoacétique qui est une hydrazone à fonction cétonique.

Quant à l'isomère des éthers α et β, elle peut résulter de ce que ce sont des hydrazones; dans ces conditions, cette isomérie est du même genre que celle constatée par MM. Hantzsch et Kreft sur la phénylhydrazone de l'anisylphénylacétone et par MM. Hantzsch et Overton sur d'autres hydrazones; on pourrait alors considérer les deux éthers α et β comme des isomères stéréochimiques ayant les formes :

$$\begin{array}{c} \mathrm{Az - C - CO^2R} \\ \mathrm{H} \diagdown \quad \| \\ \mathrm{Az - Az} \\ \mathrm{C^6H^5} \diagup \end{array} \qquad \begin{array}{c} \mathrm{Az - C - CO^2R} \\ \| \quad \diagup \mathrm{H} \\ \mathrm{Az - Az} \\ \diagdown \mathrm{C^6H^5} \end{array}$$

Les envisage-t-on au contraire comme des véritables azoïques, on pourrait les représenter par les formules suivantes :

$$\begin{array}{c} \mathrm{C^6H^5Az} \\ \mathrm{H} \diagdown \quad \| \\ \mathrm{RCO^2 - C - Az} \\ \mathrm{CAz} \diagup \end{array} \qquad \begin{array}{c} \mathrm{C^6H^5Az} \\ \| \quad \diagup \mathrm{H} \\ \mathrm{Az\ C - CO^2R} \\ \diagdown \mathrm{CAz} \end{array}$$

Enfin l'isomérie peut dépendre du groupe cyanacétique lui-même qui possède un atome de carbone dissymétrique.

— M. Ch. Friedel fait hommage à l'Académie d'un volume qu'il vient de publier sous le titre : « Cours de Minéralogie professé à la Faculté des sciences de Paris. Minéralogie générale ». Nous avons reçu ce volume dont nous rendrons compte, ainsi que de beaucoup d'autres, dès que nous pourrons disposer d'une place qui nous fait défaut actuellement, par suite de l'abondance des matières.

— Commissions pour juger les concours de 1893 :

Prix Fourneyron. — MM. Lévy, Léauté, Sarrau, Résal, Boussinesq;

Prix Lalande. — MM. Lœwy; Tisserand, Faye, Wolf, Janssen;

Prix Valz (Astronomie). — MM. Tisserand, Faye, Lœwy, Janssen, Wolf;

Prix Janssen. — MM. Janssen, Faye, Wolf, Tisserand, Lœwy;

Prix Montyon (Statistique). — MM. Larrey, Haton de la Goupillière, de Jonquières, Bertrand, Favé;

Prix La Caze (Physique). — MM. Bertrand, Cailletet, Sarrau seront adjoints aux membres de la section de physique pour constituer la commission.

— De la mesure du parallèle 47°,30′ N. en Russie. Note de M. Vénukof, présentée par M. Janssen.

— Essai de condensation des éthers acétylcyanacétique avec les phénols. Note de M. A. Held.

En faisant réagir les phénols sur l'éther acétylacétique ou sur ses dérivés substitués, ou sur l'éther benzoylacétique de M. Bæyer, en présence d'agents déshydratants, on obtient toute une série de corps dérivant de la coumarine ou de l'oxycoumarine par substitution de la chaîne latérale. MM. Pechmann et Duisberg, en opérant sur l'éther acétylacétique et la résorcine en présence de l'acide sulfurique concentré, ont obtenu la β-méthylombelliférone :

$$\mathrm{CH^3CO - CH^2 - COOC^2H^5 + C^6H^4(OH)^2 = CH^3} \left\langle \begin{array}{l} \mathrm{OH} \\ \mathrm{O} \text{———————}\urcorner \\ \mathrm{C(CH^3) = CH - CO} \end{array} \right. + \mathrm{C^2H^6O + H^2O.}$$

Acétylcyanacétate d'éthyle et phénol. — A un mélange à molécules égales de 15 gr. 5 d'éther acétylcyanacétique et 9 gr. 40 de phénol pur, on ajoute par petites portions, et en refroidissant, 50 grammes de SO^4H^2 concentré Au bout de 24 heures de contact à la température ordinaire, on verse dans deux à trois fois son poids d'eau froide, ou mieux de glace pilée; il se produit un abondant précipité blanc que l'on recueille et qu'on lave à l'eau et qu'on purifie par cristallisation dans l'éther. On obtient de gros cristaux prismatiques insolubles dans l'eau, solubles dans l'alcool, l'éther, l'acide acétique cristallisable, et fondant à 110°. Leur solution se colore en rouge vif par Fe^2Cl^6. Ce corps répond à la formule $C^6H^{11}AzO^4$, produit d'hydratation pure et simple de l'éther acétylcyanacétique dont la constitution peut être représentée par la formule :

$$CH^3 - CO - CH\begin{cases} CAz \\ COOC^2H^5 \end{cases} + H^2O = CH^3 - CO - CH\begin{cases} CO\,Az^2H^2 \\ COOC^2H^5 \end{cases}$$

Si l'on fait bouillir avec une solution de potasse jusqu'à cessation de dégagement d'ammoniaque, on obtient, comme produits de décomposition de l'acide acétique, de l'acide malonique et de l'alcool. Il résulte de là que le phénol n'intervient pas directement dans la réaction. En opérant en l'absence du phénol, en présence d'acide sulfurique étendu de très peu d'eau, on n'obtient rien, mais avec l'acide concentré on a, au bout de six à huit semaines de contact, le produit d'hydratation dont le rendement est moindre.

Acétylcyanacétate d'éthyle et résorcine. — Si au phénol on substitue la résorcine, on obtient, dans les mêmes conditions, de la méthylombelliférone β :

$$C^6H^4(OH)^2 + CH^3 - CO - CH\begin{cases} CAz \\ CO.OC^2H^5 \end{cases} + H^2O =$$

$$C^6H^5\begin{cases} OH \\ O\text{———————}\neg \\ C(CH^3) = CH\,CO \end{cases} + CO^2 + C^2H^6O + AzH^3.$$

L'acétylcyanacétate de méthyle en présence du phénol se trouve inaltéré; avec la résorcine, il y a formation de quantités inappréciables d'un corps qui donne une fluorescence bleue en solution.

Il résulte de ces faits que l'éther acétylcyanacétique se comporte d'une façon différente suivant le phénol employé.

— Synthèse de l'érythrite. Note de M. G. Griner, présentée par M. Friedel.

Pour arriver à la synthèse de cet alcool tétratomique, on part du butadiène 1-3 ou divinyle. On réalise la formation d'un bibromure $C^4H^6Br^2$ en faisant du brome sur le butadiène ($CH^2 = CH - CH = CH^2$) dilué dans une grande quantité de chloroforme et maintenu à $-21°$. Ce dérivé est liquide, il bout à 74-76° sous une pression de 26 millimètres. Instable sous sa forme liquide, ce corps se transforme très rapidement à 100° et lentement à froid en un produit solide de même composition, bouillant à 92-93° sous 15 millimètres de pression et fondant à 53-54°. Il est très volatil, se sublime facilement et a une odeur piquante, irritant fortement les yeux.

Traité par l'acétate d'argent en léger excès et par une quantité d'anhydride acétique suffisante pour permettre le contact et chauffé pendant huit heures à 125°-130°, il donne une diacétine liquide bouillant vers 110°, à la pression de 20^{mm}. Cet éther fixe facilement le brome et donne un corps fusible à 87°. Cette dibromacétine, traitée à son tour par l'acétate d'argent, donne une tétracétine fusible à 85°. Cette tétracétine est identique à celle obtenue en partant de l'érythrite naturelle. Saponifiée, en la chauffant pendant 4 heures à 100°, avec de l'eau de baryte concentrée, elle donne l'érythrite cristallisée en jolis cristaux quadratiques, semblables à ceux du produit naturel, et fondant, comme eux, à 118°. L'érythrite de synthèse est inactif et indédoublable. On peut concevoir des isomères stéréochimiques optiquement actifs.

— Action de la température sur le pouvoir rotatoire des liquides. Note de M. Aignan.

M. Colson, dans une précédente communication, a remarqué que l'oxyde d'isobutylamyle changeait de pouvoir rotatoire par l'action de la chaleur, pouvoir qui changeait de signe. Cependant, ce fait ne semble pas pouvoir être admis comme permettant de conclure à un changement de symétrie de la molécule. Du reste, Biot avait observé le même fait pour l'acide tartrique.

L'auteur a étudié un mélange d'essence de térébenthine (gauche) et de camphre (droit) dissous dans la ben- zine, et un mélange d'essence de térébenthine et d'huile de résine. Il en conclut que, pour l'oxyde d'isobutylamine étudié par M. Colson, on peut supposer qu'il contient des molécules actives de deux espèces différentes ; il suffit aussi d'admettre que, comme on est obligé de le faire pour les solutions d'acide tartrique, que les molécules d'isobutylamyle sont susceptibles de se polymériser à l'état liquide, de telle sorte que le signe du pouvoir rotatoire caractérisant la molécule d'isobutylamyle fût celui qu'on observe à température élevée.

Cette hypothèse paraît conforme aux faits les mieux observés de la variation du pouvoir rotatoire spécifique, par l'effet d'une variation de température. Si elle est juste, M. Colson pourra vérifier que l'oxyde d'isobutylamyle, inactif à une température convenable pour la lumière jaune du sodium, est négatif, à cette même température, pour certaines radiations, et positif pour d'autres.

— Village néolithique de la Roche-au-Diable, près Tesnières, canton de Lorez-le-Bocage (Seine-et-Marne). Note de M. Armand Viré, présentée par M. Daubrée.

— M. Garcia de la Cruz adresse de Barcelone une note relative aux densités des mélanges de liquides et de solides pulvérulents, et M. R. Niple adresse une note relative à un bolide observé à Kossoupa, près Cana (Dahomey), le 10 novembre 1892, vers 9 heures du soir.

Paris. — Imprimerie L. Baudoin, 2, rue Christine.

LE MONITEUR SCIENTIFIQUE-QUESNEVILLE

JOURNAL DES SCIENCES PURES ET APPLIQUÉES

TRAVAUX PUBLIÉS A L'ÉTRANGER

COMPTES RENDUS DES ACADÉMIES ET SOCIÉTÉS SAVANTES

TRENTE-SEPTIÈME ANNÉE

QUATRIÈME SÉRIE. — TOME VIIe. — Ire PARTIE

Livraison 618 | **JUIN** | **Année 1893**

LA THÉORIE DU CARBONE ASYMÉTRIQUE ET LES DERNIERS TRAVAUX DE M. ÉMILE FISCHER.

Dans le cours d'un travail publié sous ce même titre dans les numéros de février et mars du *Moniteur*, nous avons eu l'occasion de signaler les résultats consignés dans un très important Mémoire de Fischer, paru l'an dernier dans les *Annales de Liebig*. C'est ce Mémoire dont nous donnons aujourd'hui la traduction *in extenso*. Cette considération exceptionnelle est justifiée à un double point de vue.

Pratiquement, le lecteur y trouvera développés dans tout leur détail et sous leur forme définitive les types de réactions utilisées le plus fréquemment par Fischer dans l'ensemble de ses travaux.

Théoriquement, ce Mémoire constitue une démonstration systématique des principaux principes énoncés sous une forme plus ou moins explicite par Fischer à la suite de ses recherches antérieures, principes que nous nous sommes attaché à mettre en relief dans la première partie de ce travail (1).

On trouvera en outre, dans ce Mémoire, un exemple excellent de l'application de la méthode de Fischer pour fixer les formules stéréochimiques, exemple d'autant plus instructif que le cas ou la méthode est applicable est immédiatement suivi d'un cas où elle se trouve en échec.

La conférence de M. Emile Fischer, traduite dans le *Moniteur* en 1890 (2), les articles parus en février et mars 1893 joints à cette traduction et aux appendices dont nous la ferons suivre, constituent donc un ensemble qui permet de suivre pas à pas les progrès faits dans cette voie depuis plusieurs années et de se rendre un compte exact de l'état actuel de la question.

Nous espérons, en outre, que la lecture du présent Mémoire venant après les considérations théoriques exposées précédemment, déterminera dans l'esprit du lecteur la conviction profonde qu'une théorie qui comporte de la part de savants, tels que M. E. Fischer, une démonstration aussi complète, n'est pas bâtie sur le sable et qu'elle a le même caractère de certitude que la plupart des théories admises dans les sciences physiques.

(1) Voir *Moniteur scientifique*, livraison de février 1893, p. 84

(2) Pages 997 et 1120.

Sur les sucres plus riches en carbone provenant de la glucose.

Par M. Emile Fischer.

(*Annales de Liebig*, 1892.)

Le procédé de synthèse des oxyacides découvert il y a soixante ans par Winkler, par l'addition de l'acide cyanhydrique aux aldéhydes, a été appliqué depuis quelques années aux matières sucrées par Kiliani et jusqu'ici n'a jamais échoué.

Les oxyacides se transforment régulièrement en lactones et peuvent alors être transformés dans le sucre correspondant, à l'aide de ma méthode de réduction par l'amalgame de sodium.

La combinaison des deux méthodes conduit à la production d'un grand nombre de sucres plus riches en carbone.

La puissance de ce procédé fut prouvée sur la *mannose* où il conduisit à l'*heptose* et à l'*octose* jusqu' à la *nonose.*

Sa fécondité s'accrut encore par l'observation que l'addition d'acide cyanhydrique aux sucres fournit deux corps isomères stéréochimiques.

On peut ainsi réaliser, en partant de chaque sucre connu, la synthèse de tous les oxyacides, sucres et alcools polyvalents plus riches en carbone que la théorie prévoit. Les expériences suivantes que, pour des considérations pratiques, j'ai faites en partant du sucre le plus important, la *d* glucose, en donne la preuve. Kiliani a déjà montré qu'elle s'unit à l'acide cyanhydrique. Il appelait acide dextrose-carbonique l'acide obtenu $C^7H^{14}O^8$.

En même temps que celui-ci, il se forme une combinaison isomère qui peut être isolée des eaux mères à l'aide de son sel de brucine.

Conformément à la nomenclature indiquée antérieurement, j'appelle les deux produits *acides glucoheptoniques* et les distingue, faute d'un meilleur mode de désignation, en combinaisons α et β.

Leurs lactones fournissent par réduction les glucoheptoses α et β.

La première s'obtient plus aisément et par suite a été utilisée pour les synthèses ultérieures. Par addition d'acide cyanhydrique se forment deux isomères : les acides α et β-glucooctoniques.

L'α-octose fournit les mêmes résultats, car on en déduit aussi deux acides nononiques dont l'un seulement a pu être étudié.

Les produits ultimes de la synthèse sont la gluconpremier nonose et l'alcool nonovalent correspondant, la glucononite.

De grandes difficultés pratiques, en particulier le défaut de matière, empêchent de pousser les essais plus loin (1).

La structure des nouvelles substances se déduit immédiatement de la synthèse. La détermination de leur configuration présente de plus sérieuses difficultés ; on y a réussi jusqu'ici seulement pour la combinaison à 7 atomes de carbone, guidé par les considérations suivantes :

---

(1) On se rendra mieux compte de ces difficultés pratiques en jetant un coup d'œil sur le tableau suivant qui représente les rendements successifs obtenus par Fischer dans ses opérations :

Lactone α-glucoheptonique.............	30 pour 100 de la glucose.
α-glucoheptose..................	35 pour 100 de la lactone glucoheptonique.
Lactone α-glucooctonique..............	83 pour 100 de l'heptose.
α-glucooctose..................	40 pour 100 de la lactone glucooctonique.
Lactone glucononoique...............	42 pour 100 de l'octose.
glucononite..................	11 pour 100 de la lactone nononique.

De sorte qu'en traitant 18 kilogr. 5 de glucose et en suivant cette série de transformations sans rien distraire des produits intermédiaires, on peut espérer obtenir 0 kilogr. 030 de glucononite.

(*Note du traducteur.*)

Comme il a été montré antérieurement (1), la configuration du sucre de raisin, de la *d* glucose peut être représentée par la formule de projection :

$$\begin{array}{ccccccccccc} & & H & & H & & OH & & H & & \\ CH^2OH & - & C & - & C & - & C & - & C & - & COH. \\ & & OH & & OH & & H & & OH & & \end{array}$$

On déduit donc pour les deux acides glucoheptoniques les formules :

$$\text{I.} \quad \begin{array}{ccccccccccccc} & & H & & H & & OH & & H & & H & & \\ CH^2OH & - & C & - & C & - & C & - & C & - & C & - & COOH. \\ & & OH & & OH & & H & & OH & & OH & & \end{array}$$

$$\text{II.} \quad \begin{array}{ccccccccccccc} & & H & & H & & OH & & H & & OH & & \\ CH^2OH & - & C & - & C & - & C & - & C & - & C & - & COOH. \\ & & OH & & OH & & H & & OH & & H & & \end{array}$$

A ces acides correspondent les deux acides pentoxypiméliniques :

$$\text{I.} \quad \begin{array}{ccccccccccccc} & & H & & H & & OH & & H & & H & & \\ COOH & - & C & - & C & - & C & - & C & - & C & - & COOH. \\ & & OH & & OH & & H & & OH & & OH & & \end{array}$$

$$\text{II.} \quad \begin{array}{ccccccccccccc} & & H & & H & & OH & & H & & OH & & \\ COOH & - & C & - & C & - & C & - & C & - & C & - & COOH. \\ & & OH & & OH & & H & & OH & & H & & \end{array}$$

et ceux-ci présentent la même isomérie que les différents acides trioxyglutariques.

Le système I doit être inactif au point de vue optique ; le système II doit être actif.

Pour préciser la configuration des deux acides glucoheptoniques, il suffit ainsi de les transformer en acides bibasiques et d'examiner ceux-ci optiquement (2).

Pour la combinaison α, l'expérience a été effectuée partiellement par Kiliani (3). Il obtient un acide pentoxypimélinique qui se transforme par évaporation de sa solution aqueuse en acide lactonique $C^7H^{10}O^8$. Comme on l'a montré depuis, cet acide est optiquement inactif. Au contraire, l'acide lactonique isomère obtenu de la même façon à l'aide de l'acide β-glucoheptonique présente un fort pouvoir rotatoire.

La théorie prévoit en tout 16 acides pentoxypiméliniques dont 4 sont inactifs. Pour construire les formules de ces derniers, il est commode de partir des deux acides tétraoxyadipiques inactifs :

$$\begin{array}{ccccccccccc} & & H & & H & & H & & H & & \\ COOH & - & C & - & C & - & C & - & C & - & COOH \\ & & OH & & OH & & OH & & OH & & \end{array}$$

$$\begin{array}{ccccccccccc} & & H & & OH & & OH & & H & & \\ COOH & - & C & - & C & - & C & - & C & - & COOH \\ & & OH & & H & & H & & OH & & \end{array}$$

et d'introduire au milieu le cinquième carbinol :

$$\begin{array}{ccccccccccccc} & & H & & H & & H & & H & & H & & \\ COOH & - & C & - & C & - & C & - & C & - & C & - & COOH \\ & & OH & & OH & & OH & & OH & & OH & & \end{array}$$

---

(1) Voir le *Moniteur scientifique* du mois de février 1893, p. 89.

(2) C'est la même méthode qui a déjà été si utilement employée à fixer la formule de la glucose, formule dont nous trouvons ici une confirmation remarquable dans l'existence de deux acides dérivés en C^7 bibasiques : l'un *actif*, l'autre *inactif*. On conçoit qu'une marche analogue puisse arriver à préciser les formules des acides mucique et allomucique. Il est d'ailleurs bon de ne pas s'exagérer la généralité de cette méthode qui est impuissante à préciser les formules des sucres dérivés de la mannose et même des sucres dérivés de la glucose contenant plus de 7 atomes de carbone. (*Note du traducteur.*)

(3) *Berichte*, t. 24, p. 1839 et 2086.

$$\begin{array}{ccccccccccccc} & & H & & H & & OH & & H & & H & & \\ COOH & - & C & - & C & - & C & - & C & - & C & - & COOH \\ & & OH & & OH & & H & & OH & & OH & & \end{array}$$

$$\begin{array}{ccccccccccccc} & & H & & OH & & H & & OH & & H & & \\ COOH & - & C & - & C & - & C & - & C & - & C & - & COOH \\ & & OH & & H & & OH & & H & & OH & & \end{array}$$

$$\begin{array}{ccccccccccccc} & & H & & OH & & OH & & OH & & H & & \\ COOH & - & C & - & C & - & C & - & C & - & C & - & COOH \\ & & OH & & H & & H & & H & & OH & & \end{array}$$

Enfin le nombre d'isomères pour une chaîne d'un nombre impair n d'atomes de carbone est égal à 2^{n-1}.

De ce résultat, qui peut être signalé comme une importante confirmation de la théorie, il découle pour l'acide α-glucoheptonique la formule de constitution I et pour la combinaison β la formule II.

L'α-glucoheptose qui a, cela va sans dire, la formule correspondant à celle de l'acide :

$$\begin{array}{ccccccccccccc} & & H & & H & & OH & & H & & H & & \\ CH_2OH & - & C & - & C & - & C & - & C & - & C & - & CHO \\ & & OH & & OH & & H & & OH & & OH & & \end{array}$$

permet d'obtenir les deux acides :

$$\begin{array}{ccccccccccccccc} & & H & & H & & OH & & H & & H & & H & & \\ CH_2OH & - & C & - & C & - & C & - & C & - & C & - & C & - & COOH \\ & & OH & & OH & & H & & OH & & OH & & OH & & \end{array}$$

$$\begin{array}{ccccccccccccccc} & & H & & H & & OH & & H & & H & & OH & & \\ CH_2OH & - & C & - & C & - & C & - & C & - & C & - & C & - & COOH \\ & & OH & & OH & & H & & OH & & OH & & H & & \end{array}$$

Pour décider quelle est celle de ces deux formules qui correspond respectivement aux acides α et β-glucooctoniques, on ne peut employer la méthode indiquée plus haut car, dans les deux cas, il doit résulter de l'oxydation un produit actif. Ce n'est qu'en continuant la synthèse jusqu'à l'acide déconique qu'on pourrait arriver à une combinaison dont l'oxydation conduirait à un acide bibasique inactif. En conséquence, j'emploierai la même formule pour les deux acides glucooctoniques :

$$\begin{array}{ccccccccccccccc} & & H & & H & & OH & & H & & H & & & & \\ CH_2OH & - & C & - & C & - & C & - & C & - & C & - & CHOH & - & COOH \\ & & OH & & OH & & H & & OH & & OH & & (?) & & \end{array}$$

formule dans laquelle le signe (?) indique que la disposition autour de ce carbone asymétrique n'a pu être fixée expérimentalement.

Une seconde question, d'une signification plus générale, se rapporte aux proportions de masse des deux isomères qui se forment par l'introduction d'un nouvel atome de carbone asymétrique. Dans les cas plus simples où l'on part de produits inactifs, on a toujours obtenu jusqu'ici des produits racémiques, c'est-à-dire que les deux isomères ont été formés en quantités égales.

Dans les synthèses actuelles, où les sucres servant de point de départ sont déjà des systèmes asymétriques, il n'en est plus de même (1).

---

(1) C'est là la meilleure démonstration du principe énoncé dans le numéro de février 1892, page 86 et dont nous reproduisons ici l'énoncé :

Lorsqu'on introduit dans la molécule dissymétrique d'un corps actif un nouvel atome de carbone asymétrique, les isomères qui se forment :

1° *N'ont pas nécessairement des propriétés optiques opposées, des pouvoirs rotatoires égaux et de signe contraire;*

2° *Ne se forment pas en quantités égales. Il peut même arriver qu'on ne puisse isoler qu'un de ces isomères.* (*Note du traducteur.*)

L'exemple des acides glucooctoniques est bien instructif : l'acide α l'emporte de beaucoup et la marche de l'opération dépend sans aucun doute de la température.

Si l'addition d'acide cyanhydrique au glucoheptose se fait à 20 ou 25 degrés, la quantité d'acide α-glucooctonique isolé à l'état de pureté s'élève à 73 pour 100 de la valeur calculée d'après l'équation :

$$C^7H^{14}O^7 + CAzH + 2\,H^2O = C^8H^{16}O^9 + AzH^3$$

tandis que l'acide β manque presque totalement.

La masse de ce dernier s'élève au contraire à 13 pour 100 lorsque l'opération est effectuée vers 40° et la quantité de la combinaison α diminue d'autant. Un autre exemple avait déjà été observé antérieurement dans le cas du mannose où l'addition d'acide cyanhydrique fournissait 87 pour 100 du rendement théorique en acide mannoheptonique.

Dans ce dernier cas, on n'a pas trouvé trace de la combinaison isomère.

Pour les acides glucooctoniques, les rapports sont donc plus nets, puisqu'on peut prouver expérimentalement que leur isomérie tient uniquement à la différence de disposition autour du dernier carbone asymétrique, celui qui s'introduit synthétiquement.

L'α-glucoheptose et l'α-glucooctose possèdent d'assez belles propriétés et peuvent être préparés assez facilement en grandes quantités et à un état complet de pureté. Comme ce sont des dérivés immédiats de l'hexose la plus importante, du sucre de raisin, on doit les choisir de préférence comme matières premières des études physiologiques relatives au sort des sucres plus riches en carbone dans l'organisme.

Préparation des acides glucoheptoniques.

Pour opérer en grand, la marche suivie par Kiliani est peu avantageuse parce que, vu la forte concentration de la solution, la réaction est trop vive et donne naissance à beaucoup de produits accessoires.

On évite cet inconvénient en employant des solutions étendues ; il est alors bon, pour la marche de la réaction, d'ajouter une petite quantité d'ammoniaque.

Pour les opérations en grand, on s'est tenu à la marche suivante : 5 kilogrammes de dextrose américaine ont été dissous dans un grand ballon de 25 litres, dans une solution aqueuse d'acide prussique à 3 pour 100 et on y a ajouté 10 centimètres cubes d'ammoniaque ordinaire. Le mélange est maintenu à 25 degrés pendant six jours jusqu'à ce qu'il se colore graduellement en brun et qu'il perde notablement l'odeur de l'acide prussique. On échauffe alors le mélange rapidement jusqu'à l'ébullition et on fait ensuite bouillir avec 6 kilog. 7 d'hydrate de baryte cristallisé, dissous dans 20 litres d'eau jusqu'à disparition de l'ammoniaque. Cette opération exige plusieurs heures. On ajoute alors au liquide chaud assez d'acide sulfurique pour donner une réaction fortement acide, on chasse l'excès d'acide prussique par une ébullition prolongée, on précipite quantitativement la baryte par l'acide sulfurique et on évapore la liqueur filtrée dans une capsule plate jusqu'à consistance sirupeuse. Au bout de quelques jours, ce sirop commence à cristalliser et en quelques semaines la lactone de l'acide α-heptonique se sépare. Pour séparer les cristaux de leur eau mère épaisse et noirâtre, la masse est broyée avec de l'alcool à 80 pour 100 et filtrée à la trompe ou mieux encore agitée dans un centrifuge.

18 kilog. 5 de raisin donnent 6 kilog. 5 de ce produit.

On retire encore de l'eau mère, par évaporation et un repos prolongé, une seconde cristallisation de 850 grammes de la même manière. Dans les dernières eaux mères se trouve l'acide β-heptonique dont l'extraction sera décrite plus tard.

Pour purifier la lactone α brute, on la dissout dans son volume d'eau chaude, on ajoute au liquide un volume égal d'alcool et on refroidit fortement. Les cristaux sont séparés après quelques heures et essorés de nouveau.

On obtient ainsi un produit qui n'est plus que faiblement coloré en gris et peut être employé directement aux expériences ultérieures. Le rendement total de ce produit presque pur est de 30 pour 100 du sucre employé. Dans les opérations sur une plus petite échelle le résultat était encore meilleur : car le rendement s'élevait jusqu'à 35 pour 100. La masse de l'acide heptonique formé est cependant dans tous les cas encore plus grande, car la lactone étant très soluble dans l'eau ne peut être extraite du sirop brut que d'une manière incomplète.

Préparation de l'α-glucoheptose :

$$\begin{array}{ccccccccccccc} & & H & & H & & OH & & H & & H & & \\ CH^2OH & - & C & - & C & - & C & - & C & - & C & - & CHO \\ & & OH & & OH & & H & & OH & & OH & & \end{array}$$

50 grammes de lactone heptonique furent dissous dans 500 grammes d'eau à l'intérieur d'un flacon à parois épaisses de 1 litre et demi de capacité et le tout fut refroidi dans un mélange réfrigérant jusqu'à formation de glace. On ajoute alors 4 centimètres cubes d'acide sulfurique étendu et ensuite 250 grammes d'amalgame de sodium le plus pur possible à 2 1/2 pour 100. On secoue le mélange vivement et l'on y ajoute à courts intervalles de l'acide sulfurique par masses de 4 à 5 centimètres cubes jusqu'à maintenir d'une façon permanente la réaction acide. De plus, il est avantageux de maintenir le liquide le plus froid possible par des immersions répétées dans le mélange réfrigérant.

L'amalgame est employé en 10 ou 15 minutes environ. On utilise la pause pour refroidir la solution jusqu'à formation de glace, on ajoute alors de nouveau 250 grammes d'amalgame et on opère comme précédemment. On interrompt l'opération quand on a employé en tout de cette manière 750 grammes d'amalgame. Cela exige environ 50 minutes. On ajoute à la solution séparée du mercure assez d'une lessive de soude pour avoir une réaction encore alcaline au bout d'une demi-heure de repos. On opère ainsi pour transformer en sel de soude la lactone inaltérée.

La solution, exactement neutralisée par l'acide sulfurique, est chauffée pour la clarifier, avec un peu de noir animal et filtrée.

Plusieurs portions semblables peuvent être réunies pour en isoler le sucre. On ajoute alors à la solution chaude, graduellement 8 fois son volume d'alcool chaud à 96 pour 100, en agitant, et on laisse reposer le mélange pendant 12 heures à la température de la salle. De cette façon, on précipite le sulfate de sodium et la plus grande partie du sel de sodium organique, tandis que, habituellement, le sucre reste complètement en solution. On enlève l'alcool de la liqueur filtrée par distillation dans un alambic en métal, au bain-marie, et la solution aqueuse qui reste est évaporée dans une capsule de cuivre, d'abord à feu nu, puis au bain-marie jusqu'à cristallisation commençante. Par refroidissement, le sucre se sépare immédiatement sous forme d'une masse cristalline épaisse.

Cette masse fut essorée le plus complètement possible au bout de quelques heures à la trompe et lavée d'abord à l'alcool à 50 pour 100, puis à 80 pour 100 et enfin avec de l'alcool absolu. Après dessiccation le produit blanc est presque chimiquement pur.

Le rendement oscillait dans les différentes opérations entre 32 et 38 pour 100 de la lactone employée; on ne peut retirer en général que peu de sucre de l'eau mère, puisque la cristallisation est empêchée par la présence d'autres produits. Dans la préparation du sucre, une partie considérable de la lactone est transformée en acide par l'action de l'amalgame et par suite soustraite à la réduction. Cette portion entre pour la majeure partie en mélange avec le sulfate de sodium qui est précipité de la solution aqueuse par addition d'alcool (1).

On ajoute de l'acide sulfurique concentré, en petit excès, à la solution aqueuse con-

---

(1) Pour récupérer cette partie.

centrée des sels et on précipite le sulfate de soude par l'alcool; on filtre; on évapore l'alcool; on sature exactement l'excès d'acide sulfurique par la baryte. On filtre de nouveau et on évapore. La lactone heptonique reste cristallisée et pure.

Propriétés de la glucoheptose.

Ce sucre se distingue par son aptitude à cristalliser et sa faible solubilité dans l'eau, et il constitue un des plus beaux corps du groupe des sucres. Il se sépare de sa solution aqueuse chaude en cristaux bien formés que le professeur Hanshofer, de Munich, a bien voulu étudier lui-même.

Ce sont des cristaux tabulaires appartenant au système rhomboédrique. (Pour les données cristallographiques, on se reportera au mémoire original.)

Les cristaux ne se transforment pas à 100° et l'analyse a conduit à leur attribuer la composition $C^7H^{14}O^7$.

Ce sucre fond entre 180° et 190° en se décomposant : il a un goût faiblement sucré.

Solubilité. — Pour déterminer sa solubilité dans l'eau froide, on a pulvérisé finement le sucre et on l'a laissé huit heures au contact d'une quantité insuffisante de ce dissolvant en agitant constamment, et ensuite on a évaporé à sec une quantité pesée de la liqueur filtrée; 1 partie de sucre exige 10 gr. 5 d'eau à 14° pour se dissoudre.

Pouvoir rotatoire. — Pour déterminer son pouvoir rotatoire, on a dissous 2 gr. 5 de sucre dans environ 20 centimètres cubes d'eau tiède, puis on a refroidi jusqu'à 20° et le volume fut porté à 25 centimètres cubes. Cette solution, dans un tube de 2 décimètres faisait tourner le plan de polarisation de 3°,95 vers la gauche (moyenne de lectures différentes; d'où l'on déduit la rotation spécifique $[\alpha]_D^{20} = -19°,7$.

Si l'on dissout au contraire le sucre sans élever la température, dans l'eau à 20°, ou dans le cas où l'on opère en plus grande dilution et qu'on examine le liquide aussitôt, le pouvoir rotatoire observé est un peu plus grand.

Dans une expérience, on trouva 15 minutes après la dissolution $[\alpha]_D^{20} = -25°$. Au bout de quelques heures, la rotation reprend la valeur indiquée plus haut. Ce sucre présente donc une faible birotation.

L'heptose est infermentescible par la levure de bière.

Il réduit la liqueur de Fehling un peu moins vivement que le sucre de raisin.

Si, à l'exemple de Tollens, on le chauffe avec de l'acide sulfurique ou de l'acide chlorhydrique étendu, il se forme du furfurol qui peut être décelé par l'aniline ou la phénylhydrazine. Mais la quantité de furfurol est très petite. Cette expérience prouve que la formation de furfurol a lieu aussi pour les sucres plus riches en atomes de carbone.

Comme produits principaux de décomposition par les acides étendus, l'heptose fournit comme les hexoses, des substances humiques.

L'expérience suivante pourra servir de comparaison avec les résultats obtenus par Conrad et Guthzeit (1).

0 gr. 951 d'heptose furent chauffés avec 2 gr. 5 d'acide chlorhydrique à 20 pour 100 dans une petite cornue munie d'un réfrigérant pendant 24 heures dans l'eau bouillante. Les substances humiques soigneusement séchées et lavées à 105° pesaient 0 gr. 435, ce qui correspond à 45,7 pour 100. A l'analyse ces substances donnèrent :

C....................................	61.5 pour 100.
H....................................	4.8 —

Transformation de l'heptose en acide heptonique.

Si l'on dissout une partie de sucre dans 5 parties d'eau chaude, qu'on refroidisse à 20° et qu'on ajoute 2 parties de brome, celui-ci est dissous en quelques heures si l'on agite constamment. Au bout de trois jours, l'excès de brome est chassé par évapora-

(1) *Berichte*, t. 19, p. 2569 et 2844.

tion, l'acide bromhydrique précipité par l'oxyde d'argent et l'argent dissous reprécipité par l'hydrogène sulfuré. Le liquide décoloré à chaud au moyen d'un peu de noir animal pur abandonne par refroidissement un sirop qui, agité avec de l'alcool, cristallise au bout de peu de temps.

Le produit fut caractérisé après cristallisation par son point de fusion et sa phénylhydrazide comme l'acide α-glucoheptonique. Le rendement s'élève à 60 pour 100 du sucre employé.

DÉRIVÉS DE L'α-GLUCOHEPTOSE.

Phénylhydrazone : $C^7H^{14}O^6 - Az^2H - C^6H^5$.

Comme cette hydrazone est très facilement soluble dans l'eau, on doit, pour sa préparation, employer des solutions concentrées. Une partie d'heptose est dissoute dans une partie et demie d'eau chaude; on refroidit alors vivement et l'on ajoute une partie de phénylhydrazine. Ce mélange est abandonné vingt-quatre heures à la température habituelle. Il est nécessaire de faire tiédir la solution pour éviter la précipitation du sucre assez difficilement soluble qui se séparerait d'abord. On agite ensuite plusieurs fois le liquide avec de l'éther pour enlever l'excès de phénylhydrazine. L'hydrazone se sépare alors comme une bouillie épaisse de cristaux. La masse est essorée à la trompe et cristallisée dans un peu d'alcool absolu chaud.

La matière séchée dans le vide au-dessus d'acide sulfurique a été analysée; l'analyse conduit à la formule écrite plus haut. L'hydrazone fond en se décomposant vers 170° par une chauffe rapide. Dans l'eau elle est très facilement soluble, au contraire assez difficilement dans l'alcool froid et presque pas dans l'éther. Elle présente d'ailleurs la plus grande ressemblance avec les hydrazones des sucres connus.

Osazone : $C^7H^{12}O^6(Az^2HC^6H^5)^2$.

Elle se sépare en fines aiguilles jaunes lorsqu'on chauffe au bain-marie une solution aqueuse de sucre ou de phénylhydrazone avec un excès d'acétate de phénylhydrazine. Pour la préparer en plus grandes quantités, on chauffe pendant une heure au bain-marie une partie de sucre dans 10 parties d'eau, deux parties de phénylhydrazine pure et une partie d'acide acétique à 50 pour 100. La masse cristalline qui se sépare est filtrée à chaud, lavée d'abord à l'eau, puis avec un peu d'alcool froid et enfin à l'éther. Si les matières employées sont pures, l'osazone qui en résulte est formée de fines aiguilles jaunes presque chimiquement pures.

L'eau mère fournit par une nouvelle cristallisation une seconde portion moins considérable et faiblement colorée en brun. La masse totale d'osazone est à peu près égale au poids de sucre employé. Le produit, recristallisé dans l'alcool absolu chaud, fut séché à 100° et analysé. L'analyse conduit à la formule donnée plus haut.

L'osazone se présente sous forme de fines aiguilles jaunes, le plus souvent groupées en touffes; chauffée rapidement, elle brunit vers 190° et fond vers 195° en se décomposant. Elle se dissout dans 60 parties d'alcool bouillant et est presque insoluble dans l'eau et l'éther. L'analyse la distingue de la glucosazone à laquelle elle ressemble beaucoup. L'acide chlorhydrique la dédouble en phénylhydrazine et heptosone.

Pour préparer cette osone, on ajoute une partie d'osazone finement pulvérisée à dix parties d'acide chlorhydrique de poids spécifique 1,19. L'osazone se transforme alors en une masse brune, visqueuse, qui en est le chlorhydrate. On échauffe alors le mélange rapidement à 35° et on frotte soigneusement la masse visqueuse avec l'acide; elle se dissout alors et, au bout de quelques minutes, commence la cristallisation de chlorhydrate de phénylhydrazine. La réaction est en général terminée au bout de dix ou quinze minutes. La masse est alors refroidie à l'aide d'un mélange réfrigérant et le chlorhydrate de phénylhydrazine essoré sur du coton de verre. De l'eau mère chlorhydrique on retire l'heptosone de la même manière que la glucosone (1).

(1) *Berichte*, t. 22, p. 88.

Hexacétyle-glucoheptose.

D'après Erwig et Königs (1), le sucre de raisin est transformé en dérivé pentacétylé par l'anhydride acétique en présence d'un peu de chlorure de zinc.

Dans les mêmes circonstances, l'heptose fournit un produit cristallisé qui, par analogie, peut être considéré comme son dérivé hexacétylé. Conformément aux indications d'Erwig et König, on dissout un petit morceau de chlorure de zinc de la grosseur d'un petit pois dans 12 centimètres cubes d'anhydride acétique, puis on ajoute 3 grammes de sucre finement pulvérisé et on chauffe 15 minutes au réfrigérant ascendant. Après avoir chassé l'anhydride acétique en évaporant au bain-marie et en ajoutant vers la fin de l'alcool à plusieurs reprises, il reste un sirop jaunâtre qu'on reprend par un peu d'alcool absolu.

Au bout de quelques jours la combinaison acétylée se sépare cristalline de la solution évaporée. On la lave à l'eau froide, on la fait cristalliser plusieurs fois dans une petite quantité d'eau chaude. Un échantillon séché à 100° a donné à l'analyse des nombres conduisant à la formule $C^{19}H^{26}O^{13}$.

La combinaison fond vers 156° ; elle est très peu soluble dans l'eau froide et, au contraire, très notablement dans l'eau chaude. Elle est encore plus soluble dans l'alcool, l'éther, le chloroforme. La détermination quantitative des groupes acétylés n'a pas été faite par suite du manque de matière.

Décacétyldiglucoheptose.

Cette combinaison correspond à l'octacétyldiglucose qui a été obtenue à l'aide du sucre de raisin, d'abord par Schützenberger sous forme amorphe, puis par Franchimont à l'état cristallisé. Pour l'obtenir, on dissout à chaud une partie d'acétate de sodium sec dans quatre parties d'anhydride acétique, et l'on ajoute au mélange une partie de sucre finement pulvérisé. Il en résulte une vive réaction. Après dissolution de l'heptose, on chauffe encore un quart d'heure au réfrigérant ascendant et on précipite ensuite la masse dans dix fois son poids d'eau. Il se sépare alors une huile brune qui se prend en masse par refroidissement, tandis que de la solution aqueuse se précipite une autre partie de la combinaison acétylée sous forme de flocons blancs.

Pour purifier le produit, on le fait cristalliser dans l'eau chaude après avoir ajouté du noir animal pur. Après une cristallisation, le rendement est de 70 pour 100 du sucre employé. Ce n'est qu'après cinq cristallisations successives que le point de fusion reste constant à 131-132° (non corrigée). L'analyse du produit séché à 100° donna alors des nombres en accord avec la formule $C^{34}H^{46}O^{23}$.

	Calculé.	Trouvé après 3 cristall.	4 cristall.	5 cristall.
C	49.63	47.36	48.94	49.20
H	5.60	5.23	5.4	5.62

Cette suite d'analyses montre bien qu'au produit brut est mélangée une combinaison moins riche en carbone.

On n'a pas effectué la détermination des groupes acétylés. La formule est justifiée par l'analogie avec le dérivé du sucre de raisin. La différence notable dans les points de fusion prouve que la combinaison est bien différente de la précédente, quoique la constitution empirique soit semblable.

Prtparation de l'α-glucoheptite.

Ce corps se forme par la réduction ultime de l'heptose au moyen de l'amalgame de sodium. On dissout dans l'eau, à la température habituelle, 10 grammes de sucre et,

(1) *Berichte*, t. 22, p. 1464.

après avoir ajouté 4 centimètres cubes d'acide sulfurique à 20 pour 100, on y projette 300 grammes d'amalgame de sodium à 2 1/2 pour 100. Pour accélérer la réaction, on agite fortement d'une manière continue et, de plus, on maintient légèrement acide la réaction de la solution en y ajoutant par petites portions de l'acide sulfurique étendu pendant la durée de l'absorption de l'hydrogène. Lorsque ce gaz commence à se dégager en quantités considérables, on laisse la réaction devenir alcaline et on continue l'opération de la même manière. Il est cependant avantageux de tempérer l'alcalinité en ajoutant de temps en temps de l'acide sulfurique. La réaction peut être terminée en deux ou trois heures en se servant de 500 grammes d'amalgame. Le liquide ne réduit plus alors la liqueur de Fehling.

On sépare alors le mercure, on neutralise exactement à l'acide sulfurique, on ajoute un peu de noir animal et l'on filtre. On ajoute à chaud de l'alcool chaud jusqu'à ce que le mélange en renferme 85 pour 100 ; on filtre après refroidissement et l'on évapore au bain-marie la solution alcoolique jusqu'à consistance sirupeuse. Par refroidissement, ce sirop se prend immédiatement en une masse cristalline qui est soigneusement broyée avec de l'alcool et filtrée. Le rendement est presque quantitatif.

Le produit est soumis à de nouvelles cristallisations dans l'alcool méthylique ou éthylique chaud jusqu'à ce qu'il ne renferme plus aucune trace d'impuretés et qu'il fonde vers 127-128° (non corrigé). Séché dans le vide sur de l'acide sulfurique et analysé, il fournit des nombres correspondant à la constitution $C^7H^{16}O^7$.

Cette combinaison est très soluble dans l'eau et très peu dans l'alcool même à chaud. Cristallisée dans l'alcool méthylique, elle se présente en prismes fins qui fondent à une température fixe, 127 ou 128° (non corrigée), sans aucune décomposition. Le produit impur dévie légèrement à droite le plan de polarisation de la lumière polarisée, le produit pur est au contraire complètement inactif. L'expérience effectuée sur une solution aqueuse à 10 pour 100 dans un tube de 2 décimètres, dans des conditions telles qu'une déviation de 0°,05 n'aurait pu échapper à l'observation, n'a pas permis de constater une rotation appréciable. Le résultat a été le même dans une autre expérience, où une solution de 0 gr. 6 d'heptite dans 5 centimètres cubes d'eau saturée de borax a été examinée dans un tube de 1 décimètre.

Heptacétylglucoheptite.

De même que la mannite (1), l'heptite est transformée en éther neutre par l'anhydride acétique en présence de chlorure de zinc. 2 grammes d'heptite furent chauffés pendant une heure au réfrigérant ascendant avec 10 grammes d'anhydride acétique où l'on avait dissous un morceau de chlorure de zinc fraîchement fondu, gros comme une lentille. La solution fut alors évaporée au bain-marie, en ajoutant de temps en temps de l'alcool jusqu'à ce que l'odeur de l'acide acétique fût devenue très faible. Il reste un sirop qui, digéré avec de l'eau, cristallise partiellement au bout de très peu de temps.

Pour enlever la portion non cristallisée, on broie, au bout d'un ou deux jours, la masse avec très peu d'alcool et on l'étale sur une plaque poreuse. Le produit fut purifié complètement par cristallisations répétées dans l'eau. L'heptacétylglucoheptite se présenta alors en petites tables rhombiques fondant à 113-115° (non corrigée). L'analyse du produit séché à 100° conduisit à la formule $C^7H^9O^7 (C^2H^3O)^7$.

Benzalglucoheptite : $C^7H^{14}O^7 = CH - C^6H^5$.

Elle se forme dans les mêmes circonstances que les combinaisons benzyliques des alcools hexavalents découvertes par Meunier, mais elle s'en distingue par la constitution.

Tandis que la mannite fixe 3 molécules d'aldéhyde benzoïque (2), la sorbite et la

(1) Franchimont, *Berichte*, t. 21, p. 2509.
(2) Meunier, *Comptes rendus*, t. 106, p. 1425.

perséite (1) 2 molécules, il se forme ici une combinaison monobenzylique, même en présence d'un grand excès d'aldéhyde benzoïque.

On dissout 1 gramme d'heptite dans un 1 c. c. 5 d'acide sulfurique à 50 pour 100; on y ajoute 2 grammes d'aldéhyde benzoïque et l'on agite vivement le mélange des deux liquides : au bout de peu de temps, tout se prend en masse par la formation de la combinaison benzylique. Au point de vue du rendement, il est bon de maintenir quelques minutes le mélange au bain-marie jusqu'à fluidifier quelque peu la masse devenue épaisse, et d'agiter alors de nouveau pour établir le contact le plus intime possible entre l'aldéhyde et le liquide aqueux.

Après 24 heures de repos, la masse est étendue d'eau, filtrée, lavée d'abord à l'eau froide jusqu'à disparition de la réaction acide, puis à l'éther pour enlever l'excès d'aldéhyde benzoïque. Le rendement est presque quantitatif. La substance, purifiée par plusieurs cristallisations dans l'alcool absolu chaud, puis séchée à 100°, a été analysée. La formule qui en résulte est $C^{14}H^{20}O^{7}$.

Elle fond à 214° (non corrigée); elle est presque insoluble dans l'eau, elle est assez peu soluble dans l'alcool ordinaire ou l'alcool méthylique. Dissoute à chaud dans l'un de ces dissolvants, elle cristallise par refroidissement en aiguilles très fines et brillantes.

Acide β-glucoheptonique.

$$
\begin{array}{cccccccccccc}
 & & H & & H & & OH & & H & & OH & \\
CH^{2}OH & - & C & - & C & - & C & - & C & - & C & - COOH \\
 & & OH & & OH & & H & & OH & & H &
\end{array}
$$

Cet acide est renfermé dans le sirop brun qui reste après la cristallisation de la lactone α-glucoheptonique. Pour l'isoler, on a recours à son sel de brucine qui cristallise très bien. On dissout des quantités égales de sirop et de brucine dans quinze fois leur poids d'eau chaude, on chauffe avec du noir animal et la liqueur filtrée qui est encore brun noirâtre est évaporée jusqu'à consistance sirupeuse. Grâce aux proportions employées, l'acide est en excès et, par refroidissement du résidu de l'évaporation, le sel de brucine cristallise seul. La masse, après un repos de plusieurs heures, est essorée le plus possible à la trompe, lavée avec un peu d'eau froide et cristallisée de la même manière dans l'eau.

Si l'on dissout ce produit dans de l'alcool à 90 pour 100 à l'ébullition, il s'en sépare par refroidissement sous forme de cristaux brun jaunâtre, la plupart du temps groupés en mamelons.

Le poids du sel ainsi obtenu est à peu près égal à celui de la brucine employée. Pour le purifier complètement, on dissout le sel dans l'eau chaude, on le décolore au noir animal et on le fait cristalliser ensuite dans l'alcool. Il fond à 126°, est très soluble dans l'eau chaude, assez peu dans l'eau froide.

Le sel cristallisé une fois dans l'alcool est assez pur pour servir à la préparation de l'acide heptonique. On dissout ce sel dans l'eau, on le décompose par l'hydrate de baryte en excès, on dissout dans l'eau chaude et l'on filtre après refroidissement : la brucine est séparée. L'eau mère est évaporée jusqu'à consistance sirupeuse pour se débarrasser complètement de la brucine et le résidu est broyé avec de l'alcool froid. Il reste alors la combinaison barytique sous forme d'une masse solide, grenue, faiblement jaunâtre. Elle est filtrée, dissoute dans l'eau chaude, et on en précipite exactement la baryte par l'acide sulfurique. L'eau mère, qui au début avait une réaction fortement acide, abandonne par évaporation un sirop faiblement jaunâtre, dont la réaction est encore acide, mais qui consiste essentiellement en lactone β-glucoheptonique. Elle se sépare sous forme d'aiguilles après un repos de plusieurs jours. La séparation se fait beaucoup plus rapidement si l'on ajoute au sirop un germe du produit cristallisé.

---

(1) Maquenne, *Annales de Chimie et Physique* [6], t. 19, p. 5.

La masse cristalline est essorée le plus complètement possible à la trompe et l'eau mère de nouveau évaporée. Elle fournit, après un traitement analogue, une seconde cristallisation et, en répétant l'opération, on obtient finalement à l'état cristallisé la plus grande partie du sirop initial. Le rendement calculé d'après le sel de brucine est presque quantitatif.

Le produit fut purifié par dissolution dans l'alcool absolu chaud. Par refroidissement, il se précipite très vite en aiguilles fines incolores qui furent séchées à 100° en vue de l'analyse. Elle correspond à la formule $C^7H^{12}O^7$.

La lactone a une réaction neutre et une saveur faiblement sucrée. Elle fond vers 151-152° (non corrigée) sans dégagement gazeux.

Elle est très soluble dans l'eau, passablement dans l'alcool chaud, au contraire très peu dans l'alcool froid et complètement insoluble dans l'éther. Elle ne réduit pas la liqueur de Fehling, est fortement lévogyre et offre le phénomène de la birotation.

Une solution aqueuse de poids total 11 gr. 9417, qui renfermait 1 gr. 2, c'est-à-dire 10,049 pour 100 de lactone et possédait le poids spécifique 1,0372, déviait de 16°,5 vers la gauche le plan de polarisation. On opérait à 20°, dans un tube de 2 décimètres, 20 minutes après la dissolution. Au bout de 24 heures, la rotation était revenue à 14°,12 et restait alors constante. De cette dernière valeur on peut tirer la rotation spécifique $[\alpha]_D^{20} = -67°,7$.

Une seconde détermination, moins précise parce qu'elle fut effectuée dans un tube de 1 décimètre, conduisit à la valeur $-68°,6$.

La birotation ne tient pas ici, comme pour beaucoup d'autres lactones, à une transformation partielle en acide, car la solution a une réaction complètement neutre à la fin de l'opération.

Les sels de baryum, calcium et cadmium sont extrêmement solubles dans l'eau. Jusqu'à présent le sel de cadmium a été seul obtenu cristallisé. Il se sépare très lentement de sa solution sirupeuse en aiguilles très fines. Ce n'est qu'au bout d'un certain temps que la solution froide de lactone donne un précipité avec l'acétate basique de plomb. Mais à chaud le sel basique de plomb se sépare aussitôt sous la forme d'un précipité gélatineux.

Phénylhydrazide : $C^7H^{12}O^7.Az^2H^2.C^6H^5$.

Si l'on chauffe au bain-marie pendant une heure le mélange d'une partie de lactone, une de phénylhydrazine et trois d'eau, il se colore en jaune orangé. Pour isoler l'hydrazide très soluble, on ajoute alors de l'alcool absolu : il en résulte bientôt une cristallisation en lamelles faiblement jaunâtres.

Le produit purifié par cristallisation dans l'alcool absolu chaud et séché à 100° donna à l'analyse la composition $C^{13}H^{20}Az^2O^7$ (dosage d'azote).

L'hydrazide fond entre 150 et 152° (non corrigée) sans décomposition importante. Elle se dissout dans l'eau froide beaucoup plus facilement que le dérivé de l'acide α-glucoheptonique et ne peut, par conséquent, être employée à isoler l'acide de sa solution aqueuse.

Transformation de l'acide β-glucoheptonique en combinaison α (1).

Elle s'opère comme dans les cas analogues, en chauffant le sel de pyridine. Quatre grammes de lactone pure furent chauffés à 140° en tube scellé pendant 3 heures avec

(1) Le mode même de synthèse des deux acides α et β glucoheptoniques établit bien que leurs formules ne peuvent différer que par la disposition autour du dernier atome de carbone asymétrique. Nous avons donc là une vérification indiscutable du principe énoncé précédemment (*Moniteur scientifique*, 1893, p. 92).

Deux acides sont transformables l'un dans l'autre sous l'action de la chaleur lorsque leurs formules ne diffèrent que par la disposition autour du carbone asymétrique le plus voisin du groupement fonctionnel acide.

Nous rencontrerons plus loin à propos des acides glucooctoniques une vérification analogue.

(*Note du traducteur.*)

4 grammes de pyridine et 20 grammes d'eau. La solution brune est bouillie avec un excès d'hydrate de baryte jusqu'à complet départ de la pyridine. La baryte est précipitée exactement par l'acide sulfurique et la liqueur est filtrée après traitement au noir animal. Par évaporation de la solution, il reste un sirop qui ne fournit quelques cristaux qu'au bout d'une semaine. Comme la quantité de ces cristaux était trop faible pour en faire l'analyse précise, on employa à l'isolement de l'acide α-heptonique sa phénylhydrazide. Pour l'obtenir, on chauffe au bain-marie pendant une heure le sirop avec son poids d'eau et la moitié de son poids de phénylhydrazine. La solution brune refroidie abandonne, après addition d'alcool absolu, un mélange des deux hydrazides à l'état de cristaux peu colorés. Le produit est filtré, lavé à l'alcool et dissous dans deux fois son poids d'eau chaude. Après refroidissement, l'hydrazide de l'acide α se sépare lentement. Elle a été caractérisée par son point de fusion (trouvé 172°).

β-glucoheptose.

$$\begin{array}{ccccccccccc} & & H & & H & & OH & & H & & OH \\ CH^2OH & - & C & - & C & - & C & - & C & - & C & - COH. \\ & & OH & & OH & & H & & OH & & H \end{array}$$

On réduit la lactone en solution aqueuse à 10 pour 100, refroidie à 0°, par douze fois son poids d'amalgame de sodium à 2 1/2 pour 100, en présence de la quantité correspondante d'acide sulfurique. Le liquide séparé du mercure est neutralisé à la soude de façon qu'il ait encore une réaction alcaline au bout d'une demi-heure; on filtre, on neutralise à l'acide sulfurique et on ajoute à la solution chaude une quantité d'alcool absolu chaud telle que le mélange en renferme 85 pour 100. Après refroidissement, les sels de soude sont séparés par filtration et l'eau mère alcoolique est évaporée. Le sucre reste alors comme un sirop jaunâtre. Comme on n'a pas réussi jusqu'ici à l'obtenir cristallisé, on a préparé son hydrazone et son osazone.

La *phénylhydrazone*, $C^7H^{14}O^6.Az^2H.C^6H^5$, se sépare cristallisée, au bout de quelques heures, d'un mélange froid de deux parties de sucre sirupeux et d'une partie et demie de phénylhydrazine pure. Le produit est essoré à la trompe, lavé à l'alcool froid, cristallisé dans l'alcool absolu chaud et séché dans le vide au-dessus d'acide sulfurique avant d'être analysé.

Par un échauffement rapide, la combinaison se colore vers 190° et fond à une température voisine de 192° en se décomposant. Elle est soluble dans l'eau, assez difficilement dans l'alcool, dans lequel elle cristallise en aiguilles incolores extrêmement fines.

La *phénylosazone* se sépare au bout de peu de temps en fines aiguilles jaunes lorsqu'on chauffe au bain-marie une solution aqueuse du sucre avec de l'acétate de phénylhydrazine. Un dosage d'azote a fixé la formule $C^{19}H^{24}Az^4O^5$.

Le produit ne diffère en rien, point de fusion, forme cristalline, solubilité, de l'osazone de l'α-glucoheptone. On pouvait prévoir ce résultat, car l'asymétrie du carbone qui détermine l'isomérie des deux sucres disparaît par la formation d'osazone.

Transformation de l'acide β-glucoheptonique en acide pentoxypimélinique.

$$\begin{array}{ccccccccccc} & & H & & H & & OH & & H & & OH \\ COOH & - & C & - & C & - & C & - & C & - & C & - COOH. \\ & & OH & & OH & & H & & OH & & H \end{array}$$

L'oxydation de l'acide β-heptonique a été effectuée par la même méthode qu'avait employée Kiliani pour la combinaison α. 10 grammes de lactone furent chauffés à 40° avec 10 grammes d'acide azotique de densité 1,2. Au bout de quelques heures, il se forme une solution claire, de laquelle se dégage lentement de l'acide nitreux. L'opération fut interrompue au bout de 24 heures. L'acide bibasique formé fut transformé en sel de calcium. Pour cela le liquide rouge orangé est étendu de 500 centimètres cubes d'eau et neutralisé à l'ébullition par un excès de carbonate de calcium. Simultanément la liqueur d'abord assez peu colorée se fonce davantage. On la traite au noir animal et on filtre à chaud. Par le refroidissement, elle se trouble et le sel de calcium se sépare en partie au bout de 12 heures sous forme d'une poudre cristalline jaune sale. L'eau mère, réduite par évaporation à la moitié de son volume, fournit après un repos de 12 heures une seconde cristallisation. Le rendement total en sel de calcium brut s'élève à 4 gr. 5.

Pour obtenir l'acide libre, on projette le sel de calcium finement pulvérisé dans la solution chaude de la quantité calculée d'acide oxalique, puis on laisse digérer le mélange pendant une heure, jusqu'à ce que le produit, aggloméré d'abord par un commencement de fusion, soit complètement transformé en une poudre cristalline d'oxalate de calcium. Comme le sel employé n'est pas entièrement pur, la solution renferme un léger excès d'acide oxalique. On le précipite par la quantité juste suffisante d'eau de chaux. Le liquide est alors chauffé avec un peu de noir animal pur, filtré et évaporé au bain-marie. Il reste un sirop jaune rougeâtre. On le dissout dans un peu d'acétone pure et on le fait évaporer lentement; dans le courant d'une à deux semaines, il s'en sépare des houppes cristallines dures, presque incolores, noyées dans un sirop épais. On peut les séparer de celui-ci aisément par lavage à l'acétone pure. L'eau mère fournit par évaporation une seconde cristallisation. Les cristaux constituent non pas l'acide bibasique lui-même, mais sa monolactone de composition $C^7H^{10}O^8$.

Pour purifier davantage cette substance, on la dissout dans une grande quantité d'éther acétique chaud. De la solution fortement concentrée se séparent des lamelles incolores et dures, réunies en houppes qui, à la suite de cristallisations répétées, toujours dans le même dissolvant, se transforment en longues aiguilles ou en prismes. On sécha à 100° et l'analyse conduisit à la formule $C^7H^{10}O^8$.

L'acide lactonique fond vers 177° lorsqu'on le chauffe rapidement, mais le point de fusion est mal déterminé et le corps se décompose. Néanmoins, ce corps fond visiblement plus haut que la combinaison isomère de l'acide α dont Kiliani trouva le point de fusion 143°. Il est très soluble dans l'eau froide et l'alcool chaud, très peu soluble dans l'acétone et l'éther acétique. Il est fortement dextrogyre.

Une solution aqueuse fraîchement préparée, qui renfermait 9,972 pour 100 d'acide lactonique et possédait le poids spécifique 1,0433, faisait tourner dans un tube de 1 décimètre de 7°,13 vers la droite, ce qui donne $[\alpha]_D^{20} = +68°,5$ pour la rotation spécifique. La conduite de cette combinaison vis-à-vis des alcalis montre bien que c'est un acide lactonique : sa solution aqueuse exige en effet, pour être amenée à neutralité, deux fois plus de potasse à chaud qu'à froid. Le sel de calcium est très peu soluble dans l'eau et se sépare de sa solution chaude en cristaux très petits, grenus et incolores.

Conduite optique de l'acide pentoxypimélinique provenant de l'acide α-glucoheptonique.

$$\begin{array}{ccccccccccc} & & H & & H & & OH & & H & & H & \\ COOH & - & C & - & C & - & C & - & C & - & C & - COOH. \\ & & OH & & OH & & H & & OH & & OH & \end{array}$$

La combinaison et ses sels ont été décrits par Kiliani, mais elle n'a pas été examinée au point de vue optique. Elle se transforme aussi, par évaporation de sa solution aqueuse, en acide lactonique cristallisé $C^7H^{10}O^8$.

Pour l'étude optique, on se servit de cette lactone préparée par la méthode de Kiliani et purifiée par cristallisation dans l'eau. La combinaison fut reconnue inactive, car une solution à 10 pour 100 ne présenta aucune rotation appréciable dans un tube de 1 décimètre et dans des conditions expérimentales telles qu'une déviation de 0° 05 ne put échapper à l'observation.

Pour compléter la connaissance de la lactone, on prépara encore la phénylhydrazide neutre. Elle se précipite à chaud d'une solution aqueuse d'acide lactonique, au bain-marie et en très peu de temps, en présence d'un excès de phénylhydrazine, sous forme de lamelles jaunâtres, très solubles dans l'eau et dans l'alcool, auxquelles un dosage d'azote a permis d'attribuer la formule $C^{19}H^{24}Az^4O^7$.

(*A suivre.*) LOUIS SIMON.

SUR LE JATROPHA CURCAS ET SUR L'HUILE QU'IL CONTIENT

Par MM. J.-J. Arnaudon et Ubaldini.

Le fruit de cet abrisseau de la famille des Euphorbiacées, qui comprend plusieurs plantes à principes huileux, drastiques ou émétiques, est vénéneux.

Le Jatropha Curcas (Pignon d'Inde; Médicinier) est propre aux climats chauds et humides de l'Amérique méridionale et des Antilles. Un seul pignon ou deux suffisent, comme nous l'avons essayé nous-mêmes, pour produire un fort dérangement; la saveur en est douceâtre, puis elle prend à la gorge avec un sentiment d'âpreté et, après une heure environ, on éprouve des douleurs de ventre, des nausées suivies d'évacuations alvines, de vomissements et prostration. Après trois jours de faiblesse, la santé revient. Quelques graines de plus, et la mort s'ensuivrait.

Les fruits examinés par nous provenaient de la collection de produits naturels envoyés par le Paraguay à l'Exposition de Paris en 1855. Cette étude a été commencée en l'année 1857, publiée en extrait dans le *Nuovo Cimento* de Pise en 1858, et reprise en 1893 à Turin.

Caractères physiques.

Les pignons sont réunis dans une enveloppe ou capsule divisée en trois compartiments. Leur poids varie de cinq à sept décigrammes; leur forme est généralement ovoïde et comprimée en trois parties. Chaque pignon est constitué par deux parties principales : la coque et l'amande. La coque est formée d'une partie extérieure ou épidermique, noire, rugueuse, pointillée ou nuancée de blanc, non luisante, résinoïde, et d'une partie interne brune, compacte, fragile et tapissée d'une membrane mince, papyriforme, servant d'enveloppe à l'amande et à l'embryon renfermé dans celle-ci. Nous avons trouvé que 100 parties contiennent 41.50 de coque et 58,46 d'amande.

Extraction des matières grasses.

L'expérience a été faite sur 30 grammes de pignons qui ont été réduits en pulpe, puis traités par l'éther à froid.

Le traitement éthéré a donné 37.1 du poids de l'amande et 29 pour 100 du poids du pignon avec l'enveloppe, d'une huile sirupeuse presque incolore, d'une densité de 1.915, qui jaunit par exposition à l'air et laisse déposer quelques globules d'un corps gras moins fusible. Son odeur est nauséabonde et un peu âcre; cette odeur persiste même après un séjour de quelques heures dans une étuve à + 100°. Traitée par l'eau, elle ne donne pas trace de tannin aux sels de fer.

Cette huile est neutre aux réactifs quand les graines ont été bien conservées.

Elle est *soluble dans l'alcool froid*, toutefois un peu moins que l'huile de ricin à laquelle elle ressemble par ce caractère; une goutte se dissout dans deux d'alcool absolu. Cette conclusion n'est pas d'accord avec celles d'autres chimistes qui l'ont trouvée moins soluble.

Il est remarquable que lorsqu'on traite à plusieurs reprises l'huile par de petites portions d'alcool, l'huile de Jatropha étant en excès, on finit par avoir un résidu indissous dans l'alcool froid, constitué par des globules d'un corps gras solide à la température ordinaire; ces globules sont cependant solubles à froid dans une plus grande proportion d'alcool.

Le liquide alcoolique d'où ces globules gras ont été séparés a laissé, par évaporation, une huile plus fluide et très soluble dans l'alcool. Ce caractère ainsi que l'étude des produits de sa *décomposition par les alcalis* me portent à penser que l'*huile de Jatropha ne diffère de celle de ricin* que par la proportion des corps gras qui la constituent (1).

Analyse du Jatropha Curcas.

Cent parties de l'amande du pignon d'Inde contiennent :

Eau		7.2
Matières grasses		37.5
Résidu...	Glucose	55.3
	Matière ligneuse amylacée	
	Albumine	
	Caséine	
	Matières minérales	
		100.0

La quantité de cendres trouvée pour l'amande a été 4.8 pour 100; celle fournie par l'amande avec sa pellicule a été de 6 pour 100.

Ces cendres contiennent de la silice, des phosphates, de la potasse, de la chaux, de l'oxyde de fer.

La détermination de l'azote a donné 4.2 pour 100 pour l'amande, et 2.9 pour 100 pour l'amande avec son enveloppe.

Saponification de l'huile de Jatropha Curcas.

La saponification a été faite avec la baryte, à 100°, dans les proportions suivantes :

10 grammes d'huile ;
10 grammes de baryte hydratée;
20 grammes d'eau.

On a versé le lait de baryte dans l'huile ; la saponification commence à la température ordinaire. On a exposé le mélange pendant 24 heures à l'étuve, en agitant la masse de temps en temps et ajoutant de l'eau au fur et à mesure qu'il s'en perdait pendant l'évaporation.

La saponification opérée, on a évaporé l'eau au bain-marie et le résidu a été repris par l'éther, lequel, évaporé à siccité, n'a pas laissé de trace de corps gras non saponifié.

Le savon barytique, après le traitement éthéré, a été soumis à un lavage à l'eau bouillante pour enlever la glycérine ainsi que les savons de baryte à acides gras volatils également solubles dans l'eau.

Le liquide filtré a été traité par un courant d'acide carbonique pour précipiter la baryte en excès ; on a fait bouillir, puis on a filtré. Séché au bain-marie, il a laissé un résidu sirupeux, lequel, repris à l'alcool absolu, a donné 0 gr. 897 de glycérine. On a vérifié la nature de ce corps par le procédé suivi par M. Berthelot par sa transformation en propylène iodé au moyen de l'iodure de phosphore, propylène iodé qui, traité à son tour par l'acide chlorhydrique fumant et le mercure, a donné le propylène.

La partie indissoute dans l'alcool absolu a été traitée par l'eau, laquelle, par évaporation, laisse un résidu qui donne la baryte par calcination.

Ce résidu du traitement aqueux, chauffé avec l'acide sulfurique dilué, fournit des traces d'un produit volatil odorant; la quantité obtenue ne nous a pas permis de constater la nature de cet *acide gras volatil.*

Le savon, insoluble dans l'éther et l'eau bouillante, séché à 100°, a donné un résidu

(1) L'huile de Jatropha chauffée avec la potasse dans une cornue *donne de l'acide caprylique* par distillation, caractère signalé pour l'huile de ricin.

pesant 16 grammes. Ce dernier, traité par l'alcool bouillant, donne à son tour 0 gr. 423 d'un savon à acide gras fluide à la température ordinaire.

Le résidu, insoluble dans l'alcool bouillant, pesant 16 gr. 077, a été décomposé par l'acide chlorhydrique.

Par refroidissement, les acides gras viennent se figer en masse blanc jaunâtre formant croûte à la surface du liquide incolore; on a lavé à plusieurs reprises par l'eau et ensuite la masse a été comprimée entre des feuillets de papier à filtre. Le résidu, qui ne tachait plus le papier, a été repris par l'alcool à 66° bouillant, lequel a laissé déposer par refroidissement un acide parfaitement blanc et cristallin, fondant entre 40 et 50°.

Le papier à filtre entre lequel les acides gras avaient été comprimés a été lavé à l'éther bouillant et cet éther donna par évaporation un acide liquide légèrement jaunâtre, lequel cependant tenait en suspension après refroidissement de l'acide gras moins fusible (fondant à 15°).

Une portion de l'acide gras liquide distillé avec la potasse à une température modérée, s'est gonflée, en devenant écumeuse et noirâtre, et en produisant de l'*alcool caprylique*, caractère qui *le rapproche de l'huile de ricin.*

Traitement de la portion des amandes insoluble dans l'éther.

On l'a traitée par l'eau dans un mortier en faisant un liquide laiteux, puis on a jeté le tout sur un filtre; le liquide passe trouble. Ce liquide, évaporé, laisse un résidu déliquescent. Chauffé vers 70°, il a donné un coagulum abondant que l'on a séparé par filtration. Cette matière coagulée présentait les caractères suivants : à l'état humide, elle offre l'aspect du blanc d'œuf coagulé; à l'état sec, l'aspect corné des fragments de gluten d'albumine sèche. Elle se dissout dans l'acide chlorhydrique et se colore en pourpre violacé ; l'acide nitrique la colore en jaune.

Exposée à la distillation sèche, elle a donné de l'ammoniaque et des produits sulfurés : c'était de l'*albumine.*

Le liquide duquel l'albumine a été séparée par ébullition, traité par l'acide acétique, a précipité une substance floconneuse, soluble dans un excès d'acide. Une portion de ce liquide abandonné à lui-même avec de la craie a produit du lactate de chaux : c'était de la caséine.

D'un autre côté, nous nous sommes assurés de la présence du *glucose* en coagulant la caséine par l'acide acétique et évaporant le liquide filtré. Le résidu sirupeux avait une saveur douce, réduisait les sels de cuivre et produisait de l'acide carbonique avec la levure de bière.

Une partie de ce résidu sirupeux, reprise par l'alcool, a laissé un résidu gommeux.

Le résidu ligneux ou pulpe blanchâtre qui est restée ne donnait que des traces d'amidon.

Essais sur la coque ou enveloppe des pignons.

La décoction de la coque brune des pignons produisit sur la soie une couleur grisâtre très solide sans mordants.

Mordancée en sel de fer, on obtient un marron brun, et une terre d'ombre avec les sels de cuivre.

Cette matière colorante est produite par la partie interne de la cuticule, puisque la pellicule noire ne perd pas de son intensité, même après des traitements par l'eau bouillante, et semble de nature résinoïde.

Il nous reste à chercher le principe actif ou vénéneux qui ne s'est dissous que partiellement dans l'huile.

J.-J. ARNAUDON.

DE L'ESSAI ARÉOMÉTRIQUE DES BIÈRES, MOUTS ET EXTRAITS DE MALT AU MOYEN DU MALTOMÈTRE

Par M. D. SIDERSKY.

L'extrait de malt houblonné, le moût de bière que le brasseur soumet à une fermentation plus ou moins active, renferment à la fois du maltose, des dextrines, quelques matières azotées et les principes aromatiques empruntés au houblon. Seul, de ces matières diverses, le maltose subit une décomposition par la fermentation, en se transformant en alcool et en acide carbonique ; les autres matières restent dans leur état primitif et forment, avec le reste du maltose non décomposé, l'extrait sec de la bière.

Bien que la proportion respective de ces diverses matières soit fort variable suivant la matière première et les procédés de préparation du moût, la densité relative de l'extrait sec est à peu près constante, de sorte qu'il existe une relation très étroite entre la densité d'un moût et sa teneur en extrait sec, qu'il suffit de déterminer la première pour en déduire la dernière au moyen de tables établies spécialement dans ce but, telles que celle de *Schulze-Ostermann*, celle d'Ellion, etc. Nous ne citerons que pour mémoire la table de Balling, ou plutôt son saccharimètre, dont les indications se rapportent aux *solutions de sucre de canne* et n'ont pas de rapport avec l'extrait sec de la bière.

Les deux tables que nous venons d'indiquer ont été établies au moyen de nombreux dosages d'extrait sec dans des moûts différents, mais la manière dont l'extrait sec a été dosé n'ayant pas été identique, les deux auteurs sont arrivés à des résultats différents. *Schulze-Ostermann* (1) dose l'extrait sec du moût, en évaporant une certaine quantité de liquide à la température de 75° centigrades, de sorte que le résidu contient le maltose à l'état d'hydrate ($C^{12}H^{22}O^{11} + H^2O$), tandis que *Ellion* (2) dose l'extrait sec par évaporation dans le vide à 97° centigrades environ et, dans ces conditions, le résidu est tout à fait anhydre.

Nous considérons la méthode d'Ellion comme la plus exacte, d'abord parce que l'*extrait sec* comprend l'ensemble des matières sèches dissoutes dans le moût, et ensuite parce que le procédé Schulze conduirait à des résultats différents selon qu'il y a du maltose en proportion plus ou moins forte.

Voici quelques chiffres empruntés aux tables en question :

DENSITÉ à 15° CENTIGRADES (l'eau de 15° centigrades étant l'unité).	DEGRÉS BALLING (à 17°,5 centigr.).	SCHULZE-OSTERMANN. — EXTRAIT SEC.		ELLION. — EXTRAIT SEC.	
		Pour 100 grammes.	Pour 100 centimètres cubes.	Pour 100 grammes.	Pour 100 centimètres cubes.
1,0100	2.50	2.58	2.61	2.47	2.49
1.0200	5.00	5.20	5.30	4.89	4.99
1,0300	7.46	7.71	7.94	7.27	7.49
1,0400	9,90	10.16	10.57	9.62	10,00
1,0500	12,28	12,63	13,26	11,92	12,52
1,0600	14,66	15.14	16,05	14,19	15.04
1,0700	17.00	17.48	18.70	16.42	17.57
1,0800	19.27	19.67	21.24	18.61	20.10

En examinant de très près la table d'*Ellion*, en nous attachant principalement aux chiffres exprimant l'extrait sec en grammes pour 100 centimètres cubes (soit en kilo-

(1) Schulze-Ostermann, v. *Post*, *Analyse chimique appliquée à l'industrie*, chap. « Bière ». — V. Marx, *Laboratoire du Brasseur*, 3e édit. p. 402-407.

(2) Ellion, v. *Zeitschrift für Angewandte Chemie*, 1890, p. 291.

grammes par hectolitre), nous avons reconnu qu'il y a une relation très simple entre la densité et l'extrait sec, et qui est représentée par la formule :

$$E = 2.50\,d + 0,0019\,d^2,$$

dans laquelle d est la densité abrégée, l'unité et la première décimale étant négligées (densité Régie). Pour la bière dépouillée de son alcool ou les moûts à moins de 14 pour 100 d'extrait, il suffirait de multiplier la densité par 2.50 pour avoir l'extrait sec en kilogrammes par hectolitre. En multipliant par le même coefficient l'excédent du poids d'un litre de moût sur celui de l'eau, on obtiendra l'extrait sec en grammes par litre (1).

L'extrait sec considéré en bloc possède sans doute la densité de 1,667, mais les solutions se dilatent légèrement avec l'augmentation de la concentration.

Les aréomètres en usage en brasserie n'étant pas en rapport direct avec l'extrait sec du moût, nous avons fait construire (2) un aréomètre spécial, nommé *maltomètre*, qui indique, à la température de 15° centigrades, les kilogrammes d'extrait sec par hectolitre de moût, en suivant la formule que nous venons d'exposer.

Cet instrument rendra donc un réel service aux brasseurs par suite de ses indications directes. Mais ce n'est pas tout, car le brasseur y trouvera un moyen de contrôle pour la conduite de la fermentation, en pesant le moût avant et après et en constatant la différence, l'atténuation apparente ; *cette différence, divisée par 2, représente la teneur centésimale de la bière en alcool.*

Nous allons exposer les principes théoriques de cette formule, à la fois si simple et si importante pour la brasserie.

Par la fermentation, une partie du maltose disparaît pour donner naissance à un poids équivalent d'alcool, qui reste dans la bière, et à l'acide carbonique qui se perd dans l'air. Théoriquement, 100 kilogrammes de sucre de canne se décomposent, d'après Pasteur, en :

51k,10	(ou 64 lit. 3) alcool ;
49k,20	acide carbonique ;
3k,40	glycérine ;
0k,65	acide succinique ;
1k,30	cellulose, matières grasses, etc.
105k,65	

Mais, dans la pratique industrielle, c'est-à-dire en fermentation rapide, on n'obtient que 60 à 60 litres 5 d'alcool au maximum, le reste étant perdu par évaporation et entraînement par l'acide carbonique, etc. Nous pouvons donc admettre, sans nous écarter beaucoup de la vérité, qu'en brasserie la fermentation produit au maximum 61 litres d'alcool pour 100 kilogrammes de sucre (maltose anhydre).

Voyons maintenant quelle serait l'atténuation apparente de l'extrait sec produite par la décomposition de 1 kilogramme de maltose.

Il y aura d'abord l'atténuation réelle de 1 kilogramme, ou 1° du maltomètre, par suite de la disparition de 1 kilogramme de maltose. Ensuite, il y a dans le liquide 0 lit. 61 d'alcool dont la densité est inférieure à celle de l'eau. Or, pour calculer cette atténuation, il suffit de rappeler que la présence de 1 pour 100 d'alcool abaisse la densité de 0,0013 à 0,0014 environ, ce qui ferait au maltomètre $0.14 \times 2.5 = 0,35$ d'extrait sec. 0 lit. 61 d'alcool produiront donc une atténuation de $0.61 \times 0.35 = 0.21$ d'extrait sec. Donc, la disparition de 1 kilogramme de maltose produirait une atténuation apparente de 1°,21 au maltomètre, d'où l'*atténuation apparente* $\times$ 0.82 = *atténuation réelle*. Ce coefficient 0.82 est constant, quelle que soit la concentration du liquide,

(1) Les densités indiquées dans les tables de Schulze et d'Ellion se rapportent à l'eau distillée à 15° centigrades prise comme unité. En les multipliant par 0,99916, on aura les densités absolues.

(2) Le maltomètre est construit, sur nos indications, par la Société centrale de produits chimiques, 44, rue des Écoles, à Paris.

les degrés du maltomètre se rapportant au *volume* du liquide qui ne subit aucune modification (1). Donc, 1° l'atténuation apparente indique la décomposition de 0 kil. 82 de sucre ; la quantité d'alcool produit serait évidemment de :

$$0.82 \times 0{,}61 = 0 \text{ lit. } 50.$$

La teneur centésimale de la bière en alcool est donc égale à la moitié de l'atténuation apparente.

Soit un moût ayant indiqué au maltomètre 17° avant la fermentation, et 6° après la fermentation. On aura donc 13° — 6° = 7°, atténuation apparente. Un hectolitre du moût fermenté (bière) contiendra donc :

$$\frac{7}{2} = 3 \text{ lit. } 1/2 \text{ d'alcool, et } 6 + 7 \times 0.18 = 7 \text{ kil. } 26 \text{ d'extrait sec.}$$

Le coefficient 0,18 est l'excédent de l'atténuation apparente sur l'atténuation réelle.

L'échelle du *maltomètre* va de 0° à 20°, et chaque degré est divisé en 5 parties. Elle est établie pour la température normale de 15° centigrades.

On peut employer le maltomètre pour l'analyse de la bière, en faisant un essai double sur la bière telle quelle et sur une portion de bière dépouillée de son alcool par évaporation à moitié en ramenant avec de l'eau au volume primitif. La dernière indiquera l'extrait sec de la bière et la différence des deux observations, multipliée par 2.86, indique l'alcool pour 100. Si l'on dose l'alcool à part, au moyen de l'ébullioscope, il suffira de peser la bière au moyen du maltomètre et d'ajouter aux degrés observés l'alcool multiplié par 0,35.

Exemple : le maltomètre indique dans la bière 5°, et 6°,5 dans la même bière dépouillée de son alcool. On aura 6°,5 — 5° = 1°,5 ; 1.5 × 2.86 = 4.29 pour 100 alcool. Si l'on a trouvé 4.30 pour 100 alcool par l'ébullioscope et 5° avec le maltomètre, l'extrait sec de la bière serait 5 + 4.30 × 0.35 = 5 + 1.5 = 6.50 pour 100.

Il est bien entendu que l'extrait sec est toujours exprimé en kilogrammes par hectolitre de liquide et l'alcool en degrés Gay-Lussac, c'est-à-dire en litres d'alcool par hectolitre de liquide.

En distillerie, comme dans toute autre industrie de fermentation, le maltomètre est également susceptible de rendre de réels services. Il ne s'agit pas, dans ce cas, de rechercher avec le maltomètre le degré d'extrait sec d'un moût dont la composition est variable suivant la nature et la composition de la matière première soumise à la saccharification. Mais il en est autrement de l'*atténuation apparente*, c'est-à-dire de la diminution du degré maltométrique par suite de la fermentation ; elle sera toujours égale au double de l'alcool formé.

Pour justifier cette assertion, il suffit de rappeler que la fermentation alcoolique a toujours pour point de départ la décomposition du *glucose*, dont la densité diffère peu de celle de l'extrait sec de la bière, et qui est la base du maltomètre. En effet, MM. *Graham*, *Hofmann* et *Redwood* (2) ont observé, à 17°5 C., les densités suivantes, rapportées à l'eau de la même température :

Glucose (pour 100 du poids).	1	10	15	20
Densité..................	1.01949	1.04013	1.06101	1.08245
Glucose (pour 100 du volume)	5.09	10.40	15.91	21.64

Ces relations diffèrent peu de celles qui existent pour les moûts de bière, de sorte que le rapport entre la diminution de la densité et la quantité d'alcool formé restera le même.

(1) Balling a exposé une théorie très intéressante de l'atténuation apparente, et il a indiqué dans une table les coefficients avec lesquels on arrive à établir l'alcool. Ces coefficients diffèrent forcément de la concentration, parce que Balling rapportait tous ses chiffres aux 100 parties en poids, de sorte que si 1 kilogramme de maltose donne toujours la même quantité d'alcool, le rapport pour 100 de poids varie avec l'extrait sec du liquide fermenté.

(2) V. von Lippmann, *Zuckerarten* (Brunswick, 1882, p. 12).

CHIMIE ANALYTIQUE APPLIQUÉE

Le dosage de l'oxyde de fer et de l'alumine dans les phosphates minéraux.

Par M. ALFRED SMETHAM.

(*The Journal of the Society of Chemical Industry*, année 1893, p. 112-116.)

L'emploi des phosphates minéraux s'est largement développé en Angleterre pendant les 20 ou 30 dernières années. Or les coprolithes du pays sont maintenant épuisés; on importe donc chez nous de toutes les parties du globe, depuis quelques années, les phosphates les plus divers par la composition ainsi que par la structure physique, à commencer par l'apatite dure, cristalline, et à finir par le guano phosphatique tendre et pulvérulent. La valeur de ces substances est déterminée principalement par la proportion de phosphate de chaux qu'elles renferment.

Presque tous les phosphates minéraux que l'on importe en Angleterre servent à la fabrication du superphosphate; par l'effet du traitement, le phosphate insoluble et à peu près inerte passe à l'état soluble; il se forme du phosphate monocalcique tétrahydrique, tandis que de l'acide phosphorique est mis en liberté, la chaux se combinant avec l'acide sulfurique pour former du sulfate de chaux, lequel agit comme substance desséchante. Il semblerait donc assez simple de fabriquer un superphosphate dont tout l'acide phosphorique serait soluble dans l'eau; mais la pratique n'est pas aussi facile qu'on le croirait: cela tient à la présence d'impuretés dans la matière première.

Parmi ces impuretés, celles qui ont l'effet le plus fâcheux sont le sesquioxyde de fer et l'alumine, qui forment avec l'acide phosphorique, — surtout à la longue, — des composés insolubles dans l'eau, d'où la *rétrogradation* du superphosphate. Il est donc important, pour le fabricant, d'employer des phosphates bruts aussi exempts que possible d'oxyde de fer et d'alumine.

Pour cette même raison, on a pris l'habitude, dans ces dernières années, pour apprécier la valeur des phosphates, de tenir compte de la proportion d'oxyde de fer et d'alumine qu'ils contiennent; on admet généralement que ces substances empêchent le double de leur poids de phosphate de devenir soluble et l'on opère une déduction d'après cette hypothèse. On admet, toutefois, une tolérance de 3 pour 100.

Lorsque l'on conclut un contrat, on a l'habitude de laisser une marge de 1 pour 100 pour le phosphate de chaux et de 1/2 pour 100 pour l'ensemble de l'alumine et de l'oxyde de fer entre les analyses des chimistes nommés par les deux parties; s'il y a de plus grandes différences, on s'en rapporte, d'un commun accord, à un troisième chimiste: la moyenne des résultats les plus approchés sert de base d'évaluation.

Comme on prend les échantillons maintenant avec grand soin, il n'arrive pas souvent que les résultats donnés par les chimistes s'occupant spécialement des analyses de phosphates diffèrent entre eux de plus de 1 pour 100; mais on ne peut guère dire que la même uniformité existe en ce qui concerne le dosage de l'oxyde de fer et de l'alumine. Au cours des dernières années, et spécialement depuis un congrès qui a eu lieu par les soins de l'Association des fabricants d'engrais chimiques, il y a eu plus d'uniformité : on ne voit plus se produire ces grandes différences, qui étaient autrefois si fréquentes, entre les résultats fournis par divers chimistes anglais; mais il faut regretter qu'il n'y ait pas la même concordance entre nos analyses et celles de chimistes de grande valeur, européens ou américains.

Parmi le grand nombre de procédés décrits avec plus ou moins d'exactitude dans les divers traités d'analyse qualitative, il y en a peu qui donnent des résultats exacts ou qui soient appropriés aux exigences d'un laboratoire où l'on a beaucoup à faire. Au point de vue pratique, les procédés employés par les chimistes qui s'occupent spécialement d'analyses de phosphates peuvent être rangés en deux catégories : 1° le procédé à l'acétate d'ammoniaque ; 2° la méthode de Glaser et ses modifications.

Le procédé à l'acétate est basé sur ce que le phosphate de fer et le phosphate d'alumine sont insolubles dans une solution froide d'acide acétique, tandis que le phosphate de chaux y est soluble. Il semblerait à première vue que nous ayons là un moyen simple et facile d'effectuer une séparation complète ; mais malheureusement, comme cela a lieu souvent dans des opérations simples en apparence, il se produit des causes d'erreur qui rendent très difficile le dosage exact de l'oxyde de fer et de l'alumine ; la principale est que le phosphate d'alumine se dissout, d'une façon appréciable, dans un excès d'acide acétique. Ce fait était connu depuis longtemps par quelques analystes et il avait été clairement signalé par W.-C. Young dans *The Analyst* de 1890, p. 61 et 83 ; néanmoins, on n'en avait presque pas tenu compte, et il avait même été négligé par les chimistes qui analysent des phosphates presque tous les jours, et c'est à cette négligence que doivent être attribués la plupart des désaccords entre les résultats obtenus par des hommes éminents. Il est vrai que le mémoire auquel je viens de faire allusion ne traitait pas directement du dosage de l'alumine dans les phosphates ; voilà peut-être la raison pour laquelle ses enseignements sont restés si longtemps inconnus dans certains milieux.

Il y a une autre cause d'erreur, également très répandue : on croyait que le précipité produit par l'acétate d'ammoniaque consistait uniquement en phosphates de fer et d'alumine et que ces phosphates étaient des ortho-phosphates normaux. Cette opinion reçut une sorte de sanction semi-officielle dans un rapport publié en 1878 par un comité que l'Association britannique avait chargé de l'étude des méthodes usitées pour le dosage de l'acide phosphorique dans les phosphates commerciaux. En dépit d'une lettre d'avertissement que j'écrivis au *Chemical News*, à la date du 23 août de la même année, on continua, en général, à admettre la pureté des phosphates précipités. Pour trouver la proportion d'alumine, on calculait le $FePhO^4$ d'après la quantité de Fe^2O^3 trouvée dans le précipité. Du poids total de ce précipité, on déduisait $FePhO^4$. On ne tenait pas compte de la solubilité de $AlPO^4$ dans l'excès d'acide acétique employé, ni de la présence de la chaux dans le précipité, ni de ce que les phosphates présents ne sont pas nécessairement normaux. Par conséquent, les résultats obtenus de cette manière étaient, dans le cas le plus favorable, entachés d'erreurs, parfois d'une amplitude considérable. Il n'y a donc pas lieu de s'étonner de ce que, avec de telles possibilités d'erreur, les résultats obtenus par divers chimistes fussent très divergents ; c'est du reste ce qui amena, de la part des négociants en phosphates, une vigoureuse protestation et ce qui leur fit essayer de remédier à ce qui était indubitablement un échec pour la profession d'analyste.

J'ai fait des expériences d'essai, dans des conditions connues et bien définies, sur trois procédés pratiquement distincts : d'abord, une forme modifiée du procédé Glaser, procédé dont la réussite dépend de la complète insolubilité du sulfate de chaux dans l'alcool acidifié par l'acide sulfurique et de la solubilité des phosphates de fer et d'alumine dans le même dissolvant ; secondement, le procédé par l'acétate, tel que j'avais l'habitude de l'employer depuis des années ; et troisièmement, le procédé par l'acétate, tel qu'il a été décrit par le Dr F. Wyatt dans un livre publié à New-York, en 1892, et intitulé : *The Phosphates of America*.

Avant de donner les expériences d'essai pour chacun de ces trois procédés, il convient de décrire en détail la façon dont je les pratique actuellement.

Le procédé Glaser. — Je suis, non pas le procédé primitif lui-même, mais la modification qui a été donnée par H.-B. Shepherd, dans les *Chemical News*, et dont voici la description :

On prend 2 grammes 5 de l'échantillon finement préparé, on les dessèche préalablement à 100°, on les traite, dans un gobelet de verre, avec 20 à 30 centimètres cubes de HCl pur, concentré, et, lorsque l'effervescence a cessé, on évapore la solution à siccité au bain-marie. De cette manière, tout le fluor est expulsé et la silice soluble, s'il y en avait, passe à l'état insoluble. On dissout alors la masse dans 10 centimètres cubes environ de HCl dilué (1 pour 4); lorsque tout est dissous, sauf les matières siliceuses, on fait tomber le contenu du gobelet de verre dans un flacon de 250 centimètres cubes *avec la moindre quantité possible d'eau chaude.* (Notons ici que l'eau régale ne convient, ni pour attaquer le phosphate au début, ni pour le dissoudre ensuite, car elle décompose les pyrites qui peuvent se trouver dans l'échantillon, de sorte que ce que l'on obtient est le total de l'oxyde de fer avec le fer combiné au soufre; or ce dernier fer n'est pas attaqué par l'acide sulfurique dans la fabrication du superphosphate; les indications résultant de l'analyse ainsi faite déprécient donc faussement les phosphates à pyrites.) Lorsque la solution de phosphate est refroidie, on ajoute 10 centimètres cubes d'acide sulfurique pur, on remue le contenu de la bouteille en imprimant à celle-ci un mouvement rotatoire et on laisse refroidir le mélange. Lorsque le flacon est froid, on le remplit avec de l'alcool jusqu'à la marque qui se trouve sur le col et l'on agite bien le tout. On attend que la contraction soit complète et l'on ajoute une nouvelle quantité d'alcool pour remplacer ce qui manque; on tient compte du volume du sulfate de chaux précipité. On remue bien le flacon à nouveau, puis on le met de côté pour que le sédiment se forme. On verse alors le contenu du flacon sur un filtre sec, au-dessus d'un flacon de 200 centimètres cubes. On évapore les 200 centimètres cubes (2 grammes de substance) dans une capsule de platine à basse température; on continue l'évaporation jusqu'à ce qu'il y ait dégagement de vapeurs d'acide sulfurique et que la totalité de la matière organique présente (cette matière provenant ou de la substance, ou de l'alcool employé) soit complètement carbonisée. Cela est très important : sans cette précaution, une partie de l'oxyde de fer et de l'alumine pourrait être retenue en solution par les matières organiques dans la précipitation ultérieure. Lorsque le résidu est froid, on le lave de façon à le faire tomber dans un gobelet de verre, on ajoute un grand excès de brome ou de bioxyde d'hydrogène et on chauffe le liquide, quelque temps, à une température voisine de l'ébullition. On ajoute de l'ammoniaque jusqu'à réaction nettement alcaline, on fait bouillir doucement pendant quelque temps, on ajoute encore quelques gouttes d'ammoniaque diluée; on filtre et on lave le précipité avec de l'eau bouillante, soit pure, soit plutôt additionnée d'un sel ammoniacal.

La précipitation exige beaucoup de soins, car, lorsqu'on prolonge l'ébullition, le sulfate d'ammoniaque en solution se résout en un sulfate acide qui dissout une portion plus ou moins considérable des phosphates précipités. Il est donc important, même lorsqu'on a suivi les instructions que je viens de donner, d'essayer la liqueur filtrée pour voir si tout est précipité; pour cela, on ajoute un peu plus d'ammoniaque et on chauffe. (Si, dans le lavage, on n'a pas soin de se servir d'un sel d'ammoniaque, le précipité a une tendance à se dédoubler et à donner un phosphate basique, tandis qu'une portion du fer et de l'alumine passe à travers le filtre.)

Voici une autre méthode de précipitation que j'ai adoptée dernièrement. Elle offre l'avantage d'obvier à la nécessité de chercher la magnésie dans le précipité. Lorsque le brome a été expulsé, on verse assez d'ammoniaque pour que le liquide devienne nettement alcalin, on ajoute un peu de solution d'acétate d'ammoniaque, on rend la solution légèrement acide au moyen d'acide acétique et l'on fait bien bouillir. Lorsque les phosphates mélangés ont été précipités de cette manière, la filtration se fait plus vite et le lavage est plus facile; en outre, il n'y a pas de risque de perte par solubilité comme il y en a dans la méthode ordinaire de précipitation.

Le précipité consiste en oxyde de fer et en alumine combinés avec l'acide phosphorique; si l'on a suivi de point en point les instructions que j'ai données, il ne contient pas de chaux du tout; mais, s'il a été précipité par l'ammoniaque seulement, il peut retenir une trace de magnésie.

Comme la composition de ce précipité varie dans presque toutes les analyses, il n'est pas prudent, d'après mon expérience, de calculer la proportion d'oxyde de fer et d'alumine d'après le poids total, mais il faut dans chaque cas analyser le précipité lui-même. Voici la méthode dont je fais usage :

Après ignition, on pèse le précipité, on le dissout dans HCl dilué; pour obtenir une solution parfaitement claire, on ajoute de l'acide citrique (ordinairement 2 grammes environ) et l'on rend la solution ammoniacale de telle sorte qu'un quart environ de son volume soit représenté par de l'ammoniaque concentrée (densité, 0,880). Si l'on a ajouté suffisamment d'acide citrique, le liquide doit conserver sa couleur jaune brillant et rester clair quelque temps. On le met alors de côté et l'on agite de temps en temps, pendant une heure au moins; si, au bout de ce temps, il ne se forme pas de précipité, c'est qu'il n'y a pas de magnésie ou qu'il n'y en a qu'une quantité négligeable. S'il y a de la magnésie, on recommence à bien agiter la solution; lorsque le dépôt s'est effectué, il faut filtrer pour séparer le précipité, laver ce précipité avec de l'ammoniaque diluée et calciner pour former $Mg^2Ph^2O^7$. A la liqueur filtrée ou à la solution, on ajoute du mélange magnésien en léger excès, on agite bien le liquide pendant deux heures au moins et l'on recueille le précipité de la manière qui a été décrite pour la magnésie, s'il y a lieu. (Il est inutile de le redissoudre, car il ne se trouve point d'impuretés qui puissent être entraînées avec lui et le contaminer.) Dans le cas où l'on aurait quelque doute quant à la présence de la chaux et où l'on aurait employé de l'oxalate d'ammoniaque, il faudrait redissoudre le précipité de phosphate et le reprécipiter par l'ammoniaque.) A la liqueur filtrée, on ajoute du sulfure d'ammonium en léger excès, on chauffe le liquide et l'on recueille le précipité de FeS avec les précautions ordinaires; on peut alors le brûler directement de manière à le transformer en Fe^2O^3. En retranchant du poids total le poids de l'acide phosphorique et de la magnésie (si l'on en a), on trouve promptement les poids de l'oxyde de fer et de l'alumine. Le procédé est long, mais avec les soins qu'il faut, on obtient des résultats très satisfaisants.

Au cours des essais de ce procédé et des autres, j'ai préparé des solutions normales de fer et d'alumine en dissolvant, dans l'acide, des quantités connues de fil d'aluminium (j'avais analysé avec soin la feuille d'aluminium afin de faire la correction pour le peu d'impuretés qu'elle contenait). J'ai aussi préparé des solutions de phosphate de chaux (ou d'acide phosphorique et de chlorure de calcium) et de chlorure de magnésium.

Voici les résultats obtenus :

Pris.	Trouvé. Première détermination.	Trouvé. Seconde détermination.
1 gramme 25 de $Ca^3Ph^2O^8$..	»	»
0 gr. 092 de Fe^2O^3........	0 gr. 091 de Fe^2O^3.	0 gr. 992 de Fe^2O^3..
0 gr. 115 de Al^2O^3........	0 gr. 134 de Al^2O^3.	0 gr. 140 de Al^2O^3.

Dans ces deux cas, l'excès d'alumine trouvé provenait de ce que le liquide, avant l'addition d'alcool, mesurait 80 cent. cubes, et de ce qu'il y avait de la chaux dans les précipités, comme on l'a vu à l'essai. Je donne ces résultats, cependant, pour montrer la nécessité de maintenir le liquide sous un petit volume avant d'ajouter l'alcool dans le flacon :

Pris.	Trouvé.
0 gramme 565 de Ph^2O^5....................	»
2 gr. 2 de $CaCl^2$..........................	»
0 gr. 087 de Fe^2O^3........................	0.085
0 gr. 089 de Al^2O^3........................	0.091

L'essai suivant a été semblable à celui qui précède, mais avec addition de chlorure de magnésium. Voici les résultats :

Pris.	Trouvé. Précipitation par l'ammoniaque.	Trouvé. Précipitation par l'ammoniaque, l'acétate d'ammoniaque et l'acide acétique.
0 gramme 565 de Ph^2O^5......	»	»
2 gr. 000 de $CaCO^3$..........	»	»
0 gr. 087 de Fe^2O^3..........	0.087	0.087
0 gr. 089 de Al^2O^3...........	0.087	0.088
0 gr. 095 de $MgCl^2$..........	»	»

Dans le cas où je n'avais employé que de l'ammoniaque, le précipité contenait 0 gramme,007 de MgO, ce qui montre la nécessité de chercher ce corps dans toutes les analyses. Dans le second cas, il n'y avait pas de MgO.

J'ai fait une longue série d'essais en double par le procédé de Glaser et par le procédé à l'acétate : les résultats m'ont convaincu que, si l'on opère avec soin et si l'on observe exactement les conditions que j'ai indiquées, les essais par les deux procédés concordent ordinairement, à une différence près qui est égale à 0,1 pour 100 de la substance totale que l'on a prise. Je préfère que mes essais en double soient faits par les deux méthodes, d'autant plus que les séparations primitives sont plus dissemblables.

Procédé par l'acétate d'ammoniaque. — Sous ce titre je me propose de traiter uniquement du procédé, tel que j'ai l'habitude de l'employer depuis nombre d'années.

On chauffe avec HCl concentré deux grammes de l'échantillon réduit en poudre fine et on évapore, comme quand on prépare la solution pour le procédé Glaser. On reprend le résidu avec environ 10 centimètres cubes de HCl dilué, on fait digérer jusqu'à ce que le tout soit rendu soluble, on dilue avec de l'eau et l'on filtre pour séparer la matière siliceuse. On fait alors bouillir la solution avec du peroxyde d'hydrogène ou avec du brome, pour être parfaitement sûr que la totalité du fer se trouve à l'état de sesquioxyde ; on laisse refroidir la solution et on verse de l'ammoniaque diluée jusqu'à ce que l'on obtienne un léger précipité permanent. On ajoute HCl dilué, goutte par goutte, jusqu'à ce que le liquide soit redevenu parfaitement clair, puis on verse assez de solution d'acétate, plutôt acide qu'alcaline, pour former du chlorure d'ammonium avec la totalité de HCl libre. Un excès d'acétate d'ammoniaque n'affecte pas l'exactitude des résultats. Après avoir bien agité, on met le gobelet de côté et on l'abandonne pendant quelque temps ; on recueille le précipité, on le lave à l'eau froide, puis à l'eau chaude, on le dessèche, on le brûle et on le pèse. De cette manière, la quantité d'acide acétique libre que contient la solution n'est équivalente qu'à la quantité d'acide chlorhydrique libre, nécessaire pour maintenir en solution les phosphates de fer et d'alumine. (L'alumine n'est pas soluble d'une façon appréciable dans cette solution.) Quant au précipité ainsi obtenu, il consiste en phosphate de fer et d'alumine, et en quantités variables de phosphate de chaux : il est donc nécessaire de l'analyser avec soin, si l'on veut trouver exactement la proportion d'alumine.

Voici le *modus operandi* que je préfère :

Je dissous le précipité dans HCl dilué, j'ajoute de l'acide citrique, puis de l'oxalate d'ammoniaque en léger excès. Je fais bouillir la solution, puis j'ajoute de l'ammoniaque diluée, goutte par goutte, jusqu'à ce que le liquide soit neutre au papier de tournesol, puis j'ajoute de l'acide acétique jusqu'à réaction distinctement acide. Je laisse le liquide au chaud, quelque temps, pour assurer la précipitation complète de la totalité de la chaux ; je filtre, je lave le précipité à l'eau chaude, je le calcine jusqu'à formation de carbonate, en ayant soin de maintenir la température assez basse pour empêcher la formation de chaux caustique. Dans le liquide filtré, je précipite l'acide phosphorique par le mélange magnésien, j'agite bien la solution et, s'il est possible, je la laisse reposer toute la nuit. Je verse sur un filtre le liquide qui surnage, je lave le filtre en faisant tomber dans le gobelet primitif le liquide de lavage ; je dissous le précipité dans le moins possible de HCl dilué, puis je le reprécipite par de l'ammoniaque concentrée. Je le laisse alors reposer pendant au moins une heure, en agitant par intervalles ; je le rassemble, je le lave avec de l'ammoniaque diluée, je le dessèche, je le calcine sans le filtre, et je le pèse à l'état de $Mg^2Ph^2O^7$.

Au liquide filtré j'ajoute un léger excès de sulfure d'ammonium, je chauffe la solution et je détermine le fer avec les précautions ordinaires.

Je ramène par le calcul le $CaCO^3$ à CaO, le $Mg^2Ph^2O^7$ à PhO^5 ; je pèse le fer à l'état de Fe^2O^3 et j'obtiens Al^2O^3 par différence.

Les expériences suivantes montreront la nécessité d'observer scrupuleusement tous les détails.

Pris.	Trouvé.
1 gramme de $Ca^3Ph^2O^8$	»
0 gr. 092 de Fe^2O^3 (à l'état de chlorure ferreux)	0 gr. 060 de Fe^2O^3.
0 gr. 115 de Al^2O^3	0 gr. 115 de Al^2O^3.

Dans ce cas, j'ai à dessein évité d'oxyder avant de précipiter : il en est résulté qu'une grande proportion du fer a échappé à la précipitation. Par le repos pendant la nuit, il s'est formé un second précipité contenant 0,23 de Fe^2O^3, mais la liqueur séparée par filtration contenait toujours du fer. On voit par là que l'oxydation préalable est absolument nécessaire pour le succès.

L'expérience suivante a été exécutée exactement comme dans la pratique :

Pris.	Trouvé.
1 gramme de $Ca^3Ph^2O^8$	»
0 gr. 092 de Fe^2O^3	0.091
0 gr. 115 de Al^2O^3	0.116

La liqueur filtrée provenant d'un essai similaire a été évaporée à siccité avec addition d'acide chlorhydrique ; j'ai repris le résidu avec un peu d'acide chlorhydrique dilué, je l'ai projeté par lavage avec la moindre quantité d'eau possible, dans un flacon de 250 centimètres cubes, et je l'ai traité par la méthode de Glaser. En ajoutant de l'ammoniaque et en faisant bouillir quelque temps, je n'ai pas observé trace de précipité ; on peut en conclure que l'on n'a point d'alumine soluble.

Le point faible, tant du procédé Glaser que du procédé à l'acétate, c'est que l'on en est réduit à chercher l'alumine par différence dans l'analyse d'un précipité relativement complexe, de sorte qu'il faut opérer avec les précautions les plus minutieuses si l'on veut obtenir des résultats rigoureusement exacts ; mais, après avoir fait un grand nombre d'expériences pour remédier à ce défaut, j'ai le droit d'avouer que je n'ai pas réussi à trouver un procédé qui ne suscite aucune objection, et je continue à croire que la méthode par différence reste la meilleure de celles à notre disposition.

Reposant sur la formation de phosphate de chaux en combinaison avec le fer et l'alumine, les résultats suivants, bien que n'étant pas obtenus dans des conditions parfaitement similaires à celles de la précipitation par l'acétate d'ammoniaque, peuvent être intéressants, en ce qu'ils montrent la tendance à une précipitation de la chaux plutôt que du fer et de l'alumine.

J'ai précipité par l'ammoniaque 0 gramme, 0,087 de Fe^2O^3 en présence de 0,565 de Ph^2O^5, j'ai fait bouillir la solution, et j'ai pesé à la manière ordinaire le précipité qui en est résulté. Je l'ai ensuite dissous dans HCl dilué, j'ai ajouté 2 grammes 2 de $CaCl^2$, j'ai précipité la nouvelle solution par l'ammoniaque, j'ai dissous dans HCl et reprécipité par l'ammoniaque. Voici les résultats obtenus :

Pris.	Calculé.	Trouvé par analyse.
Le premier précipité pesait 0 gr. 171.	Fe^2O^3 = 0.087	»
	Ph^2O^5 = 0.084	»
Le deuxième précipité pesait 0 gr. 238.	Fe^2O^3 = 0.087	0.086 de Fe^2O^3.
	Ph^2O^5 = 0.084	0.082 de Ph^2O^5.
	CaO = 0.067	0.067 de CaO.

Une expérience analogue, avec 0,089 de Al^2O^3 au lieu de Fe^2O^3, a donné :

Pris.	Calculé.	Trouvé par analyse.
Le premier précipité pesait 0 gr. 221.	Al^2O^3 = 0.089	»
	Ph^2O^5 = 0.132	»
Le deuxième précipité pesait 0 gr. 270.	Al^2O^3 = 0.089	0.089
	Ph^2O^5 = 0.132	0.120
	CaO = 0.049	0.061

En répétant ces expériences pour ce qui concerne les précipitations, j'ai trouvé essentiellement les mêmes résultats. Il semblerait, d'après l'analyse des précipités obtenus à la fin, que le phosphate de fer ait peu de tendance à abandonner de l'acide phosphorique lors du lavage, mais que, pour le phosphate d'alumine correspondant, il y ait eu une perte considérable (0 gramme, 012).

Le précipité d'alumine et de chaux se dissolvant facilement, à froid, dans HCl très dilué, et une portion considérable (plus des 2/3) du fer et de la chaux étant soluble, il devient très probable que les précipités consistent principalement en phosphates doubles des deux bases.

Le procédé Wyatt. — Ce procédé est décrit comme suit par le Dr Wyatt.

« On opère sur 50 centimètres cubes du liquide séparé de la matière siliceuse par filtration : ce volume de liquide filtré (substance dissoute dans l'eau régale) équivaut à 1 gramme de phosphate ; on verse dans un gobelet de verre et on alcalinise par l'ammoniaque.

« Il se forme un précipité que l'on redissout en ajoutant juste la quantité d'acide chlorhydrique suffisante, puis on alcalinise à nouveau par l'ammoniaque en léger excès. On ajoute alors 50 centimètres cubes d'acide acétique concentré et pur ; on agite le mélange et on le laisse reposer dans un lieu froid, *jusqu'à ce qu'il soit complètement froid.* On le jette alors sur un filtre; on lave avec soin le gobelet et le résidu deux fois avec de l'eau bouillante. On retire de dessous l'entonnoir le flacon renfermant le liquide filtré, et on le remplace par le gobelet dans lequel la précipitation a été faite. On dissout la substance, avec soin, dans une solution d'acide chlorhydrique à 50 pour 100, un peu chaude, et on lave le filtre deux fois avec de l'eau chaude. On alcalinise avec de l'ammoniaque en léger excès le liquide filtré qui se trouve dans le gobelet, puis on le rend fortement acide avec de l'acide acétique pur et concentré ; on agite bien et on laisse reposer jusqu'à refroidissement complet. On replace alors sous l'entonnoir le flacon renfermant le premier liquide filtré, on y ajoute par filtration le liquide qui se trouve dans le gobelet, on lave le filtre deux fois avec de l'eau froide contenant un peu d'acide acétique, puis trois fois avec de l'eau distillée bouillante. On calcine le contenu et on le pèse, ce qui donne les *phosphates de fer et d'alumine pour* 1 *gramme de matière.* Dans une moitié de ce précipité, on dose l'anhydride phosphorique par la méthode du molybdate. Quant à la moitié restante, on la réduit et on la titre avec une solution de permanganate à 1/50. »

Dans les expériences dont les détails précèdent, j'ai scrupuleusement exécuté le procédé comme il est décrit ici, excepté en ce qui concerne l'analyse des phosphates mélangés.

Pris.	Trouvé.	
	Sans oxydation.	Avec oxydation.
1 gramme 25 de $Ca^3Ph^2O^8$	»	»
0 gr. 092 de Fe^2O^3 (à l'état de chlorure ferreux)	0.040	0.093
0 gr. 115 de Al^2O^3	0.109	0.099

On voit, d'après ces résultats, que l'oxydation préalable des sels de fer est absolument nécessaire ; mais, comme le Dr Wyatt recommande d'employer l'eau régale pour dissoudre la substance, il est évident que l'insuffisance dans le fer trouvé ne doit pas être attribuée à quelque défaut du procédé tel qu'il est décrit. La perte d'alumine, dans la plupart des cas, est du reste sérieuse.

Pris.	Trouvé.	
	Premier dosage.	Deuxième détermination.
1 gramme de Ph^2O^5	»	»
2 gr. 2 de $CaCl^3$	»	»
0 gr. 095 de $MgCl^2$	»	»
0 gr. 087 de Fe^2O^3	0.087	0.087
0 gr. 089 de Al^2O^3	0.078	0.087

Comme on ne prend que 1 gramme dans l'analyse par le procédé du Dr Wyatt, toute insuffisance dans l'alumine produit une différence considérable dans les résultats.

CHARLES BAYE.

Dosage du phosphate d'alumine par précipitation de ses solutions au moyen de l'ammoniaque et des acétates alcalins.

Par M. C. Glaser (1).

(*Zeitschrift für Analytische Chemie*, 1892, p. 383.)

En dosant par les différentes méthodes connues les phosphates mixtes de fer et d'alumine dans les phosphorites, j'ai eu à constater dans les résultats des écarts tellement considérables, — surtout quand la teneur en alumine des phosphorites était supérieure à celle qu'on trouve d'ordinaire dans les phosphorites de la Caroline du Sud, — qu'il m'a paru intéressant d'étudier cette question de plus près. J'avais pour but de déterminer les conditions dans lesquelles la précipitation par l'ammoniaque ainsi que par les acétates alcalins pouvait donner des résultats concordants.

A cet effet, j'ai préparé une solution qui contenait, comme moyenne de trois analyses, 0 gr. 0472 d'alumine et 0 gr. 0778 d'acide phosphorique. Il y avait par conséquent excès d'acide phosphorique. 50 centimètres cubes de cette solution ont été neutralisés, puis traités par une solution d'acétate de soude et chauffés jusqu'à commencement d'ébullition. Le précipité a été lavé avec de l'eau chaude, calciné et pesé comme à l'ordinaire.

Le poids du phosphate d'alumine obtenu était égal à 0 gr. 0968.

Dans la portion filtrée, le mélange magnésien a accusé 0 gr. 0279 d'acide phosphorique.

Le précipité de phosphate d'alumine a été redissous et reprécipité par de l'acétate de soude additionné d'une petite quantité de phosphate de soude. Poids du phosphate d'alumine obtenu : 0 gr. 0958. On a répété la même opération et on a eu comme résultat 0 gr. 0967 de phosphate d'alumine.

La portion filtrée contenait 0 gr. 275 d'acide phosphorique.

50 centimètres cubes de la même solution ont été traités par de l'ammoniaque en excès et soumis à l'ébullition jusqu'à disparition de l'odeur ammoniacale. Le précipité a été traité comme il a été dit plus haut, avec les résultats suivants :

Sulfate d'alumine obtenu..............................	0 gr. 0813
Acide phosphorique dans la portion filtrée................	0 gr. 0392

Un nouveau traitement du précipité a fourni :

Phosphate d'alumine obtenu............................	0 gr. 0856

La portion filtrée, traitée par de l'acétate de soude, a encore fourni 0 gr. 0028 de phosphate d'alumine. La solution résultant de la filtration du dernier précipité contenait 0 gr. 0376 d'acide phosphorique.

Le précipité de phosphate d'alumine a été redissous dans l'eau, et après addition de phosphate de soude, la solution a été reprécipitée par de l'acétate de soude :

Phosphate d'alumine obtenu............................	0 gr. 0917

50 centimètres cubes de la solution de phosphate d'alumine ont été traités par de l'ammoniaque, le précipité a été redissous, additionné de phosphate de soude et reprécipité par de l'acétate de soude :

Phosphate d'alumine obtenu............................	0 gr. 0918
— resté en solution..................	0 gr. 0073
Acide phosphorique trouvé dans la portion filtrée..........	0 gr. 0371

50 centimètres cubes de la solution de phosphate d'alumine ont été précipités par de l'acétate de soude, chauffés au bain-marie à 100° et traités ensuite comme dans la précédente expérience :

Phosphate d'alumine obtenu............................	0 gr. 0952

(1) Ce travail de l'auteur est une suite rationnelle donnée à l'article précédent.

50 centimètres cubes de la solution ont été traités comme precédemment avec cette différence que le liquide a été chauffé à 70° au lieu de 100°.

Phosphate d'alumine trouvé.......................... 0 gr. 1049

10 centimètres cubes de la solution évaporés dans une capsule de platine et calcinés jusqu'à poids constant ont donné un résidu de 0 gr. 02184.

On voit que, dans toutes ces expériences, il y a eu décomposition du phosphate d'alumine, surtout dans les cas où les solutions ont été précipitées par l'ammoniaque.

D'autre part, les résultats obtenus en précipitant les solutions par l'acétate de soude ont fait ressortir la possibilité d'arriver à des résultats exacts en opérant à des températures peu élevées et surtout en évitant le lavage à l'eau chaude.

Pour continuer mes expériences, j'ai préparé une nouvelle solution de phosphate d'alumine que j'ai analysée avant et après les expériences.

La première analyse a donné, pour 50 centimètres cubes, les nombres suivants:

Acide phosphorique	0 gr. 1595
Alumine	0 gr. 1129
Acide phosphorique en excès	0 gr. 0036

La dernière analyse a donné :

Acide phosphorique	0 gr. 1572
Alumine	0 gr. 1129
Acide phosphorique en excès	0 gr. 0027

Un laps de temps assez considérable s'étant écoulé entre les deux analyses, il faut admettre que la solution a subi une certaine altération. Pour les expériences suivantes, je prendrai comme base de comparaison les résultats de la première analyse, vu que celle-ci a été opérée très peu de temps avant le commencement des expériences.

PREMIÈRE EXPÉRIENCE.

50 centimètres cubes de la solution ont été précipités par une solution d'acétate de soude, chauffés jusqu'à ébullition, et le précipité a été lavé avec de l'eau chaude, calciné et pesé :

Phosphate d'alumine trouvé	0 gr. 2655
Acide phosphorique resté en solution	0 gr. 0126 (1)

La composition centésimale du phosphate précipité a été celle-ci :

Acide phosphorique	54.1
Alumine	46.4
	100.7

Le produit était donc un mélange de sel basique et de sel neutre.

DEUXIÈME EXPÉRIENCE.

50 centimètres cubes de la solution ont été précipités par une solution d'acétate de soude, chauffés à 70° jusqu'à ce que le précipité se soit rassemblé, filtré, et le précipité a été lavé avec de l'eau chaude :

Phosphate d'alumine trouvé	0 gr. 2700
Acide phosphorique resté en solution	0 gr. 0036

La composition centésimale de ce précipité répondait exactement à la formule $AlPO^4$.

Une nouvelle analyse du précipité a donné :

Phosphate d'alumine.......................... 0 gr. 2713

(1) Le pyrophosphate de magnésie n'était pas bien pur.

TROISIÈME EXPÉRIENCE.

50 centimètres cubes de la solution ont été traités par de l'ammoniaque en léger excès et soumis à l'ébullition jusqu'à disparition de l'odeur ammoniacale.

Pour reconnaître la présence éventuelle d'acide libre, j'ai ajouté à la solution deux gouttes d'orangé de méthyle :

Phosphate d'alumine trouvé..........................	0 gr. 2478
Acide phosphorique en solution.........................	0 gr. 0256

L'expérience a été répétée et a donné les résultats suivants :

Phosphate d'alumine..............................	0 gr. 2421

La composition centésimale du produit a été celle-ci :

Acide phosphorique..................................	51.09
Alumine...	50.24
	101.33

On voit donc qu'en s'en tenant au mode opératoire adopté dans la deuxième expérience, il est possible de séparer quantitativement le phosphate d'alumine répondant à la formule $Al PO^4$, tandis que par l'emploi de l'ammoniaque les résultats obtenus sont faux, par suite de la décomposition partielle du sel. Cependant, le déficit ne porte que sur l'acide phosphorique si l'on opère en solution exactement neutre, et par conséquent, comme l'a démontré Stutzer, on peut parfaitement doser l'alumine comme telle après séparation de l'acide phosphorique à l'aide de l'acide molybdique. Mais cette opération exige trop de temps. Je me propose donc de décrire ici une modification que j'ai apportée à la méthode, basée sur l'emploi de l'acétate de soude, à la suite des recherches qu'on a lues plus haut.

Dans les manuels de chimie analytique, il est dit que pour déceler l'alumine et l'oxyde de fer dans une solution de phosphates, il faut la traiter par de l'ammoniaque jusqu'à complète précipitation des phosphates et redissoudre le phosphate de chaux par l'addition d'acide acétique. Les inconvénients qu'offre ce procédé sont connus depuis longtemps. En premier lieu, le phosphate de chaux ne se dissout que difficilement dans l'acide acétique, à moins que celui-ci ne se trouve en grand excès, ce qui, en deuxième lieu, détermine la redissolution d'une portion de l'alumine. On peut éviter cette source d'erreur en ajoutant quelques gouttes d'orangé de méthyle à la solution de phosphate, — qui toutefois doit être exempte de chlore libre, — et traitant par l'ammoniaque jusqu'à ce que la solution soit sur le point de perdre sa réaction acide. A ce moment, quelques centimètres cubes d'acétate de soude ou, mieux encore, d'acétate d'ammoniaque, amènent la coloration jaune du liquide et, par l'échauffement à 70°, la précipitation de la totalité de phosphate de fer et de phosphate d'alumine. En opérant ainsi, on évite complètement la précipitation du sel calcique. Il n'y a qu'une très petite quantité de celui-ci qui est entraînée mécaniquement par le précipité. Pour s'en débarrasser, il faut redissoudre le précipité dans l'acide chlorhydrique et traiter la solution comme il vient d'être dit, en y ajoutant au préalable un peu de phosphate de soude.

Si la solution primitive renferme du chlore libre, on la traite, avant d'ajouter l'indicateur, par de l'ammoniaque en très léger excès, puis on ajoute l'indicateur et une quantité d'acide chlorhydrique étendu qui suffise exactement pour rendre de nouveau clair le liquide troublé par l'addition d'ammoniaque. De cette façon l'indicateur n'est que très lentement décomposé et on a le temps d'ajouter une quantité suffisante d'acétate d'ammoniaque.

Les phosphates de fer et d'alumine sont ensuite jetés sur un filtre, lavés avec de l'eau à 70°, calcinés et pesés.

Dans le cas où le creuset n'a pas été chauffé assez fort pour que le phosphate ferrique adhérât aux parois, on peut facilement séparer les deux oxydes en opérant comme il suit :

Après avoir pesé les phosphates, on les couvre dans le creuset avec du carbonate de soude pur et on fait fondre pendant 10 minutes sur la lampe d'émailleur. Après refroidissement, on jette la masse fondue dans de l'eau, on filtre à chaud pour séparer l'aluminate et le phosphate de soude de l'oxyde de fer (1) et pour débarrasser celui-ci de l'alcali qui y adhère, on reprécipite comme d'habitude par l'ammoniaque. Dans la portion filtrée, le phosphate d'alumine peut être dosé par la méthode décrite plus haut. Mais ce dosage n'est pas nécessaire, étant donné qu'il suffit de connaître le poids des phosphates réunis et celui de l'oxyde ferrique précipité pour calculer le reste. Le dosage de l'alumine exige en outre l'emploi d'un carbonate de soude chimiquement pur, sans quoi le précipité de phosphate d'alumine est souillé d'impuretés.

Les dosages des phosphates d'alumine et de fer par cette méthode exigent très peu de temps et répondent amplement, au point de vue de l'exactitude, au besoin de la pratique.

Si on n'emploie pas le carbonate de soude en très grand excès, il se sépare par le refroidissement de la portion filtrée un phosphate d'alumine basique qui semble répondre à la formule $Al^3P^2O^7$. Une solution concentrée et froide de soude en dissout 2.5 pour 100 du poids de la soude en présence; une solution chaude en dissout 17 pour 100. Il est donc nécessaire de filtrer autant que possible à chaud et de laver à l'eau chaude.

Le phosphate basique d'alumine précipité de la solution sodique forme une poudre blanche et se sépare de sa solution acide, par l'action des acétates alcalins, plus difficilement que le sel neutre. Lorsqu'on traite une telle solution comme il a été décrit plus haut, l'acétate d'ammoniaque n'y produit point à froid de précipité appréciable. Ce n'est que par l'échauffement qu'il se sépare un précipité gélatineux incolore qui ressemble beaucoup comme aspect à de l'hydrate d'alumine fraîchement précipité. Il n'est presque pas visible sur le filtre.

La formation de ce sel doit être cause des différences que l'on observe dans le traitement du phosphate d'alumine par l'ammoniaque avec ébullition prolongée, et explique les pertes dans le dosage d'après l'ancienne méthode par l'acétate de soude.

A. Bach.

Méthode volumétrique pour le dosage du plomb.

Par M. F.-C. Knight.

(*Engineering and Mining Journal*, de New-York.)

On a cherché depuis longtemps, pour les besoins de l'industrie, une méthode volumétrique de dosage du plomb à la fois rapide et peu compliquée comme manipulation. Un grand nombre de ces méthodes ont été tour à tour mises à l'essai sans donner grande satisfaction. Deux seulement présentent quelque intérêt, en ce sens qu'elles fournissent des résultats suffisamment exacts, même pour les usages industriels. Nous les décrirons donc rapidement.

La première, qui est la plus pratique, consiste à neutraliser la solution de nitrate de plomb au moyen d'ammoniaque ou de carbonate d'ammoniaque; on ajoute ensuite un excès d'acétate de soude et on effectue le titrage au moyen d'une solution titrée de bichromate de potassium; la fin de la réaction est constatée par la coloration rouge que l'on obtient en mettant en contact une goutte de nitrate d'argent avec une goutte de la solution soumise à l'essai.

Si l'on opère avec soin, cette méthode fournit de bons résultats. La plus grande objection qu'on puisse lui faire, c'est que nous ne savons jamais si la totalité du plomb est exactement précipitée à l'état de chromate, surtout si l'on n'observe pas toutes les

---

(1) Il faut laver également avec de l'eau chaude.

précautions recommandées. En second lieu, cette méthode est un peu longue et le terme de la réaction peut être aisément dépassé.

La seconde méthode consiste à précipiter le plomb de sa dissolution à l'état de carbonate ; le précipité est redissous dans une quantité mesurée d'acide nitrique normal à laquelle on ajoute une solution neutre de sulfate de soude. Il se précipite du sulfate de plomb et il se forme une quantité équivalente de nitrate de sodium. L'acide nitrique libre est alors déterminé au moyen d'une solution alcaline normale. Par différence, on a la quantité d'acide nitrique primitivement combinée en plomb; on en déduit facilement le métal lui-même. Cette méthode exige que la solution de nitrate de plomb soit exempte d'autres métaux ; la longueur de l'opération rend du reste le procédé inapplicable dans les laboratoires industriels.

Il existe enfin une troisième méthode qui, bien que n'étant pas volumétrique, semble présenter de grands avantages sur les précédentes. Elle consiste à dissoudre le sulfate de plomb au moyen d'une solution de chlorure d'ammonium et à reprécipiter le plomb à l'état métallique au moyen d'une lame d'aluminium ; on pèse le plomb métallique : les résultats sont assez exacts; mais cette méthode trouvera difficilement son application dans les laboratoires industriels où il existe toujours un préjugé contre les méthodes gravimétriques. Toute méthode volumétrique lui sera préférée, si elle présente le même degré d'exactitude et si elle peut s'appliquer à tous les usages.

La méthode que nous présentons aujourd'hui semble réunir toutes ces conditions. Elle est basée sur la précipitation du plomb à l'état d'oxalate, la décomposition de ce sel par l'acide sulfurique et le titrage de l'acide oxalique mis en liberté. Un simple calcul donnera la quantité de plomb primitivement combinée à l'acide oxalique.

Dans l'analyse des minerais et des produits de fabrication qui en dérivent, on peut opérer de la manière suivante :

Suivant la richesse de la substance, on pèse de 5 décigrammes à 1 gramme de matière que l'on place dans une capsule ; on ajoute 15 centimètres cubes d'acide nitrique concentré et 25 centimètres cubes d'acide sulfurique concentré ; on couvre la capsule avec un verre de montre et on chauffe au bain de sable jusqu'à décomposition complète. Dès que les fumées blanches d'anhydride sulfurique commencent à apparaître, on retire la capsule et on la laisse refroidir. Puis on ajoute peu à peu 50 centimètres cubes d'eau, on porte à l'ébullition et on filtre immédiatement. On lave le précipité avec de l'eau bouillante légèrement acidulée par l'acide sulfurique, puis finalement avec de l'eau bouillante seule. On chasse ensuite le précipité au moyen de la fiole à jet dans un verre de 200 centimètres cubes, en ayant soin de ne pas employer plus de 50 centimètres cubes d'eau. On ajoute 50 centimètres cubes d'acide chlorhydrique concentré, on couvre avec un verre de montre et on fait bouillir pendant cinq minutes. Les sulfates de chaux et de plomb passent en solution.

Si le mélange contient beaucoup de silice et de sulfate de baryte, il est bon de filtrer et de laver à l'eau chaude. De petites quantités de silice ne gênent pas, mais de grandes quantités de cette substance empêchent la précipitation ultérieure du plomb métallique à l'état spongieux.

On étend la solution à 100 centimètres cubes et on la maintient chaude, mais non pas bouillante. On ajoute alors 2 grammes de zinc en grenailles ; le plomb se dépose sous forme de mousse métallique. Lorsque l'action de l'acide sur le zinc semble terminée, on ajoute encore 0,5 grammes de zinc ; on attend cinq minutes, puis on fait bouillir quelques instants; enfin, on ajoute 10 centimètres cubes d'acide chlorhydrique qui dissolvent rapidement le reste du zinc. Lorsque toute réaction a cessé, le plomb flotte à la surface du liquide ; on décante alors la solution et on lave la mousse de plomb avec de l'eau froide en la passant de temps en temps entre les doigts. Ce plomb métallique est ensuite dissous au moyen de 1 centimètre cube d'acide nitrique concentré et de 20 centimètres cubes d'eau. On ajoute un léger excès de carbonate de soude (il vaut mieux employer le sel solide que la solution) et on redissout le précipité de carbonate de plomb dans l'acide acétique ; on ajoute alors 20 centimètres cubes d'alcool à 90 pour 100, on chauffe la solution à 65° C. et on précipite le plomb avec une solution saturée d'acide oxalique pur cristallisé. Le précipité cristallin d'oxalate de plomb se dépose instantanément. On agite fortement de façon à bien le rassembler et à obtenir une solution surnageante parfaitement limpide. On filtre et on lave à trois reprises le précipité avec un mélange chaud d'alcool et d'eau (1 partie d'eau pour 1 partie d'alcool), puis à quatre reprises avec de l'eau chaude seulement.

Il est bon d'effectuer ce lavage au moyen d'un jet assez fin, de façon à maintenir un courant d'eau constant dans le filtre, sans quoi le précipité tend à gagner les bords de l'entonnoir et on en perd ainsi de petites quantités.

Après lavage complet, le précipité est chassé dans une fiole ou dans un verre au moyen de 50 centimètres cubes d'eau environ. On ajoute 5 centimètres cubes d'acide sulfurique concentré et on titre l'acide oxalique par la méthode ordinaire au permanganate de potassium.

Les seules précautions à prendre sont celles qui ont été déjà indiquées au sujet du bismuth et lorsque le mélange contient une forte proportion de silice ou de sulfate de baryte.

Comme le rapport du poids atomique du plomb à celui de l'acide oxalique combiné est assez élevé, les erreurs provenant du titrage se trouveront multipliées par un facteur assez important. Il est donc indispensable de n'employer que des solutions très faibles de permanganate ne contenant pas plus de 1,58 grammes de sel par litre; 1 centimètre cube de cette solution correspondra à 50 milligrammes de plomb.

Un simple essai ne demande pas plus de trente-cinq à quarante minutes pour être effectué.

Les résultats suivants indiquent que les chiffres obtenus par cette méthode concordent assez bien.

Essais.	Plomb pour 100.	
Minerai de Broken-Hill	27.61	27.25
Précipité argentifère	28.86	28.75
Minerai oxydé	2.56	2.66
Galène mélangée de chalcopyrite	22.25	21.95
Galène lourde	66.58	66.66
Minerai oxydé	41.04	41.29

Marc Merle.

Méthode facile pour doser l'azote dans les azotates.

Par MM. Carl Arnold et Conrad Wedemeyer.

(*Zeitschrift für Analytische Chemie*, 1892, p. 389.)

Ayant démontré que la méthode de Tamm-Guyard, ainsi que la modification apportée par Ruffle à la méthode de Will-Varrentrapp, ne donnaient que des résultats inexacts dans le dosage de l'azote dans les azotates, Carl Arnold a proposé, il y a quelques années, une méthode de dosage beaucoup plus exacte que les précédentes, laquelle, grâce aux précautions multiples qu'elle exige, n'est pas entrée dans l'usage général.

Dans ces derniers temps, nous avons étudié la méthode proposée par M. E. Boyer pour le dosage de l'azote dans les azotates, et, ayant reconnu qu'elle n'était pas supérieure aux anciennes méthodes, nous avons repris l'étude du procédé d'Arnold et nous avons cherché à le modifier de façon à pouvoir opérer un dosage rapide de l'azote dans un tube à combustion dans les cas où la méthode de Will-Varrentrapp ne pouvait pas être employée.

Dans les expériences suivantes nous nous sommes servis de tubes de 10 à 12 millimètres de diamètre interne et de 45 centimètres de longueur. L'ammoniaque formée était recueillie dans de l'acide chlorhydrique au quart du titre normal.

L'acide en excès était titré par une solution d'ammoniaque au quart du titre normal en employant comme indicateur la fluorescéine ou le lacmoïde sur lesquels l'hydrogène sulfuré n'exerce pas d'action.

I. — *Expériences avec des proportions variées de chaux sodée, de formiate de soude et de magnésie en poudre.*

En opérant sur de l'azotate de potasse, sur de l'azotate d'argent et sur de l'azotate de strychnine, l'ammoniaque que nous avons trouvée dans tous les cas ne représentait que le tiers ou le quart de la quantité théorique d'azote.

II. — *Expériences avec des proportions variées de formiate de soude et de chaux sodée, ainsi que d'oxalate de soude et de chaux sodée.*

Mêmes résultats.

III. — *Expériences avec des proportions variées de chaux sodée, de formiate de soude, de thiosulfate de soude et d'oxalate de soude.*

L'azote fourni à l'état d'ammoniaque par l'azotate de potasse, l'azotate de baryte, l'azotate d'argent et l'azotate de strychnine et les corps nitrés était de 1 à 2 pour 100 inférieur à la quantité théorique.

IV. — *Expériences avec des quantités variées de chaux sodée, de formiate de soude et de thiosulfate de soude contenant de l'eau de cristallisation.*

Dans la méthode d'Arnold, ainsi que dans les expériences qui viennent d'être décrites, on a toujours employé du thiosulfate de soude anhydre. Dans les expériences suivantes, le sel anhydre a été remplacé par un mélange de sel anhydre et de sel hydraté et, après avoir établi les proportions dans lesquelles les deux sels devaient être employés, nous sommes arrivés à de très bons résultats, ainsi qu'on va le voir.

Nous avons trouvé que les proportions les plus favorables étaient celles d'un mélange à parties égales de chaux sodée, de formiate de soude et de thiosulfate de soude anhydre avec 2 parties de thiosulfate de soude hydraté. Les tubes à combustion étaient longs de 45 centimètres et contenaient une couche de 5 centimètres d'un mélange de 1 partie de formiate de soude et de 9 parties de chaux sodée; une couche de 25 à 28 centimètres qui renfermait, avec la substance à analyser, les quatre sels dans les proportions indiquées plus haut, et finalement une nouvelle couche de 10 centimètres d'un mélange de chaux sodée et de formiate de soude. Tous ces mélanges étaient réduits en une poudre grossière et remplissaient entièrement le tube sans laisser de canal. Le mélange de chaux sodée et de formiate de soude laisse après la calcination une masse poreuse remplissant complètement le tube.

Après avoir placé le tube dans le four à combustion, on peut chauffer rapidement la dernière couche de chaux sodée et de formiate de soude et conduire ensuite la combustion sans aucune précaution. Il faut seulement avoir soin d'éviter un dégagement par trop tumultueux de gaz et de refroidir le récipient contenant l'acide titré en le plaçant dans de l'eau froide.

La combustion terminée, on chauffe la première couche de chaux sodée et de formiate de soude et on chasse ainsi par l'hydrogène dégagé le reste de l'ammoniaque.

Il est indispensable de ne cesser de chauffer le tube entier que lorsqu'il ne se forme plus de gouttes d'eau dans la partie froide du tube. La combustion dure 25 minutes environ et il faut encore attendre autant jusqu'à ce que l'eau soit distillée tout entière. La portion distillée ne présente que très rarement un aspect laiteux dû à la présence du soufre.

Voici les résultats obtenus dans ces expériences :

1. Azotate de strychnine. Théorie : 10.58 pour 100 Az.

0 gr. 0981	ont fourni........	0 gr. 07316 Az = 10.50	pour 100 Az.
0 gr. 2751	—	0 gr. 02915 Az = 10.60	—
0 gr. 6086	—	0 gr. 06405 Az = 10.52	—

2. Azotate de potasse. Théorie : 13.86 pour 100 Az.

0 gr. 6150 ont fourni......... 0 gr. 08505 Az = 13.83 pour 100 Az.
0 gr. 4297 — .... 0 gr. 05898 Az = 13.75 —

3. Azotate de soude. Théorie : 16.47 pour 100 Az.

0 gr. 2575 ont fourni......... 0 gr. 04255 Az = 16.47 pour 100 Az.

4. Azotate de baryte. Théorie : 10.73 pour 100 Az.

0 gr. 4820 ont fourni......... 0 gr. 05163 Az = 10.71 pour 100 Az.

5. Azotate de plomb. Théorie : 8.45 pour 100 Az.

0 gr. 6263 ont fourni......... 0 gr. 0532 Az = 8.48 pour 100 Az.

6. Azotate de mercure. Théorie : 5 pour 100 Az.

0 gr. 9503 ont fourni......... 0 gr. 04777 Az = 5.04 pour 100 Az.

7. Azotate d'ammoniaque. Théorie : 35 pour 100 Az.

0 gr. 3427 ont fourni......... 0 gr. 12005 Az = 35.02 pour 100 Az.

8. Azotate d'argent. Théorie : 8.23 pour 100 Az.

0 gr. 120 ont fourni.......... 0 gr. 05863 Az = 8.15 pour 100 Az.

On voit que cette méthode peut aussi bien être employée pour le dosage des azotates dans les combinaisons organiques que dans les combinaisons inorganiques. Mais, à l'inverse de la méthode primitive d'Arnold, elle ne se prête pas au dosage des azotates dans les composés nitrés, les azotites et les azotates de pyridine et de quinoline, ainsi qu'il ressort des expériences suivantes :

1. Azotite d'argent. Théorie : 9.09 pour 100 Az.

0 gr. 5500 ont fourni............. 0 gr. 4515 Az = 8.2 pour 100 Az.
0 gr. 2321 — .... 0 gr. 0186 Az = 8.0 —

2. Azotates de pyridine et de quinoline.

La pyridine et la quinoline distillant en même temps que l'ammoniaque, les résultats du titrage n'avaient aucune valeur.

3. Métadinitrobenzine. Théorie : 16.66 pour 100 Az.

0 gr. 4604 ont fourni............. 0 gr. 0637 Az = 14.0 pour 100 Az.
0 gr. 5604 — .... 0 gr. 0877 Az = 15.7 —

A. Bach.

Analyse des huiles d'aniline.

Par M. le Dr H. Reinhardt.

(*Chemiker Zeitung*, 25 mars 1893.)

Une note, publiée récemment par le Dr Vaubel (*Chem. Zeit.*, 1893, n° 17, p. 245), m'a engagé à décrire une méthode d'analyse des huiles d'aniline, que j'ai expérimentée en 1889 à l'usine de Kalle et Cᵉ, et qui a reçu depuis cette époque de nombreuses vérifications. La méthode en question repose sur les deux faits suivants :

1° Si l'on traite un mélange d'aniline, d'orthotoluidine et de paratoluidine par une solution légèrement acide de bromure de potassium bromé, on obtient de l'aniline tribromée, tandis que les deux toluidines ne donnent que des produits de substitution bibromés ;

2° Dans certaines conditions déterminées, si l'on traite par l'acide oxalique la dissolution chlorhydrique des trois bases, la paratoluidine se précipite la première ; l'aniline se dépose ensuite, tandis que l'orthotoluidine reste en dissolution.

Si l'on sépare les oxalates précipités et qu'on les décompose de façon à mettre les bases en liberté, on obtiendra la teneur de l'aniline en paratoluidine par un simple titrage au moyen de la solution bromée.

Pour le contrôle de cette méthode, j'ai opéré sur des substances chimiquement pures, les produits commerciaux ne présentant pas des garanties suffisantes de pureté.

I. — *Dosage de l'aniline, de l'ortho et de la paratoluidine, ainsi que de l'aniline, en présence de l'ortho ou de la paratoluidine, ou bien en présence de ces deux bases.*

La solution bromée s'obtient en dissolvant 336 grammes d'hydrate de potasse (à 100 pour 100 de KOH) dans un litre d'eau et en ajoutant 480 grammes de brome. Après une ébullition modérée de 2 à 3 heures, on étend la solution à 9 litres.

Pour le titrage de la solution ainsi que pour les analyses courantes, on dissout 1,5 à 2 grammes d'huile dans 100 centimètres cubes d'acide bromhydrique de densité 1,45 — 1,48 et 1000 centimètres cubes d'eau, puis on fait couler la solution bromée jusqu'à ce que le papier à l'iodure de potassium amidonné indique la présence d'un excès de brome.

Le titre de la solution bromée reste à peu près constant. Deux titrages effectués à 8 jours d'intervalle sur 2 grammes d'aniline m'ont donné respectivement 193,1 et 193,24 centimètres cubes. Pour une autre solution, les deux titrages effectués à 14 jours d'intervalle m'ont donné respectivement 196,81 et 197,0 centimètres cubes.

La méthode est suffisamment précise; 100 parties d'huile donnent un titrage représentant, au minimum, 99,90 pour 100 et, au maximum, 100,06 pour 100.

En employant 2 grammes de chacune des trois bases, j'ai trouvé:

Pour l'orthotoluidine	1,9992 grammes.
Pour la paratoluidine	1,9989 —
Pour l'aniline	1,9980 à 2,0012 grammes.

Pour les huiles commerciales, on calcule la teneur en aniline au moyen de la formule :

$$X = 2,3777\ Vt - 1,3777\ a$$

$$\text{et } p \text{ (pour 100)} = \frac{X \times 100}{a}.$$

Dans ces formules, X représente la quantité absolue d'aniline contenue dans le poids a d'huile essayée, V représente le volume de solution bromée que l'on a dû ajouter et t son titre calculé en aniline.

Posons par exemple :

$a = 1,3121$ grammes d'huile,
$V = 97,62$ centimètres cubes de solution bromée,
$t = 0,0102285$ d'aniline,

nous aurons :

$$X = 2,37778 \times 97,62 \times 0,0102285 - 1,37778 \times 1,3121 = 0,5665 \text{ grammes d'aniline.}$$

Aniline pour 100 = p =	43,18
Ortho et paratoluidine =	56,82
	100,00

La méthode essayée sur des mélanges à teneur connue en aniline pure m'a donné les résultats suivants :

	1	2	3
Teneur réelle	30,35	56,43	99,11
Teneur trouvée	30,60	56,56	99,18

L'huile commerciale, connue sous le nom d'*huile bleue*, m'a donné 99,23 pour 100 d'aniline. Une orthotoluidine m'a donné 2,804 pour 100 d'aniline; j'ai préparé deux mélanges bien définis de ces produits et leur analyse m'a donné les résultats suivants :

1) 33,79 d'aniline pour 100 au lieu de 33,60 ;
2) 32,22 — — 32,00.

II. — *Dosage de la paratoluidine en présence d'aniline ou d'orthotoluidine, ou en présence d'un mélange de ces deux bases.*

Pour obtenir un résultat suffisamment exact par l'emploi de la méthode à l'acide oxalique, il est indispensable d'employer une proportion d'acide oxalique supérieure à la quantité théoriquement nécessaire à la précipitation de la paratoluidine. Cette proportion doit être déterminée par un essai préliminaire. Les conditions les plus favorables sont les suivantes : si l'on emploie 100 grammes d'huile pour l'analyse, l'excès d'acide oxalique devra être de 20 grammes pour les anilines riches et de 10 grammes pour les anilines pauvres. On conduit l'analyse de la manière suivante :

On pèse 100 grammes de l'huile à essayer que l'on dissout dans 106 grammes d'acide chlorhydrique à 20° Baumé (31 pour 100 d'HCl); cet acide doit être aussi exempt que possible d'acide sulfurique. On dissout, d'autre part, la quantité nécessaire d'acide oxalique (exempt de chaux) dans 10 fois son poids d'eau ; on porte le liquide presque à l'ébullition et on y verse la dissolution des chlorhydrates. Le mélange doit rester limpide, même si la proportion de paratoluidine est considérable. On laisse refroidir en agitant fréquemment, puis on abandonne le tout à la cristallisation pendant 48 heures. On filtre alors les oxalates et on les lave à cinq reprises avec 25 centimètres cubes d'eau distillée. Ces oxalates sont alors décomposés au moyen d'une solution bouillante de potasse caustique (100 centimètres cubes de lessive de potasse à 45° Baumé et 200 centimètres cubes d'eau distillée). Les bases se séparent sous forme d'une huile qu'on lave à l'eau distillée; on sèche au moyen de potasse caustique et on détermine la teneur en aniline au moyen de la solution bromée.

Un simple calcul donne la teneur du mélange primitif en paratoluidine. On ajoute au nombre obtenu un terme correctif qui est constant et égal à + 2,00.

Exemple. — L'essai préliminaire d'une huile riche en aniline a donné comme limite supérieure une proportion de 10 pour 100 de paratoluidine. L'essai définitif a donné :

6,5 pour 100 de paratoluidine	en employant	30 gr.	d'acide oxalique	et	300 gr.	H^2O.
6,4	—	40	—		400	—
7,1	—	50	—		500	—

L'exactitude de la méthode ressort clairement des résultats suivants, obtenus par l'emploi de mélanges préparés au moyen de bases chimiquement pures :

		Aniline.	Orthotoluidine.	Paratoluidine.
1	Teneur réelle	60,0	10,0	30,0
	Teneur trouvée	60,6	9,35	30,05
2	Teneur réelle	30,0	50,0	20,0
	Teneur trouvée	30,5	49,3	20,2
3	Teneur réelle	40,0	50,0	10,0
	Teneur trouvée	40,6	49,4	10,0
4	Teneur réelle	30,0	65,0	5,0
	Teneur trouvée	30,25	64,5	5,25
5	Teneur réelle	10,0	80,0	10,0
	Teneur trouvée	10,6	79,5	9,9

L'application de cette méthode à l'essai des huiles commerciales montre que l'huile dite *bleue* contient en moyenne 99,5 pour 100 d'aniline ; l'huile obtenue par la décomposition des sels d'aniline en contient en moyenne 99,7 pour 100.

L'orthotoluidine ne contient souvent que 95 pour 100 d'orthotoluidine et 2 pour 100 de paratoluidine. La toluidine brute contient de 30 à 35 pour 100 de paratoluidine et à peine 1,5 pour 100 d'aniline (métatoluidine ?). La paratoluidine contient de 70 à 98 pour 100 de produit pur et au maximum 0,75 pour 100 d'aniline.

Dans les échappées, qui devraient être exemptes de paratoluidine, j'ai trouvé assez régulièrement de 4 à 6 pour 100 de ce produit, souvent même de 10 à 12 pour 100.

MARC MERLE.

COMBUSTIBLES. — GAZ DE L'ÉCLAIRAGE. — PÉTROLE.

Récupération des sous-produits des fours à coke.

Par M. Charles Dreyfus.

(*The Journal of the Society of Chemical Industry*, novembre 1892.)

Depuis dix-huit mois environ, une baisse considérable s'est manifestée sur le marché des produits dérivés du goudron de houille, spécialement sur les matières premières réclamées par l'industrie des matières colorantes et dont les principales sont la benzine et l'anthracène. On a donné un grand nombre de raisons pour expliquer cette baisse; mais la seule qui soit valable, c'est-à-dire l'extension de la production, semble avoir été laissée dans l'ombre.

Le but de cette étude est de rechercher les causes qui ont influencé le marché des goudrons de houille ; parmi les sources de renseignements auxquelles j'ai puisé, je dois signaler les articles parus dans le journal *Stahl und Eisen* (IV, 1892, et XVIII, 1892) sous la signature de W. Lürmann, ingénieur à Osnabrück, le mémoire publié par M. Ch. Demanet, directeur des mines de Havré, près de Mons, enfin diverses notes particulières que j'ai pu recueillir personnellement, tant en Angleterre qu'à l'étranger, et que je puis reproduire ici, grâce à l'autorisation de leurs auteurs.

La véritable cause de la baisse survenue dans le prix de la benzine et de l'anthracène est l'accroissement considérable de la production des goudrons provenant des fours à coke en usage sur le continent ; l'accroissement de production de la benzine en a été la conséquence naturelle ; mais il convient d'ajouter que cette augmentation de rendement en benzine tient surtout à une meilleure condensation des gaz qui s'échappent du four à coke.

Au point de vue de la production et de l'exportation des benzines et anthracènes, l'Angleterre tient encore, à l'heure actuelle, le premier rang ; mais j'ai tout lieu de croire que cet état de choses ne se prolongera pas bien longtemps, à moins que les fabricants de coke ne suivent l'exemple de leurs collègues sur le continent. Ils doivent s'efforcer, dès aujourd'hui, de traiter tout ou partie des 1,500,000 tonnes de charbon, que l'on transforme annuellement en coke pour les besoins de la métallurgie, dans des fours construits spécialement en vue de récupérer les sous-produits de grande valeur, tels que la benzine, l'anthracène et l'ammoniaque.

I. — Historique.

§ 1. — Dans son ouvrage intitulé : *Goudron de houille et ammoniaque* (édition de 1887), Lunge s'exprime ainsi :

« Il y a plus d'un siècle que Stauf essaya pour la première fois de récupérer les produits résultant de la distillation du charbon, et sa tentative fut assez heureuse. Maîtres de forges, ingénieurs et chimistes ont continué depuis cette époque à étudier soigneusement tous les perfectionnements dont le four à coke est susceptible et les premières expériences pratiques qui aient été conduites dans cette direction remontent à trente-cinq années. Appolt, Semet, Coppée et d'autres encore ont construit des fours dont l'usage s'est répandu rapidement en Allemagne, en Belgique et en France depuis trente ans. Seule, l'Angleterre est restée en arrière des autres nations et n'a semblé accorder sa confiance qu'aux fours construits d'après les anciens systèmes. Il est juste d'ajouter que, même sur le continent, on a admis pendant longtemps que l'opération qui consiste à condenser les goudrons et l'ammoniaque était très préjudiciable à la qualité du coke obtenu. »

Aujourd'hui, l'opinion contraire a prévalu et je puis ajouter mon propre témoignage à celui de Lunge, en affirmant que les cokes obtenus dans les fours où l'on effectue la récupération des sous-produits ne le cèdent en rien, comme qualité, aux cokes obtenus dans les anciens fours.

C'est en France d'abord, puis en Allemagne que la question a été étudiée le plus sérieusement, et les progrès réalisés, quoique un peu lents, n'en ont pas moins été très sûrs. Les constructions nécessaires à la récupération des sous-produits tels que goudron, benzine et sulfate d'ammoniaque, sont loin d'être simples; elles exigent même beaucoup de soins et d'attention. L'entreprise de travaux semblables a fait hésiter bon nombre de propriétaires de mines, qui se voyaient dans la nécessité d'adjoindre une véritable usine de produits chimiques à leurs premiers établissements, et ils ont reculé devant une dépense qui augmentait dans de fortes proportions les frais de premier établissement de leurs fours à coke. Enfin, il convient d'ajouter que beaucoup d'entre eux ignoraient l'existence des débouchés considérables ouverts à leurs sous-produits.

Les avantages de la récupération sont devenus de plus en plus évidents depuis dix années environ, grâce aux efforts de MM. Hüssener et Otto. Ce dernier a construit, tant pour sa propre exploitation que pour bien d'autres, un grand nombre de fours Hoffmann-Otto; ces fours, en usage depuis sept ans, sont d'une construction irréprochable et ils ont donné jusqu'ici pleine et entière satisfaction à ceux qui les ont employés.

§ 2. — *Progrès réalisés dans la construction des fours à coke.* — Il existe actuellement en Allemagne un grand nombre de fours Hoffmann-Otto; ils sont tous combinés avec le système de régénérateurs Siemens. Voici quelques chiffres qui montrent l'extension prise par l'emploi de ces fours depuis huit années :

Années.	Fours en marche.	Fours en construction.
1884	40	120
1885	210	140
1889	605	»
1892	1205	»

Les 1205 fours actuellement en marche se répartissent ainsi :

District de la Ruhr	470
Haute-Silésie	705
District de la Saar	30

Aux établissements de C. Otto et Ce, à Dahlhausen, on a entrepris la construction d'un groupe de 60 fours Hoffmann-Otto, avec tous les appareils nécessaires à la récupération des sous-produits. Les machines motrices, aspirateurs de gaz, ventilateurs et pompes sont en double. Le prix de revient de tous ces travaux s'élève à 875,000 francs, dont 375,000 francs pour les fours proprement dits et 500,000 francs pour les travaux relatifs à la condensation des sous-produits.

Un four Hoffmann-Otto peut recevoir une charge de 6,250 kilogrammes de charbon et l'opération dure 48 heures. Par conséquent, en une année, les quantités de charbon traité et de sous-produits récupérés sont les suivantes :

	Un four Hoffmann-Otto.	Un groupe de 60 fours.
District de la Ruhr	1125 tonnes.	67.500 tonnes.
Haute-Silésie	1170 —	70.200 —
District de la Saar	960 —	57.600 —

L'analyse du charbon sec donne les résultats suivants :

	Coke pour 100.	Goudron pour 100.	Sulfate d'ammoniaque pour 100.
District de la Ruhr	75 — 77	2,3 — 3	1,1 — 1,2
Haute-Silésie	65 — 70	4 — 4 — 5	1,0 — 1,15
District de la Saar	68 — 72	4 — 4 — 3	0,8 — 0,9

Une tonne de charbon sec fournit donc en moyenne : 720 kilogrammes de coke, 45 litres de goudron et 10 kil. 7 de sulfate d'ammoniaque.

Un four Otto produit donc annuellement en moyenne : 820 tonnes de coke, 44 tonnes de goudron et 13 tonnes 5 de sulfate d'ammoniaque.

Voici maintenant quelques chiffres relatifs à la production, l'utilisation et l'excédent de gaz pour un four travaillant pendant 24 heures :

	Production en mètres cubes.	Utilisation en mètres cubes.	Excédent en mètres cubes.
District de la Ruhr	1000	600	400
Haute-Silésie	1150	650	500
District de la Saar	1000	600	400

On a calculé que 100 mètres cubes de cet excédent de gaz peuvent remplacer 87 kil. 5 de charbon dans le chauffage des générateurs.

L'économie en charbon, résultant de cet excédent de gaz, s'élève donc, par groupe de soixante fours, à :

	Par jour.	Par année.
District de la Ruhr	21 tonnes.	7.560 tonnes.
Haute-Silésie	26,25 —	9.458 —
District de la Saar	21 —	7.560 —

Il faut retrancher environ un tiers de cet excédent qui est utilisé dans les appareils de condensation.

II. — Fours Semet-Solvay.

J'arrive maintenant à l'étude d'un système de four employé en Belgique, en France et en Allemagne. Une seule usine l'a adopté en Angleterre.

Les premiers fours de ce système furent construits en 1882 par M. Semet au puits n° 2 de la mine Bellevue, dépendant de la Compagnie des charbonnages de l'Ouest (Mons). Six fours seulement furent établis à cette mine et les essais se poursuiviren pendant une année environ. Puis de nouvelles expériences furent entreprises par la Compagnie Solvay, au moyen d'un jeu de 25 fours établis au charbonnage de Havré. Finalement, la Compagnie Bois-du-Luc prit à son compte l'exploitation de ces fours dont elle augmenta le nombre; c'est ainsi que l'emploi des fours Semet-Solvay entra définitivement en pratique.

Actuellement 200 fours de ce système fonctionnent régulièrement :

100 fours à Havré, près Mons ;
26 — à Seraing (Société John Cockerill) ;
25 — à Ghlin (Société des Charbonnages du Nord du Flenu) ;
24 — à Ruhrort (Société Phœnix) ;
30 — à Northwich (Brünner, Mond and C°).
200

Cette année 140 fours du même système sont en construction :

50 fours à Drocourt (Hénin, Liétard, France) ;
15 — à Syracuse (Société des brevets Solvay) ;
24 — à Ruhrort (Société Phœnix) ;
26 — à Seraing (Société John Cockerill) ;
25 — à Jemeppe, près Liège (Charbonnages des Kessales).
140

De ce fait que la Compagnie Phœnix et la Société John Cockerill font construire actuellement une nouvelle série de ces fours, il y a tout lieu de conclure que les premiers ont donné de bons résultats.

L'emploi d'une maçonnerie plus puissante dans la construction de ces fours permet d'atteindre une température élevée et, même en partant d'un charbon assez pauvre, on peut obtenir un coke de qualité excellente.

Le prix d'un four, avec tous les accessoires tels que bélier à vapeur, rails, etc., s'élève à 4,000 francs. Ce chiffre n'a rien d'excessif, si l'on considère qu'un tel four produit 100 tonnes de coke par mois. Il faut ajouter à cette somme le prix des appareils utilisés pour la récupération des sous-produits, soit environ 2,500 francs par four. Chaque four reçoit une charge de 4 tonnes de charbon et la durée de l'opération est de 22 heures; le rendement en coke est maximum, c'est-à-dire qu'il se rapproche du rendement théorique, si l'on tient compte de la très faible quantité d'air contenue dans chaque four.

Aux usines de Havré, avec des charbons contenant 16 à 17 pour 100 de matières volatiles, le rendement en coke est en moyenne de 81 pour 100; dans ce chiffre ne figurent pas le menu coke et la braise. Le coke obtenu est identique à celui que produisent les anciens types de fours; quant au rendement en sous-produits, il varie avec la qualité des charbons employés. A Havré, où l'on emploie du charbon assez pauvre, le rendement par tonne de charbon s'élève à 58 kilogrammes de sulfate d'ammoniaque et 13 kil. 3 de goudron.

Grâce à l'obligeance de M. Mond, j'ai pu obtenir de M. Gustave Jarmay, directeur des usines de Northwich, les renseignements suivants sur les résultats qu'il a obtenus par l'emploi des fours Semet-Solvay :

« Dans les six derniers mois, nous avons récupéré 12 kilogrammes de sulfate d'ammoniaque et 40 kilogrammes de goudron par tonne de charbon. Nos fours sont de l'ancien type Semet-Solvay; nous les remplaçons actuellement par des appareils construits sur le nouveau modèle et nous sommes certains que ces transformations ne peuvent qu'augmenter nos rendements en sous-produits. »

III. — Extraction de la benzine des gaz sortant des fours a coke.

Outre le goudron et l'ammoniaque, on extrait encore, depuis environ trois ans, la benzine que contiennent les gaz sortant des fours à coke. L'installation des appareils nécessaires à cette extraction a été faite par M. Frank Brunk, de Dortmund. Quant au procédé lui-même, il a été jusqu'ici tenu secret. Nous savons cependant que le gaz produit par une tonne de houille fournit, par ce procédé, de 3 à 7 kilogrammes de benzine à 90 pour 100; cette quantité varie, du reste, avec la nature du charbon mis en œuvre. Ces chiffres n'ont rien d'anormal, si l'on considère que, dans les appareils ordinaires des usines à gaz, une tonne de houille de bonne qualité fournit aisément, à la distillation, 12,5 kilogrammes de benzine à 90 pour 100.

Le prix des appareils nécessaires à la récupération de la benzine s'élève à 6,250 fr. par four (système Brunk). Nous avons vu que le nombre des fours à coke s'élève à 1205 (bien que, d'après mes informations particulières, 1350 fours du système Hoffmann-Otto travaillent actuellement en Allemagne et que ce nombre soit sur le point d'etre augmenté considérablement); ces 1205 fours traitent annuellement 1,382,400 tonnes de houille; en prenant comme minimum 3 kilogrammes de benzine par tonne de houille, la production de benzine, extraite des gaz seuls, serait de 4,147,200 kilogrammes par an. Je ne pense pas que, à l'heure actuelle, ce chiffre soit exact pour l'Allemagne, un grand nombre de fours n'étant pas encore munis des appareils nécessaires à la récupération de la benzine; mais, si nous prenons ensemble la Belgique et l'Allemagne, la production n'est pas inférieure au chiffre que nous avons donné, soit environ 4,540,000 litres de benzine à 90 pour 100. Cette production ne peut tendre qu'à augmenter, le coût des appareils Semet-Solvay pouvant être encore abaissé. Le prix d'un four, muni des appareils nécessaires à la récupération de tous les sous-produits, s'élève à 6,500 fr.; déduction faite des frais d'entretien, les sous-produits donnent encore un bénéfice net de 1800 francs par an et par four, et ce chiffre ne tient pas compte des bénéfices résultant de l'extraction de la benzine.

L'importance de la récupération des sous-produits ne se manifeste pas seulement dans l'industrie du goudron et des couleurs ; elle est également très grande dans l'industrie des engrais. Si nous considérons les bénéfices que réalise cette industrie, bénéfices qui, malgré la baisse continuelle, s'élèvent encore à 40 pour 100 du prix de revient des appareils de fabrication; si nous ajoutons à ces bénéfices ceux que l'on réalise par l'extraction de la benzine contenue dans les gaz des fours, nous arrivons à cette conclusion que la récupération des sous-produits constitue à elle seule une industrie complète, destinée à s'accroître de jour en jour.

Les demandes de goudron et de sulfate d'ammoniaque sont, à l'heure actuelle, tellement considérables, que tous les industriels d'Allemagne et même d'Angleterre suffiraient à peine pour y satisfaire, en admettant que tous leurs fours à coke fussent pourvus du système de récupération. La consommation de goudron, en Westphalie, s'élève actuellement à 150 tonnes par jour. Cette quantité représente la production de 3,000 fours environ.

Le sulfate d'ammoniaque constitue un excellent fertilisateur; en Allemagne, la consommation d'engrais azotés est la suivante :

	1887	1888	1889	1890
	—	—	—	—
	Tonnes.	Tonnes.	Tonnes.	Tonnes.
Sulfate d'ammoniaque.........	33.865	35.564	33.555	33.788
Nitrate de soude.............	194.610	259.482	328.820	330.366
Guano......................	71.880	58.261	54.062	46.144

Si, au point de vue de l'azote, on pouvait transformer tous ces engrais en sulfate d'ammoniaque, nous arriverions, pour ce produit, au chiffre énorme de 285,000 tonnes. Or la quantité de sulfate d'ammoniaque que l'on produit annuellement, au moyen des fours à coke, ne dépasse pas 17,500 tonnes, et, si tous les fours à coke existant en Allemagne étaient pourvus du système de récupération, la production ne serait encore que de 120,000 tonnes par an.

Si nous mettons à 12 fr. 50 le prix de la tonne de goudron et à 250 francs celle de la tonne de sulfate d'ammoniaque, voici quel serait le revenu annuel d'un jeu de 60 fours Otto :

	Goudron.	Sulfate d'ammoniaque.	
	—	—	
District de la Rhur.......	23.252 francs.	195.000 francs.	218.250 francs.
Haute-Silésie...........	37.500 —	210.000 —	247.500 —
District de la Saar........	30,000 —	123.000 —	153.000 —

Les bénéfices nets seraient les suivants :

District de la Ruhr...................................	3.625 francs.
Haute-Silésie...	4.125 —
District de la Saar....................................	2.550 —

Il faut retrancher de ces chiffres le prix de l'acide sulfurique employé à la fabrication du sulfate d'ammoniaque, soit environ 1250 francs par four ; il reste donc un bénéfice net de 2,500 francs par four, sans compter la benzine des gaz.

En 1892, il existait en Allemagne 16,047 fours à coke, dont 15,726 étaient en marche; 10 pour 100 environ de ces fours sont maintenant munis d'appareils pour la récupération des sous-produits. On estime que, en 1891, la production du coke s'est élevée, pour ce pays, à 7,700,000 tonnes. Si la totalité de ce coke avait été produite dans des appareils permettant de récupérer les sous-produits, le profit net réalisé aurait été, d'après M. Lürmann, de 36 millions de francs, sans tenir compte de la benzine.

Je tiens à présenter la question sous toutes ses faces, pour bien montrer les avantages que cette industrie peut tirer de la récupération des sous-produits.

Les meilleurs fours à coke, construits d'après l'ancien système, donnent 60 tonnes de coke par mois. Supposons que le prix de revient d'un tel four s'élève à 2,000 francs; le capital nécessaire à l'exploitation d'un four analogue, qui produirait 100 tonnes de coke par mois, sera 3,333 fr. 33. Pour un four Semet-Solvay, avec récupérateur de sous-produits, le prix de revient s'élève à 6,500 francs; pour une production de 100 tonnes de coke par mois, le capital total sera de 10,833 francs, soit une augmentation de 4,333 francs sur le capital primitif. Or ces 100 tonnes de coke fournissent, déduction faite des frais supplémentaires, 150 francs de sous-produits par mois, ou 1800 francs par an. Cette somme représente 57 pour 100 du capital additionnel requis pour une production de 100 tonnes. Il faut ajouter à ces avantages la production du gaz, dont la moitié environ est utilisée pour le chauffage des chaudières; enfin la benzine, dont les frais d'extraction sont peu élevés.

Les chiffres précédents se rapportent à un charbon pauvre que l'on exploite à Havré; en Angleterre, où le charbon est de meilleure qualité, les résultats sont encore plus satisfaisants, ainsi qu'il ressort du tableau suivant :

	Sulfate d'ammoniaque.	Goudron.
	—	—
Par tonne de charbon en Angleterre...........	11,6 kilogr.	37,8 kilogr.
— en Belgique.............	6,5 —	13,3 —

Les charbons anglais étant plus riches en matières volatiles que les charbons belges, fournissent également une plus forte proportion de gaz utilisable.

Supposons que les 15 millions de tonnes de charbon, que l'on transforme annuellement en coke dans notre pays, soient traités dans des fours Semet-Solvay aménagés pour la récupération des sous-produits, cela représente une production annuelle de 180,000 tonnes de sulfate d'ammoniaque et de 585 millions de litres de goudron, sans compter le gaz utilisable et la benzine.

Le *Bulletin du Conseil du Commerce*, pour 1890, accuse 10,242,317 tonnes comme poids de charbon consommé dans les usines à gaz; ce chiffre ne se rapporte qu'à des usines appartenant à des Compagnies régulièrement organisées; mais, en tenant compte des autres usines, le chiffre véritable serait de 11 millions de tonnes. Si, aux systèmes de fours employés actuellement dans ces usines, on substituait le système Semet-Solvay, le coke ainsi produit pourrait trouver sa place sur le marché métallurgique et le gaz serait livré au consommateur à bien meilleur compte. Enfin, si la totalité du charbon que l'on consomme actuellement pour la production de la force motrice ou pour le chauffage des habitations particulières était transformée en coke, ce coke et le gaz résultant de sa fabrication constitueraient les meilleurs agents de chauffage et d'éclairage. Nous verrions alors disparaître les brouillards intenses et les fumées qui obscurcissent certaines villes, et, en fin de compte, cette transformation se traduirait par une économie énorme. Je livre ces considérations à la pensée des ingénieurs, des chimistes, des industriels et des hygiénistes.

En résumé, si l'on généralisait en Angleterre la récupération des sous-produits, les intérêts réalisés seraient énormes, étant donné que l'on consomme plus de charbon dans notre pays que partout ailleurs. De plus, notre agriculture et notre industrie y trouveraient largement leurs bénéfices; enfin, l'air de nos villes deviendrait un peu plus respirable qu'il ne l'est aujourd'hui.

Un jour viendra, je l'espère, où ce progrès que j'entrevois sera un fait accompli.

MARC MERLE.

NOTICES DIVERSES

Fabrication d'un blanc de plomb inoffensif.

Par M. PERRY F. NURSEY.

(*Journal of the Society of Arts*, 24 mars 1893.)

INTRODUCTION.

Je me propose d'appeler l'attention commune sur les travailleurs occupés dans une de nos industries les plus importantes, mais en même temps les plus malsaines: je parle de la fabrication des pigments de plomb. Le sort piteux de ces travailleurs n'est que peu connu au delà des districts où ils se livrent à leur occupation mortelle. Je suis certain qu'on ne me marchandera pas la sympathie quand j'aurai dit que je la demande pour des femmes et des jeunes filles qui, en règle générale, entrent dans les fabriques de céruse quand elles sont dans l'impossibilité de trouver du travail ailleurs; et elles y entrent les yeux ouverts, sachant très bien qu'elles vont se trouver face à face avec la maladie et la mort. Il est certain que, dans bien des cas, elles se voient acculées à cette alternative : mourir de faim ou mourir d'une maladie contractée en gagnant leur pain quotidien. On va voir tout de suite que ce tableau n'est pas surchargé. Beaucoup de personnes ont entendu parler de l'intoxication par le plomb et, peut-être, appris directement ou indirectement ce que c'est. Mais très peu nombreux sont ceux qui savent quelle est l'étendue des ravages dans les fabriques de blanc de plomb, fabriques qui sont connues à Newcastle sous le nom expressif de « cimetières blancs ». Mais nous n'avons même pas besoin d'aller à Newcastle pour nous instruire : les cimetières blancs se trouvent sous nos yeux, en plein Londres.

Les ouvriers des fabriques de céruse se recrutent presque entièrement parmi les femmes et les jeunes filles de la classe la plus pauvre. Comme le travail dans ces fabriques n'exige pas un entraînement ou un savoir spécial, le travail des femmes convient parfaitement aux fabricants qui ont seulement besoin de quelqu'un qui puisse porter un certain fardeau sur la tête et grimper sur une échelle.

Les ouvriers des fabriques de céruse ne sont pas les seuls qui soient en proie au saturnisme. Les milliers de personnes qui se servent de pigments de plomb en souffrent tout autant. La vérité est que le plomb laisse sa marque partout où il pénètre, et il pénètre un peu partout, mais plus spécialement dans la fabrication des couleurs et dans la peinture. Dans cette dernière branche, il produit la « colique des peintres », la « paralysie des peintres » et quelques autres maladies.

Les conditions antihygiéniques de la fabrication de la céruse ont été reconnues depuis longtemps, et des efforts ont été faits dans le but d'améliorer le sort des ouvriers de ces fabriques. Dix années se sont écoulées depuis que plusieurs conseils d'hygiène (*Boards of Guardians*) ont appelé l'attention du ministère de l'intérieur (*Home office*) sur la fréquence des cas d'empoisonnement par le plomb. L'Union de Shoreditch a pris l'initiative de la campagne, et les conseils de Poplar, Holborn, Gateshead, Newcastle et Cardiff l'ont suivie dans cette voie. Shoreditch a signalé 23 cas d'empoisonnement par le plomb en dix-huit mois; Poplar en a eu 30 pendant douze mois et Holborn 54 dans le même espace de temps. Le médecin attaché à une fabrique de céruse a rapporté que 66 cas d'empoisonnement par le plomb lui ont été signalés pendant neuf mois, tandis que, dans une autre fabrique, 134 cas sont survenus depuis le mois de mai 1881 jusqu'au mois d'octobre 1882.

Émus par ces révélations, M. Redgrave, inspecteur en chef des fabriques, a fait un rapport spécial sur cette question qui, en 1883, a eu pour résultat le dépôt, par sir William Harcourt, du *White Lead Act* (loi sur la fabrication de la céruse) par lequel ont été rendues obligatoires certaines mesures de protection. Cette loi était sans doute bien intentionnée, mais elle était absolument hors de toute proportion avec l'étendue et la gravité du mal.

On a aussi cherché à atténuer les conséquences désastreuses de l'empoisonnement par le plomb en modifiant les procédés de fabrication. Quelques améliorations ont été réalisées dans cette voie, mais le fait n'en reste pas moins que le procédé hollandais prédomine dans cette importante industrie qui réclame annuellement un grand nombre de victimes.

Je crois utile de constater à cette place que la raison pour laquelle le procédé hollandais est si délétère, réside dans ce que le blanc s'obtient sous forme de carbonate de plomb qui est un sel extrêmement vénéneux. A l'état de sulfate, le blanc de plomb est à peu près inoffensif. Bien que le carbonate soit considéré comme un sel insoluble, il se dissout facilement sous l'influence des acides d'origine animale et végétale qui se trouvent dans le liquide stomacal pendant la digestion. Par contre, le sulfate de plomb est beaucoup plus stable et ne subit pas de décomposition appréciable dans l'estomac. Pour établir nettement l'innocuité de ce sel, il suffira de rappeler que, dans les cas d'empoisonnement par le plomb, on administre aux malades de l'acide sulfurique étendu pour convertir en sulfate insoluble les sels de plomb solubles qui se forment dans l'estomac. La loi de 1883 prescrit l'emploi de boissons acidulées par l'acide sulfurique pour immobiliser sous forme de sulfate le plomb absorbé par les ouvriers pendant les différentes phases de la fabrication.

LE PROCÉDÉ HOLLANDAIS.

J'ai dit plus haut que des efforts ont été tentés dans le but de modifier le procédé ordinaire de fabrication de la céruse de façon à le rendre moins dangereux pour la santé des ouvriers. Ces efforts avaient principalement pour but : 1° de réduire la durée de la fabrication ; 2° de conduire les opérations de façon que les ouvriers n'aient pas à manier le plomb sous une forme dangereuse ; et 3° d'éviter la dissémination de la poussière de plomb dans l'air. J'ai eu l'occasion de voir fonctionner quelques-uns de ces procédés perfectionnés et je me propose de les décrire ici comme des étapes qui marquent le développement de cette industrie. Mais avant d'y procéder, je crois nécessaire de dire quelques mots sur le procédé hollandais qui jusqu'à présent est encore celui qui est employé dans presque toutes les fabriques, sauf modification de quelques détails.

Dans ce procédé, le minerai de plomb est d'abord transformé en saumons qui sont à leur tour fondus et coulés en petites plaques perforées. Celles-ci sont disposées en « meules » ou tas rectangulaires et soumises à l'action de l'acide acétique, de l'acide carbonique et de l'air. Ces tas sont arrangés de la façon suivante : On place d'abord une série de pots en terre cuite remplis d'acide acétique. Sur ceux-ci, on empile ensuite des plaques de plomb, on met une couche de tan et on couvre avec des planches. Les femmes et les filles qui font cette besogne entassent des couches successives d'acide, de plomb, de tan et de planches, jusqu'à ce que le tas atteigne la hauteur de 30 pieds. Le tan commence à fermenter, et l'acide acétique, volatilisé par la chaleur dégagée, attaque la surface du plomb qui en quatre mois se couvre d'une couche de carbonate. On défait le tas, on retire le carbonate, on le réduit en poudre sous l'eau et on le fait sécher dans des fourneaux. Toutes ces opérations portent à environ cinq mois la durée de la fabrication.

On peut dire sans crainte d'exagération que ces « meules » exhalent sans cesse du poison qu'il est absolument impossible d'éviter. La poudre fine adhère à la peau des femmes, se loge dans leurs cheveux et, malgré tous les respirateurs et les vêtements perfectionnés possibles, elle trouve son chemin dans le système pour y produire insidieusement son œuvre de destruction.

Nous allons voir quels sont les remèdes proposés pour combattre ce mal terrible.

PROCÉDÉ THÉNARD.

Il paraît que le premier remède proposé consistait à abréger la durée de la fabrication de la céruse. Vers la fin du siècle dernier, un chimiste français, M. Thénard, démontra que le carbonate de plomb pouvait être obtenu en faisant passer un courant d'acide carbonique dans une solution d'acétate basique de plomb. La céruse se produisait en quelques heures et l'opération pouvait être conduite d'une façon continue. Ce procédé a donné lieu à bien des perfectionnements apportés à la fabrication de ce produit. On avait cru au début que ce procédé ne laissait rien à désirer; mais on s'est aperçu bientôt que la qualité et la densité du produit qu'il fournissait étaient inférieures à celles du produit fabriqué par la méthode hollandaise. On a constaté que le carbonate précipité était constitué par des particules semi-transparentes et cristallines et, pour cette raison, la peinture qu'il fournissait était moins bonne que celle préparée avec le carbonate fabriqué par la méthode hollandaise et qui se présente sous forme d'une poudre amorphe et opaque. Cependant, les avantages qu'offre le procédé Thénard ont été si bien reconnus que pendant longtemps on n'a cessé de rechercher un moyen pour parer aux inconvénients que nous venons d'indiquer; mais jusqu'à présent, les recherches n'ont pas donné de résultats satisfaisants.

PROCÉDÉ MARTIN.

Le procédé Martin, qui s'écarte définitivement de la méthode universellement adoptée, a été introduit pour la première fois en 1880 dans une grande fabrique à Ossoryroad, Old Kent-road, à Londres. A l'époque où j'ai visité cette fabrique, en 1881, l'opération consistait à fondre du plomb en saumons et à le couler par une série de petites rigoles dans un cylindre tournant. Le plomb se prenait par le refroidissement en gâteaux minces qu'on disposait sur une série de supports pour les arroser, à l'aide de rigoles mobiles, par une solution étendue d'acide acétique. On obtenait ainsi de l'acétate de plomb qu'on transformait ultérieurement en carbonate. L'expérience n'a pas tardé à démontrer qu'il était plus avantageux de remplacer le plomb métallique par de la litharge. La solution d'acétate de plomb obtenue en faisant dissoudre de la litharge dans de l'acide acétique étendu, est amenée dans une série de vaisseaux où elle est traitée par l'acide carbonique. Le carbonate précipité est recueilli et filtré dans des filtres-presses. La céruse qui se présente après la filtration sous forme d'une pâte épaisse, est retirée par les ouvriers à l'aide de couteaux spéciaux et amenée dans un moulin où elle est lavée à l'eau pure pour éliminer les acides. Le liquide laiteux qui en résulte passe par une autre série de filtres-presses et la masse obtenue est prête pour le séchage.

Cette opération s'effectue à l'aide d'un appareil spécial dans lequel on fait passer les gâteaux de céruse sur une série de cylindres chauffés à la vapeur. A la fin de cette opération, les gâteaux ne retiennent que 8 à 9 pour 100 d'humidité, ce qui suffit pour empêcher la formation de poussière. En sortant de l'appareil de séchage, la céruse passe par un tunnel chauffé à la vapeur, où elle perd à peu près toute son eau, et est amenée dans un moulin pour être moulue et mise en tonneaux. Le moulin et les appareils de décharge étant clos aussi hermétiquement que possible, la poussière de céruse ne s'échappe pas dans l'air ambiant, ce qui constitue un pas très important vers l'assainissement de cette industrie. On voit donc que, dans ce procédé, le danger immédiat résultant de l'inhalation de poussières vénéneuses par les ouvriers, est à peu près écarté, et qu'en même temps la durée de la fabrication n'excède pas plusieurs heures.

PROCÉDÉ LEWIS-BARTLETT.

Ce procédé réunit en une seule deux fabrications distinctes : celle du plomb en saumons et celle de la céruse. Le minerai est volatilisé par la chaleur aidée d'un courant d'air qui entraîne les fumées de plomb. Celles-ci se condensent et se solidifient et fournissent une céruse de très bonne qualité. Le procédé a été introduit en Angleterre par

MM. John Hall et fils, de Bristol, et a été adopté par la *Bristol Sublimed Lead Compagny* pour l'usine d'Avonmouth que j'ai inspectée en 1886. Le minerai préparé est introduit dans un fourneau à foyer double, système écossais, connu sous le nom de « Jumbo. » Le minerai est mélangé avec une petite quantité de scorie et quelquefois avec une petite proportion de chaux. A mesure que le minerai fond, le plomb liquéfié tombe dans un bassin placé dans le foyer, et le trop-plein s'écoule dans un récipient d'où on le tire pour le couler en saumons. La scorie retirée du fourneau est soumise à un traitement spécial dans un autre fourneau. Les produits de combustion, connus sous le nom de « fumée », sont refoulés à travers un tuyau par un van, et se rendent de là dans la « chambre à sacs ». Le fond de cette chambre est formé par des plaques de fer percées de trous circulaires de 2 mètres de diamètre. A chacun de ces trous correspond un sac en laine du même diamètre et de 30 pieds de longueur, dont le bout supérieur est suspendu au plafond et le bout inférieur s'adapte exactement au trou. La fumée entre sous pression dans la chambre par en bas et est chassée dans les sacs. Le tissu de ceux-ci retient les particules de plomb, mais laisse passer les gaz et les vapeurs sulfureuses. Quand une quantité suffisante de plomb s'est accumulée dans les sacs, on arrête le refoulement des gaz et le plomb sublimé ou, en termes du métier, la « fumée bleue » tombe à travers les trous dans des trémies qui se trouvent au-dessous de la chambre à sacs, et est évacué. Le plomb se présente sous forme d'une poudre légère et bleuâtre dont une partie est employée pour la fabrication de peinture couleur de plomb. Mais la plus grande partie de ce produit subit un traitement ultérieur destiné à la transformer en céruse.

Nous avons dit que la scorie résultant du traitement du minerai est utilisée dans une autre opération. C'est de cette opération que je vais dire quelques mots.

La scorie est mélangée avec de la « fumée bleue » obtenue comme il a été décrit plus haut, et le mélange est introduit dans un fourneau dit à scorie. Le plomb sublimé s'obtient à l'état pulvérulent et son maniement sous cette forme présenterait un danger pour la santé des ouvriers. Pour parer à cet inconvénient, on jette une pelletée de charbons ardents sur la poudre qui vient de tomber des sacs de laine. Le plomb prend feu et, par une combustion lente, la poudre légère se transforme en une masse compacte et friable d'un jaune clair qu'il est facile de recouper et de charger sur des brouettes.

Le mélange de scorie et de plomb sublimé fournit du plomb métallique en petite quantité, la scorie s'écoule et la fumée passe par deux tours, où elle dépose une partie des matières qu'elle tient en suspension, et se rend par une série de tubes courbés dans une chambre à sacs. Cette chambre est arrangée de la même façon que celle que j'ai décrite plus haut. Le plomb s'obtient ici à l'état de sulfate blanc qui est mis en barils et livré au commerce.

J'ai appris ultérieurement que ce procédé n'est plus employé.

PROCÉDÉ MAC IVOR.

Il y a quelques années, le professeur Emerson Mac Ivor a découvert que la litharge est soluble dans certaine solution alcaline qui l'hydrate, et que, par l'action de l'acide carbonique sur cette dissolution de litharge, il se forme du carbonate basique de plomb et le liquide alcalin mis en liberté peut être employé dans une nouvelle opération. Ce principe a servi de base sur une petite échelle à un procédé pratique de fabrication de céruse que j'ai vu fonctionner à Londres, Clapham-road, en 1890. Dans ce procédé, on commence par préparer de la litharge qui est lavée et épurée avec le plus grand soin. La litharge pure est introduite dans une cuve close et munie d'un agitateur, et traitée par une solution d'acétate d'ammoniaque. Après repos, on décante le liquide clair qui contient le plomb et on l'envoie dans une autre cuve où il est traité par l'acide carbonique. La céruse se précipite à l'état pur, et l'acétate d'ammoniaque est régénéré et sert à dissoudre une nouvelle charge de litharge. Le précipité, séparé de la liqueur mère à l'aide de filtres-presses, est lavé à l'eau froide par décantation à huit reprises, passé au filtre-presse et soumis finalement à une pression hydraulique pour éliminer toute l'humidité qui est susceptible d'être séparée par des moyens mécaniques. A la sortie des presses hydrauliques, la céruse est séchée dans des chambres spéciales à 160°-180° et devient prête pour l'usage.

On prétend que, par ce procédé, la céruse peut être fabriquée à un prix de revient inférieur à celui du plomb métallique qui sert de matière première dans le procédé hollandais. Toutes les opérations sont effectuées par la voie humide et dans un espace de temps qui n'excède pas six heures.

PROCÉDÉ MAC IVOR PERFECTIONNÉ.

Dans le cours du développement pratique de ce procédé, on a trouvé qu'il offrait quelques inconvénients auxquels l'inventeur a cherché à parer en collaboration avec MM. Watson Smith et William Elmore. Une usine a été construite à Northfleet, Kent, dans le but d'utiliser le procédé sur une échelle industrielle. J'ai visité l'usine en 1891, avant le commencement des opérations, et je n'ai pu voir que de la céruse produite à l'aide de l'appareil modèle. En opérant sur un produit aussi volatil que l'ammoniaque, il est de toute nécessité d'avoir des appareils parfaits, de façon à réduire au minimum la perte par volatilisation. L'amélioration des appareils tient une place importante dans le procédé Mac Ivor modifié. Un autre perfectionnement apporté à ce procédé consiste en ce qu'il permet d'obtenir du carbonate de plomb chimiquement pur en partant d'une litharge de qualité inférieure. De plus, non seulement l'acétate d'ammoniaque employé est récupéré à peu près entièrement, mais encore depuis l'entrée de la litharge dans les bacs où s'effectue la digestion jusqu'à la sortie du produit fini, toutes les opérations s'effectuent en vases clos et la fabrication peut être qualifiée d'automatique.

En réponse à une lettre que j'ai adressée tout récemment à l'inventeur, j'ai été informé que, depuis 1891, la fabrique a fonctionné sur une échelle commerciale, mais que, en attendant la reconstitution de la compagnie qui a la propriété du brevet, la fabrication est momentanément suspendue.

CÉRUSE INOFFENSIVE DE FREEMAN.

Deux autres fabricants de céruse ont également cherché à améliorer pratiquement les conditions hygiéniques de leur industrie et j'ai cru de mon devoir de me mettre en rapport avec eux, dans le but d'obtenir d'eux des détails sur leurs procédés de fabrication et de rendre ainsi mon mémoire aussi complet que possible. Un de ces fabricants m'a demandé de ne pas parler de sa fabrication et, bien entendu, je respecterai son désir. L'autre m'a donné tous les renseignements voulus et m'a autorisé à les publier. Il s'agit, dans ce cas, du procédé Freeman pour la fabrication de céruse inoffensive, procédé mis en pratique à la fabrique de Hatcham-road, Old Kent-road, Londres. MM. Freeman sont comptés au nombre des plus anciens fabricants de céruse et il n'y a rien de surprenant à ce qu'ils se soient très bien rendu compte de tous les maux engendrés par le procédé hollandais. Dans leur procédé, le plomb fondu est jeté dans une machine qui le transforme rapidement en petits flocons et le rejette. Les flocons sont recueillis et placés dans des cuves qui ont un arrangement spécial qui facilite l'oxydation.

Une solution d'acide acétique est versée sur la masse et, au bout d'un certain temps, le liquide clair est soutiré et traité par de l'acide sulfurique. Il se forme un précipité de sulfate de plomb qui est lavé et déposé dans une cuve. Quand celle-ci est à peu près pleine, on retire le sulfate de plomb qui a la consistance d'une pâte épaisse, on le fait sécher et on y ajoute une certaine proportion d'oxyde de zinc. On le soumet ensuite à un traitement spécial qui change complètement sa consistance et lui donne une densité bien supérieure à celle de la céruse ordinaire. Le produit dont le poids, avant le traitement, ne dépasse pas 112 livres par pied cube, pèse après ce traitement 200 livres par pied cube. Il est beaucoup plus blanc que les autres articles du commerce, ce qui est probablement dû à la présence du zinc, et est fort apprécié des consommateurs. Quelles que soient les qualités du pigment ainsi obtenu — et je ne les révoque nullement en doute — il est certain qu'il n'est pas constitué par du sulfate de plomb pur.

PROCÉDÉ INOFFENSIF.

J'arrive au procédé le plus récent connu, procédé que j'ai eu la satisfaction de voir en pratique au mois de janvier dernier. C'est un procédé de sublimation qui a été appliqué sur une échelle industrielle à l'usine de Caledonia, Possil-Park, près Glasgow, appartenant à la *White Lead Company*. Il consiste à oxyder rapidement la galène en sulfate de plomb, à condenser le produit, à laver et à sécher. L'oxydation s'effectue dans nombre de fourneaux disposés par groupes de six. Chaque fourneau mesure intérieurement 3 pieds 6 pouces sur 4 pieds et est muni d'un étroit tuyau de dégagement par lequel la fumée se rend dans une chambre de combustion commune à tout le groupe. La chambre de combustion est reliée à une tour et à un appareil condensateur. Le sulfate de plomb est fabriqué avec du minerai qui, la plupart du temps, arrive à la fabrique sous une forme qui permet de l'employer directement. Quelquefois, cependant, il est nécessaire de le moudre, le succès de la fabrication dépendant beaucoup de l'état de division de la galène.

Lorsqu'on a à mettre en opération un groupe de fourneaux, on commence par y allumer le feu le soir, et le lendemain on a des lits de coke incandescent sur lesquels on projette la galène par deux ou trois pelletées à la fois, de façon à éviter le refroidissement des lits et à obtenir une volatilisation et une oxydation rapides. On affirme que cette opération réussit de telle façon, que pour 100 parties en poids de galène, on obtient 108 parties de sulfate de plomb. Les proportions actuellement employées sont celles de 1 tonne de galène pour 1 tonne de coke contenant 5 pour 100 de cendre. Dans la première chambre du fourneau ou foyer, la combustion du coke donne comme produit principal de l'oxyde de carbone et, à la faveur de la température élevée développée par la combustion, le sulfure de plomb se volatilise dans la deuxième chambre, l'oxyde de carbone et le sulfure de plomb se transformant respectivement en acide carbonique et sulfate de plomb. On a soin de n'introduire une nouvelle charge de galène dans le fourneau que lorsque la charge précédente s'est entièrement volatilisée.

Au sortir du fourneau, la fumée rencontre dans le conduit un courant d'air destiné à compléter l'oxydation des particules de coke ou de galène entraînées par les gaz. Le conduit principal aboutit à une tour haute de 20 pieds que les gaz traversent pour se rendre dans des tuyaux de fer de 3 pieds de diamètre qui se terminent par une caisse en fer contenant deux injecteurs à vapeur. Au moyen de la pression de la vapeur, les gaz sont chassés dans des condensateurs divisés en trois compartiments dans lesquels ces gaz sont absorbés dans l'eau. Les condensateurs sont construits en bois et sont doublés de briques réfractaires pour pouvoir résister à la chaleur. Pour compenser l'évaporation de l'eau par suite de l'arrivée des gaz chauds, les condensateurs sont munis de citernes avec robinets automatiques qui maintiennent l'eau dans les compartiments au niveau approprié.

Le contenu des condensateurs est retiré à des intervalles convenables et placé dans des cuves où il est lavé avec de l'eau acidulée par de l'acide sulfurique dans le but de convertir en sulfate les traces d'oxyde ou de carbonate de plomb qui souillent le sulfate. On lave ensuite à l'eau pure pour éliminer l'acide et les impuretés, on laisse reposer et on filtre dans des filtres-presses. En sortant des presses, le produit, qui est constitué par du sulfate de plomb pur, contient 15 pour 100 d'eau. La masse humide est tassée dans des pots en terre cuite et desséchée à 120° Fahrenheit. Après le séchage, le sulfate est emballé dans des barils et livré au commerce.

Je ferai observer qu'en outre du traitement que je viens de décrire, une nouvelle méthode a été adoptée qui consiste à mélanger le sulfate avec de l'hydrate de plomb dans le but de rendre le produit égal aux meilleurs pigments du commerce. Le sulfate de plomb ainsi obtenu fournit d'excellentes peintures de différentes couleurs qui sont fabriquées à Possil-Park et expédiées en caisses dans les centres commerciaux.

On voit que, dans ce procédé, la réduction de la durée de la fabrication a atteint le minimum possible : le produit brut s'obtient pour ainsi dire en autant de minutes que le procédé hollandais exige de mois. De plus, ce procédé est éminemment pratique et simple et n'implique pas l'emploi de machines ou appareils coûteux. En ce qui concerne la qualité du blanc de plomb obtenu, ceux qui s'en sont servis s'accordent à affirmer qu'il est supérieur aux autres produits au point de vue de sa couleur, de son pouvoir couvrant et de sa stabilité. J'ai vu un grand nombre d'attestations émanant de maisons bien connues qui l'ont employé et qui témoignent de leur entière satisfaction.

Mais, quelque grands que soient les avantages techniques et commerciaux de ce procédé, nous ne saurions y attacher la moindre importance au point de vue humanitaire, si la fabrication et l'emploi du produit n'étaient pas inoffensifs. En d'autres termes, au point de vue où je me place, la seule recommandation du procédé et du produit réside dans ce qu'ils sont appelés à abolir un fléau que j'ai déjà suffisamment caractérisé dans mon introduction. Malheureusement, je n'ai pas beaucoup de preuves incontestables en faveur de l'innocuité de ce procédé. Ce que je puis affirmer, c'est que tous ceux qui travaillent à Possil-Park — hommes, femmes et filles — semblent tous être bien portants, et je ne suis pas parvenu à tirer d'eux une opinion défavorable sur la fabrication. D'autre part, je me suis enquis ouvertement et devant plusieurs témoins, auprès du médecin de la fabrique, de l'état sanitaire des ouvriers. Le docteur m'a affirmé que, pendant les quatre années que le nouveau procédé a fonctionné, il n'a pas eu un seul cas de maladie qu'il eût pu faire remonter à l'influence de la fabrication du sulfate de plomb. En outre, il existe un témoignage absolument indépendant, celui du docteur Farr, ancien inspecteur sanitaire du district de Lambeth, qui a visité cette fabrique et fait un rapport sur la fabrication au point de vue sanitaire. Il déclare être convaincu de la sécurité de tous ceux qui travaillent d'après le nouveau procédé ou sont obligés de se servir du sulfate de plomb, et ajoute : « Si un médecin était appelé à traiter un cas d'empoisonnement par le carbonate de plomb, il commencerait par administrer au malade de l'acide sulfurique étendu, dans le but de convertir le carbonate en sulfate insoluble. Il est donc évident que le sulfate de plomb porte pour ainsi dire en lui-même l'antidote du poison. Rien que pour des raisons humanitaires, sa fabrication et son emploi devraient être préconisés et recommandés par les pouvoirs publics.

CONCLUSION.

J'ai passé en revue les principaux perfectionnements apportés à la fabrication du blanc de plomb pendant un siècle entier, depuis Thénard, en 1790, jusqu'à la *White Lead Company*, en 1893. Je ne prétends pas vous avoir donné tous les détails des perfectionnements, ni même tous les procédés qui ont pu être proposés ou adoptés. D'après ce que j'ai dit plus haut, on verra que beaucoup de temps, d'argent et d'esprit ont été dépensés par des inventeurs et des fabricants dans le but d'atténuer les effets désastreux du « mal de plomb ». On a obtenu quelques succès dans cette voie, mais le fait n'en reste pas moins que les améliorations réalisées par les nouveaux procédés protègent médiocrement les ouvriers des fabriques et ne protègent point les consommateurs de blanc de plomb. Seul le procédé qui tend à remplacer dans la fabrication le carbonate de plomb par le sulfate fait exception à cette règle. C'est pourquoi je suis d'avis que le procédé de Possil-Park, qui permet de fabriquer un produit inoffensif ayant toutes les qualités du carbonate sans en avoir les défauts, est incontestablement supérieur aux autres que j'ai examinés. De plus, je le considère aussi comme supérieur au point de vue technique, étant donné qu'il est simple, rapide et, autant que j'ai pu m'en rendre compte, très économique.

A. Bach.

ACADÉMIE DES SCIENCES.

Séance du 10 avril. — M. le Président annonce la mort du vice-amiral Pâris, et le Secrétaire perpétuel celle de M. Alphonse de Candolle, son associé étranger.

Né à Paris, en 1806, A. de Candolle est mort à Genève le 4 avril dernier. Ses principaux travaux sont une *Monographie des Campanulacées*, en 1830; une *Introduction à l'étude de la botanique*, en 1835; un *Traité de géographie botanique raisonnée*, en 1855. Il continua le *Prodromus systematis naturalis regni vegetabilis*, dont son père avait déjà donné sept volumes, et en fit paraître dix autres. Cette publication établit définitivement la notoriété du A. de Candolle.

— Sur l'extinction des torrents et le reboisement des montagnes. Note de M. P. Demontzey.

L'administration des forêts a, depuis 1883, procédé à la reconnaissance des terrains dégradés. L'étude a porté sur 1158 communes et a fait ressortir une étendue de 320,000 hectares appelée à être restaurée. Le programme, établi par bassins de rivières torrentielles, comprend 110 grands périmètres, dont 58 pour les Alpes, 29 pour les Cévennes et 23 pour les Pyrénées. On compte aujourd'hui 67 périmètres établis, dont 41 en exécution et 26 soumis aux enquêtes, d'une superficie de 170,000 hectares.

— Sir Henry E. Roscoe, nommé correspondant, adresse ses remerciements.

— Sur la déperdition de l'électricité à la lumière diffuse et à l'obscurité. Note de M. Édouard Branly.

L'auteur conclut à l'existence d'une influence spéciale de la nature de la surface sur la déperdition de l'électricité.

— Machines dynamo-électriques à excitation composée. Note de M. Paul Hoho, présentée par M. Lippmann.

L'auteur construit des dynamos à excitation double lui permettant de produire des courants électriques qui ne subissent pas l'influence des variations de vitesse.

— Sur la dispersion anomale. Note de M. Salvator Bloch, présentée par M. Lippmann.

L'auteur s'est servi de lamelles de pellicules de collodion coloré, et la dispersion était mesurée avec le réfractomètre Jamin. Grâce à ces lamelles de *dissolutions solides*, les anomalies de dispersion portent sur la première décimale de l'indice.

— Conditions générales que doivent remplir les instruments enregistreurs ou indicateurs; problème de la synchronisation intégrale. Note de M. A. Blondel, présentée par M. Cornu.

— Sur la volatilité du manganèse. Note de M. S. Jordan, présentée par M. Troost.

L'auteur signale comme confirmation de ses recherches celles absolument confirmatives, récemment faites à Goettingue, par MM. Richard Lorenz et Fr. Heusler.

Ces savants avaient pour but primitif de vérifier si le manganèse se combinait ou non à l'oxyde de carbone comme le nickel et le fer, et dans l'affirmative, si ce n'était pas l'explication des faits présentés par moi. Ils ont d'abord constaté, comme M. Guntz, qu'aux températures relativement basses, l'oxyde de carbone ne se combine pas au manganèse métallique.

Se servant ensuite d'un fourneau à gaz imaginé par l'un d'eux, M. Lorentz, et opérant dans un tube de porcelaine, à la température blanche, sur du manganèse métallique placé dans une nacelle en biscuit, ils ont constaté :

1° Que, dans un courant d'acide carbonique, il y avait réduction d'une partie de ce gaz par le métal, en même temps que transport par volatilisation et sublimation d'une partie du métal lui-même ;

2° Que, dans un courant d'oxyde de carbone, il y avait encore volatilisation, puis sublimation d'une partie du métal, en même temps que la flamme allumée à l'extrémité du tube donnait au spectroscope l'indication de la présence du manganèse;

3° Que, dans un courant d'hydrogène sec, les mêmes phénomènes se reproduisaient identiquement ;

4° Que, dans un courant d'azote sec, le phénomène de transport par volatilisation et sublimation se reproduisait pareillement, sans que le manganèse parût se combiner avec l'azote comme le fait le chrome.

MM. Lorenz et Heusler concluent qu'il n'y a pas d'action de l'oxyde de carbone sur le manganèse, et que celui-ci se volatilise, comme métal, à une température un peu supérieure à son point de fusion. Leur travail, fort intéressant pour les métallurgistes, est publié dans la *Zeitschrift für anorganische Chemie*; t. 3, 1893.

— Détermination des poids atomiques par la méthode-limite. Note de M. G. Hinrichs.

La détermination idéale du poids atomique d'un élément consisterait en une pesée directe, sur une balance minuscule, avec des atomes d'hydrogène comme poids.

(C'est là une détermination tout américaine.)

— Sur le cuivre nitré. Note de MM. Paul Sabatier et J.-B. Senderens.

Les auteurs ont été conduits à assigner au cuivre nitré la formule Cu^2AzO^2 dont ils ont donné le mode de préparation dans une communication antérieure.

— Sur l'isomérie des acides amido-benzoïques. Note de M. Oechsner de Coninck.

L'auteur a poursuivi l'étude comparée des trois acides amido-benzoïques, en déterminant quelques coefficients de solubilité dans des dissolvants neutres, tels que l'éther et l'alcool purs.

Pour les solubilités dans l'éther et surtout dans l'alcool, les isomères amidobenzoïques *se ressemblent deux à deux.*

En ce qui concerne l'acide métamido-benzoïque, on remarquera sa facile dissolution dans l'alcool méthylique, dans l'acétone, et son insolubilité presque absolue dans les dérivés alcooliques ainsi que dans les carbures aromatiques.

— Sur l'éther phtalocyanacétique. Note de M. P.-Th. Muller, présentée par M. Friedel.

Dans une note précédente concernant l'action du chlorure de phtalyle sur l'éther cyanacétique sodé, l'auteur avait décrit l'éther phtalocyanacétique comme une poudre blanche fondant *vers* 175°. Une étude plus complète de ce corps lui a montré que ce point de fusion incertain est celui d'un mélange de deux produits isomériques qui répondent tous deux à la formule de l'éther phtalocyanacétique :

$$C^6H^4.C^2O^2 : C\begin{cases} CAz \\ CO^2C^2H^5 \end{cases}$$

et qui fondent l'un à 140°-141°, l'autre à 190°-192°. On a pu les séparer par des cristallisations fractionnées dans le benzène et le chloroforme chaud, qui dissolvent plus facilement le produit le plus fusible.

A part le point de fusion et la différence de solubilité, assez faible d'ailleurs, les deux isomères jouissent des mêmes propriétés; tous les réactifs agissent sur eux d'une façon identique et ne donnent, dans chaque cas, naissance qu'à un seul composé. Ces faits conduisent à envisager les deux produits comme des stéréo-isomères, que l'auteur formule comme il suit :

$$\begin{array}{c} CAz - C - CO^2C^2H^5 \\ \| \\ C \\ C^6H^4\langle \quad \rangle O \\ CO \end{array} \quad \text{et} \quad \begin{array}{c} CO^2C^2H^5 - C - CAz \\ \| \\ C \\ C^6H^4\langle \quad \rangle O \\ CO \end{array}$$

— De la transpiration dans la greffe herbacée. Note de M. Lucien Daniel, présentée par M. Duchartre.

Tous ceux qui ont greffé des plantes herbacées savent que le greffon se fane très rapidement après l'opération, sous l'influence de la transpiration. L'auteur a étudié la transpiration après la greffe en fente ordinaire : 1° du haricot; 2° du chou.

D'après ses conclusions, les tissus cicatriciels rendent plus difficile l'ascension des liquides du sujet dans le greffon, non seulement au début, mais encore après la reprise complète de la greffe. Il en est de même pour le passage de la sève élaborée du greffon dans le sujet. L'absorption de l'eau étant inférieure à la sortie, la sève élaborée est moins aqueuse, l'amidon se forme par déshydration des sucres et le greffon reste de plus petite taille.

— L'exploration de la haute atmosphère. Expérience du 21 mars 1893. Note de M. Gustave Hermite.

Le thermomètre a marqué une température minima de — 51° centigrades à 12,500 mètres, ce qui fait une décroissance de température de 68°, la température à terre étant + 17°, soit une décroissance de 1° centigrade par 186 mètres.

— Pouvoir odorant du chloroforme, du bromoforme et de l'iodoforme. Note de M. Jacques Passy.

Les pouvoirs odorants de ces trois corps sont comme 1, 15, 500 d'après l'auteur et présentent l'accroissement auquel on pouvait s'attendre.

— Observations sur une série de formes nouvelles de la neige, recueillie à de très basses températures. Note de M. Gustave Nordenskiöld, présentée par M. Daubrée.

Les formes ordinaires des flocons de neige tombés à une température voisine de zéro montrent des assemblages d'étoiles dendritiques, ordinairement très régulières et très élégantes, mais n'offrant rien de particulier. Il n'en est plus de même pour des flocons tombés à des températures beaucoup plus basses, entre — 10° et — 20°. Au lieu d'étoiles dendritiques, les derniers forment généralement ou des disques hexagonaux, ou des étoiles avec des branches ayant seulement deux ou trois fois la longueur du disque central hexagonal. Si l'on examine les cristaux au microscope avec un grossissement de $\frac{25}{1}$ à $\frac{50}{1}$, on y reconnaît une structure très compliquée. Dans leur intérieur on distingue des pores, des canaux et des cavités limitées par des surfaces courbes, dont l'origine est évidemment en rapport avec les forces moléculaires qui ont formé des cristaux délimités par des surfaces planes.

— M. Kondakoff adresse une note sur l'alcool amylique primaire normal, à propos d'un travail récent sur ce sujet.

M. A. Coste adresse une note relative aux images produites par deux miroirs perpendiculaires entre eux.

Séance du 17 avril. — Note sur l'observation de l'éclipse partielle de soleil du 16 avril 1893, par M. Tisserand.

— Sur l'observation de l'éclipse totale du 16 courant. Note de M. Janssen.

— Note de M. Bertrand, accompagnant la présentation du tome V des *Œuvres de Huyghens*.

— Effets de la sécheresse sur les cultures de l'année. Réponse à la note de M. Demontzey sur le reboisement des montagnes, par M. Chambrelent.

— Dilatation de l'eau sous pression constante et sous volume constant. Note de M. E.-H. Amagat.

— M. Haton de la Goupillière fait hommage à l'Académie d'une brochure dans laquelle il a donné un théorème nouveau sur le centre des moyennes distances des sommets d'un polygone.

— Commissions pour les prix de 1893 :

Prix Lacaze (Chimie) : MM. Berthelot, Schlœsing, Duclaux ;

Grand prix des Sciences physiques. — *Prix du Budget* (Géologie) : MM. Daubrée, Fouqué, Des Cloizeaux, Mallard, Gaudry ;

Prix Bordin (Géologie) : MM. Daubrée, Fouqué, Des Cloizeaux, Mallard, Gaudry ;

Prix Delesse : MM. Daubrée, Fouqué, Mallard, Des Cloizeaux, Gaudry ;

Prix Fontanes : MM. Gaudry, Fouqué, Daubrée, Mallard, Des Cloizeaux.

— M. le Secrétaire perpétuel signale parmi les pièces de la correspondance imprimée : 1° un ouvrage de M. G. Foussereau, ayant pour titre : « Polarisation rotatoire, réflexion et réfraction vitreuses, réflexion métallique ; leçons faites à la Sorbonne en 1892-1893 », présenté par M. Darboux ; 2° les quatre volumes et le premier supplément de l'*Encyclopédie photographique* de M. Charles Fabre.

— M. Lippmann présente à l'Académie, au nom de MM. Auguste et Louis Lumière, de Lyon, des photographies en couleurs exécutées d'après la méthode interférentielle.

— Sur la structure des groupes simples finis et continus. Note de M. Cartan, présentée par M. Picard.

— Sur un groupe simple à quatorze paramètres. Note de M. F. Engel, présentée par M. Picard.

— Démonstration de la transcendance du nombre *e*, par M. Adolfs-Hurwitz.

— Comparaison du mètre international avec la longueur d'onde de la lumière du cadmium. Note de M. Albert A. Michelson, présentée par M. Mascart.

— Photographie des réseaux gravés sur métal. Note de M. Izarn, présentée par M. Mascart.

— Sur la polarisation atmosphérique. Note de M. A. Hurion, présentée par M. Mascart.

— Recherche des alcools supérieurs et autres impuretés dans l'alcool vinique. Note de M. Émile Gossart, présentée par M. Mascart.

Dans une communication du 26 octobre 1891, l'auteur signalait un ensemble de faits qui, tout en rattachant les phénomènes de caléfaction aux phénomènes capillaires, fournissent une méthode d'analyse pour tous les mélanges liquides et en particulier pour les alcools. Cette analyse se ramène à l'observation des roulements ou plongeons de gouttes de composition connue, tombant de 1 millimètre de hauteur, avec un intervalle de 30″, sur un ménisque en pente plane. Le principe de la méthode est donc le suivant : Deux mélanges liquides semblables qualitativement, mais différents quantitativement, roulent l'un sur l'autre quand ils se rapprochent de l'identité de composition, mais font le plongeon l'un dans l'autre quand ils s'éloignent suffisamment de cette identité et la ligne de démarcation très précise (marquée d'ailleurs par un phénomène-limite : l'alternance des plongeons et des roulements) se prête à l'analyse de l'un des liquides par l'autre.

— Sur les relations générales qui existent entre les coefficients des lois fondamentales de l'électricité et du magnétisme. Note de M. E. Mercadier, présentée par M. Cornu.

— Sur la réflexion des ondes électriques à l'extrémité d'un conduit linéaire. Note de M. BIRKELAND, présentée par M. Poincaré.

— Multiplication du nombre de périodes des courants sinusoïdaux. Note de M. DÉSIRÉ KORDA, présentée par M. Lippmann.

— Sur les propriétés hygroscopiques de plusieurs matières textiles. Note de M. TH. SCHLOESING fils, présentée par M. Duclaux.

— Contribution à l'étude de la pile Leclanché. Note de M. DITTE, présentée par l'auteur.

— Essai d'une méthode générale de synthèse chimique. Formation des corps nitrés. Note de M. RAOUL PICTET.

L'auteur prétend qu'en soumettant la naphtaline à l'action d'un mélange d'acide sulfurique concentré et d'acide nitrique à une température de — 60° et en utilisant l'étincelle électrique, ou à — 50° sans le secours de cette énergie étrangère, on obtient une très forte proportion de γ-dinitronaphtaline; les quantités des différents produits nitrés sont :

γ-dinitronaphtaline	46	pour 100
α-nitronaphtaline	22.7	—
α-dinitronaphtaline	31.3	—

Les quantités varient avec la température.

Des recherches analogues ont été faites sur le toluène et le phénol.

— Sur la stéréochimie des composés maliques et sur la variation du pouvoir rotatoire des liquides. Note de M. ALBERT COLSON.

Après les réponses si claires et si nettes de MM. Friedel et Aignan, M. Colson ne se tient pas pour battu ; décidément il ne peut sentir la stéréochimie; c'est dommage, car, en somme, cela le dispenserait de faire dire aux expériences ce qu'elles ne disent pas. Il en est encore à revenir sur la variation du pouvoir rotatoire des corps avec la température. Aujourd'hui, il s'en prend aux dérivés acétylmaliques. Tout en voulant renverser la théorie stéréochimique, il ne fait que s'en prendre en somme à une hypothèse non généralement admise et qui peut bien se trouver en défaut : celle relative au rapport qui existerait entre le pouvoir rotatoire et les poids des divers groupements placés sur un carbone asymétrique. En outre, M. Colson s'attache surtout aux éthers; rien ne prouve que l'introduction soit d'un radical alcoolique, soit d'un radical acide, ne modifie pas en somme les rapports réciproques des radicaux constitutifs d'un corps donné. De même que le voisinage d'un ou de plusieurs carboxyles ou hydroxyles modifie les propriétés des corps (acide carbonique, alcools), de même aussi que, suivant le reste sur lequel est fixé un de ces radicaux (reste phényle, reste méthyle, etc.) change la fonction (phénols, alcools, aldéhydes, alcools tertiaires, etc.), de même le pouvoir rotatoire peut être modifié par l'éthérification d'un acide.

— Sur un chlorobromure de fer. Note de M. LENORMAND, présentée par M. H. Moissan.

Si l'on fait réagir le brome sur le protochlorure de fer anhydre en tubes scellés et à une température voisine de 100°, on obtient un chlorobromure de fer cristallisé répondant à la formule Fe^2Cl^2Br. Le protochlorure hydraté fournit de même le chlorobromure Fe^2Cl^2Br.

— Sur les sucrates de chaux. Note de M. P. PETIT.

Il résulte de l'expérience que, pour une concentration infinie, on aurait sensiblement 2 molécules de chaux dissoutes dans l'eau sucrée et que, pour des solutions très étendues jusqu'à 100 de sucre, il se forme à peu près uniquement du sucrate monocalcique. Le sucrate monocalcique peut s'unir au saccharose. Or, si l'on détermine la chaleur de dissolution, cette dernière est à peu près constante à partir de la combinaison $C^{12}H^{22}O^{11}CaO + 3\,C^{12}H^{22}O^{11}$. Il est fort difficile d'obtenir ces combinaisons à l'état solide, car elles s'altèrent facilement.

— Sur un ferment soluble nouveau dédoublant le tréhalose en glucose. Note de M. EM. BOURQUELOT, présentée par M. Moissan.

L'auteur a trouvé dans l'*Aspergillus* deux ferments, l'un dédoublant le tréhalose en glucose, c'est la tréhalase; l'autre dédoublant la maltose, c'est la maltase. Ce sont deux ferments amorphes analogues à l'invertine, l'émulsine, etc.

— Sur l'appareil circulatoire de la *Mygale cœmentaria* (Walck). Note de M. MARCEL CAUSARD, présentée par M. Edm. Perrier.

— Influence de la pression des gaz sur le développement des végétaux. Note de M. PAUL JACCARD, présentée par M. Duchartre.

— Sur les niveaux ammonitiques du Malm inférieur dans la contrée de Montejunto (Portugal). Phases peu connues du développement des mollusques. Note de M. PAUL CHAFFAT, présentée par M. Albert Gaudry.

— Sur le mode de reproduction des parasites du cancer. Note de MM. ARMAND RUFFER et H.-G. PLIMMER, présentée par M. Bouchard.

— M. CH. LALLEMENT adresse une note sur un perfectionnement de la machine pneumatique.

Séance du 24 avril. — Sur l'observation de l'éclipse partielle de soleil du 16 avril 1893, faite à l'Observatoire de Paris. Note de M. F. Tisserand.

— Recherches nouvelles sur les micro-organismes fixateurs de l'azote, par M. Berthelot. Il résulte des expériences faites qu'il existe des micro-organismes d'espèces fort diverses, exempts de chlorophylle et aptes à fixer l'azote, spécialement certaines bactéries du sol. En même temps que ces organismes fixent l'azote, il faut qu'ils rencontrent dans le milieu où ils vivent des matières propres à les nourrir. Il paraît même nécessaire que ces matières renferment déjà quelque peu de principes azotés, pour donner aux êtres inférieurs le minimum de vitalité indispensable à l'absorption de l'azote libre. Mais, si ces principes sont trop abondants, la bactérie vivra de préférence à leurs dépens. Il est donc bien établi que le point de départ de la fixation de l'azote réside non dans les végétaux supérieurs, mais dans certains des micro-organismes qui peuplent la terre végétale.

— De l'ordre d'apparition des vaisseaux dans la formation parallèle des feuilles de quelques composées (*Tragopogon*, etc.), par M. A. Trécul.

— Effets physiologiques et thérapeutiques d'un liquide extrait de la glande sexuelle mâle. Note de MM. Brown-Séquard et d'Arsonval.

— Commissions pour les prix de 1893 :

Prix Barbier : MM. Bouchard, Verneuil, Charcot, Brown-Séquard.

Prix Desmazières : MM. Bornet, Van Tieghem, Duchartre, Chatin, Trécul.

Prix Montagne : La commission permanente est composée des membres de la Section de Botanique.

Prix Thire : MM. Bornet, Blanchard, Van Tieghem, Duchartre, Chatin.

Prix Morogues : MM. Reiset, Schlœsing, Dehérain, Chambrelent, Duclaux.

— M. Jaggi adresse un Mémoire « sur les fonctions périodiques ».

— M. le Secrétaire perpétuel signale, parmi les pièces de la correspondance imprimée, un ouvrage de M. Paul Tannery, intitulé « Recherches sur l'histoire de l'astronomie ancienne » (présenté par M. Faye).

— M. S. Langley, secrétaire de la « Smithsonian Institution », transmet à l'Académie une circulaire relative aux prix de la fondation Hodgkins :

1° Un prix de *dix mille dollars* sera décerné à un travail renfermant d'importantes découvertes sur l'air atmosphérique, sa nature, ses propriétés et ses rapports avec les différentes sciences ;

2° Un prix de *deux mille dollars*, à l'essai le plus satisfaisant sur les propriétés et les applications déjà connues de l'air atmosphérique, et sur la direction à donner à des recherches devant étendre nos connaissances ;

3° Un prix de *mille dollars*, au meilleur Traité sur l'air atmosphérique et ses rapports avec l'hygiène ;

4° Une médaille d'or dite : « *Médaille Hodgkins* de la Smithsonian Institution », sera décernée tous les ans ou tous les deux ans pour d'importantes contributions à nos connaissances sur l'air atmosphérique ou ses applications.

Les mémoires pourront être écrits en anglais, français, allemand ou italien, et devront être envoyés avant le 31 décembre 1894 pour le prix de dix mille dollars, et avant le 1er juillet 1894 pour les autres prix.

— Observations sur l'éclipse de soleil du 16 avril 1893 à l'Observatoire de Lyon. Note de M. Ch. André, présentée par M. F. Tisserand.

— Sur l'observation de l'éclipse de soleil du 16 avril 1893. Note de M. Spée, présentée par M. F. Tisserand.

— Méthode spectro-photographique pour l'étude de la couronne solaire. Note de M. George Hale.

— Sur la réduction d'un système différentiel quelconque à forme linéaire et complètement intégrable du premier ordre. Note de M. Riquier, présentée par M. Darboux.

— Sur la vérification des compteurs de vapeur et son application à la mesure de la sursaturation et de la surchauffe. Note de M. H. Parenty, présentée par M. Sarrau.

— Sur la tension de la vapeur d'eau saturée. Note de M. Antoine.

— Sur la mesure des grandes différences de marche en lumière blanche. Note de M. P. Joubin, présentée par M. Mascart.

— Sur des systèmes rationnels d'expressions en dimensions des grandeurs électriques et magnétiques. Note de M. E. Mercadier, présentée par M. Cornu.

— Mesure de la différence de phase de deux courants sinusoïdaux. Note de M. Désiré Korda, présentée par M. Lippmann.

— Effet des matières colorantes sur les phénomènes actino-électriques. Note de M. H. Rigollot, présentée par M. Cailletet.

Une lame de cuivre oxydée, plongée dans une dissolution de chlorure, de bromure ou d'iodure métallique, est très sensible aux rayons lumineux et peut servir à construire un actinomètre électrochimique. On peut augmenter la force électromotrice développée par la lumière en recouvrant la lame oxydée de différentes matières colorantes, telles que éosine, érythrosine, safranine, ponceau, vert malachite, vert cristaux, bleu soluble, violet de formyle, etc. Il suffit pour cela de plonger la lame dans la solution colorante, puis dans une solution d'iodure de sodium par exemple.

— Etude des dissolutions de chlorure ferrique et d'oxalate ferrique; partage de l'oxyde ferrique entre l'acide chlorhydrique et l'acide oxalique. Note de M. Georges Lemoine.

Des recherches consignées dans cette note, la conclusion la plus importante est que l'acide oxalique déplace en très grande partie l'acide chlorhydrique dans le chlorure ferrique.

— Sur quelques dérivés du licaréol. — Note de M. Ph. Barbier, présentée par M. Friedel.

Dans une précédente communication, l'auteur avait émis l'opinion que le licaréol était un alcool incomplet. Traité par le brome, ce corps donne un dérivé tétrabromé $C^{10}H^{18}Br^4O$, qui, traité par l'oxygène, perd son brome qui est remplacé par de l'oxhydryle. En répétant l'oxydation du licaréol sur de grandes quantités, ce corps a été transformé en un dérivé contenant H^2 en moins et possédant la formule $C^{10}H^{16}O$; c'est le *licaréal*, qui est un liquide incolore, légèrement huileux, d'odeur citronnée, agréable, toute différente de celle du licaréol. Il bout à 118-120° sous 20 millimètres de pression. Sa densité à 0° est égale à 0,9119. Il est sans action sur la lumière polarisée, et présente tous les caractères d'un aldéhyde. Il donne une oxime huileuse à odeur aromatique, bouillant vers 150° sous une pression de 15 millimètres. Soumise à l'ébullition prolongée avec l'anhydride acétique, cette oxime donne le nitryle licarique, liquide incolore à odeur aromatique un peu vireuse, bouillant vers 137-138° sous une pression de 15 millimètres. Traité par la potasse, ce dernier dérivé donne l'acide licarique $C^{10}H^{16}O^2$.

L'acide licarique est un liquide huileux peu soluble dans l'eau, soluble dans l'éther, doué d'une odeur forte et désagréable.

Outre le licaréal, le licaréol oxydé par le mélange chromique fournit de l'acide formique, de l'acide acétique avec une trace d'acide isobutyrique.

En conséquence, le licaréol est donc un alcool primaire $C^9H^{15}-CH^2OH$. Le résidu C^9H^{15} comporte deux liaisons éthyléniques, ce qui démontre que le licaréol est un alcool à chaîne ouverte; il est, en effet, impossible d'exprimer par une formule cyclique le corps $C^{10}H^{18}O$ contenant deux liaisons éthyléniques.

— Sur la constitution du bleu gallique ou indigo du tannin. Note de M. P. Cazeneuve, présentée par M. Friedel.

MM. Durand et Huguenin ont préparé le bleu gallique en faisant réagir parties égales de chlorhydrate de nitrosodiméthylaniline sur le produit de condensation du tannin avec l'aniline. Le produit obtenu est insoluble dans l'eau et les alcalis, ce qui le distingue de la gallocyanine et du prune ; il est vert-olive. Pour le rendre soluble, on le sulfoconjugue au moyen du bisulfite de soude.

La gallocyanine est un oxindophénol correspondant à la formule :

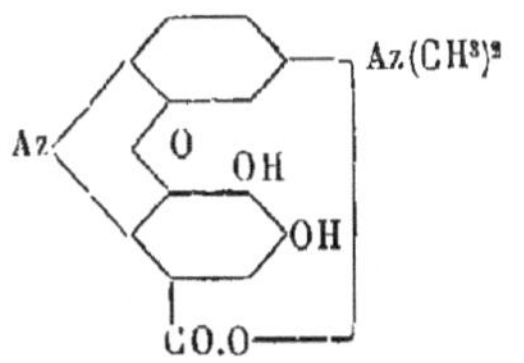

Az(CH³)²
Az
O
OH
OH
CO.O

Le prune est l'éther méthylique dans le carboxyle : le vert-olive répondrait à la formule (1). Le corps est quinonique, comme les indophénols, sous l'influence du bisulfite de soude et devient (2).

(1) 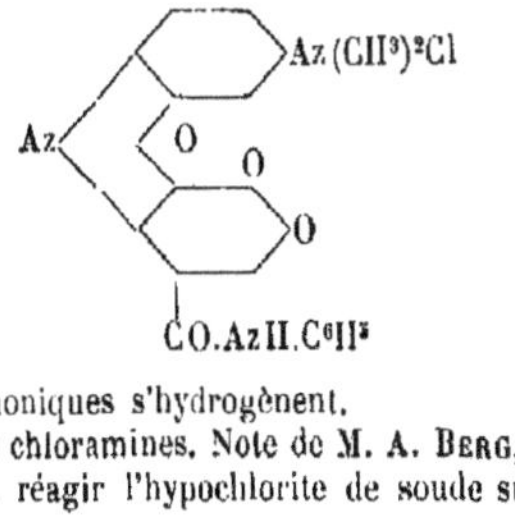 Az(CH³)²Cl
Az
O
O
O
CO.AzH.C⁶H⁵

(2) 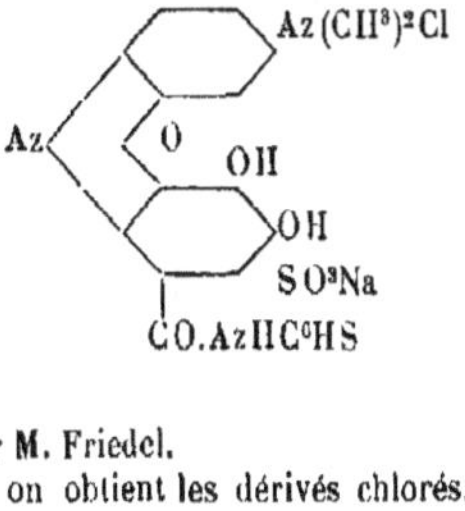 Az(CH³)²Cl
Az
O
OH
OH
SO³Na
CO.AzHC⁶H⁵

Les O quinoniques s'hydrogènent.

— Sur les chloramines. Note de M. A. Berg, présentée par M. Friedel.

En faisant réagir l'hypochlorite de soude sur les amines, on obtient les dérivés chlorés. Ces chloramines peuvent échanger leur chlore contre l'iode si on les traite par l'iodure de potassium. Cette réaction est surtout nette avec les dérivés monochlorés. D'après M. Seliwanow, les produits chlorés des amides et des amines seraient des amides de l'acide hypochloreux. De son côté, M. Berg prétend que, pour les dérivés chlorés des amines ce fait est inexact, car on ne peut mettre en liberté l'acide hypochloreux, comme le dit M. Seliwanow, en distillant les chloramines avec de l'acide acétique ou sulfurique. Cependant, dans ce dernier cas, la réaction est peu nette. Du reste, nous ferons remarquer à M. Berg qu'il se base, pour infirmer les conclusions de M. Seliwanow, sur de simples phénomènes de coloration, puisqu'il prétend que le produit distillé ne donne qu'une coloration jaune par l'iodure de potassium, coloration qui ne vire pas au violet par la benzine, bien qu'au commencement de la réaction il y ait une légère teinte violet de ce dissolvant, et qu'il aurait pu apporter une conclusion plus certaine en faisant un dosage exact au moyen d'une liqueur arsenicale, ce qui aurait pu donner des indications plus exactes.

— Bornylates de bromol. Note de M. J. Minguin, présentée par M. Friedel.

Si l'on mélange 10 grammes de bornéol et 20 grammes de bromol, on obtient des produits de combinaison dont les pouvoirs rotatoires, déterminés en prenant le toluène comme dissolvant, sont :

	Point de fusion.	Pouvoir rotatoire moléculaire.
Bornylate de camphol $\overset{+}{\alpha}$	105°-109°	$(\alpha)_D = + 52°,4$
— $\overset{-}{\alpha}$	105°-109°	$(\alpha)_D = - 52°,4$
Racemate $\overset{+}{\alpha}\ \overset{-}{\alpha}$	79°-82°	$(\alpha)_D + 0$

— Analyses qualitative et quantitative de la formaldéhyde. Note de M. A. Trillat, présentée par M. Schützenberger.

Recherche qualitative. — La première méthode est basée sur la transformation en matière colorante bleue du tétraméthyldiamidodiphénylméthane par oxydation. Pour cela, on verse un demi-centimètre cube de diméthylaniline dans la dissolution à essayer et l'on agite vivement après avoir acidulé par quelques gouttes d'acide sulfurique, puis on chauffe une demi-heure au bain-marie. On alcalinise ensuite par la soude, on chasse l'excès de diméthylaniline par ébullition, puis on filtre, lave, et l'on humecte avec un peu d'acide acétique, et projette une très petite quantité de bioxyde de plomb. On a la coloration bleue de l'hydrol.

Deuxième méthode. — On peut transformer l'aldéhyde formique en anhydroformaldéhydaniline $C^6H^5Az.CH^2$ de la façon suivante : on dissout 3 grammes d'aniline dans un litre d'eau, on ajoute 20 centimètres cubes de cette solution à 20 centimètres cubes de liquide à essayer et on neutralise. Il se produit au bout d'un temps plus ou moins long un léger trouble blanc. Cette réaction est commune à l'aldéhyde acétique.

Il est souvent impossible de retrouver l'aldéhyde formique dans les matières alimentaires, vu les combinaisons qu'il peut contracter avec certains produits organiques.

Dosage. — On dose la formaldéhyde grâce à sa transformation en hexaméthylènamine en dosant l'ammoniaque nécessaire à cette tranformation. On commence pour cela par doser l'acidité de la solution formique, qui est toujours acide, au moyen de la phtaléine du phénol. Cette opération préliminaire faite, on prend 10 centimètres cubes de la solution à titrer, puis on additionne d'une solution titrée ammoniacale jusqu'à odeur franchement ammoniacale. Cela fait, on distille l'excès d'ammoniaque et l'on titre cet excès. L'équation suivante permet de déterminer la quantité d'aldéhyde :

$$6\,CH^2O + 4\,AzH^3 = (CH^2)^6Az^4 + 6\,H^2O.$$

Seconde méthode. — Elle consiste à déterminer le poids d'anhydroformaldéhydaniline formée par l'action de l'aniline sur l'aldéhyde formique :

$$C^6H^5AzH^2 + CH^2O = C^6H^5Az : CH^2 + H^2O.$$

— Sur les gisements de dioptase du Congo français. Note de M. Alfred Le Chatelier, présentée par M. Daubrée.

Cette dioptase provient des mines de cuivre de Mindouli, voisines du poste de Comba, sur la route de Loango à Brazzaville. Ces mines font l'objet d'une exploitation indigène très active et le minerai est principalement formé de malachite. La dioptase est en géodes disséminés dans une roche quartzeuse de composition variable.

— Sur une enclave feldspathique zirconifère de la roche basaltique du Puy de Montaudon, près Royat. Note de M. Ferdinand Gonnard, présentée par M. Fouqué.

— Sur une espèce minérale nouvelle découverte dans le gisement de cuivre du Boléo (Basse-Californie, Mexique). Note de M. E. Cumenge, présentée par M. Mallard.

Cette espèce minérale se présente sous forme de cristaux bleus parfaitement définis, disséminés dans une gangue d'argile blanche éruptive appelée *Jaboncillo* dans le pays. Elle répond à la composition suivante :

Plomb	52,99
Cuivre	15,20
Chlore	18,53
Eau	9,00
Argent	0,15
Oxygène, par différence	4,13

Sa formule serait donc $PbCl^2CuO + H^2O + \frac{1}{3}AgCl$.

— Sur les roches de la série des Alpes françaises. Note de M. P. Termier, présentée par M. Mallard.

— Sur la découverte du carbonifère marin dans la vallée de Saint-Amarin (Haute-Alsace). Note de M. Mathieu Mieg, présentée par M. Daubrée.

— Conditions biologiques de la végétation lacustre. Note de M. Ant. Magnier, présentée par M. Duchartre.

— Acclimatation en France de nouveaux Salmonidés. Note de M. Daguin, présentée par M. Blanchard.

— M. Hinrichs adresse une note ayant pour titre : « Détermination du poids atomique véritable du chlore ».

SOCIÉTÉ INDUSTRIELLE DE MULHOUSE

PROCÈS-VERBAUX DES SÉANCES DU COMITÉ DE CHIMIE

Séance du 8 *mars* 1893.

MM. Prud'homme et Rabot envoient une note sur les formamides de l'alizarine. Les deux amidoalizarines se transforment en formamides $C^{14}H^5O^2(OH)^2AzH.CHO$ sous l'action de l'acide formique. Ces formamides sont des matières colorantes tirant sur coton mordancé. Les teintes fournies par le dérivé de l'α-amidoalizarine ressemblent beaucoup à celles de la substance mère, tandis que celles du dérivé de la β-amidoalizarine s'en distinguent sensiblement et sont beaucoup plus rougeâtres. — Le Comité demande l'impression de cette note.

Le secrétaire rappelle que M. Prud'homme, qui, pendant son séjour à Mulhouse, a présenté tant de beaux travaux au comité de chimie, a continué depuis son départ à s'intéresser vivement à ses travaux et n'a cessé de lui envoyer des communications toujours pleines d'intérêt. Il propose, en conséquence, que le comité demande à la Société industrielle de nommer M. Prud'homme membre correspondant avec Bulletin.— Adopté par acclamation.

M. Baumann lit le résumé de la note de M. Petzold sur le gris direct, que le comité lui avait demandé de faire. — On demande l'impression au Bulletin.

L'auteur de la demande de prix envoyée sous la devise : *Nec aspera terrent* désire que l'examen de son mémoire soit ajourné jusqu'à ce qu'il ait envoyé des échantillons à l'appui.

M. Rosenstiehl envoie un mémoire étendu sur la constitution des sels de la rosaniline et de ses congénères.

La constitution de la rosaniline-base a été établie d'une manière définitive par les travaux de MM. E. et O. Fischer ; elle est le triamidotriphénylcarbinol

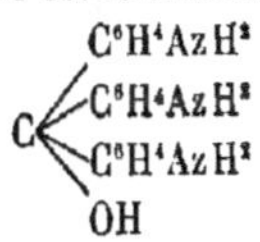

Quant à la constitution des sels, elle est toujours discutée. MM. Fischer attribuent au chlorhydrate la formule (1) :

$$(1)\quad C\begin{cases} C^6H^4AzH^2 \\ C^6H^4AzH^2 \\ C^6H^4AzH^2Cl \end{cases} \qquad (2)\quad C\begin{cases} C^6H^4AzH^2 \\ C^6H^4AzH^2 \\ C^6H^4AzH^2 \\ Cl \end{cases}$$

tandis que M. Rosenstiehl les considère comme les éthers chlorhydriques correspondant au triamidocarbinol (2).

Si cette dernière hypothèse est exacte, le monochlorhydrate de rosaniline doit pouvoir se combiner encore avec trois molécules d'acide chlorhydrique et fournir un tétrachlorhydrate

$$C\begin{cases} C^6H^4AzH^2HCl \\ C^6H^4AzH^2HCl \\ C^6H^4AzH^2HCl \\ Cl \end{cases}$$

Or, M. Hofmann, en étudiant les sels polyacides de la rosaniline, n'avait cru obtenir que des sels triacides.

M. Rosenstiehl a repris cette étude, et il a montré que la rosaniline est susceptible d'absorber exactement *quatre* molécules d'acide chlorhydique ou bromhydrique ; il en est de même du violet cristallisé (rosaniline hexaméthylée). Le vert malachite et le tétraméthyldiamidobenzhydrol en absorbent trois molécules.

Ces faits sont corroborés par des analyses nombreuses et bien concordantes. La préparation de ces sels polyacides demande des précautions spéciales, qui sont décrites avec détail dans le mémoire.

L'existence de ces sels prouve l'exactitude de la formule des sels de rosaniline proposée par M. Rosenstiehl; ces sels sont les éthers du triamidotriphénylcarbinol.

M. Albert Scheurer rappelle à ses collègues qu'une note déposée par lui en 1876 à la Société industrielle, accompagnée d'une caisse d'échantillons de drogues concernant le rouge ponceau employé par les Japonais s'étant égarée, n'a pas pu être livrée à la publicité. Cette note consistait principalement dans une lettre de MM. Sieber et Brennwald, à Yokohama, expliquant la préparation de la laque de safran telle qu'elle est pratiquée par les Japonais. M. Albert Scheurer a récemment retrouvé une copie de cette lettre et demande au Comité d'en voter l'impression, bien que les procédés des Japonais, très peu connus en 1876, aient donné lieu, depuis cette époque, à quelques publications intéressant la même matière. — Le Comité vote l'impression de cette lettre.

Séance du 12 *avril* 1893.

Un auteur anonyme présente au Comité une racle confectionnée avec un alliage nouveau. Cet envoi est accompagné d'une lettre munie de la devise : *Nec aspera terrent,* dans laquelle l'auteur se porte candidat pour concourir au prix nº XXII des Arts chimiques.

Cette racle, qui doit remplacer avantageusement les lames en acier et en composition, devra être mise à l'essai dans un certain nombre de fabriques, après quoi il sera constitué une commission qui statuera sur les suites à donner aux prétentions de l'auteur.

MM. Deutsch et Lustig, fabricants de fécule à Arad, envoient un échantillon de gluten en priant la Société industrielle d'émettre son avis sur ledit produit. Il a été répondu que le gluten n'intéresse aucun des membres du Comité.

M. Petzold, l'inventeur du grès dit « Direkt-Grau », mentionne quelques propriétés nouvelles de ce produit. M. Baumann, qui a déjà examiné un travail précédent du même auteur, sera prié de faire quelques essais dans la voie nouvelle indiquée par M. Petzold. Il s'agit de fixer le gris direct à l'alumine et au chrome.

M. Albert Scheurer a étudié l'affaiblissement du coton par l'acide tartrique sous l'action du vaporisage et de la chaleur sèche. Il a constaté que le séjour d'un échantillon pendant 15 minutes sur un tambour chauffé aux environs de 110° affaiblit la fibre à peu près autant qu'un vaporisage de 1 heure 3/4 à 98-99°. De l'ensemble des faits cités, on peut induire que le coton chargé d'acide tartrique est très sensible aux moindres changements de l'état hygrométrique de la vapeur à 100°.

M. Albert Scheurer a examiné l'affaiblissement des tissus de coton par les mordants de fer destinés à la teinture. Il résulte des essais que l'exposition à l'étendage à 36/40° pendant 12 heures affaiblit de 15 pour 100 et que le dégommage, quelle que soit sa composition, affaiblit en moyenne de 25 pour 100.

Le Comité vote l'impression des deux notes qui précèdent.

Un mémoire concourant au prix n° XXXI : Régulateur automatique de température et d'humidité pour fixages, est renvoyé à l'examen de M. Albert Scheurer.

L'ordre du jour étant épuisé, la séance est levée à 7 heures.

REVUE DES PUBLICATIONS NOUVELLES

Tableaux d'analyse qualitative des sels par voie humide, par M. A. Villiers, Professeur agrégé à l'École supérieure de Pharmacie de Paris, chargé du cours de Chimie analytique. — Paris. Octave Doin, éditeur, 8, place de l'Odéon. Prix de l'ouvrage, relié en toile : 4 francs.

Ce résumé d'analyse qualitative est celui du cours d'analyse chimique qualitative fait à l'Ecole supérieure de Pharmacie de Paris. Voulant surtout en faire un ouvrage pratique et à la portée de tous, l'auteur indique, sous forme de tableaux, les méthodes les meilleures pour arriver à la détermination des composés, sels, acides ou bases contenus dans une solution ou étant à l'état solide. Après quelques considérations générales sur les instruments et les réactifs employés, il indique les réactions caractéristiques de chaque base et de chaque acide et les moyens de les reconnaître quands ils sont seuls. Puis, il passe à la détermination de chacun d'eux quand ils se trouvent dans des mélanges complexes. Il a suivi dans sa méthode générale celle indiquée par Bolard, avec quelques modifications que les progrès de l'analyse chimique ont permis de réaliser, pour pouvoir arriver plus vite à la caractérisation et à la séparation des différents corps de la chimie. Il laisse de côté les éléments rares dont la détermination se rencontre très peu souvent dans le courant de la pratique journalière. Les élèves des Écoles de Pharmacie et de Médecine et tous ceux qui ont quelque intérêt à s'initier aux procédés d'analyse qualitative trouveront dans cet ouvrage, où elles sont présentées sous forme de tableaux très simples, les méthodes analytiques les plus sûres.

Guide pratique d'analyse qualitative par voie humide, par M. R. Defert, 1 vol. in-18, cartonnage souple; prix : 2 fr. 50. — G. Masson, éditeur, 120, boulevard Saint-Germain, Paris.

Comme son titre l'indique, ce petit livre est un simple guide d'analyse qualitative; c'est le *Vade-mecum* que tout chimiste doit avoir dans sa poche pour pouvoir le consulter à tout moment, quand sa mémoire lui fait défaut. Il comprend l'action des réactifs sur les composés métalliques, sur les composés acides, et aussi les opérations préparatoires à l'analyse, plus la détermination des métaux et des acides.

Paris. — Imprimerie L. Baudoin, 2, rue Christine.

CHOIX DE BREVETS

PRIS EN FRANCE ET A L'ÉTRANGER

SUR LES ARTS CHIMIQUES

PARUS DANS LE *MONITEUR SCIENTIFIQUE*

PENDANT

L'ANNÉE 1893

SAINT-QUENTIN. — IMPRIMERIE J. MOUREAU ET FILS

BREVETS PRIS A BERLIN, LONDRES, ETC.

Analysés par M. Gerber.

MÉTALLURGIE. — MÉTAUX

Séparation du cobalt et du nickel d'avec le fer, le manganèse et l'alumine, par Erwin Lack, à Neukirchen. — (Br. allemand S, 6764. — 4 août 1892. — 13 octobre 1892.)

Objet du brevet. — Procédé de séparation du cobalt et du nickel d'avec le fer, le manganèse, le cuivre, l'alumine, la chaux et la magnésie, consistant à traiter les solutions contenant le nickel et le cobalt avec l'un ou plusieurs des autres métaux par le peroxyde de plomb, à froid.

Description. — Les liqueurs, obtenues par un traitement convenable du minerai, contenant les métaux à l'état de sulfates ou de chlorures, et débarrassées de cuivre par l'hydrogène sulfuré, sont traitées à froid par la quantité voulue, déterminée par un essai préalable, de peroxyde de plomb précipité. On remue avec soin et dès qu'on constate la précipitation de tout le manganèse, on sépare les liqueurs d'avec le dépôt.

Dans le cas où l'on aurait affaire à des liqueurs plus chargées de fer que de manganèse, on éliminerait le premier par un traitement approprié, par exemple au moyen d'un carbonate alcalin ou alcalino-terreux en quantité ménagée et telle que le précipité n'entraîne que des traces de cobalt ou de nickel. On appliquera la même réaction à la séparation d'une partie de manganèse lorsque la proportion de ce métal est considérable. Les métaux restant en dissolution sont insolubilisés par addition d'un sulfure alcalin ou alcalino-terreux sous forme de sulfures que l'on transforme de nouveau en sulfates par un grillage oxydant. La solution de ces sulfates est ensuite débarassée des dernières traces de fer et de manganèse par le peroxyde de plomb.

Le précipité formé de sulfate de plomb mélangé d'oxydes de manganèse, de fer, ou de sulfate ferrique basique et d'alumine est traité par l'acide chlorhydrique ou sulfurique, qui dissout les oxydes précipités et laisse du sulfate de plomb que l'on transforme à nouveau en peroxyde.

Procédé pour carburer le fer dans le convertisseur en immergeant dans le métal fondu du charbon en poudre ou en petits fragments, enfermé dans des cavités ménagées dans l'épaisseur de ringards spéciaux en matériaux lourds, par la Société « Gutehoffnungshütte, Aktien Verein fur Bergbau und Hüttenbetrieb », à Oberhausen. — (Br. allemand G, 6511. — 27 décembre 1890. — 26 septembre 1892.)

Objet du brevet. — 1°) Procédé de carburation du fer dans le convertisseur consistant à immerger et maintenir au contact du métal fondu, de la poudre, ou des fragments de charbon (charbon de bois, coke, anthracite), au moyen de ringards dont l'extrémité s'épanouit en un bloc creusé de cavités où l'on dispose le charbon et que l'on plonge dans le bain métallique;

2°) Emploi pour la confection des ringards, de substances pouvant agir elles-mêmes dans un sens donné sur la carburation du fer et la qualité du métal produit, telles que le ferro-manganèse, le ferro-silicium, les fontes spéculaires et autres analogues.

Description. — Les supports creux contenant le charbon peuvent être façonnés en matériaux indifférents (terre réfractaire) ou en substances agissant chimiquement sur le fer fondu et capables d'agir sur la carburation du fer et la qualité du métal produit, tels que le ferro-manganèse, le ferro-silicium, les fers spéculaires et autres analogues.

Suit la description, avec dessins à l'appui, d'un appareil permettant de plonger le support garni dans le convertisseur convenablement incliné. Le charbon (charbon de bois, houille, coke, anthracite), s'emploie en fragments de la grosseur d'un dé à jouer.

Procédé pour apprêter le fer pour les alliages, par H. Pidot, à Stanhope Gardens, (Middlesex) Angleterre. — (Br. allemand P, 5825. — 4 juillet 1892. — 26 septembre 1892.)

Objet du brevet. — 1°) Procédé pour apprêter le fer et le rendre apte à s'allier à d'autre métaux consistant à soumettre le fer à l'action d'un bain d'acide chlorhydrique avec le concours d'un courant de vapeur d'eau et de gaz carbonique;

2°) Modification au procédé du § 1 consistant à ajouter le cuivre, le zinc ou le laiton au fer pendant son immersion dans le bain chlorhydrique.

Description. — On couvre d'acide chlorhydrique les débris ou la tournure de fonte dans un appareil clos où l'on fait circuler un courant de gaz carbonique, pour empêcher la formation de chlorure ferrique. On porte peu à peu l'acide à l'ébullition par un jet de vapeur directe, on fait couler la liqueur et sèche le résidu qu'on allie par fusion aux autres métaux.

Avec le cuivre, le zinc et le fer, on obtient un alliage dit *argent de fer* en fondant le fer préparé comme dit ci-dessus avec :

Cuivre......................................	40 parties.
Zinc..	25 —

Pour les alliages de fer et cuivre, ou fer-cuivre-zinc comme l'argent de fer, on modifie le procédé de la manière suivante :

Le fer est traité par le bain acide jusqu'à ce que les surfaces soient devenues bien pures et nettes. On injecte alors de la vapeur d'eau durant une demi heure, puis, durant le même espace de temps, on fait passer dans le bain acide un courant de gaz carbonique. On abandonne au repos pendant 24 heures, puis on fait passer de nouveau le gaz carbonique, mais non la vapeur d'eau et ainsi de suite, pendant trois jours consécutifs. Après avoir remonté le bain par une addition d'acide frais, on y ajoute le cuivre ou le cuivre et du zinc (?) qui bientôt s'amalgament (sic) avec le fer. Après cinq jours environ de contact, les métaux offrent l'apparence d'une masse pulvérulente homogène. Pour activer la formation de cette masse, on ajoute au bain une quantité de sciure de bois suffisante pour former avec le tout une sorte de bouillie ; celle-ci est séchée, calcinée sur la tôle d'un four à flamme réductrice et enfin fondue au creuset, soit seule, soit avec les proportions voulues de tous autres métaux à allier, comme l'aluminium, le plomb, l'étain, le nickel, le manganèse.

Procédé pour souder l'aluminium, par Georg Wegner, à Berlin. — (Br. allemand W, 8199. — 1er mars 1892. — 13 octobre 1892.)

Objet du brevet. — Procédé pour souder l'aluminium à lui-même ou à d'autres métaux consistant à employer une soudure formée de :

Plomb......................................	60 parties
Etain anglais..............................	33 —
Zinc..	7 —

que l'on coule sur les surfaces à rapprocher et qu'on étend au moyen de fers à souder en fer doux ou en cuivre, chauffés au rouge.

Description. — Détails opératoires qui ne diffèrent en rien de ceux d'une soudure sur métaux communs. Le fer à souder ne doit pas être chauffé plus qu'au rouge sombre ; pour éviter qu'il ne se refroidisse trop vite, on échauffe au préalable les pièces à souder. On n'emploie aucun mordant: sel d'étain, borax; seulement pour quelques soudures difficiles, dans des angles où l'on ne peut atteindre facilement avec le fer, on se sert de colophane.

Alliages d'aluminium et de nickel ou de cobalt, de cadmium et d'étain, par Hugo Solbisky, a Witten-sur-Ruhr. — (Br. allemand S, 6628. — 4 mai 1892. — 22 septembre 1892.)

Objet du brevet. — Procédé de préparation d'alliages blancs, tenaces et malléables, à base d'aluminium consistant à fondre ce métal avec des alliages de nickel ou de cobalt avec de l'etain fondant à peu près à la même température que l'aluminium et avec du cadmium soit pur, soit allié à de l'étain ou à de l'aluminium.

Description. — En raison de l'énorme écart de température entre le point de fusion de l'aluminium et celui du cobalt ou du nickel, on n'obtient directement qu'avec peine des alliages sans homogénéité entre ces métaux. L'auteur a réussi à former de bons alliages en employant le cobalt ou le nickel sous forme d'alliages avec l'étain composés de telle sorte que leurs températures de fusion se rapprochent de celle de l'aluminium. L'alliage à parties égales de nickel et d'étain fond vers 800°. La tenacité de ces alliages, celle du fer étant représentée par 1,000 est, pour les compositions en cent parties :

Aluminium.	Nickel (ou Co).	Etain.	Cadmium.	TENACITÉ.
90	1	5	4	580
95	1	1	3	442
96 1/2	0.5	0.5	2.5	380

On fond d'abord l'aluminium avec l'alliage nickel-étain ou cobalt-étain, et on ajoute ensuite le cadmium soit pur, soit allié à de l'étain ou à de l'aluminium.

Les alliages blancs ainsi obtenus sont durs, résistants à l'écrasement ; ils se laissent bien forer, tourner, étirer en fils et polir.

Procédé pour protéger les miroirs argentés contre les influences atmosphériques, par A. Soldan et Th. Neumayer, à Munich. — (Br. allemand S, 6638. — 9 mai 1892. — 15 septembre 1892.)

Objet du brevet. — Procédé pour protéger les miroirs argentés, réflecteurs, etc., exposés à l'action de l'atmosphère, consistant à passer sur la couche d'argent de la poudre d'aluminium délayée dans un liant convenable, puis un enduit à la gomme laque ou un vernis approprié.

Description. — On sait que les réflecteurs à surface argentée se détériorent assez vite sous l'influence des agents atmosphériques, malgré l'enduit à la litharge dont on a coutume de les revêtir. Cet enduit se fendille après un certain temps d'usage et la moindre fissure livrant passage à l'air, à l'humidité, aux gaz sulfhydriques, cause des taches qui s'étendent rapidement.

Nous remédions à cet inconvénient en passant sur la surface d'argent métallique un vernis convenable, dans lequel nous incorporons de l'aluminium électrolytique en poudre extrêmement tenue, que nous recouvrons ensuite d'une couche d'enduit ordinaire (vernis à la litharge ou gomme laque).

Emploi de divers résidus industriels pour agglomérer les oxydes de fer provenant du grillage des pyrites, par la Société « Georgs-Marien-Bergverks und Huttenverein », à Osnabrück. — (Br. allemand G, 7401. — 13 avril 1892. — 10 octobre 1892.)

Objet du brevet. — Emploi de résidus divers de l'industrie chimique, tels que les résidus de fabrication de l'aniline (boue ferrugineuse des appareils de réduction) ou le mélange Lauring, pour agglomérer les oxydes de fer provenant du grillage des pyrites.

Description. — Pour agglomérer et former en briquettes les pyrites grillées (*purple ore*) de manière à en rendre le maniement plus commode pour le travail du haut fourneau, nous employons comme liant divers résidus ferrugineux de l'industrie chimique, tels que ceux indiqués dans l'exposé ci-dessus.

Procédé de traitement du cuivre et de ses alliages empêchant l'oxydation ou la réduction durant la fonte ou le recuit, par H. Lake, à Londres. — (Br. anglais, 8989.)

Le procédé consiste à opérer la fonte et le recuit dans une atmosphère de vapeur d'eau ou de gaz indifférents comme le gaz carbonique ou l'azote.

Procédé d'utilisation des débris de fer blanc, par F. W. Harward et W. Hutchinson, à Wolverhampton. — (Br. anglais, 12917.)

Les débris de fer blanc sont traités directement par le procédé basique avec une quantité de fonte brute ou de riblons. On peut opérer dans un four Siemens a revêtement basique avec addition de chaux et d'agents oxydants, s'il est nécessaire.

L'étain passe pour la plus grande partie dans les scories avec un peu de zinc ; le reste du zinc est volatilisé. (*J. Soc. Ch. Ind.*)

Nouveaux alliages d'aluminium, par G. L. Adderbrooke, à Londres. — (Br. anglais, 15782.)

On obtient un alliage excellent pour la fonderie avec :

Aluminium	92 parties.
Nickel	4 —
Etain	3 —
Cuivre	1 —

Le nickel est chauffé à part au rouge blanc, puis additionné d'une partie de l'aluminium ; les deux métaux se combinent avec incandescence. On ajoute alors le reste de l'aluminium préalablement fondu à part, puis l'alliage contenant l'étain et le cuivre dans la proportion voulue.

L'alliage est coulé en lingots que l'on refond pour l'usage.

En réduisant la proportion de nickel à 1 1/2 °/₀ et l'etain dans le même rapport, on obtient un alliage plus malléable.

Nouvel alliage spécialement applicable à la confection de brûleurs à gaz ou à pétrole ou tous autres appareils ou objets destinés à supporter des températures assez élevées, par C. W. PINKNEY, à Smethwick (Angleterre). — (Br. anglais, 17955.)

Cet alliage est composé de nickel et de fer en parties à peu près égales. On l'obtient en introduisant dans le nickel, préalablement fondu, le fer en poudre ou limaille assez fine.

Four à reverbère à travail continu, par A. SCHOEFER, à Laegerdorf près Itzehoe (Holstein). — (Br. allemand, 63112.)

Nouvelles dispositions de four à reverbère à marche continue. La description de cet appareil étant incompréhensible sans le secours des plans, et sortant d'ailleurs du cadre de ce recueil, nous nous contentons de le signaler à l'attention des métallurgistes.

Affinage et carburation du fer, par BRAZELLE, à Saint-Louis (Miss.) États-Unis. — (Br. américain, 482001, du 6 septembre 1892.)

Le nouveau procédé consiste à traiter le métal fondu par un courant d'air surchauffé par son passage dans une chambre séparée construite en matériaux réfractaires et chauffée à blanc ; durant cette phase oxydante, l'air peut être en partie ou en totalité remplacé par de la vapeur d'eau ou du gaz carbonique.

On comprime ensuite, à travers la chambre surchauffée puis au sein du métal fondu des gaz réducteurs : hydrogène, vapeur d'hydrocarbures, gaz à l'eau. Finalement, on pulvérise dans la masse métallique, au moyen d'un jet de gaz indifférent comme l'azote, surchauffé par son passage dans la chambre de chauffe, des substances solides comme le charbon de bois, le coke, la poudre de fer spéculaire, de fer chromé, d'aluminium ou d'autres analogues. (*Chemiker Zeitung.*)

Nouveau procédé de fabrication d'alliages de nickel, par L. MOND, à Northwich (Cheshire), Angleterre. — (Br. anglais, 8 83.)

Procédé consistant à faire passer un courant de vapeurs de nickel-carbonyle à la surface ou au travers du métal que l'on veut allier au nickel.

PRODUITS CHIMIQUES

Procédé de préparation de l'acide azothydrique ou de ses sels, par le professeur D. W. WISLICENUS, à Wurzbourg. — (Br. allemand W, 8262. — 25 mars 1892. — 15 septembre 1892.)

Objet du brevet. — Procédé de préparation de l'acide azothydrique ou de ses sels par l'action de l'oxyde d'azote (protoxyde) sur les amidures métalliques, tels que les amidures de sodium, de potassium, de zinc, ou par l'action d'un mélange d'ammoniaque et de protoxyde d'azote sur les métaux alcalins, potassium ou sodium.

Description. — C'est le texte du mémoire de Wislicenus dont nous avons donné l'analyse dans notre numéro de décembre 1892, p. 871.

Procédé de préparation de l'acide picrique, par le Dr HUGO KOEHLER, à Breslau. — (Br. allemand K, 8955. — 14 août 1891. — 6 octobre 1892.)

Objets du brevet. — 1° Procédé de préparation des dérivés mono et dinitrés des acides phénolsulfoniques consistant à traiter les acides phénolmonosulfoniques ou phénoldisulfoniques en solution dans 4 à 6 fois leur poids d'acide sulfurique concentré par du salpêtre ; 2° transformation des acides phénolsulfoniques mono ou dinitrés préparés suivant le § 1 en acide picrique par l'action de l'acide nitrique dilué ou de l'acide nitro-sulfurique.

Description. — Voir le brevet français, *Monit. Scient.*, Juin 1892, p. 183 des brevets.

Procédé pour extraire la benzine et ses homologues des gaz provenant de la calcination de la houille ou des schistes bitumineux, par le Dr CHR. HEINZER-

LING, à Francfort-sur-Mein. — (Br. allemand H, 11576. — 20 octobre 1891. — 15 septembre 1892.)

Objet du brevet. — 1° Procédé pour extraire la benzine et ses homologues des gaz de houille ou de schistes bitumineux consistant à comprimer ces gaz au contact de solutions refroidies de sel marin ou de chlorure de calcium ou d'autres sels analogues dont le point de congélation est situé assez bas, puis à les laisser se détendre. Le froid produit par l'expansion du gaz comprimé, provoque la séparation des hydrocarbures benziniques; on utilise d'ailleurs les gaz détendus pour actionner les pompes et pour refroidir les gaz que l'on comprime dans un appareil jumeau; 2° modification au procédé du § 1 consistant à utiliser directement le froid produit par la détente des gaz comprimés refroidis, pour refroidir les gaz arrivant à la pompe, sans intermédiaire d'une liqueur refroidie.

Description. — Les gaz résultant de la distillation de la houille ou d'autres combustibles minéraux sont — avant ou après épuration, séparation du goudron et des eaux ammoniacales — refroidis, par leur passage dans un jeu de tuyaux baignant dans l'eau fraîche, jusqu'à une température de 10 à 5° C., puis comprimés dans un récipient contenant une solution de chlorure de calcium, de sel marin, ou d'autres sels analogues refroidie à — 10 et jusqu'à — 40° C. La plus grande partie de la benzine et de ses homologues se dépose au contact de la solution froide, et surnage sous forme de masse à consistance butyreuse. De là, les gaz passent dans un épurateur à toiles métalliques, où s'arrêtent les particules liquides entraînées, et enfin dans un cylindre où on les laisse se détendre jusqu'à une pression de 1 1/4 à 1 1/2 atmosphères. Le travail produit par la détente est utilisé pour actionner les pompes de compression et l'absorption de chaleur qui en résulte sert à refroidir la solution de sel marin et l'eau qui entoure les tuyaux d'amenée du gaz à comprimer.

On peut se passer de l'intermédiaire de la solution saline refroidie, mais la séparation des benzines est moins complète et nécessite une plus forte compression et par suite une plus grande dépense de force motrice.

Les gaz épurés sont utilisés directement au chauffage des fours à coke ou emmagasinés dans des gazomètres pour tous autres usages.

Le brevet n'indique pas la pression à laquelle il convient d'amener les gaz : celle-ci doit être fonction inverse de l'intensité du froid dans les appareils à condensation. Il mentionne seulement que pour obtenir un maximum d'effet utile, les gaz doivent, après la détente, se trouver à une température de — 70 à — 80° C.

Perfectionnements à l'extraction de l'alumine ou des sels d'aluminium de l'argile, par E. Meyer, à Berlin. — (Br. anglais, 13395.)

Pour rendre soluble dans les acides faibles l'alumine des silicates d'alumine (argiles, kaolin et autres) l'auteur humecte les argiles avec une solution de 0,1 à 1 °/₀ de chlorure d'aluminium, il sèche et calcine.

Perfectionnements aux appareils pour l'extraction de l'ammoniaque de ses sels, applicables notamment à la fabrication de la soude à l'ammoniaque, par G. I. J. Wells, à Middlewich, Angleterre. — (Br. anglais, 13424.)

Dans la distillation de l'ammoniaque, par décomposition de ses sels au moyen de l chaux et d'un jet de vapeur, on perd beaucoup de temps à jointer les diverses parties de l'appareil, notamment les tuyaux qui font communiquer la cornue avec les récipients d'absorption. L'auteur décrit un dispositif qui supprime cet inconvénient.

X **Procédé de préparation d'acide nitrique pur concentré**, par F. Valentiner, à Leipzig-Plagwitz. — (Br. allemand, 63207.)

Pour obtenir un acide nitrique très concentré et pur, l'auteur traite le salpêtre par l'acide sulfurique, sous pression réduite (4 à 10 cm de mercure). L'appareil se compose d'une cornue en verre semblable à celles employées pour la concentration de l'acide sulfurique, du serpentin debouchant dans le récipient de l'acide distillé qui communique par l'intermédiaire d'un flacon de Woolf avec la trompe à eau ou à vapeur qui fait le vide dans l appareil (*Chem. Zeitung.*)

Appareil pour la condensation de l'acide nitrique, par O. Guttmann, à Londres et L. Rohrmann, à Krauschwitz, près Moscou. — (Br. allemand, 63799.)

Combinaison de tuyaux et de récipients en grès, verre ou autres substances inattaquables par l'acide nitrique, disposés de façon à soustraire le plus vite possible l'acide condensé au contact des gaz chargés d'impuretés (*ibid*).

CHAUX. — CIMENTS. — MATÉRIAUX DE CONSTRUCTION

Pierres à bâtir artificielles, par J. D. Harries, à Aberystwith. — (Br. anglais, 12633.)

On agglomère des résidus métallurgiques d'où l'on a extrait, par les acides ou par amalgamation, les métaux utiles, au moyen de ciment Portland.

Procédé chimique pour la décoration de pierres siliceuses, de marbres, granits et autres analogues, par E. Lodge et F. Jury, à Huddersfield. — (Br. anglais, 15101.)

Emploi de l'acide fluorhydrique pour le but indiqué dans le titre du brevet.

Pierres et marbres artificiels, par G. Solenz, à Graz (Autriche). — (Br. anglais, 15509.)

Agglomérés à base de ciment Sorel (oxychlorure de magnésium). On mélange 1 partie de magnésie calcinée avec 4 à 5 parties de sable blanc et l'on gâche avec 2 parties de solution de chlorure de magnésium à 23 — 28° Bé. On moule dans des formes en bois vernies, lavées avec la solution de chlorure de magnésium et huilées. On produit des veines ou marbrures avec des oxydes ou des pigments minéraux appropriés.

Appareil pour la cuisson de la chaux, des ciments et autres produits analogues, par W. R. Taylor, à Rochester. — (Br. anglais, 16375.)

Ciment nouveau pour dallages dans les navires, par W. A. Briggs, à Dundee, br. anglais, n. 18284.

Ce ciment se compose de :

Pierre ponce pulvérisée..........	2 parties 1/2.
Ciment Portland..................	1 »

L'avantage de cet enduit est de peser environ moitié moins, à volume égal, que l'enduit ordinaire sable et ciment, auquel il n'est pas inférieur comme durée. (C. *Soc. Ch. Ind*).

CELLULOSE. — PATES A PAPIER.

Traitement des lessives sulfitiques, par V. B. Drewsen. — (Br. norwégien, 2168. — 12 août 1892.)

Les lessives sortant de l'appareil à cuite sont traitées par de la chaux ou des alcalis caustiques à une température supérieure à 100° et sous forte pression. Il se forme un précipité de sulfites neutres de chaux (de baryte, etc.) englobant des combinaisons calcaires de substances organiques incrustantes. Ce précipité est traité, au lieu de chaux caustique, par le gaz sulfureux, ou, suivant un second brevet (n° 2169, même date) traité par un acide minéral, chorhydrique ou sulfurique, qui en déplace le gaz sulfureux que l'on fait agir sur une autre portion du précipité. (*Chem. Zeitung*).

Autant qu'il nous souvient, ce procédé a déjà été proposé il y a une quinzaine d'années. La mise en liberté de l'acide sulfureux par l'acide sulfurique ou chorhydrique qui coûtent plus cher, ne paraît pas constituer une innovation très heureuse.

AMIDON. — SUCRES. — GOMMES.

Procédé d'utilisation des mélasses pour la préparation du lévulose. — Chemische Fabrik Auf Aktien « E. Schering », à Berlin. — (Br. allemand C, 4172. — 18 juin 1892. — 10 octobre 1892.)

Objet du brevet. — Procédé d'utilisation des mélasses consistant à employer celles-ci, sans extraction préalable de saccharose, pour préparer par inversion du lévulose que l'on précipite sous forme de lévulosate de chaux d'où l'on déplace le lévulose par un acide, le dextrose restant avec les corps non-sucrés et les matières colorantes de la mélasse dans les eaux-mères calcaires.

Description. — On étend 100 kilogr. de mélasse avec 600 litres d'eau, on provoque l'inversion du saccharose par ébullition avec un acide, en vases de métal émaillé ou de terre. L'acide le plus commode à employer est l'acide chlorhydrique dont la proportion doit varier suivant la teneur en cendres de la mélasse traitée. Dès que le dédoublement du saccharose en lévulose et dextrose est achevé, on refroidit la liqueur jusque vers zéro, soit par addition directe de glace, soit par circulation dans des tuyaux baignant dans une solution salée refroidie. On ajoute un lait de chaux, en remuant, jusqu'à ce qu'un échantillon de liqueur filtrée additionné d'eau de chaux ne donne plus de précipité.

On recueille sur un filtre le lévulosate de chaux qu'on lave à l'eau glacée et qu'on décompose ensuite par un acide, de préférence par l'acide carbonique qui précipite du carbonate de chaux et laisse une solution de lévulose pur.

On peut invertir avec moitié moins d'eau, soit 300 litres pour 100 kilogr. de mélasse ; mais la solution de lévulose obtenue après carbonatation est, dans ce cas, plus ou moins colorée et impure ; on la précipite une seconde fois par la chaux pour obtenir un sirop de lévulose pur.

Préparation du saccharate de baryum au moyen des jus sucrés, par le Dr HERMANN ZSCHEYE, à Biendorf et C. MANN, à Stassfurt. — (Br. allemand Z, 1510. — 1 avril 1892. — 29 septembre 1892.)

Objet du brevet. — Procédé de préparation du saccharate de baryum consistant à ajouter aux jus sucrés du chlorure de baryum et un alcali caustique.

Description. — Une des grosses difficultés du désucrage des jus ou sirops de mélasses par la baryte réside dans la revivification de la baryte qui exige une température élevée, nécessite une installation coûteuse et cause des pertes assez sensibles de baryte.

L'auteur caustifie la baryte par voie humide, en ajoutant simultanément à la liqueur sucrée du chlorure de baryum et une quantité équivalente de soude ou de potasse caustique. Le saccharate barytique insoluble se précipite, et il reste du chlorure alcalin en dissolution. Le carbonate de baryte restant après carbonatation est transformé par l'acide chlorhydrique en chlorure de baryum qui sert à de nouvelles opérations.

On peut se demander si la baryte caustique ainsi obtenue, consommant par chaque équivalent de baryte, l'équivalent d'acide chlorhydrique et l'équivalent de soude ne coûte pas plus cher que celle préparée par voie ignée ?

CORPS GRAS. — SAVONS. — PARFUMERIE.

Extraction de la graisse de laine, par W. T. CUTTER, à East Lyme (Connecticutt), Etats-Unis. — (Br. américain, 482995. — 20 septembre 1892.)

Le procédé consiste à dessécher préalablement la laine sous l'action d'un courant d'air chaud. On la traite ensuite, dans un appareil à déplacement ou dans une machine à laver par un solvant des corps gras : benzine, sulfure de carbone, qui en extrait les acides gras libres, les graisses neutres et les composés de la nature des cholestérines. Après avoir débarrassé la laine du solvant qui l'imprègne, par un courant d'air chaud, on la lave à l'eau tiède (100° F soit environ 38° C) qui dissout les savons. (*Chem. Zeitung*).

Procédé de traitement et d'oxydation des huiles, par W. N. HARTLEY à Dublin et W. E. B. BLENKINSOP, à Wandsworth Common. — (Br. anglais, 7251.)

Pour oxyder et épaissir des huiles comme l'huile de lin, de graine de coton ou d'autres analogues, les auteurs y ajoutent une dissolution d'un savon de manganèse ou d'un sel manganeux d'un acide gras dans un solvant miscible à l'huile comme l'essence de térébenthine, par exemple. On oxyde ensuite par un courant d'air ou d'oxygène (*ibid.*).

Perfectionnement dans la fabrication des huiles de graissage, par R. HUTCHINSON à Cocolairs, Lanark. — (Br. anglais, 16034.)

Composition pour le graissage des essieux de wagons, formée de :

Huile minérale de densité 0,905................	30 parties.
Acide oléique (ou autre acide gras semblable)...	14 »
Chaux éteinte (pesée caustique)..................	1 »

On mélange intimement une partie de cette mixture avec 9 parties de résinate ou pinate de soude ou de potasse. (*J. Soc. Chem. Ind.*).

CAOUTCHOUC. — ESSENCES. — VERNIS.

Perfectionnement dans la fabrication des vernis, par G. H. SMITH, à West-Kensington (Middlesex). — (Br. anglais, 7036.)

L'addition de petites proportions de résines molles à l'huile employée pour dissoudre les résines dures, facilite la dissolution de ces dernières.

La résine Dammar offre à un haut degré la propriété d'aider à la dissolution des résines ou gommes-résines dures et peu solubles comme le copal, la gomme Animé, le succin, la gomme Kauri.

Les résines molles peuvent être remplacées pour cet usage par les huiles provenant de la distillation de certaines résines ou gommes-résines. (*Chem. Ztg*).

Vernis imperméable, par S. WULF, à Wabasch (Indiana)Etats-Unis. — (Br. américain, 483451. — 27 septembre 1892.)

Ce vernis ou enduit imperméable, applicable sur bois, tissus, métaux, se compose de :

Huile de lin (non cuite)	1 gallon.
Résine	8 onces.
Acétate de plomb	4 onces.
Noir de fumée	2 onces.

1 gallon = 4 litres 540 — 1 once = 28 grammes 35 (*ibid.*).

COMBUSTIBLES. — ECLAIRAGE. — GAZ.

Perfectionnements aux procédés et appareils servant à traiter des minerais ou à fondre des métaux au moyen de combustibles liquides ou gazeux, par G. RODGER, à Sheffield. — (Br. anglais, 12998.)

Fourneaux effectuant la combustion complète, sans production de fumée, des combustibles solides, par R. MARSHALL, à Honor-Oak-Park, (Surrey). — (Br. anglais 8159 du 30 avril 1892.)

Disposition pour l'amenée de l'air et la circulation des gaz dans le fourneau réalisant la combustion complète et sans production de fumées, des combustibles solides.

Perfectionnements à la fabrication du gaz d'éclairage, par W. H. WILSON, à Waterloo (Lancashire). — (Br. anglais, 5468.)

L'auteur gazéifie les goudrons provenant de la distillation des houilles et mélange le gaz directement avec le gaz secondaire dans une chambre chauffée à température relativement basse. Pas d'innovation.

Perfectionnements à l'emploi des hydrocarbures liquides comme agents de chauffage et aux appareils construits dans ce but, par E. N. HENWOOD, à Londres. — (Br. anglais 10320.)

Dispositions nouvelles dans la construction des fourneaux de machines à vapeur brulant du pétrole ou d'autres carbures liquides.

Perfectionnements à la fabrication du gaz d'éclairage, par J. H. R. DINSMORE, à Liverpool. — (Br. anglais, 11740.)

Même objet que la patente de W. H. Wilson ci-dessus, (fabrication de gaz de goudrons ou de résidus de pétrole). Dispositions pour empêcher le goudron de se condenser dans les parties plus froides des conduits et de les obstruer.

Nouveau procédé de préparation du gaz d'éclairage, par G. B. de LAMARRE, à Biloxi (Mississipi) États-Unis. — (Br. anglais, 6362 du 1er avril 1892.)

L'auteur prépare du gaz à l'eau par l'action de la vapeur d'eau sur du coke ou du charbon de bois chauffé au rouge. Il épure ce gaz au moyen d'une solution alcaline de chromate de potasse et le carbure avec de l'éther de pétrole. Sauf l'emploi du chromate de potasse comme agent d'épuration, nous ne voyons rien de nouveau dans ce procédé.

PHOTOGRAPHIE

Procédé de préparation de plaques négatives sensibles pouvant supporter sans dommage une exposition prolongée au delà du temps de pose normal, par JOHN SANDELL, à Londres. — (Br. allemand S, 6371. — 28 décembre 1891. — 15 août 1892.)

Objet du brevet. — Procédé pour recouvrir des plaques de substances quelconques de couches sensibles qui ne souffrent pas d'une exposition trop prolongée, consistant à superposer des couches d'émulsions de sensibilité croissante.

Description. — Les émulsions dont se composent les couches successives sont à base de sels d'argent haloïdes. La couche inférieure (la première) se composera de bromure d'argent; la seconde de bromo-iodure, etc; la condition à réaliser est que leur sensibilité aille en croissant de la première à la dernière (3e ou 4e) couche. A cet effet, on graduera la sensibilité des émulsions par un traitement préalable par la chaleur ou par un alcali, dans les conditions ordinaires. Chaque couche devra être bien fixée et séchée avant l'application de la suivante. Il est important de veiller à ce que ces couches soient aussi identiques que possible quant à leurs propriétés physiques, leur composition, sauf bien entendu en ce qui touche leur sensibilité variable, afin d'obtenir un tout bien uniforme et sans défauts, etc., etc. Le reste de la description se tient dans des généralités comme celles qu'on vient de lire sans détails précis.

Couleurs spéciales pour la peinture des photographies, par C. H. W. Burns, à Halberstadt. — (Br. anglais, 3791. — 26 février 1892.)

On cuit à 95-100° une solution de :

Borax	110	grammes.
Eau	1.250	—
Caséine pure	1.000	—

Le produit est filtré chaud. On s'en sert pour délayer les couleurs employées à colorier les photographies.

Procédé de préparation d'un papier pour positifs pouvant se développer et se fixer dans un seul et même bain, par Pierre Mercier, à Paris. — (Br. allemand M. n° 8003. — 7 avril 1891. — 22 septembre 1892.

Objet du brevet. — Procédé de préparation d'un papier positif pouvant être fixé et développé dans un bain d'hyposulfite de soude sans addition d'un révélateur, consistant à provoquer à la surface du papier, en le traitant par le nitrate d'argent et par un sel d'or soluble, comme le chlorure d'or, un dépôt de chlorure d'argent et d'oxyde d'or.

Description. — Le procédé de préparation de ces papiers positifs consiste essentiellement dans l'immersion successive du papier collé, albuminé ou non collé dans :

1° Une solution de nitrate d'argent.

2° Une solution d'un sel d'or soluble.

3° Une solution d'un citrate ou tartrate.

On peut intervertir l'ordre des bains en plongeant le papier d'abord dans le sel d'or et ensuite dans le nitrate d'argent ; dans ce cas, on peut encore passer le papier, après le bain d'or, dans une solution de chlorure alcalin, avant de le sensibiliser au nitrate d'argent.

Exemples de bain d'or :

Chlorure d'or	4	grammes
Chlorure de sodium	10	—
Chlorure de lithium	10	—
Chlorure d'ammonium	10	—
Eau distillée	1000	—
Chlorure d'or	4	—

Craie lévigée	10	grammes
Eau distillée	1000	—
Porter à l'ébulition, décanter après refroidissement et ajouter :		
Chlorure de potassium	30	grammes

Le papier traité par l'un de ces bains est plongé, pendant 2 minutes environ, dans une *liqueur argentique* filtrée :

Nitrate d'argent	150	grammes
Acide borique	10	—
Chlorate de sodium	20	—
Eau distillée	1000	—

puis, après avoir été à peu près séché, il est immergé pendant environ 1 minute, dans un bain composé de :

Acide citrique	5	grammes
Citrate de sodium	25	—
Eau distillée	1000	—

Le brevet donne encore une série de recettes analogues pour la préparation de papiers albuminés ou gélatinés.

SUBSTANCES ORGANIQUES A USAGE MEDICAL

Procédés pour extraire les substances utiles de la noix de kola, par C.-E. Wilsdorf, à Mulhouse. — (Br. allemand W, 8382. — 14 mai 1892. — 29 septembre 1822.)

Objet du brevet. — 1° Procédé pour extraire une couleur rouge de la noix de Kola (*Sterculia acuminata*) consistant à traiter la noix broyée et séparée de son jus par l'alcool fort, (93 °/₀) à distiller la liqueur alcoolique et laver le résidu refroidi avec le chloroforme, l'éther et l'eau;

2° Procédé de préparation de cire de kola et d'une couleur jaune, consistant à traiter le jus de la noix broyée au moyen de l'éther, à réunir cet extrait à l'éther et au chloroforme ayant servi à laver le rouge de kola (§ 1) et à distiller les solvants; on sépare ensuite, par l'eau, la matière colorante jaune d'avec la cire;

3° Procédé pour obtenir la caféine et la théobromine contenues dans la noix de kola, consistant à concentrer, à consistance d'extrait, l'eau de lavage du rouge de kola (§ 1) et le jus de la noix broyée débarrassé de la cire et du jaune de kola (§ 2);

4° Préparation d'huile essentielle de kola et d'eau distillée de kola consistant à distiller la noix de kola broyée avec de la vapeur d'eau et à séparer au moyen d'un récipient florentin l'eau distillée de kola d'avec l'huile surnageante.

Description. — N° 1. — On broie à la meule en évitant tout contact avec des objets en fer, la noix de kola fraîche, triée, bien juteuse et colorée. On obtient ainsi un suc rouge trouble et une masse grossièrement concassée que l'on traite dans un appareil à déplacement par l'alcool à 93 °/₀. Après distillation du solvant, il reste un extrait rouge foncé d'où il se sépare par le refroidissement, une masse résineuse qui constitue le *rouge de kola.* On le purifie par extractions successives au chloroforme, puis à l'éther et enfin à l'eau bouillante. Les extraits chloroformique et éthéré sont traités suivant le § 2.

Le rouge de kola ainsi obtenu est exempt de caféine, de théobromine, de tannin, de substances grasses ou cireuses, etc.; il est insoluble dans l'eau, l'éther et le chloroforme, neutre aux réactifs colorés, indifférent aux acides étendus et soluble dans l'alcool seulement en une belle couleur rouge.

N° 2. — Le suc obtenu lors du broyage de la noix de kola fraîche est mis à digérer avec de l'éther pendant plusieurs jours; on agite de temps à autre, et, après avoir séparé les deux couches, on distille l'éther qui abandonne un corps de la nature des cires et une matière colorante jaune intense. On sépare cette dernière par l'eau qui la dissout; elle possède à un haut degré l'odeur et la saveur, le bouquet de la noix de kola fraîche.

La cire de kola extraite du suc est ajoutée à celle qu'abandonnent à la distillation les extraits au chloroforme et à l'éther du § 1.

N° 3. — L'extrait rouge foncé du § 1 d'où s'est séparée à froid la plus grande partie de la matière colorante rouge est clarifié par filtration, puis évaporé à consistance d'extrait sec; celui-ci contient une partie de la caféine et de la théobromine qui existaient dans la noix de kola.

N° 4. — Le reste de ces substances s'extrait à l'eau bouillante du résidu du traitement à l'alcool du § 1.

N° 5. — Enfin en distillant à la vapeur la noix de kola fraîche, on en obtient une eau distillée sur laquelle nage une couche huileuse, l'essence de kola, que l'on sépare au moyen du récipient florentin. Cette huile essentielle rappelle par son odeur et son goût l'essence de sassafras.

Procédé de préparation de combinaisons du chloral avec les aldoximes, kétoximes et quinonoximes, par la maison « F. Von Heyden » à Radebeul. — (Br. allemand H, 12303. — 19 mai 1892. — 29 septembre 1892.)

Objet du brevet. — Procédé de préparation de chloraloximes, par l'action du chloral sur l'acétoxime, la camphoroxime, le nitroso-β-naptol, l'acétaldoxime et le benzaldoxime.

Description. — Les composés décrits dans le présent brevet sont les premiers représentants connus d'une nouvelle classe de corps. Ils se forment par l'action du chloral sur les aldoximes, kétoximes ou quinonoximes, en vertu de la réaction générale.

La réaction s'opère à la température ordinaire; il est même convenable de la modérer au moyen d'un solvant; ainsi on prendra :

Acétoxime (une molécule).........	10	kilogr.
Chloral (id)...............	20	—
Ether de pétrole (ligroïne).......	10	—

On obtient presque 30 kilogr. de produit, qui recristallisé dans la ligroïne, fond à 72°. Au lieu de ligroïne, on peut employer d'autres carbures comme solvants. Nous avons préparé ainsi :

Le chloral acétoxime. — Le chloral camphoroxime. — Le chloral nitroso-β-naphtol. — Le chloral acétaldoxime. — Le chloral benzaldoxime.

Ces nouveaux composés sont assez solubles dans l'alcool et l'éther. Ils cristallisent fort bien de leurs solutions dans les hydrocarbures (pétroles légers, benzine). L'eau les dissout moins bien et les dédouble surtout à chaud en hydrate de chloral et aldoxime, kétoxime, etc. Leurs propriétés physiologiques sont très marquées.

Procédé de préparation d'amylène pur, par C. A. F. Kahlbaum, à Berlin. — (Br. allemand K. n° 9033.) — 8 septembre 1891. — 22 septembre 1892.

Objet du brevet. — Procédé de préparation d'amylène pur: $CH^3 . CH : C : (CH^3)^2$ au moyen de l'alcool amylique tertiaire que l'on chauffe avec un acide organique ou avec de l'acide orthophosphorique.

Description. — Sous l'influence des acides organiques, notamment des acides solides comme les acides oxalique, tartrique, citrique, l'alcool amylique tertiaire (hydrate d'amylène.) perd à chaud les éléments d'une molécule d'eau et fournit l'amylène :

Dans un alambic à double fond, on chauffe à la vapeur, à 60-90°, 3 kilogr. d'acide oxalique cristallisé. On fait arriver l'alcool amylique en un filet régulier ; au fur et à mesure, l'hydrocarbure se produit et distille en entraînant l'eau formée. Il est bon de changer l'acide oxalique après dédoublement de 25 à 30 kilogr. d'alcool amylique.

Au lieu d'un acide organique, on peut faire usage d'acide phosphorique PO^4H^3 en solution aqueuse à 50-80 pour cent d'eau.

Procédé de prépération d'un dérivé de l'antipyrine chlorée, par Farbwerke (Meister Lucius et Bruning), à Hœcht s/m. — (br. allemamd. — F, n° 5866. — 10 février 1892 — 19 septembre 1892.)

Objet du brevet. — Procédé de préparation d'un dérivé chloré de l'antipyrine consistant à faire agir du chlorure de chaux sur une solution acidulée d'antipyrine.

Description. — En ajoutant peu à peu à une solution d'antipyrine dans 100 fois son poids d'eau et 4 molécules d'acide chlorydrique, une solution de chlorure de chaux, il se produit un précipité blanc. On cesse d'ajouter l'hypochlorite, lorsqu'il ne se forme plus de précipité, on filtre et presse. Le produit recristallisé dans l'alcool ou l'acide acétique glacial, fond à 228° en se charbonnant et perdant H Cl. Il est insoluble dans l'eau, les acides dilués, l'éther, le chloroforme, la ligroïne, soluble dans l'alcool ou l'acide acétique chauds. Les alcalis le dissolvent en le décomposant.

Sa composition est exprimée par la formule $C^{11} H^{12} Az^2 O^3 Cl^2$. Sous diverses influences, notamment par fusion dans un courant de gaz chlore, ou par l'action du chlore sur sa solution acétique, ou encore par chauffage à 150° de sa solution alcoolique saturée d'acide chlorydrique, ce nouveau dérivé se transforme en dichlorométhylephenylepyrazolon, que les agents réducteurs transforment en antipyrine.

Procédé de préparation de β-amidocrotonanilide et de β-méthylamido-crotonanilide, par la Société Farbwerke (Meister, Lucius et Bruning), à Hœcht s/m. — (Br. allemand F. n° 5827. — 22 janvier 1892. — 19 septembre 1892.)

Objet du brevet. — Procédé de préparation de β-amidocrotonanilide et de β-methylamido crotonanilide consistant à chauffer l'acétylacétanilide en solution aqueuse avec de l'ammoniaque ou de la methylamine.

Description. — On dissout peu à peu dans 10 litres d'eau, à la faveur d'un excès d'ammoniaque, 1 kilogr. d'acétylacétanilide. Par le refroidissement, il se sépare un composé d'apparence très semblable à l'acétylacétanilide, que l'analyse et ses propriétés caractérisent comme le β-amidocrotonanilide. Ce corps cristallise de sa solution alcoolique en aiguilles blanches très peu solubles dans l'eau, fondant à 144 145 0/0. Bien que ses solutions n'aient aucune action sur les teintures indicatrices, ce corps se comporte néanmoins comme une base ; il se dissout facilement dans l'acide chlorydrique dilué.

En remplaçant, dans cette préparation, l'ammoniaque par la méthylamine, on obtient le β-méthylamidocrotonanilide fusible à 140-144° C.

COLORANTS ET MATIÈRES PREMIÈRES POUR LEUR PRÉPARATION

Couleurs disazoïques mixtes noires bleutées dérivées de l'acide amido-oxy-α-naphtalinedisulfonique, par K. Oehler, à Offenbach-s.-M. — (Brevet allemand O, 1434. — 6 décembre 1890. — 4 août 1892.)

(Voir le brevet allemand, août 1892, p. 256.)

Objet du brevet. — Procédé de préparation de couleurs disazoïques mixtes noires bleutées :

A. — Par combinaison de tétrazoditolyle (1 molécule) avec l'acide amido-oxy-α-naphtalinedisulfonique de la demande de brevet O, 1432 (1 molécule) et avec l'α ou la β-naphtylamine (1 molécule).

B. — Par combinaison du produit intermédiaire obtenu, suivant le brevet 39 096 (A, 1306), au moyen du tétrazoditolyle et de l'α ou de la β-naphtylamine, avec 1 molécule d'acide amido-oxy-α-naphtalinedisulfonique de la demande de brevet O, 1432.

Description. — Mode de préparation ordinaire des couleurs disazoïques mixtes.

Le produit obtenu suivant A est une poudre bronzée, soluble dans l'eau en violet-rouge, précipitable en flocons bleus-violets par l'acide chlorhydrique concentré. La solution avec excès d'alcali est d'un beau violet; la solution dans l'acide sulfurique concentré est bleue.

Le produit B est une poudre brune-noire avec éclat métallique peu marqué, soluble dans l'eau en rouge-violet, précipitable en rouge-violet par l'acide chlorhydrique concentré. Un excès d'alcali ne change pas la couleur de la solution aqueuse. La solution sulfurique est bleue.

Procédé de préparation d'indulines alcoylées à l'azote azinique et d'acides sulfoconjugués dérivés. — Badische Anilin und Sodafabrik. —(Br. allemand B, 13023. — 11 mars 1892. — 15 août 1892.)

Objets du brevet. — 1° Procédé de préparation d'indulines alcoylées à l'azote azinique, consistant à :

a) Fondre l'eurhodine $C^{17}H^{13}Az^3$ avec de l'aniline et du chlorhydrate d'aniline jusqu'à ce qu'un échantillon de la cuite, bouilli avec de l'eau acidulée, ne laisse plus reconnaître la présence d'eurhodine non transformée, et à chauffer la phényleurhodine obtenue avec de l'iodure de méthyle et de l'alcool méthylique sous pression.

b) Soit à fondre l'eurhodol $C^{17}H^{12}Az^2O$ avec l'aniline et du chlorhydrate d'aniline jusqu'à ce qu'un échantillon de la cuite dissous dans l'acide sulfurique concentré ne montre plus de progrès dans la pureté et l'intensité de la nuance verte formée. Le produit est chauffé comme précédemment avec de l'iodure de méthyle en solution alcoolique.

2° Procédé de préparation d'un acide sulfoconjugué peu soluble de l'induline alcoylée obtenue suivant le § 1, consistant à traiter cette induline par l'acide sulfurique concentré, au bain-marie, jusqu'à solubilité complète d'une tâte d'essai dans la soude caustique diluée.

3° Procédé de préparation d'un acide sulfoconjugué soluble à l'eau chaude, consistant à traiter l'induline alcoylée du § 1 ou son chlorhydrate ou l'acide sulfoconjugué peu soluble du § 2, par l'acide sulfurique fumant ou ses substituts (chlorhydrine sulfurique, etc.,) à la température ordinaire, jusqu'à ce qu'une tâte précipitée par l'eau, recueillie sur filtre et lavée, se dissolve sans résidu dans l'eau bouillante.

Description. — I. *Préparation d'induline au moyen de l'eurhodine* $C^{17}H^{13}Az^3$.

a) *Phényleurhodine.* — On chauffe au bain d'huile à 150-160°, un mélange de :

Chlorhydrate d'eurhodine	10	kilogrammes.
Chlorhydrate d'aniline	5	—
Aniline	20	—

Après 2 heures environ, lorsque l'essai indiqué dans l'exposé, montre que toute l'eurhodine est transformée, on ajoute de la soude caustique, on distille l'excès d'aniline par entraînement à la vapeur d'eau et recueille la phényleurhodine, composé jaune, cristallisable dans un mélange de phénol et d'alcool.

b) *Induline.* — Dans un autoclave émaillé, on chauffe sous pression à 160-170° C. :

Phényleurhodine	10	kilogrammes.
Iodure de méthyle	5	—
Alcool méthylique	50	—

On chauffe pendant deux heures environ. On s'assure que la réaction est terminée par l'essai suivant : une tâte est bouillie pendant quelques minutes avec un excès de soude caustique pour décomposer l'iodhydrate. On recueille la base précipitée par addition d'eau, on lave et reprend le résidu par l'acide chlorhydrique dilué qui dissout aisément l'induline formée et laisse la phénylеurhodine très peu soluble.

Le produit de la réaction est additionné de soude caustique, débarrassé d'alcool par distillation. On reprend la base par l'eau chaude aiguisée d'acide chlorhydrique, on filtre, on précipite de nouveau la base par un alcali, lave et sèche.

Pour purification, on peut faire cristalliser cette base dans la benzine.

II. — *Préparation d'induline au moyen de l'eurhodol* $C^{17} H^{12} Az^2 O$ (1).

On cuit comme précédemment :

Eurhodol	10	kilogrammes.
Chlorhydrate d'aniline	20	—
Aniline	20	—

en suivant les progrès de la réaction au moyen de l'essai indiqué dans l'exposé. On distille l'aniline en excès, après neutralisation par la soude caustique, recueille, lave, exprime et sèche la phénylеurhodine obtenue et la transforme en induline comme au § I *b*.

Préparation des acides sulfoconjugués. — Elle se fait suivant les indications de l'exposé dans les formes et avec les précautions ordinaires. Le sulfoconjugué peu soluble n'a d'intérêt que comme terme de passage pour la fabrication du sulfoconjugué soluble.

Ce dernier est en poudre cristalline, bien soluble dans l'eau chaude, se dissolvant aussi, lentement, dans l'eau froide. L'addition d'un acide précipite la matière colorante en petits cristaux déliés, brillants, d'un rouge très vif. Elle teint la laine, sur bains acides, en rouge feu, de nuances plus jaunâtre que les acides sulfoniques de la phénylerosinduline du brevet D. R. P. 45370.

Liste des brevets, dont le Moniteur scientifique a rendu compte, accordés par l'office de Berlin, du 10 juin au 15 juillet 1892.

	N° de la demande	N° définitif.		N° de la demande.	N° définitif.		N° de la demande.	N° définitif.		N° de la demande.	N° définitif.
A	2841	63956	Sch	7303	62376	B	11310	63995	L	6218	63367
H	11557	62476	F	5531	62491	A	2017	63951	H	1196	63323
W	7775	63715	A	2798	63648	L	4031	63876	O	1438	63842
F	4898	63692	F	5010	63693	N	2485	64136	K	9177	63751
I	2679	63713	W	8020	63667	H	11329	63654	L	6377	63722
F	5752	63743	S	6240	64143	L	7180	63771	M	8537	63856
L	7110	63884	F	5478	68544	F	4345	63952	B	12654	64193
B	10306	64065	F	5097	64017	L	7022	63931	D	4747	64183
C	3912	64031	Sch	7530	64073	B	12769	64217	N	2309	64180

Ont été refusées les demandes de brevet :

C n° 3063 L n° 6538 C n° 3603 R n° 6482

Ont été retirées par leurs auteurs les demandes de brevet :

D n° 4495 L n° 6867

Sont arrivés à expiration les brevets :

N°s 53455	N°s 55428	N°s 58934	N°s 62309
54219	55922	59228	62950
54490	57846	62901	61329

Liste des brevets, dont le Moniteur scientifique a rendu compte, accordés par l'office de Berlin, du 15 juillet au 14 octobre 1892.

	N° de la demande.	N° définitif.		N° de la demande	N° définitif.		N° de la demande.	N° définitif.		N° de la demande.	N° définitif.
A	2841	63956	F	5531	62491	F	4345	63952	J	2614	64474
H	11557	62476	A	2798	63648	L	7022	63931	G	7144	64357
W	7775	63715	F	5010	63693	B	12769	64217	F	5676	64233
F	4898	63692	H	11329	63654	F	5018	64444	W	8056	64249
Sch	7303	62376	L	7180	63771	Sch	7482	64424	W	7851	64449

(1) Voir Witt, *Berichte, d. d. chem. gesellsch.* 19, p. 441.

	N° de la demande.		N° définitif.		N° de la demande.		N° définitif.		N° de la demande.		N° définitif.		N° de la demande.		N° définitif.
St	3007	....	64404	F	5752	....	63743	H	8502	....	64601	D	4919	....	65085
B	11745	....	64347	L	7110	.·..	63884	K	7854	....	65143	F	5224	....	65480
A	2917	....	64409	B	10306	....	64065	W	7917	....	64950	R	9520	....	65300
J	2596	....	64465	C	3912	....	64031	P	4761	....	64993	D	4996	....	65273
D	5028	....	64387	W	8020	....	63667	E	3350	....	64908	M	8804	....	65136
D	5129	....	64416	S	6240	....	64143	St	2934	....	65051	F	5420	....	65375
B	11319	....	63995	F	5478	....	63844	S	5966	....	64832	D	5057	....	65111
A	2017	....	63951	F	5097	....	64017	K	9304	....	65349	B	12605	....	65104
L	7031	....	63876	Sch	7530	....	64773	B	11761	....	65049	F	5594	....	65259
N	2485	....	64136	N	2309	....	64180	K	9563	....	64979	H	12286	....	65478
L	6218	....	62367	K	8736	....	64270	F	5692	....	64923	O	1661	....	65515
H	11196	....	63323	F	3258	....	64420	M	7997	....	65240	C	3573	....	65347
O	1438	....	63842	B	5562	....	64306	E	3296	....	65359	K	8767	....	64859
K	9177	....	63751		12598	....	64427	B	12224	....	64016	P	5436	....	65057
L	6377	....	63722	Sch	7113	....	64264	L	7176	....	65287	F	5011	....	64876
M	8837	....	63856	F	5409	....	64437	F	5615	....	65262	D	5127	....	65123
B	12654	....	64193	R	6757	....	64472	D	5056	....	65110	G	6637	....	65017
D	4747	....	64183	M	8584	....	64361	H	12104	....	65131	G	6743	....	64946
H	9522	....	64373	V	1620	....	64346	P	5700	....	65529	F	5941	....	65196
G	3503	....	64395	H	12140	....	64435	H	11056	....	65482	V	1804	....	65466
St	2920	....	64326	N	2475	....	64401	F	5989	....	65393	F	3193	....	65053
B	12755	....	64251	S	5660	....	64540	F	3258	....	65407	A	2056	....	65230
N	2560	....	64252	L	6863	....	64542	L	5955	....	65080	H	12225	....	65316
N	2538	....	64354	Z	1458	....	64545	C	3170	....	65077	N	2426	....	65254
F	5602	....	64405	A	2868	....	64694	F	5649	....	65055	G	7065	....	65236
R	6887	....	64426	C	3644	....	64602	F	5066	....	65182	A	2943	....	65239
M	8723	....	64452	R	6866	....	64680	R	9379	....	64909	F	5928	....	65453
F	5008	....	64418	B	12728	....	64753	Bch	7614	....	65274	V	1730	....	65102
R	6877	....	64351	N	2488	....	64809	J	2717	....	65292	F	5622	....	65263
K	8954	....	64423	E	3012	....	64736	D	4977	....	65000	F	5598	....	65402
A	3083	....	64434	F	5812	....	64510	P	5532	....	65274	B	13002	....	65450
J	2679	....	63713	Sch	7731	....	64816	N	7985	....	65212	S	6639	....	65532

Ont été refusées les demandes de brevets :

C nos	3063	C nos	3603	O nos	1430	F nos	5430
L	6535	R	6482	C	3601	V	1542

Ont été retirées par leurs auteurs les demandes :

D nos	4495	L nos	6867	L nos	6400	D nos	4787
R	5900	W	7635	O	1432	B	12861
B	12727	B	12928	R	6616	K	8887
F	5633						

Les brevets ci-dessous sont devenus la propriété des suivants :

Nos 55926 Dr Memminger, à Charlottenburg et Smyth and Lopez, à Charlestown.
57399 Wolff et Ce, à Walsrode.
63485 Les successeurs de F. von Heyden, à Radebeul.
60933 L, M. Dahms, à Hambourg, et H. Dede, à Bergedorf.
57467 Farbenfabriken Bayer et Ce, à Elberfeld.
64736 Badische Anilin und Sodafabrik.
62180 Id. id.
60156 C, Wittkowski, à Berlin.

Sont arrivés à expiration les brevets :

Nos 53455	Nos 57846	Nos 56466	Nos 56241
54219	55171	59626	52163
54490	56985	58001	62706
57335	61087	54615	62774
57807	58135	62309	61125
63648	54794	62950	61668
58318	58934	61329	54359
55119	59228	62947	58505
55428	61961	55055	56065
55922	64400	58796	

BREVETS PRIS A PARIS

Analysés par M. THABUIS.

ESSENCES. — RÉSINES. — CIRES. — CAOUTCHOUC.

Perfectionnements dans le traitement des gommes dans le but d'en préparer des vernis (*Brevet anglais devant expirer le 23 avril 1905*), par (Dame Veuve) HAND SMITH, rep. par Brandon et fils. — (Br. 218956. — 25 janvier 1892. — 30 avril 1892.)

Objet du brevet. — Procédé de traitement des gommes basé sur cette propriété qu'ont certaines gommes très solubles de permettre ou tout au moins de rendre plus complète la dissolution de gommes plus dures ou plus réfractaires à l'action des dissolvants, et consistant à faire usage d'une certaine classe de gommes pour venir en aide à la dissolution de principes gommeux d'autres classes en présence d'un dissolvant convenable tel que l'huile de lin ou autre pouvant tenir les gommes en dissolution, et cela tout en conduisant l'opération à des températures suffisamment basses pour ne pas nuire sérieusement à la valeur commerciale, ni causer une déperdition du poids de la gomme. On peut effectuer cette opération à 120° pour commencer, puis on élève peu à peu la température à mesure que l'opération avance.

Description. — Supposons qu'il faille réduire la gomme Kauri à l'état de dissolution pour faire un vernis. On fait dissoudre dans l'huile de lin ou une autre huile convenable une petite quantité de gomme Dammar. Cette quantité est relativement insignifiante, de façon à ne pas avoir d'action nuisible sur le vernis à obtenir. On ajoute à cette solution une certaine quantité de gomme Kauri et l'on opère le mélange dans un récipient *ad hoc*. On ajoute ensuite la quantité voulue d'huile de lin ou d'une autre huile quelconque convenable pour former la solution résineuse. En chauffant à une température de 145 à 230° C., on verra que la dissolution sera déterminée par la présence dans l'huile de la solution indiquée en premier lieu. Les proportions qui conviendraient le mieux seraient :

Gomme Dammar (ou toute autre gomme molle).... 1 kilogr.
Gomme Kauri (ou toute autre gomme dure)....... 16 —

Quant à la quantité d'huile, elle dépend des qualités que l'on désire obtenir du vernis.

Perfectionnements dans la fabrication de l'asphalte, par DUBBS, rep. par Sautter et de Mestral. — (Br. 219431. — 16 février 1892. — 20 mai 1892.)

Objets du brevet. — Procédé ayant pour but la fabrication de l'asphalte au moyen du pétrole brut ou de ses résidus consistant en produits lourds restant dans l'alambic et que l'on additionne de soufre.

Description. — Lorsqu'on emploie des huiles de Pensylvanie ou de Lima qui contiennent des paraffines ou des composés qui empêchent la combinaison du soufre avec l'huile, on expulse ces produits par distillation. La charge de l'alambic est alors refroidie d'environ 110°. On y introduit une quantité convenable de soufre. La proportion de ce dernier corps est d'environ 450 grammes par 4 litres et demi de résidus ; cette proportion est du reste variable. On chauffe à une température égale à celle de la distillation et on maintient cette température de 2 à 6 heures. Lorsqu'on emploie des résidus anciens et complètement refroidis on ajoute d'abord 20 à 25 0/0 de la charge complète de soufre, et l'on chauffe jusqu'à dégagement d'hydrogène sulfuré, puis on arrête le chauffage, et on ajoute 40 à 50 0/0 de soufre, on chauffe de nouveau pendant 3 à 5 heures, et l'on ajoute ensuite le reste du soufre et l'on continue à chauffer jusqu'à consistance voulue.

Pour les pétroles du Wyoming ou autres contrées, ne contenant pas les principes que l'on rencontre dans ceux de Pensylvanie, on opère d'après le dernier procédé ci-dessus. Le produit est noir jais, souple à la température ordinaire. On peut corriger cette souplesse par addition d'environ 10 0/0 de sable ou autre matière siliceuse.

Nouveau produit caoutchouc et amiante et son application aux sciences et aux

arts industriels, par MERCIER, rep. par Blétry aîné. — (Br. 219555. — 20 février 1892. 28 mai 1892.)

Objet du brevet. — Produit pour isolateurs, accumulateurs, réservoirs à acides, piles, etc., composé de caoutchouc de Para, d'amiante et de soufre.

Description. — Pour 1,000 grammes de caoutchouc, on peut employer soit 10 à 30 pour cent d'amiante, et du soufre dans la proportion de 5 à 10 0/0 pour avoir un produit souple. Si l'on veut un produit demi-souple, on prend 10 à 20 0/0 de soufre, et si c'est un produit dur que l'on désire, on en incorpore 25 à 60 0/0. On mélange à chaud.

Procédé pour la préparation d'une masse de pierre d'asphalte, par HUPPERTSBERG, rep. par Matray frères. — (Br. 220598. — 1er avril 1892. — 18 juillet 1892.)

Objet du brevet. — Procédé de solidification de l'asphalte de manière à ce que la chaleur solaire ne produise pas son ramollissement, consistant à additionner l'asphalte de produits minéraux qui forment un tout.

Description. — On mélange à froid l'asphalte pulvérisée ou tout autre matière bitumineuse, avec des substances minérales susceptibles de former corps avec elle, telles que le ciment, le gypse, la marne, la chaux, la magnésie que l'on délaie dans un peu d'eau de manière à former un mortier, lequel se solidifie avec la poudre d'asphalte et forme une masse pierreuse solide qui ne peut être ramollie par la chaleur.

Procédé d'extraction de la gutta-percha des feuilles et brindilles des Isonandra, Dichopsis ou autres arbres à gutta, par l'emploi du sulfure de carbone et appareil qui s'y rapporte, par RIGOLE, de Shangaï (Chine), rep. par Armengaud aîné. — (Br. 219643. — 24 février 1892. — 1er juin 1892.)

Objet du brevet. — Procédé d'extraction de la résine gutta consistant à épuiser les feuilles et brindilles d'arbres contenant cette résine par une circulation continue de sulfure de carbone à la température de 45° C. et à faire suivre ensuite cette circulation d'une injection de vapeur d'eau pour entraîner le dissolvant de manière à obtenir la gutta à l'état pâteux.

Description. — Appareil propre à l'opération indiquée.

Nous reviendrons sur ce brevet dont l'importance n'échappera pas à nos lecteurs, et dont l'antériorité sur le brevet suivant résulte non seulement de l'antériorité de date, mais de ce fait que l'auteur, résidant en Chine, a mis six mois pour faire prendre son brevet à Paris.

Extraction de la gutta-percha, par SÉRULLAS, rue Molière, 16, Paris. — (Br. 220810. — 11 avril 1892. — 25 juillet 1892.)

Objet du brevet. — Le procédé suivant a pour but de retirer la gomme des diverses parties de la plante. Ce procédé consiste à traiter par dissolution les corps constituant les organes de la plante en laissant la gomme intacte ou bien à enlever la gutta au moyen d'un dissolvant.

Description. — Si l'on veut obtenir la gutta comme produit final ou résiduel, on pulvérise par exemple les feuilles, puis on les soumet à une température de 110° C. sous une pression de 6 atmosphères pendant environ 2 heures à l'action d'une lessive alcaline étendue renfermant une quantité de potasse ou de soude égale à environ 3 % du poids des feuilles (considérées après dessiccation à 100°). On sépare le liquide, puis, on traite le résidu par la liqueur de Schweitzer. Le résidu est formé par de la gutta que l'on ramollit par la vapeur d'eau sèche et épurée par les moyens usuels.

Une autre méthode consiste à traiter par du toluène qui dissout la gutta, que l'on traite ensuite par la vapeur d'eau pour entraîner le toluène restant dans la masse.

Procédé de distillation, chauffage, et condensation des schistes bitumineux, boghead, gréat, calcaires bitumineux, lignites, tourbes, etc., en un mot de toute matière minérale pouvant donner par distillation en vases clos des huiles minérales, hydrocarbures divers, paraffines, eaux ammoniacales, par RAYLE et COMBRAY, rep. par Armengaud aîné. — (Br. 221118. — 26 avril 1892. — 11 août 1892.)

Nouveau procédé rendant au caoutchouc vulcanisé la propriété adhésive qu'il a perdue par la sulfuration, par RAYMOND, avenue de Clichy, 77. — (Br. 220520. — 30 mars 1892. — 8 juillet 1892.)

Objet du brevet. — Procédé de fabrication consistant à tremper d'abord le caoutchouc vulcanisé dans la benzine, la térébenthine, le naphte, ou une essence. On le trempe ensuite dans une solution de permanganate pour le désulfurer superficiellement et lui rendre son caractère adhésif. Si l'on veut augmenter l'adhérence du caoutchouc en traitement, on le trempe d'abord dans l'acide acétique ou l'acide pyroligneux, puis on le traite comme il vient d'être dit.

Description. — Ne donne pas d'autres indications que celles exposées ci-dessus.

POUDRES ET MATIÈRES EXPLOSIBLES

Procédé de fabrication d'une nouvelle matière de chimicage applicable à la pièce d'artifice dite étoile, par Gellifchewski, rep. par Chassevent. — (Br. 218527. — 7 janvier 1892. — 8 avril 1892.)

Objet du brevet. — Matière liquide s'appliquant comme la matière des feux de Bengale sur brins de bois ou autres de manière à former une étoile.

Description. — Le produit se compose de :

Tournure ou limaille d'acier imprégnée d'une solution de stéarine dans la benzine	12	parties.
Azotate de plomb	96	—
Charbon finement pulvérisé	12	—

On mélange et on additionne d'une solution concentrée de laque dans l'alcool, et on emploie le produit en y plongeant les morceaux de bois comme pour les allumettes.

Nouveau mode de préparation de matières explosives, par Landauer, rep. par Assi et Genès, (certificat d'addition au brevet pris le 11 septembre 1891). — (Br. 216053. — 6 février 1892. — 13 mai 1892.)

Objet du brevet. — Composition d'une poudre présentant plus de résistance au choc que celle du brevet principal.

Description :

1 Perchlorate de potasse	2 à 4	parties.
Goudron	1	—
Nitroglycérine	5	—
Coton-poudre soluble	6	—
Sciure de bois pyroxyle	3 à 6	—
Dinitronaphtaline	10	—

Produit à force brisante très grande.

2° Explosif plus lent pouvant rendre de grands services dans les mines.

Perchlorate de potasse	2 à 6	parties.
Nitrate de potasse	105	—
Nitrate d'ammoniaque	80	—
Dinitronaphtaline	10	—
Goudron	10 à 50	—

Ces proportions sont variables suivant les résultats que l'on veut obtenir.

Nouveau procédé de préparation de matières explosibles, par Du Bois Raymond, rep. par Brandon et Fils. — (Br. 220668. — 4 avril 1892. — 20 juillet 1892.)

Objet du brevet. — Procédé de préparation d'explosifs consistant à mélanger des substances riches en oxygène telles que dérivés nitrés, nitrates, chromates, picrates, avec de la naphtaline, du naphtol, de l'anthracène, du phénanthrène, de l'alizarine, du camphre, etc., que l'on mélange à des goudrons de houille comme agent de protection.

Description. — Exemple : 1° On mélange ensemble de manière à avoir une masse homogène :

Nitrate d'ammoniaque	27	parties.	
Naphtaline	1	—	5
Goudron de houille	1	—	3
2° Anthracène	25	—	
Picrate de potasse	25	—	
Goudron	4	—	3

On mélange ces poudres avec du vernis ou du collodion additionné d'huile siccative, de camphre, dans la proportion de 39 parties de poudre pour 7 de laque ou de vernis.

Explosif s'employant comme poudre sans fumée, dénommé « Cibalite » et procédé pour sa fabrication, par KALLIVODA VON FALKENSTEIN, à Winckove (Croatie) et ARNOLD BŒHM, à Vienne (Autriche), rep. par Armengaud jeune. — (Br. 220894. — 13 avril 1892. — 28 juillet 1892.)

Objet du brevet. — Préparation d'un explosif de grande puissance pouvant être employé comme poudre sans fumée, consistant en nitrocellulose sous forme granulée ou cylindrique. Le procédé consiste à nitrifier puis à tremper dans une solution de permanganate de potasse la cellulose naturelle ou fibreuse ou de préférence amorphe. On obtient ainsi un produit homogène non susceptible de se décomposer spontanément. Pour neutraliser les alcalis formés au cours de l'opération, on ajoute de l'acide azotique, puis on laisse déposer la cellulose mélangée d'oxyde hydraté de manganèse, puis on chauffe en rajoutant de nouvelles quantités d'acide azotique. On fait dissoudre cet oxyde hydraté. La nitrocellulose fermée est lavée, broyée, séchée, puis on la comprime et granule. Pour l'employer comme poudre sans fumée, on l'additionne de bichromate de potasse et on la met en grains ou on la moule en cylindres que l'on imbibe ensuite, après séchage, de nitroglycérine.

Description. — Pour obtenir un bon résultat, on opère comme pour transformer la cellulose fibreuse en cellulose amorphe. Pour cela, il faut dissoudre 1 partie en poids de permanganate de potasse dans 10 parties d'eau et dans cette solution refroidie à 12 ou 14°c, on introduit successivement 2 à 4 parties en poids de cellulose en petits fragments en battant avec un agitateur la pâte ainsi formée. La réaction dégage une certaine quantité de chaleur et elle cesse dès qu'il ne se dégage plus de gaz, la cellulose amorphe se distinguant par sa masse brune de l'oxhydrate de manganèse auquel elle est mélangée. Le produit alcalin est soumis au lavage jusqu'à réaction neutre, puis on ajoute 1 partie en poids d'acide azotique à 1,3, que l'on dilue, et on laisse reposer 12 heures. On chauffe ensuite au bain-marie à une température de 40 à 70°c. jusqu'à dissolution complète de l'oxyde de manganèse. La cellulose reste parfaitement blanche. La pâte est lavée jusqu'à cessation d'acidité après avoir été séparée du liquide par compression ; ensuite, on la broie sous une meule et on la comprime de manière à réduire la quantité d'eau à 30 ou 40 %, puis on crible sous pression. La cellulose a alors l'aspect corné ; on la triture.

On la nitrifie ensuite par un mélange de 1,5 à 2,2 parties d'acide azotique, chimiquement pur et de densité 1,4 à 1,55 dans lequel on injecte en minces filets de 4,5 à 6,3 parties en poids d'acide sulfurique à 1,85 de densité en refroidissant et en agitant continuellement. On introduit par fractions dans ce liquide refroidi à 5° ou 8°c. de manière à ce que la température ne s'élève pas au-dessus de 30°c. Après introduction de la cellulose on maintient la température à 16°, la nitrification continue entre 18 ou 20°c. Après avoir enlevé le réfrigérant ; elle est terminée au bout de 48 à 72 heures.

On filtre sous pression, on conserve le liquide qui peut resservir, puis on broie le gateau de nitro-cellulose. On lave à grande eau, puis on laisse égoutter la pâte obtenue, que l'on mélange alors à une solution aqueuse de 1 à 2 parties en poids de permanganate de potasse. On laisse tremper 10 à 12 heures, on agite fréquemment ; puis on ajoute une quantité d'acide azotique de densité 1,3, égale à 1/4 du poids du permanganate de potasse et on laisse reposer le mélange pendant 6 heures. Ce temps écoulé, on chauffe au bain-marie à une température de 70°c. jusqu'à ce que tout dégagement gazeux ait cessé ; on opère dans de grands récipients à moitié pleins. Le permanganate a pour but de détruire les parties peu ou point nitrifiées. Du mélange ainsi traité d'hydrate de manganèse et de nitrocellulose, on sépare par précipitation cette dernière sous forme de poudre foncée, puis on ajoute un poids de l'acide azotique à 1,45 égal aux 3/4 de permanganate de potasse en ayant soin d'enlever de préférence la moitié du liquide ci-dessus pour ne pas trop diluer l'acide et on chauffe au bain-marie à 70° 80°c, puis on sépare le nitrate de manganèse formé de la nitro-cellulose qui est complètement décolorée. Pour éviter toute décomposition, on lave avec de l'eau chaude, puis froide, puis en fait digérer avec une solution de carbonate de potasse.

Puis, la pâte étant bien lavée, broyée et comprimée, on ajoute 1 à 3 % (calculé sur le produit sec) de gomme adraganthe ; enfin on granule, on met en cylindres et sèche avec précaution pour éviter les gerçures.

Si la nitrocellulose doit être employée comme explosif, la pâte, une fois broyée et comprimée, est additionnée de 3 à 4 % de gomme adraganthe et de 5 à 10 % de bichromate de potasse ou de chromate neutre ou de chromate d'ammoniaque. On mélange et fait une masse plastique avec un peu d'eau ; on comprime à la presse hydraulique, et écrase entre des cylindres, puis on granule en ajoutant un peu d'alcool éthéré. On obtient ainsi une explosif qui peut être employé dans des étuis métalliques ou en cartons. Après compression, on peut aussi ajouter à la nitrocellulose en mélangeant bien, 1 à 1,5 °/₀ de gomme adraganthe et 5 à 10 °/₀ de chromate de potasse pulvérisé. On comprime au cylindre que l'on imbibe ensuite après séchage, de nitroglycérine. On met en cartouches et on enflamme avec le fulminate. La poudre sans fumée, comme l'explosif, s'enflamment à 180°c. se conservent très bien et ne sont pas hygroscopiques.

Perfectionnements dans l'extraction de la nitroglycérine provenant des résidus acides résultant de la fabrication, par Lawrence, rep. par Chassevent. — (Br. 221211. — 27 avril 1892. — 17 août 1892.)

Objet du brevet. — Procédé pour produire et récupérer la nitroglycérine des acides de déchet de la fabrication, lequel consiste à refroidir ces acides en amenant le récipient à une température inférieure au point de solidification de la nitroglycérine et supérieure à celui des acides.

Description. — On fait arriver les acides dans un récipient en plomb au milieu duquel circule un courant d'eau. Le récipient est protégé du dehors par une enveloppe de laine de bois et recouverte d'un enduit de paraffine. Les acides qui sont à une température de 10 à 18° sont refroidis de manière à ce que leur température soit au moins de 3° inférieure au point de solidification de la nitroglycérine qui est à 7° et de 2° au-dessus de celui des acides qui est à 2°. Pendant le refroidissement l'acide nitrique devient actif et se recombine à la glycérine. Il faut trois ou quatre jours pour mener l'opération avec succès, la nitroglycérine remonte à la surface, on la recueille et l'on obtient ainsi un rendement en plus de 6 à 9 °/₀.

Nouvelle poudre de guerre la Schnebelite. — Cert. d'add. au brevet pris le 14 novembre 1891. par Schnebelin, rep. par Bert. — 217540. — 25 février 1892. — 30 mai 1892).

Objet du brevet. — Cette addition ne diffère du brevet principal que par certains détails de préparation que nous allons indiquer.

Description. — On fait dissoudre 600 grammes de chlorate de potasse dans un litre d'eau bouillante environ. Quand la dissolution est complète, on y ajoute 18 grammes de moelle de sureau râpée, puis on fait un mélange parfait, on verse environ 150 grammes d'amidon pour former une pâte ferme et consistante. On remue et on agite toute cette masse jusqu'à ce qu'il ne reste plus la moindre trace blanche d'amidon et que la pâte soit homogène. On la retire du récipient, puis on l'étale au rouleau et on la laisse sécher. Puis on la casse en menus morceaux avec un marteau en bois, et on la pulvérise en poudre plus ou moins fine suivant les usages.

Perfectionnements apportés dans le traitement d'explosifs par Guffith et Wadsworth, à Londhurst comté de Hants, Angleterre, rep. par Thirion. — (220240. — 18 mars 1892. — 28 juin 1892.)

Objet du brevet. — Procédé de traitement de la poudre à canon dite poudre Schieltze et d'autres explosifs contenant de la nitro-cellulose, au moyen d'une substance organique obtenue de l'huile de noix de coco et destinée à durcir, à agglomérer les grains et à modérer leur force d'explosion.

Description. — On fait un savon calcaire avec les acides gras de l'huile de coco, puis on soumet à une distillation ou destruction en présence de l'acétate de chaux (?). On distille le produit huileux semi-liquide qui se sépare, en ne recueillant que ce qui passe au-dessous de 100°. La partie restante est employée à durcir et à agglomérer la poudre. Pour cela, on maintient la matière explosive à 100°-200°. Fahr. pendant aussi longtemps qu'il faut pour la durcir et l'agglomérer, soit de 2 à 10 heures. La proportion doit être de 50 °/₀, mais elle est variable.

MATIÈRES COLORANTES. — ENCRES

Fabrication de nouvelles matières colorantes de la série des indulines par l'action des diamidodialkylthiourées sur les amines aromatiques, par Rohner, rep. par Delage. — (Br. 220920. — 14 avril 1892. — 1er août 1892.)

Objet du brevet. — Procédé basé sur ce fait que si l'on chauffe des chlorhydrates de diamidodialkylthiourées (diamidodialkylthiocarbamines) avec les amines aromatiques, on obtient des matières colorantes rouges et gris-bleues. Si l'on fait fondre les dits dérivés de l'urée avec des monamines, on obtient des matières colorantes solubles dans l'alcool et facilement transformables en sulfoconjugués ; mais si on les fait fondre avec des diamines, on obtient directement des matières colorantes solubles dans l'eau. Par leurs propriétés, ces matières colorantes se rangent dans les indulines et les rosindulines.

Description. — 1° *Préparation des diamidodialkylthiourées.* — On prépare la diamidodiphenylthiourée en chauffant ensemble :

Amidoazobenzol....................	20 parties.
Alcool....................	200 —
Potasse....................	5,6
Sulfure de carbone....................	3 à 4 parties.

pendant une ou deux heures dans un réfrigérant à reflux. Il se forme ainsi de l'azobenzolthiourée.

$$C^6H^5Az = AzC^6H^4AzH, CSAzHC^6H^4Az = AzC^6H^5$$

On sépare l'alcool par distillation, puis on épuise le résidu par l'eau qui en élimine du sulfure de potassium et une faible quantité de xantogenate de potasse. Si l'on soumet l'azobenzolthiourée à l'action d'un réducteur, on obtient de l'aniline et de la diamidodiphénylthiourée.

La réduction s'opère mieux avec de l'acide chlorhydrique et du fer et l'urée est précipitée de la liqueur filtrée sous forme de chlorhydrate par un excès d'acide chlorhydrique. On peut aussi employer comme agent réducteur de la poudre de zinc et l'on chauffe à l'ébullition. L'amidoazobenzol peut être remplacé par la paranitraniline. La diamidodiphenylthiourée est assez difficilement soluble dans l'eau, ses sels à acides minéraux sont facilement solubles. On peut remplacer l'amido-azobenzol par la benzol-azo-α-naphtylamine.

De sa solution aqueuse la thiourée diamidodiphénylée cristallise en feuillets brillants qui prennent rapidement une nuance foncée et se colorent en noir.

2° *Préparation des matières colorantes :* 1° *Diamidodiphénylthiourée + Benzidine.*

Chlorhydrate de diamidodiphénylthiourée....	20 parties.
Benzidine....................	60 —

On chauffe pendant 4 heures à 180C°. La masse fondue et refroidie est chauffée plusieurs fois de suite avec de l'acide chlorhydrique étendu et de la liqueur filtrée obtenue, on précipite la matière colorante à chaud par addition de sel marin. La matière colorante séparée par filtration et séchée se présente sous la forme d'une poudre se dissolvant assez difficilement dans l'eau en donnant une solution bleu-foncé. Au lieu de benzidine on peut employer la tolidine. Si on emploie la paraphenylène-diamine, on chauffe à 160°. La matière colorante est bleue tirant sur le rouge. Ces colorants teignent le coton mordancé au tannin et à l'émétique en gris-bleu.

2° *Diamidodinaphtylthiourée + Aniline.* — On chauffe de 150° à 160° pendant cinq heures jusqu'à ce que la masse devienne rouge :

Diamidodinaphtylthiourée..........	20 parties.
Chlorhydrate d'aniline..........	30 —
Aniline....................	40 —

La masse fondue et refroidie est additionnée d'acide chlorhydrique et épuisée par l'eau. On dissout le résidu dans 40 parties d'alcool chaud, on alcalinise par la potasse. La matière colorante séparée se présente après séchage sous la forme d'une poudre brun-rouge légèrement soluble dans l'acide chlorhydrique dilué en formant une solution violet-rouge. On transforme cette matière colorante en sulfodérivé en traitant 20 parties de base par 100 parties d'acide sulfurique à 22 0/0 d'anhydride. On chauffe une heure. Après refroidissement, on verse la masse dans l'eau glacée, on filtre et on chauffe le residu avec de l'ammoniaque. Après refroidissement, on obtient le sel ammoniacal de l'acide sulfoconjugué formé. Après dessiccation, ce sel se présente sous forme de poudre rouge-foncé et teint la laine sur bain acide en nuance rouge tirant un peu sur le violet. On peut remplacer l'acide sulfurique par la chlorhydrine sulfurique.

Préparation d'une matière colorante azoïque, par DAHL et Cie, rep. par Armengaud jeune. — (Br. 221157. — 25 avril 1892. — 10 août 1892).

Objet du brevet. — La paracétonaphtylènediamine (I. L.) (Voir *Annales de Liebig*, par Liebermann, vol. 183, p. 239.) peut, lorsqu'on la traite avec de l'acide sulfurique fumant à 25 0/0 d'anhydride, être convertie facilement en acide monosulfonique. Si l'on fait le diazo dérivé de cet acide sulfonique sur l'α-naphtylamine, on obtient un acide naphtylamidoazo-naphtylènedisulfonique inconnu qui se laisse diazoter de nouveau et fournit par combinaison avec les acides naphtol-mono ou disulfoniques des colorants teignant en noir la laine et la soie. Les teintes données à la laine résistent au lavage et au foulage, celle de la soie résistent à l'eau.

Description. — On dissout dans 500 litres d'eau 30 kilogrammes d'acide paracétonaphtylènediaminesulfonique, et l'on diazote par 35 kilogrammes d'acide chlorhydrique et 7 kilogrammes de nitrite de sodium. On verse ensuite le diazodérivé dans une solution de 14 kilogr. 4 d'α-naphtylamine et de 12 kilogrammes d'acide chlorhydrique dans 200 litres d'eau, en agitant bien ; l'amido azodérivé se dépose presque immédiatement. Après un jour de repos, diazoter de nouveau avec 7 kilogrammes de nitrite et le diazodérivé est combiné avec 35 kilogrammes d'acide β-naphtoldisulfonique R qui additionné de 30 kilogrammes de soude, est maintenu à l'état alcalin. La matière colorante se dépose alors immédiatement.

Procédé pour la préparation de matières colorantes azoïques, par la « SOCIÉTÉ FARBENFABRIKEN FRED. BAYER et Cie », rep. par Dobler. — (Br. 221238. — 28 avril 1892. — 13 août 1892.)

Objet du brevet. — Procédé de fabrication des matières colorantes nouvelles, tétrazo, disazo et monoazoïques, au moyen des acides α-naphtylamines-β-sulfoniques de Clèves. Dans les certificats d'addition du 21 décembre 1891 et du 8 juin 1892, (brevet 213971), on a fait remarquer que ces acides formaient des matières colorantes tétrazoïques, importantes en ce qu'elles se laissaient diazoter (propriétés que ne possèdent pas les couleurs obtenues avec d'autres acides naphtylaminesulfoniques) sur la fibre une fois qu'elles s'y trouvent fixées par la teinture et de se copuler avec des amines, des phénols, des amidophénols, leurs dérivés sulfonés et carboxylés en donnant des nuances d'une solidité presque absolue à l'air, au lavage et au foulon.

1° Les matières colorantes symétriques obtenues avec 1 molécule de tétrazo, 2 molécules d'acide α-naphtylamine-β-sulfonique de Clèves et contenant deux groupes amidés libres ainsi que les matières colorantes mixtes contenant un ou deux groupes amidés libres obtenues par 1 molécule d'un tétrazo, 1 molécule d'acide de Clèves, 1 molécule d'une amine, d'un phénol, amidophenol quelconque, ou de leurs acides sulfoniques ou carboxyliques se laissent encore diazoter et copuler avec une molécule d'une amine d'un phénol, amidophénol ou leurs sulfoconjugués, ou de leurs acides carboxyliques, non seulement sur la fibre, mais aussi directement. En remplaçant le tétrazo à deux groupes amidés libres, on peut employer pour la copulation ultérieure 2 molécules du même composé ou 2 molécules de deux composés différents. Les principaux tétrazos employés sont : le tetrazodiphényle et ses homologues, leurs ethers ou leurs sulfos, le tetrazo-naphtaline, — fluorène, — carbazol, diphénylène-oxyde, ditoluylène-oxyde, diphénylsulfone, ditolylsulfone, leurs dérivés sulfonés et carboxylés. Au lieu des acides de Clèves isolés, on peut employer leur mélange. Les matières colorantes fournies par les naphtols, dioxynaphtaline, leurs dérivés sulfonés et carboxylés, et les acides α-naphtylamine-β-sulfoniques sont les plus remarquables.

Description. — 1° *Matière colorante préparée par diazotation ultérieure du produit obtenu avec 1 molécule de chlorure de tétrazoditolyle et 2 molécules d'acide de Clèves et copulation avec 2 molécules d'acide 1 : 8 dioxynaphtaline-α-monosulfonique.*

Exemple. — A 72 kilogr. 4 de la matière colorante obtenue avec 1 molécule de chlorure de tétrazo-ditolyle et 2 molécules d'acide α-naphtylamine-β-sulfonique de Clèves, on ajoute 14 kilogrammes de nitrite ; on verse lentement de l'acide chlorhydrique jusqu'à réaction acide, en refroidissant avec de la glace. Après 12 heures la diazotation est complète, on introduit le mélange dans une solution refroidie de 52 kilogr. 4, de 1 : 8 dioxynaphtaline-monosulfonate de sodium et 100 kilogrammes d'acétate de soude. Après un repos de plusieurs jours, on chauffe quelque temps à 60-70° pour activer la réaction. On alcalinise, puis on précipite la matière colorante par le chlorure de sodium. On filtre, presse, sèche. La matière colorante teint le coton en noir-foncé avec un reflet bleuâtre. Pour produire la matière colorante avec la phenylène-diamine, on diazote sous dérivé monoacétylé copulé avec les acides de Clèves, on élimine le groupe acétyle, diazote et combine avec un acide de Clèves ou avec une amine, un phénol, etc. Les nuances sont noir-bleuâtre ou noir franc foncé.

2° *Matière colorante obtenue avec 1 molécule de chlorure de tétrazodiphényle et une molécule d'acide α-naphtylamine-β-sulfonique de Clèves ; diazotation ultérieure et copulation avec 2 molécules d'acide 1 : 8 dioxynaphtaline-α-monosulfonique S.* — On prépare une solution de chlorure de tétrazodiphényle avec 18 kilogr. 4 de benzidine. On coule dans une solution refroidie de

24 kilogr. 5 d'α-naphtylamine-β-sulfonate de sodium et 49 kilogrammes d'acétate de sodium. On diazote le corps intermédiaire par 7 kilogrammes de nitrite et une suffisante quantité d'acide chlorhydrique. Puis, après diazotation, on introduit dans une solution de 52 kilogr. 4 de 1 : 8 dioxynaphtaline-monosulfonate de sodium et 100 kilogrammes de carbonate de sodium. La matière colorante teint le coton en bain de savon alcalin en noir-bleuâtre. Les colorants obtenus de cette façon varient du noir-bleu au noir. Pour la paraphénylène-diamine, on opère comme précédemment avec le dérivé acétylé.

3° *Production de l'acide phényl-α-naphtylamine monosulfonique.* — On chauffe 1 kilogramme d'acide α-naphtylamine-α-sulfonique (1 : 8) pendant 10 heures à 160°-180° avec 3 kilogr. 500 d'aniline et 1 kilogramme de chlorhydrate d'aniline. Le mélange refroidi est traité par l'acide chlorhydrique dilué, puis par le carbonate de sodium et on fait bouillir jusqu'à complète expulsion de l'aniline et on précipite l'acide par l'acide chlorhydrique. On le transforme en sel de calcium que l'on décompose ensuite par un acide minéral, on l'obtient enfin cristallisé en feuillets incolores difficilement solubles dans l'eau, aisément solubles dans l'acétate de sodium.

4° *Matière colorante obtenue en diazotant l'α-naphtylamine, combinant le diazo avec l'acide α-naphtyl-β-monosulfonique de Clèves, diazotant l'amidoazoïque, puis copulant avec l'acide phénylnaphtyleaminemonosulfonique* (1 : 8) *ci-dessus* — On diazote 14 kilogr. 3 d'α-naphtylamine avec 7 kilogrammes de nitrite de sodium en présence d'acide chlorhydrique, puis le diazo est coulé dans une solution refroidie de 24 kilogr. 500 d'α-naphtylamine-β-sulfonate de sodium, et environ 48 kilogrammes d'acétate de sodium. On laisse reposer quelques jours, puis on chauffe à 60-70° pour terminer la réaction. On neutralise, puis filtre pour séparer l'amido-azoïque par le chlorure de sodium. On délaie dans l'eau, puis on diazote avec 7 kilogrammes de nitrite de sodium en ajoutant lentement l'acide chlorhydrique jusqu'à réaction acide ; puis la solution est coulée dans une solution de phényl-α-naphtylamine sulfonate de sodium et 64 kilogrammes d'acétate de sodium. Après un repos de quelques heures, on chauffe à 70°, on neutralise et précipite par le chlorure de sodium. Le colorant teint la laine en noir foncé et très beau. On peut employer les autres acides alkylnaphtylaminesulfoniques et remplacer la naphtylamine par des amidonaphtols, aniline, toluidine, leurs homologues, leurs sulfoconjugués et leurs dérivés carboxyliques.

5° *Matière colorante obtenue par diazotation de l'acide naphtionique, copulation avec l'acide α-naphtylamine-β-sulfonique, diazotation ultérieure et copulation avec l'α-naphtylamine.* — Le chlorure de diazo-β-naphtylaminesulfonate de sodium obtenu avec 24 kilogr. 5 de β-naphtylaminesulfonate de sodium et 7 kilogrammes de nitrite est mélangé à une solution refroidie de 24 kilogr. 5 d'acide β de Clèves et 15 kilogrammes d'acétate de sodium. La réaction est terminée en 24 heures, on rediazote avec 7 kilogrammes de nitrite et de l'acide chlorhydrique ou sulfurique. On laisse reposer plusieurs heures, puis on verse le diazo dans une solution alcaline de 21 kilogr. 9 d'acide phényl-α-naphtylaminesulfonique. La réaction est terminée en 24 heures après agitation. On recueille le produit, on le lave, on le redissout dans la soude, puis on le reprécipite par le chlorure de sodium. Cette matière colorante teint la laine en noir-foncé en bain neutre ou légèrement acide.

On peut remplacer l'acide β par les acides γ ou δ de Clèves. Pour l'acide-α-naphtylamine-α-sulfonique, les produits intermédiaires peuvent se produire en liqueur acétique, mais pour les acides naphtolsulfoniques et leurs dérivés, il faut opérer en liqueur alcaline. Les colorants varient du noir-bleuâtre au noir-verdâtre et noir-foncé. Quand on remplace l'acide β-naphtylaminesulfonique par ses isomères ou les di et trisulfos et ceux de l'aniline par ses isomères, les colorants sont noirs-violets. Au lieu de sulfo, on emploie les amines ou leurs substitués, les nuances tirent plus au violet.

6° *Matières colorantes obtenues par diazotation de l'acide dehydrothio-p-toluidinesulfonique et copulation avec l'acide β de Clèves, par diazotation nouvelle et copulation avec l'acide* 1 : 8 *dioxynaphtalinemonosulfonique S.* — On diazote 34 kilogr. 2 de déhydrothioparatoluidine monosulfonate de sodium par 7 kilogrammes de nitrite en présence de l'acide chlorhydrique. On introduit dans une solution de 24 kilogr. 3 d'acide α-naphtylamine-β-sulfonique de Clèves et environ 48 kilogrammes d'acétate de sodium. Après un repos de 24 heures l'amidoazo est formé, on alcalinise, puis on ajoute 7 kilogrammes de nitrite, puis de l'acide chlorhydrique lentement. Quand le diazo est formé, on introduit 26 kilogr. 2 de 1 : 8 dioxynaphtaline-α-sulfonate de sodium et 50 kilogrammes d'acétate de sodium. On termine la réaction en chauffant à 70°. On alcalinise, puis on précipite par le chlorure de sodium. La matière colorante teint directement le coton en base de savon alcalin en vert. On peut remplacer la thiotoluidine par des bases contenant du soufre.

Les acides de Clèves peuvent donner des azo simples en combinant les diazo des amines, amidophénols, ou leurs sulfos avec les acides de Clèves. On peut obtenir des matières colorantes en partant de la phénylène-diamine des paraamidoalkylanilines acétylées que l'on copule avec les acides de Clèves, et en éliminant ensuite le groupe acétyle.

On peut aussi employer les dérivés amidocarboxyliques. Les matières colorantes obtenues avec ces derniers se laissent diazoter sur la fibre après qu'elles ont été fixées au moyen de mordants métalliques, pour être copulés avec les amines, phénols, amido-phénols, etc. Les nuances sont très intenses, et offrent une grande résistance au lavage.

Production de nouvelles bases et de matières colorantes azoïques qui en dérivent, par la Société Actien-Gesellschaft fur Anilinfabrikation, rep, par Chassevent. — (219573. — 20 février 1892. — 30 mai 1892.)

Objet du brevet. — Procédé de production de nouvelles diamido-bases dont la constitution est exprimée par la formule générale

$$AzH^2\ C^6\ H^4\ Az = Az\ C^5\ H - \alpha.\ Az\ H^2 - \beta OR.$$

On les obtient d'abord en combinant d'abord une molécule de paranitrobenzine avec une molécule d'éther α-amido-β-naphtalique $C^{10}\ H^6 - \alpha\ Az\ H^2 - \beta OR$. et en réduisant le dérivé obtenu par un sulfure alcalin.

Description. — Le dérivé azoïque provenant de 14 kilogrammes de p-nitraniline est combiné avec la quantité de chlorydrate d'α-amido-β-naphtoléther correspondant à une molécule en solution aqueuse. Le précipité rouge-brun obtenu immédiatement est filtré et pressé. On peut employer la base humide pour la production subséquente de la nouvelle base. Pour cela, on fait digérer le précipité avec une solution diluée de carbonate de soude ou de soude caustique. La base obtenue est séparée. On la délaie dans de l'alcool et on chauffe après addition de sulfure sodique, pendant une heure à 70-80°. La diamido-base est séparée par précipitation ou cristallisée dans l'alcool.

Ces bases sont solubles dans l'alcool, l'éther, la benzine en rouge-rouge, insolubles dans l'eau, mais elles se dissolvent dans les acides dilués avec une coloration bleu-rouge. On peut faire un tétrazo dérivé en diazotant avec 2 molécules de nitrite de sodium. Les sels de tétrazo sont solubles dans beaucoup d'eau en orangé rouge. Les tétrazo combinés en sulfo de naphtols, de naphtylamine d'amidonaphtols, de δ-naphtols donnent des matières colorantes précieuses qui teignent directement le coton non mordancé. Ces colorants peuvent aussi être fixés sur la laine dans une flotte contenant du sel.

On prépare ces dérivés en prenant par exemple : p-amido-benzine-azo-α-amidonaphtoléther, 30 k. 6 que l'on tétrazote par 14 kilogrammes de nitrite. Le chlorure de tétrazo en solution est additionné à une solution alcaline de : α-naphtol-α-sulfonate de sodium — 49 kil.

Il se forme immédiatement un précipité bleu-noir. Après 12 heures on chauffe le mélange. La matière colorante qui est assez difficilement soluble, est filtrée, pressée et séchée. Elle teint le coton non mordancé en gris-bleu. Des matières colorantes similaires sont produites en substituant à l'acide α-naphtolmonosulfonique, les autres acides sulfo de naphtols ou des dioxynaphtalines. En employant le sulfo de naphtylamine, on obtient des colorants allant d'une nuance bleu-violet au corinthe. La combinaison des naphtylaminesulfonates s'obtient de préférence en présence d'un excès d'acétate de soude. Les sulfo d'amidonaphtols, par exemple, l'acide 8-amidonophtolsulfonique donnent naissance à des matières colorantes bleu-noir.

Procédé de fabrication d'un acide dioxynaphtoëmono-sulfoconjugué et de ses sels, par la «Société pour l industrie chimique à Bâle», rep. par Thirion. — (219575). — 4 mars 1892. — 13 juin 1892.)

Objet du brevet. — Procédé de préparation d'un acide dioxynaphtoëmonosulfonique et de ses sels, au moyen de l'acide β-naphtol-carbonique fondant à 216°.

Description — Pour cela, on fait réagir 40 p. d'acide sulfurique fumant à 24 °/ₒ d'anhydride sur 10 parties d'acide β-naphtolcarbonique. Il se forme d'abord l'acide monosulfoné : en chauffant à 125-150° pendant 2 à 3 heures il se transforme en acide disulfoné. Ce dernier est transformé en sel sodique, puis chauffé pendant deux heures avec 40 p. de soude caustique pour 20 p. d'acide à une température de 210 à 230° d'abord et ensuite à 230 à 240 C. Le produit de la réaction traité par l'acide chlorydrique donne le sel acide qui se sépare en petites aiguilles blanc-jaunâtre. Il est très soluble dans l'eau froide et chaude et cristallise en prismes aplatis. Le sel neutre est en aiguilles groupées en rosettes. L'acide provenant de la décomposition du sel de baryum cristallise en aiguilles longues de couleur jaune-pâle facilement solubles dans l'eau. La solution alcaline a une fluorescence jaune-vert, et donne avec le perchlorure de fer une couleur bleu-indigo foncé et avec le chlorure de chaux une couleur jaune-orangé intense.

Procédé de production d'anilide β-amido-crotonique et d'anilide β-méthylamido-crotonique, par la Société parisienne de couleurs d'aniline, rep. par Armengaud jeune. — (219910. — 5 mars 1892. — 13 juin 1892.) — Voir le brevet allemand, présente livraison, p 13.

Procédé pour la fabrication des colorants bruns au moyen des acides meta et paradiazobenzoïques, par la Société pour l'industrie chimique, rep. par Thirion. — (219925. — 7 mars 1892. — 13 juin 1892.)

Objet du brevet. — Procedé de préparation de matières colorantes par action des acides meta et paradiazobenzoïques sur les bruns Bismarck J et R. Ces colorants teignent le coton non mordancé aussi bien sur bain neutre que sur bain alcalin en brun foncé. Ils se distinguent en ceci très avantageusement de ceux du brevet allemand n° 46804 date du 10 novembre 1887 et des certificats d'addition n° 47026 du 24 décembre 1887 — 47067 du 10 février 1888 — 49950 du 2 septembre 1888 et surtout des colorants analogues provenant des acides méta et paradiazobenzoïque, aussi bien par leur résistance supérieure au lavage que par leur intensité. On peut les diazoter à nouveau sur fibres de coton, et elles donnent par combinaison avec des amines et des phénols, des colorants bruns très solides au lavage. Leur solidité au lavage peut encore être améliorée au moyen de mordants métalliques. Le brun bismarck peut-être remplacé par tous les colorants bruns basiques provenant de l'action de l'acide nitreu sur le chlorydrate de métaphenylène-diamine ou métatoluylènediamine ou par la combinaisons des divers tétrazoïques de ces diamines avec la métaphenylène ou méta-toluylène-diamine.

Description. — 1°) Colorant de l'acide m-diazobenzoïque et du brun bismarck J (produit de l'action de l'acide nitreux 2 mol. sur 3 mol. de chlorydrate de m-phénylènediamine.)

Exemple : 10 k. 500 de brun bismarck J sont dissons dans 50 p : d'eau, on refroidit à la glace et fait couler dans une dissolution froide d'acide méta-diazobenzoïque formé par un melange de 5 p. 2 d'acide méta-amidobenzoïque, 2. p. 6 de nitrite de sodium et 18 p. d'acide chlorydrique. Il se produit un précipité brun ; la formation est complète si on ajoute 20 p. d'acétate de soude cristallisé. On agite 12 heures, puis on filtre, lave, presse et sèche. Par addition de ce résidu dans une dissolution chaude diluée de potasse caustique, le colorant se dissout avec une coloration jaune-brun, et se précipite en flocons bruns par addition de sel marin. On filtre, lave, presse et sèche, et la matière colorante teint sur le coton non mordancé en teintes jaunes-brun foncé.

Des produits analognes s'obtiennent avec une teinte plus rougeâtre, avec le brun bismarck 12 (obtenu par l'action de 2 molécules d'acide nitreux sur 3 molécules de méta-toluylène diamine), ou en substituant à l'acide méta, l'acide paradiabenzoïque dans son action sur le brun de bismarck J.

Production de nouvelles bases et de nouvelles matières colorantes, par la Société Actien-Gesellschaft fur Anilinfabrikation, rep. par Chassevent. — (219981. — 8 mars 1892. — 16 juin 1892.)

Objet du brevet. — Procedé de production de nouvelles bases fondé sur ce fait que la paroxylidine CH^3 Az H^2 CH^3 (1. 2. 3) diffère de ses isomères la métaxylidine CH^3 Az^2 CH (1. 4. 3.) et l'orthoxylidine CH^3 Az H^2 CH^3 (1 : 42) en ce qu'elle forme par la combinaison avec les azoïques directement, des amidoazo composés et non des diazoamido dérivés.

Description. — 1° Produits de combinaison obtenus par l'action d'un diazoderivé sur la paraxylidine et correspondant à la formule :

$$R\ Az = Az\ C^6H^2\ CH^3 - CH^3\ AzH^2$$

1°) On prend :

Aniline.... .... 9, k 3

que l'on diazote. Ce dérivé diazoïque est versé dans une solution froide de :

Paraxylidine...........	12 kg. 1
Acide chlorydrique.........	11 kg. 1
Eau........................	150 litres

On agite quelque temps, en refroidissant avec de la glace. Le précipité rouge est le chlorydrate d'aniline azoparaxylidine. La base isolée par les alcalis caustiques cristallise dans l'alcool, la benzine et l'éther en aiguilles rouges brillantes, fusibles à 106-107°. On peut substituer à l'aniline ses homologues, ses dérivés nitrés et le naphtylamine.

2°) On diazote 17 kg. 3 d'acide sulfanilique et l'on combine avec 13 k. 1 de paraxylidine. On opère comme ci-dessus. La matière colorante teint en bain acidulé en nuance orangé-jaune, et même elle peut être fixée sur la laine mordancée au chrome. On peut remplacer l'acide sulfanilique par les acides amidobenzoïques, acides naphtylaminesulfoniques. Les nuances vont de l'orangé-jaunâtre au rouge bronzé.

I). Le nitroamidoazo composé peut-être remplacé en diamido base :

3 kil. de nitro amido composé sont chauffés avec 40 kil. d'alcool à 70°. On ajoute peu-à-peu une solution concentrée de sulfure de sodium cristallisé en maintenant la temperature à 70°-80°. L'addition de sulfure de sodium étant terminée, on chauffe quelque temps à l'ébullition. La base dissoute dans l'alcool en couleur orange cristallise en cristaux brunâtres brillants, en versant la solution dans l'eau. Cette diamiodbase a pour formule :

$$AzH^2\ C^6H^3\ Az = Az\ C^{10}\ H^8\ AzH^2$$

Elle est soluble dans l'alcool et la benzine, elle se dissout dans les acides dilués avec une couleur orangée, les alcalins la précipitent en flocons jaunâtres. Par l'action de 2 molécules d'acide nitreux, la base est transformée en tétrazo.

II) Le tétrazo donne des colorants teignant te coton non mordancé.

23 kil 9 de diamidobases sont dissous dans l'eau au moyen de l'acide chlorydrique et diazotés avec 14 kil. de nitrite de sodium. La solution orangé-jaunâtre du tétrazo est versée dans une solution alcaline d'α-naphtol-monosulfonate de sodium. On laisse reposer quelque temps et après avoir chauffé légèrement, on précipite la matière colorante par le chlorure de sodium. Elle teint le coton non mordancé en bleu. On peut remplacer l'α-naphtol-monosulfonique par d'autres sulfodérivés de naphtols ou de dioxynaphtalines.

Procédé pour la production de colorants bleus de la série des indulines, par Société pour « l'Industrie Chimique », à Bâle, rep. par Thirion, — (Br. 220,102. — 12 mars 1892. — 22 juin 1892)

Objet du brevet. — Production de nouvelles matières colorantes bleues de la serie des indulines par condensation de l'α-nitro-α-naphtylamine (1 : 4) ou de l'α-nitro-β-naphtylamine avec la paraphénylene-diamine en présence d'un conducteur tel que l'acide chlorydrique ou l'acide benzoïque. Ces colorants s'appliquent mieux sous forme de chlorhydrates qui sont facilement solubles. Ils produisent sur coton au tannin des nuances bleues noirâtres ou bleu indigo foncé, et ont une solidité excellente au savon et à la lumière. Elles peuvent teindre sans mordant, même dans les nuances plus foncées.

Description. — Exemple : 1 — Colorant obtenu de l'α-nitro-α-napthylamine (1 : 4). On fait fondre dans un récipient en fonte muni d'un agitateur et d'un refrigérant, 20 kilogr. de paraphénylènediamine et 6 à 8 kilogr. de chlorhydrate de paraphénylénediamine à une température de 1,600° 165, puis on introduit dans l'espace de deux heures 8 kilogr. d'α-nitro-α-naphtylamine. La formation du colorant est accompagnée d'un fort degagement d'eau et d'ammoniaque. On chauffe ensuite pendant plusieurs heures à 180°-190° C. jusqu'à ce que la fonte s'epaississe et présente un aspect cuivré et que l'acide chlorhydrique donne une solution non pas rouge-violet, mais bleu-violet. Suivant la température et la durée de la réaction, on obtiendra des matières colorantes dont les nuances seront plus ou moins violettes ou bleuâtres. La masse fondue est dissoute dans l'eau chaude additionnnée d'acide chlorhydrique, on filtre et on ajoute du sel marin.

La matière colorante se présente sous forme d'une poudre brillante violet-rouge, à reflets cuivrés, se dissolvant dans l'eau facilement et avec une coloration violet-rouge, et dans l'acide sulfurique concentré avec une coloration verte. Elle teint en bleu-violet le coton ou tannin.

Exemple : II. — Matiere colorante obtenue avec l'α-nitro-β-naphtylamine (obtenue par nitration de la β-naphtylamine en présence de l'acide sulfurique concentré). La condensation se fait comme ci-dessus. On fait fondre 30 kilogr. de paraphénylenediamine avec 10 kilogr. de α-nitro-β-naphtylamine-diamine, à 160°-165°. On ajouté 10 kilog. de α-n tro-β-naphtylamine dans l'espace d'une heure. Poudre brillante à reflets cuivrés se dissolvant dans l'acide sulfurique concentré avec coloration bleu-vert. Teint le coton au tannin avec une nuance bleue ou plus verdâtre que la matière colorante ci-dessus.

Procédé de production de l'acide indigo tétrasulfonique et de l'indigotétrasulfonate de sodium, par la Société dite « CHEMISCHE FABRICK VORM. GOLDENBERG GEROMONT ET C°. », à Wenckel (Allemagne), rep. par Armengaud jeune — (Br. 229109. — 12 mars 1892. — 22 juin 1892.)

Objet du brevet. — Procédé de préparation d'un nouveau produit industriel et commercial constitué par le sel sodique de l'acide indigo-tétrasulfonique dont la composition répond à la formule $C^{16}H^{6}A^{2}O^{2}(SO^{3}Na)^{4}$ et qui cristallise en petites aiguilles paraissant rouges, lorsqu'elles sont traversées horizontalement par la lumière et bleues lorsque la lumière leur arrive en direction verticale, la solution et les aiguilles présentent les mêmes particurités. — 2° Procédé de préparation de cet acide au moyen du phénylglycocolle, de ses sels ou des éthers correspondants, consistant à dissoudre ces substances dans l'acide sulfurique fumant chauffé à 50°-60°: le liquide ainsi obtenu étant chauffé ensuite à 50° jusqu'à coloration rouge tirant sur le bleu ou de carmin d'indigo à l'état pur, qui avec l'acide sulfurique fumant est chauffé à 50°-70° jusqu'à ce qu'une échantillon étendu d'eau montre, lorsqu'il est traversé horizontalement par la lumière, une couleur rouge très nette.

Description. — EXEMPLE : 1° — On verse une partie de phénylglycocolle ou une partie d'éther éthyle de phénylglycocolle dans 15 à 20 fois son volume d'acide sulfurique à 25 0/0 d'anhydride et chauffé à 50°-60°. La solution est chauffée à 70° de façon à obtenir un liquide d'une couleur rouge, tirant sur le bleu. On laisse refroidir, on verse sur de la glace ou dans l'eau froide et on ajoute du sel ordinaire, l'acide sulfoné se précipite sous forme de sel de soude. On lave avec une solution saturée de chlorure de sodium et on cristallise dans l'eau chaude.

2° On verse lentement en agitant continuellement une partie d'indigo bien sec et réduit en poudre très fine dans 8 à 12 parties d'acide sulfurique fumant, on chauffe à 50°-70°.

3° Le carmin d'indigo sec est réduit en poudre fine, une partie est mélangée à 4 ou 6 parties d'acide sulfurique fumant à 20°-25 0/0 d'anhydrique et l'on opère comme ci-dessus.

Production de nouveaux colorants azoïques, par la Société pour « l'INDUSTRIE CHIMIQUE » à Bâle, rep. par Thirion. — (Br. 220468. — 28 mars 1892. — 7 juillet 1892.)

Objet du brevet. — Production de nouveaux colorants azoïques de l'acide dioxynaptoëmonosulfonique $C^{10}H^{6}OH\ OHCOOH.\ SO^{3}H$ obtenu par l'action des alcalis sur l'acide β-oxynaphtoëdisulfonique. (Brevet n° 206682, 4 mars 1890) Les colorants qui prennent naissance par l'action des tetrazo de l'acide dionynaphtoësulfonique se distinguent par leurs teintes foncées allant jusqu'au noir, ainsi que par une affinité très remarquable pour la fibre de coton non mordancée. Les colorants qui donnent des composés azoïques secondaires de l'α-naptylamine se prêtent spécialement à la teinture en noir de la laine. Ces colorants possèdent en outre la propriété de tirer sur mordants. En traitant les teintes obtenues sur coton non mordancé avec des mordants on obtient des nuances plus foncees.

Description. — Première méthode.— Colorants obtenus avec une molécule d'un tétrazo sur 2 molécules d'acide dionynaphtoëmonosulfonique ou en combinant le produit intermédiaire résultant de la réaction d'une molécule d'un tetrazo sur une molécule de l'acide dioxynaphtoëmonosulfonique sur une molécule d'une amine ou d'un phénol quelconque ou de leurs acides sulfonés ou carboxyliques. On emploie comme :

A. — Les diamines dérivées du diphényle : la benzidine, le diamidophényltolyle, la tolidine, l'éthoxybenzidine, les éthers du p-diamidodiphényle, le diamidostilbène, son sulfo, le sulfo de la benzidine.

B. — Les diamines dérivées des azoïques : le paradiamidazobenzène, le parodiomidoazotoluène, le paradiomidipbénylazotoluène, le para-amidophénylazo-α-naphtylamine, le para-amidototylazo-α-naphtylamine.

EXEMPLE A. : — 4 kilogr. 6 de benzidine sont diazotés d'après les méthodes connues avec 3 kilogr. 5 de nitrite de sodium et 15 kilog. d'acide chlorhydrique, et on verse le tétrazo obtenu dans une dissolution refroidie de 10 kilogr. 5 de dioxynaphtoësulfonate de sodium en solution alcaline. Le colorant se forme aussitôt. On laisse reposer plusieurs heures, on réchauffe, précipite par le sel marin, puis on presse et sèche Cette matière colorante teint directement en noir le coton non mordancé sur bain neutre ou alcalin, ainsi que le coton mordancé au tannin, à l'émétique ou au pyrolignite de fer.

EXEMPLE B. : — 6 kilogr. 5 de para-amidophénylazo-α-naphtylamine sont dissous dans 16 kilogr. d'acide chlorhydrique et suffisante quantité d'eau chaude. La solution refroidie avec de la glace est additionnée peu à peu de 3 kilogr. 15 de nitrite de sodium dissous dans douze litres d'eau. On filtre la solution et on la fait couler dans 16 kilogr. de dioxynaphtoësulfonate de sodium, et 10 kilogr. de soude caustique et l'on agite douze heures. Ce colorant teint le coton non mordancé noir et terne.

On peut aussi diazoter les diamines A et B, et on combine le diazo avec une molécule d'acide dioxynaptoïsulfonique. On fait réagir le produit d'acide intermédiaire obtenu avec une molécule d'un des composants suivants :

Première série.

Acides naphtol-sulfoniques de Nevile et Winther et de Clèves.

»	α-naphtol monosulfonique	s	du brevet allemand n°s	40571
»	« disulfonique	s	»	40571
»	» disulfonique	s	»	45776
»	» disulfonique.		»	38281
»	β-napthol monosulfonique de Schaffer.		»	18027
»	» monosulfonique	F.	»	42112
»	» disulfonique	G.	»	id.
»	» disulfonique	R.	»	id.
»	» disulfonique	δ	»	44079
»	« trisulfonique		»	22038

Acides dionynaphtalines sulfoniques provenant des acides naphtoltrisulfoniques fondus avec des alcalis.

Acides dionynaphtalinesulfoniques, G provenant de l'acide-β-naphtoldisulfonique G.

» » « R » de l'acide désulfonique R.

» 1 : 8 dioxynaphta'inemonosulfonique ς provenant de l'acide α-naphtolsulfonique ς du brevet allemand n° 40571.

» 1 : 8 dioxynaphtaline monosulfonique provenant de l'acide α-naphtoldisulfonique du brevet allemand n° 45776.

» dioxynaptalinesulfonique provenant de l'acide naphtoldisulfonique du brevet allemand n° 41261.

» dioxynaphtalinedisulfonique ; provenant de l'acide naphtoltrisulfonique ; obtenu par sulfonation de l'acide α-naphtolsulfonique ς.

» dioxynaphtalinedisulfonique provenant de l'acide naptol-risulfonique du brevet n° 10785.

» dioxynophtalinedisulfonique de l'acide naphtaline-trisulfonique du brevet allemand n° 50058.

» 1 : 8 γ-amido naphtolsulfonique. Brevet n° 53076.

» 1 : amidonaphtol mono et disulfonique.

Deuxième série.

α et β-naphtol.
1 : 8 et 2 : 7 dionynaphtaline.
Phénol.
Résorcine.
Méta-amidophénol.
Meta-oxydiphénylamine.
Acides sulfoniques et carboxyliques de ces corps.
α et β-naphtylamine.

Acide naphtionique.

» 1 : 5 naphtylaminesulfonique de Laurent.

» β-naphtylamine sulfonique de Brœnner.

» β-naphtylamine δ-sulfonique.

» naphtylamine disulfonique R et G.

» 1 : 8 : diamido-β-naphtylamine disulfonique dérivant de l'acide dinitr α-naphtaline disulfo de Ebert et Merz.

» Acide diamido-β. β naphtaline disulfonique dérivant de l'acide β-naphtoldisulfonique de Ebert et Merz.

» Métaphénylène et métatoluylènediamine et leurs sulfo.

Première méthode.

4 kilogr. 88 de dianisidine sont diazotés avec 15 kilogr. d'acide chlorhydrique et 2 kilogr. 8 de nitrite de sodium. En versant ce mélange dans une dissolution de 6 kilogr. 5 de dioxynapthoïsulfonate de sodium en solution alcaline par du bicarbonate de soude, il se forme un produit intermédiaire qu'on peut combiner avec un des corps de la

série 2 ci-dessus. Si on le fait réagir sur une dissolution de 5 kilogr. 2 d'acide 1 : 4 α-naphtolsulfonique de Nevile et Winther ou de 55 d'acide 1 : 8 : dioxynaphtalinesulfonique on obtient des colorants teignant le coton non mordancé en bleu noirâtre ou noir-bleu suivant l'intensité des teintes. On peut inversement préparer d'abord le produit intermédiaire au moyen d'un mélange d'un composé tétrazoïque et d'une molécule d'un des phenols, amines-amidophénols indiqués à la lettre C, série 1 et 2, ou leurs dérivés sulfoniques ou carboxyliques et les combinant axec l acide dioxynaphtoësulfonique.

Exemple : On tétrazote 10 kilogr. 6 de tolidine et l'on copule avec 12 kilogr. 3 d'acide naptholmonosulfonique en dissolution faiblement alcaline. Le produit intermédiaire est combiné avec une dissolution alcaline de 16 kilogr. 5 de dioxynaphtalinesulfonate de sodium. Teint en violet-noir le coton non mordancé.

Deuxième méthode.

A. — Les diazo de la paramidoacétanilide, de la paracetotoluidine, de l'acide p. amidonaphytloxaminique sont combinés avec l'acide dioxynaphtoësulfonique. On saponifie les azodéricés qui en résultent avec des acides en formant ainsi des produits intermédiaires qui contiennent un groupe amidé diazotable. Leurs diazo se combinent avec une molécule d'acide dioxynaphtol sulfonique ou l'un des composants de C. — On obtient les mêmes produits intermédiaires en réduisant les colorants nitrazoïques résultant de la combinaison du paranitrodiazobenzol, paranitrodiazotoluol, paranitro-α-diazonaphtaline avec l'acide dioxynaphtoësulfonique.

B. — On peut obtenir les mêmes colorants en remplaçant dans la méthode, la première molécule d'acide dioxynaphtaësulfonique par les acides naphtolsulfoniques et en combinant le diazos de ces intermédiaires déjà connus avec une molécule de l'acide dioxynophtoëfulfonique.

Exemple A. : — On diazote 13 kilogr. de p-dicétanilide par 30 kilogr. d'acide chlorhydrique et 7 kilogr. de nitrite. On refroidit et on mélange la solution avec une solution alcaline de 32 kilogr. de dioxynopholësulfonate de sodium. Le produit intermédiaire est précipité par le sel marin, puis saponifié par ébullition pendant quelques heures avec de la soude caustique. La dissolution refroidie est diazotée et le diazo formé est filtré et introduit dans une solution du chlorydrate de 14 kilogr. d'α-naptylamine. On sature l'acide chlorhydrique par l'acétate de sodium, puis on laisse reposer douze heures. On réchauffe, on filtre le colorant et lave avec de l'eau chaude ; on redissout dans une solution de soude caustique et précipite de nouveau le colorant par du sel marin. Teint en noir foncé le coton non mordancé et en bleu-noir la laine mordancée au chrome.

Exemple B. : — On diazote 11 kilogr. 5 d'acide p-amidonaphtyloxaminique par 3 kilogr. 5 de nitrate de sodium et 25 kilogr. d'acide chlorhydrique. On fait couler la solution après filtration dans une solution alcaline de 18 kilogr. d'acide β-naptoldisulfonique R. On laisse reposer plusieurs heures, le produit intermédiaire formé est précipité par le sel marin, on le saponifie par une solution de soude à 3 ou 5 0/0. On diazote avec la quantité théorique de nitrite à basse température. Le diazodérivé est mélangé avec une solution alcaline de 16 kilogr. d'acide dioxinaphtoësulfonique. C'est un colorant azoïque bleu-noir.

Troisième méthode.

Les produits intermédiaires qui prennent naissance à partir de la napthtylamine et des sulfo diazotes de l'aniline, de l'ortho et paratoluidine, des xylidines, sont diazotés et combinés avec l'acide dioxynaphtoësulfonique. On emploie ces dérivés disulfonés des amines cités plus haut, quelque soit leur mode d'obtention.

Exemple : I. — 3 kilogr. de l'acide disulfonique de l'aniline (1 : 3 : 5) sont diazotés avec 0 kilogr. 700 de nitrite et 3 kilogr. d'acide chlorhydrique et combinés avec 1 kilogr. 780 de chlorydrate d'α-naphtylamine. On agite douze heures, on ajoute de nouveau 3 kilogr. d'acide chlorhydrique et 700 grammes de nitrite et on verse la dissolution azoïque dans une dissolution alcaline de 3 kilogr. 500 d'acide dioxynophtoësulfonique. On laisse en repos la dissolution du colorant, puis on chauffe à nouveau et on précipite par le sel marin. — Teint en noir la laine en bain acide.

Exemple : II. — 17 kilogr. du colorant obtenu avec l'acide méta-diazobenzoïque et l'α-naphtylamine, sont diazotés d'après la manière habituelle et combinés avec une dissolution alcaline de 16 kilogr. 5 de dioxynaphtoësulfonate de soude. Teint la laine en noir.

Exemple : III. — Diazoter le produit intermédiaire de l'acide naphtylaminedisulfonique

(Br. allemand n° 41951) diazoté et d'α-naphtylamine. On combine avec l'acide dioxynaphtoë-sulfonique. Teint la laine en noir intense sur bain acide.

TEINTURE. — APPRÊT. — IMPRESSION. — PAPIERS PEINTS

Procédé perfectionné de blanchiment de coton, par Société « Delescluse et Cie, » rep. par Armengaud jeune. — (Br. 220722. — 6 avril 1892. — 22 juillet 1892.)

Objet du brevet. — Procédé consistant : 1° dans l'adjonction au bain chlorurant d'une solution visqueuse composée de glucose ou d'une dissolution de gomme servant de véhicule à l'acide sulfurique, laquelle a pour but de remplacer le débouillissage par une solution de soude ; 2° un dispositif pour empêcher les tassements des bobines ou canettes et pour éviter ainsi l'obstruction qui empêchait ce bain de pénétrer dans les parties intérieures.

Description. — Pour mettre ce procédé en pratique, on fait une solution visqueuse de glucose ou de gomme à laquelle on ajoute 10 % d'acide sulfurique. On prend 100 litres de cette solution que l'on ajoute à 3,000 litres du bain de chlorure. On introduit le mélange dans une cuve à blanchir dans laquelle sont disposées les bobines et canettes de fils ou les écheveaux ou bien encore le coton à l'état brut et en rubans de carde. Le liquide aspiré par le vide ou refoulé par la pression pénètre dans la matière textile qui n'a pas subi le débouillissage à la soude ou à la potasse, et dont les fibres ne sont pas altérées. Le liquide opère le blanchiment de la matière, et grâce à l'intervention de la solution acide, l'action du chlore produit la décoloration parfaite sans fatiguer ni énerver les filaments, et leur conservant le duvet que le coton possède à l'état écru et leur toucher laineux. Le rôle du glucose ou de l'agglutinant est de servir de véhicule aux agents chimiques et d'atténuer l'action corrosive du chlore et de l'acide tandis que ce dernier facilite le dégagement du chlore.

Méthode de dégraissage continu des laines et récupération des résidus provenant de ce dégraissage, par Société « Dramez Vassort et Delattre », à Dorignies (Nord). — (Br. 221251. — 30 avril 1892. — 17 août 1892.)

Objet du brevet. — Procédé consistant dans l'emploi du sulfure de carbone et d'un hydrocarbure pour le dégraissage de laines.

Description. — Appareil destiné à ce procédé.

Perfectionnements apportés à la coloration du liège employé dans la fabrication des couvertures de parquets et aux appareils pour opérer cette coloration, par Ward, rep. par Blétry aîné. — (Br. 219783. — 1er mars 1892. — 8 juin 1892.)

Perfectionnements apportés dans la manutention des apprêts des tissus, par Malleval, rep. par Brocard à Lyon. (Br. 219796. — 3 mars 1892. — 11 juin 1892.)

Procédé pour la production d'une couleur rouge sur fibre textile, par la Compagnie parisienne de couleurs d'aniline, rep. par Armengaud jeune. — (Br. 219909. — 5 mars 1892. — 13 juin 1892.)

Objet du brevet. — Procédé de production d'une nouvelle matière colorante rouge bleuâtre, surpassant par rapport à la beauté le rouge à l'alizarine, et par rapport à la solidité le rouge azoïque produit jusqu'à ce jour sur la fibre. Ce procédé consiste à combiner sur la fibre l'orthonitroparaphénétidine avec le β-naphtol en une azocombinaison avec ou sans emploi simultané d'huile tournante, d'aluminate de soude ou autre composé métallique similaire, comme le stannate de soude.

Description. — L'orthonitroparaphénétidine s'obtient soit par chauffage de la phénétidine avec l'acide nitrique étendu, soit par nitration, en dissolution dans l'acide acétique glacial. Elle fond à 103°-105°.

Pour la préparation de la couleur d'impression 1° sur fond au naphtol on prend :

1°. —	β-naphtol	145	grammes
	Lessive de soude à 22 % B	250	cc.
	Huile tournante à 50 %	300	grammes
	Albuminate de soude à 25 % d'alumine	100	—

pour 10 litres de solution :

2°. — Solution diazoïque :

Orthonitroparaphénétidine	182	grammes
Solution double normale de nitrite	52	cc.
Eau	52	—

On réduit en pâte fine à environ 30°
On y introduit lentement un mélange de :

Acide chlorhydrique à 22 °/° B...	20	cc.
Eau filtrée.....................	80	—

La dissolution est portée à 400 cc., on ajoute :

Épaississement..................	350	cc.
Acétate de soude................	50	—

L'étoffe à fond de naphtol est imprimée après dessiccation à 100 °/° c.

Procédé pour teindre le coton non filé, le fil de coton, avec un noir d'aniline ne déverdissant pas, ne se détachant pas et n'attaquant point les filaments, par Jagenburg, rep. par Blétry aîné. — (Br. 220031. — 10 mars 1892, — 18 juin 1892.)

Objet du brevet. — Procédé de teinture du coton non filé, de fil de coton, ou de tissus avec un noir d'aniline ne déverdissant pas, ne se détachant pas, n'attaquant pas les filaments par la formation de composés difficilement solubles ou insolubles de sels d'anilines, et d'un sel métallique (sans emploi simultané de masses réactives aux chlorate, chromate, permanganate, peroxides, ou d'autres moyens d'oxydation,) la fixation dans le filament, la demi-oxydation sèche, et enfin la transformation en noir.

Description. — On imprègne le coton avec un bain clair d'un sel d'aniline, par exemple, du chlorhydrate, du sulfate, du nitrate ou de l'oxalate, d'un sel de cuivre, de fer, de manganèse, de vanadium, etc. et d'acide acétique libre, par exemple on prend :

Eau............................	1.750	grammes
Sel d'aniline..................	250	—
Acétate de cuivre à 12 °/° B....	300	—
Acide acétique.................	15 à 30	grammes

On n'y ajoute pas de chlorate qui attaque et affaiblit les filaments.

On imprègne à la main, ou à la machine ordinaire. Le restant du bain est utilisé pour une autre opération. La manipulation qui suit consiste dans le séchage du coton à une température de 25 à 30 degrés, puis dans la demi-oxydation en étendant ou suspendant le coton dans des salles aérées chauffées à 25 ou 30° pendant trois ou quatre jours. On poursuit cette opération jusqu'à formation d'un vert olive, puis on produit le noir par oxydation au moyen d'un sel chromique, d'un sel de fer et d'un chlorate à une température de 40°. Ces bains doivent rester clairs lorsque l'opération marche régulièrement.

Ils sont composés de :

Eau....................	1.500	grammes.
Bi-chromate de potasse...	4	—
Chlorate de potasse......	5	—

On bien :

Eau....................	1.500	grammes.
Nitrate de fer...........	5	—

Nouveau procédé d'impression au rouleau, par Société F. du Clozel et Blanc, rep. par Freydier-Dubreul et Janicot à Lyon. — (Br. 220253. — 18 mars 1892. — 28 juin 1892.)

Objet du brevet. — Procédé d'impression au rouleau.

Description. — Ce procédé consiste à mettre le tissu à imprimer entre deux doubliers et à le faire passer sur les rouleaux de la machine à imprimer, quelle que soit, du reste, la construction de cette dernière. S'il est nécessaire, on emploie un ou plusieurs rouleaux de pression pour bien faire pénétrer la couleur jusqu'au tissu. Une fois l'impression terminée, les deux doubliers sont lavés comme d'habitude et peuvent resservir à une autre opération.

Le Propriétaire-Gérant : Dr G. QUESNEVILLE

Saint-Quentin. — Imprimerie J. Moureau et Fils.

BREVETS PRIS A BERLIN, LONDRES, ETC.

Analysés par M. GERBER.

POUDRES ET EXPLOSIFS

Perfectionnements dans la fabrication des explosifs, par H. de MIOSENTHAL, A. G. SALOMON et J. J. HOOD, à Londres. — (Br. anglais, 13038.)

L'invention consiste dans la substitution au Kieselguhr ou terre d'infusoires, pour l'absorption de la nitroglycérine, des boues du procédé Weldon, soigneusement lavées et séchées. Celles-ci peuvent, dans cet état, absorber jusqu'à 2 1/2 et 3 fois leur poids de nitroglycérine. Elles sont employées seules ou en mélange avec du Kieselguhr. L'oxygène qu'elles contiennent sous forme d'oxydes de manganèse contribue à augmenter la puissance des dynamites ainsi fabriquées.

Ces boues traitées par l'hydrogène sulfuré oxydent ce composé avec mise en liberté de soufre à un état d'extrême division. Ainsi mélangées de soufre, elles peuvent jouer dans les compositions propulsives ou détonnantes le rôle de substances oxydantes. (J. Soc. Chem. Ind.).

Procédé pour extraire la nitroglycérine des eaux résiduelles de la fabrication de ce produit, par J. LAWRENCE, à Paulsboro (New-Jersey) États-Unis. — (Br. anglais 7981 du 27 avril 1892.)

D'après l'inventeur, les acides résiduels de la fabrication de la nitroglycérine n'ont été traités jusqu'ici que pour la régénération de ces acides. Ils contiendraient cependant une proportion de glycérine plus ou moins éthérifiée assez notable. Lorsqu'on les refroidit à une température plus basse que le point de congélation de la nitroglycérine, assez élevée d'autre part pour ne pas solidifier les acides, soit environ 40° F (O — 1° C.) il se produit une réaction entre la glycérine incomplétement nitrée et l'acide nitrique encore contenu dans les acides résiduels et il se sépare une certaine quantité de nitroglycérine.

Les acides doivent être maintenus froids durant 3 ou 4 jours et agités de temps à autre. Une addition d'acide sulfurique frais favorise la réaction.

Ce moyen augmente le rendement total en nitroglycérine obtenue d'un poids donné de glycérine de 6 jusqu'à 9 %. (*Ibid.*)

Poudre propulsive sans fumée, par C. H. CURTIS à Londres, et G. G. ANDRÉ, à Dorking (Angleterre). — (Br. allemand C, 3810. — 20 juillet 1891. — 15 septembre 1892.)

Objet du brevet. — Préparation d'une poudre sans fumée au moyen de 40 à 50 parties de nitrocellulose insoluble et de 20 à 25 parties de nitrocellulose soluble gélatinisées au moyen d'une solution de 25 à 40 parties de nitroglycérine et 40 à 60 parties d'acétone ou d'éther acétique.

Description. — Les proportions les plus favorables des divers constituants sont celles indiquées dans l'exposé. Toute la préparation se fait à la température ordinaire. La masse gélatineuse obtenue par un bon malaxage est granulée, puis débarrassée par exposition dans des étuves légèrement chauffées, du solvant volatil.

On peut ajouter à cette poudre de petites quantités d'autres matériaux, soit pour en modifier les propriétés explosives, soit pour la rendre moins sensible aux influences atmosphériques. L'addition de poudre à tirer ordinaire exerce au point de vue de l'effet propulsif et de la modération du pouvoir brisant, une influence des plus remarquables ; toutefois, de pareils mélanges dégagent un peu de fumée à la combustion.

Comme protecteurs contre les influences atmosphériques, on fait usage de paraffine, de graphite ou de gomme laque.

Procédé de préparation de l'acide azothydrique comme explosif, par le Dr J. THIELE, à Halle, a/S. — (Br. allemand T, 3232. — 7 octobre 1891. — 19 septembre 1892.)

Objet du brevet. — Procédé de préparation de l'acide azothydrique ou de ses sels avec formation concomitante de cyanamide ou de dérivés complexes de cette dernière, consistant à faire agir les alcalis ou les terres alcalines caustiques, l'ammoniaque ou des solutions ammoniacales de sels métalliques ou des acides minéraux dilués sur les sels de diazoguanidine.

Description. — Voir le brevet français pris au nom de la Société « Badische Anilin und Sodafabrik ». *Moniteur Scientifique*, octobre 1892, p. 337.

Enveloppes métalliques pour cartouches obtenues par fusion, par F. Paulus, à Berlin. — (Br. allemand P, 5511. — 7 décembre 1891. — 22 septembre 1892.)

Objet du brevet. — Enveloppes pour cartouches obtenues en coulant des alliages métalliques fusibles.

Description. — Au lieu de préparer les enveloppes pour cartouches, boites à mitrailles et autres analogues en métal peu fusible, laiton ou fer blanc que l'on est obligé de travailler par estampages répétés, l'auteur propose de les façonner au moyen d'alliages métalliques fusibles qui puissent se couler dans des moules et prendre ainsi du premier jet leur forme définitive.

Les alliages d'antimoine et de plomb, bismuth, étain, etc , se prêtent très bien à cette fabrication.

Procédé pour rendre l'acide picrique plus fusible et augmenter son poids spécifique, par « Chemische Fabrik Griesheim », à Griesheim. — (Br. allemand C, 3994. — 29 janvier 1892. — 1er novembre 1892.)

Objet du brevet. — Procédé pour rendre l'acide picrique, employé pour charger les projectiles explosibles, plus fusible et plus dense, consistant à chauffer l'acide picrique avec du toluène ou avec d'autres composés nitrés analogues, dont le point de fusion est situé entre 30 et 120° C. Ce composé, plus fusible que l'acide picrique, sert de liant, englobant les cristaux d'acide picrique et formant avec lui une masse qui emplit complètement le projectile. La puissance brisante du mélange peut être réglée par la nature et la proportion des nitrodérivés fusibles.

Description. — On dispose dans le projectile ou la cartouche à charger un mélange d'acide picrique et de 5 à 10 0/0 de trinitrotoluène et l'on chauffe avec ou sans compression du mélange à une température supérieure à 82° C, point de fusion du trinitrotoluène. Celui-ci fond, et par le refroidissement, agglomère les cristaux d'acide picrique en une masse dure.

COLLES. — GÉLATINES. — DIVERS

Procédé de préparation d'une colle animale infermentescible et sans odeur, par Erich Brand, à Rostock. — (Br. allemand B, 12356. — 24 août 1891. — 29 septembre 1892.)

(Voir le brevet français, mai 1892, p. 149).

Objet du brevet. — 1° Procédé de préparation de colle animale infermentescible et sans odeur consistant à ajouter de la potasse à une solution aqueuse bouillante de borax et à ajouter cette liqueur pendant la fabrication aux solutions bouillantes de gélatine ;

2° Application du procédé du § 1 à la préparation de colle au moyen de gélatines sèches même additionnées d'acides.

Description. — L'addition de borax et de potasse (carbonate de potasse) aux solutions de gélatine, donne des produits qui se conservent longtemps sans putréfaction. Nous appliquons cette propriété à la fabrication des colles de peaux ou d'os, en ajoutant une solution bouillante dans 100 litres d'eau, de :

Borax	60 kilogrammes.
Potasse calcinée....	4 —

à 1,450 kilogr. de colle également bouillante marquant 12° à l'aréomètre.

Les gélatines sèches du commerce plus ou moins altérées et additionnées d'acides peuvent néanmoins fournir des colles sans odeur et de très bonne qualité lorsqu'on les dissout dans de l'eau bouillante, contenant les proportions ci-dessus indiquées de borax et de carbonate de potasse.

Procédé pour enlever les dépôts solides dans les conduites d'eau au moyen d'un courant de gaz non condensable, par O. Hering, à Berlin. — (Br. allemand H, 11923. — 9 février 1892. — 26 septembre 1892.)

Objet du brevet. — 1° Procédé pour enlever les dépôts solides dans les conduits d'eau en y faisant circuler des gaz non condensables en même temps qu'un courant d'eau, continu ou par à coups;

2° Perfectionnement au procédé du § 1 consistant à envoyer avec l'eau, dans la canalisation à nettoyer, un sel relativement peu soluble en fragments grossiers qui se dissolvent ensuite peu à peu dans l'eau de rinçage;

3° Modification au procédé du § 2 consistant, au lieu d'envoyer le gaz de l'extérieur, à produire ce gaz au sein même de la canalisation, par des moyens appropriés.

Description. — Dans la canalisation à nettoyer, on fait passer en même temps que l'eau, de l'air qu'on introduit soit au moyen d'une pompe actionnée par l'eau même qui circule dans les tuyaux, soit au moyen d'un injecteur à vapeur, d'une pompe, ou de toute autre manière.

Pour les canalisations dans les habitations, il peut être commode d'employer le gaz carbonique comprimé. Lorsqu'il se trouve dans les tuyaux des dépôts cohérents, épais, on y fait passer, en même temps que l'eau et l'air ou l'acide carbonique, des cristaux d'un sel assez peu soluble comme l'alun par exemple qui, entraîné par le courant, désagrège les dépôts et ne laisse dans la canalisation aucune trace; la partie du sel non éliminée mécaniquement se dissolvant ensuite dans l'eau de rinçage.

Perfectionnements apportés à la fabrication des toiles cirées ou tissus analogues et autres tissus imperméables, par Redaway, rep. par Assi et Genès (Br. 219777. — 1er mars 1892. — 8 juin 1892.)

Objet du brevet. — Procédé de fabrication de toiles cirées ou autres tissus analogues, consistant à imprégner ces tissus d'une dissolution faite avec une huile siccative ou essentielle, et du caoutchouc; cette opération étant précédé d'un traitement à la cire.

Description. — Les tissus sont d'abord traités par un mélange formé de déchets de pétrole, d'huile de naphte ou autres huiles minérales, ou de résidus de ces huiles mélangés avec une certaine quantité de cire minérale, de cire d'abeille ou de cire végétale. Après cette première opération, on traite le tissu par un mélange composé d'une dissolution de caoutchouc, dans de l'huile de lin, ou une autre huile siccative. On peut ajouter 10 0/0 d'une huile essentielle (huile de lavande par exemple) pour faciliter la dissolution du caoutchouc.

Fabrication de coke au moyen de la tourbe ou de lignite, par Franz Weehen, à Bisedorf, près Berlin. -- (Br. allemand W, 8511. — 27 juillet 1892. — 6 octobre 1892.)

Voir aussi le brevet allemand, année 1892, p. 200.

Objet du brevet. — Procédé de fabrication de coke au moyen de tourbe ou de lignite consistant à soumettre ces combustibles à la distillation sèche ; à broyer le charbon qui en provient avec une proportion convenable de houille grasse, et à carboniser ce mélange.

Description. — Le produit de la distillation sèche des tourbes ou lignites est une sorte de poussier non-cohérent dont il est difficile de tirer parti sous cet état. On le mélange avec 15 à 100 °/₀ de houille grasse, les proportions variant suivant la nature et les qualités de ces charbons et on soumet ce mélange à une seconde calcination. Les goudrons dégagés par la houille servent de liant aux particules de charbon sec de tourbe ou lignite et les agglomèrent, en formant un coke de bonne qualité.

COLORANTS ET MATIÈRES PREMIÈRES POUR LEUR PRÉPARATION

Procédé de préparation de couleurs disazoïques secondaires, bleues, vertes et noires, teignant sur mordants, dérivées de l'acide (1-8) dioxynaphtalinedisulfonique. (Addition au brevet n° 61707), par la Société « Bayer et Cie », à Elberfeld. — (Br. allemand F. 5773. — 16 décembre 1891. — 1er septembre 1892).

Objet du brevet. — Perfectionnement au procédé du brevet n° 61707 (F, n° 4386) et au procédé de la première addition n° 62945 (F, 4899) pour la préparation de couleurs disazoïques secondaires bleues vertes et bleues noires, teignant sur mordants, consistant à employer, au lieu des acides amidosulfoniques énumérés dans ces brevets, les acides suivants :

Acide méta-sulfanilique.
— ortho-toluidinesulfonique.
— para-amidophénolsulfonique.
— α-naphtylamine-α-monosulfonique (1. 4).
— α-naphtylamine-α-monosulfonique (1. 5).
— α-naphtylamine-α-monosulfonique (1. 8).
— α-naphtylamine-δ-disulfonique (D. R. P. n° 40571).
— α-naphtylamine trisulfonique (D. R. P. n° 56058).
— β-naphtylamine-β-monosulfonique (2-6).
— β-naphtylamine-δ-monosulfonique (2-7).
— β-naphtylamine disulfonique R.
— β-naphtylamine disulfonique F.
— β-naphtylamine trisulfonique (D. R. P. n° 27378).

Ces acides sont diazotés, unis à l'α-naphtylamine, les amidoazoïques intermédiaires diazotés à nouveau, et unis à l'acide (1-8) dioxynaphtaline-α-disulfonique, obtenu en sulfoconjuguant l'acide α-naphtoldisulfonique S du brevet n° 40571 et fondant l'acide trisulfonique formé avec des alcalis.

Description. — Se reporter aux brevets antérieurs n°s 61707 et 62945.

Procédé de préparation de couleurs dérivées du triphényleméthane au moyen du tétrachlorure de carbone, par le Dr K. Heumann, à Zurich. — (Br. allemand H, 11674. — 27 janvier 1892. — 1er septembre 1892.)

Objet du brevet. — Procédé de préparation de couleurs du triphénylemétbane par l'action du tétrachlorure de carbone sur la méthylediphénylamine, la diéthylaniline ou la diméthylaniline, en présence de chlorure d'aluminium.

Description. — Exemple : Dans un autoclave émaillé avec agitateur et refrigérant à reflux, on mélange :

Méthylediphénylamine.	150	kilogrammes.
Chlorure d'aluminium pulvérisé..	75	—

Dans le produit chauffé à 70° C. et maintenu en bonne agitation, on introduit dans l'espace de 2 heures environ :

Tétrachlorure de carbone............... .. 70 kilogrammes.

On chauffe pendant 6 heures, en portant la température, vers la fin, jusqu'à 90-100° C.

La cuite est extraite à l'eau bouillante, puis séchée, pulvérisée et débarrassée de l'excès de méthylediphénylamine par déplacement avec de la benzine ou du toluène bouillant.

Le bleu de méthylediphénylamine reste comme résidu sous forme de masse friable, à éclat métallique ; on le solubilise par sulfoconjugaison.

On opère d'une manière analogue avec les autres amines.

Procédé de préparation de couleurs disazoïques secondaires, bleues vertes et noires, teignant sur mordants, dérivées de l'acide (1-8) dioxynaphtalinedisulfonique. (Addition au brevet n° 61707), par la Société « Bayer et Cie », à Elberfeld. — (Br. allemand F, 5773. — 16 décembre 1891. — 1er septembre 1892.)

Procédé de préparation de dihydrodiméthylephénylepyrazolon, par Farbwerke (Meister Lucius et Bruning). — (Br. allemand F. n° 5837. — 29 janvier 1892. — 12 septembre 1892.

Objet du brevet. — Procédé de préparation de dihydrodiméthylephénylepyrazolon consistant à méthyler le dihydrométhylephénylepyrazolon au moyen d'agents appropriés comme l'iodure de méthyle.

Description. — On chauffe en autoclave à température assez élevée et pendant fort longtemps, molécules égales de dihydrométhylephénylepyrazolon et d'iodure de methyle, en présence d'un peu d'alcool methylique. Le produit de la réaction est repris par l'eau ; la soude caustique déplace de cette liqueur une huile qui se concrète à froid. Purifié par cristallisation dans le chloroforme, la benzine, etc., ce corps, le dihydrodiméthylephénylepyrazolon, se présente en belles aiguilles fondant vers 107-108°, dont la composition est représentée par la formule $C^{11} H^{14} Az^2 O$.

Procédé de préparation d'une nouvelle base par condensation de la tolidine avec l'aldéhyde formique, par DURAND et HUGUENIN, à Huningue (Alsace). — (Br. allemand D, 5175. — 5 avril 1892. — 28 juillet 1892.)

Objet du brevet. — Procédé de préparation d'une nouvelle base par condensation de la tolidine avec la formaldéhyde, consistant à chauffer au bain-marie une solution d'aldéhyde formique avec un mélange de tolidine et de chlorhydrate basique de tolidine, humecté d'alcool.

Description. — On forme une pâte avec :

Tolidine	21 kilogr.	200
Chlorhydrate basique de tolidine	24 —	800
Alcool à 96 °/o	10 —	
Aldéhyde formique (solution à 40 °/o)	7 —	500

La masse abandonnée à elle-même pendant une douzaine d'heures, se colore peu à peu en gris-vert ; on chauffe alors au bain-marie. La cuite se fluidifie d'abord, puis épaissit et se transforme en une masse verte, poisseuse, qui durcit par le refroidissement et peut alors se pulvériser.

En reprenant par un peu plus que la quantité théorique d'acide sulfurique dilué, la nouvelle base se dissout, tandis que la tolidine reste sous forme de sulfate peu soluble qu'on sépare par le filtre. La base déplacée de la liqueur filtrée, par addition de soude caustique, est en masse résineuse verte, durcissant bientôt, commençant à fondre vers 60-65°, entièrement fondue à 85-90°, bien soluble dans l'alcool, peu dans la benzine, et presque pas dans l'éther. Elle peut être diazotée et servir à la préparation de couleurs substantives.

Procédé de préparation de l'acide (1-8) diamidonaphtaline β-monosulfonique, par L. CASSELLA, à Francfort. — (Br. allemand C, 3673. — 14 avril 1891. — 7 septembre 1892.)

Objet du brevet. — Procédé de préparation d'acide (1-8) diamidonaphtaline-β-sulfonique, consistant à traiter l'acide β-naphtalinemonosulfonique, dissous dans l'acide sulfurique concentré, par 2 équivalents d'acide nitrique, à une température inférieure à 50° C. Le dérivé dinitré obtenu est transformé en acide diamidonaphtaline-β-sulfonique par l'action de réducteurs appropriés.

Description. — Dans notre brevet 61174 (C, n° 3414) nous avons montré que l'acide naphtalinedisulfonique soumis à une nitration énergique fixe 2 AzO^2. Nous avons reconnu depuis que l'acide naphtaline-β-monosulfonique se dinitre dans des conditions analogues.

Nitration et réduction s'obtiennent par les moyens et agents connus.

L'acide diamidonaphtalinemonosulfonique est en petites aiguilles légèrement grises. Il est peu soluble dans l'eau froide. Ses sels de sodium, potassium et ammonium sont très solubles dans l'eau et non précipitables par le sel marin.

Procédé de préparation d'une couleur trisazoïque dérivée de l'acide amidonaphtolsulfonique, par DAHL et Cie, à Barmen. — (Br. allemand D, 4904. — 31 août 1891. — 8 septembre 1892.)

Objet du brevet. — Procédé de préparation d'une couleur trisazoïque teignant le coton non mordancé, sur bains neutres ou alcalins, et la laine sur bains légèrement acides, par combinaison du tétrazodérivé de la p.-amidobenzol-azo-α-naphtylamine, avec 2 molécules de l'acide β-amido-α-naphtolsulfonique obtenu en chauffant avec de l'ammoniaque, l'acide dioxynaphtalinesulfonique du brevet n° 57114 (D, n° 4121).

Description. — Procédé ordinaire de préparation des azoïques complexes. La matière colorante se forme aussitôt, et se sépare en grande partie ; on achève de la précipiter par le sel. Elle est en poudre noire, à éclat métallique, soluble dans l'eau en brun-violet ; elle teint le coton, sur bain neutre ou alcalin, ou la laine, sur bain légèrement acide, en belles nuances bleues-violettes, bien nourries.

Procédé de préparation de couleurs azoïques teignant sur mordants. Addition au brevet n° 60373 (F, n° 5423), par la Société « F. BAYER et Cie », à Elberfeld. — (14 août 1891. — 22 août 1892.)

Objet du brevet. — Perfectionnement au procédé de préparation de couleurs azoïques teignant sur mordants, décrit au brevet n° 60373, consistant à faire bouillir avec de l'eau pure ou acidulée, au lieu des produits intermédiaires indiqués dans ledit brevet, les diazodérivés des acides :

Amidobenzolazosalicylique.
Amidobenzolazo-o-crésotinique.
Amidobenzolazo-m -crésotinique.
obtenus avec l'acétoparaphénylènediamine et les acides salicylique ortho ou m.-crésotinique.

Description. — On diazote l'acétoparaphénylènediamine et on combine à l'un des dits acides phénolcarboniques. Le produit saponifié est diazoté à nouveau et le diazodérivé est bouilli avec de l'eau pure ou acidulée (5 0/0 SO^4H^2) jusqu'à cessation de dégagement d'azote. Procédés généraux connus.

Les colorants obtenus teignent la laine chromée en jaune verdâtre.

Procédé de préparation des éthers du benzol-azo-α-naphtol, par O. N. Witt, à Charlottenburg. — (Br. allemand W, 8291. — 5 avril 1892. — 25 août 1892.)

Objet du brevet. — Procédé de préparation des éthers du benzolazo-α-naphtol, consistant à chauffer cette couleur azoïque avec une solution de chlorure de zinc dans l'alcool dont on veut fixer le radical.

Description. — Dans une marmite émaillée, communiquant avec un réfrigérant à reflux, on fait bouillir jusqu'à dissolution :

Benzolazo-α-naphtol.	50	kilogrammes.
Chlorure de zinc.	50	—
Alcool absolu.	200	—

Par le refroidissement, l'éther $C^6H^5 . Az^2 . C^{10}H^6 . OC^2H^5$, cristallise ; après recristallisation dans l'alcool, il fond, comme l'indiquent Zinke et Bindewald, à 98-100° C.

Couleurs azoïques dérivées de la naphtylènediamine (1-4). Addition à la demande de brevet F, n° 5491, par la Société « Meister, Lucius et Brüning ». — (Br. allemand F, 5492. — 29 juin 1891. — 1er septembre 1892.)

Objet du brevet. — Procédé de préparation de couleurs mono-azoïques de la formule générale :

$$C^{10}H^6 < {AzH^2 \ (1) \atop Az^2 - R \ (4)}$$

dérivées de la naphtylènediamine (1-4) consistant à unir un des composés du tableau suivant avec le diazodérivé de la nitronaphtylamine (1-4) et à amider le groupe nitro de l'azoïque ainsi obtenu au moyen d'un réducteur alcalin, comme le glucose, les sulfures ou polysulfures de sodium, calcium, etc., le sulfure d'ammonium, la poudre de zinc, l'oxyde stanneux, etc., etc., en solution neutre ou alcaline.

Suit un tableau de toute la série des acides α et β-naphtol, et naphtylaminesulfoniques connus *et quibusdam aliis* ; la description ne donne aucun exemple de préparation.

Couleurs disazoïques secondaires bleues et bleues vertes teignant sur mordants, dérivées de l'acide (1-8) dioxynaphtalinesulfonique. Addition au brevet n° 61707 (F, n° 4386), par la Société « Bayer et Cie », à Elberfeld. — (Br. allemand F, 5513. — 13 juillet 1891. — 1er septembre 1892.)

Objets du brevet. — 1° Procédé de préparation de couleurs disazoïques secondaires bleues et bleues vertes, teignant sur mordants, du type des colorants du brevet n° 61707 (F, n° 4386) et du brevet additionnel no 62945 (F, no 4899) consistant à employer comme composant intermédiaire, au lieu de l'α-naphtylamine, l'amidonaphtol (1-5) du brevet n° 49448.

En conséquence, on fait agir premièrement sur l'amidonaphtol (1-5) le diazodérivé de l'acide sulfanilique, de l'acide toluidinemonosulfonique ($AzH^2 : SO^3H : CH^3 = 1 : 2 : 4$) de l'acide xylidinemonosulfonique obtenu par sulfoconjugaison de l'α-amido-m.-xylol (métaxylidine) ($CH^3 : CH^3 : AzH^2 = 1 : 3 : 4$). — Le composé intermédiaire formé est diazoté à nouveau et couplé avec l'acide (1-8) dioxynaphtaline-α-monosulfonique (acide S) obtenu en fondant avec les alcalis l'acide naphtoldisulfonique S du brevet n° 40571 — ou bien avec l'acide (1-8) dioxynaphtaline-α-disulfonique obtenu en fondant avec les alcalis l'acide naphtoltrisulfonique S du même brevet n° 40571 — soit encore avec l'acide (1-8) dioxynaphtaline-β-disulfonique obtenu par fusion alcaline de l'acide α-naphtoltrisulfonique du brevet n° 56058 (K, n° 7567).

2°) Procédé de préparation de couleurs disazoïques secondaires, teignant sur mordants consistant à faire agir le diazodérivé de l'acide p.-amido-o.-phénolsulfonique sur l'α-naphtylamine, (suivant les indications du brevet n° 61707) et à coupler le diazodérivé du produit intermédiaire formé avec l'acide (1-8) dioxynaphtaline-α-monosulfonique (acide S).

Description. — Méthodes générales de préparation des disazoïques secondaires. Se reporter aux brevets cités.

Procédé de préparation d'acides sulfoniques dérivés des tetralkoylediamido-diphénylemethanes, par le Dr H. Weil, à Munich. — (Br. allemand W, n° 8122. — 21 janvier 1892. — 12 septembre 1892.

Objet du brevet. — Procédé de préparation des sels alcalins d'un acide tétraméthyle (ou tétra-éthyle) diamidodiphénylemethanesulfonique, consistant à chauffer des dissolutions de tétraméthyle (ou éthyle) diamidobenzhydrol avec du bisulfite alcalin.

Description. — On chauffe au réfrigérant à reflux 20 grammes de tétraméthylediamidobenzhydrol avec 150 grammes d'une solution à 30 °/₀ de bisulfite de sodium. La substance organique se dissout peu à peu. Lorsque la dissolution est complète, on sature de sel marin et on laisse refroidir. Le sel de sodium qui cristallise est recueilli à la trompe. On en déplace l'acide par une quantité calculée d'acide chlorhydrique ou sulfurique.

Procédé de préparation de couleurs du groupe de la rosaniline, par Farbenfabriken (F. Bayer et Ce), à Elberfeld. — (Br. allemand F, n° 5674. — 13 octobre 1891. 15 septembre 1892.)

Objet du brevet. — Procédé de préparation de couleurs dérivées du triphénylemethane ou du diphénylenaphtylemethane, consistant à condenser les tétralkoylediamidobenzhydrols avec la monobenzylaniline, la diphénylamine, la monobenzyle-α-naphtylamine, la phényle-α-naphtylamine, l'o-tolyle-α-naphtylamine, la p-tolyle-α naphtylamine ou l'α-dinaphtylamine, à nitroser les leucodérivés, oxyder les nitrosamines obtenues et séparer ensuite le groupe nitrosyle des matières colorantes formées.

Description. — Exemple : Soit la leucobase obtenue en condensant les tétraméthylediamidobenzhydrols et la phényle-α-naphtylamine en solution alcoolique. en présence d'acide chlorhydrique. On dissout :

Leucobase	47 kilogr. 100
Dans acide acétique à 50 °/₀	200 —
Acide chlorhydrique d-1.18	40 —
Eau	400 litres.

Cette liqueur est traitée à froid par :

Solution de nitrite de sodium à 10 °/₀	69 litres.

et la solution de nitrosamine formée est oxydée par :

Peroxyde de plomb en pâte à 30 °/₀	79 kilogr. 300

Après avoir éliminé le plomb de la liqueur, par addition de quantité suffisante d'acide sulfurique dilué, on ajoute environ 500 litres d'une solution aqueuse à 6 °/₀ d'acide sulfureux, et l'on fait couler la liqueur dans son volume d'acide chlorhydrique concentré. Dans ces conditions, le groupe nitrosyle se sépare : du bioxyde d'azote se dégage. Lorsqu'après quelques heures de contact, il ne se produit plus de modification dans la nuance du bain de couleur, on étend d'eau bouillante, on neutralise l'acide par un alcali ou par l'acétate de sodium, et on recueille la matière colorante qui se précipite. Le rendement est satisfaisant.

Les produits intermédiaires, nitrosamines oxydées, peuvent aussi être employés comme couleurs ; ils sont très solubles dans l'eau d'où le sel les précipite, et teignent la laine ou le coton mordancé en nuances vertes, comme les couleurs correspondantes dénitrosées.

Procédé de préparation d'une alizarinequinoléine, par Farbwerke « Meister, Lucius et Bruning », à Hœchst-s.-M. — (Br. allemand du 5 mars 1892. — 15 septembre 1892.)

Objet du brevet. — 1° Procédé de préparation d'une nouvelle alizarinequinoléine consistant à traiter l'α-amidoalizarine ou l'α-nitroalizarine ou un mélange de ces deux composés, par la glycérine et l'acide sulfurique, avec ou sans addition d'un agent oxydant comme la nitrobenzine ou l'acide picrique.

2° Procédé de préparation de dérivés bisulfitiques solubles du bleu d'alizarinequinoléine obtenu suivant le § 1, consistant à traiter celui-ci par la solution d'un bisulfite alcalin.

Description. — Mode de préparation du bleu d'alizarine ordinaire. On chauffe par exemple :

β-Amidoalizarine	13 parties.
Acide sulfurique à 66°	100 —
Glycérine	15 —
Acide picrique	1 —

On maintient à 120° pendant 2 heures, on précipite par l'eau, on lave le produit à la soude caustique diluée et chaude, et on conserve le produit en pâte, pour le transformer en sa combinaison bisulfitique soluble. Les réducteurs, comme la poudre de zinc en présence d'un alcali caustique, transforment le nouveau bleu d'alizarinequinoléïne en un leucodérivé, soluble dans les alcalis en jaune brun, qui se réoxyde à l'air en régénérant le bleu primitif.

Couleurs vertes et bleues-vertes de la série du vert malachite, par Farbwerke, « Meister, Lucius et Bruning ». — (Br. allemand F, n° 6021. Addition au brevet n° 48523 (F. n° 3826). — 28 avril 1892. — 15 septembre 1892.)

Objet du brevet. — 1° Procédé de préparation de couleurs acides du groupe du vert malachite consistant à solubiliser par l'acide sulfurique monohydraté ou par ses substituts habituels, au lieu des bases indiquées aux §§ 1 et 2 du brevet n° 48523, les leucobases suivantes :

Dinitromonophényle-m-amidotétraméthylediamidotriphénylemethane.
— — — tétra-éthyle — —
— — — diéthyledibenzyle — —

et à oxyder les acides leucosulfoniques obtenus.

2° Ou bien à sulfoconjuguer par les mêmes moyens, au lieu des carbinols du § 3 du brevet n° 48523, les carbinols correspondant aux leucobases indiquées au § 1 ci-dessus.

Description. — Les procédés du brevet principal n° 48523 s'appliquent sans modifications aux triphénylemethanes ou triphénylecarbinols énumérés dans l'exposé.

Procédé de préparation de naphtaline-indigo, par H. Wichelhaus, à Berlin. — (Br. allemand W, n° 8215. — 12 août 1892. — 15 septembre 1892.)

Objet du brevet. — Procédé de préparation d'indigos de naphtaline, consistant à fondre avec des alcalis caustiques le produit de la réaction de l'acétate de sodium et de l'acide chloracétique sur l'α ou la β-naphtylamine.

Description. — On fond parties égales d'acetate de sodium et d'acide monochloracétique, et on ajoute environ 1 partie d'α ou de β-naphtylamine. Après quelques instants de contact, on ajoute de la soude ou de la potasse caustique, et on chauffe plus fort jusqu'à ce qu'après formation d'écumes et dégagement de naphtylamine, la cuite ait pris des tons rougeâtres et qu'en se dissolvant dans l'eau, les tâtes prélevées dans la masse donnent des précipités verts.

Après refroidissement, la cuite paraît verte ; extraite à l'eau, elle laisse l'indigo de naphtaline sous la forme d'une poudre verte.

Les acides sulfoniques correspondant à l'α naphtaline-indigo teignent en vert ; au β-naphtaline-indigo, en brun verdâtre. Ces couleurs montent sans mordant sur les fibres animales ou végétales.

Procédé de préparation de l'α-nitroalizarine par Farbwerke « Meister, Lucius et Bruning ». — Br. allemand F n° 5903. — 4 mars 1892. — 19 septembre 1892).

Objet du brevet. — Procédé de préparation d'α-nitroalizarine consistant à nitrer par le mélange nitro-sulfurique à froid, la dibenzoyle-alizarine, la mono-benzoyle-alizarine ou leur mélange et à saponifier par des alcalis le nitrodérivé formé.

Description. — Les proportions convenables pour la nitration sont :

Dibenzoyle-alizarine..	6 parties.
Acide nitrique 43° Bé........	11 —
Acide sulfurique 66° Bé..	16 —

On introduit la benzoyle-alizarine en poudre fine, dans le mélange nitrant bien refroidi. La température ne doit pas s'élever au-dessus de 5°C. Peu à peu, la benzoyle-alizarine, qui ne semble pas se dissoudre dans l'acide, se métamorphose en une masse jaune-claire ; on laisse la température monter jusqu'à 20-25° en remuant, et lorsqu'un échantillon du produit dissous dans l'alcool et la soude ne montre plus le spectre de l'alizarine, on verse dans l'eau glacée, on recueille sur filtre et on lave à neutralité.

La nitro-benzoyle-alizarine se saponifie aisément par dissolution dans une lessive de soude caustique chaude.

Le rendement est très bon et le produit est assez pur pour pouvoir servir tel quel à la préparation de la nouvelle alizarine-quinoléïne décrite dans notre demande de brevet F, n° 5905 (Voir plus haut).

Procédé de préparation d'acides sulfoconjugués des couleurs de la série des rosanilines. Addition à la demande de brevet F, n° 5674, par Farbenfabriken « F. Bayer et C°. — (Br. allemand F, n° 5910. — 7 mars 1892. — 19 septembre 1892.

Objet du brevet. — Perfectionnement au procédé de préparation des couleurs dérivées du triphénylemétháne ou du diphénylenaphtyleméthane, au moyen des diamido-benzhydrols alcoylés et des amines aromatiques secondaires, consistant à traiter par l'acide nitreux les leucobases sulfoconjuguées suivantes :

Acide tétraméthylediamidodiphénylebenzyle-α-amidonaphtyleméthanesulfonique.

Acide tétra-éthyle — — — — —

à oxyder en matières colorantes les leuconitrosamines ainsi obtenues, et à enlever ensuite le groupe nitrosyle.

Description. — Voir plus haut le brevet F, n° 5674.

Procédé de préparation des acides trioxyazobenzol meta ou para carboniques, par la Société pour l'industrie chimique à Bâle. — (Br. allemand G, n° 7191. — 28 décembre 1891. — 17 septembre 1892.

Objet du brevet. — Procédé de préparation d'acide trioxyazobenzol-p-carbonique ou d'acide trioxy-azobenzol-m-carbonique consistant à faire agir sur le pyrogallol en solution acide fortement refroidie, le diazodérivé de l'acide para-amidobenzoïque ou méta-amidobenzoïque.

Description. — Procédé de préparation classique des azoïques. Opérer en liqueurs très froides (excès de glace) et laisser en contact pendant 2 à 3 jours.

Ces colorants teignent la laine et le coton sur mordants chromés, en nuances brunes avec reflets jaunes, très résistantes au lavage et à la lumière.

Matières colorantes azotées de la série de l'alizarine, addition au brevet n° 61919. par Farbenfabriken « F. Bayer et C° ». — (Br. allemand F, 5718. — 12 novembre 1891. — 22 septembre 1892.)

Objet du brevet. — Perfectionnement au procédé de préparation de couleurs azotées de la série de l'alizarine, consistant à appliquer à l'éther sulfurique de l'hexa-oxyanthraquinone décrite dans le brevet n° 64418, les réactions indiquées au brevet n° 61910 (F. 5303) pour l'éther sulfurique du bordeaux d'alizarine.

Description. — Voir les brevets français.

Procédé de réduction partielle des combinaisons dinitrées, par A. Wulfing, à Elberfeld. — (B. allemand W, 7601. — 1er mai 1891. — 26 septembre 1892.)

Objet du brevet. — Procédé de préparation de métanitraniline et de métanitrotoluidines par réduction partielle en xinitrodérivés correspondants, consistant à traiter ceux-ci par 3 1/2 % de leur poids d'acide chlorhydrique concentré ou par une quantité équivalente d'acide acétique à 30 % ou d'acide sulfurique à 45 %, et par 32 molécules de fer en poudre très fine, en présence d'une quantité d'eau représentant au plus 6 molécules d'eau pour 1 molécule du dinitrodérivé (au lieu de l'excès d'eau employé en général pour ces réductions). On opère dans un appareil convenablement agencé pour régler la réaction (marmite à agitateur, réfrigérant à reflux, etc.,) et on isole la combinaison nitro-amidée formée en extrayant successivement par l'eau, puis par la benzine, le toluène, le xylène ou un mélange de ces hydrocarbures.

Description. — Exemple d'opération : On chauffe à 100° :

Dinitrobenzine	84	kilogrammes.
Acide chlorhydrique à 30 % ..	3	—
Eau	10	litres.

En remuant bien, on ajoute peu à peu très lentement, dans la marmite à réduction :

Fer	90 kilogrammes.
Eau	40 litres,

De manière à ce que les 40 litres d'eau soient introduits en même temps que le fer. La réaction achevée, on agite encore pendant 1/2 heure, puis on neutralise l'acide par un alcali.

Pour séparer les produits formés, on extrait à 2 ou 3 reprises par 50 litres d'eau bouillante que l'on filtre, lorsque la température est tombée à 50° C. Ayant ainsi enlevé la m-phénylenédiamine, on reprend le résidu par la benzine bouillante d'ou cristallise par refroidissement, de la métanitraniline pure, fondant à 110°. La binitrobenzine non réduite reste en dissolution dans la benzine.

Matières colorantes disazoïques préparées avec les acides amidonaphtolsulfoniques, par Léopold Cassella et Cᵉ, à Francfort. — (Br. allemand C, 3783. — 30 juin 1891. — 29 septembre 1892.

Objet du brevet. — 1° Perfectionnement au procédé de préparation décrit au brevet n° 55648 (C n° 3193), consistant à combiner les tétrazodérivés de la benzidine ou de la tolidine avec 2 équivalents d'acide amidonaphtolmonosulfonique H en liqueur alcaline;

2° Substitution du même acide amidonaphtolmonosulfonique H à l'acide γ-amidonaphtolsulfonique du brevet principal n° 15648 et de la 1ʳᵉ addition n° 57857 pour former avec les tétrazodérivés de la benzidine ou de la tolidine, des produits intermédiaires que l'on sature avec 1 équivalent d'acide α-naphtol-α-sulfonique, d'acide naphtionique, β-naphtylamine-β-sulfonique, salicylique, γ-amidonaphtolsulfonique ou de phénol.

Description. — L'acide amidonaphtolsulfonique H se prépare en dinitrant l'acide naphtaline-β-sulfonique, réduisant et chauffant l'acide diamidonaphtaline-β-sulfonique formé avec des acides minéraux.

Produits d'oxydation de l'alizarine et de ses analogues et éthers sulfuriques correspondants. — Addition au brevet 60855 (F, 4885), par Farbenfabriken, « F. Bayer et Cᵉ. » — (Br. allemand F, 5065. — 7 novembre 1890. — 29 septembre 1892.)

Objet du brevet. — 1° Procédé de préparation d'éthers sulfuriques de nouvelles oxyanthraquinones, teignant sur mordants, consistant à appliquer les réactions indiquées au brevet principal pour l'alizarine et quelques-uns de ses analogues, à l'oxyflavopurpurine, à l'oxyanthrapurpurine, et à l'anthrarufine ;

2° Transformation des éthers sulfuriques du § 1 en oxyanthraquinones correspondantes par l'action des alcalis ou des acides.

Description. — Voir les brevets français et les précédents brevets de la maison sur le même sujet.

Procédé de préparation de dinitrodiphénylemétbane et de ses homologues, par Farbenfabriken « F. Bayer et Cᵉ». — (Br. allemeand W, 8213. – 5 mars 1892.—29 septembre 1892.)

Objet du brevet. — Procédé de préparation de dinitrodiphénylemétbane et de dinitroditolylemétbanes par condensation de l'aldéhyde formique avec la nitrobenzine, l'ortho et le para-nitrotoluène, en présence d'acide sulfurique concentré.

Description. — On chauffe à 40-50° C, pendant 24 à 36 heures, un mélange de :

Nitrobenzine...	24 kilogr.
Acide sulfurique concentré	75 à 125 kilogr.
Aldéhydeformique à 34 °/₀....	9 kilogr.

L'excès de réactifs non entrés en combinaison est entraîné par un courant de vapeur d'eau.

Procédé de préparation de couleurs dérivées du bordeaux d'alizarine et de ses analogues. — Addition au brevet n° 62018 (F, n° 4807), par Farbenfabriken « F. Bayer et Cᵉ ». — (Br. allemand F, 5257. — 26 février 1891. — 3 octobre 1892.)

Voir les brevets français ; année 1892, *p.* 11 *et* 141.

Procédé de préparation d'alizarinecyanine et de quinones correspondantes au moyen de l'oxychrysazine. — Addition au brevet n° 62018 (F, 4807), par Farbenfabriken « F. Bayer et Cᵉ ». — (Br. allemand F, 5266. — 3 mars 1891. — 3 octobre 1892.)

Voir les brevets français ; année 1892, *p.* 11.

Couleurs de la série du triphénylemétbane préparées au moyen de la diméthyle (ou éthyle) metatoluïdine, L. Cassella et Cᵉ. — (Br. allemand C, 4055. — 19 mars 1892. — 6 octobre 1892.)

Objet du brevet. — Préparation de couleurs de la série du triphénylemétbane, par condensation de diméthyle (ou diéthyle) métatoluidine avec la tétraméthyle ou la tétra-éthylediamidobenzophénone, d'après le procédé du brevet n° 27789.

Description. — La condensation de dialcoylemétatoluidines avec les tétralcoylediamidobenzophénones, fournit des couleurs non violettes, comme lorsqu'on opère avec la diméthylaniline, mais bien des bleus d'une pureté et d'une intensité extraordinaires. Ces nouveaux pigments ont de plus la propriété de n'être pas modifiés par les alcalis, et fournissent en conséquence sur laine ou sur coton des nuances absolument solides au savon, ce que l'on n'avait pas encore obtenu avec les couleurs de la série du triphénylemétbane.

Exemple de préparation. — On chauffe doucement durant une douzaine d'heures :

Tétraméthylediamidobenzophénone....	10	kilogr.
Diméthylemétatoluidine..............	25	—
Oxychlorure de phosphore..........	10	—

La cuite bronzée est extraite à l'eau. La matière colorante précipitée par le sel et le chlorure de zinc est en petites aiguilles à éclat métallique.

Procédé de préparation de phénylerosindulines et d'acides sulfoniques dérivés. — Addition au brevet n° 54370 (B, 8586), par Badische Anilin und Sodafabrik. — (Br. allemand B, 12957. — 19 février 1892. — 13 octobre 1892.)

Objet du brevet — Procédé de préparation de phénylerosinduline consistant à chauffer l'α-nitronaphtaline avec du chlorhydrate d'aniline et de l'aniline.

Description. — Dans une marmite émaillée, avec agitateur, on chauffe :

α-nitronaphtaline............	70	kilogrammes.
Chlorhydrate d'aniline.......	180	—
Aniline.........................	60	—

La masse est fondue vers 130° ; la matière colorante commence à se former à 150-160°, et la température s'élève d'elle-même. On maintient à 180-190° pendant une quinzaine d'heures, jusqu'à ce qu'un échantillon de la cuite transformé en sulfoconjugué, montre que la proportion de colorant n'augmente plus.

Traitement de la cuite suivant les règles ordinaires pour les indulines.

TEINTURE. — APPRÊTS. — IMPRESSION. — BLANCHIMENT FIBRES TEXTILES.

Procédé de rouissage, d'épuration et de neutralisation des fibres textiles comme le lin, le chanvre, la ramie, l'ortie commune, etc., par le Dr R. Bauer, à Stuttgart. — (Br. allemand B, 13010. — 7 avril 1892. — 21 juillet 1892.)

Objet du brevet. — Procédé de rouissage, d'épuration et de neutralisation de fibres textiles comme le lin, le chanvre, la ramie et autres analogues, consistant en un traitement à l'acide sulfurique faible, suivi d'un traitement alcalin; ces deux opérations se passant à une température inférieure à 100° C. et avec le concours du vide.

Description. — La fibre végétale, brute ou apprêtée par les moyens mécaniques usuels est disposée dans une marmite autoclave doublée en plomb, où elle est soumise à l'action d'acide sulfurique étendu et chaud ($SO^4H^2 = 5$ °/₀ environ du poids de la fibre). On fait le vide dans le récipient, et on chauffe pendant 3-4 heures à 90° C. environ. Après avoir essoré la fibre imprégnée d'acide étendu, on la lave, puis on la soumet, dans un appareil analogue et avec le concours du vide, à l'action d'une lessive alcaline. On lave à fond, rince et sèche.

Le procédé ne demande que quelques heures. Il réalise trois actions importantes :

1° Il enlève la substance pectique qui agglomère et enveloppe les fibres en raison des traitements acide et alcalin successifs.

2° Il enlève toute substance de nature acide préexistante dans la fibre et que les procédés ordinaires n'éliminent qu'imparfaitement et lentement, en raison de la structure capillaire du végétal et de la pénétration difficile des réactifs dans les espaces capillaires remplis d'air ou de liquides.

3° Il prépare les fibres par le lavage mécanique, qui atteint les plus petites ramifications intérieures, pour les opérations ultérieures de blanchiment et de teinture.

Mon procédé est surtout caractérisé par l'emploi du vide pour favoriser la pénétration des agents chimiques dans l'intérieur des fibres capillaires. Une des conséquences les plus importantes de cette méthode nouvelle est de permettre la désagrégation, le rouissage, l'épuration, en un mot la mise sous forme textile des fibres végétales, en un temps très court, et avec des réactifs que l'on peut doser de manière à ne pas altérer la solidité de ces fibres, durant le temps très limité de leur application.

Procédé de préparation de cellulose et de fibres textiles, par HAGEMANN, DITTLER et Cie, à Ludwigshafen. — (Br. allemand H, 11.371. — 12 août 1891. — 18 août 1892).

Voir le *Brevet Français*, année 1892, p. 265.

Procédé pour empêcher la dégradation des nuances des soies teintes, au vaporisage, par E. B. TRUMAN, à Nottingham. — (Br. anglais 10438. — 19 juin 1891.)

En ajoutant aux bains de teinture $\frac{1}{500^e}$ ou $\frac{1}{1.000^e}$ de chlorure mercurique, on empêche les nuances obtenues de se dégrader et de se ternir au vaporisage à température élevée. La proportion de sel de mercure peut être augmentée ou diminuée suivant la nature des colorants ou de la fibre, et suivant la qualité de l'eau employée à la teinture.

Procédé d'enlevage en rouge azoïque sur le bleu, le vert et le noir d'alizarine. — Addition au brevet n° 55779 (E, n° 2813). — (Br. Allemand E, 3483. — 27 mai 1892. — 3 octobre 1892.)

Objet du brevet. — Procédé pour enlever en rouge azoïque sur fonds de bleu, vert ou noir d'alizarine consistant à imprégner la fibre teinte par l'une de ces couleurs avec une solutions de β-naphtol, à imprimer du rouge azoïque (?) et passer finalement en un bain d'acide sulfurique et oxalique.

Description. — Ne donne aucune indication sur l'application du procédé.

Procédé pour développer des teintes noires sur la laine au moyen des couleurs azoïques rouges formées par combinaison des diazodérivés des acides naphtylaminesulfoniques avec les acides naphtolsulfoniques, par la Société pour l'Industrie chimique, à Bâle. — (Br. Allemand G, 7364. — 28 mars 1892. — 10 octobre 1892.)

Objet du brevet. — Procédé pour développer des teintes noires sur la laine au moyen des couleurs azoïques rouges résultant de la combinaison des acides :

1:4. α-naphtolsulfonique de Neville et Winther.
1:5. α-naphtolsulfonique de Clève.

avec les diazodérivés des amines suivantes :

Acide naphtionique.
Acide 1:5 naphtylaminemonosulfonique de Laurent.
Acide β-naphtylaminemonosulfonique D (brevet 29084).
Acide β-napthylaminemonosulfonique de Brœnner (brevet 22547).
Acide β-naphtylamine-δ-sulfonique (brevet 39925).
Acide α-naphtylamine disulfonique (brevet 41957).

le procédé consistant :

a) Soit à passer les fibres teintes avec l'un de ces azoïques et, éventuellement, une autre couleur destinée à modifier le ton du noir produit, dans un bain d'acide chromique ou d'un chromate acidulé jusqu'à virage au noir.

b) Soit à teindre avec l'un de ces azoïques, éventuellement en présence d'une autre matière colorante montant sur bain acide, en bain d'acide chromique ou d'un chromate additionné d'acide sulfurique, acétique, oxalique, chlorhydrique, nitrique, crème de tartre ou autre sel acide analogue.

Description. — Pour 10 kilogr. de laine, on montera le bain avec :

Azorubine acide.............	0 kil. 400
Crème de tartre artificielle..	1 kil. —

On entre la laine lentement vers 30-40° et on porte peu à peu au bouillon jusqu'à épuisement du bain. La crème de tartre artificielle se prépare avec:

Sel de Glauber......	0 kil. 800
Acide sulfurique.....	0 kil. 200

On ajoute alors par petites portions, en maintenant l'ébullution encore pendant une demi-heure à trois quarts d'heure :

Bichromate de potasse.......	200 à 400 grammes
Dissous dans eau	Q. S.

On rince et sèche.

On peut aussi traiter par l'acide chromique dans un bain séparé monté avec :

Acide chromique................	200 à 300 grammes
ou Bichromate de potasse............	200 à 400 grammes
et Acide sulfurique.................	100

Autre exemple : Teindre 10 kilogr., de laine avec :

Azoïque rouge (azorubine acide ou autre).	320 grammes
Vert acide O (bleuté).....................	80 grammes
Crème de tartre artificielle..............	1 kil.

développer le noir comme précédemment avec :

Bichromate de potasse.....................	300 grammes

Procédé pour développer des teintes noires sur la laine au moyen de couleurs azoïques rouges des dérivés des acides naphtolsulfoniques. — Addition à la demande de brevet G, 7364 par la Société pour l'Industrie chimiqué, à Bâle.— (Br. Allemand G, 7526. — 28 juin 1892. — 10 octobre 1892.)

Objet du brevet. — Extension du procédé de la demandé de brevet G, n° 7364, aux azoïques préparés avec l'acide α-naphtoldisulfonique de Schœllkopf, (br. allemand), n° 45710 (Sch. n° 3819).

Description. — Le procédé de teinture est exactement le même que pour les azoïques dérivés des acides 1:4(α) naphtolsulfonique de Neville et Winther, et 1:5 (α) naphtolsulfonique de Clèves. Toutefois, il convient ici d'oxyder avec une proportion un peu plus forte d'acide chromique ou de bichromate. On prendra par exemple 1 kil. 500 de bichromate au lieu de 200 à 400 grammes indiqués dans les recettes du premier brevet. (Voir br. précédent.)

Procédé pour teindre la laine avec des couleurs de la série de l'alizarine sulfoconjuguées, par Farbwerke, (Meister, Lucius et Brüning), à Hœchst-s.-M. — (Br. Allemand F. 6186. — 29 juin 1892. — 13 octobre 1892.)

Objet du brevet. — Procédé pour teindre la laine crue, filée ou tissée en couleurs d'alizarine sulfoconjuguées consistant à *teindre d'abord* la laine avec ces colorants sur bains acides, notamment avec sel de Glauber et acide sulfurique, puis à traiter *ensuite* la fibre dans un second bain ou dans le même bain, monté avec un sel métallique dont l'oxyde puisse former avec la couleur fixée sur la laine une laque colorée insoluble.

Description. — Ce procédé intervertit l'ordre des opérations habituelles pour la teinture en alizarine : le mordançage suit la teinture au lieu de la précéder, et devient ici un fixage dans le sens propre du mot.

Exemple : Pour teindre 100 kilogr. de drap en rouge solide nourri, on monte le bain avec :

Rouge d'alizarine 1 W. S (Sel de sodium de l'acide α-β-dioxyanthraquinonesulfonique.	4 kilogr.
Sel de Glauber..	20 —

On entre la partie au bouillon après lavage et mouillage préalable, on laisse trois quarts d'heure à l'ébullition, on ajoute :

Acide sulfurique (étendu d'eau).........	4 kilogrammes.

on maintient encore l'ébullition pendant trois quarts d'heure. On ajoute alors au bain :

Alun............	10 kilogrammes.

La laque aluminique est formée au bout de trois quarts d'heure ou une heure d'ébullition. Le drap est alors teint jusqu'au cœur et aussi également qu'avec les couleurs qui égalisent le mieux.

Autre exemple : Nuance *fraise-mode* sur Cachemire. Pour 100 kilogr. de tissu, on monte le bain avec :

Rouge d'alizarine W. S....	1 kilogramme
Sel de Glauber..........	10 —
Acide sulfurique.........	4 —

On teint au bouillon comme précédemment, puis on passe le tissu sans le rincer dans un autre bain bouillant contenant :

Bichromate de potasse......	1 kilogr.
Acide sulfurique 66° Bé.......	0 kilogr. 433

Les bains de couleur et de mordant peuvent être employés pluiseurs fois.

Procédé pour produire des couleurs azoïques rouges du genre de la primuline sur la fibre, par FARBENFABRIKEN, (F. BAYER ET Cᵉ), à Elberfeld.— (Br. Allemand F, 5985. — 10 octobre 1892.)

Objet du brevet. — Procédé pour produire des couleurs rouge-bordeaux solides au lavage sur coton teint en primuline, polychromine, triochromogène et autres colorants acides analogues, consistant à traiter la fibre successivement par des solutions acides de nitrite de sodium, et par des dissolutions de méthyle, éthyle ou benzyle β-naphtylamine.

Description. — On teint 10 kilogr. de coton dans un bain de :

Phosphate de sodium....	10 °/ₒ
Savon...	2 °/ₒ
Sel marin	5 °/ₒ
Primuline	0 kil. 500
Eau	300 litres.

Maintenir au bouillon une heure. Rincer et travailler dix minutes dans un bain froid de :

Nitrite de sodium	100 grammes
Acide sulfurique à 66° Bé . .	200 —
Eau froide,....	300 litres

Développer la nouvelle couleur dans un bain monté avec :

Chlorhydrate d'éthyle β-naphtylamine	300 grammes
Acide chlorhydrique ou acétique.....	Q. S.

La teinture est absolument solide au lavage.

MÉTALLURGIE — MÉTAUX

Procédé pour revêtir le fer et d'autres métaux avec un alliage de plomb et d'aluminium, par F. G. BATES, à Londres et W. R. Benshaw, à Stoke-on-Trent. — (Br. Allemand B, 13360. — 11 juin 1892. — 17 octobre 1892.)

Objet du brevet. — 1° Voir le titre.

2° Comme complément au procédé du § Iᵉʳ, l'addition successive au plomb de l'aluminium, de sel ammoniac, d'arsenic, de borax, d'alun ou d'un autre fondant mélangé à de la cryolithe.

Description. — Notre procédé a pour objet de revêtir les tôles de fer ou d'autres métaux d'un enduit de plomb plus brillant, plus uni et plus dur que celui que l'on obtient par les procédés habituels. A cet effet, le plomb est amené en fusion dans un récipient approprié; on protège la surface du bain de l'action de l'air en y répandant de la poudre de charbon de bois ou de la brique pilée, puis on ajoute, dans l'ordre indiqué, les matériaux suivants, savoir, pour 100 parties de plomb :

Aluminium..	5	parties.
Sel ammoniac.....................................	1/8	—
Arsenic..	1/32	—
Borax	1/32	—
Ou mieux alun de potasse, d'ammoniaque ..... / Ou un autre fondant analogue..................	1	—
Cryolithe..	1	—

Dans quelques circonstances, notamment lorsqu'on veut obtenir une couche épaisse, on ajoute encore après coup une certaine proportion d'alun.

L'alliage plomb-aluminium qui se forme dans ces conditions se prête mieux que le plomb pur à la production d'un revêtement sur les tôles, fils de fer ou autres analogues. La présence de l'arsenic contribue au durcissement de l'alliage. Les autres substances sont ajoutées à titre de fondants ; elles favorisent aussi l'adhérence de l'enduit avec le métal sous-jacent.

Le procédé manuel est d'ailleurs semblable à ceux appliqués pour étamer ou galvaniser le fer : décapage, puis courte immersion dans le bain d'alliage.

Procédé pour laquer sur fond d'aluminium, par ANTON FREDRICK, à Ludenscheid. (Br. Allemand F, 5230. — 25 août 1892. — 17 octobre 1892.)

Objet du brevet. — Procédé pour préparer les objets d'aluminium à laquer consistant, après avoir décapé ces objets, à les plonger pendant un court instant dans un bain composé d'alcool, de chlorure d'antimoine (trichlorure), d'acide chlorhydrique, de nitrate manganeux et de graphite en suspension, de manière à former un enduit métallique capable de fixer et de faire adhérer une laque à base d'alcool, de sandaraque, de gomme laque et de nigrosine (noir d'aniline) ou d'autres substances analogues.

Description. — Les objets en aluminium sont d'abord décapés dans une lessive caustique ou mieux, comme je l'ai constaté, dans un bain d'acide sulfurique étendu de 1/3 de son poids d'eau et chauffé à 50-70°. On rince à l'eau froide et on sèche.

Le bain spécial est monté avec :

Alcool à 90 °/°	1	litre.
Chlorure d'antimoine	150	grammes.
Acide chlorydrique pur	250	—
Nitrate de protoxyde de manganèse	100	—
Graphite purifié et lévigé	20	—

Ce bain étant chauffé à 30-35°, on y plonge les pièces décapées jusqu'à ce qu'au contact du métal se déclare un dégagement gazeux, ce qui a lieu en général au bout de quelques secondes. On retire vivement l'objet et on le porte sur un feu de charbon ou dans un moufle. L'alcool brûle, puis il se dégage des fumées. Lorsque celles-ci ont pris fin, on laisse un peu refroidir la pièce, on la plonge dans l'eau froide, on nettoie à la brosse et enfin on met à sécher.

La surface de l'aluminium est alors couverte d'un enduit grisâtre, métallique composé essentiellement d'antimoine, de manganèse et de graphite sur lequel il est facile d'appliquer une laque ou un vernis.

Notre laque est préparée avec :

Alcool à 10 °/₀	1	litre.
Sandaraque	50	grammes.
Gomme laque	100	—
Nigrosine (Couleur d'aniline noire)	100	—

Après l'avoir appliquée, on laisse sécher dans une étuve chaude, puis on chauffe au four ou sur un petit feu de charbon jusqu'à ce qu'il ne se dégage plus de fumée et que la pièce ait perdu tout éclat. On polit alors avec un chiffon de coton trempé dans un vernis peu épais à l'huile de lin, puis avec un chiffon sec.

Le bronzé noir ainsi obtenu résiste très bien aux influences atmosphériques ; il ne craint pas la chaleur. Par la gravure ou le polissage, on peut faire apparaître le métal blanc et obtenir des décorations du plus bel effet.

Extraction électrolytique du zinc de la blende, par G. E. Cassel et F. X. Kjellin, à Stockholm. — (Br. Allemand C, 4248. — 18 août 1892. — 24 octobre 1892.)

Objet du brevet. — Procédé de séparation électrolytique du zinc des solutions de sulfate, obtenues en lessivant le produit du grillage oxydant de la blende, consistant à soumettre ces solutions à l'électrolyse dans un apparail dont la cellule négative contient la liqueur zincique et dont la cathode est formée par une plaque de zinc, la cellule positive, séparée de l'autre par un draphragme poreux, contient l'anode formé par une plaque de fer ou d'un métal analogue, autre que le zinc, plongeant dans une solution de sulfate du même métal.

Description. — La préparation du minerai par grillage et lixiviation se fait comme d'habitude. L'appareil à électrolyse ne diffère pas non plus des modèles ordinairement employés. Ce qui distingue notre procédé, c'est la disposition de la liqueur zincique au contact de la cathode formée par une plaque de zinc et séparée de la cellule positive où plonge l'anode formée d'un autre métal que le zinc, dans un bain de sulfate du même métal.

Cette disposition offre un double avantage ; la cloison poreuse, tout en n'entravant en rien l'action du courant empêche le mélange des sels tout en permettant à l'acide mis en liberté au contact de la cathode, de passer en partie dans la cellule positive où il dissout une quantité équivalente de fer ; le zinc déposé est ainsi soustrait à l'action corrosive d'un bain fortement acide. L'emploi du couple d'électrodes zinc-fer réduit dans une forte proportion la différence de potentiel nécessaire pour la décomposition électrolytique du sulfate de zinc lorsqu'on fait usage d'electrodes inattaquables.

Procédé de préparation d'une fonte de nickel pouvant se laminer et se forger par R. Fleitmann, à Schwerte. — (Br. Allemand F, 6165. — 19 juillet 1892. — 27 octobre 1892.)

Objet du brevet. — Procédé de préparation d'une fonte de nickel et de ses alliages pouvant se laminer et se forger, consistant à ajouter au bain de nickel brut fondu. du manganèse pur ou allié; puis, après avoir séparé les scories manganésées sulfurées, à injecter dans le métal en fusion de l'air mélangé d'oxygène, et enfin, à enlever l'excès d'oxygène par une addition de nickel-manganèse ou d'un autre agent réducteur.

Description. — Je fonds le nickel brut ou le mélange d'oxyde et de charbon dans un four à réverbère avec un excès de charbon. Le métal fondu est coulé dans une cornue Bessemer où il reçoit une certaine quantité de manganèse, sous forme d'alliage nickel-manganèse, qui provoque le formation d'une scorie manganésée avec désulfuration plus ou moins complète de la fonte de nickel. Après avoir dépiqué la scorie, on insuffle de l'air atmosphérique, puis, lorsque le charbon est entièrement brûlé et que le bain commence à se refroidir, je mélange à l'air comprimé une certaine proportion d'oxygène pour parachever l'oxydation du fer.

Pour ramener à l'état métallique l'oxyde de nickel formé durant le temps d'insufflation d'air enrichi en oxygène, j'ajoute à nouvaau du nickel-manganèse; puis enfin, pour éliminer l'oxyde de carbone (le nickel carbonyle), une petite quantité de magnésium métallique.

Ce procédé peut être employé pour extraire un métal doux des minérais de nickel contenant une proportion par trop considérable de soufre ou d'arsenic.

Il est applicable aussi aux alliages de nickel avec d'autres métaux comme le cuivre qui n'influencent pas défavorablement la malléabilité du métal.

Au lieu de réduire, après oxydation, avec du nickel-manganèse, on peut employer d'autres réducteurs: le charbon en poudre, l'oxyde de carbone, l'hydrogène ou leur mélange, (gaz d'eau), des hydrocarbures.

Préparation électrolytique de l'antimoine et de l'arsenic, par Siemens et Halske, à Berlin. — (Br. Allemand S, 6760. — 28 juin 1892. — 10 novembre 1872.)

Objet du brevet. — Procédé pour séparer l'antimoine et l'arsenic de leurs sulfures au moyen de l'électrolyse, consistant à transformer ces sulfures en sulfosels alcalins solubles; les liqueurs obtenues sont soumises à l'action du courant dans les cellules négatives de l'appareil; elles déposent l'arsenic et l'antimoine et laissent une solution de sulhydrate qui sert au traitement de nouvelles quantités de minerai; dans les cellules positives, on détermine des réactions qui permettent, avec le concours de l'hydrogène sulfuré dégagé des liqueurs obtenues à la cathode, de dissoudre et d'isoler les métaux qui accompagnent l'arsenic ou l'antimoine dans les minerais traités, comme le cuivre, l'or, l'argent, le mercure, le bismuth, le nickel, le cobalt, le zinc.

Description. — Le minerai de sulfure d'antimoine ou d'arsenic, finement broyé, est attaqué dans un récipient à agitateur par une solution de sulfhydrate alcalin.

La lessive de sulfantimoniate ou de sufarséniate alcalin, séparée du résidu insoluble, est envoyée dans les cellules négatives d'un appareil à électrolyser à cloisons poreuses. Les diaphragmes doivent empêcher la diffusion réciproque des liqueurs différentes contenues dans les cellules négatives et positives et cependant, offrir la moindre résistance possible au passage du courant.

Les cellules positives sont closes et renferment des anodes inattaquables (charbon et platine). Les cellules négatives communiquent librement avec l'air et les cathodes sont formées de plaques métalliques (cuivre, antimoine).

Sous l'action du courant, l'antimoine (ou l'arsenic) se dépose sur les cathodes et laisse dans les cellules une solution de sulfhydrate alcalin qui peut être directement utilisée pour extraire de nouvelles quantités de minerai.

Dans les cellules positives, on fait circuler un électrolyte qui engendre par oxydation une liqueur pouvant attaquer et dissoudre les métaux divers qui peuvent accompagner les sulfures d'arsenic ou d'antimoine dans leurs minerais et qui se trouvent concentrés dans le résidu d'extraction de ces minérais par le sulfhydrate. A cet effet, les auteurs emploient une solution de sel marin. Il se forme du chlore qui se dégage ou qui reste dissous dans l'électrolyte; on l'emploie à dissoudre les métaux Cu, Tu, Ag, Bi, Zn, Co, Ni, Hg du minerai épuisé, débarassé de l'excès de sulfures, et de Sb et As par le premier traitement. Ces métaux sont précipités ensuite sous forme de sulfure par l'hydrogène sulfuré dégagé de l'électrolyte négatif, puis séparés et traités suivant les méthodes connues.

BREVETS PRIS A PARIS

Analysés par M. THABUIS.

TEINTURE. — APPRÊT. — IMPRESSION. — PAPIERS PEINTS

Nouveau procédé pour blanchir les fibres textiles végétales ou animales, ou autres substances organiques, par de HAËN, rep. par Bert, — (Br. 220054. — 11 mars 1892. — 20 juin 1892.) — Voir le brevet allemand, année 1892, p. 276.

Préparation chimique servant dans le lavage, le dégraissage, le désuintage, le foulage, le blanchissage et la décoloration des matières textiles, par CASTELLAIN, rep. par Thirion. — (Br. 220171. — 15 mars 1892. — 25 juin 1892.)

Objet du brevet. — Nouveau produit destiné aux lavage, dégraissage, désuintage, foulage, blanchissage, et à la décoloration des matières textiles, obtenu en éteignant de la chaux très blanche, très pure de cuisson, très uniforme, dans de l'eau préalablement préparée au carbonate de soude, et en mélangeant la chaux ainsi obtenue avec une nouvelle quantité de carbonate alcalin et d'eau.

Description. — On fait d'abord dissoudre dans de l'eau cinq parties de carbonate de sodium pour 100 p. d'eau, si l'eau contient de la chaux ou de la potasse, si au contraire elle contenait des silicates de fer ou d'autres substances, on porterait la proportion à 10 0/0. Cette solution sert à l'extinction de la chaux que l'on obtient en trempant les morceaux de chaux dans la solution carbonatée pendant une durée de deux minutes, de manière à avoir une chaux en poudre impalpable. Quand la chaux est éteinte, on la mélange à une solution carbonatée de manière à avoir :

Chaux....................	100	parties.
Carbonate de soude....	150	—
Eau........................	800	—

On laisse digérer le mélange jusqu'à ce que le liquide soit tout à fait limpide. On l'agite de temps en temps. Le temps nécessaire pour obtenir cet effet varie entre 6 heures et 2 jours suivant l'état atmosphérique (?), la qualité de la chaux, et la température ambiante. Le mélange ainsi obtenu forme un liquide ou une pâte propre au dégraissage, désuintage, etc., des tissus de tous genres ; au lavage et dégraissage des laines tondues brutes ; au lavage et foulage des chapeaux et des draps de laine ; à la décoloration et au dégraissage des fils de lin ou de chanvre. Ce produit est encore avantangeusement employé aux lavage, purgeage des cocons bassinés ou percés, des bourres de soie, etc. au traitement des peaux et cuirs, pour faciliter le dépelage et le gonflement. Il peut être utilisé dans le blanchissage du linge en faisant intervenir la chaleur pour enlever les tâches de vin, de sang, de café, etc. Une autre application de cette préparation regarde le parement ou encollage des fils de lin ou de chanvre à monter sur les métiers à tisser. A cet effet, on traite avec la solution à la températude de 20°, et on ajoute de la graisse et du sulfate de chaux.

Teinture partielle directe applicable à tous tissus ou fils, par BRÉHAND, rep. par Lépinette et Rabillaud à Lyon. — (Br. 220252. — 17 mars 1892. — 28 juin 1892.)

Perfectionnements dans la teinture et l'impression avec les alcaloïdes, par GRAWITZ, Boulevard Gambetta, 62, à Nogent-sur-Marne (Seine). — (Br. 220270. — 19 mars 1892. — 30 juin 1892.

Objet du brevet. — Les fibres textiles teintes au moyen des sels d'aniline ou autres, sous l'influence des chlorates, — les couleurs étant développées par aérage et séchage, — perdent une partie de leur solidité. L'addition de certains sels, acétates alcalins ou alcalino-terreux remédie à cet inconvénient. Le présent procédé a pour but l'emploi des ferro et ferricyanures concurremment avec celui du vanadium, ou de tout autre agent capable de déterminer la décomposition des chlorates et leurs réactions sur les sels d'aniline ou les autres alcaloïdes employés.

Description. — Pour 13 litres de bain, on prend :

Chlorhydrate d'aniline..........	1295 gr. (1 équivalent)
Prussiate jaune de potasse.....	795 gr. (3/8 d'éq. contenant 3/4 de potasse.)
Chlorate de soude............	355 gr. (2/6 d'éq. représentant 2 éq. d'oxygène.)

Les fibres imprégnées de ce mélange ne se colorent pas par aérage, mais, par addition de 2 à 5 grammes de vanadate d'amoniaque dissous dans un peu d'eau. Il se produit, par aérage ou par vaporisage direct, après séchage, un noir magnifique, et la fibre est entièrement preservée. Ce noir est ensuite avivé ou rendu inverdissable par les divers procédés connus.

Procédé perfectionné de traitement des tissus en vue de leur teinture, de leur apprêt et de leur imperméabilisation instantanée, par Roche, rep. par Chasseveut. — (Br. 220297. — 21 mars 1892. — 1er juillet 1892.)

Objet du brevet. — Procédé perfectionné pour teindre, apprêter et imperméabiliser les tissus en tous genres, à l'aide d'un bain composé de gélatine et d'alun dans lequel le tissu se déroule d'une façon continue.

Description. — Dans une cuve, on fait bouillir 150 litres d'eau ; dans cette eau, on ajoute à l'ébullition 300 grammes de vert brillant. L'apprêt de ce bain est fourni par l'addition de 2 kilog. de gélatine et 3 kilog. d'huile de lin. La toile passe à travers ce bain, se teint et s'imperméabilise en même temps. Pour certaines étoffes, ayant un pouvoir absorbant moindre, on adjoint au bain ci-dessus une proportion convenable d'alcool, (30 litres environ.) Dans ce second cas, le second bain peut être évité. Lorsque le tissu est sec, on le passe dans un second bain à l'état bouillant, contenant une dissolution de 1 kilog. de savon exclusivement à base de soude et 1 kilog. de graisse animale quelconque.

Procédé pour la production sur la fibre de teintes solides, par la Société Fred. Bayer et Cie rep. par Dobler. — (Br. 220493. — 29 mars 1892. — 8 juillet 1892.)

Voir le brevet allemand, année 1892, p. 275.

PRODUITS CHIMIQUES

Moyen de préparation d'une gomme végétale dite xyloïde, par Schlumberger, rep. par Marillier et Robelet. — (Br. 219606. — 23 février 1892. — 30 mai 1892.)

Objet du brevet. — Procédé de fabrication d'une gomme végétale liquide ou solide, au moyen des liqueurs bisulfitées provenant de la fabrication de la cellulose ou pâte de bois pour le papier.

Pour extraire la gomme des dites liqueurs : 1° On précipite ou élimine les acides libres, fixes ou volatils, soit au moyen d'un acide capable de former des sels insolubles avec les sels calcaires, soit en les neutralisant par des bases qui les précipitent ; 2° On oxyde les bisulfites, soit au moyen d'un courant d'air, soit au moyen d'oxydants, tels que les chlorures de chaux qui les transforment en sulfates ; 3° On sépare le tannin par la gélatine, l'albumine, ou la caséine ou autres matières formant des tannates insolubles.

Description. — On sépare la chaux au moyen de l'acide oxalique ou de l'acide phosphorique dans la proportion de 2 kilogr., du premier et 11 kilogr., du second à 45° B., pour chaque mètre cube de liqueur. Pendant l'évaporation, les solutions ainsi traitées dégagent de l'acide sulfureux que l'on peut récupérer à l'état de sel calcaire. Cette première opération terminée, on précipite les acides libres par du carbonate de chaux, de baryte ou de strontiane, qui précipite l'acide sulfurique ; puis on ajoute à la liqueur de la caséine. Après cette épuration, qui peut avoir lieu aussi bien à froid qu'à chaud, mais de préférence à chaud, on concentre la liqueur soit à l'air libre, soit dans un appareil à triple effet, et on amène la liqueur de manière à obtenir 120 kilogr., de gomme à l'etat sirupeux pesant 36° à 38° et contenant 25 à 30 °/₀ d'eau.

L'auteur recommande aussi l'emploi de lessives bisulfitées pour le traitement des colles de tanneurs, en vue d'obtenir une gélatine gomme xyloïde en même temps que pour la séparation de la graisse combinée à la colle de tanneurs. Pour obtenir cette gomme, on traite soit à froid. soit à chaud, en autoclave, les colles de tanneurs, par les lessives bisulfitées, seules ou additionnées d'un acide, ou épurées par le procédé ci-dessus, et l'on obtient une colle mixte, liquide ou solide suivant le degré de concentration de la liqueur.

Perfectionnements apportés à la préparation de certains produits phosphoreux par Typke, rep. par Levesque. — (Br. 219665. — 25 février 1892. — 1er juin 1892.)

Objet du brevet. — Procédé de préparation du phosphore au moyen de l'hydrogène phosphoré provenant de la préparation des hypophosphites.

Description. — Pour cela, le gaz hydrogène phosphoré est d'abord refroidi en passant à travers un réfrigérant, de manière à ce qu'il se débarrasse de son humidité, puis on le fait passer à travers des cornues contenant des matières inattaquables par ce gaz et chauffées. L'hydrogène phosphoré se décompose et donne du phosphore qui se volatilise et que l'on recueille.

Emploi du bisulfate de soude pour la préparation du sulfate de cuivre, par le traitement des matières naturelles ou industrielles contenant du cuivre, notamment des résidus ou gravats de fonderies, par Mairé, rue de Douai, 30, Paris. — (Br. 219694. — 26 février 1892. - 2 juin 1892.)

Objet du brevet. — Procédé de récupération du cuivre de certains minerais pauvres en cuivre, ainsi que des résidus industriels tels que les gravats de fonderies, cendres de certaines pyrites grillées.

Description. — Pour cela, on attaque les résidus cuprifères par le bisulfate de soude. Rien de nouveau outre cela à signaler dans ce brevet.

Production combinée d'acide oxalique et de cellulose, par Ryan, rep. par Marillier et Robelet. — (Br. 219727. — 27 février 1892. — 3 juin 1892.)

Objet du brevet. — Procédé de fabrication simultanée de cellulose et d'acide oxalique, l'une de ces deux matières étant tirée de l'autre produit dérivé, sans toutefois avoir recours à l'action décomposante et corrosive des alcalis comme cela a lieu dans les procédés ordinaires basés sur l'action des alcalis en fusion sur la cellulose.

Description. — Pour réaliser ce procédé, on emploie de la potasse seule ou en mélange soit 1/3 de potasse et 2/3 de carbonate de soude, en solution à 8 ou 10 %. On fait bouillir sous pression avec du bois fendu en quantité convenable. La liqueur qui en résulte est séparée par filtration, puis évaporée, soit dans des chaudières fermées, soit dans des bassines ouvertes de manière à les amener à un degré de concentration aussi élevé que possible. Il est préférable de chauffer la liqueur dans des marmites en fonte, où elle est portée à 250°. On obtient alors de l'oxalate de potassium et de sodium. Pour oxyder plus vivement, il est bon d'ajouter peu à peu une petite quantité d'une lessive concentrée pure. La masse brune est lessivée et on retire l'acide oxalique.

Nouveau procédé de décoloration des extraits tanniques par les bases, par David, quai Claude-Bernard, 5, Lyon. — (Br. 219798. — 4 mars 1892. — 8 juin 1892.

Objet du brevet. — Procédé de décoloration des jus tanniques consistant à faire bouillir ces jus avec des bases, puis à saturer les bases pour précipiter les résines et les tannins altérés.

Fabrication de phosphates alcalins (en vue de la production industrielle de phosphates de magnésie et ammoniaco-magnésiens) et de sulfocarbonates alcalins et alcalino-terreux, par Hélouis et Ruchonnet, rue de la Reine-Henriette, 17, à Colombes (Seine). — (Br. 219804. — 2 mars 1892. — 10 juin 1892.)

Objet du brevet. — Procédé consistant à traiter à haute température les phosphates naturels insolubles par le sulfate de soude ou de potasse en présence de charbon.

Description. — Les sulfates et le phosphate de chaux sont réduits en poudre, puis on mélange avec du charbon de manière a obtenir une masse homogène. On place le tout dans un four à haute température. Il se forme du phosphate alcalin et du sulfure alcalino-terreux. On traite le mélange par l'alcool pour séparer les phosphates des sulfures et sels alcalins et de manière à former ensuite des sulfocarbonates. (1).

(1) La réaction sur laquelle repose ce procédé nous paraît bien peu certaine ; il doit certainement rester une bonne partie du phosphore à l'état de phosphate alcalino-terreux ou terreux. En outre, les phosphates naturels contiennent toujours une proportion plus ou moins grande de silice qui, en présence du charbon, met le phosphore en liberté, de là une perte de ce métalloïde. Ce qui est étonnant, c'est la reprise par l'alcool pour dissoudre les sulfures. Or, comme il doit se former des oxysulfures, des sulfures terreux, il faudra reprendre par l'eau le phosphate pour le séparer de ces corps insolubles dans l'eau et l'alcool. Au point de vue industriel, c'est une main d'œuvre absolument perdue. Enfin la transformation des sulfures en sulfocarbonates exigera un travail considérable.

Procédé de préparation de composés aurifères pouvant être employés à la place du chlorure d'or, par MEROIER, rep. par Chevillard. — (Br. 219828. — 3 mars 1892. — 10 juin 1892;)

Objet du brevet. — Procédé de préparation de sels d'or, consistant à unir un sel d'or quelconque au maximum (de préférence le chlorure ou un des sels doubles alcalins correspondants) à un sel alcalin quelconque en présence d'une petite quantité de dissolvant, eau ou alcool.

Description. — Par exemple, on prépare le composé contenant le chlorure d'or et le succinate de soude, en faisant dissoudre à chaud dans une capsule de porcelaine.

dans	Succinate de soude........	20	grammes
	Eau..........................	20	—

Puis, on ajoute à la dissolution :

Chlorure d'or brun .... 1 gramme

On agite le mélange dans la capsule, jusqu'à évaporation complète de l'eau, et on laisse refroidir. On obient ainsi un sel jaune verdâtre qui prend peu à peu une franche teinte jaune et se conserve dans cet état. On peut éviter l'emploi de l'eau, si le sel alcalin employé est entièrement fusible sans altération, par la chaleur seule, comme cela a lieu avec la plupart des sels minéraux. Ainsi, par exemple, on peut prendre du phosphate de soude ordinaire, 30 grammes. On chauffe jusqu'à fusion, et on ajoute le chlorure d'or en agitant jusqu'à refroidissement.

Eau dite « Eau alcofiéline » par MISTRICH, rue Benjamin Franklin, à Sotteville-les-Rouen. — (Br. 220013 — 12 mars 1892 — 18 juin 1892.)

Objet du brevet. — Eau pour le nettoyage des voitures de chemins de fer, pour enlever les taches produites par la fumée et l'échappement de la vapeur.

Description. — On prend pour 100 litres d'eau :

Sel oxalique	6	kilogr.
Fiel de bœuf..............	2	—
Alcool camphré...........	2	—

Appareil à fabriquer l'ozone dit : « Ozogène ou Ozoniseur » par de MARC, rue Lemercier, 24, Paris — (Br. 220002 — 12 mars 1892. — 22 juin 1892.)

Nouveau procédé de fabrication de la céruse, par MANENT, (Mlle) rep. par Bert. — (Br. 220140 — 15 mars 1892. — 24 juin 1892.)

Objet du brevet. — Procédé de préparation électrolytique de la céruse, consistant à former un bain avec du nitrate de plomb et du nitrate d'ammoniaque.

Description. — On fait une solution avec :

Nitrate de plomb.........	1	kilogr.
Nitrate d'ammoniaque....	1	—
Eau.........................	20	litres

Quand l'électrolyte est décomposé, on traite par un courant d'acide carbonique que l'on obtient au moyen d'un carbonate alcalin et de l'acide sulfurique de 1.845, dilué dans 7 litres d'eau. Le bain est maintenu à 12° ou 15° R. Les électrodes sont des saumons de plomb. L'intensité du courant est de 1.5 par centimètre carré de surface du saumon de plomb formant l'électrode positive et qu'on immerge aussi complètement que possible dans le bain.

Machine perfectionnée à produire l'ozone, par BRANDON ET FILS, rep. par Le Canu. — (Br. 220218 — 17 mars 1892 — 28 juin 1892.)

Enrichissement des craies phosphatées par calcination, par DELACOURT, rep. par Bert. — (Br. 220224 — 18 mars 1892 — 27 juin 1892.

Objet du brevet. — Procédé d'enrichissement des phosphates par calcination, consistant à calciner dans les fours à chaux ou dans tout autre appareil employé à la calcination, des calcaires. Si le phosphate est trop friable, on le réduit en briquettes, puis on sepàre le phosphate par différence de densité.

Procédé de production simultanée du glucose, de l'alcool et des phosphates précipités, par AUBERTIN, rep. par Chassevent. — (Br. 220240 — 18 mars 1892 — 28 juin 1892).

Objet du brevet. — Application de l'acide sulfurique ou autre provenant du traitement que l'on fait subir aux matières ligneuses, féculentes ou amylacées pour les convertir en dextrine, glucose ou alcool, consistant à utiliser cet acide concentré ou dilué au traitement des phosphates minéraux dans le but d'obtenir des phosphates précipités en même temps que la dextrine, le glucose ou l'alcool.

Description. — On traite 200 p. de sciure de bois ou de matières cellulosiques par 140 à 150 p. d'acide sulfurique ajouté par petites portions. On laisse en contact 10 à 12 heures en remuant, puis on étend la bouillie d'eau, on y ajoute du phosphate minéral ou animal, de préférence celui qui contient le moins de carbonate calcaire. On laisse la réaction se faire, puis, après avoir étendu d'eau, on porte à l'ébullition pendant une demi heure, de manière à transformer la matière amylacée en glucose. On obtient ainsi une partie insoluble, et une partie soluble constituée par le phosphate et le glucose dissous. On divise cette dernière en deux parties, on sature par la chaux. Il se forme un précipité de phosphate tribasique, puis, avant que le précipité soit déposé, on ajoute la deuxième portion de la liqueur, on sépare le liquide du dépôt formé, puis on l'évapore jusqu'à ce qu'il contienne 12 0/0 de glucose que l'on fait fermenter. On peut opérer à une température de 130°, en employant de l'acide sulfurique dilué.

Crayons de couleur à dessiner ou à écrire, par Schwartzwald, rep. par Delom. — (Br. 220299 — 21 mars 1892 — 1er juillet 1892.)

Objet du brevet. — Nouveau procédé de fabrication de crayons à dessiner, à écrire, à émailler, servant pour la décoration. Cette composition etant constituée essentiellement de paraffine, de caoutchouc de Damerara, de naphtol pur de laque, d'or en feuille ou de poudres de divers bronzes, et de matières colorantes en proportions convenables.

Description. — Pour 100 onces de cire de paraffine, on ajoute de 2 à 10 onces de caoutchouc de Damerara ou de laque, et de 1 à 2 onces de bichromate de potasse, 500 à 100 onces d'or en feuilles et de 5 à 20 onces de naphtol.

On fait fondre la paraffine, la résine et le naphtol. On peut, suivant la couleur à obtenir, additionner le mélange de 1 à 10 onces de mica ou de fer oligiste pulvérisé; on peut aussi ajouter de 1 à 2 onces d'huile, mais cela n'est pas indispensable. Toutes ces substances doivent être chauffées ensemble, puis on refroidit la masse jusqu'à la consistance voulue et on la moule.

Composition chimique destinée à combattre les maladies de la vigne, appelée « Bouillie Falgos » (Brevet de 5 ans) par Féline et Sellier, à Saint Geniès-de-Malgoires (Gard). — (Br. 220478 — 2 avril 1892 — 7 juillet 1892).

Objet du brevet. — Mélange à base de sulfate de cuivre, de sulfate d'ammoniaque, de chlorure de potassium et de superphosphate destiné à servir à la fois d'antiparasitaire et d'engrais pour la vigne.

Description. — On mélange ensemble :

Sulfate de cuivre à 98 0/0	60 0/0
Sulfate d'ammoniaque à 20/21 d'azote	15 0/0
Chlorure de potassium à 48/50 de potasse	10 0/0
Superphosphate à 19,20 0/0 d'acide phosphorique soluble	10 0/0
Sulfate de fer a 98 0/0	4 0/0
Acide tartrique blanc	1 0/0

Perfectionnements dans la fabrication de l'acide sulfurique, par Bruler, rep. par Thirion. — (Br. 220402 — 25 mars 1892 — 5 juillet 1892.)

Objet du brevet. — Procédé de fabrication d'acide sulfurique ayant pour but d'augmenter le rendement d'une chambre de plomb de cube donné : 1° par l'emploi de cloisons en briques creuses ; 2° par l'emploi en combinaison de diviseurs-réfrigérants formés par des tuyaux de plomb à circulation d'air, puis à absorber l'excès de chaleur provenant de l'augmentation des produits. Ces tuyaux sont disposés après chaque cloison en briques. Les gaz, après avoir traversé un diviseur réfrigérant, traversent un autre diviseur en briques creuses.

Fabrication de carbonates ou de bicarbonates alcalins par la décomposition électrolytique des chlorures alcalins en présence de l'alumine gélatineuse ou du chlorure d'aluminium, par Hermite et Dubosc, rep. par Armengaud aîné. — (Br. 220492 — 29 mars 1892 — 8 juillet 1892)

Objet du brevet. — Procédé de préparation des aluminates alcalins par électrolyse des chlorures alcalins en présence de l'alumine gélatineuse ou des chlorures d'aluminium ou autres sels d'aluminium et fabrication des carbonates ou bicarbonates alcalins par la précipitation, au moyen de l'acide carbonique, de l'alumine que l'on récupère et peut faire servir à nouveau.

Description. — On ajoute à un chlorure alcalin en solution, une quantité suffisante d'alumine gélatineuse pour se combiner à la quantité totale d'alcali contenu dans le chlorure en formant un aluminate alcalin et on électrolyse les liqueurs ainsi préparées avec un courant dont la force électro-motrice est suffisante pour décomposer le chlorure alcalin. L'alcali mis en liberté au pôle négatif se combine aussitôt à l'alumine pour former un aluminate, tandis que le chlore mis en liberté au pôle positif est chassé et employé aux usages désirés. Lorsque tout le chlorure alcalin est décomposé, on fait passer dans la liqueur un courant d'acide carbonique qui précipite l'alumine et se combine à l'alcali. Au lieu d'alumine-gélatineuse, on peut employer le chlorure d'aluminium.

Procédé de production de tropine, par la Société « COMPAGNIE PARISIENNE DE COULEURS D'ANILINE, rep. par Armengaud jeune. - (Br. 216368 — 24 septembre 1891 — 8 janvier 1892.)
Voir aussi le brevet allemand, année 1892, p. 306.

Objet du brevet. — La déhydrobenzyldiméthylamine traitée par l'acide chlorhydrique, se convertit en hydrochlorobenzyldimethylamine.

$$C^6 H^7 CH^2 Az (CH^3)^2 + HCl = C^7 H^{10} Cl - Az (CH^3)^2$$

Ce dernier produit se transforme en chlorométhylate de tropidine.

$$C^7 H^{10} Cl Az (CH^3)^2 = C^7 H^{10} Az (CH^3)^2 CH^3$$

Ce chlorométhylate chauffé à une température plus élevée, se transforme en chlorure de méthyle et tropidine.

$$C^7H^{10}Az (CH^3)^2 CH^3 = CH^3Cl + C^7H^{10}Az (CH^3)^2$$

La tropidine bouillie avec une lessive de soude donne la tropine. La déhydrobenzyldiméthylamine ($C^6H^7CH^2Az (CH^3)^2$), laquelle peut être produite de différentes manières, se présente sous forme d'une huile bien liquide qui ne se laisse pas distiller sans changement. Chauffée à une température de 140°-150°, elle se transforme en une base isomère, la betaméthyltropidine.

Description. — 1 kilogr. de déhydrobenzyldiméthylamine est étendu dans un litre d'eau, le liquide est refroidi au moyen de la glace, et on y fait couler de l'acide chlorhydrique jusqu'à saturation après 24 heures de repos, on verse le liquide dans l'eau glacée. L'hydrochlorobase est séparée au moyen de la potasse ou de la soude, sous forme d'huile. On chauffe au bain-marie. Le chlorométhylate de tropidine obtenu est chauffé à une température plus élevée et donne du chlorure de méthyle et de la tropidine. Ce dernier corps est chauffé avec de la soude dans une chaudière à reflux, et donne la tropine que l'on isole par le chloroformé.

Procédé pour préparer à l'aide de la dissolution aqueuse d'acide chlorhydrique le mélange de gaz chlorhydrique et d'eau nécessaire pour le procédé Deacon et autres analogues, par la Société « A. R. PÉCHINEY et Cie ». (Br. 217734. — 28 novembre 1891. — 25 février 1892.)

Objet du brevet. — 1° Appareil pour le dégagement de l'acide chlorhydrique gazeux de sa dissolution aqueuse; 2° emploi pour la concentration de l'acide sulfurique dilué par l'opération précédente, d'une tour analogue à la tour de Glover, mais qui en diffère en ce qu'elle est chauffée par les gaz chauds d'un foyer spécial ou par des chaleurs perdues.

Description. — L'appareil à dégagement se compose d'un vase divisé par une cloison verticale en deux compartiments inégaux dont l'un, le plus étroit, porte plusieurs cuvettes et communique avec le grand par le haut et le bas. Ce dernier est de son côté mis en communication avec la tour. L'acide tombe d'abord sur une cuvette, puis de celle-ci sur la seconde et ainsi de suite, pour passer enfin dans la tour qui est parcourue de bas en haut par un courant d'air chaud qui entraîne le gaz chlorhydrique destiné à la fabrication du chlore.

Produit spécial dénommé sélénifuge destiné à empêcher l'adhérence des sels calcaires contenus dans les eaux d'alimentation contre les parois des chaudières de tous types, par TINCY, rep. par Armengaud jeune. — (Br. 218730. — 16 janvier 1892. — 20 avril 1892.)

Objet du brevet. — Produit composé de sels alcalins, d'alcali et sirop de fécule destiné à empêcher l'incrustation des chaudières.

Description. — Ce produit se compose d'une dissolution de carbonate de potasse à 26° B. — 27 °/₀, dissolution de carbonate de soude à 28° B. — 25 °/₀, lessive de soude à 26° Bé — 18 °/₀, sirop de fécule à 40° B. — 9 °/₀, glycérine à 28° — 21 °/₀. On mélange ces liqueurs et on laisse reposer. Le sélénifuge marque 28° B.

BOISSONS

Nouveau procédé perfectionné pour la préparation finale de la bière, par WITTEMANN, rep. par Nauhardt. — (Br. 220616. — 2 avril 1892. — 18 juillet 1892.)

Objet du brevet. — Ce procédé consiste à soumettre la bière à une forte pression d'acide carbonique jusqu'à ce qu'elle soit suffisamment clarifiée.

Emploi des dérivés sulfonés des napthols pour la conservation des substances organiques, notamment de la bière et du vin, par RANG et RUFFIN, rep. par Assi et Genès. — (Br. 220700. — 5 avril 1892. — 21 juillet 1892.)

Objet du brevet. — Procédé de préparation du sulfo-β-naphtol et emploi de ce dérivé sulfoné pour la conservation du vin et de la bière.

Description. — Pour préparer le sulfo-β-naphtol, on le pulvérise et on le dessèche, puis, on le traite par 34 °/₀ de son poids d'acide sulfurique concentré et pur. On laisse le produit pâteux se prendre en masse, et on le chauffe lentement au bain d'huile pendant 6 heures. Quand le mélange est à l'état de fusion complète, on maintient la température de 60 à 70° pendant une heure environ, puis on le verse dans 4 fois son volume d'eau bouillante en agitant. On filtre ensuite et on sature au moyen de la craie et on sépare par cristallisation fractionnée le monosulfonate des polysulfonates qui peuvent se trouver mélangés. Le monosulfonate de chaux est dissous dans l'eau bouillante, et cette solution est additionnée au liquide à conserver dans la proportion de 3 grammes de sel calcaire pour un hectolitre de vin. On double la quantité si le vin est difficile à conserver; pour la bière, il faut 15 à 20 (?) grammes par hectolitre.

Nouveau procédé de fabrication de la bière dite : « Bière allemande », par la Société dite « THE PFAUNDLER VACUUM FERMENTATION COMPANY », rep. par Thirion. — (Br. 220036. — 10 mars 1892. — 20 juin 1892.)

Objet du brevet. — Procédé de fabrication de la bière par fermentation basse, consistant à conduire la fermentation première dans un vide partiel en renfermant le moût mélangé à la levure dans un vase clos, et à retirer au-dessus du liquide l'air atmosphérique et les produits gazeux de la fermentation, en maintenant le moût à la basse température voulue dans le cours de la fermentation.

Description. — On introduit le moût préalablement mélangé à de la levure dans une cuve ou dans une série de cuves à fermentation. Quand la fermentation a commencé, on retire le gaz carbonique et l'air atmosphérique, au moyen d'une pompe pneumatique, de manière à obtenir un vide partiel de 50 centimètres environ. La température de la cuve peut ne pas être inférieure à 7° C. et celle du moût peut monter à 15° C. On peut, si cela est nécessaire, introduire de l'air purifié pour revivifier la levure. Dans ce procédé, on obtient la fermentation première et la fermentation seconde. La fermentation première est terminée au bout de 6 à 8 jours ; tandis que dans les procédés actuels il faut 14 jours.

Nouveau procédé pour la fabrication de la bière dite « Bière Allemande » (B), par la Société dite « THE PFAUNDLER VACUUM FERMENTATION COMPANY », rep. par Thirion. — (Br. 220059. — 11 mars 1892. — 20 juin 1892.)

Objet du brevet. — Pour préparer la bière dite « Lager Bier » « Bière de garde » comme on le fait habituellement ; le moût, après brassage, déphlegmation, ébullition, houblonnage, réfrigération et fermentation dans des cuves de fermentation principale, est mis en fûts de dépôt ou d'emmagasinage. Dans ces conditions, une fermentation secondaire s'accomplit en vue de faire vieillir ou mûrir le moût. Jusque dans ces dernières années, on laissait reposer le moût dans ces fûts pendant une période de 1 à 15 mois, et on le laissait arriver au degré de maturité voulu par une fermentation insensible et prolongée sans le secours d'aucun dispositif ou expédient pour le hâter. Pour obtenir ce degré de maturité, nécessaire pour assurer la meilleure qualité du produit, il fallait plusieurs mois. Si l'on abrégeait la période à un ou deux mois, cela n'avait lieu qu'aux dépens de la quotité du produit et en cas de demandes urgentes : On emploie maintenant en général le procédé Casper Pfaundler (Patente des Etats-Unis, n° 308703, 26 mai 1885) pour arriver à produire la fermentation secondaire en 7 ou 8 jours. Le présent procédé a pour but la clarification de la bière et sa saturation par l'acide carbonique.

Description. — Pour cela, on filtre d'abord la bière, puis on la sature d'acide carbonique avec le gaz provenant de la fermentation, et qui a été recueilli dans un gazomètre.

SUCRE

Procédé pour raffiner le sucre sans laisser de produits secondaires, par Langen Eugène, à Cologne, rep. par Armengaud jeune. — (Br. 218563. — 9 janvier 1892. — 11 avril 1892.)

Objet du brevet. — Le sucre brut en solution, après avoir été filtré, est soumis comme d'ordinaire à une cuisson qui le transforme, en fournissant le premier produit à raffiner. Dans le présent procédé, il s'agit surtout de traiter spécialement les produits secondaires.

Description. — Le premier sirop appelé sirop vert est épaissi, jusqu'à ce qu'il prenne un aspect fibreux, ou grenu, puis on y introduit, d'après le principe de la cristallisation, pendant le mouvement système Wülf (Boch), des cristaux de sucre, on détermine une cristallisation et la matière ainsi obtenue est traitée d'après le principe bien connu du lavage fractionné (système Steffen). Il se produit une pâte cristalline blanche et un sirop de qualité inférieure : après avoir par aspiration, séparé autant que possible la matière des eaux de lavage, on dirige sur elle des jets d'eau très minces qu'on distribue d'une manière uniforme à la surface. L'eau se sature de sucre et cette solution traverse le sucre, agissant comme un clairçage répété. L'eau qui continue à arriver dissout ensuite le contenu entier du récipient de lavage. Si en sortant de la partie inférieure du récipient de lavage, la solution sucrée a encore une teinte un peu foncée, on l'ajoute à la masse à cuire pour le premier produit, tandis que la solution suivante, qui est séparée jusqu'à ce que le contenu entier du récipient du lavage soit liquéfié, sert à préparer la clairce. Le sirop de qualité inférieure, séparé tout d'abord du deuxième produit, est épaissi de nouveau, et également amené à produire la cristallisation par le principe précité. La matière est ensuite traitée dans un appareil centrifuge et le sucre en gros grains jaunâtres qu'on en retire, troisième produit, sert à introduire les cristaux de sucre pour cristallisation du deuxième produit. Ce sucre, en se combinant avec le troisième produit proprement dit, c'est-à-dire avec le sucre séparé du sirop vert du deuxième produit, forme avec lui un cristal, qui, lorsque la matière a subi le lavage fractionné, déjà décrit, retourne avec le sucre du troisième produit comme solution blanche polarisante dans la circulation de la raffinerie. Le sirop séparé du troisième produit est généralement d'assez basse qualité pour être vendu comme mélasse, autrement on traite encore une fois ce sirop par la cristallisation pendant le mouvement, et ce sucre obtenu comme quatrième produit est introduit dans la préparation des troisième et deuxième produits pour servir d'agent de cristallisation.

Modifications dans le procédé de dessiccation des cossettes de betteraves, par Otto, rep. par Nauhardt. — (Br. 221058. — 21 avril 1892. — 5 août 1892.)

Objet du brevet. — Procédé perfectionné pour dessécher les cossettes de betteraves, de manière à pouvoir les utiliser comme engrais.

Description. — On dilacère les cossettes au moyen d'un désintégrateur, puis on les comprime. On les dessèche ensuite dans un dessiccateur chauffé et muni d'un agitateur à palettes, puis de là on fait passer les cossettes dans un appareil à sécher formé de cuves superposées, où elles passent successivement et arrivent complètement sèches sur un tambour de refroidissement.

Modifications dans le procédé de diffusion, par Stentzel, rep. par Elsner et Nauhardt. — (Br. 219580. — 22 février 1892. — 30 mai 1892.)

Voir le brevet allemand, année 1892, p. 162.

Appareil à évaporer à ruissellement, par Greiner, rep. par Thirion. — (Br. 219595. — 22 février 1892. — 30 mai 1892.)

Moyen de laver et de purifier les cristaux de sucre, par COURMES, rue Marbeuf, 19, Paris — (Br. 219718. — 27 février 1892. — 3 juin 1882.)

Nouveau système complet de diffusion économique, par BOULLENGER, rep. par Chassevent. — (Br. 219789. — 1er mars 1892. — 8 juin 1892.)

Objet du brevet. — Nouvel appareil de diffusion.

CORPS GRAS. — BOUGIES. — SAVONS. — PARFUMERIE

Perfectionnements aux procédés et appareils servant à la réfrigération des extraits parfumés, ou autres liquides renfermant des matières dont on veut les séparer par l'action du froid suivi du filtrage, par la Société « DOUANE-JOBIN et Cie », rep. par Assi et Genès. — (Br. 221081. — 21 avril 1892. — 7 août 1892.)

Procédé de fabrication d'un savon de ménage économique marbré, par BILLAULT, avenue Saint-Ouen, 151, Paris. — (Br. 221118. — 23 avril 1892. — 9 août 1892.)

Objet du brevet. — Procédé de fabrication d'un savon marbré à base d'acides gras, de résines, et de soude ou de potasse.

Description. — Pour fabriquer ce savon on prend :

Matières grasses (huile, suif, etc)........... ...	55	pour cent.
Sel de soude ou de potasse	7	—
Saponine (?).....	4	—
Résine......................	11	—
Eau......................................	20	—

On saponifie d'abord, puis la saponification terminée, on coule et après une demi-heure de repos, on marbre avec du sulfate de fer ou de cuivre ajouté à la pâte.

Nouveau procédé pour modifier le caractère des graisses, par ITAR, rep. par Rambault. — (Br. 220322. — 30 mars 1892. — 8 juillet 1892.)

Objet du brevet. — Procédé pour modifier le caractère des graisses, consistant à leur faire subir une fermentation lactique.

Description. — Les graisses préparées sont mélangées avec des produits susceptibles de produire la fermentation lactique. Quand la fermentation est terminée, on sépare les éléments étrangers à la graisse par dépôt et filtration après avoir fait subir la fusion. On coule ensuite le corps gras.

Procédé et appareil pour la préparation directe des extraits alcooliques odoriférants de fleurs ou autres substances aromatiques, par HINZEL, rep. par Delage (221733. — 18 mai 1892 — 5 septembre 1892.

Objet du brevet. — Procédé consistant à obtenir les parfums des plantes odorantes, en etendant ces plantes sur des claies et en les soumettant à l'action d'un courant d'air sous pression qui entraîne les principes odorants volatils, puis à recevoir cet air dans un récipient refroidi contenant de l'acool.

Disposition et méthode pour la préparation d'une matière inerte pour charger le savon, par SCHREYER rep. par Nauhardt (221296. — 30 avril 1892. — 16 août 1892.

Objet du brevet. — Procédé consistant à produire une matière pour charger le savon, constituée : 1° pour les savons de potasse : de borax dissous, de fécule, de carbonate de potasse, d'hydrate de chaux et d'eau, on ajoute au produit saponifié de la glycérine, puis une nouvelle solution de potasse ; 2° pour ceux à base de soude, on remplace la potasse par la soude ; 3°. Si l'on a affaire à des savons de coco avec une surcharge de 100 gr. on ajoute de la fécule de froment ou de pomme de terre.

Description. — On met dans un récipient agitateur 69 kil. d'eau, puis 1 kil. de borate de soude dissous dans 5 litres d'eau. On agite et on additionne de 40 kil. de fécule de pomme de terre. On agite une demi-heure, puis on ajoute 65 kil. d'un liquide contenant pour savon à base de potasse en une solution, du carbonate de potasse et de l'hydrate de chaux à 30° B. pour saponifier, et pour savons à base de soude une lessive caustique de soude. Après un travail ultérieur de 3/4 d'heure, la saponification est complète, on ajoute à la masse 10 kil. de glycérine pour la rendre moëlleuse. Enfin pour claircer, on additionne de 10. kil. d'une solution de carbonate de potasse, puis après 40 minutes d'agitation, le produit est terminé.

Les savons chargés de cette manière n'ont pas besoin d'apprêt ultérieur. Pour les savons de coco à charge de 100 °/₀, on additionne la fécule de pomme de terre de 10 °/₀ de fécule de froment délayée dans l'eau On peut aussi ajouter à la masse un peu de chlorure de sodium pour durcir le savon chargé. On peut employer de même le chlorure de magnésium ou de calcium pour blanchir ou claircer la masse.

Perfectionnemets relatifs au traitement des huiles végétales, par Scollay rep. par Brandon et fils (221701. — 17 mai 1892. — 5 septembre 1892).

Objet du brevet. — Procédé de purification des huiles et en particulier de l'huile de coton, par l'emploi de l'ocre.

Description. — On sèche l'ocre jusqu'à ce qu'il ne contienne plus d'eau. On mélange dans la proportion de une partie pour 4 à 12 parties d'huile suivant la quantité d'impuretés de l'huile. On agite vivement le mélange pendant 40 minutes et quand l'opération est terminée on passe au filtre-presse. Si l'on a affaire à une huile absorbant facilement l'oxygène, on ajoute l'ocre réduit en poudre fine. On prend 10 °/₀ de la quantité qui doit-être employée. On y ajoute de la soude sèche et finement pulvérisée ou du borax, dans la proportion de 1 à 1 1/2 °/₀ d'huile. On agite vivement pendant 10 à 15 minutes, puis on additionne de chlorure de calcium dans la proportion double de celle de la soude, et dissous dans suffisante quantité d'eau. On continue l'agitation pendant 10 à 15 minutes et on opère en maintenant la température égale à celle de l'été. Dans ce procédé, il n'est pas nécessaire de dessécher l'ocre. On peut produire l'ocre de toute pièce au sein de l'huile en prenant, par exemple, une once (28 gr.) de l'huile à raffiner. On y ajoute 4 grains (0 gr. 65) de perchlorure de fer et 4 grains de chlorure de calcium et de chlorure d'aluminium, puis on ajoute un alcali, de la cendre de soude, par exemple. Il se précipite de l'ocre. Quant aux sels alcalins, ils se séparent facilement, soit par dépôt, soit par agitation avec de l'eau qui les dissout.

Nouveau corps gras dit « Grasséite », par Palau rue Saint-Michel, 15, Nice (221842. — 19 mai 1892. — 10 septembre 1892.)

Objet du brevet. — Nouvelle matière grasse pour le graissage des machines, et également applicable à la filature et au travail de la laine.

Description. — On met dans une chaudière 100 litres d'eau, 1 kil. de pieds de mouton, 1/2 kil. de mercure : on fait bouillir pendant 2 heures. Après, on retire du feu, on laisse refroidir à 30°, on filtre, puis on chauffe de nouveau avec 1 kil. de graine de lin et 10 kil. d'huile et 12 kil. d'ammoniaque, puis après ébullition suffisante, on filtre et on ajoute 2 onces d'essence de térébenthine.

ESSENCES. — RÉSINES. — CIRES. — CAOUTCHOUC

Nouveau procédé de purification du pétrole, par Verschave et Baron, rep. par Armengaud jeune (221788. — 20 mai 1892. — 7 septembre 1892.)

Objet du brevet. — Ce procédé consiste essentiellement à traiter le pétrole par un réactif chimique.

Description. — Pour cela, on prépare la liqueur suivante : Eau filtrée, 10 parties ; ammoniaque liquide, 30 p., acide azotique à 36° ou 40° B.-60 p. On introduit le mélange dans un vase, on y ajoute 2 kil. de pierre tendre (de préférence celle de Lorraine) ; on verse 100 litres de pétrole, on laisse en contact pendant 8 à 10 heures suivant le degré d'impureté du pétrole, puis on filtre.

Solidification de l'huile de pétrole, par Maestracci, lieutenant de vaisseau, Place d'armes, 11, à Toulon (Var) (221285. — 1892. — 16 août 1892.

Objet du brevet. — Procédé de solidification de l'huile de pétrole au moyen de savon de résine et de savon ordinaire.

Description. — On mélange dans un récipient convenable 1 litre d'huile de pétrole avec 150 gr. de savon trituré contenant 10 °/₀ de résine et 333 gr. de soude caustique. On chauffe dès que la solidification commence, ce qui a lieu au bout de 40 minutes environ : on continue à remuer jusqu'à ce qu'elle soit complète. On met alors en briquettes que l'on durcit à l'étuve pendant 10 minutes. On peut utiliser immédiatement ces briquettes.

CUIRS ET PEAUX. — TANNERIE. — MÉGISSERIE. — CORROIERIE

Procédé de tannage accéléré et économique par l'emploi de courants électriques alternatifs, par Pinna, rep. par Chassevent. — (Br. 218994. — 28 janvier 1892. — 2 mai 1892.)

Objet du brevet. — Procédé consistant dans l'emploi de faibles courants alternatifs sous une petite différence de potentiel, à travers les peaux immergées dans un bain tannique quelconque.

Description. — Les peaux, après les traitements préalables, sont immergées dans une fosse ordinaire à la partie inférieure de laquelle on place une électrode en cuivre ou en laiton, plomb, ou tout autre conducteur métallique insoluble qui doit baigner dans la solution de tannin. Cette électrode a la dimension superficielle des peaux à tanner qui sont posées l'une sur l'autre sur cette électrode. On verse ensuite le jus tannique qui doit dépasser comme niveau la peau supérieure; l'autre électrode, celle du haut, qui est maintenue sur le liquide au moyen d'un cadre en bois, peut être à surface pleine ou réticulée, (tout en ayant les mêmes dimensions extrêmes latérales que l'électrode inférieure) de façon que sa superficie puisse varier jusqu'à obtenir la densité du courant voulu, qui doit être de 0,4 à 1 ampère par décimètre carré selon que l'on traite des peaux légères ou dures. Le courant doit être à faible tension, 50 volts, et variable; la température du bain ne doit pas dépasser 35° C. La fréquence du courant ne doit pas être inférieure à 5,000 alternatives à la minute.

Procédé de tannage des cuirs, par Lenoir, rep. par Armengaud aîné. — (Br. 219008. — 29 janvier 1892. — 2 mai 1892.)

Objet du brevet. — Procédé de tannage des cuirs en vue d'activer l'opération, de réduire les frais de main-d'œuvre et de tannin, et d'empêcher la décomposition des cuirs. Le procédé consiste essentiellement dans l'emploi combiné de matières tannantes quelconques avec du bioxyde de manganèse ou de tout autre composé fortement oxygéné et non acide. Les dites matières sont dans la proportion d'environ 20 de tannin pour 1 de bioxyde de manganèse.

Description. — On dépose une couche peu épaisse de matières tannantes au fond d'une fosse. Puis, on étend sur cette couche deux lits de peaux convenablement lavées. Par-dessus ces peaux, on place une nouvelle couche de matières tannantes, que l'on recouvre d'une couche de bioxyde de manganèse, sur cette couche on étend de nouvelles peaux, en alternant les peaux, la matière tannante et le bioxyde de manganèse jusqu'à ce que la fosse soit pleine.

Imperméabilisation générale et complète des cuirs, peaux, cuirs factices, etc., par Bosch et Dévaux, passage du Plateau, 21, Paris. — (Br. 220677. — 5 avril 1892. — 20 juillet 1892.)

Objet du brevet. — Procédé consistant tout simplement à tremper le cuir dans du goudron chaud et à le laisser s'imprégner de ce corps, à le retirer ensuite, le passer au cylindre pour chasser l'excès de goudron, puis à le sécher.

Nouveau procédé de tannage ultra-rapide, « *Système Durio* », par la Société « Fratelli Durio », rep. par Chassevent. — (Br. 220747. — 7 avril 1892. — 22 juillet 1892.)

Objet du brevet. — Procédé de tannage des cuirs caractérisé par l'emploi d'un foulage violent en même temps que d'une solution tannique quelconque à un degré de concentration incomparablement supérieur à ceux employés jusqu'ici.

Description. — Cette opération se fait d'une manière quelconque continue et de préférence dans un tonneau rotatif sans aucune préparation spéciale des peaux, de débourrage, de décharnage et sans l'aide de réactifs autres que le tannin. La solution doit être toujours maintenue au degré voulu. Les peaux ainsi préparées peuvent être soumises au corroyage et au finissage. La densité doit être de 6° $1/2$ B. et on doit l'employer en quantité telle que son volume dans le tonneau dépasse l'axe de ce dernier, qui doit faire 10 tours à la minute. L'opération est terminée en 2 ou 4 heures pour les petites peaux, et en 20 ou 30 heures pour les peaux épaisses et lourdes.

Nouveau procédé de fabrication de cuir artificiel dit « cuir aggloméré » et ses applications, par Magnier, rep. par Fayollet. — (Br. 220780. — 8 avril 1892. — 25 juillet 1892.)

Objet du brevet. — Procédé de fabrication de cuir artificiel caractérisé par l'emploi de la glycérine additionnée ou non d'eau pour amener la dissolution du cuir parcheminé ou frais de manière à obtenir une colle souple, résistante, à bon marché, et permettant de faire avec des débris de cuirs tannés réduits en poudre, en étoupes ou feuilles, des masses pouvant subir le moulage, le calandrage, le laminage, etc., et susceptibles de remplacer le cuir, le bois, la pierre.

Description. — Pour fabriquer cette colle, on mélange les débris de cuir avec leur poids de glycérine et environ trois fois leur poids d'eau et on fait cuire jusqu'à dissolution (?) complète et évaporation d'eau (pendant 36 heures environ), puis on laisse refroidir, on peut également employer la gélatine, la colle forte, ou les produits similaires. On mélange 20 à 100 °/₀ de déchets de cuirs réduits en poudre ou en étoupes, et on réduit en feuilles minces, on comprime à une température de 20 à 100°, et on laisse refroidir sous pression.

Nouveau procédé de mégissage des peaux pour la fabrication du chevreau, par Zahm, 235, Academy Street Newark, New-Jersey (E. M.), rep. par Thirion. — (Br. 220871. — 12 avril 1892. — 28 juillet 1892.)

Objet du brevet. — Procédé de mégissage des peaux pour la fabrication du chevreau, consistant à traiter les peaux par une solution de sel de chrome et à les soumettre ensuite à l'action de l'hydrogène sulfuré, gazeux ou sous forme de solution aqueuse.

Description. — Pour mettre en pratique ce procédé, on plonge d'abord 50 kil. de peaux bien préparées dans une solution de 2 kilog. 500 de bichromate de potasse et de 1 kilog. de sel marin dissous dans 4 litres 500 d'eau, auxquels on ajoute 250 grammes d'acide chlorhydrique. On laisse en contact jusqu'à complète imbibition, soit 3 à 5 heures ; pour les peaux fines, 3 heures suffisent. Puis on retire les peaux, on les exprime et on les traite par l'hydrogène sulfuré, en les plaçant dans une série de chambres dans lesquelles on les fait passer successivement. Quand, dans la première chambre, la teinte est devenue bleuâtre, on la fait passer dans la seconde, puis successivement dans chacune des autres.

Pour préparer l'hydrogène sulfuré en solution, le procédé préconisé par l'auteur consiste à prendre 1 kilog. de sulfure de potasse que l'on dissout dans 54 litres d'eau, puis on y ajoute 2 kilog. d'acide sulfurique dilué dans la proportion de un demi-litre d'acide pour deux litres et demi d'eau. Lorsque les peaux ont séjourné quelque temps dans ce bain, on ajoute 500 grammes de sulfure. Cette manière d'opérer a pour but d'empêcher le trop grand dégagement d'hydrogène sulfuré.

Procédé pour fabriquer, avec du feutre imprégné ou d'autres matières fibreuses, un produit destiné à remplacer le cuir, par Ebert, rep. par Nauhardt, — (Br. 221014. — 19 avril 1892. — 4 août 1892.)

Objet du brevet. — Produit destiné à remplacer le cuir et formé avec du feutre imprégné de matières fibreuses imbibées d'un mélange d'asphalte, de graisse de veau ou de suif, et sesquioxyde de fer que l'on rend fluide par chauffage, que l'on presse et calandre ensuite.

Description. — On fond ensemble :

Ozokérite ou cérésine	1 partie.
Suif	2 —

On y ajoute :

Vernis	6 à 8 parties.
Sesquioxyde de fer	2 à 3 —

et 1/4 °/₀ d'oxyde de manganèse. Une partie de la masse est mélangée à 5 parties d'asphalte. On peut, pour rendre la masse plus fluide, y ajouter de l'huile de résine ou bien de l'essence de térébenthine qui empêche le produit de devenir trop rigide.

Procédé et composition pour rendre les cuirs de semelles et de harnais imperméables et plus durables, par Riéskrt, rep. par Assi et Genès. — (Br. 220127. — 14 mars 1892. — 22 juin 1892.)

Objet du brevet. — Produit destiné à rendre le cuir des semelles et des harnais imperméable et durable, et procédé pour imprégner les cuirs avec le dit produit.

Description. — On met dans un chaudron se fermant hermétiquement, suivant la quantité de cuir à imperméabiliser, 5 à 10 kilogr. de cire jaune que l'on fait fondre à 85-90°, puis, on ajoute, pour chaque kilogr. de cuir, 2 kilogr. d'essence de térébenthine, de benzine, ou autre dissolvant. On maintient la température à 85°-90° C. On plonge le cuir dans ce bain, et on l'y maintient 10 à 15 minutes, puis on le passe dans une presse ou entre des cylindres. Si l'on veut un finissage noir pour le cuir, il faut le colorer avant de l'imperméabiliser.

Procédé d'assouplissement des peaux en mégisserie, par Courtois, rep. par Armengaud jeune. — (Br. 220193. — 16 mars 1892. — 25 juin 1892.)

Objet du brevet. — Procédé pour assouplir les peaux en mégisserie et consistant dans la substitution en tout ou en partie aux jaunes d'œufs, des moellons dégras en moindre proportion pour l'opération de l'habillage ou pour la teinture des peaux.

Description. — On opère d'abord pour la mégisserie comme il est d'usage d'opérer, on conserve pour l'habillage les proportions habituelles de sel, d'alun, de farine, etc., puis, on prend 8 kilogr. de moellons dégras obtenus par les chamoiseurs en laissant oxyder les huiles animales en contact avec des peaux de mouton, pour remplacer 20 kilogr. de jaunes d'œufs; on pourrait même remplacer complètement ces derniers. On a soin d'émulsionner le degras dans de l'eau bouillante avant de s'en servir. Pour le rhabillage, on supprime complètement les jaunes d'œufs, et par exemple, une passe de peaux meulées pesant après habillage 90 à 100 kilogr. exigera, en plus des produits ordinaires, sels, alun, farine, etc., 3 à 4 kilogr. de moellons dégras. On peut également substituer les moellons dégras aux jaunes d'œufs pour la teinture de ces peaux, dans la proportion de 25 à 30 °/₀ des premiers.

MÉTALLURGIE. — FER ET ACIER

Nouveau procédé d'épuration des gaz, par Cavallier, rep. par Armengaud jeune. — (Br. 220406. — 25 mars 1892. — 5 juillet 1892.)

Objet du brevet. — Procédé de filtration des gaz des hauts fourneaux et des gazogènes à travers plusieurs couches successives de feuilles de fer offrant suffisamment de passage au gaz pour permettre un écoulement rapide, une perte de charge insignifiante, et présentant des rugosités fines, mais nombreuses, qui arrêtent et retiennent les poussières au passage. Ces plaques peuvent être lavées très proprement avec peu d'eau, en un temps très court et ne sont pas susceptibles de s'altérer sous la double influence du gaz et de l'eau.

Perfectionnements dans la métallurgie de l'acier et du fer fondu ou forgé, applicables à d'autres métaux, par Clark, rep. par Levesque. — (Br. 220422. — 26 mars 1892. — 5 juillet 1892).

Objet du brevet. — Procédé perfectionné de fabrication de l'acier fondu, de la fonte ou du fer fondu et d'autres métaux fondus, en détruisant les matières gazeuses qui font des soufflures dans ces métaux au moyen d'un laitier fusible contenant de l'alumine à l'état de division extrême ; laquelle alumine est réduite par l'hydrogène naissant, directement du silicate d'alumine, par l'action de la chaleur. Le fourneau est convenablement disposé, de manière à opérer à l'abri du contact de l'air, d'une atmosphère ou de tout agent oxydant.

Description. — Le point principal consiste dans la fabrication des laitiers. Il est composé d'un silicate d'alumine auquel on ajoute de l'hydrate de chaux, du charbon, avec ou sans spath fluor ou autres fondants. Les meilleures proportions sont :

Silicate d'alumine de l'argile à brique sèche... ...	35	kilogrammes.
Chaux hydratée... ...	27	—
Charbon de bois... ...	7	—

On pulvérise le mélange, on forme des pelotes avec de l'eau et on ajoute dans le fourneau fortement chauffé et préservé du contact de l'air. L'hydrate de chaux donne de l'eau et de la chaux qui se combine à la silice, l'alumine se trouve réduite par le charbon. L'aluminium formé facilite par sa présence, quand on opère dans le Bessemer, la combinaison de l'hydrogène et de l'azote pour produire du gaz ammoniac qui se combine ou se dissout dans l'acier, et le préserve de la cause principale des soufflures.

MÉTALLURGIE. — MÉTAUX AUTRES QUE LE FER

Nouveau procédé pour séparer par électrolyse le nickel du fer, du zinc et du cobalt, par la « Société Basse et Selve, rep. par Bert. — (Br. 219586. — 22 février 1892. 30 mai 1892.)

Objet du brevet. — Procédé de séparation au moyen d'un courant électrique du nickel, du fer, du zinc et du cobalt d'une solution desdits métaux.

Description. — La solution aqueuse neutre ou faiblement acide du nickel, contenant le fer, le zinc, le cobalt, on ajoute d'abord une quantité suffisante d'un composé organique : glycérine, sucre de raisin, capable d'empêcher la précipitation de l'oxyde de fer, du zinc, du protoxyde de cobalt par les alcalins. On ajoute ensuite une lessive concentrée de soude ou de potasse en excès modéré, et on expose la solution à l'action du courant. Le fer, le zinc et le cobalt se déposent pour une intensité électrique de 0,3 à 1 ampère. Le nickel reste en solution suivant le degré de concentration de la liqueur; une partie est cependant précipitée, surtout si le courant est prolongé, et si la solution est fortement alcaline, et le courant proportionnellement fort (1 ampère ou davantage) du nickel se dépose à l'anode en faible quantité, qui disparait si l'on arrête le courant et laisse l'anode en contact avec le liquide organique. Quand le fer et le cobalt sont séparés, la liqueur est additionnée de carbonate d'ammoniaque, pour faire du carbonate alcalin avec l'alcali contenu dans le bain. On électrolyse de nouveau pour précipiter le nickel.

Traitement des minerais, mattes, speiss et autres matières nickelifères, en vue de la séparation du cuivre, du nickel et du cobalt, par DE COPPET, rep. par Sutter et de Mestral. — (Br. 219699. — 27 février 1892. — 2 juin 1892.)

Objet du brevet. — Procédé d'extraction du nickel, du cuivre, du cobalt, des minerais ou des mattes qui les contiennent, basé sur le grillage du minerai pur après séparation du fer. On fait agir une solution acide cuivrique sur les sels de nickel et de cobalt qui sont transformés en sulfates.

Description. — Le procédé exige six opérations : 1° Séparation du fer. Celle-ci se fait par les moyens ordinaires, mais elle n'est pas complète ; 2° On grille la matte exempte de fer, de manière à transformer les métaux en sulfates et en oxydes ou bien on les traite de manière à les changer en chlorures ou en oxydes, soit partiellement, soit en totalité ; 3° On procède à un lavage méthodique par une solution sulfurique ou chlorhydrique. Le cuivre en majeure partie, et un peu de nickel et de cobalt sont dissous. On s'arrange de manière à ce qu'il y ait 63 kil. 500 de cuivre pour 59 kilogrammes de nickel et de cobalt non dissous; 4° La liqueur cuprique est la liqueur d'attaque. Les résidus non dissous sont lavés et séchés et soumis à l'action des gaz réducteurs à une température ne dépassant pas le rouge sombre ; 5° La masse pulvérulente obtenue est mise en contact d'abord à froid avec la liqueur cuprique. Le cobalt passe à l'état de sulfate et le cuivre est précipité ; 6° Quand il n'y a plus de cobalt dans la masse, on opère à chaud. Le nickel précipite alors le cuivre et se change en sulfate. On a ainsi deux solutions de sulfates, l'une à base de cobalt et l'autre à base de nickel. On sépare les métaux par les procédés connus. Si on veut faire du ferro-nickel, on procède de même sans séparer le fer. Les trois métaux, fer, nickel, cobalt, exempts de cuivre, sont à l'état de sulfates. On évapore la solution, on calcine, on récupère l'acide qui se dégage et on obtient les trois métaux à l'état de mélange que l'on peut livrer au commerce comme ferro-nickel.

Extraction de l'or des terrains d'alluvions et roches aurifères, par la Société « ARNAUDIN ET Cie », rue du Moulis, à Bordeaux. — (Br. 219711. — 29 février 1892. — 3 juin 1892.)

Procédé de fabrication d'alliages légers d'aluminium durci, par PIGEONNEAU, avenue d'Orléans, 26, Paris. — (Br. 219749. — 29 février 1892. — 7 juin 1892.)

Objet du brevet. — Procédé de préparation d'un certain nombre d'alliages d'aluminium pouvant remplacer ce métal ou pouvant servir à la soudure.

Description. — 1° Alliage formé avec :

Nickel...	4 parties.
Aluminium...........	90 —
Fer........................	1 ou 2 parties.

Cet alliage s'obtient à 1000°. Celui obtenu avec 1 partie de fer est très dur, il se lamine et peut subir un martelage énergique, il est très malléable et inoxydable ; sa dureté est très grande.

2° Alliage formé de :

Aluminium.................... .	85 parties.
Etain	10 —
Nickel........................	4 —
Ferro-nickel	2 —

il se travaille à la lime, il est cassant ;

3° Alliage composé de :

Aluminium	85	parties.
Etain	15	—
Nickel	2	—

4° Alliage composé de :

Aluminium	90	parties.
Etain	10	—
Nickel	3	—

5° —

Aluminium	90	—
Etain	10	—
Nickel	4	—

Les trois derniers alliages sont inoxydables, se soudent à eux-mêmes ou à l'aluminium ou d'autres métaux avec une soudure formée de :

Argent	7	parties.
Zinc	7	—
Etain	5	—

pour soudure tendre, ou :

Argent	5	parties.
Zinc	8	—
Etain	5	—

pour soudure forte.

Procédé de fabrication du plomb pulvérulent, par la Société dite « Electricitats-Matschappy (système Kotinsky), rep. par Chassevent. — (Br. 219827. — 3 mars 1892). 10 juin 1892.)

Objet du brevet. — Pulvérisation du plomb par un jet de vapeur ou d'air comprimé dans du plomb en fusion.

Nouveau procédé général d'épuration et d'affinage des métaux et alliages, par Baxerès-Torrès, rep. par Blottefore. — (Br. 219842. — 4 mars 1892. — 10 juin 1892.)

Nouveau procédé hydroélectrométallurgique aux gaz naissants, par Baxerès-Torrès, rep. par de Blottefière. — (Br. 219843. — 4 mars 1892. — 10 juin 1892.)

Procédé de fabrication d'un nouvel alliage servant à remplacer la marchandise doublée, par Miles, Deming et Herz, rep. par Gudman et Cᵉ. — (Br. 219952. — 8 mars 1892. — 15 juin 1892.)

Objet du brevet. — Alliage inoxydable d'osmium, de fer, ou acier de tungstène, de molybdène et d'aluminium, combinés dans des proportions convenables. On a soin de fondre tous les métaux ensemble à l'exception de l'aluminium que l'on ajoute ensuite.

Description. — Aucun détail intéressant à signaler.

Alliages métalliques nouveaux ou perfectionnés, par Pearson et Prott, rep. par Chassevent. — (Br. 219997. — 9 mars 1892. — 16 juin 1892.)

Objet du brevet. — Procédé de préparation d'alliages métalliques de nickel, cuivre et zinc.

Description. — On prend les proportions suivantes pour 100.

NICKEL	CUIVRE	ZINC
1/2 partie	59 1/2 parties	41 parties.
1 —	58 —	42 —
2 —	56 —	43 —
3 —	54 —	45 —
4 —	51 —	46 —
5 —	49 —	48 —
6 —	46 —	50 —
7 —	43 —	50 —
8 —	42 —	50 —
9 —	41 —	50 —
10 —	40 —	50 —

Lorsqu'on désire donner à l'alliage un grain fin et serré, plus doux et plus malléable, on traite par un fondant composé de :

Bioxyde de manganèse ou carbonate de manganèse	100	parties.
Borate de soude	50	—
Nitrate de potasse ou de soude	25	—

On mélange ces matières finement pulvérisées.

On ajoute ce fondant dans la proportion de 14 p. 17 ou 85 p. pour 453 grammes d'alliage. On le place à la surface du métal en fusion et on agite pendant 10 à 20 minutes environ. Pour donner à l'alliage une plus grande force de tension, on ajoute 1/4 à 1 °/₀ d'aluminium.

Procédé de soudure pour l'aluminium, par Wegner, rep. par Chassevent. — (Br. 220380. — 24 mars 1892. — 5 juillet 1892.)

Objet du brevet. — Procédé de soudure des pièces d'aluminium entre elles ou avec d'autres métaux, consistant à appliquer sur les faces à souder ensemble, directement et sans l'aide d'un métal intermédiaire quelconque, une soudure spéciale.

Description. — La soudure se compose de :

Plomb	165 parties.
Etain anglais	100 —
Zinc	9 —

On étend ce mélange avec un soudoir en cuivre chauffé au rouge. Lorsqu'on veut obtenir une brasure possédant l'éclat argenté de l'aluminium, on remplace le plomb par 100 parties d'aluminium.

COMBUSTIBLES

Procédé de fabrication d'allume-feux et de combustibles artificiels, par Tagliaferro, Moore et Campion, rep. par Chassevent. — (Br. 220462. — 28 mars 1892. — 7 juillet 1892.)

Objet du brevet. — Procédé de fabrication d'allume-feux et de combustible artificiel basé sur l'emploi de certains résidus ou déchets de tannerie.

Description. — On prend pour préparer ces produits combustibles environ 50 kilogrammes en poids de résidus de dégraissage, de peaux de phoques, c'ess-à-dire de sciure de bois de chêne ayant servi à retirer de la surface externe des poils de ces peaux la matière grasse qu'ils renferment ; on peut aussi employer les fibres de coco ; on ajoute 10 kilogrammes de résidus du raffinage de la stéarine, 40 kilogrammes de résidus du tamisage de la gomme Kauri ou de poudre de résine provenant du travail du bois. On mélange le tout ensemble, on chauffe à 100° dans une chaudière, enfin on moule pour faire des blocs ou des briquettes.

MATÉRIAUX DE CONSTRUCTION

Ciment maigri, par la Société « F.-L. Smidt et Cie », rep. par Konow et Davidsen. - (Br. 220768. — 8 avril 1892. — 24 juillet 1892.)

Nouvelle peinture et ses procédés de fabrication, par Potet, rep. par Chassevent. — (Br. 220199. — 9 avril 1892. — 25 juillet 1892.)

Objet du brevet. — Procédé de préparation d'une peinture à ciment caractérisée par sa solidité, sa durée et sa résistance aux influences hygrométriques, calorifiques, etc.

Description. — On prend 1 kilogr. de ciment (de Vassy ou de Portland), on l'additionne de 250 gr. d'huile de lin ou autre employée en peinture dans le même but et 20 gr. d'un siccatif quelconque, de préférence du siccatif soleil. On n'a qu'à mélanger ce produit bien homogène avec les couleurs, ou bien on peut l'appliquer sur les parties déjà colorées.

Procédé d'obtention d'objets moulés pour les arts et l'industrie par utilisation d'un résidu de l'industrie chimique, par Stettenheimer, rep. par Armengaud aîné. — (Br. 221289. — 30 avril 1892. — 16 août 1892.)

Objet du brevet. — Ce procédé a tout simplement pour but l'utilisation du résidu qui provient de la fabrication de l'acide acétique par l'acide sulfurique.

Carreaux et briquettes hydrofuges en mastic d'asphalte comprimé pour revêtements, dallages et autres applications, (Système P. Chouchard) par Chouchard, rue Haute-Rotonde, 76, à Marseille. — (Br. 220372. — 28 mars 1892. — 7 juillet 1892.)

Le Propriétaire-Gérant : Dr G. QUESNEVILLE

Saint-Quentin. — Imprimerie J. Moureau et Fils.

BREVETS PRIS A BERLIN, LONDRES, ETC.

Analysés par M. Gerber.

PRODUITS CHIMIQUES

Procédé de préparation de sel de soude en blocs solides ne s'effleurissant pas à l'air, par le Dr Herm. Ostermayer, à Munich. — (Br. allemand O 1660. — 22 février 1892. — 24 octobre 1892.)

Objet du brevet. — Procédé de préparation de soude en blocs solides consistant à mélanger environ 45 parties de soude calcinée à 98-99 0/0 avec 55 parties d'eau et à couler la bouillie formée dans des moules.

Description. — Le sel de soude (cristaux) se résout par les temps secs en poussière. La soude calcinée, au contraire, s'agglomère en masses dures difficiles à résoudre. Le produit préparé comme il est dit dans l'exposé conserve pendant longtemps son aspect et son poids.

Procédé de préparation d'alumine exempte de silice, par Kunheim et Ce, à Berlin. — (Br. allemand K 9959. — 12 août 1892. — 31 octobre 1892.)

Objet du brevet. — Procédé de préparation d'alumine exempte de silice, consistant à ajouter aux lessives d'aluminate alcalin une certaine quantité d'acide phosphorique ou d'un phosphate soluble et à déterminer, par addition d'un réactif convenable, la formation d'un phosphate insoluble qui, en se déposant, entraîne la silice.

Description. — L'addition de l'acide phosphorique peut être réalisée de deux manières : soit en mélangeant à la terre alumineuse avant la fusion avec un alcali, un phosphate soluble ou insoluble, ce dernier donnant un phosphate soluble sous l'action de l'alcali fondant ; soit en ajoutant un phosphate alcalin à la lessive d'aluminate de sodium ou de potassium.

La dose utile d'acide phosphorique est environ de 1 1/2 d'équivalent, par équivalent de silice à précipiter, déterminée par un essai préalable. De quelque façon qu'ait été préparée la lessive d'aluminate de sodium (ou de potassium) contenant du phosphate en dissolution, on déterminera la formation d'un phosphate insoluble par addition d'un réactif convenable (chaux, magnésie, baryte). En se précipitant, le phosphate entraîne presque quantitativement toute la silice dissoute.

Procédé de préparation d'hydrogène et de gaz carbonique ou de leur mélange (gaz d'eau), par Fried. Krupp, à Essen. — (Br. allemand K 9609. — 2 avril 1892. — 3 novembre 1892.)

Objet du brevet. — Procédé de préparation de gaz d'eau et d'hydrogène ou de gaz carbonique purs, consistant à décomposer la vapeur d'eau au rouge par du charbon imprégné d'alcalis caustiques ou de carbonatés, ou de terres alcalines. Le gaz carbonique produit est séparé de l'hydrogène par absorption, puis à son tour dégagé du carbonate ou bicarbonate formé.

Description. — La réaction du charbon sur la vapeur d'eau à la chaleur rouge est plus énergique et plus complète, elle se produit à une température moins élevée lorsque le charbon employé est imprégné avec une solution d'un hydrate ou carbonate alcalin ou d'une terre alcaline caustique.

Soit par exemple du charbon de bois ou du coke imprégné avec une pareille substance (1) et chauffé au rouge dans une cornue. Un courant de vapeur d'eau ordinaire ou surchauffée se décompose à son contact à température relativement basse et très complètement, en fournissant comme produits essentiels de l'hydrogène et du gaz carbonique. La proportion d'oxyde de carbone est toujours faible et même presque nulle lorsque la température de

(1) Le brevet ne donne pas d'autre détail.

réaction est maintenue entre des limites convenables et surtout si l'on opère dans des cornues en terre.

Le mélange des gaz passe sur un absorbant de l'acide carbonique (chaux, etc.), qui retient ce dernier gaz et laisse de l'hydrogène assez pur pour tous usages industriels.

Procédé pour enlever l'acide carbonique des mélanges gazeux, par Solvay et C, à Bruxelles. — (Br. S 6314. — 20 août 1891. — 3 octobre 1892).

Objet du brevet. — Procédé pour enlever l'acide carbonique des mélanges de gaz indifférents à l'action de l'oxyde ferrique, consistant à épurer ces gaz au moyen du ferrite de sodium, qui fixe l'acide carbonique à la température ordinaire et qui se revivifie sans peine en dégageant le caz carbonique sous l'action de la chaleur.

Description. — Nous employons le ferrite de sodium en grains, de couleur brunâtre, qui offre un passage facile aux gaz.

En absorbant l'acide carbonique du mélange gazeux, le ferrite de sodium se transforme en un mélange absolument intime de carbonate de sodium et d'oxyde de fer. Ce mélange chauffé à 700° environ, dégage tout l'acide carbonique absorbé et régénère le ferrite de sodium qui peut servir indéfiniment au même usage.

Procédé de préparation de solution de chlorure cuivreux exempte de fer, par le Dr C. Hœpfner, à Francfort-s.-M. — (Br. allemand H 11454. — 7 septembre 1891. — 4 novembre 1892.

Objet du brevet. — Procédé de séparation du fer des lessives de chlorure cuivreux obtenues suivant le brevet n° 53782 consistant à :

a) Précipiter le fer au moyen d'un alcali ou d'une terre alcaline caustique ou carbonatée.

b) Injecter dans la liqueur de l'oxygène ou de l'air, ou bien traiter par l'oxychlorure cuivreux.

Description. — La description ne s'accorde pas avec le titre du brevet qui parle de chlorure cuivreux alors que les moyens décrits conduisent à réoxyder les liqueurs et à régénérer le chlorure cuivrique dont se sert l'auteur (Brevet n° 53782) pour l'attaque de certains minerais, notamment des pyrites argentifères grillées.

Procédé de préparation de blanc de plomb par voie électrolytique, par Calvin Amory Stevens, à New-York. — (Br. allemand S, 3033. — 22 septembre 1891. — 7 novembre 1892.)

Objet du brevet. — 1° Procédé de préparation de carbonate basique de plomb par voie électrolytique, consistant à attaquer le plomb formant anode dans un bain acide, à neutraliser par un alcali la solution de sel de plomb ainsi obtenue et à la traiter ensuite par un courant de gaz carbonique.

2° Application du procédé du § 1 au traitement des plombs d'œuvre argentifères, l'argent entrant en solution, sous l'influence du courant, en même temps que le plomb ; les liqueurs sont électrolysées ensuite avant neutralisation et traitement par le gaz carbonique jusqu'à séparation complète de l'argent.

Description. — Le procédé consiste essentiellement à dissoudre le plomb dans l'acide nitrique avec le concours d'un courant, le métal formant anode. De la solution du sel de plomb ainsi obtenue on déplace l'hydrate, au moyen d'un alcali ou d'une terre alcaline, et l'hydrate est transformé en carbonate basique par un courant de gaz carbonique.

Procédé de préparation d'alumine pure au moyen de la bauxite, par J. A. Bradburn et J. D. Pennock, à Syracuse (Etats-Unis). — (Br. allemand B 12554. — 19 octobre 1891. — 11 novembre 1892.)

Objet du brevet. — Procédé de préparation d'alumine pure au moyen de la bauxite, consistant à extraire ce minéral avec une lessive de soude caustique, à calciner le résidu avec du sel de soude, à lessiver avec la liqueur caustique ayant servi à la première extraction, à provoquer une précipitation partielle de l'alumine qui entraîne avec elle l'oxyde de fer dissous ou en suspension, enfin à précipiter le reste de l'alumine de la liqueur filtrée.

Description. — Soit à traiter une bauxite rouge contenant par conséquent une notable proportion d'oxyde ferrique. Le minéral est broyé, sans séchage ou calcination préalables et traité par une lessive de soude caustique contenant environ 150 grammes Na^2O par litre. On opère dans un digesteur à agitateur, en chauffant légèrement. On dissout ainsi toute l'alumine hydratée de la bauxite.

Après séparation par le filtre, on ajoute au résidu de 1 à 1 fois 1/2 le poids de l'alumine qu'il contient de sel de soude et l'on calcine pendant 5 heures environ au rouge. On reprend par la liqueur caustique précédemment filtrée.

La liqueur ainsi obtenue est troublée par de l'oxyde de fer en suspension à un tel état de division qu'il traverse tous les filtres et qu'il ne se dépose qu'incomplètement même après plusieurs jours de repos.

Nous purifions cette liqueur en y provoquant un précipité d'alumine par l'un des agents connus : acide carbonique, chaux, etc. Ce précipité gélatineux englobe l'oxyde de fer en suspension et la liqueur peut alors être clarifiée par le filtre. Du liquide filtré le gaz carbonique ou le bicarbonate de soude déplace de l'alumine complètement exempte de fer.

Procédé de production d'éthers glycériques d'acides gras hydroxylés et d'acides gras oxysulfoniques, et dioxysulfoniques, par A. Schmitz et E. Toenges, à Clèves. — (Br. anglais 14430. — 26 août 1891.)

En traitant un acide gras ou un éther glycérique d'acide gras par une quantité équivalente d'acide sulfurique concentré, on obtient un dérivé monosulfoconjugué de l'acide ou de son éther. Chauffé à 105 — 120° C, cet acide sulfonique se transforme en acide hydroxylé avec perte d'acide sulfureux.

En soumettant le produit au même cycle d'opération, on peut préparer de la sorte les acides oxysulfoniques, dihydroxylés, dioxysulfoniques ou les éthers glycériques correspondants.

Ces produits offrent de l'intérêt soit pour l'impression et la teinture en alizarine et autres colorants teignant sur mordants les cotons préparés à l'huile pour rouge turc ; soit en mélange avec l'huile de lin ou d'autres huiles siccatives, pour la fabrication du vernis.

Procédé et appareil pour fabriquer le bioxyde de baryum au moyen du carbonate, par Th. von Dienheim, à Baden. — (Br. allemand 64349. — 19 septembre 1891.)

L'auteur prétend transformer intégralement le carbonate de baryum en baryte caustique pure, puis en bioxyde, en réduisant le carbonate par le charbon ajouté en quantité théorique. Il construit, pour réaliser cette réaction, un fourneau spécial dont nous ne pouvons donner la description ici.

Perfectionnement dans la fabrication de l'outremer, par J. Buttel, à Newark. — (Br. américain 484388. — 18 octobre 1892.) — (*Chem. Ztg.*)

La modification apportée au procédé de fabrication usuel consiste à maintenir le mélange des bases de l'outremer durant 5 à 6 jours à une température de 1500 à 1800° F. (815 — 982° C) puis après avoir laissé tomber le feu, à abandonner la masse, dans le fourneau même, pendant 20 jours (?). On la retire ensuite, on lave et broie, alors qu'elle est encore à l'état de pâte avec l'eau de lavage, pour la sécher ensuite et raffiner comme d'habitude.

Perfectionnements aux méthodes de préparation des aluminates, sulfates et carbonates de sodium et de potassium ainsi qu'à l'obtention de l'alumine et d'autres produits secondaires, par C. F. Claus, à Londres. — (Br. anglais 4311. — 10 mars 1891). — (*J. Soc. Chem. Ind.*)

Le procédé se divise en trois opérations bien distinctes :

I. On mélange du chlorure de sodium ou de potassium avec 30 pour 100 de son poids d'alumine hydratée naturelle (Bauxite) ou d'alumine régénérée dans l'opération III. On ajoute assez d'eau pour pouvoir mouler le mélange par compression, en briquettes que l'on sèche et dispose en murettes régulières dans une série de chambres communiquantes, disposées de telle sorte qu'une ou plusieurs d'entre elles puissent être isolées du circuit et déchargées, puis regarnies, sans interrompre le travail dans les autres chambres.

L'appareil étant chauffé au moyen d'un combustible gazeux ou d'air surchauffé à une température de 400 à 500° C, on y envoie un mélange d'acide sulfureux, de vapeur d'eau surchauffée ou non, et d'air atmosphérique. L'acide sulfurique se produit activement et déplace l'acide chlorhydrique du chlorure alcalin.

L'acide sulfureux peut être obtenu, soit par la combustion de l'hydrogène sulfuré produit durant le second stade du procédé, soit par le grillage de pyrites ou d'autres minerais sulfurés. Dans ce dernier cas, l'hydrogène sulfuré formé comme on le verra plus loin peut être brûlé partiellement pour régénérer du soufre en nature.

L'acide chlorhydrique qui se dégage des chambres est recueilli dans une série de condenseurs.

Le produit solide extrait de la première chambre (alternativement) consiste en sulfate de sodium ou de potassium et hydrate d'alumine ; on le passe encore chaud dans l'une des chambres d'une seconde construction analogue à la première.

II. Dans cette seconde série de chambres, le sulfate alcalin est réduit à l'état de sulfure sous l'action de gaz réducteurs comme l'hydrogène, l'oxyde de carbone ou le gaz d'eau. Ces gaz doivent être très chauds ; la température à laquelle est porté le gaz d'eau au sortir du générateur, c'est-à-dire la température du rouge, est nécessaire. Dans le cas où les gaz ne seraient pas assez chauds, il convient d'admettre en même temps, dans l'appareil, une certaine quantité d'air pour les réchauffer par combustion partielle.

Le sulfure alcalin produit réagit avec l'alumine et forme un aluminate alcalin avec dégagement d'hydrogène sulfuré (1), que l'on utilise, comme il a été dit, soit pour fournir par combustion totale l'acide sulfureux nécessaire à la réaction du § 1, soit pour l'extraction du soufre d'après le procédé Claus.

III. L'aluminate alcalin est dissous dans l'eau, et la liqueur, débarrassée par filtration de tout résidu insoluble, est traitée par le gaz carbonique. On obtient ainsi de l'alumine assez pure en même temps qu'une solution de carbonate alcalin. Si l'on n'entend préparer que ce dernier sel, on se contente d'injecter l'acide carbonique dans l'eau tenant en suspension l'aluminate non filtré, et l'on emploie le précipité au lieu de bauxite, pour former avec le chlorure alcalin les briquettes du § 1.

Les solutions d'aluminate contiennent toujours une quantité notable de sulfure alcalin non décomposé par l'alumine. L'acide carbonique en déplace l'hydrogène sulfuré qu'on recueille avec le gaz dégagé des chambres de réduction.

Perfectionnements à la préparation de composés cyanogénés, par J. J. Hood et A. G. Salamon, à Londres. — (Br. anglais 5331. — 25 mars 1891.)

Les auteurs chauffent en vase clos à 100° C. ou au-dessus, du sulfure de carbone et de l'ammoniaque avec des boues Weldon lavées (débarrassées de chlorure de calcium). Il se forme du sulfocyanate de manganèse, du sulfure de manganèse, du soufre libre et de l'eau.

On peut ajouter à la charge de l'autoclave un alcali ou de la chaux en quantité suffisante pour se combiner à l'acide sulfocyanique formé.

Le produit est repris par l'eau ; le sulfocyanate se dissout, et il reste un mélange de sulfure de manganèse et de soufre libre que l'on peut révivifier par simple exposition à l'air.

On isole le sulfocyanate de manganèse ou de chaux par cristallisation, ou bien on prépare par double décomposition avec un carbonate alcalin, du sulfocyanure de potassium ou de sodium que l'on sépare par filtration du carbonate de Mn ou de Ca précipité. Si l'on avait en même temps ces deux métaux dans la liqueur, on les séparerait en fractionnant l'addition du carbonate alcalin qui déplace d'abord tout le manganèse, avant de précipiter le carbonate de calcium.

Le sulfocyanate alcalin peut être transformé en sulfocyanure d'aluminium par double décomposition avec le sulfate d'alumine, ou servir à la préparation de prussiate jaune, par fusion ignée avec de la tournure de fer.

Au lieu de l'oxyde de manganèse régénéré d'après Weldon, on peut employer de l'oxyde préparé de toute autre manière ou même de l'oxyde naturel en poudre assez fine. On peut aussi remplacer l'oxyde de manganèse par le peroxyde de fer (?)

---

(1) Ce procédé se compléterait sans doute très heureusement par l'emploi d'hydrogène pur tel que le fournit le procédé de Krupp, suivant le brevet qu'on a lu plus haut.

CÉRAMIQUE. — POTERIES. — VERRE. — ÉMAUX.

Procédé pour revêtir divers objets en métal ou en autre substance ainsi que les tubes, d'une couche de verre, par D. Rylands et A. Husselbee, Barnsley. — (Br. anglais 16846. — 3 octobre 1891.)

Le procédé déjà indiqué dans un brevet allemand paru dans le *Moniteur*, consiste à souffler le verre contre les parois de l'objet en métal préalablement chauffé à une température voisine de la fusion du verre. Il s'applique surtout à la préparation de cellules pour piles secondaires (accumulateurs) ou appareils d'électrolyse.

Perfectionnements dans la fabrication des objets mixtes en terre et en métal, par J. Hater, Burslem et J.-J. Royle, à Manchester. — (Br. anglais 17126. — 8 octobre 1891. — (*J. Soc. chem. Ind.*)

L'objet du brevet consiste dans la formation de dépôts ou couches de métal, argent, cuivre ou autres, sur des surfaces de terre cuite qui acquièrent ainsi plus de solidité. La combinaison du métal et de la terre conduit d'ailleurs à des effets de décoration tout nouveaux.

On applique sur les surfaces à métalliser une pâte préparée avec :

Nitrate d'argent	120	parties.
Chlorure de mercure et d'ammonium	20	—
Bromure de sodium	30	—
Oxyde de bismuth	10	—

On recuit à la température du rouge sombre. Les objets ainsi préparés sont recouverts par galvanoplastie d'une couche de cuivre ou d'argent qui adhère solidement aux places qui ont reçu l'enduit ci-dessus.

Nouveau procédé pour la préparation d'objets en terre et verre, par The Clay Glass Tile C°, à Corning (Etats-Unis), rep. par P. Thompson, à Liverpool. — (Br. anglais n° 13227. — 19 juillet 1892.) — (*Ibid.*)

Procédé connu de fabrication d'objets mixtes en terre et verre (par simple juxtaposition du verre fondu sur l'objet en terre chauffé). Il est important de choisir les matériaux, de telle sorte que la terre et le verre aient autant que possible le même cœfficient de dilatation.

Procédé de fabrication de pièces céramiques au moyen d'argiles mélangées de gypse, par « Helmstedter Thonwerke, Ruhne et Cie », à Helmstedt. — (Br. allemand H, 12466. — 12 juillet 1892. — 17 octobre 1892.)

MÉTALLURGIE. — MÉTAUX.

Nouvelle méthode pour condenser le plomb ou d'autres métaux entraînés avec la fumée des fours, par E. Elliott, à Newburg-Berkshire. — (Br. anglais 20944 du 23 décembre 1890. — *J. Soc. Chem. Ind.*).

Nouvel alliage métallique, par J. H. Pratt, à Birmingham. — (Br. anglais 17315. — 10 octobre 1891. — *J. Soc. Chem. Ind.*).

Cet alliage, destiné à remplacer le *nouvel argent allemand* (Neusilber) se compose de :

Nickel	4 à 15 %
Cuivre	55 à 45 %
Zinc	40 à 45 %

On peut y ajouter de petites quantités d'aluminium et de manganèse.

Comme fondant, on emploie le cyanure ou le ferrocyanure de potassium.

Perfectionnements dans la préparation des alliages à base de cuivre ou de fer et de nickel, par F. W. Martuis, à Sheffield. — (Br. anglais 19191 du 6 novembre 1891. — *J. Soc. Chem. Ind.*).

Ces alliages s'obtiennent directement par le traitement de certains minerais du Lac Supérieur contenant des sulfures de nickel, de cuivre et de fer. On mélange :

Minerai en poudre fine	100 parties.
Sable quartzeux	60 —
Sulfate de baryte ou de sodium	134 —

et l'on chauffe au fourneau à reverbère. Le fer est éliminé sous forme de scorie, et il reste un sulfure double de cuivre et de nickel, qu'on grille et réduit ensuite en présence de charbon de bois, en ajoutant, s'il est nécessaire, une certaine proportion de cuivre pour obtenir un alliage de composition donnée.

On opère de même avec les minerais néo-calédoniens pour obtenir des alliages de fer et de nickel (ferro-nickel) ou de fer-nickel et cuivre.

Nouveaux alliages, par W. P. Thomson, à Liverpool, rep. par W. J. Miles et H. S. Deming et A. Herz, à Terre-Haute (Indiana) Etats-Unis. — (Br. anglais 4460 du 7 mars 1892. — *J. Soc. Chem. Ind.*).

Les auteurs préparent des alliages intéressants pour divers usages, notamment pour l'horlogerie, la fabrication des couverts de table, etc., en unissant par fusion directe :

Alliage doux :

Aluminium	4 onces	
Nickel	8 —	
Fer (ou acier)	8 —	
Tungstène	1 —	
Manganèse	2 —	399 grains.
Osmium (?)	1	—
Total	23 onces 400 grains.	

Alliage dur :

Fer ou acier	3 onces	
Aluminium	7 —	
Nickel	6 —	
Tungstène	3 —	
Manganèse	5 —	399 grains.
Osmium	1	—
Total	23 onces 400 grains.	

On fond ensemble les divers constituants à l'exception de l'aluminium que l'on introduit après coup dans le creuset.

Nouveau procédé de trempe de l'acier ou d'autres métaux, par H. Wilisch, à Hambourg (Bavière). — (Br. anglais 13148 du 18 juillet 1892. — *J. Soc. Chem. Ind.*).

L'auteur emploie comme bains pour la trempe de l'acier des alliages fusibles qu'il maintient à une température uniforme au moyen de régulateurs. Avec :

Etain	10 parties.
Plomb	6 —

on obtient un alliage qui se solidifie à 358° F. (181°C). L'alliage composé de :

Bismuth	2 parties.
Etain	1 —
Plomb	1 —

se solidifie vers 203-209° F. (88 à 89° C).

Perfectionnement aux fours électriques pour la production du phosphore ou d'autres substances volatilisables par la chaleur, par T. Parker, à Wolverhampton. — (Br. anglais 18974. — 3 novembre 1891).

Procédé pour séparer le cuivre des minerais de nickel cuivreux, par Th. S. Hunt et J. Douglas, à New-York. — (Br. américain 483924 du 4 octobre 1892 (*Chem. Ztg.*).

Pour séparer le cuivre des minerais contenant le sulfure de ce métal d'avec des sulfures ou oxydes de nickel et de fer, on soumet le minerai en poudre fine à un grillage oxydant et on extrait la mine grillée par l'acide sulfurique dilué qui dissout l'oxyde de cuivre avec des traces seulement de nickel et de fer.

Le résidu est réduit au four à cuve ou à reverbère avec du charbon et fournit du ferronickel exempt de cuivre.

La solution cuivrique additionnée de sel marin est réduite par un courant de gaz sulfureux ; la plus grande partie du cuivre se sépare. Les dernières traces de ce métal sont précipitées par déplacement au moyen du fer et les liqueurs filtrées, concentrées à cristallisation, déposent des sels de fer et de nickel d'où l'on isole les oxydes que l'on traite avec le résidu insoluble de l'extraction sulfurique.

Revêtement pour convertisseur Bessemer, par C.-W. BILDT, à Worcester (Mass.) Etats-Unis. — (Br. américain 484286 du 11 octobre 1892 (*Chem. Ztg.*).

Le revêtement employé par l'auteur est formé de silicates de manganèse. Il s'obtient en garnissant la cornue d'un enduit à base de silice et de bioxyde de manganèse avec un liant (silicate de soude, chaux, etc.), puis chauffant au rouge vif.

Procédé pour extraire l'or des alliages de cuivre, par M. W. HES, à Denver (Colon). (Br. américain 484021 du 11 octobre 1892. — *Chem. Ztg.*).

Les déchets d'alliages de cuivre produits dans les ateliers d'affinage des métaux précieux sont intimemeut mélangés avec du sulfure de fer et chauffés au feu de forge avec un fondant approprié. Il se forme un sulfure de fer et de cuivre fusible d'où l'or se sépare avec très peu d'impuretés.

Métal pour la robinetterie, par T. D. BOTTOME, à HOOSICK (N. Y.). — (Br. américain 484084 du 11 octobre 1892. — *Chem. Ztg.*).

Ce métal est formé par un alliage de :

Plomb	800 parties.
Antimoine	150 —
Etain	50 —
Magnésium	2 —

proportions que l'on peut faire varier plus ou moins.

SUBSTANCES ORGANIQUES A USAGE MEDICAL

Procédé de préparation de para-ethoxyphénylemétbylepyrazolon. Addition au brevet 62006, (F. 5023), par FARBWERKE, (MEISTER LUCIUS ET BRUNING). — (Br. allemand F., 6104. — 15 juin 1892. — 20 novembre 1892.)

Objet du brevet. — Procédé de préparation de p-éthoxyphénylemethylepyrazolon consistant à faire agir la p-éthoxyphénylehydrazine (au lieu de la phénylehdrazine du brevet 62006) sur l'acide crotonique.

Description. — On chauffe au bain d'huile à 110-130°, molécules égales de p-éthoxyphénylehydrazine et d'acide crotonique. La réaction est achevée lorsqu'il cesse de se dégager des vapeurs d'eau, au bout d'une heure environ.

On reprend le produit refroidi par l'acide chlorhydrique étendu (3 à 4 0/0 de HCL) on filtre, on alcalinise par NaOH, et on extrait à l'éther. La masse cristalline laissée par évaporation du solvant est purifiée par cristallisation dans l'alcool concentré.

Procédé de préparation d'alcools dérivés des terpènes, par le Dr J. BERTRAM, à Leipzig. — (Br. allemand B, 13136 — 11 avril 1892. — 17 octobre 1892.)

Voir le brevet français, année 1892, p. 376.

Objet du brevet. — Procédé de préparation d'alcools terpiniques, consistant à chauffer les terpènes avec des acides gras en présence d'acides minéraux (sulfurique, chlorhydrique, azotique) et à saponifier par les alcalis les éthers ainsi formés.

Description. — Dans un mélange de :

Acide acétique glacial	2 kilog
Acide sulfurique concentré	0,050
Eau	0,050

On ajoute :

Essence de térébenthine rectifiée. . 1 kilog.

par portion de 200 grammes à la fois. L'essence se dissout peu à peu dans la liqueur en élevant sa température. On refroidit de manière à ne pas dépasser 40 à 50° C. Après avoir ajouté toute l'essence, on abandonne la masse pendant quelques heures à 30-40°, on étend ensuite d'eau, on recueille l'huile séparée et on la débarrasse par lavage à l'eau faiblement acaline, de toute trace d'acide. Le produit, mélange de terpène et d'acétate de terpényle, est soumis à la distillation fractionnée, dans le vide ; on purifie par entraînement à la vapeur d'eau.

L'alcool terpénylique s'obtient facilement par saponification de l'acétate, au moyen de soude ou de potasse aqueuse ou alcoolique. On le purifie par distillation sous pression réduite.

De même avec :

Camphène	100	grammes.
Acide acétique glacial	200-300	—
Acide sulfurique à 80 0/0	10	—

on obtient l'éther acétique du bornéol.

Procédé de désinfection des liquides, par le Dr H. Noerdlinger, à Bockenheim, près Francfort. — (Br. allemand N, 2511. — 21 septembre 1891. — 20 octobre 1892.)

Objet du brevet. — Procédé consistant à dissoudre les fractions lourdes riches en substances antiseptiques, des goudrons de houille ou autres goudrons provenant de la distillation sèche des matières organiques, dans une quantité d'huiles légères de houille, de pétrole, ou d'autres hydrocarbures à poids spécifique peu élevé, telle que cette dissolution nage à la surface de l'eau à désinfecter ou à conserver en formant à sa surface une couche d'épaisseur variable, depuis une fraction de millimètre jusqu'à plusieurs centimètres, suivant les cas, d'où la substance antiseptique se diffuse peu à peu dans la masse aqueuse.

Description. — Au lieu de mélanger l'antiseptique, dès le principe, à la masse de liquide qu'il s'agit de préserver de la putréfaction, l'auteur dissout l'agent actif dans une huile neutre plus légère que l'eau et forme ainsi, à la surface du liquide, une couche d'épaisseur variable, insoluble dans la liqueur aqueuse, à laquelle elle abandonne peu à peu le phénol, crésol, etc. qu'elle contient. Le procédé serait, au dire de l'auteur, plus économique qu'aucun de ceux employés jusqu'à ce jour, en raison des quantités bien plus faibles d'antiseptique nécessaires pour empêcher la putréfaction dans les conditions indiquées.

Procédé de préparation de thymacétine, par Louis et Émile Hoffmann, à Leipzig-Lindenau. — (Br. allemand H, 11618. — 31 octobre 1891. — 3 octobre 1892.)

Objet du brevet. — Procédé de préparation de l'acéto dérivé de l'éther p. amidothymoléthylique, consistant à réduire l'éther p-nitrothymoléthylique (méthylique ou propylique) et à acétyler l'amidodérivé obtenu.

L'éther p-nitrothymoléthylique peut être obtenu :

a) En chauffant le p-mononitrothymo avec un éther alcoolique halogéné en solution dans l'alcool avec quantité équivalente d'alcali.

b) En chauffant le p-mononitrothymol avec de l'éthylsulfate (sulfovinate) de sodium ou de potassium.

c) En nitrant l'éther éthylique (méthylique, propylique, etc.) du thymol.

d) En nitrant le dérivé para-sulfoconjugué de l'éther du § C.

Description. — Le brevet décrit longuement, sans donner toutefois d'indications précises, les divers modes de préparation qui conduisent à un éther alcoolique du p-amidothymol et à la thymacétine; tous ces moyens reposent sur des réactions générales bien connues (éthérification d'un phénol, nitration, réduction, etc.)

La thymacétine purifiée par rectification dans le vide et cristallisation dans l'alcool se présente en aiguilles fondant à 136°, peu solubles dans l'eau et dans l'éther. Elle jouit de propriétés sédatives et calmantes très marquées.

COLORANTS ET MATIÈRES PREMIÈRES POUR LEUR PRÉPARATION

Procédé de préparation de couleurs grises verdâtres et noires, teignant sur mordants, dérivés disazoïques secondaires de l'acide (1-8) dioxynaphta-

linemonosulfonique. — Addition au brevet 61707, F, 4386, par Farbenfabriken. (F. Bayer et Cie.) — (Br. allemand F, 5650. — 30 septembre 1891. — 20 octobre 1892.)

Objet du brevet. — Au lieu des acides amidosulfoniques mentionnés dans le brevet principal, on emploie ici :

L'acide α-naphtionique ($AzH^2 : SO^3H = 1 : 4$).

L'acide α-naphtylamine α-monosulfonique de Laurent ($AzH^2 : SO^3H = 1 : 5$).

L'acide α-naphtylaminemonosulfonique S ($AzH^2 : SO^3H = 1 : 8$).

Les diazodérivés de ces amines sont combinés à l'α-naphtylamine et le composé amidoazoïque obtenu, diazoté à nouveau, est uni à l'acide (1 : 8) dioxynaphtaline-α-monosulfonique préparé par l'action des alcalis fondants sur l'acide α-naphtoldisulfonique S décrit dans le brevet 40571. Sch. 3819.

Procédé de préparation de couleurs grises et noires verdâtres, teignant sur mordants, dérivés diazoïques secondaires des acides (1 : 8) dioxynaphtalinesulfoniques. — Addition au brevet 61707, par Farbenfabriken (F. Bayer et Cie). — (Br. allemand F, 5881. — 18 février 1892. — 20 octobre 1892.)

Procédé de préparation de couleurs bleues noires et vertes noires teignant sur mordants, dérivés disazoïques secondaires des acides (1-8) dioxynaphtalinesulfoniques. — Addition au brevet 61707, par Farbenfabriken, (F. Bayer et Cie), à Elberfeld. — (Br. allemand F, 5881. — 18 février 1892. — 20 octobre 1892.)

Objet du brevet. — Perfectionnements à la préparation de couleurs noires bleutées ou verdâtres, d'après le brevet 61707 (F. 4386) et addition antérieures, consistant à employer, au lieu des acides indiqués dans ces brevets :

L'acide α-naphtylaminemonosulfonique γ de Clève (*Berichte*, XXI, p. 3271).
L'acide α — — β — (*Bulletin Soc. chim.*, 26, p. 447).
L'acide α — — δ — (*Berichte*, 21, p. 3264).

soit isolément, soit en mélange. Le diazodérivé de ces acides est uni à de l'α-naphtylamine, le composé amidoazoïque obtenu est diazoté à nouveau et uni à l'un des acides (1-8) d'oxynaphtaline connus :

Acide (1 : 8) dioxynaphtaline-α-monosulfonique S obtenu en fondant avec les alcalis l'acide α-naphtoldisulfonique S du brevet 4057 (Sch. 3819).

Acide (1 : 8) dioxynaphtaline-α-disulfonique, obtenu par sulfoconjugaison ultérieure de l'acide précédent.

Acide (1 : 8) dioxynaphtaline-β-disulfonique, obtenu par fusion avec les alcalis de l'acide α-naphtoltrisulfonique du brevet 56058 (K, 7567).

Procédé d'obtention de couleurs disazoïques simples ou mixtes du groupe des Congos, contenant la naphtyleglycine comme constituant, par Kinzelberger et Cie, à Prague. — (Br. allemand K, 9298. — 7 décembre 1891. — 11 novembre 1892.)

Objet du brevet. — Couleurs solides aux alcalis, dérivées des α ou β-naphtyleglycines obtenues :

a) Par union de deux molécules d'α-naphtyleglycine avec une molécule du tétrazodérivé de la benzidine, dianisidine, benzidinesulfone, de l'acide benzidinemonosulfonique, benzidine-disulfonique, benzidinesulfonedisulfonique.

b) Par union de deux molécules de β-naphtyleglycine avec une molécule du tétrazodérivé de l'acide benzidine-monosulfonique.

c) par union de 1 molécule de l'un des tétrazodérivés indiqués en *a* avec 1 molécule de β ou d'α-naphtyleglycine et combinaison du produit intermédiaire ainsi obtenu avec 1 molécule d'acide naphtionique, d'acide β-naphtylaminesulfonique de Brœnner ou d'acide α-naphtolsulfonique de Neville et Winther.

Description. — La matière colorante :

$$\text{Benzidine} = (\alpha\text{-naphtyleglycine})^2.$$

teint le coton non mordancé, sur bains alcalins, en nuances rouges solides ; les bains s'épuisent bien.

La combinaison :

Benzidine sulfone = (α-naphtyleglycine)²

teint le coton en nuances analogues à celles de l'azobleu dont il se distingue par la propriété de monter sur bains alcalins.

La couleur :

Acide benzidinemonosulfonique = (β-naphtyleglycine)

teint aussi le coton non mordancé en nuances violettes (héliotrope).

Les bains s'épuisent bien.

Enfin les couleurs mixtes donnent des nuances analogues aux indulines.

Procédé de préparation de couleurs du triphénylemèthane et du diphénylenaphtylemèthane. — Addition au n° 58483, par Farbenfabriken, anciennement F. Bayer et Cie. — (Br. allemand F. 5659. — 5 octobre 1891. — 27 octobre 1892.)

Objet du brevet. — Perfectionnement au procédé de préparation des couleurs des séries du triphénylemèthane ou du diphénylenaphtylemèthane, consistant :

1° A unir 1 molécule d'acide o-crésol-o-carbonique (o-crésotinique) avec 1 molécule de tétraméthylediamidobenzhydrol ou 1 molécule d'acide α-oxynaphtoïque avec 1 molécule de tétraméthylediamidobenzhydrol.

2° A oxyder les leucodérivés obtenus d'après le § 1.

Description. — Se reporter au brevet principal. La couleur dérivée de l'acide o-crésotinique est un rouge violet vif, résistant au foulon. La couleur préparée avec l'acide α-oxynaphtoïque est un bleu d'un grand intérêt pour la teinture.

Couleur jaune basique du groupe de l'auramine, préparée avec le diméthylediamidodi-o-tolylemèthane symétrique par Badische Anilin und Sodafabrik. — (Br. allemand B, 13225 — 9 mai 1892. — 4 novembre 1892.)

Objet du brevet. — Procédé de préparation d'une couleur jaune du groupe de l'auramine, consistant à soumettre à l'action du soufre en présence d'ammoniaque, le diméthylediamidodiorthotolylemèthane symétrique :

$$CH^2 = (C^6H^3.CH^3.AzH.CH^3)^2$$

au lieu du tétramétylediamidodiphénylemèthane indiqué dans le brevet 53614 (F. n° 4278.)

Description : Procédé de préparation du diméthylediamidodiorthotolylemèthane. — On chauffe au bain-marie pendant 10 heures un mélange de :

Aldéhyde formique	1 molécule.
Chlorhydrate de monométhyle-o-toluidine	1 —
Monométhyle-o-toluidine	1 —

ou l'on sature de gaz chlorhydrique un mélange de mono et de diméthyle-o-toluidine, contenant 1 molécule de l'amine secondaire et 1 molécule d'aldéhyde formique (en solution à 40 %) et l'on chauffe comme ci-dessus au bain-marie.

Le produit, étendu d'eau, est alcalinisé par la soude caustique et traité par un courant de vapeur d'eau. La nouvelle base reste dans l'alambic et cristallise après quelque temps à froid ; on purifie par recristallisations dans l'alcool ou dans la ligroïne. Elle se présente en tables incolores fondant à 86-87°C.

Préparation de la matière colorante :

Dans une marmite autoclave émaillée chauffée au bain d'huile et munie d'un agitateur, on chauffe :

Diméthylediamido-di-o-tolylemèthane	25	kilogr.	400
Soufre	6	—	400
Sel marin	240	—	»»»
Sel ammoniac	14	—	»»»

Ces deux dernières substances n'intervenant que comme agents de dilution.

La température du bain d'huile étant maintenue à 175° environ, on envoie dans la marmite un courant de gaz ammoniac sec, sous une pression un peu plus forte que la pression extérieure.

La cuite est extraite à l'eau froide qui dissout d'abord les sels, puis dissoute dans l'eau à 80°C. La liqueur filtrée est précipitée par le sel.

Le nouveau colorant cristallise de sa solution dans l'alcool amylique en feuillets bien solubles dans l'eau et dans l'alcool. Il teint le coton mordancé au tannin et à l'émétique en nuances jaunes-verdâtres très pures.

Procédé de préparation d'une couleur jaune basique du groupe de l'auramine au moyen du di-éthylcdiamidodiorthotolylemétbane symétrique.— Addition à la précédente demande de brevet B. 13225 par BADISCHE ANILIN UND SODAFABRIK. — (Br. allemand B, 13462. — 7 juillet 1892. — 4 novembre 1892.)

Objet du brevet et *Description*. — Reproduction intégrale des indications du brevet précédent, point de fusion du dérivé éthylé symétrique 92-93°C.

TEINTURE. — IMPRESSION. — APPRÊTS

Procédé pour teindre et imprimer la laine et d'autres fibres textiles, par READ HOLLIDAY AND SONS, à Huddersfield (Angleterre). — (Br. allemand H, 10569. — 22 octobre 1890. — 17 octobre 1892.)

Objet du brevet. — Procédé de teinture et d'impression des fibres consistant à imprégner ou imprimer celles-ci avec des solutions contenant les produits de réduction des mono ou dinitrosodérivés des dioxynaphtalines α_1, α_3 ou α β_3 d'Armstrong, β_1 β_4 d'Ebert et Merz, puis à exposer les fibres à l'air ou à les soumettre à l'action d'oxydants qui engendrent sur et dans la fibre des colorants insolubles.

Exemple : 10 kilogr. du dérivé dinitrosé de la dioxynaphtaline (α_1 α^3) en pâte à 25 °/₀ sont délayés dans 8 kilogr. d'eau et réduits par une quantité de solution d'hydrosulfite de sodium à 20 °/₀, suffisante pour former une dissolution claire orangée. On active la réaction en chauffant.

La fibre est imprégnée (ou imprimée) avec cette préparation, puis exprimée et suspendue à l'air ou vaporisée. Les nuances ainsi obtenues sont grises allant jusqu'au noir.

Autre exemple : On réduit 10 kilogr. de mononitrosodioxynaphtaline α_1 α_3 (pâte à 25 °/₀) avec :

Acide acétique..................	8 kilogr.
Eau..............................	60 litres.
Poudre de zinc..................	5 kilogr.

On filtre après réduction, on imprègne et développe comme précédemment, on imprime après avoir ajouté un épaississant considérable.

Procédé pour teindre avec une préparation soluble d'alizarine par H.-N.-F. SCHAEFFER, à Merrimack-House (Massachusetts) Etats-Unis. — (Br. allemand Sch. 7647. 18 novembre 1891. — 10 octobre 1892.)

Objet du brevet. — 1° Procédé pour teindre en couleurs d'alizarine consistant à entrer et travailler les fibres dans un bain contenant l'alizarine en dissolution.

2° Préparation d'alizarine soluble pour la teinture suivant le § 1, consistant à mélanger de l'alzarine avec un borate soluble ou avec de l'acide borique et des alcalins.

Description. — L'alzarine en pâte est préalablement séchée, puis mélangée au mortier ou dans un broyeur, avec le double de son poids de borax ou d'un borate soluble (borate neutre de Na, etc). Ce mélange se dissout instantanément dans l'eau chaude.

BREVETS PRIS A PARIS

Analysés par M. Tharuis.

MÉTALLURGIE. — MÉTAUX

Procédé pour rendre homogène le fer, l'acier et autres métaux analogues, par Praley, rep. par Sautter et de Mestral. — Br. 221836. — 24 mai 1892. — 10 septembre 1892).

Voir Année 1892, *page* 359.

Procédé perfectionné de purification des métaux, par Talbot Benjamin, à Nashvielle, état de Tennessee (Et.-U. d'Amérique), rep. par Dumas. -- (Br. 222355. — 15 juin 1892. 1er octobre 1892).

Objet du brevet. — Procédé de purification des métaux et plus spécialement du fer consistant à lui faire traverser à l'état fondu une couche de scories basiques. — (*Voir Année* 1892, *page* 279.)

Perfectionnements dans la fabrication du fer et de l'acier, par Siemens Frederik. (Br. 222523. — 22 juin 1892. — 8 octobre 1892).

Objet du brevet. — Procédé de fabrication de l'acier ou du fer fondu directement à l'aide de minerais de fer, et le métal produit peut recevoir des qualités variables par addition de métaux carbonés avec ou sans d'autres substances.

Description. — Pour cela, on emploie un four susceptible de produire une chaleur intense, et dont la tole est basique ou neutre, on le charge de minerai de fer ainsi que d'une certaine quantité de pierre à chaux ou autres fondants de façon à former une scorie convenable avec la gangue contenue dans le minerai de fer. On produit une température telle que la charge soit amenée à un état complètement liquide et soit en réserve une quantité considérable de chaleur pour le reste de l'opération. A ce moment, on projette dessus une couche de matières carbonées chauffées préalablement ou non, coke, anthracite, etc., de différentes dimensions, soit en très petits morceaux ou à l'état pulvérulent. Le minerai se réduit, et, il se produit sous la couche de scorie et de carbone du fer fondu. On peut ajouter dans le four, au fer fondu, du fer manganésifère ou d'autres métaux, ou d'autres substances. On peut encore ajouter après coulée dans la poche de préférence des matières basiques, ou neutres, du carbone ou un mélange de carbone et de chaux. Le métal est coulé en lingots à la manière ordinaire.

Nouveau procédé d'extraction des métaux, par Lebedeff, rep. par Chassevent. — (Br. 222412. — 17 juin 1892. — 4 octobre 1892).

Objet du brevet. — Procédé consistant à recouvrir le métal fondu d'une couche de charbon et à aspirer les gaz réducteurs à travers la masse au moyen d'un tuyau d'aspiration.

Soudure à l'aluminium, par Sauer, rep. par Baumann. — (Br. 221391. — 5 mai 1892. — 22 août 1892,)

Objet du brevet. — Soudure permettant de souder l'aluminium à lui-même ou à d'autres métaux sans l'emploi de fondants.

Description. — Cette soudure se compose de : Aluminium, 9 parties ; argent, 1 à 3 et même 4 parties ; cuivre, 2 à 4 et même 5 parties. On peut remplacer le cuivre par du laiton ou ajouter à l'alliage un peu de zinc ; la proportion ne devant pas dépasser 4 0/0, on pourra ajouter la proportion de 0 gr. 08 à 0 gr. 10 d'or pour 15 grammes d'alliage ou bien remplacer le zinc par du bismuth, du cadmium, ou par un alliage de 1 à 3 parties de cadmium et 4 à 15 de bismuth ou par l'alliage de Wood. Pour préparer l'alliage, on fond d'abord l'argent et le cuivre, puis on ajoute l'aluminium, le zinc ou les différents alliages indiqués. Pour souder, on chauffe les parties à souder et on place dessus la soudure en petits morceaux.

Procédé de fabrication des alliages d'aluminium. — Certificat d'addition au brevet pris le 3 février 1892, par Lebedeff, rep. par Chassevent. — (Br. 219135. — 4 mai 1892. — 29 août 1892.)

Objet du brevet. — Perfectionnements consistant à fondre l'argile ou autres matières contenant de l'alumine pure, puis à l'introduire dans le bain fondu le métal dont on veut obtenir l'alliage avec l'aluminium, soit, à l'état pur ou allié, au soufre, au phosphore, à l'arsenic, puis à soumettre la masse métallique à l'action des gaz passant à travers les parois des appareils en plombagine ainsi qu'il a été dit dans le brevet principal. (*Voir Année* 1892, *page* 379.)

Procédé permettant de fabriquer des alliages d'aluminium blancs durs et ductiles, par Solbesky Hugo, à Wetten (Prusse), rep. par Duman. — (Br. 221755. — 19 mai 1892. — 3 septembre 1892.)

Objet du brevet. — Procédé consistant à allier l'aluminium avec de petites quantités d'un alliage composé de nickel ou de cobalt et d'étain, en ajoutant du cadmium, soit à l'état pur, soit sous forme d'alliage de cadmium et de zinc ou de cadmium et d'aluminium.

Description. — Les proportions les plus favorables sont : nickel ou cobalt 50 parties; étain 50 parties, à allier à l'aluminium de manière à obtenir un alliage d'un point de fusion proche de celui de l'aluminium.

Exemple :

Aluminium	Nickel ou Cobalt	Etain	Cadmium	Dureté (fer = 1000)
90 %	1 %	5 %	4 %	580
95 %	1 %	1 %	3 %	440
96 %	0,5 %	0,5 %	2,5 %	380

Procédé d'extraction du zinc, du plomb et du cuivre à l'état de régule par électrolyse des solutions de leurs sels, par Liébert, à Bruxelles, rep. par Danzer. — (Br. 221893. — 25 mai 1892. — 12 septembre 1892.)

Objet du brevet. — Procédé d'extraction du zinc, du plomb et du cuivre consistant à décomposer par l'électrolyse les sels haloïdes du métal additionné de l'oxalate correspondant.

Description. — Pour réaliser ce procédé, on ajoute à l'électrolyte une proportion d'oxalate correspondant à la teneur en métal de la solution à électrolyser. Elle varie de 5 à 80/0. Cette quantité varie avec la nature du métal, ainsi pour le zinc il faut 2 à 4 0/0, pour le cuivre 2 à 5 0/0, pour le fer 3 à 4 0/0 ; les oxalates s'obtiennent par double décomposition.

Perfectionnements dans la fabrication d'alliages de nickel et de cuivre, de nickel et fer, de nickel, de fer et cuivre, par Martino, rep. par Josse. — (Br. 221969. — 28 mai 1892. — 15 septembre 1892).

Objet du brevet. — Procédé de fabrication d'alliages de nickel et cuivre, de nickel et fer et de nickel, fer et cuivre consistant à faire ces alliages directement avec les minerais contenant les métaux ou l'un ou l'autre d'entre eux, au lieu de les séparer et de les unir ensuite.

Description. — On prend les sulfures ou la matte telle qu'on la trouve dans le commerce et qui proviennent des mines du Lac supérieur ou de la Nouvelle-Calédonie, ou bien on convertit les minerais en sulfure ou en mattes en les chauffant avec du soufre ou du sulfure de calcium ou de la chaux provenant d'épurateurs à gaz. La matte du Lac supérieur contient du cuivre, du nickel et du fer à l'état de sulfures, celle de la Nouvelle-Calédonie contient le plus souvent du nickel et du fer sous le même état. La matte du Lac supérieur est composée en moyenne de 25 0/0 en poids de cuivre, de 25 parties de nickel, de 15 de fer et 30 de soufre. La matte est réduite en poudre fine ; on la mélange avec du sable quartzeux, et du sulfate de baryum, si ce dernier peut être obtenu à bon marché, ou sans cela avec du sulfate de sodium qui peut-être obtenu à très bas prix. Les proportions les plus favorables sont les suivantes : 100 parties en poids de matte en poudre, 60 de sable quartzeux, 134 de sulfate de baryum ou de sodium. Ces proportions conviennent pour les mattes de composition moyenne, mais la quantité de sable et de sulfate barytique et sodique doit être augmentée si la matte est plus riche en fer et en soufre que la matte ci-dessus indiquée.

Le mélange est fondu, et le fer est transformé en silicate tandis que les sulfures de nickel et de cuivre restent fondus au fond du creuset.

On retire le laitier. Les sulfures, après refroidissement, sont pulvérisés, puis on les mélange avec un peu de charbon de bois en poudre, du goudron, une petite quantité de chaux, et de l'argile et de l'eau pour former une pâte que l'on transforme en briquettes que l'on expose au rouge-cerise. On détermine la composition des briquettes et l'on ajoute du cuivre si l'on veut obtenir un alliage dans des proportions déterminées. Il faut pour cela chauffer dans un convertisseur Bessemer la quantité de cuivre voulue, et additionnée d'un peu d'anthracite ou de charbon de bois. On ajoute dans le cuivre en fusion les briquettes de nickel et de cuivre. On agite, en mettant de temps en temps un peu d'anthracite pour empêcher le cuivre d'absorber l'oxygène, et l'on mélange une quantité suffisante d'un fondant formé de spath fluor et de borax finement pulvérisés, puis on coule l'alliage.

Pour le ferro-nickel, on emploie de préférence le minerai de la Nouvelle-Calédonie. Si l'on emploie celui du Lac supérieur, on sépare le cuivre par les procédés connus. Puis on opère sur les oxydes de fer et de nickel de manière à les transformer en briquettes comme celles ci-dessus, puis on termine ainsi qu'il a été dit plus haut pour le cupro-nickel. Pour les alliages des trois métaux, on opère identiquement de la façon indiquée.

Soudure pour souder l'aluminium à lui-même ou à d'autres natures, par Mandt rep. par Freydier Dubreuil et Janicot à Lyon. (Br. 222031. — 9 mai 1892. — 16 septembre 1892).

Objet du brevet. — Procédé consistant à préparer une soudure destinée à unir l'aluminium à lui-même, ou à d'autres métaux et caractérisé par ce fait que c'est l'aluminium lui-même qui sert de liaison entre l'aluminium et les métaux.

Description. — Cette soudure est constituée par un alliage de zinc et d'aluminium, contenant au moins 30 0/0 de ce dernier métal. Cette proportion est du reste variable.

Perfectionnements aux procédés de traitement du sulfure métallique naturels ou artificiels, par Strop, rep. par Fayollet (Br. 220096. — 12 mars 1892. — 20 juin 1892).

Objet du brevet. — Procédé de traitement des sulfures naturels, consistant à les oxyder par un courant d'air chaud, puis à décomposer une partie des sulfates en oxydes et acide sulfurique. Ce procédé a déjà été appliqué par Ziervoges aux mattes argentifères. Il est surtout applicable aux mattes cupro-nickelifères et aux mattes de cuivre et par extension aux sulfures naturels, tels que les pyrites de fer, de cuivre et nickelifères. Le sulfate de cuivre se décompose à 600°, celui de nickel à 0 0/0° et celui de fer à 410°

Description. — On grille au-dessous de 350° la matte réduite en poudre. Au bout de 5 à 10 heures, la matière n'est plus susceptible de s'agglutiner et l'on chauffe à 550° 600°. Le sulfate de fer se décompose, et il y a formation de sulfate de cuivre et de sulfate de nickel. Quand la réaction est terminée, on retire du four, puis on arrose légèrement avec de l'eau pour hydrater le sulfate, et on lessive ensuite la matte avec de l'eau. Il reste, malgré ce lavage du nickel et du cuivre à l'état de sous-sulfate insoluble dans l'eau, mais soluble dans les acides faibles, tels que l'acide sulfureux. On soumet donc la matière à l'action de cet acide obtenu en faisant passer le gaz provenant du grillage des mattes, dans une colonne arrosée d'eau qui entraîne le gaz sulfureux qui se dissout. On sépare les métaux par le procédé du brevet n° 213771 (Voir Année 1892 page 96) Les sulfates sont oxydés par l'acide nitrique ou par un courant d'air (X) et le cuivre est retiré par les méthodes connues. Les températures sont déterminées au moyen du pyromètre de Le Chatelier.

Certificat d'addition au précédent brevet, (23 mai 1892. — 15 septembre 1892).

Objet du brevet. — Les perfectionnements indiqués dans cette addition consistent en ce que : 1° Le minerai pulvérisé est chargé en couche de 25 à 30 kil. par mètre carré de sole. 2° pendant les trois premières heures, la température ne doit pas dépasser 300°, puis on l'élève à 580° 600°. 3° On peut faire l'opération dans deux fours. Dans l'un, on chauffe la matte de manière à ce qu'elle ne s'agglutine plus ; dans l'autre on chauffe à 600°. Un four Perrot bien disposé peut suffire. 4° La décomposition dégage suffisamment de chaleur pour que le four, une fois en train, on puisse éteindre le foyer adventif. 5° La masse est lavée dans des bassines, avec un filtre en sable à leur partie inférieure, on emploie d'abord de l'eau pure, puis de l'eau acidulée à 1 où 2 0/0 et on lave méthodiquement, jusqu'à ce que la liqueur marque 25° à 30° B. Ce qui fait 450 à 500 gr. de sulfate de cuivre et de nickel et par suite 60 gr. de cuivre et 55 gr. de nickel métallique par litre, soit par mètre cube 60 kil. de l'un et 55 de l'autre. On sépare le cuivre par cémentation, en traitant les liqueurs par de vieilles ferrailles dans des cuves de 10 mètres cubes chauffées à 60°. La réaction est terminée au bout de 24 heures environ, on recueille le cuivre. La solution contenant le nickel et le fer est peroxydée pour transformer le sel ferreux en sel ferrique, puis on précipite par le carbonate de chaux. Pour obtenir l'oxydation du fer, on insuffle de l'air en même temps que l'on ajoute le carbonate et le fer se dépose.

Procédé perfectionné pour recouvrir avec un métal un autre métal, d'une manière générale, et perfectionnements dans les machines et appareils pour nettoyer et décaper les objets métalliques, par HEATHFIELD, à Darlaston près Birmingham, (Angleterre), rep. par Denaide, (222203. — 8 juin 1892. — 26 septembre 1892.

Objet du brevet. — Procédé consistant d'abord à nettoyer les feuilles métalliques, non en les soumettant à l'action d'une solution acide destinée au décapage, mais en les traitant par un courant électrique et en les trempant dans une solution de sulfate ou de chlorure de fer. Les feuilles sont placées à l'anode pour les nettoyer, puis pour les couvrir d'un métal lorsqu'elles sont propres on les met à la cathode, dans un bain du métal destiné à former la couverte (Voir Année 1892. — p. 243).

Perfectionnements dans le revêtement du fer et autres métaux au moyen du plomb et dans l'alliage ou le traitement du plomb en vue de son adaptation à cet emploi, par BATES et RENSHAW, rep. par Sautter et de Mestral. — (222210. — 8 juin 1892. — 26 septembre 1892).

Objet du brevet. — Procédé de traitement du plomb pour revêtement de métaux, consistant à le fondre et à le recouvrir de charbon de bois en poudre ou de préférence de brique pilée et à y ajouter ensuite les substances suivantes et dans l'ordre indiqué : aluminium, chlorure d'ammonium, arsenic, (?), borax ou alun ou autre fondant, et de la cryolithe.

Description. — Les préparations des différents produits à ajouter au plomb sont les suivantes : Pour 50 kil. de plomb, on met aluminium 2 k. 500, chlorure d'aluminium 0 k. 600, arsenic 0 k. 15, borax 0 k. 150 ou mieux alun ou produits similaires 0 k. 500 et cryolithe 0 k. 500. Si le revêtement est trop épais, ajouter subséquemment de l'alun. On nettoie les surfaces à recouvrir, puis on les passe au bain de plomb fondu.

Procédé pour la fabrication des alliages d'aluminium, par LEBEDEFF. — rep. par Chassevent. — (Br. 222417. — 17 juin 1892. — 4 octobre 1892).

Objet du brevet. — Procédé de fabrication d'alliage d'aluminium identique à celui indiqué dans le brevet 222417 (Voir plus haut).

Procédé de décoration des objets en cuivre, par RIBOULET, MORETTA et KARMIN, rep. par Lépinette à Lyon. — (Br. 220112. — 12 mars 1892. — 22 juin 1892).

Objet du brevet. — Procédé destiné à obtenir des couleurs irisées sur les objets en cuivre, tricotteuses, cannetilles, lames, traits etc. consistant à les tremper dans une solution oxygénée ammonicale et à chauffer ensuite.

Description. — On trempe les objets dans un bain composé d'eau distillée 60 0/0, eau oxygénée 35 0/0, ammoniaque 5, puis on les passe sur un cylindre chauffé à 600°-700°.

ESSENCES. — RÉSINES. — CIRES. — CAOUTCHOUC

Composition dite « l'Inoxydable » destinée à préserver l'acier et le cuivre de la rouille et du vert de gris, par BOLLINGER, rep. par Bletry aîné (221913. — 25 mai 1892. — 12 septembre 1892.)

Objet du brevet. — Procédé de préparation d'un enduit résineux destiné à recouvrir les objets en fer, acier et cuivre pour les préserver de l'oxydation.

Description. — Ce produit se compose de cire du Japon, 6 kil.; paraffine, 4 kil.; vaseline, 3 kil.; essence de térébenthine, 3 kil.; benzine, 5 kil.; pétrole rectifié, 6 kil. On fait fondre la cire et la paraffine, puis on y ajoute la vaseline, on retire du feu et on additionne de benzine, de pétrole, et d'essence. On enduit une peau de daim avec ce produit et on frotte légèrement la surface à préserver, de manière à imprégner uniformément toutes les parties de cette surface.

Procédé servant à extraire directement du pétrole brut, un pétrole parfaitement clair, incolore et inexplosible au dessous de 60° B; par ELFEN, rep. par la Société internationale des inventions modernes (222199. — 8 juin 1892. — 26 septembre 1892.)

Objet du brevet. — Procédé de rectification du pétrole brut consistant à le traiter d'abord par un acide, puis à le soumettre à une distillation, fractionnée.

Description. — On traite d'abord le pétrole brut ordinaire ou américain, à la température ordinaire, dans des appareils convenables, par 5 à 10 % d'acide sulfurique à 66° B. Après quoi, on le lave à l'eau et cela une ou deux fois. On traite ensuite ce pétrole dans un appareil distillateur en y ajoutant environ 250 kil. de sel en poudre, pour 1000 litres de pétrole. On chauffe à 150° pendant une heure ; on enlève 250 litres de produits volatils et inflammables ; les 750 autres litres restants sont constitués par des hydrocarbures non inflammables au dessous de 80° R. On ajoute 1500 litres de pétrole ordinaire du commerce et on porte à une température de 80 R. pendant environ 1 heure, puis on laisse refroidir à 50°, ce qui le rend non inflammable au dessous de 60 R. Enfin, on ajoute les 250 litres de carbures volatils inflammables provenant de la première distillation à ces 2250 litres de pétrole déjà traités et après avoir chauffé à 60°-70° R. pendant une heure, on obtient 2500 litres de pétrole non inflammables à 60°-70° R. On peut obtenir encore le même résultat, soit en chauffant seulement à 80° R. pendant 2 heures, 2500 litres de pétrole ordinaire avec 500 kil. de sel, soit en agitant à froid pendant 6 heures 1000 litres de pétrole dans une chaudière munie d'un agitateur, en ajoutant 250 kil. de sel pulvérisé. L'huile ainsi obtenue, non inflammable au dessous de 60° R. est brun rouge foncé. On la traite par 5 °/₀ d'acide sulfurique fumant pour détruire la matière goudronneuse. L'huile obtenue est jaune-brun, on la lave avec de la soude à 10 °/₀, puis on chauffe plus ou moins longtemps à la vapeur à 90°-100 C. suivant le besoin (1/5 ou 1/2 h.) en traitant en même temps par du charbon animal.

Perfectionnements dans le procédé de solidification des huiles animales, végétales et de fluides volatils inflammables, par Chenhall William, rep. par Gudmann (222273. — 11 juin 1892. — 28 septembre 1892.

Objet du brevet. — Procédé de solidification des huiles minérales, végétales et corps volatils inflammables, consistant à faire un savon de résine auquel on incorpore pendant sa formation le corps fluide ou l'huile.

Description. — On prend, huile ou fluide 325 kil., soude 125 kil et résine 45 kil., on fait un savon. — (Brevet anglais n° 952 du 18 janvier 1892).

Perfectionnements dans les composés dissolvants ainsi que dans la méthode pour les former, par Read William Junior, de Needham, Comté de Norfolk (Etat de Massachussets. Et.-U. d'Amérique), rep. par Freydier Dubreul et Janicot à Lyon. — (17 juin 1892. — 30 septembre 1892).

Objet du brevet. — Procédé ayant pour objet la préparation d'un produit destiné à dissoudre la laque en feuilles ou toute autre gomme, soit pour un autre usage. Il consiste en un mélange formé d'huile de goudron, de houille, de pétrole, et d'un esprit tel que l'alcool de bois ou de grains.

Procédé d'extraction de la gutta-percha. — Certificat d'addition au brevet pris le 11 avril 1892, par Sérullas, 20, rue Molière (Paris). — (Br. 220810. — 4 juin 1892. — 26 septembre 1892).

Objet du brevet. — Cette addition consiste : 1° soit à précipiter les résines plus solubles que l'hydrocarbure de la gutta dans le toluène, par addition d'alcool méthylique ; 2° soit à traiter les produits par une quantité assez faible de toluène pour dissoudre très peu de gutta et de manière à pouvoir filtrer la solution, puis après cette opération à traiter le résidu par une nouvelle quantité de toluène suffisante et à opérer comme dans le brevet principal.

Perfectionnement dans la production de substance adhésive soluble dans l'eau provenant de la gomme d'amandier, de cerisier et d'autres arbres, par Kern, rep. par Blétry. — (Br. 222473. — 20 juin 1892. — 5 octobre 1892).

Objet du brevet. — Procédé consistant à rendre la gomme de cerisier, d'amandier et autres arbres soluble dans l'eau, en la soumettant à l'action de la chaleur et de l'eau.

Description. — A cet effet, la gomme débarrassée des impuretés qu'elle contient est laissée en contact avec de l'eau pendant 12 à 20 heures. Puis, la masse glutineuse est soumise à l'action de la vapeur d'eau, sous une pression de 6 atmosphères par centimètre carré, pendant 50 à 60 minutes. On la passe ensuite dans un filtre-presse, on la sèche sur des plaques émaillées enduites d'un corps gras pour empêcher l'adhérence. Cette gomme se dissout facilement dans l'eau.

PHOTOGRAHHIE

Nouveau procédé positif de photographie sans papier, par Magadon, rue Richemond 17, Paris. — (Br. 221718. — 18 mai 1892. — 5 septembre 1892).

Objet du brevet. — Procédé photographique consistant à obtenir des positifs sans papier.

Description. — On nettoie bien un verre de la dimension de l'épreuve à exécuter. Ensuite, on le frotte avec un tampon d'étoffe contenant de la poudre de talc ou de l'encaustique (cire vierge dissoute dans de l'essence de térébenthine ou dans l'éther) ; ou avec tout autre corps pouvant permettre le décollage de l'épreuve. On recouvre d'une couche de collodion normal et on laisse sécher complètement. Au moment de l'emploi, on revet à nouveau la plaque, d'une couche de collodion ioduré et on l'immerge encore humide dans une solution de nitrate d'argent, à 6 ou 8 0/0, selon la saison. Après cette sensibilisation, on fait passer pour développer l'image, dans une solution de sulfate de fer, puis on fixe à l'hyposulfite ou au cyanure de potassium, ou à tout autre agent. Ensuite on applique sur le cliché ainsi obtenu, à l'état sec ou à l'état humide, un papier noir ou de couleur recouvert d'un enduit de gomme laque blanche ou blonde dissoute dans le borax, ou de n'importe quel agglutinatif tel que gomme arabique, gélatine, colle forte etc. Au bout de quelques instants, la pellicule de collodion adhère au papier, il n'y a plus qu'à la coller sur carton et à la détacher du verre. L'image apparaît alors redressée et brillante.

Procédé d'obtention de photographies colorées, par Mathieu, rep. par Assi et Genès. — (Br. 220600. — 1er avril 1892. — 18 juillet 1892.)

Objet du brevet. — Procédé consistant à produire des photographies colorées en appliquant de l'alcool sur l'envers des épreuves photographiques obtenues au moyen de négatifs isochromatiques et a y mettre ensuite une ou plusieurs couches d'un mélange d'essence de térébenthine ou d'alcool, et de térébenthine blanche de Venise. Les épreuves sont convenablement séchées dans une étuve et après chacune de ces applications ou couches, reçoit après séchage, des couleurs à l'huile sur l'envers. Avant d'appliquer les couleurs, on enduit l'envers de l'épreuve d'une mince couche d'un vernis, colle de poisson ou de préférence une solution saturée de gomme arabique additionnée d'un tiers de sucre candi pour former une couche isolante afin que les couleurs ne puissent pas, en pénétrant vers la face antérieure, altérer la transparence de l'image.

Procédé pour la préparation de couleurs destinées à la coloration des photographies, par Burns, rep. par Nauhardt. — (Br. 219698. — 26 février 1892, — 2 juin 1892.)

Objet du brevet. — Préparation de couleurs immédiatement applicables à la coloration d'épreuves photographiques et adhérant, sans aucun traitement préalable, à tous les papiers photographiques. Cette préparation consiste à mélanger les matières colorantes avec de la caséine bouillie et à additionner de borax.

Description.— On fabrique d'abord de la caséine complètement dégraissée en traitant, par exemple, du fromage blanc dans un appareil extracteur de Soxhlet, avec de l'éther sulfurique; de cette façon on enlève toute la matière grasse. Quand on a laissé sécher pendant douze heures le fromage blanc ainsi traité dont l'éther est évaporé, la caseine est prête pour le traitement ultérieur. On dissout alors 100 grammes de borax dans environ 1,250 grammes d'eau. Cette dissolution est mélangée avec un kilogr. de caséine et la masse est chauffée avec agitation. Un peu avant l'ébullition, on cesse l'agitation, et, au moyen d'une écumoire on enlève les impuretés qui se forment à la surface. Quand on a encore fait bouillir pendant quelques minutes, la masse ainsi préparée est mise à refroidir dans un bain-marie. La liqueur obtenue est mélangée avec les matières colorantes appropriées. Les couleurs peuvent être délayées ou dissoutes dans de l'eau à volonté sans rien perdre de leurs qualités.

Procédé pour développer les images photographiques, par Hauff, rep. par Armengaud jeune. — (Br. 220007. — 9 mars 1892. — 18 juin 1892.)

Objet du brevet. — Procédé de développement d'images photographiques dans des couches d'argent halogène en se servant d'une solution aqueuse de sels d'ortho-para-diamidophénols purs et de sulfates alcalins, en présence de carbonate alcalin ou d'encaustique dans la proportion de 1/10. Les effets peuvent être augmentés par l'addition de sulfates et diminués par l'addition d'acides dilués ou de solution de bromures ou de chlorures alcalins dilués.

Description.— On dissout dans la quantité d'eau nécessaire un sel de l'ortho-para-diamidophénol et du sulfate alcalin dans la proportion de 1 à 10, et avec la solution obtenue, on développe la plaque. Pour portraits dans les conditions normales, on prend :

Chlorhydrate de diamidophénol.............	0 kilogr. 45
Sulfite de soude..............................	4 kilogr. 05
Eau..	60 centilitres

On retarde avec quelques gouttes d'une solution de bromure de potassium dans la proportion de 1/10 ou au moyen de quelques centimètres cubes d'une solution d'acide sulfurique dilué au 1/10. On renforce au moyen de sulfite alcalin. On peut préparer des solutions concentrées que l'on dilue au fur et à mesure du besoin. Ainsi par exemple on dissout :

Chlorhydrate de diamidophénol	5 grammes
Sulfite de soude	50 —
Eau	100 —

La solution peut être étendue jusqu'à 30 fois son volume primitif.

Une solution de :

Chlorhydrate de diamidophénol	0,50
Sulfite de soude	0,50
Eau	100 centil.

constitue un bon développateur.

Perfectionnements dans l'art de produire des photographies en couleurs, par Mac Donough, rep. par Blétry aîné. — (Br. 220326. — 22 mars 1892. — 1er juillet 1892.)

Objet du brevet. — Procédé consistant à préparer des plaques photographiques en couleurs, en les saupoudrant de particules de couleurs, après les avoir recouvertes d'une couche de substance adhésive, puis à appliquer une composition sensible.

ÉLECTRICITÉ

Pile sèche, par le Dr Roller Hugo, à Vienne (Autriche), rep. par Assi et Genès. — (Br. 222201 — 8 juin 1892 — 26 septembre 1892.)

Objet du brevet. — Pile sèche, dont les électrodes sont séparées par des plaques excitatrices formées en mélangeant des sels et servant à produire l'action électrique avec de l'agar-agar bouillie dans de l'eau, avec ou sans addition de sirop de fécule ou de glycérine. Entre ces plaques excitatrices, lorsqu'elles renferment des sels différents et pour ralentir la diffusion, on place des lames perforées faites d'une substance imperméable.

Description. — Pour faire la charge excitatrice, on fait bouillir de l'agar-agar dans 16 à 30 fois son poids d'eau jusqu'à désagrégation complète. Pour éviter la dessiccation subséquente, on ajoute 1 à 6 parties en poids de sirop de fécule, de sucre ou de glycérine. Quand le mélange a acquis par évaporation la consistance voulue, on additionne, avant la solidification, les sels métalliques destinés à l'excitation électrique. Ces sels peuvent être du sulfate de fer, de cuivre, de zinc, de chlorure de sodium, d'ammonium, de l'alun, etc.

Nouvelle pile électrique, par la Société Tito Rosati, Emile Righetti, Guilre Connel, rep. par Dumas. — (Br. 222274 — 11 juin 1892 — 28 septembre 1892.)

Objet du brevet. — Pile composée d'une plaque ou d'un cylindre de plomb, et d'une plaque ou d'un cylindre de charbon ou même d'un métal qui, vis à vis du plomb, joue le rôle d'électrode positive.

Description. — Les deux électrodes sont plongées dans de l'eau acidulée avec un mélange d'acide nitrique et sulfurique. Le plomb employé doit être pur pour être attaqué par l'acide sulfurique, mais comme il est impur, on y ajoute une certaine quantité d'étain. Dans cette pile, il se forme du sous sulfate de plomb qui a une valeur commerciale.

Pile électrique au chlorure de potassium et à l'oxyde de potassium, par Senet, rep. par Josse. — (Br. 219638 — 23 février 1892 — 1er juin 1892.)

Objet du brevet. — Pile au chlorure de potassium soit seul, soit associé à l'hydrate de potassium ou autres oxydes ou sels donnant le même résultat.

Description. — Le liquide excitateur est composé de :

Chlorure de potassium	500
Potasse	100

Ces proportions sont variables. Si l'on veut obtenir un courant faible, la potasse est supprimée et le chlorure de potassium peut être remplacé par le chlorure d'ammonium.

SUBSTANCES ORGANIQUES, ALIMENTAIRES ET AUTRES, ET LEUR CONSERVATION

Procédé de perfectionnement de la stérilisation du lait ou d'autres liquides destinés à l'expédition en bouteilles, par Neuhauss Growald et Œhlmann, rep. par Matray frères. — (Br. 220339 — 25 mars 1892 — 5 juillet 1892.)

Objet du brevet. — Procédé de stérilisation au moyen de la chaleur.

Description. — On chauffe le liquide, lait ou autre, dans des appareils appropriés, puis on le transvase dans des récipients où il est ensuite soumis à l'action du froid.

Nouveau procédé de préparation de l'extrait de viande, par Bœsen, rep. par Assi et Genès (221442. — 21 avril 1892. — 22 août 1892). — (*Brevet anglais devant expirer le* 8 *février* 1896).

Objet du brevet. — Procédé de fabrication d'extrait de viande permettant de le conserver avec ou sans l'albumine.

Description. — Les morceaux de viande bien lavés, soit 5 à 10 kil. sont mis dans un peu d'eau dans une chaudière à double fond. On chauffe à une température suffisante pour ne pas coaguler l'albumine, soit entre 60° et 88° C. Puis, on introduit dans des bouteille et on chauffe les bouteilles à une température suffisante pour tuer les germes de fermentation, puis on laisse refroidir à 25°, après avoir maintenu environ 2 heures à 88°. On réchauffe une seconde fois pendant 2 heures. Si on ne tient pas à conserver l'albumine du jus, on chauffe de façon à coaguler l'albumine, puis on écume pour enlever cette dernière et la graisse, et l'on termine comme ci-dessus.

PRODUITS CHIMIQUES

Perfectionnements dans la fabrication de la soude et les appareils employés, par Mills, rep. par Blétry. — (Br. 221314. — 2 mai 1892. — 18 août 1892.)

Objet du brevet. — Procédé de fabrication de la soude basé sur ce fait qu'un mélange d'hydrogène et d'oxyde de carbone arrivant sur du sel commun donne lieu à la réaction suivante :

$$2\,NaCl + H^2 + 2\,CO = 2\,NaO + 2\,HCl + 2\,C.$$

Le mélange de soude et de charbon peut être employé pour fabriquer du sodium. On opère, soit dans des creusets, soit dans une chaudière en fonte dans laquelle on met le chlorure de sodium, et on y fait arriver les gaz au moyen de tuyaux.

Procédé de préparation de méta-méthoxy, méta-éthoxy et métabenzoyl para-amidobenzophénones akylées, par la Société Compagnie parisienne des couleurs d'aniline, rep. par Armengaud jeune. — (Br. 221333. — 2 mai 1892. — 18 août 1892.)

Objet du brevet. — Procédé consistant à convertir les amines substituées de l'acide respectif par chauffage avec de l'oxy-chlorure de phosphore et une base tertiaire en produits de condensation colorés pour l'acide diméthylamidobenzoïque, appelés *auramines* substituées; les matières colorantes sont ensuite décomposées aisément par ébullition avec des acides étendus, en benzophénone et amine primaire ou secondaire :

On choisit comme matière première, la benzanilide métaméthoxy ou éthoxy ou benzoylée.

Description. — Pour préparer la métaméthoxydiméthylamidobenzophénone, on chauffe ensemble dans une chaudière de fer ou de cuivre munie d'un agitateur, 10 kilogrammes de métaméthoxybenzanilide, 14 kilogrammes de diméthylaniline et 7 kilogrammes d'oxychlorure de phosphore. La température doit être de 90° et on la maintient pendant 3 heures en agitant continuellement. Le produit de fusion, après quelque temps, se colore en brun foncé prononcé ; lorsqu'il est en couches minces, il est brun-jaunâtre avec un peu de brillant métallique, puis il devient visqueux. Il est alors bien délayé dans 100 litres d'eau et 5 kilogrammes d'acide chlorhydrique, et chauffé à environ 70°. Le produit de fusion visqueux devient tout-à-fait fluide sans pour cela se dissoudre en quantité notable dans l'eau.

Des plaques se déposent çà et là sur les parois de la bassine jusqu'à ce que le tout se prenne en masse et tombe un peu plus tard en poudre cristalline. On dilue dans l'eau, de manière à ce que toute la quantité faiblement basique de la métaméthoxydiméthylamidobenzophénone soit précipitée. Puis, le liquide est séparé du sédiment que l'on purifie par recristallisation dans deux fois son poids d'alcool. Le liquide contient l'excès de diméthylaniline additionnée pour la fusion, et l'aniline qui s'est séparée du produit de condensation lors du chauffage avec l'eau. Le mélange des deux huiles est récupéré à la manière ordinaire.

La méthoxyparadiméthylamidobenzophénone ainsi obtenue est une base faible se dissolvant dans l'acide chlorhydrique fort. La solution étant étendue d'eau laisse reprécipiter la base presque complètement. Elle cristallise en aiguilles blanc-jaunâtre, se dissout facilement dans l'alcool et très facilement dans la benzine.

La paradiéthylbenzophénone s'obtient d'une manière analogue. Plus faiblement basique que la précédente, elle est à peine soluble dans l'acide chlorhydrique, très soluble dans l'alcool, plus difficilement dans la benzine. Elle cristallise en aiguilles presque blanches. Son point de fusion est 120°-121.

La métaéthoxyparadiméthylamidobenzophénone est une base faible, soluble dans l'acide chlorhydrique fort, reprécipitable par l'eau en aiguilles blanches-verdatres, fusibles à 90°, se dissolvant facilement dans la benzine, plus difficilement dans l'alcool.

L'éthoxyparadiéthylamidobenzophénone est non basique, soluble très facilement dans la benzine, facilement dans l'alcool, et cristallise en aiguilles blanches-verdâtres fusibles à 104°.

La métabenzoylparadiméthylamidobenzophénone est une base faible soluble dans l'acide chlorhydrique fort, reprécipitable par l'eau. Très facilement soluble dans la benzine, assez difficilement dans l'alcool froid. Aiguilles ou paillettes blanches-verdâtres, brillantes. Point de fusion 86°.

Nouveau procédé de désuintage, par Griffin, rep. par Delom. — (Br. 221352. — 3 mai 1892. — 19 août 1892.)

Objet du brevet. — Procédé de désuintage consistant à évaporer les liqueurs de lavage des laines, puis à y ajouter une matière absorbante telle que le phosphate acide de chaux, à sécher, pour enlever l'eau, puis à retirer la graisse par turbinage.

Procédé et appareil pour la fabrication de l'alumine avec les aluminates, la bauxite, ou autres matières semblables contenant de l'alumine. — Certificat d'addition au brevet pris le 20 juillet 1887, par Bayer, rep. par Nauhardt. — (Br. 184904. — 3 avril 1892. — 16 août 1892.)

Procédés de traitement du bisulfate de soude en vue de la production du sulfate de soude neutre, de l'acide sulfurique et de l'acide chlorhydrique. — Certificat d'addition au brevet pris le 7 septembre 1891, par Barbier, rep. par Chassevent. — (Br. 215954. — 26 avril 1892. — 17 août 1892.)

Objet du brevet. — Description de l'appareil destiné à l'application du procédé.

Procédé de fabrication de nouveaux produits de condensation de la tolidine et de ses homologues avec l'aldéhyde formique. — Certificat d'addition au brevet pris le 6 avril 1892, par la Société « Durand Huguenin et Cie », rep. par Armengaud jeune. — (Br. 220724. — 30 avril 1892. — 18 août 1892.)

Objet du brevet. — Procédé consistant à remplacer la tolidine par la benzidine et le diamidodiphényléther, la dianisidine. Les matières colorantes obtenues teignent le coton non mordancé.

Description. — On opère comme il suit, on prend :

1°	Benzidine	18 kilogr. 4
	Chlorhydrate basique de benzidine	22 —

On délaye avec une quantité suffisante d'alcool, de manière à obtenir une bouillie épaisse. On ajoute 7 kilogr. 5 d'une dissolution de formaldéhyde à 40 %. On abandonne la masse pendant 12 heures. Elle prend une teinte jaune-clair au bout de ce temps, on chauffe 12 heures à 100° au plus haut. Le produit vert-jaune visqueux, d'apparence résineuse, devient dur et cassant par refroidissement. On traite par un excès d'acide sulfurique étendu et chaud pour dissoudre la base nouvelle et transformer la benzidine en sulfate insoluble. On précipite la base par un alcali. On fond à 84-100°, elle est vert-clair, un peu soluble dans l'alcool chaud, insoluble dans la benzine, l'éther. Son chlorhydrate et son sulfate sont solubles dans l'eau. Diazotée, elle donne des diazos qui fournissent avec les naphtylaminesulfos des colorants substantifs teignant le coton non mordancé.

On prend ensuite :

2°	Dianisidine	24 kilogr. 4
	Chlorhydrate basique de dianisidine	28 —

On traite comme ci-dessus et on additionne de 7,5 de formaldéhyde.

On opère ainsi qu'il a été indiqué dans l'exemple précédent. C'est une base fondant à 75-90° C. soluble dans l'alcool et la benzine, presque insoluble dans l'éther. Elle est précipitée de ses sels sous forme visqueuse gris-clair. Elle forme un diazo qui est susceptible de donner des colorants substantifs.

Procédé et appareil pour la solidification des solutions salines, sucrées et autres, par MORRELL et STRINGFELLOW, rep. par Sautter et de Mestral. — (Br. 221307. — 2 mai 1892. — 16 août 1892.)

Objet du brevet. — Procédé pour la solidification des solutions salines, sucrées, etc., consistant à faire passer un courant d'air chaud comprimé sur le liquide, tout en le maintenant à une température inférieure à celle de son point d'ébullition.

Enduit hydrofuge pour rendre imperméables et indécousables les chaussures en cuir, par MONNEINS et BOBIN, rep. par Armengaud jeune. — (Br. 221272. — 29 avril 1892. — 16 août 1892.)

Objet du brevet. — Enduit hydrofuge pour chaussures en cuir, se composant de résine, d'amadou pulvérisé, de bitume de judée, de goudron et de suif.

Description. — Les proportions sont les suivantes : Résine 25 %, amadou pulvérisé 10 %, bitume de judée 40 %, goudron 10 %, suif 15 %.

Procédé pour la destruction de l'Ocneria (liparis) monacha L et autres insectes. Cert. d'addit. au brevet pris le 2 février 1892 par Société FRED : BAYER et Cie, rep. par Dobler. — (Br. 219344. — 6 mai 1892. — 23 août 1892.

Objet du brevet. — Perfectionnement consistant dans l'addition de savon à la solution de dinitrocrésol et application de ce liquide à la destruction, non seulement des insectes, mais des hymenomycètes et de champignons xylophages.

(Voir *Moniteur scientifique* 610e livraison. — octobre 1892, page 341.)

Emploi des acides fluorhydrique et fluosilicique et de leurs dérivés ainsi que du fluorure de silicium comme agents de désinfection en général, et plus particulièrement dans la viticulture et la sériciculture, etc., par SESTA CANTA et Cie., rep. par Thirion. — (Br. 221404. — 5 mai 1892. — 22 août 1892).

Objet du brevet. — Procédé de désinfection au moyen des acides fluorhydrique, fluosilicique et de leurs dérivés consistant dans l'emploi de solutions salines à $\frac{1}{200}$ et de solutions acides à $\frac{1}{500}$.

Bain de dénitration de pyroxyles, par DE CHARDONNET, rep. par Armengaud jeune. — (Br. 221488. — 9 mai 1892. — 25 août 1892.)

Objet du brevet. — Bain de dénitration pour pyroxyles composé de sulfure de calcium provenant de la calcination d'un mélange de sulfate de chaux et de charbon, de sulfate d'ammonium et d'ammoniaque.

Description. — On place dans une cuve caoutchoutée en bois, grès, verre ou en fer, profonde de 70 à 80 cent. les solutions suivantes : Eau 100 kil., sulfate d'ammonium 12 kil., sulfure de calcium brut pulvérulent, 8 à 10 kil., ammoniaque 4 kil. On trempe les écheveaux et l'on chauffe peu à peu à 30°-32°. La réaction commence au bout de quelques minutes. On suit la réaction au moyen d'une mèche témoin sur laquelle on prend des échantillons d'épreuve. Au bout de 3/4 d'heure à 1 heure, la soie artificielle a perdu les 2/3 ou 3/4 de son azote, les écheveaux se ramollissent et le témoin brûle comme du chanvre et non comme du pyroxyle. On lave à grande eau, puis dans l'eau acidulée de 2 à 3 % d'acide nitrique, on rince et sèche dans un courant d'air chauffé. On peut remonter le bain par addition d'autant de monosulfure de calcium qu'il y a eu de soie dénitrée. Enfin, lorsque le bain n'est plus utilisable, on transforme l'ammoniaque en sulfate par addition d'acide sulfurique en léger excès.

Nouveau procédé pour obtenir de l'hydrogène et de l'acide carbonique par Société FRIED KRUPP, à Essen (Prusse), rep. par Thirion. — (Br. 221379. — 4 mai 1892. — 22 août 1892.)

(Voir le brevet allemand, présente livraison, p. 65.)

Procédé de fabrication de l'oxygène, par VILLON et GÉNIN, grande rue de la Guillotière, 97, Lyon. — (Br. 221433. — 10 mai 1892. — 22 août 1892).

Objet du brevet. — Procédé de fabrication de l oxygène par l'action de corps oxydants tels que le bioxyde de baryum, le bioxyde de plomb, le bioxyde d'hydrogène, etc., sur les composés oxygénés du chlore en combinaison avec les bases alcalines, alcalino-terreuses et sous l'influence de la chaleur.

Description. — Pour réaliser ce procédé, on décompose l'acide chlorhydrique par la chaleur en lui faisant traverser des tubes en fonte garnis d'amiante ; le chlore est reçu dans un lait de chaux, l'hypochlorite forme est décomposé par la chaleur en présence des corps oxydants précités. L'oxygéne est lavé dans un mélange d'acide sulfurique et d'acide chromique puis desséché sur la chaux et la soude caustique ; le chlorure de calcium est ensuite décomposé par la silice pour récupérer l'acide chlorhydrique.

Procédé de fabrication d'acide carbonique, par VILLON et GÉNIN. — (Br. 221434. — 10 mai 1892. — 22 août 1892.

Objet du brevet. — Production d'acide carbonique par la combustion des hydrocarbures lourds de pétrole, de houille, de schiste bitumeux, napthaline, etc. pulvérisés dans des appareils de chauffage entourés d'eau, d'air, et alimentés par de l'air ou des gaz riches en oxygène, comprimés ou non.

Procédé de fabrication de l'oxygène, par GEORGES WEBB fils, 13, Mill Street Lambeth Walk, et GEORGES HENRY RAYNER, ingénieur, 37, Chancery Lane, tous deux à Lonres, rep. par la Société internationale des Inventions modernes. — (Br. 221437. — 7 mai 1892. — 22 août 1892.)

Objet du brevet. — Procédé de fabrication de l'oxygène basé sur la méthode de Tessié du Motay et Maréchal, mais différent en ce que les produits employés sont traités de manière à ne pas s'agglutiner.

Description. — Le produit dont on se sert est préparé de la façon suivante : On dissout 450 gr. de soude dans un peu plus de 1 litre d'eau chaude. On chauffe le mélange jusqu'à environ 100°C. Quand tout est dissous, on ajoute environ 450 gr. de bioxyde de manganèse et 450 gr. de manganate de soude, et on remue le tout en maintenant la température jusqu'à évaporation de l'eau et que la masse soit sèche. On la chauffe au rouge cerise ou au rouge blanc, puis on la casse en morceaux de la grosseur d'une noix, que l'on roule dans du bioxyde de manganèse bien pulvérisé, jusqu'à ce que chaque morceau en ait absorbé suffisamment. Cette opération est très importante, car elle empêche les morceaux de s'agglutiner, ce qui était la cause de l'insuccès du procédé. On chauffe le produit au rouge sombre en y faisant arriver de l'air privé d'acide carbonique et d'humidité. L'oxygène est absorbé, l'azote s'échappe, puis on arrête l'accès de l'air et on décompose le produit pour obtenir de l'oxygène. La matière peut servir de nouveau.

Procédé pour la fabrication d'acétate de soude au moyen de la liqueur de sparte ou alfa ou d'autres liquides résiduaires ou sous-produits, par HIGGIN, rep. par Assi et Genès. — (Br. 221481. — 9 mai 1892. — 25 août 1892.)

Objet du brevet. — Procédé consistant à préparer l'acétate de soude en soumettant les résidus de préparation de la sparte ou alfa, à une température suffisante pour obtenir le composé indiqué.

Description. — A cet effet, le produit résiduaire, après évaporation, est chauffé à une température d'environ 400°. Une température plus basse donnerait un moindre rendement, une température plus élevée décomposerait l'acétate. Le produit obtenu contient environ 150 p. d'acétate, on le lave à l'eau pour retirer l'acétate. Le produit noir qui reste est calciné pour donner du carbonate de soude qui représente une grande partie de la soude employée.

Perfectionnements dans la production industrielle de la baryte hydratée, par MARTIN, 4 Cours-Saint-Louis à Marseille. Cert. d'add. au brevet pris le 19 juin 1891. — (Br. 214169. — 4 mai 1892. — 23 août 1892.)

Objet du brevet. — 1° Décomposition de briquettes formées de sulfate de baryte et de naphtaline à une température de 800 à 900°. 2° Décomposition du sulfure de baryum à l'état de division extrême par l'hydrogène.

Perfectionnements dans la production de l'ozone, par Haas Martin, rep. par Casalonga. (Br. 221546. — 11 mai 1892. — 30 avril 1892.)

Objet du brevet. — Procédé ayant pour but de préparer l'ozone au moyen de l'oxygène provenant de la décomposition de l'eau et desséché, sans l'emploi de corps avides d'eau.

Description. — Pour cela, on commence par décomposer l'eau par l'électricité, sous pression, puis à faire subir ensuite au gaz une détente, de manière à condenser les vapeurs entraînées, ce qui évite l'emploi des composés avides d'eau généralement employés. L'oxygène est alors envoyé dans un appareil à ozone, tandis que l'hydrogène sert, soit comme combustible, soit comme réactif, soit pour le gonflement de ballons. L'appareil à ozone se compose de feuilles minces paramagnétiques, telles que l'ébonite, la gutta, la cire, la cellulose, le papier paraffiné ou non, le mica, la soie bitumée ou non, entre lesquelles sont placées des entretoises également très minces, de manière à maintenir ces feuilles parallèles très rapprochées. Ces entretoises présentent des chemins, droits ou tortueux, par lesquels passe l'oxygène, qui est ainsi soumis à l'action de l'effluve. Le nombre des feuilles n'est pas limité.

Produit nouveau ou perfectionné destiné au blanchiment, par Brittingham, rep. par Cohen. — (Br. 221556. — 11 mai 1892. — 30 août 1892.)

Objet du brevet. — Procédé ayant pour objet l'emploi et l'utilisation d'un tungstate, combiné avec la soude de préférence à d'autres bases, mélangé à diverses substances et destiné au blanchiment des tissus du papier, etc.

Description. — Pour mettre ce procédé en œuvre, on prend un demi litre d'eau, on y ajoute 15 0/0 de tungstate sodique ; dans cette solution on trempe les objets à blanchir. On les y laisse 5. 10 et 15 minutes ou plus longtemps, en ayant soin d'agiter pendant ce temps. On additionne alors d'une solution d'hypochlorite de soude faite avec 225 grammes d'hypochlorite pour 18 litres d'eau. On agite et le blanchiment est obtenu au bout de 10 minutes à une heure. On peut chauffer au moment de l'addition d'hypochlorite. Quand on désire prolonger l'efficacité du procédé, on ajoute à la liqueur un mélange de 60 grammes de chlorure de sodium, 68 grammes d'acide sulfurique et 50 grammes d'eau. On chauffe jusqu'à dégagement d'acide chlorhydrique, on ajoute 1/4 d'eau. En prenant 15 grammes de ce mélange, on l'ajoute au précédent. Au lieu d'hypochlorite, on peut prendre le mélange suivant : carbonate de soude, 30 grammes, acide chlorhydrique, 50 grammes, eau 4 litres et demi que l'on ajoute au tungstate de soude. Une autre variante consiste à additionner l'hypochlorite, de 1 gr. 77 d'acide arsénieux et d'ajouter au tungstate (1).

Perfectionnement dans les procédés d'épuration des eaux d'égoûts et d'autres eaux sales, par Lockwood, rep. par Gudmann. — (Br. 221587. — 12 mai 1892. — 30 août 1892.)

Objet du brevet. — Procédé consistant dans le traitement des eaux d'égoûts par un mélange de sulfate de fer et de chaux Ce qui caractérise ce procédé, c'est la provenance des matières premières employées. On se sert des produits résiduaires provenant de la rectification des huiles de goudron. Avec l'acide sulfurique que l'on obtient, on fait du sulfate de fer avec le fer provenant de la réduction du nitrobenzol, et la chaux provient de la fabrication de l'ammoniaque.

Procédé perfectionné pour la fabrication de la fécule, par Couchot et Chancet, rep. par Chevillard. — (B. 221634. — 16 mai 1892. — 2 septembre 1892.)

Objet du brevet. — Procédé de fabrication de la fécule, consistant à réduire les pommes de terre en cossettes, à les placer dans des diffuseurs, dans lesquels on fait arriver de l'acide sulfureux en dissolution Puis les cossettes sont essorées, réduites en pulpe, pour être tamisées et suivre la préparation courante, ou pour être soumises à une pression énergique, puis séchées et touraillées et gardées pour être utilisées, soit à une fabrication ultérieure, soit en distillerie.

Perfectionnements dans la fabrication des couleurs, par Scullay, rep. par Brandon et fils. — (Br. 221870. — 7 avril 1884. — 5 septembre 1892.)

Objet du brevet. — Procédé ayant surtout pour but de perfectionner la couleur des oxydes et des minéraux de fer, de l'hématite, des ocres rouges, jaunes ou autres. Elles s'applique

(1) L'acide arsénieux réduit l'hypochlorite et fait de l'acide arsénique; on ne comprend guère sa raison d'être.

spécialement au produit appelé en Amérique : « *Blue-Belly* », qui existe comme résidu de la décomposition des pyrites de fer dans la préparation de l'acide sulfurique. Il consiste à transformer ce corps en sulfate et à l'oxyder au moyen d'un oxydant tel qu'un nitrate.

Description. — Pour cela, on mélange le *Blue-Belly* avec 25 0/0 de sulfate d'ammoniaque et 1 0/0 d'azotate de plomb et l'on introduit dans une cornue. On chauffe graduellement, l'ammoniaque se dégage et, quant tout dégagement a cessé, on chauffe au rouge sombre, il y a dégagement d'acide sulfurique et de vapeurs nitreuses et l'on obtient de l'oxyde rouge de fer constituant le rouge de Venise (1).

Procédé d'extraction des matières tannantes et tinctoriales, par Hefter et Benard, rep. par Thirion. — (Br. 221712. — 17 mai 1892. — 5 septembre 1892.)

Objet du brevet. — Procédé consistant à traiter par des lessives chaudes et froides les bois tannants dans une série d'appareils disposés de telle sorte que le jus bouilli d'un appareil passe dans l'autre au moyen d'une pression exercée sur la surface du liquides.

Procédé de fabrication d'un nouveau produit chimique dit : « Chloralose » et de ses congénères, par la « Société Bain et Fournier », rep. par Armengaud jeune. — (Br. 211787. — 20 mai 1892. — 7 septembre 1892.)

Objet du brevet. — Procédé de fabrication d'un antiseptique provenant de la combinaison du chloral ou d'autres aldéhydes avec le sucre.

Description. — On chauffe au bain-marie à 100° : parties égales de sucre et de chloral avec ou sans emploi d'agents de condensation. On chasse l'excès de chloral par distillation, et après cristallisation de la masse restante, on trouve un corps cristallisé en longues aiguilles soyeuses solubles dans l'eau, plus solubles dans l'alcool, elles fondent vers 187°. La réaction est :

$$C^2HCl^3O + C^6H^{12}O^6 = H^2O + C^2H^{11}O^6Cl^3$$

Ce corps n'est pas réducteur, on peut remplacer le choral par l'aldéhyde benzoïque.

Procédé de préparation de l'acide carbonique, par Rommenholer, rep. par Assi et Genès. — (Br. 221814. — 21 mai 1892. — 8 septembre 1892.)

Voir brevet identique, année 1892, page 83.

Objet du brevet. — Procédé d'absorption et de séparation de l'acide carbonique, en chauffant le mélange avec une solution de phosphate alcalin, en particulier, le phosphate de soude, consistant à faire agir le gaz contenant l'acide carbonique

Description. — Dans 100 kilogr. d'eau on fait dissoudre 10 kilogr. de phosphate de soude, puis on fait passer à basse température l'acide carbonique; il se produit la réaction suivante

$$Na^2PhO^4 + CO^2 + H^2O = NaH^2PhO^4 + NaHCO^2$$

On chauffe à l'ébullition, l'acide carbonique se dégage.

Fabrication de phosphates solubles au moyen de cendres pyriteuses ou de schistes alumineux. (Brevet de 10 ans), par Fischer, à Chevallois (Aisne). — (Br. 221840. — 25 mai 1892. — 10 septembre 1892.)

Objet du brevet. — Procédé consistant à mélanger les phosphates avec les produits pyriteux et à laisser le mélange à l'air ou à le calciner ; il a pour but de transformer le phosphate tribasique de chaux en phosphate soluble dans le citrate d'ammoniaque.

Description. — On mélange le phosphate fossile naturel ou pulverisé avec les minerais pyriteux vierges nouvellement extraits, ou extraits depuis un certain temps, ou bien avec du minerai qui a été lessivé pour en retirer les sels solubles, ou bien sans qu'on en ait retiré ces sels. On laisse le mélange dans des proportions et des conditions variables jusqu'à effleurissement, en les agitant ou bien en les calcinant à air libre.

Procédé pour la fabrication de nouveaux produits obtenus par la condensation de la benzidine, de la tolidine ou de leurs homologues supérieurs avec les phénylènediamines ou leurs homologues. Cert. d'addition au brevet pris le 1er avril 1892, par Société L. Durand, Huguenin et Cie, rep. par Armengaud jeune. — (Br. 220609. — 16 mai 1892. — 10 septembre 1892.)

---

(1) Ce rouge contient une certaine quantité de plomb provenant de la préparation, ce qui le rend impropre pour certains usages.

Objet du brevet. — Perfectionnement apporté à la préparation des produits de condensation de la métaphénylènediamine avec la benzidine, ou la dianisidine.

Description. — 1° Le produit de condensation de la métaphénylène-diamine avec la benzidine, obtenu d'après le procédé du brevet principal, peut être précipité de ses solutions acides par les alcalins sous forme de précipité brun chocolat clair, prenant, par séchage, une couleur plus foncée, c'est-à-dire une couleur rouge brun foncé. Cette base fond à 47°, 57°C. est facilement soluble dans l'alcool, peu dans la benzine, presque insoluble dans l'éther. Les sulfate et chlorhydrate sont solubles dans l'eau. Les solutions de la base libre surtout, ont une belle fluorescence verte très prononcée.

2° Le produit de condensation de la métaphénylènediamine avec la dianisidine a la même couleur que le précédent, et fond à 80°-100°, il est soluble dans l'alcool, peu dans l'éther, presque insoluble dans la benzine, il a fluorescence très prononcée. Les diazodérivés donnent des matières colorantes substantives teignant le coton non mordancé.

Procédé d'épuration et de nitrification des eaux d'égout, par Bouret, pharmacien, 69, rue Compoise, à Saint-Denis (Seine). — (Br. 221924. — 27 mai 1892. — 12 septembre 1892.)

Objet du brevet. — Ce procédé d'épuration des eaux d'égout consiste à faire passer les eaux d'égout sur un mélange de sulfate de chaux et de tourbe auquel on peut ajouter, suivant les cas, du sulfate de fer, du noir animal, du phosphate de chaux.

Description. — Pour réaliser ce procédé on fait arriver les eaux d'égout dans une cuvette faite sur un sol perméable ou drainé, et dans laquelle on a placé une couche de matière filtrante.

Perfectionnements apportés à la fabrication des pyrolignites, par MM. Pickles, rep. par Dumas. — (Br. 221932. — 27 mai 1892. — 12 septembre 1892.)

Objet du brevet. — Procédé de purification des pyrolignites basé sur l'emploi des produits résiduels de la fabrication du prussiate de potasse ou de la décomposition des matières animales par les alcalis ou carbonates alcalins.

Description. — Les liquides pyroligneux contenant des matières goudronneuses et empyreumatiques sont traités par les agents indiqués ci-dessus, puis après un contact suffisant, on filtre.

Perfectionnements dans la production du sulfate de fer, par Martin, Louis-Emile, 4, Cours-Saint-Louis, à Marseille. — (Br. 221935. — 1er juin 1892. — 18 septembre 1892.

Objet du brevet. — Procédé consistant dans la préparation industrielle du sulfate de fer au moyen de la tournure de fer ou de la fonte et du soufre, du sulfure de baryum ou de strontium. Dans le cycle des opérations, on met en œuvre l'action combinée d'un couple galvanique, de la chaleur, et du cuivre indéfiniment régénéré par cémentation, et de la vapeur d'eau et de l'air atmosphérique.

Description. — Dans une série de récipients clos, mobiles, non conducteurs de l'électricité et chauffés par un seul foyer, on introduit une solution bouillante de sulfure de baryum ou de strontium et un mélange en proportions convenables de fer et de cuivre. On plonge dans la solution des couples formés de cuivre et de fer unis et polis que l'on réunit par un fil en cuivre. On chauffe à 40° ou 50° pendant une heure environ, puis on retire du foyer et on laisse refroidir pendant vingt-quatre heures. On décante la liqueur, et on jette sur un tamis la lessive, le dépôt de sulfure métallique et de soufre. Ce dépôt est ensuite calciné pour former du sulfate que l'on lave à l'eau chaude méthodiquement, puis on recuit la liqueur sur des fragments de fer ou de fonte, jusqu'à ce que la liqueur contienne 40 à 50 % de fer. Le cuivre est précipité, et sa précipitation demande vingt-quatre heures environ. On fait concentrer pour obtenir le sulfate de fer, tandis que le cuivre très divisé est lavé et sert pour une autre opération.

Utilisation de la tourbe pour la fabrication de cellulose, de sucre, et d'alcool. Cert. d'add. au brevet pris le 30 novembre 1891 par Kappessea, rep. par Société internationale des inventions modernes. — (Br. 217746. — 25 mars 1892. — 15 septembre 1892.) (Voir *Moniteur scientifique*, 607e livraison. — juillet 1892. — page 216.)

Procédé de purification des acides organiques et des phénols, par le Dr Panojota (Wilhelm Hofman). — (Br. 222108. — 3 juin 1892. — 20 septembre 1892.)

Objet du brevet. — Procédé de purification des liquides ou solutions contenant des acides organiques et des phénols en vue de réaliser d'une manière aussi facile et complète que possible l'extraction de ces matières dans un état de pureté suffisant. Ce procédé consiste à mélanger aux liquides en question un sel d'étain soluble dans le but de précipiter les impuretés qu'ils contiennent.

(*Voir le brevet allemand H* 112307, Moniteur scientifique, 612e *livraison.* — *Décembre* 1892, *page* 391.)

Procédé pour la fabrication de l'acide 1:8 dioxynaphtaline-β-disulfonique, par la Société Farbenfabriken, à Elberfeld, rep. par Dobler. — (Br. 222119. — 4 juin 1892. — 20 septembre 1892.)

Objet du brevet. — Procédé de fabrication de l'acide (1:8) dioxynaphtylamine-β-disulfonique, consistant à chauffer sous une forte pression (22 à 27 atmosphères), l'acide amidonaphtol-disulfonique avec une solution diluée au plus à 10 % d'un alcali caustique.

Description. — Exemple: 15 kilogr. du sel sodique de l'acide amidonaphtol-β-disulfonique, sont dissous dans 300 kil. d'une solution de soude caustique à 5 % et chauffés dans une chaudière fermée sous une pression de 25 atmosphères pendant près de 4 à 5 heures. On chasse l'ammoniaque, et on acidule par l'acide chlorhydrique, et il se précipite le sel sodique de l'acide (1:8) dioxynaphtaline-β-disulfonique. Il n'est pas nécessaire d'isoler l'acide (1:8) amidonaphtoldisulfonique, mais on peut continuer à chauffer directement sous pression la fonte obtenue avec l'acide α-naphtylaminetrisulfonique et la soude après avoir dilué dans de l'eau. D'une manière analogue, on obtient le même acide dioxynaphtalinedisulfonique, si l'on soumet au procédé décrit ci-dessus l'acide diamidonaphtalinedisulfonique que l'on peut préparer au moyen de l'acide naphtaline (2:7) disulfonique en nitrant et réduisant. Il ne faut que remplacer dans l'exemple précédent l'acide amidonaphtoldisulfonique par une quantité correspondante d'acide diamidonaphtalinesulfonique. Il suit de cette réaction qu'il faut considérer la constitution de ce dernier acide comme l'acide (1:8) diamidonaphtoline (2:7) disulfonique de même que celle de l'acide amidonaphtoldisulfonique II de la demande de brevet C 3544 qui se trouve identique avec l'acide (1:8) amidonaphtol-β-disulfonique employé ci-dessus.

Préparation des sels d'alumine des acides naphtolsulfoniques dits « alumnols », par « Compagnie parisienne des couleurs d'aniline », rep. par Armengaud jeune. — (Br. 222135. —4 juin 1892. — 21 septembre 1892.)

Objet du brevet. — Les sels d'alumine des acides α et β-naphtol sulfureux ont, d'après le Dr Heintz et le Dr Liebrecht, de Breslau, une action astringente et antiseptique hors ligne. Ces sels n'ont pas tous la même action, le plus actif est celui de l'acide β-naphtol disulfureux R. On fait d'abord le sel de baryum, de plomb, ou de calcium que l'on transforme en sel d'alumine par ébullition avec le sulfate d'alumine.

Description. — Exemple : Pour préparer le sel d'alumine de l'acide β-naphtoldisulfonique R, on prend 15 kilogr. de β-naphtoldisulfonate R. de sodium à 69 %. On dissout dans 60 litres d'eau à l'ébullition, et on ajoute la quantité théorique d'une solution de 7 kilogr. de chlorure de baryum concentrée. Le sel barytique se précipite sous forme de gelée que l'on agite longtemps pour le changer en une masse très facile à laver On refroidit par la glace, et on soutire par aspiration, le sel barytique est ensuite transformé en sel d'alumine par ébullition avec la quantité calculée de sulfate d'alumine. Pour cela, le sel barytique est mis en suspension dans l'eau bouillante, on ajoute le sulfate en solution concentrée chaude, on sépare par filtration le sulfate de baryte, et on concentre. L'alumnol est obtenu sous forme de croûtes épaisses qui sont séchées et moulues. Il est astringent, blanc et soluble dans l'eau. On peut aussi transformer l'acide en sel barytique, puis le mettre en liberté et le saturer par de l'alumine. De même que l'on vient de préparer le sel d'alumine de l'acide β-naphtoldisulfonique (acide crocéine sulfonique). On peut obtenir ceux des acides α et β-naphtol sulfureux de Schœffer de l'acide naphtol sulfureux F, de l'acide naphtol disulfureux G, de l'acide (2:3) β-naphtol sulfureux, de l'acide β-naphtol trisulfureux (Br. allem. 22038), de l'acide (1:4) α-naphtol disulfureux pour dinitro-α-naphtol, de l'acide α-naphtol trisulfureux pour jaune de naphtol S, de l'acide α-naphtol ε-disulfureux (Br. allem. 45776), de l'acide β-naphtol δ-disulfureux (Br. allem. 44079.)

Procédé d'épuration des eaux, par Maiche. — (Br. 222189. — 4 juin 1892. — 21 septembre 1892.)

Objet du brevet. — Procédé consistant à traiter les eaux par le sulfate ou le protoxyde de fer. Pour éviter l'inconvénient d'une filtration, on a soin d'ajouter à l'eau traitée par le sulfate de fer ou le protoxyde et quand le précipité s'est déposé, soit au bout de 3 ou 4 heures, 25 à 50 gr. de perchlorure de fer par mètre cube d'eau. On laisse déposer et l'eau est absolument pure.

Perfectionnements dans les procédés détersifs, par Brittingham et William Baynum, (New-York), rep. par Chassenet. — (Br. 22173. — 7 juin 1892. — 24 septembre 1892.

Objet du brevet. — Procédé consistant à fabriquer des composés détersifs au moyen de tungstates alcalins et du savon ordinaire

Description. — On ajoute à 500 gr. de savon, 5 gr. 30 c. de tungstate : cette proportion est variable, et le produit adoucit bien la peau. En faisant un savon jaune de résine, la proportion de résine peut être considérablement augmentée sans altérer la qualité du savon. Ce genre de savon fabriqué avec 50 kil. de graisse et 45 kil. de résine et additionné de 5 k. 300 de tungstates de soude est doux et agréable. On incorpore le tungstate de soude au moment où le savon est mou pendant la fabrication.

Procédé de préparation de la céruse par électrolyse du plomb du commerce ou des mattes de plomb argentifère, par Nicolaieff, rep. par Josse — (Br. 222215. — 8 juin 1892. — 26 septembre 1892.)

Objet du brevet. — Procédé de préparation électrolytique de la céruse au moyen d'un courant électrique d'une densité électrique de 1,5 Ampère. au plus par décimètre carré. Le plomb est transformé en nitrate de plomb, dont on précipite le plomb sous forme de céruse par un courant d'acide carbonique. L'électrolyte peut être une solution d'acide nitrique, ou une solution d'un nitrate alcalin quelconque. On opère dans des vases en terre réfractaire.

Si l'on emploie des bassines en bois, on les recouvre d'une ou plusieurs couches de cérésine fondue, mélangée à de la céruse jusqu'à avoir une épaisseur de 1/2 centimètre, puis on recouvre d'une couche de cérésine pure. La garniture peut-être remplacée par du plomb que l'on met en communication avec le pôle négatif; l'acide carbonique est amené par des tuyaux en terre réfractaire.

Description. — On prépare une solution de 3 0/0 d'acide nitrique concentré, dans 2000 grammes d'eau, la dite solution servant d'électrolyte est placée dans les bassines, on y introduit des anodes de plomb du commerce ou des mattes de plomb argentifères, et des cathodes en charbon, ou en plomb, ou bien en un autre métal convenable et on fait passer le courant électrique de densité égale à 90 ou 100 ampères par mètre carré. La solution est saturée au bout de 30 minutes ; on peut la considérer comme telle quand des petits cristaux de plomb commencent à se déposer à la cathode. Si le plomb est argentifere, on met des anodes en charbon et des cathodes en argent. On fait passer le courant, l'argent se dépose sur les cathodes, puis on décante la liqueur additionnée d'un alcali pour neutraliser ensuite, on fait passer l'acide carbonique. On peut neutraliser par un carbonate alcalin et en même temps introduire l'acide carbonique. Si le plomb est très pur, on fait une solution en mélangeant 5 à 10 0/0 de nitrate de soude, autant de nitrate de potasse et de nitrate d'ammoniaque et 10 0/0 d'eau. On plonge les anodes en plomb et des feuilles de plomb forment les cathodes ; au moment de faire passer le courant on introduit l'acide carbonique; l'intensité du courant doit être de 100 à 110 ampères par mètre carré.

Procédé de fabrication de l'acide azotique au moyen d'un azotate alcalin, par Adolphe Vogt, rep. par Chassevent. — (Br. 222358. — 15 juin 1892. — 30 septembre 1892.)

Objet du brevet. — Procédé de fabrication d'acide azotique par l'action de l'acide carbonique et de la vapeur d'eau sur les azotates alcalins.

Description. — On chauffe par exemple, dans une cornue ou dans un four à moufle à une température voisine de celle où il se décompose par le chaleur seule, de l'azotate de soude. Avant de l'introduire dans le four, on le mélange avec du carbonate ou avec du peroxyde de fer ou de manganèse. Quand on a introduit le mélange dans la cornu et quand il a atteint la température indiquée, on fait passer l'acide carbonique et la vapeur d'eau. L'acide carbonique et la vapeur d'eau déplacent l'acide azotique, et il se forme du carbonate de soude. Le produit solide est lessivé pour en retirer le sel alcalin, quand au résidu final, il peut être employé pour une autre opération. Il est très important que les gaz carbonique et vapeur d'eau soient chauffés avant d'être introduits dans l'appareil, pour le succès de l'opération. Les produits mélangés sont destinés à empêcher la fusion et à rendre la masse poreuse. On peut, après avoir pulvérisé l'azotate et mélangé avec les autres substances pulvérisées, faire une pâte, chauffer à une température inférieure à celle de la décomposition de l'azotate. La masse poreuse formée est cassée en menus morceaux et sert à l'opération indiquée.

Procédé de préparation d'acides sulfonés de meta-amidotétiraalkyldiamidotriphénylméthane. Cert. d'add. au brevet pris le 15 octobre 1888, par la Société COMPAGNIE PARISIENNE DES COULEURS D'ANILINE, rep. par Armengaud jeune. — (Br. 193554. — 4 juin 1892. — 26 septembre 1892.)

Objet du brevet. — Procédé consistant à appliquer les méthodes de préparation indiquées dans le brevet principal, aux dérivés dinitrés des bases indiquées.

Nouveau procédé de conservation des bois, par BRODLEY, rep. par Thirion. — (Br. 219104. — 2 février 1892. — 5 mai 1892.)

Objet du brevet. — Procédé consistant à traiter les bois par une solution d'hydrofluosilicate de strontiane, à excès de silico et mêlée à une solution de sulfate de cuivre dans un cylindre ou l'on fait le vide. L'injection se fait à une pression de 6 à 8 atmosphères.

Procédé pour la transformation du bisulfate de soude en carbonate de soude, par PUPIN, rep. par Armengaud aîné. — (Br. 222385. — Juin 1892. — 3 octobre 1892.)

Objet du brevet. — Procédé consistant à soumettre le bisulfate de soude à l'action de la chaleur pour en retirer un équivalent d'acide sulfurique, puis à le transformer en carbonate sodique.

Description. — On chauffe le bisulfate de sodium pour en retirer un équivalent d'acide sulfurique, mais au moment où le restant de l'acide se dégage difficilement, on ajoute des sels de soude, de provenance quelconque, on choisit principalement ceux qui proviennent des marcs de fabrication des cristaux de soude. Cette dernière opération a pour but d'éviter l'acidité du sulfate provenant du bisulfate, car il se formerait avec la chaux du sulfate et par suite du sulfure de calcium qui non seulement rend la soude brute peu friable et très difficilement lessivable, mais encore ce sulfate de soude intervient pour donner un composé insoluble entraînant la perte d'une certaine quantité de soude.

Procédé pour enrichir la craie phosphatée par lavage à chaud, par ROUX, rep. par Armengaud jeune. — (Br. 222515. — 21 juin 1892. — 6 octobre 1892.)

Objet du brevet. — Procédé d'enrichissement des craies phosphatées consistant à laver ces craies calcinées par l'eau bouillante qui désagrège facilement la masse phosphatée et enlève la chaux caustique. Puis on fait passer un courant d'acide carbonique dont la base précipite la chaux à l'état de carbonate très ténu, et on peut facilement le séparer par décantation, car il reste en suspension. Du reste le liquide décanté est mis à part pour laisser déposer le mélange de carbonate et d'une petite quantité de phosphate qui a été entraînée et qui peut être utilisée comme engrais. Voir aussi le brevet sur le même objet, année 1892, p. 337,

Perfectionnements dans les moyens et produits applicables à la filtration, par PADÉ, rep. par Casalonga. — (Br. 222524. — 22 juin 1892. — 8 octobre 1892.)

Objet du brevet. — Procédé ayant pour objet un dispositif nouveau pour la filtration et surtout la préparation de la matière filtrante.

Description. — Le produit employé à la filtration est préparé de la façon suivante. On prend 50 0/0 d'amiante fine et en filaments, et 50 0/0 de pâte de papier. On fait avec cette matière et de l'eau une pâte que l'on comprime fortement, puis on la soumet à une haute température pour calciner le papier. Il se produit un charbon poreux très ténu, ne laissant passer aucun microbe et donnant de l'eau plus pure que la porcelaine dégourdie et la porcelaine d'amiante. On peut revivifier la matière par calcination ; elle est souple et donne un très grand débit.

MATIÈRES COLORANTES. — ENCRES.

Procédé pour la production de matières colorantes azoconjuguées dérivant de la para-phenylènediamine et applicables sur laine donnant des nuances allant du violet au bleu, par la Société Compagnie parisienne de couleurs d'aniline rep. par Armengaud jeune. — (Br. 221363 — 3 mai 1892 — 17 août 1892).

Objet du brevet. — Le présent brevet a pour but la préparation de matières colorantes violet bleu de la paraphenylènediamine possédant une solidité à la lumière qui la rend équivalente aux bleus et violets de la fuschsine. Elles sont préférables à ces dernières en ce qu'elles donnent des couleurs plus foncées et ne déchargent pas, que leur dissolution reste claire en bain acide, tandis que ceux d'aniline séparent les acides des matières colorantes, sous forme résineuse, et produisent souvent des taches, elles ne teignent presque pas le coton, et ne sont pas des matières colorantes consistantes. Ces colorants, surtout ceux de nuances violettes ou bleues pures, sont formés seulement avec les acides polysulfonés de dioxynaphtaline, ou d'amidonaphtol, les autres composants fournissent pour la plupart, et surtout les acides naphtolsulfonés, et les phénols, en général, des nuances rouges bordeaux ou jaunes brunes sans valeur. Le meilleur procédé pour préparer ces matières colorantes consiste à réduire le nitrogroupe en matières colorantes au moyen d'agents réducteurs alcalins : la poudre de zinc, l'oxyde stanneux, le glucose réussissent moins bien. Ces colorants possédant un amidogroupe libre peuvant se combiner aux acides, et donner avec l'acide nitreux des diazodérivés, qui peuvent se combiner avec un molécule d'un composé convenable et former des tétrazos.

Description. — Exemple. — La matière colorante obtenue de la paranitraniline diazotée et de l'acide dioxynaphtalinedisulfoné qui se forme, est dissoute dans 15 à 20 fois en poids d'eau chaude, puis additionnée en l'agitant à la température de 50° à 60° d'une solution de sulfure de sodium à 20 % ajoutée par petites portions, jusqu'à ce que un échantillon après addition ultérieure de sulfure ne change plus de couleur vers le bleu et étant acidulé après quelque temps, dégage de l'hydrogène sulfuré. En général, les proportions convenables sont pour la matière colorante provenant de 138 p. de paranitraniline et 100 p. de dioxynaphtalinedisulfonate de sodium, 2,500 p. de solution de sulfure de sodium contenant 450 p. de sulfure cristallisé. La dissolution est neutralisée par un acide étendu, puis la matiere colorante est précipitée par le chlorure de sodium.

Préparation de l'acide α-oxyuvitique, par Kolbe, rep. par Sautter et de Mestral. — (Br. 221269 — 4 mai 1892 — 19 août 1892).

Objet du brevet. — Au lieu de préparer l'acide α-oxyuvitique par l'action de l'acide azoteux sur l'acide amido-uvitique, ou par fusion avec de la potasse de l'acide sulfo-uvitique, on peut obtenir cet acide en traitant par l'acide carbonique un crésolate alcalin à une température supérieure à 150°, soit vers 210°.

Voir le brevet allemand H. 12225, année 1892, page 308.

Préparation de matières colorantes au moyen de l'acide α oxyuvitique par Kolbe, rep. par Sautter et de Mestral. — (Br. 221370 — 4 mai 1892 — 19 août 1892).

Objet du brevet. — Jusqu'à présent, on considérait que dans l'action des diazos sur les phénols, il ne se produit aucune combinaison si la position para et les deux ortho sont occupées (Nœlting et Kohn — Ber. 17, p. 358). Contrairement à cette donnée, l'acide α-oxyuvitique réagit bien et facilement sur les diazos comme le phénol et l'acide salicylique. Ces combinaisons sont les premiers representants d'un nouveau groupe d'oxyazoïques en méta.

Description. — Exemple : Une solution de 14 kilogr. de sulfate de benzidine diazotée est mélangée avec une solution aqueuse de 19 kilogr. 6 d'acide oxyuvitique et 20 kilogr. de soude, la matière colorante se produit aussitôt, on chauffe, si besoin est à 60°, et on additionne de sel.

La matière colorante teint le coton non mordancé en jaune. Les combinaisons de 1 molécule d'acide α-oxyuvitique avec 1 molécule de diazonitrobenzine et ses isomères ou homologues et leurs dérivés sulfonés, de β-naphtylamine diazotée, et ses sulfos, teignent la laine mordancée ; les dérivés du tétrazo diphényle, ditolyle, stilbène et leurs sulfos teignent le coton non mordancé ; les tétrazo sulfo susindiqués ont encore un diazo libre, ils le perdent en remplacement d'un oxhydrile par ébullition de l'eau. Les corps obtenus sont colorants. Ils se combinent avec une molécule d'un phénol ou d'une amine pour donner des colorants nouveaux. 1 molécule de tétrazodiphényle avec une molécule d'acide α-oxuvitique se combine avec une molécule de phénol et de ses homologues et leurs isomères, de leurs dérivés oxycarboxyles, de naphtol β et de ses sulfos, d'aniline et de ses dérivés alkylés, de ses sulfos et de ses homologues et leurs sulfos, de la naphtylamine et de ses sulfos, de la phénylène et toluylènediamine.

Production de matières colorantes azoïques noires sur les fibres. — Cert. d'addit. au brevet pris le 8 juin 1891, par la « Société Fred Bayer », rep. par Dobler. — (Br. 213971. 28 avril 1892. — 17 août 1892.)

Objet du brevet. — Perfectionnement au brevet principal consistant à diazoter sur la fibre, par un traitement avec une solution de nitrite acidulée, les colorants suivants : 1° Ceux provenant de la combinaison de diamines avec l'acide amidonaphtoldisulfonique, ou les acides α-naphtylamine-β-sulfonique de Clèves; 2° les colorants analogues dérivant de l'acide β-amidonaphtolsulfonique ; 3° acides sulfoniques des produits de condensation sulfurés de la paratoluidine de la métaxylidine et de la pseudocumidine (primuline, etc.), et à copuler les diazos obtenus ainsi sur la fibre avec les β-naphtylamines-monoalkylées.

Description. — On teint 10 kilogrammes de coton en faisant bouillir pendant une heure dans une solution de 500 grammes de primuline dans 300 litres d'eau contenant 10 °/₀ de phosphate de soude, 2 °/₀ de savon et 5 °/₀ de chlorure de sodium, puis on rince, et on entre dans une solution froide de 100 grammes de nitrite, 200 grammes d'acide sulfurique à 66°B dans 300 litres d'eau. Après 10 minutes, on sort le coton et on l'entre dans une solution de 300 grammes de chlorhydrate d'éthyl-β-naphtylamine additionnée d'un peu d'acide chlorhydrique ou acétique, le coton prend aussitôt une belle teinte rouge Bordeaux qui résiste absolument au lavage. On procède de même avec les autres monoalkylnaphtylamines qui contiennent dans le groupe amide des radicaux alcooliques, soit de la série grasse, soit de la série aromatique.

Procédé pour la fabrication de nouvelles matières colorantes, par la « Société *dite* Aktiengesellschaft für Anilinfabrikation, rep. par Chassevent. — (Br. 221378. — 3 mai 1892. — 22 août 1892.)

Objet du brevet. — Procédé de préparation de matières colorantes azoïques, en combinant les composés diazoïques obtenus par l'action d'une molécule de nitrite sur 1 molécule de : para-amidobenzine-azoamido-α-naphtaline, ou les oxyéthers de cette base avec les sulfos des naphtols, dioxynaphtalines, naphtylamines ou amidonaphtols.

Description. — Exemple : — 26 kilogr. 2 de para-amidobenzine, azoamido-α-naphtaline, ou la quantité équivalente d'oxyéthers de cette base sont diazotés en solution aqueuse par 7 kilogrammes de nitrite de sodium en présence de l'acide chlorhydrique. La solution rouge orangée est additionnée d'une solution de 34 kilogr. 8 de β-naphtoldisulfo R., il se forme immédiatement un précipité noir. Après environ 12 heures, on chauffe le mélange et on peut précipiter par le chlorure de sodium. La matière colorante assez difficilement soluble est pressée et séchée. Elle teint le coton non mordancé et la laine en gris ardoise. Des nuances allant du violet-bleu au bleu-verdâtre sont obtenues en substituant à l'acide β-naphtoldisulfo R les autres acides sulfonés des naphtols, des dioxynaphtalines. Avec les sulfos des naphtylamines, on obtient des colorants d'une nuance brune. La combinaison avec les naphtylaminesulfos s'effectue de préférence en présence d'un excès d'acétate de sodium. Les acides amidonaphtolsulfoniques, par exemple le 7°, donnent des colorants bleu-noirs.

Procédé de préparation de matières colorantes bleues basiques dérivées de la nitrosométhyldiphénylamine, par la « Société anonyme des matières colorantes et produits chimiques de Saint-Denis », rep. par Armengaud jeune. — (Br. 221834. — 23 mai 1892. — 8 septembre 1892.)

Objet du brevet. — Les nitrosodiamines tertiaires ne réagissent bien qu'avec certains dialkylamidophénols pour donner des matières colorantes bleues (Brevet Léonhardt 211035). Les meilleurs résultats ont été obtenus avec un diméthyl-m-amidocrésol, c'est-à-dire dont la position para par rapport à l'hydroxyle est déjà occupée. Si l'on veut condenser les nitrosodiméthylanilines avec ces dialkyl-m-amidophénols ordinaire, on obtient un mélange d'un colorant bleu et de colorant gris, vraisemblablement le colorant du brevet 195565. Au contraire, les sels de nitrosométhyldiphénylamine réagissent très facilement pour donner des colorants bleu-vert de grande pureté.

Description. — 1° *Préparation de la nitrosométhyldiphénylamine.* — On dissout 10 kilogrammes de méthyldiphénylamine dans 80 kilogrammes d'acide chlorhydrique, on ajoute 7 kilogr. 500 de nitrite dissous dans 20 litres d'eau en refroidissant à 0°, puis après diazotation, on précipite par le carbonate de sodium. On purifie par cristallisation dans l'alcool. Cristaux en feuillets jaunâtres.

2° *Préparation de la matière colorante.* — Le chlorhydrate de nitrosométhyldiphénylamine provenant de 50 kilogrammes de méthyldiphénylamine est précipité par le chlorure de sodium. On le turbine, et le produit purifié par turbinage est ajouté à 27 kilogrammes de diéthylmétaamidophénol en solution dans 150 litres d'acide acétique à 4 °/₀. La réaction est terminée après environ 5 heures de chauffe au bain-marie. On coule dans 500 litres d'eau et

50 kilogrammes d'acide chlorhydrique à 21°B ; on filtre et on précipite par le sel marin et le chlorure de zinc. Le produit filtré, pressé et séché se présente sous forme d'une poudre rouge foncé à éclat métallique facilement soluble dans l'eau, teignant la soie et le coton mordancé en nuances d'un bleu vert très vives et résistant bien au savon et à la lumière. Si on emploie le nitrosodiéthyl-m-amidophénol et qu'on le fasse réagir sur la méthyldiphénylamine, on obtient des colorants bleu-vert totalement insolubles dans l'eau.

Procédé pour la production de nouvelles matières colorantes azoconjuguées teignant le coton directement, par la « Compagnie parisienne des couleurs d'aniline », rep. par Armengaud jeune. — (Br. 222136. — 4 juin 1892. — 21 septembre 1892.)

Objet du brevet. — Procédé ayant pour objet la production de matières colorantes au moyen de l'amidobenzoanhydrotriamidobenzine.

Cette base fournit une base de grande valeur pour la production de matières colorantes azoconjuguées, l'amidobenzoanhydrotriamidobenzine (Az H. Az. AzH^2 C. AzH^2). Cette anhydrobase est difficilement soluble dans l'eau, mais soluble dans la plupart des autres agents de dissolution. Elle fond à 250°. Son sulfate et son chlorhydrate sont solubles dans l'eau. Avec la quantité calculée d'acide chlorhydrique et de nitrite, elle donne un tétrazo qui combiné avec les phénols, neutralise leurs acides carboxyliques et sulfoniques. Ces amines, les acides amidosulfoniques donnent des matières colorantes teignant le coton et la soie. Les nouvelles matières colorantes ont l'avantage sur les congos, d'être moins susceptibles vis-à-vis des acides ; elles sont facilement solubles, mordent la fibre aisément et donnent un bon rendement. Avant tout, elles excellent par leur grande solidité au savon. Les matières colorantes préparées avec les acides amidonaphtolsulfoniques se laissent, sur la fibre, diazoter de nouveau, et le produit, étant combiné à nouveau, donne naissance à d'autres nuances de valeur. Les deux amidogroupes de l'anhydrobase peuvent être combinés avec le même, ou différents composants. Quand les amidocomposés ont été copulés, les amidoazobases formées peuvent être de nouveau diazotées et copulées ; et de cette manière on peut préparer les combinaisons les plus variées.

Description. — Exemple. — *a*) 11 p. 2 d'amidobenzoanhydrotriamidobenzine sont dissoutes avec addition d'environ 36 parties d'acide chlorhydrique à 30 °/ₒ dans la quantité d'eau nécessaire pour former une dissolution à 10 °/ₒ, pour la diazotation on refroidit de 0° à 5°, on additionne de 6 p. 9 de nitrite dissoute dans environ 35 parties d'eau. Le tétrazo se forme sans secousse et reste en dissolution. On le fait alors couler à la température de 0° dans une dissolution d'environ 10 °/ₒ de 15 parties d'acide salicylique et 35 parties de sel de soude. La combinaison commence immédiatement à se faire, et elle est complète après 12 heures environ. La matière en formation se sépare pendant l'opération. Elle est obtenue de la manière ordinaire et purifiée.

b) Le tétrazo dissous provenant de 11 p. 2 d'amidobenzoanhydrotriamidobenzine est coulé à la température de 0° dans une dissolution à 10 °/ₒ de 12 parties de naphtionate de soude, additionnée de 45 parties d'acétate de sodium et le mélange est agité pendant 3 ou 4 heures. Le produit intermédiaire ainsi obtenu est coulé à la même température dans une dissolution d'environ 10 °/ₒ de 6 parties de résorcine et 35 parties de sel de soude, et on agite pendant 12 heures. La matière colorante se sépare pendant l'opération. On la purifie à la manière ordinaire.

Procédé pour la fabrication de matières colorantes azoïques noires sur la fibre. — Cert. d'add. au brevet pris le 1er juin 1891, par la Société « Farbenfabriken », rep. par Dobler. — (Br. 213971. — 1er juin 1892. — 20 septembre 1892.)

Objet du brevet. — Perfectionnements dans le procédé du brevet principal et du certificat d'addition du 21 mars 1892, consistant : 1° à remplacer les acides α-naphtylamine-β-monosulfonique de Clèves par les acides obtenus de l'acide β-naphtol-β-monosulfonique (2°6) et β naphtol-δ-monosulfonique (2 . 7) en alkylant, en nitrant et rédulsant soit l'acide α-amido-β-naphtoléthermonosulfonique, ou l'acide α-amido-β-naphtol-éther-δ-monosulfonique, et à traiter le coton teint avec les matières colorantes formées par 1 molécule du dérivé tétrazoïque de la benzidine, de l'ortholotidine, du diamidodiphényleditolyle, des diamidoalkyloxydiphényles, des diamidoalkyl- oxyphényltolyle, des diamidodiphénoléthers, de l'acide diamidodiphényloxyacétique, du diamidostilbène, du diamidofluocène, de la paraphényléther ainsi que leurs dérivés sulfonés et carboxylés avec 2 molécules des acides amidonaphtoléthersulfonés nommés ci-dessus. — 2° 1 molécule des tétrazos ci-dessus énumérés, 1 molécule des acides amidonaphtoléther sulfonés et 1 molécule d'un d'un phénol et d'une amine, d'un amidophénol, d'un amidodiphénoléther, ou de leurs acides sulfonés ou carboxylés sont traitées successivement avec des solutions acidulées de nitrite et avec des bains alcalins ou acétiques, de phénols, amines, amidophénols ou leurs éthers, leurs acides sulfoconjugués et carboxylés.

Procédé de fabrication d'une matière colorante basique jaune dérivée du diamidoothorthoditolylméthane, par la « Société Badische Anilin et Soda Fabrick », rep. par Blétry aîné. — (Br. 222275. — 11 juin 1892. — 28 septembre 1892.)

Objet du brevet. — A l'exception de l'auramine (imide du tétraméthyldiamidodiphenylméthane, les matières colorantes basiques jaunes de la série du diphénylméthane, obtenues jusqu'ici, sont restées sans emploi industriel. Le présent procédé a pour but la préparation de matières colorantes par ces dérivés de l'ortholoIuidine monométhylée et se distingue de l'auramine non-seulement par un ton sensiblement plus verdâtre sur coton mordancé mais encore par une pureté de nuance supérieure. Il consiste en deux phases : 1o condensation de la monomethyl-o-toluidine avec l'aldéhyde formique pour former ledit méthyldiamidodetolylméthane symétrique ; 2° traitement de ce dérivé par le soufre et le gaz ammoniaqué simultanément.

Description. — Préparation du diméthyldiamidoditolylméthane. — Dans un mélange d'une partie moléculaire d'aldéhyde formique (solution à 40 0/0) et 2 p. moléculaires de monométhyl-o-toluidine (ou d'une quantité équivalente d'un mélange d'o-toluidine monométhylée et diméthylée) on fait passer en refroidissant du gaz chlorhydrique en quantité correspondant à 1 molécule. Puis, on chauffe la masse en résultant au bain-marie pendant 10 minutes environ. On peut aussi opérer dans un mélange de 1 mol : de chlorhydrate de monométhyl-o-toluidine, de 1 mol : de monométhyl-o-toluidine et de 1 mol : d'aldehyde formique. On étend d'eau, après que la réaction est terminée, on alcalinise et on chauffe à la vapeur d'eau, la méthyl-o-toluidine non entrée en réaction. Après refroidissement et repos prolongé de la base cristallisée, on la dissout dans l'alcool ou le pétrole pour la purifier. Elle se présente en tablettes fusibles à 86°-87° C.

Préparation de la matière colorante. — Dans une chaudière placée au bain d'huile et munie d'un agitateur ainsi que de tuyaux d'échappement et d'introduction, on fond ensemble 25 kilogr. de diméthyldiamidodiorthotolylméthane symétrique et 6 kil. 4 de soufre en présence d'un adjuvant, par exemple de 240 kilogr. de chlorure de sodium et 14 kilogr. de chlorhydrate d'ammoniaque. On amène ensuite sous faible pression de l'ammoniaque pendant 7 à 8 heures en ayant soin de maintenir la température à 175° C. Au bout de ce temps, la réaction est terminée. La cuite est bonne et cristallisée. On la traite d'abord par de l'eau froide pour enlever le chlorure de sodium et le chlorure d'ammonium, puis par de l'eau à 80° C. On filtre cette solution, la matière colorante est précipitée par le sel marin. Elle cristallise dans l'alcool amylique en feuillets facilement solubles dans l'eau et l'alcool. Les teintes sur coton mordancé au tannin et à l'émétique sont d'un magnifique jaune verdâtre. Par cuisson avec les acides minéraux, la solution aqueuse se décolore, en dégageant de l'ammoniaque. Traitée par la poudre de zinc ou l'amalgame de sodium elle donne une leucobase que les acides minéraux étendus décomposent en donnant de l'ammoniaque et du diméthydliomidoditolylhydrol. Au point de vue analytique, le nouveau produit se distingue de l'auramine du commerce par la réaction suivante : On cuit 1 partie du colorant avec 100 parties d'eau et 5 parties d'acide acétique glacial, on ajoute 5 parties de poudre de zinc et 5 parties d'acide chlorhydrique concentré. On poursuit la cuisson pendant quelques minutes. L'auramine donne une solution d'un bleu presque pur : la matière colorante nouvelle, par contre, donne une solution violet rougeâtre.

Procédé de production de matières colorantes vertes et bleues-vertes. — Cert. d'add. au brevet pris le 5 septembre 1888, par la « Société Compagnie Parisienne des Couleurs d'Aniline, rep. par Armengaud jeune. — (Br. 192807. — 5 juin 1892. — 26 septembre 1892.)

Objet du brevet. — Procédé de préparation de matières colorantes par oxydation des dérivés sulfoconjugués des dinitromonophénylmetaamidotetraéthyldiamidotriphénylméthane, ou amidotriphénylbenzyl ou diéthyldibenzyltriphénylméthane.

Le Propriétaire-Gérant : Dr G. QUESNEVILLE

Saint-Quentin. — Imprimerie J. Moureau et Fils.

BREVETS PRIS A BERLIN, LONDRES, ETC.

Analysés par M. Gerber.

MÉTALLURGIE. — MÉTAUX.

Procédé pour éliminer le manganèse des fontes, fers ou aciers, consistant soit à insuffler dans le métal fondu, ou à y mélanger de la pyrite, par la « Société Hœrder Bergwerks und Huttenverein », à Hœrde (W.). — (Br. Allemand II, 12555. — 4 août 1892. — 15 novembre 1892.)

Objet du brevet. — Procédé pour éliminer le manganèse des fontes, fers ou aciers à l'état de fusion, consistant à y insuffler ou mélanger de la pyrite de fer FeS^2 qui provoque la séparation du manganèse sous forme de scorie.

Description. — Pour enlever à une fonte brute, comme par exemple au produit d'une opération basique par le procédé Thomas, que l'on estime contenir une trop forte proportion de manganèse, une partie de ce dernier métal, on épand sur la fonte, durant la coulée, de la pyrite en poudre très fine. Pour 1 °/o de manganèse que l'on se propose d'enlever à une masse de 10 tonnes de fonte, on emploie environ 100 kilogrammes de pyrite.

Une fonte Thomas, titrant à l'analyse, sur un échantillon moyen très soigneusement prélevé :

Ph — 2,62 °/o
Mn — 1,90 °/o
S — 0,098 °/o

traitée par une proportion de 70 kilos de FeS^2 pour 10 tonnes de métal contenait ensuite :

Ph — 2,66 °/o
Mn — 0,79 °/o
S — 0,096 °/o

Dans une autre opération où l'on a employé 100 kilos FeS^2 pour 10 tonnes de fonte, l'analyse a indiqué :

	AVANT LE TRAITEMENT	APRÈS LE TRAITEMENT
Ph	— 2,65	— 2,53
Mn	— 2,79	— 1,77
S	— 0,141	— 0,087

La scorie contenant le sulfure de manganèse vient nager à la surface du bain ; on la dépique après refroidissement.

Le procédé est applicable aux fers ou aciers de toute fabrication, notamment aux aciers Martin et à l'acier au creuset.

Procédé de préparation d'un bronze liquide inoxydable, par le Dr J. Pfrl, à Berlin. — (Br. allemand P, 5710. — 16 avril 1892. — 25 novembre 1892.)

Objet du brevet. — Procédé pour préparer une pâte de bronze inoxydable consistant à malaxer de la poudre de bronze avec une solution de pyroxyline dans l'éther acétylacétique (1) ou dans un autre véhicule approprié.

Description. — Dans une solution, bien privée d'eau, de pyroxyline pure dans un solvant neutre, les poudres de bronze ne s'oxydent pas. Comme il est d'ailleurs facile d'obtenir ces solutions avec tel degré de viscosité convenable, on prépare par ce moyen des pâtes de poudre de bronze qui ne déposent pas.

Je prépare, par exemple, un bronze liquide inaltérable avec :

Pyroxyline	10 parties.
Éther acétylacétique...........	90 —
Poudre de bronze.............	25 —

On incorpore avec soin à la molette.

Cette composition réussit très bien pour l'impression sur papiers et cuirs, dans la reliure, la maroquinerie, l'impression sur tissus, la décoration sur pierres, etc.

(1) C'est sans doute de l'éther acétique ordinaire, acétate de méthyle ou d'éthyle, qu'il s'agit.

Procédé d'affinage du fer brut au moyen de gaz comprimés, par Fr. Grossmann, à Marchienne-au-Pont (Belgique). — (Br. allemand G, 7644. — 15 août 1892. — 6 décembre 1892.)

Objet du brevet. — 1° Procédé d'affinage du fer brut consistant à diriger à l'encontre d'un filet de fer fondu, un jet de gaz comprimé contenant du minerai oxydé en poudre fine et à diriger par le moyen du courant gazeux le mélange de fer brut et d'oxyde dans un fourneau où se complète l'affinage.

2° Modification au procédé du § 1 consistant à charger au préalable le minerai oxydé dans le fourneau où l'on projette la coulée de fer brut à l'état très divisé par le moyen d'un jet de gaz comprimé (air ou vapeur d'eau.)

Description. — La fonte brute est reçue au sortir du haut fourneau dans une cuve d'où elle s'écoule en un filet uniforme dans un entonnoir. Le metal fondu s'échappe par la douille de cet entonnoir en un jet assez menu contre lequel une tuyère vient projeter un jet de gaz fortement comprimé tenant en suspension des parcelles de minerai oxydé en poudre fine

Le jet de gaz divise la veine liquide en une foule de gouttelettes où s'incrustent les particules de minerai d'oxyde entraîné par le courant de gaz.

Pour éviter l'éparpillement du métal divisé, on dirige la projection dans un tuyau de diamètre convenable. Les gouttelettes de métal en fusion pâteuse, enrobées d'oxyde, viennent s'écraser sur les parois de ce tuyau et se mélangent ainsi plus entièrement avec le minerai ; en s'entassant dans le four à cubilot où il est reçu au sortir du tuyau precédent, le mélange devient encore plus homogène.

Ce traitement par un gaz oxydant (air ou vapeur d'eau) et par un minerai de fer oxydé, provoque une énergique oxydation, favorisée encore par l'extrême division du métal.

Le carbone passe, en réduisant une partie de l'oxyde de fer, à l'état d'oxyde de carbone qui est brûlé par l'oxygène de l'air et transformé en gaz carbonique.

De même le silicium, le manganèse et le phosphore de la fonte brute réduisent une autre partie du minerai pulvérisé avec le courant de gaz et passent en grande partie avec le reste du minerai à l'état de scorie fusible.

Pour favoriser ces réactions et la séparation des scories, le produit est réchauffé dans le cubilot où il a été recueilli.

La fonte affinée est traitée comme d'habitude.

Procédé de préparation d'un revêtement résistant aux acides sur cuves en fonte, par Carl Kellner, à Hallein, près Salzburg. — (Br. allemand K, n° 10090. — 28 septembre 1892. — 9 décembre 1892.)

Objet du brevet. — Procédé pour recouvrir les cuves ou bacs métalliques d'un revêtement inattaquable aux acides, composé de ciment, silicate d'alumine et silicate de soude dans lequel on noie une double enveloppe en plomb.

Description. — Dans un précédent brevet (n° 56973 — W 6909), on a indiqué la composition d'un mortier formé de ciment, de silicates d'alumine et de soude, propre à former sur les cuves ou bacs de fonte un revêtement inattaquable aux acides avec des carreaux de verre. — Ce mortier à la longue se fendille par places et des infiltrations se produisent qui attaquent la fonte. Pour éviter cet inconvénient, après une première couche d'enduit, l'auteur applique une double paroi formée par des feuilles de plomb emboutées ou soudées qu'il recouvre d'une nouvelle couche du mortier résistant aux acides et enfin de carreaux de verre cimentés avec le même mortier. Avec cette disposition, les infiltrations d'acide ne traversent que la couche superficielle ; elles attaquent un peu le plomb mais en le couvrant de produits insolubles qui ne peuvent se détacher étant retenus par le mortier et que bouchent les fissures.

Pour que la feuille de plomb fasse bien corps avec l'enduit, l'auteur applique la pression par l'air, la vapeur ou l'eau dans l'intérieur de la cuve.

Procédé de préparation de l'aluminium par réduction électrolytique de son sulfure, par « Aluminium industrie Aktiengesellschaft » à Neuhausen (Suisse). — (Br. allemand B, 11320. — 17 novembre 1890. — 3 janvier 1893.)

Objet du brevet. — 1°, Préparation de l'aluminium par réduction électrolytique de son sulfure fondu.

2° Modification au procédé du brevet 63995, qui a le même objet que le § 1 ci-dessus, consistant à supprimer l'emploi du sulfure double d'aluminium et d'un metal alcalin et à remplacer ceux-ci par le sulfure d'aluminium seul pour la préparation de l'aluminium métallique.

Description. — Le brevet se fonde sur l'observation que le sulfure d'aluminium, soit seul en fusion, soit en dissolution dans des chlorures ou fluorures alcalins ou alcalino-terreux, se prête très bien à la préparation d'aluminium pur par l'électrolyse.

Le procédé consiste donc à électrolyser le sulfure d'aluminium fondu par un courant d'intensité convenable. On peut d'ailleurs se servir du courant même pour amener le sulfure d'aluminium à l'état de fusion.

Carburation du fer dans la cuve de coulée au moyen de briquettes en charbon et chaux, par JOHAN MEYER, à Dudelingen (Luxembourg). — (Br. allemand M, 7620. — 3 novembre 1890. — 9 janvier 1892.)

Objet du brevet. — Carburation du fer par addition au métal fondu dans la cuve de coulée de blocs ou briquettes confectionnés avec du charbon et soit de la chaux, soit une autre terre alcaline ou un alcali.

Description. — Les conditions à réaliser, pour obtenir une bonne carburation par notre procédé, consistent à mettre les matériaux carbonés sous une forme telle qu'ils se répandent le plus uniformément possible dans la masse du métal fondu, et secondement, à réaliser la carburation au point voulu avant le moment où le métal est coulé dans les moules.

Pour obtenir un mélange carburateur convenable, on broie les matériaux carbonés (le coke et l'anthracite conviennent particulièrement) en grains assez menus que l'on agglomère avec un liant alcalin (chaux delayée en lait). Après un jour de repos, le mélange est formé par pression en briquettes que l'on sèche à l'air d'abord, puis au four.

Nouveau procédé ou moyen d'extraction des métaux de leurs minerais ou des résidus métallurgiques, par W. NOAD, à Upson Park (Essex); C. MINNS à Westminster, et P. H. STEVENS, à Londres. — (Br. anglais 9784 du 9 juin 1891).

Les auteurs se sont mis à trois et en quatre pour composer une sorte d'eau merveilleuse qui dissolve tous les métaux. Ce solvant universel se compose de :

Acide chlorhydrique concentré.
Solution saturée d'hypochlorite de chaux.
Nitrate de sodium ou de potassium.

Les proportions seules varient suivant la nature du métal. Pour faciliter l'exportation de ce produit, les auteurs concentrent l'acide chlorhydrique à moitie de son volume, ajoutent le chlorure de chaux et le nitrate et évaporent le tout à siccite! (*J. Soc. Chem. Ind.*).

Perfectionnements dans le traitement du fer par des laitiers basiques pour l'extraction du silicium et du phosphore, par W. P. THOMPSON, à Liverpool et B. TALBOT, à Chattanooga (Tennessee) (E. W.) — (Br. anglais 10583. — 3 juin 1892.)

Le procédé, déjà connu, consiste à faire couler le métal fondu à travers une colonne assez longue de scories basiques en fusion. (*Ibid*).

Perfectionnements dans l'extraction de l'or et de l'argent des minerais ou résidus industriels qui en contiennent, par H. PARKES, à Dulwich, et J.-C. MONTGOMERY, à Stair. — (Br. anglais, 11342. — 3 juillet 1891).

Le perfectionnement consiste dans un traitement préalable des minerais ou déchets contenant des métaux précieux, par des solutions oxydantes et chlorurantes qui en modifient l'état et les rendent plus aisément attaquables aux solutions de cyanure.

Les agents employés sont : le bioxyde de manganèse et l'acide chlorhydrique, le chorure de chaux, de soude, de potasse et de magnésie avec de l'acide chlorhydrique, des chromates ou chlorochromates, l'eau oxygénée, etc , (*Ibid*)

Nouvelle méthode de traitement des minerais d'argent, par C. JAMES à Swansea. — (Br. anglais 13740. — 14 août 1891.)

Au lieu de fondre les minerais d'argent riches en zinc dans un fourneau à vent, l'auteur les traite dans un fourneau à reverbère. Les minerais d'argent sulfurés sont pulverisés et intimement melangés à une quantité de litharge suffisante pour oxyder tout le soufre. Le mélange est fondu dans le four à réverbère et le plomb réduit se trouve allié a la presque totalite de l'argent.

Si le minerai contient de la blende, un grillage préalable est nécessaire pour le transformer en oxyde de zinc.

Les minerais d'argent halogène sont traitées par un mélange de galène et de litharge en telles proportions qu'il se produise du plomb métallique. L'argent est extrait de son alliage avec le plomb par les voies usuelles. (Patinsonage, coupellation). (*Ibid.*)

Nouveau procédé de raffinage de cuivre et de traitement des minerais de cuivre et perfectionnements aux appareils destinés à ces opérations, par J.H. Bibby, à St-Helens. — (Br. anglais 16273. — 24 septembre 1891.)

Perfectionnements aux procédés et appareils d'extraction des métaux précieux, par F. Webb, à Walworth (Surrey). — (Br. anglais 17636 du 15 octobre 1891.)

Perfectionnements à la construction des fours basiques, par J.B. Alzugaray à Londres. — (Br. anglais 1775 du 16 octobre 1891.)

Nouveaux alliages de cuivre, par A.K. Huntington à Londres, et J.T. Prestige à Deptford. — (Br. anglais 19771, du 14 novembre 1891.)

Ces alliages sont des laitons additionnés de petites proportions de nickel et de fer ou de magnésie.

Perfectionnements à la méthode de désulfuration des minerais zinciques par F. Hart à Fairfield. — (Br. anglais 14264. — 8 août 1892.)

La blende est réduite en poudre fine et mélangée avec de l'acide sulfurique d = 1.750 dans la proportion d'environ 1 équivalent d'acide monohydraté pour un équivalent de zinc en présence. On chauffe le tout dans une cornue en fer, il se dégage de l'acide sulfureux presque pur qu'on envoie dans les chambres de plomb.

Le reste du soufre est éliminé par un chauffage en four clos à la température du rouge faible.

Le zinc se trouve de la sorte transformé en oxyde.

L'avantage de ce procédé sur le grillage habituel consiste en ce que la dépense de combustible est moindre et secondement en ce que le gaz sulfureux n'étant pas mélangé de gaz inertes se prête mieux à la conversion économique en acide sulfurique. En même temps, le minerai de zinc est mis sous la forme la plus convenable pour l'extraction du métal. (*Ibid*)

Nouvel appareil pour éliminer les gaz ou autres impuretés des métaux ou des alliages, par J.-L. Serenius, à Nykroppa (Suède). — (Br. anglais) 14586. — 12 août 1892.)

Appareil permettant de soumettre les métaux ou alliages fondus et coulés en moule à l'action de la force centrifuge pour en éliminer les bulles de gaz ou autres impuretés et les rendre ainsi plus compacts et plus homogènes. (*Ibid.*)

Procédé de séparation magnétique de minerais, par Th. A. Edison, à Llewellyn-Park N.Y. — (Br. américain, 485841 du 8 novembre 1892.)

Pour séparer l'oxyde de fer magnétique d'avec les pyrites magnétiques qui l'accompagnent dans certains minerais, on pulvérise la mine et on la fait passer par un séparateur magnétique de force telle que toutes les particules magnétiques du minerai sont retenues et séparées d'avec la gangue non attirable à l'aimant.

Le minerai ainsi enrichi traverse un second séparateur dont l'intensité magnétique est telle qu'en raison de la capacité magnétique différente de l'oxyde de fer et de la pyrite, le premier est retenu, tandis que les particules de pyrite échappent à l'action de l'aimant. (Chem. Ztg.)

Séparation magnétique des minerais, par Th. A. Edison. — (Br. américain 485842. — 8 novembre 1892.)

Application du procédé du brevet précédent à la séparation des pyrrhotines nickelifères d'avec celles qui ne contiennent pas de nickel. (*Ibid*).

Procédé pour briquetter les minerais de fer finement divisés, par Th. A. Edison. — (Br. américain 485840. — 8 novembre 1892).

Les minerais lavés sont agglomérés avec un mortier formé d'argile et de chaux éteinte dans l'eau chaude. On forme avec le tout des briquettes que l'on sèche. (1) (*Ibid*).

(1) Quels que soient les avantages des briquettes pour faciliter la fonte dans le haut fourneau, il est certain qu'ils sont balancés par l'inconvénient d'une addition d'argile qui engendre des scories peu fusibles et occasionne un surcroît de dépense en charbon. (Note du *Chem. Ztg.*)

PRODUITS CHIMIQUES

Procédé de préparation de carbonate au moyen du sulfate de potassium; 2me addition au brevet R, 7071, par de Rœmer, à Nienburg. — (Br. allemand R, 7382. — 17 juin 1892. — 15 novembre 1892.)

Objet du brevet. — Modification au procédé de la demande de brevet R, 7074 pour la préparation du carbonate de potassium au moyen du sulfate, consistant à traiter les solutions de sulfate mélangé de chromate de potassium par les résidus provenant de l'extraction du produit de la fusion ignée des minerais chromés avec du carbonate de potassium et de la craie ou de la chaux. Ces résidus contiennent de la chaux et du chromate de calcium qui réagissent avec les solutions de sulfate et chromate de potassium et fournissent du sulfate de chaux d'une part et de l'hydrate ou du carbonate et du chromate de potassium de l'autre.

Description. — Se reporter aux précédents brevets pour les réactions mises en jeu dans ce procédé de préparation. L'emploi des résidus de l'attaque du minerai permet de récupérer une certaine quantité de chromate que la première extraction n'a pas enlevé et économise une partie de la chaux à employer par la suite.

Voir les brevets année 1892, pages 244, 338, 361.

Procédé de préparation d'acide borique et de borax au moyen de minéraux boratés, par « Chemische Fabrik Bettenhausen Marquart et Schulz », à Bettenhausen-Cassel. — (Br. allemand C, 4166. — 13 juin 1892. — 6 décembre 1892.)

Procédé pour isoler les sulfates de potassium et de potassium-sodium des solutions salines, par E. W. Dupré, à Stassfurt. — (Br. allemand D, 5262. — 5 juillet 1892. — 9 décembre 1892.)

Objet du brevet. — Procédé de séparation du sulfate de potassium ou du sulfate double de potassium et de sodium des solutions qui contiennent ces sels en même temps que les sulfates d'autres métaux ou des sels magnésiens, par l'action de l'ammoniaque.

Description. — Si, dans une solution de kainite, on envoie du gaz ammoniac en quantité équivalente à une bonne moitié des sels magnésiens contenus dans la liqueur, et que l'on sépare par le filtre le précipité formé, puis qu'on continue à diriger dans le liquide filtré du gaz ammoniac, la totalité du potassium se sépare à l'état de sulfate mélangé de plus ou moins de sulfate d'ammonium. Dans le cas ou la kainite employée contient beaucoup de sel gemme, c'est du sulfate double de potassium et de sodium qui se précipite, entraînant toujours plus ou moins de sulfate ammoniacal.

La présence de l'ammoniaque empêche la précipitation de la magnésie $Mg(OH)^2$ au delà de celle insolubilisée par le premier traitement.

En distillant les liquides mères de la cristallisation des sulfates alcalins sur le précipité magnésien, on récupère la totalité de l'ammoniaque mise en réaction.

Procédé de préparation du protoxyde d'azote, par W. Smith et W. Elmore, à Londres. — (Br. allemand S, 6681. — 14 juin 1892. — 29 novembre 1892.)

Objet du brevet. — Procédé de préparation du protoxyde d'azote consistant à chauffer du nitrate de sodium ou de potassium sec avec du sulfate d'ammonium également sec.

Description. — La réaction commence vers 230° et prend fin un peu au-dessus de 300°. Les appareils doivent être disposés de telle sorte que l'eau formée par la réaction ne puisse refluer sur les sels en voie de décomposition. Le gaz est lavé dans un scrubber, puis épuré par barbottage dans une solution acide, puis dans une solution alcaline faible.

Procédé de préparation de blanc de plomb, par S. Z. de Ferranti, à Hampstead (Middlesex) et J. H. Noad, à East Ham (Essex). — (Br. allemand F, 5973. — 4 avril 1892. — 27 décembre 1892.)

Objet du brevet. — Voir le brevet français, *Moniteur scientifique*, année 1892, p. 369.

Procédé de préparation du chlore, par F. Lyte et O. Steinhardt, à Boston. — (Br. allemand L, 6577. — 27 février 1891. — 6 janvier 1893.)

Objet du brevet. — Procédé de préparation du chlore, par l'action de l'oxyde de manganèse régénéré sur les chlorures de magnésium et de calcium, caractérisé par le traitement suivant du résidu : extraction à l'eau bouillante fournissant : 1° une solution de chlorures de magnésium et de calcium, qui retourne dans le générateur à chlore ; 2° un mélange de magnésie et d'oxyde de manganèse d'où l'on régénère de l'oxyde qui sert à nouveau à dégager du chlore.

Description — Le procédé de préparation du chlore au moyen du chlorure de magnésium et du manganèse régénéré n'est pas nouveau. Quant au traitement du résidu qui *caractérise* le procédé du présent brevet, qui consiste au fond à faire du chlore au moyen des mêmes agents, nous ne voyons pas en quoi consiste son originalité ? L'office de Berlin semble avoir estimé que le procédé n'est pas brevetable puisqu'il a fait attendre l'exposition de la demande de brevet pendant près de deux ans.

Procédé pour extraire dans le vide avec des dissolvants qui dégagent des gaz, par C. Heckmann, à Berlin — (Br. allemand H, 12698. — 12 novembre 1892. — 13 janvier 1893.)

Objet du brevet. — Procédé pour extraire dans le vide au moyen de solvants qui dégagent des gaz consistant à faire passer dans l'appareil d'extraction vide d'air, avant d'y introduire le solvant, de la vapeur sèche pour égaliser les pressions intérieure et extérieure, de manière à éviter que les vides ou pores de la substance à extraire ne se remplissent des gaz que dégage le solvant au moment où ce dernier arrive dans l'appareil.

Procédé pour séparer les composés organiques hydroxylés de leurs solutions aqueuses, par la Société « Gewerk-Schaft Messel » à Grube-Messel, près Darmstadt. — (Br. allemand G, 7507. — 11 juin 1892. — 13 janvier 1893.)

Objet du brevet. — Procédé pour séparer les composés organiques hydroxylés de leurs solutions aqueuses sous forme de sels de plomb insolubles, consistant à traiter ces solutions par du sulfate de plomb et des alcalis caustiques ou carbonatés.

Description. — Comme exemples, nous décrirons :

1° La séparation de la résorcine de ses solutions aqueuses, séparation qu'on n'a pu réaliser jusqu'ici qu'au moyen de solvants neutres. Dans la solution aqueuse de résorcine, on délaie un excès de sulfate de plomb en pâte et l'on ajoute peu à peu, en remuant, de la soude caustique diluée jusqu'à faible réaction alcaline persistant après quelques heures d'agitation. Un excès d'alcali empêche la séparation quantitative du dérivé hydroxylé. Le précipité est recueilli sur filtre, lavé, mis en suspension dans l'eau et décomposé par une quantité convenable d'acide sulfurique. Le sulfate de plomb ainsi régénéré est employé à de nouvelles précipitations, tandis que la solution de résorcine filtrée donne par évaporation à sec de la resorcine pure.

2° La précipitation de la pyrocatéchine des eaux provenant de la distillation sèche du bois, de certains produits bitumineux, de la lignite etc.

On opère comme pour la résorcine, mais en remplaçant dans ce cas la soude caustique par la soude carbonatée. On obtient de la sorte une combinaison plombique de la pyrocatéchine plus pure Cette combinaison est en effet la seule qui résiste à l'action de l'acide carbonique, (la combinaison oxyde de plomb-résorcine est décomposée par CO^2, comme celle de tous les autres phénols examinés jusqu'ici).

Procédé pour préparer l'alumine à l'état cristallin, par J. Morres, à Glasgow (Ecosse). — Br. allemand M, 9183. — 7 septembre 1892. — 12 janvier 1893.)

Objet du brevet. — Procédé pour obtenir l'alumine en cristaux ou en poudre cristalline, consistant à chauffer au sein d'un courant de gaz carbonique un mélange d'alumine et de charbon à une température relativement peu élevée que l'on pousse un peu vers la fin de l'opération.

Description. — En soumettant à la chaleur rouge un mélange intime de charbon et d'alumine au sein d'une atmosphère de gaz carbonique, ce dernier est partiellement réduit et une proportion plus ou moins considérable de l'alumine passe à l'état cristallin.

Le mélange de charbon et d'alumine peut être obtenu de n'importe quelle façon. Nous nous servons avec avantage du procédé suivant : une solution de chlorure d'aluminium moyennement concentrée est évaporée en présence de charbon de bois pulvérisé : de l'acide chlorhydrique se dégage ; au besoin, on mouille le produit desséché et on recommence une ou plusieurs fois l'évaporation pour chasser tout l'acide chlorhydrique. Nous nous servons d'un mélange de charbon de bois et de noir de fumée préalablement purifié s'il est nécessaire.

Procédé pour augmenter l'énergie chimique du gaz chlore, par B. KILLNER, à New-Market Lane, Manchester, (Br. allemand K 9426. — 4 février 1892. — 12 janvier 1893.)

Objet du brevet. — Procédé pour augmenter l'énergie chimique du gaz chlore consistant à soumettre le gaz sec à l'action de courants électriques alternatifs à haute tension ou d'un courant de même sens interrompu à intervalles assez rapprochés, soit sous forme de décharge obscure (effluve), soit sous forme d'étincelles.

Description. — On sait que l'énergie chimique du chlore est augmentée par l'action de la lumière solaire directe et que certaines préparations de composés organiques chlorés sont basées sur ce phénomène.

On obtient un effet analogue, mais bien plus marqué, en soumettant le chlore à l'action de courants électriques à haute tension, soit directs et interrompus fréquemment, soit rapidement alternatifs, en décharge vive (étincelles) ou obscure (effluve).

L'effet obtenu est comparable à celui que l'on observe dans les mêmes circonstances par l'ozonisation de l'oxygène.

Préparation d'alumine et d'acide acétique, par F. P. DEWEY, Washington, E. U. — (Br. américain 4054610. — 1er novembre 1892.)

Le procédé est basé sur la dissociation de l'acétate d'alumine par l'ébullition de ses solutions aqueuses.

On mélange, par exemple, une dissolution d'acétate de calcium avec du sulfate d'aluminium, on sépare par le filtre le précipité de sulfate calcique et on soumet la solution d'acétate d'aluminium à la distillation sèche.

Procédé et appareils pour la fabrication des cyanures, par G. T. BEILBY, à Plateford. — (Br. anglais, 4820.)

Voir le brevet français, année 1892, p. 332.

Perfectionnements dans la production de la soude et du chlore par l'électrolyse. Appareils pour cet objet et pour la fabrication du chlore liquide, par E. B. CUTTEN à New-York (Etats-Unis). — (Br. anglais, 88 et 89. — 2 janvier 1892.)

Voir le brevet français, année 1892, p. 335.

Procédé de préparation de négatifs pour impression sur plaques de mica, par MAX RAPHAEL, à Breslau. — (Br. R, 6881 — 1er octobre 1891. — 18 juillet 1892.)

Objet du brevet. — Procédé de préparation de négatifs pour impression, consistant à étendre la gélatine bichromatée sur des plaques de mica et à prendre épreuve directe avec ce négatif qui peut alors directement et sans report servir à l'impression.

Description. — Mon procédé simplifie beaucoup l'impression photographique telle qu'on la pratique actuellement. Je couvre une plaque de mica avec une emulsion colorée de gélatine que je sensibilise, après dessiccation, au bichromate de potasse. Par exposition dans la chambre noire, j'obtiens ainsi une épreuve présentant les noirs en creux et les blancs en relief, qui peut servir directement à l'impression.

Voir aussi le brevet français, année 1892, p. 327.

CHAUX. — CIMENTS. — MATÉRIAUX DE CONSTRUCTION.

Procédé de fabrication d'objets en plâtre supportant le lavage à l'aide d'huiles siccatives. — Add. au brevet 63667 (Wn : 8020), par ERNEST WEBSKY, à Tannhausen (Silésie). — (Br. allemand W 8773. — 27 octobre 1893. — 30 décembre 1892.)

Voir page 134 des brevets, année 1892.

Objet du brevet. — Procédé de fabrication d'objets en gypse supportant le lavage à l'eau, consistant à tremper les objets dans un liquide qui les durcit avant de les impregner avec une huile siccative (huile de lin, de chènevis, de ricin ou d'autres analogues).

Description. — Le traitement définitif du brevet 636667 par une huile siccative est précédé par une immersion des objets en plâtre moulés dans un bain durcisseur (sulfate d'alumine, alun, borates, etc.)

COLORANTS ET MATIÈRES PREMIÈRES POUR LEUR PRÉPARATION

Matières colorantes sulfoniques solides aux alcalis, dérivées des triphényleméthanes alcoylés, par « FARBENFABRIKEN » anciennement F. Bayer et Cie, à Elberfeld

— (Br. allemand F. 5673 du 13 octobre 1891. — 15 novembre 1892. — 1er add. F. 6053 du 17 mai 1892. — 15 novembre 1892).

Voir les brevets français, année 1892, pages 16 et 171.

Procédé de préparation de couleurs azotées du groupe de l'alizarine. — Add. au brevet 62019. — F. 5308), par « FARBENFABRIKEN F. BAYER ET Cie ». (Br. allemand F. 5943, — 27 février 1891. — 22 novembre 1892.)

Voir les brevets français, p. 256 des brevets du *Moniteur scientifique*. — année 1892.)

Couleurs dizasoïques teignant directement le coton préparées au moyen de m-p. diamidophényle-benz-imide-azol, par « FARWERKE MEISTER LUCIUS ET BRUNING. — (Br. allemand du 12 mai 1892. — 22 novembre 1892.)

Objet du brevet. — Procédé de préparation de couleurs coton disazoïques au moyen du diamidophényle-benz-imidazol consistant à unir le tetrazodérivé de cette diamine avec un phénol, naphtol, un acide phénol ou naphtol carbonique ou sulfonique, une amine ou un acide amido sulfonique.

Description. — Elle se borne à donner une liste de 42 combinaisons qui peuvent être intéressantes, mais qui tiennent beaucoup de place, et qui sont formées par l'union de 1 molécule de tétrazodérivé du diamidophényle-benzimidazol avec 2 molécules du même ou de deux composés aromatiques amidés ou hydroxylés plus ou moins complexes. Tout chimiste familier avec la spécialité matière colorante, établira sans peine cette liste et l'allongera même au besoin.

Procédé de préparation de couleurs mono-azoïques au moyen des acides amido-sulfoniques ou amido-carboniques et de la paraxylidine, par AKTIENGESELLSCHAFT FUR ANILINFABRIKATION, à Berlin. — (Br. allemand A, 3024. — 29 janvier 1892. — 25 novembre 1892.)

Objet du brevet. — Procédé de préparation de couleurs amidoazoïques teignant la laine aussi bien sur bains acides qu'avec le concours de mordants chromés, consistant à faire agir sur la paraxylidine ou ses sels l'acide diazobenzolparasulfonique, l'acide diazobenzolmétasulfonique ou l'acide m-diazobenzoïque.

Description. — Modes de production habituels des azoïques. La copulation ne se produit qu'en chauffant peu à peu jusqu'à 90 et même 100° C. Les colorants produits avec l'acide sulfanilique ou l'acide m.-amidobenzoïque et la p.-xylidine teignent la laine chromée en nuances jaunes orangées. Ils montent aussi en bains acides.

Leucobases des séries du triphényleméthane et du diphénylenaphtyleméthane préparées au moyen de l'auramine. — Add. au brevet 64270. — (K, 8736) par KERN et SANDOZ, à Bâle. — (Br. allemand K, 8987. — 21 août 1892. — 25 novembre 1892.)

Objet du brevet. — Substitution à la diméthylaniline pour la condensation avec la leucauramine d'après le procédé du brevet principal des amines suivantes :

Aniline, orthotoluidine, paratoluidine, xylidine
α-naphtylamine, β-naphtylamine
Monométhylaniline, monoéthylaniline
Benzylaniline, diphénylamine
Phényle-α-naphtylamine
Para-toluyle α-naphtylamine
Diéthylaniline, méthyléthylaniline
Méthylebenzylaniline, éthylebenzylaniline
Methylediphénylamine.
Methylephényle, α-naphtylamine, diméthyle-α-naphtylamine

Description. — Un prépare la leucauramine suivant les indications de notre brevet principal. La solution obtenue peut être directement employée pour la condensation du leucodérivé avec une amine. On peut aussi en isoler la leucauramine en la précipitant par un excès de soude caustique, filtrant, lavant et séchant. Pour l'obtenir bien pure, on la fait cristalliser dans l'alcool ou dans la benzine.

Exemple de préparation. — Dissoudre dans 100 litres environ d'eau :

Leucauramine (base)........ ..	10 kilogrammes
Acide chlorhydrique à 30 %...	4 k. 500
Chlorhydrate d'aniline...	5 kilogrammes

chauffer le mélange au bain-marie pendant 4 à 5 heures jusqu'à ce qu'une tâte précipitée par un excès de soude ne donne plus, lorsqu'on reprend le précipité par l'acide acétique cristallisable, la coloration bleue intense caractéristique de la leucauramine. La base triphényleméthane est déplacée par l'acétate de sodium. Elle donne par oxydation un violet rougeâtre.

Avec :

Leucauramine (base)...........	10	kilogrammes.
α-naphtylamine —	5	—
Acide acétique à 98 °/₀........	20	—

on obtient un produit de condensation qui s'oxyde en une couleur bleue.

Dans les mêmes conditions, on a un bleu également avec la phényle-α-naphtylamine.

Avec :

Leucauramine................	10	kilogrammes.
Monométhylamine............	4	—
Acide chlorhydrique à 30 °/₀..	8	—
Eau environ......, ...,	100	—

on obtient le leucodérivé du violet de méthyle.

Dans les mêmes conditions, la diéthylaniline donne un violet bleuté, la méthyldiphénylamine un bleu presque pur.

On opère de même avec les autres amines indiquées dans l'exposé, en employant les chlorhydrates en solution aqueuse, ou, dans le cas où le chlorhydrate de l'amine est dissocié par l'eau, en solution dans l'acide acétique cristallisable.

Couleurs azoïques bleues-rouges dérivées de la déhydrothio-ψ-cumidine. — Add. au brevet 63951. — Aktiengesellschaft fur Anilinfabrikation. — (Br. allemand A, 3107. — 29 novembre 1888. — 29 novembre 1892.)

Objet du brevet et description. — Voir le titre.

Couleurs bleues constituées par les diamido-ditolyle-oxyphénylecarbinols. — par Cassella et Cie, à Francfort. — (Br. allemand C, 3796 du 8 juillet 1891. — 1er décembre 1892.)

Objet du brevet. — Procédé de préparation de couleurs bleues, acides sulfoconjugués des diamido-ditolyle-oxyphénylecarbinols consistant à unir 1 molécule de m-oxybenzaldéhyde avec 2 molécules de monométhyle-o-toluidine ou de mono-éthyle-ortholuidine, et à sulfoconjuguer la leucobase obtenue et à oxyder.

Description. — Méthodes connues ; aucun signalement des colorants obtenus.

Procédé de préparation de l'acide α-α-β-3 naphtylamine disulfonique, par Cassella et Cie. — (Br. allemand C, 4021. — 30 novembre 1891. — 1er décembre 1892.)

Objet du brevet. — Procédé de préparation d'un acide α-naphtylamine disulfonique 1 : 4 : 6 homogène consistant à traiter l'acide 1 : 6 naphtylaminesulfonique (acide de Clève) par de l'acide sulfonique fumant à 10 °/₀ environ d'anhydride, à une température de 100°-150° C, jusqu'à ce qu'un échantillon précipité par addition d'un peu d'eau se redissolve entièrement dans une plus grande quantité d'eau bouillante.

Description. — Contenue dans l'exposé ci-dessus. Le produit de la sulfoconjugaison est versé dans l'eau ; l'addition de sel marin déplace de la liqueur le sel de sodium acide du nouvel acide de naphtylamine disulfonique en poudre cristalline.

Procédé de préparation de l'acide α-α-amidonaphtol β-β-disulfonique, par Farbenfabriken » anciennement F. Bayer et Cie. — (Br. allemand F 4909 — 2 août 1890. — 9 décembre 1892.

Objet du brevet. — Procédé de préparation de l'acide α-α_4 amidonaphtol β-β_3-disulfonique consistant à fondre avec des alcalis, en vase ouvert ou clos, à des températures ne dépassant pas 210°, l'acide α-naphtylaminetrisulfonique 1 : 3 : 6 : 8.

Description. — Procédé connu.

Le sel de sodium du nouvel acide (1) est bien soluble dans l'eau chaude, moins dans l'eau froide. Ses solutions réduisent le nitrate d'argent ammoniacal. Le perchlorure de fer ou le chlorure de chaux le colorent en brun rouge : un excès de chlorure de chaux décolore. La solution alcaline a une belle fluorescence rouge bleutée. Combiné avec les diazodérivés, il donne des rouges bleutés, avec les tétrazodérivés des bleus purs.

CORPS GRAS. — SAVONS. — PARFUMERIES.

Procédé de préparation de savons durs à base de potasse, par C. A. O. Rosell et John C. Pennie, à Washington — (Br. allemand R, 6246. — 18 octobre 1890. — 2 décembre 1892.)

Objet du brevet. — Procédé de préparation de savons de potasse durs, consistant à cuire avec de la potasse caustique des huiles ou corps gras contenant peu ou point d'acide oléique ; lorsque la cuite est achevée, on sale avec une solution très concentrée de chlorure ou d'acétate de potassium, on sépare le savon et on le fait sécher.

Description. — On obtient des savons de potasse durs, avec les acides palmitique ou stéarique. Dans la pratique, nous opérons avec du suif ou de l'huile de palme débarrassés par les moyens connus de l'oléine. Nous cuisons comme d'habitude, mais avec un excès sensible de potasse caustique pour achever la saponification dans un laps de temps aussi court que possible. Lorsque la cuite est à point, nous déplaçons le savon par un sel de potassium, acétate ou chlorure, en solution concentrée ou saturée, ou ajouté à l'état solide. On recommence cette opération autant de fois qu'il est nécessaire pour obtenir le savon de potasse au point de pureté et de neutralité voulu.

Savons durs de potasse et de soude, par Georg Schicht, à Aussig a. der Elbe. — (Br. allemand Sch., 7735. — 12 janvier 1892. — 10 janvier 1893.)

Objet du brevet. — Procédé de fabrication de savons potassico-sodiques solides consistant à envoyer dans des lessives de potasse ou de potasse melangée de soude, très concentrées et bouillantes, des huiles ou corps gras non chauffés au préalable, de manière à éviter, après la saponification, une concentration qui colore le produit soit par une partielle carbonisation au contact des parois, soit par la formation de sels ou de savons métalliques.

Description. — Dans la marmite à fusion, on chauffe une lessive de potasse marquant environ 50° Bé jusqu'à 135° C. On y fait couler en mince filet l'huile ou la graisse fondue en agitant continuellement. Il n'est pas besoin que le corps gras soit chauffé, bien au delà de son point de fusion ; les huiles peuvent être prises à la température ambiante.

Durant l'introduction des deux premiers tiers du corps gras, on peut continuer à chauffer extérieurement, sans risquer que la masse encore assez fluide se colore : pour le dernier tiers, on peut abattre le feu, la chaleur dégagée par la réaction suffisant pour entretenir celle-ci et mener la saponification à terme.

CAOUTCHOUC. — ESSENCES. — VERNIS.

Procédé de préparation de colle liquide au moyen d'eau oxygénée, par le Dr Ludw Spiegelberg, à Magdebourg. — (Br. allemand S. 6526. — 22 mars 1892. — 30 décembre 1892.)

Objet du brevet. — Procédé de préparation de colle liquide par concentration d'une solution de gélatine additionnée d'eau oxygénée.

Description. — On obtient des colles liquides en évaporant les solutions de gélatine, colle de peau, d'os, de poisson, etc en présence d'eau oxygénée. Pour 1 partie de gélatine sèche, dissoute à chaud dans 2 parties d'eau, on emploie de 3 à 4 parties d'eau oxygénée et l'on évapore à sec, au bain-marie. Le résidu est redissous dans 2 parties d'eau, additionné encore de 1 partie d'eau oxygénée et réduit à consistance sirupeuse. La colle ainsi préparée contient 30-35 % de substance sèche (à 100° C).

(1) Nouveau le 2 août 1890. — L'office des brevets de l'empire allemand paraît avoir procédé fin 1892 à une liquidation complète et vidé tous ses vieux cartons de matières colorantes. Le *Moniteur scientifique*, ayant suivi cette industrie depuis l'origine, nous ne pouvions passer tous ces brevets sous silence, bien qu'ils ne soient plus tous d'actualité et qu'ils tiennent beaucoup de place, comme l'observe notre collaborateur.

Procédé de préparation d'une couleur blanche pour enduits au moyen de carbonate de baryum et de sulfate de zinc, par Ernst Ulrichs, à Moscou. — (Br. allemand U, 816. — 20 juillet 1892. — 25 novembre 1892.)

Objet du brevet. — 1° Procédé de préparation d'une couleur blanche pour enduits consistant à chauffer du carbonate de baryum avec une solution de quantité équivalente de sulfate de zinc, à l'air libre ou sous pression, à sécher et calciner le mélange de carbonate de zinc et de sulfate de baryte ainsi obtenu, à le verser dans de l'eau froide et à sécher.

2° Modification au procédé du § 1, consistant à traiter le mélange de carbonate de zinc et de sulfate de baryum obtenu suivant le § 1, par l'hydrogène sulfuré en présence d'acide acétique; à calciner le mélange de sulfate de baryum et de sulfure de zinc formé, à le traiter par l'eau froide et à sécher le produit.

Description. — La double décomposition :

$$ZnSO^4 + BaCO^3 = BaSO^4 + ZnCO^3$$

s'opère très vite et complètement sous une pression de 5 atmosphères environ. Le produit final possède un grand pouvoir couvrant et donne de bons résultats comme couleur à l'eau ou à l'huile. Il remplace avec avantage le blanc de plomb et n'est pas exposé, comme ce dernier, à noircir sous l'influence d'émanations sulfhydriques.

Nouveau dissolvant pour la gomme laque et d'autres résines ou gommes-résines analogues, par W. Reid à Needham (Norfolk, Massachussets (E. U.) (Br. allemand R 7383. — 18 juillet 1892. — 6 décembre 1892.)

Objet du brevet. — Procédé de préparation d'un dissolvant pour la gomme laque ou d'autres résines ou gommes-résines analogues, consistant à mélanger des naphtes de goudron de houille (benzols) avec une quantité un peu plus faible de naphtes de pétrole (ligroïne ou benzine de pétrole), à ajouter à cette dissolution environ 10 °/₀ d'alcool méthylique ou éthylique, de manière à précipiter ainsi les substances qui altèrent les dissolutions de gomme laque, notamment la créosote et le phénol puis, après séparation du précipité (??) à mélanger à la liqueur une nouvelle proportion d'alcool.

Description. — De la description très longue et peu claire du procédé employé, nous extrayons ce qui suit :

Le mélange de la benzine et du pétrole est additionné, avant le coupage avec l'alcool d'une petite quantité (non indiquée) d'une huile grasse. (On s'explique alors que l'alcool y produise un trouble). Les proportions seraient d'environ :

Benzine (bouillant de 90 à 160°)......	5 parties.
Pétrole (— 70 à 140°)......	3 —
Alcool méthylique ou éthylique.....	1 —

Le précipité d'apparence résineuse ou huileuse représente environ le dixième du volume total. La liqueur surnageante est incolore et parfaitement limpide. On y ajoute encore pour l'emploi une quantité suffisante (non indiquée) d'alcool méthylique ou éthylique.

CUIRS. — PEAUX. — TANNERIE.

Procédé de tannage des peaux et cuirets au moyen d'acide chromique ou de chromates et d'hydrogène sulfuré, par W. Zahn, à Newark (E. U.). — (Br. allemand Z, 1517. — 11 avril 1892 — 13 janvier 1893.)

Objet du brevet. — Procédé pour tanner les peaux, consistant à les traiter successivement par un bain contenant de l'acide chromique, puis par l'hydrogène sulfuré.

Description. — Pour 100 kilogrammes de peaux préparées, on monte un bain avec :

Bichromate de potassium........	5 kilogrammes.
Eau..........................	50 litres.
Acide chlorhydrique...........	2 kil. 500.
Sel marin.....................	2 kilogrammes.

Lorsque les peaux sont bien ramollies, on les sort et on les exprime.

On peut traiter ensuite par l'acide sulfhydrique gazeux, en chambre close, ou par une dissolution de ce gaz obtenue en décomposant un sulfure alcalin par un acide.

On prendra, par exemple, pour les quantités indiquées :

Monosulfure de potassium.......	2 kilogrammes.
Eau..........................	60 litres.
Acide sulfurique dilué 1/5......	4 kilogrammes.
Eau..........................	5 —

Après un certain temps d'immersion des peaux, on ajoute encore 1 kilogramme de sulfure de potassium.

On retire les peaux lorsque leur couleur primitive jaune-brune a viré au gris-bleuté.

PRODUITS ALIMENTAIRES. — BOISSONS.

Procédé pour empêcher la coagulation du lait destiné à l'analyse, par le Dr JOHAN EDWARD ALEN, à Gœteburg (Suède). — (Br. allemand A, 2951. — 24 octobre 1891. — 3 novembre 1892.)

Objet du brevet. — Procédé pour empêcher la coagulation des échantillons de lait destinés à l'analyse, consistant à y dissoudre un sel de chrôme ou de mercure.

Description. — 1 décigramme de bichromate de potasse suffit pour empêcher la coagulation de 1 litre de lait pendant 24 heures; 0 gr. 25 par litre, produisent le même résultat durant 12 à 15 jours, et 4 gr. par litre empêchent la coagulation pendant 4 mois environ.

Procédé de préparation d'émulsions de corps gras, par G. DIERKING, à Waren (Mecklenburg). — (Br. allemand D, 5216. — 14 mai 1892. — 24 octobre 1892.)

Objet du brevet. — Procédé pour émulsionner les graisses dans le but d'enrichir le lait (!) ou pour tout autre usage, consistant à battre le corps gras, huile ou graisse végétale ou animale avec une solution de gélatine, et à étendre l'émulsion de manière à ce qu'elle offre une teneur connue en substance grasse ; on peut mélanger une pareille émulsion avec du lait ou l'étendre d'eau sans que le corps gras se sépare. (1)

Procédé de préparation d'un caramel pour bières, liqueurs, etc., au moyen de déchets de brasserie ou de distillerie, par JULIUS MOSLER, MAX SCHAEFFER ET ARTHUR SACHS, à Risdorf, près Berlin. — (Br. allemand M, 8826. — 7 avril 1892. — 8 novembre 1892.)

Objet du brevet.— Emploi pour la préparation d'un caramel, de couleurs des fonds de tonneaux, lies, brassins manqués et autres résidus analogues de la brasserie ou de la distillerie; ces produits, après filtration préalable, sont évaporés à consistance d'extrait, puis caramélisés. La masse torréfiée est reprise par l'eau, et l'extrait, bouilli avec de la soude et du lait de chaux, filtré, puis additionné de glycérine, et de nouveau soumis à l'action de la chaleur, est débarrassé des écumes qui se forment jusqu'à ce qu'il ait pris la couleur et la limpidité voulues.

Procédé pour la conservation des œufs, par J. E. STROSCHEIN, à Berlin. — (Br. allemand H, 3377. — 10 octobre 1892. — 17 novembre 1892.)

Objet du brevet. — Procédé pour la conservation des œufs, consistant à imprégner l'œuf frais avec une solution de sel marin ou d'une autre substance propre à empêcher la putréfaction de l'œuf, en faisant pénétrer la solution conservatrice à l'intérieur de la coquille au moyen d'une petite ouverture qu'on bouche ensuite avec un tampon de cire ou autre analogue.

Description. — Aucun des procédés actuellement suivis ne permet de conserver pendant un temps assez long le goût de l'œuf frais. Tous ces procédés consistent à isoler l'intérieur de l'œuf de l'air extérieur au moyen d'un enduit ou d'un emballage approprié. Ces moyens ne suffisent pas parce que l'œuf contient, à l'intérieur de la coquille, une quantité d'air suffisante pour la décomposition par oxydation de l'albumine.

Le nouveau procédé consiste à faire pénétrer dans la coquille même une solution conservatrice et en même temps de remplacer par cette liqueur l'air de la chambre à air en réalisant ainsi un plein à peu près parfait. Les œufs ainsi traités conservent même d'une année à l'autre le goût d'œufs frais.

Au moyen d'une seringue à pointe très fine, on injecte sous la coquille une solution saturée de chlorure de sodium jusqu'à ce que la chambre à air en soit remplie. On bouche le trou de la coquille avec une goutte de paraffine, de cire, avec du silicate de soude ou avec un mastic convenable.

---

(1) On ne sait s'il faut s'indigner davantage de l'impudence de celui qui ose breveter de pareils procédés, ou de la complicité morale de l'Office des Brevets qui semble accorder une sorte de consécration officielle à une fraude aussi répréhensible que celle qui vient d'être décrite.

COMBUSTIBLES. — GAZ. — ECLAIRAGE.

Appareil perfectionné pour la production de lumière, par J.-G. Hudson, à Londres. (Br. anglais 2226. — 6 février 1891.) — (*Ibid.*)

Le brevet décrit un appareil pour produire de la lumière par insufflation d'air chargé de poudre de magnésium à travers une flamme de pétrole ou d'huile de naphte. Le courant d'air est obtenu par le jeu d'une double poire en caoutchouc et le pulvérisateur est disposé de manière à produire un mélange aussi homogène que possible de la poudre de magnésium avec l'air et à empêcher l'inflammation du mélange de se propager à l'intérieur de l'appareil.

Procédé pour enflammer les gaz dans les appareils et chambres chauffés au moyen de combustibles gazeux, par J. Hargreaves, à Widnes. — (Br. anglais 14835. 2 septembre 1891.)

Lampe à magnésium simplifiée, par P. Ellis, à Wellington. — (Br. anglais 17586. — 15 octobre 1891.) — (*Ibid.*)

Cette lampe est disposée de manière à permettre à deux doigts libres de la main qui porte l'appareil de faire avancer le ruban de magnésium au foyer de la lampe, sans mécanisme spécial.

Moyen d'augmenter le pouvoir éclairant des flammes, par L. Chaudor, à Saint-Pétersbourg. — (Br. anglais 6188. — 30 mars 1892.) — (*Ibid.*)

Ce moyen, peu neuf, consiste à interposer dans la flamme de gaz, pétrole ou huile végétale, une substance solide qui devient incandescente. La composition employée est à base d'amiante agglomérée avec un mortier de gomme adraganthe et d'acétate de magnésium.

Perfectionnement aux appareils pour la carburation de l'air et des gaz, par « The Gaz Economising and Improved Light Syndicate, Limited » et J. Love, à Barking — Essex. — (Br. anglais, 18082. — 21 octobre 1891.)

Perfectionnements dans le lavage et l'épuration du gaz, par J. C. Chandler, à Londres. — (Br. anglais, 7708. — 23 avril 1892.)

Perfectionnements d'ordre mécanique plutôt que chimique.

Nouveau combustible pour le haut-fourneau, par W. A. Sugden, à Fall-River (Wisconsin) E. W. — (Br. anglais, 18442. — 27 octobre 1891.)

L'auteur prépare un combustible spécial pour le haut-fourneau, utilisable d'ailleurs pour plusieurs autres opérations métallurgiques en incorporant du charbon minéral en poudre fine à une bouillie de chaux éteinte et de goudron. Il ajoute au mélange 1 à 2 pour mille d'oxyde de manganèse et autant d'alcool méthylique (?). Le tout est formé en briquettes par compression.

Nouveau procédé et appareils pour fabriquer le gaz de chauffage et d'éclairage au pétrole, par A. Noteman, à Toledo (E. U.). — (Br. anglais, 12716. — 11 juillet 1892.)

POUDRES. — EXPLOSIFS.

Poudre de guerre. — Add. au brevet 53420 (Br. 10060), par E. V. Brank, à Boppard. — (Br. allemand B, 13807. — 24 octobre 1892. — 23 décembre 1892.)

Objet du brevet. — Poudre de guerre préparée d'après le procédé du brevet 53420 avec :

Chlorate de potassium...	100	parties environ.
Bichromate de potassium.......	58	—
Cire de Carnauba......	10	—

Description. — On incorpore dans la cire fondue le bichromate, puis le chlorate. On cylindre en plaques minces, on sèche et granule. (Voir les brevets précédents, pages 312 et 356, année 1892.)

ENGRAIS. — AMENDEMENTS. — UTILISATION DE DÉCHETS ET RÉSIDUS INDUSTRIELS.

Procédé pour enrichir les phosphates naturels destinés à la fabrication des superphosphates, par H. Lake, à Londres, représentant MM. A. Briart et H. Jacquemin, à Bruxelles. — (Br. anglais, 5357. — 25 mars 1891.)

Le procédé consiste à traiter les phosphates naturels par une solution d'acide sulfureux : il se forme du bisulfite de calcium qui se dissout avec une petite quantité de phosphate. Une calcination préalable augmente la différence d'action de l'acide sulfureux sur le carbonate de chaux (qui devient plus soluble en raison de sa partielle caustification) et sur le phosphate tricalcique (devenu au contraire moins attaquable). Suit la description des appareils et moyens employés pour produire les solutions sulfureuses, le grillage des minerais, des pyrites, etc., etc. Tout cela nous semble peu pratique.

Procédé pour préparer simultanément du sulfate neutre de sodium et du phosphate de chaux précipité, par L. Brunner, à Wezlar (Allemagne), et A. Zanner, à Lacken (Belgique). — (Br. anglais, 2389. — 8 février 1892). — (*J. Soc. chem. Ind.*)

Ce procédé utilise l'acidité du bisulfate de sodium, formé dans diverses opérations industrielles, préparation des explosifs nitriques, de l'acide nitrique, etc.; on attaque les phosphates naturels en poudre fine par des solutions de bisulfate. Après séparation des plâtres, le liquide filtré contenant du phosphate acide de calcium, est traité par un lait de chaux qui déplace à nouveau le phosphate tricalcique sous la forme de phosphate *précipité* plus assimilable, comme l'on sait, que le phosphate naturel. La liqueur filtrée contient du sulfate neutre de sodium qu'on recueille par l'évaporation.

Voir un brevet similaire des mêmes auteurs, année 1892, p. 211.

Procédé de préparation d'un engrais azoté, par J.-J. Dunne, à Philadelphie. — (Br. americain, 484631. — 18 octobre 1892). — (*Chem. Ztg.*)

Procédé consistant à précipiter les substances albuminoïdes des eaux vannes, eaux résiduelles de fabrication de la colle, du traitement des peaux et autres analogues, par des solutions de phosphates de chaux, de fer, d'alumine dans l'acide sulfurique. Les phosphates tribasiques insolubles qui se forment dans ces conditions, entraînent avec les substances azotées une partie des colloïdes organiques dissous. Le précipité est recueilli sur filtre et seché. L'acide phosphorique qu'il contient est insoluble dans l'eau, mais soluble en grande partie dans le citrate d'ammoniaque.

Procédé de fabrication de phosphates alcalins, par H. et E. Albert, à Biebrich. — (Br. allemand A, 3036. — 5 février 1892. — 13 decembre 1892.)

Objet du brevet. — Pour la préparation des phosphates alcalins par l'action de l'acide phosphorique sur les sulfates alcalins en présence de chaux, emploi de cette dernière sous forme de sel insoluble phosphate, carbonate, phosphates bruts chargés de calcaire) dans le but d'obtenir le gypse sous forme de précipité facile à séparer, par filtration de la solution de phosphate alcalin.

Description. — Dans une marmite doublée de plomb et munie d'un agitateur mécanique, on traite la solution d'acide phosphorique additionnée de la quantité équivalente de sulfate de sodium, de potassium ou d'ammonium par de la craie en poudre fine. Il est inutile de chauffer. Lorsque la réaction a pris fin, on envoie au filtre-presse, puis on évapore la solution.

Au lieu de craie pure, on peut employer des phosphates plus ou moins riches en calcaire. La réaction se produit avec le carbonate de chaux et laisse le phosphate mélangé de sulfate qui est plus avantageux à traiter en raison de la moindre quantité d'acide sulfurique à employer pour mettre l'acide phosphorique en liberté. Dans ce cas, il est inutile de laver le précipité dans le filtre-presse, puisque l'acide phosphorique qu'il contient encore se retrouve dans l'opération suivante.

Transformation des vidanges et autres excréments en fumier, par Fritz Draeger, à Wilhelmshausen. — (Br. allemand D, 5081. — 28 janvier 1892. — 18 novembre 1892.)

Objet du brevet. — Procédé pour transformer les vidanges ou autres excréments en fumier transportable, consistant à extraire l'ammoniaque de ces résidus et après l'avoir oxydée et transformée en acide nitrique au moyen d'air ozonisé, à restituer l'azote sous cette forme au résidu, en y ajoutant, s'il est nécessaire, des phosphates alcalins de manière à produire un engrais complet.

Description. — Les matières fécales, vidanges, excréments des animaux sont traités par la chaux vive et par un courant de vapeur surchauffée, ou soumis à la distillation sèche dans des cornues en fer. On recueille l'ammoniaque. On ajoute au résidu des substances absorbantes, argile, sable, et une certaine quantité de phosphate de manière à obtenir une masse qu'on puisse briqueter et que l'on étend sous de grands hangars jusqu'à dessiccation.

D'une autre part, en dirigeant dans les eaux ammoniacales un courant d'air ozonisé, on transforme l'ammoniaque successivement en acide nitreux et acide nitrique. Celui-ci sert à attaquer des phosphates naturels et le superphosphate ou l'acide phosphorique obtenu, mélangé au nitrate de chaux formé par la réaction, est rejeté sur les briquettes sèches. On obtient ainsi un engrais complet, contenant à l'état d'azote nitrique stable tout l'azote des matières mises en traitement, n'exposant à aucun déchet par volatilisation, comme c'est le cas avec l'ammoniaque.

Nouvel appareil pour dessécher les engrais artificiels également applicable à la dessiccation des minéraux ou substances de toute nature, par B. L. Fletcher et J. Hoyle, à Halifax. — (Br. anglais, 16281. — 25 septembre 1891.)

Perfectionnements dans la construction d'appareils distillatoires pour les eaux vannes ou eaux ammoniacales de toutes provenances, par J. Wright, à Stockton-on-Tees. — (Br. anglais, 18533. — 28 octobre 1871.)

PAPETERIE. — PATES ET MACHINES A PAPIER

Perfectionnements à la fabrication du parchemin végétal, par Robertson James, à Hythe End, Comté de Middlessex (Angleterre). — (Br. 221835. — 24 mai 1892. — 10 septembre 1892).

Objet du brevet. — Machine pour fabriquer le parchemin végétal.

Procédé pour enlever le fer des pâtes à papier, par Bradley D. Rising et Ch. H. Atkins, à Hampden (Massach.) Etats-Unis. — (Br. allemand 64093. — 23 juin 1891.)

Pour enlever les particules de fer disséminées dans la pâte à papier, les auteurs font couler la pâte dans un canal traversé par des barrettes métalliques rivées aux pôles d'électro-aimants disposés sous la paroi de fond. Les particules de fer sont attirées et retenues par les traverses aimantées.

PRODUITS ORGANIQUES A USAGE MEDICAL ET ANTISEPTIQUES.

Procédé de préparation de para-éthoxy-antipyrine, par la Société « Meister Lucius et Bruning », à Hœchst. — (Br. allemand F, 6086. — 30 mai 1892. — 9 décembre 1892.)

Objet du brevet. — Procédé de préparation de p.-éthoxy-antipyrine consistant à traiter l'acide p.-éthoxyphényleméthylepyrazolone carbonique par un éther méthylohalogéné ou par le méthylesulfate de sodium et à chauffer le produit de cette réaction.

Description. — Dans un tube scellé, on chauffe au bain-marie :

Acide p-éthoxyphénylethylepyrazolone carbonique	5 gr. 2
Alcool méthylique	15 gr.
Iodure de méthyle	2 gr. 8

Après distillation de l'alcool méthylique, on chauffe le produit à 165-170°, jusqu'à ce qu'il ne se dégage plus de gaz carbonique. La masse résineuse est reprise par l'eau chaude, et la liqueur filtrée après refroidissement est rendue alcaline par addition de soude caustique et extraite à tiède, vers 60° environ, par de la benzine.

Après évaporation du solvant, il reste une huile épaisse qui finit par se prendre en cristaux, que l'on purifie dans l'éther acétique. Le produit pur fond à 89-90°. Il se dissout facilement dans l'eau et dans l'alcool, donne un nitroso dérivé vert et sa solution aqueuse se colore en rouge foncé par le perchlorure de fer.

Son mode de formation et ses propriétés le caractérisent comme la p.-éthoxyantipyrine.

Procédé de préparation de (1) p. éthoxyphényle, (3) méthyle, (5) pyrazolon. — Add. au brevet 32277. (P. 2221) par « Farbwerke » anciennement Meister, Lucius et Bruning, à Hœchst-sur-Mein. — (Br. allemand F, 6073. — 24 mai 1892. — 6 décembre 1892.)

Objet du brevet. — Procédé de préparation de 1, 3, 5, p.-éthoxyphénylemethylepyrazolon, consistant à préparer d'après le § 1 du brevet principal, 32277, ou d'après le § 5 du brevet additionnel, 59126, par l'action de la p.-éthoxyphénylehydrazine sur l'acide acétonedicarbonique, de l'acide p.-éthoxyphénylеméthylepyrazoloncarbonique que l'on transforme d'après le § 4 du brevet principal, par enlèvement d'acide carbonique, en p.-éthoxyphénylеméthylepyrazolon.

Description. — 206 kilogrammes d'acide acétonedicarbonique correspondant à 143 gr. 6 d'acide pur sont dissous dans 8 fois leur poids d'eau. A la liqueur filtrée on ajoute 100 grammes d'acide chlorhydrique concentré et l'on dissout dans cette liqueur, en remuant. 152 kil. d'éthoxyphénylehydrazine. Cette dernière se dissout peu à peu en agitant, et peu après il se dépose une poudre cristalline d'acide p.-éthoxyphénylepyrazolon carbonique. On essore le précipité que l'on purifie par redissolution et précipitations partielles par le carbonate de sodium. Cet acide cristallise dans l'alcool étendu en feuillets brillants qui fondent à 164° en se décomposant. Il est peu soluble dans l'eau pure, facilement soluble dans l'alcool et dans les acides étendus.

Maintenu pendant quelques heures à 164°, cet acide perd de l'acide carbonique et se transforme nettement en p.-éthoxyphényle, méthylepyrazolon (1-3-5) point de fusion 147°, qui fournit par méthylation de la p.-éthoxy-antipyrine.

Procédé de préparation d'acide m-iodo-o-oxyquinoléïne-anasulfonique, par le Dr A. Claus, professeur à Fribourg en Brisgau. — (Br. allemand C, 4256. — 24 août 1892.— 29 novembre 1892.)

Objet du brevet. — L'acide o-oxyquinoléïne-ana-sulfonique séché à 98° C. retient 1 molécule d'eau. On chauffe ensemble :

Une molécule de cet acide.....	40	grammes.
Carbonate de potassium pur...	12	—
Eau..	350 à 400	—

en dirigeant dans la liqueur un courant de gaz carbonique. Lorsque la dissolution est achevée, on ajoute :

Iodure de potassium..............	27 gr. 5.
Chlorure de chaux à 25 °/o de chlore actif..... ..	46 gr. 8.

Ce dernier agent est introduit par petites portions dans la liqueur en pleine ébullition. Au bout de peu de temps, le produit se prend en une bouillie épaisse que l'on refroidit dans une capsule entourée d'un mélange réfrigérant de glace et de sel. Le dérivé iodé ne se produit qu'à ce moment par addition successive d'acide chlorhydrique étendu d'abord (environ 100 c.c. d'acide au 1/5) puis concentré (45 c.c. d'acide fumant). Le précipité coloré en rouge foncé est formé par le sel de calcium neutre à l'iodosulfoquinoléine. On laisse en contact durant 24 heures, puis on recueille sur filtre et on lave à l'eau froide. En délayant le produit dans l'eau et ajoutant un excès d'acide chlorhydrique, on obtient l'acide iodo-oxyquinoléine sulfonique libre, sous forme d'une poudre lourde, jaune.

Procédé de préparation de piperazine, par la « Société Chemische fabrik auf Aktien » anciennement « E. Schering », à Berlin. — (Br. allemand C, 4198. — 12 juillet 1892. — 15 novembre 1892.)

Objet du brevet. — Procédé de préparation de piperazine consistant à chauffer à des températures comprises entre 250 et 350° le glycolate disodique avec un dérivé acide de l'éthylènediamine, à distiller la piperazine formée, par entrainement de vapeur d'eau, et à isoler la base des liquides distillés par les méthodes connues.

Description. — On chauffe en vase clos, entre 250 et 350° :

Glycolate disodique..........	106	parties.
Avec diacétyléthylènediamine.	144	—
Ou dibenzoyléthylènediamine..	268	—
Ou oxalyléthylènediamine.....	114	—
Ou encore éthylèneuréthane..	204	—
Ethylènurée..................	86	—

On entraine la pipérazine formée par un courant de vapeur d'eau, on ajoute de l'acide chlorhydrique au liquide condensé et on évapore à siccité. On sépare le chlorhydrate de pipérazine d'avec le chlorhydrate d'éthylènediamine par le procédé indiqué dans le brevet n° 59222 (C, n° 3530). (Pages 170-371 et 392 des brevets du *Moniteur scientifique*, année 1892.)

BREVETS PRIS A PARIS

Analysés par M. Thabuis.

PRODUITS CHIMIQUES.

Nouveaux produits résultant de la réaction des phénylhydrazines α-substituées sur des aldéhydes hydroxylés ou nitrés aromatiques et leur procédé de fabrication, par Roos Israel, rep. par Brandon et fils. — (Br. 222599. — 25 juin 1892. — 11 octobre 1892.)

Objet du Brevet. — Procédé de combinaison ou de condensation des phénylhydrazines substituées sur des aldéhydes aromatiques hydroxylés ou nitrés et consistant à faire réagir ces phénylhydrazines (telles que les éthyl, isopropyl, isobutyl, amyl, ou benzylphénylhydrazines et autres) d'un côté sur des aldéhydes hydroxylés ou nitrés, (telles que les aldéhydes salicylique, méta et paraoxybenzoïques, la vanilline, les aldéhydes nitrobenzoïques, l'aldéhyde de l'anis, l'aldéhyde protocatéchique et les autres. (Voir le brevet allemand R, n° 6777. — 1892, page 170).

Nouveau procédé de fabrication du protoxyde d'azote, par Watson Smith et Elmore, rep. par Lombard Bonneville. — (Br. 222875. — 8 juillet 1892. — 21 octobre année 1892.)

Objet du brevet. — Procédé de fabrication du protoxyde d'azote par décomposition sous l'influence de la chaleur, d'un mélange de nitrate de soude, de nitrate de potasse et de sulfate d'ammonium.

Description. — On introduit dans une cornue un mélange d'environ 17 parties de nitrate de soude, de 20 parties de nitrate de potasse et de 13 à 14 parties de sulfate d'ammonium. On chauffe à 230° et vers la fin à 300°. On dispose la cornue de manière à ce que la vapeur d'eau qui se condense ne retombe pas dans l'intérieur. On peut aussi fondre préalablement les nitrates et y ajouter ensuite le sulfate.

Procédé pour la fabrication d'acides naphtalinepolysulfoniques, par Farbenfabriken, rep. par Dobler. — (Br. 222881. — 8 juillet 1892. — 21 octobre 1892.)

Objet du brevet. — D'après R. Leuckart, le groupe amidé des amines aromatiques pourrait être facilement remplacé par le groupe sulfhydryle SH, si l'on fait réagir les diazoïques de ces amines sur les sels de l'acide xanthogénique. Ces dérivés xanthogéniques traités par les alcalis donnent des sulfhydrates. Le dérivé diazoïque de la naphtaline donne le naphtylsulfhydrate. Vu la grande oxydabilité de corps, il se forme en outre toujours des disulfures, et si l'on soumet les acides diazonaphtalinesulfonés à l'action de l'acide xanthogénique ou mieux de xanthogénates alcalins, il résulte, par saponification des dérivés, de l'acide xanthogénique prenant préalablement naissance presque exclusivement des acides naphtalinesulfoniques.

Or, ces disulfures par oxydation, donnent naissance à des acides naphtalinedisulfoniques. Le présent brevet a pour objet la préparation d'acides polysulfoniques de la naphtaline en partant du disulfure obtenu par l'action de l'acide diazonaphtionique sur l'éthylxanthogénate de potasse, et par saponification de cet acide sulfoxanthogénique décrit dans le *Journ. für prackt Chemie.*

Description. — On prend 45 kilogrammes de disulfure de l'acide naphtalinesulfonique de la formule ci-dessus. On le dissout dans 600 litres d'eau, on ajoute 15 kilogrammes d'une dissolution froide de carbonate de sodium, puis 52 kilogrammes de permanganate de potasse dissous dans 1,000 litres d'eau, on ajoute ensuite un peu d'alcool et l'on chauffe au bouillon. On sépare l'oxyde de manganèse formé et on traite par une solution de chlorure de baryum ou de calcium. Il se précipite un sel barytique ou calcique à l'état grenu et facile à séparer. On le fait ensuite bouillir avec du carbonate de sodium de manière à obtenir le sel sodique qui cristallise en feuillets. Si l'on fond ce sel avec de la soude caustique, on obtient l'acide α-naphtolmonosulfonique identique à celui de Nevile et Winther; cet acide possède donc la constitution d'un acide naphtaline 1-4 disulfonique. On peut remplacer l'acide diazonaphtaline-α-sulfonique par les autres acides correspondants polysulfonés et on obtient ainsi des acides à grand nombre de groupes sulfo.

Pâte à polir l'aluminium, par Goll et Watcky, à Offenbach-sur-Mein, rep. par Levesque. — (Br. 223032. — 16 juillet 1892. — 25 octobre 1892).

Objet du brevet. — Procédé de fabrication d'une pâte destinée à polir l'aluminium et composée d'oléine et de carbonate d'ammonium.

Description. — Pour faire cette pâte, on prend 10 à 14 parties d'oléine et 1 à 2 parties de carbonate d'ammonium. On laisse en repos quelques jours, jusqu'à cessation de dégagement gazeux. On peut y ajouter 1 à 2 parties de chaux de Vienne et 1/10 à 1/15 de nitrobenzine.

Perfectionnements dans la disposition intérieure de la tour de Glover, par Knab, à Oberhausen, rep. par Lépinette et Rabilloud, à Lyon. — (Br. 227038. — 18 juillet 1892. — 26 octobre 1892.)

Papier chimique insecticide préservateur et imperméable, par Jougier père, rep. par Armengaud jeune. — (Br. 222801. — 2 juillet 1892. — 18 octobre 1892.)

Objet du brevet. — Papier insecticide à base de goudron et d'acide phénique.

Description. — On fait un mélange de goudron de houille 33 °/₀, huile de goudron 33 °/₀, acide phénique 33 °/₀. On le chauffe et l'on y trempe le papier.

Utilisation des cendres de pyrites pour l'absorption complète de l'acide chlorhydrique des fabriques de produits chimiques, par Buisine Paul, rep. par Carenou, (Br. 222801. — 5 juillet 1892. — 18 octobre 1892.)

Objet du brevet — Procédé basé sur ce fait que les vapeurs d'acide chlorhydrique, surtout celles sortant des fours à sulfate de soude sont facilement absorbées par les cendres de pyrites imprégnées d'un peu d'eau. Il se forme du chlorure ferrique solide si la quantité d'eau est faible, et dissous si la quantité de liquide est considérable.

Description. — Rien à signaler.

Procédé de préparation des éthers de l'acide salicylique, par le Dr Curchod et Matras et Cie, rep. par Armengaud aîné — (Br. 223188. — 23 juillet 1892. — 4 novembre 1892).

Objet du brevet. — Préparation des éthers salicyliques par l'action du chlorure de thionyle $SOCl^2$ sur le mélange d'acide et d'alcool ou de phénol.

Description. — On met dans une chaudière 27 kg 600 d'acide salicylique, 18 kg. 800 de phénol pur et 23 kg. 600 de chlorure de thionyle. On chauffe jusqu'à 110°, il se dégage de l'acide sulfureux et de l'acide chlorhydrique. On maintient environ 2 heures à cette température. Quand la réaction est terminée l'huile obtenue est lavée à plusieurs reprises à l'eau bouillante et on fait cristalliser dans l'alcool le salicylate de phényle.

Préparation de l'acide aldéhydegaiacolcarbonique et de la vanilline, par Kolbe, rep. par Sautter et de Mestral. — (Br. 223206. — 25 juillet 1892. — 4 novembre 1892.)

Objet du brevet. — Application de la méthode de Tiemann et Reimer à la préparation de l'acide aldehydegaiacolcarbonique qui donne de la vanilline par chauffage à une température suffisante.

Description. — 32 kilogrammes d'acide gaiacolcarbonique, 120 kilogrammes d'eau, 100 kilogrammes de lessive de soude de densité 1,35 sont chauffés au réfrigérant à reflux avec additions successives de chloroforme et 130 kilogrammes de lessive de soude de densité 1,35. Aussitôt que le chloroforme est consommé, on laisse refroidir la solution. On acidifie et du mélange filtré d'acides gaiacolcarbonique, et aldéhydogaiacolcarbonique on extrait le premier au moyen de l'eau chaude ou de l'éther. Le résidu ou l'acide aldéhydogaiacolcarbonique est chauffé en autoclave vers 180 degrés ou au-dessus. La masse produite est mise à recristalliser dans l'eau ou le pétrole leger.

Procédé de purification des aluminates alcalins, par Hulin, ingénieur au Pontis (Avignon). — (Br. 223280. — 27 juillet 1892. — 8 novembre 1892.)

Objet du brevet. — Procédé consistant à traiter les aluminates alcalins par la baryte de manière à précipiter les sulfates et silicates qu'ils contiennent.

Composé perfectionné de blanchiment, par Castner, rep. par Mennons. — (Br. 223291. — 28 juillet 1892. — 8 novembre 1892.)

Objet du brevet. — Composé formé de peroxyde de sodium et de terres de métaux alcalins.

Procédé de fabrication des carbonates alcalins et du blanc fixe avec la white-

rite ou la barytine et avec les sulfates alcalins, par ULRICHS, rep. par Nauhardt. — (Br. 223339. — 30 juillet 1892. — 9 novembre 1892.)

Objet du brevet. — Procédé consistant à transformer le sulfate de baryum en sulfure, puis à traiter la solution de ce dernier par l'acide carbonique, et enfin à faire digérer le carbonate de baryum obtenu avec un sulfate alcalin.

Procédé pour la fabrication d'acide acétique à haut titre. — Cert. d'add. au brevet pris le 25 juillet 1891, par ROHRMANN, rep. par Blétry. — (Br. 215120. — 28 juillet 1892. — 11 novembre 1892.)

Objet du brevet. — Modification consistant dans l'introduction de l'air chauffé à sec ou de la vapeur d'eau surchauffée dans le fond de la tour de l'appareil purificateur au-dessus du niveau du liquide qui s'amasse au fond, comme aussi dans la colonne de ce liquide même, de manière à maintenir l'acide acétique sous forme de vapeur et pour éliminer l'acide acétique condensé dans le fond et mélangé au liquide purificateur.

Procédé de fabrication d'alumine exempte de silice, par la SOCIÉTÉ KUNHEIM et Cie, rep par Chassevent. — (Br. 223666. — 13 août 1832. — 22 novembre 1892.)

Objet du brevet. — Procédé de fabrication d'alumine exempte de silice, consistant à additionner d'acide phosphorique l'aluminate alcalin, puis à précipiter l'acide phosphorique par une terre alcaline.

Description. — On ajoute à l'aluminate 1/2 équiv. d'acide phosphorique pour un équivalent de silice.

Procédé et appareil pour la séparation du phosphate de chaux d'avec les matières auxquelles elles sont mélangées, par ROLLAND, rep. par Chassevent. — (Br. 223669. — 13 août 1892. — 20-26 novembre 1892.)

Fabrication de soude et de potasse et d'acide chlorhydrique par l'électrolyse du chlorure de sodium et du chlorure de potassium, par ROUBERTIE, LAPEYRE ET GRENIER, rep. par Armengaud jeune. — (Br. 223618 11 août 1892 — 20-26 novembre 1892.

Procédé de fabrication continue d'acide chlorhydrique sec par l'acide sulfureux et l'acide chlorhydrique gazeux, par HOF, rep. par Armengaud jeune. — (Br. 223710. — 16 août 1892. — 20-26 novembre 1892.)

Moyen artificiel de produire l'ozone chimiquement, par GIBERD, rue du Faubourg Montmartre, 21, Paris. — (Br. 223726. — 17 août 1892. — 23 novembre 1892).

Objet du brevet. — Procédé consistant à préparer l'ozone (?) par l'action du permanganate de potasse sur l'acide oxalique.

Procédé de production d'iode et de ses combinaisons, par la Cie PARISIENNE DES COULEURS D'ANILINE, rep. par Armengaud jeune. — (Br. 223739. — 17 août 1892. — 23 novembre 1892.

Objet du brevet. — Procédé consistant à fabriquer l'acide iodosobenzoïque ($C^6H^4ICO^2H$) par l'action de l'acide nitrique fumant sur l'acide iodobenzoïque. Cet acide fond à 209°. Chauffé avec une dissolution acidulée d'iodure de potassium, il donne la réaction :

$$I - C^6H^4 - COOH + 2\,HI = H^2O + I^2 + C^6H^4 - I - COOH.$$

Perfectionnements apportés à la production du chlore avec production et récupération du plomb, par MAXWELL LYTE, rep. par Chassevent. — (Br. 223799. — 19 août, 25 novembre 1892.)

Objet du brevet. — Procédé consistant à traiter du nitrate de plomb ou de l'acétate neutre ou basique par de l'acide chlorhydrique. L'acide acétique ou nitrique mis en liberté ou l'acétate neutre formé peuvent dissoudre une nouvelle quantité d'oxyde de plomb et reconstituer de l'acétate, du nitrate ou de l'acétate basique de plomb. Le chlorure produit est ensuite décomposé par la chaleur et le plomb qui reste est séparé de l'argent, s'il en contient par les procédés ordinaires.

Production d'éthoxyphénylméthylpyrazolone et de paraéthoxy-1-phényl-2-3-diméthyl-5-pyrazolone. — Cert. d'add au brevet pris le 10 février 1892, par la C^e^ PARISIENNE DES COULEURS D'ANILINE rep. par Armengaud jeune. — (Br. 219303. — 17 août 1891. — 24 novembre 1892.

Objet du brevet. —Perfectionnements consistant à produire le para-éthoxy-1-phényl-2-3-diméthyl-5-pyrazolone par le traitement de l'acide para-éthoxyphénylméthypylrazolonecarbonique avec un dérivé méthylique halogéné ou du méthylsulfonate de soude et à chauffer le produit de la réaction.

Description. — On chauffe en tube pendant 24 heures (5 gr. 2) 1 mol. d'acide para-éthoxyphénylméthylpyrazolonecarbonique avec 15 grammes d'alcool méthylique et (2 gr. 8) 1 mol. d'iodure de méthyle. On enlève l'alcool par distillation. Le produit de la réaction est chauffé à 165-170° pour enlever l'acide carbonique; on purifie par dissolution dans la benzine de la combinaison sodique du produit séparé de la résine par filtration. Le corps cristallise après distillation de la benzine, et on le reprend par l'éther acétique. Il fond à 89°-90°.

Nouveau procédé de décoloration des extraits de bois et de jus de diverses provenances, par TRILLAT, 6, Boulevard Henry IV, Paris. — (Br. 223442. — 3 août) 1872. — 15 novembre 1892.)

Objet du brevet. — Procédé consistant à décolorer les jus et extraits de bois de nature diverse par la formation d'un précipité insoluble au sein même de la masse à décolorer et provenant de la combinaison de deux composés organiques que l'on y ajoute. Ces composés sont, d'une part, les amines primaires et secondaires de la série aromatique, telles que aniline, toluidine, diphénylamine, etc. et, d'autre part, des corps à fonction aldéhydique, ou susceptibles d'en former, tels que acétone, acétals, méthylals, aldéhydes acétique, formique, acroleine etc.

Description. — Les jus sont amenés à une température voisine de 30° et à un degré de concentration de 2°, 3°, 5° B. On ajoute d'abord l'amine, par exemple, une petite quantité d'aniline. Pour 10,000 litres de jus à 2° B il suffit d'ajouter 800 grammes d'aniline. Après une forte agitation, on ajoute environ la moitié, soit 400 grammes d'un aldéhyde de la série grasse, le précipité commence à se former immédiatement au sein de la liqueur et entraîne les parties brunes. Après 24 heures, l'action est terminée; on filtre et décante, puis on concentre selon les méthodes ordinaires.

Préparation de désinfectants, par THORNTON, rep. par Delage. — (Br. 223455. — 15 novembre 1892.

Objet du brevet. — Procédé de fabrication de tablettes désinfectantes destinées à être placées dans les locaux à désinfecter.

Description. — On prend du permanganate de potasse ou du chlorure de chaux ; on y incorpore 1/2 kilogramme de paraffine par fusion à une température de 85°. On laisse refroidir, et on pulvérise. On peut remplacer la paraffine par du sulfate de chaux, de la ponce, etc., dans la proportion de 1/2 kilogramme, proportion du reste variable. A ce désinfectant préparé à la paraffine on ajoute 2 kilogrammes de permanganate de potasse; si on a employé du chlorure de chaux dans le désinfectant paraffiné, on remplacera le permanganate par du sulfate de chaux, 3 kilogrammes, et asbeste 750 grammes. Ensuite, on mouille ce mélange avec de l'eau contenant de la soude et on le moule en tablettes, blocs, briquettes ; on peut encore ajouter du carbonate de soude, 250 grammes, et une quantité suffisante de sel desséché.

Nouveau procédé et appareils pour obtenir, à l'aide d'un carbonate alcalin, de l'acide carbonique pur des produits de combustion et gaz provenant de fours à chaux et d'autres fours produisant de l'acide carbonique, par LA « SOCIÉTÉ CHEMISCHE FABRICK IN BILLWARDER, à HAMBOURG (ALLEMAGNE) (rep. par Lombard-Bonneville. — (Br. 223483. — 5 août 1892. — 16 novembre 1892).

Objet du brevet. — Procédé consistant à transformer l'acide carbonique en bicarbonate alcalin et à décomposer ce dernier.

Mastic bitumineux inattaquable aux acides, par la « COMPAGNIE GÉNÉRALE DES ASPHALTES DE FRANCE, rep, par Armengaud jeune.— (Br. 223516.— 6 août 1892.— 16 novembre 1892.)

Objet du brevet. — Mastic composé de bitume, de silex pulvérisé, de verre pilé et de débris de porcelaine pulvérisés.

Procédé d'épuration et d'enrichissement des phosphates de chaux naturels, par DELACOURT, rep. par Bert. — (Br. 223534. — 8 août 1892. — 17 novembre 1892.)

Procédé de fabrication industrielle de carbonate de chaux et accessoirement pour l'enrichissement des phosphates à base de carbonate calcaire, par BRACONNIER, rep. par Bletry. — (Br. 223440. — 3 août 1892. — 15 novembre 1892.)

Procédé de clarification ou de décoloration des extraits tanniques, par Simon et Cie, rep. : par Armengaud jeune. — (Br. 223551. — 8 août 1892. — 17 novembre 1892.

Objet du brevet. — Procédé consistant à clarifier au moyen d'une solution de sang additionnée de carbonate de soude, les sucs tanniques marquant 20° à 30° B°.

Perfectionnements apportés au traitement du sel gris, par Mac-Nab, rep. par Assi et Genès. — (Br. 223611. — 11 août 1892. — 10 novembre 1892. — Brevet anglais devant expirer le 8 juin 1906.

Objet du brevet. — Procédé consistant à séparer le sel gris du chlorure de magnésium par la force centrifugeet en y ajoutant de l'eau salée.

Procédé de fabrication de l'acide borique et du borax avec des minéraux contenant de l'acide borique et de la chaux, par la Société Marquardt et Schultz (Chemische Fabrick Bettenhausen), rep. par Assi et Genès. — (Br. 223837. — 20 août 1892. — 28 novembre 1892.)

Objet du brevet. — Procédé consistant à faire agir de l'acide carbonique ou de l'acide sulfureux ou un mélange des deux sur les minéraux contenant de l'acide borique (boracite, boronatrocalcite) et dans la séparation de l'acide borique des solutions obtenues de cette manière, ou la préparation pure par cristallisation, ou la transformation en borax par la soude.

Procédé de préparation de para-valérylamidophénétol, produit dénommé « Sédatine », par la Société Anonyme de matières colorantes et produits chimiques de Saint-Denis, rep. par Armengaud jeune. — (Br. 223844. — 20 août 1892. — 28 novembre 1892.)

Objet du brevet. — Procédé de préparation d'un nouveau sédatif, le para-valérylamidophénétol par l'action du para-amidophénétol sur l'acide valérianique, ou bien en faisant réagir le chlorhydrate de ce dérivé amidé sur le valérianate de soude, ou enfin en substituant le chlorure de valéryle ou l'anhydride valérianique à l'acide valérianique. Le para-valérylamidophénétol est un corps blanc cristallisé en fines aiguilles enchevêtrées, bouillant à 350°-360°. Il se décompose partiellement, bout à 270°-272° sous une pression de 0,05 de mercure. Il est peu soluble dans la benzine, très peu dans l'éther, le chloroforme et l'acétone, soluble à chaud dans les alcools méthylique et éthylique, beaucoup moins à froid.

Procédé pour obtenir du fluorure d'aluminium pur, par la Société Grabaus Aluminiumwerke, rep. par Armengaud jeune. — (Br. 223846. — 20 août 1892. — 28 novembre 1892.)

Objet du brevet. — Procédé pour obtenir une solution neutre de fluorure d'aluminium ne contenant pas d'acide silicique. Ce procédé peut s'effectuer : 1° en unissant de l'acide fluorhydrique ou fluosilicique avec de l'argile calcinée ou du kaolin également calciné, et en laissant ces matières agir les unes sur les autres; 2° en enlevant le fer par réduction de ce dernier qui est à l'état de sesquifluorure, de manière à le transformer en sel au minimium. La solution est ensuite refroidie de façon à ce qu'elle cristallise, puis on sépare les cristaux de la lessive mère ferrugineuse adhérente qu'un lavage subséquent enlève.

Procédé de production des cyanures alcalins et alcalino-terreux par l'emploi simultané du gaz hydrocarboné et ammoniac avec addition si l'on veut d'azote libre, par Pierre Rogatien, Vicomte de Lambilly, 6, rue Sully, à Nantes (Loire Inférieure). — 26 août 1892. — 28 novembre 1892.)

Objet du brevet. — Procédé de préparation de cyanures consistant : 1° à décomposer en présence d'un composé alcalin ou alcalino-terreux un mélange de gaz ammoniac et de gaz hydrocarboné avec addition si l'on veut d'azote libre ; 2° méthode de carburation du gaz consistant à faire passer le gaz hydrocarboné sur du cuivre oxydé au rouge pour enlever l'hydrogène qu'il pourrait contenir et à le faire passer dans des cylindres chargés de charbon et d'un carbure liquide demi ou semi-liquide et à chauffer à basse température. La matière à cyanurer est constituée par du carbonate avec de l'oxyde de potassium ou de sodium pulvérisé, dans la proportion de 100 parties pour 100 parties d'alcali. Le mélange est séché, on y ajoute 20 à 30 parties de chaux en poudre et 50 parties de limaille de fer, on agglomère ce mélange avec du goudron de houille et on divise la matière de manière à faire des briquettes. Pour la transformer en cyanure, on fait arriver le gaz hydrocarboné et azoté sous faible pression de manière à assurer le contact du gaz avec la matière à transformer. *Voir le brevet allemand, année 1892, p. 161.*

Perfectionnements dans le traitement des minerais de plomb et dans la production à l'acide de ceux-ci, de la céruse et autres produits de plomb, ainsi que du zinc et du blanc de zinc simultanément, par COBLEY, rep. par Lombard-Bonneville. — (Br. 223874. — 23 août 1892. — 28 novembre 1892.)

Objet du brevet. — Procédé de production de la céruse au moyen de plomb spongieux obtenu par l'action d'un métal sur un sel de plomb ou sur la dissolution de minerais de plomb ou de substances contenant du plomb. Le plomb produit est oxydé, puis carbonaté pour la transformation en céruse et en oxydes colorés de plomb. Le métal employé de préférence pour la précipitation du plomb est le zinc, que l'on récupère ainsi que l'acide qui a servi à la dissolution du plomb, par cristallisation du sel zincique qui se décompose et laisse du blanc de zinc.

Nouveau procédé de traitement des phosphates alumineux ayant pour but de les rendre solubles dans le citrate d'ammoniaque, par PILON frères et BUFFET, rep. par Amengaud aîné. — (B. 223877. — 23 août 1892. — 28 novembre 1892.)

Objet du brevet. — Procédé consistant à soumettre les phosphates alumineux à l'action de la chaleur.

Procédé pour transformer le sulfate de plomb en oxyde et en céruse, par BRUNNER. — (Br. 223909. — 24 août 1892. — 29 novembre 1892.)

MATIÈRES COLORANTES. — ENCRES.

Procédé pour la production de matières colorantes jaunes et orangées teignant directement le coton, par la SOCIÉTÉ ROD GEIGY, à Bâle (Suisse), rep. par Armengaud jeune. — (Br. 222554. — 23 juin 1892. — 10 octobre 1892.)

Objet du brevet. — Procédé de préparation de matières colorantes jaunes orangées par l'action du nitrotoluène sur les para-amidophénols ou leurs dérivés carboxyliques sous l'influence des alcalis. Le para-amidophénol et le para-amidocrésol donnent des couleurs teignant le coton non mordancé en jaune d'or ; les acides para-amidosalicylique ou paraamidocrésotique des couleurs rouges jaunes. Ces couleurs peuvent être alkylées et donner d'autres matières colorantes qui ne changent plus sous l'influence des alcalis et teignant directement le coton en orange.

Description. — Faire bouillir pendant une heure environ 1 kilog. d'acide nitrotoluèneparasulfonique, 4 kilg 5 de para-amidophénol dissous dans 50 litres d'eau bouillante additionnée de 15 kilos de soude caustique à 40°B. Après ce temps, reprendre par 200 litres d'eau chaude ; saturer la soude par l'acide chlorhydrique et précipiter la matière colorante par le sel marin. Elle teint directement le coton, la laine, la soie, en jaune d'or intense. Pour éthyler le produit, on en chauffe 10 kilos dans un autoclave avec 50 litres d'eau, 50 litres d'alcool, 6 kilos de bromure d'éthyle et 8 kilos de lessive de soude à 40°B pendant 10 heures à la température du bain-marie. On reprend par l'eau bouillante, puis on précipite par le chlorure de sodium la matière colorante que l'on peut purifier par une nouvelle dissolution dans la soude caustique.

Fabrication de nouvelles matières colorantes orangées. — Cert. d'add. au brevet pris le 5 mai 1890 par LÉONHARDT, rep. par Armengaud jeune. — (Br. 205459. — 27 juin 1892. — 13 octobre 1892.)

Objet du brevet. — 1°. Procédé de condensation de l'aldéhyde formique ou l'aldéhyde benzylique avec la méta-amidodiméthylorthotoluidine ou la méta-amidoéthylorthotoluidine. 2°. Préparation du diméthyl ou diéthyltétraamidodiorthotolylméthane consistant à transformer le diméthyl ou diéthyldiamidodiorthotolylméthane en dérivés trinitrés et à réduire ensuite. 3 . Préparation de matières colorantes consistant à chauffer ces tétra-amidocomposés avec des acides et à oxyder les leucodérivés obtenus. 4°. Fabrication de matières colorantes consistant à chauffer la méta-amidodiméthylorthotoluidine ou la diamidodiéthylorthotoluidine, avec de l'acide formique ou un mélange de glycérine et d'acide oxalique en présence de chlorure de zinc.

Description. — EXEMPLE : On traite 25 kilos de diméthyldiamidodiorthotolylméthane par 400 kilos d'acide sulfurique. On nitre avec 20 kilos d'acide nitrique à 40° ;, on reprend le dérivé trinitré par 1,500 litres d'eau, on réduit par 5 kilos de poudre de zinc, puis on filtre et évapore à 135°. Le résidu après refroidissement est dissous dans l'eau, et la matière colorante jaune est precipitée par le sel marin.

2° On traite 27 kilos de méta-amidoéthylorthotoluidine dissoute dans l'alcool par 10 kilos d'acide sulfurique concentré et 3 kilos d'aldéhyde formique. Le dérivé obtenu est chauffé pendant 10 heures avec de l'acide chlorhydrique à 8 °/₀ à 130°-140°, et, après refroidissement, on oxyde par le chlorure ferrique.

3° La méta-amidodiéthylorthotoluidine est chauffée avec de la glycérine, de l'acide oxalique déshydraté et du chlorure de zinc (poids égaux) à 160°-170°C. environ. Quand la coloration n'augmente plus, on reprend par l'eau, on acidule, puis on précipite par le sel marin. (Voir *Moniteur scientifique, Brevet Français*, janvier 1891, page 98.)

Procédé de préparation d'acides sulfaniliques alkylés et de matières colorantes dérivées de la série du triphényldiphénylnaphtylméthane. — Cert. d'add. au brevet pris le 27 octobre 1891 par Fred. Bayer, rep. par Dobler. — (Br. 217020. — 21 juin 1892. — 10 octobre 1892.)

Objet du brevet. — Procédé consistant : 1° à remplacer les acides dialkylanilinmétasulfoniques du brevet principal par les acides benzylanilinmetasulfoniques et à les condenser avec les tétra-alkyldiamidobenzhydrols. 2° A transformer les acides leucosulfoniques du n° 1 en acides polysulfoniques en les traitant par les agents de sulfonation. 3° A transformer les acides leucosulfoniques précédents en acides sulfonés de matières colorantes par oxydation.

Description. — Exemple : On chauffe à l'ébullition 30 kilos de chlorure de benzyle et 10 kilos d'acide sulfonique et 10 kilos de soude dissous dans 100 kilos d'eau. Puis, quand la réaction est terminée, on fait passer un courant de vapeur d'eau, on neutralise ensuite l'acide sulfoconjugué par de la soude ; l'acide est précipité sous forme d'une poudre blanche.

2°. 35 kilos de l'acide sulfoné précédent (acide dibenzylanilinmetasulfoconjugué) sont additionnés de 27 kilos de tétraméthyldiamidobenzhydrol dissous dans 270 kilos d'acide acétique à 75 °/₀. On chauffe jusqu'à disparition de l'hydrol. On verse dans l'eau, on neutralise par du carbonate de sodium et le leucosulfoné est précipité sous forme de précipité bleu grisâtre.

3°. Ce dérivé acide est sulfoné par le quintuple de son poids d'acide fumant à 27 °/₀ d'anhydride à froid. On précipite par la chaux et le sel calcaire est traité par la soude pour précipiter la chaux. La solution est ensuite oxydée par la méthode ordinaire au moyen du bioxyde de plomb.

Production de nouvelles matières colorantes teignant le coton sans mordant, par Rohner, rep. par Delage. — (Br. 222735. — 4 juillet 1892 — 18 octobre 1892).

Objet du brevet. — 1° Procédé de préparation de produits intermédiaires propres à la fabrication de matières colorantes par la condensation d'une molécule de tétrazodiphényl ou ditolyl avec une molécule d'acide méta-dimethylanilinesulfonique. 2° De matieres colorantes rouges par l'action de l'acide naphtionique sur les composés précédents.

Description. — Exemple : — 14 kilogrammes de benzidine sont tétrazotés, puis la solution est additionnée de 11 k. 500 de méta-diméthylanilinesulfonate de sodium ; à cette dernière dissolution est ajouté de carbonate de sodium pour que le mélange des deux solutions soit alcalin ; le produit intermédiaire se précipite au bout de 3/4 d'heure, la réaction est achevée.

Le produit est ensuite traité par du naphtionate de soude; au bout de 24 heures la matière colorante est formée, on porte à l'ébullition puis on précipite par le chlorure de sodium, et on filtre. Elle teint le coton non mordancé en bain neutre ou légèrement alcalin en beau rouge ponceau. Cette matière colorante est très sensible. (L'acide oxalique la fait virer au bleu foncé.)

Procédé de préparation de matières colorantes basiques de la série des Indulines et de leurs sulfo-conjugués, par la Société Badische Anilin und Sodafabrick, rep. par Blétry. — (Br. 222863. — 7 juillet 1892. — 21 octobre 1892.)

Voir le brevet allemand B, 13023 *Moniteur scientifique*, 613° livraison. Janvier 1893, page 14.

Préparation de sulfoconjugués nouveaux du produit de condensation du β-naphtol et de la métaphénylène-diamine ainsi que des matières colorantes dérivées de ces acides, par Durand et Huguenin, rep. par Armengaud jeune.—(Br. 222839. — 6 juillet 1892. — 21 octobre 1892).

Objet du brevet. — Produit de condensation du β-naphtol et de la métaphénylènediamine. Ce produit a déjà été obtenu par Ruhemann (Ber : XIV-2654) en chauffant le β-naphtol et la métaphénylènediamine à 200° pendant 5 à 6 heures. Le nouveau procédé a pour but de préparer ce corps à une température plus élevée et pendant moins longtemps ; et ensuite de le sulfoner.

Description. — Dans 30 kilogrammes de β-naphtol fondu on introduit peu à peu 10 kilogrammes de chlorhydrate de métaphénylènediamine basique et on chauffe pendant 2 à 3 heures à 240°. Le produit obtenu, on sépare la métaphénylènediamine en excès par l'acide chlorhydrique, tandis que le β-naphtol et les produits résineux sont enlevés par l'alcool. Le corps restant peu soluble dans l'alcool est chauffé avec ce dissolvant ; il reste un résidu fondant à 160°-167° C., tandis que la partie dissoute fond à 124°-130°. C'est donc un mélange formé sans doute de β-naphtol et de di-β-naphtol-métaphenylènediamine. Le mélange est soluble dans l'eau ; et se présente sous forme d'une poudre brune foncée. Pour préparer le sulfo-conjugué, on introduit 1 partie de β-naphtolmétaphenylènediamine dans 4 parties d'acide sulfurique à 90 °/₀. On chauffe jusqu'à ce que le produit se dissolve dans les alcalis. La masse est alors jetée dans l'eau, lavée et séchée. Ce sulfo est constitué par une poudre insoluble dans l'eau. Le dérivé polysulfonique s'obtient avec 5 parties d'acide sulfurique à 98 °/₀, pour 1 partie du produit, puis on chauffe pendant une heure jusqu'à solubilité dans les alcalis. Les sulfo-conjugués se différencient par la nuance des matières colorantes qu'ils donnent avec les azoïques; celles du polysulfo est plus bleuâtre que celle du monosulfo. En faisant réagir ces sulfo sur les tétrazo du diphényle, du ditolyle ou du diphénoléther, on obtient des matières colorantes ayant peu d'affinité pour le coton non mordancé, mais si l'on fait réagir ces acides sur le produit intermédiaire obtenu avec les tétrazo ci-dessus et une molécule d'acide naphtionique, on a des matières colorantes teignant le coton non mordancé en bain alcalin, en nuances allant du rouge au violet.

Fabrication de nouvelles bases diamidées, par la Société Durand Huguenin, rep. par Armengaud jeune. — (Br. 223619. — 11 août 1892. — 19 novembre 1892.)

Objet du brevet. — Procédé de préparation d'une nouvelle base consistant à chauffer à une température supérieure à 200° de la tolidine et du chlorhydrate de tolidine. Cette base semble résulter de la copulation de 2 molécules de tolidine avec élimination d'une molécule d'ammoniaque.

Description. — On chauffe pendant 15 heures environ à 260°-280° quantités égales en poids de tolidine et de chlorhydrate de tolidine. Après refroidissement, la masse solide est reprise par l'acide sulfurique. Le sulfate de tolidine reste insoluble tandis que la nouvelle base se dissout; on la précipite par du carbonate de sodium ou de l'ammoniaque. Elle est complètement insoluble dans l'eau, peu dans l'éther et la benzine, et facilement dans l'alcool; son sulfate et son chlorhydrate sont très solubles dans l'eau et l'alcool, la base se présente sous forme résineuse gris vert fondant entre 55° et 65°. Le dérivé acétylé peut être obtenu en chauffant la base pendant 5 à 6 heures avec de l'anhydride acétique. Ce corps cristallise dans l'alcool en aiguilles blanches. La nouvelle base se laisse diazoter et son diazo donne avec les sulfos de la naphtylamine des colorants substantifs teignant le coton sans mordant et pouvant être fixés sur fibres textiles en teinture et en impression. On peut remplacer la tolidine par ses homologues.

Procédé pour la fabrication d'acides sulfoniques de l'amidodiphénylеméthane et du diamidodiphénylеméthane et de leurs dérivés de substitution alkylés, par Farbenfabriken, rep. par Cazalis. — (Br. 223727. — 17 août 1892. — 23 novembre 1892.)

Objet du brevet. — Procédé consistant à traiter les dits produits par le bisulfite de soude à 30 °/₀.

Description. — On fait bouillir dans un réfrigérant ascendant à reflux environ 20 grammes de tétra-méthyldiamédobenzhydrol avec 150 grammes d'une solution de bisulfite de soude à 30 °/₀ jusqu'à complète dissolution. On alcalinise et on traite par le chlorure de sodium la solution encore chaude. Après refroidissement, on obtient le sel sodique cristallisé.

Procédé pour la production de nouvelles matières colorantes d'alizarine, par la Compagnie parisienne des couleurs d'aniline, rep. par Armengaud jeune. — (Br. 223738. — 17 août 1892. — 23 novembre 1892.)

Objet du brevet. — Procédé consistant : 1° dans la conversion de l'anhydride phtalique avec du toluène et du chlorure d'aluminium en acides para-toluylorthobenzoïque ; 2° transformation de cet acide, par les deshydratants, en méthylanthraquinone; 3° sulfonation de la méthylanthraquinone ; 4° fusion de ce dernier sulfo en méthylalizarine, 5° conversion de la méthylalizarine par l'action de l'acide sulfurique fumant ou de l'acide sulfurique et du bioxyde de manganèse en méthylalizarine-bordeaux et méthylalizarine-cyanine.

Description. — On mélange 2 parties d'anhydride phtalique, et 3 parties de toluène avec la quantité calculée de chlorure d'aluminium. On chauffe à 60°. Après refroidissement, on ajoute avec précaution de l'eau, et on chasse l'excès de toluène avec la vapeur d'eau. La matière blanche qui reste est le sel d'aluminium de l'acide p-toluyl-o-benzoïque. On le décompose par le carbonate de soude. L'acide est ensuite précipité par l'acide sulfurique. Il est en poudre cristalline blanche. On transforme cet acide en méthylanthraquinone en le chauffant plusieurs heures à 100°-120° avec 5 à 6 parties d'acide sulfurique à 66° B. Après refroidissement, on verse dans de l'eau la bouillie pendant quelque temps et la méthylanthraquinone est soutirée par filtration. Elle est ensuite traitée par 2 parties d'acide sulfurique fumant à 20 °/₀ d'anhydride pour 1 partie d'anthraquinone à une température de 120° à 130° pendant quelques heures. La réaction terminée, on fond le sel de sodium de la méthylanthraquinone sulfonée, dans un autoclave avec 6 parties de soude et 0,4 de salpêtre en solution aqueuse concentrée à une température de 160°. La méthylalizarine obtenue est identique avec celle de Fischer (Ber. 8-676). La méthylalizarine (1 partie), est introduite avec précaution dans 10 parties d'acide sulfurique à 90 °/₀ d'anhydride. On maintient la dissolution à 35°-40° jusqu'à ce qu'un échantillon dissous dans la soude caustique et précipité par l'acide chlorhydrique donne un produit se dissolvant en bleuâtre dans l'acide sulfurique concentré.

Le mélange de la réaction est versé sur de la glace, le précipité rouge jaune est dissous, après filtration et lavage dans la lessive de soude et précipité par l'acide chlorhydrique. Il se dissout dans l'acide sulfurique en bleu violet.

Cette matière colorante est l'homologue de l'alizarine-bordeaux des Farbenfabriken. De même que cette dernière peut être transformée en penta-oxyanthroquinone, la nouvelle alizarine est transformable en produits analogues. Pour cela, 1 partie de méthylalizarine-bordeaux est dissoute dans 20 parties d'acide sulfurique à 66° B. et additionnée de 1 à 2 parties de bioxyde de manganèse en poudre. La masse est chauffée jusqu'à ce que la coloration n'augmente plus. La matière colorante est séparée après refroidissement en versant la cuite dans l'eau. Elle teint les étoffes chromées en bleu pur : c'est une méthylalizarine cyanine.

Procédé pour la production d'α-nitro alizarine, α-amido, α-quinoléine, combinaison de l'alizarine, l'anthrapurpurine et la flavo-purpurine, par la « COMPAGNIE PARISIENNE DES COULEURS D'ANILINE. — (Br. 223766. — 18 août 1892. — 28 novembre 1892).

Objet du brevet. — 1° Procédé pour la production d'α-nitro-alizarine anthrapurpurine, flavo-purpurine, par nitration des dérivés benzoylés de ces composés, avec de l'acide nitrosulfurique à des températures variant de 0° à 5° en saponifiant le dérivé nitré ainsi obtenu par des alcalis.

2° Production des α-amido, anthra et flavopurpurine au moyen des dérivés nitrés ci-dessus en solution alcaline.

3° Production d'alizarine, anthra et flavopurpurine-α-quinoléine, par le chauffage des derniers amides ci-dessus avec de la glycérine, de l'acide sulfurique, de la nitrobenzine à 100° 140°.

4° Production de combinaisons solubles de ces quinoléines par traitement de ces quinoléines libres par les bisulfites alcalins à une température inférieure à 50°.

Fabrication de matières colorantes azoïques rouges-fuchsine dérivées de l'acide dioxynaptalinemonosulfonique, par FARBENFABRIKEN, rep. par Cazalis. — (Cert. d'add. au brevet pris le 12 février 1890. — (Br. 203744. — 16 août 1892. — 24 novembre 1892.)

Objet du brevet. — Procédé consitant à traiter par des agents de sulfonation les produits obtenus par copulation des dérivés diazoïques de l'aniline de l'o-m-p-toluidine, la xylidine, l'amidophénol, l'amidophénoléther, l'amidocrésol, etc., leurs sulfos et leurs dérivés carboxyliques avec la dioxynaphtaline jusqu'à ce que l'on ait obtenu la parfaite résistance des sulfo aux acides.

Procédé de fabrication de matières colorantes bleues dérivées du triphénylméthane, par la SOCIÉTÉ ROD GEIGY à Bâle, rep. par Armengaud jeune. — (Br. 222032. — 16 juillet 1892. — 26 octobre 1892.)

Objet du brevet. — Procédé de préparation de matières colorantes bleues du triphénylméthane sans passer par la pararosaniline, consistant à partir de l'acide diphénylaminemonosulfonique, deux molécules de cet acide (Merz et Weith., B. 6. p. 1512) se laissant condenser avec une molécule d'aldéhyde formique en solution légèrement acidulée en se transformant en acide diphényldiamido-diphénylméthanesulfonique. Ce dernier donne par oxydation ou par combinaison avec une troisième molécule d'un acide diphénylaminemonosulfonique au moyen d'un oxydant quelconque tel que le chlorure ferrique, le chlorate, le bichromate de potasse et le chlorure cuivrique etc., à une température de 100° à 104° une couleur bleue magnifique soluble dans l'eau, qui ne peut avoir que la constitution d'un triphénylméthane pararosanilinetrisulfonique symétrique.

Description. — EXEMPLE 1. — On fait bouillir. dans une chaudière à réfrigérant, une solution de 8kl (3 mol.) de diphénylaminesulfonate de sodium dans 100 litres d'eau, pendant une demi heure, avec 10 litres d'acide chlorydrique et 0,k75 (une mol.) d'aldéhyde formique à 40 %. On fait couler lentement pendant ébullition continue 16 kilos d'une solution de perchlorure de fer à 47 % et 100 litres d'eau. On filtre la matière colorante qui cristallise par refroidissement, on la redissout dans le carbonate de sodium et la reprécipite par l'acide chlorhydrique. Elle se présente sous forme de petits cristaux à reflets bronzés qui se dissolvent dans l'eau froide et facilement dans l'eau chaude et teignent la soie, la laine et le coton mordancé au tannin en bleu de méthyle. La solution aqueuse additionnée de carbonate sodique se décolore, par chauffage avec HCL elle se régénère. L'acide sulfurique dissout la matière colorante en rouge brun.

L'acide méthyldiphénylaminesulfonique tel, ou condensé avec l'aldéhyde formique forme avec l'acide diphénylaminesulfonique ou methyldiphénylaminesulfonique par oxydation, des matières colorantes bleues qui sont plus solubles que la précédente et incristallisables. La matière colorante obtenue par oxydation d'une molécule d'acide méthyldiphénylamine sulfonique fait exception; elle est identique avec la couleur ci-dessus décrite, ce qui prouve que le groupe méthyle (CH^3) fournit le carbone du méthane dans la molécule de la paranitrosaniline en s'oxydant intermédiairement en acide formique. L'acide benzyldiphénylaminesulfonique se comporte de même.

Procédé pour la fabrication de matières colorantes azoïques teignant directement en bleu-noir. — Cert. d'add. au brevet pris le 2 décembre 1892, par la SOCIÉTÉ FRED. BAYER, rep. par Dobler. — (Br. 187,363. — 16 juillet 1892. — 2 novembre 1892.)

Objet du brevet. — Perfectionnement apporté au brevet principal consistant à remplacer l'α-naphtylamine par des acides sulfoniques, et à combiner les corps nouveaux avec les produits intermédiaires obtenus par combinaison de 1 molécule des dérivés tétrazoïques des paradiamines, benzidines, tolidines, sur 1 molécule d'un acide oxycarboné, à rediazoter les colorants mixtes obtenus et à les copuler avec des phénols, des naphtols, des dioxynaphtalines, etc.

Procédé de fabrication d'un colorant rouge azoïque pour laine, par la Société pour « l'INDUSTRIE CHIMIQUE » à Bâle, rep. par Thirion. — (Br. 223176. — 22 juillet 1892. — 4 novembre 1892.

Objet du brevet. — Nouvelle matière colorante rouge dérivée de la mononitrobenzidine.

Description. — 34kl 350 de mononitrobenzidine sont mélangés avec 30 à 35 litres d'eau et dissous au moyen de 4 à 5 kilos d'acide chlorhydrique. Après une heure, on verse la solution refroidie à 4°C. dans un mélange de 2kl de nitrite de sodium et 10 litres d'acide chlorhydrique. La dissolution azoïque est versée dans une solution de 2kil 2 d'acide salicylique, 8 kil. de sel de soude, 20 kil. d'eau. Aussitôt effectuée la formation du produit intermédiaire, on verse une dissolution de 4 kil. d'α-naphtylamine-α-sulfonate de sodium (Nevele et Winther) à une température de 10°C. On chauffe 12 heures après à 20°C., on laisse reposer pendant un jour, on chauffe de nouveau et précipite la matière colorante par le sel marin. C'est une poudre rouge brun, difficilement soluble dans l'eau froide, soluble facilement dans l'eau chaude. La solution aqueuse est jaune rouge, elle teint la laine en rouge ponceau sur un bain acidulé. La nuance est parfaitement solide à la lumière, au savon, au foulon, au chlore et au soufre. Le bain de teinture est complètement épuisé par la laine mordancée ou non.

Procédé de fabrication de nouveaux dérivés de l'alizarine. — Cert. d'add. au brevet pris le 23 juin 1890, par la SOCIÉTÉ FRED. BAYER. — (Br. 206564. — 19 juillet 1892. — 3 novembre 1892.)

Production de matière colorante jaune basique dérivée du diméthyldiamidodiorthitotylemélhane. Cert. d'add. au brevet pris le 11 janvier 1892 par la SOCIÉTÉ

Badische anilin und sodafabrick., rep. par Blétry. — (Br. 222275. — 18 juillet 1892. — 2 novembre 1892.)

Objet du brevet. — Modification consistant à remplacer le dérivé diméthyle du damidodiorthotolylmethane par le dérivé diéthyle.

TEINTURE. — APPRET. — IMPRESSION. — PAPIERS PEINTS.

Mordant Bonnet ayant pour base le plomb et l'eau comme fixateur, par Bonnet, directeur de l'École pratique d'industrie à Montbéliard (Doubs). — (Br. 222774. — 5 juillet 1892. — 18 octobre 1892.)

Objet du brevet. — Procédé d'obtention d'un mordant constitué par un plombite alcalin.

Description. — On fait bouillir des dissolutions alcalines de potasse ou de soude caustiques à 25°B avec de l'oxyde de plomb et particulièrement la litharge, on ramène le liquide au volume primitif et il marque 30°B. Le mordant est étendu de plusieurs volumes d'eau pour mordançage à froid et à chaud. Les mordançages faibles s'obtiennent par addition de 20 volumes d'eau, et les forts par addition de 5 volumes. Le temps d'immersion, la température et le degré de concentration du mordant permettent d'obtenir tous les résultats désirables en teinture.

Procédé pour teindre et imprimer avec colorants azoïques, par Fred. Bayer, rep. par Dobler. — (B . 222921. — 11 juillet 1892. — 24 octobre 1892.)

Objet du brevet. — On sait que les azoïques ayant un hydroxyle ou un carboxyle en ortho forment avec les sels de chrome des laques résistant au lavage et au savon ; il en est de même pour les azos ayant deux oxhydryles en ortho. Certains colorants azoïques tels que ceux formés avec l'acide amidoparaoxybenzoïque possedant aussi la propriété de tirer sur mordant quelques colorants et n'ayant pas l'hydroxyle et le carboxyle dans le même groupe benzénique ou naphtalinique, peuvent aussi teindre et imprimer aux sels de chrome, même dans le cas où ils seraient sulfonés. Les résultats les plus favorables sont ceux obtenus par combinaison des diazoïques des acides ortho. meta, et p-amidobenzoïques des acides alkyloxybenzoïques (acides anisiques) amidonaphtaliques o et p-amidosalicyliques, amidocrésolcarboxyliques o-amido-p-oxybenzoïques ou leurs sulfo, avec des phénols, dioxybenzines, naphtols, dioxynaphtalines, amidophénols, amidonaphtols, leurs sulfo et leurs dérivés carboxyliques, les mordants les meilleurs sont ceux de chrome. Le procédé le meilleur pour imprimer avec ces colorants consiste à imprimer sur les tissus, les colorants en question, avec un épaississant et avec des sels de chrome, à vaporiser l'étoffe imprimée, savonner et sécher. Pour la teinture, on peut employer ou bien des filés ou des tissus mordancés avec des sels de chrome qu'on peut ronger, si c'est nécessaire, et les teindre dans le bain du colorant en question. On peut fixer le colorant avec du fluorure de chrome ou d'autres sels de chrome sur le fil ou sur le tissu en *un* bain.

Description. — On imprime avec une pâte de 62 parties d'épaississant acétique à la gomme adraganthe et à l'amidon, 30 parties d'une pâte à 10 °/₀ du colorant acide diazobenzoïque + acide β-naphtolsulfonique de Schoeffer, 8 parties d'acide de chrome, puis on vaporise, on donne un passage à la craie, on savonne pendant 20 minutes à une température de 25°. Le colorant se developpe également bien sur tissu huilé ou non.

Perfectionnements apportés au blanchiment des matières végétales soit à l'état naturel, soit transformées en tissus ou pâte à papier, par Meyrueis et Mangin, rep. par Good. — (Br. 22 821. — 23 mai 1892. — 8 septembre 1892.)

Objet du brevet — Procédé de blanchiment basé sur l'emploi de lessives froides et de dissolutions d'hypochlorite de soude mélangées de chlore gazeux, quels que soient le titre et la source. Le chlore est produit par électrolyse du chlorure de sodium.

Description. — L'appareil destiné à cet usage est disposé de telle sorte que le courant traverse deux électrolytes différents séparés par une cloison poreuse de réaction capillaire suffisante. L'un de ces électrolytes, celui où plonge l'anode, est fixe et reste dans une enceinte close où l'on maintient un vide relatif et est constitué par une solution toujours entretenue et saturée de chlorure de sodium. L'autre qui circule constamment dans l'appareil est formé par une dissolution plus ou moins étendue de chlorure de sodium et est toujours alcalin par la présence de la soude qui prend naissance.

Perfectionnements dans le blanchiment ou teinture de la paille de riz, des tresses de paille de riz ainsi que de la paille et des tresses de paille ordinaire, par la « Société Th. Lye et Fils », rep. par Brandon et Fils. — (Br. 222223. — 8 juin 1892. — 26 septembre 1892.)

Objet du brevet. — Procédé de blanchiment de la paille de riz consistant à la nettoyer d'abord et à la plonger ensuite dans un bain d'eau oxygénée, de sel d'Epsom, et de sel de tartre (avec une petite quantité de sucrate de chaux si cela est nécessaire), à les rincer, à les sécher et à les traiter ensuite par un bain de bisulfite, puis par une solution d'acide oxalique, à laver, sécher à nouveau, et après un temps suffisant à les traiter à nouveau par de l'eau oxygénée, du sel d'Epsom, et du sel de tartre (avec addition si cela est nécessaire, de sucrate de plomb) et du bisulfite de soude; à laver, et sécher les fibres finalement.

Description. — Pour blanchir la paille de riz, on commence par l'ouvrir suffisamment, puis on la lave dans une solution de savon, celui de Marseille est le meilleur pour cela. Lorsque la paille doit être teinte, un lavage à l'eau suffit. Puis, on la soumet à l'action de l'eau oxygénée dans laquelle est dissous du sel d'Epsom, de l'ammoniaque avec addition de sucrate de plomb. On laisse immerger pendant 6 heures, on agite toutes les deux heures, puis, on retire la paille, on la rince, et on l'expose pendant une heure à l'action d'une solution de bisulfite de soude (au bout de la première demi-heure, on agite), puis on rince, et on passe dans une solution d'acide oxalique pendant deux demi-heures comme ci-dessus, et on rince de nouveau et retire l'eau à l'hydro-extracteur pour sécher. Au bout d'un jour, on recommence l'opération. Dans quelques cas, après avoir nettoyé les fibres, on laisse passer dans un bain de silicate de sodium pendant une heure, on rince à force, puis on soumet à l'action de l'eau oxygénée, puis on traite par le bisulfite de magnésium au lieu de celui de sodium; on peut négliger l'emploi de l'acide oxalique et se contenter d'un simple traitement au bisulfite.

Pour les fibres à colorer, après lavage à l'eau chaude, on traite par l'eau de Javel pendant une heure, on rince à fond et soumet à l'action des autres réactifs : eau oxygénée et bisulfite. Il n'est pas nécessaire la plupart du temps de répéter ce traitement.

Ainsi, par exemple, pour 4 kil. 536 de paille de riz à blanchir, on prend eau oxygénée 11 lit. 400; sel d'Epsom, 1 kil. 815; sel de tartre 1 kil. 360, on additionne d'ammoniaque liquide ou de sucrate de plomb 0 lit. 142 pour 410 litres de bain. On obtient aussi de bons résultats avec la solution suivante : Eau oxygénée 11 lit. 400, sel d'Epsom 1 kil. 815; solution ammoniacale faible 0 lit. 426. Pour la teinture, la quantité d'eau est diminuée d'un tiers dans les deux cas. Pour un bain de 136 litres de bisulfite, on emploie 11 lit. 4 de bisulfite ou 2 kil. 722 d'acide oxalique au degré ordinaire de concentration ou la moitié d'acide oxalique double. La solution de silicate peut avoir une concentration quelconque, mais en évitant un excédant pour ne pas agir comme destructeur. Le bisulfite de magnésium peut être employé dans les mêmes proportions que celui de sodium (1).

Procédé de teinture du velours en ombré et en uni, par Fayard, rep. par Armengaud jeune. — (Br. 221950. — 27 mai 1892. — 12 septembre 1892.)

Objet du brevet. — Procédé consistant à projeter sur le velours de la teinture pulvérisée.

Description. — Pour cela, on projette la solution de teinture normalement au velours, ou mieux parallèlement, de manière à ce que le liquide tombe en pluie sur le tissu. On peut ainsi obtenir à volonté une teinte unie en projetant la teinture pulvérisée au moyen de plusieurs pulvérisateurs contigüs, mais on peut également obtenir sur velours, des teintes fondues d'un effet nouveau et très-agréable. Par suite de la projection de la teinture, celle-ci n'agit que sur les poils du velours, et le fonds reste avec sa coloration naturelle.

BOISSONS.

Perfectionnement dans le traitement des houblons et leur emploi dans la fabrication de la bière, par The Brewing Improvement C°, rep. par Lombard-Bonneville. — (Br. 222849. — 5 juillet 1892. — 21 octobre 1892.)

Objet du brevet. — Procédé consistant à soumettre le houblon frais à l'action de la chaleur

(1) Pour la teinture, les solutions sont ordinairement plus faibles. Comme variante on peut, après avoir lavé au savon de Marseille, employer le chorure de chaux additionné de sel de tartre ou l'eau de Javel. A ce bain chloruré on peut ajouter de l'eau oxygénée. Le bain dans ces conditions peut être constitué par : Sel de tartre 0,170, Chlorure de chaux 0,170. On peut remplacer par 290 grammes d'eau de Javel et eau 12 litres. Si on ajoute de l'eau oxygénée, la quantité peut être de 35 grammes à 70 grammes; la concentration du bisulfite doit être de 750 à 790 grammes pour 9 litres d'eau.

sèche, puis à une température permettant de le dessécher et de lui faire subir un commencement de grillage, cette température va jusqu'à 100°. Cette méthode a pour but, d'une part, de retirer le principe aromatique du houblon frais, que l'on peut recueillir et le goût âcre des vieux houblons. Il permet encore de clarifier facilement la bière, qui est difficile à obtenir claire, à cause de la résine que le houblon ordinaire apporte. On houblonne la bière à la manière ordinaire, ou au moyen des extraits faits avec les houblons séchés et grillés.

Composition destinée à la conservation des vins, par Piquet, rep. par Armengaud aîné. — (Br. 222936. — 12 juillet 1892. — 25 octobre 1892).

Objet du brevet. — Mélange constitué par de l'alun et du nitrate de potasse.

Description. — On mélange ensemble alun de potasse, 40 grammes; salpêtre raffiné 20 gr. On met 60 grammes de ce mélange par hectolitre (1).

Perfectionnements dans les procédés de préparation du vin de malt, par Kerschbaum, Strasmcky et Zwick, rep. par Amengaud aîné. — (Br. 223398. — 1er août 1892. — 10 novembre 1892).

Objet du brevet. — Procédé de fabrication du vin de malt, avec du moût non houblonné et obtention d'un moût très riche en dextrine avec du moût de malt d'orge ou de froment, (seul ou additionné d'une quantité convenable de céréales crues quelconques).

Description. — On réalise ce procédé, en chauffant le malt à une température de 50°C., on effectue la saccharification, à cette température, jusqu'à ce qu'elle soit presque achevée et on élève ensuite lentement la température à 70°C, pour obtenir une saccharification complète, et enfin on traite le moût clarifié soutiré dans l'appareil à vide, jusqu'à ce qu'il soit concentré convenablement, de préférence à 20° Balling.

Le moût obtenu ainsi est ensuite transvasé dans un réfrigérant hermétiquement clos et on insuffle de l'air stérilisé, puis on le fait passer dans une grilloire, on y ajoute comme ferment une quantité proportionnelle de levure pure de vin soigneusement préparée, et environ 10 % (de son volume) de moût de vin en fermentation. On introduit de l'air stérilisé, d'abord sans interruption pendant 24 heures le premier jour, puis pendant 4 heures le second, et 4 heures le troisième jour. Au bout de cinq jours durant lesquels la température doit être maintenue entre 15°-20°c, la fermentation principale est terminée. Après cela, le liquide fermenté est mis en repos pour se clarifier, et au bout de 6 à 8 semaines le vin de malt est terminé.

VIN. — ALCOOL. — ÉTHER. — VINAIGRE.

Précipitation de l'ammoniaque et de la méthylamine des fumées de distillerie, par G. Jacquemin, 39, place Carrière, Nancy. — (Br. 222604. — 1 juillet 1892. — 11 novembre 1892.

Objet du brevet. — Procédé consistant à précipiter l'ammoniaque à l'état de phosphate ammoniaco-magnésien et les amines à l'état de ferrocyanure double.

Description. — On sature les liquides ammoniacaux de condensation des vapeurs de vinasse, par l'acide chlorydrique, l'acide sulfurique ou l'acide phosphorique, puis on ajoute un sel de magnésie qui précipite l'ammoniaque à l'état de phosphate ammoniaco-magnésien, si l'on a saturé par l'acide phosphorique, ou bien on ajoute ensuite un phosphate soluble pour obtenir cette précipitation. La liqueur renfermant la méthylamine est alors traitée par du cyanure jaune de potassium qui précipite la méthylamine à l'état de sel double tout à fait insoluble.

CÉRAMIQUE ET VERRERIE

Perfectionnements dans la fabrication du verre, par Lewes, Vivian, Byan, rep. par Casalonga. — (Br. 221581. — 12 mars 1892. — 30 août 1892).

Objet du brevet. — Procédé de fabrication du verre consistant à soumettre la fritte ou matière dont doit être fait le verre, à l'action d'une chaleur locale intense produite à l'intérieur de la masse de la dite fritte, par la combustion au moyen de l'oxygène ou de l'air d'une matière carbonée en poudre, mélangée avec la fritte avant sa fusion.

(1) Comment peut-on breveter un mélange pareil destiné à être ajouté à une boisson journalière. Faire avaler 60 centigrammes d'un mélange de salpêtre et d'alun chaque jour, c'est trop fort, alors qu'on interdit des traces d'acide salicylique, surtout que les sels de potasse sont assez toxiques, entre autres le salpêtre. N. d R.

L'oxygène peut être produit au moyen d'un nitrate alcalin mélangé à la fritte ou être produit à part, et amené dans la fritte en fusion au moyen de tubes débouchant dans le creuset de fusion. Ce procédé a pour but de hâter la fusion de la fritte.

Description. — Pour arriver à ce résultat, on prend les proportions suivantes de matières destinées à constituer le mélange de fritte et de substances carbonées : Sable 100 0/0, Carbonate de soude 50 0/0, carbonate de chaux 15 0/0, charbon de bois 4 parties. Si l'oxygène est produit au sein de la fritte, les proportions sont les suivantes : sable 100 0/0, carbonate de soude 30 0/0, azotate de soude 20 0/0, carbonate de chaux 15 0/0, charbon de bois, 4 parties.

Procédé de fabrication de produits réfractaires isolants d'amiante, par Reynier, 16 rue du Loisir à Marseille (Bouches-du-Rhône). — (Br. 222149. — 10 juin 1892. — 21 septembre 1892).

Objet du brevet. — Produit constitué par de l'amiante comprimée.

Description. — Cette matière est constituée par de l'amiante que l'on comprime fortement et à laquelle on a ajouté comme substance de liaison, 9 0/0 de silicate.

Procédé pour décorer, colorer ou émailler les articles en verre, en terre ou en métal, ou pour la fabrication directe du verre au moyen de silicates métalliques simples ou boraciques obtenus chimiquement, par Ohu, rep. par Sautter et de Mestral. — (Br. 222994. — 15 juillet 1892. — 25 octobre 1892.)

Objet du brevet. — Procédé consistant à préparer des silicates métalliques simples ou boraciques en précipitant une solution neutre de sels métalliques par du verre soluble ou par une solution de borax.

Description. — Exemple : Pour obtenir un silicate de bore (?) et de cobalt, on précipite une solution neutre de sulfate de cobalt par une quantité déterminée d'une solution de borax calculée dans le rapport voulu des acides borique et silicique ; puis par du verre soluble jusqu'à précipitation complète du silico-borate de cobalt. On dessèche et éventuellement on calcine le précipité, puis on l'emploie soit seul, soit additioné d'émaux vitreux ou autres, tels que du quartz, pour émailler ou pour colorer des produits céramiques ou des articles de verre ou de métal en procédant pour cela de la manière usuelle.

INDUSTRIES DIVERSES.

Préparation par voie humide des litho-plaques pour lithographie, par Bittner, rep. par la Société Internationale des Inventions modernes. — (Br. 222883. — 9 juillet. — 21 octobre 1892.)

Objet du brevet. — Procédé consistant à employer tous les métaux pour les plaques lithographiques et de préférence un alliage de 2,5 d'étain et 3,5 de zinc et à la recouvrir d'une couche formée de la manière suivante.

Description. — On fait un mélange de silicates alcalins solubles et d'alumine. On trempe sa plaque dedans puis on laisse un peu sécher et on la plonge dans une solution de nitrate de calcium. On la retire au bout de quelques minutes on la lave et l'immerge ensuite dans un nouveau bain composé d'acide sulfurique et d'acide phosphorique, on lave, laisse sécher et on obtient ainsi une plaque sur laquelle on peut travailler comme sur les pierres lithographiques.

Procédé de préparation d'une matière amorphe de dureté variable pour tailler et polir les pierres fines et les objets en tous métaux, par Kuntz, professeur à Lausanne, rep. par Armengaud jeune. — (Br. 222719. — 30 juin 1892. — 17 octobre 1892.)

Objet du brevet. — Procédé consistant à chauffer à une température variant du rouge au rouge blanc, de l'alun ammoniacal, de l'alun de potasse ou du sulfate d'alumine, puis à réduire en poudre fine le résidu qui n'est autre que de l'alumine.

Composition industrielle dite : Composition Girot par Girot, rue du Six-Juillet, à Grenoble. — (Br. 220336. — 26 mars 1892. — 7 juillet 1892.)

Objet du brevet. — Procédé de préparation d'un ciment blanc qui peut remplacer le ciment ordinaire et être mêlé au plâtre pour le durcir.

Description. — La chaux vive est éteinte avec de l'eau, puis la pâte fluide est mélangée à du chlorure de zinc. Il faut environ 3 litres de chlorure de zinc neutre pour traiter la pâte qui, après une seconde cuisson, fournira 100 kilogr. de composition. On moule la pâte chlorurée. On peut remplacer le chlorure de zinc par du chlorure double de zinc et de fer étendu d'eau. On peut aussi le remplacer par du chlorure de cuivre additionné d'acide chlorhydrique ; les proportions sont d'environ 100 grammes de sulfate de cuivre pour 200 à 300 grammes d'acide chlorhydrique. Pour 100 kilogr. de ciment cuit blûté et prêt à vendre, on emploie environ 3 litres de la dissolution ci dessus. Pour donner au plâtre de la solidité et le durcir au moyen de ce ciment il suffit avant le gâchage de mélanger :

Plâtre ordinaire.....	75 kilogr.
Ciment Girot.....	25 —

MÉTALLURGIE. — FER ET ACIER

Perfectionnement apporté à l'épuration du fer et de l'acier, par Saniter, rep. par Dumas. — (Br. 222276. — 14 juillet 1892. — 21 octobre 1892.)

Objet du brevet. — Procédé ayant pour objet de désulfurer le fer pendant sa fabrication ou sa conversion en acier. Il consiste à mettre le fer ou l'acier fondu avec un chlorure alcalino-terreux, mélangé avec un métal, un carbonate, un acide ou un hydrate ; on emploie de préférence les sels calcaires. (Voir le brevet allemand n° 6436, novembre 1892, page 356.)

Nouveau genre d'acier applicable aux ressorts de toute espèce, par la Société Jacob Holtzer, rep. par Chassevent. — (Br. 223024. — 16 juillet 1892. — 26 octobre 1892.)

Objet du brevet. — Procédé de fabrication d'un acier riche en silicium susceptible après trempe de supporter une charge de rupture de 150 kilogrammes avec 10 °/₀ d'allongement à la traction et de 8 millimètres à la flexion.

Description. — Cet acier contient : silicium 1,8 à 2,2 °/₀, carbone 0,35 à 0,45 °/₀, manganèse 0,45 à 0,55. Il est trempé, à haute température, à environ 900° ou 1000°, soit entre le rouge cerise très clair et le jaune naissant.

Perfectionnements apportés à l'électro-métallurgie du chrome, par Placet et Bonnet, rep. par Thirion. — (Br. 222935. — 11 juillet 1892. — 24 octobre 1892.)

Objet du brevet. — Procédé perfectionné pour l'électrométallurgie du chrome, consistant à décomposer un mélange d'alun de chrome et de sulfate de potasse.

Description. — L'électrolyte se compose de bisulfate de potasse, 10 à 15 grammes, alun de chrome 100 grammes, eau 100 grammes. On chauffe ce mélange jusqu'à dissolution et on fait passer le courant. On peut supprimer l'eau et opérer à fusion ignée.

Les sels sont fondus au moyen du courant et alors au lieu d'électrodes en charbon pur, on peut employer des électrodes faites avec du charbon et de l'oxyde ou des sels de chrome agglomérés par un fondant. *Voir les brevets, année* 1892, *pages* 160, 295, 313.

Procédé pour la fabrication d'une soudure d'aluminium destinée à souder l'aluminium à lui-même ou avec d'autres métaux, à l'aide du fer à souder ou de la flamme, sans addition de fondant, par Goll et Vatcky, rep. par Danzer. — (Br. 223158. — 22 juillet 1892. — 3 novembre 1892.)

Objet du brevet. — Cette soudure se compose d'aluminium, de cuivre, de zinc, d'étain et de plomb.

Description. — On fait fondre 3 à 10 parties de cuivre, on ajoute de 15 à 20 parties d'aluminium, on mélange 1 à 2 parties de cet alliage à 2, ou 5 parties d'un alliage composé de 20 à 40 parties de plomb et d'étain. — Lorsqu'on doit souder l'aluminium à d'autres métaux tels que le laiton, le cuivre, le fer, le zinc, l'argent, on prend 1 à 3 parties de cuivre, on fond avec 2 à 4 parties d'aluminium, puis on ajoute 10 à 15 parties de zinc. On ajoute à cet alliage 5 à 8 parties d'un alliage fait avec 40 à 45 parties de plomb et 40 à 45 parties d'étain.

POUDRES ET MATIÈRES EXPLOSIVES.

Composé explosif, par la Société The United States Smokeless Powder Company, rep. par Armengaud aîné. — (Br. 222808. — 5 juillet 1892. — 18 octobre 1892.)

Objet du brevet. — Composé explosif formé de picrate, de nitrate d'ammoniaque et de glycérine.

Description. — Aucune indication.

MATÉRIAUX DE CONSTRUCTION.

Nouveau ciment artificiel et procédé pour l'obtenir, par GIN, rep. par Casalonga. — (Br. 222593. — 25 juin 1892. — 11 octobre 1892.)

Objet du brevet. — Procédé consistant à utiliser les schistes carbonifères jusqu'ici inutilisés et encombrants pour la fabrication d'un ciment artificiel en combinant en proportions voulues les dits schistes avec des calcaires, les deux matières étant préparées et traitées par trituration et blutage préalables, puis humectées, agglomérées et séchées à une température susceptible d'amener un commencement de vitrification.

Composition perfectionnée pour la fabrication de pierres artificielles et autres matériaux de construction, par la « SOCIÉTÉ ANONYME DE CONSTRUCTION ÉCONOMIQUE », rep. par Assi et Genès. — (Br. 222897. — 9 juillet 1892. — 21 octobre 1892.)

Objet du brevet. - Nouvelle pierre artificielle faite avec du chlorure de magnésium, de la magnésie, de la chaux vive ou éteinte et de l'oxyde de fer.

Description. — Pour fabriquer cette pierre, on prend du chlorure de magnésium 40 %, magnésite 42 %, chaux vive ou éteinte 17 %, oxyde de fer 1 %.

Nouveau procédé de fabrication d'un marbre artificiel, par MAJEWSKI et BEYENBACH, rep. par Bert. -- (Br. 221894 — 25 mai 1892. — 12 septembre 1892.)

Objet du brevet. — Nouveau procédé de fabrication d'un marbre artificiel consistant dans l'introduction d'une solution concentrée de sulfite de potassium dans la pierre ébauchée suivant les besoins et déshydratée. Cette solution sert de liquide amorceur à des composés destinés à produire des combinaisons colorées ou sans couleur, lesquelles donnent quand on sèche à l'air libre ou artificiellement à la surface de la pierre de gypse ainsi traitée des sels parfaitement cristallisés. Quand on a de gros blocs, on pratique des perforations, on fait le vide pour éliminer l'air de ces chambres perforées à l'effet de faire pénétrer plus facilement dans la masse la solution de sulfite de potassium ou des solutions salines durcissantes et colorantes.

Description. — Elle ne donne aucun détail autre que ceux indiqués dans l'exposé ci-dessus.

Ciment par MEISE, rep. par Armengaud aîné. — (Br. 222120 — 4 juin 1892 — 20 septembre 1892.)

Objet du brevet. — Procédé de fabrication d'un ciment de plâtre.

Description. — On obtient ce ciment en mélangeant à du ciment de plâtre (*gypsement*), délayé dans de l'eau, de la fleur de plâtre (Suke Gyps) et de la cendre de coke lavée et finement concassée, on additionne d'alun pour obtenir un durcissement plus parfait ; puis on moule la masse en dalles ou en plaques, etc.

ENGRAIS ET AMENDEMENTS

Procédé de fabrication d'un engrais avec des matières animales, par SMITH, rep. par Delom (221537. — 10 mai 1892, — 26 août 1892).

Objet du brevet. — Procédé consistant à chauffer les matières animales en vase clos avec de l'eau, de manière à en faire une pâte.

Description. — On met les manières animales telles que poils, déchets de peau, muscles, cornes, cuirs, os, etc., dans une chaudière avec une quantité d'eau suffisante pour faire une bouillie épaisse. On chauffe sous une pression de vapeur égale à 4 atm. 21 à 5 atm. 62. L'opération peut être terminée en 20 ou 30 minutes. Ensuite on étend sur une tôle pour laisser refroidir la matière qui devient pulvérisable. La quantité d'eau est variable suivant le degré d'humidité des matières employées. Ainsi, pour les poils contenant 6 % d'eau, il faut 227 kil. d'eau pour 90 kil. de poils. Pour les autres substances, on peut facilement apprécier la proportion d'eau à ajouter.

Le Propriétaire-Gérant : Dr G. QUESNEVILLE

Saint-Quentin. — Imprimerie J. Moureau et Fils.

BREVETS PRIS A BERLIN, LONDRES, ETC.

Analysés par M. Gerber.

COLORANTS ET MATIÈRES PREMIÈRES POUR LEUR PRÉPARATION.

Procédé pour clarifier et débarrasser de résines les extraits de bois de teinture, par le Dr A. Fölsing, à Niederlahnstein. — (Br. allemand F, 6253. — 10 septembre 1892).

Objet du brevet. — Procédé pour clarifier et débarrasser de résines les extraits de bois de teinture consistant à les soumettre à chaud à l'action d'un courant électrique.

Description. — On électrolyse l'extrait porté à 3° B. à une température voisine de 80° C. Sous l'action du courant, les substances résineuses se séparent en flocons ; après passage dans des rafraichissoirs, l'extrait refroidi vers 15-17° C. est clarifié au filtre-presse, puis concentré à consistance voulue.

Couleurs disazoïques primaires noires dérivées de l'acide 1-8 amidonaphtol-monosulfonique, par Badische Anilin und Sodafabrik, à Ludwigshafen s/Rh. — (Br. allemand B, 11898. — 23 avril 1891. — 17 janvier 1893.)

Objet du brevet. — Couleurs disazoïques primaires noires obtenues en faisant agir 2 molécules de diazobenzol, de diazo-paratoluène ou d'α-diazonaphtaline, en solution alcoolique, sur 1 molécule d'acide amidonaphtolmonosulfonique (1-8 du brevet 62289 (B. 10893.)

Description. — Méthodes générales de préparation. Aucun signalement des couleurs obtenues.

Couleurs du groupe de la m-amidophénolphtaléine, par Badische Anilin und Sodafabrik. — (Br. allemand B, 13521. — 22 juillet 1892. — 17 janvier 1893.

Objet du brevet. — Procédé de préparation de monométhyle (ou mono-éthyle) o-amido-p. crésolphtaléïne (di-alcoylehomorhodamine), consistant à unir suivant les indications du brevet 44002 le monométhyle (ou éthyle) o-amido-p-crésol avec l'anhydride phtalique.

Description. — Procédé classique de préparation des phtaléïnes. Pour préparer les mono-alcoyle-o-amido-p.-crésols, on traite la monométhyle (ou éthyle) o-toluidine par l'acide sulfurique fumant, à 40 % environ d'anhydride, ou par l'action de la potasse fondante ; les acides sulfoniques ainsi obtenus se transforment en phénols correspondants. Purifiés par cristallisation dans la benzine ou la ligroïne, ceux-ci se présentent en cristaux fondant, le dérivé méthylé, à 80° environ, le dérivé éthylé, vers 87° C.

Procédé de préparation de l'acide α_1-α_4-dioxynaphtaline β_2-β_3-disulfonique. — Addition à la demande du brevet F 5600, par Farbenfabriken, à Elberfeld. — (Br. allemand 5620. — 16 septembre 1891. — 17 janvier 1893.)

Objet du brevet. — Procédé de préparation de l'acide 1 : 8 dioxynaphtaline-β-disulfonique, consistant à chauffer avec des lessives alcalines étendues, sous pression, à 260-280, l'acide 1 : 8 diamidonaphtaline 3 : 6 disulfonique, ou ses sels.

Couleurs bleues basiques préparées avec le nitroso-di-éthyle-méta-amidophénol et les métadiamines aromatiques, par A. Leonhardt et Cie, à Muhlheim.

Objet du brevet. — Procédé de préparation de couleurs bleues basiques dont les chlorhydrates ou les sels doubles zinciques sont bien solubles dans l'eau, consistant à condenser dans un milieu convenable un sel de nitrosodiméthylcmétamidophénol ou de nitrosodiéthylemétaamidophénol, avec une métadiamine aromatique. Pour purifier la matière colorante formée, on opère des précipitations et redissolutions successives d'où l'on déplace les impuretés par des additions fractionnées d'acétate de sodium, de sel de soude ou autres réactifs analogues.

Description : — Sauf l'emploi de l'alcool comme milieu de réaction, le procédé ne diffère en rien de celui que l'on connait.

Procédé de préparation d'acide β_3-amido α_1-naphtol α_2-monosulfonique, par Dahl et Cie, à Barmen. — (31 août 1891. — 9 décembre 1892.)

Objet du brevet. — Procédé de préparation d'un acide β_3-amido α_1-naphtol α_2-monosulfonique, consistant à chauffer avec de l'ammoniaque sous pression, à 140-180° C., l'acide dioxynaphtalinesulfonique du brevet n° 57114 (D 4121).

Description : — Les proportions employées sont :

Acide dioxynaphtalinesulfonique...................	30 kilogr.
Ammoniaque à 20 °/°...............................	35 kilogr.

la durée de chauffe est de 12 à 14 heures à 140-180° C.

Couleurs disazoïques teignant sur mordants préparées avec l'acide diamidosalicylique, par Cassella et Cie, à Francfort. — (Br. allemand C, 4164. — 10 juin 1891. — 6 décembre 1892.

Objet du brevet. — Procédé de préparation de couleurs disazoïques pour laine, teignant sur mordants, consistant à faire agir 1 molécule du tetrazodérivé de l'acide diamidosalicylique sur deux molécules de phénol, de métaphénylènediamine, d'acide dioxynaphtalinesulfonique, dioxynaphtaline-3-6-disulfonique, α-amidonalphtosulfonique ou amidonaphtoldisulfonique H.

Description. — Avec l'acide diamidosalicylique et l'acide amidonaphtoldisulfonique H on obtient un colorant qui teint la laine chromée en bleu foncé.

Procédé de préparation de l'acide α_1-amido β_3 naphtol α_2-monosulfonique, par Dahl et Cie, à Barmen. — (Br. allemand D, 4903. — 31 août 1891 — 5 décembre 1892.)

Objet du brevet. — Procédé de préparation de l'acide α-amido β-naphtol-monosulfonique ($AzH^2 : OH : SO^3H = 1 : 6 : 4$) par fusion de l'acide α-naphtylaminedisulfonique II du brevet 41957 (D, 2748) avec de la soude caustique à 180-200° C.

Description. — S'indique par les caractères de l'acide amidonaphtolsulfonique préparé par ce procédé.

Couleurs bleues basiques. — Addition au brevet 62367 (L, 6218), par Léonhardt et Cie, à Muhlheim. — (Br. allemand L, 6597. — 7 mars 1891. — 6 décembre 1892.)

Objet du brevet. — Modification au procédé de préparation des couleurs bleues basiques de notre brevet principal, consistant à employer, au lieu des nitrosodérivés des amines aromatiques tertiaires (pour condenser avec des métadiamines, méta-amidophénols ou métadiphénols) les nitrosodérivés des amines aromatiques secondaires comme la nitroso-éthylaniline, la p.-nitrosométhyle-o-toluidine, la p-nitroso-éthyle-o-toluidine ou la p. nitrosodiphénylamine.

Procédé de préparation de métaamidophénols alcoylés.— Addition au brevet 44792. — (G, 4706), par Badische Anilin und Sodafabrik. — (Br. allemand B, 13309. — 20 juillet 1892. — 24 janvier 1893.)

Objet du brevet. — Procédé de préparation de mono-méthyle ou mono-éthylamido-p-crésol, consistant à fondre avec les alcalis caustiques, les acides monométhyle ou mono-éthyle-o-toluidinesulfoniques.

Description. — Les acides mono-alcoyle-o-toluidine-p-sulfoniques sont fondus avec 2 à 3 fois leur poids de potasse caustique, à l'abri de l'air, jusqu'à ce que tout l'acide sulfoconjugué ait disparu. On peut, au lieu de potasse, employer la soude caustique ou un mélange des deux alcalis.

Couleurs du groupe de l'indigo. — Addition au brevet 54626 (H, 10010) par Badische Anilin und Sodafabrik à Ludwigshafen. — (Br. allemand B, 11527. — 17 janvier 1891. — 13 décembre 1892.)

Objet du brevet. — Procédé de préparation d'acides sulfoconjugués teignant en nuances vertes des matières colorantes du groupe indigotique, consistant à traiter par l'acide sulfurique fumant — au lieu du phényleglycocolle employé dans notre brevet principal — ses dérivés alcoylés, tels que le méthylephényleglycocolle, l'ethylephényleglycocolle, etc. et à transformer les leucodérivés formés en matières colorantes par l'action de l'air ou par d'autres agents d'oxydation.

Description. — La préparation de ces acides méthyle ou éthyle sulfo-indigotique est identique à celle de l'acide sulfo-indigotique au moyen du phényleglycocolle.

Procédé de préparation d'acide α-amido α_3-naphtol β-sulfonique, par Chemische Fabrik Grunau, à Grunau, près Berlin. — (Br. allemand C, 3311. — 27 mai 1890. — 13 décembre 1892.)

Objet du brevet. — Procédé de préparation d'un acide amidonaphtol-sulfonique ($AzH^2 : SO^3$

H : OH = 1 : 3 : 5) au moyen de l'acide naphtylaminedisulfonique du brevet 56563 (C 3171), par fusion avec des alcalis caustiques à 200-270° C.

Description. — L'acide amidonaphtolsulfonique obtenu est très peu soluble dans l'eau froide, assez soluble dans l'eau chaude, d'où il cristallise en brillantes aiguilles. Il engendre avec le tetrazodiphényle une couleur qui teint directement le coton sur bains légèrement alcalins, en nuances bleues pures.

Perfectionnements dans la préparation de couleurs azoïques noires. — Addition au brevet 39029, par Léop. Cassella et Cie, à Francfort. — (Br. allemand C, 3583. — 26 janvier 1891 — 13 décembre 1892.)

Objet du brevet. — Procédé de préparation de noirs azoïques, consistant à unir les diazodérivés des acides α-naphtylaminedisulfoniques (D.R.P.27346) avec l'α-naphtylamine, à diazoter à nouveau l'acide amido-azoïque ainsi obtenu et à l'unir à un amidonaphtol 2 : 7 ou 1 : 5 ou 1 : 8 ou à une naphtylènediamine (2 : 7 — 1 : 5 ou 1 : 8).

Description. — Le brevet cite plusieurs exemples de préparations d'après les méthodes connues. Nous y relevons cependant une indication intéressante ; d'après les indications des auteurs qui ont prétendu qu'il n'est pas possible de préparer la mono-éthyle-α-naphtylamine (Limpricht : Annales de Liebig, 99, p. 117 — Schiff : même recueil, 101, p. 90) sont erronées. On obtient cette amine suivant les mêmes procédés généraux de préparation des amines secondaires.

Le noir qu'elle fournit avec le diazodérivé du composé amidoazoïque : acide α-naphtylaminedisulfonique + naphtylamine, est d'un très beau ton bleuté.

Couleurs disazoïques préparées avec l'acide nitro β_1-β_3-naphtylaminesulfonique, par Cassella et Cie, Francfort. — (Br. allemand C, 4045. — 9 mars 1892. — 13 décembre 1892.)

Objet du brevet. — Couleurs disazoïques solides aux acides, consistant à combiner le tétrazodiphényle, le tétrazoditolyle ou le tetrazo éthoxydiphényle avec :

a) 2 molécules d'acide nitronaphtylaminesulfonique 2 : 6

b) 1 molécule de cet acide et 1 molécule de :

Phénol, ortho-crésol, acide salicylique.
Résorcine, acide β-naphtylaminesulfonique 2 : 6
Acide β-naphtylaminesulfonique 2 : 7.
Acide α-naphtolsulfonique 1 : 4 — β-naphtolsulfonique 2 : 7.
Acide paramidonaphtolsulfonique — amidonaphtol disulfonique H.

Description. — Procédés généraux de préparation des couleurs disazoïques simples ou mixtes. Les colorants obtenus sont des orangés plus ou moins rouges, insensibles ou à peu près à l'action des acides.

Couleurs bleues disazoïques teignant directement le coton, préparées avec les diamidodiphénoléthers. — par Farbenfabriken, à Elberfeld. — (Br. allemand F, 4471 Addit. au brevet 38802. — 25 novembre 1889. — 13 décembre 1891.)

Objet du brevet. — Préparation de bleus disazoïques par l'action des tétrazodiphénolméthyléthers ou tetrazophénoléthyléthers (tetrazoéthoxy ou méthoxydiphényle) sur l'acide dioxynaphtalinemonosulfonique C, obtenu en fondant avec les alcalis caustiques l'acide α-naphtoldisulfonique résultant de l'action de l'acide sulfurique en excès sur l'acide (1 : 5) naphtolmonosulfonique.

Description. — L'acide dioxynaphtalinemonosulfonique C est en grands feuillets à éclat soyeux, ne contenant pas d'eau de cristallisation. Les bleus disazoïques qu'il fournit avec les tetrazodiphénoléthers sont très beaux.

Préparation de l'acide α_1-α_3-naphtylenédiamine β_1-sulfonique, par L. Cassella et Cie à Francfort. — (Br. allemand C, 4176. — 22 juin 1892 — 16 décembre 1892.)

Objet du brevet. — Procédé de préparation d'acide α_1-α_3-naphtylènediamine-β_1-sulfonique, consistant à nitrer l'acide naphtylaminesulfonique (1 : 2) du brevet 56,563 (C. n° 3171) en solution sulfurique et à réduire l'acide nitronaphtylaminesulfonique formé.

Description. — On nitre avec les proportions suivantes :

Acide α-naphtylaminesulfonique	24 kg. 600
Acide sulfurique anglais	120 kilogrammes.
Acide nitrosulfurique composé d'acide sulfurique	15 kilogrammes.
Contenant en acide nitrique monohydraté	6 kg. 300

La température ne doit pas dépasser 15° C.

Cet acide nitro-α-naphtylaminesulfonique teint la laine en orangé ; il est peu soluble dans l'eau ; son sel de sodium cristallise en feuillets jaunes.

On réduit par le fer et l'acide acétique ou par tout autre mélange réducteur approprié.

Le nouvel acide naphtylènediaminesulfonique donne un tétrazodérivé bien soluble dans l'eau et coloré en jaune intense qui, uni aux phénols ou aux amines, engendre d'intéressantes matières colorantes. L'acide lui-même forme d'ailleurs avec les diazodérivés simples ou complexes une autre série de pigments.

Procédé de purification de l'anthracène et de l'anthraquinone, par FARBWERKE, à Hœchst s/M. — (Br. allemand F. 5945. — 19 mars 1892. — 16 décembre 1892.)

Objet du brevet. — Procédé de purification de l'anthracène ou de l'anthraquinone au moyen d'acide sulfureux liquide, en vase clos ou à l'air libre.

Description. — Le procédé est basé sur la solubilité des impuretés de l'anthracène brut dans l'acide sulfureux liquide, tandis que l'anthracène, comme l'anthraquinone, y est à peu près insoluble. On opère dans une série d'appareils clos, digesteur, filtre, appareil distillatoire, condenseur et réservoir d'acide sulfureux qui ne diffèrent en rien des appareils connus pour les extractions au moyen de solvants très volatils (chlorure de méthyle etc).

Cizines basiques colorantes solubles à l'eau, par FARBENFABRIKEN, à Elberfeld. — (Br. allemand F, 6007. — 22 avril 1892. — 16 décembre 1892.)

Objet du brevet. — Couleurs aziques basiques, solubles dans l'eau, obtenues par l'action du chlorhydrate de diméthyle (ou di-éthyle) amidoazobenzol, sur l'aniline, l'o-toluidine, la diphénylemétaphénylènediamine, l'ortho ou la para ditolyle-m-phénylenédiamine, la phényle-o-naphtylamine, l'o ou la p. ditolyle-α-naphtylamine, la diphénylenaphtylenédiamine (2 : 7), l'o ou la p. ditolylenaphtylènédiamine (2 : 7) la diphénylenaphtylenédiamine (2 : 6), l'ortho ou la para-ditolylenaphtylenédiamine (2 : 6).

Description. — Dans une dissolution chaude de :

Phényle-α-naphtylamine	21 kg. 900
Alcool................................	200 kilogrammes.

On introduit vivement :

Chlorhydrate de dimethylamidoazobenzol	39 kilogrammes.

On chauffe pendant 15 à 20 heures au refrigérant à reflux jusqu'à ce que la liqueur ait pris une belle couleur bleue et qu'on ne puisse plus y décéler de diméthylamidoazobenzol non transformé. On verse la cuite dans 5000 litres d'eau, on acidule légèrement par l'acide chlorhydrique, on filtre et déplace le colorant formé par le sel et le chlorure de zinc. Dans la liqueur filtrée on peut déceler de l'aniline et de la dimthyleparaphénylediamine.

Au lieu de verser la cuite dans l'eau, on peut en récupérer l'alcool par distillation sur un léger excès de soude caustique.

Procédé de préparation de tétrabromodihydro-m-oxybenzaldéhyde, par FARBWERKE, à Hoechst s/M. — (Br. allemand F, 6301. — 14 octobre 1892. — 16 décembre 1892.)

Objet du brevet. — Procédé de préparation de tétrabromodihydrométaoxybenzaldéhyde par l'action du brome sur la méta-oxybenzaldéhyde.

Description. — On fait agir 3 molécules de brome, en agitant vivement, sur 1 molécule de métaoxybenzaldéhyde en solution aqueuse. La tétrabromodihydro-m-oxybenzaldéhyde se précipite; on recueille sur filtre, on lave à l'eau et fait recristalliser dans l'alcool. Elle est en aiguilles brillantes fondant à 118° C. et se décomposant à une température plus élevée en dégageant beaucoup d'acide bromhydrique. Bouillie avec de la potasse alcoolique, la tétrabromo-dihydrobenzaldéhyde perd un atome de brome. Elle se dissout dans le bisulfite de sodium, et, avec dégagement de gaz carbonique, dans les solutions de carbonate de soude. Cette dernière dissolution est colorée en jaune intense ; à l'évaporation, elle abandonne un sel de sodium coloré en jaune. L'addition de chlorure de calcium ou de baryum donne des précipités jaunes d'où les acides déplacent l'aldéhyde inaltéré.

Procédé de préparation d'un α_1-α_3-amidonaphtol monosulfoconjugué, par AKTIEN-GESELLSCHAFT FUR ANILINFABRIKATION, à Berlin. — (Br. allemand A, 2936. — 31 octobre 1891. — 20 décembre 1892).

Objet du brevet. — Procédé de préparation d'un acide α_1-α_3-amidonapthol monosulfonique dérivé de l'amidonapthol de la demande du brevet A N° 2119(D. R. P n° 49448), consistant à traiter celui-ci par l'acide sulfurique concentré à des températures inférieures à 100° C.

Description. — Proportions à employer :

α_1-α_3-amidonaphtol	10	kilogrammes.
Acide sulfurique à 66° Bé	30	—

On prend les précautions ordinaires.

L'acide sulfoconjugué obtenu est très peu soluble dans l'eau froide, un peu plus dans l'eau bouillante d'où il cristallise en fines aiguilles. Son dérivé diazoïque est peu stable; il se dissout dans beaucoup d'eau en jaune verdâtre. Les couleurs azoïques qu'il fournit (avec le bisulfonaphtol pour rouge par exemple) montent mal sur les fibres. Les colorants qui engendrent cet acide amidonaphtolsulfonique par union avec d'autres diazodérivés ont au contraire beaucoup d'intérêt pratique.

Nouvelles bases obtenues par condensation de la benzidine ou des diamidodiphénoléthers (di-anisidine et homologues) avec l'aldéhyde formique. — Addition au brevet 66.737. — (D. n° 5175) par Durand et Huguenin à Bâle et à Huningue (Alsace). — (Br. allemand, 5206. — 2 mai 1892. — 20 décembre 1892.)

Objet du brevet. — Procédé de préparation de nouvelles bases par l'union de la benzidine ou de ses sels basiques, ou de la dianisidine ou de ses sels basiques avec l'aldélyde formique.

Description. — On opère comme pour la préparation des dérivés correspondants de la tolidine, décrite dans le brevet principal. Pas de description des nouvelles bases.

Préparations de couleurs du groupe de la rosaniline au moyen des alcaloïdes amidobenzylés, par Heinr. Baum, à Francfort. — (Br. allemand B, 11672. — 23 fevrier 1891. — 23 décembre 1892.)

Objets du brevet. — 1° Procédé de préparation de couleurs du groupe de la rosaniline, consistant à chauffer à 140-180° C. en présence de chlorure de fer de l'aniline para ou ortho amidobenzylée, avec du chlorhydrate d'aniline, de l'orthotoluidine, ou de l'amidobenzyle-o-toluidine avec du chlorhydrate d'o-toluidine et de la nitrobenzine, nitrotoluène ou du nitroxylène.

2° Modification au procédé du § 1 consistant à remplacer les mononitrodérivés, dans les mélanges ci-dessus, par les dinitrodérivés de la benzine, du toluène, du xylène ou de la naphtaline.

Description. — Exemple de préparation de parafuchsine au moyen de la nitrobenzine. On charge :

Chlorhydrate de p-amidobenzylaniline	24	kilogrammes.
Chlorhydrate d'aniline	15	—
Aniline	10	—
Nitrobenzine	15	—
Chlorure ferreux	3	—

Opérer dans les conditions ordinaires des cuites de fuchsine entre 140 et 160° C.

Couleurs obtenues par condensation des oxazines avec les amidobenzhydrols alcoylés, par Farbenfabriken, à Elberfeld. — (Br. allemand F, 6023. — 28 avril 1892. — 20 décembre 1892.)

Objet du brevet. — 1° Procédé de préparation de couleurs basiques teignant le coton tanné en nuances bleu lumière, solides au savon, contenant d'une part un reste oxaziné et d'autre part un reste d'amidodiphénylemétháne alcoylé, consistant à condenser le tetraméthylediamédobenzhydrol, le tétra-ethylediamidobenzhydol ou le diéthyledimétlhylediamidobenzhydol avec du bleu nouveau (*Neublau*) obtenu au moyen des nitrosodialcoylanilines et du β-naphtol.

2° Transformation des couleurs préparées suivant le § 1 en matières colorantes contenant un reste oxazine *uni* à un reste d'alcoylamidodiphénylecarbinol au moyen d'agents oxydants.

Description. — Prenons comme exemple le bleu nouveau (Neublau) obtenu au moyen de chlorhydrate de nitrosodiméthylaniline et du β-naphtol). Dans une marmite à agitateur on dissout:

Chlorhydrate du bleu nouveau	31	kilogrammes.
Dans alcool fort	250	—
Tetraméthylediamidobenzhydol	27	—

On laisse d'abord en contact, en agitant, à froid, puis on chauffe doucement à 25-30° C. jusqu'à ce que l'on ne reconnaisse plus dans la liqueur de bleu nouveau non transformé. On verse sur de la glace, on recueille la couleur précipitée, on reprend par l'acide chlorhydrique très étendu et froid, filtre et déplace la couleur par le sel marin ou par le chlorure de zinc.

Pour l'oxydation, on emploie les proportions suivantes :

Couleur préparée suivant le § 1 (sèche)..........	6 kg. 400
Acide acétique à 50 °/°.........................	25
Acide chlorhydrique à 33 °/°....................	3 kg. 400

Dissoudre à chaud, laisser refroidir et ajouter :

Pâte de peroxyde de plomb à 30 °/°..............	7 kg. 900
Délayée dans l'eau, environ.....................	15 litres

Après oxydation, on précipite le plomb par :

Acide sulfurique à 66 °/° Bé....................	1 kg. 100

On reprend par l'eau, filtre et déplace la matière colorante par le sel marin ou par le chlorure de zinc.

PRODUITS ORGANIQUES A USAGE MÉDICAL ET DIVERS.

Procédé de préparation des éthers amidobenzoïques du gayacol et de l'eugénol ainsi que de leurs dérivés acétylés, par J. D. Riedel, à Berlin. — (Br. allemand R, 6791. — 1er août 1891. — 25 novembre 1892).

Objet du brevet. — Procédé de préparation de p.-amidobenzoyleguayacol et de p.-amidobenzoyleugénol consistant à traiter le gayacol ou l'eugénol ou leurs sels alcalins ou alcalino-terreux, par le chlorure de paranitrobenzoyle ou par l'anhydride p.-nitrobenzoïque ; on peut aussi faire agir sur l'une ou l'autre ou sur un mélange de ces phénols ou de leurs sels alcalins ou alcalino-terreux, de l'acide p.-nitrobenzoïque ou un paranitrobenzoate en présence d'oxychlorure de carbone, de pentachlorure ou d'oxychlorure de phosphore, de chlorure de sulfuryle ou de bisulfates alcalins. Les p.-nitrobenzoylephénols ainsi obtenus, sont réduits, par les méthodes habituelles, en p.-amidobenzoylephénols.

2° Transformation des amidobenzoylephénols obtenus suivant le § 1, en acétodérivés par l'action de l'anhydride acétique.

Description. — Les méthodes qui conduisent à la préparation des dérivés nitrobenzoylés des phénols, eugénol, gayacol, sont bien connues. Nous donnerons comme exemple le procédé de préparation au moyen de l'acide p.-nitrobenzoïque et du perchlorure de phosphore. On emploie les réactifs en proportions moléculaires calculées. La chaleur dégagée par la réaction suffit, sans apport d'énergie extérieure, pour réaliser la formation du dérivé nitrobenzoylé qui se sépare sous forme d'huile se concrétant par le refroidissement en une bouillie cristalline. On lave à l'eau chaude pour enlever les sels minéraux, et on recristallise le produit organique dans l'alcool.

Pour la réduction en amidodérivé, il convient de ménager la réaction, sinon on court le risque de scinder la molécule. On emploie avec avantage le sulfhydrate d'ammoniaque ; l'amidodérivé cristallise bientôt, en aiguilles incolores.

Le brevet n'indique pas le signalement des dérivés nitrobenzoylés, amidobenzoylés, acétamidobenzoylés ainsi obtenus.

Procédé de préparation de la p.-éthoxy-acétylamidoquinoléine. — Addition au brevet 60308 (V 1623) par Dahl et Cie, à Barmen — (Br. allemand D, 5388. — 3 octobre 1892. — 10 janvier 1893.

Objet du brevet. — Application à la préparation de la p.-éthoxy-acétylamidoquinoléine des procédés du brevet 60308 pour la préparation du dérivé ortho correspondant (page 307 des brevets du *Moniteur scientifique*, année 1892), consistant à nitrer la para-éthoxyquinoléine, ou l'un de ses sels, sulfate ou nitrate, par l'acide nitrique fumant ou par le mélange nitrosulfurique, à réduire le dérivé nitré formé, par le chlorure d'étain ou par l'étain ou le fer et l'acide chlorhydrique ou acétique, ou par tout autre agent réducteur, enfin à acétyler l'amido-p.-éthoxyquinoléine ou son sel double stannique par l'acide acétique cristallisable, l'anhydride acétique, ou un mélange d'acide cristallisable et d'anhydride ou d'acétate de sodium.

Description. — Se borne à délayer les indications de l'exposé et à rappeler les méthodes générales de préparation des nitrodérivés, de réduction et d'acétylation. Aucune description des produits obtenus.

Procédé de préparation de la pipérazine, par « Farbenfabriken » anciennement F. Bayer et Cie, à Elberfeld. — (Br. allemand F, 5902. — 5 mars 1892. — 16 décembre 1892.)

Objet du brevet. — Procédé de préparation de sels de pipérazine, consistant à traiter les dérivés dinitrosés de la diphénylepipérazine décrits par Morley ou ceux de la ditolylepipérazine, par l'acide sulfureux ou par des solutions de bisulfites.

Description. — Dans une solution de :

Dinitrosodiphénylepipérazine...........	10 kilogrammes.
Dans eau..............................	300 —

On envoie un rapide courant de gaz sulfureux jusqu'à parfaite dissolution du produit nitrosé. On ajoute alors :

Acide chlorhydrique..........	22 k. 600.

Et évapore jusqu'à moitié du volume primitif. La liqueur contient alors du chlorhydrate de pipérazine et de l'acide amidophénoldisulfonique qui se sépare en partie par le refroidissement. Pour isoler la pipérazine, on alcalinise la liqueur filtrée avec 70 kilogrammes de lessive de soude caustique à 32 °/₀ et on distille par entraînement avec de la vapeur d'eau surchauffée jusqu'à ce que le liquide condensé ne donne plus de précipité avec l'acide picrique.

2ᵉ *Exemple.* — On chauffe 10 kilogrammes (1 mol.) de dinitrosodiphénylepipérazine avec 43 kilogrammes (4 mol.) de solution de bisulfite de sodium à 40 °/₀. Vers 60° C. une vive réaction se déclare, qui rend inutile un chauffage extérieur. La dinitrosodiphénylepipérazine se dissout assez rapidement, en totalité. On achève comme précédemment, on ajoute de l'acide chlorhydrique (70 kilogrammes) on réduit le volume à moitié environ, on laisse refroidir, sépare le précipité formé de sel marin et d'acide amidophénoldisulfonique et on entraîne la pipérazine par la vapeur d'eau surchauffée, après avoir alcalinisé la liqueur filtrée.

Procédé de préparation de poly-iso-eugénol, par les successeurs de F. VON HEYDEN, à Radebeul, près Dresde.— (Br. allemand H, 12028.— 16 mai 1891.— 16 décembre 1892.)

Objet du brevet. — Procédé de préparation de poly-isoeugénol consistant à chauffer l'isoeugénol avec de petites quantités d'agents de condensation.

Description. — La dissolution brute d'isoeugénol potassique étant décomposée par l'acide chlorhydrique, si l'on chauffe l'iso-eugénol encore souillé d'une petite quantité d'eaux-mères acides à 100° C environ, la petite quantité d'acide chlorhydrique en présence suffit pour provoquer la polymérisation de l'iso-eugénol. Le produit, bien fluide au début, se prend peu à peu en une masse cristalline de poly-isoeugénol qu'on purifie par recristallisation dans l'alcool. Ce composé est en aiguilles incolores, inodores et sans saveur, fondant vers 178°.

La présence de sulfate acide de potassium ou d'autres agents de condensation, détermine le même phénomène de polymérisation que l'acide chlorhydrique.

Procédé d'extraction de la narcéïne et de l'aponarcéïne de la narcéïne commerciale, par le Dʳ M. FREUND, à Berlin. - (Br. allemand F, 6083. — 28 mai 1892. — 23 décembre 1892.)

Objet du brevet. — Procédé pour préparer la narcéïne et l'aponarcéïne pures au moyen du produit commercial, consistant à chauffer la narcéïne brute avec des lessives alcalines et à décomposer les sels alcalins soit par l'acide carbonique ou par un acide différent, organique ou minéral en solution aqueuse, pour obtenir la narcéïne pure, soit par un acide en solution alcoolique pour obtenir l'aponarcéïne pure ou ses sels.

Description. — Préparation de la narcéïne pure. — On dissout :

Narcéïne commerciale................	1 partie,
dans lessive de soude caustique d. = 1,38.........	10 parties.

On chauffe avec précaution, en remuant, jusque vers 60-70°, et l'on maintient pendant 4 à 5 minutes à cette température. La cuite se prend en une masse d'apparence cireuse qui se concrète par le refroidissement en un gâteau cristallin blanc formé par le sel sodique de l'aponarcéïne. On le purifie en l'étendant sur des plaques de plâtre ou de biscuit, on redissout dans une petite quantité d'alcool absolu et on ajoute de l'éther jusqu'à trouble persistant. Le sel pur se sépare en rosettes d'aiguilles blanc de neige. On obtient de même le sel potassique.

Si l'on dissout ces sels purifiés dans l'eau et qu'on fasse passer dans la liqueur du gaz carbonique, il se sépare de la narcéïne pure fondant à 163°.

Préparation de l'aponarcéïne. — La solution dans l'alcool absolu du sel de sodium ou de potassium, préparée comme ci-dessus, est légèrement chauffée avec une quantité d'acide chlorhydrique en solution alcoolique exactement titrée. On sépare le chlorure alcalin par filtration. La liqueur refroidie se remplit de petits prismes durs, plus solubles dans l'eau que la narcéïne, et se transformant en celle-ci par ébulition de leur solution aqueuse.

L'aponarcéïne fond à 157-158 ; ses propriétés physiologiques sont analogues à celles de la narcéïne, mais plus actives. L'analyse lui assigne la formule $C^{23} H^{27} AzO^{8}$.

Procédé de préparation de l'acide iodosobenzoïque, par « FARBWERKE » anciennement Meister Lucius et Bruning, à Hœchst. — (Br. allemand F. 6205. — 4 août 1892. — 28 décembre 1892.)

Objet du brevet. — Préparation d'acide iodosobenzoïque, consistant à traiter l'acide orthoiodobenzoïque par l'acide nitrique fumant.

Description. — On dissout l'acide o-iodobenzoïque dans l'acide nitrique fumant, on porte la liqueur à l'ébullition et on l'étend d'eau après refroidissement. L'acide formé est purifié par cristallisation dans l'eau où il est peu soluble et d'où il se sépare en petits feuillets légèrement jaunâtres, fondant vers 209° en se décomposant.

Chauffé avec une solution acidulée d'iodure de potassium, l'acide iodosobenzoïque réagit quantitativement.

Ce composé est destiné à l'usage médical.

Voir le brevet français, livraison d'avril 1893, p. 115.

Procédé de préparation de dihydro-p-ethoxy-antipyrine. — Addition au brevet 66612 (F. 5837) par « FARBWERKE » anciennement Meister, Lucius et Bruning. — (Br. allemand F. 6338. — 11 novembre 1892. — 6 janvier 1893).

Objet du brevet. — Procédé de préparation de dihydro-p-éthoxy-antipyrine, consistant à soumettre à l'action des réactifs méthylants (iodure de méthyle, méthylesulfates, etc.) le p-éthoxyméthylephényle-pyrazolidon, au lieu de dihydrométhylephénylepyrazolon indiqué dans notre brevet principal (année 1890).

Description. — On chauffe pendant 8 heures au bain-marie, en vase clos :

Para-ethoxyphénylemétbylepyrazolidon	10 parties.
Alcool méthylique..............................	4 —
Iodure de méthyle..............................	4 —

Le produit de la réaction est repris par l'eau chaude, alcalinisé et extrait à une température de 50° environ, par la benzine. La dihydro-p-éthoxy-antipyrine qui reste après distillation du solvant est purifiée par cristallisation dans l'alcool étendu d'où elle se sépare en petites aiguilles ou feuillets incolores fondant à 101°. Elle se sépare en beaux prismes de ses solutions dans l'éther acétique ou dans la ligroïne ; elle est peu soluble dans l'eau.

Procédé de purification de la toluènesulfonamide, par les successeurs de F. VON HEYDEN, à Radebeul près Dresde. — (Br. allemand H. 12394. — 11 mai 1892. — 6 janvier 1893.)

Objets du brevet. — Procédé de purification de la toluènesulfonamide, consistant à dissoudre le produit brut dans une lessive alcaline pure après filtration :

a) à précipiter la toluènesulfonamide par un acide en excès.

b) à précipiter par une quantité d'acide exactement suffisante pour déplacer la toluènesulfonamide.

2° Modification au procédé du § 1 consistant à reprendre la toluènesulfonamide brute par une quantité d'alcali juste suffisante pour dissoudre la para-toluènesulfonamide.

Procédé de préparation de salicylide et de polysalicylide, par « AKTIENGESELLSCHAFT FUR ANILINFABRIKATION, » à Berlin. — (Br. allemand A. 3101. — 12 avril 1892. — 10 janvier 1893.)

Objet du brevet — 1° Procédé de préparation d'un mélange de salicylide fondant à 260-261° et de polysalicylide fondant à 322-325°, consistant à chauffer l'acide salicylique avec de l'oxychlorure de phosphore, dans un solvant indifférent.

2° Procédé de séparation du salicylide et du polysalicylide au moyen de chloroforme.

Description. — En chauffant de l'acide salicylique en solution dans la benzine ou le toluène avec de l'oxychlorure de phosphore, il se produit une réaction très vive avec dégagement tumultueux d'acide chlorhydrique, et la dissolution, d'abord limpide, se trouble peu à peu en déposant de l'acide métaphosphorique en sirop brunâtre épais, puis elle se remplit d'un précipité blanc volumineux. Lorsque ce précipité n'augmente plus et que le dégagement d'acide chlorhydrique a pris fin, on filtre, on extrait le précipité par la soude caustique étendue jusqu'à faible réaction alcaline, puis on lave à l'eau et sèche.

Le produit, en masse micro-cristalline blanche, est un mélange de salicylide et de polysalicylide. On sépare ces composés au moyen du chloroforme qui dissout le premier et laisse le polysalicylide.

Procédé de préparation de dipara-anisyleguanidine et de son dérivé benzoylé. — Addition au brevet 66550 R. 7327 par J. D. Riedel à Berlin. — Br. allemand R. 7503. — 12 août 1892. — 6 janvier 1893.

Objet du brevet. — 1° Préparation de la di-para-anisyleguanidine $C^{15}H^{17}Az^2O^2$, consistant à faire agir l'oxyde hydraté de plomb ou l'oxyde de mercure, sur une solution alcoolique de dipara-anisylethiourée et d'ammoniaque en proportions moléculaires.

2° Préparation de monobenzoyle dipara-anisyleguanidine, au moyen de dipara-anisyleguanidine, obtenue suivant le § 1, et de chlorure de benzoyle.

Description. — La dipara-anisylethiourée se prépare avec :

Para-amido-anisol..........	5	kilogrammes.
Éther......................	75 à 100	—
Sulfure de carbone........	4	

Laisser en contact à une température voisine de 0° et ne dépassent pas 10° C. Les cristaux qui se forment sont purs et fondent à 131°.

Aucune indication sur les propriétés de la dispara-anisyleguanidine ou de son dérivé monobenzoylé.

Voir page 392 des brevets du *Moniteur scientifique*, année 1892.

Procédé de destruction des moisissures nuisibles. — 2° add. au brevet 66180 (F. 5858), par « Farbenfabriken, » anciennement F. Bayer et Cie à Elberfeld. — (Br. allemand 6049, 14 mai 1892. — 6 janvier 1893.)

Objet du brevet. — Emploi des sels du dinitro-o-crésol en solution aqueuse, avec ou sans adjonction de savon, pour :

1° la destruction des hyménomycètes ou autres moisissures analogues qui détruisent les bois.

2° imprégner les bois et prévenir leur destruction.

Procédé de préparation de monochloracétone, par le Dr P. Fritsch, à Ludwigshafen-sur-Rh. — (Br. allemand F, 6321. — 25 octobre 1892. — 20 janvier 1893.)

Objet du brevet. — Procédé de préparation de monochloracétone, consistant à chlorer l'acétone en présence de substances capables d'absorber l'acide chlorhydrique formé.

Description. — Dans une marmite refroidie extérieurement par un courant d'eau fraîche, et reliée à un réfrigérant ascendant, on charge environ 10 parties de marbre et 40 parties d'acétone. On envoie un courant de chlore assez lent, en même temps que l'on fait couler goutte à goutte, dans l'appareil, une certaine quantité d'eau (18 à 20 parties en tout). On arrête la chloruration avant que tout le marbre soit dissous.

Par le repos, le produit se sépare en deux couches; une supérieure, acétone et monochloracétone, qu'on sépare aisément de l'inférieure, solution aqueuse de chlorure de calcium.

Le produit rectifié fournit un assez bon rendement en monochloracétone pure bouillant à 118-120° et de poids spécifique 1,154 à 15° C.

Procédé de préparation d'homologues de l'isoquinoléine, par Farbwerke, à Hœchst-sur-Mein. — (Br. allemand F, 6250. — 8 septembre 1892. — 24 janvier 1893.)

Objet du brevet. — Procédé de préparation d'isoquinoléines alcoylées en position 3, consistant à transformer l'ortho-cyanobenzylecyanide en cyanalcoyle-isocarbostyrile, en la chauffant avec un anhydride ou un chlorure d'acide organique, et traitant le produit par un alcali ou l'ammoniaque. Le cyanalcoyle-isocarbostyrile est bouilli avec un acide et l'alcoyle-isocarbostyrile formé soumis à la réduction.

Description. — On chauffe pendant deux heures, au réfrigérant ascendant :

Ortho-cyanobenzylecyanide.....................	10 gr.
Anhydride acétique............................	40 gr.
Acétate de sodium fondu.......................	5 gr.

Le produit est versé dans 1/2 litre d'eau froide. La diacetyle-o-cyanobenzylecyanide qui se précipite est recueillie, lavée avec un mélange d'alcool et d'éther jusqu'à décoloration, puis dissoute dans une solution caustique étendue. L'acide chlorhydrique déplace de cette dissolution le cyano-méthylisocarbostyrile.

Si l'on traite l'ortho-cyanobenzylecyanide par un chlorure d'acide organique en présence d'une lessive caustique, il y a également fixation d'un radical acide par chaque hydrogène méthylénique de la chaine latérale, mais le produit formé éprouve aussitôt une nouvelle transformation et se métamorphose en cyanalcoylisocoumarine. Celle-ci donne le cyanalcoyle-isocarbostyrile par ébullition avec l'ammoniaque alcoolique.

En faisant bouillir avec 15 parties d'acide sulfurique dilué (2 vol. acide concentré, 1 vol. d'eau) le cyanalcoyle-isocarbostyrile, jusqu'à cessation du dégagement d'acide carbonique (1 heure environ) et étendant d'eau, il se sépare de l'alcoyle-isocarbostyrile qui, distillé sur de la poudre de zinc, fournit une alcoyle-isoquinoléine.

Procédé de préparation d'acide chloro-p-oxybenzoïque, d'après la méthode du brevet 60637 (II, 10919), par les successeurs de F. VON HEYDEN, à Radebeul.

Objet du brevet. — Modification au procédé du brevet 60637 pour la préparation de l'acide mono ou di-chloro-para-oxybenzoïque, consistant à faire agir sur l'acide p.-oxybenzoïque soit le chlore libre, soit des mélanges chlorurants comme l'acide chlorhydrique et le chlorate de potasse ou un hypochlorite.

Description. — A une dissolution de :

Acide para-oxybenzoïque	414	kilogrammes.	
Acide acétique à 8°	600	—	
Acide chlorhydrique concentré	380	—	

on ajoute peu à peu :

Chlorate de potassium	122	—	500 grammes.

en ayant soin que la température ne s'élève pas au-dessus de 90° C.

Le produit est étendu de trois fois son volume d'eau. L'acide monochloro-para-oxybenzoïque se sépare en bouillie cristalline.

Procédé de préparation d'éthers simples ou mixtes de la série grasse au moyen d'acides sulfoconjugués aromatiques, par le Dr F. KRAFFT, à Heidelberg. — (Br. allemand K, 10014. — 29 août 1892. — 24 janvier 1893.)

Objets du brevet. — 1° Procédé de préparation d'éthers simples ou mixtes de la série grasse, consistant à faire agir les alcools gras sur des acides sulfoconjugués aromatiques à des températures supérieures à 100° C.

2° Modification au procédé du § 1 consistant à faire agir les alcools gras sur les éthers alcoylés des acides sulfoconjugués aromatiques.

Description. — En faisant couler de l'alcool éthylique dans de l'acide benzinesulfonique chauffé à une température de 135-145°, il distille de l'éther éthylique avec de l'eau et de l'alcool non décomposé. La formation de l'éther s'explique d'après les équations classiques :

$$\text{I.}\quad C^6H^5SO^3H + C^2H^5OH = C^6H^5SO^3C^2H^5 + H^2O$$
$$\text{II.}\quad C^6H^5SO^3H + C^2H^5OH = C^6H^5SO^3H + C^2H^5OC^2H^5.$$

Pour obtenir un éther mixte, par exemple l'éther methylepropylique, on fait passer à travers une colonne aussi longue que possible d'acide benzinesulfonique chauffé à 125-130°, un mélange d'alcools propylique et méthylique, ce dernier en excès.

On peut employer de même des acides disulfoniques comme l'acide benzinedisulfonique.

Perfectionnement à la préparation de l'éther acétylamidophénylesalicylique. — Addition au brevet 62533 (F, 5342), par FARBENFABRIKEN, à Elberfeld. — (Br. allemand F, 5822. — 21 janvier 1892. — 7 février 1893.)

Objet du brevet. — Procédé de préparation de l'acétylamidosalol (éther acétylamidophénylesalicylique), consistant à unir directement l'acétyle-p-amidophénol avec l'acide salicylique, au moyen d'agents de condensation comme le trichlorure, l'oxychlorure ou le pentachlorure de phosphore.

Description. — D'après le précédent brevet (62533), l'acétylamidosalol se prépare en condensant l'acide salicylique avec le para-nitrophénol et réduisant le nitrosalol obtenu. On peut de même condenser l'acide salicylique avec le para-amidophénol.

Les réactifs s'emploient en proportions moléculaires, et l'on chauffe à 120-138° pendant 1 à 2 heures jusqu'à cessation du dégagement d'acide chlorhydrique.

Il est avantageux d'ajouter aux substances mises en réaction pour les délayer en une pâte, une proportion suffisante d'un solvant indifférent, comme la benzine par exemple, que l'on retrouve par distillation.

Préparation d'iso-eugénol pur, par les successeurs de F. von Heyden, à Radebeul. — (Br. allemand, H, 12029. — 16 mai 1891. — 3 février 1893.)

Objet du brevet. — Procédé de purification de l'iso-eugénol brut consistant à le transformer en sel alcalin ou alcalino-terreux peu soluble.

Description. — On emploie les proportions :

Hydrate de sodium (soude solide)..	100 grammes.
Eau....................................	de 1 à 3 litres.
Isoeugénol brut........................	400 grammes.

Il se forme une bouillie cristalline qu'on exprime fortement et d'où l'on déplace l'isoeugénol au moyen d'un acide.

Voir page 135.

Procédé de préparation de l'acide iodosobenzoïque. — Addition à la demande de brevet F, 6205, par Farbwerke, à Hœchst-sur-Mein. — (Br. allemand F, 6434. — 10 décembre 1892. — 7 février 1892.)

Objet du brevet. — Procédé de préparation de l'acide iodosobenzoïque consistant à employer comme agent d'oxydation le permanganate de potassium au lieu de l'acide nitrique.

Description. — On met en suspension 2 parties d'acide o-iodobenzoïque en poudre fine dans 40 parties d'une solution de permanganate de potassium (contenant environ 8 grammes de sel solide par 300 c.c. d'eau). On ajoute ensuite 4 parties d'acide sulfurique concentré dilué de 30 parties d'eau et l'on porte le tout à l'ébullition, pendant quelques instants. On étend aussitôt avec 280 parties d'eau, on fait encore bouillir une demi-minute et filtre chaud. Par le refroidissement, il se sépare de la liqueur presque incolore un acide bien cristallisé qu'on lave à l'eau froide et sèche au bain-marie. Après recristallisation, cet acide fond à 226° C.

Voir page 135.

Procédé de préparation de β-cymidine au moyen des oximes des camphres de la formule $C^{10}H^{16}O$ qui sont des méthylecétones, par Haarmann et Reimer, à Holzminden. — (Br. allemand H, 12847. — 8 novembre 1892. — 7 février 1893.)

Objet du brevet. — Procédé de préparation de β-cymidine, consistant à chauffer avec des acides minéraux étendus les oximes des camphres de la formule $C^{10}H^{16}O$ qui sont des méthylecétones.

Description. — Les oximes dérivées des camphres sont mises à bouillir en solution alcoolique (100 parties d'oxime pour 300 parties d'alcool), on fait couler peu à peu, dans la liqueur bouillante, de l'acide sulfurique (environ 100 parties) étendu de son poids d'alcool à 50 °/₀. Après deux heures d'ébullition, on étend d'eau, on extrait l'oxime non transformée et le camphre régénéré au moyen de l'éther, on concentre la liqueur et on en déplace la base formée au moyen d'un alcali.

La β-cymidine ainsi obtenue distille sous une pression réduite de 15 millimètres, à 118-121°; elle est sous forme d'une huile légèrement jaunâtre se concrétant par le froid.

Dérivés acétyliques ou propionyliques du para-oxyphénvluréthane ou de ses éthers, par E. Merck, à Darmstadt. — (Br. allemand M, 9312. — 11 novembre 1892. — 7 février 1893).

Objet du brevet. — Procédé de préparation des dérivés acétyliques ou propionyliques du para-oxyphényluréthane ou de ses éthers, par l'action de l'acide acétique ou de l'acide propionique (anhydrides, chlorures d'acide, etc.) sur le para-oxyphényluréthane ou ses éthers.

Aucune description des produits.

Procédé de préparation d'éthers eugényle et iso-eugénylephényliques nitrés, par Farbwerke, à Hœchst-sur-Mein. — (Br. allemand F, 6335. — 31 octobre 1892. — 10 février 1893.)

Objet du brevet. — Procédé de préparation d'éthers eugényle ou iso-eugénylephényliques nitrés, consistant à faire agir la chlorodinitrobenzine, la chlorotrinitrobenzine ou d'autres combinaisons analogues, sur l'eugénol ou l'iso-eugénol, en présence d'alcalis.

Description. — Dans une dissolution alcoolique de :

Chloro-dinitrobenzine	6 parties 17.
Iso-eugénol.............................	5 parties »

chauffée au bain-marie, on fait arriver peu à peu une solution étendue de potasse alcoolique contenant 1 partie 7 d'hydrate de potassium. A chaque addition d'alcali, on voit la teinte de la liqueur se foncer, puis peu à peu revenir à sa couleur orangée. Par le refroidissement, l'éther isoeugényledinitrophénylique se sépare en fines aiguilles jaunes.

Procédé de préparation d'acides monocarboniques et dicarboniques et d'anhydrides de ces derniers, dérivés des camphres, par HAARMANN et REIMER, à Holzminden. — (Br. allemand H, 12846. — 8 novembre 1892. — 14 février 1893.)

Objet du brevet. — 1° Procédé de préparation d'acides monocarboniques ($C^9H^{14}O^2$) et dicarboniques ($C^9H^{14}O^4$) dérivés des camphres, consistant à oxyder les sortes de camphres qui sont des méthylecétones, par le brome en présence d'une lessive alcaline ou par le permanganate et à traiter les acides cétonecarboniques formés par le brome et une lessive alcaline.

2° Transformation des acides dicarboniques obtenus suivant le § 1, en anhydrides au moyen d'agents déshydratants.

Description. — Exemple : Le camphre de l'huile de tanaisie (60 parties) est traité par une lessive caustique étendue (2500 parties de soude à 4 °/₀) et du brome, environ 180 parties. On agite fortement la liqueur, puis, après 4 heures de contact, on extrait à l'éther le bromoforme qui a pris naissance en même temps que l'acide de la formule ($C^9H^{14}O^2$) que l'on déplace par un acide minéral.

Le nouvel acide distille à 113° 15 sous une pression de 15 millimètres de mercure ; il se concrète dans un mélange réfrigérant, en aiguilles qui ne fondent pas à la température ordinaire.

En oxydant le camphre par le permanganate de potasse, à basse température, on obtient un acide cétonecarbonique en aiguilles ou feuillets distillant à 169° sous 10 millimètres de pression. Cet acide en C^{10} se transforme en deux acides dicarboniques isomériques de la formule $C^9H^{14}O^3$, sous l'action du brome en présence d'une lessive alcaline.

L'un de ces acides, le premier déplacé par les acides minéraux, cristallise en feuillets blancs. Chauffé pendant une demi-heure avec trois fois son poids d'acide acétique ou de chlorure d'acétyle, il se transforme en un anhydride fondant à 55° et bouillant à 171° sous 16 millimètres de pression.

Procédé de préparation de carbonate de β-naphtol, par « CHEMISCHE FABRIK AUF AKTIEN » anciennement SCHERING, à Berlin. — (Br. allemand C, 4197. — 12 juillet 1892. — 17 janvier 1893).

Objet du brevet. — Procédé de préparation du carbonate de β-naphtol consistant :

1° A faire agir à chaud le gaz phosgène en solution dans la benzine ou le toluène sur le β-naphtol.

2° A faire agir le phosgène sur le sel sodique du β-naphtol, soit sec, soit dissous.

Description. — Dans une marmite à agitateur, on chauffe du β-naphtol avec de l'oxychlorure de carbone en solution dans la benzine ou le toluène. On extrait le produit, après distillation du véhicule, par l'eau alcaline, et on fait cristalliser l'éther carbonique dans l'alcool. Il est en paillettes nacrées fondant à 176 C.

On peut opérer sur le β-naphtol en solution dans une lessive à 4 °/° de soude caustique.

Procédé de préparation d'éthers des amidophénols, par FARBWERKE, à Hœchst s/M. — (Br. allemand F, 6298. — 11 octobre 1892. — 17 janvier 1893)

Objet du brevet. — Procédé de préparation d'éthers des amidophénols, consistant à transformer les dérivés benzylidéniques des amidophénols, suivant les méthodes connues, en éthers correspondants qui, sous l'action des acides minéraux dilués, se scindent en aldéhyde benzoïque et amidophénoléthers.

Description. — Pour obtenir la paraphénétidine, par exemple, nous opérons de la manière suivante. Dans une marmite à agitateur, nous faisons réagir :

Chlorhydrate de para-amidophénol..........	14 kg. 500.
Eau......................................	100 litres.
Acétate de sodium cristallisé	13 kg. 600.
Aldéhyde benzoïque	10 kg. 600.

Le dérivé benzylidénique du para-amidophénol se forme à froid, en quantité théorique. On neutralise l'acide acétique mis en liberté par la réaction et on filtre après quelques heures de repos.

Le benzylidène para-amidophénol est éthylé, méthylé, etc., par un éther alcoylehalogéné, par exemple, le bromure d'éthyle, en présence de la soude caustique. Le rendement est très bon.

L'éthylebenzylidène para-amidophénol cristallise en prismes jaunâtres, insolubles dans l'eau, solubles dans l'alcool chaud, l'éther, la benzine, fondant à 71°; les acides minéraux les dédoublent facilement et complètement en aldéhyde benzoïque et phénétidine.

Procédé de préparation d'acide salicylacétique, par Farbwerke, à Hœchst s/m. — (Br. allemand F, 5990. — 11 avril 1892. — 17 janvier 1893.)

Objet du brevet. — Procédé de préparation de l'acide salicylacétique, consistant à traiter le salicylate basique de sodium par le monochloracétate de sodium.

Description. — On broie à chaud 160 parties de salicylate de sodium ou 160 parties de sel déshydraté avec 100 parties de lessive de soude caustique à 40 %. On incorpore à la masse refroidie 130 à 140 parties de monochloracétate de sodium. La réaction se produit avec un notable dégagement de chaleur; on l'achève en chauffant à 120° environ jusqu'à ce que le produit soit devenu complètement solide. On déplace l'acide salicylacétique formé par l'acide chlorhydrique dilué, lavé à l'eau froide et séché. On se débarrasse d'une petite quantité d'acide salicylique non transformé, en lavant le produit sec avec une petite quantité d'éther.

L'acide salicylacétique cristallise de sa solution dans l'eau bouillante en feuillets brillants qui fondent à 188° C.

PRODUITS CHIMIQUES.

Procédé de préparation de cyanures alcalins ou alcalino-terreux. — Addition au brevet 63722. — (L, 6377), par de Lambilly, à Nantes. — (Br. allemand L, 7592. — 5 septembre 1892. — 7 février 1863.)

Voir les brevets français et notamment celui de la page 161 des brevets du *Moniteur scientifique*, année 1892.

Préparation du nitrate d'ammonium au moyen du nitrate de sodium et du sulfate d'ammonium, par F. Benker, à Clichy (Seine). — (Br. allemand B, 12655. — 19 novembre 1891. — 31 janvier 1893.

Voir le brevet français, p. 212 des brevets, année 1892.

Procédé de préparation d'un mélange propre à la fabrication de l'oxygène, d'après le procédé Tessié du Motay, par G. Webb junior et G. H. Rayner, à Londres. — (Br. allemand W, 8371. — 10 mai 1892. — 31 janvier 1893.

Voir le brevet français, livraison de mars 1893, p. 86.

Procédé de préparation de carbonates alcalins et d'acide nitrique au moyen des nitrates alcalins, par A. Vogt, à Londres et C. J. C. Wichmann, à Hambourg. — (Br. allemand V, 1780. — 16 janvier 1892. — 24 janvier 1893.)

Objet du brevet. — Procédé de préparation de carbonates alcalins et d'acide nitrique au moyen d'un nitrate alcalin, consistant à faire agir à une chaleur voisine du point de décomposition du nitrate alcalin, de la vapeur d'eau et de l'acide carbonique sur un mélange de nitrate d'une terre alcaline carbonatée ou caustique et d'oxyde de fer ou de manganèse.

Description. — On mélange du nitrate de sodium sec avec de la chaux vive aussi sèche que possible, en poudre grossière. On chauffe ces substances dans une cornue en fer ou sur la tole d'un four approprié, à la température du rouge sombre, et l'on fait passer dans la masse un courant de gaz carbonique mêlé de vapeur d'eau.

Dans ces conditions, l'acide carbonique déplace l'acide nitrique qui se décompose en partie en donnant toutefois très peu d'oxydes inférieurs de l'azote et que l'on emploie à la préparation de l'acide sulfurique.

Le résidu repris par l'eau donne une lessive de soude en partie caustique à cause de l'excès de chaux vive en présence.

Ce procédé diffère de celui de Lieber et Walz parce que l'acide carbonique employé n'est pas produit au sein même du mélange de nitrate, mais amené de l'extérieur, de telle manière qu'il devient possible de régler exactement la température à laquelle il convient de le faire agir sur le nitrate, température qui n'est plus dépendante de celle de la formation même du gaz carbonique dans le mélange Lieber et Walz.

Au lieu de chaux, on peut faire usage de strontiane, de baryte ou de magnésie : l'addition d'oxydes de fer ou de manganèse paraît favoriser la réaction.

Procédé de préparation de ferricyanures, par « Deutsche Gold und Silber Scheidanstalt, à Francfort. — (Br. allemand D, 5029. — 18 décembre 1891. — 19 janvier 1893.)

Voir le brevet français, année 1892, p. 210.

Perfectionnement aux appareils de production du chlorure de chaux, par J. M. et A. Milnes à Londres. — (Br. anglais 13833. — 18 septembre 1891. — (J. Soc. Chem. Ind.)

Une toile sans fin en substance appropriée, de préférence en tissu d'amiante, circule à travers une série de chambres. La chaux est chargée à l'une des extrémités et se sature de chlore qui circule dans les chambres en sens inverse. Des racles disposées dans chaque chambre sur le passage de la toile sans fin remuent la couche de chaux, de manière à renouveler continuellement les surfaces absorbantes.

Perfectionnement à la préparation de l'acide nitrique, par Chatfield, à Sewardstone (Essex). — (Br. anglais 16512. — 29 septembre 1891. — (*Ibid.*).

Le but de l'invention est d'obtenir l'acide nitrique exempt de l'acide sulfurique entraîné par la distillation d'un nitrate alcalin avec l'acide sulfurique. A cet effet, le mélange de nitrate avec un large excès d'acide sulfurique (deux équivalents pour un de nitrate) est chauffé à une température ne dépassant pas 445° F, (230° C). Plus des 75 centièmes de l'acide nitrique distillent au-dessus de 300° F. (149° C) et le reste, sauf une proportion négligeable, entre 300° et 445° F. L'acide nitrique ainsi produit ne contient pas trace d'acide sulfurique.

Le résidu est chauffé un peu plus fort pour décomposer les dernières portions de nitrate, puis employé avec un équivalent de sel marin pour produire de l'acide chlorhydrique et du sulfate neutre de sodium.

Perfectionnement à la préparation des bisulfites, par A. Boake et F. G. A. Roberts, à Tratford. (Essex). — (Br. anglais, 16647. — 1er octobre 1891. — (*Ibid.*)

Dans la préparation ordinaire des bisulfites au moyen du gaz sulfureux produit par la combustion du soufre ou des sulfures, il se produit un entraînement de particules infiniment ténues de soufre par le gaz sulfureux qui ne peut en être dépouillé par les moyens de lavage et de purification habituels. La présence de ces traces de soufre ou de composés thioniques dans le bisulfite n'est pas sans inconvénients pour certains usages, spécialement pour la conservation de la bière. Pour obvier à ces inconvénients, les auteurs liquéfient par compression le gaz sulfureux obtenu par la combustion du soufre ou des pyrites. Le gaz qui distille ensuite est absolument pur ; on le reçoit dans une lessive alcaline ou dans un lait de chaux.

Procédé de préparation de l'acétone, par C. Lowe à Reddish. — (Br. anglais, 12660, 9 juillet 1892. — (*Ibid.*)

L'auteur soumet à la distillation sèche les acétates de strontium ou de magnésium, au lieu des acétates de sodium, potassium, baryum ou calcium employés jusqu'ici à la préparation de l'acétone. Le liquide distillé contient une plus forte proportion d'acétone d'ailleurs mélangée de moins de substances empyreumatiques.

Pour favoriser la condensation de l'acetone produite, il est avantageux d'absorber le gaz carbonique formé en même temps, en pompant les produits de la distillation à travers une pâte ou une dissolution d'alcali caustique. Dans ces conditions, l'acétone peut alors être condensée dans un serpentin ordinaire convenablement refroidi.

Une petite partie d'acétone retenue mécaniquement par la lessive caustique en est expulsée par un courant de vapeur ou par application indirecte de la chaleur au réservoir qui contient cette lessive.

CAOUTCHOUC. — CIRES. — ESSENCES. — VERNIS.

Procédé de préparation de vernis à l'huile au moyen de résines ou de gommes-résines dures ou difficiles à fondre, par le Dr G.-H. Smith, à West-Kensington (Middlesex). — (Br. allemand S, 6414. — 19 janvier 1892. — 19 janvier 1893.)

Voir le brevet français, année 1892, p. 349.

Procédé de préparation d'une matière première pour laques ou vernis, par Max Becker, à Berlin. — (Br. allemand B, 13411. — 25 juin 1892. — 17 janvier 1893.)

Objet du brevet. — Procédé de préparation d'une matière première pour la préparation de laques ou vernis, consistant à dissoudre une cire végétale comme la cire de Carnauba, dans une solution bouillante de borax, puis à incorporer à la liqueur, après une concentration à consistance convenable, des poudres colorantes.

Description. — Notre matière première pour vernis consiste en une solution de cire végétale dans une solution aqueuse de borate, spécialement de biborate de sodium. Suivant l'usage auquel la préparation est destinée, on y dissout ou délaie une matière colorante appropriée : noir d'os, nigrosine, ocre, etc.

Exemple : on obtient un excellent vernis pour cuirs avec :

Biborate de sodium..................................	90	parties.
Eau..	1200	—
Nigrosine..	20	—
Cire de Carnauba..	180	—

On dissout d'abord le borax dans l'eau, au bain-marie ou dans un double fond à vapeur. Dans la liqueur maintenue presque bouillante, on introduit par petites portions, en remuant continuellement, la cire végétale jusqu'à parfaite dissolution, puis on incorpore la matière colorante. On peut aussi ajouter celle-ci avant la cire.

Enduit pour empêcher l'adhérence des incrustations dans les chaudières, par GRAF et Cie, à Berlin. — (Br. allemand L, 6775. — 5 juin 1891. — 27 janvier 1893.)

Objet du brevet. — Enduit pour empêcher l'adhérence des incrustations aux parois des chaudières, consistant en vernis à l'huile de lin tenant en suspension un oxyde de fer spécial en flocons assez légers.

Description. — Le vernis à l'huile de lin doit être exempt d'acide ou d'alcalis ; l'oxyde de fer que l'on y délaie apparaît sous le microscope en petits flocons ayant une certaine analogie de structure avec le graphite naturel. Suit une analyse détaillée de cet oxyde de fer spécial contenant 88,63 °/₀ d'oxyde ferrique, 5,40 °/₀ d'acide silicique, chaux, magnésie,, acide phosphorique, oxydes de manganèse, de nickel, alumine, etc., etc.

Cet enduit doit préserver les parois des chaudières de la rouille et empêcher leur corrosion.

CUIRS. — PEAUX. — TANNERIE.

Tannage au moyen d'un chlorure double de peroxyde de fer et de sodium, par P. F. REINSCH, à Erlangen (Bavière) — (Br. allemand R, 7463. — 28 juillet 1892. — 3 février 1891.)

Objets du brevet. — 1° Emploi pour le tannage des peaux, cuirs, cuirets, etc., d'une dissolution de chlorure de fer et de sodium, obtenue en traitant une solution de perchlorure de fer par une quantité de carbonate de sodium insuffisante pour décomposer entièrement le sel ferrique.

2° Application du procédé du § 1 en concurrence avec d'autres procédés comme le tannage à l'alun pour la préparation et le tannage des pelleteries.

Description : — Préparation de la solution, dissoudre :

A. — Perchlorure de fer solide........	10 kilogrammes.
Eau..............................	40 litres.
B. — Cristaux de soude............	4 kg. 500
Eau..............................	20 litres.

On ajoute peu à peu le liquide B à la liqueur A. La solution obtenue contient un sel double ou un mélange d'oxychlorure ferrique et de chlorure de sodium.

Pour l'emploi, on laisse séjourner les peaux préparées dans un bain dilué (1 partie de liqueur et 1 partie d'eau) pendant quelques jours, et on achève par immersion dans le bain non coupé. Suivant l'épaisseur des peaux, il faut de 2 à 5 litres de liqueur par mètre carré de surface à tanner. La durée de l'opération pour les peaux minces est de 3 à 4 jours suivant la saison, pour les peaux ordinaires, de 6 à 8 jours.

Le procédé s'applique avantageusement à la préparation des pelleteries (fourrures). Les peaux dégraissées et nettoyées sont étendues sur une table horizontale, le poil en dessous, puis mouillées à plusieurs reprises (2 fois par 24 heures) avec la solution ferrique. On peut aussi alterner le traitement ferrique avec un tannage à l'alun.

PHOTOGRAPHIE.

Révélateurs pour négatifs ou images photographiques à base d'amidodérivés aromatiques, par J. Hauff, à Stuttgart. — (Br. anglais 20690 du 27 novembre 1891.)

Les révélateurs employés sont des dérivés du phénylglycocolle (glycines) du type général :

$$C^nH^{2n-6}OH.AzR.CH^2CO^2H.$$

ou du pyrogallol ; le brevet donne la formule du bain suivant :

Glycine du type ci-dessus..........	1 gr. 5
Carbonate de potassium	2 gr. 5
Sulfite de sodium cristallisé..................	4 gr. 5
Eau.....	100 c.c.

Nouvelle méthode pour l'obtention de photographies en couleurs, par J. W. Mac-Donough, à Chicago. — (Br. anglais, 5597 du 22 mars 1892.)

On prépare la plaque avec un vernis sur lequel on répand de la gomme laque pulvérisée et colorée avec des couleurs d'aniline. « Si les particules colorées, dit le brevet, se trouvent mélangées en proportions convenables, la plaque réfléchira ou transmettra un mélange de ces couleurs engendrant la sensation d'un blanc d'autant plus pur que les couleurs employées seront elles-mêmes plus pures ». La plaque est ensuite chauffée juste assez pour fondre la gomme laque, sensibilisée à la manière ordinaire, exposée dans la chambre noire, développée et fixée.

ELECTROTECHNIQUE.

Procédé de préparation d'une masse active pour accumulateurs électriques, par W. A. Bœse à Berlin. — (Br. allemand B, 13734. — 19 septembre 1892. — 23 janvier 1893).

Objets du brevet. — 1° Procédé de préparation d'une masse active pour accumulateurs, consistant à mélanger des oxydes métalliques, notamment l'oxyde de plomb, avec des acides sulfoconjugués de l'anthracène ou d'autres composés organiques, et à former le mélange en plaques.

2° Application spéciale du procédé du § 1, consistant à mélanger les oxydes métalliques avec les derniers résidus ou brais de la distillation des goudrons de houille que l'on transforme en sulfoconjugués en les extrayant à l'éther de pétrole, ajoutant de l'acide sulfurique, distillant le solvant et provoquant la formation de sulfoconjugués par l'action de la chaleur.

3° Modification à la préparation du § 2, consistant à employer comme solvant pour l'extraction des résidus de distillation, au lieu d'éther de pétrole, de l'alcool, de manière à ce qu'en mélangeant ensuite le produit avec de l'acide sulfurique et un oxyde métallique (oxyde de plomb), la chaleur dégagée par l'action de l'acide sur l'alcool suffise à provoquer la sulfoconjugaison des hydrocarbures à poids moléculaires élevés contenus dans l'extrait alcoolique, sans apport de chaleur extérieure.

Description. — Paraphrase de l'exposé ci-dessus n'apportant aucun éclaircissement et n'indiquant comme raison de la supériorité des plaques d'accumulateurs préparées par ce procédé que ce motif : les plaques acquièrent une plus grande stabilité en raison des propriétés agglutinantes des sels de plomb des acides anthracènesulfoniques ou analogues.

MÉTALLURGIE. — MÉTAUX.

Procédé de grillage de la blende, par M. le Dr Sachse et M. le Dr Richter, à Berlin. — (Br. allemand S, 6802. — 23 août 1892. — 14 février 1893.

Objet du brevet. — Procédé de grillage de la blende, consistant à projeter sur le minerai chauffé au rouge et maintenu à cette température, des goutelettes d'eau finement divisée.

Description. — En projetant de l'eau froide en pluie sur le minerai chauffé au rouge, il se produit sous l'action du brusque changement de température une sorte de foisonnement de la masse qui se divise en fragments beaucoup plus ténus et offre ainsi plus de prise à l'action oxydante de l'air. Cette action est d'ailleurs favorisée par le vif mouvement de gaz produit dans la masse par la vaporisation brusque de l'eau projetée.

BREVETS PRIS A PARIS

Analysés par M. Thabuis.

PRODUITS CHIMIQUES

Procédé pour la préparation de l'acide β-amido-oxynaphtoémonosulfonique, par « la Société pour l'industrie chimique », à Bâle, rep. par Assi et Genès. —(Br. 224260.— 10 septembre 1892. — 8 octobre 1892.)

Objet du brevet. – Procédé consistant à préparer un acide β-amido-oxynaphtoémonosulfonique, par le chauffage de l'acide β-amidonaphtoédisulfonique, obtenu par l'action de l'ammoniaque sur l'acide β-oxynaphtoémonosulfonique du brevet 219875 du 14 mars 1892, avec les alcalis caustiques en récipients ouverts ou clos. On chauffe à 210°-240° jusqu'à ce que la fusion soit complète et qu'un échantillon acidulé donne un précipité.

Description. — Pour réaliser cette préparation, on prend 10 parties d'acide β-amidonaphtoédisulfonique, 20 parties de soude caustique et 3 parties d'eau.

Perfectionnements dans la préparation industrielle du bioxyde de baryum, par Martin, rue Traversière, 39, à Asnières (Seine). — (Br. 224274. — 12 septembre 1892. — 8 décembre 1892.)

Objet du brevet. — Procédé consistant à faire du sulfure de baryum, puis à traiter sur la tôle d'un four à une pression de 35 à 40 millimètres par de l'oxygène ou de l'air. Il se dégage de l'acide sulfureux, puis on abaisse la température. La baryte est traitée par un courant d'oxygène ou d'air humide dépourvu d'acide carbonique, on a ainsi du bioxyde de baryum.

Procédé de préparation des dérivés oxygénés du pyrazol, par Schwabacher, rep. par Delom. — (Br. 224461. — 20 septembre 1892. — 15 décembre 1892,)

Objet du brevet. — Procédé pour obtenir le phénylméthylpyrazolon par condensation de l'aldéhyde phénylhydrazone en présence de l'éther glycolique dialcoylé ou de chlorure chloracétique.

Description. — Exemple : 77 kil. d'aldéhyde phénylhydrazone et 66 kil. d'éther glycolique dialcoylé sont mélangés en présence d'une substance condensante appropriée, et on maintient pendant longtemps à la température de 180°-200° C. On obtient un produit qui, d'après le procédé, donnera 82 kil. de phénylmethylpyrazolone. Si enfin on laisse réagir pendant quelques jours à une température modérée 74 kil. d'acetone hydrazone sur 59 kil. d'éther diéthylcarbonique, en présence d'une solution de soude alcoolique, et si on condense ensuite en présence d'un corps approprié, on obtient des quantités variables de phénylméthylpyrazolone.

Procédé de préparation des sels doubles de quinine à grande solubilité, par Rigaut, rep. par Armengaud jeune. — (Br. 224475. — 11 juillet 1892. — 15 décembre 1892.)

Voir le résumé des travaux de M. Grimaux, publiés dans le *Moniteur Scientifique* (612e livraison, Décembre 1892, p. 904) dont ce brevet n'est que la reproduction.

Esaü vendit son droit d'aînesse pour un plat de lentilles : nous ne dirons pas que M. Grimaux en fit autant.

Mais il est fâcheux pour ce savant que M. Rigaut, excellent parfumeur, mais ni chimiste ni pharmacien, ait eu à appliquer les recherches de M. Grimaux au point de vue chimique, et celles de M. Laborde, Membre de l'Académie de Médecine, au point de vue physiologique.

Procédé économique pour extraire l'iode des eaux salées iodiques naturelles et des eaux-mères des cendres de varech ou des autres liquides contenant de l'iode, par le professeur Raffaello Campani, de Pise (Italie), rep. par Matray. — (Br. 224523. — 24 septembre 1892. — 16 décembre 1892.)

Objet du brevet. — Procédé pour l'extraction de l'iode, consistant à traiter les eaux salées iodiques par l'amidon et l'hypochlorite de chaux, et à transformer l'iodure d'amidon ainsi obtenu en acide iodhydrique par l'anhydride sulfureux. L'acide iodhydrique est ensuite soumis à l'action du carbonate de soude, de manière à faire de l'iodure de sodium. L'iode est ensuite retiré de ce dernier en le traitant par un mélange de 30 parties de bichromate de potassium, 100 parties d'eau et 100 parties d'acide sulfurique à 66° Bé

Procédé pour l'obtention des acides para-oxybenzoïques chlorés, par Kolbe, rep. par Sautter et de Mestral. — (Br. 224548. — 26 septembre 1892. — 18 décembre 1892.)

Objet du brevet. — Procédé consistant à préparer les acides p-oxybenzoïques mono et dichlorés par l'action, soit d'une ou deux molécules de chlore libre, soit d'un mélange susceptible de le produire, tel que l'acide chlorhydrique et le chlorate de potasse ou l'hypochlorite, sur un molécule d'acide p-oxybenzoïque.

Description. — Exemple : On mélange 414 kilogr. d'acide p-oxybenzoïque, 600 kilogr. d'acide acétique, 380 kilogr. d'acide chlorhydrique concentré, et 122 kilogr. de chlorate de potasse, à la température de 90° qui ne doit pas être dépassée. On étend de trois volumes d'eau et l'acide p-oxybenzoïque monochloré se précipite sous forme de cristaux. Il fond à 169°. Le rendement est théorique.

Perfectionnement dans la préparation des enveloppes destinées à renfermer les médicaments liquides ou solides, médicaments connus sous le nom de capsules, capsulines, perles, globules, par Bienfait, rep. par Sautter et de Mestral. — (Br. 224571. — 26 septembre 1892. — 19 décembre 1892.)

Objet du brevet. — Procédé consistant à fabriquer la masse élastique destinée à produire les enveloppes pour médicaments, au moyen du tapioka ou de toute autre matière amylacée soluble dans l'eau, que cette matière soit naturelle ou artificielle.

Description. — On prend pour cela 2500 gr. de tapioka et 4000 gr. d'eau. On laisse macérer le tout pendant 4 à 5 heures. On place ensuite la gelée qui s'est formée dans une bassine étamée, et l'on chauffe en agitant continuellement jusqu'à ce que les grumeaux aient disparu. On prend, d'autre part, du sucre de canne 1000 gr., glycérine 500, et eau 4000. On laisse macérer jusqu'à dissolution complète, et on ajoute cette solution sucrée à la gelée de tapioka pendant qu'elle est encore chaude. On chauffe quelque temps pour faciliter le mélange. On passe ensuite avec pression sur un linge peu serré. Le liquide épais est étendu sur des plaques en tôle amalgamée en couches d'épaisseur variable, on sèche à l'étuve et la masse est prête pour capsulation par pression.

Nouveau produit hydrofuge dit « Cuir végétal », par Jannin, rep. par Gudmann. — (Br. 224659. — 30 septembre 1892. — 20 décembre 1892.)

Objet du brevet. — Procédé de fabrication d'un produit pouvant remplacer le cuir et constitué spécialement de pyroxyles.

Description. — On prend : coton photographique, 1 partie ; huile végétale, 4 parties ; et acétate d'amyle, 5 parties.

Procédé de traitement des craies phosphatées, par Aubertin, rep. par Chassevent.— (Br. 224720. — 4 octobre 1892. — 22 décembre 1892.)

Objet du brevet. — Procédé consistant à traiter les craies phosphatées par un sel métallique, pour tranformer le carbonate de chaux en sel soluble.

Description. — On traite à chaud les craies phosphatées par un sel de fer, de chrome (?) ou d'alumine soluble. Le carbonate de chaux se transforme en sel soluble, tandis que le métal est changé en carbonate ou oxyde insoluble. On sépare la chaux, et le sel métallique est dissous par un courant d'acide sulfureux et transformé en sulfate. Le dernier sel sert à transformer la chaux en sulfate qui a été séparé et à reformer de nouveau un sel métallique dans le sel primitif. Le phosphate calcaire, dans ces conditions, étant resté insoluble, est séparé.

Procédé perfectionné permettant d'extraire le savon et le suint des corps gras provenant de la laine, par Mills, rep. par Brandon. (Br. 224567. — 27 septembre 1892. — 19 décembre 1892.)

Objet du brevet. — Procédé consistant à transformer les corps gras du suint en savon, en additionnant ce dernier d'une quantité d'un alcalin telle que les corps gras soient saponifiés et que le suint se sépare.

Description. — On additionne 100 kilogr. des corps gras provenant de la laine et placés dans une chaudière, de 300 parties de lessive de potasse, de borax ou de carbonate à 8° Twaddle. On fait bouillir au moyen de la vapeur amenée par un serpentin, durant

6 heures. On laisse reposer pendant 12 heures, puis on ajoute environ 25 parties de lessive de soude à 30° Twaddle et l'on chauffe à l'ébullition pendant 3 heures. Le suint vient à la surface, on le recueille. On fait alors bouillir ce dernier avec trois fois son poids de lessive de soude à 20° Twaddle. Le savon provenant de ce traitement est additionné de petites quantités de lessive de potasse à 35° Twaddle. On évapore, le savon s'épaissit et devient plastique. On évite un excès de potasse libre, et on additionne de 5 parties d'un savon quelconque jaune pâle, de 2 1/2 parties de savon de coco et de 5 parties de savon d'acide oléique pour donner corps au mélange. On laisse refroidir, on bat énergiquement le mélange pendant 6 heures, et le produit est prêt à être livré au commerce.

Procédé de fabrication du suint de laine neutre extrait des eaux de lavage de la laine, par la Société « Norddeutsche Wollkammerei et Kammgarnspinnerei », rep. par Chassevent. — (Br. 224587. — 27 septembre 1892. — 20 décembre 1892.)

Objet du brevet. — Procédé consistant à séparer du suint de laine, d'une part, en suint neutre fusible au-dessous de 40°, et d'autre part, en un mélange de savon alcalino-terreux et de suint à point de fusion élevé, procédé caractérisé par le lavage du suint au moyen de l'eau ou au moyen d'une solution aqueuse de sels, notamment de sels alcalins ou alcalino-terreux.

Procédé de préparation des éthers méthylique et éthylique ou de leurs homologues par l'action de l'acide phénylsulfonique, de ses homologues, ou de leurs éthers sur les alcools correspondants, par Kraft et Roos, rep. par Bert. — (Br. 224758. — 6 octobre 1892. — 25 décembre 1892.)

Objet du brevet. — Procédé de préparation des éthers simples éthylique, méthylique ou de leurs homologues par l'action des acides phényl, cresyl, β-naphtylsulfonique et phényldisulfonique ou de leurs éthers sur les alcools éthylique, méthylique, etc.

Description. — Pour réaliser ce procédé, il suffit de mettre en contact à la température ordinaire un excès de l'alcool dont on veut obtenir l'éther simple avec du chlorure phénylsulfonique. On laisse digérer pendant un temps suffisant, puis on chauffe cet éther. L'acide sulfonique est mis en liberté, et il se produit l'éther correspondant à l'alcool employé.

Procédé de préparation de dérivés du pyrazolone, par Curchod et Matras, rep. par Armengaud aîné. — (Br. 225197. — 26 octobre 1892. — 11 janvier 1893.)

Objet du brevet. — Procédé de préparation de dérivés du pyrozalone, consistant à faire réagir une hydrazine aromatique sur l'éther acétique malonique.

Description. — Dans une marmite émaillée, chauffée au bain-marie, on met 1 kilogr. de phénylhydrazine, 2 kilog. d'ether acétique malonique. Le mélange des deux corps produit une élévation de température, et l'on termine en chauffant quelques heures jusqu'à commencement de durcissement, après quoi, l'on purifie l'éther, traité à 100°-120°, par l'iodure de méthyle, puis on dissout dans l'eau bouillante. On rend alcalin par addition de soude caustique et on opère la saponification. On extrait au chloroforme. Après avoir légèrement chassé le chloroforme par évaporation. on soumet le résidu à la distillation dans le vide. On maintient pendant quelques heures à 150°, pour opérer l'élimination du groupe carboxylique et obtenir le diméthylphénylpyrazolone, et enfin on fait cristalliser par les procédés connus.

Traitement insecticide et anticryptogamique des végétaux de toutes sortes par Schloesing frères, rep. par Sautter et de Mestral. — (Br. 225364. — 3 novembre 1892. — 18 janvier 1893.)

Objet du brevet. — Procédé consistant à traiter les végétaux par du jus de tabac mélangé de produits provenant de la fabrication du gaz.

Description. — On mélange du jus de tabac suivant son état de concentration dans des proportions variant de 1 à 5 °/. avec des matières d'épuration des usines à gaz. On triture bien le mélange, puis on le broie de manière à le transformer en poudre fine.

Procédé de préparation de la levure sans obtention d'alcool, par Polsky, rep. par Blétry. (Br. 225423. — 5 novembre 1892. — 20 janvier 1893.)

Objet du brevet. — Procédé consistant à dévolopper la levure au sein de matières amylacées, de manière à ce qu'il n'y ait pas production d'alcool (?)

Description. — On prend du malt vert écrasé, soit d'orge, soit de froment ou de seigle. On en fait une pâte avec de l'eau à 50° ou 60° C. en quantité égale à la moitié du poids du malt employé. On laisse en baquet découvert jusqu'à ce que le produit commence à aigrir. On ajoute alors de l'eau à 90°-95° de manière à ce que le mélange atteigne 60° à 65° C. On laisse en repos ce baquet couvert pendant une heure ou une heure et demie jusqu'à saccharification de l'amidon. On prend alors 10 0/0 de levure pressée, on la délaye dans de l'eau à 32° C. ou dans une partie de la trempe, puis dans le baquet, et en en prenant quatre fois plus que le poids de levure. On laisse reposer une demi-heure pour donner le temps de fermenter. On ajoute ensuite pour un gramme de levure pressée, de 0,007 à 0,008 d'acide tartrique, et après deux heures, on additionne d'autant de bicarbonate de soude. On abandonne le mélange pendant quatre heures en le brassant de temps en temps, pour laisser la levure se multiplier. Une demi-heure après avoir ajouté à la trempe la levure et les sels indiqués ci-dessus, on fait une seconde trempe, exactement comme la première, mais en ne prenant que la moitié des substances amylacées et au lieu d'y ajouter de l'acide tartrique et du bicarbonate de soude, on y met du carbonate d'ammoniaque ou du chlorhydrate d'ammoniaque en proportions égales à celles données plus haut pour les autres sels, et en dissolution dans une petite quantité d'eau, et l'on verse dans la levure fermentée en même temps que dans la première trempe. On laisse cette seconde trempe prête et mélangée à la première, et on laisse reposer 6 à 8 heures pour permettre à la levure de se former définitivement. Après quoi, la levure se précipite sur le fond du baquet. Ce procédé permet, d'après l'auteur, d'obtenir en levure pressée et bien blanche 90 0/0 du poids des substances amylacées employées.

Procédé de fabrication de la phénétolcarbamide, par Riedel, rep. par Chassevent. — (Br. 225437. — 5 novembre 1892. — 20 janvier 1893).

Objet du brevet. — Procédé de préparation de la phénétolcarbamide, au moyen de la diparaphénéthylurée ou de la phénétidine et de l'urée.

Description. — 1° On chauffe en autoclave pendant quelques heures à 150° ou 160° C. et en quantité équimoléculaire, de la diparaphénéthylurée, ou du chlorydrate de phénétidine avec de l'urée ordinaire ou du carbamate d'ammoniaque ou du carbonate d'ammoniaque du commerce.

2° On chauffe une solution aqueuse de trois molécules de para-phénétidine avec deux molécules d'uree ordinaire. On obtient par cristallisation du produit filtré chaud, la phénétolcarbamide. Ce produit est appelé « Dulcine », il fond vers 170°. Il est très sucré et inoffensif (?), il peut remplacer le sucre (?)

Extraction d'un parfum du sel marin, par Depelle, 11, rue Lepois, Nancy. — — (Br. 224496. — 28 septembre 1892. — 23 décembre 1892.)

Objet du brevet. — Procédé d'extraction d'un parfum du sel marin, consistant à traiter ce corps par l'ether ou le pétrole. Le produit obtenu possède l'odeur de la violette.

Nouveau procédé de préparation industrielle de la baryte et de la strontiane par l'électricité, par Taquet, rep. par Fayollet. — (Br. 225553. — 10 novembre 1892. — 25 janvier 1893.)

Objet du brevet. — Procédé consistant à préparer la strontiane et la baryte en décomposant un sel de ces bases par l'électricité en présence du mercure ; en un mot c'est le procédé d'amalgamation imaginé par Humphry Davy.

Perfectionnement apporté à la préparation du nitrate d'ammoniaque, par Grand-Dhall et Landin, à Stockolm (Suède).— rep. par Blétry.— (Br. 22561.— 11 novembre 1892. — 25 janvier 1893.)

Objet du brevet. — Procédé consistant à décomposer le nitrate de soude par le sulfate d'ammoniaque.

Description. — On fait une dissolution en faisant passer de l'alcool éthylique ou méthylique sur un mélange de nitrate de soude et de sulfate d'ammoniaque. On a ainsi une liqueur contenant du nitrate d'ammoniaque. Pour éliminer les traces de nitrate sodique, on fait repasser cette solution sur du sulfate d'ammoniaque, et si le nitrate de soude n'est pas complètement enlevé, on traite par du chlorhydrate d'ammoniaque.

Perfectionnements dans l'extraction des sels d'ammoniaque et autres sels de lessives perdues obtenus dans la fabrication du sucre et de l'alcool de mélasses, par Sternberg, rep. par Blétry. — (Br. 225857. — 22 novembre 1892. — 6 février 1893.)

Objet du brevet. — Méthode de traitement de la lessive perdue, provenant de l'extraction du sucre ou de la production d'alcool avec des mélasses afin d'en retirer l'ammoniaque, consistant : 1° à concentrer en lessives après avoir, s'il le faut, éliminé la chaux, la strontiane ou la baryte à une densité supposée 45° Bé. pour former un mélange avec un véhicule convenable quelconque, tel que le coke granulé ; ensuite à faire sécher en morceaux d'une grosseur convenable pour être introduits dans une cornue d'incinération ; 2°, à chauffer la cornue et à entrainer le gaz par la vapeur d'eau surchauffée et à conduire le gaz ammoniaque dans une tour ordinaire de condensation où il est mis en contact avec de l'acide sulfurique.

Appareil pour mélanger, dessécher, décomposer, torréfier, calciner, volatiliser ou faire réagir chimiquement toute espèce de matières simples ou composées, par Ricard et Gardair, rue Saint Ferréol, 51, à Marseille. — (225899. — 26 novembre 1892. — 11 février 1893.)

Perfectionnements apportés à la fabrication et à l'emploi des sels alumineux, par Kessler, boulevard de Gergovie, à Clermont-Ferrand. — (Br. 225903. — 28 novembre 1892. — 8 février 1893.)

Objet du brevet. — Procédé consistant à séparer le fer des combinaisons d'alumine qui le contiennent et qui sont destinées à l'industrie de l'alumine, par l'acide phosphorique sous forme économique de phosphate de chaux, additionné à la solution aluminique légèrement acide, ou à les transformer en alun de soude que l'on fait ensuite cristalliser à une concentration de 35°.

Traitement des eaux pour les rendre potables et hygiéniques, par Desrumaux, rep. par Blétry. — (Br. 225940. — 26 décembre 1892. — 5-11 février 1893.)

Procédé de traitement de la fécule et autres matières amylacées par l'ammoniaque en vase clos, — Cert. d'add. au brevet pris le 13 avril 1892, par Delong, rue de l'Echange, 1, à Rouen. — (Br. 220887. — 18 novembre 1892. — 6-11 février 1893.)

Objet du brevet. — Rien d'important à signaler.

Nouvelle poudre à polir dite « Lamprogène, » par le Dr Liebrich Adolf, privat-docent au cabinet minéralogique et géologique de l'école Polytechnique de Carlsruhe (Bade) (Br. 226127. — 3 décembre 1892. — 20 février 1893.)

Objet du brevet. — Poudre à polir consistant à calciner fortement la bauxite.

Procédé permettant d'obtenir du sel marin non hygrométrique, par Bang et Ruffin, rep. par Assi et Genès. — (Br. 226140. — 3 décembre 1892. — 20 février 1893.)

Objet du brevet. — Procédé de préparation de sel marin exempt de chlorure de magnésium.

Procédé pour la fabrication des peptones libres de corps albumineux, par la Compagnie parisienne des couleurs d'aniline, rep. par Armengaud jeune. — (Br. 226230. — 7 décembre 1892. — 25 février 1893.)

Objet du brevet. — Procédé consistant à fabriquer des peptones libres de corps albumineux en séparant ces derniers de leur mélange avec les peptones au moyen de sulfate d'ammonium 1° en solution concentrée; 2° successivement en dissolution neutre alcaline et acide; 3° à la température d'ébullition suivie de refroidissement.

Description. — Exemple : — 5 kilogr. de fibrine de sang lavée et pressée et la pepsine obtenue de 750 grammes de membrane gastrique d'estomac et 15 litres d'acide chlorhydrique à 0, 4 °/₀ sont maintenus à 40° pendant 15 jours. On neutralise avec du sel marin, on filtre et acidule faiblement à l'acide acétique. On fait bouillir la dissolution après avoir été filtrée de nouveau et soumise au traitement de purification indiqué dans l'exposé de l'objet du brevet.

On peut prendre encore 5 kilogs de fibrine avec 5 litres de dissolution de trypsine faiblement alcaline obtenue de 1 kil. 500 de pancréas de bœuf frais. On maintient à 40° pendant 8 jours avec addition d'un gramme de thymol pour empêcher la putréfaction, puis on acidule faiblement avec de l'acide acétique ; on fait bouillir, on filtre de nouveau et la dissolution est traitée par le sulfate d'ammoniaque.

Dans le premier cas, on obtient, à côté d'une quantité variable de peptone, une quantité assez forte de corps albumineux ; dans le second cas, à côté d'une petite quantité de corps albumineux, on obtient la moitié du poids de la matière de la fibrine sous forme de peptone. Dans ces opérations, la fibrine peut être remplacée par de la peptone commerciale, mais on ajoute au mélange de pepsine et d'acide chlorhydrique un surplus de 40 à 50 grammes d'acide chlorhydrique par kilogramme de peptone employée.

Les peptones sont séparées du sulfate d'ammoniaque par cristallisation, puis finalement, par un traitement au carbonate de baryte additionné d'ammoniaque par lequel le peptonate de baryum est simultanément libéré du baryum. Ce dernier est au besoin séparé au moyen de l'acide sulfurique. On peut achever la purification par addition d'alcool en présence du chlorure de sodium; ce dernier facilite la précipitation et rend le précipité filtrable.

Appareil pour l'électrolyse des chlorures en général et des chlorures alcalins et alcalino-terreux en particulier, par Corbin, rep. par Thirion. — (Br. 226257. — 8 septembre 1892. — 27 février. — 4 mars 1893.)

Procédé de préparation de l'acide acétique par le traitement des pyrolignites ou acétates par le bisulfate de sodium avec ou sans abaissement de pression dans l'intérieur des appareils de distillation, par Rotondi et Michela, rep. par Assi et Genès. — (Br. 2 décembre 1892. — 20 février 1893.)

Appareil pour la préparation du chlore par le procédé de Wilde et Reychler, par de Wilde et Reychler, rep. par Armengaud jeune. — (Br. 226318. — 10 décembre 1892, — 27 février, 4 mars 1893.)

Voir *Moniteur Scientifique*, année 1890, p. 1109, et le brevet allemand W, 6441, année 1890, p. 858; voir aussi année 1891, p. 1249.

Appareil pour la fabrication du bisulfite de chaux, par Howel, Hansel, et Higgins, rep. par Chassevent. — (Br. 226374. — 13 décembre 1893. — 27 fév., 4 mars 1893.)

MATIÈRES COLORANTES. — ENCRES

Procédé pour la préparation de nouvelles matières colorantes basiques obtenues avec des oxazines, par « Farbenfabriken », rep. par Cazalis. — (Br. 223450. — 4 août 1892. — 15 novembre 1892.)

Objet du brevet. — Procédé de préparation de colorants qui contiennent, d'une part, un reste d'oxazine, et d'autre part, un reste d'alkylamidodiphénylméthane, consistant à condenser le tétraméthyldiamidobenzhydrol ou son homologue éthylé ou le diméthyldiéthylazobenhydrol avec le bleu nouveau, puis à oxyder.

Description. — Dans une chaudière munie d'un agitateur, on dissout 31 kilogrammes de bleu nouveau R dans 250 kilogrammes d'alcool et on introduit 27 kilogrammes de tétraméthyldiamidobenzhydrol finement pulvérisé, puis après l'addition, on chauffe à environ 20°-30°, jusqu'à disparition du bleu. On refroidit, on met l'eau glacée, on redissout le précipité filtré dans un peu d'acide chlorhydrique additionné de beaucoup d'eau froide, on filtre et précipite par le chlorure de zinc ou de sodium. Séché, ce chlorhydrate forme une poudre violet foncé. La base isolée par un alcali est une masse à reflets cuivrés. La base et son chlorhydrate sont solubles dans l'acide sulfurique en vert bleuâtre qui vire au bleu par addition d'eau. Elle teint le coton mordancé au tannin, en nuances bleues solides à la lumière et au lavage. On oxyde ce colorant en dissolvant à chaud 6 kil. 4 du colorant dans 25 kilogrammes d'acide acétique à 50 % et 3 kil. 4 d'acide chlorhydrique à 33 %, puis après refroidissement, on introduit 7 kil. 9 d'une pâte de peroxyde de plomb à 30 % diluée dans 15 litres d'eau. Au bout de quelque temps, on précipite le plomb par 1 kil. 1 d'acide sulfurique à 66° B. On étend la masse de trois fois son volume d'eau après vingt-quatre heures. On filtre pour séparer le sulfate de plomb, puis on précipite la matière colorante par le chlorure de sodium et le chlorure de zinc sous forme de sel double. Elle teint le coton mordancé au tannin en bleu, mais le pouvoir colorant est plus grand.

Procédé pour produire l'α-naphtol et l'acide α-naphtolsulfonique au moyen des amidodérivés correspondants, par la « Compagnie Parisienne des couleurs d'aniline », rep. par Armengaud jeune. — (Br. 223550. — 8 août 1892. — 17 novembre 1892.)

Objet du brevet. — 1° Production d'α-naphtol en chauffant en vase clos les sels d'α-naphtylamine à une température élevée. — 2° Production d'acide α-naphtolsulfonique S 1:8 du brevet allemand 40571 — disulfonique du brevet allemand 45776 — trisulfonique du brevet allemand 56058, par chauffage des acides libres ou des sels acides, des acides naphtylaminesulfoniques correspondants.

Description. — On chauffe à 200°, de 1 à 4 heures, 40 kilogrammes d'α-naphtylamine avec 200 kilogrammes d'eau en autoclave ou bien 40 kilogrammes de chlorhydrate avec 200 kilogrammes d'eau à 170°-200°. — Ou bien on chauffe 10 kilogrammes d'acide naphtylaminesulfonique S 1 : 8 avec 40 litres d'eau en autoclave pendant 5 à 8 heures à 180°-200°. Pour les autres acides le procédé est le même.

Production de mononitrosodiméthylmétaamidoparacrésol et des matières colorantes bleues qui en dérivent, par la « Société Léonhardt et Compagnie », rep. par Armengaud jeune. — (Br. 224057. — 31 août 1892. — 2 décembre 1892.)

Objet du brevet. — 1° Préparation de mononitrosodimétylmétaamidoparacrésol, en faisant réagir l'acide nitreux, soit sous forme de nitrite d'éthyle, sur le diméthylmétaamidoparacrésol ou ses sels, soit encore sous forme de nitrites métalliques sur les sels acides du diméthylmétaamidoparacrésol en l'absence d'acide minéral libre; 2°) préparation de matières colorantes bleues basiques, en condensant le nitrodiméthylmétaamidoparacrésol avec des cendres aromatiques.

Description. — Exemple de préparation de matière colorante. — 10 kilogrammes de mononitrosodiméthylamidoparacrésol sous forme de sel sodique, sont bien mêlés avec 7 kilogrammes d'α-naphtylamine, 50 litres d'alcool et 11 litres d'acide chlorhydrique à 30 %, et le tout est ensuite chauffé au bain-marie jusqu'à complet développement de la couleur; après refroidissement, la matière colorante cristallisée est pressée et séchée. On peut remplacer l'α-naphtylamine par d'autres amines.

Procédé de production de matières colorantes azoïques noires sur la fibre. — Cert. d'addition au brevet pris le 8 juin 1891, par Farbenfabriken, rep. par Dobler. — (Br. 213971. — 7 septembre 1892. — 6 décembre 1892.)

Objet du brevet. — Modification au brevet principal, consistant à obtenir des nuances d'une valeur plus grande si l'on emploie dans le dit brevet, au lieu des colorants indiqués, les tétrakisazoïques qui prennent naissance en combinant une molécule d'un des dérivés tétrazo du brevet principal avec une ou deux molécules d'acide α-naphtylamine-β-sulfonique (acides β et δ de Clèves) et opérant ensuite comme il a été indiqué.

Préparation de matières colorantes azoïques. — Cert. d'addition au brevet pris le 28 avril 1892, par Farbenfabriken, rep. par Dobler. — (Br. 222233. — 14 septembre 1892. — 16 décembres 1892.)

Objet du brevet. — Perfectionnements du brevet principal, consistant à combiner une molécule des tétrazo de la benzidine, de la tolidine, etc., avec une ou deux molécules d'acide α-amido-β-naphtoléther-β-sulfonique, ou α-amido-β-naphtoléther-δ-sulfonique ou avec une molécule de l'un et une molécule de l'autre acide, à rediazoter les produits intermédiaires obtenus et à copuler avec deux molécules des acides suivants : acide dioxynaphtaline-α-sulfonique S (1 : 8), dioxynaphtaline-α-disulfonique S (1 : 8), amidonaphtolsulfonique, amidonaphtol-β-disulfonique.

Préparation de matières colorantes azoïques. — Même brevet que ci-dessus. — Cert. d'addition du 26 septembre 1892. — 21 décembre 1892.

Objet du brevet. — 1° Perfectionnements consistant à remplacer les acides α-naphtylamine-β-monosulfoniques de Clèves par l'acide α-naphtylamine-α-sulfonique, amidonaphtolsulfonique, amidonaptoléthylesulfonique, amidonaphtooxyacétique, amidonaphtooxyacetique-sulfonique, ou par la para-xylidine ou les crésidines ; — 2° Procédé de teinture consistant à fixer sur la fibre les colorants amidoazoïques, soit par l'impression, soit par la teinture, en employant des mordants de chrome, à diazoter sur la fibre des laques ainsi obtenues et à copuler avec des amines, phénols, amidophénols de la série de la benzine et de la naphtaline, ou leurs acides sulfoniques ou carboxyliques.

Procédé pour la préparation de matières colorantes de la série des rhodamines, par Farbenfabriken, rep. par Dobler. (Br. 224609. — 28 septembre 1892. — 19 decembre 1892.)

Objet du brevet. — Procédé consistant à chauffer les rhodamines phtaliques ou succiniques alkylées en solution alcoolique, en présence de l'acide chlorhydrique ou de l'acide sulfurique, soit à l'état gazeux, soit à l'état d'acide concentré.

Description. — Dissoudre 10 kilogr. de tétraméthylrhodamine dans 20 kilogr. d'alcool absolu, faire passer un courant de gaz chlorhydrique, chauffer 2 à 3 heures au bain-marie, distiller l'alcool, puis dissoudre le résidu dans 200 litres d'eau et précipiter la matière colorante par le chlorure de sodium ou de zinc.

Production d'une nouvelle matière colorante jaune, par THE CLAYTON COMPANY LIMITED, rep. par Lombard-Bonneville. — (Br. 224629. — 29 septembre 1892. — 20 décembre 1892.)

Objet du brevet — Procédé consistant à oxyder par le permanganate de potasse l'acide dihydrothioparatoluidinesulfonique fusible à 191°.

Description. — 160 kilogr. du sel de soude de l'acide dihydrothioparatoluidinesulfonique sont dissous dans 5,000 litres d'eau bouillante. On porte à l'ébullition, puis on ajoute à l'ébullition 85 kilogr. de permanganate de potasse cristallisé dissous dans 1,250 litres d'eau. Après une heure d'ébullition, la réaction est terminée, on sépare l'oxyde de manganèse par filtration et on précipite la matière colorante par le chlorure de sodium. Cette matière teint les fibres végétales sans mordant et les fibres animales en bain acide en nuances très solides.

Production de matières colorantes azoïques au moyen de l'acide amidonaphtolsulfonique (1 : 8), par la « SOCIÉTÉ AKTIENGESELLSCHAFT FÜR ANILINFABRIKATION, rep. par Chassevent. — (Br. 224635. — 30 septembre 1892. — 20 décembre 1892.)

Objet du brevet. — Procédé consistant : 1° à faire réagir une molécule de tétrazoditolyle ou tétrazodiphénoléther sur deux molécules d'acide (1 : 8) amidonaphtolsulfonique; 2° à faire réagir une molécule du dit acide sur une molécule des mêmes tétrazo et à combiner le corps intermédiaire obtenu sur une molécule d'une amine, diamine, phénol, amidophénol, ou leurs dérivés sulfoniques et carboxyliques.

Procédé pour la fabrication de la naphtazurine, par FARBENFABRIKEN, rep. par Dobler. — (Br. 224739. — 5 octobre 1892. — 22 décembre 1892.)

Objet du brevet. — Production de naphtazurine par traitement de l'α-dinitronaphtaline (1 : 5) par du sesquioxyde de soufre en présence de l'acide sulfurique concentré fumant.

Description. — 10 kilogr. d'α-dinitronaphtaline (1 : 5) pulvérisés sont introduits dans 400 kilogr. d'acide sulfurique monohydraté à 100 0/0 d'acide sulfurique, on ajoute en agitant à la température de 40° une solution de sesquioxyde de soufre obtenue en faisant dissoudre 5 kilogr. de fleur de souffre dans 50 kilogr. d'acide sulfurique fumant, contenant 40 0/0 d'anhydride sulfurique. Quand la réaction est terminée, on verse dans l'eau froide, on sépare le soufre par filtration. On chauffe au bouillon jusqu'à apparition de la couleur rouge de la naphtazurine, on laisse refroidir et on recueille la naphtazurine sur un filtre lavé à l'eau froide.

Préparation de matières colorantes tirant sur mordants métalliques au moyen de la dinitroanthraquinone, par FARBENFABRIKEN. — (Br. 224740. — 5 octobre 1892. — 22 décembre 1892.)

Objet du brevet. — Procédé consistant à traiter la dinitroanthraquinone ou mélange brut de nitroanthraquinone obtenu par l'action de l'acide nitrique sur l'anthraquinone ou sur ses acides sulfoniques, en présence de l'acide sulfurique concentré, de l'acide monohydraté ou fumant à des températures variant de 0° à 200° avec du soufre ou du sesquioxyde de soufre.

Description. — 10 kilogr. de diorthonitroanthraquinone sont délayés dans 200 kilogr. d'acide sulfurique monohydraté (100 0/0 d'acide sulfurique), on ajoute en agitant 4 kilogr. de soufre dissous dans 100 kilogr. d'acide sulfurique fumant à 40 0/0 d'anhydride. La réaction commence à froid, on chauffe à 80°-100°. On verse dans de l'eau froide qui précipite la matière colorante. La solution dans la soude est bleue, dans l'acide sulfurique concentré fumant à 20 0/0 d'anhydride, elle est brun-jaune. Cette matière teint sur mordant de chrome en bleu pur. Si on élève la température à 140°-150°, la solution prend une teinte verte; l'acide sulfonique obtenu est soluble dans l'eau en rouge violet. On peut précipiter par le chlorure de sodium ou de potassium. Il teint en bleu pur. Si la température monte à 170°, le sulfodevient insoluble et teint en bleu verdâtre sur mordant de chrome.

Procédé de préparation de matières colorantes tétrazoïques dérivant de l'acide β-amidooxynaphtoémonosulfonique, par la « SOCIÉTÉ POUR L'INDUSTRIE CHIMIQUE, à Bâle, rep. par Thirion. — (Br. 224812. — 8 octobre 1892. — 2 décembre 1892.)

Objet du brevet. — Procédé de préparation de matières colorantes tétrazoïques résultant de l'action de l'acide amidooxynaphtoémonosulfonique sur les tétrazo de la benzidine, etc.

Description. — Exemple : 92 kilogr. de benzidine sont diazotés par 7 0/0 de nitrate de sodium, la solution du trétrazo est refroidie, puis coulée dans 28,5 parties d'acide β-amidooxynaphtoésulfonique dissous dans 50 p. de soude caustique On laisse reposer 12 heures, on chauffe de nouveau et on précipite par le chlorure de sodium. Ce colorant possédant deux groupes amidés diazotables peut se diazoter sur fibres et produire des matières colorantes par la combinaison avec du naphtol, colorants qui sont d'une solidité excellente.

Procédé pour la production de matières colorantes basiques dérivées de la série du triphénylméthane, de nuances bleues à bleu-vertes, par la Compagnie Parisienne des couleurs d'aniline, rep. par Armengaud jeune. — (Br. 224832. — 10 octobre 1892. — 26 décembre.)

Objet du brevet. — Procédé consistant dans la production de matières colorantes basiques vertes des éthers des métaoxyparaamidobenzophénones dialkylées, par leur condensation avec des bases aromatiques tertiaires au moyen de l'oxychlorure de phosphore ou de corps à action similaire et la conversion de ces matières colorantes basiques vertes en matières colorantes acides bleues à bleu-vertes, par traitement avec de l'acide sulfurique concentré ou de l'acide sulfurique fumant.

Description. — Exemple : 10 kilogrammes de métaéthoxydiméthylamidobenzophénone sont chauffés dans une chaudière émaillée ou de cuivre avec précaution à 95° et tenus agités à une température comprise entre 90° et 100° pendant environ 3 heures. La masse, d'abord liquide, s'épaissit et prend un éclat métallique. Elle est alors versée dans environ 100 litres d'eau froide et en chauffant à 50-60°, tenue agitée jusqu'à ce que le tout soit devenu solide et que la matière colorante soit bien mélangée à l'eau. Après avoir laissé reposer pendant 2 heures, le liquide vert surnageant est enlevé, et la matière colorante semi-liquide, qui se trouve au fond du récipient, est vivement séchée. Elle est soluble dans l'alcool et son sel neutre est également assez facilement soluble dans l'eau. On peut la transformer en sulfoconjugue en traitant 10 kilogrammes de la matière colorante par 20 kilogrammes d'acide sulfurique fumant à 20 °/₀ d'anhydride à la température ordinaire. Puis, quand tout est dissous, le produit est versé dans 500 litres d'eau, on neutralise ensuite avec de la craie ou de la chaux, et l'on évapore à siccité, soit directement, soit après avoir transformé le sel calcique en sel sodique.

Nouvelles matières colorantes dérivées des indulines et de leurs sulfo par la Société Badische Anilin und Sodafabrik, rep. par Blétry. — Cert. d'addition au brevet pris le 7 juillet 1892. — (Br. 222863. — 5 octobre 1892. — 24 décembre 1892.)

Objet du brevet. — Procédé de préparation de matières colorantes induliniques $C^{24} H^{19} Az^{3}$ et $C^{23} H^{17} Az^{3}$, 1° Par l'action de l'oxynaphtoquinonanile sur la monoéthylorthotoluylènediamine; 2° par l'action de l'acide oxynaphtoquinonanilesulfonique sur la même diamine, donnant des colorants peu solubles dans l'eau; 3° sulfonation des indulines précédentes; 4° préparation d'une nouvelle matière colorante basique indulinique désignée sous le nom d'α-diméthyleurhodine, par condensation d'une combinaison amidoazoïque de la paratoluidine avec la monoéthyl-α-naphtylamine, puis, méthylation ultérieure de l'α-méthyleurhodine formée.

Description. — Exemple I. On mélange 10 kilogrammes d'oxynaphtoquinonanile, 300 litres d'acide acétique à 30 °/₀. On ajoute une solution de 6 kilogrammes de monoéthylorthotoluylènediamine dans 100 litres d'acide acétique à 30 °/₀. On chauffe pendant 4 heures au bain-marie jusqu'à cessation de formation d'induline. On étend de 2 fois son poids d'eau, on filtre et précipite l'induline par adjonction d'alcali. On fait dissoudre dans l'acide acétique à 1 °/₀ et on reprécipite et fait cristalliser dans la benzine ou l'alcool. Le point de fusion de cette induline est 210°. C'est l'induline en $C^{24} H^{19} Az^{3}$. Avec la monoéthylorthophénylène diamine, on obtient l'induline en $C^{23} H^{17} Az^{3}$.

Exemple II. — On prépare l'acide oxynaphtoquinonanilesulfonique en dissolvant à chaud 10 kilogrammes de β-naphtoquinone dans 250 litres d'alcool ; on ajoute 10 kilogrammes de sulfonilate de sodium dissous dans 25 litres d'eau On agite pendant 12 heures, on filtre. On reprend ensuite par 300 litres d'eau bouillante, on acidifie par l'acide acétique filtré, et on précipite l'acide sulfonique par une solution saturée de sel marin dans l'eau.

Exemple III. — On prepare le sulfo des indulines en mélangeant avec agitation 10 kilogrammes du sulfo ci-dessus à une solution de 4,2 kilogrammes de monoethyl-o-toluylènediamine dans 42 kilogrammes d'acide acétique à 30 %. On chauffe au bain-marie à 50°-60° C, pendant 7 heures jusqu'à ce qu'un essai traité par l'ammoniaque ne donne plus d'augmentation du sel ammoniacal peu soluble dans l'eau froide. On ajoute alors un excès d'ammoniaque, on filtre, lave et précipite le sel ammoniacal par un acide minéral.

Exemple IV. — On sulfoconjugue aussi les indulines en traitant par exemple 10 kilogrammes de l'induline $C^{24} H^{19} Az^{3}$ par 50 kilogrammes d'acide sulfurique fumant à 20 % d'anhydride et en refroidissant à 25 ou 30°. On chauffe ensuite au bain-marie jusqu'à ce qu'une prise d'essai ne donne aucun précipité par le sel marin. On transforme enfin en sel calcique, puis en sel sodique.

Exemple V. — On introduit 10 kilogrammes d'une combinaison amidoazoïque de monométhyl-α-naphtylamine (chlorhydrate) dans 15 kilogrammes de phénol préalablement chauffés à 90°. On chauffe au bain-marie. Quand la température qui s'est elevée à 160-170° C. est descendue à 100°, on traite par la lessive de soude pour enlever le phénol. Le produit qui se sépare est lavé à l'eau, puis on le purifie en le traitant à chaud par de l'acide chlorhydrique à 5 %. On précipite ensuite l'α-méthyleurhodine formée à l'état de chlorhydrate, en additionnant la solution refroidie de 1/5 d'acide chlorhydrique à 30 %. On filtre, presse et dissout dans l'eau. On refiltre et précipite par l'ammoniaque la solution froide. Le précipité est lavé à l'eau, puis traité par 500 litres d'acide acétique à 1 %. On filtre, chauffe à l'ébullition, et l'α-méthyleurhodine se précipite peu-à-peu sous forme de fines aiguilles. On peut transformer ce corps en dérivé diméthylé en chauffant pendant 2 heures en autoclave à 150° 10 kilogrammes d'α-méthyleurhodine avec 5,5 kilogrammes d'iodure de méthyle et 50 kil. d'alcool méthylique, on chauffe jusqu'à ce qu'un excès d'ammoniaque ne produise plus de diminution de précipité peu soluble dans l'eau.

Procédé de production d'une matière colorante jaune basique dérivée du diméthyldiamidodiorthotolylméthane. — Cert. d'addition au brevet pris le 11 juin 1892, par la Société Badische anilin und sodafabrick, rep. par Blétry. — (Br. 222275. — 12 octobre 1892. — 30 décembre 1892.)

Objet du brevet. — Procédé consistant à traiter par le soufre et l'ammoniaque le diméthyldiorthodiphénylméthane.

Description. — On mélange 10,7 parties de monométhylaniline, 14,5 parties de chlorhydrate de la même base et 7 parties d'une solution à 40 % d'aldéhyde formique. On chauffe pendant 10 heures à 100-120°. On obtient ainsi le diméthyldiorthodiphénylméthane fusible à 56-57°. On prépare la matière colorante en prenant 12 kilogrammes du produit précédent, 3,2 kilogrammes de soufre, 120 kilogrammes de chlorure de sodium et 7 kilogrammes de chlorure d'ammonium. La matière colorante jaune est soluble dans l'eau alcaline et teint le coton au tannin et à l'émétique en jaune verdâtre.

Fabrication de matières colorantes basiques solubles dans l'eau, par Farbenfabriken, rep. par Dobler. — (Br. 225086. — 21 octobre 1892. — 5 janvier 1893.)

Objet du brevet. — Procédé consistant à combiner le chlorhydrate d'amidobenzine ou ses dérivés méthylique ou éthylique avec des amines telles que aniline, toluidine, phénylène diamine, et ses dérivés méthylé, éthylé, etc., etc.

Description. — Exemple : Dissoudre à chaud 219 kilogrammes de phényle-α-naphtylamine dans 200 kilogrammes d'alcool, ajouter promptement en agitant 39 kilogrammes de chlorhydrate de diméthylamidobenzine. On chauffe dans un récipient à reflux pendant 15 à 20 heures environ, jusqu'à coloration bleue claire, et jusqu'à ce que l'amidobenzine ait disparu. On verse la fonte dans 5,000 kilogrammes d'eau chaude, on acidule avec de l'acide chlorhydrique ; on filtre et précipite par le chlorure de sodium ou de zinc.

Matières colorantes violettes, bleues et leurs sulfoconjugués, par la « Compagnie Parisienne des couleurs d'aniline », rep. par Armengaud jeune. — (Br. 225219. — 27 octobre 1892. — 12 janvier 1893.)

Objet du brevet. — Procédé de préparation de matières colorantes solubles dans l'alcool, en traitant les produits résultant de la condensation du chlorhydrate de fluoresceïne et du chlorhydrate de dichlorofluoresceïne d'un côté et l'aniline, la xylidine, l'ortho et la paratoluidine, la mésidine, l'α et β-naphtylamine, l'ortho et paraphénétidine, etc., etc. de l'autre côté, en dissolution dans l'alcool avec des éthers bromhydrique, chlorhydrique, méthylique, éthylique ou benzylique en présence d'un alcali ; et leur transformation en sulfo par traitement avec l'acide sulfurique concentré monohydraté ou fumant en proportion pour cent peu élevée.

Nouveau procédé de purification des extraits tannifères et tinctoriaux, par Roy (Édouard), 55, rue Louis-Blanc, Paris. — (Br. 225257. — 28 octobre 1892. — 12 janvier 1893.)

Objet du brevet. — Procédé basé sur ce fait que les impuretés qui colorent les extraits tannifères ou tinctoriaux étant dues à des oxydes de fer, de manganèse ou même de cuivre, il faut les éliminer ; le corps précipitant employé est le ferrocyanure de potassium.

Description. — Le jus provenant d'une tonne de bois épuisé est additionné d'environ 200 à 600 grammes de ferrocyanure. Le titre du jus peut être quelconque, de préférence 4 à 5° B^{e}. froid ou chaud, surtout chaud. Le réactif décolorant est employé soit en solution, soit en poudre, on agite fortement, puis on laisse déposer et décante, filtre et évapore, s'il y a lieu.

Production de matières colorantes de la classe des rhodamines, par la « Société Badische Anil'n und Sodafabrick », rep. par Blétry. — (Br. 225341. — 2 novembre 1892. — 17 janvier 1893.)

Objet du brevet. — 1° Préparation d'o-amidoparacrésols monosubstitués, par la fusion des acides o-toluidine-sulfoniques monalkylés avec de la soude ou de la potasse caustiques ; 2° procédé de production de nouveaux produits dits : *homorhodamines*, par fusion des o-amido-p-crésols monosubstitués avec l'anhydride phtalique ; 3° préparation de matières colorantes rouges par l'introduction d'un nouveau groupe alcoolique dans les dialkylrhodamines et dialkylhomorhodamines symétriques.

Procédé de production d'une matière colorante rouge, par la « Compagnie Parisienne des couleurs d'aniline », rep. par Armengaud jeune. — (Br. 225377. — 3 novembre 1892. — 18 janvier 1893.)

Objet du brevet. — Procédé consistant à soumettre le chlorhydrate de rhodamine ou sa base à l'action de la métadinitrochlorobenzine, en chauffant ces deux corps en dissolution alcoolique avec ou sans addition d'alcali.

Description. — Exemple : 44 kilogr. de base de rhodamine, 20 kilogr. de dinitrochlorobenzine, 100 litres d'alcool à 95 0/0, placés dans un vase en cuivre, muni d'un réfrigérant à reflux sont bouillis pendant 10 à 12 heures. L'alcool est distillé et le produit visqueux qui reste est séché à une basse température.

Procédé de fabrication de nouveaux colorants azoïques, par la Société Farbenfabriken, rep. par Cazalis. — (Br. 225631. — 14 novembre 1892. — 28 janvier 1893.)

Objet du brevet. — La fabrication de matières colorantes azoïques consiste :

1° A diazoter la monoacétyle-paraphénylènediamine, la paranitraniline, la monacétylnaphtylènediamine, nitronaphtylamine. 2°) à copuler les dérivés diazoïques obtenus avec des amines ou des amines substituées, leurs dérivés sulfonés ou carboxylés. 3°) à rediazoter de nouveau les amidoazo obtenus et à combiner les disazoïques avec des acides amidosulfonés ou dioxynaphtalinesulfoniques. 4°) à éliminer des produits ainsi obtenus le groupe acetique ou à employer les réducteurs si on emploie des dérivés nitrés.

Procédé de fabrication des couleurs à l'eau, par Horadam, rep. par Chassevent. — (Br. 225936. — 26 novembre 1892. — 8 février 1893.)

Objet du brevet. — Procédé de préparation de couleurs à l'eau consistant à ajouter aux couleurs 5 °/₀ environ d'acide taurocholique, de taurocholates, ou de taurine en solution aqueuse et de gomme. Des proportions égales de chaque produit sont très bonnes.

Procédé pour la préparation de nouvelles matières colorantes azoïques tirant sur mordants, par Farbenfabriken, rep. par Dobler. — (Br. 225957. — 28 novembre 1892. — 10 février 1893.)

Objet du brevet. — Procédé consistant à préparer des matières colorantes nouvelles azoïques, en nitrosant les azoïques formés par la combinaison des diazo des acides amido-carboxyliques ou de leurs sulfo, avec la résorcine ou l'orcine.

Production de matières colorantes azoïques basiques solubles, par la Manufacture Lyonnaise de matières colorantes, rep. par Armengaud jeune. — (Br. 226968. — 28 novembre 1892. — 10 février 1893.)

Objet du brevet. — Production de matières colorantes azoïques nouvelles basiques, solubles dans l'eau au moyen d'acides renfermant dans une chaîne latérale un groupe dialkylamidé, et consistant dans une combinaison de diazobenzyldiméthyl, diéthylamine avec des phénols ou des amines.

Description. — EXEMPLE : — 15 kilogrammes de diamidobenzyldiméthylamine sont dissous dans 40 kilogrammes d'acide chlorhydrique et additionnés de 7 kilogrammes de nitrite. Le diazo est introduit dans une solution diluée de 14 k. 5 de carbonate de soude; la matière colorante se sépare en une masse orangée. On la dissout dans 12 kilogrammes d'acide chlorhydrique et 200 litres d'eau et on précipite le colorant par le sel marin.

Procédé pour la préparation de matières colorantes dérivées de la série du diphénylnaphtylméthane, par FARBENFABRIKEN, rep. par Dobler. — (Br. 225980. — 29 novembre 1892. — 15 février 1893.)

Objet du brevet. — Procédé de condensation des diamidobenzhydrols alkylés avec l'acide α-naphtylaminesulfonique du brevet allemand 56503 ; — 2° Transformation des acides benzosulfoniques en acides benzo-polysulfoniques, en les traitant par les moyens de sulfuration ordinaires ; 3° transformation de ces produits en matière colorante par oxydation, au moyen de l'oxyde pur de plomb.

Description. — Ces divers produits se préparent par les procédés connus sur lesquels il n'est pas nécessaire de s'étendre.

Production de nouvelles matières colorantes bleues basiques et des matières premières nécessaires à leur fabrication. — Cert. d'addition au brevet pris le 27 janvier 1891, par la SOCIÉTÉ A. LEONHARDT et Cie, et rep. par Armengaud jeune. — (Br. 211035. — 30 novembre 1892. — 16 fevrier 1893.)

Objet du brevet. — Procédé de préparation de matières colorantes bleues basiques en chauffant en presence d'un agent dissolvant et d'un acide minéral, d'une part les azodérivés des dialkylmétaamidophénols, et d'autre part les métadiamines aromatiques.

Préparation des mononitrosodiméthylmétaamidoparacrésols et des matières colorantes bleues basiques qui en dérivent. — Cert. d'addition au brevet pris le 31 août 1892, par la SOCIÉTÉ A. LÉONHARDT et Cie, rep. par Armengaud jeune. — (Br. 224057. — 30 novembre 1892. — 16 février 1893.)

Objet du brevet. — Perfectionnement consistant à employer, pour la condensation avec les amines aromatiques, au lieu du mononitrosodiméthylmétoamidoparacrésol, des azo du diméthylmétaamidocrésol.

Production de nouvelles matières colorantes, par la SOCIÉTÉ DURAND ET HUGUENIN, rep. par Armengaud jeune — (Br. 226107. — 2 décembre 1892. — 20 février 1893.)

Objet du brevet. — 1° Application du dioxydiphénylméthane obtenu par la condensation de l'aldéhyde formique avec du phénol ordinaire en présence d'un agent de condensation, à la production de matières colorantes. 2° Fabrication de matières colorantes nouvelles par la combinaison de 1 molécule de dioxydiphénylmethane avec 1 molécule de l'un ou l'autre des produits intermédiaires obtenus par la combinaison des corps suivants.

a) 1 molécule de tétrazodiphényle + 1 molécule d'acide naphtionique.

b) Remplacement du tétrazodiphényle par le tétrazoditolyle.

c) 1 molécule de tétrazodiphényle + 1 molécule d'acide sulfanilique.

d) 1 molécule de tétrazodiphenoléther dérivé de la dianisidine + 1 molécule d'acide sulfanilique.

3°) Production de matières colorantes par combinaison de 1 molécule de dioxydiphénylméthane avec 2 molécules de l'un ou l'autre des corps suivants :

1 molécule de tétrazodiphényle + 1 molécule d'acide naphtionique.

1 molécule du même tétrazo + 1 molécule d'acide sulfanilique.

1 molécule de tétrazo ditolyle + 1 molécule d'acide naphtionique.

4°) Matières colorantes par combinaison du dioxydiphénylméthane avec :

a) 1 molécule de diazobenzène + 1 molecule du produit intermédiaire résultant de la réunion de 1 molécule de tétrazodiphényle + 1 molécule d'acide sulfanilique.

b) 1 molécule d'acide diazobenzènesulfonique + 1 molecule du même produit intermédiaire que le précédent.

c) 1 molécule du produit intermédiaire ci-dessus + 1 molécule du produit intermédiaire résultant de la combinaison de 1 molécule de tétrazodiphényle et d'acide naphtionique (1 mol.)

d) 1 molécule du deuxième produit intermédiaire ci dessus (c) + 1 molécule du composé intermédiaire résultant de 1 molécule de tétrazodiphénoléther + 1 molécule d'acide naphtionique.

e) 1 molécule de chlorure de diazonaphtaline + 1 molécule du produit intermédiaire résultant de 1 molécule de tétrazoditolyle + 1 molécule d'acide naphtionique.

f) 1 molécule d'acide α-diazonaphtaline sulfo et 1 molécule du produit intermédiaire résultant de 1 molécule de tétrazoditolyle et 1 molécule d'acide naphtionique.

Procédé pour la production de tétranitroanthrachrysone, par la COMPAGNIE PARISIENNE DES COULEURS D'ANILINE, rep. par Armengaud jeune. — (Br. 226229. — 7 décembre 1892. — 25 février 1893.)

Objet du brevet. — On dissout l'anthrachrysone dans 12 fois son poids d'acide sulfurique concentré et on y fait couler lentement en refroidissant quantité suffisante d'acide nitrique pour obtenir 4 groupes nitrés; vers la fin de l opération, on chauffe à 80° C. environ et on refroidit dans la glace, puis on additionne d'eau pour précipiter le produit nitré. Pour le purifier, on le redissout dans l'eau, puis on le précipite par l'acide chlorhydrique concentré et on lave avec cet acide dilué. La tétranitroanthrochrysone est soluble dans tous les solvants usuels, excepté la benzine, la ligroïne et le chloroforme. La solution acétique précipitée par le chloroforme, donne de petits cristaux qui détonent à 280-300°. Le dérivé nitré teint en nuances brunes substantives et la laine alunée en nuances brun-bordeaux très solides au foulon et très brillantes.

TEINTURE. — APPRÊTS. — IMPRESSION. — PAPIERS PEINTS.

Nouveau procédé d'impression sur tissus soie, laine et coton ou mélange de ces matières, par COUSIN, rep. par Freydier-Dubreuil et Janicot (Lyon). — (Br. 223522. — 11 août 1892. — 13 novembre 1892.)

Procédé pour la teinture du coton non filé, le filé de coton et les tissus avec un noir d'aniline ne déverdissant pas, ne se détachant pas et n'attaquant pas les filaments, par JAGENBERG, rep. par Blétry. — Cert. d'addition au brevet pris le 10 mars 1892. — (Br. 220270. — 8 août 1892. — 21 novembre 1892.)

Objet du brevet. — Nouveau bain pour noir d'aniline.

Description. — Ce bain se compose de: sel d'aniline 250 grammes, acétate de cuivre, à 12°B°, 300 grammes, acide acétique 15 à 30 grammes, eau 1750. Puis, on oxyde le bain avec la solution suivante : Eau 1500 grammes, bichromate de potasse 4 grammes, chlorate de potasse 4 grammes ou bien eau 1500, chlorate de potasse 3 grammes, nitrite de fer, 5 grammes.

Procédé pour la teinture des filaments et des tissus de provenance animale : la corne, la plume, le cuir, et toutes les matières albumineuses en général, par OBERMAYER, rep. par Armengaud jeune. — (Br. 223737. — 17 août 1892. — 23 novembre 1892.

Procédé pour la teinture des laines avec des acides sulfoniques des matières colorantes d'alizarine, par la « COMPAGNIE PARISIENNE DES COULEURS D'ANILINE », rep. par Armengaud jeune. — (Br. 223935. — 25 août 1892. — 29 novembre 1892.)

Objet du brevet. — Procédé de teinture des laines en poils, en fils, et en tissus avec des acides sulfoniques de matières colorantes d'alizarine, caractérisé par ce fait qu'en premier lieu, les laines sont teintes avec les matières colorantes en bain d'acide (le plus avantageusement avec addition de sel de Glauber et d'acide sulfurique) et qu'ensuite les laines imprégnées de cette manière avec les acides sulfoniques de matières colorantes sont traitées avec des sels métalliques aptes à former des laques de couleur avec les matières colorantes employees pour la teinture.

Description. — EXEMPLE 1. — *Rouge solide sur 100 kilogrammes de drap militaire.* — On prépare un bain contenant 4 kilogrammes de rouge d'alizarine IWS en poudre (sel de sodium de l'acide sulfonique de l'α-β-dioxyanthraquinone) et 20 kilogrammes de sel de Glauber chauffés à l'ebullition. La marchandise lavée préalablement et mouillée est entrée dans le bain et tout en la maniant on fait bouillir 3/4 d'heure; puis on ajoute au bain 4 kilogrammes d'acide sulfurique à 66°Bé . On étend d'eau, et on fait bouillir de nouveau 3/4 d'heure. Maintenant, on ajoute au bain la dissolution de 10 kilogrammes d'alun et la laque d'alumine développée en bouillant 3/4 d'heure ; le drap est complètement pénétré par la couleur. La teinte est absolument unie et mieux qu'on ne peut l'obtenir avec les matières colorantes acides rouges donnant les teintes les plus unies.

Exemple II. — *Couleur mode fraise pour 100 kilogrammes de cachemire.* — On prépare un bain avec 1 kilogramme d'alizarine WS en poudre, 4 kilogrammes d'acide sulfurique et 10 kilogrammes de sel de Glauber. La marchandise bien mouillée est entrée à 100° et on fait bouillir 1 heure. Entre temps, on prépare un second bain à la température d'ébullition contenant un kilogramme de bichromate de potasse et 333 grammes d'acide sulfurique à 66°Bé. Le cachemire teint sans le dégorger est porté sur ce second bain, et la nuance de la laque chromée se développe en bouillant 3/4 d'heure, et la couleur aura pénétré complètement ; la teinte de la marchandise sera absolument unie ; les deux bains peuvent être employés d'une façon continue.

Perfectionnement apporté au procédé de teinture et d'impression en noir d'aniline. — Cert. d'addition au brevet pris le 12 janvier 1891, par Thies, à Looker et Cleff, à Rosenthal, (Allemagne), rep. par Dobler. — (Br. 210714. — 22 août 1892. — 25 novembre 1892.)

Objet du brevet. — Perfectionnements consistant à traiter la fibre animale ou mixte par des manganates ou permanganates avec ou sans addition d'acide.

Description. — On traite par exemple 10 kilogrammes de mi-laine après savonnage et rinçage préalables dans un bain de 100 litres d'eau contenant 250 grammes de permanganate de potasse et 10 litres d'acide acétique à 3° Bé pendant 1 à 4 heures. On lave à froid, on sèche, on foularde avec du fluorhydrate d'aniline à 25°, et on sèche. Le developpement du noir d'aniline sur l'étoffe ainsi préparée s'effectue d'après le procédé du brevet principal.

Procédé de fabrication d'une solution contenant une forte proportion de nitrocellulose, par Lehner, rep. par Gudmann. — (Br. 224460. — 20 septembre 1892. — 15 décembre 1892.)

Objet du brevet. — Procédé de fabrication d'une solution de nitrocellulose facile à traiter ou à employer dans l'industrie, consistant à dissoudre la nitrocellulose dans un mélange d'acide sulfurique ou d'acide nitrique, muriatique ou sulfureux, et d'esprit de bois, d'alcool, d'éther, etc. La quantité d'acide sulfurique à employer varie avec le poids de nitrocellulose en poids et n'est approximativement que de 5 à 10 0/0.

Description. — Pour fabriquer, par exemple, une solution à 25 0/0 de nitrocellulose, on aura à dissoudre 25 parties en poids de nitrocellulose dans une ou deux parties (environ) d'acide sulfurique de 66° Bé et 73 parties d'esprit de bois et d'alcool. etc.

Anti-Ignifère, par Planté, 27, rue Foccard, à Levallois (Seine). — Br. 224837. — 11 octobre 1892. — 23 décembre 1892.)

Objet du brevet. — Procédé de préparation d'une solution ignifuge destinée à imprégner les tissus.

Description. — On prend : acide borique 40 grammes, sulfate d'alumine 30 grammes, gomme adraganthe 17 grammes, silicate de potasse 9 grammes, eau 450. On dissout à 90°. On fait ensuite une autre solution composée d'azotate de soude 30 grammes, borate d'ammoniaque 7 grammes, phosphate d'ammoniaque 17 grammes, eau 400. On mélange les deux solutions, on laisse déposer et décante. On trempe la matière à une température de 35°, on l'y laisse 40 à 45 minutes, si la matière est un tissu ou une étoffe quelconque.

Fabrication d'un produit spécial, la « Pontiérine Champagnat » destiné à l'industrie pour le nettoyage des étoffes, par Champagnat, à Chalons-sur-Marne. — (Br. 225626. — 17 novembre 1892. — 28 janvier 1893.)

Objet du brevet. — Liqueur servant au nettoyage des étoffes et composée de fiel de bœuf et de savon blanc.

Description. — On prend fiel de bœuf, 10 kilogrammes; savon blanc, 5 kilogrammes; alcool à 90°, 20 litres ; eau 65 litres.

Nouveau tissu imperméable dit « Simili-cuir Block », par Block rep. par Chassevent. - (Br. 225500. — 8 novembre 1892. — 24 janvier 1893.)

Objet du brevet. — Procédé de fabrication d'un tissu imperméable, consistant à tremper l'étoffe voulue dans un bain d'huile de lin alcalinisé et additionné de caoutchouc.

Description. — On chauffe de l'huile de lin à 30°, on y ajoute 1/2 °/₀ d'alcali; on chauffe à 100° et on ajoute 15 °/₀ de caoutchouc; on maintient la température durant 6 heures, de manière à arriver à 260°. On refroidit vivement à 60° de manière à obtenir un produit pâteux. On applique une couche du mélange sur le tissu à imperméabiliser que l'on laisse durant six heures à l'étuve à 50°. On étend une nouvelle couche et on maintient à la température de 60° pendant six nouvelles heures. Quand la couche imperméabilisatrice est bien prise et solidifiée, on ajoute une nouvelle couche additionnée de 20 °/₀ de goudron de gaz maintenu à haute température, puis on remet le tissu à l'étuve à 70° pendant six heures, enfin on refroidit brusquement le tissu par un courant d'eau froide.

Procédé pour l'emploi dans l'impression des tissus, de matières colorantes azoconjuguées insolubles dans l'eau non sulfonés, comme couleurs courantes en remplacement de couleurs minérales, par la Compagnie parisienne des couleurs d'aniline, rep. par Armengaud jeune. — (Br. 225808. — 21 novembre 1892. — 3 février 1893.

Description. — Exemple : 100 grammes de laque sèche produite de la paranitraniline et du β-naphtol, 400 grammes d'eau, 80 grammes d'eau gommée, 140 grammes d'eau albumineuse (à parties égales), 70 grammes de chromate neutre de soude sont bien mélangés. On sèche l'étoffe imprimée et on la passe pendant vingt secondes dans un bain à 60° contenant par litre 50 grammes d'acide sulfurique à 66° B. et 50 grammes d'acide oxalique. Les étoffes sont ensuite bien lavées et séchées.

Procédé perfectionné pour la production et la fixation de couleurs conjointement avec le noir d'aniline sur tissus, par Grafton, rep. par Mennons. — (225849. 22 novembre 1892. — 6 février 1893.

Objet du brevet. — Procédé consistant : 1° à préparer ou mordancer l'étoffe avec une solution astringente et l'émétique. 2° à plaquer avec un mélange d'huile d'aniline et autres matières épaissies ou autrement, appropriées pour la production du noir d'aniline, avec des matières colorantes dissoutes et épaissies et mélangées avec de l'acétate de soude ou autre matière bien connue, telles que celles employées pour empêcher la formation du noir sur les parties imprimées : 3° à développer le noir par vaporisage ou exposition comme d'habitude.

Description. — Exemple : *Production d'un dessus bleu sur fond noir d'aniline.* On prépare deux solutions séparées, l'une dans la proportion de 28 grammes 349 d'acide tannique dans 4 litres, 543 d'eau et l'autre avec la même quantité d'émétique dans le même volume d'eau. Passer le tissu dans chaque solution en faisant sécher entre les deux immersions; ensuite laver et sécher ; puis plaquer (de préférence des deux côtés) avec la dissolution suivante. Dissoudre d'abord 2 kilogrammes 1/2 de chlorate de potasse dans 27 litres 261 d'eau chaude, et 6 k. 804 de ferrocyanure dans 27 litres 261 d'eau; mélanger les solutions une fois refroidies; ajouter 6 litres 825 d'huile d'aniline et 6 litres 825 d'acide chlorhydrique à 30° préalablement mélangés et refroidis. Pour se servir de ce mélange, ajouter plus d'acide chlorhydrique, environ 56 gr. 299 pour chaque 4 litres 543 du mélange. Quand l'étoffe est plaquée, séchée, imprimer le dessin avec ce qui suit : Dissoudre 6 gr. 691 de bleu de méthylène ou tout autre couleur convenable dans 0 litre 884 d'esprit de bois et 0 litre 284 d'eau chaude. Ajouter 3 litres 975 d'une réserve épaisse contenant 132 grammes 208 d'acétate de soude et 73 grammes 597 de gomme à 0 lit. 284. Une fois sec, on expose dans une chambre de vapeur à la manière ordinaire, pour développer le noir d'aniline et fixer le dessin bleu, puis laver et fixer à la manière habituelle.

Obtention sur la fibre de colorants azoïques teignant en nuances brunes et noires ; par Sneechowski, rep. par Bletry. — (Br. 225856. — 22 novembre 1892. — 6 février 1893.

Objet du brevet. — Procédé consistant à diazoter sur le coton teint au violet stilbène et la combinaison ainsi préparée et copulée l'acide β-oxynaphtoïque (fusion 216) pour obtenir un noir, 2° avec le colorant obtenu soit avec l'acide diazonaphtionique sur α-naptol, soit par l'action de l'acide diazosulfanilique sur l'α-naphtol, pour avoir des bruns.

Description. — Pour 100 grammes de coton teint au violet de stilbène dans les conditions ordinaires, on met dans le bain 40 grammes d'eau contenant 0 gr. 60 de nitrate de soude et 2 grammes d'acide chlorhydrique, on laisse au moins deux heures ou une nuit en contact, et puis on passe dans un bain froid de 20 grammes d'eau et d'une quantité suffisante d'alcali, de préférence d'ammoniaque en léger excès et de 10 grammes d'acide β-oxynaphtoïque. On obtient un très beau noir résistant au savon bouillant, aux acides et sels métalliques.

Procédé de préparation de matières colorantes sur fibres, par Farbenfabriken, rep. par Dubler. — (Br. 225956. — 28 novembre 1892. 10 fevrier 1893.)

Objet du brevet. — Procédé consistant à produire des matières colorantes solides sur la fibre, à teindre ou imprimer directement sans mordant avec les dérivés diazoïques obtenu d'après le procédé du brevet du 4 mai 1886. n° 160722, en combinant 1 mol. d'un dérivé tétrazoïque du tetrazo diphényle, ditotyle, etc. etc; à faire passer les marchandises ainsi préparées dans des développateurs (amines, phénols, etc) ou à imprimer les tissus, préparés avec les développateurs indiqués avec les azoïques cités ci-dessus; 2° à rediazoter sur la fibre les teintes ou tissus imprimés suivant les indications précédentes, et à copuler avec les phénols connus, etc.

CORPS GRAS. — HUILES. — SAVONS. — BOUGIES.

Savon liquide, par Haigh, rep. par Assi et Genès. — (Br. 223439. — 4 août 1892. — 15 novembre 1892.) —

Objet du brevet. — Nouveau mode de préparation d'un savon liquide.

Description. — On mélange ensemble : eau, 20 parties ; paraffine 5 parties ; résine 5 parties; huile végétale ou graisse 4 parties ; potasse, 2 parties.

Perfectionnements apportés aux procédés de fabrication des huiles pour couleur en général, par Dicker, rep. par la « Société internationale des Inventions modernes ». — (Br. 223564. — 9 août 1892. — 17 novembre.)

Objet du brevet. — Huile composée pour leur donner les qualités de l'huile de lin employée pour les couleurs.

Description. — On prend : pétrole cru 1 gallon (4 lit. 543); craie jaune 1/4 ou 1/2 livre; (1 livre = 0 kil. 453) résine pulvérisée 1/2 livre; caoutchouc 1/2 once jusqu'à 1 once; (1 once = 28 gram. 34), 1/8 à 1/4 de livre d'acétate de plomb; huile de lin de 1/2 à 1 pinte (1 pinte = 0, 5679 litres.)

Perfectionnements relatifs à la désulfuration des huiles, par Amendet Macy, rep. par Chassevent. — (Br. 223588. — 9 août 1892. — 18 novembre 1892.)

Objet du brevet. — Procédé consistant à soumettre les huiles de pétrole sulfurées à une température élevée bien supérieure à celle de la distillation du soufre, de manière à ce que ce dernier soit entraîné à une température de 700°-1500°. On oxyde ce dernier au moyen du bioxyde de manganèse ou on le retient au moyen d'un alcali.

Perfectionnement dans les moyens et procédés pour obtenir des essences pures des produits bruts provenant du traitement des fleurs et feuilles, par Garnier, rep. par Casalonga. — (Br. 223119. — 20 juillet 1892. — 2 novembre 1892.)

Objet du brevet. — Procédé consistant à extraire les essences par des dissolvants volatils, puis à enlever les dernières traces de ce dissolvant par distillation avec un peu d'éther qui entraîne ces traces ; puis à dissoudre les essences dans l alcool à 96°. Après filtration, on précipite les essences de leur solution alcoolique au moyen de l'eau.

Le Propriétaire-Gérant : Dr G. QUESNEVILLE

Saint-Quentin. — Imprimerie J. Moureau et Fils.

BREVETS PRIS A BERLIN, LONDRES, ETC.

Analysés par M. GERBER.

MÉTALLURGIE. — MÉTAUX.

Procédé pour agglomérer en blocs solides les résidus pulvérulents du grillage des pyrites, par NICOLAUS HENZEL, à Wiesbaden. — (Br. allemand H n° 12573. — 10 août 1892. — 10 mars 1893).

Objet du brevet. — Procédé pour former avec les résidus pulvérulents du grillage des pyrites des blocs solides pour le travail du haut-fourneau, consistant à les mélanger avec une proportion convenable d'argile.

Description. — Pour obtenir sous une forme commode pour le travail métallurgique les résidus du grillage des pyrites de fer ou de cuivre, le procédé le plus simple consiste à mélanger ces résidus dans un malaxeur avec une proportion convenable d'argile également pulvérulente. Ce mélange humecté d'un peu d'eau jouit de la propriété particulière de se prendre en masse par une sorte de fusion superficielle de la couche de silicate d'alumine qui emprisonne ainsi le minerai grillé dont quelques menues parcelles à peine sont entraînées par le courant gazeux. On peut verser à la pelle le mélange humecté d'eau dans le fourneau ; on peut aussi, pour le conserver ou le transporter, le former en briquettes.

La quantité d'argile ajoutée peut varier de 5 à 40 0/0 et même plus au besoin. Les blocs restant toujours assez perméables aux gaz réducteurs, on ne se préoccupera pour fixer cette quantité que de la composition du minerai grillé et de la proportion de silicium que l'on veut donner au métal produit.

Traitement des résidus de fer-blanc, par F. W. HARBORD et W. HUTCHINSON, à Wolverhampton. — (Br. anglais n° 12917 du 30 juillet 1891).

On fond les débris de fer-blanc dans un four à réverbère avec de la fonte brute, des riblons et au besoin des substances réductrices. L'étain se volatilise en partie ; on le condense dans des chambres interposées entre le four et la cheminée.

Le métal fondu est traité au Bessemer basique où le reste de l'étain passe dans la scorie à l'état de métastannate (*J. Soc. Chem. Ind.*).

Procédé de préparation électrolytique d'un alliage zinc-argent, par « THE LONDON METALLURGICAL Cy LIMITED AND S. O. COWPER COLES, » à Londres. — (Br. anglais n° 13460 du 8 août 1891).

Par l'électrolyse d'une solution contenant le cyanure double de zinc et de potassium et le cyanure double d'argent et de potassium, on obtient un dépôt homogène formé par un alliage de zinc et d'argent. L'anode est formée par ce même alliage obtenu par fusion, contenant les métaux dans la proportion voulue (*Ibid.*).

Procédé de traitement des minerais de cuivre plombifères, par C. JAMES, à Swansea. — (Br. anglais n° 13739 du 14 août 1891).

Les mattes de cuivre contenant du plomb sont soumises à un grillage qui oxyde le plomb et le fer, puis refondues avec du sable ou avec un fondant contenant une proportion suffisante d'acide silicique pour transformer en silicates les oxydes de fer et de plomb qui viennent, sous forme de scories fusibles, nager à la surface du bain métallique. Le métal résultant ne contient plus que des traces de plomb dont on le débarrasse sans peine par les traitements de purification habituels.

Extraction de l'argent, par C. JAMES, à Swansea. — (Br. anglais, 13740. — 14 août 1891.)

Les minerais argentifères sulfurés ou haloïdes sont chauffés à fusion dans l'atmosphère oxydante d'un four à flamme avec addition d'oxyde ou de sulfure de plomb, ou un mélange d'oxyde et de sulfure résultant d'un grillage préalable de la galène.

On ajoute de l'oxyde seulement lorsque l'on a affaire à un minerai d'argent sulfuré, pyrite ou galène argentifère ; on emploie le mélange de sulfure et d'oxyde dans le traitement des sels haloïdes d'argent. Par la réaction réciproque du sulfure sur l'oxyde, une certaine quantité du plomb passe sous forme de métal libre entraînant la majeure partie de l'argent du minerai. Les métaux volatils, comme le zinc, se dégagent et sont recueillis dans des chambres de condensation.

Procédé de préparation de manganèse non carboné et d'alliages de manganèse, par W.-H. Greene et W.-H. Wohl, à Philadelphie. — (Br. américain, 489303. — 3 janvier 1893.)

Le manganèse obtenu par les méthodes de réduction usuelles contient toujours une proportion plus ou moins considérable de carbone et de silicium dont il est impossible, dans l'état actuel de la métallurgie, de le débarrasser.

Pour obtenir un métal pur, le minerai purifié par un traitement à l'acide sulfurique est réduit par le charbon ou mieux par des gaz réducteurs, à l'état d'oxyde manganeux. Ce dernier est traité, dans un récipient ne contenant pas de silice et en l'absence de charbon ou de gaz carbonés, par un métal capable d'enlever l'oxygène à l'oxyde de manganèse (sodium, magnésium, aluminium ?) (*Chem. Ztg.*)

Utilisation des déchets de fer-blanc, par H.-B. Nye, à Cleveland (Ohio). — (Br. américain, 488796. — 27 décembre 1892.)

Procédé analogue à celui du brevet anglais n° 12917 résumé plus haut. On fond les débris avec de la fonte ou des fers de rebut et on débarrasse le métal de l'étain et des autres impuretés en injectant de l'air comprimé dans le métal en fusion. (*Ibid.*)

Procédé de traitement des minerais zinciques, par P.-C. Choate, à New-York. — (Br. américain 489460. — 10 janvier 1893.)

Le procédé est applicable aux minerais zinc-plomb. Il consiste à réduire ces minerais dans un fourneau traversé par des gaz (air) à une température suffisante pour volatiliser entièrement le zinc, le plomb et les métaux ou combinaisons plus volatils que le zinc. La poussière métallique plus ou moins réoxydée déposée par la fumée est chauffée de manière à débarrasser le plomb et le zinc des parties plus volatiles, puis réduite dans une cornue avec une quantité convenable de charbon. Le plomb et le zinc distillent et sont condensés ensemble. Par le repos, l'alliage fondu se sépare en deux couches, l'inférieure formée de plomb presque pur, et la supérieure de zinc contenant très-peu de plomb. (*Ibid.*)

Procédé de régénération de liqueurs électrolytiques chargées d'arsenic, par F. Gruessner, à Chicago. — (Br. américain, 489632. — 10 janvier 1893.)

Pour débarasser les liqueurs employées au traitement par électrolyse de l'arsenic qui s'y accumule, l'auteur y délaie une quantité équivalente à l'arsenic qu'il s'agit d'enlever, d'acide métastannique et les chauffe pour former un arséniate ou arsénite insoluble dans les acides étendus.

Procédé pour récupérer l'acide stannique de sa combinaison arsénicale, par F. Gruessner, à Chicago. — (Br. américain 489633. — 10 janvier 1893.)

Pour dégager l'acide stannique de sa combinaison arsénicale (Voir le brevet précédent), on chauffe celle-ci avec de l'acide sulfurique concentré et un agent oxydant. Tout se dissout ; en étendant d'eau, l'acide métastannique se sépare, tandis que l'acide arsénique reste dissous (*Ibid*).

Procédé de préparation et de séparation du sulfure de nickel, par R. M. Thompson, à New-York. — (Br. américain 489881. — 10 janvier 1893.)

Le minerai de nickel pulvérisé est fondu avec des alcalis caustiques ou carbonatés et enrichi de la sorte en oxyde de nickel qui, en raison de son poids spécifique plus élevé, se sépare de la gangue et d'autres oxydes métalliques. Le produit est ensuite fondu avec un sulfure alcalin ou avec un sulfate alcalin additionné d'un excès de charbon. Il se forme du sulfure de nickel, tandis que le métal alcalin passe à l'état d'hydroxyde. Le sulfure de nickel se rassemble en raison de son poids spécifique élevé, au fond du récipient où s'opère la fusion (*Ibid*).

Procédé de préparation et de séparation du sulfure de nickel, par L. J. Thomson, à Bayonne (New-Jersey). — (Br. américain 489882. — 10 janvier 1892.)

Ce procédé ne diffère du précédent que par la suppression de la fusion préalable avec des alcalis caustiques ou carbonatés. Le minerai est traité à plusieurs reprises par un sulfure alcalin et séparé à chaque fois par lévigation en portions légères et en portions lourdes de plus en plus riches en sulfure de nickel.

PRODUITS CHIMIQUES.

Procédé de préparation de fluorure d'aluminium pur, par « GRABAUS ALUMINIUMWERKE » à Trotha, près Halle-sur-Saar. — (Br. allemand G, 7655. — 19 août 1892. — 10 mars 1893.)

Objet du brevet. — Procédé de préparation d'un fluorure neutre d'aluminium exempt de silice, par l'action de l'acide fluorhydrique ou *hydrofluosilicique* sur un excès d'argile calcinée.

Description. — On délaie dans le l'acide fluorhydrique étendu (environ 12 °/₀ de HFl) ou dans de l'acide hydrofluosilicique de concentration correspondante, un excès d'argile calcinée aussi peu ferrugineuse que possible. Lorsqu'on opère avec l'acide fluorhydrique, il convient de rafraîchir le vase pour que la température ne s'élève plus au-dessus de 95°C. Dans le cas de l'acide hydrofluosilicique, il faut au contraire chauffer légèrement pour amorcer la réaction et la conduire à bonne fin.

La liqueur obtenue doit être neutre à l'orangé III (tropéoline) condition essentielle pour que la solution de fluorure d'aluminium soit bien exempte de silice. (Cette condition ne peut être remplie avec de l'argile non calcinée.) On refroidit la liqueur jusque vers 30-35°, on filtre rapidement, et lave à l'eau tiède le résidu de silice hydratée mélangée d'argile en excès. On retrouve environ 95 °/₀ de l'acide fluorhydrique employé sous forme de fluorure d'aluminium dissous.

Appareil condensateur pour poêles d'évaporation, par « CHEMISCHE FABRIK RHENANIA, » Aachen (Aix la Chapelle). — (Br. allemand, 64572 — 3 janvier 1892.)

L'appareil spécialement destiné à l'évaporation de l'acide sulfurique se compose de tuyaux de plomb enroulés de manière à former une calotte et dont les spires sont soudées au plomb aux lignes de contact. Un courant d'eau froide circule dans l'appareil qui est destiné à remplacer le condensateur de même forme générale, mais formé de feuilles de plomb et rafraîchi par ruissellement d'eau. Le refroidissement est meilleur et la surface utile est en même temps sensiblement augmentée, ce qui permet de donner de plus petites dimensions à la calotte de condensation d'une poêle évaporatoire de surface donnée.

Extraction de l'oxygène de l'air atmosphérique ; par G. WEBB junior et G. H. RAYNER, à Londres. — (Br. anglais 13036. — 31 juillet 1891.)

Le procédé, comme celui de Parkinson (*Moniteur scientifique* 1892 p. 85 des brevets) n'est qu'une modification du procédé original de Tessié du Motay. On charge d'oxygène un manganate d'où l'on expulse ensuite l'oxygène absorbé, au moyen de courants alternatifs d'air et de vapeur d'eau surchauffée.

Le produit actif s'obtient en dissolvant 1 livre (livre = 453 grammes) de soude caustique dans 40 fluid-onces (970 cc. environ) d'eau. On ajoute 1 livre de peroxyde de manganèse et 1 livre de manganate de sodium, on évapore à siccité en remuant et calcine au rouge vif.

La masse est divisée en petits fragments que l'on agite avec du bioxyde de manganèse en poudre fine ; elle est alors prête pour l'usage. L'air envoyé dans les cornues est purifié par passage dans une lessive caustique et dans l'acide sulfurique concentré (*Chem. Ztg.*)

Procédé de fabrication du chlore, par F. M. et C. H. M. LYTE, à Londres. — (Br. anglais 17745. — 16 octobre 1891.)

Objet du brevet. — Procédé de préparation du chlore avec purification concomitante du plomb et extraction de l'argent contenu dans ce métal.

Description. — PREMIER PROCÉDÉ.

a) Du nitrate de plomb pur (obtenu comme on le verra plus loin) précipité par un chlorure soluble, chlorure de calcium ou de magnésium, fournit du chlorure de plomb et une lessive de nitrate.

b) Celle-ci est évaporée à sec et le résidu est calciné au rouge sombre ; le nitrate se décompose en dégageant des vapeurs nitreuses, que l'on rassemble pour les transformer en acide nitrique et laisse de la chaux ou de la magnésie.

c) L'acide nitrique régénéré sert à attaquer de la litharge exempte de zinc et à former le nitrate pur de § *a* ; par addition de petites quantités de plomb très divisé, on déplace l'argent et autres métaux étrangers de la solution de nitrate.

d) La chaux ou la magnésie servent à la préparation de nouveau chlorure (par réaction avec les lessives de chlorure d'ammonium de la fabrication de la soude à l'ammoniaque.)

2me PROCÉDÉ.

a) On précipite par l'acide chlorhydrique du nitrate ou de l'acétate de plomb. Si l'on emploie un sel neutre, il se forme du chlorure de plomb et l'acide nitrique ou acétique est mis en liberté ; avec un sel basique, on pousse la précipitation jusqu'à formation du sel neutre. Dans l'un et l'autre cas, la liqueur séparée du chlorure de plomb est employée à dissoudre de nouvelles quantités de métal ou de son oxyde.

b) Des dissolutions ainsi obtenues on déplace l'argent par du plomb finement divisé.

Electrolyse du chlorure de plomb. — Cette partie du brevet ne contient rien de nouveau. Se reporter au brevet de F. M. Lyte, août 1892, p. 245 des brevets.

COLORANTS ET MATIÈRES PREMIÈRES POUR LEUR PRÉPARATION

Procédé de préparation de dérivés benzylés du diamidodiphénylemétlhane, par « GESELLSCHAFT FUR CHEMISCHE INDUSTRIE, » à Bâle. — (Br. allemand G, 7591. — 22 juillet 1892. — 20 décembre 1892.)

Objet du brevet. — Procédé de préparation de dérivés benzylés du diamidodiphénylemétlhane, consistant à chauffer le tétraméthyle (ou tetra-éthyle) diamidodiphénylemétlhane avec 1 ou 2 molécules de chlorure de benzyle, à 170-175°, jusqu'à ce qu'il ne se dégage plus de chlorure de méthyle ou d'éthyle.

Description. — Dans les conditions indiquées dans l'exposé, le reste benzyle déplace le méthyle ou l'éthyle qui se dégage sous forme de chlorure.

Le diméthyledibenzylediamidodiphénylemétlhane est assez soluble dans la benzine, moins dans la ligroïne, presque pas dans l'alcool. L'acide chlorhydrique dissout la base à chaud, mais il y a dissociation partielle du chlorhydrate par le refroidissement.

La solution acétique se colore par oxydation au moyen du peroxyde de plomb, en bleu vert.

Préparation d'un acide α-nitro-β-naphtylamine-β_3-sulfonique, par LÉOPOLD CASSELLA et Cie, à Francfort. — (Br. allemand C, 4010. — 24 février 1892. — 23 décembre 1892.)

Objet du brevet. — Procédé de préparation d'un acide α_1-nitro-β_1-naphtylamine β_3-sulfonique, consistant à faire réagir l'acide nitrique sur la solution sulfurique de l'acide β_1-naphtylamine-β_3-sulfonique, à des températures comprises entre 0 et 20° C.

Description. — Proportions à employer :

β-naphtylamine-β-sulfonate de sodium	24.500
Acide sulfurique monohydraté (99 %)	120 à 150 k
Salpêtre potassique	12 k
Dissous dans acide sulfurique	60 k

Ne pas dépasser 10° C. Purification par l'intermédiaire du sel de sodium que le sel marin déplace de sa dissolution en laissant un acide isomère dans les eaux-mères.

Acide α_1-β-naphtylène-diamine-α_2-sulfonique préparé avec l'acide α_1-β_2-amidonaphtol-α_2-sulfonique, par DAHL et Cie à Barmen. — (Br. allemand D. 5162. — 26 mars 1892. — 23 décembre 1892.)

Objet du brevet. — Procédé de préparation de l'acide α_1-β_3-naphtylène-diamine-α_2-sulfonique, consistant à chauffer avec de l'ammoniaque aqueuse, à 170-180°, l'acide α_1-β_2-amidonaphtol-α_2-monosulfonique obtenu par fusion avec les alcalis de l'acide α-naphtylamine disulfonique II du brevet n° 41957 (D, 2748).

Description. — On emploie l'ammoniaque de poids spécifique 0.910 — durée de chauffe à 170-180°, de 12 à 15 heures.

L'acide obtenu ($NH^2 : SO^3H : AzH^2 = 1 : 4 : 6$) est peu soluble dans l'eau froide, facilement dans l'eau chaude, d'où il cristallise en petites aiguilles déliées. Il se combine avec les diazo ou tétrazodérivés aussi bien en solution acétique qu'en solution alcaline.

Couleurs trisazoïques substantives dérivées de l'acide m-phénylène-diamine p.-sulfonique, par E. et H. ERDMANN, à Halle s/S. — (Br. allemand E, 3533. — 5 juillet 1892. — 23 décembre 1892.)

Objet du brevet. — Procédé de préparation de couleurs trisazoïques jaunes orangées substantives, du groupe des Congos, consistant à faire agir les diazodérivés des amines primaires ou des acides amidosulfoniques sur l'acide m-phénylènediamine-p.-sulfonique.

Couleurs bleues basiques. — Addition au brevet n° 62,327, par LÉONHARDT et C à Muhlheim. — (Br. allemand L, 6342. — 24 octobre 1890. — 23 décembre 1892.)

Objet du brevet. — Procédé de préparation de couleurs bleues basiques consistant à condenser le diméthyle (ou di-éthyle) méta-amido-phénol avec la dichloroquinonimide ou avec des sels de nitrosodiméthylaniline et à séparer les colorants gris formés en même temps :

a) par dissolutions et précipitations méthodiques,

b) par précipitation fractionnée au moyen du sel de soude, de l'acétate de sodium ou d'autres sels alcalins analogues.

Description. — La formation de la matière colorante a lieu en solution alcoolique bouillante. On chauffe par exemple, au réfrigérant ascendant :

Quinone dichlorimide	3 kil. 500
Diéthyle-méta-amidophénol	4 kilogrammes.
Alcool fort	30 litres.

Pour la suite, voir le brevet principal n° 62327 (L n° 6218).

Couleur bleue obtenue en condensant la β-amido-alizarine avec l'aldéhyde formique. — Addition au n° 62.703 (O n° 1454), par le Dr Orth, à Darmstatt. — (Br. allemand O. 1535 — 22 mai 1891. — 23 décembre 1892.)

Objet du brevet. — Voir le titre. — le perfectionnement consiste dans l'emploi de l'aldéhyde formique au lieu de l'acroléïne ou de l'aldéhyde acétique indiqués au brevet principal.

Description. — On chauffe en vase clos à 100° C. parties égales de β-amido-alizarine et d'aldéhyde formique dissous dans 5 fois son poids d'alcool et l'on fait arriver par portions, dans la liqueur chaude, 7 parties d'acide sulfurique concentré.

La réaction achevée, on étend d'un peu d'eau et porte au bouillon (en distillant l'alcool); la matière colorante se dissout à l'état de sulfate. En étendant la liqueur filtrée de beaucoup d'eau, le bleu se sépare en flocons bruns, la β-alizarine non transformée restant en solution. On purifie par redissolution dans l'acide sulfurique, moyennement concentré, précipitation par l'eau, filtrage et lavage jusqu'à neutralisation.

Couleurs disazoïques dérivées de l'acide α_1-β^3-dioxynaphtaline-α_2-sulfonique, par Dahl et Cie, à Barmen. — (Br. allemand D, 24127. — 4 janvier 1890. — 28 décembre 1892.)

Objet du brevet. — Couleurs disazoïques violettes et bleues obtenues par combinaison de tétrazodérivés de la benzidine, de la tolidine, du diamidocarbazol, du diamidostilbène, de la dianisidine ou de la benzidinesulfone avec l'acide dioxynaphtalinemonosulfonique du brevet 57,114 (C 4121.)

Description. — Procédés généraux connus.

Couleurs azoïques préparées au moyen du triamidoazobenzol, par «Aktien Gesellschaft für Anilinfabrikation», à Berlin. — (Br. allemand A, 3094. — 5 avril 1892. — 30 décembre 1892.)

Objet de brevet. — Procédé de préparation de couleurs azoïques teignant directement le coton et la laine au moyen du tri-amidoazobenzol :

$$Az\ H^2\ (4)\ C^6H^4\ (1)\ Az = Az\ (1)\ C^6H^3 \left\{ \begin{array}{l} Az\ H^2\ (2) \\ Az\ H^2\ (4) \end{array} \right.$$

consistant à diazoter cette base au moyen d'une molécule d'acide nitreux et à combiner le diazodérivé formé, avec l'acide-α-naphtoldisulfonique-α^2-monosulfonique de Neville et Winther, β-naphtol-disulfonique R, amidonaphtolmonosulfonique (D. R. P. 53076 F 4328), dioxynapbtalinemonosulfonique G naphtionique, en solution alcaline ou acétique.

Description. — Procédés généraux connus ; les couleurs obtenues teignent directement le coton ou la laine en nuances grises bleutées ou violacées.

Procédé de préparation de couleurs brunes solides, pour laine, au moyen de composés disazoïques mixtes, par L. Cassella et Cie, a Francfort. — Br. allemand C. 4108, 2 mai 1892. — 30 décembre 1892.)

Objet du brevet. — Procédé de production de couleurs brunes solides, pour laine, au moyen des composés diazoïques mixtes obtenus avec le tetrazodérivé de :

1 molécule de benzidine, de tolidine ou de p. phénylénidiamine, agissant sur :

1 molécule d'acide salycylique et 1 molécule de :

un acide α-naphtylaminesulfonique (1 : 2 — 1 : 5 — 1 : 6 — 1 : 7 ou 1 : 8)
un acide naphtylènediaminesulfonique (2 : 8)
l'acide γ-amidonaphtolsulfonique.
l'acide (1 : 8) amidonaphtol (3 : 6) disulfonique H.
l'acide (1 : 8) naphtylène-diamine (3 : 6) disulfonique (de Alèn).

On traite l'un de ces composés par l'acide nitreux et on abandonne le diazodérivé formé à la décomposition spontanée en liqueur alcaline ou légèrement acide à une température qui ne dépasse par 30° C. de façon à empêcher la substitution du groupe Az^2 par un hydroxyle (?)

Description. — Ces colorants bruns sont sans doute des produits complexes formés par l'union d'une fraction du diazodérivé avec le phénol provenant de sa partielle décomposition. Leur production s'accompagne, dit la description, d'un abondant dégagement de gaz. Pour les obtenir, il suffit d'ajouter de l'ammoniaque ou de l'acétate de soude à la liqueur diazoïque, et d'abandonner pendant quelques heures à la température ordinaire.

Procédé de préparation d'un acide trisulfonique de la triphénylepararosaniline, par J. Rod. Geigy et Cie, à Bâle. — (Br. allemand C, 5719. — 17 juin 1892. — 30 décembre 1892.)

Objet du brevet. — Procédé de préparation d'un colorant bleu soluble à l'eau, du groupe triphénylemethane, consistant à condenser 2 molécules de diphénylamine monosulfoconjugnée, avec 1 molécule d'aldéhyde formique en solution faiblement acide, puis à unir à l'acide diamidodiphénylemethanedisulfonique formé une autre molécule d'acide diphénylamine monosulfonique, par oxydation simultanée des deux corps en solution aqueuse au moyen du perchlorure de fer à une température de 80 — 100° C.

Description. — Dans une marmite émaillée avec refrigérant à reflux, on chauffe à l'ébullition pendant 1/2 heure :

Diphénylaminemonosulfonate de sodium sec	8 kg. 100
Eau	175 litres.
Acide chlorhydrique concentré	10 litres.
Aldéhyde formique à 4 %	0 kg. 750.

puis après ce premier temps, durant lequel se forme le dérivé diphénylemethane par condensation d'une molécule d'aldéhyde avec 2 molécules d'acide amidosulfonique, on fait arrriver dans la liqueur maintenue en ébullition, dans l'espace d'une heure environ, une solution de :

Chlorure de fer (47 % $Fe^2 Cl^6$)	16 kilogrammes.
Dans eau	100 litres.

Le produit de condensation formé durant les premières périodes de la réaction, se condense avec une nouvelle molécule d'acide diphénylaminemonosulfonique en même temps que, sous l'influence du milieu oxydant, se forme le carbinol colorant.

La purification se fait par redissolution dans des lessives alcalines, et la précipitation par l'acide chlorhydrique.

Ce bleu de rosaniline serait beaucoup plus pur et plus brillant que les produits obtenus jusqu'ici par sulfoconjugaison directe de la pararosaniline.

Procédé de préparation de dérivés bisulfitiques du méthylène-p-amidophénol et du methylène-p-amido-o-crésol, par « Gesellschaft fur chemische industrie, » à Bâle. (Br. allemand G, 7651. — 18 août 1892. — 3 janvier 1893.)

Objet du brevet. — Procédé de préparation de dérivés bisulfitiques du methylène-p.-amidophénol et du méthylène-p-amido-o-crésol, consistant à traiter ces amidophénols en solution alcaline, par l'aldéhyde formique, puis à unir les combinaisons methyléniques formées, au bisulfite de sodium.

Description. — Exemple. — Dissoudre :

Para-amidophénol	21 parties.
Dans eau	1,000 —

filtrer la liqueur et la refroidir jusqu'à 5-10° au plus, ajouter :

Lessive de soude caustique à 40 %	40 parties.

et, peu à peu, en remuant :

Aldéhyde formique à 40 %	16 parties.

Après 2 heures environ, durant lesquelles s'est parachevée la formation du sel sodique très soluble du méthylène-p-amidophénol, on déplace ce composé par un courant de gaz carbonique, ou plus simplement en dissolvant dans la liqueur du bicarbonate de sodium.

Pour transformer le dérivé méthylénique très instable en composé bisulfitique stable et bien cristallisé, on filtre le produit déplacé par CO^2, on le lave rapidement à l'eau froide, puis on le délaie encore humide avec 50 parties environ d'une solution à 40 °/₀ de bisulfite de sodium ou de potassium. On achève la combinaison en chauffant au bain-marie, puis évaporant à cristallisation. Le dérivé au bisulfite sodique de méthylène-p.-amidophénol est cristallisé en petits feuillets assez solubles dans l'eau, moins solubles dans l'alcool.

Procédé de préparation de l'acide o-toluènesulfonique ou de ses sels, par «GESELLCHAFT FUR CHEMISCHE INDUSTRIE», à Bâle.- (Br. allemand C. 7653.— 18 août 1892.— 3 janvier 1893.)

Objet du brevet. — Procédé de préparation d'acide orthotoluènesulfonique ou de ses sels, au moyen des sels de la sulfone de l'acide p.-tolylchydrazine-o-sulfonique, obtenue en réduisant l'acide p.-diazotoluène-o-sulfonique par les bisulfites alcalins ou alcalino-terreux; ces sels sont chauffés avec des lessives alcalines étendues, ou avec de l'eau de baryte.

Description.— EXEMPLE : En partant de l'acide p.-toluidine-o-sulfonique, obtenu en sulfoconjuguant le p.-nitrotoluène et réduisant l'acide p.-nitrotoluène-o-sulfonique obtenu. On diazote cet acide suivant les procédés connus, et on ajoute ensuite du bisulfite de calcium en maintenant la température entre 0 et 5° C.

Proportions à employer :

Acide p-toluidine-o-sulfonique...............	280	parties.
Acide sulfurique...............................	233	—
Eau..	1,500	—
Nitrite de sodium..............................	106,5	—
Eau..	1,000	—
Solution de bisulfite de calcium (à 4 1/2 °/₀ 60)..........	3,000	—

Après plusieurs heures de contact, on réduit au moyen de :

Poudre de zinc, environ............................ 40 parties.

Lorsque le produit est parfaitement décoloré, on ajoute un excès de lait de chaux, sépare le précipité et le lave à plusieurs reprises. La liqueur filtrée jointe aux eaux-mères, est maintenue en ébullition jusqu'à ce que l'essai au nitrite montre l'entière disparition du groupe AzH^2. On élimine l'excès de baryte par un courant de gaz carbonique, on sépare le précipité et concentre le liquide filtré jusqu'à cristallisation.

Couleur rouge disazoïque mixte préparée avec la mono-o-nitrobenzidine, par «GESELLSCHAFT FUR CHEMISCHE INDUSTRIE», à Bâle.—(Br. allemand G, 7592.— 22 juillet 1892. 3 janvier 1893.)

Objet du brevet. — Procédé de préparation d'une couleur rouge disazoïque, solide à l'air, à la lumière, aux acides, au foulon, au chlore et à l'acide sulfureux, représentant le sel sodique de l'acide salicylique-azo-mono-o-nitrodiphényle-azo-1:4-naphtolmonosulfonique, consistant à faire agir 1 molécule du tetrazodérivé de la mononitrobenzidine, obtenue en nitrant la benzidine en solution sulfurique par une molécule de nitrate ou d'acide nitrique, sur 1 molécule d'acide salicylique et le produit intermédiaire formé sur 1 molécule d'acide α-naphtol-α-monosulfonique de Neville et Winther.

Description. — Mode général de préparation des azoïques mixtes.

Procédé de purification de l'anthracène, par le Dr JUL. BUEB, à Dessau. — (Br. allemand B, 13390. — 12 août 1892. — 3 janvier 1893.)

Objet du brevet. — Procédé de purification de l'anthracène brut, consistant à traiter les brais contenant cet hydrocarbure, par des dissolvants appropriés, dans une essoreuse centrifuge.

Description. — Les dissolvants usuels : benzols, benzines lourdes, huiles pyridiques, etc., sont pulvérisés à l'intérieur du tambour de l'essoreuse. On obtient ainsi un anthracène riche sous forme de poudre légère.

Préparation de l'acide α_1-α_4-dioxynaphtaline-β_2-β_3-disulfonique, au moyen de l'acide α_1-α_4-amidonaphtol-β_2-β_3-disulfonique, par «FARBENFABRIKEN», à Elberfeld.— (Br. allemand F, 5600. — 5 septembre 1891. — 3 janvier 1893.)

Objet du brevet. -- Procédé de préparation d'acide α_1-α_4-dioxynaphtaline-β_2-β_3-disulfonique (acide chromotropique) :

1° Par l'action d'une lessive de soude caustique contenant à peu près 10 °/₀ d'alcali, à une température d'environ 280° C.

2° Par l'action de l'eau seule à 280° environ sur l'acide α_1-α_4-amidonaphtol-β_2-β_3-disulfonique.

Procédé de préparation de bases disulfurées (thiurets) et de sels de ces bases au moyen des alcoyledithiobiurets, par « FARBENFABRIKEN », à Elberfeld. — (Br. allemand F, 5950. — 13 juin 1892. — 6 janvier 1893.)

Objet du brevet. — Procédé de préparation de bases disulfurées (thiurets) de la formule générale $RC^2H^2Az^3S^2$ et de leurs sels, consistant à oxyder les alcoyledithiobiurets comme le phényle-o-tolyle-p-tolyle-m-xylyledithiobiuret.

Description. — On délaie ou dissout dans l'alcool 200 grammes de phényledithiobiuret et ajoute de l'iode solide ou dissous jusqu'à coloration brune persistante. Il faut pour cela environ 250 grammes d'iode, soit 2 atomes d'iode pour 1 molécule de phényledithiobiuret. La nouvelle combinaison se sépare en cristaux, iodhydrate de la nouvelle base contenant de l'alcool de cristallisation. On en déplace la base libre en ajoutant à sa solution aqueuse la quantité théorique d'alcali caustique.

Cette base que nous appelons thiuret est soluble dans l'alcool froid d'où elle cristallise par évaporation spontanée, à la température ordinaire, en cristaux à éclat vitreux contenant de l'alcool de cristallisation qu'ils perdent facilement dans l'air sec.

Procédé de préparation d'une couleur basique violette noire au moyen de la p-phénylènediamine et de la quinonedichlorimide, par « AKTIENGESELLSCHAFT FÜR ANILINFABRIKATION », à Berlin. — (Br. allemand A, 3205. — 24 août 1892. — 6 janvier 1893.)

Objet du brevet. — Procédé de préparation d'une couleur basique violette noire, consistant à faire agir 1 molécule de quinone dichlorodimide sur 2 molécules de p-phénylènediamine en solution dans l'alcool, l'acide acétique ou un autre véhicule approprié.

Description. — La matière colorante obtenue est le chlorhydrate d'une base que les alcalis ou l'ammoniaque déplacent sous forme de précipité brun. La couleur se dissout dans l'eau en bleu violet virant au jaune-brun sous l'action des acides. La solution alcoolique est violette noire. Les oxydants, chlorure de fer, bichromate, chlorure de chaux, provoquent dans ces dissolutions des précipités noirs ou bruns.

Cette couleur teint le coton mordancé au tannin en nuances noires violetées d'une grande solidité à la lumière.

Nouveaux colorants du groupe de l'alizarine. — Addition au brevet 64418 (F 5008) par « FARBENFABRIKEN », à Elberfeld. — (Br. allemand F, 5106. — 26 novembre 1890. — 6 janvier 1893.)

Objet du brevet. — Perfectionnement à la préparation des éthers sulfuriques de nouvelles couleurs du groupe de l'alizarine, consistant à soumettre à l'action de l'anhydride sulfurique, à des températures inférieures à 60° C, le dichloranthracène p. f. 209°, ou le dibromanthracène p. f. 221°.

Description. — Voici les nombreux brevets précédents, de la même maison, pour la préparation de ces colorants — années 1891 et 1892.

Couleur disazoïque rouge directe pour coton, par J. ROHNER, à Bâle. — (Br. allemand R, 7434. — 18 juillet 1892. — 6 janvier 1893.)

Objet du brevet. — Procédé de préparation d'une couleur rouge, teignant directement le coton, consistant à unir 1 molécule de tétrazodiphényle à 1 molécule d'acide m-diméthylanilinesulfonique et à saturer le produit intermédiaire obtenu avec 1 molécule d'acide naphtionique.

Description. — Procédés généraux de préparation ; opérer en solutions pas trop étendues et maintenues très froides.

Procédé de préparation de l'auramine, par « FARBENFABRIKEN », à Elberfeld. — (Br. allemand W, 8484. — 14 juillet 1892. — 6 janvier 1893.)

Objet du brevet. — Procédé de préparation d'auramines au moyen des acides tétralcoylediamidodiphénylemethane-exosulfoniques (?) ou de ses sels, consistant à chauffer à des températures élevées l'acide tétraméthyle (ou éthyle) diamidodiphénylemethane-exosulfonique avec de l'ammoniaque gazeuse, ou en solution aqueuse, ou à sec à l'état de sel ammoniacal, avec ou sans adjonction de substances oxydantes, comme la nitrobenzine ou le nitrotoluène.

Description. — EXEMPLE : On chauffe le sel ammoniacal de l'acide tetraméthylediamidodiphénylemethaneexosulfonique à 120-160° C. dans un courant lent de gaz ammoniac sec jusqu'à ce qu'un échantillon de la masse (non fondue) ne cède plus rien à une lessive alcaline faible. On reprend par l'eau aiguisée d'acide acétique et précipite l'auramine par le sel marin.

Autre exemple. — On chauffe le même sel ammoniacal à sec, à 130-150°, jusqu'à ce qu'il ne se dégage plus d'acide sulfureux. La suite comme pour l'exemple précédent.

On peut aussi opérer en solution dans la nitrobenzine (10 parties) avec courant de gaz ammoniac, en chauffant 3 heures à 110°, 5 heures à 140°, et poussant enfin lentement jusqu'à 160° C. On extrait la couleur en agitant le produit avec de l'eau aiguisée d'acide acétique, jusqu'à ce que la nitrobenzine ne cède plus rien à ce dissolvant.

Procédé de préparation d'acide β-naphtol-α_1-monosulfonique, par J. A. F. Bang et M. C. A. Roussin, à Paris. — (Br. allemand B, 13709. — 13 septembre 1892. — 10 janvier 1893.)

Objet du brevet. — Procédé de préparation de l'acide β_1-naphtol α_1-monosulfonique, sans production concomitante d'acide β_1-naphtol-α_4-monosulfonique, consistant à traiter le naphtol par le double de son poids d'acide sulfurique monohydrate à une température qui ne dépasse pas 0°. Le produit de la réaction est étendu d'eau froide, saturé à froid avec une base et la dissolution de sels est chauffée à 70-100° C.

Description. — Les auteurs recommandent de commencer l'addition du naphtol à la température de — 5° et de ne pas dépasser 0°. La liqueur étendue d'eau dépose un peu de naphtol non attaqué qu'on sépare par filtration ; elle contient non de l'acide β-naphtolmonosulfonique, mais de l'acide naphtylemonosulfureux (1); si on la chauffe, ce dernier se dédouble simplement en naphtol et acide sulfurique; mais si l'on sature avec une base et qu'on chauffe ensuite, il se produit vers 70° une transposition moléculaire et l'acide naphtylesulfureux se métamorphose quantitativement en acide β-naphtol-α-sulfonique.

Procédé de préparation de produits d'oxydation de l'alizarine et de ses analogues ainsi que d'éthers sulfuriques dérivés. — Addition au brevet 60855 — (F, 4885), par « Farbenfabriken », à Elberfeld. — (Br. allemand F, 5711. — 7 novembre 1891. — 10 janvier 1893.)

Objet du brevet. — Procédé de préparation d'un éther sulfurique teignant sur mordants, d'une nouvelle couleur du groupe de l'alizarine, consistant à traiter par un excès d'anhydride sulfurique (sous forme d'un acide fumant très concentré) à une température ne dépassant pas 60° C. la penta-oxy-anthraquinone décrite dans les Berichte (XIX p. 751).

2° Transformation de l'éther sulfurique obtenu suivant le § 1 en la matière colorante elle-même, par dissolution dans une lessive alcaline et sursaturation par un acide à chaud, ou directement par ébullition avec un acide.

Description. — Voir les brevets précédents.

L'éther sulfurique obtenu comme produit intermédiaire est relativement instable. La matière colorante qu'on en extrait par saponification se dissout dans le carbonate de soude en rouge, dans l'ammoniaque en rouge bleuté, dans la soude caustique en violet, dans l'acide sulfurique concentré, en violet. Elle teint les mordants d'alumine en rouge violacé, l'oxyde de chrome en violet.

Procédé de préparation d'acides sulfoconjugués d'un produit de condensation du β-naphtol et de la m.-phénylènediamine, par Durand, Huguenin et Cie, à Huningue (Alsace). — (Br. allemand D, 5207. — 7 Juillet 1892. — 13 janvier 1893.)

Objet du brevet. — Procédé de préparation d'acides sulfoconjugués d'un produit de condensation du β-naphtol et de la m.-phénylènediamine, consistant à traiter à la température du bain-marie, par l'acide sulfurique concentré, le produit de condensation obtenu en chauffant le chlorhydrate de m.-phénylènediamine avec le β-naphtol à 200-250° C.

Description. — Le produit de condensation est obtenu en chauffant à 240° pendant 2 à 3 heures :

β-naphtol..	30 kilogrammes.
Chlorhydrate basique de m.-phénylènediamine....	10 —

reprenant le produit par l'acide chlorhydrique étendu pour enlever la m.-phénylènediamine non transformée, puis par l'alcool pour enlever le β-naphtol en excès et quelques résidus : il se présente sous forme de poudre rouge brune foncée. Ce produit se transforme facilement en acides mono ou polysulfoconjugués, suivant la concentration de l'acide sulfurique employé.

(1) La dénomination acide naphtylesulfurique serait plus exacte.

L'acide monosulfonique est insoluble dans l'eau, soluble dans les lessives alcalines ; les acides polysulfoniques sont solubles dans l'eau ; le sel marin les déplace de cette solution.

Procédé de préparation de l'aurine, par le Dr Karl Heumann, à Zurich. — (Br. allemand H, 12155. — 2 avril 1892. — 13 janvier 1893.)

Objet du brevet. — Procédé de préparation de l'aurine, consistant à faire agir le tétrachlorure de carbone sur le phénol, en présence d'agents de condensation, à des températures supérieures au point d'ébullition du tétrachlorure de carbone et sous forte pression.

Description. — On chauffe en autoclave à 140-160°, en remuant :

Phénol	14	parties
Chlorure de zinc	30	—
Ou chlorure d'aluminium	10	—
Tétrachlorure de carbone	8	—

La pression dans l'autoclave devient bientôt assez considérable en raison de la quantité de gaz chlorhydrique formé par la réaction.

Traitement de la cuite suivant les méthodes connues. Au lieu de chlorure de zinc ou d'aluminium, on peut employer aussi le perchlorure d'étain ou de fer.

Couleurs disazoïques teignant sur mordants, préparées au moyen de l'acide diamidosalicylique. Addition à la demande de brevet C, 4164, par Cassella et Cie, à Francfort. — (Br. allemand C, 4237. — 9 août 1892. — 24 janvier 1893.)

Objet du brevet. — Perfectionnement à la préparation de couleurs disazoïques pour laine, teignant sur mordants, au moyen de l'acide diamidosalicylique, consistant à faire agir 1 molécule du tétrazodérivé de cet acide sur :

a) 2 molécules de crésol, de résorcine, de méta-amidophénol, de m.-toluylènediamine, de m.-oxydiphénylamine, d'acide naphtionique, d'acide β-naphtylaminesulfonique 2 : 6 ou 2 : 7 d'acide β-naphtolsulfonique 1 : 4, d'acide β-naphtolmonosulfonique 2 : 6, d'acide β-naphtoldisulfonique R, d'acide α-amidonaphtolsulfonique (en solution acide), de diphénylamine, de diméthylaniline *b*), ou sur 1 molécule d'acide naphtolsulfonique 1 : 4 ou d'acide β-naphtoldisulfonique R et 1 molécule d'acide α-amidonaphtolsulfonique (en solution alcaline), d'acide amidonaphtoldisulfonique H (1 : 8 : 3 : 6) ou d'acide dioxynaphtalinedisulfonique (1 : 8 : 3 : 6) — suivent encore d'autres combinaisons mixtes analogues, choisies parmi les n + 1 combinaisons possibles entre le tétrazodérivé de l'acide diamidosalicylique et deux composés différents du § a (ou du § b).

Couleurs polyhydroxylées du groupe de l'alizarine. — Addition au brevet 64418 (F, 5008) par « Farbenfabriken », à Elberfeld. — (Br. allemand F, 5814. — 19 janvier 1892. 24 janvier 1893.)

Objets du brevet. — 1° Perfectionnement au procédé de préparation de l'éther sulfurique de l'hexa-oxyanthraquinone du brevet 64418, consistant à employer au lieu de l'alizarine ou de l'alizarine Bordeaux du brevet principal, l'alizarine pentacyanine (penta-oxyanthraquinone) du brevet 66153 (F, 5237) qu'on soumet à l'action de l'anhydride sulfurique sous forme d'acide fumant très concentré, à des températures comprises entre 20 et 60° C.

2° Transformation de l'éther sulfurique obtenu suivant le § 1 en matière colorante par ébullition avec des acides dilués ou avec des alcalis, en sursaturant la liqueur alcaline chaude par un acide.

Description. — Voir tous les brevets précédents et notamment les brevets français pris par cette maison pour les couleurs de cette nouvelle classe de dérivés de l'alizarine. — (Se reporter à la table des brevets de l'année 1892.)

Procédé de préparation d'une couleur acide du groupe du vert Malachite, par « Farbwerke », à Hœcht-sur-Mein. — (Br. allemand F, 6416. — 5 décembre 1892. — 24 janvier 1893.)

Objet du brevet. — Procédé de préparation de l'acide m-oxydibenzylediéthylediamidotriphénylecarbinoltétrasulfonique, d'après la méthode du brevet 46384 (F, 3757), consistant à condenser la m-oxybenzaldéhyde avec l'acide éthylebenzylanilinesulfonique et, soit à sulfoconjuguer à nouveau le dérivé triphénylemethanesulfonique obtenu et à oxyder ensuite le leucodérivé tétrasulfoconjugué, soit à oxyder le leucodérivé disulfonique et à sulfoconjuguer ensuite la matière colorante obtenue.

Description. — Méthodes générales. Pour sulfoconjuguer l'acide m-oxy-diéthyledibenzyle diamidotriphénylemétlianedisulfonique. On emploie 5 parties d'acide fumant à 20 °/₀ d'anhydride. Pour sulfoconjuguer le carbinol, on chauffe à 50-60° avec 6 parties d'acide sulfurique monohydraté jusqu'à ce qu'un échantillon se dissolve en bleu dans l'ammoniaque étendue.

Couleur violette noire dérivée de l'acide β_1-amido-α_1-naphtolmonosulfonique. — Addition au brevet 63043 (R, 6865), par KERN et SANDOZ, à Bâle. — (Br. allemand K, 9725. — 19 mai 1892. — 24 janvier 1893.)

Objet du brevet. — Modification au procédé du brevet 63043, consistant à remplacer dans la préparation décrite au dit brevet l'acide β_1-amido-α_1-naphtol-α_2-sulfonique par le produit de l'action de l'acide sulfurique fumant à 10 °/₀ d'anhydride sur le β_1-α_1-amidonaphtol.

Description. — Voir brevets français 1892, p. 207.

Couleurs trisazoïques mixtes du groupe des congos, contenant l'acide amidophénolsulfonique comme constituant, par K. ŒHLER, à Offenbach. — (Br. allemand O, 1778. — 12 août 1892. — 24 janvier 1893.)

Objet du brevet. — Procédé de préparation de couleurs directes pour coton par combinaison des constituants :

tolidine { azo-acide amidophénolsulfonique III.
azo-métaphénylénediamine.

tolidine { azo-acide amidophénolsulfonique III.
azo-résorcine.

et action de l'acide diazonaphtionique sur les disazoïques mixtes ainsi obtenus.

Description. — Procédés généraux.

Les colorants obtenus sont de nuances Bordeaux ou brun violacé.

Couleurs disazoïques secondaires pour coton, par « FARBENFABRIKEN », à Elberfeld. — (Br. allemand F, 5781. — 19 décembre 1891. — 31 janvier 1893.)

Objet du brevet. — Procédé de préparation de couleurs disazoïques secondaires teignant directement le coton, contenant un reste d'α-naphtylamine dans la position centrale (?) et un reste d'acide (1 : 8) dioxynaphtalinesulfonique dans une position finale (??) au moyen des diazodérivés, des déhydrothiotoluidines ou des primulines, consistant à unir :

L'acide 1 : 8 dioxynaphtaline-α-monosulfonique S (obtenu en fondant avec des alcalis l'acide α-naphtoldisulfonique S du brevet 40571.)

L'acide 1 : 8 dioxynaphtalinedisulfonique S (au moyen du même acide du brevet 40571, préalablement transformé en trisulfoconjugué, puis fondu avec les alcalis.)

L'acide 1 : 8 dioxynaphtaline β-disulfonique (par fusion avec les alcalis de l'acide α-naphtoltrisulfonique du brevet 56058.)

Avec les diazodérivés des amidoazoïques obtenus en faisant agir l'α-naphtylamine ou l'un des acides α-naphtylaminesulfonique γ, β ou δ de Clèves ou leur mélange sur le diazodérivé de l'un des composés suivants :

Déhydrothioparatoluidine (Berichte 22, p. 1064.)
Déhydrothio-m-xylidine (Berichte 22, p. 583.)
Base de la primuline (Berichte 22, p. 1067.)
Acide déhydrothio-p- toluidinesulfonique (*Ibid*, p. 971.)
Acide déhydrothio-p- xylidinesulfonique (*Ibid*, p. 585.)
Primuline ou mélange de primuline et de déhydrothio-p- toluidine, formé par l'action du soufre sur la paratoluidine.

Procédé de préparation de deux acides dioxynaphtoïques isomères au moyen de l'acide β-oxynaphtoïque fondant à 216°, par « GESELLSCHAFT FUR CHEMISCHE INDUSTRIE », à Bâle. — (Br. allemand G, 7652. — 18 août 1892. — 31 janvier 1893.)

Objet du brevet. — Procédé de préparation de deux acides dioxynaphtoïques isomères, consistant à fondre avec les alcalis, en vase ouvert ou clos, les acides monosulfoconjugués de l'acide β-naphtolcarbonique (β-oxynaphtoïque) fondant à 216° C.

Description. — L'acide β-oxynaphtoïque traité par l'acide sulfurique, engendre 2 acides monosulfoconjugués isomériques, qui, fondus avec les alcalis, fournissent les acides dioxynaphtoïques correspondants. L'un de ces acides, l'acide S, s'obtient plus facilement que son isomère, l'acide L. Pour le premier, il suffit de fondre le sel de sodium de l'acide β-oxynaphtoïque monosulfonique S avec deux fois son poids de soude ou de potasse caustique à 220-

240 pendant 1 à 2 heures. Pour l'isomère L il faut chauffer, avec les mêmes proportions d'alcali, à 280-290°.

Les deux acides se présentent en aiguilles jaunâtres; l'acide S fond à 225°, l'acide L à 270°.

Couleur préparée avec le molybdate d'ammoniaque et l'acide phosphorique, par le Dr F. W. Schmidt, à Munich. — (Br. allemand Sch 8365. — 28 avril 1892. — 3 février 1893.

Objet du brevet. — Procédé de préparation d'une couleur bleue, consistant à fondre le molybdate d'ammonium avec de l'acide phosphorique, avec ou sans le concours d'un agent réducteur et extraction de la cuite incolore au moyen de l'eau.

Description. — En fondant ensemble pendant quatre ou cinq heures (la température n'est pas indiquée) 100 parties de molybdate d'ammonium et 250 parties d'acide phosphorique, soit seuls, soit avec addition d'une petite quantité de réducteur, on obtient un produit blanc ou légèrement jaunâtre. Cette masse incolore, reprise avec précaution par l'eau, se transforme en une liqueur épaisse de couleur indigo foncé, d'où l'on extrait facilement la matière colorante verte bleue à l'état solide. Le produit fondu incolore est constitué par le métaphosphate molybdénique, le sel colorant par le phosphate (orthophosphate.) Ce dernier se dissout dans l'eau avec une belle couleur bleue et teint directement la laine ou la soie ainsi que le coton mordancé en alumine ou en fer, en belles nuances bleu indigo.

Procédé de préparation d'un acide α-napthylaminedisulfonique au moyen de l'acéto-α-napthalide ou de l'acide α_1-α_2-acétonaphtalidesulfonique, par « Badische Anilin und Sodafabrik », à Ludwigshafen.— (Br. allemand B, 13,464.—8 juillet 1892 — 10 février 1893.

Objet du brevet. — Procédé de préparation d'un acide α-naphtylaminedisulfonique, consistant à traiter par l'acide sulfurique fumant, à la température ordinaire, ou à une douce chaleur, soit l'acéto-α-naphtalide, soit l'acide acéto-α-naphtalidemonosulfonique, jusqu'à ce qu'une tâte prélevée dans la masse, étendue d'eau et portée à l'ébullition, ne donne plus de dépôt, d'acide. acétonaphtylaminemonosulfonique. On saponifie ensuite pour enlever le groupe acétyle.

Description. — On acétyle l'acide naphtylaminemonosulfonique 1 : 5, en le chauffant avec six fois son poids d'acide acétique cristallisable et 3/5 de son poids d'acétate de sodium desséché et autant d'anhydride acétique jusqu'à ce qu'un échantillon ne donne plus de réaction diazoïque. On distille au bain d'huile l'acide acétique et l'excès d'anhydride et on sèche le résidu de manière à pouvoir le pulvériser et l'employer directement à la sulfoconjugaison. Celle-ci s'opère avec 5 à 10 parties d'acide sulfurique fumant à 30 °/₀ d'anhydride, à la température ordinaire. Lorsqu'en étendant d'eau il ne se sépare plus d'acide acéto-α-naphtaline monosulfonique très peu soluble, on verse sur de la glace, on chauffe avec l'acide sulfurique étendu pour saponifier et laisse cristalliser par refroidissement le nouvel acide α-naphtylamine disulfonique.

Procédé de préparation de couleurs au moyen de la cinchonidine et des amidobenzhydrols alcoylés, par le Dr A. Einhorn, à Munich. — (Br. allemand E, 3529. — 4 juillet 1892. — 10 février 1893.)

Objet du brevet. — Procédé de préparation de couleurs au moyen de cinchonidine et de tétraméthyle (ou éthyle) diamidobenzhydrol, consistant à chauffer ces composés avec de l'acide sulfurique concentré et à traiter par des agents oxydants le produit de condensation formé.

Description. — On chauffe pendant 8 à 10 heures à 50-60° C.:

Tétramétylediamidobenzhydrol	1	partie.
Cinchonidine	1.09	—
Acide sulfurique concentré	10	—

On reconnait que la condensation est achevée lorsqu'une prise d'essai étendue d'eau et neutralisée par un alcali, puis acidulée par l'acide acétique, ne donne plus la coloration bleue caractéristique du benzhydrol.

On étend d'eau, on ajoute un excès de soude caustique et recueille le sel sodique du produit condensé, qui est peu soluble dans les liqueurs chargées de sels et dans un excès d'alcali, et facilement soluble dans l'eau.

On oxyde le sel de sodium du produit condensé par le peroxyde de plomb, à froid. Proportions à employer :

Sel sodique	2,1	parties.
Acide sulfurique concentré	1	—
Eau	QS	—
Peroxyde de plomb à 30 °/₀	3,2	—

La matière colorante précipitée par le sel et le chlorure de zinc teint le coton mordancé au tannin en bleu-vert.

Procédé de préparation de l'acide m-diamidodiphénique et de l'acide diphénylinedicarbonique, au moyen de l'aldéhyde benzoïque métanitré, par « Farbwerke », à Hœcht s/M. — (Br. allemand F, 6299. — 13 octobre 1892. — 10 février 1893.)

Objet du brevet. — Procédé de préparation de l'acide m-diamidodiphénique et de l'acide diphénylinedicarbonique, au moyen de la m-nitrobenzaldéhyde, consistant à traiter cet aldéhyde par la soude caustique et la poudre de zinc et à aciduler la liqueur décolorée par l'acide chlorydrique.

Description. — On dissout 5 kilogrammes d'aldéhyde benzoïque métanitré dans 25 kilogrammes de soude caustique à 40°B° étendue de 40 kilogrammes d'eau. On fait bouillir jusqu'à ce qu'un échantillon de la lessive refroidie ne cède plus rien à l'éther. On ajoute alors environ 5 kilogrammes de poudre de zinc jusqu'à décoloration, on acidule avec 36 kilogrammes environ d'acide chlorhydrique ordinaire et filtré.

L'acide diphénylinedicarbonique reste sur le filtre avec l'excès de zinc sous forme de chlorhydrate très peu soluble. On le purifie par lavage à l'eau et le sépare du zinc en le dissolvant dans une lessive de soude carbonatée.

Quant à l'acide diamidodiphénique passé dans la liqueur filtrée, on le précipite par addition d'acide chlorhydrique et d'acétate de sodium.

Nouvelles matières colorantes teignant la laine en rouge brun et en noir, par « Farbwerke », à Hoecht. — (Br. allemand K, 7931. — 11 juin 1890. — 10 février 1893.)

Objet du brevet. — Procédé de préparation de couleurs laine rouges, brunes ou noires, consistant à combiner l'acide dioxynaphtalinedisulfonique de la demande de brevet du 8 mai 1890, avec les diazodérivés des acides amidoazoïques, obtenus en unissant l'α-naphtylamine avec le diazodérivé de l'un des acides amidosulfoniques suivants : liste des acides amidés sulfoconjugués connus à l'époque de la prise du brevet.

Description. — La couleur obtenue avec acide sulfanilique + α-naphtylamine + acide dioxynaphtalinedisulfonique (du brevet indiqué) teint la laine, sur bain acide, en bleu ou bleu noir, la laine chromée en bleu-verdâtre.

Procédé de préparation d'acides amidophénolsulfonique et amidocrésolsulfonique, par K. Œhler, à Offenbach. —(Br. allemand O, 1631. — 24 décembre 1891. — 10 février 1893.)

Objet du brevet. — Procédé de préparation d'acides amidophénolsulfonique et amidocrét solsulfonique contenant le groupe amidogène en méta par rapport à l'hydroxyle, consistant à fondre avec les alcalis l'acide métasulfanilique sulfoconjugué ou l'acide p-toluidinedisulfonique.

Description. — Méthode classique de préparation des phénols.

Couleurs azoïques dérivées de l'acide amidonaphtoldisulfonique. — 2me addition au brevet 55024 (C 3070), par Cassella et Cie, à Francfort. — (Br. allemand C, 3555. — 27 décembre 1890. — 14 février 1893.)

Objet du brevet. — Préparation de couleurs azoïques par combinaison de l'acide amidonaphtoldisulfonique II en solution acide ou neutre avec les diazodérivés de l'aniline, la toluidine. etc., etc. (Le brevet principal relate la même série d'amines en combinaison avec l'acide γ-amidonaphtolmonosulfonique).

Couleur basique dérivée de la gallocyanine, par Durand, Huguenin et Cie, à Huningue (Alsace). — (Br. allemand D, 5494. — 15 décembre 1892. — 14 février 1893.)

Objet du brevet. — Procédé de préparation d'une couleur basique consistant à chauffer l'éthylènediamine avec la gallocyanine à la température du bain-marie.

Description. — On chauffe au bain-marie 10 parties de gallocyanine en pâte à 40 °/₀ avec 4 parties d'éthylènediamine. Après 5 à 6 heures, on extrait à l'eau l'éthylènediamine non entrée en réaction.

Le résidu noir brun insoluble représente la nouvelle matière colorante, qui se dissout en bleu dans l'acide sulfurique ou acétique. Ces liqueurs, étendues d'eau, virent au violet. Les alcalis en déplacent la base colorante sous forme de précipité violet foncé.

Couleurs bleues basiques préparées avec le nitroso-dialcoyle-méta amido-p-crésol et les diamines aromatiques, par A. Léonhardt et Cie, à Muhlheim. — (Br. allemand L, 7312. — 24 mars 1892. — 14 février 1893.)

Objet du brevet. — Procédé de préparation de couleurs basiques bleues dont les chlorhydrates ou les sels doubles picriques sont bien solubles dans l'eau, consistant à faire agir le nitrosodérivé du diméthylemétaamido-p-crésol sur une méta ou paradiamine aromatique — suit la série des diamines de ce genre connues — en présence d'un solvant ou d'un agent de dilution approprié.

Description. — On opère avec le chlorhydrate de nitroso-diméthyle-méta-amido-p-crésol en solution alcoolique, au réfrigérant à reflux, par exemple avec :

Chlorhydrate du nitrosodérivé	11	kilogrammes.
Benzylemétaamidodiméthyleparatoluidine	13	—
Alcool fort	40	litres

ou bien, avec l'acide acétique cristallisable :

Para-phénylènediamine	6	kilogrammes.
Chlorhydrate du nitrosodérivé	17	—
Acide acétique cristallisable	50	—

Chauffer avec précaution au bain-marie.

Après réaction, on distille l'alcool (exemple I,) étendu d'eau, on ajoute 20 kilogrammes d'acétate de sodium, on sépare les impuretés par le filtre et on précipite la matière colorante par le sel marin et le chlorure de zinc.

TEINTURE. — IMPRESSION. — BLANCHIMENT. — APPRÊTS.

Procédé de production de couleurs trisazoïques et tétrazoïques sur la fibre au moyen des disazodérivés du groupe Congo obtenus avec les acides naphtylaminesulfoniques. — Addition à la demande de brevet 5615, par « Farbenfabriken », à Elberfeld. — (Br. allemand F, 5893. — 27 février 1892. — 30 décembre 1892.)

Objet du brevet. — Perfectionnement au procédé du brevet F, 5615, consistant à employer au lieu de l'acide α-naphtylamine-β-monosulfonique de Clèves, indiqué au dit brevet, les acides :

α-amido-β-naphtoléther-β-monosulfonique : AzH^2 : OC^2H^5 : SO^3H = 1 : 2 : 6 obtenu en éthylant, nitrant et réduisant l'acide β-naphtol-β-monosulfonique 2 : 6.

α-amido-β-naphtoléther-δ-monosulfonique : AzH^2 : OC^2H^5 : SO^3H = 1 : 2 : 7, obtenu de même avec l'acide β-naphtol-δ-monosulfonique 2 : 7.

On teint le coton avec une des couleurs du groupe Congo obtenue en combinant 1 molécule d'un tétrazodérivé (suit une liste) avec 2 molécules de ces acides amidonaphtoléthersulfoniques — ou 1 molécule d'un tetrazodérivé (de la même liste) avec 1 molécule d'un phénol, d'une amine, d'un amidophénol, d'un acide sulfonique ou carbonique dérivé.

Le coton ainsi teint est passé dans un bain acide de nitrite, puis dans un bain acide ou alcalin d'un phénol, d'une amine, d'un amidophénol, d'un acide sulfonique ou carbonique dérivé.

Procédé de préparation de couleurs polyazoïques sur fibres. — 2me Addition à la demande de brevet 5615, par « Farbenfabriken », à Elberfeld. — (Br. allemand F, 7207. — 2 mars 1892. — 30 décembre 1393.)

Objet du brevet. — Même objet que le brevet 5615 avec adjonction de quelques acides naphtylaminesulfoniques ou alcoyloxynaphtylaminesulfoniques oubliés dans la demande de brevet précédent.

Procédé pour teindre au moyen des produits de réduction de l'acide molybdènephosphorique, par le Dr F. Schmidt, à Munich. — (Br. allemand Sch, 7983. — 28 avril 1892. — 6 décembre 1892.)

Objet du brevet. — Procédé pour teindre les fibres en nuances bleues, consistant à les faire bouillir dans une dissolution aqueuse de molybdènephosphate d'ammonium, à les passer ensuite dans un bain chaud de sulfate de fer ou d'hyposulfite de sodium et développer la couleur bleue virée au brun dans le bain réducteur, par décoction avec de l'acide phosphorique étendu.

Description. — Le procédé est applicable à toutes les fibres textiles, de quelque nature qu'elles soient. On donné un premier bain de 10 minutes dans une solution bouillante de molybdènephosphate d'ammonium, on exprime ou essore, passe dans un bain à 10 °/₀ de vitriol vert ou d'hyposulfite chaud et développe la couleur bleue par décoction dans de l'acide phosphorique à 25 °/₀. (1).

Perfectionnement dans l'emploi des fluorures de chrome basiques ou neutres pour la teinture et l'impression. — Addition au brevet 44,493, par R. Kœpp et Cie, à Œstrich. — (Br. allemand K, 9928. — 1 août 1892. — 3 février 1893.)

Objet du brevet. — Perfectionnement dans l'emploi des fluorures de chrome basiques ou neutres ou des oxyfluorures de chrome pour la teinture et l'impression, consistant dans l'addition aux bains de mordançage, d'une petite proportion d'acide chromique, de chromates ou d'eau oxygénée.

Description. – Si dans un bac en cuivre, on travaille de la laine dans un mordant monté au fluorure de chrome et additionné de 5 °/₀ de chromate de potasse, on ne trouve ni sur la laine ni dans le bain de traces appréciables de cuivre ; tandis que sans l'adjonction de chromate, d'acide chromique ou d'eau oxygénée, la fibre et le bain se chargent de quantités sensibles de cuivre.

Procédé de rouissage, d'épuration et de neutralisation de fibres textiles comme le lin, le chanvre, la ramie, etc., par le Dr R. Baur, à Stuttgart. — (Br. allemand B, 13,934. — 11 novembre 1892. — 9 janvier 1893.)

Objet du brevet. — Procédé de rouissage, d'épuration et de désacidification (neutralisation) de fibres textiles comme le lin, le chanvre, la ramie et autres analogues, consistant à opérer le traitement acide pour la destruction des substances incrustantes de même que le lavage ultérieur avec l'eau ou des solutions alcalines pour éliminer l'acide à une température inférieure à 100° C. dans des marmites où l'on fait le vide partiel.

Description. — Procédé déjà décrit pour la canne de Provence. — Extension du traitement chimique, avec le concours du vide qui doit faciliter la pénétration des réactifs dans les vaisseaux capillaires des fibres, au lin, au chanvre, à la ramie, etc.

Procédé de blanchiment au moyen de l'ozone et du chlorure de chaux, par Siemens et Halske, à Berlin. — O. Keferstein ainé et O. Keferstein jeune à Greifenberg, en Silésie. — (Br. allemand S, 6368. — 24 décembre 1891. — 16 janvier 1893.)

Objet du brevet. — Procédé de blanchiment des filés ou des tissus, consistant à traiter les fibres, préparées comme d'habitude par un décreusage alcalin, successivement par des solutions de chlorure de chaux et par l'air ozonisé, chacun de ces réactifs étant employé à un tel état de dilution ou durant un temps assez court, pour qu'isolément il ne produise pas un blanchiment complet et que la solidité de la fibre n'en soit pas affectée.

Description. — Les fibres décreusées dans un bain alcalin reçoivent d'abord un bain de chlorure de chaux concentré (?), très court, au sortir duquel on les essore et suspend dans la chambre à ozone. Après quelques heures, on les repasse dans un bain faible de chlorure de chaux, on les essore et expose de nouveau à l'action de l'ozone et ainsi de suite jusqu'à ce qu'on ait atteint le blanc voulu.

On a trouvé avantageux, durant le traitement à l'ozone, de soumettre la fibre à l'action de la lumière, lumière solaire directe, lumière naturelle ou lumière artificielle (arc électrique). Il faut, durant ce temps de l'opération, retourner les écheveaux où les pièces de manière à ce qu'elles deviennent accessibles en toutes leurs parties à l'action des rayons lumineux.

Suivent des détails sur la construction de la chambre à ozone, les précautions à prendre pour empêcher les corrosions des barres de fer de suspension, etc. L'exposé ci-dessus suffit à nous convaincre que ce procédé n'est pas encore le *bon idéal* du blanchiment.

Procédé de blanchiment au moyen de l'ozone et du chlorure de chaux. — Addition au brevet précédent par les mêmes. — (Br. allemand S, 6780. — 11 août 1892. — 16 janvier 1893).

Objets du brevet. — 1° Perfectionnement au procédé du brevet principal, consistant à mouiller ou imprégner les fibres avec l'une des substances suivantes : ammoniaque, émulsions ammoniacales d'essence de térébenthine, essence de térébenthine, résinates d'ammoniaque, savons ammoniacaux (de résine), indigo ammoniacal (2) dans le but d'augmenter l'action décolorante de l'ozone (?).

---

(1) Ces bains de teinture nous paraissent bien chargés.

(2) Sans doute carmin d'indigo.

2° Traitement des fibres par les brouillards qui se forment au contact de l'ozone et des vapeurs d'ammoniaque, d'émulsion ammoniacale, d'essence de térébenthine pour atteindre le même but qu'au § 1.

Description : — L'emploi d'un bleu d'azurage pour « *augmenter l'énergie décolorante de l'ozone* » est déjà une belle trouvaille; mais après les brouillards décolorants, on peut, ce nous semble, tirer l'échelle.

Liste des brevets, dont le Moniteur scientifique a rendu compte, accordés par l'office de Berlin, du 14 octobre 1892 au 14 février 1893.

	N° de la demande.	N° définitif.		N° de la demande	N° définitif.		N° de la demande.	N° définitif.		N° de la demande.	N° définitif.
K	7853	67563	A	2951	67570	F	5559	66072	H	11371	66664
L	6365	67649	B	12534	67304	F	5904	65826	H	11256	66605
F	2905	67564	H	10164	66096	F	5960	65952	G	7432	66754
K	8510	67198	Z	1386	65785	F	5966	65985	F	5513	66688
C	3740	67128	C	3542	65997	G	7288	65759	F	5773	66693
W	7800	67176	K	9082	66177	O	1632	65863	H	11947	66613
H	12130	67696	A	3053	66125	K	9223	66158	B	13299	66797
F	5491	67426	L	7278	65673	H	12231	66080	C	3673	67017
P	5578	67336	E	3148	65808	B	11383	65894	L	7398	66939
R	7351	67320	W	8261	65839	W	8293	66060	N	2510	66805
L	6043	67126	F	5237	66155	H	11321	66071	F	5837	66612
D	4904	67258	F	5128	65509	P	4986	66099	H	11576	66644
W	8112	67434	F	5315	66021	R	7066	66202	F	5674	66712
F	5905	67470	A	2956	65755	P	5670	66185	F	6021	66791
F	5910	67232	L	6892	66103	B	13265	66065	W	8262	66813
L	7315	67609	F	5691	65650	G	6557	66687	F	5985	66873
H	11923	67360	T	2969	65847	C	3544	67062	F	5827	66808
E	3483	67157	G	6908	65850	F	5481	66862	F	5866	66705
G	7526	67240	Sch	7643	66112	D	4528	66886	F	5903	66811
B	12957	67957	T	3217	65584	C	3499	67104	G	7191	66975
B	13136	67255	C	4006	65703	F	5278	67063	F	3232	66806
B	13360	67297	C	3618	65651	A	2953	66786	K	9033	66866
F	6239	67304	M	8784	65708	R	8625	67115	F	5718	66917
F	6104	67213	G	7112	66199	L	6777	66804	S	6628	66937
F	5650	67259	C	3566	65733	G	7301	67000	W	7601	67018
F	5881	67261	F	5940	65947	R	12884	66611	P	5825	67101
B	13449	67298	B	12749	65937	F	5836	66610	F	5065	67061
C	4248	67303	B	12538	65686	F	4661	67013	W	8213	67001
D	5216	67634	H	10209	65921	B	12399	67102	H	12303	66877
O	1660	67399	B	12885	65604	R	6881	66730	K	8955	67074
F	5659	67429	K	8487	65784	D	5175	66737	G	7364	66838
B	13225	67478	K	8853	65576	M	8700	66998	C	4172	67087
H	11618	67568	R	6812	65582	S	6370	66976	H	12466	67107
S	6143	67566	D	5161	65834	St	2995	66606			

Ont été refusées les demandes de brevets :

R N°s 5992	C N°s 3641	M N°s 8676	D N°s 4875
A 2905	A 2756	S 4814	L 6667
A 2775			

Ont été retirées par leurs auteurs les demandes de brevets :

St n° 3377	M n° 8552	B n° 13209	L n° 7003

Sont arrivés à expiration les brevets :

N°s 56573	N°s 58136	N°s 58378	N°s 55222
56713	64346	58295	55878
56621	57942	65349	64465
57491	58227	63042	65053
57391	65582	58828	

Ont été transférés :

N°s 64680 à Berliner Dachpix fabrik, Klemar et Ce.
62703 à Farbwerke, Meister Lucius et Bruning, à Hœcht-sur-Mein.
60174 à Aktiengesellschaft fur Anilinabrikation. — Berlin.
54429 Vereinigte Kœln-Rottweiler Pulverfabriken, à Cologne.
66806 à Badische Anilin und Sodafabrik, à Ludwigshafen.
66511 à la même.
65584 à la même.

BREVETS PRIS A PARIS

Analysés par M. Thabuis.

PRODUITS CHIMIQUES.

Nouveau procédé de préparation industrielle de la baryte et de la strontiane par l'électricité, par Taquet, rep. par Fayollet. — (Br. 225,553. — 10 novembre 1892. — 25 janvier 1893.)

Objet du brevet. — Procédé ayant pour but la fabrication de la baryte et de la strontiane par l'électricité et permettant la régénération facile et économique de ces deux bases, de leurs sulfate ou carbonate. Le procédé est le même pour la baryte et pour la strontiane.

Description. — Dans un bac à électrolyse, séparé en deux ou plusieurs compartiments par des cloisons ou des diaphragmes poreux (parchemin, amiante, porcelaine, etc.), on électrolyse une solution de chlorure de baryum en employant comme cathode une lance de cuivre et comme anode une lance de fer. Sous l'influence du courant, on voit se dégager au pôle négatif de l'hydrogène, tandis que la baryte se dissout au fur et à mesure de sa formation ; le chlore se porte sur le fer de l'anode pour faire du protochlorure de fer qui servira à régénérer le chlorure alcalino-terreux primitivement employé. Si l'on s'est servi d'une solution concentrée de chlorure de baryum, la baryte cristalise dans le compartiment négatif. Au bout d'un certain temps de marche, on aura donc d'un côté de la baryte et de l'autre du chlorure de fer en solution.

Régénération du chlorure de baryum: 1° Du *sulfate de baryte.* — Le sulfate de baryte est transformé par les procédés connus en sulfure de baryum. La dissolution de celui-ci, ajoutée à la liqueur de chlorure de fer obtenu dans l'électrolyse donne, par double décomposition, du *chlorure de baryum* soluble et du sulfure de fer insoluble.

Le chlorure de baryum repasse à l'électrolyse, et le sulfure de fer peut être grillé et donner de l'acide sulfureux utilisable pour la fabrication de l'acide sulfurique et du sulfate de fer.

2° *Du carbonate de baryte.* — La régénération est ici plus facile que dans le cas précédent, il suffit de faire bouillir le carbonate de baryte avec le chlorure de fer. Le chlorure de baryte est électrolysé. L'acide carbonique peut servir à carbonater, et le protoxyde de fer est vendu comme minerai, ou, plus avantageusement, transformé par la calcination en colcothar ou rouge d'Angleterre, duquel on peut tirer bon parti.

Les réactions forment donc un cycle continu, et l'emploi d'une anode en fer diminue considérablement la force motrice à fournir aux dynamos. D'après les expériences faites en grand on obtiendrait deux kilogr. de baryte cristallisée par cheval de force et par heure. Le procédé s'appliquerait principalement au désucrage des mélasses ; mais, il pourrait servir également à la fabrication des alcalis caustiques par la décomposition de leurs sulfates par la baryte. Enfin, la décomposition du chlorure de baryum n'exige qu'une très faible force électromotrice.

Procédé pour débarrasser de leur mauvais goût et de leur mauvaise odeur les produits végétaux ou animaux, comestibles ou non, sans enlever leur principe actif ou nutritif, par Davioud, représenté par Assi et Genès. — (Br. 226258. — 8 décembre 1892. — 27 février 1893.)

Objet du brevet. — Procédé consistant à entraîner au moyen d'un courant d'air le principe odorant du produit à traiter.

Description. — Exemple : Pour désodoriser la kola ou la coca, on les pulvérise, on en fait une bouillie avec de l'eau chaude, puis on y insuffle de l'air à une température de 70 à 80° C. On opère d'une façon analogue pour l'huile de foie de morue et l'huile de ricin.

Procédé de récupération du fer contenu dans les résidus provenant de la fabrication des amines basiques, pour pouvoir utiliser ce fer à nouveau dans la même fabrication, par la « Société Landshoff et Meyer », rep. par Danzer. — (Br. 226415. — 15 décembre 1892. — 6 mars 1893.)

Objet du brevet. — Procédé consistant à soumettre les résidus de la préparation des amines par réduction des dérivés nitrés au moyen du fer, après les avoir débarrassés des sels métalliques solubles et du chlore en excès à l'abri de l'air à une température de 900° environ, de manière à obtenir d'abord une masse spongieuse partiellement réduite par sa propre teneur en carbone, puis à terminer cette réduction par l'addition d'un excès de carbone ou de matière riche en carbone.

Description. — On introduit ces résidus éventuellement débarrassés de leurs sels solubles dans un four où on les chauffe au rouge sombre en présence de vapeur d'eau afin d'enlever au fer qui se trouve présent, sous forme de chlorure basique, du chlore en excès, et de recueillir les vapeurs d'acide chlorhydrique qui se dégagent. Quand le dégagement a cessé, on fait monter la température au rouge clair afin de brûler les substances carbonées présentes dans le mélange, de façon à avoir un produit contenant environ 30 à 40 °/₀ de fer métallique. On achève la réduction si la matière carbonée n'est pas en quantité suffisante, par de substances organiques ou du carbone. Quand la réaction est terminée, on vide le four dans une caisse que l'on referme rapidement, puis on laisse refroidir. On tire les plus gros morceaux de charbon et on le débarrasse des cendres et du charbon menu au moyen d'un courant d'air. On laisse les petits copeaux de fer qui peuvent être utilisés directement, et l'on passe les plus grosses agglomérations au bocard pour les réduire en grains suffisamment fins pour pouvoir aussi les utiliser pour la réduction des corps nitrés.

Procédé d'enrichissement des phosphates de chaux et des craies phosphatées, par Laurent, rep. par Armengaud. — (Br. 226459. — 17 décembre 1892. — 6 mars 1893.)

Objet du brevet. — Procédé consistant à pulvériser, en présence d'un courant d'eau, le phosphate, de manière à produire une bouillie liquide, puis à chauffer la mouture jusqu'à ébullition par un courant de vapeur d'eau pour désagréger et séparer des phosphates les matières étrangères qui surnagent, tandis que le phosphate tombe au fond de l'eau.

Méthode rationnelle et appareil continu pour faciliter les réactions chimiques au sein des liquides et la séparation des produits qui en résultent, par Guillon, rep. par Chassevent. — (Br. 226478. — 19 décembre 1892. — 8 mars 1893.)

Produit industriel nouveau dit : « Ebénite ». par la Société anonyme « La Papeterie de Lacourtensourt », à Lacourtensourt, (Haute-Garonne). — (Br. 226513. — 22 décembre 1892. — 10 mars 1893.)

Objet du brevet. — Procédé consistant dans la préparation au moyen soit de cellulose de bois résineux, soit de déchets lessivés de la fabrication des dites celluloses, d'une sorte de bois durci dit : « Ebénite. »

Description. — Les bois résineux écorcés et déchiquetés en petits morceaux et principalement les parties les plus résineuses sont traités par les procédés de lessivage connus dits : Procédés aux sulfates, sulfites, bisulfites, procédés employés pour obtenir la pâte à papier dite chimique ou cellulose de bois. Après cette cuisson et un trempage plus ou moins long dans la lessive, ces petits morceaux de bois ramollis sont broyés sous de fortes meules de papeterie ou autres. La matière sort à l'état de pâte à papier qui, pendant le raffinage dans la pile ordinaire, sera additionnée de produits, matières colorantes ou autres, convenables et susceptibles de donner à l'ébénite sa qualité spéciale. Cette pâte est transformée en feuilles de papier ou carton humide par les procédés ordinaires que l'on compte jusqu'aux épaisseurs désirées, puis on soumet la masse à une presse hydraulique pour enlever toute l'eau, et enfin on sèche et l'ébénite peut alors être employée aux usages voulus.

On peut l'imperméabiliser par les procédés ordinaires.

Perfectionnements apportés à la fabrication et à l'emploi des sels d'alumine. — Cert. d'addition au brevet pris le 28 novembre 1892, par Kessler, boulevard de Gergovie, Clermont-Ferrand. — (Br. 225903. — 23 décembre 1892. — 13 mars 1893.)

Objet du brevet. — Perfectionnements au brevet principal pour l'obtention de l'alun de soude.

Description. — Lorsque la dissolution d'alun de soude est trop concentrée, c'est-à-dire lorsqu'elle marque plus de 40° B. à la température de 45° C. l'alun se précipite sous forme déshydratée opaque, nacrée pendant le refroidissement. Les cristaux d'alun de soude transparents s'y déshydratent eux-mêmes et se transforment dans la pâte opaque Augé. (Brevet 201440). Au dessous de cette densité, surtout si la dissolution a été amorcée à 45°, celle-ci ne donne que des cristaux transparents de véritable alun en se refroidissant jusqu'à 12° C.

Une dissolution d'alun de soude saturée de ce sel à 45° C. peut être chauffée davantage et soumise à l'ébullition sans cesser de donner de bons cristaux par refroidissement, pourvu qu'on remplace l'eau qui s'est évaporée. Au contraire, elle donne du sel opaque et pâteux, si on la concentre davantage, quoique sa solution soit limpide à l'ébullition. Inversement, si sur le sel pâteux on verse de l'eau, on a une dissolution d'alun de soude à un degré de saturation plus faible que 40° B., il se transforme même à froid en cristaux transparents. L'addition de cristaux de sels étrangers, notamment ceux de magnésie, entrave la formation du sel opaque. De là, plusieurs manières pour obtenir des cristaux transparents d'alun de soude. La première consiste à mêler de suite à la pâte Augé une quantité à peu près égale ou supérieure d'eau d'égouttage d'un sel précédent additionnée de cristaux pour servir d'amorce. Le fer reste dans l'eau mère.

Une seconde manière consiste à verser dans une dissolution concentrée de sulfate d'alumine (soit à 53° B° bouillant) refroidie au besoin jusqu'à ce qu'elle soit prête à se figer, ou même en partie figée, assez d'eaux-mères d'une précédente cristallisation d'alun de soude pour qu'après addition de 40 °/₀ du poids du sulfate d'alumine en sulfate de soude cristallisé, et refroidissement vers 40° à 45°, elle ne pèse pas sensiblement 40° B. Les eaux mères peuvent être remplacées par de l'eau froide, et dans ce cas le mélange dans la température devra descendre vers 65° C., ne doit pas peser plus d'environ 39° à 40° B. C'est ce mélange dans lequel on fond le sulfate de soude cristallisé dans la proportion de 40 °/₀ du poids de sufate d'alumine à 52° pesé bouillant.

La quantité d'eau devra suffire pour ramener à ce qu'il faut pour que vers 45° C., la dissolution pèse environ de 40° B. Au lieu de sulfate de soude cristallisé, on peut en employer en dissolution, mais on doit tenir compte de l'eau pour avoir une solution marquant 40° B° à 45° C.

Une troisième manière consiste à ajouter aussi alternativement dans le même liquide, (eau mère ou eau pure) les sulfates d'alumine et de soude en solutions plus ou moins concentrées dans les proportions de 40 parties de sulfate de soude pour 100 de sulfate d'alumine à 53° B. bouillant, de manière à ce que la liqueur ne marque plus que 40° B à 45° C, et à laisser cristalliser entre les additions. Lorsqu'il y a dans le mélange du sulfate de soude en excès, on agite les cristaux dans de l'eau-mère chauffée de manière à l'amener peu à peu à 25° ou 35° C. Le sulfate de soude se dissout et se sépare à l'état de liquide. Au lieu d'eau-mère ou d'eau pure, on peut ajouter 2 à 5 °/° de chlorure de magnésium, ou de sulfate de magnésie. Au lieu de sulfate de soude, on peut prendre du chlorure de sodium. Dans ce cas, il se forme deux sels doubles, de l'alun de soude et du chlorure double de sodium et d'aluminium. L'alun cristallise le premier, et si le chlorure de sodium est en excès, les dernières eaux-mères consistent surtout en chlorure double qui cristallise.

Dans ce mode de préparation, pour arriver à obtenir de beaux cristaux et à maintenir la température de 40° à 50° et une densité de 40° B, on chauffe la surface du liquide de façon à produire l'évaporation du liquide superficiel. Pour cela, on place un serpentin en plomb chauffé par les moyens connus au-dessous de la surface du liquide, mais à une certaine distance des cristaux, si l'on veut le chauffer fortement, il est bon d'entourer ou de faire surplomber le dit serpentin par une feuille de plomb à bords plongeants, que le liquide chauffé doit franchir pour s'épandre sur le reste de la surface du cristallisoir.

Procédé d'évaporation des liquides, par Sickel, rep. par Armengaud aîné. — (Br. 226559. — 21 décembre 1892. — 12-18 mars 1893.)

Procédé et appareil simplifiés et perfectionnés pour reconstituer le bisulfite de chaux employé dans la fabrication de la cellulose, par Messmer, rep. par Blétry. — (Br. 226564. — 21 décembre 1892. — 12-18 mars 1893.)

Perfectionnements dans la distillation des liquides épais, par Maller, rue Paradis, 20, Paris. — (Br. 226583. — 22 décembre 1892. — 12-18 mars 1893.)

Appareil destiné à déterminer la densité des pommes de terre, dit : « Nécessaire densimétrique universel Billant », rep. par Blétry. — (Br. 226588. — 22 décembre 1892. — 12-18 mars 1893.)

Colonne filtrante destinée à la clarification et à la stérilisation des eaux, par Michael, rue du Lendit, 11, à Saint-Ouen (Seine). — (Br. 226604. — 23 décembre 1892. — 12-18 mars 1893.)

Nouveau procédé de purification de l'eau et des eaux de vidange, par Lawrence, rep. par Mattray frères. — (Br. 226622. — 23 décembre 1892. — 12-18 mars 1893.)

Objet du brevet. — Appareil.

Nouveau système d'appareil de condensation des vapeurs de toute nature, par Barbier, rep. par Chassevent. — (Br. 226662. — 24 décembre 1892. — 12-18 mars 1893.)

Procédé de fabrication de phénolsulfonate d'oxyquinoléine et ses homologues, par la « Société Lembach et Schleicher », à Biebrich-sur-Rhin, rep. par Armengaud aîné. — (Br. 226668. — 17 décembre 1892. — 18 mars 1893.)

Objet du brevet. — Procédé consistant à produire de nouveaux antiseptiques solubles, en faisant réagir sur l'oxyquinoléine ou ses homologues avec addition d'eau, soit de l'acide phénolsulfurique, soit enfin un phénylsulfate acide d'oxyquinoléine ou ses homologues.

Description. — Exemple : 1° On prend 194 p. d'acide phénylsulfurique obtenu à l'aide de 94 p.de phénol et 100 p. d'acide sulfurique, et 290 p. d'oxyquinoléine préalablement dissoute dans un acide avec une addition de 54 p. d'eau. La combinaison se réalise immédiatement en donnant une masse cristalline qu'on peut pulvériser.

2° Ou bien, l'on prend: phénol 94 p. (1 mol.), oxyquinoléine 290 p. (2 mol.), eau 54 p. à la température du bain-marie. Par l'élévation de température, la masse se colore en jaune. On laisse refroidir à 80° et l'on mélange 100 p. d'acide sulfurique chimiquement pur avec 100 p. d'eau lentement ajoutée. Ensuite, on laisse refroidir la masse en l'agitant continuellement, et l'on sépare les cristaux obtenus en enlevant l'eau. La combinaison est facilement soluble dans l'eau. On obtient des cristaux hexagonaux transparents jaune ambré qui contiennent 4 molécules d'eau et fondent à 78-83°.

Perfectionnements aux procédés et appareil pour épurer l'eau, par Bristowe, rep. par Delom. — (Br. 226708. — 29 décembre 1892. — 19-25 mars 1893.)

Procédé et appareil pour la fabrication d'acide sulfurique, par Staub, rep. par Mattray frères. — (Br. 226798. — 30 décembre 1892. — 22 mars 1893.)

Objet du brevet.— Nouveau procédé de fabrication d'acide sulfurique, consistant à supprimer l'emploi des chambres de plomb en faisant passer le gaz sulfureux dans six tourelles dans lesquelles ce gaz est mis en contact avec un mélange d'eau et d'acide nitrique tombant de haut en bas.

Procédé et système d'appareil permettant de stériliser toute espèce d'eau, sans perte de gaz ni de produits solides, par Bullier, rep. par Chassevent. — (Br. 226811. — 30 décembre 1892. — 19-25 mars 1893.)

Nouveau procédé perfectionné pour séparer les substances solides ou liquides dissoutes dans l'alcool, l'éther ou le chloroforme, sans évaporation du dissolvant, par Weitenkampf, rep. par Mennons. — (Br. 226816. — 31 décembre 1892. — 23 mars 1893.)

Objet du brevet. — Procédé consistant à refroidir à une température de 20 à 25° C. la dissolution, puis à la saturer d'acide carbonique, et enfin à la forcer à passer à travers des matières filtrantes telles que la cellulose. Les mêmes conditions de pression et de température sont maintenues tout le temps de la filtration. (L'objet de ce brevet est bien peu compréhensible.)

Description. — Elle n'est pas plus explicite que l'exposé précédent.

Préparation de colles solubles à froid et non susceptibles de se prendre en gelée, par l'action de l'acide sulfureux, des bisulfites, et sulfites métalliques sur les colles de peau, d'os et de cartilages, par Vidal, rue Saint-Félix, 1, à Valence (Drôme). — (Br. 226645. — 16 décembre 1892. — 16 mars 1893.

Objet du brevet. — Procédé consistant à faire passer un courant d'acide sulfureux dans une solution de colle d'os et de cartilages maintenue fluide par chauffage au bain-marie jusqu'à ce qu'elle ne se prenne plus en gelée et reste parfaitement fluide. La colle ainsi préparée peut être mise en formes ayant l'aspect de la gomme arabique, elle peut être pulvérisée A l'emploi de l'acide sulfureux, on peut substituer celui des bisulfites et sulfites métalliques.

MATIÈRES COLORANTES. — ENCRES.

Production de nouvelles matières colorantes, par KALLE et Cie, rep. par Armengaud aîné. — (Br. 226635. — 24 décembre 1892. — 16 mars 1893.)

Objet du brevet. — Procédé de préparation de matières colorantes nouvelles dérivées de l'acide dinitrosostilbènesulfonique, en traitant le paranitrotoluolsulfonate de sodium par un grand excès de soude.

Description. — On dissout 10 kilogrammes de paranitrotoluolsulfonate de sodium dans 100 litres d'eau et 20 kilogrammes d'une lessive de soude à 40°B., et on chauffe pendant environ 1 heure à 70°. Le mélange d'abord rouge passe au jaune et en même temps le sel du nouvel acide se sépare sous forme d'une poudre cristalline orangée. On l'oxyde en traitant à la température ambiante par 5 kilogrammes d'acide sulfurique dilué avec la moitié de son poids d'eau, et 4,2 kilogrammes de bichromate de potasse pulvérisé. Au bout de 12 heures, le précipité d'abord foncé devient jaune clair. On le sépare par filtration, puis on le dissout dans l'ammoniaque et on évapore à sec. On peut employer d'autres oxydants que le bichromate. Pour obtenir le produit de réduction, on dissout 10 kilogrammes du sel sodique mentionné ci-dessus dans 200 litres d'eau, et on ajoute 13 kil. 4 de sulfate de fer et suffisante quantité d'ammoniaque pour saturer l'acide sulfurique. On chauffe à l'ébullition que l'on maintient jusqu'à ce que tout l'oxyde ferreux soit transformé en oxyde ferrique, on filtre ensuite et précipite par le sel marin. Un colorant ayant les mêmes propriétés s'obtient en chauffant sous pression la solution aqueuse d'un sel de l'acide dinitrosostilbènesulfonique, soit, par exemple, en chauffant pendant 3 heures à 180° 1 partie du sel de soude mentionné plus haut avec 5 parties d'eau.

Procédé pour la production de para-fuchsine et de ses homologues, des leucobases correspondantes, par la « COMPAGNIE PARISIENNE DES COULEURS D'ANILINE », rep. par Armengaud jeune. — (Br. 226690. — 26 décembre 1892. — 18 mars 1893.)

Objet du brevet. — Procédé de préparation de triamidotriphénylcarbinol, triamidophényl ditolylcarbinol, triamidodiphényltolylcarbinol, en dissolvant les méthanebases (leucobases) correspondant à ces carbinols dans un agent de dissolution apte à être mélangé à l'eau comme l'acétone, la méthyl ou l'éthylacétone, auquel on ajoute avant, pendant ou après, soit en dissolution aqueuse, soit avec addition d'eau en quantité nécessaire, un sel tel que le sel commun, apte à précipiter la fuchsine et en traitant cette dissolution par un agent oxydant, tel que le bioxyde de manganèse et un acide organique tel que l'acide acétique, tartrique ou oxalique.

Description. — EXEMPLE : Une chaudière d'une capacité d'environ 100 litres et munie d'un couvercle et d'un agitateur est installée dans un bain-marie. Le couvercle est muni d'un chapiteau avec réfrigérant pour la distillation de l'acétone, et d'un orifice de chargement. Le bain-marie est d'abord rempli d'eau froide, laquelle sert en même temps à la réfrigération. On place dans la chaudière 10 kilogrammes de paraleucaniline bien sèche (sous la forme où elle sort de la presse et de titre connu), 15 kilogrammes d'acétone. La base est dissoute par agitation, puis on ajoute en continuant de remuer, 10 à 12 kilogrammes d'acide acétique dilué, 10 litres de solution de sel commun, et 2 kilogrammes du même sel. On oxyde alors pendant une demi-heure au moyen du bioxyde de manganèse en quantité calculée, soit sous forme de manganate en poudre fine, soit sous forme de limon de Weldon. On continue l'agitation à froid pendant une heure, puis on chauffe la masse à 60°-70° : l'acétone distille. On sépare la matière colorante du résidu par ébullition avec l'eau, puis on filtre et on sépare des liquides filtrés la matière colorante par le sel marin, enfin on filtre à nouveau et sèche

Production d'un nouveau dérivé du dioxydiphénylméthane, propre à la fabrication des matières colorantes, par L. DURAND et HUGUENIN ET Cie, rep. par Armengaud jeune. — (Br. 226691. — 26 décembre 1892. — 18 mars 1893.)

Objet du brevet. — Sulfoconjugaison du thiodioxydiphénylméthane, par l'action du sesquioxyde de soufre dissous dans l'acide sulfurique concentré sur ce corps.

Description. — On dissout 10 parties de fleur de soufre dans 100 parties d'acide sulfurique fumant à 30 % d'anhydride et dans la dissolution du sesquioxyde de soufre ainsi obtenu on introduit peu à peu 10 parties de dioxydiphénylméthane en poudre, en ayant soin de veiller à ce que la température ne dépasse pas 50° C. Après quoi, la masse est abandonnée à elle-même pendant quelques heures et la réaction est terminée : on verse ensuite le produit dans l'eau glacée, on neutralise par la chaux et on sépare par filtration le sulfate calcaire précipité du sel de chaux du nouvel acide sulfoconjugué. On décompose ce sel par le carbonate de sodium, et le sel sodique peut servir à la préparation de matières colorantes azoïques. Le nouvel acide et ses sels sont facilement solubles dans l'eau et ne cristallisent pas. En concentrant la dissolution du sel sodique, on obtient une poudre rouge brune.

Production de matières colorantes vert bleu de la série des verts malachite, obtenues de la monobenzylortho toluidine et de son acide monosulfonique, par la « Société pour l'Industrie chimique », a Bale, (rep. par Thirion. — (Br. 226761. — 28 décembre 1892. — 20 mars 1893.)

Objet du brevet. — Procédé de préparation de matières colorantes de la série des verts malachite au moyen du dibenzyldiamidoorthoditolylméthane.

Description. — Exemple : — 40 parties de méthylorthotoluidine, 13 parties d'acide chlorhydrique, 11 parties de benzaldéhyde sont chauffées avec agitation, au bain marie, pendant 10 à 12 heures, jusqu'à ce que l'odeur d'aldéhydé benzylique ait disparu. La fonte est dissoute dans l'alcool et la leucobase est séparée par addition d'ammoniaque, puis on la lave à l'eau et sèche à 120-130°. Le dibenzyldiamidorthoditolylméthane obtenu est difficilement soluble dans l'alcool froid et facilement dans l'alcool chaud, et insoluble dans les acides dilués. Pour sulfoner ce corps, on ajoute 40 parties de dibenzyldiamidoorthoditolylméthane à 80 parties d'acide sulfurique monohydraté. On ajoute à la solution refroidie environ 80 parties d'oleum à 24 % jusqu'à ce qu'un échantillon se dissolve clairement dans l'eau alcaline. Le sel sodique du sulfo est une poudre blanche ou vert bleuâtre aisément soluble dans l'eau et l'alcool, c'est le sel du trisulfo.

Pour oxyder, on traite 34 parties du sel de soude desséché par 300 parties d'eau acidulée avec 30 parties d'acide acétique. Dans cette solution, on fait couler la quantité voulue de bichromate de soude. On acidule ensuite à l'acide sulfurique et on évapore jusqu'à ce que le colorant se présente sous forme d'une poudre noire bleue à reflets cuivrés. On filtre et sèche. Cette nouvelle matière se dissout facilement dans l'eau avec une coloration vert bleu et produit sur laine et sur soie des teintes vert bleu en bain acide. On prépare de même l'acide dibenzyldiamidoorthoditolylphénylméthanesulfonique et son produit d'oxydation.

Perfectionnements dans la fabrication d'un acide sulfonique d'α-naphtol et de matières colorantes avec cet acide. — Cert. d'addition au brevet pris le 24 décembre 1891, par la « Société Read, Hollidayand Sons, limited », rep. par Armengaud jeune. — (Br. 218273. — 17 décembre 1892. — 12-18 mars 1893.)

Procédé pour la préparation de matières colorantes basiques solubles à l'eau. Cert. d'addition au brevet pris le 21 octobre 1892, par la « Société Farbenfabriken », rep. par Dobler. — (Br. 225086. — 20 decembre 1892. — 12-18 mars 1893.)

Objet du brevet. — Rien, sinon une longue énumération de nombreuses amines aromatiques.

Procédé pour la production de colorants bleus dérivés du triphénylméthane, par la « Société pour l'Industrie chimique, a Bale, rep. par Thirion. — (Br. 226762. — 28 décembre 1892. — 20 mars 1893.)

Objet du brevet. — Procédé consistant dans l'emploi de la dichlorobenzaldéhyde (décrite par Guchm Berl : Ber. XVIII p. 752) pour préparer des matières colorantes bleues basiques qui se distinguent par un éclat extraordinaire. Elles teignent la laine, la soie, ainsi que le coton mordancé au tannin et à l'émétique. La nuance varie entre le vert le plus bleuâtre et le bleu le plus verdâtre connu jusqu'à présent. La production du diméthyldiamidoorthoditolyldichloraphénylméthane symétrique s'effectue de la façon suivante.

Description. — 60 parties de monométhylorthotoluidine sont chauffées pendant 24 heures dans le bain-marie avec un mélange de 44 parties de dichlorobenzaldéhyde, 60 parties d'alcool et 25 parties d'acide sulfurique; on opère comme d'habitude. L'oxydation du produit se fait par les moyens connus. Le produit obtenu est pulvérulent, à reflets cuivrés, difficilement soluble dans l'eau froide, mais bien soluble dans l'eau bouillante.

Procédé de fabrication de matières colorantes vertes, bleues et violettes dérivées du triphényl et diphénylnaphtylméthane. — Cert. d'add. au brevet pris le 19 septembre 1892, par la « Société Farbenfabriken », rep. par Dobler. — (Br. 208330. — 26 décembre 1892. — 21 mars 1893.)

Objet du brevet. — Procédé consistant à faire agir en présence d'un condensateur quelconque, les phénoléthers, les amidophényléthers substitués dans 6 groupes amidés, de la série de la benzine, ou de la naphtaline ou leurs sulfos, leurs dérivés carboxyliques ou sulfocarboxyliques, de même que les dérivés carboxyliques ou sulfocarboxyliques des acides phénoxy-lacétique et naphtoxylacétique sur les dialkyldiamidobenzhydrols, les tetraalkyldiamidobenzhydrols, et à transformer les leuco composés en colorants, par oxydation.

Production de nouvelles matières colorantes teignant le coton sans mordant.— Cert. d'addition au brevet pris le 4 juillet 1892, par Rohner, rep. par Delage.— (Br. 222785. — 26 décembre 1892. - 21 mars 1893).

Objet du brevet. — Addition au brevet principal, consistant dans :

1° La préparation de produits intermédiaires propres à la fabrication de matières colorantes, en combinant 1 mol. de tétrazodiphényle ou ditolyle avec un mol. d'acide m-diéthylaniline sulfonique ; — 2° La préparation de matières colorantes tetrazoïques rouges teignant le coton sans mordant par la combinaison de 1 mol. des produits intermédiaires indiqués ci-dessus avec 1 mol. d'acide naphtionique ; — 3° La préparation de matières colorantes tétrazoïques rouges teignant le coton sans mordant, par la combinaison des produits intermédiaires provenant de la réunion de 1 molécule de tétrazodiphényle ou ditolyle et de 1 mol. d'acide meta-diméthylanilinesulfonique ou diéthylanilinesulfonique ou 1 mol. d'acide α-naphtylamine sulfonique de Laurent.

Fabrication de nouvelles matières colorantes basiques dérivées de la gallocyanine et de la muscarine, par la « Société L. Durand, Huguenin et Cie. rep, par Armengaud jeune. — (Br. 226893. — 3 janvier 1893. — 28 mars 1893.)

Objet du brevet. — Procédé consistant à faire réagir l'une sur l'autre des quantités équivalentes de tetraméthyldiamidobenzhydrol et de gallocyanine ou de muscarine en solution alcoolique, d'abord à la température ordinaire, puis à une température de 40° à 50°. Les matières colorantes ainsi obtenues teignent le coton mordancé au tannin et à l'émétique en bleu pur.

Description. — Dans un récipient, muni d'un agitateur, on met 33 kil. 6 de gallocyanine sèche et 27 kilogs de tetraméthyldiomidobenzhydrol et 300 kilog. d'alcool. On agite quelque temps, à la température ambiante, puis on porte peu à peu à 50° C. Après quelques heures, la réaction est terminée, et on porte le produit dans une solution diluée de chlorure de sodium qui précipite la nouvelle base sous forme de précipité bleu foncé. Cette matière colorante teint la laine chromée en bleu violet plus bleu que la gallocyanine. Elle se distingue de la gallocyanine par sa dissolution dans l'acide acétique glacial qui est de couleur « bleuet », tandis que celle de la gallocyanine est rouge violet. Avec l'acide sulfurique concentré, elle donne une coloration bleue.

Procédé de préparation de matières colorantes jaunes à rouge-brunes, applicables à la teinture des laines, par la « Compagnie Parisienne des couleurs d'aniline », rep. par Armengaud jeune. —(Br. 226917. — 4 janvier 1893. — 28 mars 1893.)

Objet du brevet. — Préparation de matières colorantes allant du jaune au rouge brun en convertissant l'anthrachrysone en acide disulfonique par l'acide sulfurique fumant.

Description. — L'anthrachrysone purifiée est mélangée, en agitant, à 3 ou 4 fois son poids d'acide sulfurique à 10 ou 20 % d'anhydride. On chauffe à 500° jusqu'à ce qu'un échantillon se dissolve dans l'eau. Puis on verse dans beaucoup d'eau, on porte à l'ébullition, et la matière colorante est séparée, s'il y a lieu, par filtration, de l'excès d'anthrachrysone. On précipite l'acide disulfoné par le sel marin cristallisé, dans l'acide acétique fortement dilué, cet acide donne de belles lamelles jaune d'or à éclat verdâtre. Son analyse répond a celle d'un acide disulfoné. Il teint la laine non mordancée en jaune pur, la laine chromée en nuance rouge-brune, et la laine aluminée en nuance orangée.

SUCRE

Perfectionnement dans le raffinage des sucres bruts de betterave et de canne, par Manoucery, rep. par Thirion. — (Br. 223613. — 11 août 1892. — 19 novembre 1892.)

Objet du brevet. — Procédé consistant à employer comme agent de défécation la baryte, en ajoutant à une partie du sirop une certaine quantité de cette base alcalino-terreuse, tandis que dans l'autre partie on dissout du sulfate de magnésie, de fer, de zinc etc. On sépare le précipité de sulfate formé, puis le sucrate de baryte est ajouté à la liqueur sucrée contenant le sulfate en solution. La baryte est précipitée, et l'on opère pour le reste comme d'habitude.

Nouvelle méthode d'épuration des jus sucrés extraits des plantes saccharifères, telles que betterave, canne, sorgho, etc., par MANOUGERY, rep. par Thirion. — Br.(223450 — 12 août 1892. — 22 novembre 1892.)

Objet du brevet. — Procédé consistant à traiter le jus chaud par le sulfate de magnésie, de fer ou de zinc, en laissant un peu de chaux, puis à chauffer et à traiter la liqueur claire par défécation, par de la baryte qui précipite l'acide sulfurique, puis à se débarrasser de la chaux par l'acide carbonique, enfin à faire bouillir après saturation, filtrer et évaporer.

Procédé de préparation de saccharate de baryum au moyen des jus sucrés et en dissolution absolue, par ZSCHEYE ET MANN, rep. par Nauhardt. — (Br. 223809. — 20 août 1892. — 25 novembre 1892.)

Objet du brevet. — Procédé consistant à additionner les jus sucrés de chlorure de baryum et d'un alcali caustique. — (Voir le brevet allemand 21516 (*Moniteur Scientifique*, 613e livraison, janvier 1893, page 9.)

Procédé pour opérer, par voie électrique, la défécation du jus brut des betteraves, des mélasses et, en général, de toutes espèces de jus et de matières saccharifères, par BEHM, à Hoym (Anhalt), rep. par Dumas. — (Br. 226679. — 26 décembre 1892. — 18 mars 1893.)

Objet du brevet. — Procédé de défécation des jus sucrés de toutes provenances au moyen d'un courant électrique.

Description. — On peut soumettre les jus sucrés à l'action d'un courant électrique, soit entre les diffuseurs et les réchauffeurs, soit entre les réchauffeurs et la saturation. La défécation a lieu dans des chaudières quelconques, mais de préférence de forme oblongue munies d'une disposition appropriée pour retenir les matières précipitées. Dans ces chaudières plongent des électrodes jusqu'à quelque distance du fond, ces électrodes pouvant consister dans une substance appropriée quelconque, métal, charbon, etc.

Dans le premier cas, le jus arrive dans les chaudières avec une température de 40 à 50° et on l'y soumet pendant 9 minutes à l'action d'un courant ayant à peu près 50 à 60 ampères (6-8 volts). La précipitation achevée, on fait traverser au jus la disposition destinée à retenir les matières précipitées, d'où il sort limpide pour passer dans les réchauffeurs. Le jus sortant des dernières avec une température de 60° R. est chaulé, en y introduisant 1 1/2 à 1 °/₀ de chaux, et après chaulage il est soumis à une ébullition énergique. Le traitement ultérieur s'opère comme d'habitude.

Dans le second cas, les jus arrivent des réchauffeurs dans les chaudières à défécation avec une température de 60° R. On les y expose pendant 6 à 9 minutes à l'action d'un courant de 50 à 60 ampères. On termine le traitement par les procédés ordinaires.

Procédé d'épuration et de décoloration des jus sucrés et sirops, en sucrerie, raffinerie, sucraterie et glucoserie, par CURELY, rue de Lafayette, 171, Paris. — (Br. 226477. — 19 décembre 1892. — 10 mars 1893.)

Objet du brevet. — Procédé d'épuration et de décoloration des jus sucrés et sirops basé sur l'emploi combiné du sulfate de fer et de la baryte.

Description. — 1° D'abord en *sucrerie*. On ajoute successivement dans les jus extraits de la betterave, de la canne aussi bien dans les sirops à toutes densités une solution concentrée de sulfate de fer et de baryte dans des proportions équivalentes. Il en résulte un précipité de matières organiques et la décoloration du liquide sucré. — 2° En *raffinerie*, on opère de même sur les jus et sirops soumis au traitement, quelle que soit leur densité et leur provenance ; — 3° En *sucraterie*, on décompose le sucrate de baryte par le sulfate de fer et l'on supprime la carbonatation. De là, suppression, en sucrerie, de la chaux et de l'acide carbonique. Au lieu d'additionner les extraits de sulfate de fer, on peut introduire ce sel dans la diffusion, en tête ou par l'un quelconque des diffuseurs de la betterave ou de la canne, et ensuite on ajoute la baryte sur les jus extraits des diffuseurs.

Procédé d'épuration des jus et des égouts de betteraves et de cannes dans la diffusion et sur les moulins, par DUPONT et GALLOIS, rue de Dunkerque, 37, Paris. — (Br. 226835. — 7 septembre 1892. — 25 mars 1893.)

Objet du brevet. — Procédé consistant à épurer les jus de betteraves, de cannes et les égouts de premier jet dans la diffusion même ou sur les moulins par l'emploi successif de l'acide sulfureux ou du bisulfite de chaux ou des phosphates de chaux solubles, d'une part et de la chaux ou baryte, d'autre part.

Description. — On introduit dans le diffuseur de tête, soit pendant son chargement de cossettes fraîches, soit avant, soit pendant le meichage, les égouts de premier jet convenablement dilués et préalablement additionnés d'acide sulfureux ou d'acide phosphorique, soit à l'état d'acide, soit à l'état de sels solubles. Au moment du meichage, on introduit dans le diffuseur précédent, c'est-à-dire dans celui qui est avant le diffuseur rempli de cossettes fraîches, de la chaux, soit sous forme de jus chaulés, de première ou de deuxième carbonatation ou même d'égouts chaulés. On peut aussi n'introduire le liquide chaulé que dans le troisième diffuseur à partir du diffuseur plein de cossettes fraîches. L'introduction d'acides sulfureux ou phosphorique dans le diffuseur à cossettes fraîches a pour but de précipiter les matières organiques qui se fixent sur les cossettes. L'introduction des jus chaulés dans le deuxième ou troisième diffuseur est destiné à neutraliser l'acide qui sous l'action de la chaleur intervertirait une partie du sucre. La quantité de chaux doit être telle que l'acide soit saturé et précipité. Si les jus doivent être soumis à la carbonatation, on additionne d'un excès de chaux. Les jus peuvent être soutirés au diffuseur meiché, dans ce cas, ils sont acides, et il est nécessaire de les soumettre, ensuite, à une défécation, soit à une simple ou double carbonatation. Le mieux est de les soutirer sur le deuxième diffuseur c'est-à-dire sur celui qui précède le diffuseur meiché. Dans ce cas le jus soutiré est alcalin, si c'est dans le second diffuseur que le liquide chaulé a été introduit. Mais il est acide, si ce n'est que le troisième diffuseur qui a été chaulé. Dans ce cas, il est nécessaire de le neutraliser, après soutirage. Enfin on peut soutirer le jus sur le troisième diffuseur compté à partir du diffuseur meiché; sur ce diffuseur l'épuration des jus est maximum, l'acide, la chaux, ayant eu tout le temps de produire tout leur maximum d'effet utile. Quand les jus extraits du deuxième diffuseur sont suffisamment épurés, on les passe aux filtres, sinon on les défèque et carbonate.

Pour les cannes, on remplace la chaux par la baryte. Si on emploie dans ce cas des moulins au lieu de diffuseurs, on opère ainsi. Si l'on a trois paires de moulins, on imbibe la bagasse après le deuxième moulin, avec les égouts convenablement dilués et acidifiés. La bagasse sortant du deuxième moulin est à son tour imbibée d'eau chaude additionnée d'une quantité convenable de chaux, ou mieux de baryte, pour que les jus sortant du troisième moulin mélangés à ceux des deux premiers, rendent tous ces jus neutres ou légèrement alcalins. Après défécation, les jus sont filtrés et évaporés comme à l'ordinaire.

VIN. — ALCOOL. — ÉTHER. — VINAIGRE.

Procédé de fabrication des éthers salicyliques, des phénols et naphtols dits : « Salols », par Byk, rep. par Chassevent. — (Br. 226538. — 20 décembre 1892. — 13 mars 1893.)

Objet du brevet. — Procédé de fabrication des éthers salicyliques, des phénols et naphtols (Salols) par l'action : *a*) du pentoxyde de phosphore ; *b*) de l'acide métaphosphorique ; *c*) de l'acide phosphorique sirupeux sur des mélanges d'acide salicylique, de phénols, ou de naphtols.

Description. — On chauffe dans un courant d'acide carbonique du pentoxyde de phosphore ou de l'acide phosphorique sirupeux de poids spécifique (1,7) on additionne de l'acide salicylique en agitant, et l'on continue le chauffage jusqu'à la sublimation naissante de l'acide organique : puis on ajoute le phénol ou le naphtol. Si on emploie le pentoxyde, il suffit d'un chauffage en agitant jusqu'à une température de 105°-120° C. Si c'est l'acide sirupeux que l'on emploie, il faut chauffer plusieurs heures à l'ébullition. Pour 27 kilogrammes d'acide salicylique, il convient d'employer 19 kilogrammes de phénol et 20 kilogrammes de pentoxyde de phosphore. On traite par l'eau chaude le salol, puis on lave ; après un lavage suffisant avec cette eau, on traite par une solution de soude chauffée et on fait cristalliser.

Procédé de préparation de l'éther salicylique de l'acétol, par Fritsch, rep. par Carénou. — (Br. 22695. — 6 janvier 1893. — 28 mars 1893.)

Objet du brevet. — Procédé de préparation de l'éther salicylique de l'acétol (alcool acétonique, acétylcarbinol, ou alcool pyruvique) consistant à chauffer du salicylate de soude avec une acétone monochlorée en présence ou non d'un dissolvant.

Description. — Exemple : 180 parties en poids de salicylate de soude sont arrosées de 20 parties d'alcool. On y ajoute ensuite 92,5 parties de monochloracétone, et on chauffe au bain-marie dans un récipient à réfrigérant à reflux jusqu'à disparition de l'odeur piquante d'acétone monochlorée. Le produit de la réaction est versé encore chaud dans une solution étendue de soude. Le nouvel éther se présente sous forme d'huile qui se concrète au bout de quelque temps. On le purifie par cristallisation dans l'alcool dans lequel il se dissout facilement à chaud et difficilement à froid.

$$CH^3COCH^2Cl + C^6H^4 OH COONa = Na CL + C^6 H^4 OH. COO CH^2 CO CH^3$$

Ce corps est en longues aiguilles laineuses et fond vers 71°. Il est insoluble dans l'eau froide ; très difficilement dans l'eau chaude, soluble dans l'alcool chaud, le sulfure de carbone, le chloroforme, la benzine : il est difficilement soluble dans l'alcool froid et la ligroïne.

Procédé pour obtenir un rendement plus élevé en alcool et des produits accessoires de plus grande valeur dans le traitement des matières premières amylacées, en séparant les matières grasses qui y sont contenues, par Polgar, rep. par Assi et Genès. — (Br. 225363. — 3 novembre 1892. — 18 janvier 1893.)

Objet du brevet. — Procédé consistant à saponifier les matières grasses contenues dans les matières amylacées, de manière à obtenir une plus forte proportion d'alcool dans le traitement de ces matières pour la préparation de l'alcool.

Description. — On traite les matières amylacées broyées par une solution de soude, de potasse ou de chaux ou magnésie à raison de 0 gr. 300 à 1 kil. 500 d'alcali ou bien 2 à 3 kil. de chaux ou de magnésie pour 100 kilogrammes d'amidon. On agite énergiquement pendant une heure, puis on chauffe à 120°-127° sous pression de 2 à 3 atmosph. et demie pendant 1 à 2 heures. Il est important de ne pas dépasser 127°. Puis on sature l'alcali par l'acide chlorhydrique et on l'additionne de levure pour faire fermenter.

CORPS GRAS. — BOUGIES. — SAVONS. — PARFUMERIE.

Procédé de séparation de la cire contenue dans le suint et fabrication de la lanoline au moyen du résidu facile à fondre, par Benno Jaffé et Darmstoedter, rep. par Casalonga. — (Br. 223596. — 10 août 1892. — 18 novembre 1892).

Objet du brevet. — Procédé de décomposition du suint brut en principes semblables à la cire et en graisse facilement fusible. Ce procédé peut se pratiquer de plusieurs manières : 1° Par la dissolution dans la benzine lourde, le toluène, le xylène, l'éther, le chloroforme, le sulfure de carbone, ou l'essence de térébenthine, avec addition subséquente d'alcool méthylique ou éthylique pour séparer la cire insoluble dans ces véhicules, et à distiller ces liquides pour obtenir comme résidu la lanoline ; 2° par dissolution dans l'alcool amylique ordinaire qui est un mélange d'alcools amylique, propylique, butylique, dans l'acétone, l'éther acétique et ses homologues, la benzine légère ; la dissolution est refroidie ensuite au point de fusion du suint pour séparer la cire ; 3° par dissolution partielle du suint dans l'alcool.

Procédé de purification des graisses et huiles et appareils employés à cet effet, par Mills, rep. par Bletry. — (Br. 223997. — 29 août 1892. — 1er décembre 1892.)

Objet du brevet. — Procédé de purification des corps gras, consistant à les traiter par de l'acide sulfurique anhydre provenant de l'acide de Nordhausen et en même temps par un courant d'air chaud et sec.

Déverdissage de l'huile de ricin, par Rinck, rep. par Brocard, à Lyon. — (Br. 223226. — 26 juillet 1892).

Objet du brevet. — Procédé consistant à déverdir l'huile de ricin de seconde pression, au moyen de l'acide chlorhydrique gazeux, ou en solution.

Procédé pour faire soit à chaud, soit à froid, un savon de résine de pin, mélangé ou non de savon de graisses ou d'huiles animales ou végétales, par Hlawaty, chimiste, et Kanitz, banquier, rep. par Surry-Montaut. — (Br. 223237. — 26 juillet 1892. — 5 novembre 1892.)

Objet du brevet. — Procédé ayant pour but d'obtenir un savon pour la toilette à base de résine de pin ou colophane.

Description. — Pour obtenir ce savon à chaud, on saponifie la colophane par de la soude à la solution de laquelle on a ajouté préalablement 10 à 25 °/₀ de chlorure de sodium. On peut additionner ce savon pour lui donner l'apparence de savon gras, de 5 à 20 °/₀ de borax ou 2 à 10 °/₀ d'acide borique.

Pour faire le savon à froid, on mélange de la lessive de soude à de la colophane pulvérisée, et le savon étant formé, on additionne un poids équivalent de soude ou de sesquicarbonate ou de bicarbonate de soude; on peut ajouter à ce savon du savon gras.

Nouveau procédé de saponification, par Lombard, rue de Breteuil, 10, Marseille. — (Br. 224372. — 21 septembre 1892. — 12 décembre 1892.)

Objet du brevet. — Procédé consistant à faire du sulfure de sodium pur, puis à décomposer ce sulfure par les acides gras provenant de la saponification à la chaux.

Fabrication d'un savon pour lavages désinfectants, par Heller, rep. par Wather. — (Br. 224415. — 19 septembre 1892. — 10 décembre 1892.)

Objet du brevet. — Procédé de fabrication d'un savon au sublimé (1).

Amélioration des huiles mauvais goût, par Léon Padé, rep. par Casalonga. — (Br. 225607. — 12 novembre 1892. — 26 janvier 1893.)

Objet du brevet. — Procédé ayant pour but l'amélioration des huiles d'olive, de sésame, d'arachide, de coton, etc., ayant un goût de terroir, de rance ou de moisi, basé sur ce fait que ces huiles devant leur mauvais goût à une sorte de résine, il faut éliminer cette résine.

Description. — Pour arriver à ce but, on traite les huiles à améliorer par un alcali faible, puis par du bioxyde de baryum, de manganèse ou autre, le tout est fortement agité pendant 15 minutes, puis laissé au repos pendant 2 heures environ. On sature l'excès d'alcali par l'acide sulfurique ou même par l'acide carbonique, puis on laisse en repos et décante.

Nouveau procédé pour préparer au moyen des camphoroïdes les acides monocarboniques composés suivant la formule $C^9H^{16}O^2$, les acides dicarboniques correspondant à la formule $C^9H^{14}O^4$, et les anhydrides de ces derniers dont la formule est $C^9H^{12}O^3$, par la Société Haarmann et Reimer, à Holzminden-sur-Weser (Allemagne.)

Objet du brevet. — Procédé consistant à obtenir de nouveaux dérivés acides des isomères du camphre pouvant être employés en parfumerie en traitant : 1° par le brome en lessive alcaline, soit des camphoroïdes qui sont des acétones méthyliques, soit des acides acétocarboniques obtenus de ces camphoroïdes au moyen d'une solution de permanganate; 2° à traiter les acides dicarboniques obtenus par des déshydratants pour les transformer en anhydrides.

Description. — Voir le brevet allemand, année 1893, p. 140.

Nouveau procédé pour préparer la β-cymidine au moyen des oximes de camphoroïdes correspondant à la formule $C^{10}H^{16}O$ et étant des acétones méthyliques, par la Société Haarmann et Reimer, à Holzminden-sur-Weser (Allemagne). rep. par Armengaud jeune. — (Br. 225617. — 12 novembre 1892. — 26 janvier 1893.)

Objet du brevet. — Procédé de préparation de la β-cymidine consistant à chauffer en présence d'acides minéraux dilués les oximes des camphoroïdes composés d'après la formule $C^{10}H^{16}O$ et étant des acétones méthyliques.

Description. — Voir le brevet allemand, année 1893, p. 139)

Pâte triple détersive inaltérable, pour faire disparaître instantanément toute espèce de tâches sur n'importe quel tissu, soie, laine, coton, sans altérer la couleur, par Billaut, avenue de Saint-Ouen, Paris. — (Br. 226325. — 12 décembre 1892. — 1er mars 1893.)

Objet du brevet. — Procédé de préparation d'un savon résineux destiné à nettoyer tous les tissus, de soie de laine ou de coton.

Description. — On prend huiles concrètes ou animales, 334 parties, sève de pinus larix veneta en larmes 225 parties, sels chimiques (?) 54 p. huile essentielle de pinus teda 50 parties,

---

(1) Le savon doit précipiter en présence de l'eau. De plus, il est imprudent de mettre ainsi dans le commerce des produits aussi dangereux, bien que maints commerçants vendent des solutions à base de sublimé et de nitrate d'argent sous la rubrique d'eau de toilette ou de teinture.

Essence (?) de quillaya 77 parties, eau 260 parties. On mélange le tout et on malaxe fortement pour faire une pâte homogène. Laisser macérer 24 heures, puis procéder à la cuisson en ajoutant la quantité nécessaire d'eau. Quand la pâte est épaissie et se détache de la chaudière, verser dans des moules pour laisser durcir.

Procédé de fabrication de savon à base de potasse et de soude, par Gorg, chimiste à Tischau, près Tœplitz (Bohême). — (Br. 226350. — 14 décembre 1892. — 2 mars 1893.)

Objet du brevet. — Procédé consistant dans la préparation d'un savon à la fois gras et résineux à base de potasse et de soude, consistant à saponifier de l'huile de coco et à épurer un savon de résine.

Description. — On chauffe à 100° C. 3 parties de lessive de soude à 19 °/₀ et 4 parties de lessive de potasse à 18 °/₀. On ajoute 6,5 parties d'huile de coco avec 6 parties d'un savon de résine qui a déjà été préparé et refondu, et on laisse bouillir le tout pendant quelques minutes, puis en remuant toujours on verse 6 parties d'une solution de sel de cuisine à 15 °/₀, et on fait de nouveau bouillir le mélange pendant quelques minutes, puis on laisse reposer dès que la température est à 20-30°. On y mélange ensuite en remuant toujours, 1 partie de soude. On peut employer ce savon au bout de deux jours.

Système permettant de reconnaître la présence de la margarine dans le beurre et d'en mesurer la proportion au moyen d'un appareil dit « **Oléogramme Brullé** » **dont l'emploi est précédé d'un traitement chimique du beurre**, par la « Société des huiles d'olives inaltérables », rep. par Assi et Genès. — (Br. 226380. — 13 décembre 1892. — 3 mars 1893.)

Objet du brevet. — Procédé de détermination de la margarine dans le beurre, consistant à soumettre à l'écrasement au moyen d'un appareil spécial le beurre à essayer.

Description. — L'appareil destiné à cet usage et consistant à mesurer la proportion de margarine en agissant par écrasement ou arrachement comporte une tige ou piston qui éprouve à pénétrer dans le beurre modifié ou à arracher une difficulté d'autant plus grande que la proportion de margarine est plus forte. Le traitement auquel on soumet préalablement le beurre avant l'essai est le suivant. On fait fondre le beurre, on le filtre sur du coton ou du papier, puis on en met 10 c. c. dans une capsule à fond plat. On chauffe à 150° au bout de 3 minutes. On verse 7 gouttes d'acide nitrique fort, et on laisse 13 minutes à 150°. Après ce temps, on met la capsule dans l'eau tiède on laisse refroidir pendant une heure, la température ambiante étant de 20° C., et on soumet alors l'échantillon à l'appareil de mesure.

Procédé d'extraction de l'oléine du suif en branches ou fondu au moyen d'agents chimiques supprimant les presses, par Soler, Boulevard Voltaire, 111, Paris. — (Br. 226476. — 19 décembre 1892. — 10 mars 1893.)

Objet du brevet.— Procédé d'extraction de l'oléine du suif, par l'emploi successif du bioxyde de manganèse, de la crème de tartre et du sel gemme.

Description. — On fond le suif dans une chaudière fourrée de plomb et munie d'un serpentin à vapeur. Puis on ajoute 3 °/₀ de bioxyde de manganèse en poudre et l'on entretient l'ébullition pendant 3/4 d'heure, et on laisse reposer ensuite 4 à 5 heures. On décante alors le suif dans une seconde cuve, on le fond et dans le suif fondu on ajoute 2 pour mille de crème de tartre, on laisse bouillir une demi-heure, puis reposer 3 à 4 heures. Pendant le repos on verse 1 pour mille de blanc d'œuf pulvérisé pour une clarification plus grande. On transvase alors la matière dans une cuve en bois percée de trous que l'on bouche et débouche à volonté. Cette cuve est maintenue à une température de 30° à 35° et on laisse en repos 3 à 4 jours. Pendant ce temps, on additionne de 1 pour 1000 de sel gemme pour faciliter la séparation de l'oléine et de la stéarine. Après cette séparation, on laisse couler l'oléine, puis on sépare le corps gras solide.

Procédé pour l'extraction sans presse de l'oléine du suif en branches ou fondu, par Benoit, rep. par Matray frères. — (Br. 226499. — 19 décembre 1892. — 10 mars 1893.)

Objet du brevet. — Ce brevet est identique au précédent.

Nouvelle méthode pour fabriquer une matière fluide pour la combinaison des savons, par Zacharias Grunwald, à Berlin, rep. par Freydier et Dubreul et Janicot. — (Br. 226741. — 27 décembre 1892. — 20 mars 1893.)

Objet du brevet. — Produit pour la combinaison des savons et destiné à fabriquer des savons transparents à bon marché. Ce produit consiste en une sorte de combinaison de chlorure de magnésium, de fécule de pomme de terre ou de riz, de potasse ou de soude, et de chaux additionnée de glycérine et que l'on clarifie au moyen de borax et de potasse et que l'on ajoute ensuite aux savons dans lesquels il peut entrer dans la proportion de plus de 40 °/₀, sans que l'on s'aperçoive de son introduction ni extérieurement ni intérieurement.

Description. — On met dans un récipient 68 kilogrammes d'eau, puis on dissout à part 0 k. 800 de chlorure de magnésium dans 5 kilogrammes d'eau chaude, et on verse la solution dans le récipient en agitant le tout convenablement. On additionne alors de 40 kilogrammes de fécule de pomme de terre, puis petit à petit, de quart d'heure en quart d'heure, 5 k. 5 de potasse et de chaux en petite quantité en mélangeant toujours la masse. Après 3/4 d'heure, la matière a fait prise, et le produit est devenu consistant et transparent. Alors, on y ajoute 15 kilogrammes de glycérine pour faire un produit gras et doux. Pour clarifier la masse davantage, on ajoute 1 kilogramme de borax et 8 kilogrammes de potasse dissous dans 6 kilogrammes d'eau chaude. Après 35 minutes, la matière est finie et on peut l'ajouter à une quantité de 25 à 40 °/₀ de savon ordinaire (1).

CÉRAMIQUE. — VERRERIES.

Procédé nouveau et perfectionné pour le recouvrement de l'argile par le verre et dans les objets ainsi fabriqués, par la « SOCIÉTÉ CLAY GLASS TILE C° », rep. par Chassevent. — (Br. 223101. — 19 juillet 1892. — 28 octobre 1892.)

Objet du brevet. — Procédé consistant à recouvrir les objets en argile d'une couche de verre, et consistant à enduire les objets avec une argile ayant un coëfficient de dilatation égal à celui du verre et à les recouvrir avec une couche de ce dernier.

Description. — EXEMPLE : Un verre composé de 150 kilogrammes de sable, 100 kilogrammes d'oxyde de plomb, 50 kilogrammes de carbonate de potasse, 10 kilogrammes de nitrate de potasse et 152 kilogrammes de borax et une argile composée de 4 parties d'argile de potiers calcinée, 3 parties d'argile de potiers crue et 2 parties de sable, présentent, tous les deux, le même retrait. Cependant ces quantités ne sont pas absolues.

Nouveau vernis céramique dit « vernis sans plomb pour poteries communes, » par la « SOCIÉTÉ WHITEHOUSE » 43, rue de Dantzig (Paris). — (Br. 224078. — 1ᵉʳ Septembre 1892. — 2 décembre 1892.)

Objet du brevet. — Nouveau vernis céramique composé de carbonate de soude, de silice, d'oxyde de fer, de chaux, de magnésie, d'alumine et d'acide borique.

Description. — Ce vernis est composé de carbonate de soude 12 kilogrammes, silice 52 kilogrammes, acide borique 28 kilogrammes, alumine 6 kilogrammes, chaux 1 kilogramme, magnésie 0,500, oxyde de fer 0,500. Ce vernis peut être employé également sur l'or, le cuivre, l'argent, la tôle, la fonte, enfin sur toutes matières vernissables.

Fabrication des verres et émaux silico-titaniques, par L. GEORGES et CHARLES LEUCHS, à Nuremberg (Allemagne), rep. par Lépinette, à Lyon. — (Br. 226581. — 26 décembre 1892. — 13 mars 1893.)

Objet du brevet. — Procédé consistant à remplacer dans la fabrication des verres et émaux, une partie de l'acide silicique par l'acide titanique, et les verres silico-titaniques ainsi obtenus ne sont pas colorés, si l'acide titanique ne contient pas d'oxydes colorants et si on évite, pendant la fonte, toute influence de réduction. Les verres ainsi obtenus : 1° fondent plus facilement que les verres ne contenant pas d'acide titanique ; 2° ils résistent beaucoup mieux que les autres verres aux acides. Par l'emploi de l'acide titanique, on peut obtenir des verres qui ont besoin seulement de 2 mol. de silice et de 1 mol. d'acide titanique, résistant néanmoins aux acides. L'emploi d'acide titanique n'exclut pas celui du fluor, du bore et du plomb. Avec cet acide en excès, on a des verres opaques, des émaux ; il peut remplacer l'acide stannique, les phosphates et les fluorures.

Description. — Pour obtenir des verres transparents et limpides, on fond ensemble, par exemple : 12-20 parties de salpêtre, 116 de soude, 100 de carbonate de chaux,— 240-360 acide silicique (quartz) avec 20-80 acide titanique, ou bien 15-20 azotate de potasse, — 116 soude,

(1) Ne devrait-on pas refuser des brevets pareils, destinés à la falsification ? Nous posons cette question aux personnes compétentes, car, en somme, la loi ne peut assurer la propriété d'une invention qui a pour but une escroquerie.

— 33-50 carbonate de chaux, — 62-83 acide borique, — 60-360 acide silicique, — avec 20-80 acide titanique. Pour les émaux on prend : 15-20 azotate de potasse, — 116 soude. — 100 carbonate de chaux, — 60-80 acide silicique, — avec 80 acide titanique ; — ou bien : 15-20 azotate de potasse, — 116 soude, — 33-50 carbonate de chaux, — 30-180 silice, — 62-63 acide borique, — avec 80-160 acide titanique.

MATÉRIAUX DE CONSTRUCTION.

Composition pour pierre artificielle, par la « PYROLITH CAMPANY », rep. par Blétry. — (Br. 223882. — 23 août 1892. — 28 novembre 1892.)

Objet du brevet. — Produit composé d'un ciment basique d'oxyde et de chlorure de magnésium neutre auquel on ajoute du sable, de l'asphalte et de l'albumine.

Description. — On dissout l'asphalte dans de l'essence de térébenthine, on y mélange de 25 à 30 parties de magnésie et 70 à 75 parties de sable, afin que cette quantité de magnésie avec la quantité voulue de la solution de chlorure de magnésium puisse absorber tout le sable et devenir une masse plastique. On y ajoute un liquide diluant formé d'une dissolution d'albumine dans l'eau à la température de 65° à 70° C. Pour obtenir le produit, on mélange 75 °/₀ de sable (102 kilogrammes environ) et la solution d'asphalte, (2 litres 270) environ, on ajoute 34 kilogrammes de magnésie et 22 à 23 kilogrammes de chlorure de magnésium, et l'on y verse graduellement la solution d'albumine (13 à 18 litres environ.)

Agglomérés à base de baryte et procédé de fabrication, par la « SOCIÉTÉ DE CONSTRUCTIONS ÉCONOMIQUES », rep. par Josse. — (Br. 226480. — 19 décembre 1892. — 10 mars 1893.)

Objet du brevet. — Procédé de fabrication d'agglomérés à base de baryte, d'oxychlorure de magnésium, de craie, et de bioxyde de manganèse.

Description. — On prend carbonate de baryte, 40 parties, magnésie, 40 parties, chlorure de magnésium, 18 parties, bioxyde de manganèse 1 partie, et carbonate de chaux 1 partie. On pulvérise chaque produit, on fait une solution à 27°B avec le chlorure de magnésium. On prépare une pâte avec les autres composés à laquelle on peut ajouter de la sciure de bois léger, du sable, etc. Au bout de 5 à 8 heures, la matière fait prise et peut être démoulée. On opère de préférence à une température de 10° à 15°, puis on laisse sécher.

Nouveau procédé de fabrication de marbres artificiels, par ROUBAUDI, rep. par Delpey. — (Br. 226947. — 10 janvier 1893. — 28 mars 1893.)

Objet du brevet. — Procédé consistant à transformer les pierres tendres en marbres artificiels.

Description. — Pour cela, on trempe les pierres pendant 2 heures dans un bain tenant en dissolution 50 grammes de borax pour 5 litres d'eau, puis, on les introduit dans un four à une température de 300° au moins. On les y maintient 6 heures, puis on les retire, et on les plonge dans un deuxième bain additionné de 100 cc. d'acide sulfurique, 60 cc. d'acide nitrique, et 30 cc. d'acide acétique par 6 litres d'eau. Après un trempage de 2 à 6 heures, on sèche et on obtient un marbre blanc. Pour avoir des marbres colorés, on immerge les pierres, après le traitement ci-dessus dans la couleur voulue.

POUDRES ET MATIÈRES EXPLOSIVES.

Procédé de deshydratation des pyroxyles, par de CHARDONNET, rep. par Armengaud jeune. — (Br. — 225567. — 19 novembre 1892. — 25 janvier 1893.)

Objet du brevet. — Procédé consistant à rendre les pyroxyles complètement anhydres en les traitant par de l'alcool à différents degrés de force.

Description. — Les pyroxyles contenant encore 25 à 45 °/₀ d'eau sont essorés à fond par de l'alcool à 85-90° à raison de 4 fois le poids des pyroxyles secs ; on agite et laisse en contact. Puis, on traite encore par une nouvelle quantité d'alcool à 95° égale à la première. L'alcool qui coule marque 92 à 90°. Le pyroxyle peut alors être employé à tous les usages, comme s'il avait été séché.

Procédé pour fabriquer des masses inflammables et permettre l'introduction du chlorate dans leur composition, par GERBERSDORFER et BALS, rep. par Blétry. — (Br. 225961. — 28 novembre 1892. — 10 février 1893.)

Objet du brevet. — Procédé consistant à faire entrer le chlorate de soude très hygroscopique dans des matières inflammables en le mélangeant avec une solution de résine additionnée préalablement de siccatif (bioxyde de manganèse, terre d'ombre, laque de garance, bleu d'outremer et minium) en poudre.

Description. — Exemple :

	1	2	3	4	5	6	7	8	9	10
Chlorate de soude	30	35	20	40	35	30	15	50	30	25
Chlorate de potasse	5	10	»	»	3	»	3	10	»	»
Azotate de potasse	»	»	»	»	»	»	»	»	»	5
Chromate ou bichromate de potasse	5	10	5	20	10	20	5	20	20	16
Bioxyde de manganèse	10	»	»	40	20	30	8	30	30	»
Permanganate de potasse	»	»	»	»	»	»	»	»	»	»
Colorants tels que la laque de garance ou bleu d'outre-mer	»	»	20	»	»	»	»	»	»	»
Sulfocyanure de cuivre	»	»	5	»	»	30	20	»	»	30
Résine acaroïde	15	15	15	20	15	15	12	30	30	15
Alcool	20	15	18	20	20	15	15	30	30	15
Fleur de soufre pure	10	4	5	5	30	»	3	»	»	»
Phosphore rouge	10	8	6	6	5	4	4	10	6	4
Solution gommeuse ou autre liant	15	20	15	20	20	15	10	20	»	15
Gomme adragante, colle forte, dextrine	10	»	5	»	»	5	5	10	»	5
Poudre de verre, de préférence à gros grains	20	20	15	20	20	20	10	20	14	20
Charbon de bois, doux de préférence	20	30	»	»	»	»	»	»	»	»
Minium	»	»	»	»	»	»	»	»	»	10
Eau	50	40	50	50	50	45	30	100	»	40

ENGRAIS ET AMENDEMENTS

Procédé nouveau pour rendre plus efficaces et plus profitables les sels que l'on emploie en agriculture comme matières fertilisantes, dit : « **Fertilité Mereu** », par Mereu, 60, rue Richer, Paris. — (Br. 22334. — 30 juilllet 1892. — 9 novembre 1892.

Objet du brevet. — Procédé consistant à englober les nitrates alcalins employés comme fertilisants dans une sorte de pâte de sulfate de chaux, de manière à empêcher qu'il ne soient entraînés comme des boues par les eaux pluviales.

Description. — On fait dissoudre le nitrate de soude, puis on ajoute du plâtre à la solution. Il se produit une masse pâteuse que l'on sèche et réduit en poudre de grosseur voulue. Le plâtre enrobe ainsi le nitrate qui est moins facilement entraîné par l'eau dans les sous-sols.

Engrais chimique nouveau, par Serrant, 25, rue Croix-des-Petits-Champs, Paris. — (Br. 226157. — 5 décembre 1892. — 22 février 1893.)

Objet du brevet. — Procédé de fabrication d'un engrais consistant à traiter les matières humiques par de l'acide sulfurique, puis à saturer ce dernier par une base alcaline ou alcalino-terreuse.

Description. — Les produits humiques provenant de la décomposition des matières végétales, tels que les détritus végétaux, la tourbe, etc., sont traités par une quantité suffisante d'acide sulfurique. On laisse en contact assez longtemps pour obtenir une masse pâteuse, puis on sature par de la chaux, de la potasse, de l'ammoniaque ou du phosphate tribasique de chaux.

PHOTOGRAPHIE

Nouveau genre de plaques et de papier photographique à tirage instantané, par Lisbonne, rep. par Armengaud jeune. — (Br. 224220. — 8 septembre 1892. — 9 décembre 1892.)

Objet du brevet. — Procédé de préparation de plaques sensibles à l'albumine.

Description. — Sur un support quelconque, on dépose une couche d'albumine contenant de 1 à 10 0/0 suivant les cas, de bromure alcalin. On sensibilise cette couche au moyen de nitrate d'argent en proportion variant avec celle du brome contenue dans l'albumine. On précipite l'excès de nitrate d'argent par du bromure alcalin, puis on sensibilise avec une solution fortement ammoniacale.

Même brevet. Cert. d'addition. (1er septembre 1892. — 24 décembre 1892.)

Objet du brevet. — Perfectionnement consistant à remplacer le bromure alcalin par un iodure ou un chlorure alcalin ou leur mélange.

Papier photographique dit « **papier astéroïde instantané Callias aux sels cobalto-argentiques,** par CALLIAS, chez Gryan, rue Lesdiguières, 2, à Paris. — (Br. 225421. — 5 novembre 1892. — 20 janvier 1893.)

Objet du brevet. — Procédé de fabrication d'un papier photographique et d'une émulsion à base de sels cobaltiques.

Description. — *Préparation du papier.* — On prend 10 grammes de colle de poisson vraie, blanche et sans moisissure, on la coupe en petits morceaux, on la lave à l'eau distillée, puis on la dissout dans environ 115 c.c. d'eau distillée, ce qui donne 100 c.c. environ de solution gélatineuse. Si la colle est jaunâtre, on la trempe dans l'acide chlorhydrique étendu à 10 °/₀ et on lave On laisse la colle digérer dans l'eau pendant 2 heures, puis on la met au bain-marie à environ 40° C. à 45° C., au plus 50° C. On ajoute ou non 0,25 de glycérine. On saupoudre alors la colle de 1 gr. °/₀ d'albumine d'œuf sèche et pure, et on ajoute en remuant alun de chrome pulvérisé 0,20, ou d'alun de potasse 0,25. Une fois que tout est fondu, on filtre dans un entonnoir en verre chauffé sur du coton hydrophile : alors le produit peut être utilisé.

Emulsion. — Dans 100 c.c. de colle, on verse en remuant 10 c.c. de la solution suivante. Chlorure d'ammonium pur et chlorure de magnésium de chacun 0 gr. 50. Chlorure de cobalt 9 grammes ; chlorure de sodium 5 grammes, eau quantité suffisante pour 100 c.c. On dissout, filtre, et ajoute en agitant : phosphate de soude 9 grammes, eau distillée 100 cc., puis on sensibilise à la lumière jaune avec de l'azotate d'argent 4 gr. 25. Eau distillée 5 à 10 c.c. et, ensuite, après solution, ajouter à la première. On étend cette émulsion sur du papier une heure ou deux ou au plus deux ou trois jours après sa préparation.

MÉTALLURGIE. — FER ET ACIER.

Procédé de fabrication de fonte de fer pouvant se tremper, par LEPET, rep. par Armengaud aîné. — (Br. 223814. — 20 août 1892. — 25 novembre 1892.)

Objet du brevet. — Procédé consistant à mélanger avec de la fonte dans la poche à sa sortie du cubilot, environ 10 °/₀ de cornes d'os, vieux cuir ou déchets de tannin.

Procédé pour faciliter la fusion de l'acier extra-doux et autres métaux réfractaires, par la « SOCIÉTÉ ANONYME DES FORGES DE CHATILLON ET COMMENTRY, » rep. par Armengaud, jeune. — (Br. 233843. — 20 août 1892. — 28 novembre 1892.)

Objet du brevet. — Procédé pour faciliter la fusion de l'acier extra-doux et autres métaux réfractaires en ajoutant au métal à fondre une proportion de 1/2 à 1 °/₀ de zinc. La majeure partie du zinc ainsi ajouté est volatilisée.

Perfectionnements aux procédés de traitement des sulfures métalliques naturels ou artificiels. Cert. d'add. au brevet, pris le 12 mars 1892, par STRAP, rep. par Fayollet. — (Br. 222378. — 5 octobre 1892. — 24 décembre 1892.)

Objet du brevet. — Procédé consistant à séparer le nickel du fer, puis l'un et l'autre à l'état de sulfate, en portant la dissolution de ces sels à l'ébullition, puis en ajoutant dans cet état de l'oxyde de nickel qui permet de précipiter le fer en laissant le sulfate de nickel en dissolution, celui-ci servant pour une opération ultérieure.

Procédé pour éliminer le manganèse de la fonte crue, du fer fondu ou de l'acier, en les additionnant de pyrite de fer, par « la SOCIÉTÉ DITE HIEDER BERGWERKS UND HUTTENVEREIN », rep. par Josse. — (Br. 225366. — 3 novembre 1892. — 18 janvier 1893.)

Objet du brevet. — Procédé consistant à ajouter au métal fondu des sulfures, spécialement de la pyrite de fer. Il se produit du sulfure de manganèse qui forme scorie.

Description. — Soit, par exemple, à enlever 1 0/0 de manganèse au fer Thomas, on ajoute 100 kilogr. de pyrite de fer en petits grains par 10 tonnes de fer.

Le Propriétaire-Gérant : Dr G. QUESNEVILLE

Saint-Quentin. — Imprimerie J. Moureau et Fils.

TABLE GÉNÉRALE DES MATIÈRES

PAR ORDRE DE PUBLICATION

Contenues dans la Ire Partie (Ier semestre de l'année 1893) du tome VII (4e série)

du *Moniteur scientifique.*

Mars 1893. — 615e Livraison.

Revue de teinture.

La grande industrie chimique.

Corps gras. — Cires. — Résines.

Académie des Sciences.

Séance du 23 *janvier* 1893, p. 251. — Notice sur M. Nicolas Kokscharow; par M. Daubrée, p. 251. Contribution à l'étude de la fonction de l'acide camphorique; par M. Haller, p. 251. — Sur le poids atomique du palladium; par MM. Joly et Leidié, p. 252. — Action des alcoolates alcalins sur l'anhydride camphorique et quelques autres anhydrides; par M. P. Cazeneuve, p. 252. — Modification de la pression artérielle sous l'influence des toxines pyocyaniques; par MM. Charrin et Teissier, p. 253.

Séance du 30 *janvier* 1893, p. 253. — Sur quelques objets en cuivre, de date très ancienne, provenant des fouilles faites par M. de Sarzec, en Chaldée; par M. Berthelot, p. 253. — Action de la vapeur d'eau sur le perchlorure de fer; par M. G. Rousseau, p. 254. — Sur deux combinaisons de cyanure cuivreux avec les cyanures alcalins; par M. Fleurent, p. 254. — Sur la composition de quelques phénates alcalins hydratés; par M. de Forcrand, p. 254. — Recherches sur les sels acides et sur la constitution des matières colorantes du groupe de la rosaniline; par M. A. Rosenstiehl, p. 255. — Analyse des créosotes officinales: gayacol; par MM. Béhal et Choay, p. 256. — Sur la préexistence du gluten dans le blé; par M. Balland, p. 256.

Revue des Brevets.

Brevets pris à Berlin, Londres, etc.

Produits chimiques, p. 65. — Procédé de préparation de sel de soude en blocs solides ne s'effleurissant à l'air; par le Dr Herm. Ostermayer, à Munich, p. 65. — Procédé de préparation d'alumine exempte de silice; par Kunheim et Cie, à Berlin, p. 65. — Procédé de préparation d'hydrogène et de gaz carbonique ou de leur mélange (gaz d'eau); par Fried. Krupp, à Essen, p. 65. — Procédé pour enlever l'acide carbonique des mélanges gazeux; par Solvay et Cie, à Bruxelles, p. 66. — Procédé de préparation de solution de chlorure cuivreux exempte de fer; par le Dr C. Hopfner, à Francfort-sur-Mein, p. 66. — Procédé de préparation de blanc de plomb par voie électrolytique; par Calvin Amory Stevens, à New-York, p. 66. — Procédé de préparation d'alumine pure au moyen de la bauxite; par J.-A. Bradburn et J.-D. Pennock, à Syracuse (Etats-Unis), p. 66. — Procédé de production d'éthers glycériques d'acides gras hydroxylés et d'acides gras oxysulfoniques et dioxysulfoniques; par A. Schmitz et E. Toenges, à Clèves, p. 67. — Procédé et appareil pour fabriquer le bioxyde de baryum au moyen du carbonate; par Th. von Dienheim, à Baden, p. 67. — Perfectionnement dans la fabrication de l'outremer; par J. Buttel, à Newark, p. 67. — Perfectionnements aux méthodes de préparation des aluminates, sulfates et carbonates de sodium et de potassium ainsi qu'à l'obtention de l'alumine et d'autres produits secondaires; par C.-F. Claus, à Londres, p. 67. — Perfectionnements à la préparation de composés cyanogénés; par J.-J. Hood et A.-G. Salamon, à Londres, p. 68.

Céramique. — Poteries. — Verre. — Emaux, p. 69. — Procédé pour revêtir divers objets en métal ou en autre substance ainsi que les tubes, d'une couche de terre; par D. Rylands et A. Husscibee, Barnsley, p. 69. — Perfectionnements dans la fabrication des objets mixtes en terre et en métal; par J. Hater, Burslem et J.-J. Royle, à Manchester, p. 69. — Nouveau procédé pour la préparation d'objets en terre et verre; par the « Clay Glass Tile Co », à Corning (Etats-Unis), rep. Thompson, à Liverpool, p. 69.

Métallurgie. — Métaux, p. 69. — Nouvel alliage métallique; par J.-H. Pratt, à Birmingham, p. 69. — Perfectionnements dans la préparation des alliages à base de cuivre ou de fer et de nickel; par F.-W. Martuis, à Scheffield, p. 69. — Nouveaux alliages; par W.-P. Thomson, à Liverpool, p. 70. — Nouveau procédé de trempe de l'acier ou d'autres métaux; par H. Wilisch, à Hambourg (Bavière), p. 70. — Procédé pour séparer le cuivre des minerais de nickel cuivreux; par Th.-S. Hunt et J. Douglas, à New-York, p. 70.— Revêtement pour convertisseur Bessemer; par C.-W. Bildt, à Worcester (Mass.), Etats-Unis, p. 71. — Procédé pour extraire l'or des alliages de cuivre; par M.-W. Hes, à Denver (Colon), p. 71. — Métal pour la robinetterie; par T.-D. Bottome, à Hoosick (New-York), p. 71.

Substances organiques à usage médical, p. 71. — Procédé de préparation de para-éthoxyphénylméthylepyrazolon; par Farbwerke (Meister Lucius et Bruning), p. 71. — Procédé de préparation d'alcools dérivés des terpènes; par le Dr J. Bertram, à Leipzig, p. 71. — Procédé de désinfection des liquides; par le Dr H. Noerdlinger, à Bockenheim, près Francfort, p. 72. — Procédé de préparation de thymacétine; par Louis et Emile Hoffmann, à Leipzig (Lindenau), p. 72.

Colorants et matières premières pour leur préparation, p. 72. — Procédé de préparation de couleurs grises verdâtres et noires, teignant sur mordants, dérivés disazoïques secondaires de l'acide (1-8) dioxynaphtalinemonosulfonique; par Farbenfabriken (F. Bayer et Cie), p. 72. — Procédé de préparation de couleurs bleues noires et vertes noires teignant sur mordants, dérivés disazoïques secondaires des acides (1 : 8) dioxynaphtalinesulfoniques; par Farbenfabriken (F. Bayer et Cie), à Elberfeld, p. 73. — Procédé d'obtention de couleurs disazoïques simples ou mixtes du groupe des Congos, contenant la naphtyleglycine comme constituant; par Kinzelberger et Cie, à Prague, p. 73. — Procédé de préparation de couleurs du triphénylméthane et du diphénylenaphtylemétbane; par Farbenfabriken, p. 74. — Couleur jaune basique du groupe de l'auramine, préparée avec le diméthylediamidodiortho-tolylemétbane symétrique; par Badische Anilin und Sodafabrik, p. 74. — Procédé de préparation d'une couleur jaune basique du groupe de l'auramine au moyen du di-éthylediamidodiortbotolylemétbane symétrique; par Badische Anilin und Sodafabrick, p. 75.

Teinture. — Impression. — Apprêts, p. 75.— Procédé pour teindre et imprimer la laine et d'autres fibres textiles; par Read Holliday and Sons, à Huddersfield (Angleterre), p. 75. — Procédé pour teindre avec une préparation soluble d'alizarine; par H.-N.-F. Schaeffer, à Merrimack-House (Massachusetts), Etats-Unis, p. 75.

Brevets pris à Paris.

Métallurgie. — Métaux, p. 76. — Procédé perfectionné de purification des métaux; par Talbot (Benjamin), à Nashvielle, Etat de Tennessee (Etats-Unis d'Amérique), p. 76. — Perfectionnements dans la fabrication du fer et de l'acier; par Siemens (Frederik), p. 76. — Nouveau procédé d'extraction des métaux; par Lebedeff, p. 76. — Soudure à l'aluminium; par Sauer, p. 76. — Procédé de fabrication des alliages d'aluminium; par Lebedeff, p. 76. — Procédé permettant de fabriquer des alliages d'aluminium blancs durs et ductiles; par Solbesky Hugo, à Wetten (Prusse), p. 77. — Procédé d'extraction du zinc, du plomb et du cuivre à l'état de régule par électrolyse des solutions de leurs sels; par Liébert, à Bruxelles, p. 77.

Avril 1893. — 616e Livraison.

Métallurgie. — Métaux. — Alliages.

Alcaloïdes. — Produits pharmaceutiques. — Essences. — Extraits.

Sucres. — Amidon. — Gommes.

Académie des Sciences.

Mai 1893. — 617e Livraison.

Revue de photographie.

rées avec l'acide nitro β_1-β_3-naphtylaminesulfonique; par Cassella et Cie, à Francfort, p. 131.— Couleurs bleues disazoïques teignant directement le coton, préparées avec les diamidodiphénol-éthers; par Farbenfabriken, à Elberfeld, p. 131. — Préparation de l'acide α_1-α_3-naphtylènediamine-β_1-sulfonique; par L. Cassella et Cie, à Francfort, p. 131. — Procédé de purification de l'anthracène et de l'anthraquinone; par Farbwerke, à Hœcht-sur-Mein, p. 132. — Cizines basiques colorantes solubles à l'eau; par Farbenfabriken, à Elberfeld, p. 132. — Procédé de préparation de tétrabromodihydro-méta-oxybenzaldéhyde; par Farbwerke, à Hœcht-sur-Mein, p. 132. — Procédé de préparation d'un α_1-α_3-amidonaphtol-monosulfoconjugué; par Aktiengesellschaft für Anilinfabrikation, à Berlin, p. 132. — Nouvelles bases obtenues par condensation de la benzidine ou des diamidodiphénol-éthers (di-anisidine et homologues) avec l'aldéhyde formique; par Durand et Huguenin, à Bâle et à Huningue (Alsace), p. 133. — Préparations de couleurs du groupe de la rosaniline au moyen des alcaloïdes amidobenzlés; par Heinr. Baum, à Francfort, p. 133. — Couleurs obtenues par condensation des oxazines avec les amidobenzhydrols alcoylés; par Farbenfabriken, à Elberfeld, p. 133.

Produits organiques à usage médical et divers, p. 134. — Procédé de préparation des éthers amidobenzoïques du gayacol et de l'eugénol, ainsi que de leurs dérivés acétylés; par J.-D. Riedel, à Berlin, p. 134. — Procédé de préparation de la para-éthoxy-acétylamidoquinoléine; par Dahl et Cie, à Barmen, p. 134. — Procédé de préparation de la pipérazine, par « Farbenfabriken », à Elberfeld, p. 134. — Procédé de préparation de poly-iso-eugénol; par les successeurs de F. von Heyden, à Radebeul, près Dresde, p. 135. — Procédé d'extraction de la narcéine et de l'aponarcéine de la narcéine commerciale, par le Dr M. Freund, à Berlin, p. 135.— Procédé de préparation de l'acide iodosobenzoïque; par « Farbwerke », p. 136. — Procédé de préparation de dihydro-para-éthoxy-antipyrine; par « Farbwerke », p. 136. — Procédé de purification de la toluènesulfonamide; par les successeurs de F. von Heyden, à Radebeul, près Dresde, p. 136. — Procédé de préparation de salicylide et de polysalicylide; par « Aktiengesellschaft fur Anilinfabrikation », à Berlin, p. 136. — Procédé de préparation de di-para-anisyle-guanidine et de son dérivé benzoylé; par J.-D. Riedel, à Berlin, p. 137. — Procédé de destruction des moisissures nuisibles, par Farbenfabriken, p. 137. — Procédé de préparation de monochloracétone; par le Dr P. Fritsch, à Ludwigshafen-sur-Rhin, p. 137.— Procédé de préparation d'homologues de l'iso-quinoléine, par Farbwerke, à Hœcht-sur-Mein, p. 137. — Procédé de préparation d'acide chloro-para-oxybenzoïque; par les successeurs de F. von Heyden, à Radebeul, p. 138. — Procédé de préparation d'éthers simples ou mixtes de la série grasse au moyen d'acides sulfoconjugués aromatiques; par le Dr F. Krafft, à Heidelberg, p. 138. — Perfectionnement à la préparation de l'éther acétylamidophénylesalicylique; par Farbenfabriken, à Elberfeld, p. 138. — Préparation d'iso-eugénol pur; par les successeurs de F. von Heyden, à Radebeul, p. 139. — Procédé de préparation de l'acide iodosobenzoïque; par Farbwerke, à Hœcht-sur-Mein, p. 139. — Procédé de préparation de β-cymidine au moyen des oximes des camphres de la formule $C^{10}H^{16}O$ qui sont des méthylecetones; par Haarmann et Reimer, à Holzminden, p. 139. — Dérivés acétyliques ou propionyliques du para-oxyphényluréthane ou de ses éthers; par E. Merck, à Darmstadt, p. 139.— Procédé de préparation d'éthers eugényle et iso-eugénylephényliques nitrés; par Farbwerke, à Hœcht-sur-Mein, p. 139. — Procédé de préparation d'acides monocarboniques et dicarboniques et d'anhydrides de ces derniers, dérivés des camphres; par Haarmann et Reimer, à Holzminden, p. 140. — Procédé de préparation de carbonate de β-naphtol; par « Chemische Fabrik auf Aktien », à Berlin, p. 140. — Procédé de préparation d'éthers des amido-phénols; par Farbwerke, à Hœcht-sur-Mein, p. 140. — Procédé de préparation d'acide salicylacétique; par Farwerke, à Hœcht-sur-Mein, p. 141.

Produits chimiques, p. 141.— Procédé de préparation de cyanures alcalins ou alcalino-terreux; par de Lambilly, à Nantes, p. 141.— Préparation du nitrate d'ammonium au moyen du nitrate de sodium et du sulfate d'ammonium; par F. Benker, à Clichy (Seine), p. 141. — Procédé de préparation d'un mélange propre à la fabrication de l'oxygène, d'après le procédé Tessié du Motay; par G. Webb junior et G.-H. Rayner, à Londres, p. 141. — Procédé de préparation de carbonates alcalins et d'acide nitrique au moyen des nitrates alcalins; par A. Vogt, à Londres et C.-J.-C. Wichmann, à Hambourg, p. 141. — Perfectionnement aux appareils de production du chlorure de chaux; par J.-M. et A. Milnes, à Londres, p. 142. — Perfectionnement à la préparation de l'acide nitrique; par Chatfield, à Sewardstone (Essex), p. 142. — Perfectionnement à la préparation des bisulfites; par A. Boake et F.-G. A. Roberts, à Tratfort (Essex), p. 42.— Procédé de préparation de l'acétone; par C. Lowe, à Reddish, p. 142.

Caoutchouc. — Cires. — Essences. — Vernis, p. 142. — Procédé de préparation de vernis à l'huile au moyen de résines ou de gommes-résines dures ou difficiles à fondre; par le Dr G.-H. Smith, à West-Kensington (Middlesex), p. 142. — Procédé de préparation d'une matière première pour laques ou vernis; par Max Becker, à Berlin, p. 142.— Enduit pour empêcher l'adhérence des incrustations dans les chaudières; par Graf et Cie, à Berlin, p. 143.

Cuirs. — Peaux. — Tannerie, p. 143. — Tannage au moyen d'un chlorure double de peroxyde de fer et de sodium; par P.-F. Reinsch, à Erlangen (Bavière), p. 143.

Photographie, p. 144. — Révélateurs pour négatifs ou images photographiques à base d'amido-dérivés aromatiques; par J. Hauff, à Stuttgard, p. 144. — Nouvelle méthode pour l'obtention de photographies en couleurs; par J.-W. Mac-Donough, à Chicago, p. 144.

Électrotechnique, p. 144. — Procédé de préparation d'une masse active pour accumulateurs électriques; par W.-A. Bœse, à Berlin, p. 144.

Métallurgie. — Métaux, p. 144. — Procédé de grillage de la blende; par le Dr Sachse et le Dr Richter, à Berlin, p. 144.

Brevets pris à Paris, p. 145.

Produits chimiques, p. 145. — Procédé pour la préparation de l'acide β-amido-oxynaphtoémonosulfonique; par la « Société pour l'industrie chimique », à Bâle, p. 145. — Perfectionnements dans la préparation industrielle du bioxyde de baryum; par Martin, rue Traversière, 39, à Asnières (Seine), p. 145. — Procédé de préparation des dérivés oxygénés de pyrazol; par Schwabacher, p. 145. — Procédé de préparation des sels doubles de quinine à grande solubilité; par Rigaut, p. 145. — Procédé économique pour extraire

F. Gruessner, à Chicago, p. 162. — Procédé pour récupérer l'acide stannique de sa combinaison arsénicale; par F. Gruessner, à Chicago, p. 162. — Procédé de préparation et de séparation du sulfure de nickel; par R.-M. Thompson, à New-York, p. 162. — Procédé de préparation et de séparation du sulfure de nickel; par L.-J. Thomson, à Bayonne (New-Jersey), p. 162.

Produits chimiques, p. 163. — Procédé de préparation de fluorure d'aluminium pur; par « Grabaus Aluminiumwerke », à Trotha, près Halle-sur-Saar, p. 163. — Appareil condensateur pour poêles d'évaporation; par Chemische Fabrik Rhenanias, Aachen, à Aix-la-Chapelle, p. 163. — Extraction de l'oxygène de l'air atmosphérique; par G. Webb junior et G.-H. Rayner, à Londres, p. 163. — Procédé de fabrication du chlore; par F.-M. et C.-H.-M. Lyte, à Londres, p. 163.

Colorants et matières premières pour leur préparation, p. 164. — Procédé de préparation de dérivés benzylés du diamidodiphénylméthane; par Gesellschaft für chemische Industrie, à Bâle, p. 164. — Préparation d'un acide α-nitro-β-naphtylamine-β_3-sulfonique; par Léopold Cassella et Cie, à Francfort, p. 164. — Acide α_1-β-naphtylène-diamine-α_3-sulfonique préparé avec l'acide α_1-β-amidonaphtol-α_3-sulfonique; par Dahl et Cie, à Barmen, p. 164. — Couleurs trisazoïques substantives dérivées de l'acide méta-phénylène-diamine-para-sulfonique; par E. et H. Erdmann, à Halle, p. 164. — Couleurs bleues basiques; par Léonhart et Cie, à Mulheim, p. 164. — Couleur bleue obtenue en condensant la β-amidoalizarine avec l'aldéhyde formique; par le Dr Orth, à Darmstatt, p. 165. — Couleurs disazoïques dérivées de l'acide α_1-β_3-dioxynaphtaline-α-sulfonique; par Dahl et Cie, à Barmen, p. 165. — Couleurs azoïques préparées au moyen du triamidoazobenzol; par Aktien Gesellschaft für Anilinfabrikation, à Berlin, p. 165. — Procédé de préparation de couleurs brunes solides, pour laine, au moyen de composés disazoïques mixtes; par L. Cassella et Cie, à Francfort, p. 165. — Procédé de préparation d'un acide trisulfonique de la triphénylepararosaniline; par J. Rod Geigy et Cie, à Bâle, p. 166. — Procédé de préparation de dérivés bisulfitiques du méthylène-para-amidophénol et du méthylène-para-amido-orthocrésol; par « Gesellschaft für Chemische industrie », à Bâle, p. 166. — Procédé de préparation de l'acide ortho-toluènesulfonique ou de ses sels; par Gesellchaft für Chemische industrie, à Bâle, p. 167. — Couleur rouge disazoïque mixte préparée avec la mono-ortho-nitrobenzidine; par Gesellschaft für Chemische industrie, à Bâle, p. 167. — Procédé de purification de l'anthracène; par le Dr J. Bueb, à Dessau, p. 167. — Préparation de l'acide α_1-α_4-dioxynaphtaline-β_2-β_3-disulfonique, au moyen de l'acide α_1-α_4-amidonaphtol-β_2-β_3-disulfonique; par Farbenfabriken, à Elberfeld, p. 167. — Procédé de préparation de bases disulfurées (thiurets) et de sels de ces bases au moyen des alcoyledithiobiurets; par « Farbenfabriken », à Elberfeld, p. 168. — Procédé de préparation d'une couleur basique violette noire au moyen de la para-phénylènediamine et de la quinonedichlorimide; par « Aktiengesellschaft für Anilinfabrikation », à Berlin, p. 168. — Nouveaux colorants du groupe de l'alizarine; par « Farbenfabriken », à Elberfeld, p. 168. — Couleur disazoïque rouge directe pour coton; par J. Rohner, à Bâle, p. 168. — Procédé de préparation de l'auramine; par « Farbenfabriken », à Elberfeld, p. 168. — Procédé de préparation d'acide β_1-naphtol-α_4-monosulfonique; par J.-A.-F. Bang et M.-C.-A. Roussin, à Paris, p. 169. — Procédé de préparation de produits d'oxydation de l'alizarine et de ses analogues ainsi que d'éthers sulfuriques dérivés; par « Farbenfabriken », à Elberfeld, p. 169. — Procédé de préparation d'acides sulfoconjugués d'un produit de condensation du β-naptol et de la méta-phénylènediamine; par Durand, Huguenin et Cie, à Huningue (Alsace), p. 169. — Procédé de préparation de l'aurine; par le Dr Karl Heumann, à Zurich, p. 170. — Couleurs disazoïques teignant sur mordants, préparées au moyen de l'acide diamidosalicylique; par Cassella et Ce, à Francfort, p. 170. — Couleurs polyhydroxylées du groupe de l'alizarine; par « Farbenfabriken », à Elberfeld, p. 170. — Procédé de préparation d'une couleur acide du groupe du vert malachite; par « Farbwerke », à Hœcht-sur-Mein, p. 170. — Couleur violette noire dérivée de l'acide β_1-amido-α_1-naphtolmonosulfonique; par Kern et Sandoz, à Bâle, p. 171. Couleurs trisazoïques mixtes du groupe des congos, contenant l'acide amidophénolsulfonique comme constituant; par K. Œhler, à Offenbach, p. 171. — Couleurs disazoïques secondaires pour coton; par « Farbenfabriken », à Elberfeld, p. 171. — Procédé de préparation de deux acides dioxynaphtoïques isomères au moyen de l'acide β-oxynaphtoïque fondant à 216°, par Gesellschaft für Chemische industrie, à Bâle, p. 171. — Couleur préparée avec le molybdate d'ammoniaque et l'acide phosphorique; par le Dr F.-W. Schmidt, à Munich, p. 172. — Procédé de préparation d'un acide α-napthylaminedisulfonique au moyen de l'acéto-α-napthalide ou de l'acide α_1-α_3-acétonaphtalidesulfonique; par « Badische Anilin und Sodafabrik », à Ludwigshafen, p. 172. — Procédé de préparation de couleurs au moyen de la cinchonidine et des amidobenzhydrols alcoylés; par le Dr A. Einhorn, à Munich, p. 172. — Procédé de préparation de l'acide méta-diamidodiphénique et de l'acide diphénylinedicarbonique, au moyen de l'aldéhyde benzoïque métanitré; par « Farwerke », à Hœcht-sur-Mein, p. 173. — Nouvelles matières colorantes teignant la laine en rouge brun et en noir; par « Farbwerke », à Hœcht, p. 173. — Procédé de préparation d'acides amidophénolsulfonique et amidocrésolsulfonique; par K. Œhler, à Offenbach, p. 173. — Couleurs azoïques dérivées de l'acide amidonaphtoldisulfonique; par Cassella et Cie, à Francfort, p. 173. — Couleur basique dérivée de la gallocyanine; par Durand, Huguenin et Cie, à Huningue (Alsace), p. 173. — Couleurs bleues basiques préparées avec le nitroso-dialcoyle-méta-amido-paracrésol et les diamines aromatiques; par A. Léonhart et Cie, à Mulheim, p. 174.

Teinture. — Impression. — Blanchiment. — Apprêts, p. 174. — Procédé de production de couleurs trisazoïques et tétrazoïques sur la fibre au moyen des disazodérivés du groupe Congo obtenus avec les acides naphtylaminesulfoniques; par « Farbenfabriken », à Elberfeld, p. 174. — Procédé de préparation de couleurs polyazoïques sur fibre, par « Farbenfabriken », à Elberfeld, p. 174. Procédé pour teindre au moyen des produits de réduction de l'acide molybdènephosphorique; par le Dr F. Schmidt, à Munich, p. 174. — Perfectionnement dans l'emploi des fluorures de chrome basiques ou neutres pour la teinture et l'impression; par R. Kœpp et Cie, à Oestrich, p. 175. — Procédé de rouissage, d'épuration et de neutralisation de fibres textiles comme le lin, le chanvre, la ramie, etc., p. 175. — Procédé de blanchiment au moyen de l'ozone et du chlorure de chaux; par Siemens et Halske, à Berlin, O. Keferstein aîné et O. Keferstein jeune, à Greifenberg, en Silésie, p. 175. — Procédé de blanchiment au moyen de l'ozone et du chlorure de chaux, par les mêmes, p. 175.

Liste des brevets, dont le ***Moniteur scientifique*** **a rendu compte** accordés par l'Office de Berlin, du 14 octobre 1892 au 14 février 1893, p. 176.

Brevets pris à Paris, p. 177.

Produits chimiques, p. 177. — Nouveau procédé de préparation industrielle de la baryte et de la strontiane par l'électricité; par Taquet, p. 177. — Procédé pour débarrasser de leur mauvais goût et de leur mauvaise odeur les produits végétaux ou animaux, comestibles ou non, sans enlever leur principe actif ou nutritif; par Davioud, p. 177. — Procédé de récupération du fer contenu dans les résidus provenant de la fabrication des amines basiques, pour pouvoir utiliser ce fer à nouveau dans la même fabrication; par la « Société Landshoff et Meyer », p. 177. — Procédé d'enrichissement des phosphates de chaux et des craies phosphatées; par Laurent, p. 178. — Produit industriel nouveau dit: « Ébénite »; par la Société anonyme « La Papeterie de Lacourtensourt », à Lacourtensourt (Haute-Garonne), p. 178. — Perfectionnements apportés à la fabrication et à l'emploi des sels d'alumine, par Kessler, boulevard de Gergovie, à Clermont-Ferrand, p. 178. — Procédé de fabrication de phénolsulfonate d'oxyquinoléine et ses homologues; par la Société Lembach et Schleicher, à Biebrich-sur-Rhin, p. 180. — Procédé et appareil pour la fabrication d'acide sulfurique; par Staub, p. 180. — Nouveau procédé perfectionné pour séparer les substances solides ou liquides dissoutes dans l'alcool, l'éther ou le chloroforme sans évaporation du dissolvant; par Weitenkampf, p. 180. — Préparation de colles solubles à froid et non susceptibles de se prendre en gelée, par l'action de l'acide sulfureux, des bisulfites et sulfites métalliques sur les colles de peau, d'os et de cartilages; par Vidal, rue Saint-Félix, 1, à Valence (Drôme), p. 180.

Matières colorantes. — Encres, p. 181. — Production de nouvelles matières colorantes; par Kalle et Ce, p. 181. — Procédé pour la production du para-fuchsine et de ses homologues, des leucobases correspondantes; par la « Compagnie parisienne des couleurs d'aniline », p. 181. — Production d'un nouveau dérivé du dioxydiphénylméthane propre à la fabrication des matières colorantes; par L. Durand, Huguenin et Ce, p. 181. — Production de matières colorantes vert bleu de la série des verts malachite, obtenues de la monobenzylorthotoluidine et de son acide monosulfonique; par la « Société pour l'Industrie chimique, à Bâle », p. 182. — Procédé pour la préparation de matières colorantes basiques solubles à l'eau; par « Farbenfabriken », p. 182. — Procédé pour la production de colorants bleus dérivés du triphénylméthane; par la « Société pour l'Industrie chimique, à Bâle », p. 182. — Procédé de fabrication de matières colorantes vertes, bleues et violettes, dérivées des triphényl et diphénylnaphtylméthane; par « Farbenfabriken », p. 182. — Production de nouvelles matières colorantes teignant le coton sans mordant; par Rohner, p. 183. — Fabrication de nouvelles matières colorantes basiques dérivées de la gallocyanine et de la muscarine; par la « Société L. Durand, Huguenin et Ce », p. 183. — Procédé de préparation de matières colorantes jaunes à rouge-brunes applicables à la teinture des laines; par la Société « Compagnie parisienne des couleurs d'aniline », p. 183.

Sucre, p. 183. — Perfectionnement dans le raffinage des sucres bruts de betterave et de canne; par Manocery, p. 183. — Nouvelle méthode d'épuration des jus sucrés extraits des plantes saccharifères, telles que betterave, canne, sorgho, etc.; par Manocery, p. 184. — Procédé de préparation de saccharate de baryum au moyen des jus sucrés et en dissolution absolue; par Zscheye et Mann, p. 184. — Procédé pour opérer, par voie électrique, la défécation du jus brut des betteraves, des mélasses, et, en général, de toutes espèces de jus et de matières saccharifères; par Behm, à Hoym (Anhalt), p. 184. — Procédé d'épuration et de décoloration des jus sucrés et sirops, en sucrerie, raffinerie, sucraterie et glucoserie; par Curely, p. 184. — Procédé d'épuration des jus et des égouts de betteraves et de cannes dans la diffusion et sur les moulins; par Dupont et Gallois, rue de Dunkerque, 37, à Paris, p. 184.

Vin. — Alcool. — Éther. — Vinaigre, p. 185. — Procédé de fabrication des éthers salicyliques, des phénols et naphtols dits « Salols »; par Byk, p. 185. — Procédé de préparation de l'éther salicylique de l'acétol, par Fritsch, p. 185.

Alcool, p. 186. — Procédé pour obtenir un rendement plus élevé en alcool et des produits accessoires de plus grande valeur dans le traitement des matières premières amylacées en séparant les matières grasses qui y sont contenues; par Polgar, p. 186.

Corps gras. — Bougies. — Savons. — Parfumerie, p. 186. — Procédé de séparation de la cire contenue dans le suint et fabrication de la lanoline au moyen du résidu facile à fondre; par Benno-Joffe et Darmstoedter, p. 186. — Procédé de purification des graisses et huiles et appareils employés à cet effet; par Mills, p. 186. — Déverdissage de l'huile de ricin; par Rinck, p. 186. — Procédé pour faire, soit à chaud, soit à froid, un savon de résine de pin, mélangé ou non de savon de graisse ou d'huiles animales ou végétales; par Hawaty, chimiste, et Kanitz, banquier, p. 186. — Nouveau procédé de saponification; par Lombard, rue de Breteuil, 10, à Marseille, p. 187. — Fabrication d'un savon pour lavages désinfectants; par Heller, p. 187. — Amélioration des huiles mauvais goût; par Léon Padé, p. 187. — Nouveau procédé pour préparer au moyen des camphoroïdes les acides monocarboniques composés suivant la formule $C^{9}H^{14}O^{2}$, les acides dicarboniques correspondant à la formule $C^{9}H^{14}O^{4}$ et les anhydrides de ces derniers dont la formule est $C^{9}H^{12}O^{3}$; par la Société Haarmann et Reimer, à Holzminden-sur-Weser (Allemagne), p. 187. — Nouveau procédé pour préparer la β-cymidine au moyen des oximes de camphoroïdes correspondant à la formule $C^{10}H^{16}O$, et étant des acétones méthyliques; par la Société Haarmann et Reimer, à Holzminden-sur-Weser (Allemagne), p. 187. — Pâte triple détersive inaltérable pour faire disparaître instantanément toute espèce de taches sur n'importe quel tissu, soie, laine, coton, sans altérer la couleur; par Billaut, avenue de Saint-Ouen, Paris, p. 187. — Procédé de fabrication de savon à base de potasse et de soude; par Gorg, chimiste à Tischan, près Tœplitz (Bohême), p. 188. — Système permettant de reconnaître la présence de la margarine dans le beurre et d'en mesurer la proportion au moyen d'un appareil dit: « Oléogramme Brûllé » dont l'emploi est précédé d'un traitement chimique du beurre; par la Société des huiles d'olives inaltérables, p. 188. — Procédé d'extraction de l'oléine du suif en branches ou fondu au moyen d'agents chimiques supprimant les presses; par Soler, boulevard Voltaire, 141, Paris, p. 188. — Procédé pour l'extraction sans presse de l'oléine du suif en branches ou fondu ; par Benoît, p. 188. — Nouvelle méthode pour fabriquer une matière finie pour la combinaison des savons ; par Zacharias Grunwald, à Berlin, p. 188.

Céramique. — Verreries, p. 189. — Procédé nouveau et perfectionné dans le recouvrement de l'argile par le verre et dans les objets ainsi fabriqués ; par la « Société Clay Glass Tile Cº », p. 789. — Nouveau vernis céramique dit : « Vernis sans plomb pour poteries communes » ; par la « Société Whitehouse », 43, rue de Dantzig, Paris, p. 189. — Fabrication des verres et émaux silico-titaniques ; par L. Georges et Charles Leuchs, à Nuremberg, (Allemagne), p. 189.

Matériaux de construction, p. 190. — Composition pour pierre artificielle ; par la « Pyrolith Company », p. 190. — Agglomérés à base de baryte et procédé de fabrication ; par la « Société de constructions économiques », p. 190. — Nouveau procédé de fabrication de marbres artificiels ; par Roubaudi, p. 190.

Poudres et matières explosibles, p. 190. — Procédé de déshydratation des pyroxyles ; par de Chardonnet, p. 190. — Procédé pour fabriquer des masses inflammables et permettre l'introduction du chlorate dans leur composition ; par Gerrersdorfer et Hals, p. 170.

Engrais et amendements, p. 191. — Procédé nouveau pour rendre plus efficace et plus profitables les sels que l'on emploie en agriculture comme matières fertilisantes dit : « Fertilité Mereu » ; par Mereu, 60, rue Richer, Paris, p. 191. — Engrais chimique nouveau ; par Serrant, 25, rue Croix-des-Petits-Champs, Paris, p. 191.

Photographie, p 191 — Nouveau genre de plaques et de papier photographique à tirage instantané ; par Lisbonne, p. 191. — Même brevet, p. 192. — Papier photographique dit : « Papier astéroïde instantané Callias aux sels cobalto-argentiques » ; par Callias, p. 192.

Métallurgie. — Fer et acier, p. 192. — Procédé de fabrication de fonte de fer pouvant se tremper ; par Lepet, p. 192. — Procédé pour faciliter la fusion de l'acier extra doux et autres métaux réfractaires ; par la « Société anonyme des forges de Châtillon et Commentry », p. 192. — Perfectionnements aux procédés de traitement des sulfures métalliques naturels ou artificiels ; par Strap, p. 192. — Procédé pour éliminer le manganèse de la fonte crue, du fer fondu ou de l'acier en les additionnant de pyrite de fer ; par la « Société dite Hœder Berqwerks und Huttenverein », p. 192.

www.ingramcontent.com/pod-product-compliance
Lightning Source LLC
LaVergne TN
LVHW011936220826
846092LV00001B/9

* 9 7 8 2 3 2 9 7 4 8 8 0 1 *